实战从入门到精通（视频教学版）

AutoCAD 2016室内设计

刘春茂　刘荣英　编著

清华大学出版社
北京

内 容 提 要

本书以零基础讲解为宗旨，用实例引导读者深入学习，采取“室内设计入门→设计核心技术→综合案例实战→高手进阶”的讲解模式，深入浅出地讲解室内设计的各项技术及实战技能。

本书第1篇“室内设计入门”主要讲解室内设计入门与风水、室内施工流程与丈量放样、设置AutoCAD 2016绘图环境等；第2篇“设计核心技术”主要讲解绘制室内基本图形，编辑二维图形，图块、外部参照及设计中心，文字标注与表格制作，制图中的尺寸标注等；第3篇“综合案例实战”主要讲解室内常用家具图形的绘制、住宅室内平面图的绘制、顶棚图的绘制、室内立面图的绘制、电梯间室内设计图的绘制、办公空间室内设计、室内电气设计等；第4篇“高手进阶”主要讲解节点大样图的绘制、施工图的打印方法与技巧。

本书适合任何想学习室内设计的人员，无论您是否从事计算机相关行业，无论您是否接触过室内设计，通过学习均可快速掌握室内设计的方法和技巧。

图书在版编目(CIP)数据

AutoCAD 2016室内设计 / 刘春茂，刘荣英编著.—北京：清华大学出版社，2018
（实战从入门到精通：视频教学版）

ISBN 978-7-302-49543-7

Ⅰ.①A… Ⅱ.①刘… ②刘… Ⅲ.①室内装饰设计—计算机辅助设计—AutoCAD软件—教材 Ⅳ.①TU238.2-39

中国版本图书馆CIP数据核字（2018）第027716号

责任编辑：张彦青
封面设计：李　坤
责任校对：李玉茹
责任印制：刘海龙
出版发行：清华大学出版社
　　网　　址：http://www.tup.com.cn，http://www.wqbook.com
　　地　　址：北京清华大学学研大厦A座　　　邮　　编：100084
　　社 总 机：010-62770175　　　邮　　购：010-62786544
　　投稿与读者服务：010-62776969，c-service@tup.tsinghua.edu.cn
　　质量反馈：010-62772015，zhiliang@tup.tsinghua.edu.cn
印 装 者：三河市金元印装有限公司
经　　销：全国新华书店
开　　本：190mm×260mm　　印　　张：27.5　　字　　数：665千字
　　（附DVD 1张）
版　　次：2018年6月第1版　　印　　次：2018年6月第1次印刷
印　　数：1～3000
定　　价：59.00元

产品编号：075806-01

前 言

PREFACE

“实战从入门到精通”系列图书是专门为软件设计和网站开发初学者量身定制的一套学习用书，整套书具有以下特点。

前沿科技

无论是软件设计、网页设计还是HTML 5、CSS 3，我们都精选较为前沿或者用户群较大的领域推进，帮助大家认识和了解最新动态。

权威的作者团队

组织国家重点实验室和资深应用专家联手编著该套图书，融合丰富的教学经验与优秀的管理理念。

学习型案例设计

以技术的实际应用过程为主线，全程采用图解和同步多媒体结合的教学方式，生动、直观、全面地剖析使用过程中的各种应用技能，降低难度，提升学习效率。

为什么要写这样一本书

AutoCAD广泛应用于建筑室内设计领域。目前学习和关注的人越来越多，而很多AutoCAD的初学者都苦于找不到一本通俗易懂、容易入门和案例实用的参考书。通过本书的案例实训，用户可以很快地上手流行的工具，提高职业化技能，从而帮助解决公司与求职者的双重需求问题。

本书特色

▶ 零基础、入门级的讲解

无论您是否从事计算机相关行业，无论您是否接触过室内设计，都能从本书中找到最佳起点。

▶ 超多、实用、专业的范例和项目

本书在编排上紧密结合深入学习室内设计技术的先后过程，从室内设计的基本概念开始，带领大家逐步深入地学习各种应用技巧，侧重实战技能，使用简单易懂的实际案例进行分析和操作指导，让读者读起来简明轻松，操作起来有章可循。

▶ **随时检测自己的学习成果**

每章首页中，均提供了学习目标，以指导读者重点学习及学后检查。

每章最后的“跟我学上机”板块，均根据本章内容精选而成，读者可以随时检测自己的学习成果和实战能力，做到融会贯通。

▶ **细致入微、贴心提示**

本书在讲解过程中，使用了“注意”“提示”“技巧”等小贴士，使读者在学习过程中更清楚地了解相关操作、理解相关概念，并轻松掌握各种操作技巧。

▶ **专业创作团队和技术支持**

本书由千谷网络科技实训中心编著和提供技术支持。

您在学习过程中遇到任何问题，均可加入 QQ 群——451102631 进行提问，专家人员会在线答疑。

超值光盘

▶ **全程同步教学录像**

涵盖本书所有知识点，详细讲解每个实例及项目的过程和技术关键点。可比看书更轻松地掌握书中所有的网页设计知识，而且扩展的讲解部分使您得到比书中更多的收获。

▶ **超多容量王牌资源大放送**

赠送大量王牌资源，包括本书素材和结果文件、教学幻灯片、本书精品教学视频讲座、1000 个精美的室内设计常用 CAD 图块、100 张室内设计施工图纸、AutoCAD 2016 快捷键大全、AutoCAD 2016 疑难问题解答、AutoCAD 2016 高手秘籍、室内设计师常见面试题等。

读者对象

◇ 没有任何室内设计基础的初学者。

◇ 有一定的 AutoCAD 基础，想精通室内设计的人员。

◇ 有一定的室内设计基础，没有施工经验的人员。

◇ 正在进行毕业设计的学生。

◇ 大专院校及培训学校的老师和学生。

创作团队

本书由刘春茂和刘荣英编著，参加编写的人员还有刘玉萍、蒲娟、周佳、付红、李园、郭广新、

侯永岗、王攀登、刘海松、孙若淞、王月娇、包慧利、陈伟光、胡同夫、王伟、展娜娜、李琪、梁云梁和周浩浩。在编写过程中，我们竭尽所能地将最好的讲解呈现给读者，但也难免有疏漏和不妥之处，敬请不吝指正。若您在学习中遇到困难或疑问，或有何建议，可写信至信箱357975357@qq.com。

编　者

目录

第1篇 室内设计入门

第1章 室内设计入门与风水

第2章 室内施工流程与丈量放样

第3章 设置AutoCAD 2016绘图环境

第2篇 设计核心技术

第4章 绘制室内基本图形

第5章 编辑二维图形

第6章 图块、外部参照及设计中心

第7章 文字标注与表格制作

第8章 制图中的尺寸标注

第3篇 综合案例实战

第9章 室内常用家具图形的绘制

第10章 住宅室内平面图的绘制

第11章 顶棚图的绘制

第12章 室内立面图的绘制

第13章 电梯间室内设计图的绘制

第14章 办公空间室内设计

第15章 室内电气设计

第4篇 高手进阶

第16章 节点大样图的绘制

第17章 施工图的打印方法与技巧

第 1 篇

室内设计入门

室内设计入门与风水

现代室内设计主要包括技术和艺术两个方面，即为特定的室内环境提供整体的、富有创造性的解决方案，包括概念设计、运用美学和技术上的办法以达到室内预期的装饰效果。在学习 AutoCAD 绘制室内施工图之前，本章主要介绍室内设计的基本知识、绘图的基本要求及规范等相关内容，在此基础上简单地介绍一些室内常见风水问题。

- **本章学习目标（已掌握的在方框中打钩）**
  - □ 了解室内设计入门基本知识。
  - □ 熟悉室内制图的要求及规范。
  - □ 了解室内设计风水学的相关知识。

- **重点案例效果**

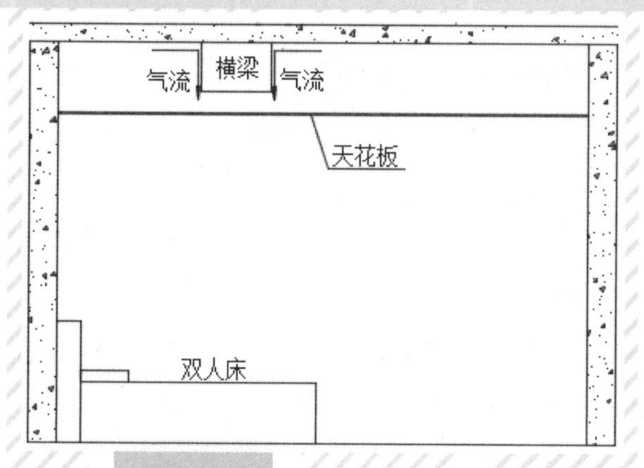

40%

0%

7%

30%

40%

1.1 室内设计基本知识

在室内设计行业中，计算机绘图以其快速、准确的优势取代了手工绘图。使用AutoCAD 2016专业软件绘制室内设计图形，可以提高绘图精度，缩短设计周期及出图周期。因此，熟练地使用AutoCAD 2016专业绘图软件也就成为室内设计人员所必须掌握的技能之一，同时，这也是衡量室内设计水平高低的重要尺度。

1.1.1 室内设计概述

所谓室内设计，是在以人为本的前提下，根据室内房屋使用性质、所处环境和相应标准，综合运用现代物质技术手段和室内美学原理，创造出功能合理、环境舒适，满足人们物质和精神生活所需要的理想室内空间环境。

室内设计具体特征如下。

时空性特征

室内设计首先是一种空间存在形式的创造，设计者的意图、方案都必须鲜明地体现空间思维、空间组织、空间优化的特征。对室内设计人员而言，各种空间以及单个空间内部的平面布局的合理性，既是基本的，又是从属的，即只有满足三维空间性能与空间组织规律的平面布局方式才是合适的。

整体性特征

室内环境是由室内空间、形体、材料、色彩等构成环境的各种要素整合组成的。环境的效果以各种环境要素的表现为基础，但环境的价值绝不等于各种环境要素的简单复加。一个完整的环境氛围，不仅可以充分体现构成环境的各种物质因素的性能，还可以在整合的基础上形成统一而完美的整体效果，在物质因素之外体现精神性、文化性的内涵。

技术性特征

室内空间的塑造是一个工程性、技术性极强的创造。空间组织手段的实现，最终要依赖技术手段，要依靠材料、工艺的科学运用，这样才能圆满地实现设计意图。

设计者在设想空间效果时，就必须将各种技术性限制都充分考虑进去，才能形成一个完整的室内设计计划。这里所说的技术性特征，包括结构、材料、工艺、施工、设备、光学、声响、污染等诸方面因素。

人文性特征

室内设计的人文性特征表现在：室内空间的塑造须适应一定的氛围要求，以形成一个完整的、适合不同人群居住要求的空间形式。

从严格意义上说，室内设计的空间是室内实体、室内空间、有形空间和无形空间的结合。室内实体只是构成室内空间的基础，而有形空间是构成无形空间的前提。室内设计的主要目的是创造一个有氛围、有感染力的有形空间与无形空间。

5. 艺术性特征

艺术性是室内设计的基本属性之一，也

是室内设计的主要特征之一。一般而言，室内设计的艺术性包含两个方面：有形空间的艺术性和无形空间的艺术性。

有形空间的艺术性一般表现于建筑体量中的均衡、对比、比例、尺度，建筑结构中的形式与空间变化的完美结合。

无形空间的艺术性是指室内空间在使用时给人带来的整体的流畅、自然、舒适、协调的感受，以及各种精神需求的满足。无形空间艺术性的实现，比有形空间的塑造更需要敏锐的感受能力、丰富的想象能力与高度的整体控制能力。

1.1.2 室内设计的要素

室内设计是以室内空间所提供的条件为前提的一种有限制的创造。它必须充分地考虑到居住者的行为方式、心理需求、空间功能要素以及技术的可行性、艺术风格的匹配性等多种因素，从而对空间环境品质进行再创造。

室内设计人员需要考虑的具体要素如下。

1. 室内空间布局和界面处理

室内设计的空间布局是在充分理解室内设计意图、总体布局、功能分析、结构体系等的基础上，对室内空间和平面布置予以完善、调整和再创造。室内空间布局和平面布置，包括对室内空间各界面围合方式的设计。

室内界面处理是根据对室内空间的各个围合面（地面、隔断、屋顶等各界面）的使用功能和特点分析，对界面形状、图形线脚、肌理构成、结构构件连接、排风、给水、电线等设施协调配合等方面的设计。

2. 室内光照、色彩设计和材质选用

室内光照是指室内环境的天然采光和人工照明，除了能满足正常的工作生活环境的采光、照明要求外，光照和光影效果还能起到烘托室内环境气氛的作用。

色彩是室内设计中最为生动、最为活跃的因素。它最具表现力，能够通过人们的视觉感受产生生理、心理和类似物理的效应，最终形成丰富的联想和深刻的寓意。室内色彩设计需要根据室内使用性质、工作活动特点等因素，确定室内主色调，选择适当的色彩配置。此外，色彩的表现还必须依附于界面、家具、室内织物、绿化等物体。

材料质地的选用，既要满足使用功能又要考虑人们的身心感受，是室内设计中直接关系到实用效果和经济效益的重要环节。设计中的形和色，最终必须和所选材质相统一。在光照下，室内的形、色、质融为一体，赋予人们综合的视觉心理感受。

3. 室内物体的设计和选用

家具、陈设、灯具在室内设计中，实用和观赏的作用都极为突出，在烘托室内环境气氛、形成室内设计风格等方面具有举足轻重的作用。

在室内设计中，绿化具有不可替代的特殊作用。它能够吸附粉尘，改善室内空气，使室内环境清新自然，起到柔化室内环境、协调心理平衡的作用。

1.1.3 室内设计制图概述

对室内设计而言，正确、完整而又有表现力地表达出室内环境设计的构思和意图，使施工人员和评审人员能够通过图纸、模型、

说明等，全面地了解设计意图，是非常重要的。而图纸作为设计人员的表达语言，其质量的完整、精确、优美则是关键。一个优秀室内设计的内涵和表达是统一的。

1. 室内设计制图的概念

图纸是室内设计人员用来表达设计思想、传递设计意图的技术文件，是方案投标、技术交流和室内施工的要件。室内设计制图是根据正确的制图理论及方法，按照国家统一的制图规范将设计思想和技术特征清晰、准确地绘制出来的一门实用学科。

室内设计制图通常应遵循一定的制图规范和标准，一般需要绘制的图纸如下。

(1) 平面详图 (比例尺 =1 ： 50)。

(2) 展开图、顶棚仰视图 (比例尺 =1 ： 50)。

(3) 局部详图 (比例尺 =1 ： 1 ～ 1 ： 20)。

(4) 家具详图 (比例尺 =1 ： 5 ～ 1 ： 10)。

(5) 装修设施明细表、使用材料明细表。

(6) 说明书。

(7) 其他 (预算书等)。

由于设计图纸是现场施工的重要依据，因此应把具体尺寸、材质、做法、构件组装等内容在图纸上详细标出，更应得到使用方与生产加工方的确认。其中，来自使用方的核查确认是指使用安全性、方便性、耐久性等方面，从而决定尺寸、形状、材料、组装、质感、色彩等；来自生产加工方的核查确认是指材料的获取、有无库存、加工方法、费用、维护等。

2. 室内设计制图的方式

室内制图有手工制图和计算机制图两种方式。

手工制图体现出一种绘图素养，直接影响计算机图面的质量。手工制图往往是设计人员职场上的闪光点和敲门砖，不可偏废。采用手工制图的方式可以绘制全部的图纸文件，但需要花费大量的时间和精力。

计算机制图是指利用计算机绘图软件绘制所需要的图形，相应图形的电子文件可以通过打印机输出，从而形成具体的图纸。它具有快速、便捷等优点，实现了图纸的重复利用，大大提高了设计效率。

目前，手工制图主要用在方案设计的前期，而后期成品方案图及施工图一般都采用计算机绘制。总之，这两种技能作为说明空间和表达设计意图的载体同样重要。本书将重点讲解用计算机软件绘制图纸的方法和技巧。读者若需加强手绘方面的知识，可参看其他相关书籍。

3. 室内设计图面作业的流程

在图面作业阶段，设计人员一般采用如下表现方式：徒手画 (速写、拷贝描图)，正投影图 (平面图、立面图、剖面图、细部节点详图)。徒手画主要用于平面功能布局和空间形象构思的草图作业；正投影制图主要用于方案与施工图作业。

室内设计的图面作业流程基本上是按照设计思维的过程来设置的，一般要经过概念设计、方案设计和施工设计 3 个阶段。其中，平面功能布局和空间形象构思草图是概念设计阶段图面作业的主题；平面图是方案设计阶段图面作业的主题；剖面图和细部节点详图则是施工图设计阶段图面作业的主题。

1.1.4 室内设计制图的内容

一套完整的室内设计包括许多图纸，归纳起来主要有总设计说明、总平面图、各部位立面图及剖面图、节点大样图、电气平面图、电气系统图、给排水平面图、顶棚布置图、建筑立面图等。

1. 平面设计图

平面设计图包括两部分：地面平面设计图和屋顶平面设计图。平面图都应有墙、柱的定位尺寸及确切的比例，以保证图纸如何缩放其绝对面积不会变。

平面图表现的内容如下。

(1) 标明室内结构和尺寸，包括居室的建筑尺寸、净空尺寸、门窗位置尺寸等。

(2) 标明结构装修的具体形状和尺寸，包括装饰结构在内的位置，装饰结构与建筑结构的相互关系尺寸，装饰面的具体形状及尺寸，图上需要标明材料的规格和工艺要求等。

(3) 标明室内家具、设备、设施的安放位置及装修布局的尺寸关系，标明家具的规格和要求。

如图 1-1 所示为绘制完成的平面设计图。

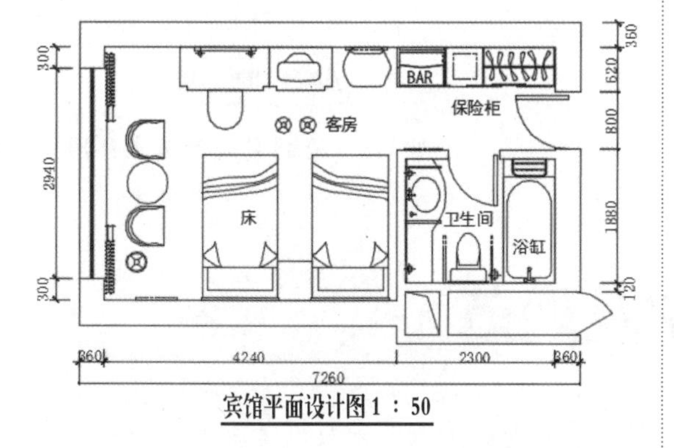

图 1-1　绘制完成的平面设计图

2. 设计效果图

在平面设计图的基础上，把装潢后的结果用透视的形式表现出来就形成了设计效果图，它是装潢设计中的重要图纸。效果图的展示使业主能够明确装潢活动结束后室内房间的表现形式。因此，它是业主最终决定装潢与否的重要依据。

设计效果图主要使用彩色颜色。由于彩色效果图更能真实、直观地表现各装饰面的色彩，因此对选材和施工有重要作用。

在实际装潢施工过程中，由于受材料、工艺等因素限制，很难完全达到效果图所表现出的装潢效果。因此，装潢效果和效果图出现一定的差距是正常合理的。

如图 1-2 所示为绘制完成的设计效果图。

图 1-2　绘制完成的设计效果图

3. 设计施工图

设计施工图是装潢得以进行的依据，具体地指导着每个工种、工序的实施作业。它把结构要求、材料构成及施工的工艺技术要求等以图纸的形式交代给施工人员，使其得以准确、顺利地组织和完成装潢施工。

设计施工图包括 3 个部分：立面图、剖面图和节点图。

(1) 施工立面图。是室内墙面与装饰物的正投影图，标明了室内的标高、吊顶装修的尺寸及梯次造型的相互关系、墙面装饰的式样及材料、位置尺寸。此外，它还包括墙面与门、窗、隔断的高度尺寸，墙与屋顶、地面的收口方式等。

(2) 施工剖面图。是将装饰面剖切，以表达结构构成的方式、材料的形式和主要支承构件的相互关系等。剖面图标注有详细尺寸、工艺做法、施工要求等。

(3) 施工节点图。是将两个以上装饰面的汇交点，按垂直或水平方向切开，以标明装饰面之间的对接方式和固定方法。节点图详细表现了装饰面连接处的构造，它注有详细的尺寸及收口的施工方法。

在设计施工图时，无论是剖面图还是节点图，都应在立面图上标明，以便正确指导施工。

如图 1-3 ～图 1-5 所示分别为绘制完成的立面图、剖面图和节点详图。

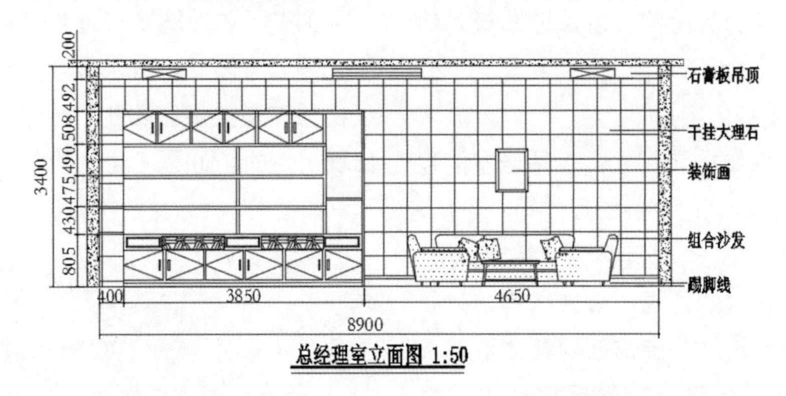

图 1-3　绘制完成的立面图

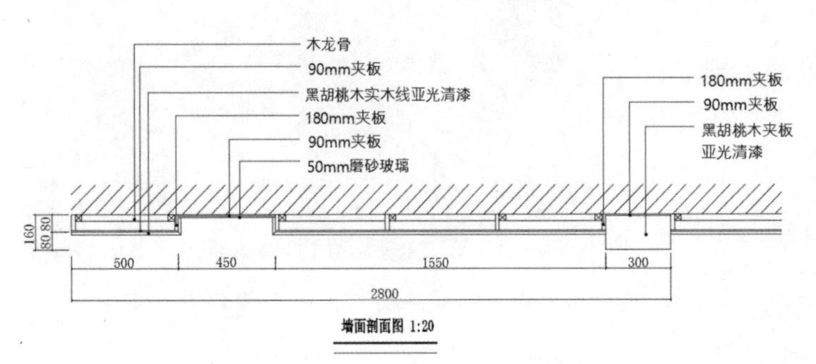

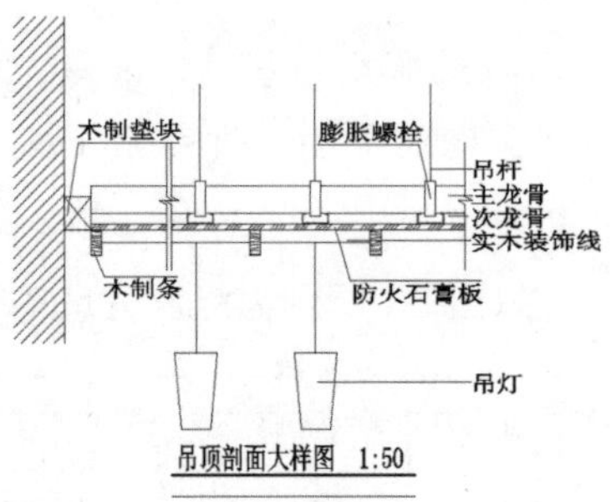

图 1-4　绘制完成的剖面图

图 1-5　绘制完成的节点详图

1.2 室内制图的要求及规范

设计人员在室内设计绘图之前，首先需要了解室内制图的要求及规范。下面简单介绍室内设计中常用的制图要求和规范。

1.2.1 图纸的幅面

我国对室内装潢设计制图制定了相关的规范，以使室内设计制图有规可依。现行的主要制图标准有《总图制图标准》(GB/T 50103—2010)、《建筑制图》(GB/T 50104—2010)、《建筑结构制图标准》(GB/T 50105—2010)、《房屋建筑室内装饰装修制图标准》(JGJ/T 244—2010)、《暖通空调制图标准》(GB/T50114—2010)、《建筑给水排水制图标准》(GB/T 50106—2010)。

图纸的大小即是图纸幅面，根据以上室内设计制图相关规范规定，室内设计制图的幅面和图框尺寸应符合表 1-1 中的规定。

表 1-1 幅面和图框尺寸 单位：mm

尺寸代号	幅面代号				
	A0	A1	A2	A3	A4
B×L	841×1189	594×841	420×594	297×420	210×297
a	25				
c	10			5	
规格系数	2	1	0.5	0.25	0.125

提示 (1) B 表示幅面短边尺寸；L 表示幅面长边尺寸；a 表示图框线与装订边间的宽度；c 表示图框线与幅面线宽间的宽度。

(2) 规格系数：以 A1(594×841) 为标准尺寸长度，以它为基准，A0 纸张的大小是它的 2 倍，也就是 841×1189，所以它的系数是 2；而 A2 纸张的大小是 A1 的 0.5 倍，所以它的系数是 0.5；A3、A4 依此类推。

室内设计图纸的幅面尺寸与《技术制图 图纸幅面和格式》(GB/T14689—2008) 的规定一致，其中标题栏可根据室内装潢设计的需要稍做调整。图纸以短边作为水平边的称为立式幅面，以短边作为垂直边的称为横式幅面。图纸幅面的具体尺寸规格如图 1-6 ~图 1-9 所示。

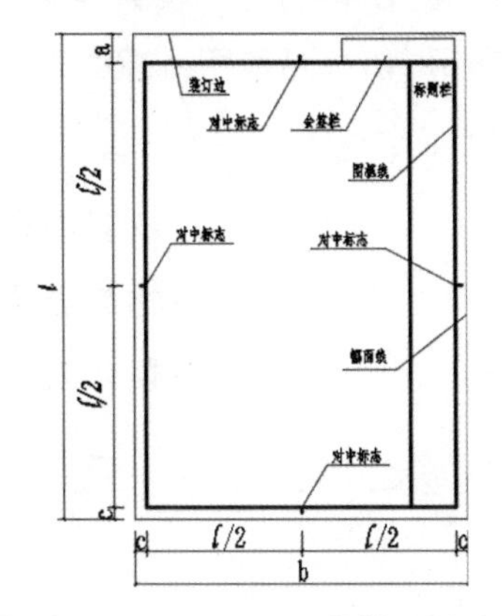

图 1-6 A0 ~ A4 立式幅面 (一)

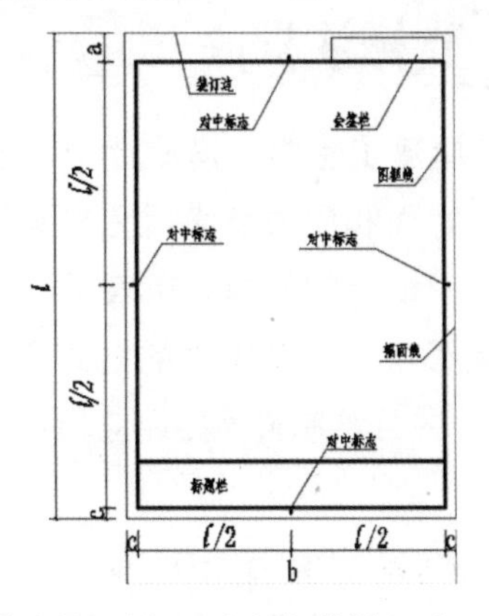

图 1-7 A0 ~ A4 立式幅面 (二)

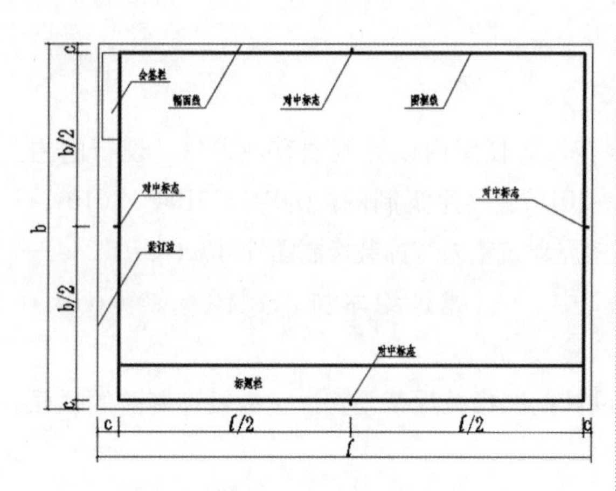

图 1-8　A0 ～ A3 横式幅面（一）

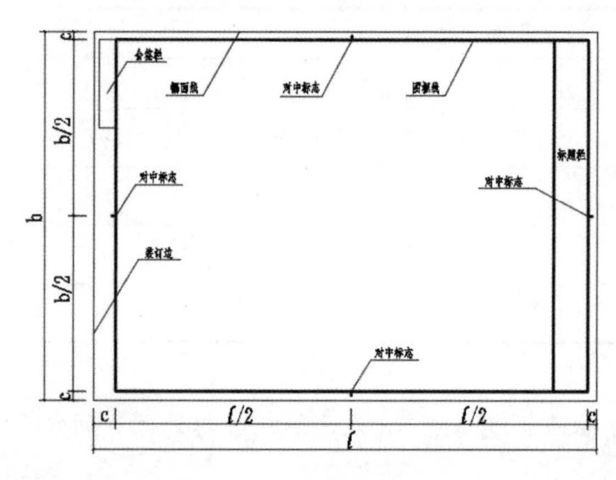

图 1-9　A0 ～ A3 横式幅面（二）

提示 对中标志应画在图纸各边长的中点处，深入图框内 5mm，线宽应为 0.35mm。

1.2.2 标注标高

在房屋建筑室内装潢设计中，设计图纸需要标注地面和屋顶装潢后完成面的标高，其高度在图纸上常用标高来表示。标高符号应以细实线绘制，其尖端的指向宜向下（也可向上），并且绘制符号尖端应指在所标注高度的平面上。

标高标注的具体方法如下。

(1) 使用等腰三角形法，如图 1-10 所示。

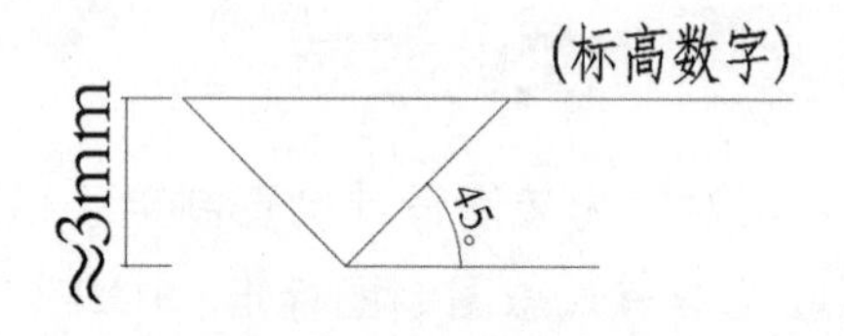

图 1-10　等腰三角形表示

(2) 使用涂黑的三角形，如图 1-11 所示。

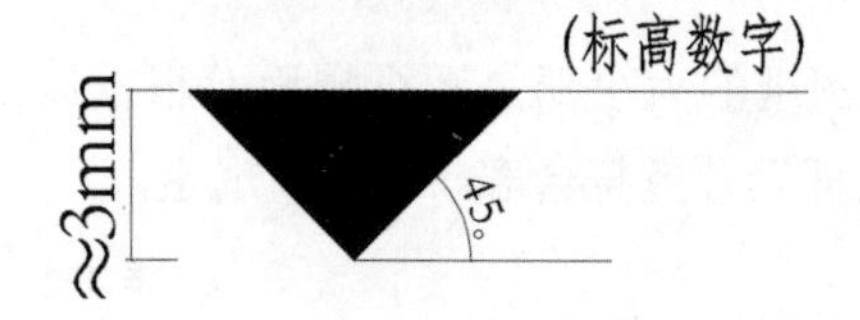

图 1-11　涂黑三角形表示

(3) 使用 90° 涂黑对顶角的圆，如图 1-12 所示。

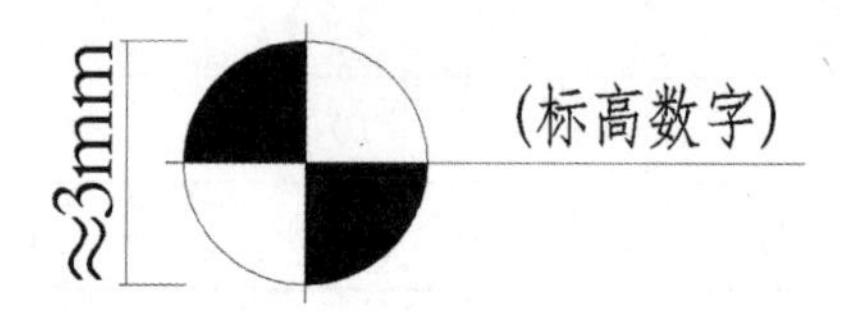

图 1-12　90° 涂黑对顶角圆表示

(4) 使用 CH 符号表示，如图 1-13 所示。

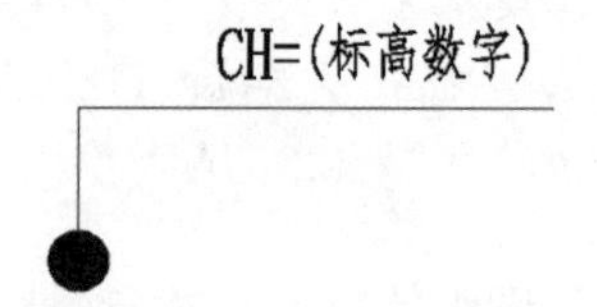

图 1-13　CH 符号表示

另外，在图样的同一位置需要表示几个不同的标高时，标高数字可按图 1-14 所示的形式注写。

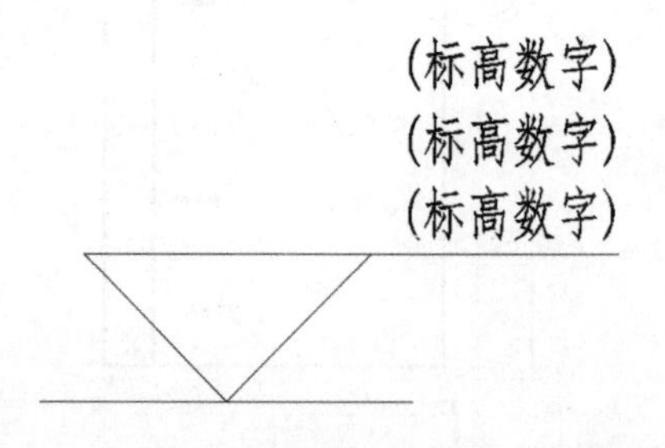

图 1-14　同一位置注写多个标高数字表示

根据规范《房屋建筑制图统一标准》(GB/T 50001 — 2010) 规定，标高数字应以米 (m) 为单位，注写到小数点以后的第三位。在总平面图中，可注写到小数点以后的第二位。

零点标高应注写成 ±0.000，正数标高不注“+”，负数标高应注“-”，如 6.000、-0.800。

1.3 室内设计的风水问题

风水是居住环境中相当重要的一项，在某种程度上，它是可以掌握的，即要想好运势，有很多改变风水的装修技巧。本节主要讲述室内设计相关的风水知识。

1.3.1 风水的基本概念

风水是从古代沿袭至今的一种文化现象，一种择吉避凶的术数，一种广泛流传的民俗，一种有关环境与人的学问，一种理论与实践的综合体。“风水”具体的意义如下。

(1)“风水”古代称之为堪舆，是中华民族祖先创造的一门高深学问。风水学是一门集天文学、地理学、环境学、建筑学、美学、心理学、伦理学等于一体的学问。其原理来源于《易经》，是以自然平衡的天人合一、中正平和的中庸之道来改善人生运势的一门学术。概括地说，风水学就是人对环境的优选学，现称居住环境学，起源于原始时期、雏形于尧舜时期、成熟于汉唐时期，鼎盛于明清时期。

(2) 风水学是人类在长期的居住实践中积累的宝贵经验。面对不同的住宅环境及各地不同的风俗习惯，设计者需要具备一定的风水知识，以避免不良的格局，但不应沉迷、迷信，而应理性地去看待及适度调整以实现合理居住空间的目的。目前有不少设计人员投入到风水学的研究，希望能帮业主更好地解决空间上的问题，但有些空间条件并不能全然套用风水的理论，必须实际考量空间格局是否合适。

1.3.2 室内设计的风水实例

对于室内设计风水，通俗地讲，好地方就是好风水，好的风水能让人身心健康。下面介绍具体的风水学实例。

1. 风水格局：卧室横梁压顶

风水原因：横梁最忌压在床头、书桌及餐桌上方，会影响居者的情绪与健康，事业运亦会受阻，结果如图 1-15 所示。

解决方式：更换床的位置或者在屋顶横梁以下设计天花板用以遮挡，结果如图 1-16 所示。

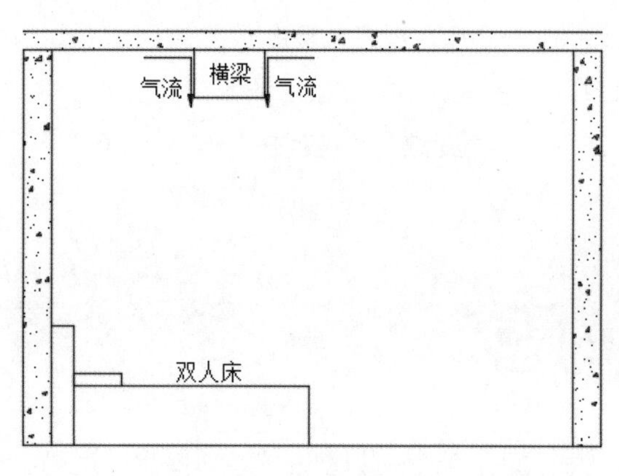

图 1-15　卧室横梁压顶

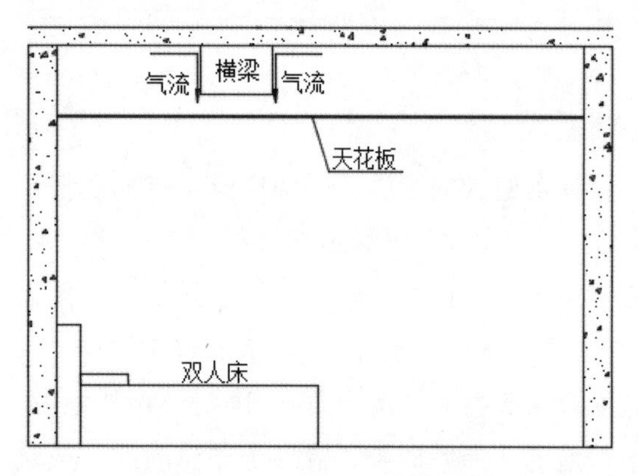

图 1-16　天花板装修遮挡

2. 风水格局：大门正对厕所门

风水原因：门相冲不聚气，煞气重，卫生间可能会造成人的呼吸、泌尿系统等疾病，结果如图 1-17 所示。

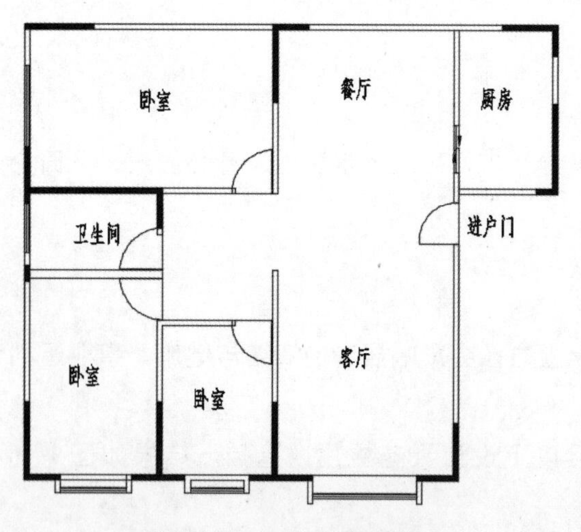

图 1-17　大门正对厕所门

解决方式：(1) 最简单的是在厕所门上挂一副珠帘起到屏风的作用。

(2) 做隔断，比如卫生间门前面增加玻璃墙面隔断，结果如图 1-18 所示。

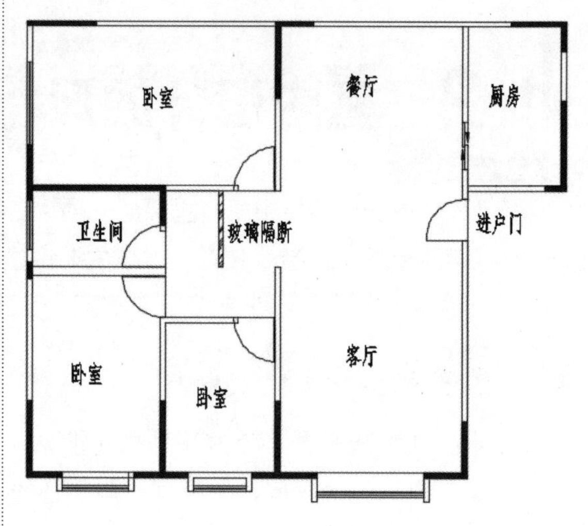

图 1-18　玻璃材质隔断

3. 风水格局：床正前方安有化妆镜

风水原因：床前安有化妆镜，因为镜子有反射光，对着身体，会造成神经衰弱、影响睡眠质量，导致失眠、惊梦等不良反应，结果如图 1-19 所示。

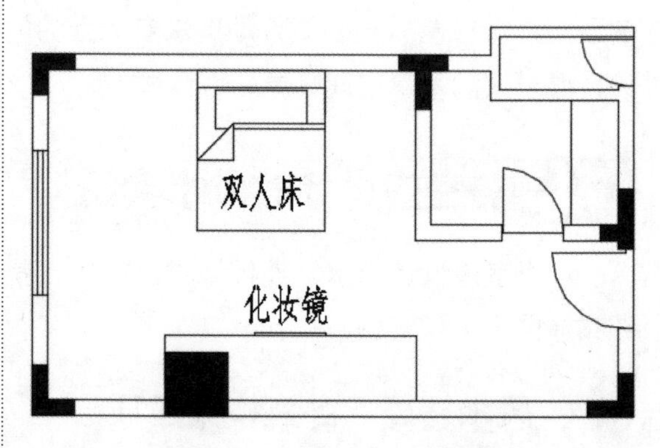

图 1-19　床前方正对化妆镜

解决方式：(1) 晚上睡觉前用套子把化妆镜罩起来。

(2) 改变化妆镜的位置，结果如图 1-20

所示。

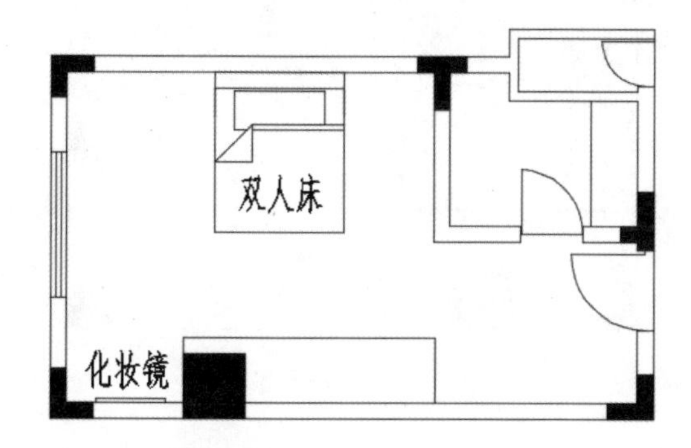

图 1-20　改变化妆镜位置

4. 风水格局：卧室床头无靠或靠窗

风水原因：睡眠时难以入眠，难以心安，长期会严重影响健康，如图 1-21 所示。

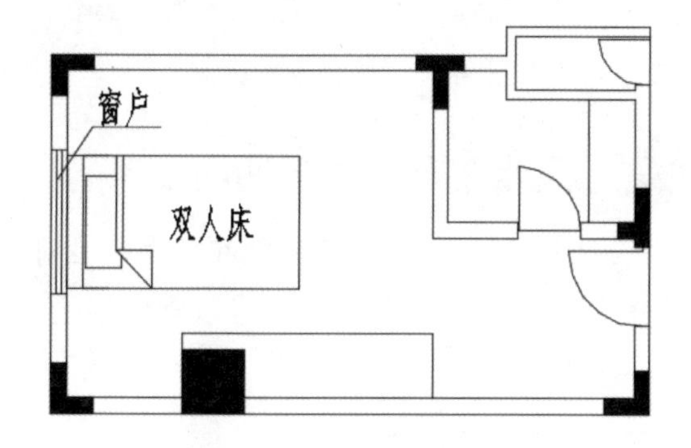

图 1-21　卧室床头靠窗

解决方式：(1) 更换床的位置，使床头靠墙，结果如图 1-22 所示。

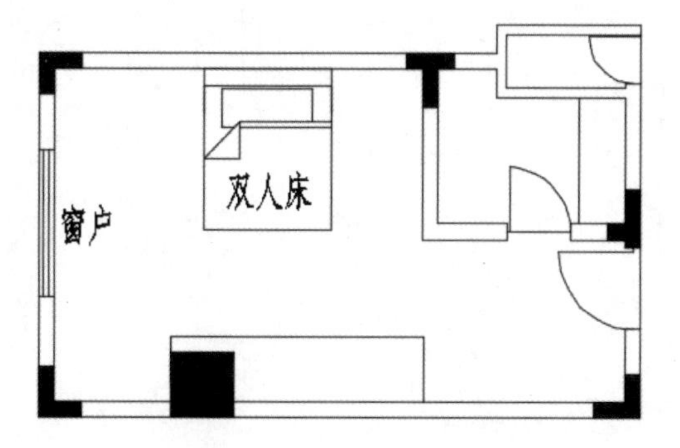

图 1-22　更换床位置

(2) 运用装潢手段，睡眠时可将不透光的装饰背板拉上。

5. 风水格局：室内房门，开门方向不一致

风水原因：屋内房门，开门方向应一致，这一点从门把手就可以断定。最忌一扇左开，一扇右开。开门如有左右颠倒容易导致家庭纷争，不和谐，而且开、关门多有不便，感觉上也很别扭，容易挤占不必要的空间，甚至有碍视线，结果如图 1-23 所示。

图 1-23　室内房门开门方向不一致

解决方式：所有的门最好应由左边开，因为风水上有所谓左青龙右白虎之说，青龙在左宜动，白虎在右宜静，所以全部的门应从左开为吉，也就是说人由里向外、门把手宜设在左侧，结果如图 1-24 所示。

图 1-24　室内房门开门方向一致

6. 风水格局：有脚之床，床下忌堆杂物

风水原因：堆放杂物，不容易清理，会滋生细菌，影响视觉效果，看上去凌乱，也可能会隐藏有毒之物，结果如图 1-25 所示。

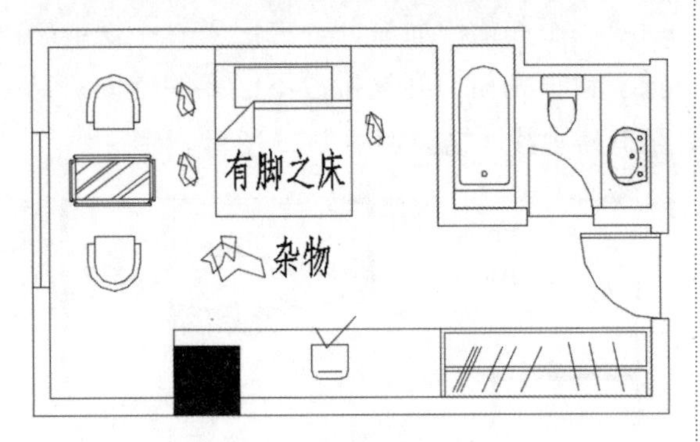

图 1-25　卧室整理前结果

解决方式：床下宜保持空旷通风，切不可床下堆放杂物，新婚夫妇尤忌。另外，室内宜放置部分盆栽，可以起到净化室内空气的作用，结果如图 1-26 所示。

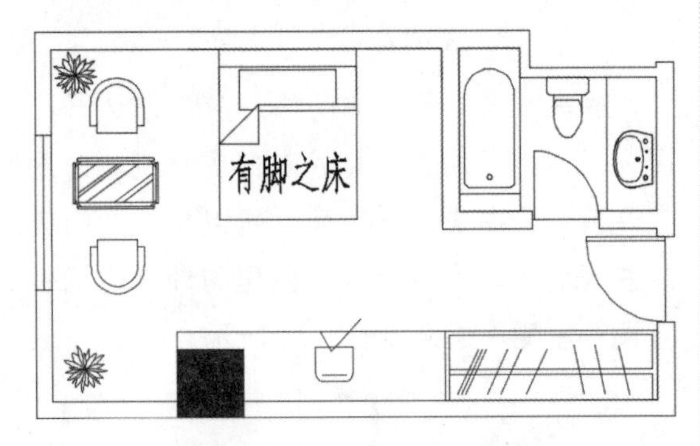

图 1-26　卧室整理后结果

7. 风水格局：床头忌开大窗

风水原因：床头靠窗口的床位，从风水角度解析是无靠山的意思。主要是对主人身体(头部及心血)及出门办事会有影响，结果如图 1-27 所示。

解决方式：床头靠墙，封闭窗户或改变原有窗户位置，结果如图 1-28 所示。

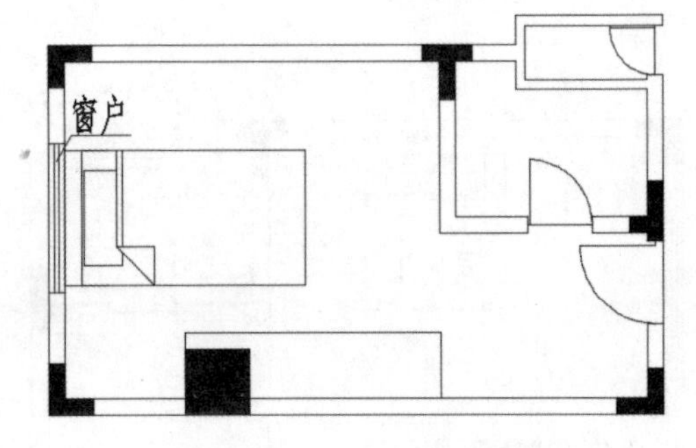

图 1-27　床头开有窗户

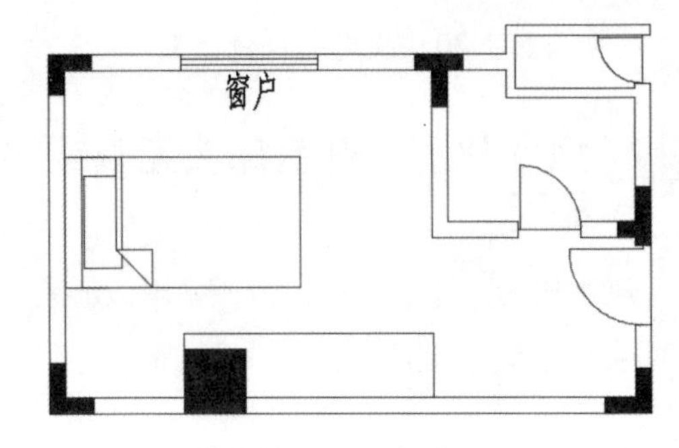

图 1-28　改变窗户位置

8. 风水格局：楼梯冲门

风水原因：楼梯或其走向和门直接相对，不能藏风聚气，财来财去，难以守住财运，结果如图 1-29 所示。

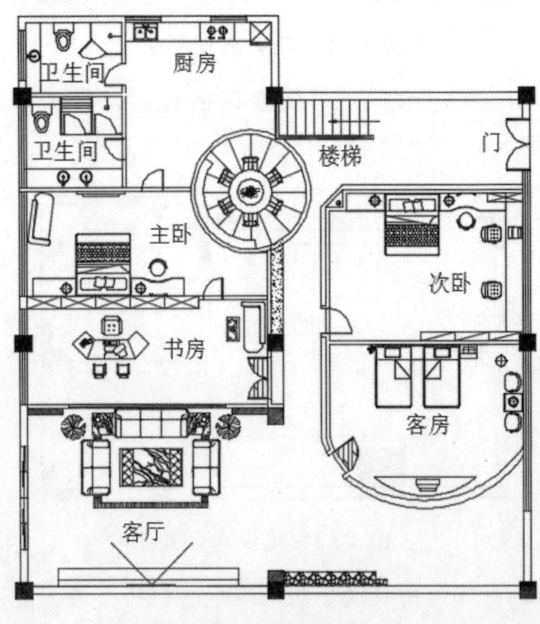

图 1-29　楼梯冲门

解决方式：不能改变的，可以用屏风、隔断、柜台或玄关遮挡，结果如图1-30所示。

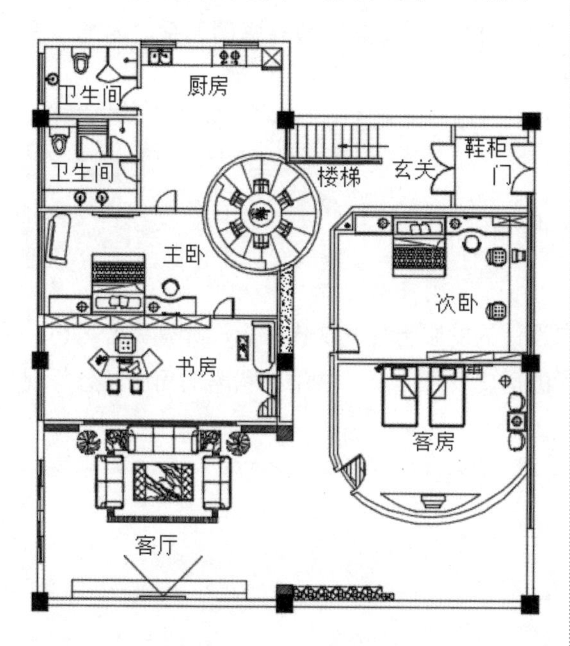

图1-30 设立玄关遮挡

9. 风水格局：厨灶对厕

风水原因：厨灶和厕所相对，水火不相容，必有一方要失，灶乃安命之源，百病皆由饮食而起，灶亦是财之源，万财皆由灶生，厨灶风水的好坏，直接影响着全家人的财运及健康，结果如图1-31所示。

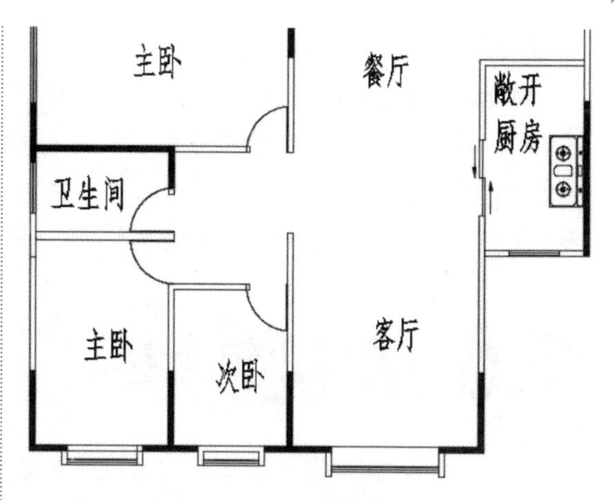

图1-31 厨灶和厕所相对

解决方式：悬挂帘子或厕所门前面做隔断进行遮挡，结果如图1-32所示。

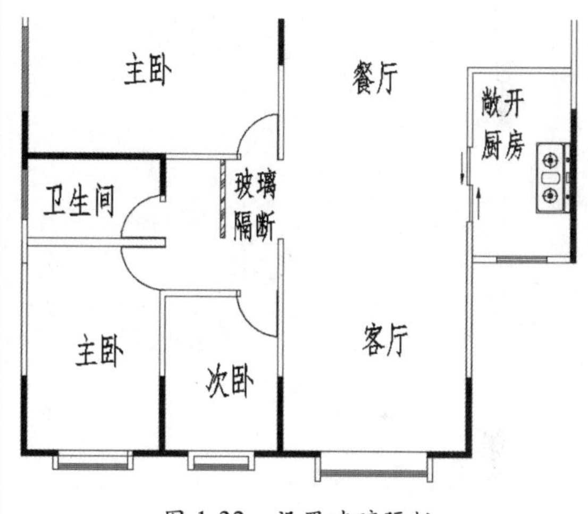

图1-32 设置玻璃隔断

1.4 大师解惑

小白：学习室内设计有用吗？

大师：非常有用。设计是装饰行业的龙头和灵魂，室内装饰的风格、品位决定于设计。据有关部门统计，目前全国室内设计人才缺口达40万人，国内相关专业的大学输送的毕业生无论从数量上还是质量上都远远满足不了市场的需要。因此，室内设计行业已成为最具潜力的朝阳产业之一，未来20～50年都处于一个高速上升的阶段，具有可持续发展的潜力。室内设计师是一个永不失业的职业。

小白：在室内设计中，风水学真的很重要吗？

大师：回答是肯定的。中国风水学是有很深的科学道理在其中的，其核心内容是天地人合一，其探求的是建筑物的择地、方位、布局与天道自然、人类命运的协调关系。因此，在给房屋装饰时最好遵循一些风水学说法，有益无害。

1.5 跟我学上机

练习 1：通过网络学习和了解国内外室内设计的发展历程及现代室内设计有哪些风格。

练习 2：通过网络学习和了解中国风水学的历史发展渊源，并站在科学的角度，分析现代室内设计在风水上应该注意的事项。

室内施工流程与丈量放样

室内施工流程与丈量放样是进行室内设计之前需要了解的基本内容，对设计师进行室内设计有很大的帮助。室内施工流程主要是指室内装饰流程，包括室内墙体、水电、木工等的施工；室内丈量放样主要是指为室内设计方案初步确定和室内图纸绘制做准备。本章主要介绍室内设计在绘制图纸之前需要了解的基本知识，在此基础上简单地介绍现场丈量放样的基本操作过程。

- **本章学习目标（已掌握的在方框中打钩）**

  □ 了解室内装饰工程施工流程的基本知识。

  □ 掌握室内现场丈量放样的基本操作。

- **重点案例效果**

40%

0%

7%

30%

40%

2.1 室内装饰工程的施工流程

室内装饰的施工是在室内施工图确定的基础上进行的。它具有一定的流程，首先是现场房屋尺寸的丈量，接着是墙体、给排水、电路和卫生间防水等其他一系列相关流程。下面主要介绍在室内装饰施工过程中其具体施工的相关内容。

2.1.1 室内尺寸丈量

设计人员在绘制室内装饰施工图之前，要先到所在室内丈量尺寸，绘制出室内房屋原有的结构图。在听取业主关于装饰房屋功能和设计要求之后，设计师一般都会在原有结构图上做初步的装饰设计方案，且与业主沟通、协调，最终在业主同意并确定设计方案后绘制施工详细图纸。

设计人员在现场丈量需要准备的基本工具包括相机、卷尺、鲁班尺、笔、纸、橡皮擦等，结果如图 2-1 所示。

在现场丈量尺寸时，宜 1 人负责记录、2 人负责丈量尺寸，以确保尺寸丈量的准确性，结果如图 2-2 所示。

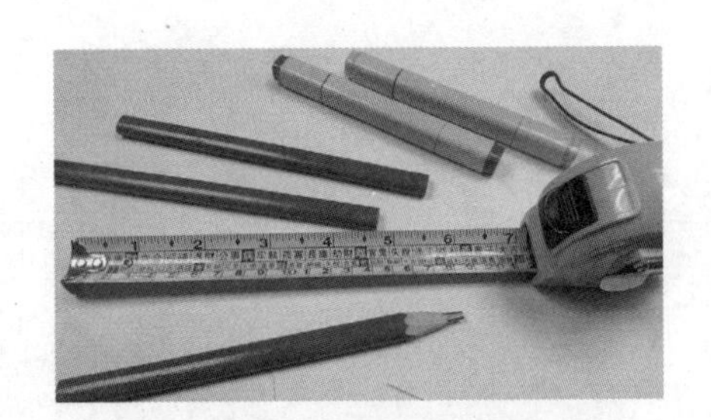

图 2-1　鲁班尺和笔

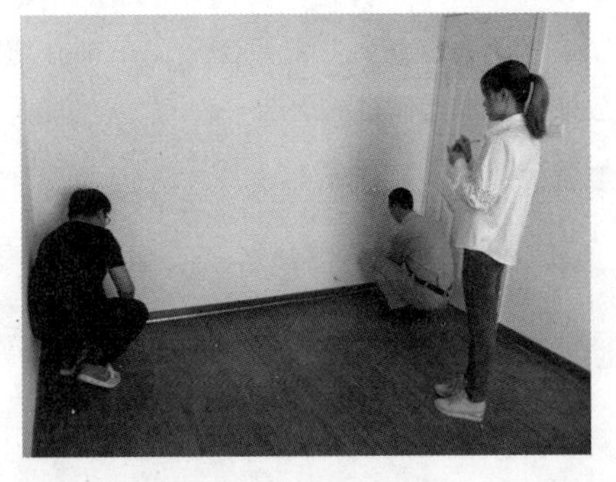

图 2-2　丈量尺寸

2.1.2 室内墙体拆除

根据室内房屋使用功能的需要，在规范允许和保证房屋安全的前提下，可对装饰过程中有需要拆除的墙体进行拆除。拆除房屋墙体需要注意的内容如下。

(1) 规范规定承重梁、柱、墙体等房屋主要结构不可拆除，必要的墙体拆除必须保证房屋结构的安全性。

(2) 规范规定抗震构件 (如圈梁、构造柱等) 不可拆除。

(3) 阳台侧面和下面的墙体不能拆除，其在悬挑结构阳台中往往起到抵抗倾覆和承重的作用。

(4) 拆除墙体时要确保室内总电源处于关闭状态，仅预留施工需要的电路电线。

(5) 拆除墙体中的插座、网线端口、有线电视头、电话线路等有关电线线盒时，要整理放好。

(6) 拆除有消防管道的墙体时，必须请示业主和物业是否可行，拆除后其端头必须用专门构件加固密封。

如图 2-3 所示为施工人员正在拆除非承重墙体，如图 2-4 所示为拆除墙体后的结果。

图 2-3　正在拆除墙体

图 2-4　拆除墙体后的结果

2.1.3 室内新增墙体施工

室内装修常见的墙体有砖墙和轻钢龙骨石膏板隔断墙体。室内新增墙体施工需要注意的内容如下。

(1) 砖墙具有抗压能力强、吸水性好、隔热隔音效果好等优点。为保证安全，应在新砌砖墙与原有砖墙交界处植入拉结筋，以 8mm 或 10mm 钢筋为佳，长度适度即可。因质量轻等优点，目前室内装修使用空心砖墙较多。

(2) 轻钢龙骨石膏板隔断墙有体质轻、刚度大、强度高、抗震性能好、结构牢等优点。其常规采用 75mm 的隔墙龙骨，外加 2 层 12mm 厚的石膏板，近 100mm 的厚度。

如图 2-5 所示为室内新砌砖墙，图 2-6 所示为轻钢龙骨石膏板隔断墙体。

图 2-5　室内新砌砖墙

图 2-6　轻钢龙骨石膏板隔断墙体

2.1.4 室内水电施工

水电施工在室内装饰中非常重要，一旦施工完成就不易更改。因此，水电施工要以质量为前提，安全为根本。作业人员在施工过程中需要按相关规范规定施工。

1. 给排水施工

(1) 冷热水埋管后的批灰深度，以到墙皮距离 1 ～ 1.5cm 为宜，遵守左冷右热、上热下冷的安装原则。

(2) 打压测试时，打压机的压力一定要达到 0.8MPa 以上，无爆、漏、滴等现象，等待 20 ～ 30 分钟，若压力表的指针位置没有变化，则说明所安装的水管是密封的。

(3) 水压测试过后，打开总阀门并逐个打开堵头，查看接头是否堵塞。

如图 2-7 所示为水管走线安装结果；如图 2-8 所示为正在测试水压。

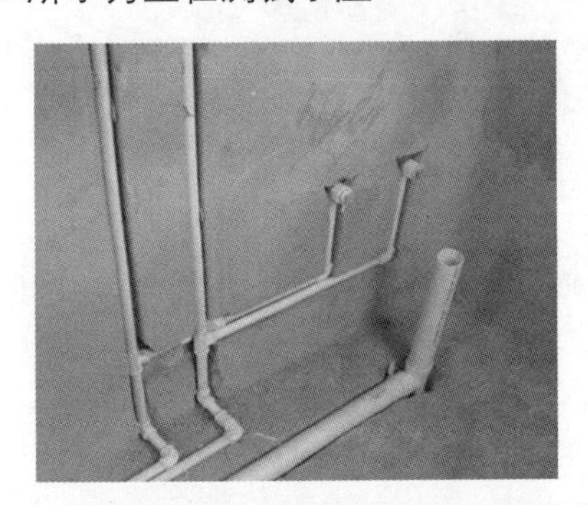

图 2-7 水管安装结果

图 2-8 水压测试

2. 电路施工

(1) 在家庭装修中，根据国家规范规定，照明、开关、插座要用 2.5 平方的线，空调要用 4.0 平方的线，热水器要用 6.0 平方的线，不可使用 1.5 平方的线，接线最好使用国标规定的黄绿线。

(2) 电路在施工过程中要遵循横平竖直的安装方式，以方便施工和电路管理。

(3) 室内同一房间电视、灯具、空调等插座最好在同一水平标高上，以方便电线布置与日常电路故障检修，并严格遵循左零右火、地线在上的原则。

(4) 室内使用电的情况，客厅走单独回路、餐厅走单独回路、厨卫走单独回路，每个房间设置灯具开关。

(5) 电路完工后，要开启所有灯具和电器，测试是否正常通电及全负荷用电情况下电路是否会跳闸，以确保电路绝对安全、稳定。

如图 2-9 所示为电线在走廊安装完成的效果；如图 2-10 所示为电线在室内相邻房间安装完成的效果。

图 2-9 走廊安装完成效果

图 2-10 相邻房间安装完成效果

2.1.5 室内墙面施工

墙面施工就是使用一定的建筑材料进行墙面处理，以做到墙面平整、光滑、无缝隙等，使用的建筑材料主要有腻子粉、白色乳胶漆等，为后续室内装潢提供质量保证。墙面上装饰的材料主要有壁纸、木饰面、石材等。

如图 2-11 所示为墙面乳胶漆正在施工效果；如图 2-12 所示为墙面壁纸完成效果。

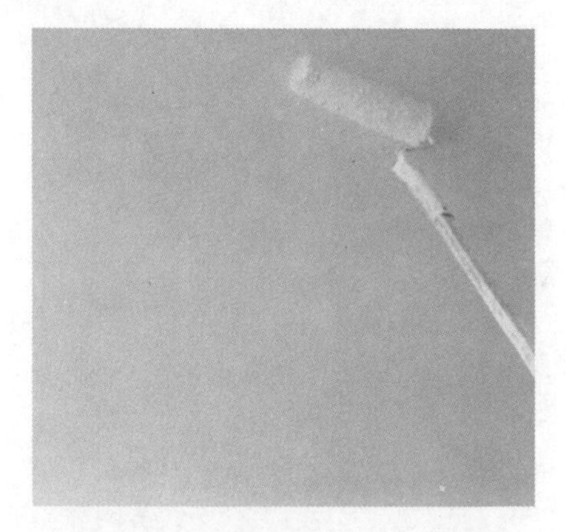

图 2-11　墙面乳胶漆施工效果

图 2-12　墙面壁纸完成效果

2.1.6 室内卫生间防水施工

卫生间是居家用水最多的区域之一，其需要做防水处理，以防止水渗漏到楼下居室或室内其他区域。

卫生间防水施工需要注意的内容如下。

(1) 用水泥砂浆将卫生间地面薄厚均匀地找平。

(2) 用聚氨酯防水浆料反复涂刷 2 ～ 3 遍，以保证施工质量。

(3) 铺设 30mm 厚干硬性水泥砂浆结合层。

(4) 卫生间地面蓄满水，24 小时内若液面无明显下降，相邻区域也未发生渗漏水现象，防水验收则合格；反之，其防水施工必须整体重做，重新验收。

如图 2-13 所示为卫生间正在防水施工效果；如图 2-14 所示为卫生间防水完成效果。

图 2-13　地面正在防水施工效果

图 2-14　防水施工完成效果

2.1.7 室内木工施工

室内的门、酒柜、隔断、各种柜子的制作都是木工施工的范畴，可在现场实际丈量尺寸后进行制作。现场木工施工的优点是业主可以根据需要和喜好自行选购家具材料，缺点是现场制作的人工成本较高。

如图 2-15 所示为制作完成的酒柜效果；如图 2-16 所示为制作完成的衣柜效果。

图 2-15　制作完成的酒柜效果

图 2-16　制作完成的衣柜效果

2.1.8 工程验收和清洁现场

室内安装灯具、五金配件后，就可以对现场施工进行竣工验收，包括检查质量、是否按照施工图纸进行施工等，然后将多余物件进行处理，即室内装饰工程完工。

如图 2-17 所示为客厅装饰完成后的效果；如图 2-18 所示为书房装饰完成后的效果。

图 2-17　装饰完成的客厅效果

图 2-18　装饰完成的书房效果

2.2 现场丈量放样

在室内设计之前，首先需要到现场丈量房屋结构尺寸，完成室内房屋现场丈量放样，然后根据丈量尺寸绘制出室内结构设计图，为后续室内装饰设计做好准备。

2.2.1 准备丈量工具

常用的丈量工具有卷尺、纸笔、相机等，其具体内容如下。

(1) 卷尺：分为一般卷尺和鲁班尺，鲁班尺在室内装饰中使用较多，如图 2-19 和图 2-20 所示。

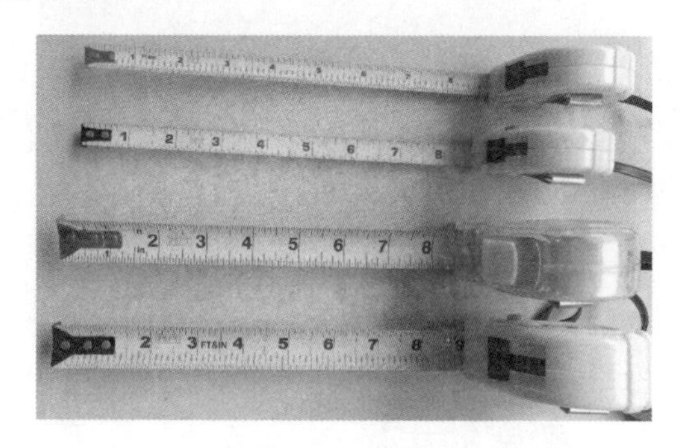

图 2-19　一般卷尺

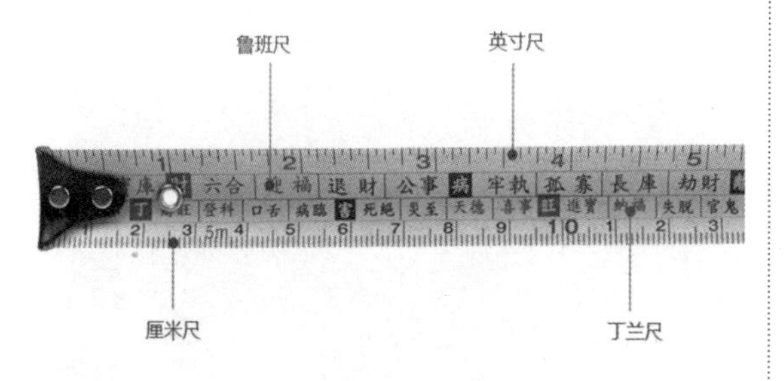

图 2-20　鲁班尺

提示

在市场上有两种鲁班尺，长度分别为 42.9cm 和 50.4cm。

(1) 第一行称为“英寸尺”，单位为“尺”，一尺相当于 30cm。

(2) 第二行称为“鲁班尺”，主要用于室内装饰。以红字尺寸为准，若测量时尺寸上下均为红字则称为双红，佛堂墙面净宽或看重风水的业主所使用的尺寸，均以双红为准。

(3) 第三行称为“丁兰尺”，主要用于墓园、往生者所使用的尺寸。

(4) 第四行称为“厘米尺”，主要用于测量长度，单位为厘米 (cm)。

(2) 方格纸或白纸，用于记录丈量数据。

(3) 圆珠笔、铅笔、荧光笔等，如图 2-21 所示。

图 2-21　圆珠笔、铅笔等

(4) 相机如图 2-22 所示。

图 2-22　照相机

2.2.2 卷尺的使用方法

在室内设计中，卷尺常用于以下几种场合。

1. 长度的丈量

步骤 1 大拇指按住卷尺头，如图 2-23 所示。

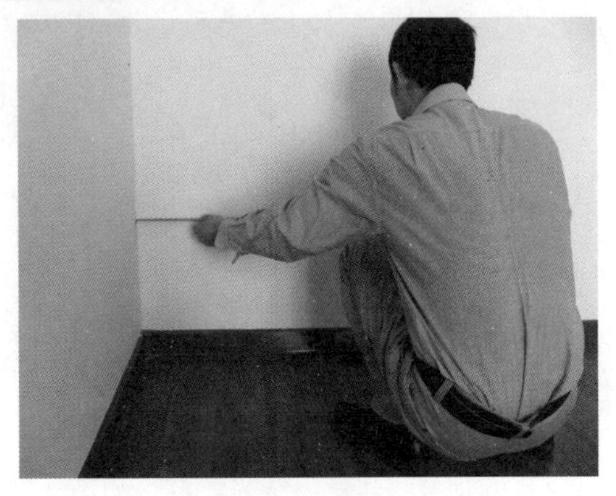

图 2-23 准备丈量

步骤 2 平行拉出，拉至欲量的长度即可，如图 2-24 所示。

图 2-24 开始丈量

2. 宽度的丈量

步骤 1 大拇指按住卷尺头，如图 2-25 所示。

步骤 2 平行拉出，拉至欲量的宽度即可，如图 2-26 所示。

图 2-25 准备丈量

图 2-26 开始丈量

3. 梁宽的丈量

步骤 1 卷尺垂直结构梁拉出，形成一个“Π”型，如图 2-27 所示。

图 2-27 准备丈量

步骤 2 将“Π”型卷尺顶住梁底部，使结构梁的边缘与卷尺的整数值对齐，以此推

算出结构梁的宽度，如图 2-28 所示。

图 2-28 开始丈量

4. 室内净高的丈量

步骤 1 卷尺头顶到天花板底部位置，大拇指按住卷尺并保持固定，如图 2-29 所示。

图 2-29 准备丈量

步骤 2 膝盖压住卷尺往下拉，卷尺拉出至地面即可，如图 2-30 所示。

图 2-30 开始丈量

2.2.3 观察建筑物形体及周围环境

现代建筑物风格多样，追求个性化和艺术化，部分形体会出现悬挑、中空、圆弧、椭圆、倾斜、钢结构造型等，而建筑物的外观形体也会间接、直接地影响建筑物室内平面图的布置。因此，有必要先对建筑物外观形体进行了解并拍照，以做到心中有数，如图 2-31 和图 2-32 所示。

图 2-31 商业楼建筑形体效果

图 2-32 住宅楼建筑形体效果

2.2.4 开始丈量室内尺寸

为了使测量结果更详细和精准，我们使用“闭合法”进行丈量：即从房门入口处(起始面)开始丈量，最后所丈量的闭合点(结束面)也位于房门入口处。现场丈量尺寸绘制平面图时，最好用铅笔用重(粗)线一边丈量一边绘制室内各个空间的格局。关于管道间和柱子的区别，有这样一句原则：“有梁就有柱子，有柱子却无梁时，那就是管道间。”

2.2.5 丈量梁、绘制梁位

室内布局丈量完成之后，用虚线粗略绘制梁位，再用卷尺测量梁宽、梁高、梁下净高、室内净高。为了方便修改，在这里草图用铅笔绘制，虚线表示建筑可视结构梁，结果如图 2-33 所示。

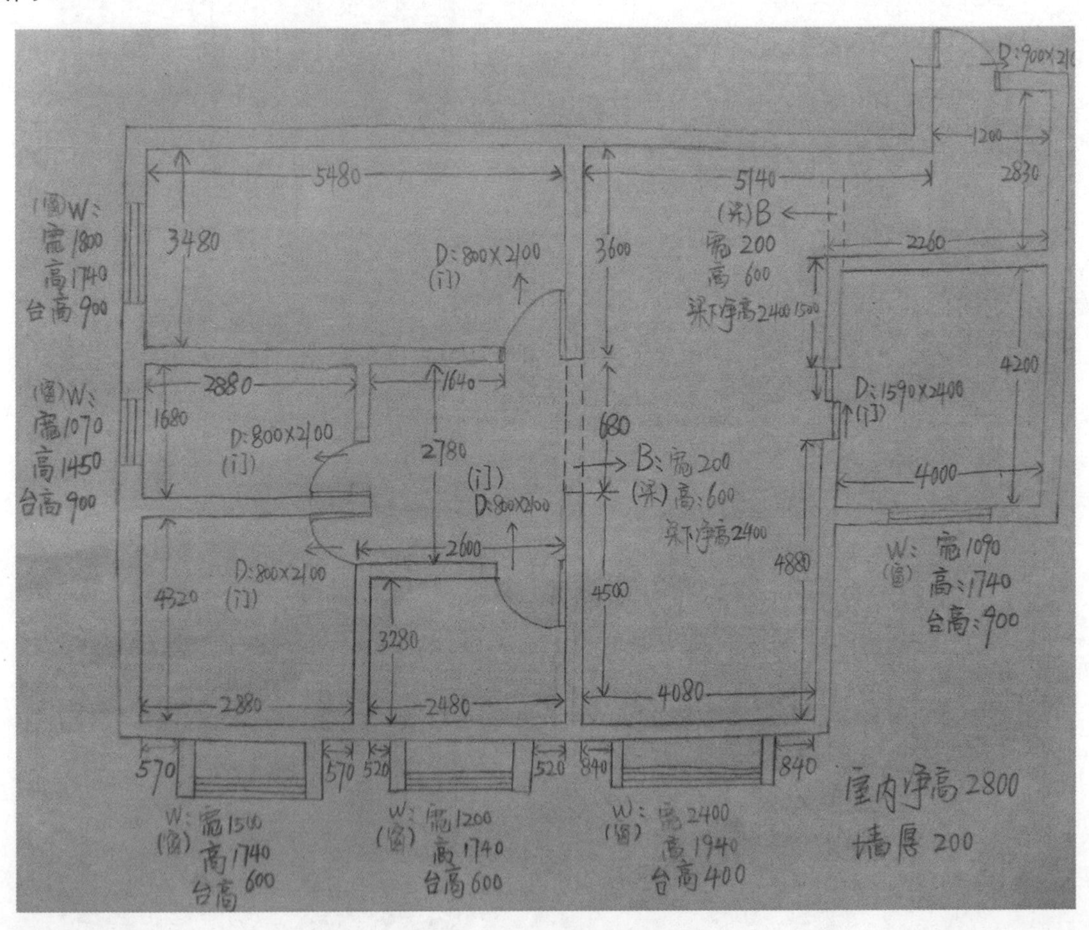

图 2-33　室内丈量绘制草图

2.2.6 复查丈量数据并对室内特殊部位拍照保存

最后检查丈量手绘草图与现场布局是否完全一致：室内丈量尺寸都已绘制完成，再次确

认是否有遗漏之处或有无未发现的问题。另外，对给排水、空调排水孔、弱电、原有设备、地面状况等进行实际测量并拍照、保存，以方便后续室内布局设计时查看。拍照要求：最好站在角落处身体半蹲，每一个场景均以拍到屋顶、墙面、地面为佳。

2.2.7 根据现场绘制的草图绘制室内平面结构图

房屋内部的布局最常见的有单层平面布局，但也有特殊的布局，如首层或顶层的挑空楼中楼布局和复式夹层布局。这 3 种不同的空间布局在绘制平面布局图时并不相同，最好能在绘制平面图时配上纵横剖立面图，这样便于了解房屋的结构和布局上的落差。下面给出实景现场图例，以供读者参考，其中实例 1 是根据现场绘制的草图绘制的室内平面结构图。

实例 1：单层平面格局

单层平面格局室内实体效果与平面图指示位置对应如图 2-34 ～图 2-45 所示。

图 2-34 电闸箱与燃气表

图 2-35 平面图位置指示

图 2-36 对讲门铃与灯具开关

图 2-37 平面图位置指示

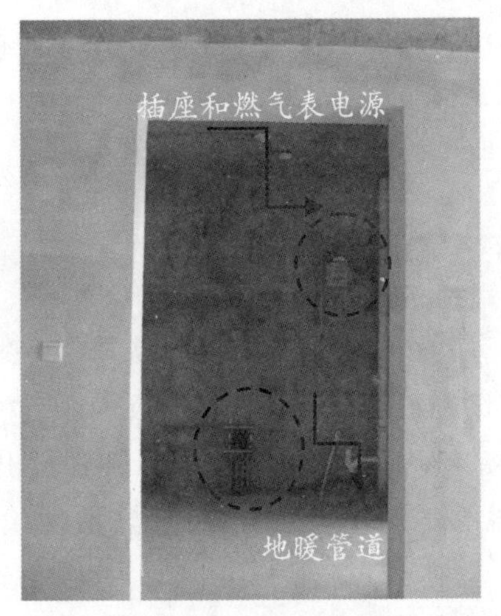

图 2-38　插座、燃气表电源和地暖管道

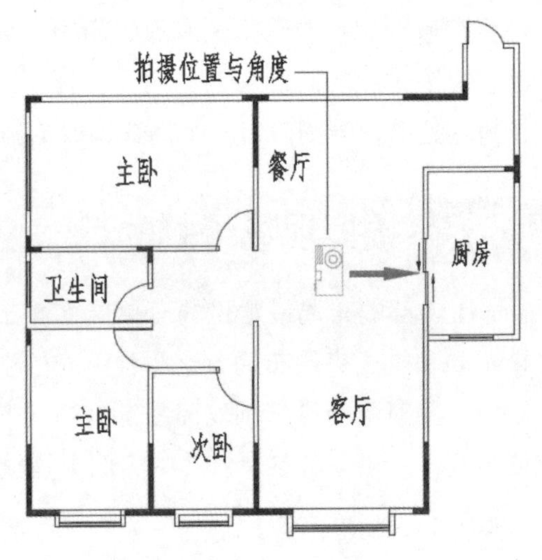

图 2-39　平面图位置指示

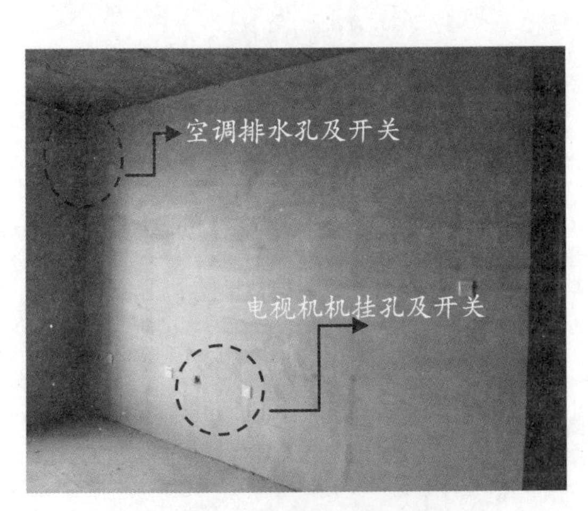

图 2-40　空调与电视机开关

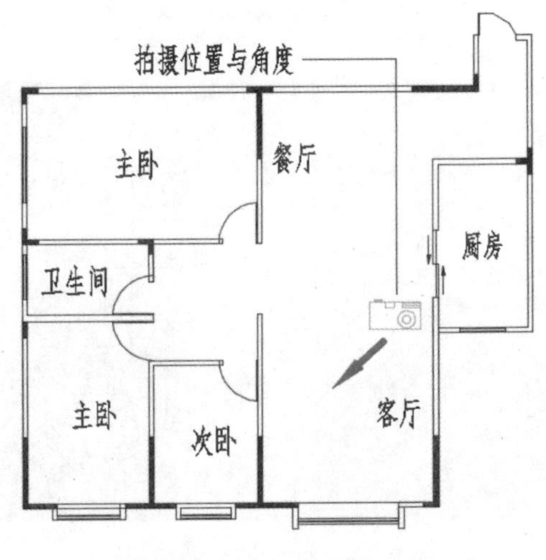

图 2-41　平面图位置指示

图 2-42　洗衣机开关与电源

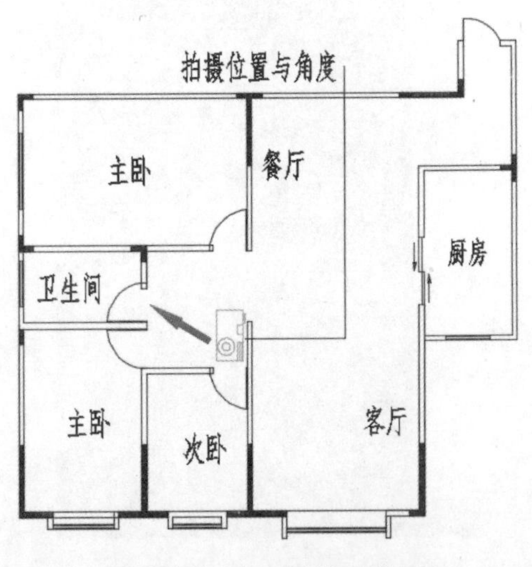

图 2-43　平面图位置指示

图 2-44　宽带预留口与开关

图 2-45　平面图位置指示

实例 2：复式结构格局

在本例中，由于室内房屋净空足够，为了充分利用室内面积，中间增加隔断形成复式结构，其室内实体效果与平面图指示位置对应如图 2-46 ～图 2-51 所示。

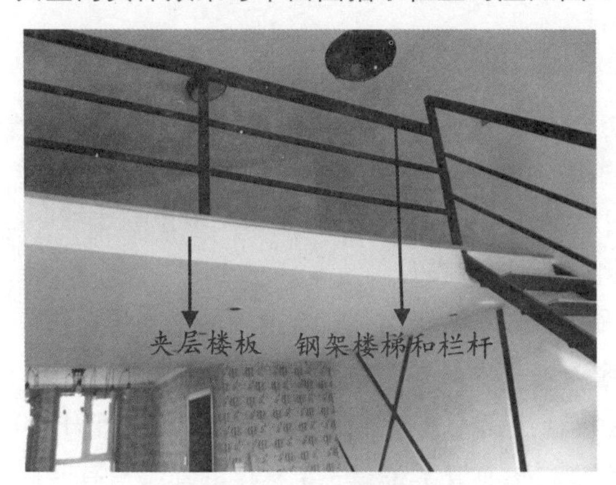

图 2-46　夹层结构

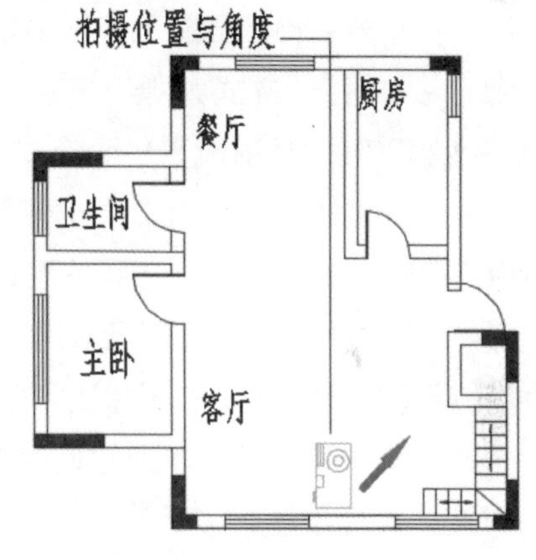

图 2-47　平面图位置指示

图 2-48　钢架结构

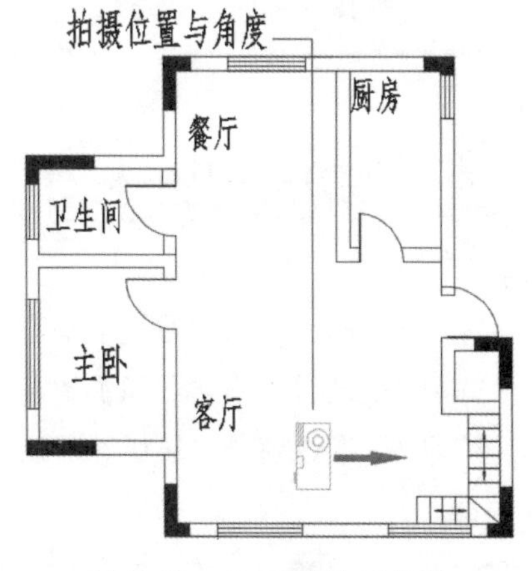

图 2-49　平面图位置指示

图 2-50　厨具插座预留孔

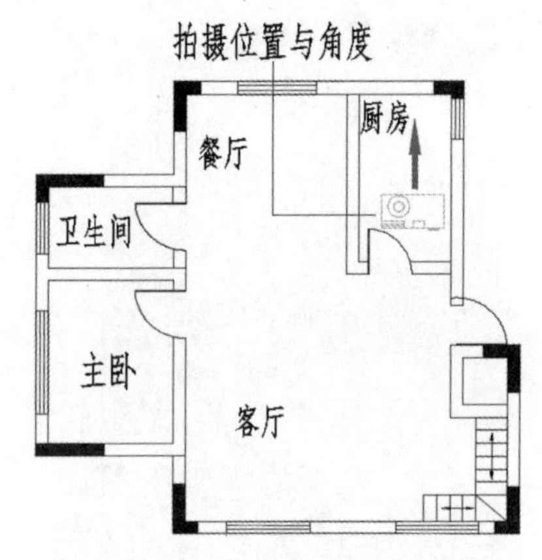

图 2-51　平面图位置指示

2.3 大师解惑

小白：在室内装饰工程施工流程中，暖气是怎么解决的？

大师：我国供暖方式大概有 5 种：集中采暖、分户采暖、家用空调采暖、电暖器采暖、电热地膜采暖。目前所有供暖方式中，电热地膜采暖是较环保和较省钱的采暖方式，是采暖行业发展新的推动力。北方供暖使用最多的是暖气片、地暖，而南方使用最多的是空调。

小白：鲁班尺在室内装饰工程施工过程中的使用有科学性吗？

大师：回答是肯定的。鲁班尺沿用至今，除了蕴含着符合中国传统价值观的风水学之外，自然亦有其严密的科学性。美国建筑科学家曾调查了许多“闹鬼”的房子，最后得出一个结论：这类房子都有一个共同特点，即它们的次声波强度远远高于其他建筑。次声波是频率低于 20 赫兹的声波，人耳不能直接听到，对人的神经系统和心血管系统有一定程度的损害，有时候会使人产生恐怖的幻觉，诱发心脏病。用鲁班尺上的风水学来控制住宅和家具的尺寸，恰好能避开次声波的共振频段。

2.4 跟我学上机

练习 1：通过网络学习和了解室内装饰工程的施工流程。

练习 2：通过网络学习和了解室内现场丈量放样的基本方法。

练习 3：通过现场丈量尺寸，徒手绘制某一建筑物的室内原始结构图，并标明其相关尺寸数据。

设置 AutoCAD 2016 绘图环境

本章主要讲解利用 AutoCAD 2016 进行图形绘制的基础知识，有助于读者了解 AutoCAD 2016 绘图环境及栅格、捕捉和动态输入的设置方法，掌握对象捕捉和缩放平移视图在绘图过程中的使用，以独立完成绘图环境的设置和图形的绘制。

- **本章学习目标（已掌握的在方框中打钩）**
  - □ 了解 AutoCAD 坐标系的相关知识。
  - □ 掌握环境配图的方法。
  - □ 掌握常用操作图层的方法和技巧。
  - □ 掌握绘图辅助工具的使用方法。

- **重点案例效果**

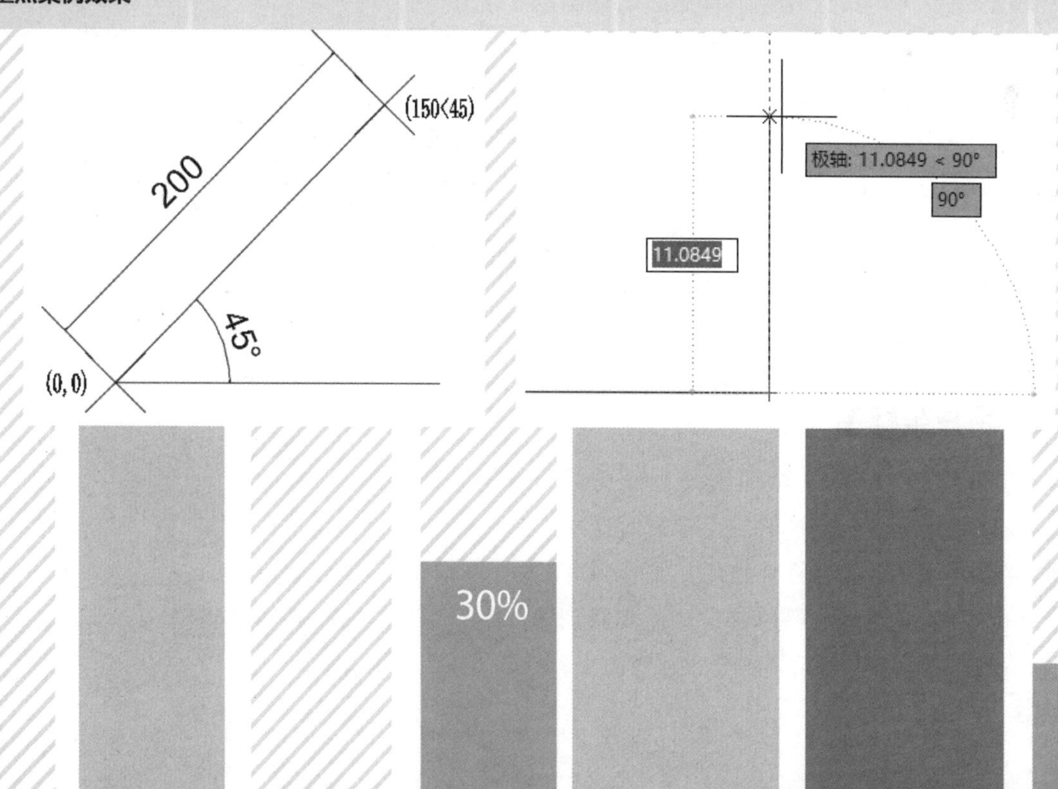

3.1 AutoCAD的坐标系

坐标系的作用是在绘图时确定对象的位置，提高所创建图形的精确度，从而使得计算机能够准确地设计并绘制图形。

3.1.1 认识坐标系

AutoCAD 2016 有两种坐标系：一种是世界坐标系 (World Coordinate System)，简称 WCS 坐标；另一种是用户坐标系 (User Coordinate System)，简称 UCS 坐标。

1. 世界坐标系

世界坐标系是 AutoCAD 模型空间中唯一的、固定的坐标系，它的原点和坐标轴方向是不变的。在 WCS 中，X 轴的正方向水平向右；Y 轴的正向为垂直向上；Z 轴的正方向垂直于 XY 平面，指向用户；坐标原点在绘图区的左下角，其上有一个方框标记。世界坐标系如图 3-1 所示。

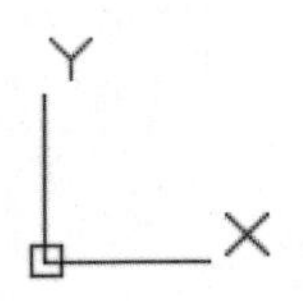

图 3-1　世界坐标系图标

2. 用户坐标系

在 AutoCAD 中为了能够更好地辅助绘图，经常需要修改坐标系的原点位置和坐标方向，这时世界坐标系将变为用户坐标系即 UCS。用户坐标系可由用户自定义，其原点和坐标轴方向可以按照用户的要求随意改变，如图 3-2 所示。

提示　在默认情况下，世界坐标系和用户坐标系重合，用户坐标系的坐标轴交汇处没有“□”形状的标记。

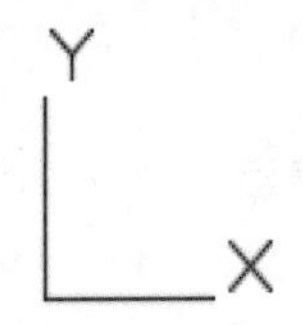

图 3-2　用户坐标系图标

移动或旋转 UCS 可以更容易地处理图形的特定区域。因此，在一些绘图中重新定义一个新的用户坐标系是必要的。下面以创建一个三点坐标系为例，来介绍创建新的坐标系的方法，其具体操作步骤如下。

步骤 1　单击 AutoCAD 界面左上角倒三角形按钮，在弹出的下拉列表中选择【显示菜单栏】命令，即可调出 AutoCAD 界面隐藏的菜单栏，如图 3-3 所示。

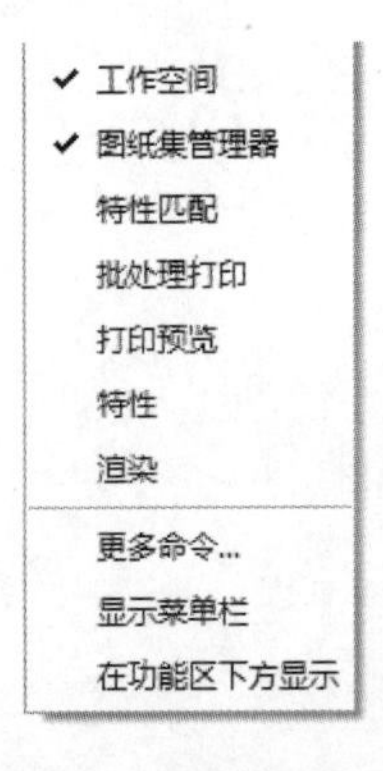

图 3-3　调出菜单栏

步骤 2　选择【工具】→【新建 UCS】→【三点】菜单命令，如图 3-4 所示。

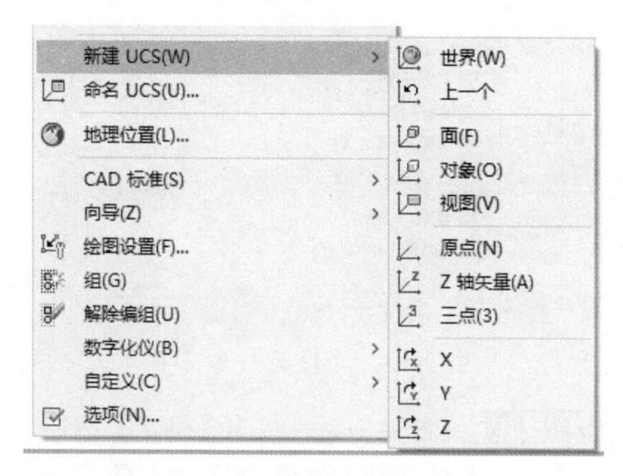

图 3-4　选择【三点】命令

步骤 3　返回到 AutoCAD 的工作界面，即可完成三点坐标系的创建，如图 3-5 所示。

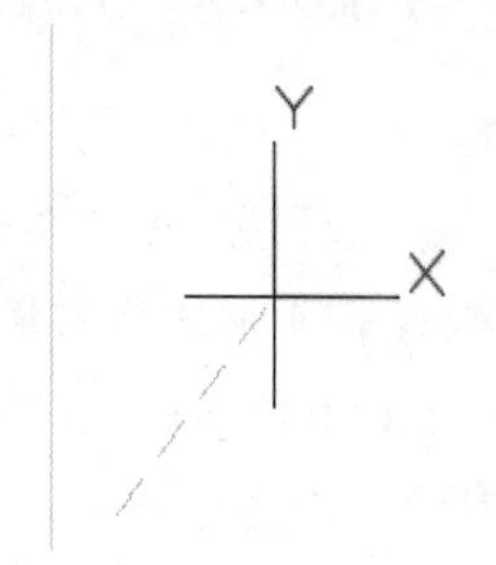

图 3-5　三点坐标系

步骤 4　选择【视图】→【显示】→【UCS 图标】→【开】菜单命令，可以隐藏或显示 UCS 坐标系，结果如图 3-6 所示。

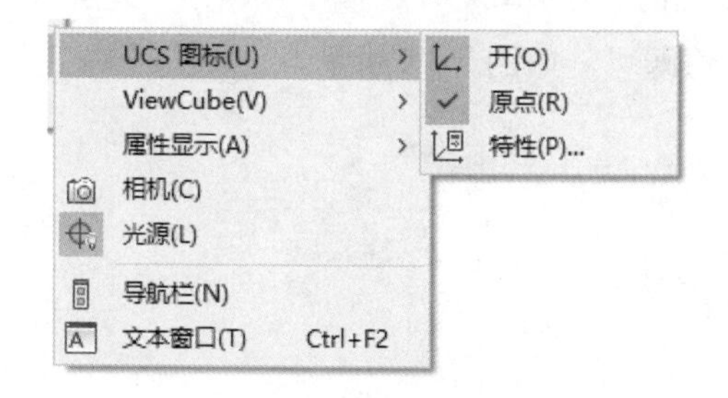

图 3-6　选择【开】命令

步骤 5　选择【视图】→【显示】→【UCS 图标】→【原点】菜单命令，可以将坐标系放置在 AutoCAD 工作界面的原点位置，如图 3-7 所示。

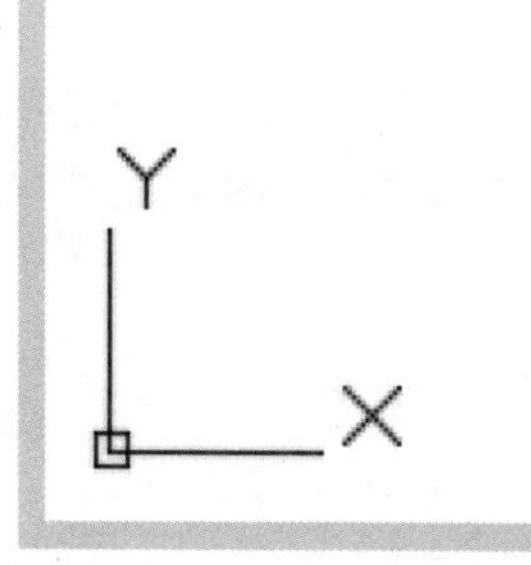

图 3-7　原点处坐标系

步骤 6　选择【视图】→【显示】→【UCS 图标】→【特性】菜单命令，打开【UCS 图标】对话框，在其中可以对【UCS 图标样式】、【UCS 图标大小】、【UCS 图标颜色】等相关参数进行设置，如图 3-8 所示。

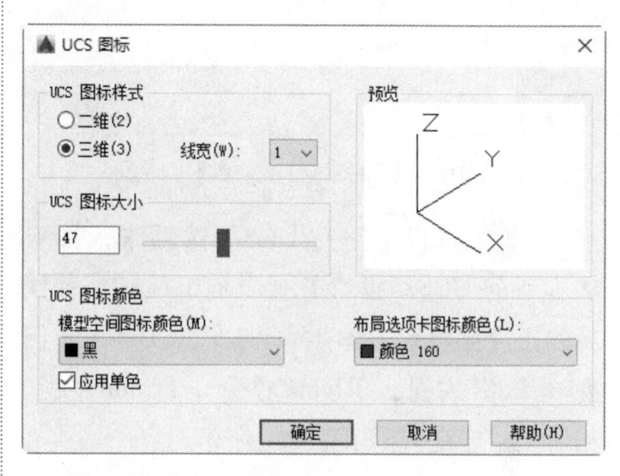

图 3-8　【UCS 图标】对话框

步骤 7　在【UCS 图标】对话框中单击【确定】按钮，即可完成对 UCS 图标特性的设定。

另外，创建好一个用户坐标系之后，还可以对所创建的用户坐标系进行命名设置，其具体操作步骤如下。

步骤 1　选择【工具】→【命名 UCS】菜单命令，打开 UCS 对话框，如图 3-9 所示。

步骤 2　单击【置为当前】按钮，即可将其置为当前坐标系。单击【详细信息】按钮，打开【UCS 详细信息】对话框，即可查看当前所创建的坐标系的详细信息，如图 3-10 所示。

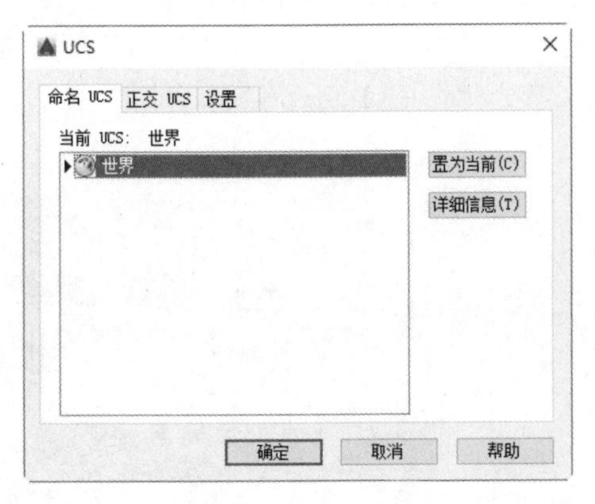

图 3-9　UCS 对话框

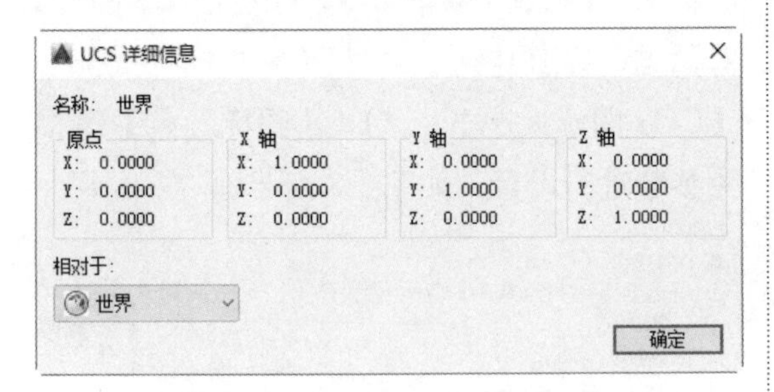

图 3-10　【UCS 详细信息】对话框

步骤 3 选择【正交 UCS】选项卡，即可从【当前 UCS：世界】列表框中选择需要使用的正交坐标系，如 Top(仰视)、Bottom(俯视)、Left(左视)、Right(右视)、Front(主视) 和 Back(后视)，如图 3-11 所示。

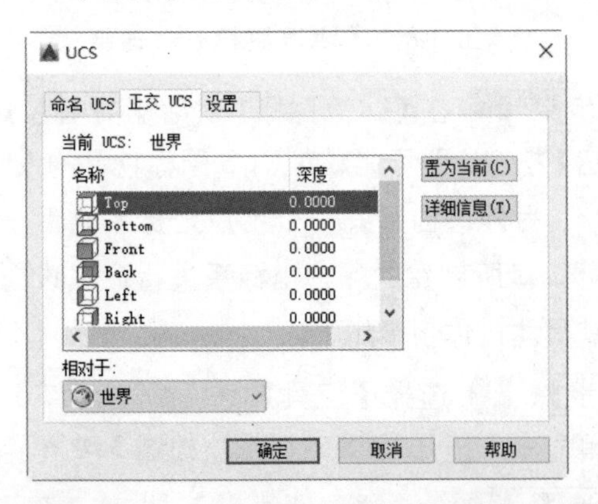

图 3-11　【正交 UCS】选项卡

步骤 4 选择【设置】选项卡，在【UCS 图标设置】和【UCS 设置】设置区域中可以根据实际情况对相关参数进行相应的设置，如图 3-12 所示。

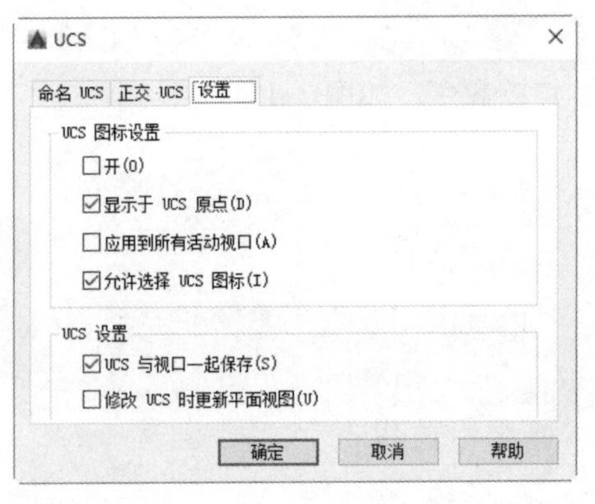

图 3-12　【设置】选项卡

步骤 5 设置完毕后，单击【确定】按钮，即可保存所有设置并关闭 UCS 对话框。至此，就完成了用户自定义坐标系的命名设置。

3.1.2 坐标的表示方法

在指定坐标点时，既可以使用直角坐标系，也可以使用极坐标系。在 AutoCAD 2016 中，一个点的坐标有 4 种表示方法，分别是绝对直角坐标、相对直角坐标、绝对极坐标、相对极坐标，其具体内容如下。

绝对直角坐标

绝对直角坐标是相对于坐标原点的 x、y、z 的绝对值，点表示为 (x,y,z)。当绘制二维平面图时，其 z 值为 0，可省略不输入，仅输入 x、y 值即可，如图 3-13 所示。

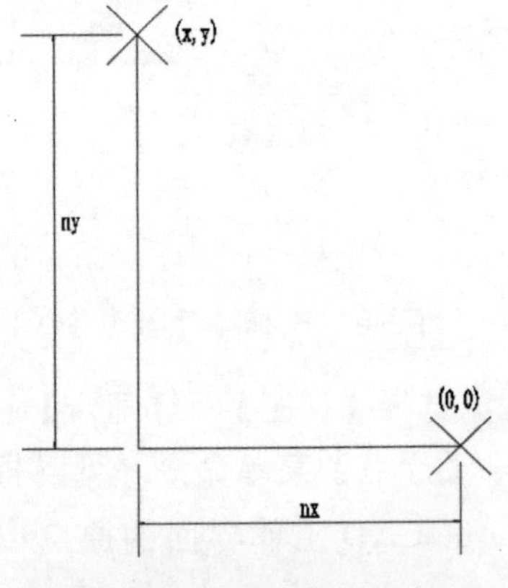

图 3-13　绝对直角坐标

2. 相对直角坐标

相对直角坐标是基于一个输入点而言的，即通过坐标值相对到某一基点的 x、y 的绝对值来定义该点的位置。相对于基点坐标点 (x,y,z) 增加 (nx,ny,nz) 的坐标点输入格式为 (@ nx,ny,nz)，相对坐标的输入格式为 (@x,y)，@ 字符表示使用相对坐标输入，如图 3-14 所示。

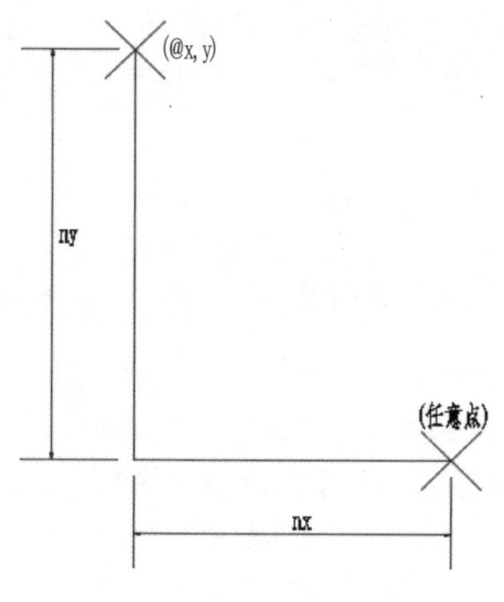

图 3-14　相对直角坐标

3. 绝对极坐标

相对于坐标原点的极坐标就是绝对极坐标。例如：坐标 (200 < 45) 是指从 x 轴正方向开始逆时针旋转 45°，距离原点 200 个图形单位的点，如图 3-15 所示。

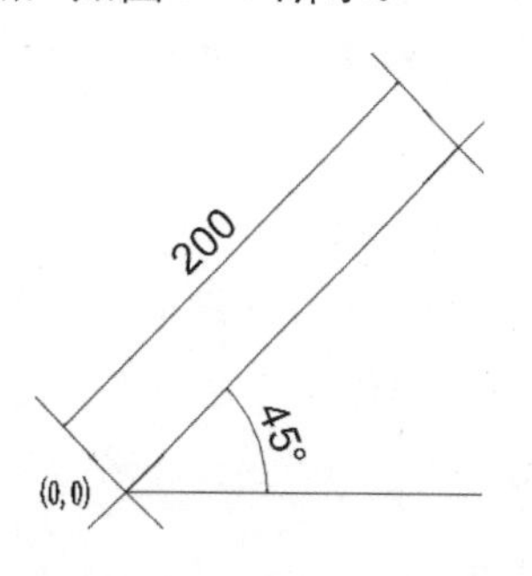

图 3-15　绝对极坐标

4. 相对极坐标

相对极坐标就是指平面内某一点相对于参考极点的位移距离、方向及角度。例如：坐标 (@200 < 60) 是指相对于前一点的距离为 200 个图形单位，角度为 60° 的一个点，如图 3-16 所示。

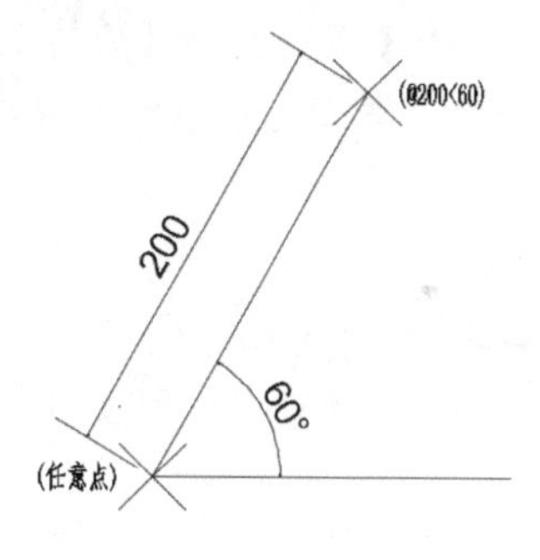

图 3-16　相对极坐标

3.2 配置绘图环境

为了保证绘图文件的规范性、准确性和高效性，绘图环境的设置是绘制图形的第一步工作，需要设置的部分包括图形界限、单位、界面显示等。

3.2.1 设置图形界限

图形界限 (LIMITS，又称绘图界限) 是指 AutoCAD 的绘图区域的边界。而设置图形界限就相当于选择图纸幅面，图形应绘制在图形界限内。在打开图形界限边界检验功能的情况下，一旦绘制的某个图形超出了绘图界限，系统将给出相应的提示信息。

室内设计图纸大多使用 A3 图纸打印输出，下面以 A3(43000，39700) 图纸幅面为例设置图形界限，主要有以下几种方法。

☆ 在命令行直接输入 LIMITS 命令并按 Enter 键。

☆ 选择【格式】→【图形界限】菜单命令。

执行上述操作，命令行提示如下：

```
命令:LIMITS
重新设置模型空间界限:
指定左下角点或 [开(ON)/关(OFF)] <0.0000,0.0000>:    //指定图形界限左下角点
指定右上角点 <0, 0>: 43000,39700    //指定图形界限右上角点，按Enter键完成设置
```

3.2.2 设置图形单位

在绘制室内设计图形中，有其大小、精度及采用的单位。室内设计图一般以 mm 为单位。在绘制图纸之前，首先应对绘图单位进行设置。

设置图形单位的具体操作步骤如下。

步骤 1 选择【格式】→【单位】菜单命令，打开【图形单位】对话框，在其中可以对图形单位的长度、角度、插入时的缩放单位、输出样例、光源等相关参数进行相应的设置，如图 3-17 所示。

> **提示** 用户还可以使用命令行打开【图形单位】对话框，具体的方法是在命令行中输入 UNITS 命令并按 Enter 键。

步骤 2 若需要设定角度的方向，可以在【图形单位】对话框中单击【方向】按钮，打开【方向控制】对话框，在其中设定方向的基准角度，如图 3-18 所示。

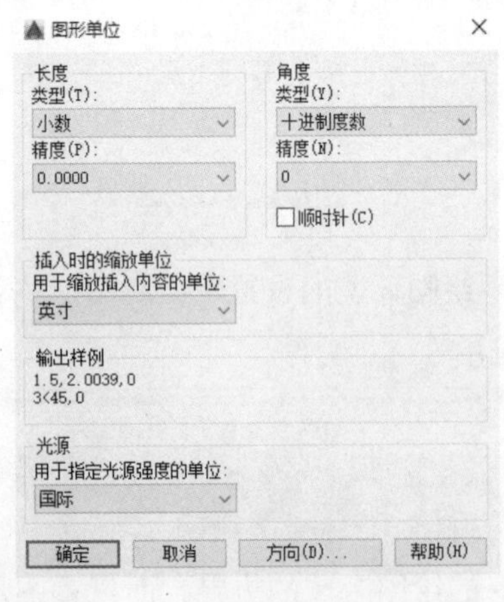

图 3-17 【图形单位】对话框

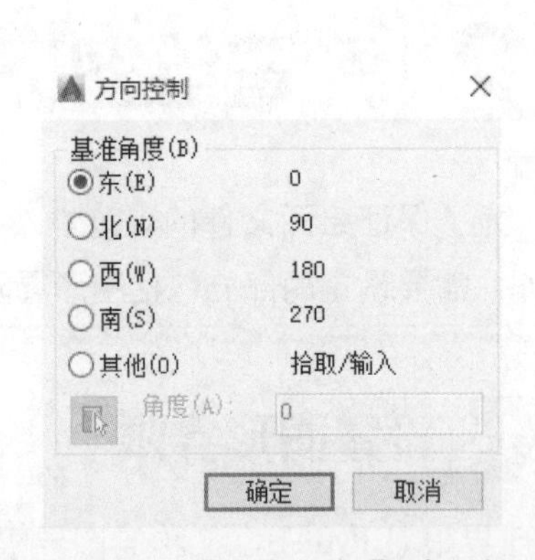

图 3-18 【方向控制】对话框

提示 【图形单位】对话框中各项参数的功能介绍如下。

☆ 角度：设定角度单位的类型和精度。

☆ 长度：设定长度单位的类型和精度。

☆ 顺时针：设定角度方向的正负。勾选该复选框时，顺时针旋转的角度为正方向，未勾选则按逆时针旋转的角度为正方向。

☆ 插入时的缩放单位：设定缩放插入内容的单位，即设定当前绘图环境尺寸的单位。

☆ 方向：设定角度方向。

3.2.3 设置绘图区颜色

颜色可以根据用户的使用习惯来设定。颜色的合理使用，可以充分体现设计效果和图形的管理。

设置绘图区颜色的具体操作步骤如下。

步骤 1 选择【工具】→【选项】菜单命令，打开【选项】对话框，如图 3-19 所示。

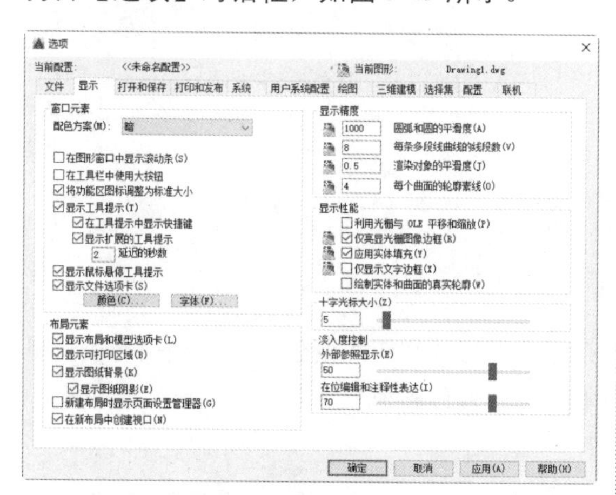

图 3-19 【选项】对话框

步骤 2 选择【显示】选项卡，在【窗口元素】设置区域中单击【颜色】按钮，打开【图形窗口颜色】对话框，如图 3-20 所示。

步骤 3 单击【颜色】下拉按钮，在弹出的下拉列表中选择绘图区域的背景颜色，如这里选择【绿】选项，如图 3-21 所示。

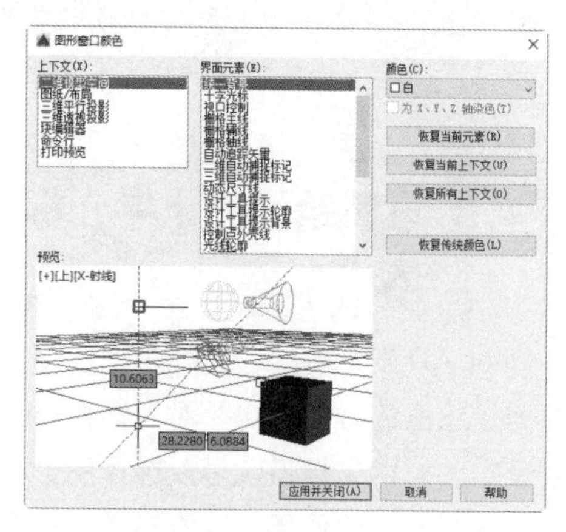

图 3-20 【图形窗口颜色】对话框

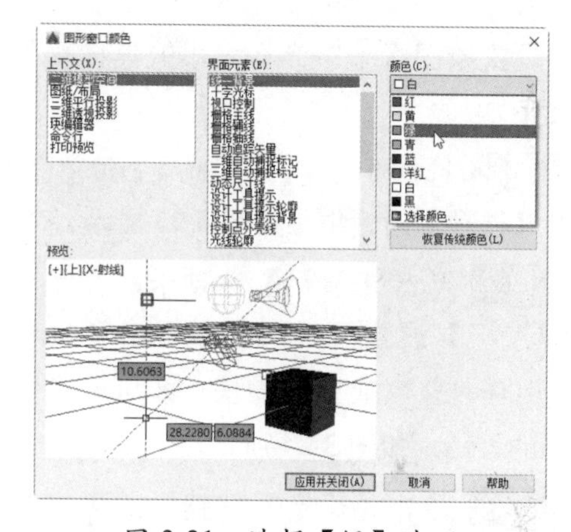

图 3-21 选择【绿】选项

步骤 4 选定颜色后单击【应用并关闭】按钮，即可完成颜色的设定，如图 3-22 所示为背景颜色设置为绿色之后的效果。

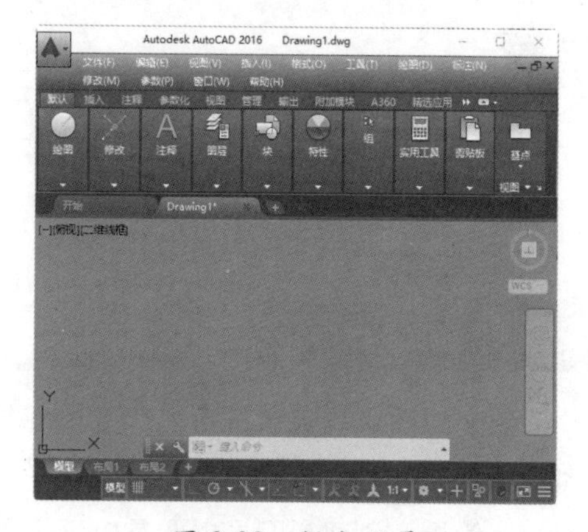

图 3-22 绿色背景

> **提示** 若需要恢复到传统的背景绘图颜色，可以在【图形窗口颜色】对话框中单击【恢复传统颜色】按钮。

3.2.4 设置绘图区十字光标大小

AutoCAD 默认的十字光标是比较小的，有时为了绘图的方便，需要对光标大小进行重新设定。十字光标不仅可以选择图形，还可以起到辅助线的作用，以便知道图形是否对齐等。

设置绘图区十字光标大小的具体操作步骤如下。

步骤 1 选择【工具】→【选项】菜单命令，打开【选项】对话框，如图 3-23 所示。

步骤 2 选择【显示】选项卡，在【十字光标大小】设置区域的文本框中直接输入 1 ～ 100 的整数或拖动滑块，即可改变十字光标的大小，如图 3-24 所示。

步骤 3 单击【确定】按钮，即可完成十字光标大小的设定。

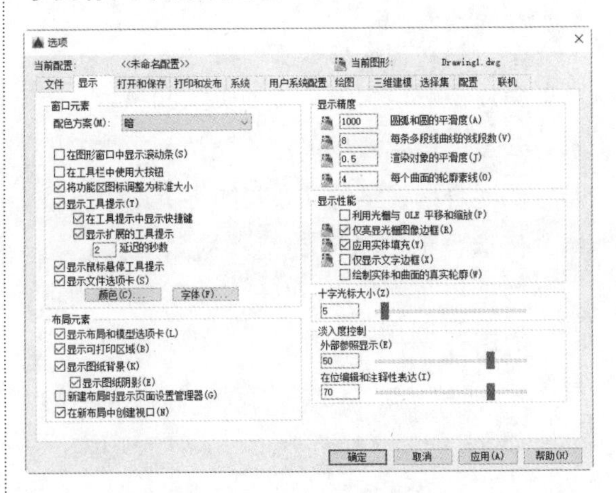

图 3-23 【选项】对话框

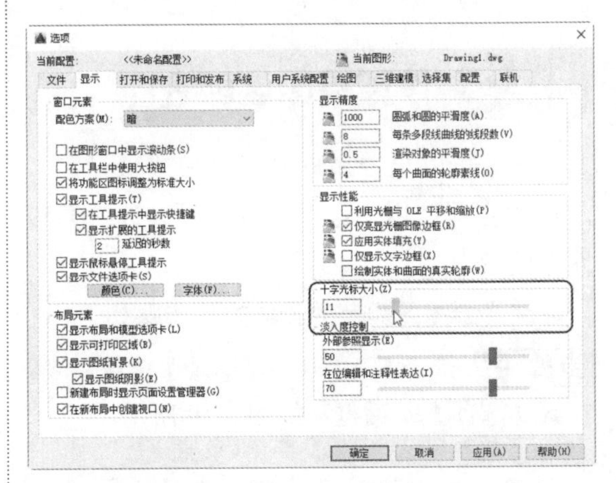

图 3-24 调整十字光标大小

3.3 图层操作

图层在 AutoCAD 中有两个基本作用：一个是对图形的组织和管理；另一个是对图形属性如线型、线宽和颜色的控制。通过设置和管理图层，能够控制对象的可见性和对象特性，提高绘图效率。

3.3.1 创建图层

新创建的图层均包含一个名为 0 的图层，这个图层是无法删除或重命名的。新创建的图层都具有多个属性，其内容包括图层名称、线条颜色、线条线型、线条宽度等，用户可对此进行一一设置。创建新图层主要有以下几种方法。

☆　单击【默认】选项卡→【图层特性】面板→【图层特性】按钮。

☆　选择【格式】→【图层】菜单命令。

☆　在命令行中直接输入 LAYER 或 LA 命令并按 Enter 键。

执行上述任意一项操作后，界面都会弹出【图层特性管理器】对话框，在其中可以对图层进行相关参数设定，如新建图层、编辑图层特性等，如图 3-25 所示。

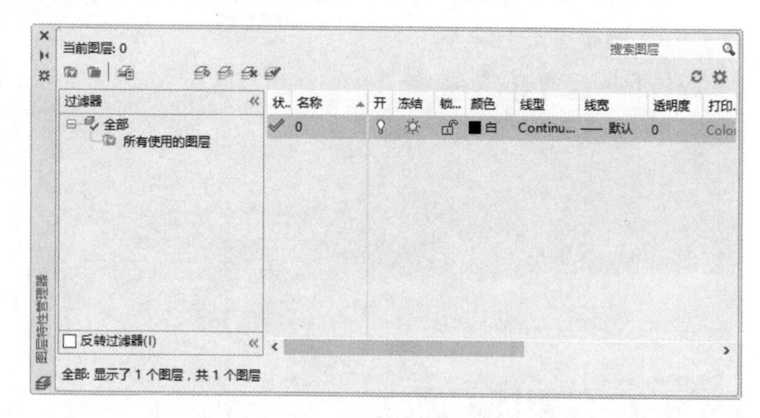

图 3-25　【图层特性管理器】对话框

下面以上述第二种方法为例介绍如何创建新图层，具体操作步骤如下。

步骤 1　选择【格式】→【图层】菜单命令，如图 3-26 所示。

步骤 2　单击【新建图层】按钮，新建【图层 1】，如图 3-27 所示。

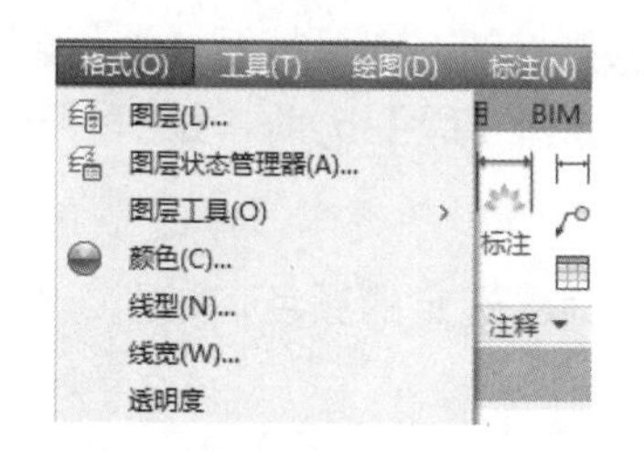

图 3-26　选择【图层】命令

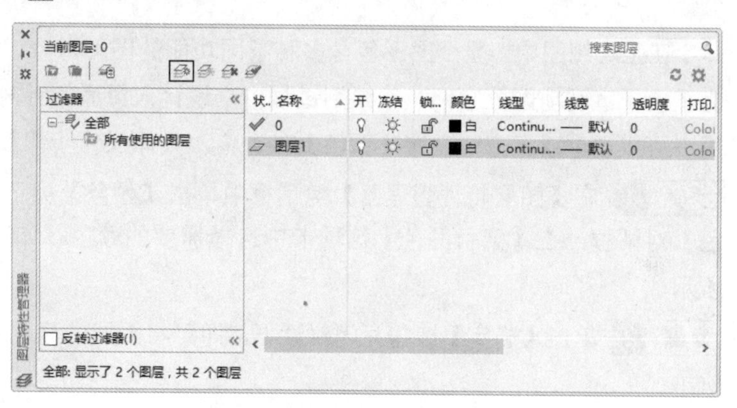

图 3-27　新建【图层 1】

步骤 3　单击所选图层的名称，使图层名称处于可编辑状态之后，输入新的名称，即可完成新建图层命名的操作，如图层【MC- 门窗】，如图 3-28 所示。

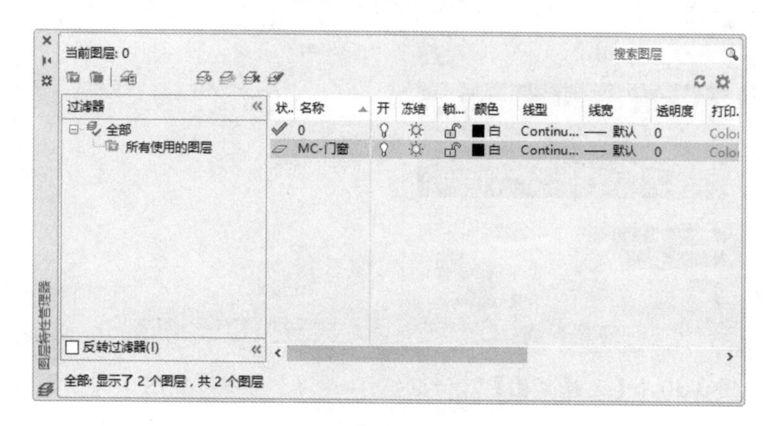

图 3-28　修改名称为【MC- 门窗】

提示 选中已有的0图层，单击鼠标右键，在弹出的快捷菜单中选择【新建图层】命令，也可执行新建图层操作，如图3-29所示。

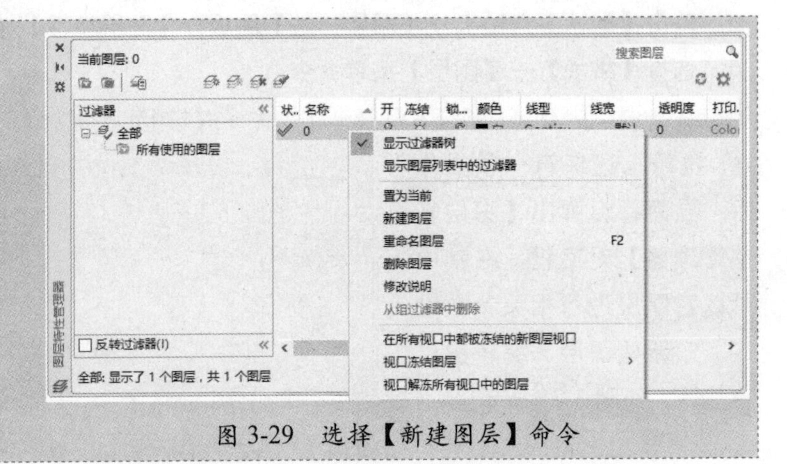

图 3-29　选择【新建图层】命令

3.3.2 设置图层属性

在【图层特性管理器】对话框中，图层属性包括设置图层颜色、图层线型、图层线宽等相关参数。

1. 设置图层颜色

在工程制图中，整个图形包含多种不同功能的图形对象，如实体、剖切线、尺寸标注等。为了便于直观地区分它们，在绘制过程中，设计人员通常针对不同图形对象使用不同的颜色。用户可以通过以下方法设置【颜色】参数值，具体操作步骤如下。

步骤 1 在【图层特性管理器】对话框中单击【颜色】列下的■白按钮，即可打开【选择颜色】对话框，在【索引颜色】选项卡中选择需要的颜色，如这里选择【绿】选项，如图3-30所示。

步骤 2 单击【确定】按钮关闭对话框，即可将图层的颜色更改为已选定的颜色，如图3-31所示。

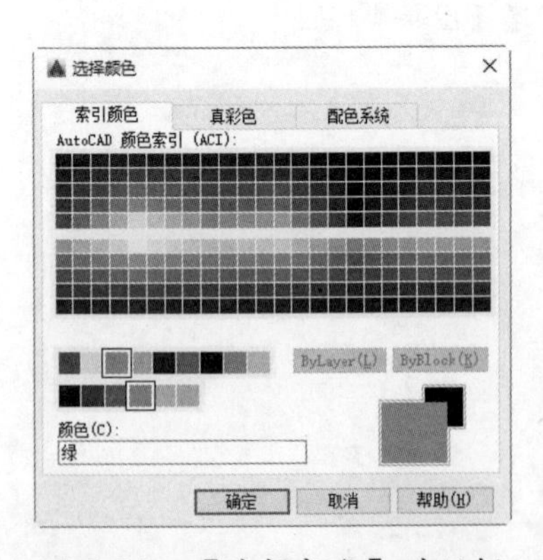

图 3-30　【选择颜色】对话框

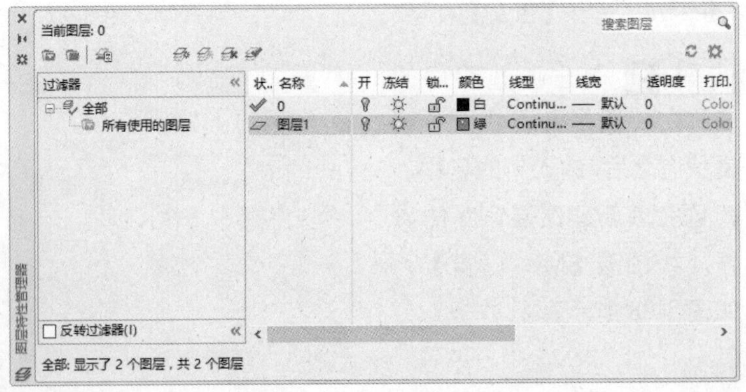

图 3-31　图层颜色设置结果

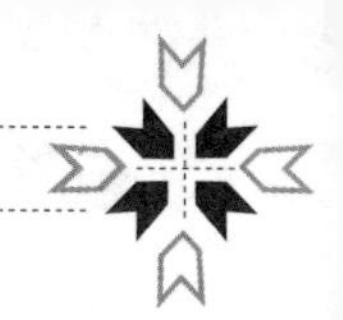

提示 用户也可以在【选择颜色】对话框中选择【真彩色】和【配色系统】两个选项卡来设置颜色，由于篇幅关系这里不再赘述，读者可自行尝试。

2. 设置图层线型

线型是指作为图形基本元素的线条的组成和显示方式，如实线、点画线等。在许多绘图工作中，常常以线型划分图层。设置图层线型的具体操作步骤如下。

步骤 1 在【图层特性管理器】对话框中创建一个新图层【图层 1】，单击【图层 1】的【线型】列中的按钮 Continu...，即可打开【选择线型】对话框，如图 3-32 所示。

步骤 2 单击【加载】按钮，即可打开【加载或重载线型】对话框，如图 3-33 所示。

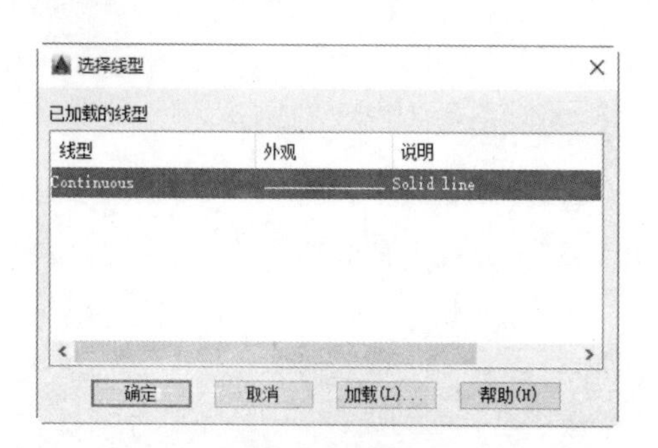

图 3-32 【选择线型】对话框

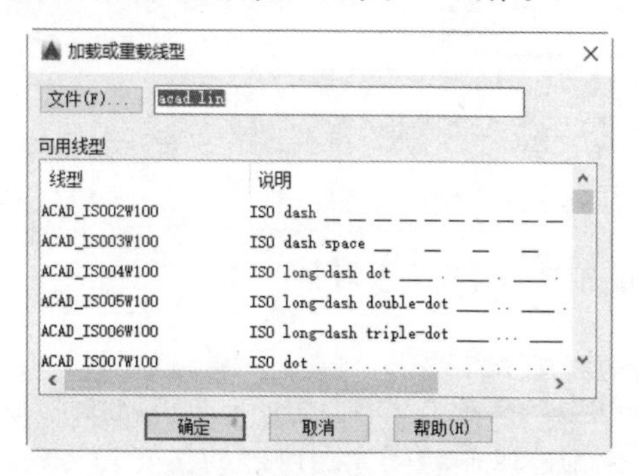

图 3-33 【加载或重载线型】对话框

步骤 3 选择所需的线型之后，单击【确定】按钮，即可返回【选择线型】对话框，如图 3-34 所示。

步骤 4 选择加载的线型之后，单击【确定】按钮，即可返回【图层特性管理器】对话框，如图 3-35 所示。

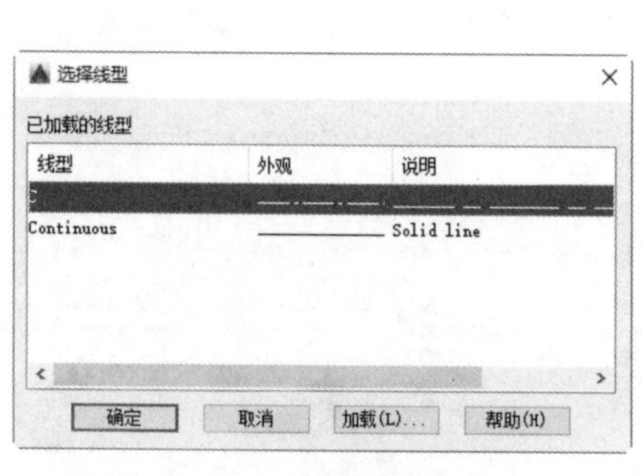

图 3-34 【选择线型】对话框

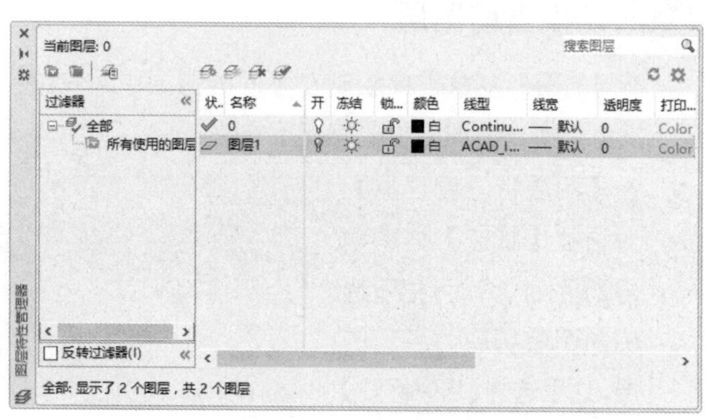

图 3-35 加载线型结果

3. 设置图层线宽

设置图层线宽是指改变图层线条的宽度。不同宽度的线段表示不同类型的对象。设置图层线宽有助于提高图形对象的表达力和可读性。

设置图形线宽的具体操作步骤如下。

步骤 1 在【图层特性管理器】对话框中创建一个新图层【图层1】，单击【图层1】的【线宽】列中的按钮——默认，即可打开【线宽】对话框，如图3-36所示。

步骤 2 选择所需的线宽，单击【确定】按钮，即可返回【图层特性管理器】对话框，加载线宽结果如图3-37所示。

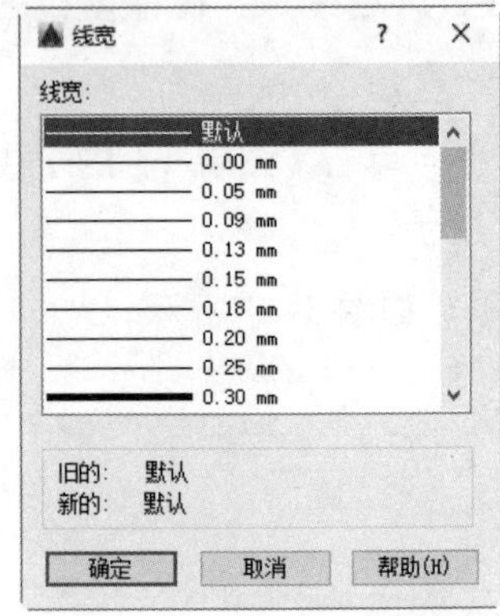

图 3-36 【线宽】对话框

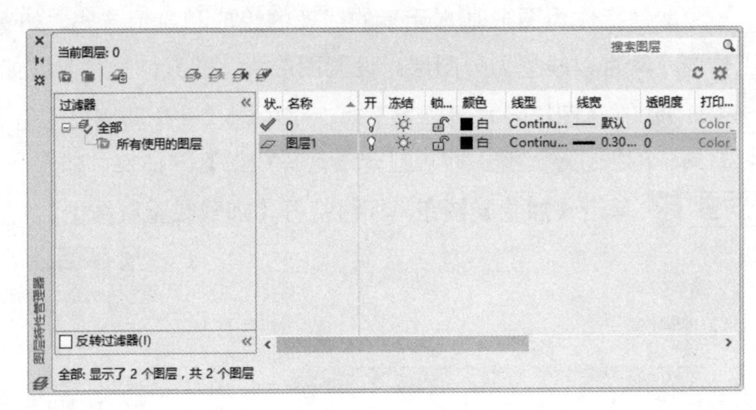

图 3-37 加载线宽结果

图形的线条宽度不随着图形的放大或缩小而变化。“线宽”功能关闭时，不显示图形的线宽，图形的线宽均为默认值。

3.3.3 管理图层

在 AutoCAD 2016 中，管理控制图层包括切换当前图层、删除图层等内容。

1. 切换当前图层

不同的图形对象需要绘制在不同的图层中。在绘制前，需要将工作图层切换到所需的图层上来，切换当前图层主要有以下方法。

☆ 在【图层特性管理器】对话框【状态】列中单击图标，即可把所选中的图层切换为当前图层，这里选择【BZ-标注】图层，如图3-38所示。

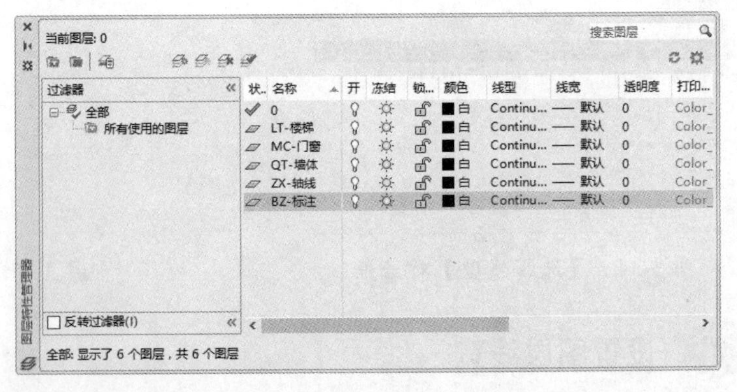

图 3-38 将【BZ-标注】图层切换为当前图层

☆ 在【图层特性管理器】对话框的图层列表中选择要设定的图层，这里选择【MC-门窗】图层，单击鼠标右键，在弹出的快捷菜单中选择【置为当前】命令，即可切换为当前图层，如图3-39所示。

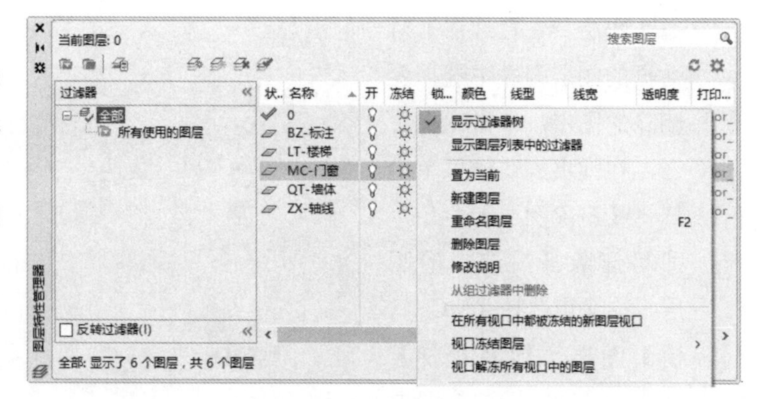

图3-39 将【MC-门窗】图层切换为当前图层

提示 在【图层特性管理器】对话框中单击【置为当前】按钮，即可快速地切换为当前图层。

2. 删除图层

多余的图层会给图层的管理带来麻烦。因此，可以对不需要的图层执行删除操作。删除图层主要有以下方法。

☆ 在【图层特性管理器】对话框的图层列表中选择要删除的图层，单击【删除】按钮，即可删除该图层。这里以选择【LT-楼梯】图层为例进行介绍，如图3-40、图3-41所示。

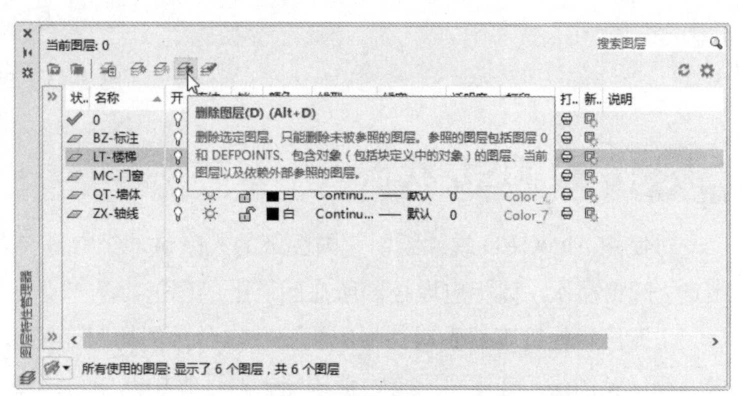

图3-40 选择待删除的【LT-楼梯】图层

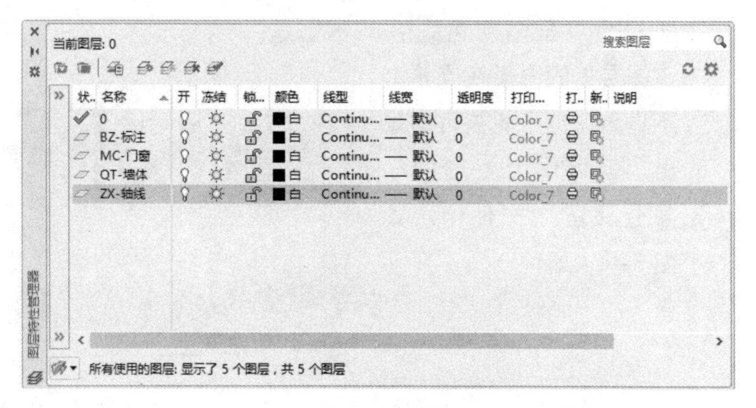

图3-41 删除【LT-楼梯】图层后的效果

☆ 在【图层特性管理器】对话框的图层列表中选择要删除的图层，单击鼠标右键，在弹出的快捷菜单中选择【删除图层】命令，即可删除当前选中的图层，这里以选择【MC-门窗】图层、【LT-楼梯】图层、【BZ-标注】图层3个图层为例进行介绍，如图3-42、图3-43所示。

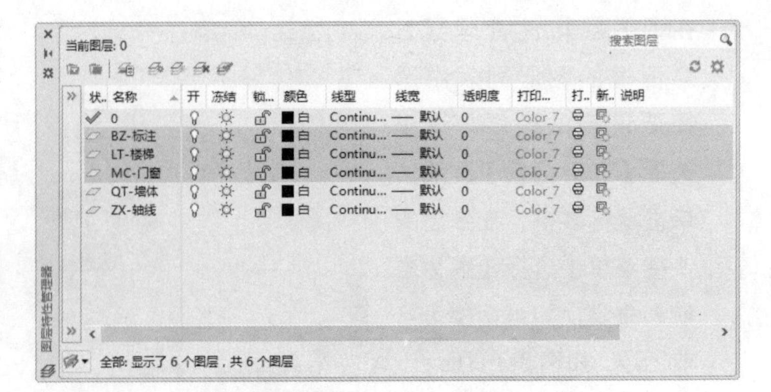

图 3-42 选择待删除的 3 个图层

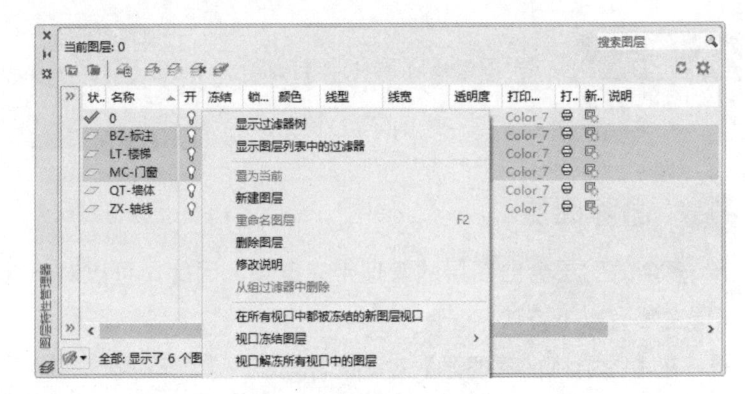

图 3-43 删除 3 个图层

3.3.4 控制图层状态

对使用AutoCAD软件绘制室内图纸的人来讲，经常需要对图层进行开/关、冻结/解冻、锁定/解锁操作，以相应地控制所在图层上的图形。

【图层特性管理器】对话框中主要状态参数的功能介绍如下。

☆ 开/关图层：在【图层特性管理器】对话框中选中待编辑图层，单击【开】属性图标时，图标小灯呈明亮颜色，该图层上的图形可以显示在屏幕上；当单击该属性图标之后，图标小灯呈暗灰色，该图层上的图形在屏幕上不显示，也不能被打印输出，但可作为图形的一部分保留在文件中，如图3-44所示。

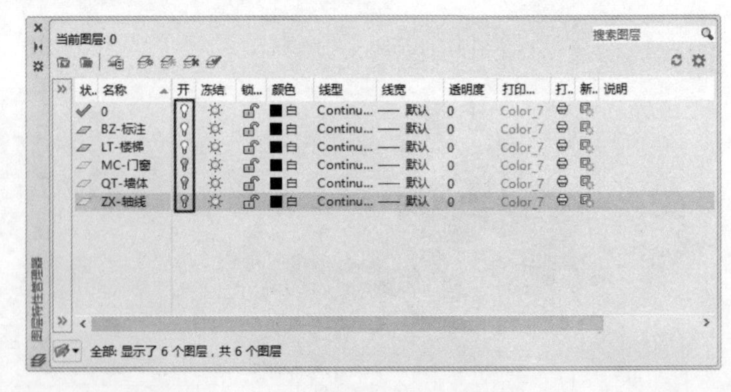

图 3-44 开/关图层

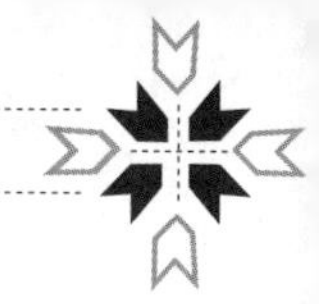

☆　冻结 / 解冻图层：在【图层特性管理器】对话框中选中待编辑图层，单击【冻结】属性图标时，图标小太阳呈明亮颜色，该图层上的图形可以显示在屏幕上；当单击该属性图标之后，图标小灯呈暗灰色，该图层上的图形在屏幕上不显示，也不能被打印输出，但可作为图形的一部分保留在文件中，如图 3-45 所示。

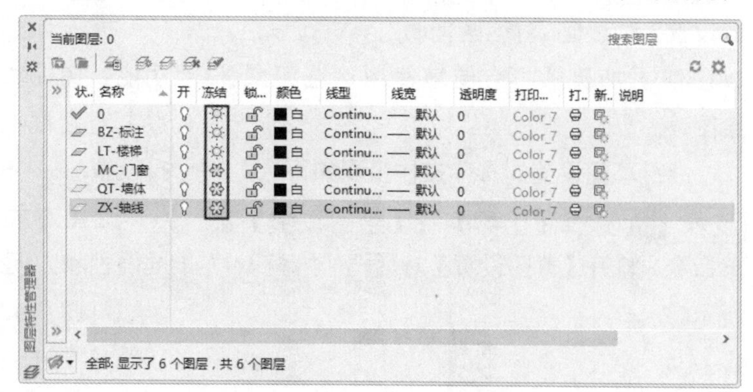

图 3-45　冻结 / 解冻图层

☆　锁定 / 解锁图层：在【图层特性管理器】对话框中选中待编辑图层，单击【锁定】属性图标时，图标小锁头呈明亮颜色，该图层上的图形可以显示在屏幕上；当单击该属性图标之后，图标小锁头呈暗灰色，该图层上的图形在屏幕上不会被隐藏，只是显示为灰色，且不可对其图形执行编辑操作，如图 3-46 所示。

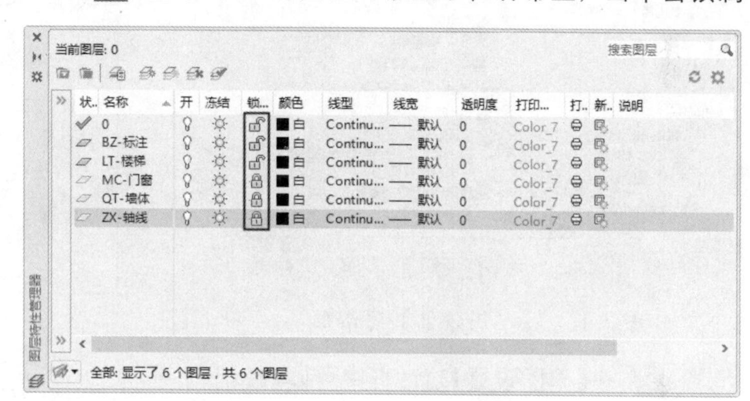

图 3-46　锁定 / 解锁图层

3.4 绘图辅助工具

在工程设计过程中，为了更精确地绘制图形，提高绘图的速度和准确性，往往需要利用捕捉、追踪、动态输入等功能，以提高设计人员绘图效率。

同时，用户还可以利用缩放和移动功能以及平铺和鸟瞰俯视图功能，有效地控制图形显示，以达到快速观察、对比和校准图形的目的。

3.4.1 进行草图设置

AutoCAD 为用户提供了多种绘图的辅助工具，如栅格、捕捉、正交、极轴追踪、对象捕捉等。这些辅助工具可以使读者更容易、更准确地创建和修改图形对象。用户可通过【草图设置】对话框，对这些辅助工具进行设定，以便能更加灵活、方便地使用这些工具来绘图。

进行草图设置的具体操作步骤如下。

步骤 1 选择【工具】→【绘图设置】菜单命令，打开【草图设置】对话框，如图 3-47 所示。

草图设置

捕捉和栅格 | 极轴追踪 | 对象捕捉 | 三维对象捕捉 | 动态输入 | 快捷特性 | 选择循环

☐启用捕捉 (F9)(S)
捕捉间距
捕捉 X 轴间距(P): 0.5000
捕捉 Y 轴间距(C): 0.5000
☑X 轴间距和 Y 轴间距相等(X)
极轴间距
极轴距离(D): 0.0000
捕捉类型
○栅格捕捉(R)
◉矩形捕捉(E)
○等轴测捕捉(M)
◉PolarSnap(O)

☐启用栅格 (F7)(G)
栅格样式
在以下位置显示点栅格:
☐二维模型空间(D)
☐块编辑器(K)
☐图纸/布局(H)
栅格间距
栅格 X 轴间距(N): 0.5000
栅格 Y 轴间距(I): 0.5000
每条主线之间的栅格数(J): 5
栅格行为
☑自适应栅格(A)
☐允许以小于栅格间距的间距再拆分(B)
☑显示超出界限的栅格(L)
☐遵循动态 UCS(U)

选项(T)... 确定 取消 帮助(H)

图 3-47 【草图设置】对话框

步骤 2 在【草图设置】对话框中可以对【捕捉和栅格】、【极轴追踪】、【对象捕捉】等选项卡中的相关参数进行设置。

> **提示** 用户还可以使用命令行打开【草图设置】对话框，具体的方法是在命令行中输入 OSNAO 命令并按 Enter 键。

1. 捕捉的设置

启用捕捉功能主要有以下方法。

☆ 单击状态栏上的【捕捉】开关，当单击状态栏上【捕捉】按钮时，表示启用该功能；当单击状态栏上的【捕捉】按钮时，表示关闭该功能。

☆ 按 F9 键之后，【捕捉】功能将会被开启或关闭。

执行上述任意一种操作，都可以启用捕捉功能。捕捉功能的各项属性可以在【草图设置】对话框中的【捕捉和栅格】选项卡下进行设置。

启用对象捕捉功能绘图可以保证绘图的准确性和方便性。

如图 3-48 所示为将栅格间距设置为 100，矩形长边起止点占有 8 个网格，因此其距离为 800；短边起止点占有 6 个网格，因此其距离为 600。

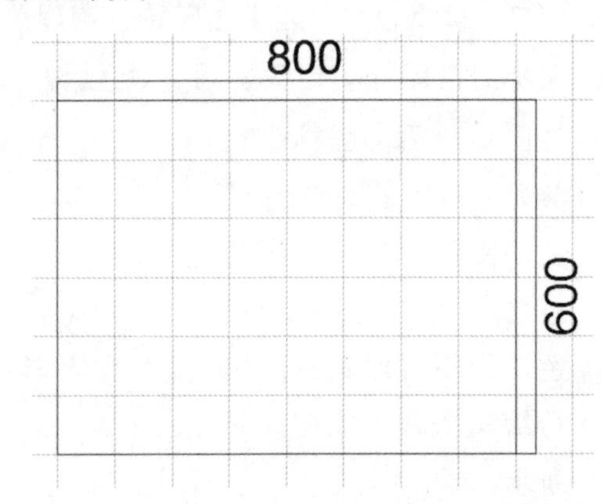

图 3-48 捕捉栅格绘图

2. 栅格的设置

栅格是点或线的矩阵，是一些按照相等间距排布的网格，类似于手工绘图时使用的方格纸、三角板等，能直观显示图形界限的范围。根据绘图的需要，用户可以开启或关闭栅格在绘图区的显示，并在【草图设置】对话框中设置栅格间距的大小，从而达到精确绘图的目的。栅格不属于图形的一部分，打印时不会被输出。

启用栅格功能主要有以下方法。

☆ 按 F7 键之后，【格栅】功能将会被开启或关闭。

☆ 单击状态栏上的【栅格】开关。

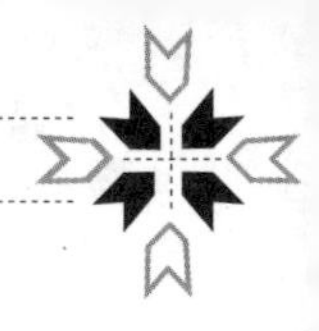

执行上述任意一种操作后，都可以启用栅格功能，如图 3-49 所示。

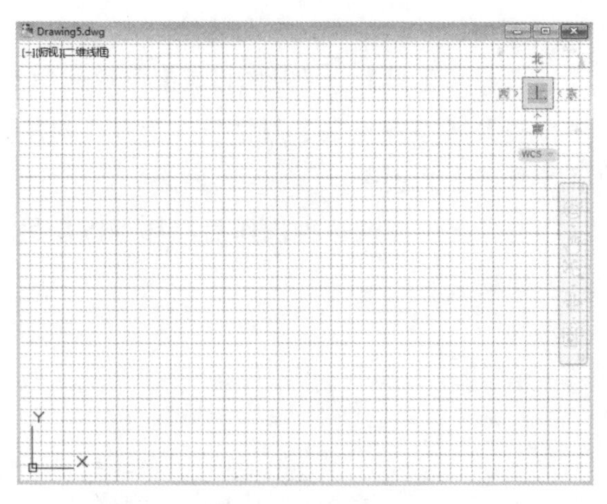

图 3-49　启用栅格功能

栅格间距可以在【草图设置】对话框中进行设置，主要有以下几种方法。

☆ 在命令行中直接输入 DSETTINGS 或 OSNAP 命令并按 Enter 键。

☆ 在状态栏上单击【栅格】按钮，在弹出的下拉列表中选择【捕捉设置】选项。

☆ 选择【工具】→【绘图设置】菜单命令。

执行上述任意一种操作后，都能打开【草图设置】对话框，可以在此处设置栅格间距，如图 3-50 所示。

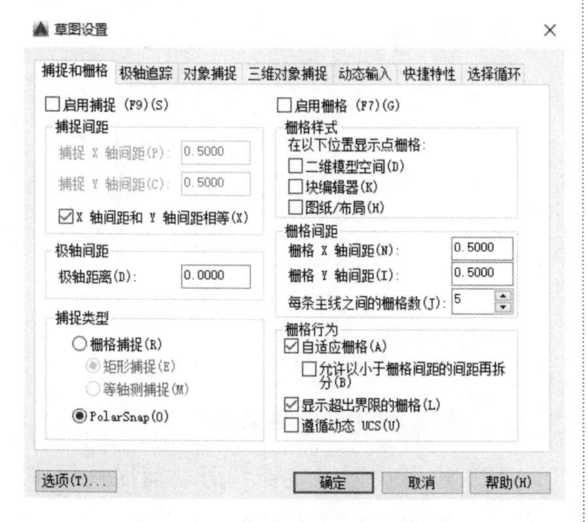

图 3-50　【草图设置】对话框

3. 极轴追踪

在【极轴追踪】选项卡中，勾选【启用极轴追踪】复选框，系统即以极轴坐标形式显示定位点，并随光标的移动指示当前的极轴坐标。

启用极轴追踪功能主要有以下两种方法。

☆ 单击状态栏上的【按指定角度限制光标】开关；或单击状态栏上的【将光标捕捉到二维参照点】开关。

☆ 选择【工具】→【绘图设置】菜单命令，选择【极轴追踪】选项卡。

执行上述任意一种操作后，都可以开启极轴追踪功能，然后在【草图设置】对话框中的【极轴追踪】选项卡下设置极轴追踪功能的相关参数，如图 3-51 所示。

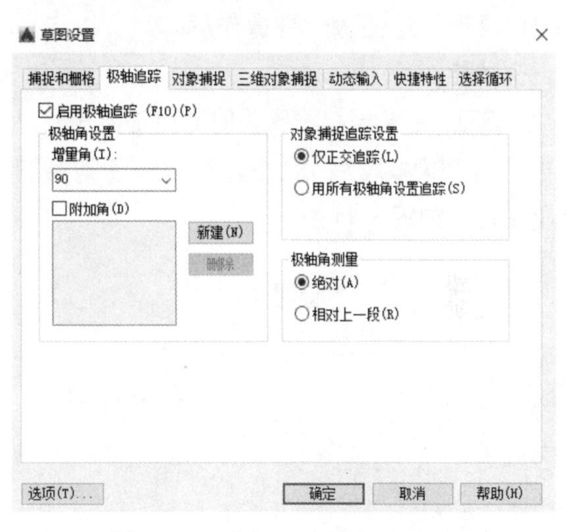

图 3-51　【极轴追踪】选项卡

如图 3-52 和图 3-53 所示为启用极轴追踪功能捕捉 30° 角和 90° 角的结果。

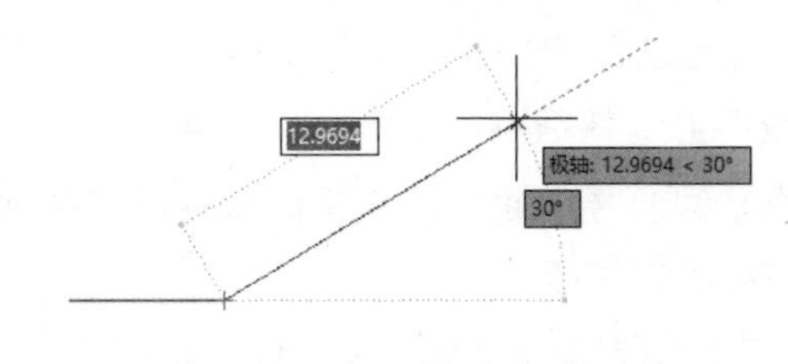

图 3-52　捕捉 30° 角

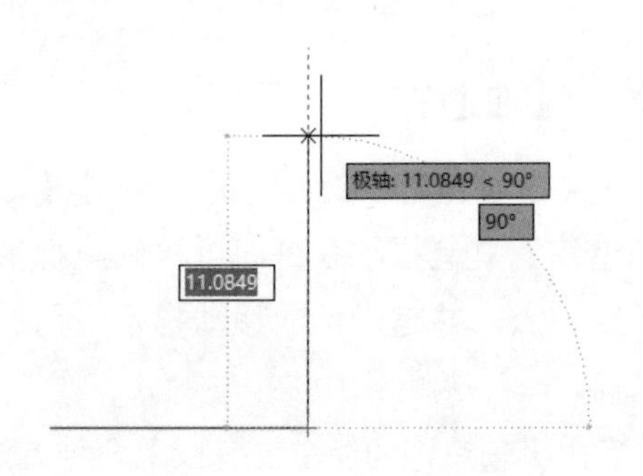

图 3-53　捕捉 90° 角

4. 正交

在绘图时启用正交功能，可以快速绘制出横平竖直的直线。

启用正交功能主要有以下两种方法。

☆ 单击状态栏上的【正交限制光标】开关。

☆ 按 F8 键进行开启、关闭操作。

执行上述任意一种操作后，都可以启用正交功能。

例如：在绘制楼梯踏步时启用正交功能，再配合 PL(多段线) 命令，可以快速地绘制出图形，如图 3-54 所示。

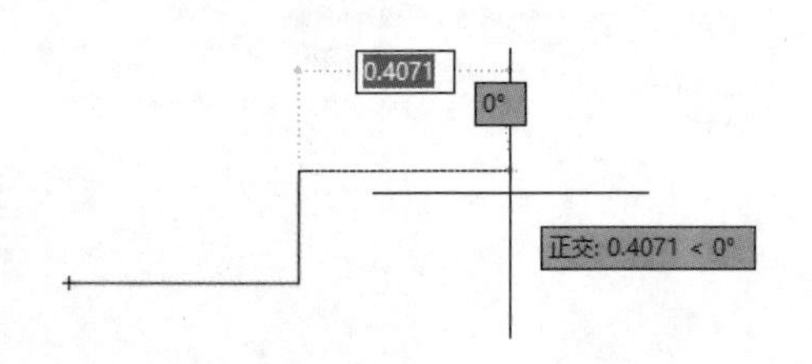

图 3-54　绘制楼梯踏步

5. 对象捕捉

在绘图时启用对象捕捉功能，可以捕捉要绘图形的特征点，如垂足、端点、中点、切点、圆心等，通过这些特征点可以快速地编辑或绘制图形。

启用对象捕捉功能主要有以下两种方法。

☆ 单击状态栏上的【将光标捕捉到二维参照点】开关或单击状态栏上的【按指定角度限制光标】开关。

☆ 选择【工具】→【绘图设置】菜单命令，打开【草图设置】对话框，选择【对象捕捉】选项卡。

执行上述任意一种操作后，都可以启用对象捕捉功能，如图 3-55 所示。

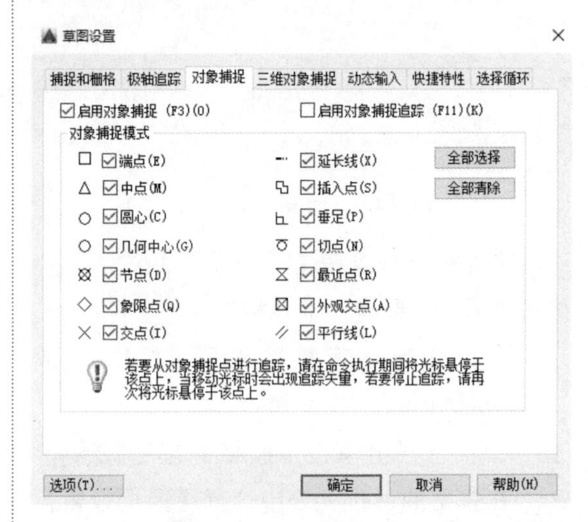

图 3-55　【对象捕捉】选项卡

> **提示** 使用 F3 键，可以快速开启或关闭对象捕捉功能。

对矩形执行编辑操作时，捕捉中点的结果如图 3-56 所示。

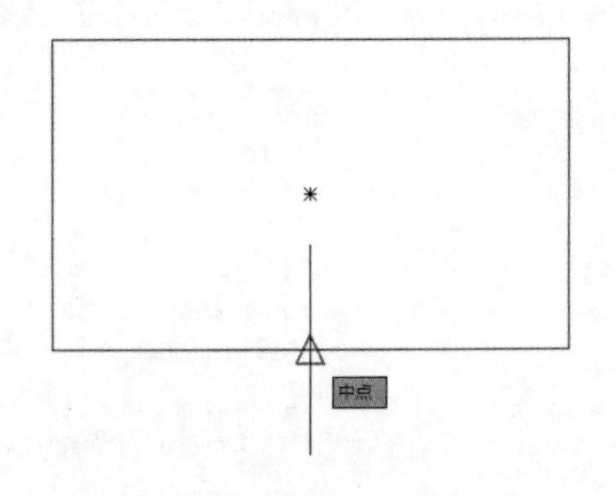

图 3-56　捕捉中点

对六边形执行编辑操作时，捕捉几何中心的结果如图 3-57 所示。

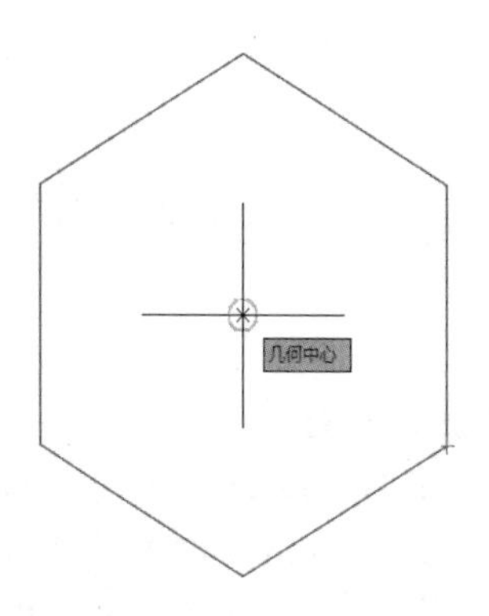

图 3-57　捕捉几何中心

对椭圆执行编辑操作时，捕捉圆心的结果如图 3-58 所示。

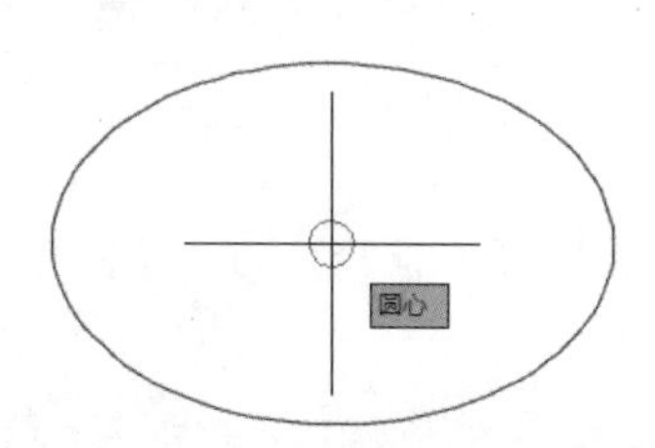

图 3-58　捕捉圆心

6. 动态输入

启用动态输入功能，可以直接在光标附近显示信息、输入值，并且该信息会随着光标移动而动态更新。动态输入可以帮助用户专注于绘图区域，从而极大地提高设计效率。激活动态输入功能主要有以下几种方法。

☆　在命令行中直接输入 DSETTINGS 命令并按 Enter 键，在弹出的【草图设置】对话框中选择【动态输入】选项卡。

☆　单击状态栏上的【将光标捕捉到二维参照点】开关或单击状态栏上的【按指定角度限制光标】开关。

☆　选择【工具】→【绘图设置】菜单命令，打开【草图设置】对话框，选择【动态输入】选项卡。

执行上述任意一种操作后，都可以开启动态输入功能，然后在【草图设置】对话框的【动态输入】选项卡下设置动态输入功能的相关参数，如图 3-59 所示。

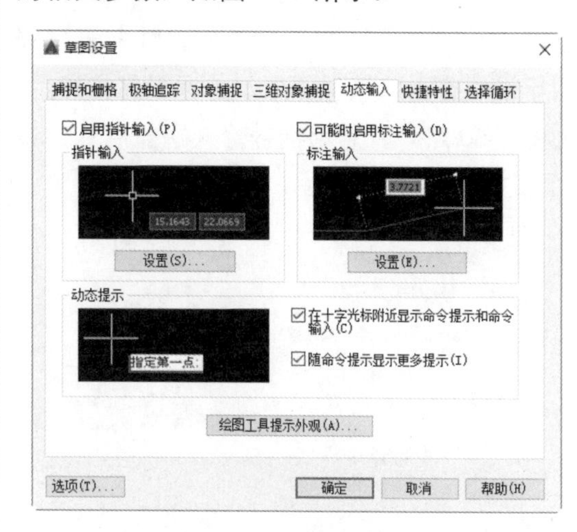

图 3-59　【动态输入】选项卡

> **提示**
> 动态输入部分替代了命令行的功能，可以输入命令，显示部分命令参数，也可以输入参数和坐标。

在【动态输入】选项卡中有【指针输入】、【标注输入】、【动态提示】3 个选项区域，分别控制动态输入的 3 项功能。启用动态输入功能后各项参数的功能介绍如下。

(1) 指针输入。

启用指针输入且有命令在执行时，十字光标的位置将在光标附近的工具栏提示中显示为坐标。第一个点为绝对直角坐标，第二个点和后续点默认设置为相对极坐标。用户可在工具栏提示中输入坐标值，而不用在命令行中输入。

> **提示**
> 在开启动态输入之后，当提示指定下一点时，若输入数值后输入逗号，则输入的值为 Y 坐标值；若输入数值后按 Tab 键，则输入的值为角度值。

单击【指针输入】选项组中的【设置】按钮，

即可弹出【指针输入设置】对话框，其中的【格式】选项组用于设置指针输入时第二个点或后续点的默认格式，【可见性】选项组用于设置在什么情况下显示坐标工具栏提示，如图 3-60 所示。启用指针输入功能后的效果如图 3-61 所示。

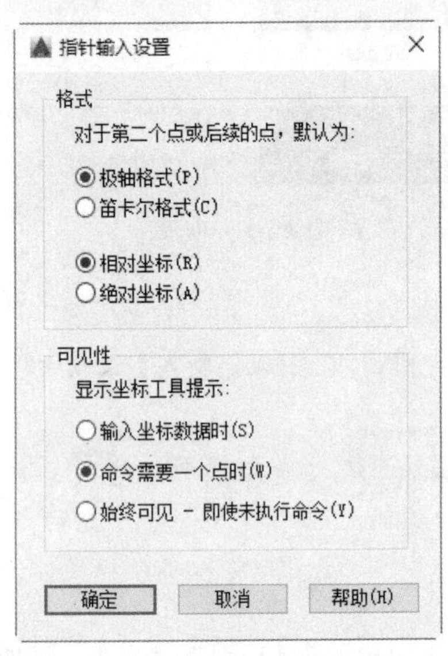

图 3-60 【指针输入设置】对话框

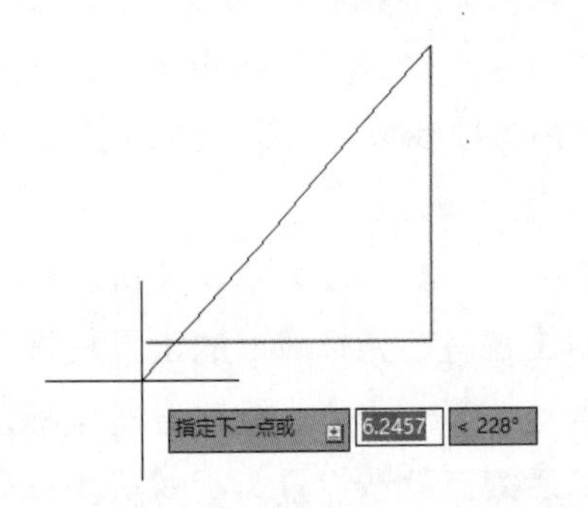

图 3-61 启用指针输入功能

(2) 标注输入。

标注输入可用于绘制直线、多段线、圆、圆弧、椭圆等命令。启用标注输入后，当命令提示输入第二点时，工具栏提示将显示距离和角度值。

单击【标注输入】选项组中的【设置】按钮，即可弹出【标注输入的设置】对话框，如图 3-62 所示。其中的【可见性】选项组用于设置夹点拉伸时显示的标注字段。

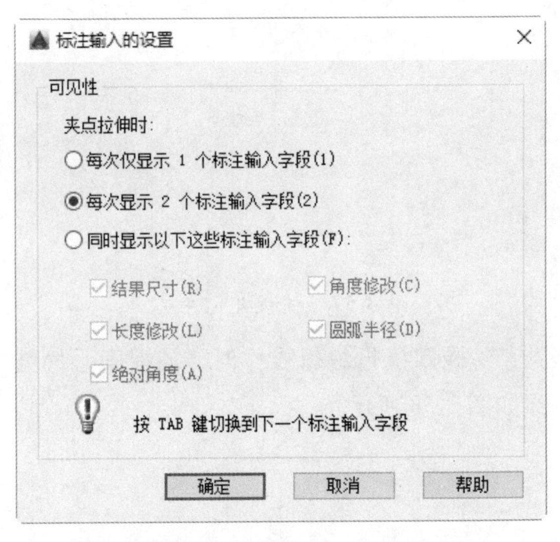

图 3-62 【标注输入的设置】对话框

提示 在使用夹点来拉伸对象或创建新对象时，标注输入仅显示锐角，即所有角度都显示为小于或等于 90°。因此，无论在【图形单位】对话框中系统变量如何设置，370°的角度都将显示为 90°。创建新对象时指定的角度，需要根据光标位置来决定角度的正方向。

(3) 动态提示。

在【草图设置】对话框的【动态输入】选项卡中勾选【在十字光标附近显示命令提示和命令输入】复选框，即可启用【动态提示】功能。此时，可以在工具栏提示中输入相应的命令。当提示包含多个选项时，按键盘中的下箭头键可以查看和选择选项；按上箭头键可以显示最近的输入。

使用夹点编辑对象时，标注输入工具栏提示会显示移动夹点时的长度、长度的变化、角度、移动夹点时角度的变化和圆弧的半径等信息，如图 3-63 所示。

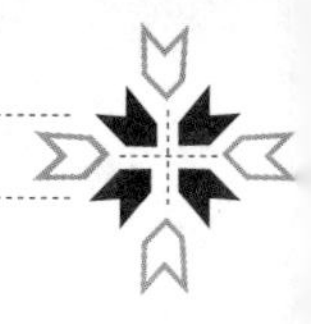

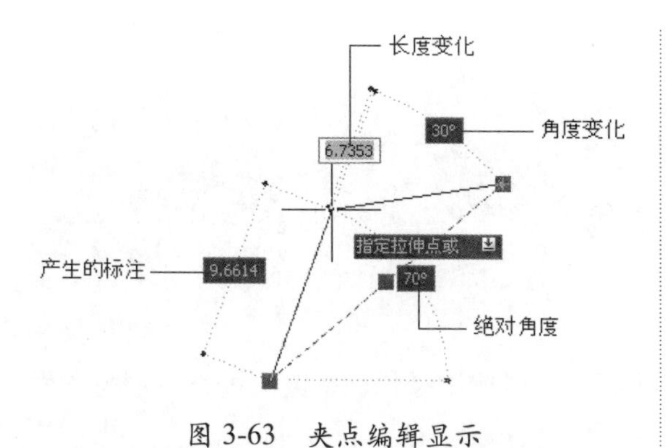

图 3-63 夹点编辑显示

> **提示** 捕捉和栅格、正交和极轴、对象捕捉和追踪、动态输入等绘图辅助工具，可以在绘图过程中随时打开或关闭，并且可以随时修改设置以适应绘图需求。

3.4.2 显示控制工具

对一个较为复杂的图形来说，在观察整幅图形时往往无法对其局部细节仔细查看和操作，而当在屏幕上显示一个细部时又看不到其他部分。因此，AutoCAD 提供了缩放、平移、视图等图形显示控制命令，以方便观察当前视口中的图形，确保准确地捕捉目标。

1. 图形的缩放

当绘制和浏览较为复杂的图形细节或打开新的图形文件时，通常都要使用缩放命令。在屏幕上对选定的图形进行放大或缩小时，只是改变了视图在屏幕上的显示比例，而并没有改变图形的实际大小。也就是说，视图缩放并没有改变图形的绝对大小，它仅仅改变了绘图区域中视图的大小。

执行图形的缩放主要有以下几种方法。

☆ 选择【视图】→【缩放】子菜单下相应的命令，如图 3-64 所示。

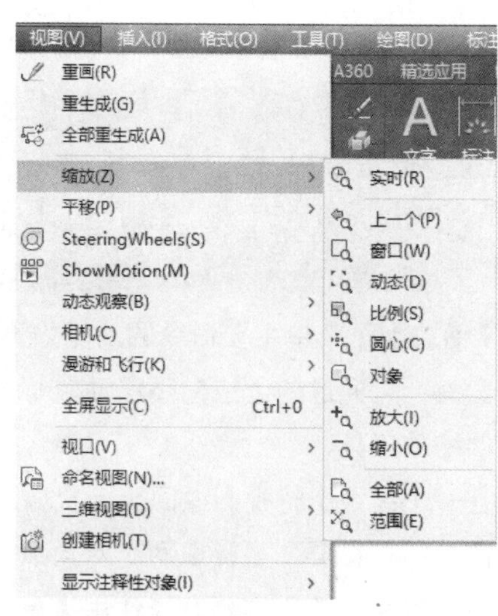

图 3-64 【缩放】子菜单命令

☆ 在命令行中直接输入 ZOOM 命令并按 Enter 键。

☆ 在状态栏【修改】面板上，单击缩放按钮 缩放 。

☆ 单击 AutoCAD 界面导航面板和导航栏缩放按钮，如图 3-65 所示。

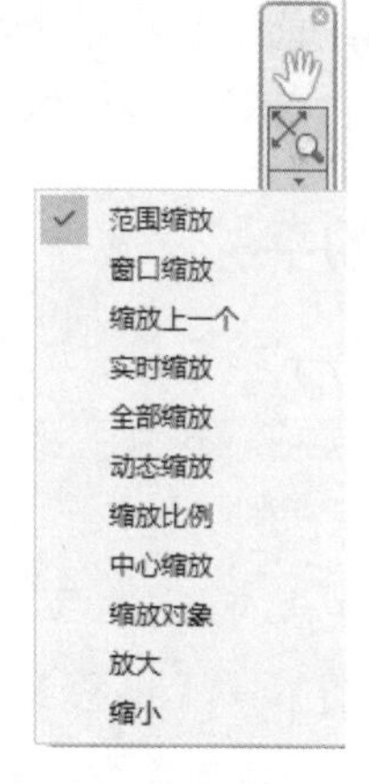

图 3-65 导航面板和导航栏

执行上述任意一种操作后，均可在绘图区域中放大或缩小当前视口中图形的显示。所有的视图缩放命令均可作为“透明”命令来使用，也即在执行其他命令的过程中，可以使用视图缩放命令，在视图缩放命令结束之后，再继续执行原来正在进行的命令。

执行【缩放】命令后，命令行提示如下：

```
命令:ZOOM                                                    //执行【缩放】命令
指定窗口的角点，输入比例因子 (nX 或 nXP)，或者
[全部(A)/中心(C)/动态(D)/范围(E)/上一个(P)/比例(S)/窗口(W)/对象(O)] <实时>:
                                                             //选择视图缩放方式
```

【缩放】子菜单主要命令的功能如下。

☆ 实时：可通过向上或向下移动鼠标对视图进行放大或缩小操作，是绘图过程中最为常用的缩放工具。
☆ 上一个：用于将视图返回至上次显示的位置。
☆ 窗口：可在屏幕上提取两个对角点，以确定一个矩形窗口，之后系统将以矩形范围内的图形放大至整个屏幕。当使用【窗口】缩放视图时，应尽可能地指定矩形对角点与当前屏幕形成一定的比例，以达到最佳的放大效果。
☆ 动态：可将当前视图缩放显示在指定的矩形视图框中，该视图框表示视口，可以改变它的大小，或在图形中移动。
☆ 比例：该操作和中心缩放相似，只需要设置比例参数即可。
☆ 对象：能够以图中现有图形对象的形状大小为缩放参考，调整视图的显示效果。
☆ 放大：能够以 3 倍的比例对当前图形执行放大操作。
☆ 缩小：能够以 0.5 倍的比例对当前图形执行缩小操作。
☆ 范围：系统能够以屏幕上所有图形的分布距离为参考，自动定义缩放比例以对视图的显示比例进行调整，使所有图形对象显示在整个图形窗口中。

2. 图形的平移

使用图形的平移工具可以对当前图形在窗口中的位置进行重新定位，以便对图形其他部分进行浏览或绘制。此命令不会改变视图中对象的实际绘制，只改变当前视图在操作区域中的位置。

执行图形平移的方法如下。

选择【视图】→【平移】菜单命令，即可弹出【平移】子菜单命令，如图 3-66 所示。

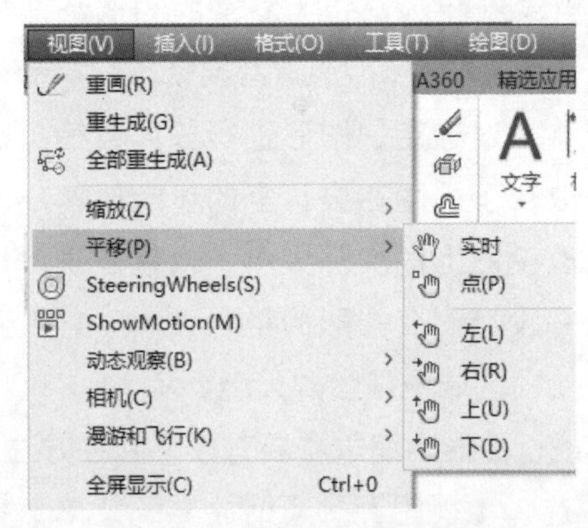

图 3-66 【平移】子菜单

> **提示** 【左】、【右】、【上】、【下】分别表示向左移、向右移、向上移和向下移，而【点】和【实时】选项则是对视图位置进行较为复杂的调整。

(1) 实时平移。

实时平移可简单理解为动态地移动图形，使图形的一部分显示在屏幕上。它是绘图时使用最为频繁的平移工具。使用该工具能够将视图随鼠标指针的移动而移动，从而可以在任意方向上调整视图的位置。

执行实时平移命令的方法主要有以下几种。

☆ 单击 AutoCAD 界面导航面板和导航栏中的平移按钮，如图 3-67 所示。

☆ 按住鼠标中间滚轮拖动，可以快速进行视图平移。

☆ 在命令行中直接输入 PAN 命令并按 Enter 键。

☆ 选择【视图】→【平移】→【实时】菜单命令。

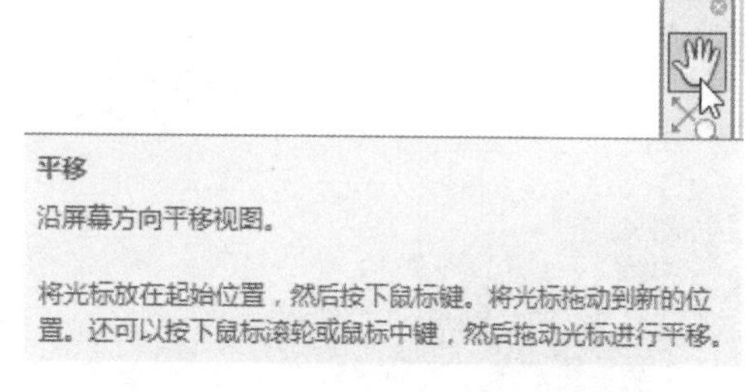

图 3-67　导航面板中的【平移】命令

执行上述任意一种操作后，鼠标指针变成手掌形状，按住鼠标左键不放，即可在上、下、左、右 4 个方向上移动视图。

在上述操作步骤中，由于在松开鼠标左键之后将终止平移，因此，如果想要从某位置继续平移显示，则可以在释放鼠标左键后，将光标移动到图形的另一个位置，再按住鼠标左键，即可实现平移显示。

> **提示** 按住鼠标中间滚轮拖动，可以快速进行视图平移，还可以利用小滚轮对视图进行放大或者缩小，这样就可以随心所欲地控制视图的显示了。

(2) 定点平移。

定点平移是指通过指定移动基点和位移值以对视图进行精确平移，可以通过输入或用鼠标指定点的坐标来确定基点和位移。

执行定点平移命令的方法主要有以下两种。

☆ 在命令行中直接输入 PAN 命令并按 Enter 键。

☆ 选择【视图】→【平移】→【点】菜单命令，如图 3-68 所示。

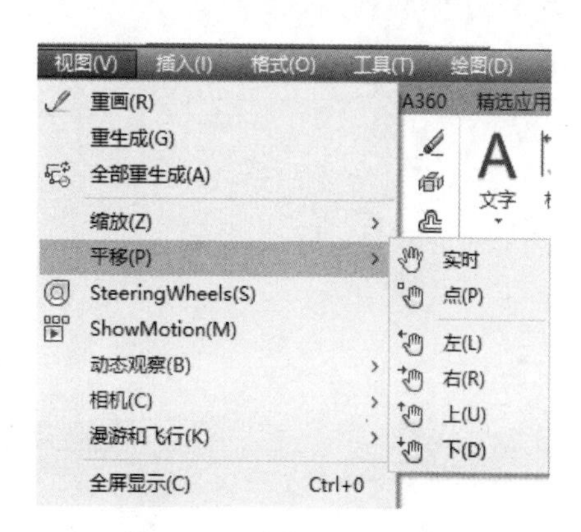

图 3-68　选择【点】命令

执行上述任意一种操作后，命令行提示如下：

```
命令：-PAN
指定基点或位移：                                        //指定平移的基点
指定第二点：                                            //指定平移的目标点
```

执行定点平移功能的具体操作步骤如下。

步骤 1 选择【视图】→【平移】→【点】菜单命令，单击鼠标左键指定平移目标图形的基点，如图 3-69 所示。

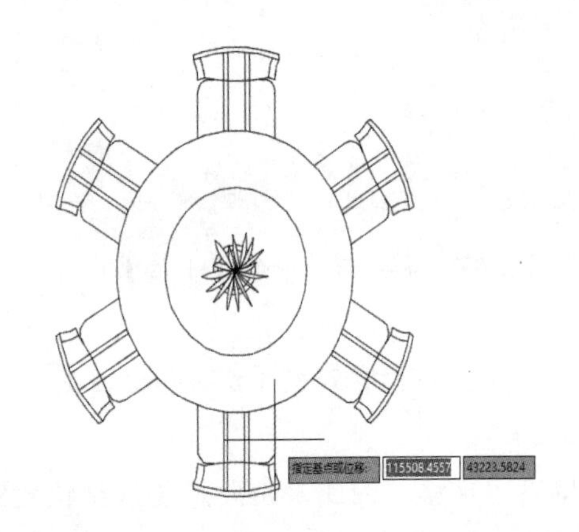

图 3-69　指定目标图形基点

步骤 2 根据鼠标指针动态提示，在目标图形要移动的位置处指定第二点，即目标点，如图 3-70 所示。

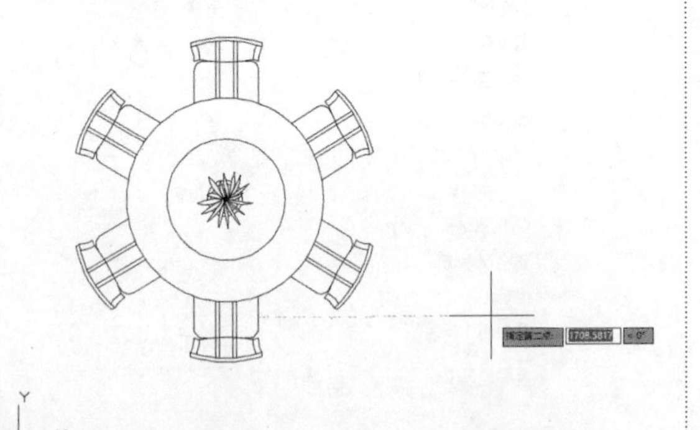

图 3-70　指定目标图形目标点

步骤 3 指定目标点之后，单击鼠标左键确定，即可完成目标图形的定点平移，如图 3-71 所示。

图 3-71　执行点平移结果

3.4.3 重画与重生成

在使用 AutoCAD 进行设计绘图和编辑过程中，屏幕上常常留下对象的拾取标记。这些临时标记并不是图形中的对象，有时会使当前图形画面显得混乱。这时就可以通过刷新视图，使用重画与重生成图形功能清除这些临时标记。

1. 重画

重画功能用于刷新当前视图的屏幕显示，使屏幕重画，消除临时标记。

执行【重画】命令的方法主要有以下两种。

☆ 在命令行中直接输入 REDRAWALL、REDRAW 或 RA 命令并按 Enter 键。

☆ 选择【视图】→【重画】菜单命令，如图 3-72 所示。

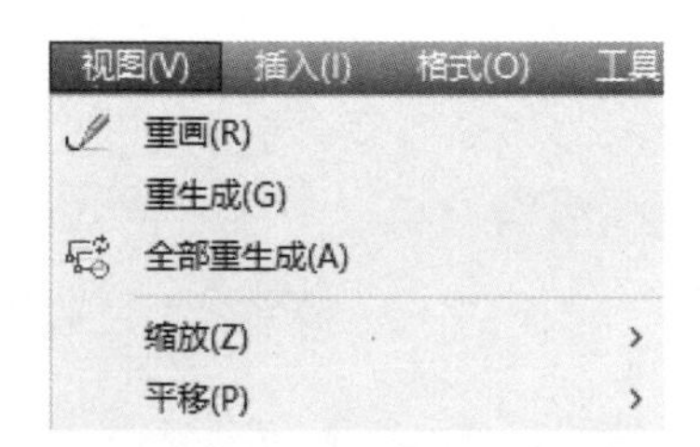

图 3-72　选择【重画】命令

提示

在命令行中直接输入 REDRAW 命令，将从当前视口中删除编辑命令留下的点标记；而直接输入 REDRAWALL 命令，将从当前所有视口中删除编辑命令留下的点标记。

2. 重生成

重生成图形功能用于重新计算所有图形的屏幕坐标，再刷新显示。

执行【重生成】命令的方法主要有以下几种。

☆ 在命令行中直接输入 REGEN 或 RE 命令并按 Enter 键。

☆ 选择【视图】→【重生成】菜单命令，如图 3-73 所示。

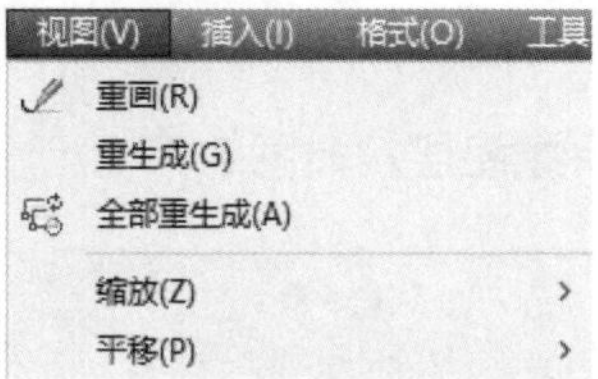

视图(V)　插入(I)　格式(O)　工具
重画(R)
重生成(G)
全部重生成(A)
缩放(Z)
平移(P)

图 3-73　选择【重生成】命令

☆ 选择【视图】→【全部重生成】菜单命令，如图 3-74 所示。

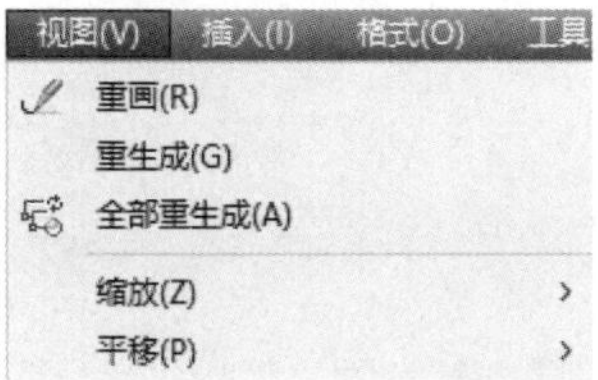

视图(V)　插入(I)　格式(O)　工具
重画(R)
重生成(G)
全部重生成(A)
缩放(Z)
平移(P)

图 3-74　选择【全部重生成】命令

执行重生成功能的具体操作步骤如下。

步骤 1 选择【视图】→【重生成】菜单命令，如图 3-75 所示。

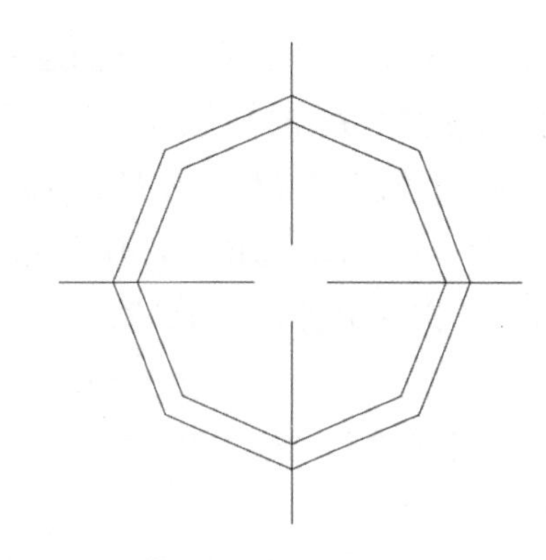

图 3-75　重生成视图前

步骤 2 当前窗口命令行显示“_regen 正在重生成模型”，结果如图 3-76 所示。

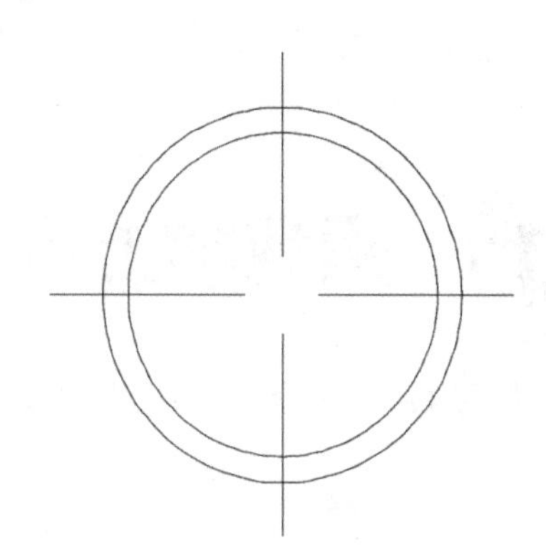

图 3-76　重生成视图后

提示

重生成与重画在本质上是不同的。利用【重生成】命令可重生成屏幕，此时系统从磁盘中调用当前图形的数据，比【重画】命令执行速度慢，更新屏幕花费时间较长。

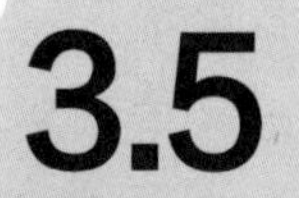

3.5 大师解惑

小白：在 AutoCAD 绘图中，0 图层有什么作用？

大师：0 图层是系统自带图层，不能被删除，但可以更改其特性。此外，0 图层可以被打印，其通常用于创建块文件，具有随层属性。

小白：在 AutoCAD 绘图中，有些顽固图层不易删除，请问有什么好的方法吗？

大师：若文件中包含一些顽固图层，使用常规方法无法将其删除，那么可使用以下两种方法。

方法 1：在命令行中输入 PU 命令，并按 Enter 键，打开【清理】对话框，在其中单击【全部清理】按钮即可。

方法 2：关闭需要删除的图层，然后在绘图区中选中所有图形，按 Ctrl+C 组合键进行复制，并按 Ctrl+V 组合键将复制的图形粘贴到另一空白文件中，可以发现，在该空白文件中之前被关闭的图层已被删除。

小白：在 AutoCAD 绘图中，进行实时缩放时，还有别的更方便操作的方法吗？

大师：当然有。在保持鼠标不动的情况下，向下滚动鼠标的小滚轮，即可对视图以当前鼠标指针的位置为中心进行缩小；而向上滚动鼠标的小滚轮，则可对视图以当前鼠标指针的位置为中心进行放大。

3.6 跟我学上机

练习 1：在【图层特性管理器】对话框中创建室内房屋图层，如图 3-77 所示。

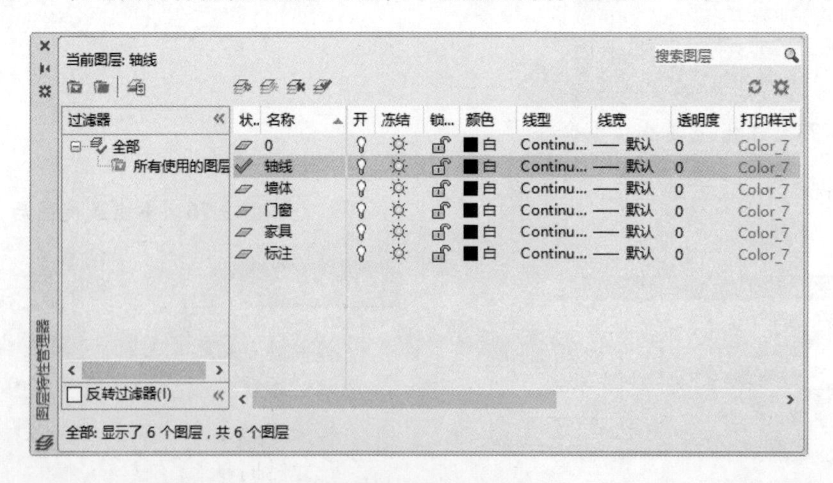

图 3-77　创建室内房屋图层

练习 2：在工具栏【特性】面板中设置洗漱台的线型、线宽，如图 3-78、图 3-79 所示。

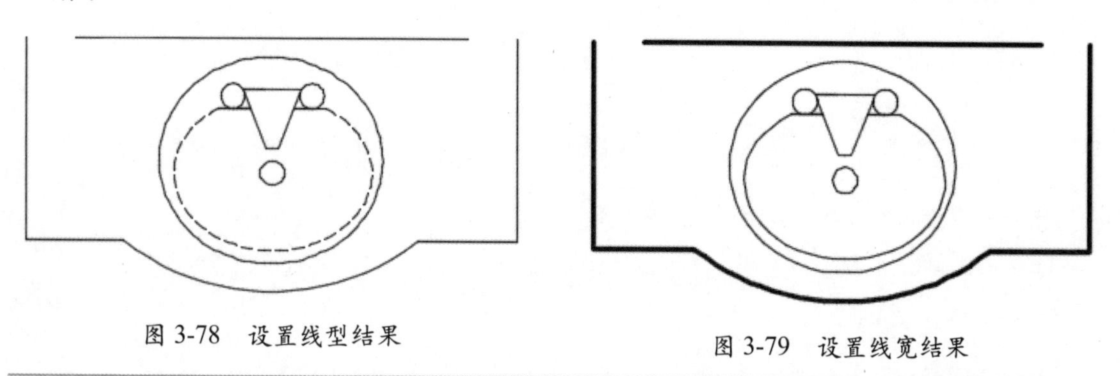

图 3-78 设置线型结果　　图 3-79 设置线宽结果

第 2 篇

设计核心技术

第4章 绘制室内基本图形

任何复杂的图形都是由基本的点、线、面所组成的。只有熟练掌握这些基本图形的绘制方法，才可以方便、快捷地绘制出各种图形。AutoCAD 2016提供了一些常用的图形以及各自的绘制方法，利用这些绘图工具，可以绘制点、直线、圆、圆弧、多边形等二维图形。

- **本章学习目标（已掌握的在方框中打钩）**

  □ 掌握基本图形绘制的方法和技巧。

  □ 掌握其他图形绘制的方法和技巧。

  □ 掌握图案填充的方法和技巧。

- **重点案例效果**

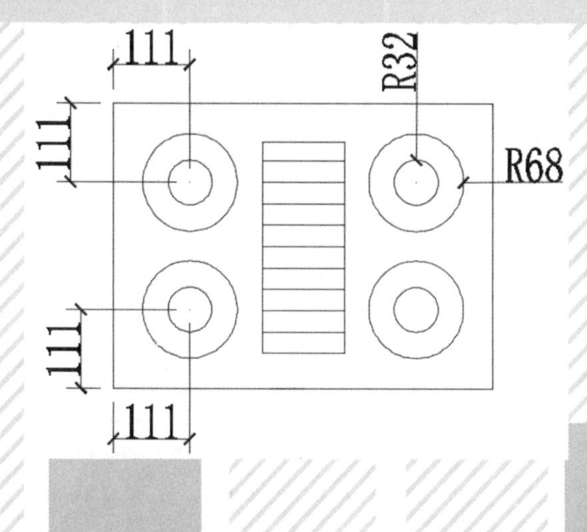

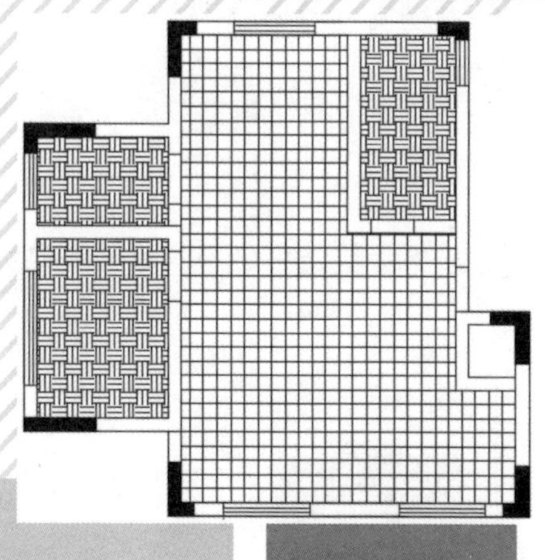

4.1 基本图形的绘制

下面主要介绍基本图形的绘制方法，包括直线、构造线、射线、矩形、正多边形、圆、圆弧、椭圆和椭圆弧等图形。

4.1.1 绘制直线

直线是各种绘图中最常用、最简单的图形对象，只需要指定起点和下一点，即可绘制一条直线。

绘制直线的方法主要有以下几种。

☆ 单击【默认】选项卡→【绘图】面板→【直线】按钮╱。

☆ 选择【绘图】→【直线】菜单命令。

☆ 单击【绘图】工具栏中的【直线】按钮╱。

☆ 在命令行中输入 LINE 或 L 命令，并按 Enter 键。

1. 绘制直线的操作

绘制直线的具体操作步骤如下。

步骤 1 单击【默认】选项卡→【绘图】面板→【直线】按钮╱，然后在绘图区单击任意一点(如 A 点)作为直线的起点，如图 4-1 所示。

步骤 2 拖动鼠标并单击另一点(如 B 点)作为直线的下一点，如图 4-2 所示。

> **提示** 在绘制过程中，用户可直接单击来确定直线的下一点，也可通过输入坐标值进行确定。

步骤 3 按 Esc 键结束命令，即可完成直线绘制，如图 4-3 所示。

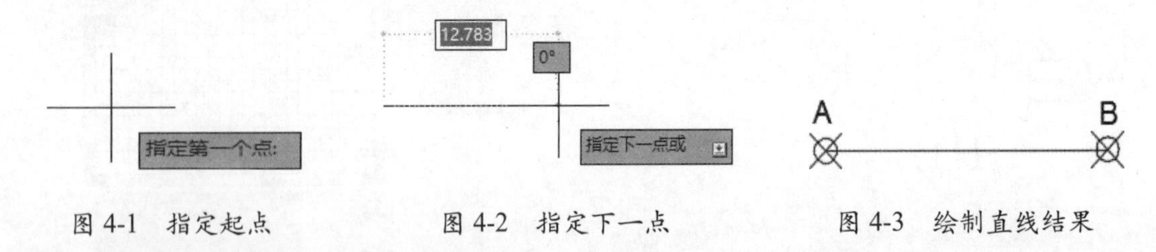

图 4-1 指定起点　　图 4-2 指定下一点　　图 4-3 绘制直线结果

> **提示** 调用【直线】命令后可连续绘制多条直线，直到结束命令。此外，用户可按 Enter 键、Esc 键和空格键来结束【直线】命令。

执行上述操作的命令行提示如下：

```
命令: _LINE                                   //调用【直线】命令
指定第一个点:                                  //单击A点作为直线起点
指定下一点或 [放弃(U)]:                        //单击B点作为下一点
指定下一点或 [放弃(U)]: *取消*                 //按Esc键结束命令
```

2. 选项说明

☆ 放弃 (U)：删除上一次绘制的直线，同时仍处于绘制状态，可重新绘制。

☆ 闭合 (C)：将第一条直线的起点作为最后一条直线的终点，从而形成闭合图形，同时会结束【直线】命令。注意，该选项只有在绘制了多条直线时才会显示。

4.1.2 绘制构造线

构造线是两端可以无限延伸的直线，没有起点和终点，可以放置在三维空间的任何地方，主要作为辅助线使用。

绘制构造线的方法主要有以下几种。

☆ 单击【默认】选项卡→【绘图】面板→【构造线】按钮。

☆ 选择【绘图】→【构造线】菜单命令。

☆ 单击【绘图】工具栏中的【构造线】按钮。

☆ 在命令行中输入 XLINE 或 XL 命令，并按 Enter 键。

1. 绘制构造线的操作

调用【构造线】命令后，只需要指定构造线上任意两点即可。绘制构造线的具体操作步骤如下。

步骤 1 单击【默认】选项卡→【绘图】面板→【构造线】按钮，然后单击任意一点(如 A 点)作为构造线的第一个通过点，如图 4-4 所示。

步骤 2 拖动鼠标并单击一点(如 B 点)作为构造线的第二个通过点，如图 4-5 所示。

步骤 3 按 Esc 键结束命令，完成绘制，结果如图 4-6 所示。

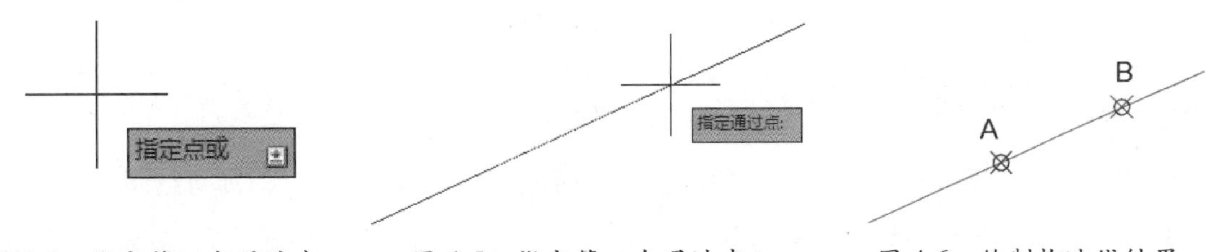

图 4-4　指定第一个通过点　　图 4-5　指定第二个通过点　　图 4-6　绘制构造线结果

> **提示**　由于构造线通常作为辅助线使用，用户可以将其单独绘制在某一图层上，图形输出时，只需要将该图层关闭，辅助线就不会被输出了。

执行上述操作的命令行提示如下：

```
命令：_XLINE                                                    //调用【构造线】命令
指定点或 [水平(H)/垂直(V)/角度(A)/二等分(B)/偏移(O)]：           //单击A点作为第一个通过点
指定通过点：                                                    //单击B点作为第二个通过点
指定通过点：*取消*                                              //按Esc键结束命令
```

2. 选项说明

☆ 水平 (H)：绘制水平构造线。

☆ 垂直 (V)：绘制垂直构造线。

☆ 角度 (A)：绘制与水平方向成指定角度的构造线。

☆ 二等分 (B)：绘制将指定角度平分的构造线。

☆ 偏移 (O)：绘制与指定线平行的构造线。

4.1.3 实战演练 1——绘制箭头

室内平面图和立面图在添加材料标注时经常用到箭头来说明具体施工材料。下面以绘制一个箭头为例来练习直线的绘制方法，具体操作步骤如下。

步骤 1 调用 REC(矩形) 命令，绘制尺寸为 15×45 的矩形，如图 4-7 所示。

步骤 2 调用 L(直线) 命令，通过对象捕捉功能捕捉矩形的中点和端点绘制直线，如图 4-8 所示。

步骤 3 调用 TR(修剪) 和 E(删除) 命令，修剪和删除多余的直线，如图 4-9 所示。

步骤 4 调用 L(直线) 命令，通过对象捕捉功能捕捉矩形的中点绘制直线，结果如图 4-10 所示。

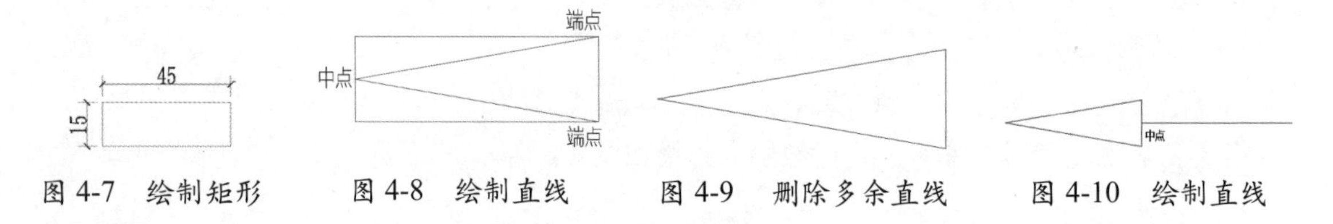

图 4-7　绘制矩形　　图 4-8　绘制直线　　图 4-9　删除多余直线　　图 4-10　绘制直线

4.1.4 绘制射线

射线是一端固定、另一端无限延伸的直线。指定射线的起点和通过点，即可绘制一条射线。在 AutoCAD 中，射线主要用作辅助线。

绘制射线的方法主要有以下几种。

☆ 单击【默认】选项卡→【绘图】面板→【射线】按钮。

☆ 选择【绘图】→【射线】菜单命令。

☆ 在命令行中直接输入 RAY 命令，并按 Enter 键。

绘制射线的具体操作步骤如下。

步骤 1 单击【默认】选项卡→【绘图】面板→【射线】按钮，然后单击任意一点（如 A 点）作为射线的起点，如图 4-11 所示。

步骤 2 拖动鼠标并单击一点（如 B 点）作为射线的通过点，如图 4-12 所示。

步骤 3 按 Esc 键结束命令，即可完成射线的绘制，如图 4-13 所示。

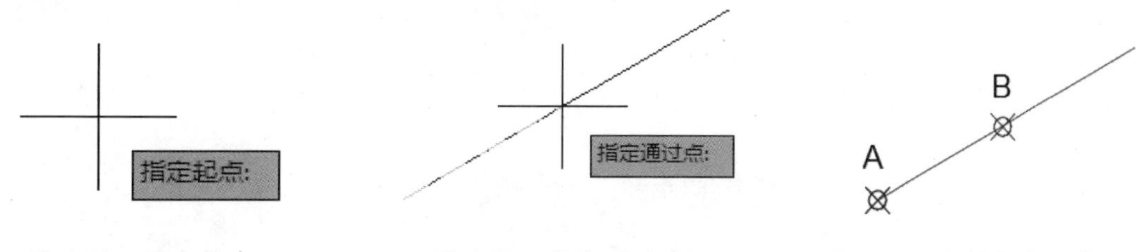

图 4-11　指定起点　　图 4-12　指定通过点　　图 4-13　绘制完成的射线

执行上述操作的命令行提示如下：

```
命令：_RAY                                //调用【射线】命令
指定起点：                                //单击A点作为起点
指定通过点：                              //单击B点作为通过点
指定通过点：*取消*                        //按Esc键结束命令
```

4.1.5 绘制矩形

矩形是 AutoCAD 中较为常用的几何图形，默认是通过指定矩形对角线的两个角点来绘制，也可通过指定矩形的面积或尺寸来绘制。此外，在绘制时还可设置矩形角点的类型及矩形的宽度等参数。

绘制矩形的方法主要有以下几种。

☆ 单击【默认】选项卡→【绘图】面板→【矩形】按钮。

☆ 选择【绘图】→【矩形】菜单命令。

☆ 单击【绘图】工具栏中的【矩形】按钮。

☆ 在命令行中输入 RECTANG 或 REC 命令，并按 Enter 键。

1. 绘制矩形的操作

矩形包含多种类型，如带有圆角或倒角的矩形、带有宽度的矩形等。下面以绘制一个普通矩形为例进行介绍，具体操作步骤如下。

步骤 1 单击【默认】选项卡→【绘图】面板→【矩形】按钮，然后单击任意一点（如 A 点）作为矩形的第一个角点，如图 4-14 所示。

步骤 2 拖动鼠标并单击作为矩形的另一个角点（如 B 点），如图 4-15 所示。

步骤 3 绘制完成后的效果如图 4-16 所示。

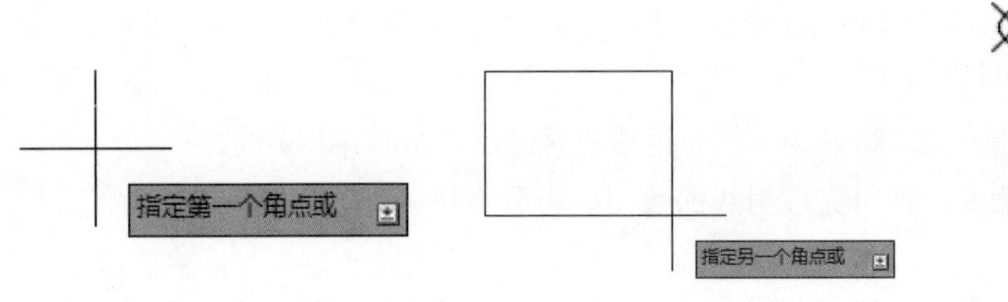

图 4-14 指定第一个角点　　图 4-15 指定另一个角点

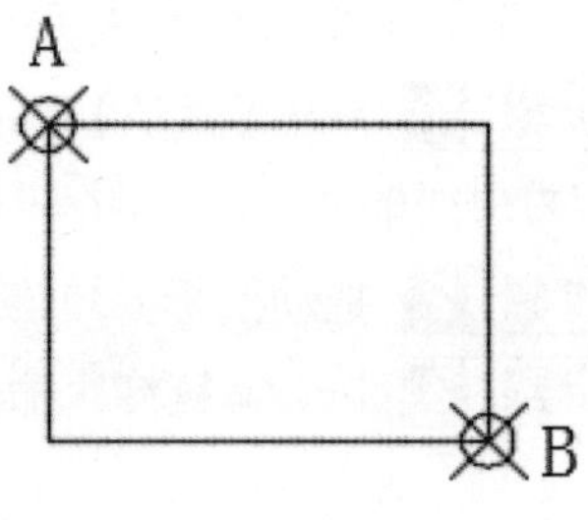

图 4-16 绘制完成的矩形

> **提示** 在 AutoCAD 中绘制的矩形是一条封闭的多段线，使用【分解】命令，可将其分解为 4 条直线段。

执行上述操作的命令行提示如下：

```
命令: _rectang                                              //调用【矩形】命令
指定第一个角点或 [倒角(C)/标高(E)/圆角(F)/厚度(T)/宽度(W)]:   //单击A点作为第一个角点
指定另一个角点或 [面积(A)/尺寸(D)/旋转(R)]:                  //单击B点作为另一个角点
```

2. 选项说明

☆ 倒角 (C)：设置矩形的倒角距离，用于绘制倒角矩形，效果如图 4-17 所示。

☆ 标高 (E)：设置矩形的标高 (Z 坐标)。

☆ 圆角 (F)：设置矩形的圆角半径，用于绘制圆角矩形，效果如图 4-18 所示。

> **提示** 绘制带圆角或倒角的矩形时，若矩形的长度和宽度过小，那么绘制出的矩形将不进行圆角或倒角。

☆ 厚度 (T)：设置矩形的厚度，效果如图 4-19 所示。

☆ 宽度 (W)：设置矩形的宽度，效果如图 4-20 所示。

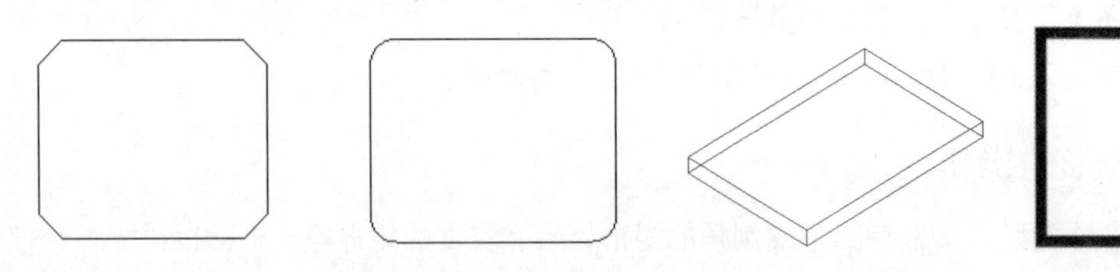

图 4-17 倒角结果　　图 4-18 圆角结果　　图 4-19 厚度结果　　图 4-20 宽度结果

☆ 面积 (A)：通过指定矩形的面积来绘制矩形。使用该方法，需要利用第一个角点、矩形面积、矩形长度 (或矩形宽度)3 个要素进行绘制，效果如图 4-21 所示。其命令行提示如下：

```
命令: _RECTANG
指定第一个角点或 [倒角(C)/标高(E)/圆角(F)/厚度(T)/宽度(W)]: //单击任意一点作为第一个角点
指定另一个角点或 [面积(A)/尺寸(D)/旋转(R)]: a                //输入命令a
输入以当前单位计算的矩形面积 <100.0000>: 70                  //输入矩形面积为70
计算矩形标注时依据 [长度(L)/宽度(W)] <长度>:                  //按Enter键
输入矩形长度 <10.0000>: 10                                     //输入矩形长度为10
```

☆ 尺寸 (D)：通过指定矩形的长和宽来绘制矩形，使用该方法，需要利用第一个角点、矩形长度、矩形宽度及另一个角点的方向 4 个要素进行绘制，效果如图 4-22 所示。其命令行提示如下：

```
命令: _RECTANG
指定第一个角点或 [倒角(C)/标高(E)/圆角(F)/厚度(T)/宽度(W)]: //单击任意一点作为第一个角点
指定另一个角点或 [面积(A)/尺寸(D)/旋转(R)]: d                //输入命令d
指定矩形的长度 <25.0000>: 15                                   //输入矩形长度为15
指定矩形的宽度 <20.0000>: 10                                   //输入矩形宽度为10
指定另一个角点或 [面积(A)/尺寸(D)/旋转(R)]://在第一个角点的任意方向单击，以此确定矩形的方向
```

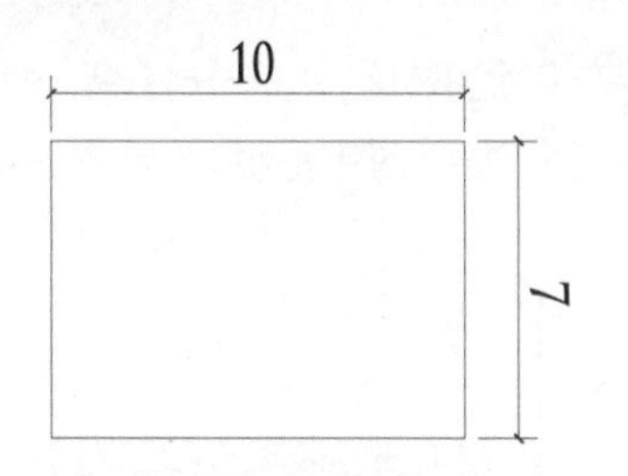

图 4-21　根据面积绘制矩形

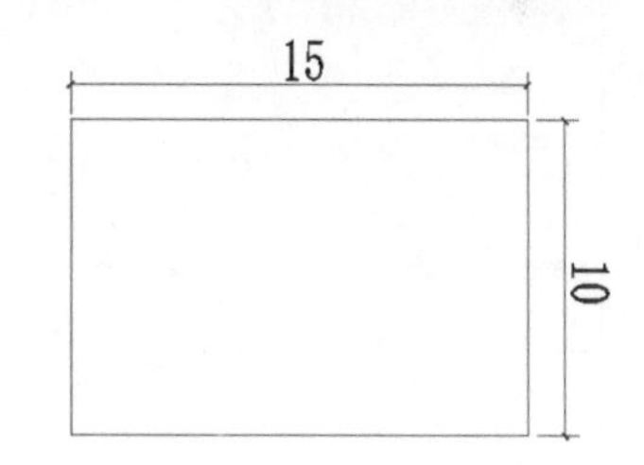

图 4-22　根据尺寸绘制矩形

4.1.6 实战演练 2——绘制冰箱

冰箱是人们居家常用的电器设备。下面以绘制一个冰箱平面图为例来练习矩形的绘制方法，具体操作步骤如下。

步骤 1 调用 REC(矩形) 命令，绘制尺寸为 540×477 的矩形，结果如图 4-23 所示。

步骤 2 调用 L(直线) 命令，绘制直线，结果如图 4-24 所示。

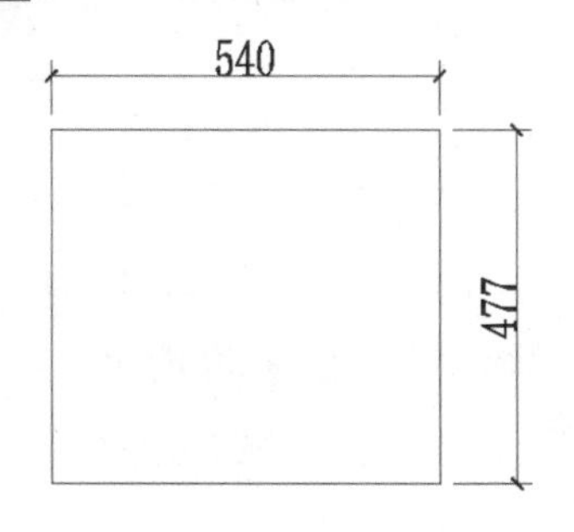

图 4-23　绘制矩形

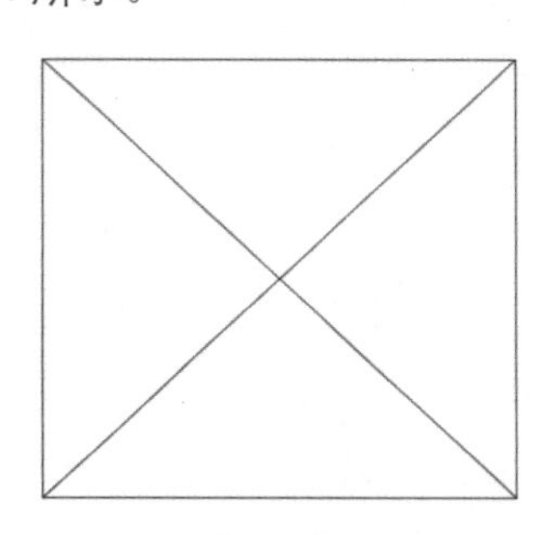

图 4-24　绘制直线

步骤 3 调用 REC(矩形) 命令，绘制尺寸为 450×63 的矩形，结果如图 4-25 所示。

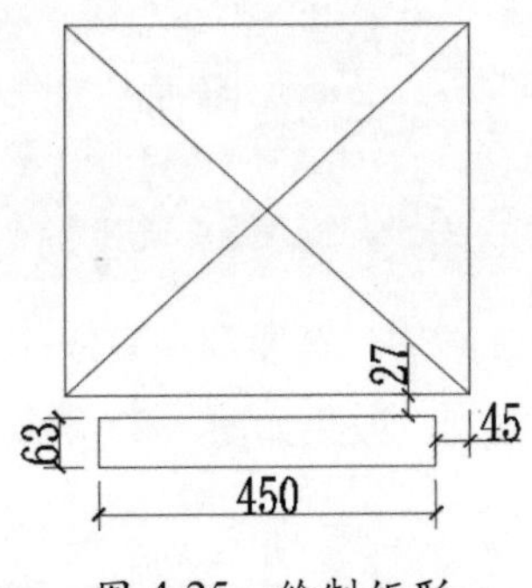

图 4-25　绘制矩形

步骤 4 调用 L(直线) 命令，绘制直线，即可完成冰箱平面图的绘制，结果如图 4-26 所示。

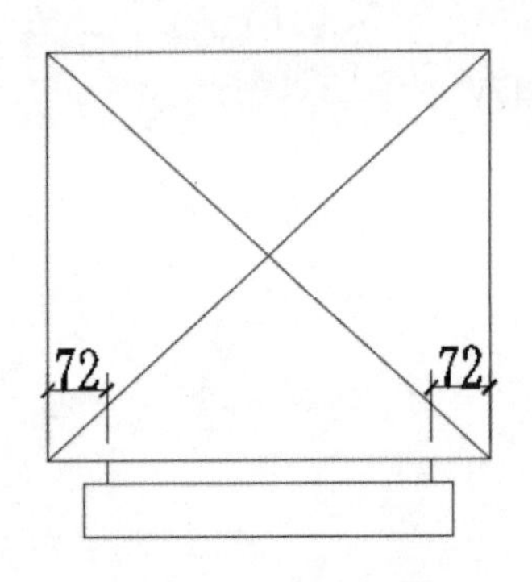

图 4-26　绘制直线

4.1.7 绘制正多边形

正多边形是指每条边的长度相等，且所有相邻边所形成的夹角也相等的多边形。默认情况下绘制的正多边形的边数为 4。

绘制正多边形的方法主要有以下几种。

☆ 单击【默认】选项卡→【绘图】面板→【多边形】按钮。

☆ 选择【绘图】→【多边形】菜单命令。

☆ 单击【绘图】工具栏中的【多边形】按钮。

☆ 在命令行中输入 POLYGON 或 POL 命令，并按 Enter 键。

1. 绘制正多边形的操作

AutoCAD 提供了 3 种方法绘制正多边形，分别是内接于圆法、外切于圆法和指定边长法。下面以使用外切于圆法绘制正六边形为例进行介绍，具体操作步骤如下。

步骤 1 单击【默认】选项卡→【绘图】面板→【多边形】按钮，在命令行中输入正多边形的边数为 6，按 Enter 键确定，如图 4-27 所示。

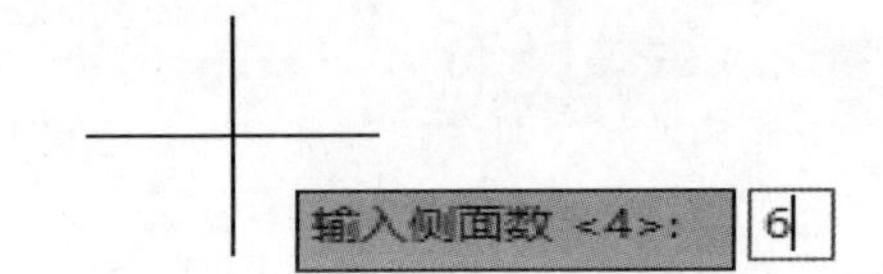

图 4-27　输入边数

步骤 2 在绘图区中单击任意一点 (如 A 点) 作为正多边形的中心点，如图 4-28 所示。

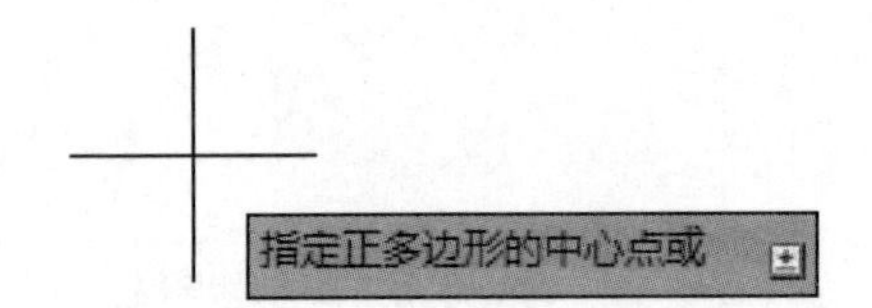

图 4-28　指定中心点

步骤 3 此时需要设置输入选项，这里选择【外切于圆】选项，如图 4-29 所示。

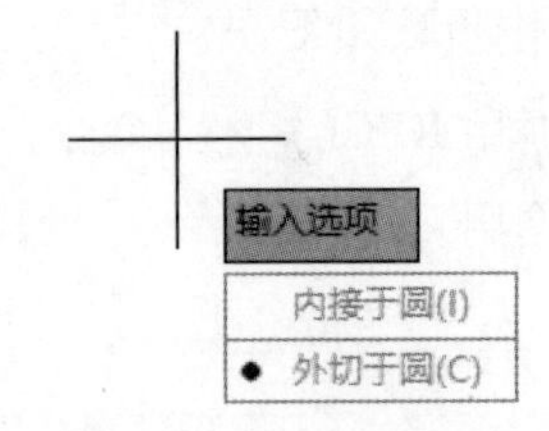

图 4-29　显示选项

步骤 4 在命令行中输入圆的半径为 100，按 Enter 键确定，如图 4-30 所示。

步骤 5 绘制完成后的结果如图 4-31 所示。

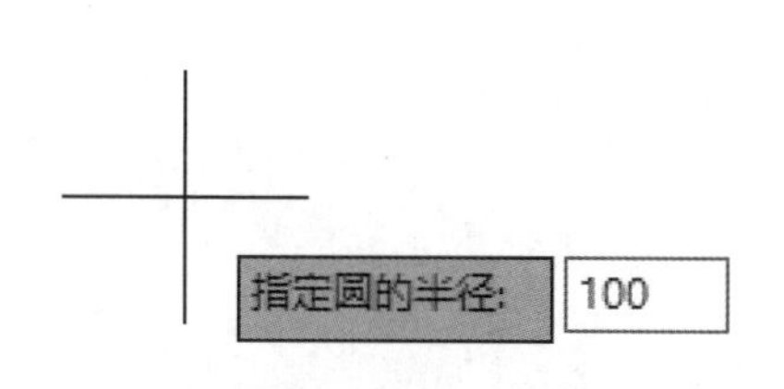

图 4-30　输入半径值

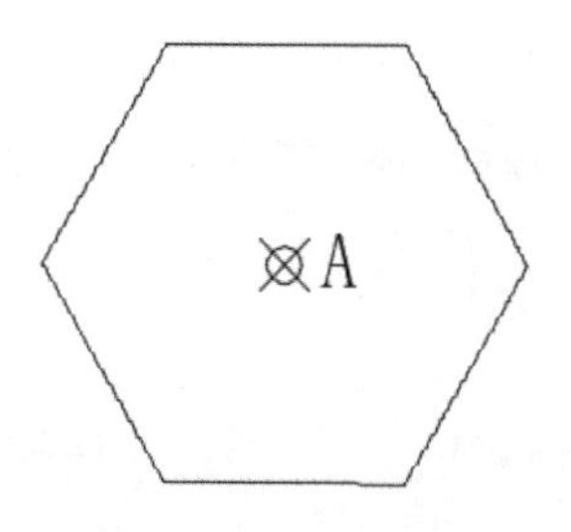

图 4-31　绘制的正多边形

执行上述操作的命令行提示如下：

```
命令： _POLYGON                                    //调用【正多边形】命令
输入侧面数 <4>： 6                                 //输入边数为6
指定正多边形的中心点或 [边(E)]：                   //单击A点作为正多边形的中心点
输入选项 [内接于圆(I)/外切于圆(C)] <I>： c         //输入命令c，表示使用外切于圆法绘制
指定圆的半径:100                                   //输入外切圆的半径为100，按Enter键
```

2. 选项说明

☆ 内接于圆 (I)：该项为默认选项，表示绘制的正多边形的顶点位于虚构圆的弧上，多边形内接于圆，如图 4-32 所示。

☆ 外切于圆 (C)：表示绘制的多边形的各边均与虚构圆相切，如图 4-33 所示。

☆ 边 (E)：选择该项，需要指定多边形的边数、一条边的第一个端点和第二个端点 3 个要素，如图 4-34 所示。

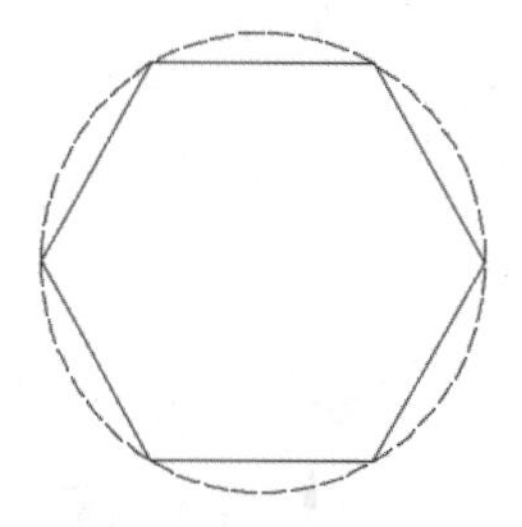

图 4-32　内接于圆

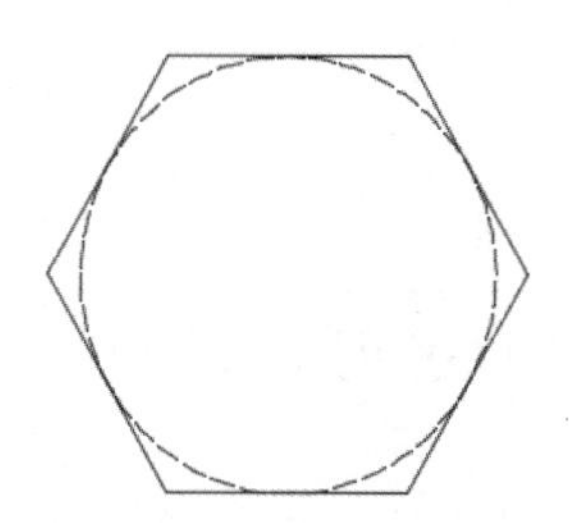

图 4-33　外切于圆

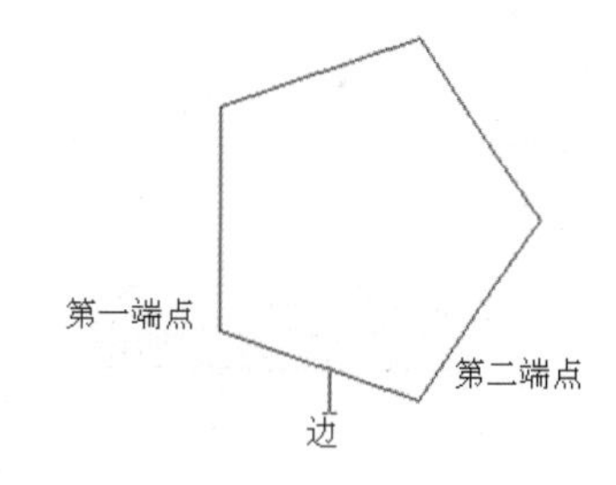

图 4-34　定义边长

4.1.8 绘制圆

圆是最为简单的封闭区线，可以代表孔、轴、柱等对象。

绘制圆的方法主要有以下几种。

☆ 单击【默认】选项卡→【绘图】面板→【圆】按钮的下拉按钮，在下拉列表中选择相应选项，如图 4-35 所示。

☆ 选择【绘图】→【圆】子菜单命令，如图 4-36 所示。

☆ 单击【绘图】工具栏中的【圆】按钮。

☆ 在命令行中直接输入 CIRCLE 或 C 命令，并按 Enter 键。

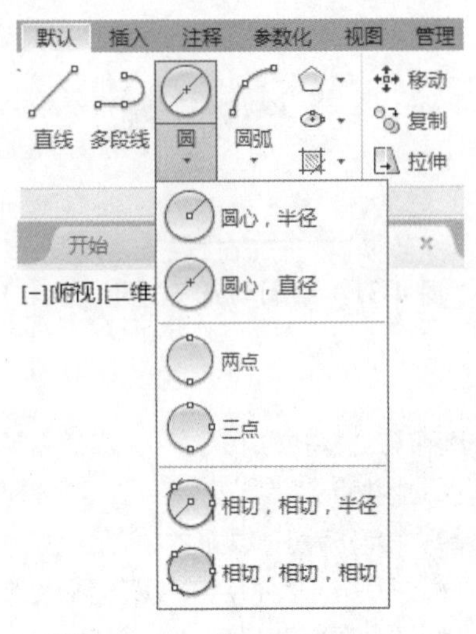

图 4-35 【圆】下拉列表

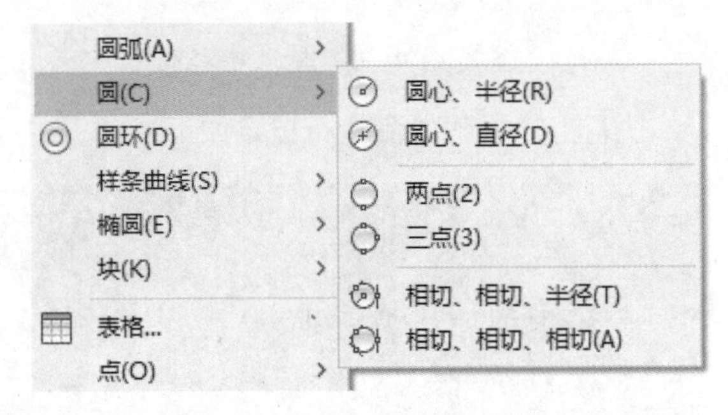

图 4-36 【圆】子菜单命令

由上可知，AutoCAD 共提供了 6 种绘制圆的方法。下面以指定圆心和半径法为例，介绍绘制圆的具体操作步骤。

步骤 1 选择【绘图】→【圆】→【圆心、半径】菜单命令，然后在窗口中单击任意一点(如 A 点)作为圆心，如图 4-37 所示。

步骤 2 在命令行中输入圆的半径为 100，按 Enter 键确定，如图 4-38 所示。

步骤 3 绘制完成后的结果如图 4-39 所示。

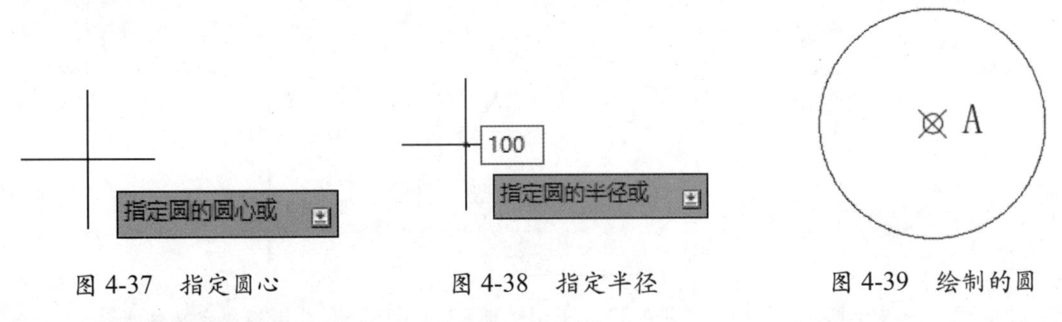

图 4-37 指定圆心　　图 4-38 指定半径　　图 4-39 绘制的圆

执行上述操作的命令行提示如下：

```
命令： _CIRCLE                                            //调用【圆】命令
指定圆的圆心或 [三点(3P)/两点(2P)/切点、切点、半径(T)]：  //单击A点作为圆心
指定圆的半径或 [直径(D)] <20.0000>: 100                   //输入半径为100，按Enter键
```

使用其余方法绘制圆的操作步骤与上述类似，这里不再赘述。在绘制时只需要按照命令行提示进行操作即可，说明如下。

(1) 圆心、半径：通过指定圆的中心位置和半径绘制圆。

(2) 圆心、直径：通过指定圆的中心位置和直径绘制圆。

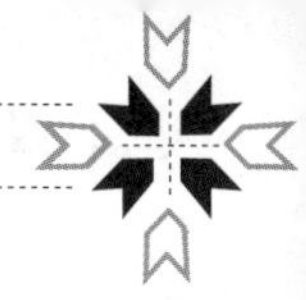

(3) 两点：通过指定圆直径上的两个端点绘制圆。

(4) 三点：通过指定圆周上的任意三点绘制圆。

(5) 相切、相切、半径：通过指定与圆相切的两个对象以及圆的半径绘制圆。

(6) 相切、相切、相切：通过指定与圆相切的三个对象绘制圆。

4.1.9 实战演练3——绘制浴霸

浴霸是人们居家常用的淋浴电器设备。下面以绘制一个浴霸平面图为例来练习圆的绘制方法，具体操作步骤如下。

步骤 1 调用 REC(矩形) 命令，绘制尺寸为 550×400 的外矩形，结果如图 4-40 所示。

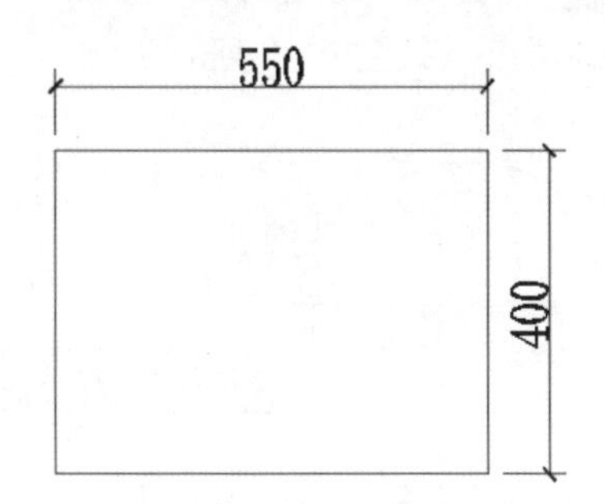

图 4-40 绘制外矩形

步骤 2 调用 REC(矩形) 命令，绘制尺寸为 119×297 的内矩形，结果如图 4-41 所示。

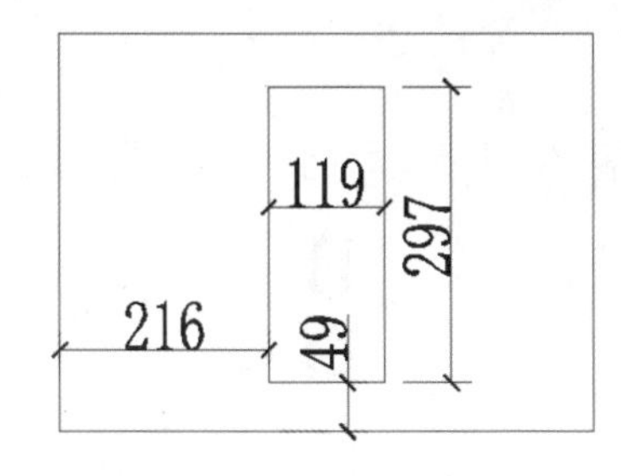

图 4-41 绘制内矩形

步骤 3 调用 L(直线) 命令，绘制直线；调用 O(偏移) 命令，偏移直线，结果如图 4-42 所示。

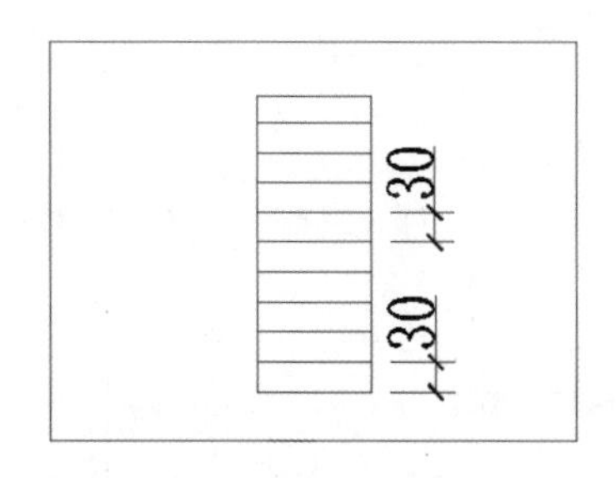

图 4-42 绘制直线

步骤 4 调用 C(圆) 命令，分别绘制半径为 68 和 32 的圆；调用 MI(镜像) 命令，对绘制的圆形执行镜像操作，即可完成浴霸平面图的绘制，结果如图 4-43 所示。

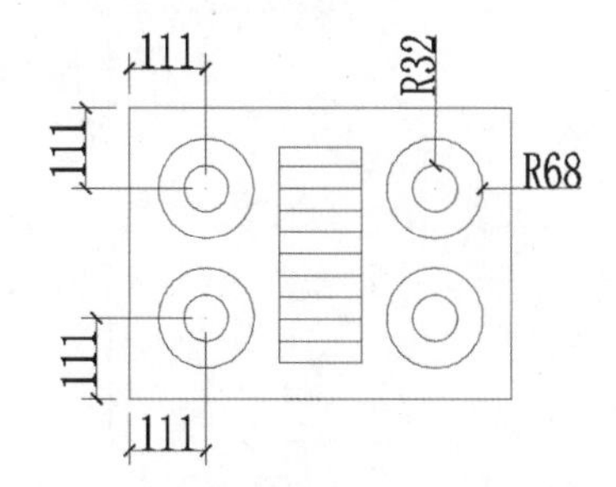

图 4-43 浴霸平面图

4.1.10 绘制圆弧

圆上任意两点间的部分称为圆弧，它是圆的一部分。在绘制时，可以通过指定圆心、起点、端点、半径、角度、弦长等各种组合形式完成绘制。

绘制圆弧的方法主要有以下几种。

☆ 单击【默认】选项卡→【绘图】面板→【圆弧】按钮的下拉按钮，在下拉列表中选择相应选项，如图 4-44 所示。

☆ 选择【绘图】→【圆弧】子菜单命令，如图 4-45 所示。

☆ 单击【绘图】工具栏中的【圆弧】按钮。

☆ 在命令行中输入 ARC 或 A 命令，并按 Enter 键。

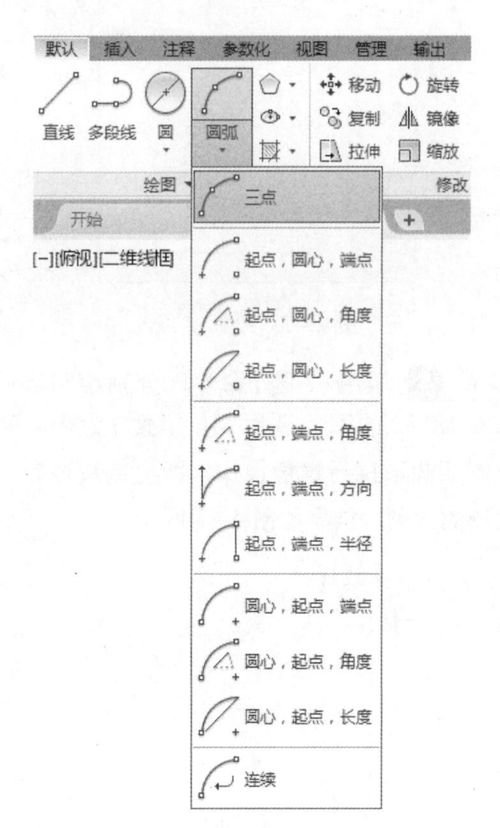

图 4-44　【圆弧】下拉列表

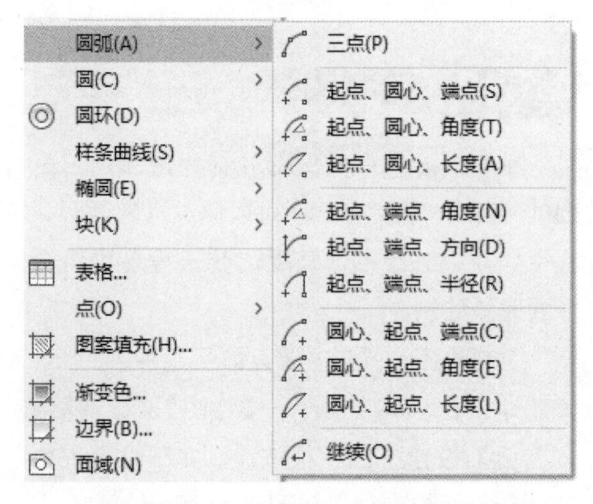

图 4-45　【圆弧】子菜单命令

由上可知，AutoCAD 共提供了 11 种绘制圆弧的方法。下面以指定三点法为例，介绍绘制圆弧的具体操作步骤。

步骤 1 选择【绘图】→【圆弧】→【三点】菜单命令，然后在窗口中单击一点（如 A 点）作为圆弧的起点，如图 4-46 所示。

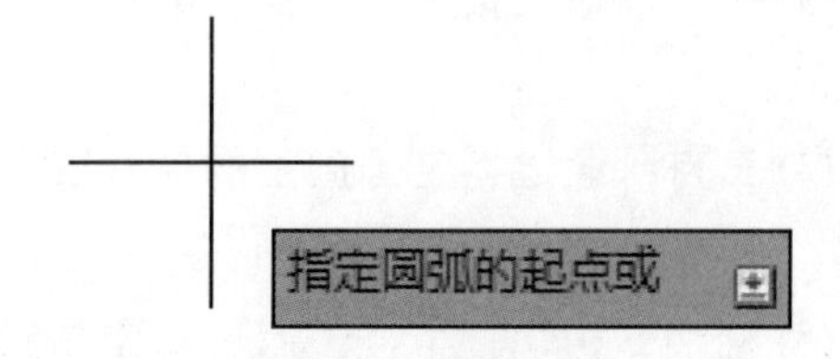

图 4-46　指定起点

步骤 2 在窗口中单击另一点（如 B 点）作为圆弧的第二个点，如图 4-47 所示。

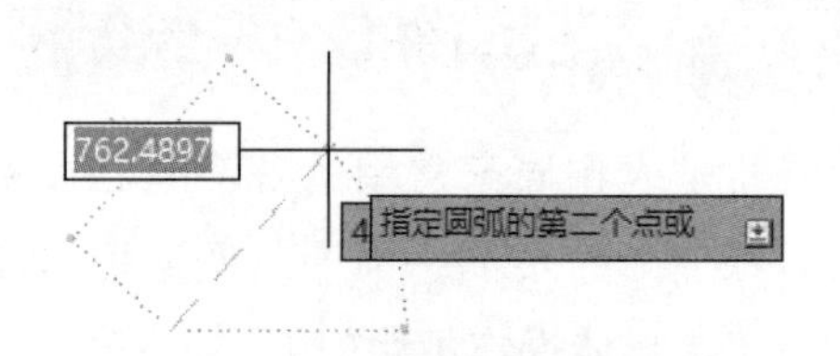

图 4-47　指定第二点

步骤 3 在窗口中单击第三点（如 C 点）作为圆弧的端点，如图 4-48 所示。

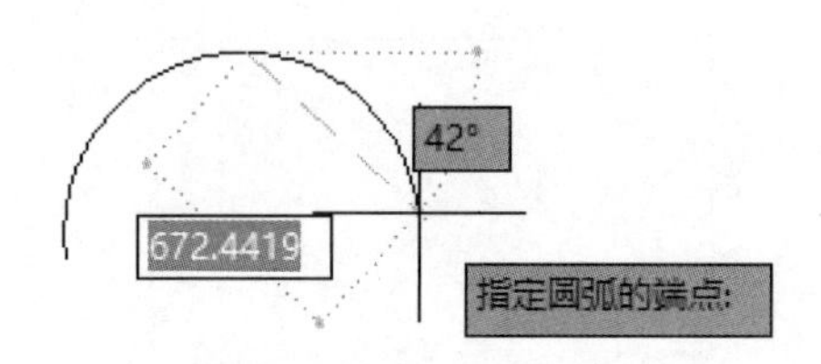

图 4-48　指定第三点

> **提示** 此处可直接在命令行中输入坐标值，用于指定构成圆弧的 3 个点。

步骤 4 绘制完成后的结果如图 4-49 所示。

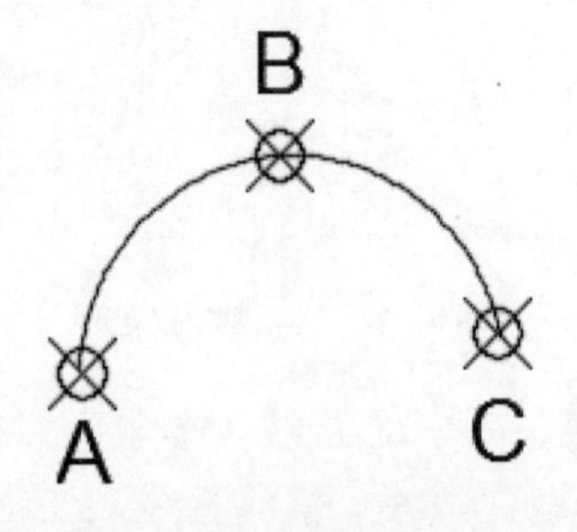

图 4-49　绘制的圆弧

执行上述操作的命令行提示如下：

```
命令: _ARC                                          //调用【圆弧】命令
指定圆弧的起点或 [圆心(C)]:                          //单击A点作为圆弧的起点
指定圆弧的第二个点或 [圆心(C)/端点(E)]:               //单击B点作为圆弧的第二个点
指定圆弧的端点:                                      //单击C点作为圆弧的端点
```

使用其余方法绘制圆弧的操作步骤与上述类似，这里不再赘述，读者可自行尝试。

4.1.11 绘制椭圆和椭圆弧

椭圆是指到两焦点的距离之和为定值的所有点的集合，椭圆弧是椭圆的一部分。

绘制椭圆的方法主要有以下几种。

☆ 单击【默认】选项卡→【绘图】面板→【椭圆】按钮的下拉按钮，在下拉列表中选择相应选项，如图 4-50 所示。

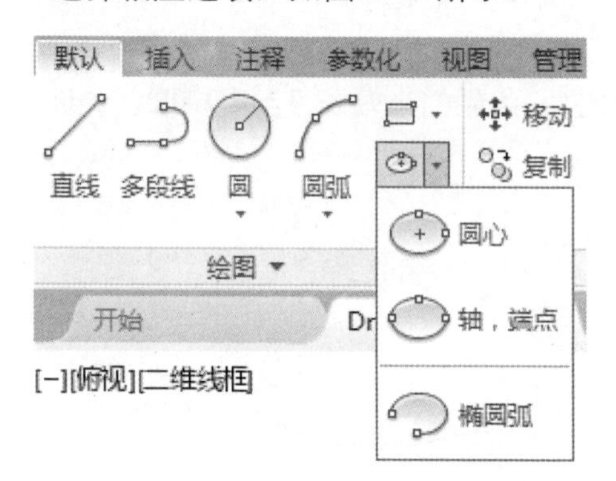

图 4-50　【椭圆】下拉列表

☆ 选择【绘图】→【椭圆】子菜单命令，如图 4-51 所示。

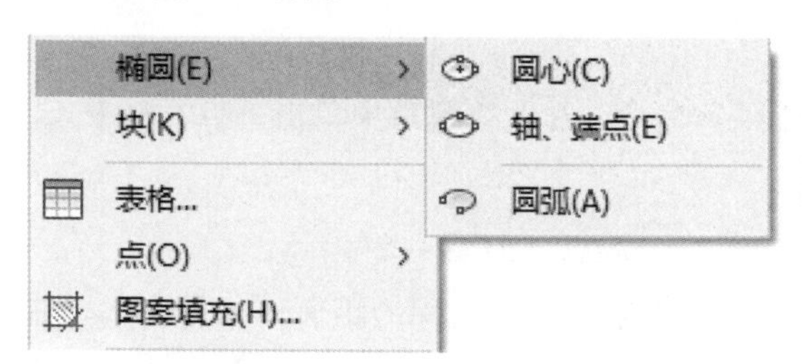

图 4-51　【椭圆】子菜单命令

☆ 单击【绘图】工具栏中的【椭圆】按钮或【椭圆弧】按钮。

☆ 在命令行中直接输入 ELLIPSE 或 ELS 命令，并按 Enter 键。

1. 绘制椭圆

在【椭圆】下拉列表中共提供了 3 个选项，其中前两个选项对应着两种绘制椭圆的方法。下面以指定圆心法为例进行介绍，具体操作步骤如下。

步骤 1 选择【绘图】→【椭圆】→【圆心】菜单命令，然后在窗口中单击一点 (如 A 点) 作为椭圆的中心点，如图 4-52 所示。

图 4-52　指定中心点

步骤 2 在窗口中单击另一点 (如 B 点) 作为轴的端点，如图 4-53 所示。

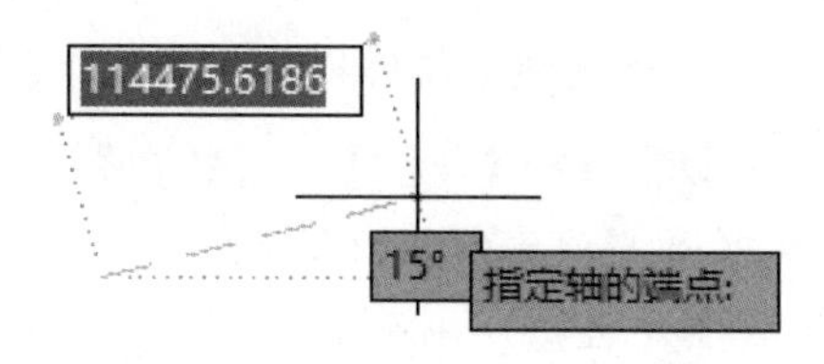

图 4-53　指定轴的端点

步骤 3 在命令行中输入另一条半轴长度为 100，按 Enter 键，如图 4-54 所示。

步骤 4 绘制完成后的结果如图 4-55 所示。

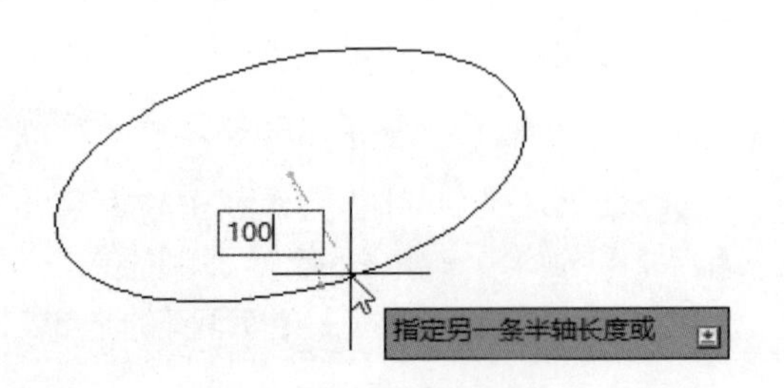

图 4-54 输入半轴长度值

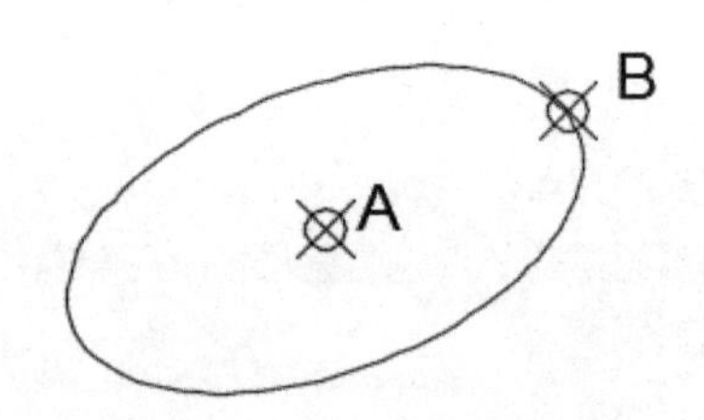

图 4-55 绘制的椭圆

执行上述操作的命令行提示如下：

```
命令：_ELLIPSE                                      //调用【椭圆】命令
指定椭圆的轴端点或 [圆弧(A)/中心点(C)]：_c
指定椭圆的中心点：                                  //单击A点作为椭圆的中心点
指定轴的端点：                                      //单击B点作为轴的端点
指定另一条半轴长度或 [旋转(R)]：100                //输入半轴长度为100，按Enter键
```

两种方法的说明如下。

☆ 圆心：通过指定椭圆的中心点、一条轴的端点和另一条轴的半轴长度绘制椭圆，如图 4-56 所示。

☆ 轴、端点：通过指定椭圆一条轴的两个端点和另一条轴的半轴长度绘制椭圆，如图 4-57 所示。

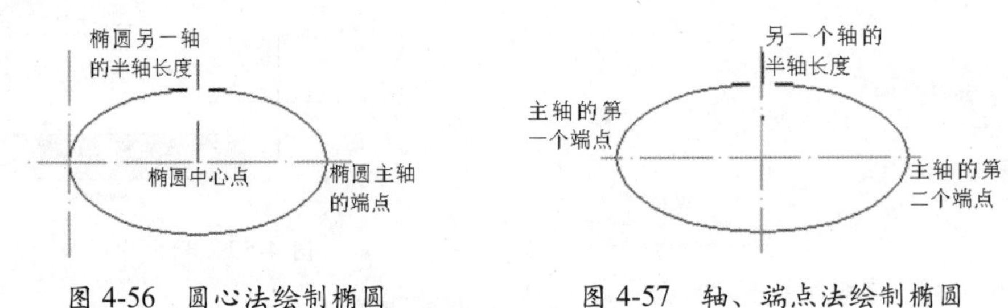

图 4-56 圆心法绘制椭圆　　图 4-57 轴、端点法绘制椭圆

2. 绘制椭圆弧

绘制椭圆弧的具体操作步骤如下。

步骤 1 选择【绘图】→【椭圆】→【椭圆弧】菜单命令，然后在窗口中单击一点 (如 A 点) 作为椭圆的轴端点，如图 4-58 所示。

步骤 2 在窗口中单击一点 (如 B 点) 作为轴的另一个端点，如图 4-59 所示。

步骤 3 在窗口中单击一点 (如 C 点)，从而将该点与轴中心点之间的距离作为另一条半轴的长度，如图 4-60 所示。

步骤 4 在窗口中单击一点 (如 D 点) 作为椭圆弧的起始点，如图 4-61 所示。

步骤 5 在窗口中单击一点 (如 E 点) 作为椭圆弧的端点，如图 4-62 所示。

步骤 6 绘制完成后的效果如图 4-63 所示。

图 4-58　指定轴的端点

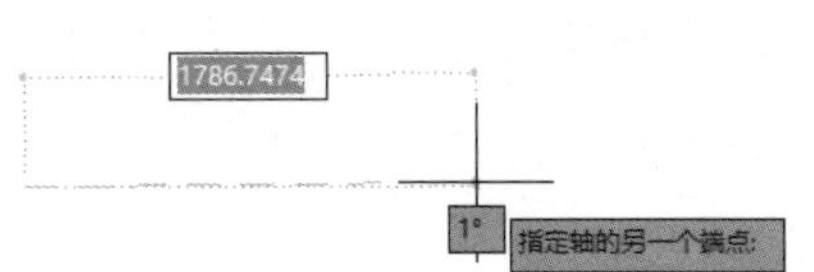

图 4-59　指定轴的另一个端点

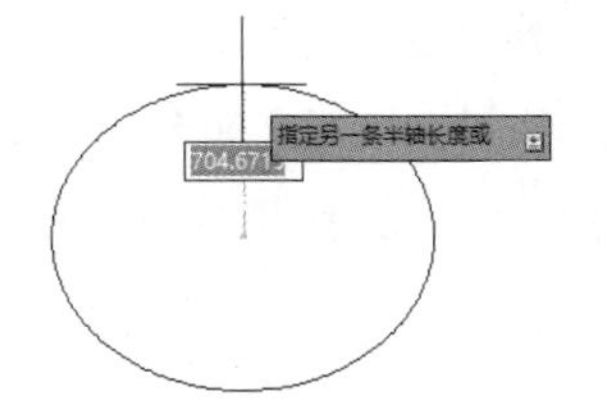

图 4-60　确定半轴长度

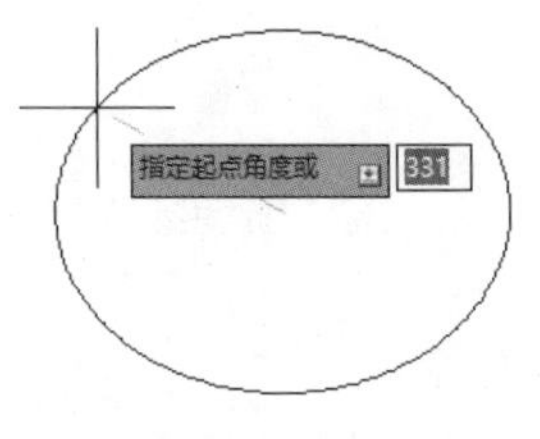

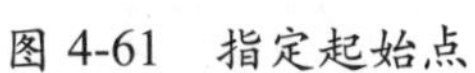
图 4-61　指定起始点

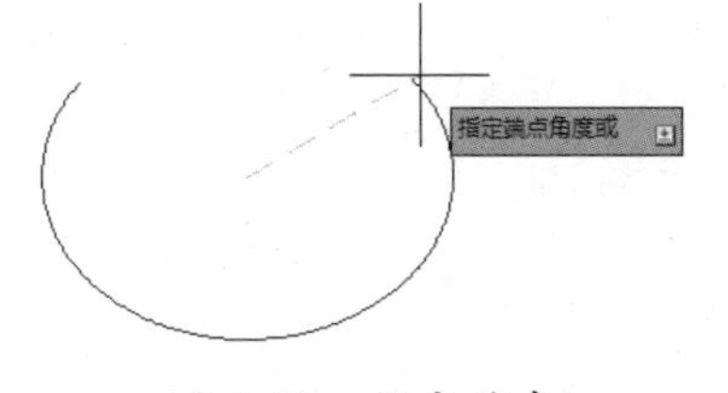

图 4-62　指定端点

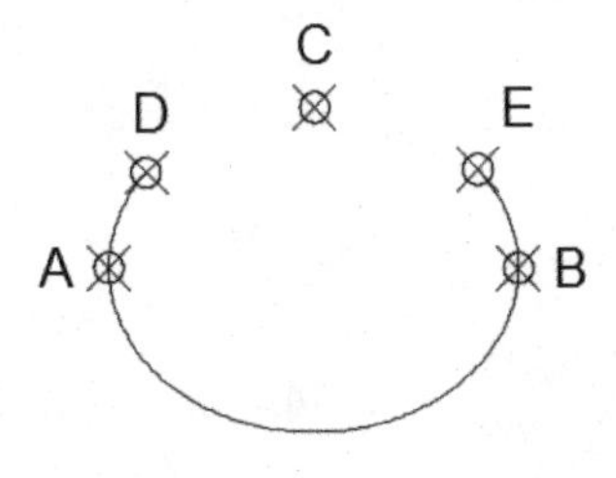

图 4-63　绘制的椭圆弧

执行上述操作的命令行提示如下：

```
命令: _ELLIPSE                                    //调用【椭圆】命令
指定椭圆的轴端点或 [圆弧(A)/中心点(C)]: _a
指定椭圆弧的轴端点或 [中心点(C)]:                  //单击A点作为轴的端点
指定轴的另一个端点:                                //单击B点作为轴的另一个端点
指定另一条半轴长度或 [旋转(R)]:                    //单击C点作为另一条半轴长度
指定起点角度或 [参数(P)]:                          //单击D点作为椭圆弧的起始点
指定端点角度或 [参数(P)/夹角(I)]:                  //单击E点作为椭圆弧的端点
```

4.1.12 实战演练 4——绘制门

门是建筑物装修必不可少的一部分。下面以绘制一个门平面图为例来练习圆弧的绘制方法，具体操作步骤如下。

步骤 1 绘制门轮廓。调用 REC(矩形) 命令，绘制尺寸为 1000×100 和 50×925 的矩形，如图 4-64 所示。

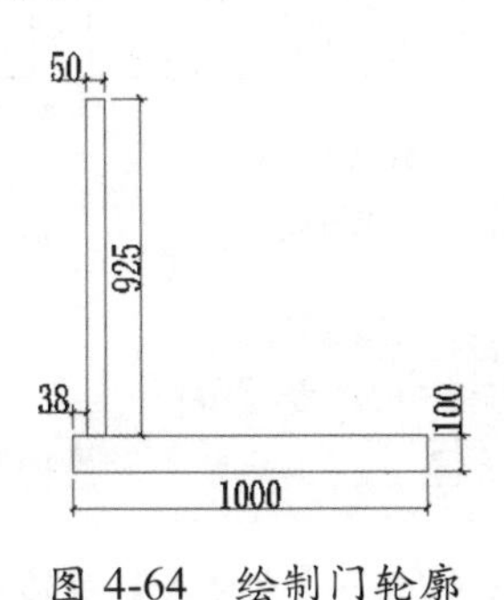

图 4-64　绘制门轮廓

步骤 2 绘制门顶框轮廓。调用 REC(矩形) 命令，绘制尺寸为 150×40 的矩形，如图 4-65 所示。

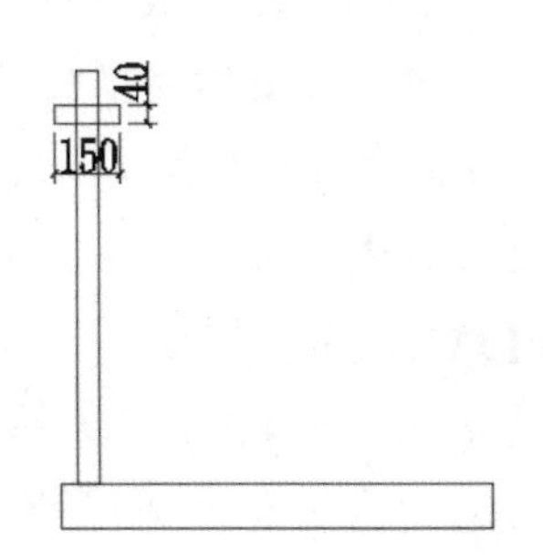

图 4-65　绘制门顶框轮廓

步骤 3 调用 L(直线) 命令，绘制直线；调用 MI(镜像) 命令，对绘制的直线执行镜像操作，结果如图 4-66 所示。

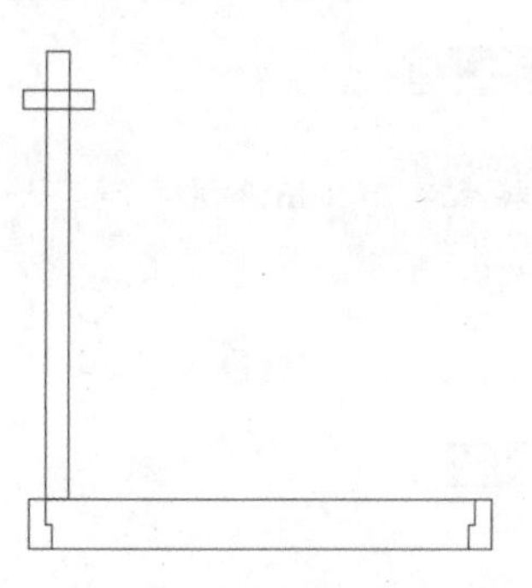

图 4-66　镜像直线

步骤 4 调用 A(圆弧) 命令，绘制圆弧，即可完成门平面图的绘制，结果如图 4-67 所示。

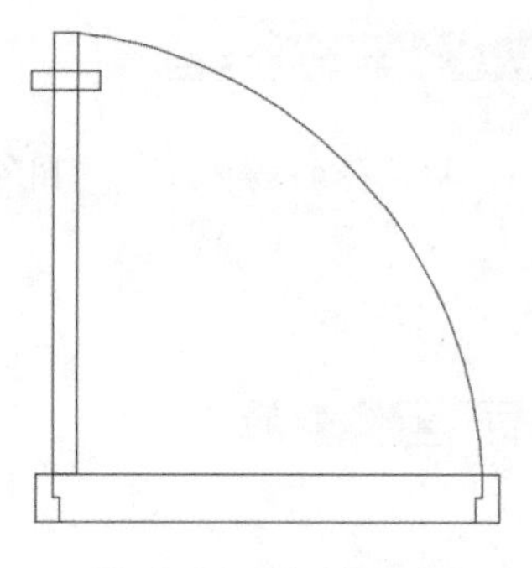

图 4-67　绘制圆弧

4.2 其他图形的绘制

除了一些常见的基本图形，AutoCAD 还提供了其他图形的绘制方法，包括点、多线、多段线、样条曲线等图形。这些图形通常用于绘制较为复杂或不规则的图形。

4.2.1 绘制点

点是组成图形最基本的元素，通常作为绘图的辅助点或参照点使用。AutoCAD 提供了多种绘制点的方法，包括绘制单点、多点、定数等分点、定距等分点 4 种。

1. 设置点样式

在默认情况下，点对象没有长度和大小，显示为一个黑色小圆点，很难看清，因此在绘制点对象之前，需要对点样式进行设置。调用【点样式】命令主要有以下几种方法。

☆ 单击【默认】选项卡→【实用工具】面板→【点样式】按钮。

☆ 选择【格式】→【点样式】菜单命令。

☆ 在命令行中直接输入 DDPTYPE 或 DDP 命令，并按 Enter 键。

执行上述任意一种操作，均可打开【点样式】对话框，如图 4-68 所示。在其中选择所需的点样式，单击【确定】按钮即可，如图 4-69 所示。

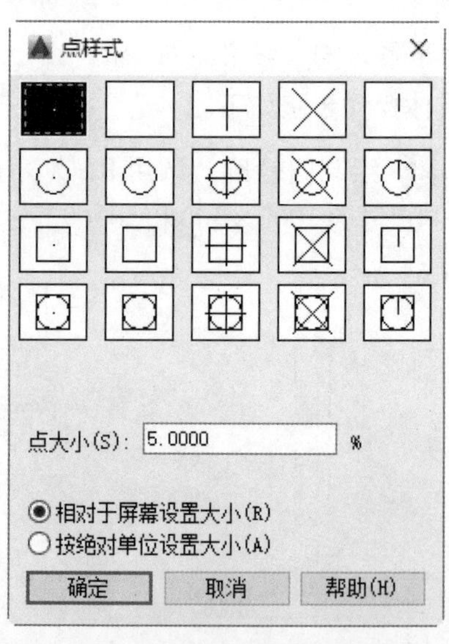

图 4-68　【点样式】对话框

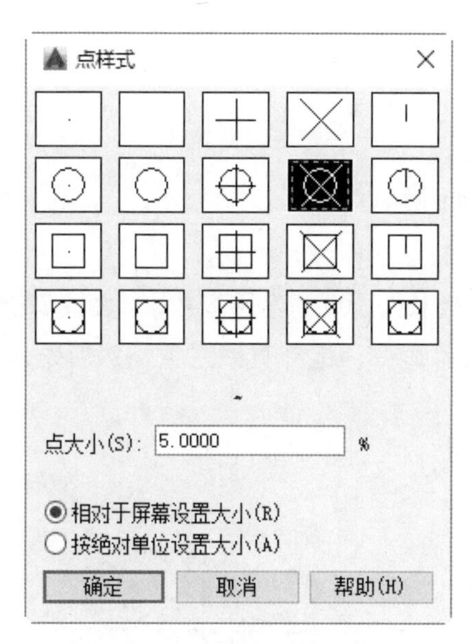

图 4-69　选择点样式

提示　【点样式】对话框中提供了两种定义点大小的方法。

☆ 【相对于屏幕设置大小】选项是指以屏幕尺寸的百分比设置点的大小，使用该方法在缩放图形时，点的大小不随其他对象的变化而变化。

☆ 【按绝对单位设置大小】选项是指以指定的实际单位值来设置点的大小，使用该方法在缩放图形时，点的大小也会随之变化。

2. 绘制单点

调用【单点】命令主要有以下两种方法。

☆ 选择【绘图】→【点】→【单点】菜单命令。

☆ 在命令行中直接输入 POINT 或 PO 命令，并按 Enter 键。

调用【单点】命令后，在命令行中输入点的坐标值，或者单击即可确认点的位置，如图 4-70 所示的单点代表圆的中心点，在绘制时捕捉到中心点后单击即可。

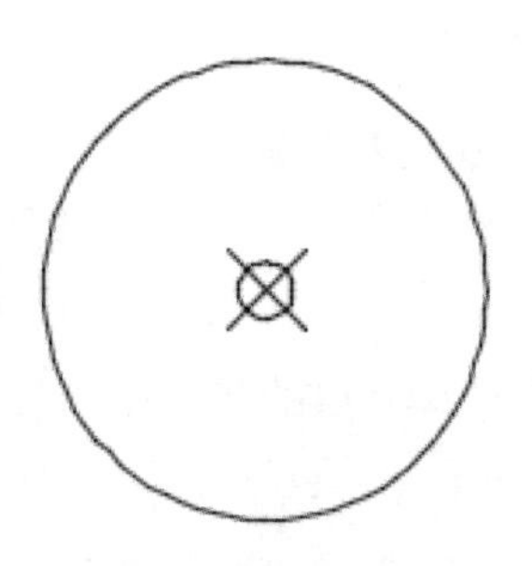

图 4-70　绘制的单点

执行上述操作的命令行提示如下：

```
命令: _POINT   //调用【单点】命令
当前点模式: PDMODE=35  PDSIZE=0.0
指定点:         //单击圆的中心点
```

3. 绘制多点

调用【多点】命令主要有以下几种方法。

☆ 单击【默认】选项卡→【绘图】面板→【多点】按钮。

☆ 选择【绘图】→【点】→【多点】菜单命令。

☆ 单击【绘图】工具栏中的【点】按钮。

绘制多点与单点所不同的是，在调用【多点】命令后，可连续绘制多个点，直到按 Esc 键结束命令，结果如图 4-71 所示。

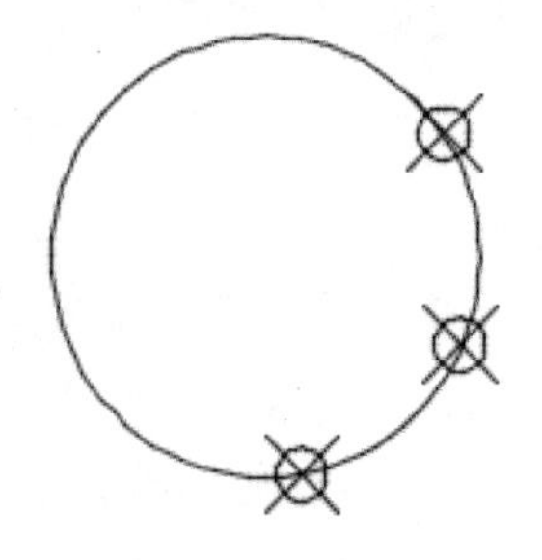

图 4-71　绘制的多点

4. 绘制定数等分点

定数等分点是指在对象上按照指定的段数生成距离相等的多个点。调用【定数等分】

命令主要有以下几种方法。

☆ 单击【默认】选项卡→【绘图】面板→【定数等分】按钮。

☆ 选择【绘图】→【点】→【定数等分】菜单命令。

☆ 在命令行中输入 DIVIDE 或 DIV 命令，并按 Enter 键。

绘制定数等分点的具体操作步骤如下。

步骤 1 选择【绘图】→【直线】菜单命令，绘制一条长为 100 的水平直线，如图 4-72 所示。

步骤 2 选择【绘图】→【点】→【定数等分】菜单命令，选择直线对象，然后输入线段数目为 4，按 Enter 键，如图 4-73 所示。

步骤 3 即可将直线平分为 4 段，并生成 3 个点以供标记，如图 4-74 所示。

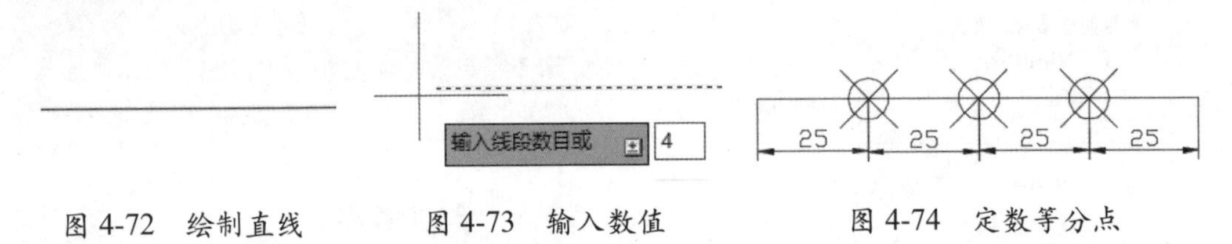

图 4-72 绘制直线　　图 4-73 输入数值　　图 4-74 定数等分点

> **提示** 等分点只是用于标记或参照使用，并非将直线分割成 4 段独立对象。

执行上述操作的命令行提示如下：

```
命令: _LINE                          //调用【直线】命令
指定第一个点:                         //单击指定直线的第一个点
指定下一点或 [放弃(U)]: 100           //在水平方向上向右拖动鼠标，输入100，按Enter键
命令: DIVIDE                          //调用【定数等分】命令
选择要定数等分的对象:                  //选择直线对象
输入线段数目或 [块(B)]: 4             //输入线段数目为4，按Enter键
```

5. 绘制定距等分点

定距等分点是指在对象上按照指定的长度生成多个点。调用【定距等分】命令主要有以下几种方法。

☆ 单击【默认】选项卡→【绘图】面板→【定距等分】按钮。

☆ 选择【绘图】→【点】→【定距等分】菜单命令。

☆ 在命令行中直接输入 MEASURE 或 ME 命令，并按 Enter 键。

绘制定距等分点的具体操作步骤如下。

步骤 1 选择【绘图】→【直线】菜单命令，绘制一条长为 100 的水平直线，如图 4-75 所示。

步骤 2 选择【绘图】→【点】→【定距等分】菜单命令，单击选择直线对象，然后输入线段长度为 30，按 Enter 键，如图 4-76 所示。

步骤 3 即可在直线上生成 3 个点，其中左侧 3 段直线长度均为 30，如图 4-77 所示。

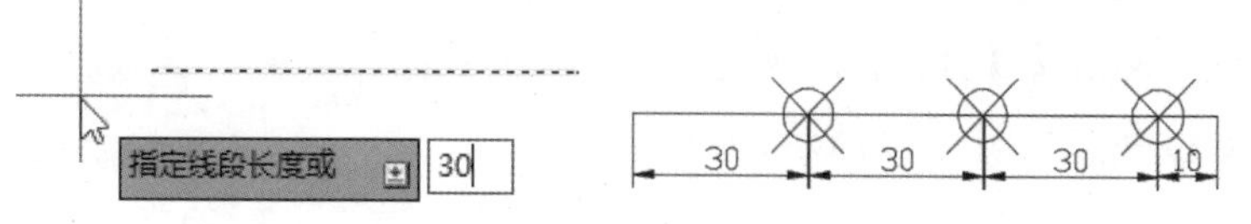

图 4-75　绘制直线　　图 4-76　输入数值　　图 4-77　定距等分点

执行上述操作的命令行提示如下：

```
命令：_LINE                              //调用【直线】命令
指定第一个点：                           //单击指定直线的第一个点
指定下一点或 [放弃(U)]：100              //在水平方向上向右拖动鼠标，输入100，按Enter键
命令：_MEASURE                           //调用【定距等分】命令
选择要定距等分的对象：                   //选择直线对象
指定线段长度或 [块(B)]：2                //输入线段长度为30，按Enter键
```

4.2.2 绘制多线

多线是一种由多条平行线组合而成的对象，并且平行线的数量及间距可自定义设置，常用于绘制建筑图中的墙体、电子线路图等。

绘制多线的方法主要有以下两种。

☆ 选择【绘图】→【多线】菜单命令。

☆ 在命令行中直接输入 MLINE 或 ML 命令，并按 Enter 键。

1. 新建多线样式

在默认情况下，多线由两条平行线组成，并且间距已固定。若要绘制其他类型的多线，在绘制前需要新建多线样式。该操作需要在【多线样式】对话框中完成，打开此对话框主要有以下两种方法。

☆ 选择【格式】→【多线样式】菜单命令。

☆ 在命令行中直接输入 MLSTYLE 命令，并按 Enter 键。

执行上述任意一种操作，均可打开【多线样式】对话框，在其中可完成新建多线样式的操作，具体操作步骤如下。

步骤 1 选择【格式】→【多线样式】菜单命令，打开【多线样式】对话框，在【样式】列表框中可查看当前已有的多线样式，若需要新建样式，单击【新建】按钮，如图 4-78 所示。

步骤 2 打开【创建新的多线样式】对话框，在【新样式名】文本框中输入样式名称【样式 1】，单击【继续】按钮，如图 4-79 所示。

步骤 3 打开【新建多线样式：样式 1】对话框，在【封口】区域中勾选【直线】右侧的【起点】

和【端点】复选框，在【图元】区域中单击【添加】按钮，然后将【偏移】设置为 0，并单击【线型】按钮，如图 4-80 所示。

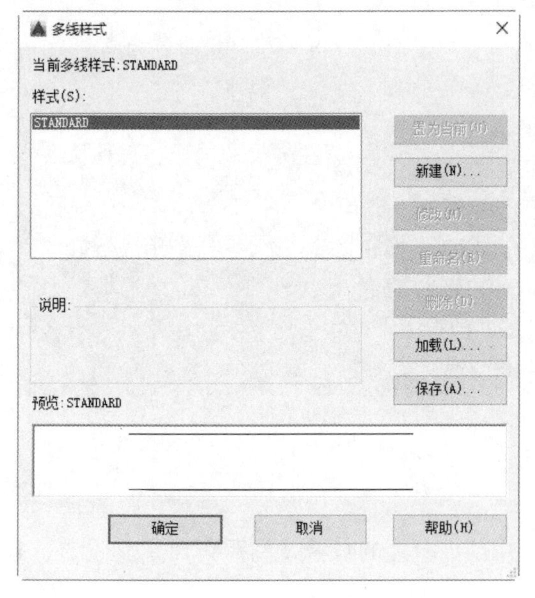

图 4-78　【多线样式】对话框

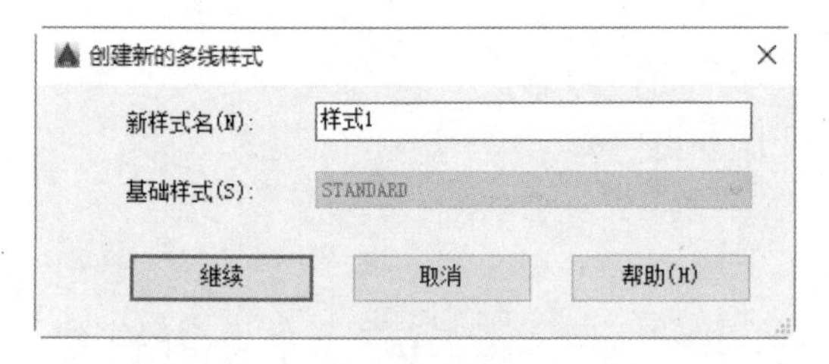

图 4-79　【创建新的多线样式】对话框

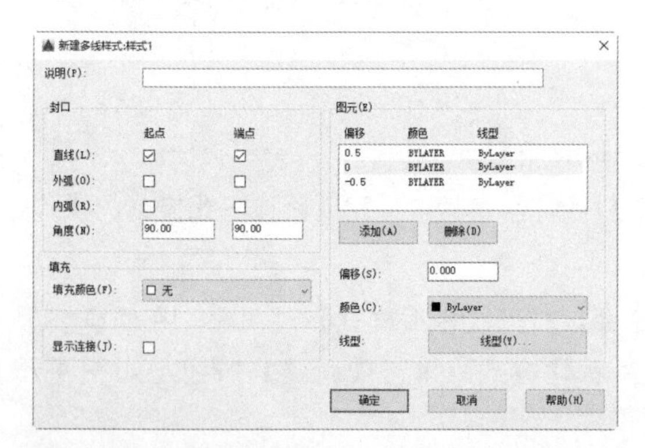

图 4-80　【新建多线样式：样式 1】对话框

提示

【封口】区域用于设置多段线两端封口的样式；【填充】区域用于设置多段线中的填充颜色；【图元】区域用于设置多段线中平行线的数目、间距、颜色、线型。

步骤 4　打开【选择线型】对话框，默认有 3 种线型，这里单击【加载】按钮，如图 4-81 所示。

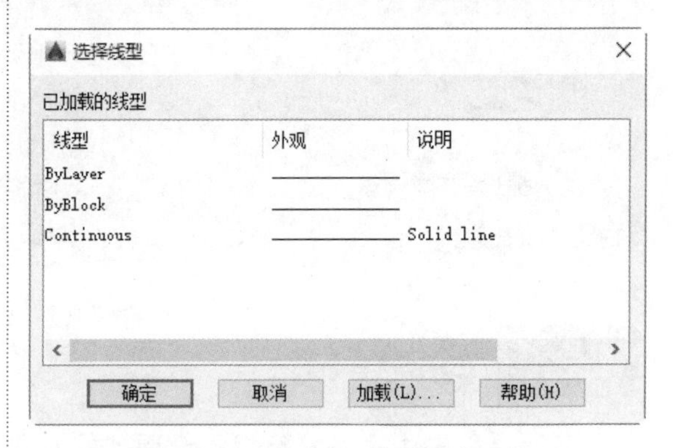

图 4-81　【选择线型】对话框

步骤 5　打开【加载或重载线型】对话框，在【可用线型】列表框中选择线型，单击【确定】按钮，如图 4-82 所示。

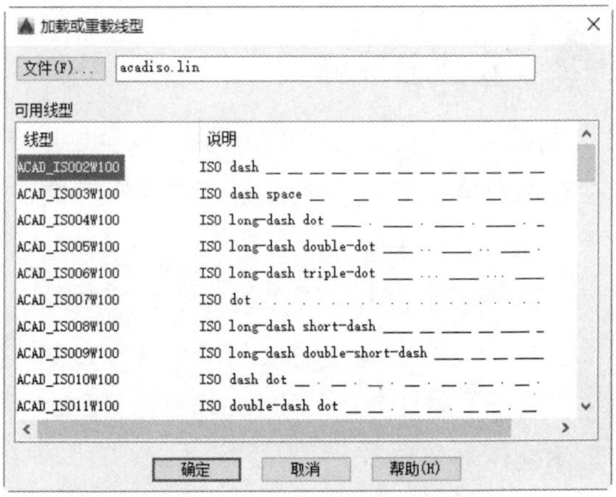

图 4-82　【加载或重载线型】对话框

步骤 6　连续单击两次【确定】按钮，返回至【多线样式】对话框，选择【样式 1】选项，单击【置为当前】按钮，将其设置为当前使用的样式，然后单击【确定】按钮，关闭对话框，如图 4-83 所示。

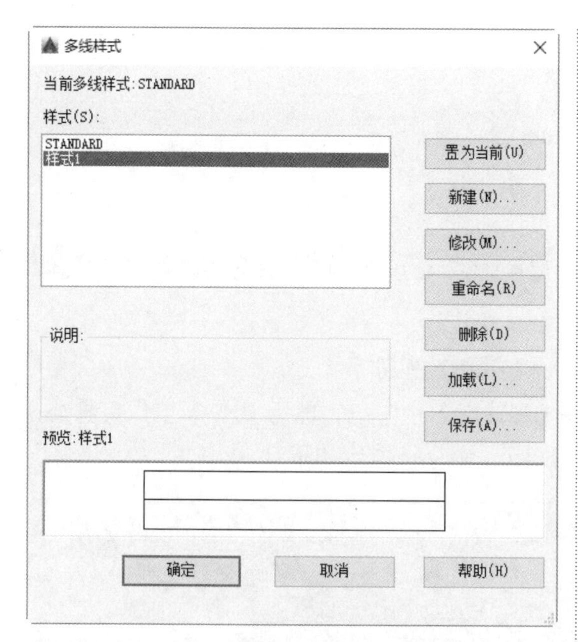

图 4-83　【多线样式】对话框

2. 绘制多线的操作

绘制多线时只需要指定多线的起点和下一点即可，其方法与绘制直线完全一致。下面使用上一步骤新建的多线样式来绘制多线，具体操作步骤如下。

步骤 1 选择【绘图】→【多线】菜单命令，单击任意一点（如 A 点）作为多线的起点，如图 4-84 所示。

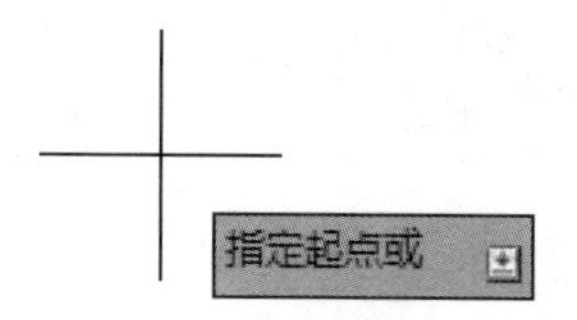

图 4-84　指定起点

步骤 2 拖动鼠标并单击一点（如 B 点）作为多线的下一点，如图 4-85 所示。

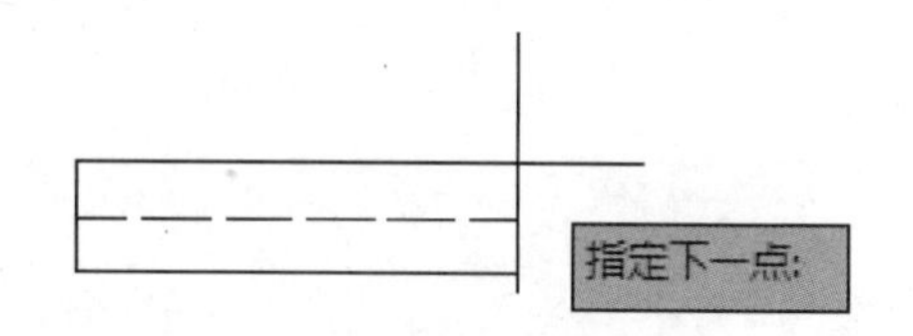

图 4-85　指定下一点

步骤 3 按 Esc 键结束命令，完成绘制，如图 4-86 所示。

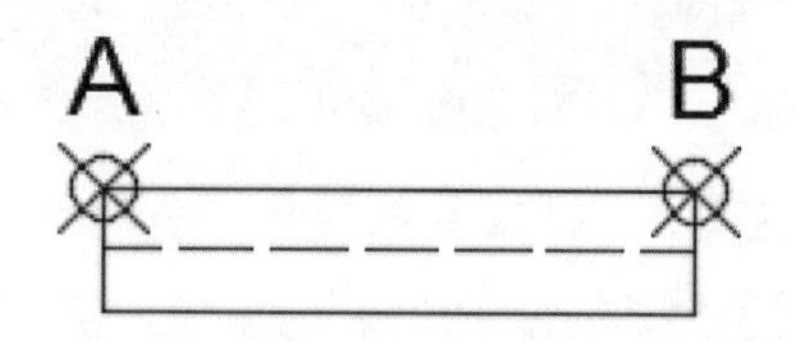

图 4-86　绘制的多线

执行上述操作的命令行提示如下：

```
命令： MLINE                                        //调用【多线】命令
当前设置：对正 = 上，比例 = 20.00，样式 = 样式1
指定起点或 [对正(J)/比例(S)/样式(ST)]:                 //单击A点作为起点
指定下一点:                                          //单击B点作为下一点
指定下一点或 [放弃(U)]:  *取消*                        //按Esc键结束命令
```

3. 选项说明

☆ 对正 (J)：设置绘制多线的基准，分为上、下、无 3 种。上是指以多线上端的线作为基准，以此类推。

☆ 比例 (S)：设置多线中各平行线的间距比例。

☆ 样式 (ST)：设置当前使用的多线样式。

4.2.3 绘制多段线

多段线是一种复合图形，可以由相连的若干条直线、弧线或两者组合而成。在绘制时可在直线和弧线间自由转换。

绘制多段线的方法主要有以下几种。

☆ 单击【默认】选项卡→【绘图】面板→【多段线】按钮。

☆ 选择【绘图】→【多段线】菜单命令。

☆ 单击【绘图】工具栏中的【多段线】按钮。

☆ 在命令行中输入 PLINE 或 PL 命令，并按 Enter 键。

1. 绘制多段线

在绘制多段线时可为不同的线段设置不同的宽度，还可为同一线段设置渐变线宽。具体的操作步骤如下。

步骤 1 单击底部状态栏中的【正交】按钮，打开正交模式。

步骤 2 单击【默认】选项卡→【绘图】面板→【多段线】按钮，然后单击 A 点作为起点，绘制长为 10、渐变线宽为 20 的箭头，如图 4-87 所示。命令行提示如下：

```
命令: _PLINE                                              //调用【多段线】命令
指定起点:                                                 //单击A点作为起点
当前线宽为 0.0
指定下一个点或 [圆弧(A)/半宽(H)/长度(L)/放弃(U)/宽度(W)]: w   //输入命令w
指定起点宽度 <0.0>:                                        //按Enter键
指定端点宽度 <0.0>: 20                                     //输入端点宽度为20
指定下一个点或 [圆弧(A)/半宽(H)/长度(L)/放弃(U)/宽度(W)]: 10
                                      //向下拖动鼠标，输入长度为10，按Enter键
```

步骤 3 重新设置宽度为 0，绘制长度为 20 的垂直直线，如图 4-88 所示。命令行提示如下：

```
指定下一点或 [圆弧(A)/闭合(C)/半宽(H)/长度(L)/放弃(U)/宽度(W)]: w//输入命令w
指定起点宽度 <20.0>: 0                                     //输入起点宽度为0
指定端点宽度 <0.0>:                                        //按Enter键
指定下一点或 [圆弧(A)/闭合(C)/半宽(H)/长度(L)/放弃(U)/宽度(W)]: 20
                                      //向下拖动鼠标，输入长度为20，按Enter键
```

步骤 4 重新设置渐变线宽为 5，绘制直径为 10 的圆弧，最后按 Esc 键结束命令，结果如图 4-89 所示。命令行提示如下：

```
指定下一点或 [圆弧(A)/闭合(C)/半宽(H)/长度(L)/放弃(U)/宽度(W)]: a //输入命令a
指定圆弧的端点(按住 Ctrl 键以切换方向)或
[角度(A)/圆心(CE)/闭合(CL)/方向(D)/半宽(H)/直线(L)/半径(R)/第二个点(S)/放弃(U)/宽度
(W)]: w                                                    //输入命令w
指定起点宽度 <0.0>:                                        //按Enter键
指定端点宽度 <0.0>: 5                                      //输入端点宽度为5
指定圆弧的端点(按住 Ctrl 键以切换方向)或
[角度(A)/圆心(CE)/闭合(CL)/方向(D)/半宽(H)/直线(L)/半径(R)/第二个点(S)/放弃(U)/宽度
(W)]: 10
                                      //向右拖动鼠标，输入10，按Enter键
```

图 4-87　绘制箭头

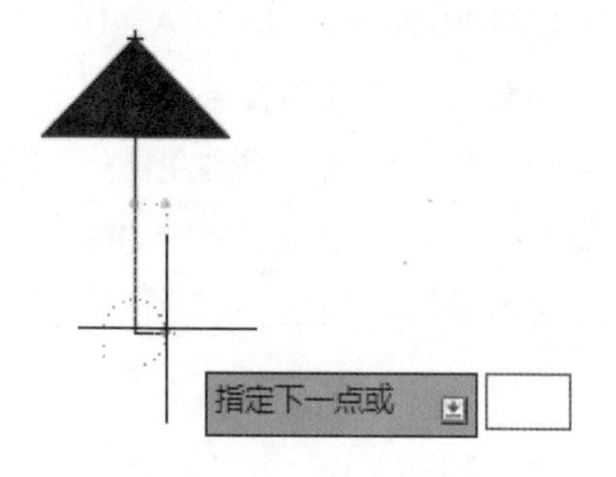

图 4-88　绘制直线

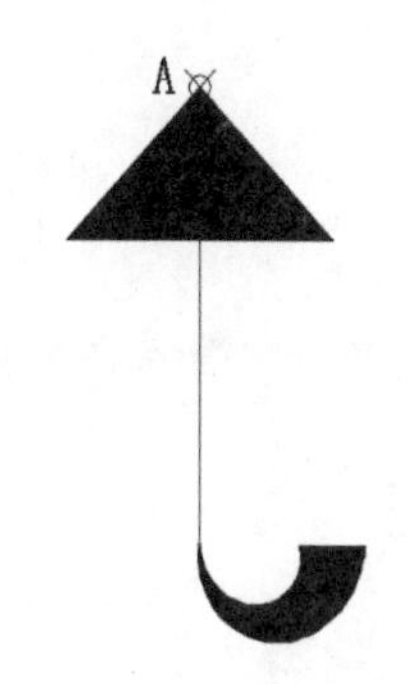

图 4-89　绘制圆弧

2. 选项说明

☆ 圆弧 (A)：绘制圆弧。

☆ 半宽 (H)：设置线段一半的宽度。若设置为 10，那么线段实际宽度为 20。

☆ 长度 (L)：设置线段的长度。

☆ 放弃 (U)：删除上一次绘制的线段，同时仍处于绘制状态，可重新绘制。

☆ 宽度 (W)：设置线段的全部宽度。注意，若设置的起点和端点宽度不一致，即可绘制渐变线宽的线段。

☆ 闭合 (C)：将第一条线段的起点作为最后一条线段的终点，从而形成闭合图形，同时会结束【多段线】命令。

4.2.4 实战演练 5——绘制雨伞

雨伞是室内居家常用的避雨工具。下面以绘制一把雨伞平面图为例来练习多段线的绘制方法，具体操作步骤如下。

步骤 1 调用 L(直线) 命令，绘制长度为 900 的直线，结果如图 4-90 所示。

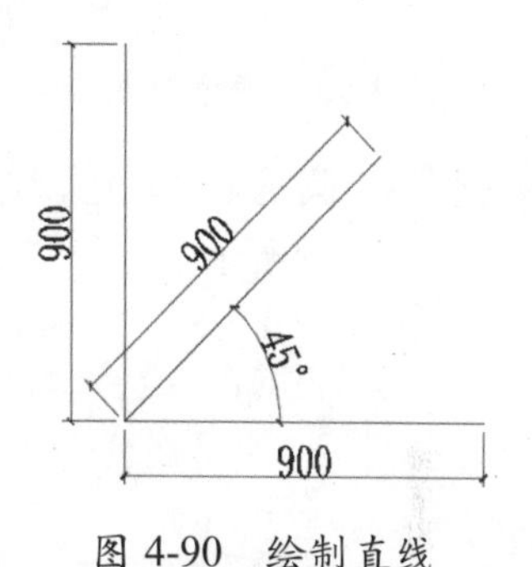

图 4-90　绘制直线

步骤 2 调用 MI(镜像) 命令，对绘制的直线执行镜像操作，结果如图 4-91 所示。

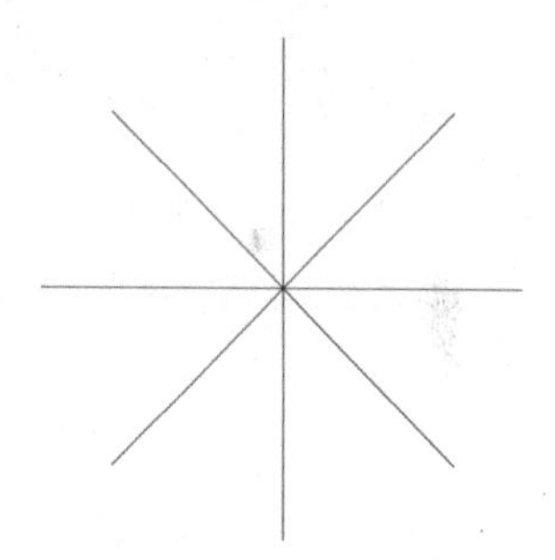

图 4-91　镜像结果

步骤 3 调用 A(圆弧) 命令，绘制圆弧，结果如图 4-92 所示。

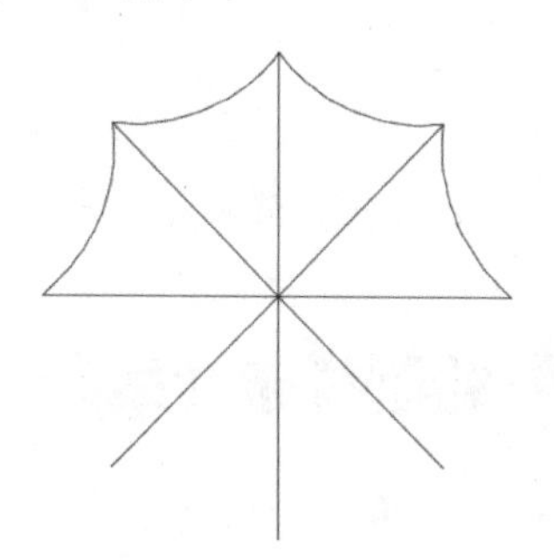

图 4-92　绘制圆弧

步骤 4 调用 MI(镜像)命令，对绘制好的圆弧执行镜像操作，结果如图 4-93 所示。

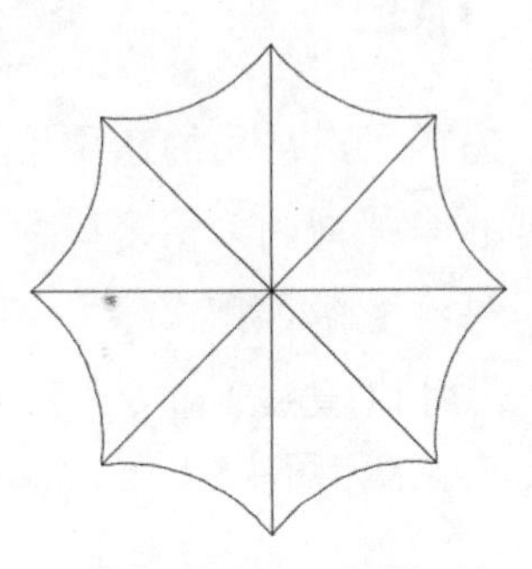

图 4-93 镜像结果

步骤 5 调用 C(圆)命令，绘制半径为 50 的圆，结果如图 4-94 所示。

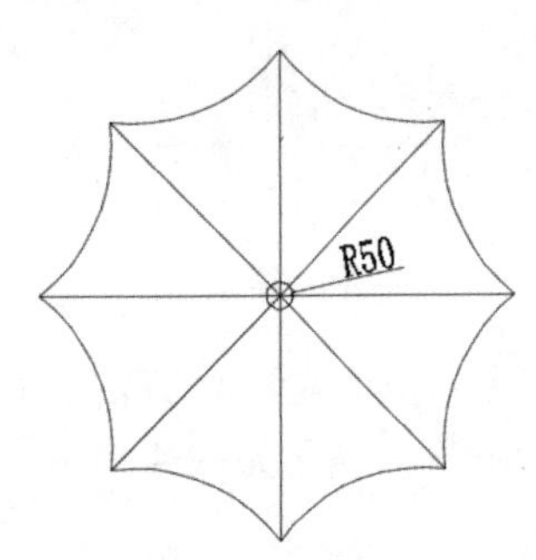

图 4-94 绘制圆

步骤 6 调用 TR(修剪)命令，修剪多余的直线，即可完成雨伞平面图的绘制，结果如图 4-95 所示。

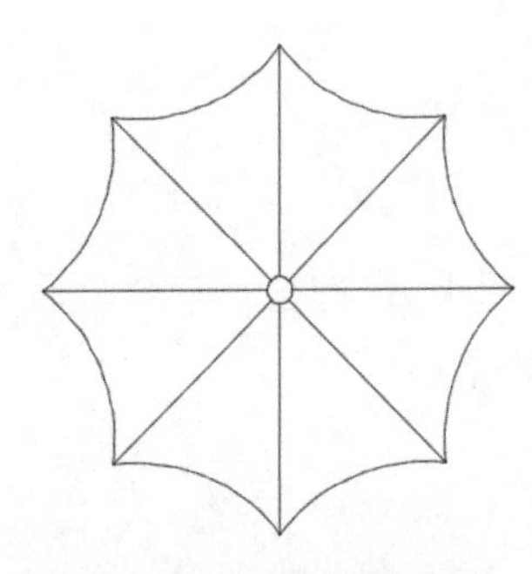

图 4-95 修剪结果

4.2.5 绘制样条曲线

样条曲线是通过一系列给定点生成的光滑曲线，通常用于创建机械图形中的断面及建筑图中的地形地貌等。样条曲线有两种绘制模式：拟合点样条曲线和控制点样条曲线。

☆ 拟合点样条曲线：通过指定拟合点来生成样条曲线，其中拟合点与曲线重合，如图 4-96 所示为指定 A、B、C、D 四个拟合点所生成的样条曲线。

☆ 控制点样条曲线：通过控制点来生成样条曲线，与拟合点相比，生成的样条曲线更为平滑，如图 4-97 所示。

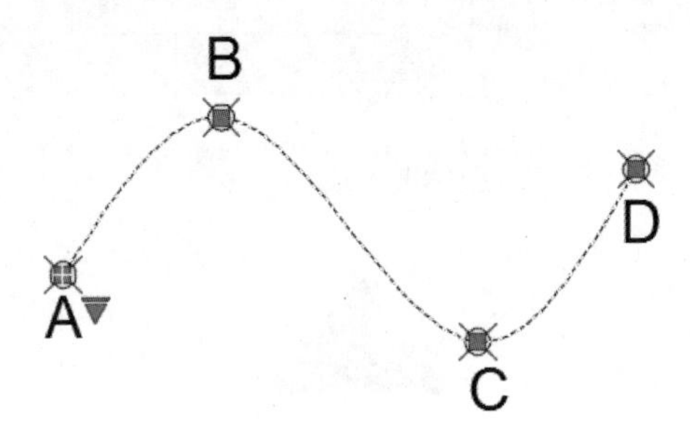

图 4-96 拟合点样条曲线

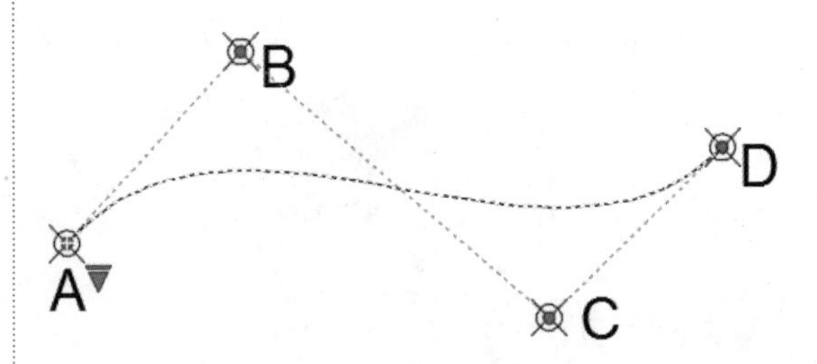

图 4-97 控制点样条曲线

执行绘制样条曲线的方法主要有以下几种。

☆ 单击【默认】选项卡→【绘图】面板→【样条曲线拟合】按钮 或【样条曲线控制点】按钮 。

☆ 选择【绘图】→【样条曲线】的子菜单命令。

☆ 单击【绘图】工具栏中的【样条曲线】按钮 。

☆ 在命令行中输入 SPLINE 或 SPL 命令，并按 Enter 键。

使用后两种方法时，默认是使用拟合点来绘制样条曲线。若需要使用控制点，在命令行中设置选项 M(方式) 即可。

1. 绘制样条曲线

使用拟合点和控制点绘制样条曲线的方法是相同的。下面以使用拟合点绘制样条曲线为例进行介绍，具体操作步骤如下。

步骤 1 选择【绘图】→【样条曲线】→【拟合点】菜单命令，然后单击任意一点（如 A 点）作为第一个点，如图 4-98 所示。

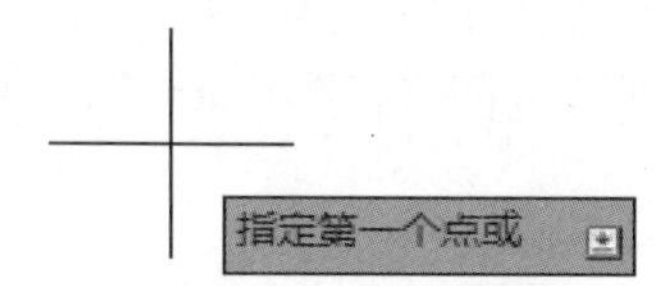

图 4-98　指定第一个点

步骤 2 拖动鼠标并单击一点（如 B 点）作为下一个点，如图 4-99 所示。

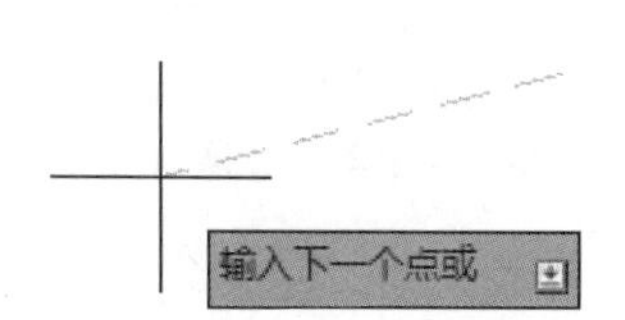

图 4-99　指定下一个点

步骤 3 继续拖动鼠标并单击一点（如 C 点）作为下一个点，如图 4-100 所示。

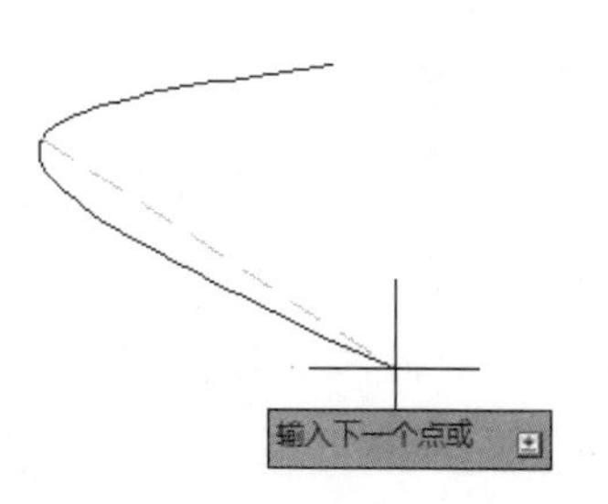

图 4-100　绘制曲线过程

步骤 4 继续单击指定下一个点，绘制完成后，按 Enter 键确认，结果如图 4-101 所示。

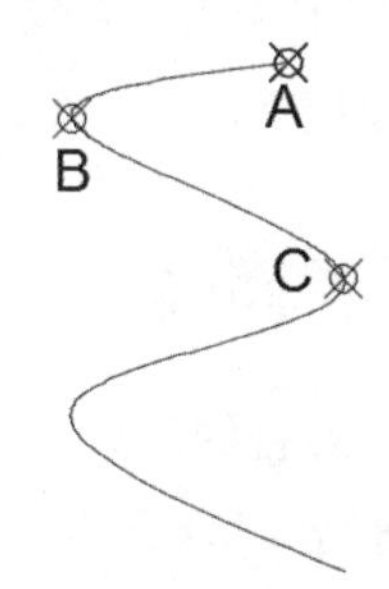

图 4-101　绘制样条曲线

步骤 5 单击选中该样条曲线，可显示出拟合点，如图 4-102 所示。

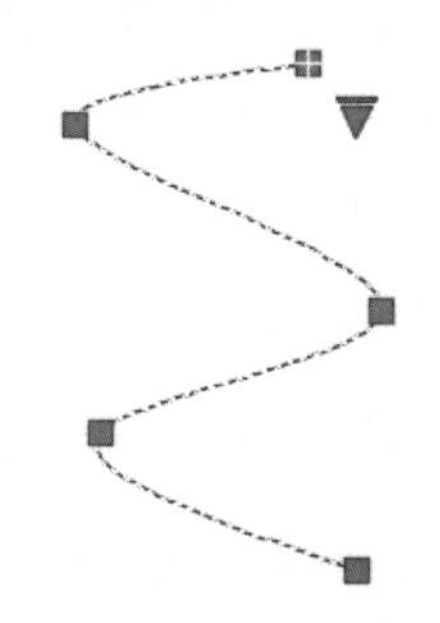

图 4-102　显示拟合点

执行上述操作的命令行提示如下：

```
命令: _SPLINE                                          //调用【样条曲线】命令
当前设置: 方式=拟合    节点=弦
指定第一个点或 [方式(M)/节点(K)/对象(O)]:               //单击A点作为第一个点
输入下一个点或 [起点切向(T)/公差(L)]:                   //单击B点作为下一个点
输入下一个点或 [端点相切(T)/公差(L)/放弃(U)]:           //单击C点作为下一个点
输入下一个点或 [端点相切(T)/公差(L)/放弃(U)/闭合(C)]:
输入下一个点或 [端点相切(T)/公差(L)/放弃(U)/闭合(C)]:
输入下一个点或 [端点相切(T)/公差(L)/放弃(U)/闭合(C)]:
```

2. 选项说明

☆ 方式 (M)：设置是使用拟合点还是控制点来绘制样条曲线，默认是前者。

☆ 对象 (O)：将样条曲线的拟合多段线转换为等价的样条曲线。

☆ 起点切向 (T)：定义样条曲线的第一点和最后一点的切线方向。

☆ 公差 (L)：定义样条曲线与拟合点 (或控制点) 的接近程度。值越小，样条曲线与拟合点越接近。

4.2.6 创建面域

面域是使用闭合的形状或环创建的二维闭合区域，是进行 CAD 三维制图的基础。通过对面域进行拉伸、旋转等操作，可以绘制三维图形，这是面域最为重要的作用。此外，对于不规则图形，将其转换为面域后，用户可方便地查询其面积、周长、质心等信息。

创建面域共有两种方法：一种是使用 REGION 命令；另一种则是使用 BOUNDARY 命令。下面分别进行介绍。

1. 通过 REGION 命令创建面域

调用 REGION 命令的方法主要有以下几种。

☆ 单击【默认】选项卡→【绘图】面板→【面域】按钮。

☆ 选择【绘图】→【面域】菜单命令。

☆ 单击【绘图】工具栏中的【面域】按钮。

☆ 在命令行中输入 REGION 或 REG 命令，并按 Enter 键。

调用 REGION 命令后，选择要转换为面域的多个对象即可。注意，闭合多段线、闭合的多条直线、圆弧、圆和样条曲线均是有效的选择对象。具体操作步骤如下。

步骤 1 打开随书光盘中的“素材\Ch04\面域 .dwg”文件，该图形由若干个单独的圆弧和直线所组成，如图 4-103 所示。

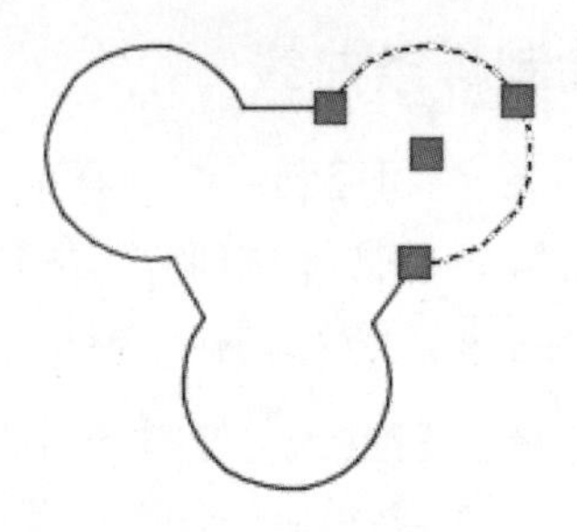

图 4-103　调入素材

步骤 2 选择【绘图】→【面域】菜单命令，选择所有的图形，按 Enter 键，如图 4-104 所示。

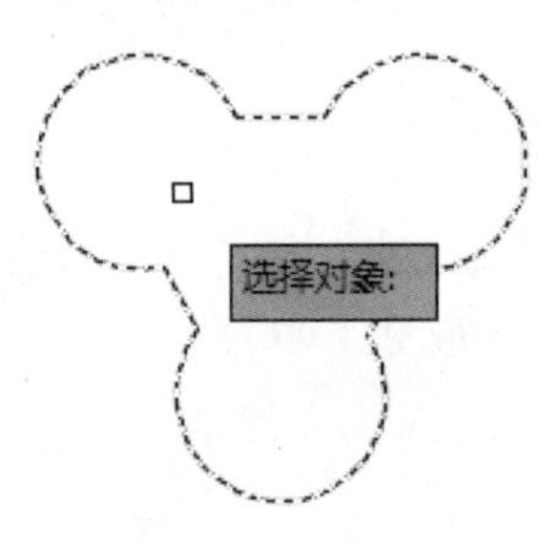

图 4-104　选择对象

步骤 3 即可将所选图形转换为面域，效果如图 4-105 所示。

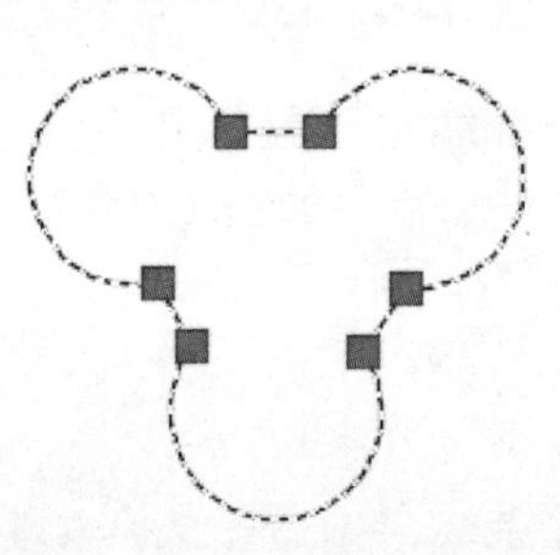

图 4-105　转换为面域

> **提示**　选择图形后，系统会根据边界自动创建面域。若所选图形包含多个封闭边界，即可自动创建多个面域。

执行上述操作的命令行提示如下：

```
命令: _REGION                                        //调用【面域】命令
窗口(W) 套索  按空格键可循环浏览选项找到 6 个        //选择要转换为面域的图形
选择对象:                                            //按Enter键
已提取 1 个环。
已创建 1 个面域。
```

2. 通过 BOUNDARY 命令创建面域

调用 BOUNDARY 命令的方法主要有以下几种。

☆ 单击【默认】选项卡→【绘图】面板→【边界】按钮。

☆ 选择【绘图】→【边界】菜单命令。

☆ 在命令行中直接输入 BOUNDARY 命令，并按 Enter 键。

调用BOUNDARY命令，可以基于多个对象组合而成的封闭图形创建多段线或面域。注意，创建完成后，将保留源对象。具体操作步骤如下。

步骤 1 打开随书光盘中的“素材\Ch04\基本图形.dwg”文件，选择【绘图】→【边界】菜单命令，打开【边界创建】对话框，将【对象类型】设置为【面域】，然后单击【拾取点】按钮，如图 4-106 所示。

步骤 2 单击封闭区域内部任意一点，按 Enter 键，如图 4-107 所示。

步骤 3 系统会根据点的位置自动判断该点周围构成封闭区域的现有对象，从而确定面域的边界，并以此创建面域，结果如图 4-108 所示。

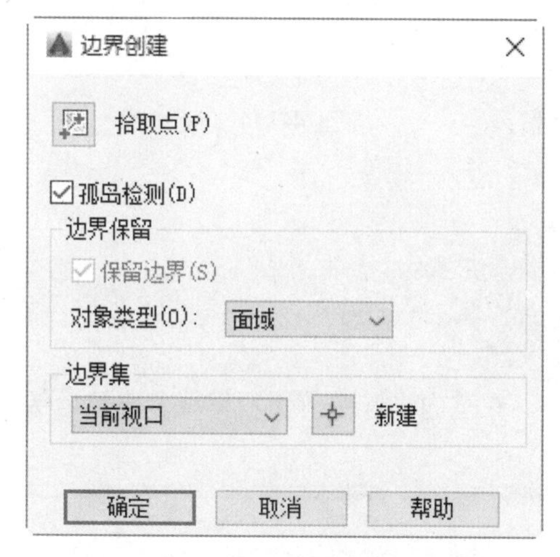

图 4-106　【边界创建】对话框

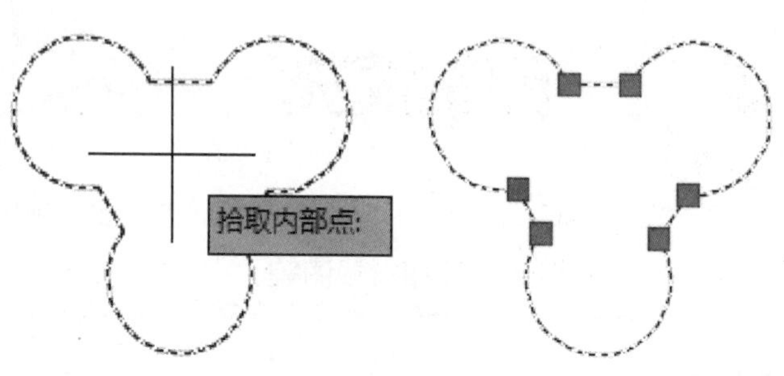

图 4-107　拾取内部点　　图 4-108　创建的面域

4.2.7 实战演练 6——绘制浴缸

浴缸是居家必不可少的一部分生活设施。下面以绘制一个浴缸平面图为例来练习样条曲线的绘制方法，具体操作步骤如下。

步骤 1 调用 REC(矩形) 命令，绘制尺寸为 1447×1447 的矩形，结果如图 4-109 所示。

步骤 2 调用 SPL(样条曲线) 命令，绘制第一条样条曲线，结果如图 4-110 所示。

步骤 3 继续调用 SPL(样条曲线) 命令，绘制第二条样条曲线，结果如图 4-111 所示。

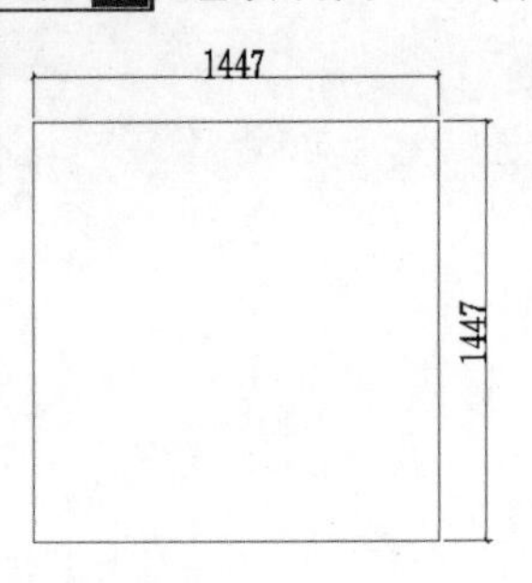

图 4-109　绘制矩形

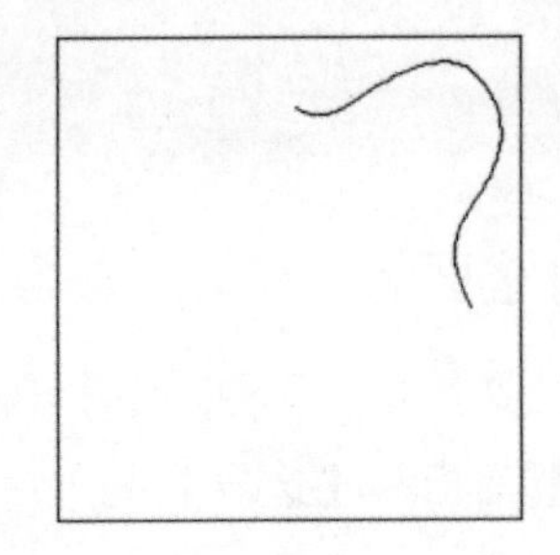
图 4-110　绘制第一条样条曲线

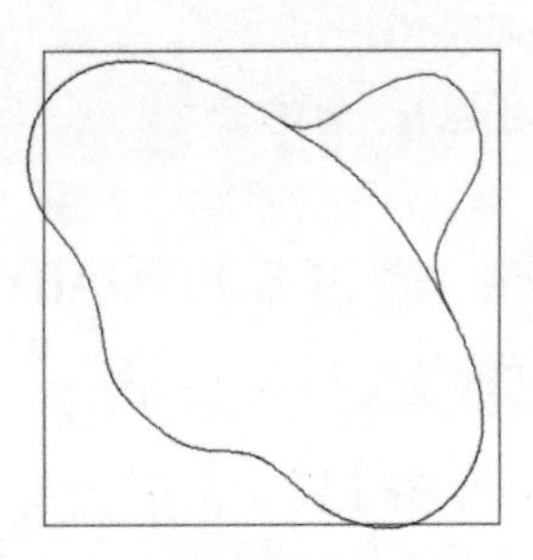
图 4-111　绘制第二条样条曲线

步骤 4 继续调用 SPL(样条曲线) 命令，绘制第三条样条曲线，结果如图 4-112 所示。

步骤 5 调用 C(圆) 命令，绘制半径为 25 的圆，结果如图 4-113 所示。

步骤 6 调用 TR(修剪) 命令，修剪多余的直线，即可完成浴缸平面图的绘制，结果如图 4-114 所示。

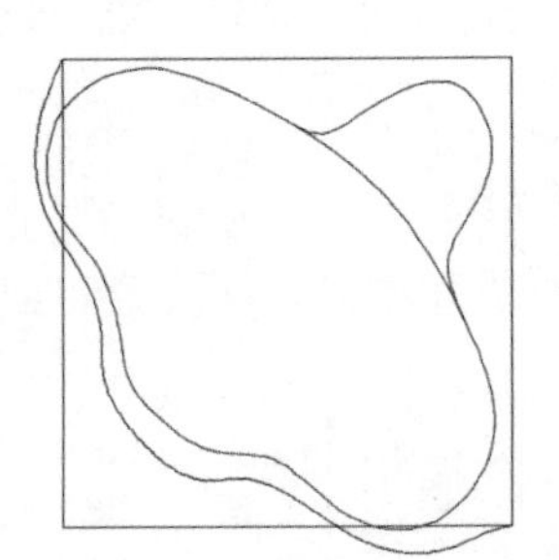
图 4-112　绘制第三条样条曲线

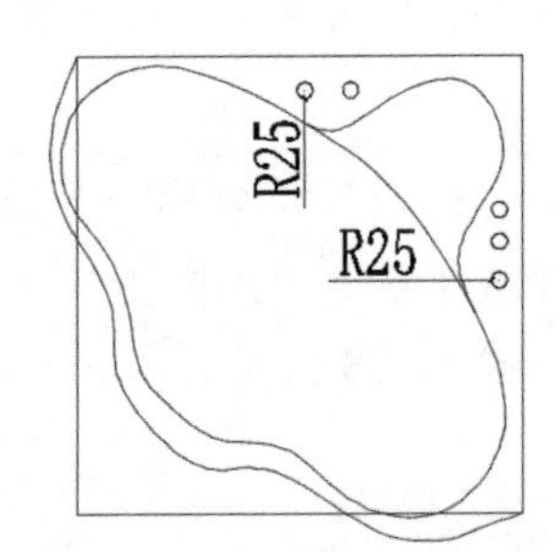

图 4-113　绘制圆形

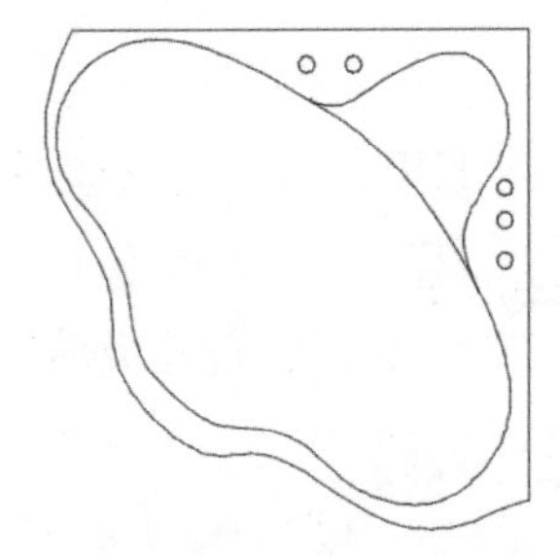
图 4-114　修剪结果

4.3 图案填充

在 AutoCAD 中，图案填充应用较为广泛。例如，在室内设计中使用图案填充表示地板砖、地面布置图、顶棚布置图等。

4.3.1 使用图案填充

在填充图案时，所指定的填充边界需要是封闭的区域。此外，填充的图案是一个独立的图形对象，而所有的图案线都是关联的。

执行图案填充的方法主要有以下几种。

☆ 单击【默认】选项卡→【绘图】面板→【图案填充】按钮。

☆ 选择【绘图】→【图案填充】菜单命令。

☆ 单击【绘图】工具栏中的【图案填充】按钮。

☆ 在命令行中直接输入 HATCH 或 H 命令，并按 Enter 键。

调用【图案填充】命令后，功能区中将增加【图案填充创建】选项卡，在该选项卡中需要设置填充类型、填充比例、填充区域等内容。

图案填充的具体操作步骤如下。

步骤 1 打开随书光盘中的“素材 \Ch04\ 基本图形 .dwg”文件，如图 4-115 所示。

步骤 2 单击【默认】选项卡→【绘图】面板→【图案填充】按钮，然后单击【图案填充创建】选项卡→【图案】面板中的下拉按钮，在弹出的下拉列表中选择图案类型，如选择 ANSI37，如图 4-116 所示。

步骤 3 单击内部正方形中的任意一点，即可使用所选图案填充该区域，结果如图 4-117 所示。

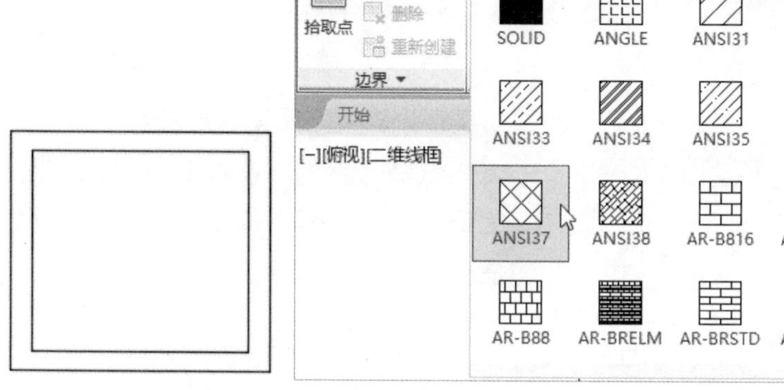

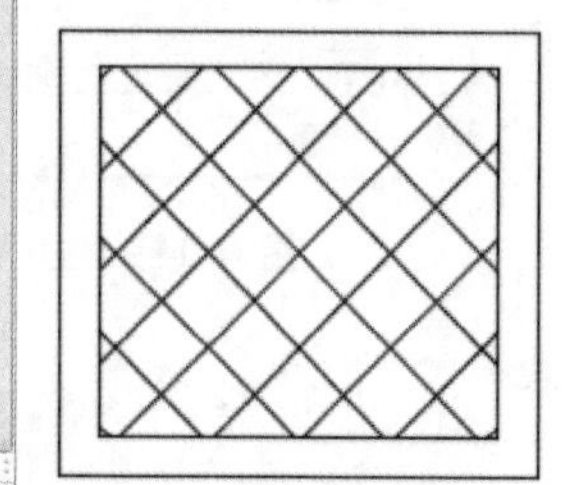

图 4-115　调入素材　　图 4-116　选择填充图案　　图 4-117　图案填充结果

对于图案填充的相关设置，均需要在【图案填充创建】选项卡中完成，如图 4-118 所示。

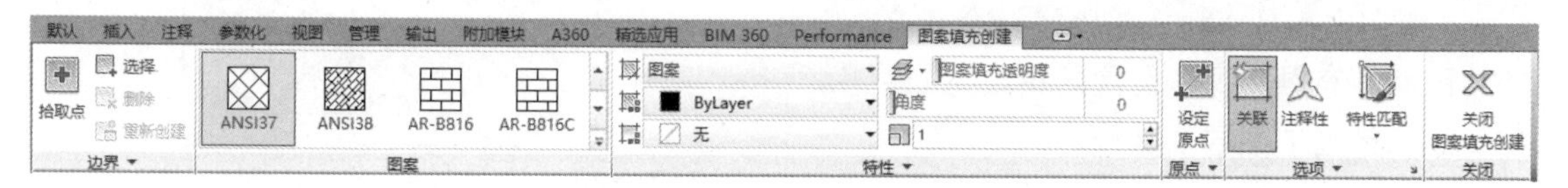

图 4-118　【图案填充创建】选项卡

其主要选项说明如下。

☆ 边界：该面板用于定义图案填充的边界。【拾取点】选项表示在填充区域内单击，系统将自动搜索其四周的边界，该项为默认选项；【选择】选项表示在绘图区中自行选择填充区域的边界；【删除】选项表示删除之前所选的边界，只有在创建了填充边界时该项才可用。

☆ 图案：单击该面板右侧的下拉按钮，在弹出的下拉列表中会列出所有的图案和渐变类型，选择其中一种类型，即可使用该图案填充图形。

☆ 原点：设置生成填充图案的起始位置。

☆ 关闭：单击该面板中的【关闭图案填充创建】按钮，或者按Esc键，可退出图案填充。

对于【特性】和【选项】面板，由于其选项众多，下面分别进行介绍。

1. 【特性】面板

☆ 图案填充类型 ：单击该按钮，在弹出的下拉列表中可以看到，系统共提供了4种图案填充类型，即实体、渐变色、图案和用户定义，如图4-119所示。

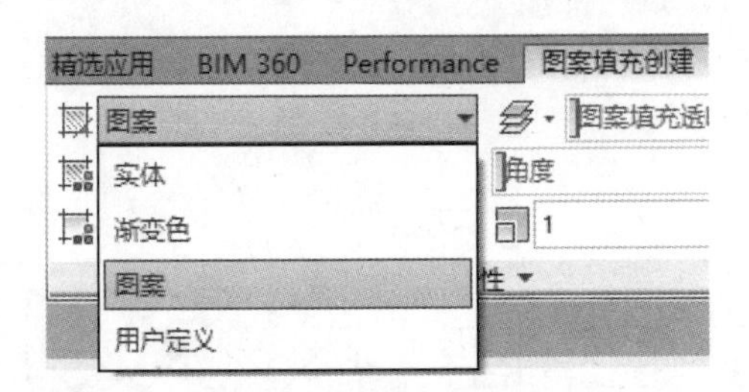

图4-119 图案填充类型

> **提示**
> 将【图案填充类型】设置为【渐变色】，可使用渐变色填充图形，其效果与调用【渐变色】命令是相同的。

☆ 图案填充颜色 ：设置图案填充的颜色，默认是当前图层的颜色。

☆ 背景色 ：设置填充区域的背景颜色。注意，当设置为渐变色填充时，该项和【图案填充颜色】选项分别表示渐变色1和渐变色2。

☆ 图案填充透明度：拖动滑块，或在输入框内输入数值，可设置图案透明度。透明度越高，填充效果越不明显。如图4-120和图4-121所示分别是透明度为20和70的效果。

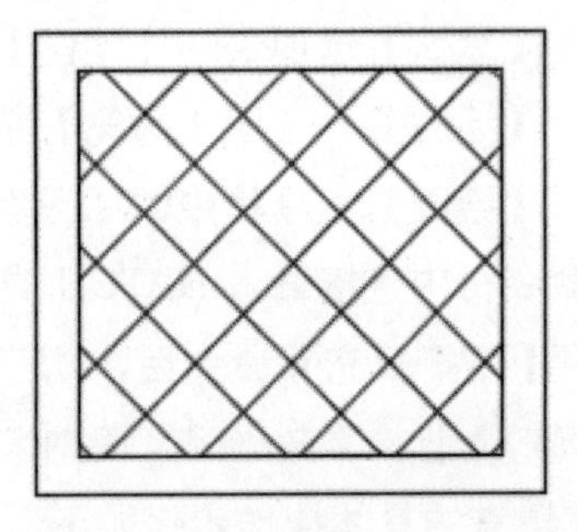

图4-120 透明度为20的效果

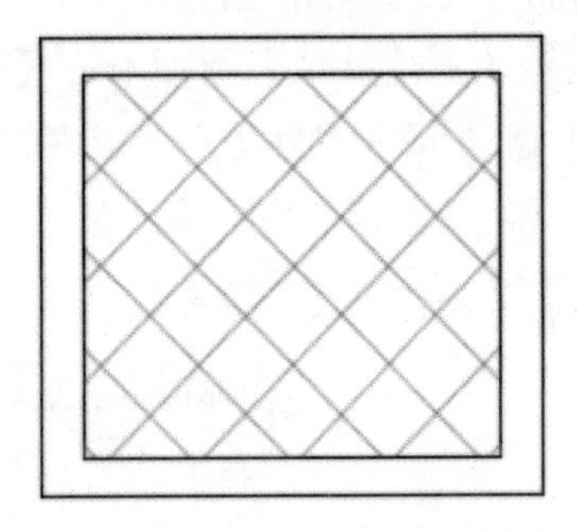

图4-121 透明度为70的效果

☆ 角度：设置填充图案的角度。

☆ 填充图案比例 ：设置填充图案的缩放比例。如图4-122和图4-123所示分别是比例为0.5和2的效果。

图4-122 比例为0.5的效果

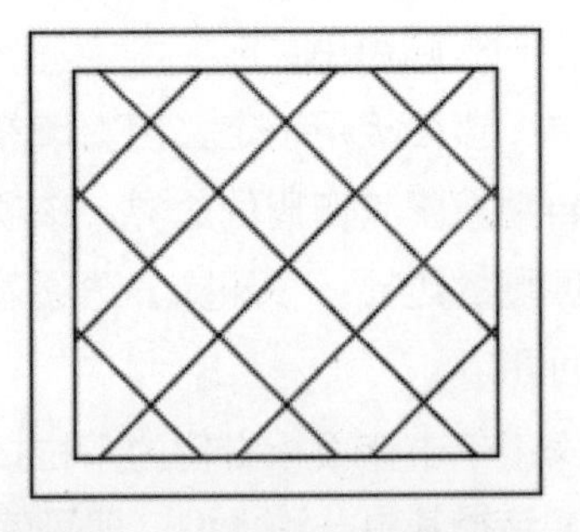

图4-123 比例为2的效果

 【选项】面板

展开【选项】面板，在其中有更多的选项以供设置，如图 4-124 所示。单击其右下角的【图案填充设置】按钮，打开【图案填充和渐变色】对话框，其中包括【图案填充】和【渐变色】两个选项卡，分别用于设置图案填充和渐变色填充，其各选项的含义与【图案填充创建】选项卡基本相同，这里不再赘述，如图 4-125 所示。

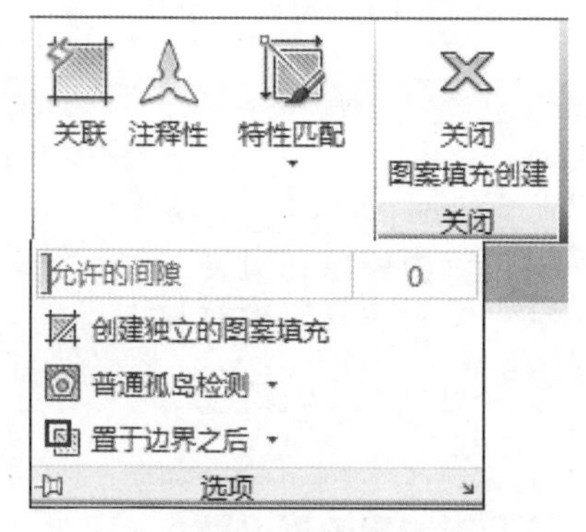

图 4-124　【选项】面板

图 4-125　【图案填充和渐变色】对话框

☆　关联：设置填充图案与边界是否关联，关联的填充图案会随边界的变化而自动改变。

☆　创建独立的图案填充：用于控制当为多个单独的闭合边界创建图案填充时，是为每个闭合边界创建独立的图案填充，还是为所有闭合边界创建一个整体的图案填充。

☆　孤岛检测：用于控制是否检测孤岛，孤岛是指在闭合区域内的嵌套区域。【普通孤岛检测】表示从外层边界向内填充，直到遇到孤岛中的另一个嵌套孤岛，其规则是交替填充，效果如图 4-126 所示；【外部孤岛检测】表示只填充最外层边界，效果如图 4-127 所示；【忽略孤岛检测】表示忽略所有孤岛，效果如图 4-128 所示。

☆　绘图次序：为图案填充指定绘图次序，包括图案填充置于所有对象之后、所有对象之前、边界之后和边界之前等类型。

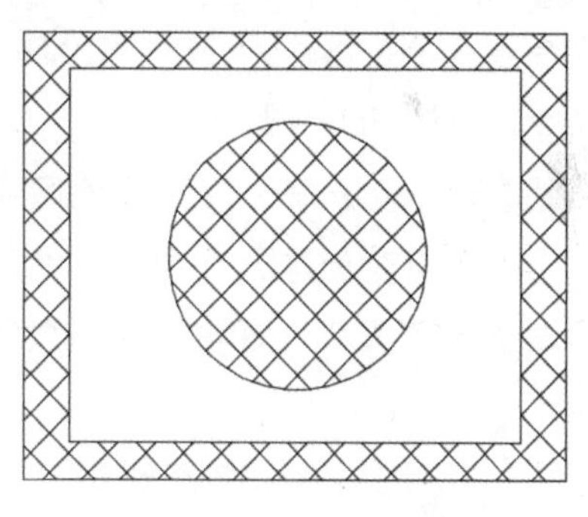

图 4-126　普通孤岛检测

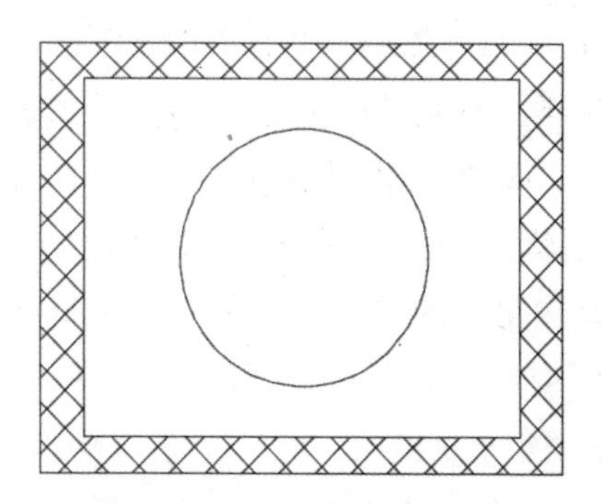

图 4-127　外部孤岛检测

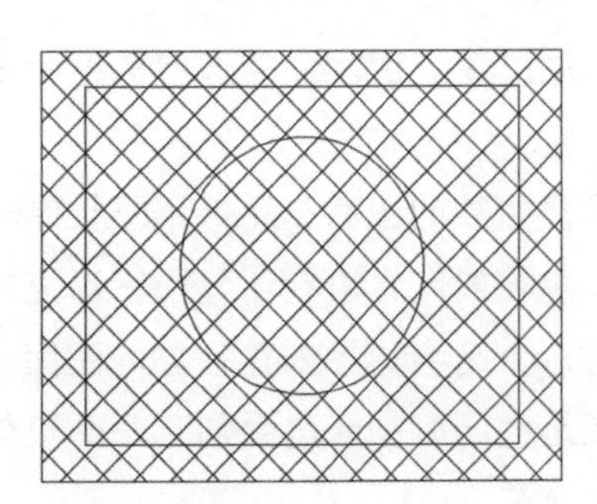

图 4-128　忽略孤岛检测

4.3.2 使用渐变色填充

在 AutoCAD 中，除了使用图案填充图形外，用户还可使用渐变色来填充图形，其操作与使用图案填充是类似的。

执行渐变色填充的方法主要有以下几种。

☆ 单击【默认】选项卡→【绘图】面板→【渐变色】按钮。

☆ 选择【绘图】→【渐变色】菜单命令。

☆ 单击【绘图】工具栏中的【渐变色】按钮。

☆ 在命令行中直接输入 GRADIENT 或 GD 命令，并按 Enter 键。

调用【渐变色】命令后，功能区中同样会增加【图案填充创建】选项卡，在该选项卡中可设置渐变填充、透明度、角度等相关参数。

渐变色填充的具体操作步骤如下。

步骤 1 打开随书光盘中的“素材\Ch04\基本图形.dwg”文件，如图 4-129 所示。

步骤 2 单击【默认】选项卡→【绘图】面板→【渐变色】按钮，然后单击【图案填充创建】选项卡→【特性】面板→【渐变色 1】按钮，在弹出的下拉列表中选择所需要的渐变色，如图 4-130 所示。

步骤 3 继续单击【特性】面板→【渐变色 2】按钮，在弹出的下拉列表中选择第二种渐变色，如图 4-131 所示。

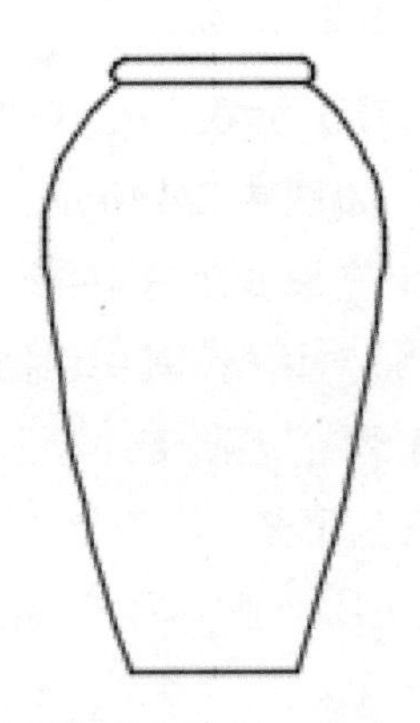

图 4-129　调入素材

图 4-130　选择第一种渐变色

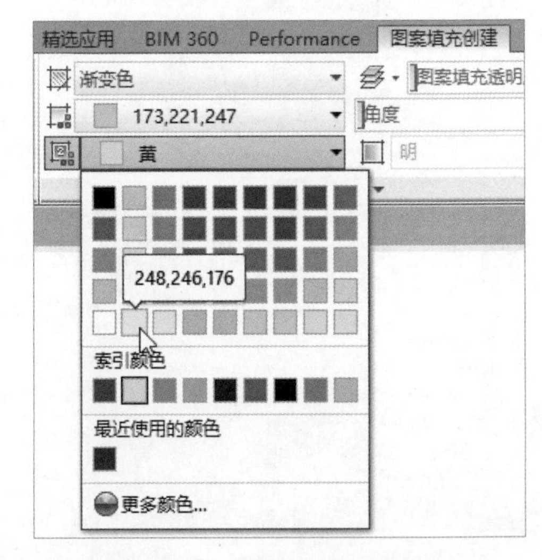

图 4-131　选择第二种渐变色

步骤 4 在【特性】面板的【角度】输入

框内输入渐变角度为100，如图4-132所示。

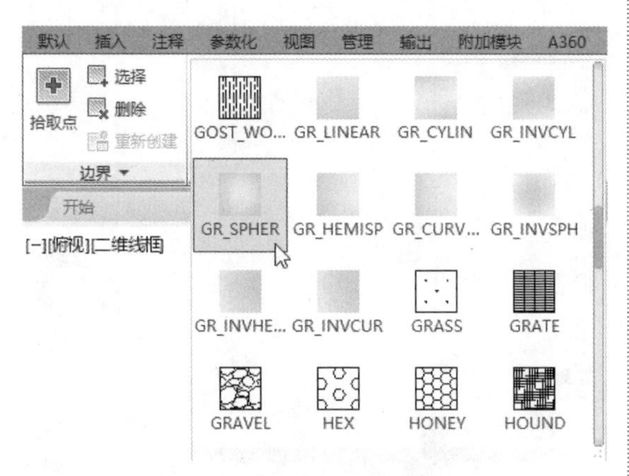

图4-132 输入渐变角度

步骤 5 单击【图案】面板中的下拉按钮，在弹出的下拉列表中选择渐变类型，如图4-133所示。

图4-133 选择渐变类型

步骤 6 设置完成后，单击花瓶内部任意一点，即可使用渐变色填充该区域，效果如图4-134所示。

图4-134 渐变色填充效果

> **提示**
>
> 单击【图案填充创建】选项卡→【选项】面板→【图案填充设置】按钮，打开【图案填充和渐变色】对话框，在其中同样可设置渐变色的相关参数，如图4-135所示。
>
> 
>
> 图4-135 【图案填充和渐变色】对话框

4.3.3 编辑图案

无论是图案填充还是渐变色填充，其填充部分都属于一个独立的图形对象，选中该对象，功能区中会增加【图案填充编辑器】选项卡，在其中可对图案和渐变色进行编辑操作，如图4-136所示。由于【图案填充编辑器】选项卡与【图案填充创建】选项卡中各选项含义相同，这里不再赘述，详情请参考4.3.1节。

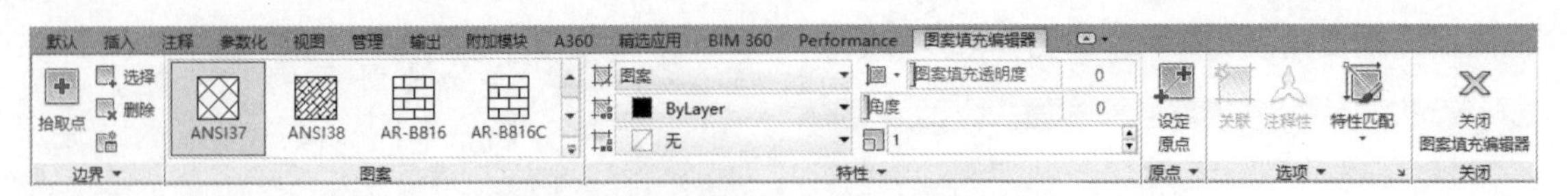

图 4-136 【图案填充编辑器】选项卡

此外，展开【默认】选项卡的【修改】面板，单击【编辑图案填充】按钮，或者选择【修改】→【对象】→【图案填充】菜单命令，均可打开【图案填充编辑】对话框，在其中同样可编辑图案和渐变色，如图 4-137 所示。

图 4-137 【图案填充编辑】对话框

4.3.4 实战演练 7——绘制室内地面布置图

室内地面布置图是表示室内地面铺设材料和样式的图形。下面以绘制某建筑物室内地面布置图为例来练习图案填充的绘制方法，具体操作步骤如下。

步骤 1 打开配套资源中的“素材\Ch04\基本图形.dwg”文件，结果如图 4-138 所示。

步骤 2 调用 H(填充)命令，再调用 T(设置)命令，在弹出的【图案填充和渐变色】对话框中设置地面填充图案的颜色和比例，如图 4-139 所示。

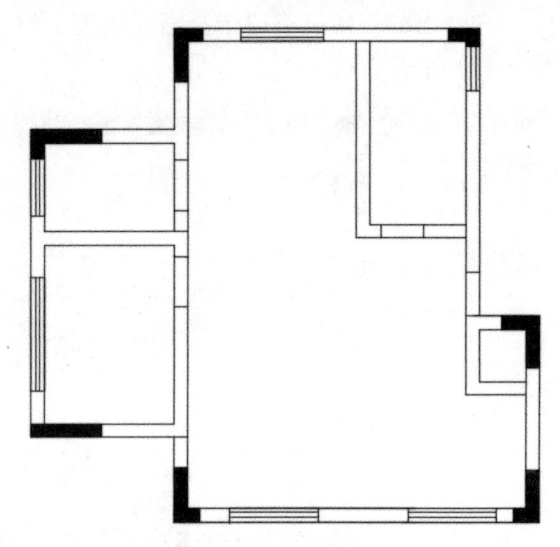

图 4-138 调入素材

图 4-139 【图案填充和渐变色】对话框

步骤 3 在【图案填充和渐变色】对话框【边界】区域单击【添加：拾取点】按钮，选择室内地面要填充区域的拾取点，即可完成室内地面图案的填充，结果如图 4-140 所示。

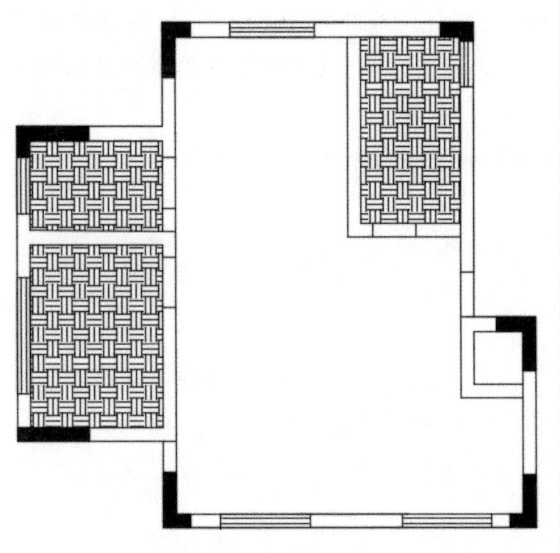

图 4-140　填充结果

步骤 4 调用 H(填充) 命令，再调用 T(设置) 命令，在弹出的【图案填充和渐变色】对话框中设置地面填充图案的颜色和比例，结果如图 4-141 所示。

步骤 5 在【图案填充和渐变色】对话框【边界】区域单击【添加：拾取点】按钮，选择室内地面要填充区域的拾取点，即可完成室内地面布置图的绘制，结果如图 4-142 所示。

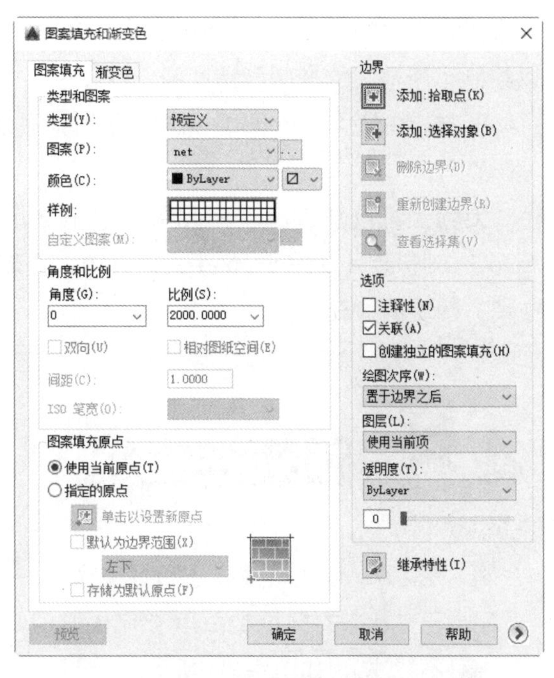

图 4-141　设置参数

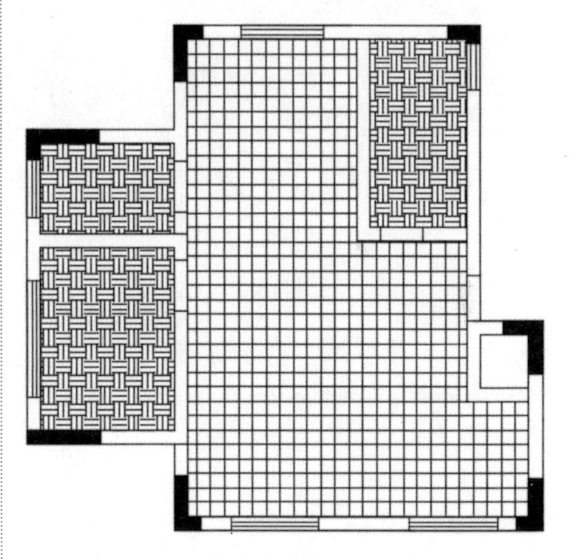

图 4-142　室内地面布置图绘制结果

4.4 大师解惑

小白：如何在 AutoCAD 中绘制椭圆和椭圆弧？

大师：椭圆弧是椭圆的一部分，绘制椭圆主要是确定短半轴和长半轴的距离及椭圆的中心点，即通过选择【绘图】→【椭圆】→【轴，端点】菜单命令，根据命令行提示就可以绘制出所需要的椭圆和椭圆弧。

小白：在使用 AutoCAD 绘制图形时，系统自带的填充图案不是很全面，可以加载填充图案吗？

大师：可以加载。在相关网站中下载填充图案文件（通常为 .pat 格式），将其复制到 AutoCAD 安装目录的 Support 文件夹中，重新启动该软件，执行【图案填充】命令时即可完成填充图案的加载。

4.5 跟我学上机

练习 1：调用直线、圆和圆弧命令并配合正交状态的打开或关闭，绘制图形（尺寸可不标注），如图 4-143 所示。

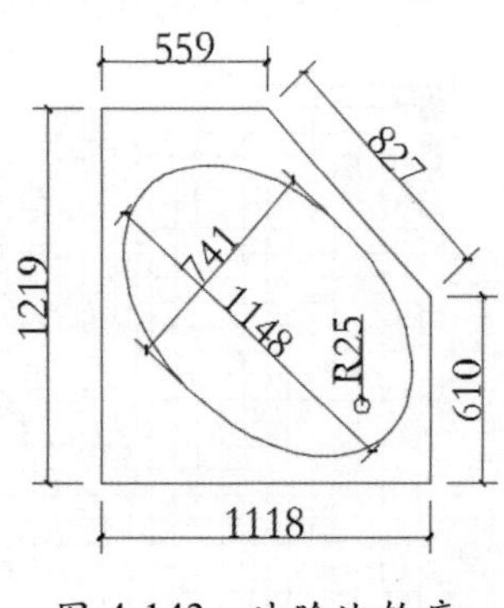

图 4-143　洗脸池轮廓

练习 2：调用填充命令，设置适合的填充比例，填充办公桌和座椅，如图 4-144 所示。

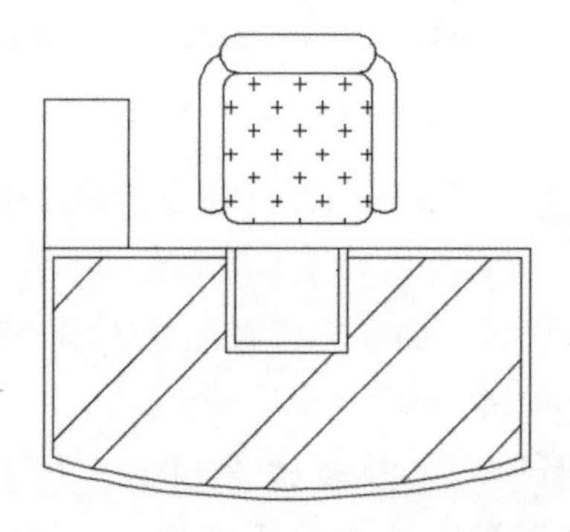

图 4-144　办公桌和座椅填充结果

编辑二维图形

在使用 AutoCAD 绘制图形时，单纯地使用绘图命令或绘图工具只能绘制一些基本的图形对象。为了绘制复杂图形，很多情况下必须借助于图形编辑命令，而且还需要在绘制过程中对已有图形经过很多次编辑操作后，才能达到理想的效果。因此，AutoCAD 为用户提供了强大的图形编辑功能，即通过对已有的图形进行复制、移动、旋转、缩放、删除等操作，不仅可以保证绘图的准确性，而且还减少了重复的绘图操作，极大地提高了绘图效率。

- **本章学习目标（已掌握的在方框中打钩）**
  - □ 熟悉选择图形的方法和技巧。
  - □ 掌握复制图形的方法和技巧。
  - □ 掌握改变图形大小及位置的方法和技巧。
  - □ 掌握修整图形的方法和技巧。
  - □ 掌握编辑多线、多段线及样条曲线的方法和技巧。
  - □ 掌握使用夹点进行编辑的方法和技巧。

- **重点案例效果**

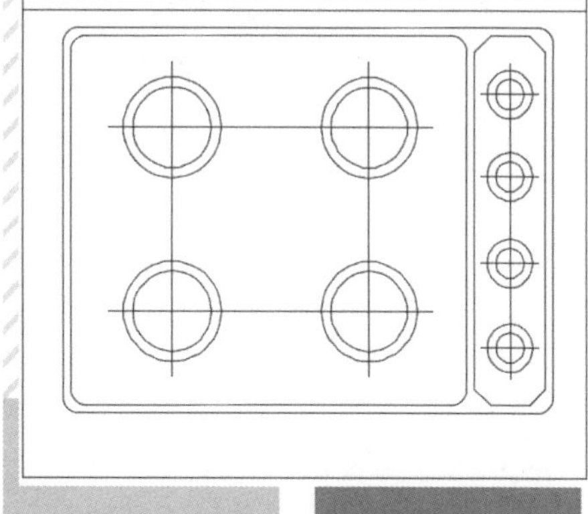

40%

30%

40%

0%

7%

5.1 选择图形

选择对象是编辑对象的前提条件，被选择的对象的组合称为选择集。AutoCAD 提供了多种选择图形的方法，常用的有点选、框选、围选、快速选择等。

> **提示** 用户既可以先选择要编辑的对象，然后执行编辑命令；也可先执行编辑命令，然后选择要编辑的对象。两种模式的执行效果是相同的。

5.1.1 点选

点选也称为单击选择，是最为简单和快捷的一种方法。将光标移动到某个对象上，单击即可选择该对象，被选择的对象显示为虚线，如图 5-1 所示。

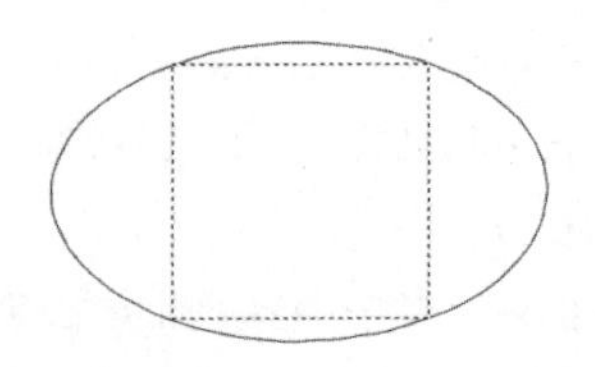

图 5-1　单击选择结果

此外，在无命令状态下，对象被选择后不仅显示为虚线，还会显示其夹点，如图 5-2 所示。若要选择多个对象，只需要单击各个对象即可，如图 5-3 所示。

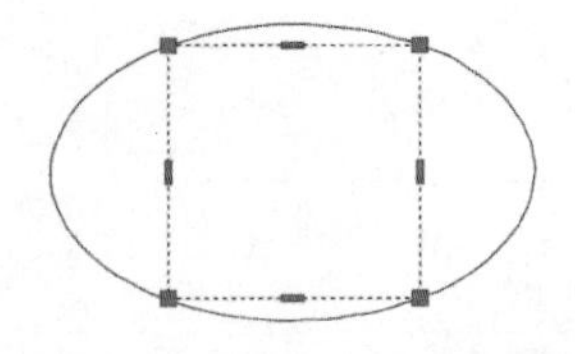

图 5-2　无命令状态选择结果

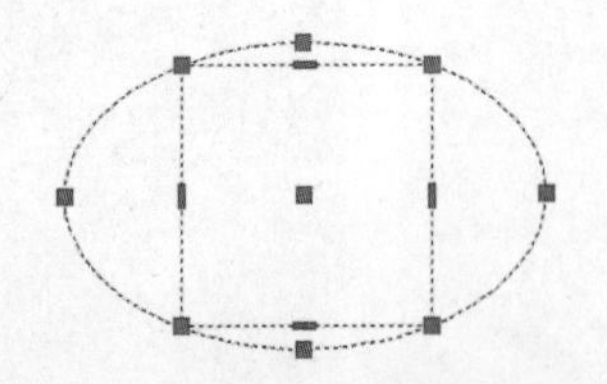

图 5-3　选择多个对象结果

5.1.2 框选

选择多个对象时，使用框选这一方法会更为便捷。框选分为两种类型：窗口和窗交。

窗口

窗口选择是指在图形的左侧单击，然后向右拖动鼠标，形成一个由套索包围的蓝色区域，如图 5-4 所示。释放鼠标后，被套索窗口全部包围的对象就会被选择，结果如图 5-5 所示。

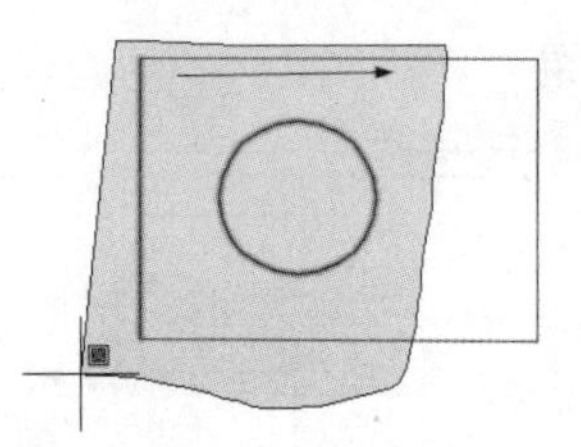

图 5-4　窗口开始选择

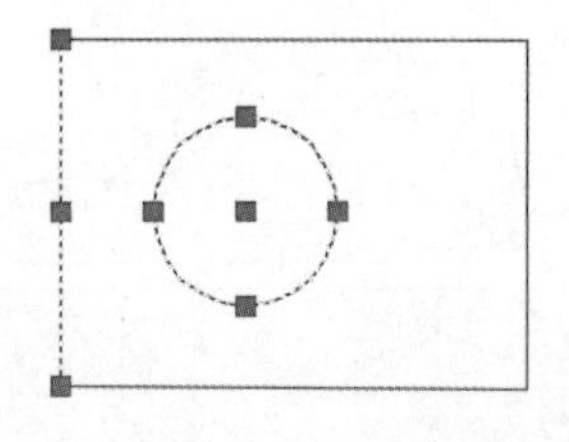

图 5-5　窗口选择结果

窗交

窗交选择是指在图形的右侧单击，然后

向左拖动鼠标，形成一个由套索包围的绿色区域，如图 5-6 所示。与窗口选择所不同的是，释放鼠标后，与套索窗口相交的对象也会被选择，如图 5-7 所示。

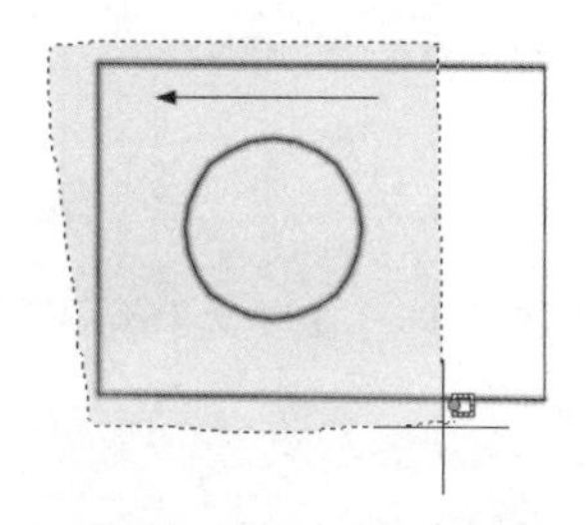

图 5-6 窗交开始选择

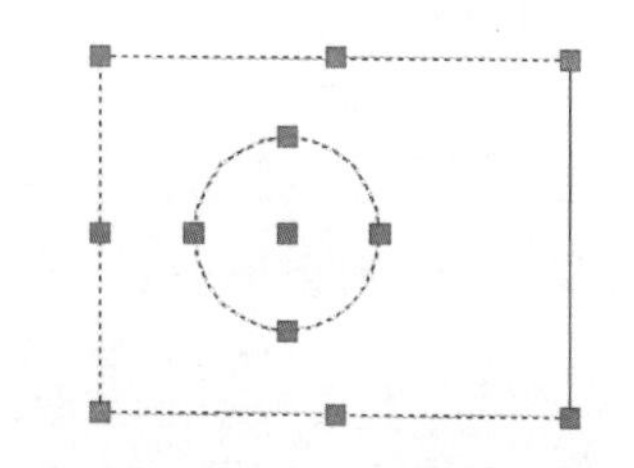

图 5-7 窗交选择结果

5.1.3 围选

围选是指通过不规则窗口来选择对象，该方式同样分为两种类型：圈围和圈交。

1. 圈围

在窗口任意位置处单击指定一点，然后在命令行中输入命令 WP，按 Enter 键，即可在窗口中指定不同的单击点形成蓝色背景的任意多边形，如图 5-8 所示。操作完成后按 Enter 键确认，此时在多边形内部的对象会被选择，其效果与窗口选择是相同的，如图 5-9 所示。

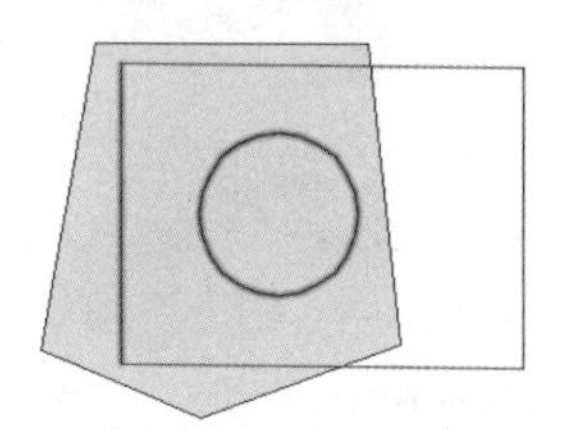

图 5-8 圈围开始选择

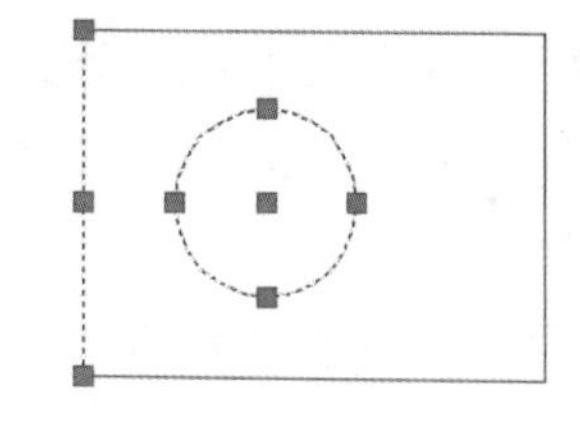

图 5-9 圈围选择结果

执行上述操作的命令行提示如下：

```
命令：                                          //指定多边形的起点
指定对角点或 [栏选(F)/圈围(WP)/圈交(CP)]: WP    //输入命令WP
指定直线的端点或 [放弃(U)]:                     //指定多边形的其他端点
指定直线的端点或 [放弃(U)]:                     //按Enter键
```

2. 圈交

圈交与圈围的操作类似，只需要在命令行中输入命令 CP，然后指定单击点形成绿色背景的任意多边形即可，如图 5-10 所示。其效果则与窗交选择是相同的，即所有与多边形相交的对象都会被选择，如图 5-11 所示。

命令行提示如下：

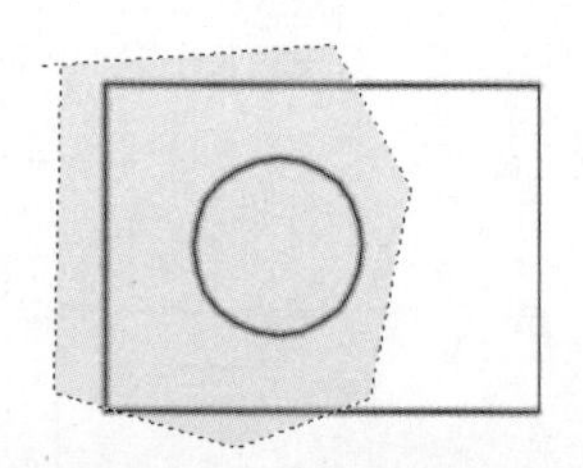

图 5-10　圈交开始选择

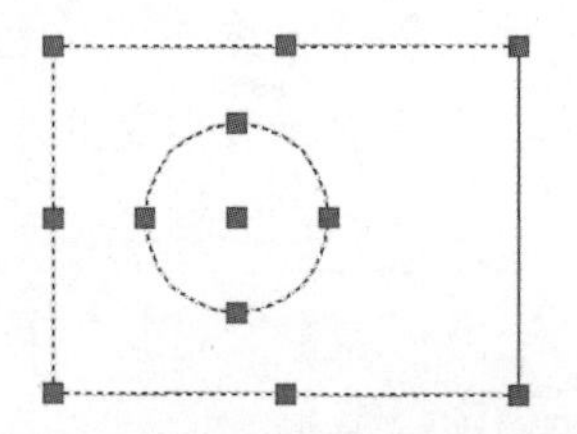

图 5-11　圈交选择结果

```
命令:                                                    //指定多边形的起点
指定对角点或 [栏选(F)/圈围(WP)/圈交(CP)]: CP               //输入命令CP
指定直线的端点或 [放弃(U)]:                                //指定多边形的其他端点
指定直线的端点或 [放弃(U)]:                                //按Enter键
```

5.1.4 快速选择

快速选择是指根据对象的颜色、图层或线型等特性快速选择具有某些共同特性的对象。该操作需要在【快速选择】对话框中完成，打开此对话框主要有以下几种方法。

☆ 单击【默认】选项卡→【实用工具】面板→【快速选择】按钮。

☆ 选择【工具】→【快速选择】菜单命令。

☆ 在命令行中输入 QSELECT 命令，并按 Enter 键。

下面利用快速选择功能来选择某一指定图层上的所有对象，具体操作步骤如下。

步骤 1 打开配套资源中的“素材\Ch05\二维图形 .dwg”文件，如图 5-12 所示。

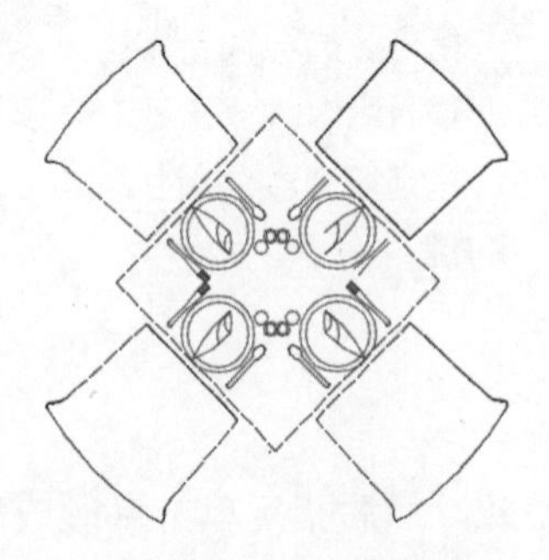

图 5-12　调入素材

步骤 2 选择【工具】→【快速选择】菜单命令，打开【快速选择】对话框，在【特性】列表框中选择【图层】选项，在【值】下拉列表中选择 chair，然后单击【确定】按钮，如图 5-13 所示。

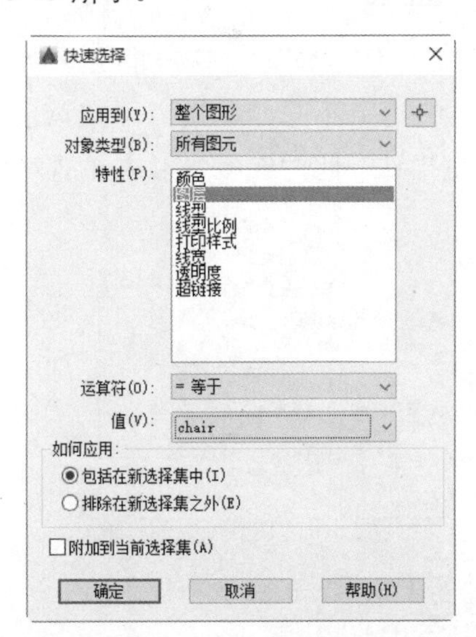

图 5-13　【快速选择】对话框

步骤 3 即可选择 chair 图层上的所有对象，如图 5-14 所示。

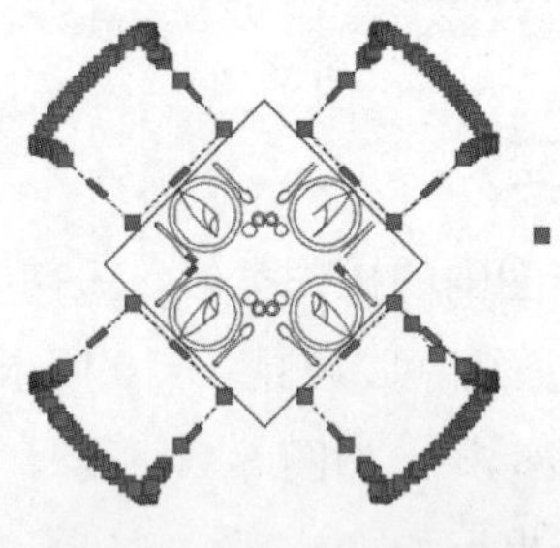

图 5-14　快速选择结果

5.1.5 其他方式

在命令行中输入 SELECT 命令，然后输入“?”，可查看 AutoCAD 提供的多种选择方式。命令行提示如下：

```
命令：SELECT
选择对象：?
需要点或窗口(W)/上一个(L)/窗交(C)/框(BOX)/全部(ALL)/栏选(F)/圈围(WP)/圈交(CP)/编组(G)/添加(A)/删除(R)/多个(M)/前一个(P)/放弃(U)/自动(AU)/单个(SI)/子对象(SU)/对象(O)
```

命令行中主要选项说明如下。

☆ 上一个 (L)：选择最近一次创建的对象。

☆ 全部 (ALL)：选择没有被锁定、关闭或冻结的图层上的所有对象。此外，按 Ctrl+A 组合键也可实现该功能。

☆ 删除 (R)：选择该项，可从当前选择集中删除指定的对象。此外，按住 Shift 键不放，也可从选择集中删除指定的对象。

☆ 栏选 (F)：该方式是通过指定多段线，来选择所有与多段线相交的对象。

☆ 前一个 (P)：选择最近一次创建的选择集。

提示 在选择图形过程中，可随时按 Esc 键取消选择操作。

5.2 复制图形

使用复制、镜像、偏移、阵列等命令，可快速绘制多个与指定图形相同的图形，从而大大提高制图效率。

5.2.1 复制对象

复制对象是指复制一个与源对象完全相同的对象，复制后的对象与源对象的属性一致。

复制对象的方法主要有以下几种。

☆ 单击【默认】选项卡→【修改】面板→【复制】按钮。

☆ 选择【修改】→【复制】菜单命令。

☆ 单击【修改】工具栏中的【复制】按钮。

☆ 在命令行中直接输入 COPY 或 CO 命令，并按 Enter 键。

1. 复制燃气灶

调用【复制】命令后，需要指定基点及第二个点。下面以复制燃气灶为例进行介绍，具体操作步骤如下。

步骤 1 打开配套资源中的“素材 \Ch05\ 二维图形 .dwg”文件，如图 5-15 所示。

步骤 2 使用窗口法选择左侧的燃气灶，然后单击【默认】选项卡→【修改】面板→【复制】按钮，单击 A 点作为基点，如图 5-16 所示。

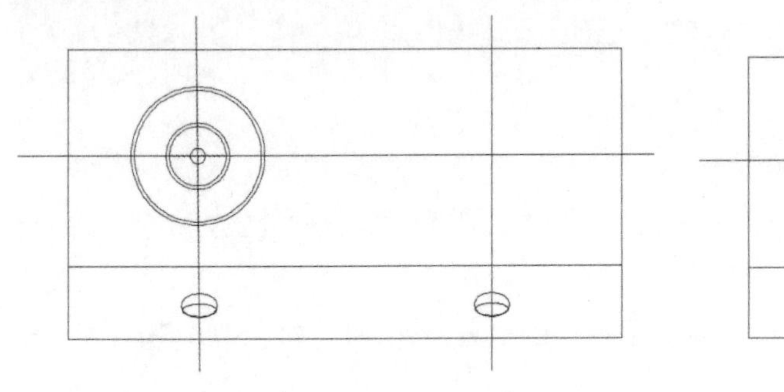

图 5-15 调入素材

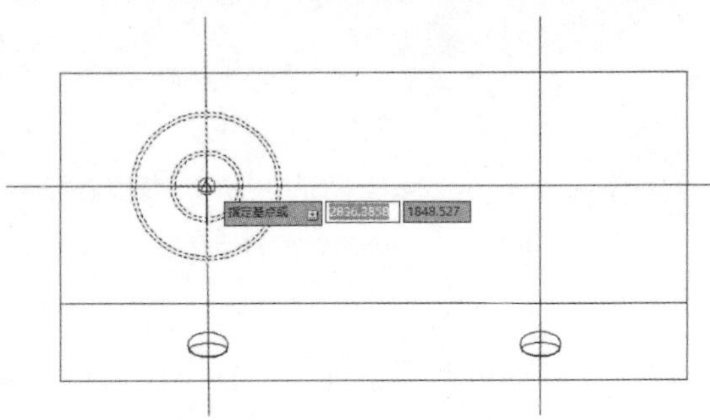

图 5-16 指定基点

步骤 3 单击 B 点作为第二个点，如图 5-17 所示。

步骤 4 按 Esc 键结束命令，如图 5-18 所示。

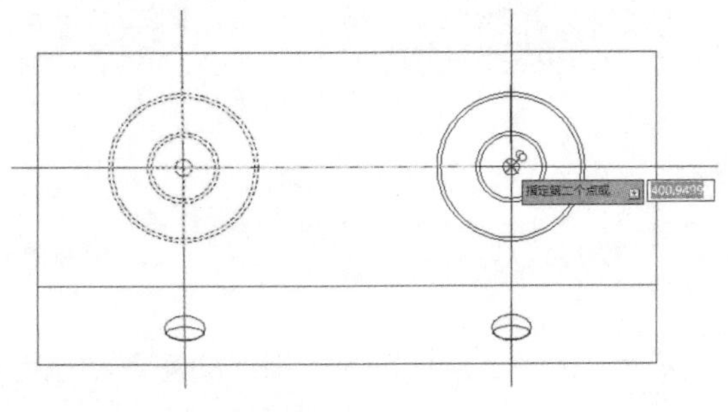

图 5-17 指定第二点

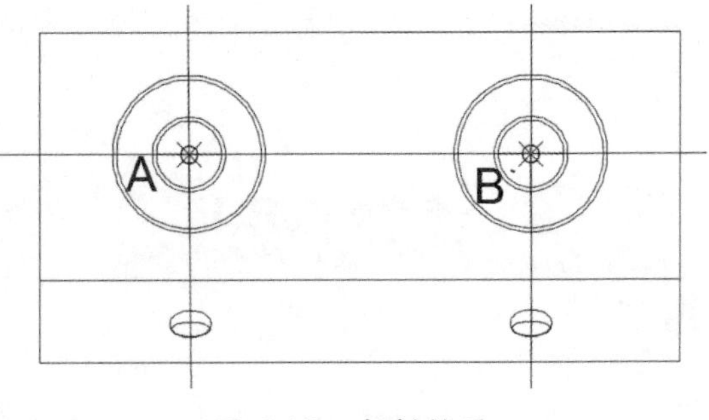

图 5-18 复制结果

命令行提示如下：

```
命令: _COPY 找到 9 个                                   //调用【复制】命令
当前设置:  复制模式 = 多个
指定基点或 [位移(D)/模式(O)] <位移>:                     //单击A点作为基点
指定第二个点或 [阵列(A)] <使用第一个点作为位移>:          //单击B点作为第二个点
指定第二个点或 [阵列(A)/退出(E)/放弃(U)] <退出>:          //按Esc键结束命令
```

2. 选项说明

☆ 位移 (D)：使用坐标指定复制后对象距源对象的距离以及方向。

☆ 模式 (O)：设置是多个复制 (默认) 还是单个复制。

5.2.2 镜像对象

镜像对象是指围绕指定的镜像轴线翻转对象，从而创建与源对象相对称的镜像图形。

镜像对象的方法主要有以下几种。

☆ 单击【默认】选项卡→【修改】面板→【镜像】按钮 。
☆ 选择【修改】→【镜像】菜单命令。
☆ 单击【修改】工具栏中的【镜像】按钮 。
☆ 在命令行中直接输入 MIRROR 或 MI 命令，并按 Enter 键。

调用【镜像】命令后，需要指定镜像线，以此线为基准对源对象进行对称复制。下面以镜像椅子为例进行介绍，具体操作步骤如下。

步骤 1 打开配套资源中的“素材\Ch05\二维图形 .dwg”文件，如图 5-19 所示。

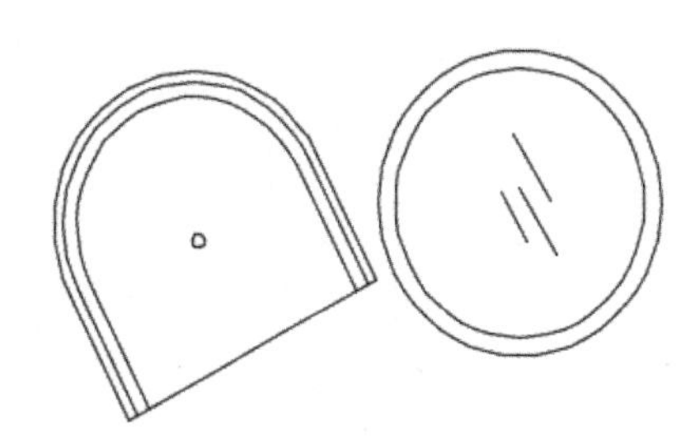

图 5-19　调入素材

步骤 2 选择左侧的椅子，然后单击【默认】选项卡→【修改】面板→【镜像】按钮 ，捕捉圆心 (A 点) 作为镜像线的第一点，如图 5-20 所示。

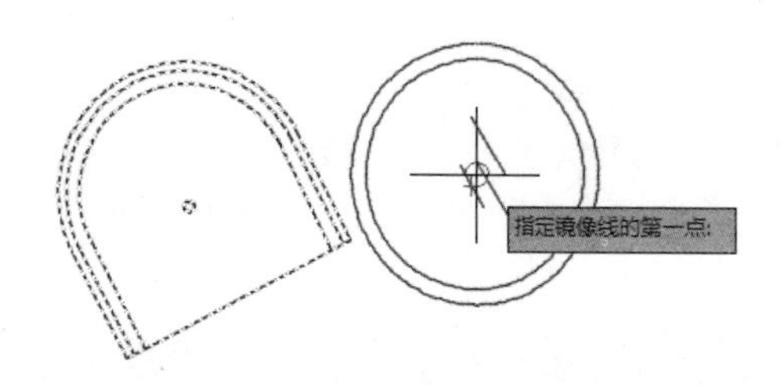

图 5-20　指定镜像线的第一点

步骤 3 在垂直方向上向上拖动鼠标，捕捉圆上方端点 (B 点) 作为镜像线的第二点，如图 5-21 所示。

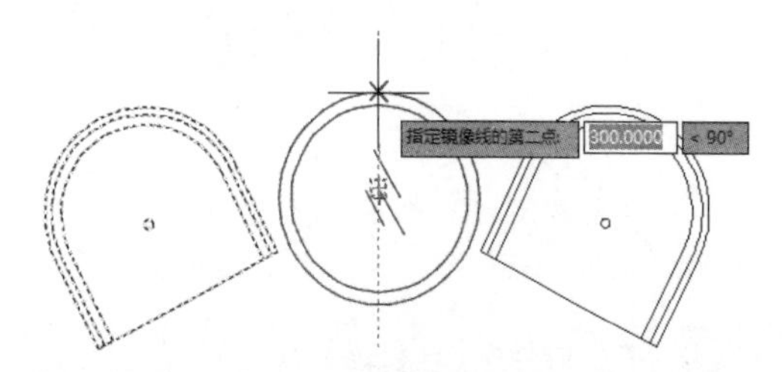

图 5-21　指定镜像线的第二点

提示

镜像线是一条临时参照线，并不真实存在，操作完成后不会保留。

步骤 4 提示是否要删除源对象，默认为否，这里直接按 Enter 键，即可完成镜像操作，如图 5-22 所示。

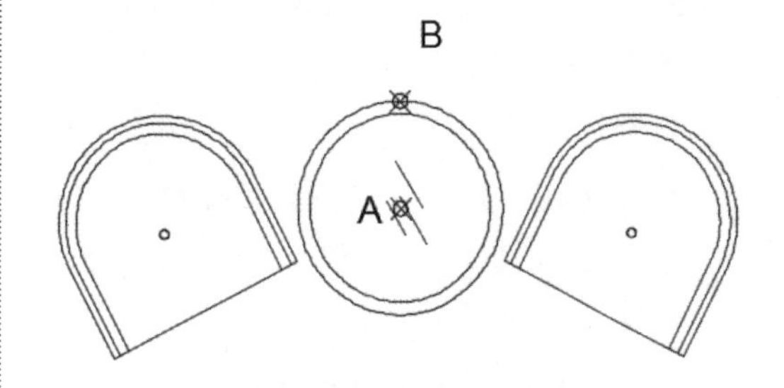

图 5-22　镜像完成结果

执行上述操作的命令行提示如下：

```
命令：_MIRROR 找到 5 个                          //调用【镜像】命令
指定镜像线的第一点：                              //单击A点作为镜像线的第一点
指定镜像线的第二点：                              //单击B点作为镜像线的第二点
要删除源对象吗？[是(Y)/否(N)] <否>：N            //按Enter键
```

提示 若源对象中含有文字，进行镜像操作时默认对图形进行镜像，文字并不镜像，如图 5-23 所示。若希望对文字进行反转或倒置，可通过设置系统变量 MIRRTEXT 来实现，只需要将该变量由默认值 0 设置为 1 即可，效果如图 5-24 所示。命令行提示如下：

```
命令: MIRRTEXT                          //输入系统变量mirrtext，按Enter键
输入 MIRRTEXT 的新值 <0>: 1             //输入值为1，按Enter键
**** 系统变量更改 ****
```

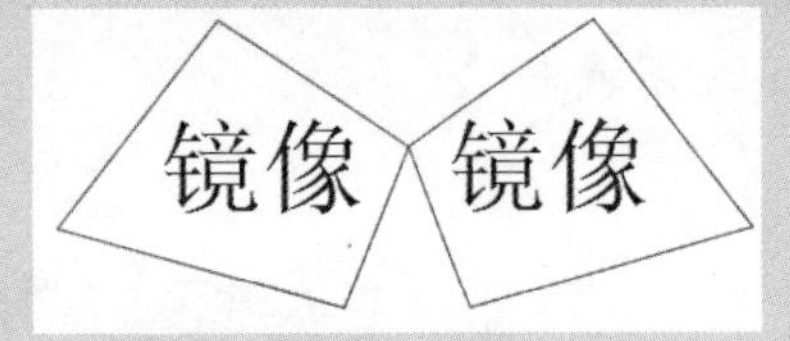

图 5-23　图形镜像结果

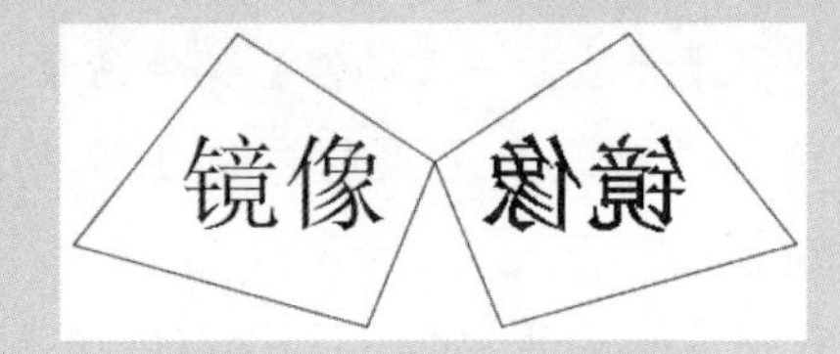

图 5-24　文字镜像结果

5.2.3 偏移对象

偏移对象是在源对象某一侧生成指定距离的新对象。若源对象是直线，则偏移后的直线大小不变；若源对象是圆、圆弧或矩形等类型，那么偏移后的对象将被等距离地缩小或放大，具体取决于偏移的方向。

执行偏移操作的方法主要有以下几种。

☆ 单击【默认】选项卡→【修改】面板→【偏移】按钮。

☆ 选择【修改】→【偏移】菜单命令。

☆ 单击【修改】工具栏中的【偏移】按钮。

☆ 在命令行中输入 OFFSET 或 O 命令，并按 Enter 键。

1. 偏移对象的操作

调用【偏移】命令后，需要指定偏移的距离以及方向。具体操作步骤如下。

步骤 1 打开配套资源中的"素材\Ch05\二维图形.dwg"文件，如图 5-25 所示。

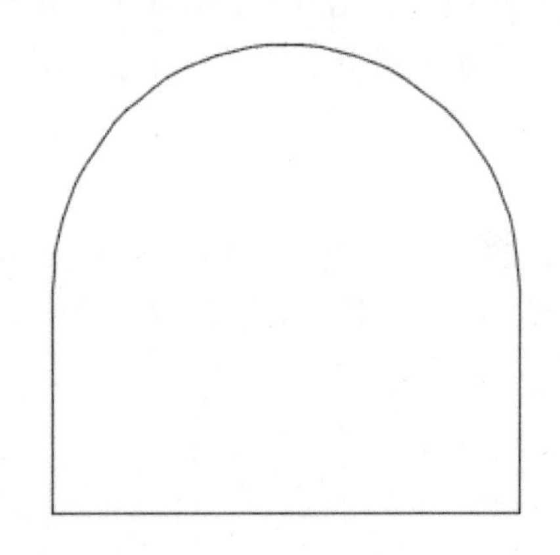

图 5-25　调入素材

步骤 2 单击【默认】选项卡→【修改】面板→【偏移】按钮，输入偏移距离为 50，按 Enter 键，如图 5-26 所示。

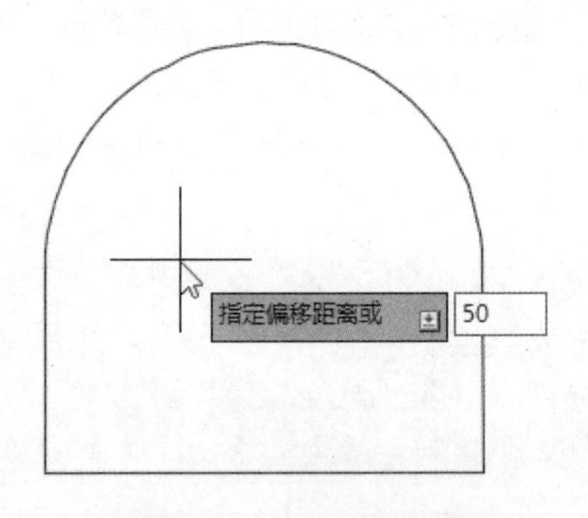

图 5-26　输入偏移距离

步骤 3 选择拱形线作为要偏移的对象，如图 5-27 所示。

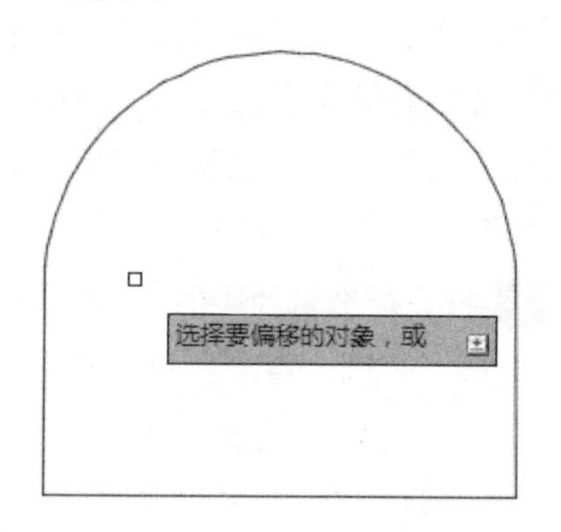

图 5-27　选择偏移对象

步骤 4 在拱形线外任意位置处单击，指定偏移方向是向外，如图 5-28 所示。

步骤 5 按空格键结束命令，效果如图 5-29 所示。

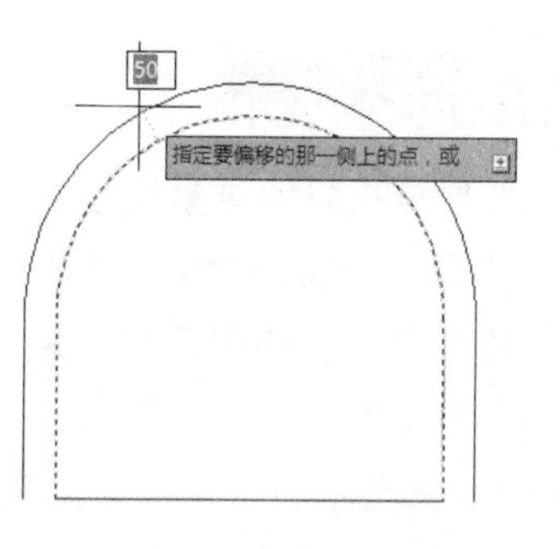

图 5-28　指定偏移方向

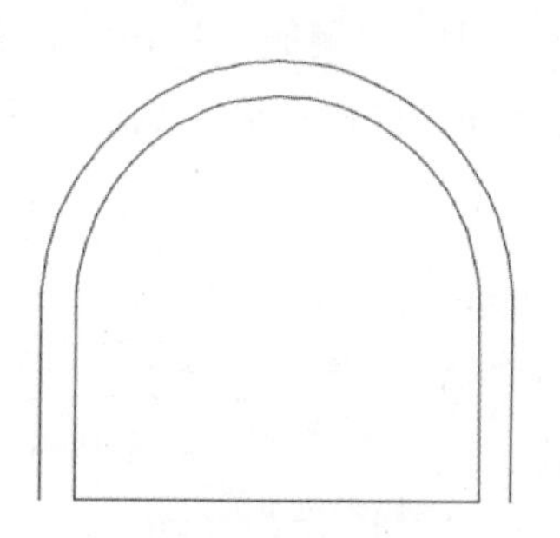

图 5-29　偏移结果

执行上述操作的命令行提示如下：

```
命令: _OFFSET                                                              //调用【偏移】命令
当前设置: 删除源=否  图层=源  OFFSETGAPTYPE=0
指定偏移距离或 [通过(T)/删除(E)/图层(L)] <50.0000>:  50                       //输入偏移距离为50
指定要偏移的那一侧上的点，或 [退出(E)/多个(M)/放弃(U)] <退出>:                    //单击拱形线外任意一点
选择要偏移的对象，或 [退出(E)/放弃(U)] <退出>:                                    //按空格键
```

2. 选项说明

☆ 通过 (T)：指定一个通过点，利用该点确定偏移的距离和方向，如图 5-30 所示。

☆ 删除 (E)：设置偏移完成后是否删除源对象，默认为否。

☆ 图层 (L)：设置偏移后的对象是在当前图层还是源对象所在图层。

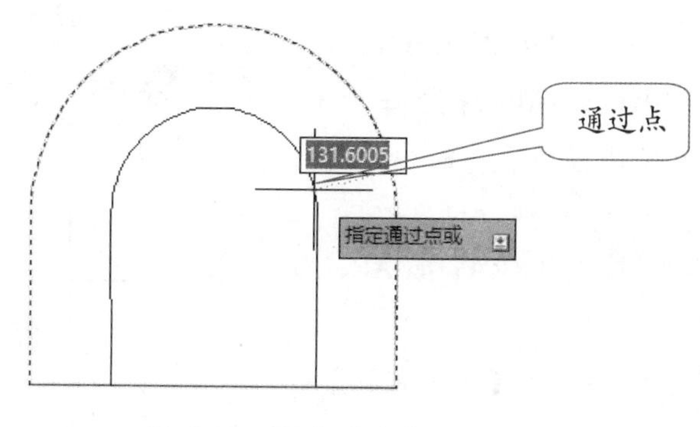

图 5-30　指定通过点

5.2.4 阵列对象

阵列对象是指将源对象按指定方式生成多个按规律分布的图形对象。依据排列方式的不同，阵列可分为矩形阵列、路径阵列和环形阵列 3 种类型。

执行阵列操作的方法主要有以下几种。

☆ 单击【默认】选项卡→【修改】面板→【阵列】按钮右侧的下拉按钮，在下拉列表中选择相应的命令，如图 5-31 所示。

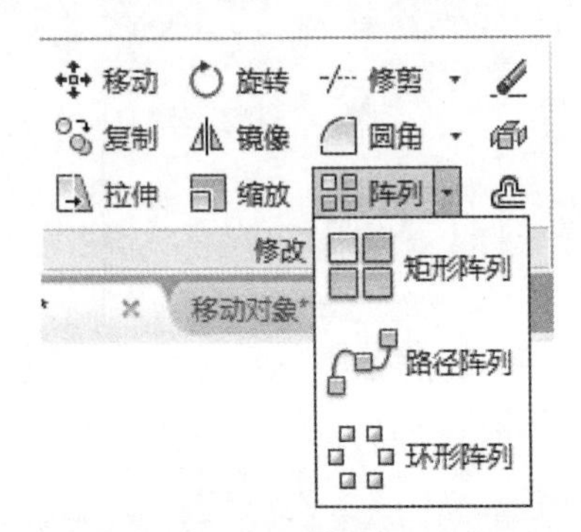

图 5-31 【阵列】下拉列表

☆ 选择【修改】→【阵列】子菜单命令，如图 5-32 所示。

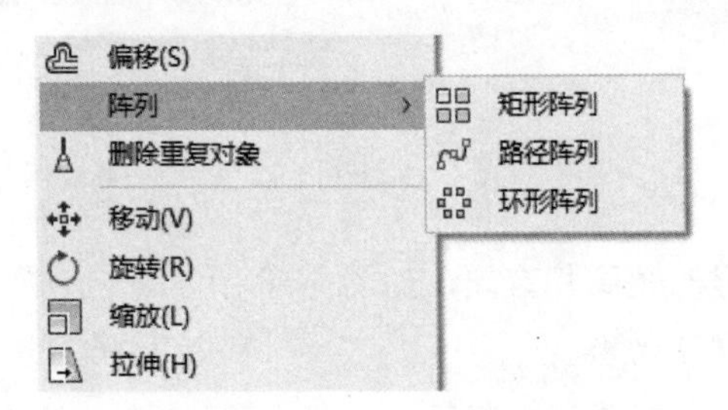

图 5-32 【阵列】子菜单命令

☆ 在命令行中直接输入 ARRAYRECT(矩形阵列)、RAARYPOLAR(环形阵列) 或 ARRAYPATH(路径阵列) 命令，并按 Enter 键。

☆ 在命令行中直接输入 ARRAY 或 AR，并按 Enter 键。

☆ 单击【修改】工具栏中的【矩形阵列】按钮。

1. 矩形阵列

矩形阵列是按照行列方阵的形式复制对象。调用【矩形阵列】命令后，需要指定阵列的行数、列数、行间距及列间距。具体操作步骤如下。

步骤 1 打开配套资源中的“素材\Ch05\二维图形 .dwg”文件，如图 5-33 所示。

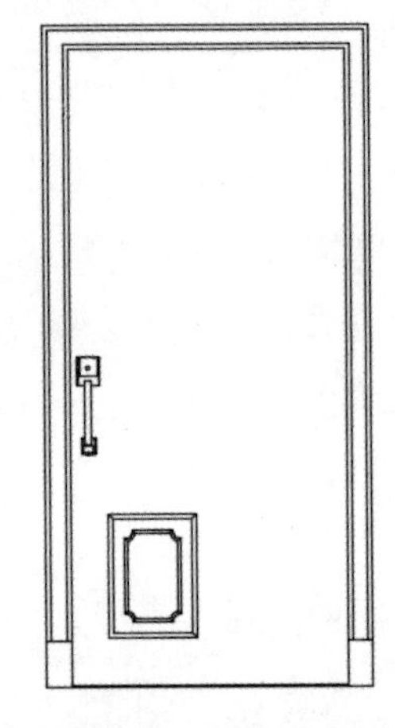

图 5-33 调入素材

步骤 2 拖动鼠标选择左下角的对象，选择【修改】→【阵列】→【矩形阵列】菜单命令，输入命令 COU，按 Enter 键，然后输入列数为 2，继续按 Enter 键，如图 5-34 所示。

图 5-34 输入列数

步骤 3 输入行数为 4，按 Enter 键，如图 5-35 所示。

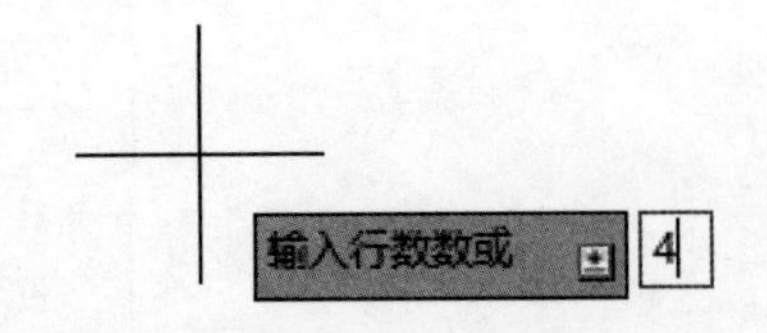

图 5-35 输入行数

步骤 4 输入命令 S，按 Enter 键，然后输入列之间的距离为 95，继续按 Enter 键，如图 5-36 所示。

步骤 5 输入行之间的距离为 118，按 Enter 键，如图 5-37 所示。

步骤 6 再次按 Enter 键结束命令，完成矩形阵列操作，效果如图 5-38 所示。

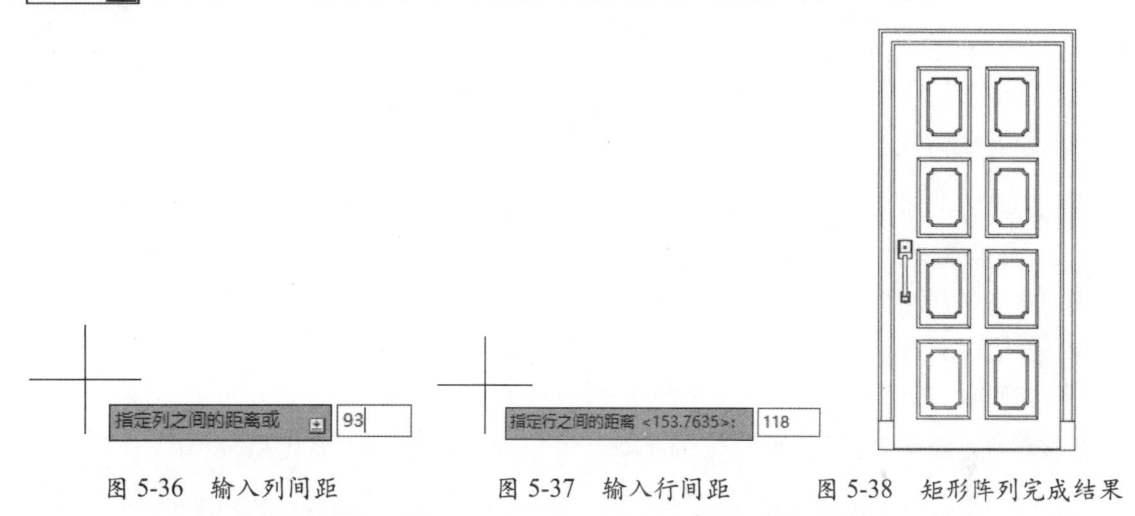

图 5-36　输入列间距　　图 5-37　输入行间距　　图 5-38　矩形阵列完成结果

执行上述操作的命令行提示如下：

```
命令: _ARRAYRECT 找到 15 个                                //调用【矩形阵列】命令
类型 = 矩形  关联 = 是
选择夹点以编辑阵列或 [关联(AS)/基点(B)/计数(COU)/间距(S)/列数(COL)/行数(R)/层数(L)/退
出(X)] <退出>: cou
                                                          //输入命令cou
输入列数数或 [表达式(E)] <4>: 2                            //输入列数为2
输入行数数或 [表达式(E)] <5>: 4                            //输入行数为4
选择夹点以编辑阵列或 [关联(AS)/基点(B)/计数(COU)/间距(S)/列数(COL)/行数(R)/层数(L)/退
出(X)] <退出>: s
                                                          //输入命令s
指定列之间的距离或 [单位单元(U)] <108.75>: 95               //输入列间距为95
指定行之间的距离 <155.7655>:118                            //输入行间距为118
选择夹点以编辑阵列或 [关联(AS)/基点(B)/计数(COU)/间距(S)/列数(COL)/行数(R)/层数(L)/退
出(X)] <退出>:
                                                          //按Enter键
```

提示 若列距为负数，则阵列后的列位于源对象左侧；同理，若行距为负数，阵列后的行位于源对象下方。

命令行中各选项说明如下。

☆ 关联 (AS)：指定创建的阵列对象是关联对象还是独立对象，默认为是关联对象。

☆ 基点 (B)：指定阵列的基点位置，阵列后的对象相对于基点放置。

☆ 计数 (COU)：指定阵列的列数和行数。

☆ 间距 (S)：指定阵列的列间距和行间距。

☆ 列数 (COL)：指定阵列中的列数和列间距。

☆ 行数 (R)：指定阵列中的行数、行间距和增量标高。

☆ 层数 (L)：指定三维阵列的层数和层间距。

2. 路径阵列

路径阵列是指沿指定路径复制对象。调用【路径阵列】命令后，需要指定路径曲线、路径方法以及阵列数目。具体操作步骤如下。

步骤 1 打开配套资源中的“素材\Ch05\二维图形.dwg”文件，如图 5-39 所示。

步骤 2 单击选择多边形对象，然后选择【修改】→【阵列】→【路径阵列】菜单命令，单击曲线作为阵列的路径，如图 5-40 所示。

步骤 3 输入命令 M，按 Enter 键，然后选择【定数等分】作为路径方法，如图 5-41 所示。

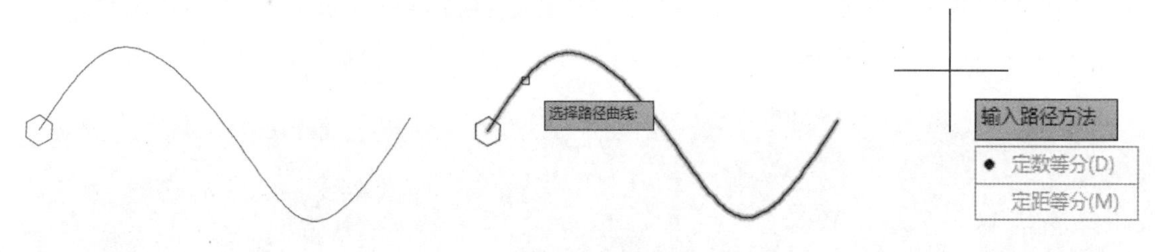

图 5-39　调入素材　　图 5-40　选择阵列路径　　图 5-41　选择路径方法

步骤 4 输入沿路径的项目数为 10，按 Enter 键，如图 5-42 所示。

步骤 5 再次按 Enter 键结束命令，完成路径阵列操作，效果如图 5-43 所示。

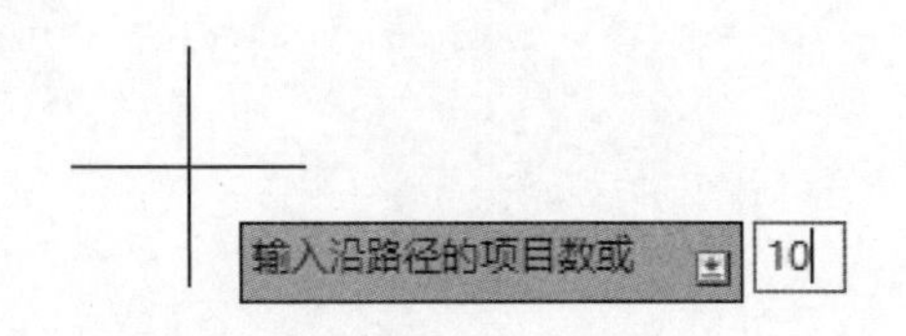

图 5-42　输入路径项目数

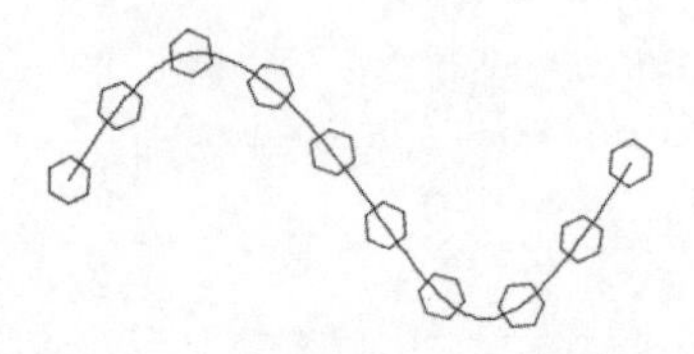

图 5-43　路径阵列完成结果

执行上述操作的命令行提示如下：

```
命令: _ARRAYPATH 找到 1 个                                //调用【路径阵列】命令
类型 = 路径  关联 = 是
选择路径曲线:                                             //单击选择路径
选择夹点以编辑阵列或 [关联(AS)/方法(M)/基点(B)/切向(T)/项目(I)/行(R)/层(L)/对齐项目(A)/z 方向(Z)/退出(X)] <退出>: m
                                                          //输入命令m
输入路径方法 [定数等分(D)/定距等分(M)] <定距等分>: D      //选择【定数等分】作为路径方法
```

```
选择夹点以编辑阵列或　[关联(AS)/方法(M)/基点(B)/切向(T)/项目(I)/行(R)/层(L)/对齐项目
(A)/z 方向(Z)/退出(X)] <退出>: i
                                                        //输入命令i
输入沿路径的项目数或 [表达式(E)] <14>: 10                //输入沿路径的项目数为10
选择夹点以编辑阵列或　[关联(AS)/方法(M)/基点(B)/切向(T)/项目(I)/行(R)/层(L)/对齐项目
(A)/z 方向(Z)/退出(X)] <退出>:
                                                        //按Enter键
```

命令行中各选项说明如下。

☆ 方法 (M)：指定阵列对象沿路径分布的方式，包括定数等分和定距等分两种。前者是均匀分布在路径上，后者需要指定间距，从而使阵列对象以指定的间隔距离分布。

☆ 切向 (T)：指定阵列中的项目如何相对于路径的起始方向对齐。

☆ 项目 (I)：指定阵列生成的数目。

☆ 对齐项目 (A)：设置是否对齐每个阵列项目从而与路径的方向相切。

☆ 方向 (Z)：设置是否保持项目的原始 Z 方向，或沿三维路径自然倾斜项目。

3. 环形阵列

环形阵列主要用于创建沿指定圆周均匀分布的对象，阵列后的图形呈现环形。调用【环形阵列】命令后，需要指定阵列的中心点以及阵列数目。具体操作步骤如下。

步骤 1 打开配套资源中的“素材\Ch05\二维图形 .dwg”文件，如图 5-44 所示。

图 5-44　调入素材

步骤 2 选择左上角的图形作为阵列对象，然后选择【修改】→【阵列】→【环形阵列】菜单命令，并捕捉圆心作为阵列的中心点，如图 5-45 所示。

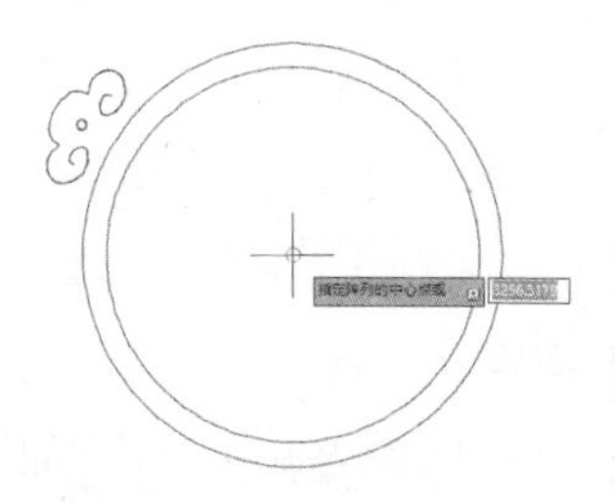

图 5-45　选择阵列对象

步骤 3 输入命令 I，按 Enter 键，然后输入阵列中的项目数为 10，继续按 Enter 键，如图 5-46 所示。

图 5-46　输入阵列项目数

步骤 4 再次按 Enter 键结束命令，完成环形阵列操作，效果如图 5-47 所示。

图 5-47　环形阵列完成结果

执行上述操作的命令行提示如下：

```
命令: _ARRAYPOLAR 找到 2 个                                   //调用【环形阵列】命令
类型 = 极轴  关联 = 是
指定阵列的中心点或 [基点(B)/旋转轴(A)]:                       //捕捉圆心作为阵列中心点
选择夹点以编辑阵列或 [关联(AS)/基点(B)/项目(I)/项目间角度(A)/填充角度(F)/行(ROW)/层
(L)/旋转项目(ROT)/退出(X)] <退出>: i                          //输入命令i
输入阵列中的项目数或 [表达式(E)] <6>: 10                      //输入阵列中的项目数为10
选择夹点以编辑阵列或 [关联(AS)/基点(B)/项目(I)/项目间角度(A)/填充角度(F)/行(ROW)/层
(L)/旋转项目(ROT)/退出(X)] <退出>:                             //按Enter键
```

5.2.5 实战演练 1——绘制地板砖拼花

室内地面装饰中经常用到地板砖拼花，以增加室内装饰美感。下面以绘制一个地板砖拼花为例来综合练习前面所学的编辑方法，具体操作步骤如下。

步骤 1 调用 C(圆) 命令，绘制半径为 500 的圆形，结果如图 5-48 所示。

步骤 2 调用 O(偏移) 命令，向内偏移圆，偏移距离为 50，结果如图 5-49 所示。

步骤 3 调用 L(直线) 命令，以圆心为起点绘制直线，结果如图 5-50 所示。

> **提示** 调用 L(直线) 命令，在弹出的十字光标中首先输入“＜ 30/60”，再输入直线长度 450，即可完成定角度、定长度直线的绘制。

步骤 4 调用 MI(镜像) 命令，对绘制完成的直线执行镜像操作，结果如图 5-51 所示。

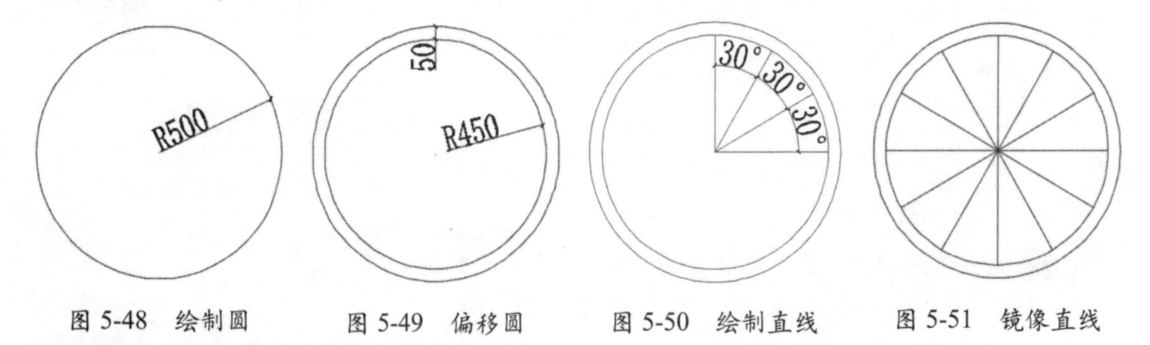

图 5-48 绘制圆　　图 5-49 偏移圆　　图 5-50 绘制直线　　图 5-51 镜像直线

步骤 5 调用 L(直线) 命令，以圆心为起点绘制直线，结果如图 5-52 所示。

步骤 6 调用 ARRAYPOLAR(环形阵列) 命令，对绘制完成的直线执行阵列操作，结果如图 5-53 所示。

步骤 7 调用 L(直线) 命令，绘制直线，结果如图 5-54 所示。

步骤 8 调用 MI(镜像) 命令，对绘制完成的直线执行镜像操作，结果如图 5-55 所示。

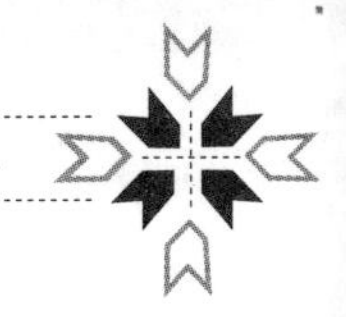

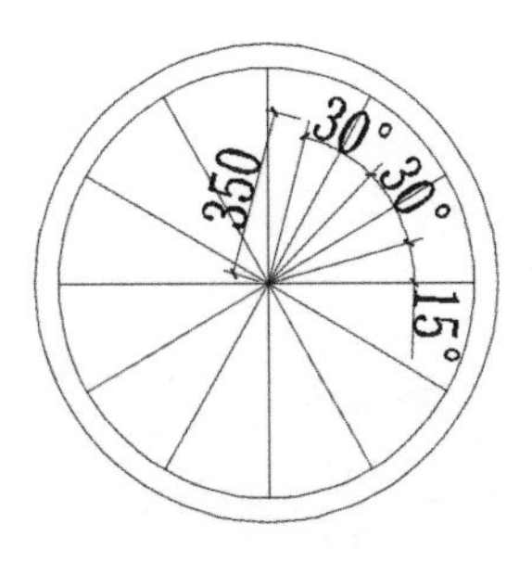

图 5-52 绘制直线

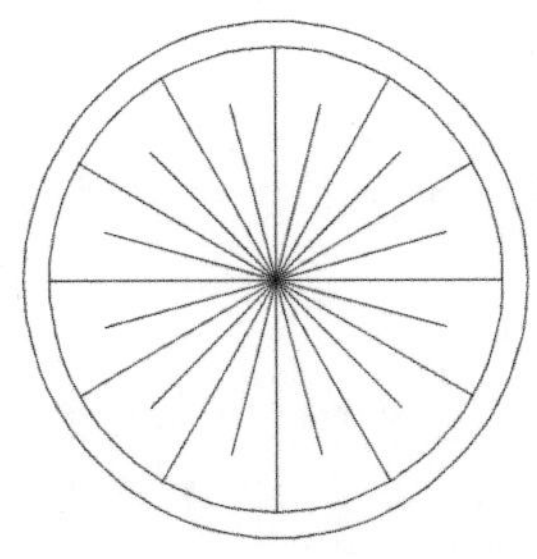

图 5-53 环形阵列结果

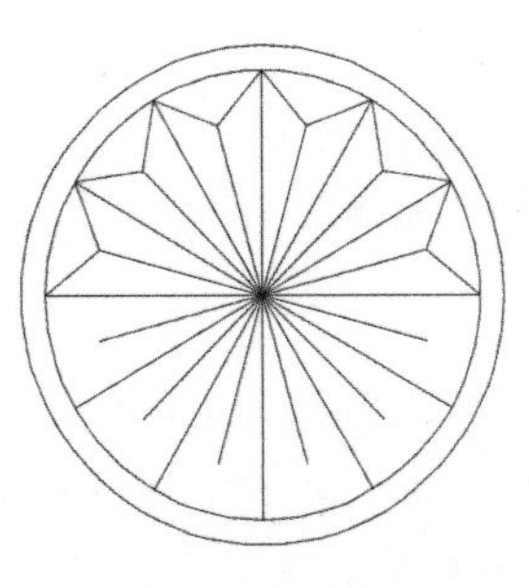

图 5-54 绘制直线

图 5-55 镜像直线

步骤 9 调用 C(圆) 命令，分别绘制半径为 35 和 113 的圆，结果如图 5-56 所示。

步骤 10 调用 TR(修剪) 和 E(删除) 命令，修剪和删除多余的直线和圆，结果如图 5-57 所示。

步骤 11 调用 C(圆) 命令，绘制半径为 90 的圆；调用 L(直线) 命令，绘制直线，结果如图 5-58 所示。

步骤 12 调用 MI(镜像) 命令，对绘制完成的直线执行镜像操作；调用 E(删除) 命令，删除多余的圆，即可完成地板砖拼花的绘制，结果如图 5-59 所示。

图 5-56 绘制圆

图 5-57 删除结果

图 5-58 绘制圆和直线

图 5-59 完成地板砖拼花

5.3 改变图形的大小和位置

在制图过程中，有时需要改变图形的大小及位置，使用移动、旋转、缩放、拉伸等命令可完成这些操作。

5.3.1 移动对象

移动对象是指将对象在指定方向上按指定距离进行移动。移动操作仅仅是改变对象的位置，并不会改变对象的方向和大小。

移动对象的方法主要有以下几种。

- ☆ 单击【默认】选项卡→【修改】面板→【移动】按钮 ✣。
- ☆ 选择【修改】→【移动】菜单命令。
- ☆ 单击【修改】工具栏中的【移动】按钮 ✣。
- ☆ 在命令行中直接输入 MOVE 或 M 命令，并按 Enter 键。

1. 移动杯子

调用【移动】命令后，需要指定移动的基点及第二个点。下面以移动杯子为例，介绍移动对象的具体操作步骤。

步骤 1 打开配套资源中的“素材 \Ch05\ 室内家具 .dwg”文件，如图 5-60 所示。

步骤 2 拖动鼠标选择杯子，单击【默认】选项卡→【修改】面板→【移动】按钮，然后单击 A 点作为基点，如图 5-61 所示。

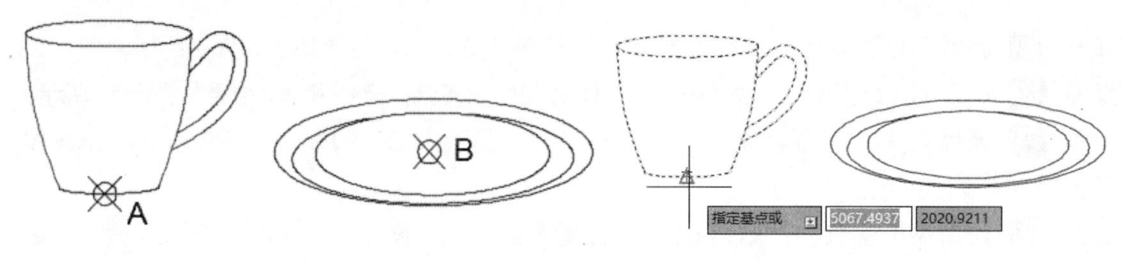

图 5-60　调入素材　　图 5-61　指定基点

步骤 3 单击 B 点作为第二个点，如图 5-62 所示。

步骤 4 完成移动操作，效果如图 5-63 所示。

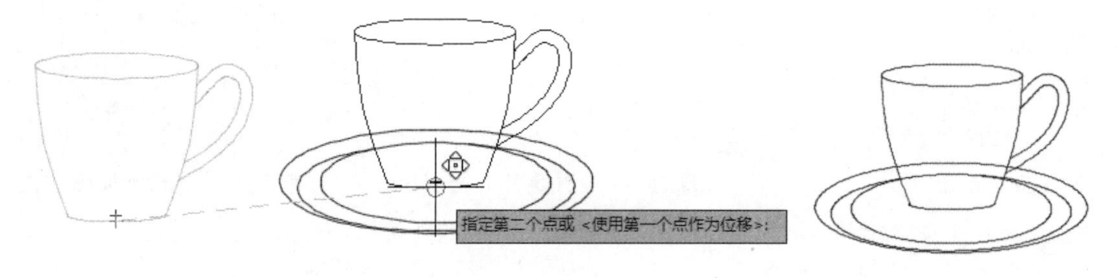

图 5-62　指定第二个点　　图 5-63　移动对象完成效果

执行上述操作的命令行提示如下：

```
命令: _MOVE 找到 8 个                              //调用【移动】命令
指定基点或 [位移(D)] <位移>:                        //单击A点作为基点
指定第二个点或 <使用第一个点作为位移>:                //单击B点作为第二个点
```

2. 选项说明

位移 (D)：指定目标坐标值来确认移动后的位置，命令行提示如下。

```
命令: _MOVE 找到 8 个
指定基点或 [位移(D)] <位移>: d                      //输入d
指定位移 <0.0000, 0.0000, 0.0000>: @50,50          //输入目标坐标值
```

5.3.2 旋转对象

旋转对象是指将对象绕基点旋转指定的角度。

旋转对象的方法主要有以下几种。

☆ 单击【默认】选项卡→【修改】面板→【旋转】按钮。

☆ 选择【修改】→【旋转】菜单命令。

☆ 单击【修改】工具栏中的【旋转】按钮。

☆ 在命令行中直接输入 ROTATE 或 RO 命令，并按 Enter 键。

1. 旋转茶壶

调用【旋转】命令后，需要指定基点及旋转角度。下面以旋转茶壶为例，介绍旋转对象的具体操作步骤。

步骤 1 打开配套资源中的“素材\Ch05\室内家具.dwg”文件，如图 5-64 所示。

图 5-64 调入素材

步骤 2 拖动鼠标选择所有对象，单击【默认】选项卡→【修改】面板→【旋转】按钮，然后单击 A 点作为基点，如图 5-65 所示。

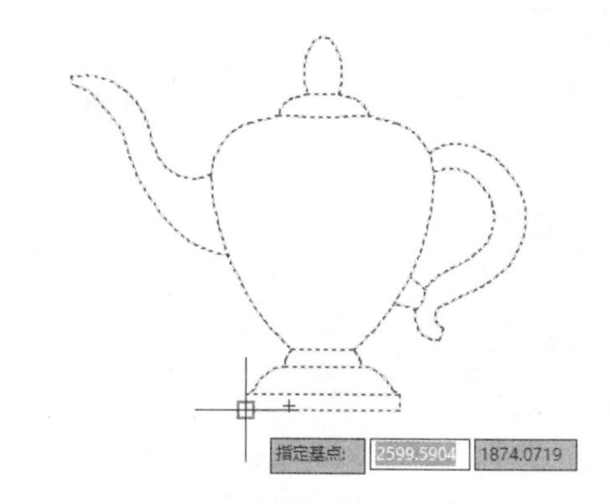

图 5-65 指定基点

步骤 3 输入旋转角度为 50，如图 5-66 所示。

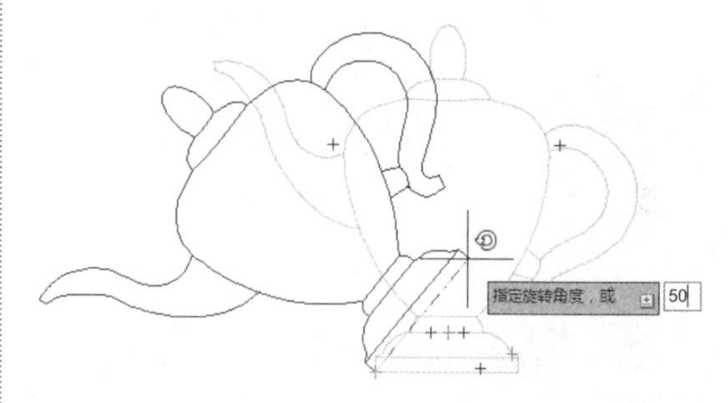

图 5-66 输入旋转角度

步骤 4 按 Enter 键，完成旋转操作，如图 5-67 所示。

图 5-67 旋转对象完成结果

执行上述操作的命令行提示如下：

```
命令: _ROTATE                                         //调用【旋转】命令
UCS 当前的正角方向: ANGDIR=逆时针 ANGBASE=0
找到 19 个
指定基点:                                             //单击A点作为基点
指定旋转角度，或 [复制(C)/参照(R)] <0>: 50             //输入旋转角度为50，按Enter键
```

提示 输入正值旋转角度，默认按照逆时针方向旋转对象；输入负值旋转角度，则按照顺时针方向旋转对象；若需要改变系统默认设置，选择【格式】→【单位】菜单命令，在打开的【图形单位】对话框中勾选【顺时针】复选框即可，如图 5-68 所示。

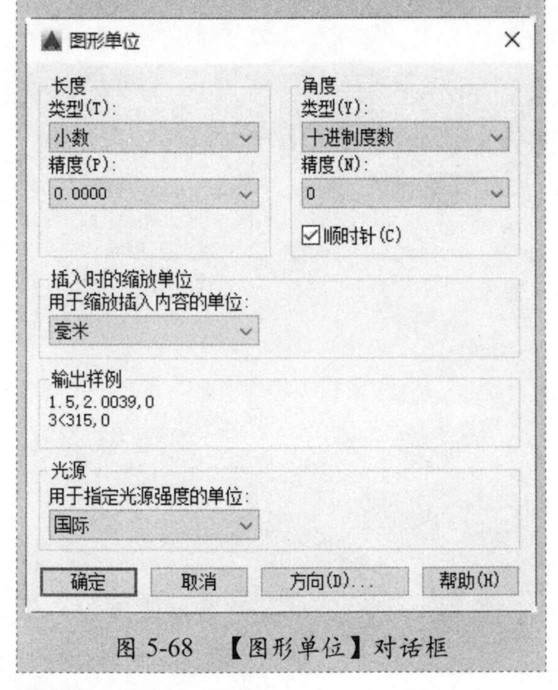

图 5-68 【图形单位】对话框

2. 选项说明

☆ 复制 (C)：设置旋转操作完成后是否保留源对象，默认为否。

☆ 参照 (R)：指定一个参照角度，从而使图形旋转至与参照对象同一角度。假设将图 5-69 所示的矩形旋转至与右侧直线平行的角度，需要指定 C 点为基点，选择【参照】选项，指定 B 点和 A 点作为参照角和第二点，然后单击直线上任意一点作为新角度，结果如图 5-70 所示。

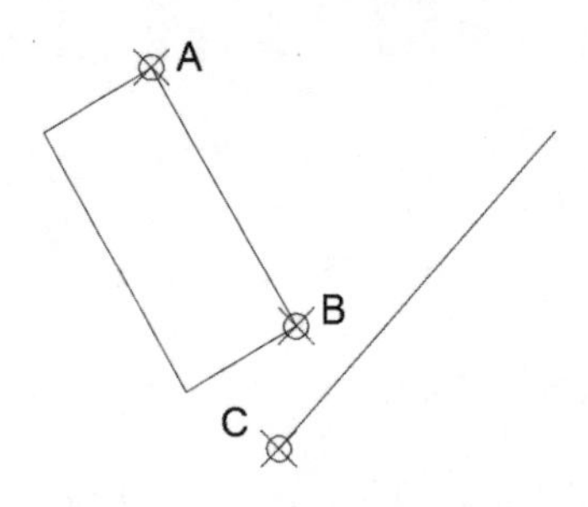

图 5-69 选择旋转参照

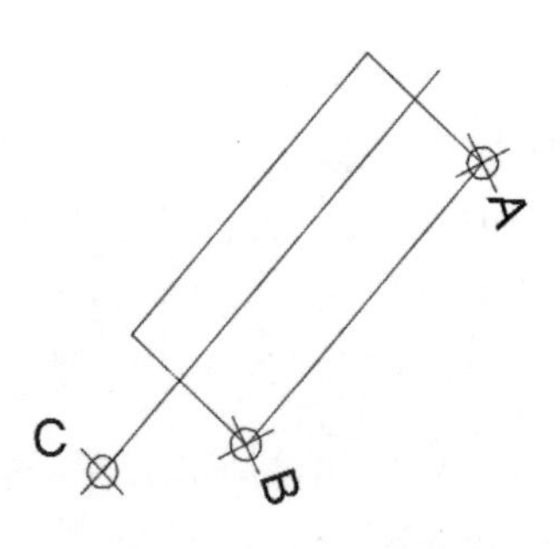

图 5-70 参照旋转结果

命令行提示如下：

```
命令: _ROTATE                                         //调用【旋转】命令
UCS 当前的正角方向: ANGDIR=逆时针 ANGBASE=0
找到 1 个
指定基点:                                              //单击C点作为基点
指定旋转角度, 或 [复制(C)/参照(R)] <545>: r            //输入命令r, 按Enter键
指定参照角 <120>:                                      //单击B点作为参照角
指定第二点:                                            //单击A点作为第二点
指定新角度或 [点(P)] <15>:                             //单击直线上任意一点
```

5.3.3 缩放对象

缩放对象是指将指定的对象相对于基点等比例缩小或放大，该操作不会改变原对象的高

度和宽度方向上的比例。

缩放对象的方法主要有以下几种。

☆ 单击【默认】选项卡→【修改】面板→【缩放】按钮。

☆ 选择【修改】→【缩放】菜单命令。

☆ 单击【修改】工具栏中的【缩放】按钮。

☆ 在命令行中直接输入SCALE或SC命令，并按 Enter 键。

缩放对象的操作

调用【缩放】命令后，需要指定基点及缩放的比例因子。缩放对象的具体操作步骤如下。

步骤 1 打开配套资源中的“素材\Ch05\室内家具 .dwg”文件，如图 5-71 所示。

图 5-71　调入素材

步骤 2 选择除圆圈外的所有图形，然后单击【默认】选项卡→【修改】面板→【缩放】按钮，并捕捉圆心作为缩放的基点，如图 5-72 所示。

步骤 3 输入比例因子为 0.5，按 Enter 键，如图 5-73 所示。

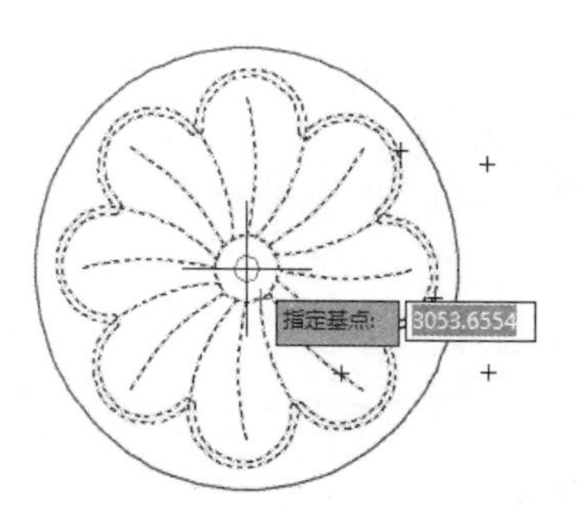

图 5-72　指定基点

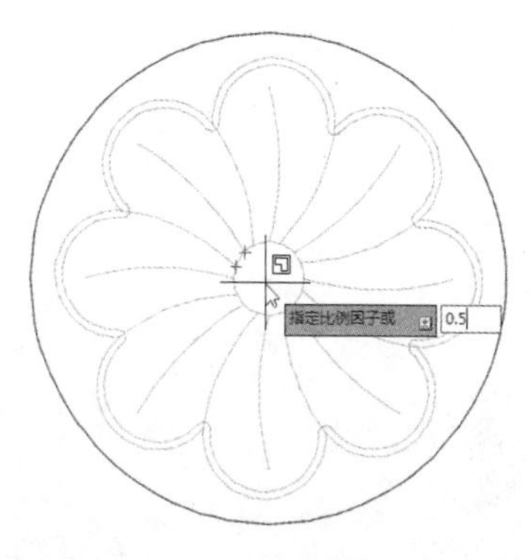

图 5-73　输入缩放比例

步骤 4 完成缩放操作，此时所选对象将缩小为原对象的一半，如图 5-74 所示。

图 5-74　缩放完成结果

> **提示**　比例因子大于 1 时为放大对象。反之，若小于 1，则为缩小对象。

执行上述操作的命令行提示如下：

```
命令: _SCALE找到 19 个                          //调用【缩放】命令
指定基点:                                        //捕捉圆心作为基点
指定比例因子或 [复制(C)/参照(R)]: 0.5            //输入比例因子为0.5，按Enter键
```

2. 选项说明

☆ 复制(C)：设置缩放操作完成后是否保留源对象，默认为否。

☆ 参照(R)：指定一个参照长度和新长度，系统自动计算缩放因子，据此缩放对象，其中，比例因子 = 新长度值 / 参照长度值。假设将图 5-75 所示的矩形放大至如图 5-76 所示，需要指定 A 点作为基点，然后指定 AB 边为参照长度，AC 边为新长度即可。命令行提示如下：

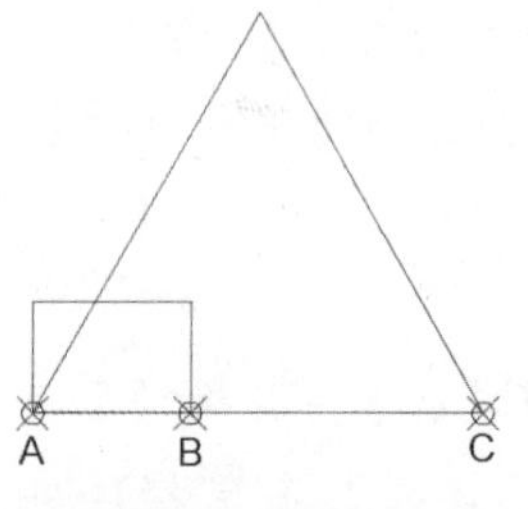

图 5-75　参照缩放前

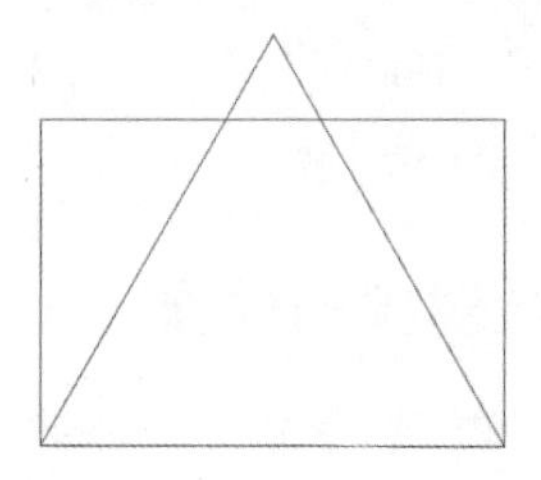

图 5-76　参照缩放后

```
命令: _SCALE 找到 1 个                              //调用【缩放】命令
指定基点:                                           //单击A点作为基点
指定比例因子或 [复制(C)/参照(R)]: r                 //输入命令r
指定参照长度 <1.0000>:                              //单击A点作为参照长度的第一点
指定第二点:                                         //单击B点作为参照长度的第二点
指定新的长度或 [点(P)] <1.0000>:                    //单击C点，从而指定AC边为新长度
```

5.3.4 拉伸对象

拉伸对象是指将对象沿指定的方向和距离进行伸展或压缩。需注意的是，用户无法对矩形或块等类型的图形进行拉伸操作，对于此类图形，需对其进行分解操作后才能拉伸。此外，若选择了全部图形，那么拉伸对象相当于移动对象。

拉伸对象的方法主要有以下几种。

☆ 单击【默认】选项卡→【修改】面板→【拉伸】按钮。

☆ 选择【修改】→【拉伸】菜单命令。

☆ 单击【修改】工具栏中的【拉伸】按钮。

☆ 在命令行中直接输入 STRETCH 或 STR 命令，并按 Enter 键。

调用【拉伸】命令后，需要指定基点以及第二个点或者拉伸距离。下面以拉伸沙发为例进行介绍，具体操作步骤如下。

步骤 1 打开配套资源中的"素材\Ch05\室内家具.dwg"文件，如图 5-77 所示。

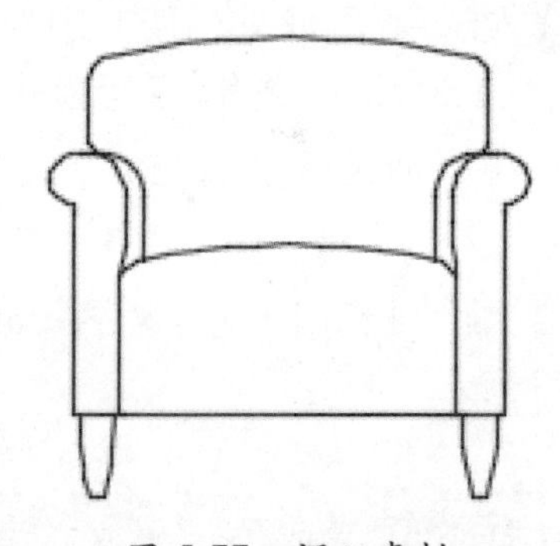

图 5-77　调入素材

步骤 2 使用窗交法选择沙发右侧部分，作为要拉伸的对象，如图 5-78 所示。

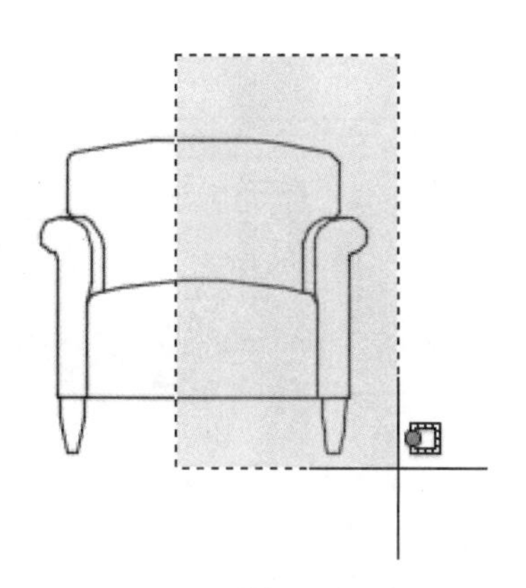

图 5-78　选择拉伸对象

步骤 3 单击【默认】选项卡→【修改】面板→【拉伸】按钮，然后捕捉中点作为基点，如图 5-79 所示。

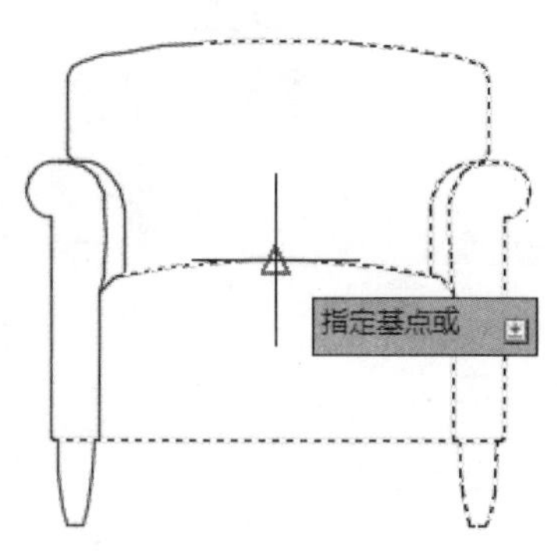

图 5-79　指定基点

步骤 4 打开正交模式，向右拖动鼠标，输入拉伸距离为 550，按 Enter 键，如图 5-80 所示。

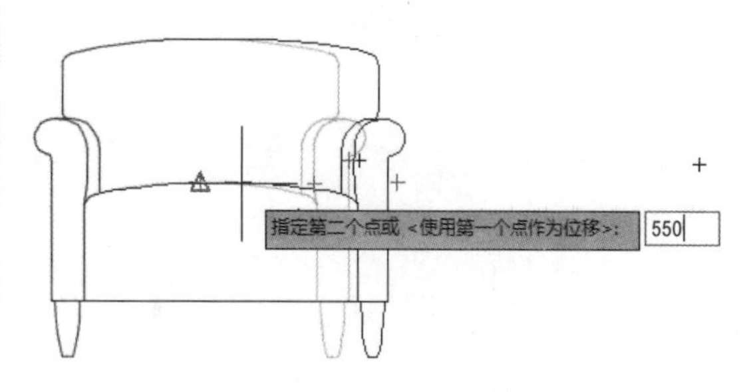

图 5-80　输入拉伸距离

步骤 5 完成拉伸操作，结果如图 5-81 所示。

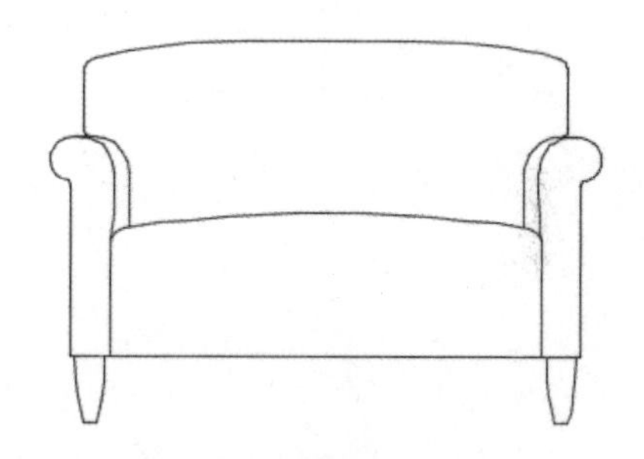

图 5-81　拉伸完成结果

> **提示** 用户也可通过指定第二个点，来确认拉伸距离和方向。

执行上述操作的命令行提示如下：

```
命令: STRETCH                                         //调用【拉伸】命令
拉伸由最后一个窗口选定的对象...找到 52 个
指定基点或 [位移(D)] <位移>:                          //捕捉中点作为基点
指定第二个点或 <使用第一个点作为位移>:   <正交 开> 550
                                                      //打开正交模式，输入550，按Enter键
```

5.3.5 实战演练 2——绘制办公室平面图

办公室平面图主要包括办公桌椅、沙发、茶几等，以便为办公提供方便。下面以绘制一个办公室平面图为例来综合练习前面所学的编辑方法，具体操作步骤如下。

步骤 1 打开配套资源中的“素材 \Ch05\ 办公室平面图 .dwg”文件，如图 5-82 所示。

步骤 2 绘制书柜。调用 O(偏移) 命令，偏移墙线；调用 TR(修剪) 命令，修剪多余的直线；

调用L(直线)命令，绘制直线。结果如图5-83所示。

图 5-82　调入素材

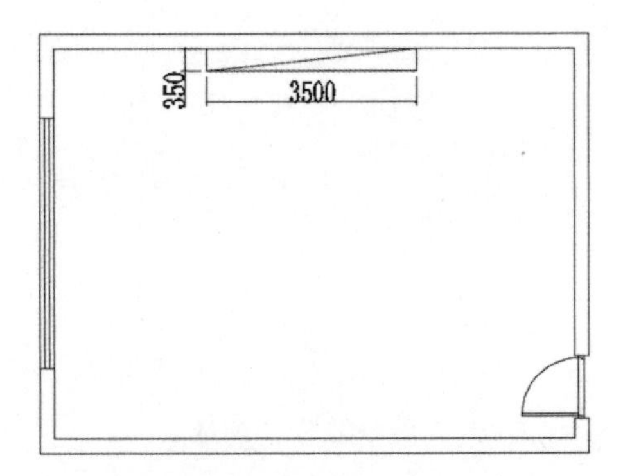

图 5-83　绘制书柜

步骤 3 打开配套资源中的“素材\Ch05\室内家具.dwg”文件，将其中的办公桌和组合沙发等图形复制粘贴至当前图形中，结果如图5-84所示。

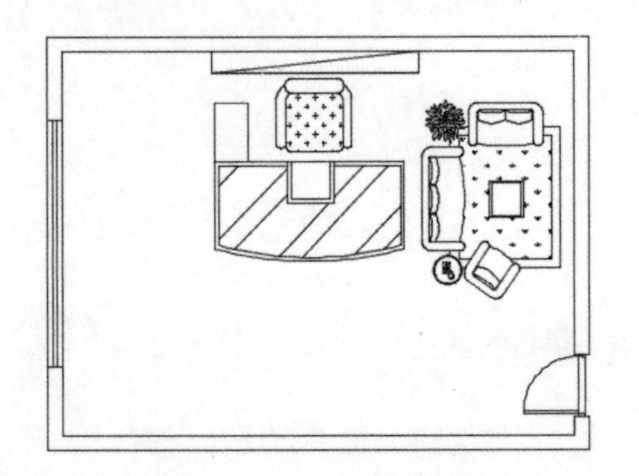

图 5-84　复制粘贴结果

步骤 4 调用SC(缩放)命令，设置缩放比例因子为0.8，对办公桌和组合沙发等图形执行缩放操作，结果如图5-85所示。

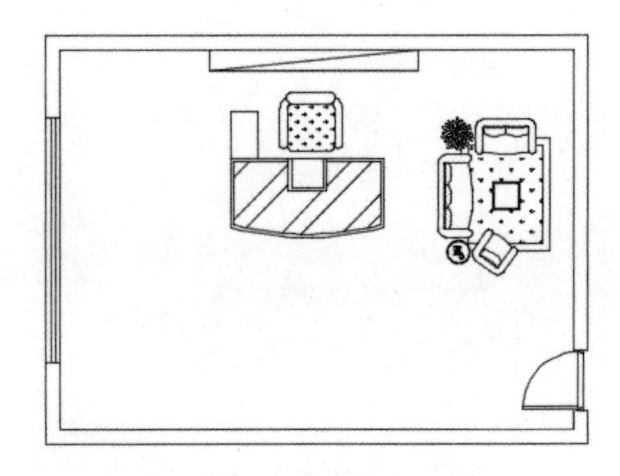

图 5-85　图形缩放结果

步骤 5 调用RO(旋转)命令，对组合沙发等图形执行旋转操作，结果如图5-86所示。

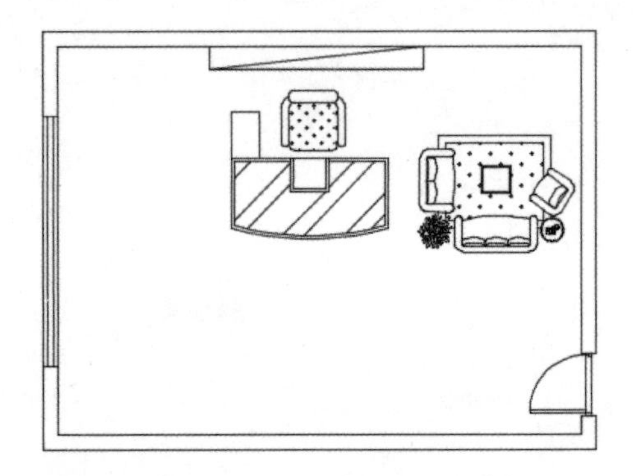

图 5-86　图形旋转结果

步骤 6 调用M(移动)命令，对其中的图形执行移动操作并放置在当前图形合适的位置，结果如图5-87所示。

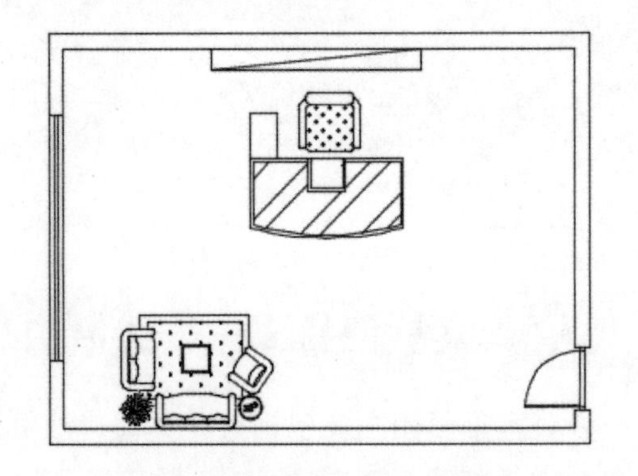

图 5-87　图形移动结果

步骤 7 打开配套资源中的“素材\Ch05\室内家具.dwg”文件，将其中的电视柜等图形复制粘贴至当前图形中，结果如图 5-88 所示。

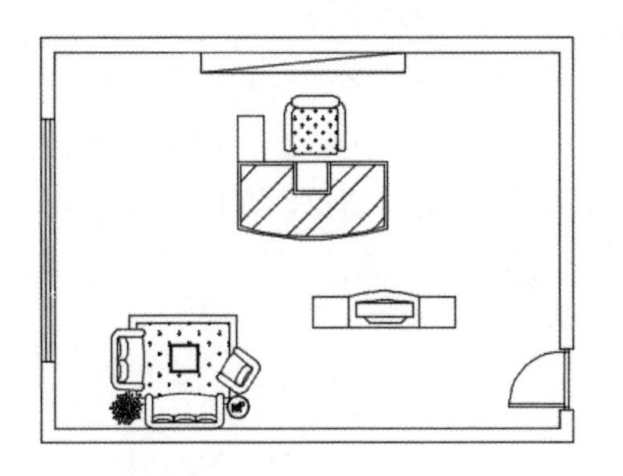

图 5-88　复制并粘贴素材

步骤 8 调用 S(拉伸) 命令，设置比例因子为 1.5，将电视柜等图形执行拉伸操作；调用 M(移动) 命令，将拉伸后的图形移动至合适的位置。即可完成办公室平面图的绘制，结果如图 5-89 所示。

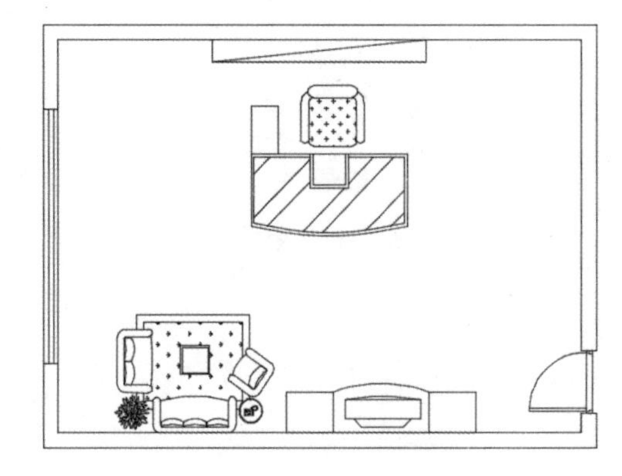

图 5-89　办公室平面图

5.4 修整图形

图形绘制完毕后，可能出现错误、多余、有间隙等情况，此时需要对图形进行修整，使用删除、修剪、延伸、打断、合并、倒角、圆角等命令可完成该操作。

5.4.1 删除对象

若绘制的图形不符合要求，可使用【删除】命令将其删除。

删除对象的方法主要有以下几种。

☆ 单击【默认】选项卡→【修改】面板→【删除】按钮。

☆ 选择【修改】→【删除】菜单命令。

☆ 单击【修改】工具栏中的【删除】按钮。

☆ 在命令行中直接输入 ERASE 或 E 命令，并按 Enter 键。

下面以删除圆圈为例，介绍删除对象的具体操作步骤。

步骤 1 打开配套资源中的“素材\Ch05\室内家具.dwg”文件，如图 5-90 所示。

图 5-90　打开素材

步骤 2 选择要删除的 4 个圆圈对象，如图 5-91 所示。

步骤 3 单击【默认】选项卡→【修改】面板→【删除】按钮，即可删除所选对象，如图 5-92 所示。

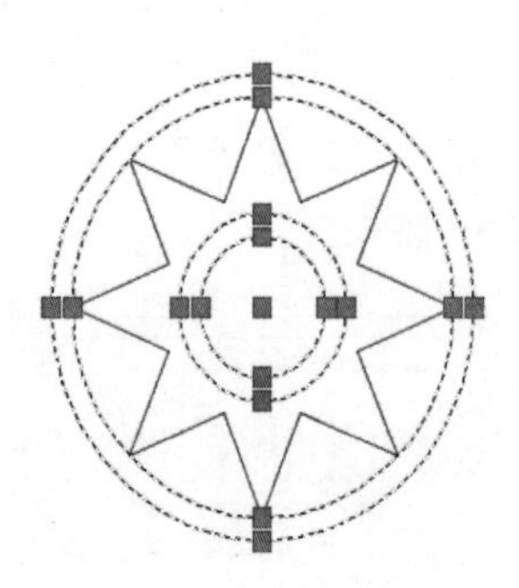

图 5-91　选择删除对象

图 5-92　删除对象完成结果

上述操作的命令行提示如下：

```
命令: _ERASE 找到 4 个
//调用【删除】命令
```

提示　选择要删除的对象后，直接按 Delete 键，也可将其删除。

5.4.2 修剪对象

修剪对象是指沿指定的边界剪除对象的多余部分。

修剪对象的方法主要有以下几种。

☆ 单击【默认】选项卡→【修改】面板→【修剪】按钮 -/--。

☆ 选择【修改】→【修剪】菜单命令。

☆ 单击【修改】工具栏中的【修剪】按钮 -/--。

☆ 在命令行中直接输入 TRIM 或 TR 命令，并按 Enter 键。

1. 修剪对象的操作

调用【修剪】命令后，需要指定修剪边界。可同时选择多个边界，然后选择要修剪的对象即可。具体的操作步骤如下。

步骤 1 打开配套资源中的“素材\Ch05\二维图形.dwg”文件，如图 5-93 所示。

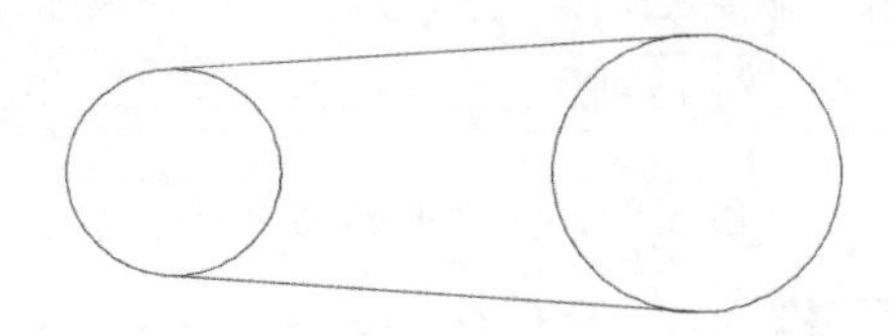

图 5-93　调入素材

步骤 2 单击【默认】选项卡→【修改】面板→【修剪】按钮 -/--，然后选择所有对象作为修剪边界，如图 5-94 所示。

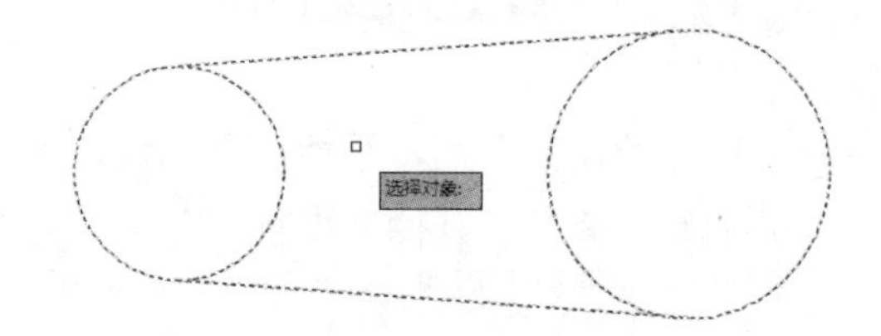

图 5-94　选择修剪边界

步骤 3 单击选择小圆圈右侧部分，如图 5-95 所示。

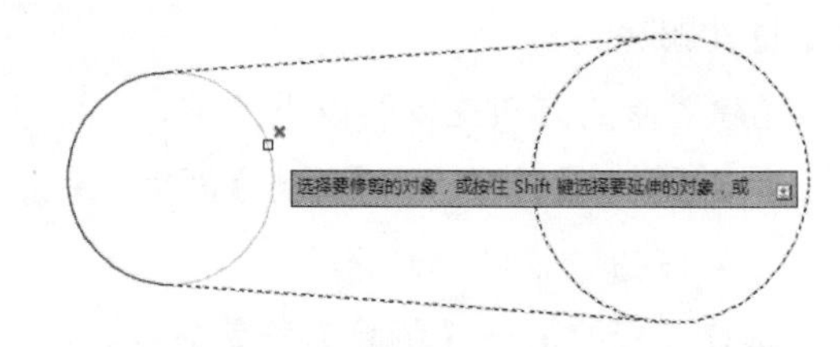

图 5-95　选择修剪对象

步骤 4 即可剪除所选对象，按 Enter 键结束命令，效果如图 5-96 所示。

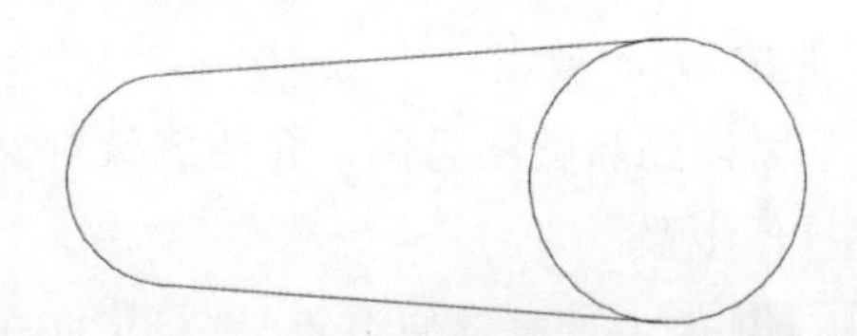

图 5-96　修剪对象完成结果

上述操作的命令行提示如下：

```
命令: _TRIM                                                    //调用【修剪】命令
当前设置:投影=UCS，边=无
选择剪切边...
窗口(W) 套索 按空格键可循环浏览选项找到 4 个                   //选择全部对象作为修剪边界
选择对象:
选择要修剪的对象，或按住 Shift 键选择要延伸的对象，或[栏选(F)/窗交(C)/投影(P)/边(E)/删除
(R)/放弃(U)]:
                                                               //选择要修剪的对象
```

2. 选项说明

☆ 栏选 (F)：用栏选方式选择要修剪的对象。

☆ 窗交 (C)：用窗交方式选择要修剪的对象。

☆ 投影 (P)：指定修剪对象时所使用的投影方式。

☆ 边 (E)：设置修剪对象时是【不延伸】模式还是【延伸】模式，默认为前者，表示只有在修剪对象与修剪边界相交时才能够修剪，在此模式下，如图 5-97 所示的矩形能够被修剪，而如图 5-98 所示的矩形则不能。若设置为【延伸】模式，那么只要修剪对象与修剪边界的延伸线相交就可被修剪，此时如图 5-98 所示的图形可被修剪为如图 5-99 所示的效果。

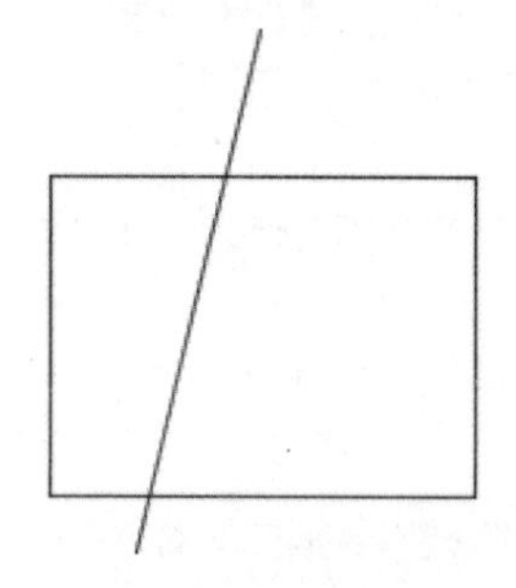

图 5-97　可修剪模式

☆ 删除 (R)：删除所选择的对象。

☆ 放弃 (U)：撤销上一次的修剪操作。

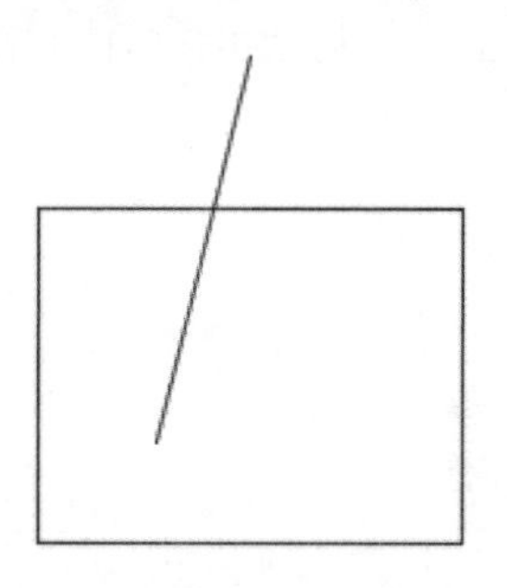

图 5-98　不可被修剪模式

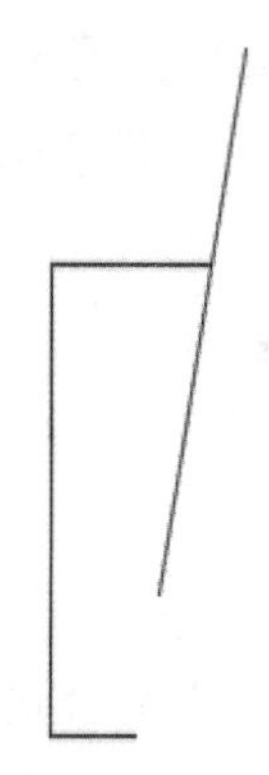

图 5-99　修剪结果

5.4.3 延伸对象

延伸对象与修剪对象的作用刚好相反。延伸对象是将指定的对象延伸至边界，使对象与边界相交。

延伸对象的方法主要有以下几种。

☆ 单击【默认】选项卡→【修改】面板→【延伸】按钮 --/ 。

☆ 选择【修改】→【延伸】菜单命令。

☆ 单击【修改】工具栏中的【延伸】按钮--/。

☆ 在命令行中直接输入 EXTEND 或 EX 命令，并按 Enter 键。

延伸与修剪的操作类似，在调用【延伸】命令后，指定延伸边界和延伸的对象即可。具体的操作步骤如下。

步骤 1 打开配套资源中的“素材\Ch05\二维图形.dwg”文件，如图 5-100 所示。

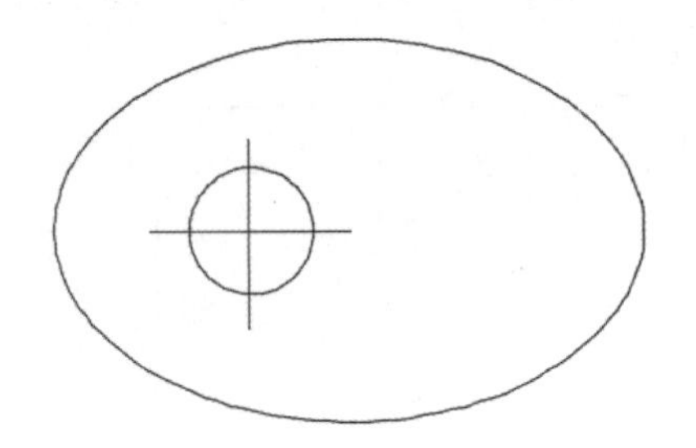

图 5-100　调入素材

步骤 2 单击【默认】选项卡→【修改】面板→【延伸】按钮--/，然后选择椭圆作为延伸边界，如图 5-101 所示。

步骤 3 在水平直线的左端点或附近位置处单击，作为要延伸的对象，如图 5-102 所示。

步骤 4 即可将水平直线向左延伸至椭圆，继续单击其他直线的端点或端点附近位置，延伸其他直线，然后按 Enter 键结束命令，效果如图 5-103 所示。

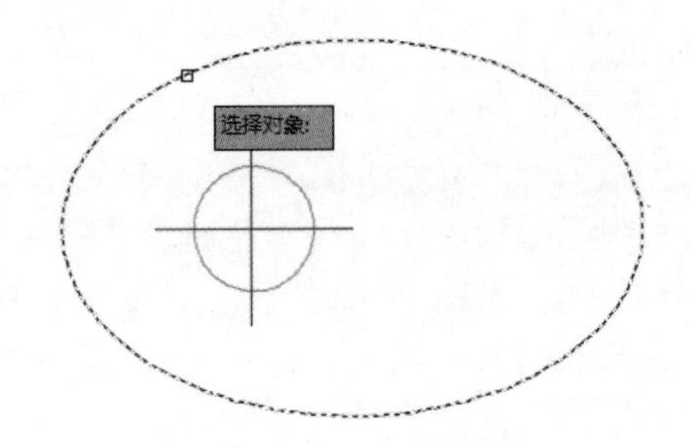

图 5-101　选择延伸边界

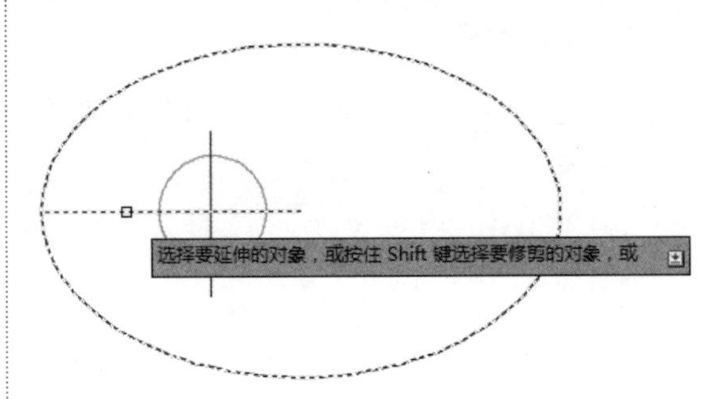

图 5-102　选择延伸对象

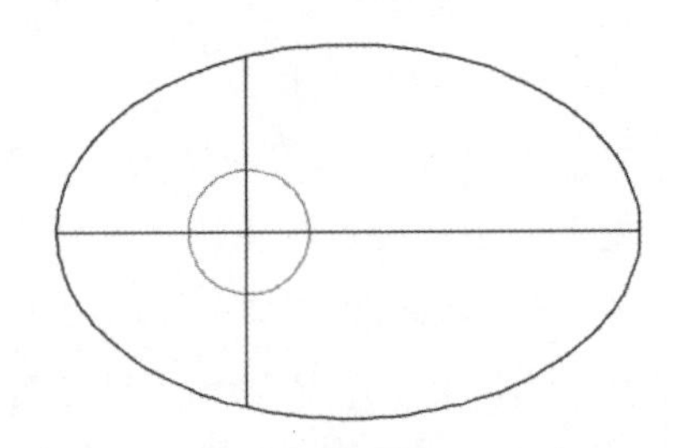

图 5-103　延伸对象完成结果

执行上述操作的命令行提示如下：

```
命令: _EXTEND                                                    //调用【延伸】命令
当前设置:投影=UCS，边=延伸
选择边界的边...
选择对象或 <全部选择>: 找到 1 个                                  //选择椭圆作为延伸边界
选择对象:
选择要延伸的对象，或按住 Shift 键选择要修剪的对象，或[栏选(F)/窗交(C)/投影(P)/边(E)/放弃(U)]:
                                                                 //选择要延伸的对象
```

> **提示** 调用【延伸】命令时，如果在按住 Shift 键的同时选择对象，则执行的是【修剪】命令，反之亦然。

5.4.4 打断与打断于点

打断操作是指删除对象中的指定部分或将一个对象分解成两部分，根据打断点数量的不同，分为【打断】和【打断于点】两个命令。

执行打断或打断于点操作的方法主要有以下几种。

☆ 单击【默认】选项卡→【修改】面板→【打断】按钮或【打断于点】按钮。

☆ 单击【修改】工具栏中的【打断】按钮或【打断于点】按钮。

☆ 选择【修改】→【打断】菜单命令。

☆ 在命令行中输入 BREAK 或 BR 命令，并按 Enter 键。

提示 后两种方法仅能够调用【打断】命令。

1. 使用【打断】命令

调用【打断】命令时，需要指定两个打断点，系统将删除两点之间的线条，从而打断对象。注意，打断封闭的对象时，打断部分按逆时针方向从第一点到第二点断开。具体的操作步骤如下。

步骤 1 打开配套资源中的“素材\Ch05\二维图形 .dwg”文件，如图 5-104 所示。

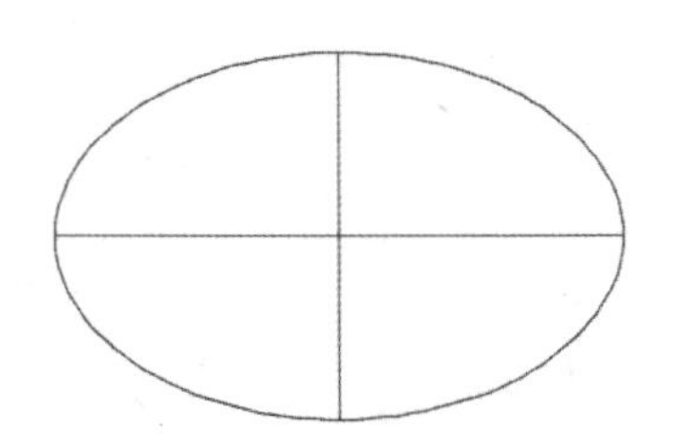

图 5-104 调入素材

步骤 2 单击【默认】选项卡→【修改】面板→【打断】按钮，然后单击椭圆上任意一点，从而选择椭圆作为要打断的对象，如图 5-105 所示。

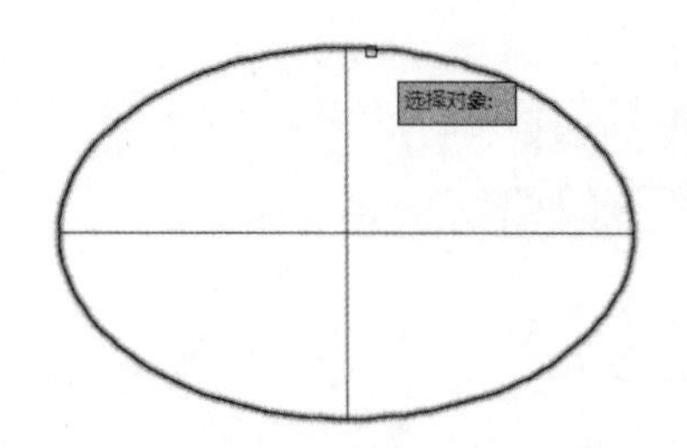

图 5-105 选择打断对象

步骤 3 输入命令 F，按 Enter 键，然后捕捉 A 点作为第一个打断点，如图 5-106 所示。

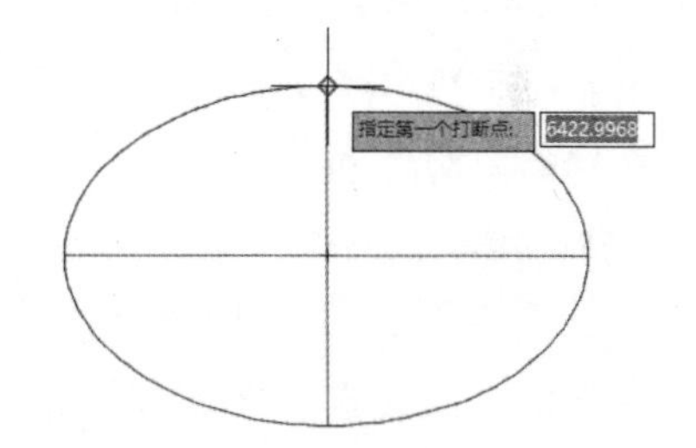

图 5-106 指定第一个打断点

步骤 4 捕捉 B 点作为第二个打断点，如图 5-107 所示。

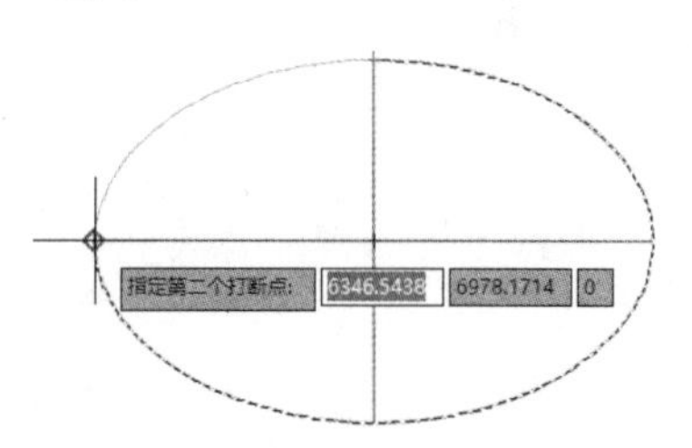

图 5-107 指定第二个打断点

步骤 5 即可打断椭圆，并沿逆时针方向删除 AB 两点之间的线条，如图 5-108 所示。

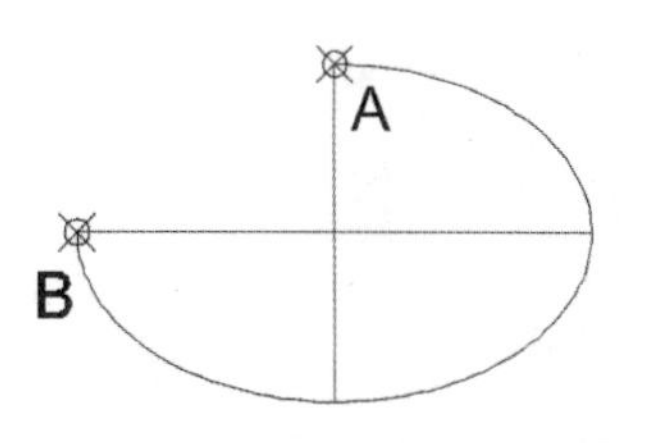

图 5-108 打断完成结果

执行上述操作的命令行提示如下：

```
命令：_BREAK                              //调用【打断】命令
选择对象：                                //选择椭圆作为要打断的对象
指定第二个打断点 或 [第一点(F)]：f        //输入命令f
指定第一个打断点：                        //捕捉A点作为第一个打断点
指定第二个打断点：                        //捕捉B点作为第二个打断点
```

提示 系统默认将选择对象时的单击点作为第一个打断点，由于此时不能使用捕捉功能，无法精确捕捉到A点，因此需要在命令行中输入命令f，从而精确捕捉打断的两个点。

2. 使用【打断于点】命令

调用【打断于点】命令后，只需要指定一个打断点，使对象在该点处断开，从而使一个对象分解为两个部分。注意，该命令无法打断闭合的周期性曲线。

【打断于点】命令的操作方法与【打断】命令类似。假设选择图5-109所示的水平直线作为打断对象，然后单击A点作为第一个打断点，即可使水平直线在该点处断开，分解为两条水平直线，效果如图5-110所示。

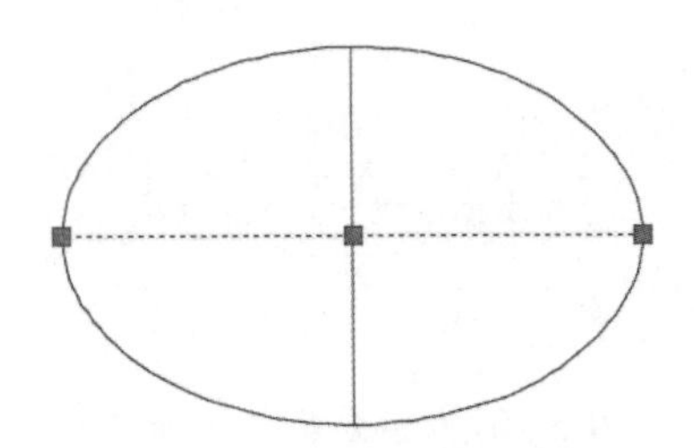

图 5-109　选择打断对象

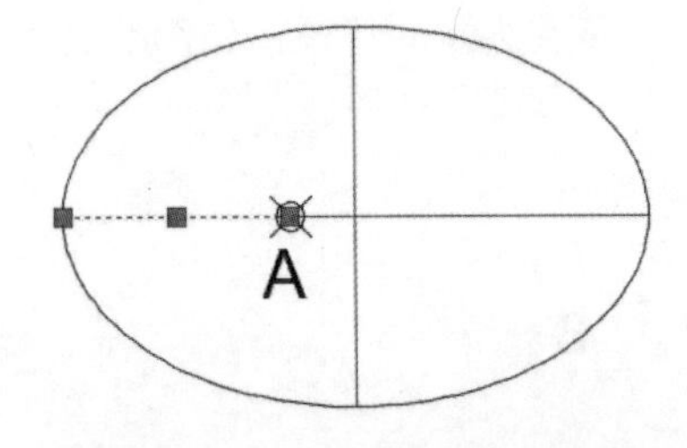

图 5-110　打断对象完成结果

5.4.5 合并对象

合并对象是指将相似的多个对象合并为一个对象，执行合并操作的对象可以是圆弧、椭圆弧、直线、多段线、样条曲线等。

合并对象的方法主要有以下几种。

☆ 单击【默认】选项卡→【修改】面板→【合并】按钮→←。

☆ 选择【修改】→【合并】菜单命令。

☆ 单击【修改】工具栏中的【合并】按钮→←。

☆ 在命令行中直接输入JOIN或J命令，并按Enter键。

合并对象的具体操作步骤如下。

步骤 1 打开配套资源中的“素材\Ch05\二维图形.dwg”文件，如图5-111所示。

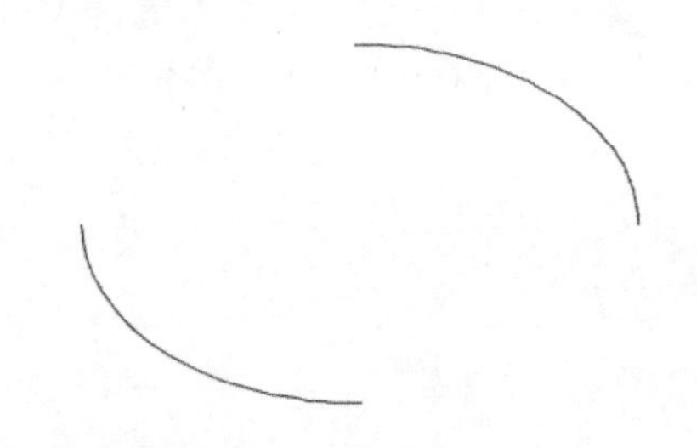

图 5-111　调入素材

步骤 2 单击【默认】选项卡→【修改】面板→【合并】按钮→←，然后单击左下角的椭圆弧作为要合并的源对象，如图 5-112 所示。

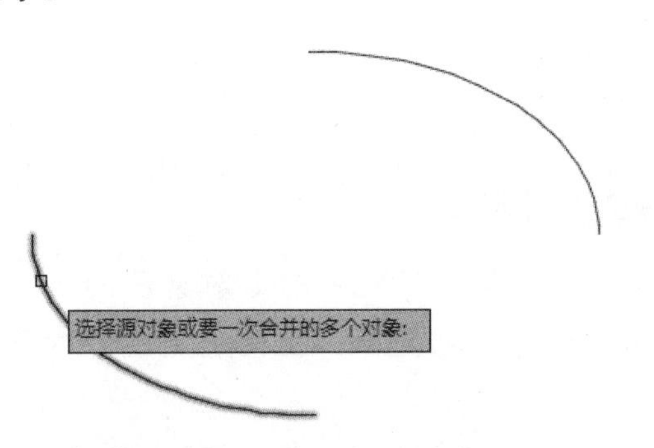

图 5-112　选择合并源对象

步骤 3 单击右上角的椭圆弧，作为要合并的对象，按 Enter 键，如图 5-113 所示。

步骤 4 即可从源对象按逆时针方向合并椭圆弧，效果如图 5-114 所示。

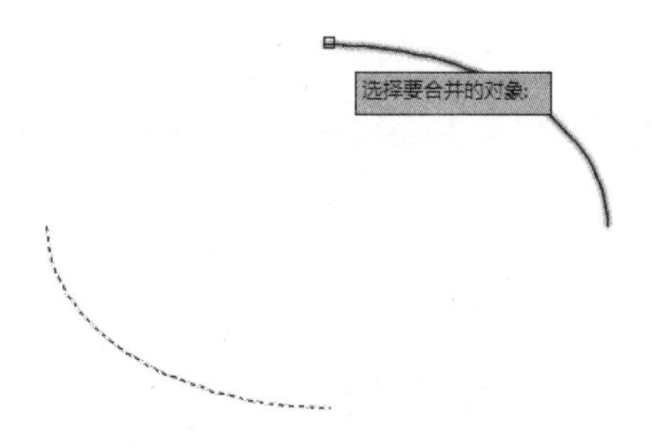

图 5-113　选择合并对象

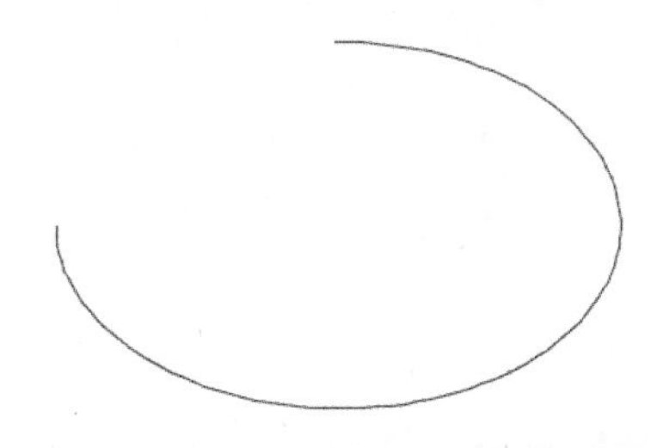

图 5-114　合并对象完成结果

执行上述操作的命令行提示如下：

```
命令: _JOIN                                      //调用【合并】命令
选择源对象或要一次合并的多个对象: 找到 1 个        //选择左下角的椭圆弧作为源对象
选择要合并的对象: 找到 1 个, 总计 2 个             //选择右上角的椭圆弧作为要合并的对象
选择要合并的对象:2 条椭圆弧已合并为 1 条圆弧
```

提示 在进行合并操作时，要合并的各对象必须共线，对于圆弧，则要求共圆。此外，在合并圆弧时，系统将从源对象按逆时针方向进行合并。

5.4.6 分解对象

分解对象是指将组合对象、面域、块或阵列等对象分解成各个独立的线条，便于用户对其进行编辑。

分解对象的方法主要有以下几种。

☆ 单击【默认】选项卡→【修改】面板→【分解】按钮。

☆ 选择【修改】→【分解】菜单命令。

☆ 单击【修改】工具栏中的【分解】按钮。

☆ 在命令行中直接输入 EXPLODE 或 X 命令，并按 Enter 键。

分解对象的具体操作步骤如下。

步骤 1 打开配套资源中的“素材\Ch05\室内洁具 .dwg”文件，如图 5-115 所示。

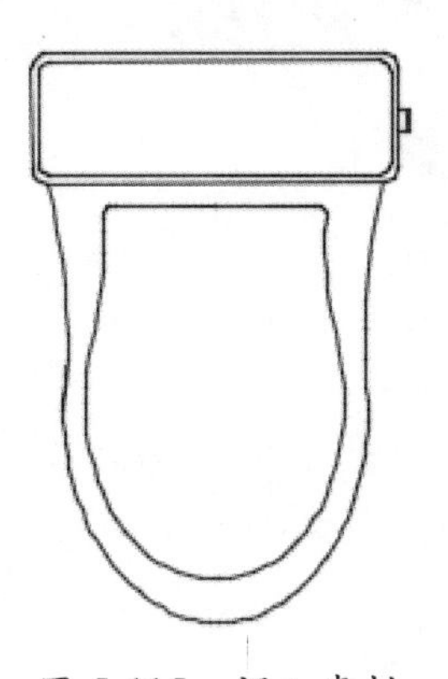

图 5-115　调入素材

步骤 2 选中图形，然后单击【默认】选项卡→【修改】面板→【分解】按钮，如图 5-116 所示。

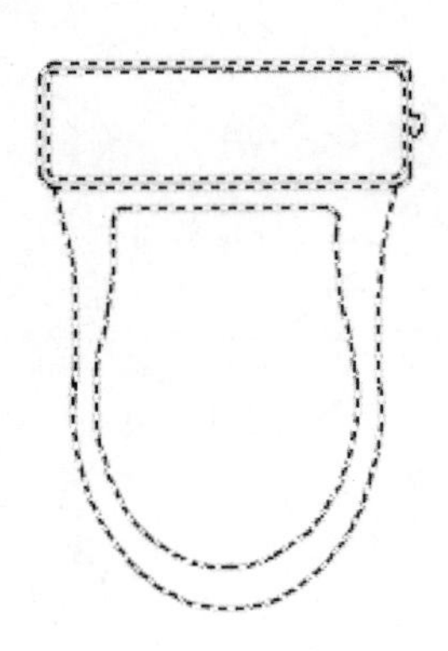

图 5-116　选择分解对象

步骤 3 完成分解操作，此时图形已分解为各独立的线条，如图 5-117 所示。

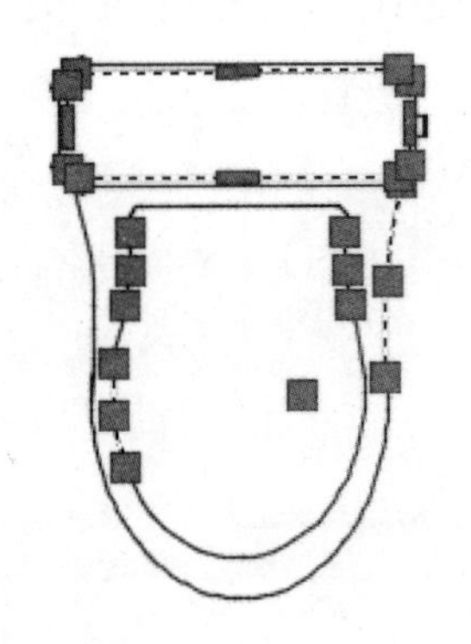

图 5-117　分解完成结果

命令行提示如下：

```
命令: _EXPLODE 找到 1 个
      //调用【分解】命令
```

提示

在分解多段线时，系统将清除原有的宽度信息，生成的直线和圆弧段按照多段线的线型进行设置。在分解包含多段线和标注的块时，多段线和标注等对象将作为一个整体被分解；在分解带有属性的块时，所有的属性会恢复到未组合为块之前的状态。

5.4.7 倒角和圆角

倒角和圆角的定义不同，下面分别介绍倒角和圆角的具体操作。

1. 倒角

倒角是指将两个图形对象使用一定角度的斜线连接起来，从而满足工件的工艺要求。

执行倒角操作的方法主要有以下几种。

☆ 单击【默认】选项卡→【修改】面板→【倒角】按钮。

☆ 选择【修改】→【倒角】菜单命令。

☆ 单击【修改】工具栏中的【倒角】按钮。

☆ 在命令行中直接输入 CHAMFER 或 CHA 命令，并按 Enter 键。

调用【倒角】命令后，需要指定两个倒角距离来确定倒角的位置，也可通过指定倒角的长度以及它与第一条直线间的角度来确定。下面以前者为例进行介绍，具体操作步骤如下。

步骤 1 打开配套资源中的“素材\Ch05\室内洁具 .dwg”文件，如图 5-118 所示。

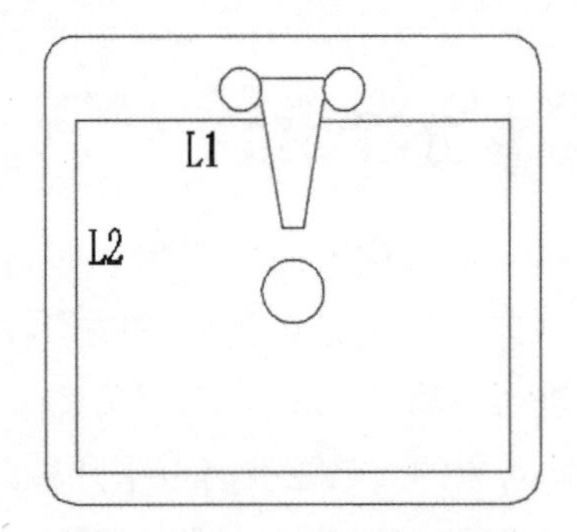

图 5-118　调入素材

步骤 2 单击【默认】选项卡→【修改】面板→【倒角】按钮，输入命令 D，并设置两个倒角距离均为 30，然后选择直线 L1

作为第一条直线，如图 5-119 所示。

步骤 3 选择直线 L2 作为第二条直线，输入第二个倒角距离，如图 5-120 所示。

步骤 4 即可对直线 L1 和 L2 创建倒角线，结果如图 5-121 所示。

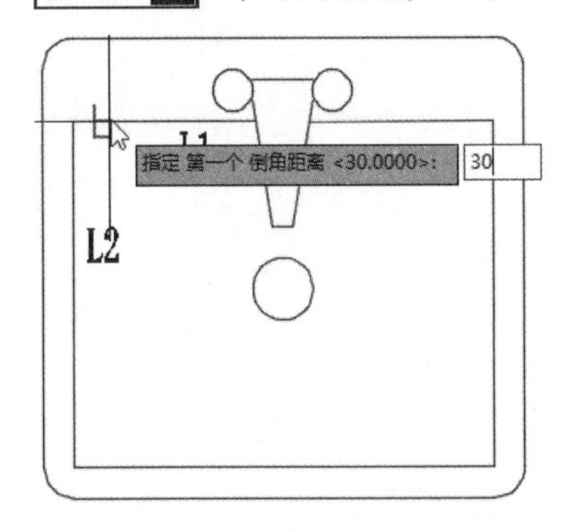

图 5-119　输入第一个倒角距离

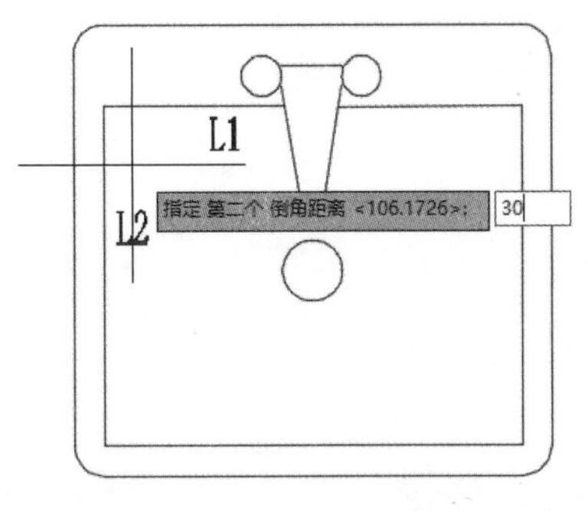

图 5-120　输入第二个倒角距离

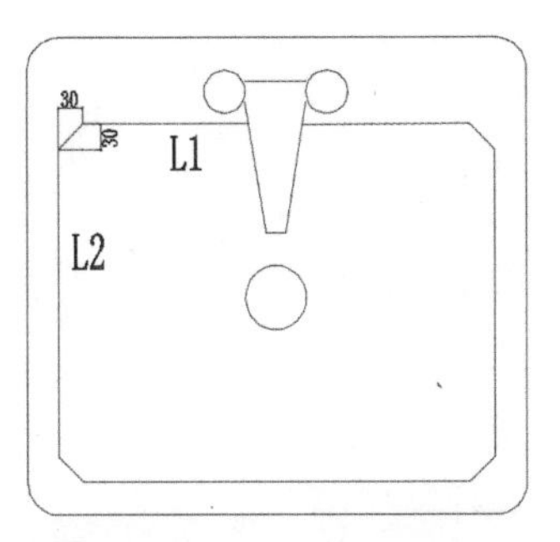

图 5-121　倒角完成结果

执行上述操作的命令行提示如下：

```
命令：_CHAMFER                                         //调用【倒角】命令
（“修剪”模式）当前倒角距离 1 = 0.0000，距离 2 = 0.0000
选择第一条直线或 [放弃(U)/多段线(P)/距离(D)/角度(A)/修剪(T)/方式(E)/多个(M)]:D
                                                       //输入命令D
指定 第一个 倒角距离 <0.0000>: 30                       //输入第一个倒角距离为30
指定 第二个 倒角距离 <30.0000>: 30                      //输入第二个倒角距离为30
选择第一条直线或 [放弃(U)/多段线(P)/距离(D)/角度(A)/修剪(T)/方式(E)/多个(M)]:
                                                       //选择直线L1
选择第二条直线，或按住 Shift 键选择直线以应用角点或 [距离(D)/角度(A)/方法(M)]:
                                                       //选择直线L2
```

 圆角

圆角是指通过指定的半径创建一条圆弧，用这个圆弧将两个图形对象光滑地连接起来。调用【圆角】命令的方法和操作步骤与【倒角】命令类似，这里不再赘述。

不同的是，在调用【圆角】命令后，需要指定圆角半径，其结果如图 5-122 所示。命令行提示如下：

```
命令：_FILLET                                          //调用【圆角】命令
当前设置：模式 = 修剪，半径 = 0.0000
选择第一个对象或 [放弃(U)/多段线(P)/半径(R)/修剪(T)/多个(M)]: r
                                                       //输入命令r
指定圆角半径 <0.0000>: 76                               //输入圆角半径为76
选择第一个对象或 [放弃(U)/多段线(P)/半径(R)/修剪(T)/多个(M)]:
                                                       //选择直线L1
选择第二个对象，或按住 Shift 键选择对象以应用角点或 [半径(R)]:      //选择直线L2
```

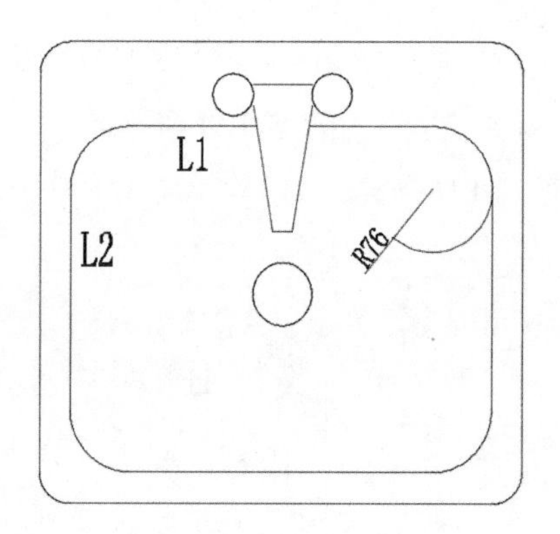

图 5-122　圆角完成结果

5.4.8 实战演练 3——绘制燃气灶平面图

燃气灶是居家烹饪常用的厨具。下面以绘制一个四眼燃气灶平面图为例来综合练习前面所学的修整图形的方法，具体操作步骤如下。

步骤 1 调用 REC(矩形) 命令，分别绘制尺寸为 700×580 和 609×462 的矩形，结果如图 5-123 所示。

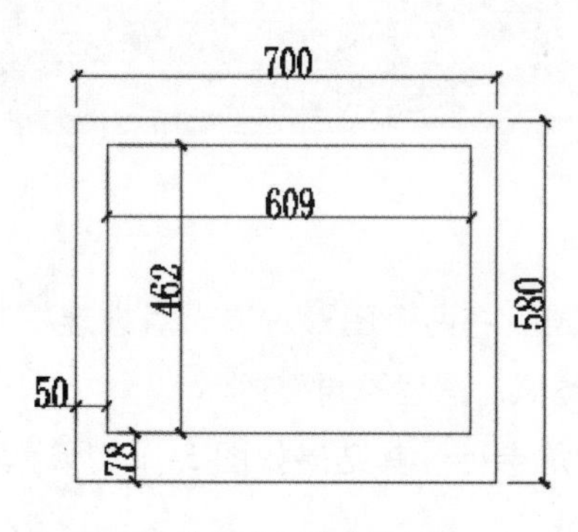

图 5-123　绘制矩形

步骤 2 调用 X(分解) 命令，分解矩形；然后调用 O(偏移) 命令，偏移直线，结果如图 5-124 所示。

步骤 3 调用 TR(修剪) 命令，修剪多余的直线，结果如图 5-125 所示。

步骤 4 调用 F(圆角) 命令，设置圆角半径均为 20，对矩形执行圆角操作，结果如图 5-126 所示。

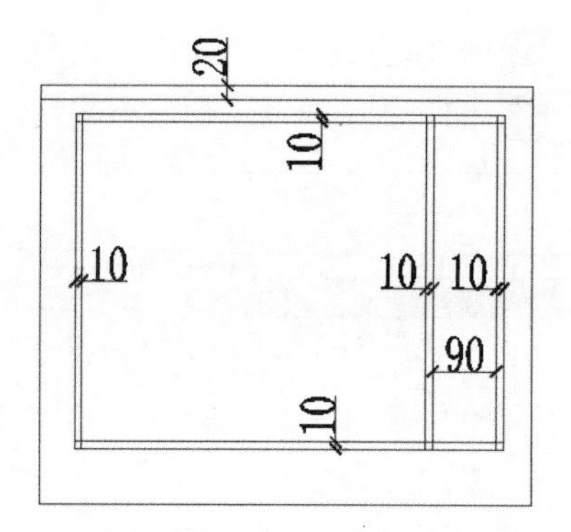

图 5-124　分解与偏移结果

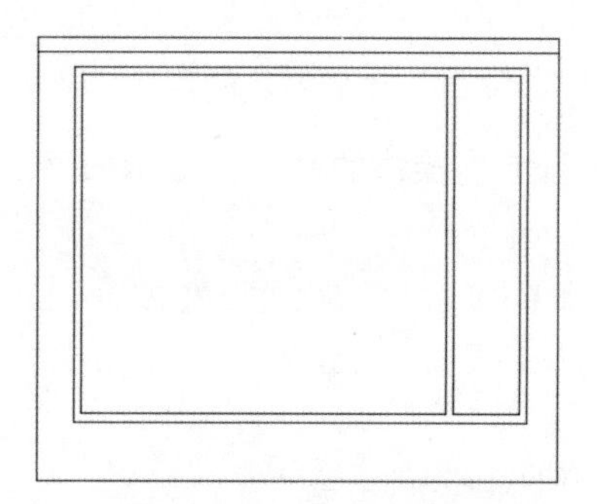

图 5-125　修剪结果

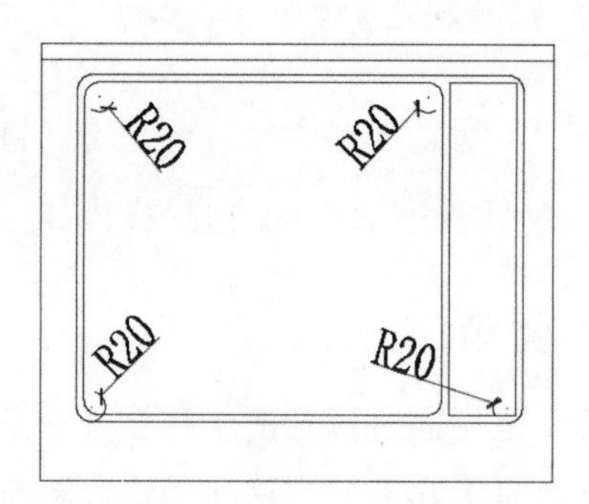

图 5-126　执行圆角结果

步骤 5 调用 CHA(倒角) 命令，设置倒角距离为 20，对矩形执行倒角操作，结果如图 5-127 所示。

步骤 6 调用 C(圆) 命令，绘制半径为 60 的圆；调用 O(偏移) 命令，向内偏移圆，偏移距离为 12；调用 L(直线) 命令，绘制直线。结果如图 5-128 所示。

步骤 7 调用 C(圆) 命令，分别绘制半径为 29 和 18 的圆；调用 L(直线) 命令，绘制直线，结果如图 5-129 所示。

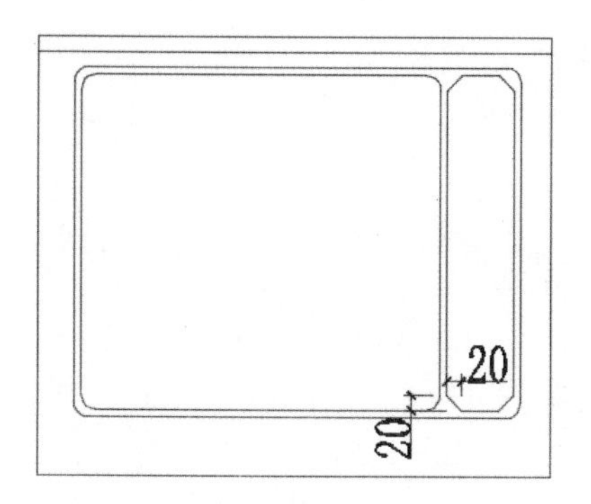

图 5-127　执行倒角结果

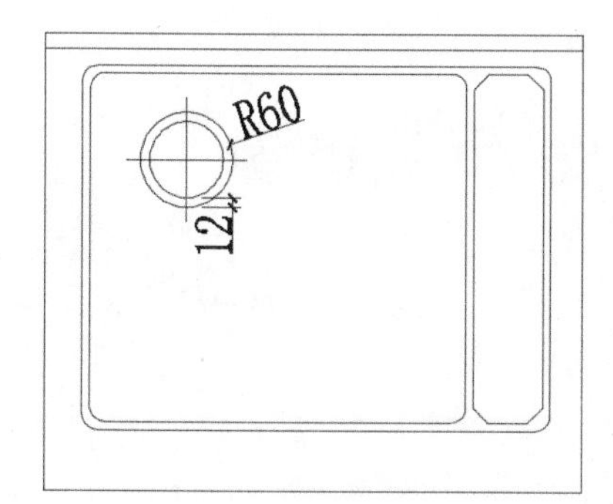

图 5-128　绘制圆与直线

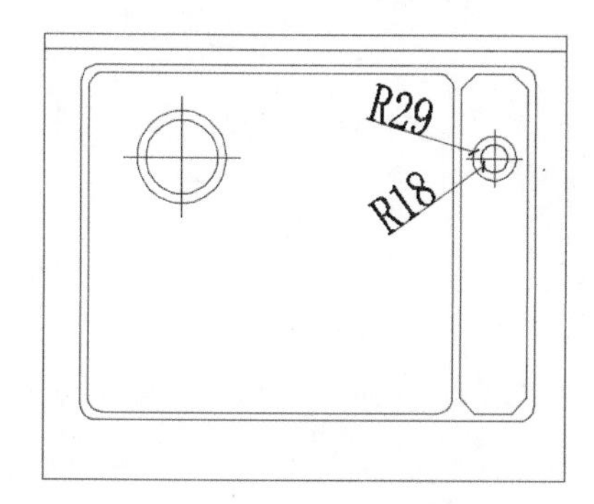

图 5-129　绘制圆与直线

步骤 8 调用 CO(复制) 命令，对绘制好的圆和直线执行复制操作，结果如图 5-130 所示。

步骤 9 调用 EX(延伸) 命令，激活直线的夹点，延伸直线，结果如图 5-131 所示。

步骤 10 选中直线，显示直线不是一个完整的对象，结果如图 5-132 所示。

步骤 11 合并对象。单击【修改】工具栏上的【合并】按钮 ⁺⁺，对选中的直线执行合并操作，使其形成一个完整的对象，结果如图 5-133 所示。

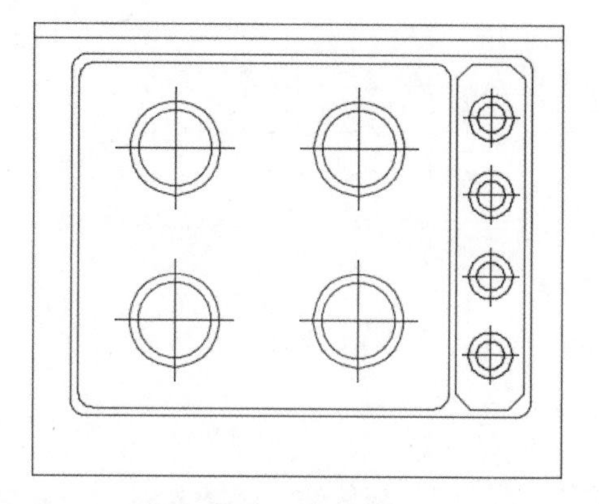

图 5-130　执行复制结果

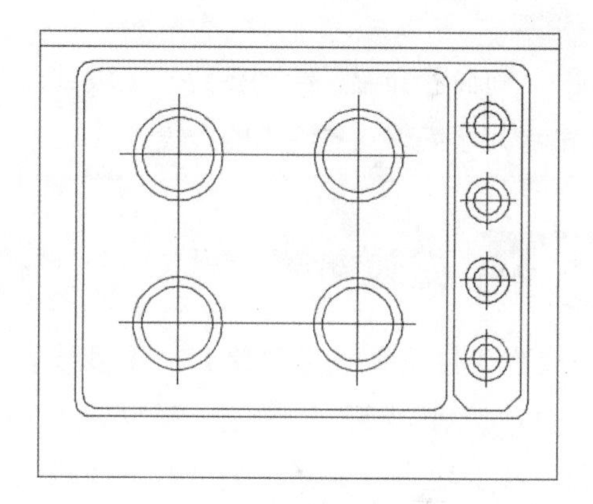

图 5-131　执行延伸结果

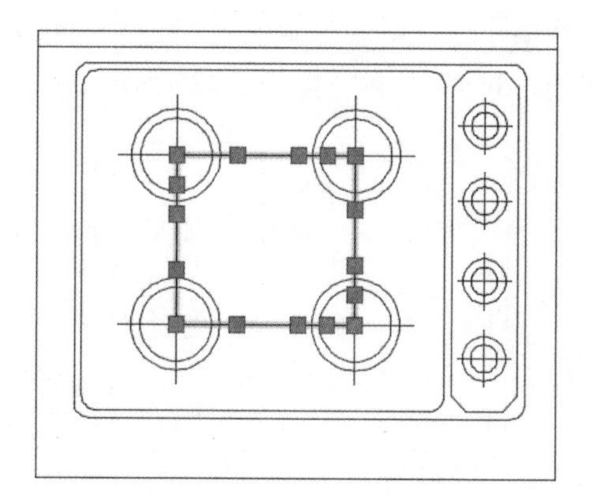

图 5-132　执行合并前效果

步骤 12 调用 EX(延伸) 命令，激活直线的夹点，延伸直线，即可完成燃气灶平面图的绘制，结果如图 5-134 所示。

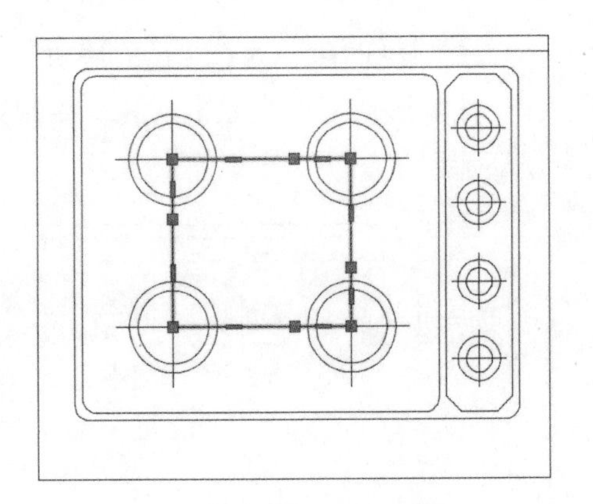

图 5-133　执行合并结果

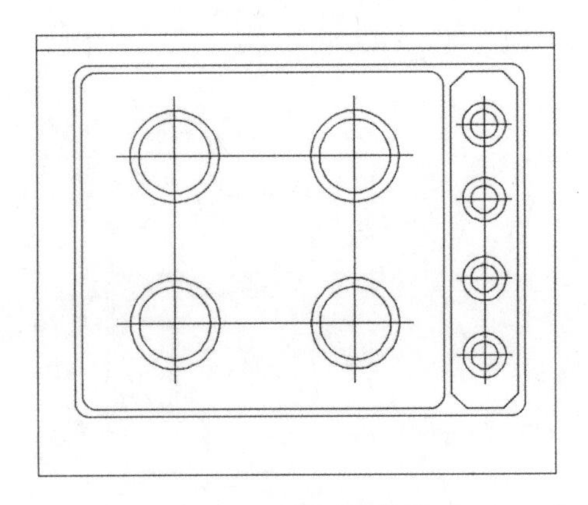

图 5-134　执行延伸结果

5.5 编辑多线、多段线及样条曲线

前面已介绍了绘制多线、多段线以及样条曲线的方法。此外，AutoCAD 提供了专门的命令用于编辑这些特殊的线段。

5.5.1 编辑多线

选择【修改】→【对象】→【多线】菜单命令，或者直接双击多线，将打开【多线编辑工具】对话框，在其中可对多线进行编辑操作。具体操作步骤如下。

步骤 1 打开配套资源中的“素材\Ch05\二维图形 .dwg”文件，如图 5-135 所示。

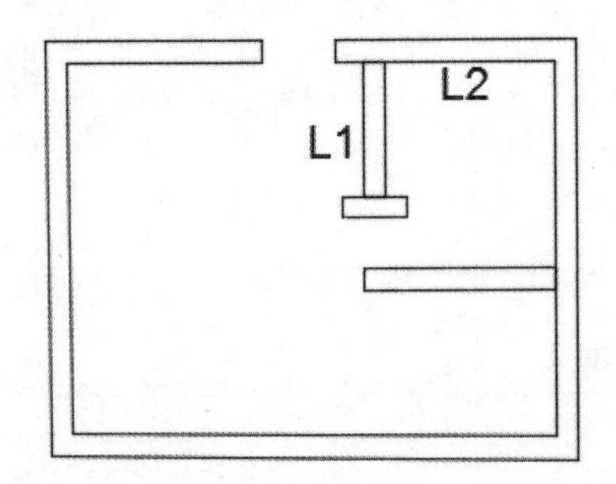

图 5-135　调入素材

步骤 2 选择【修改】→【对象】→【多线】菜单命令，打开【多线编辑工具】对话框，选择【T 形合并】选项，如图 5-136 所示。

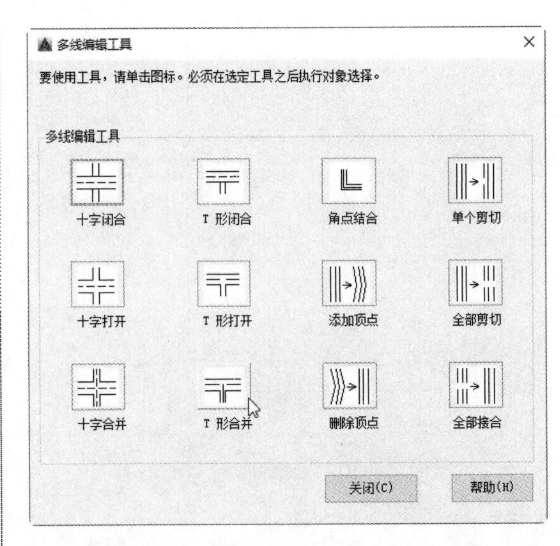

图 5-136　【多线编辑工具】对话框

> **提示**
>
> 在【多线编辑工具】对话框中提供有 12 种工具，第一列用于编辑交叉的多线；第二列用于编辑 T 形多线；第三列用于编辑多线的角点和顶点；第四列用于编辑多线的中断或接合。

步骤 3 选择 L1 作为第一条多线，如图 5-137 所示。

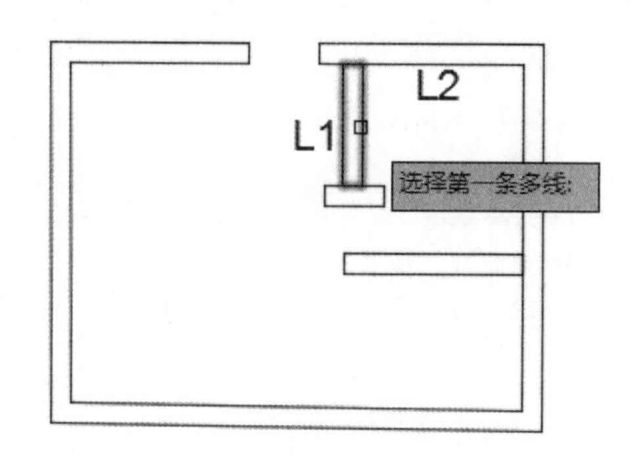

图 5-137 选择第一条直线

步骤 4 选择 L2 作为第二条多线，即可编辑两条多线相交部位，按 Enter 键结束命令，结果如图 5-138 所示。

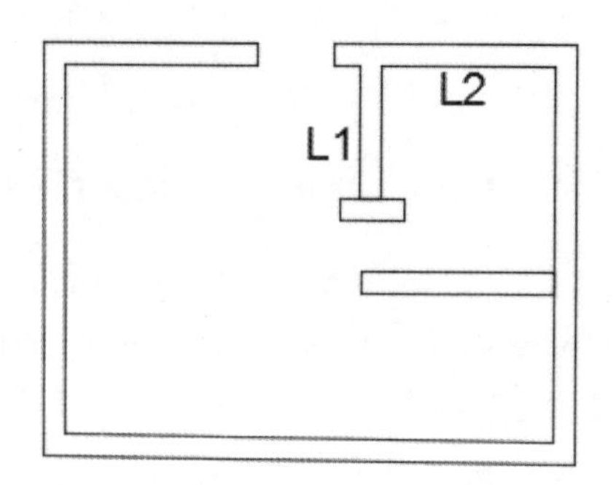

图 5-138 编辑多线完成结果

5.5.2 编辑多段线

选择【修改】→【对象】→【多段线】菜单命令，或者双击多段线，在其下方将显示输入选项列表，在其中可对多段线进行编辑，包括合并、设置宽度、编辑顶点等操作。具体操作步骤如下。

步骤 1 打开配套资源中的“素材\Ch05\室内洁具 .dwg” 文件，如图 5-139 所示。

步骤 2 选择【修改】→【对象】→【多段线】菜单命令，然后选中多段线，将显示出输入选项列表，这里选择【宽度】选项，如图 5-140 所示。

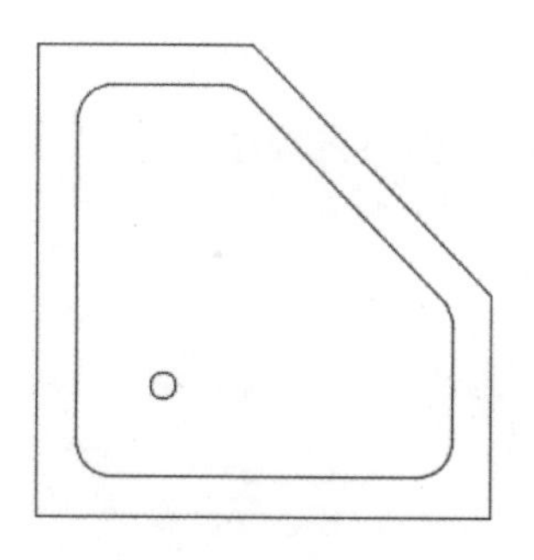

图 5-139 调入素材

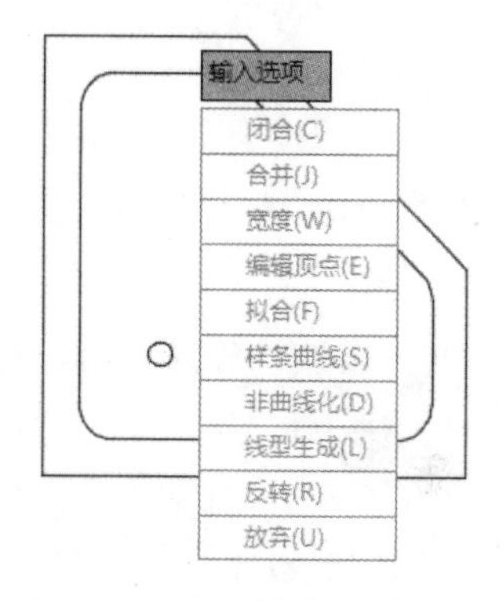

图 5-140 显示输入选项

步骤 3 在命令行中输入新宽度为 5，按 Enter 键，即可更改所有多段线的宽度，然后按 Enter 键结束命令即可，结果如图 5-141 所示。

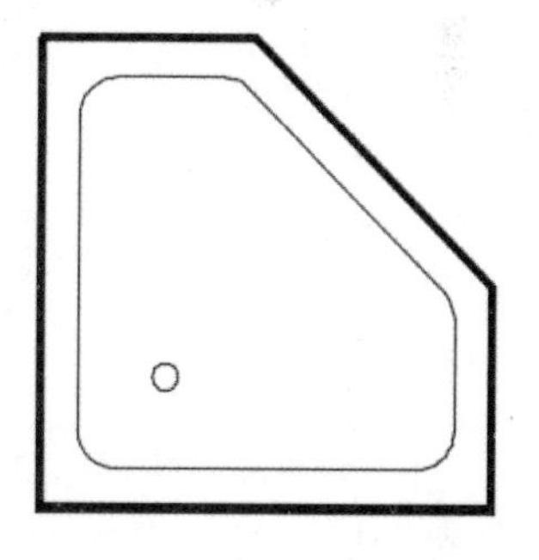

图 5-141 多段线编辑结果

5.5.3 编辑样条曲线

选择【修改】→【对象】→【样条曲线】菜单命令，或者双击样条曲线，在其下方将显示输入选项列表，在其中同样可对样条曲线进行编辑，如图 5-142 所示。

其操作方法与各选项含义与编辑多段线大致相同，这里不再赘述。

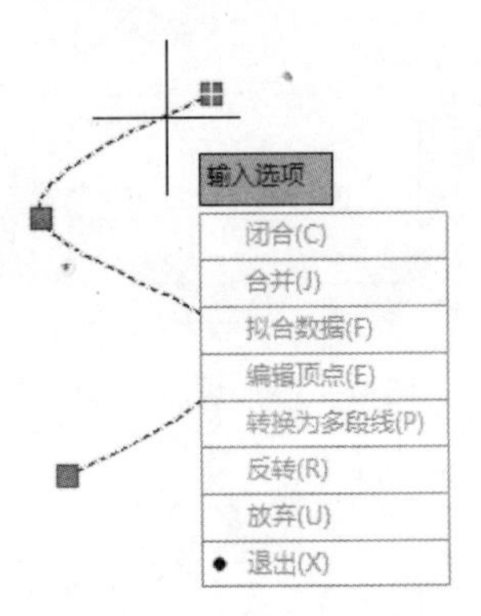

图 5-142　编辑样条曲线

5.5.4 实战演练 4——绘制落地窗

落地窗是现代室内建筑常用的一种窗户，特点是大气、通风好、光照足。下面以绘制某卧室落地窗平面图为例来综合练习前面所学的编辑多线等的方法。具体操作步骤如下。

步骤 1 打开配套资源中的“素材\Ch05\绘制落地窗.dwg”文件，如图 5-143 所示。

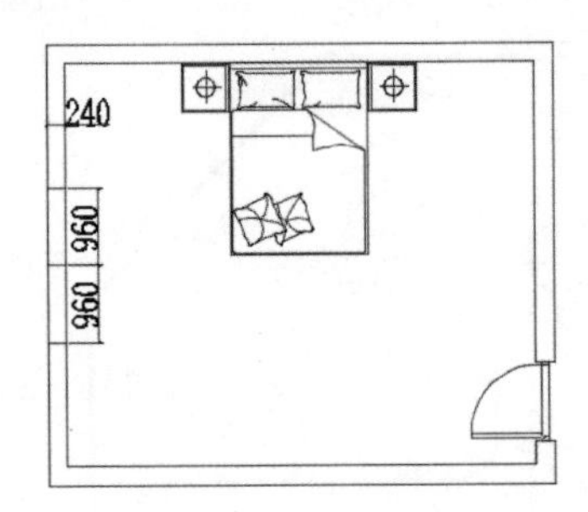

图 5-143　调入素材

步骤 2 选择【格式】→【多线样式】菜单命令，在打开的【多线样式】对话框中单击【新建】按钮，即可弹出【创建新的多线样式】对话框，新建名称为【落地窗】的多线样式，如图 5-144 所示。

步骤 3 在【创建新的多线样式】对话框中单击【继续】按钮，即可打开【新建多线样式：落地窗】对话框，参数设置如图 5-145 所示。

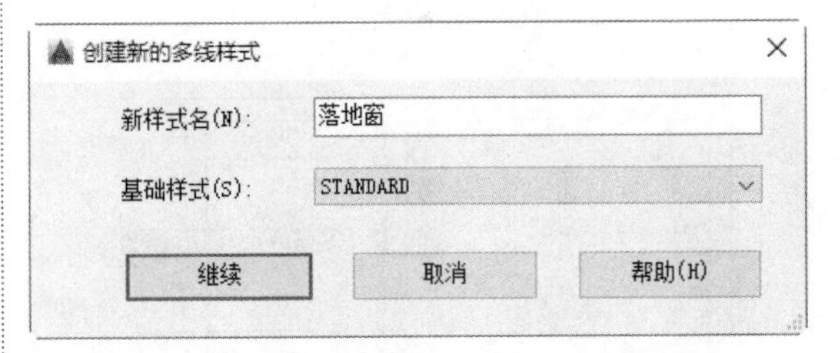

图 5-144　【创建新的多线样式】对话框

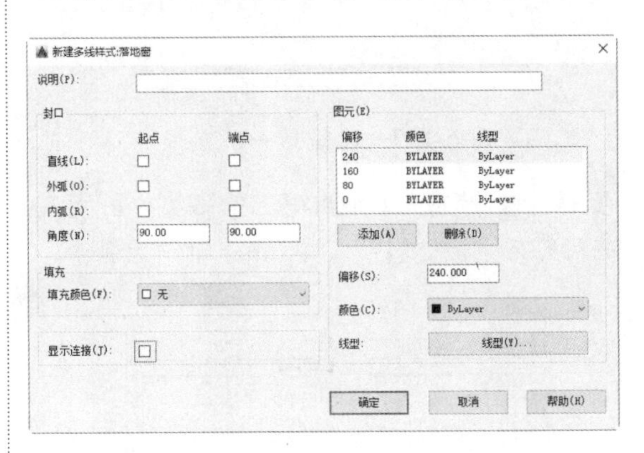

图 5-145　【新建多线样式：落地窗】对话框

步骤 4 参数设置完成后单击【确定】按钮，系统自动返回【多线样式】对话框，将新建多线样式【落地窗】置为当前，单击【确定】按钮即可完成新建多线样式的创建，结果如图 5-146 所示。

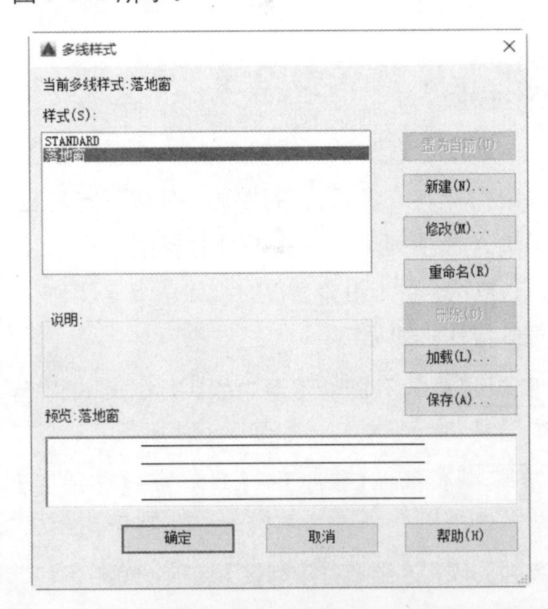

图 5-146　【多线样式】对话框

步骤 5 在命令行中输入 MLINE 命令，绘制落地窗，即可完成落地窗平面图的绘制，结果如图 5-147 所示。

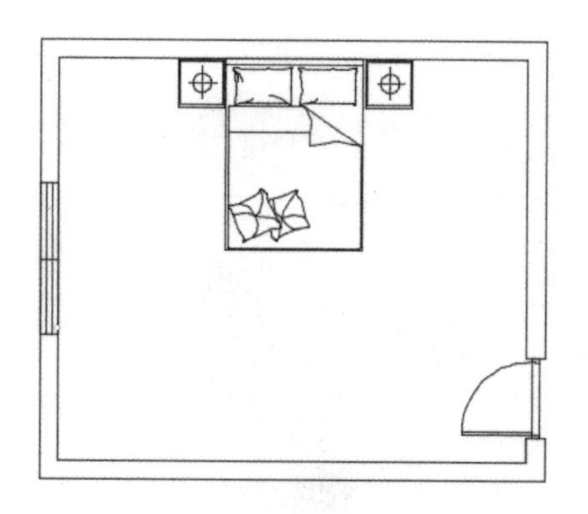

图 5-147 完成的落地窗平面图

命令行提示如下：

```
命令：MLINE
当前设置：对正 = 上，比例 = 1.00，样式 = 落地窗
指定起点或 [对正(J)/比例(S)/样式(ST)]:                //输入J
输入对正类型 [上(T)/无(Z)/下(B)] <上>:                //输入T
当前设置：对正 = 上，比例 = 1.00，样式 = 落地窗        //输入比例1
```

5.6 使用夹点进行编辑

在无命令状态下选择图形时，被选择的图形对象上将出现若干个蓝色小方块，称之为夹点或控制点。注意，不同的对象其夹点的数量及位置都是不相同的，如图 5-148 ～图 5-151 所示。利用这些夹点可对图形对象进行移动、拉伸、缩放、旋转等编辑操作。

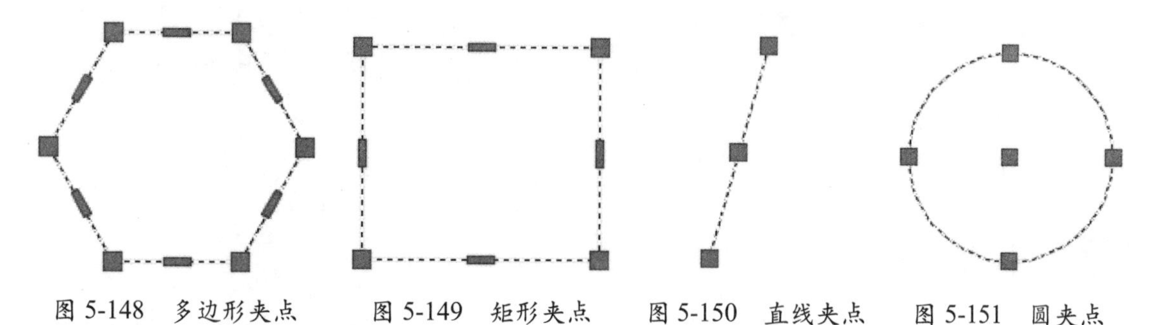

图 5-148 多边形夹点　图 5-149 矩形夹点　图 5-150 直线夹点　图 5-151 圆夹点

5.6.1 设置夹点

夹点在默认情况下以蓝色小方块显示，选择【工具】→【选项】菜单命令，打开【选项】对话框，在【选择集】选项卡中可对夹点的尺寸、颜色、数量等进行设置，如图 5-152 所示。

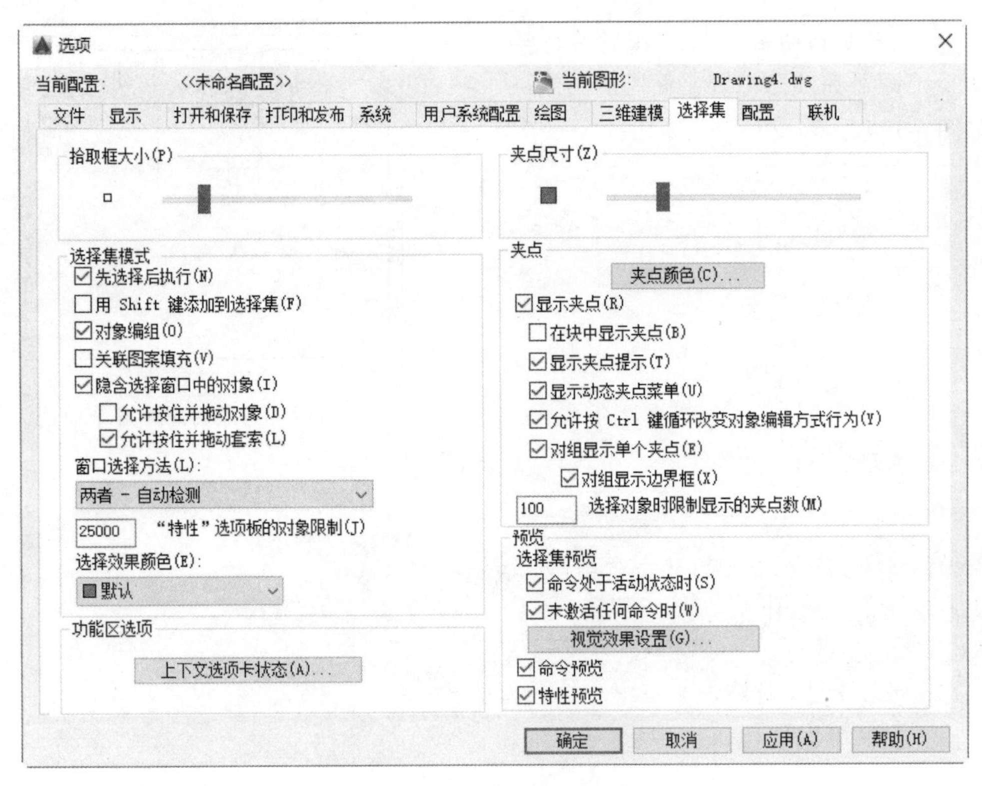

图 5-152 【选项】对话框

【选项】对话框中主要选项说明如下。

☆ 夹点尺寸：拖动滑块可设置夹点的尺寸。

☆ 夹点颜色：单击该按钮，将打开【夹点颜色】对话框，在其中可设置夹点的颜色。

☆ 显示夹点：选择该项，在选择对象时会显示出夹点。

☆ 在块中显示夹点：选择该项，在选择块时会显示出每个对象的所有夹点。

☆ 选择对象时限制显示的夹点数：设置夹点的显示数量，范围为 1 ～ 32767。

5.6.2 使用夹点

一个对象上通常有多个夹点，当选中某个夹点时，会显示为红色，此时可以利用该夹点对图形进行编辑。使用夹点共有以下两种方法。

(1) 选中夹点后，连续按 Enter 键，命令行将依次出现移动、拉伸、旋转等提示，按照提示进行操作即可。

(2) 选中夹点后，单击鼠标右键，在弹出的快捷菜单中选择相应的命令。

1. 使用夹点移动对象

选中圆心夹点，如图 5-153 所示。拖动夹点，可直接将圆移动至其他位置，结果如图 5-154 所示。

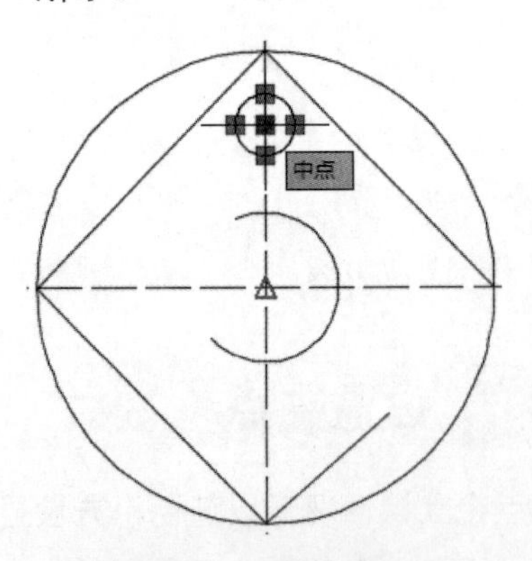

图 5-153 圆心夹点显示

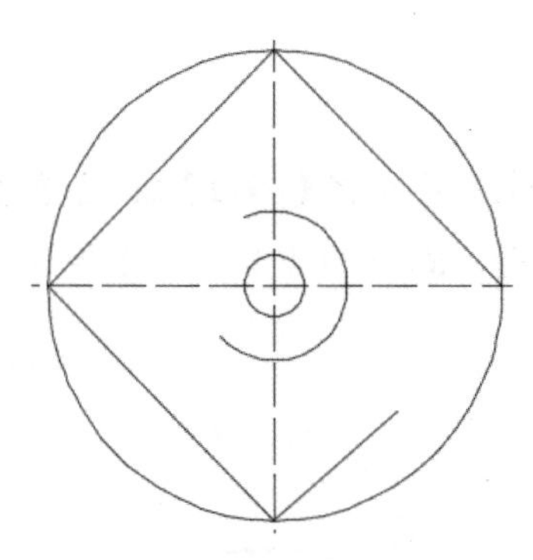

图 5-154　夹点移动结果

2. 使用夹点拉伸对象

选中直线端点处的夹点，如图 5-155 所示。拖动夹点，可拉伸直线对象，结果如图 5-156 所示。

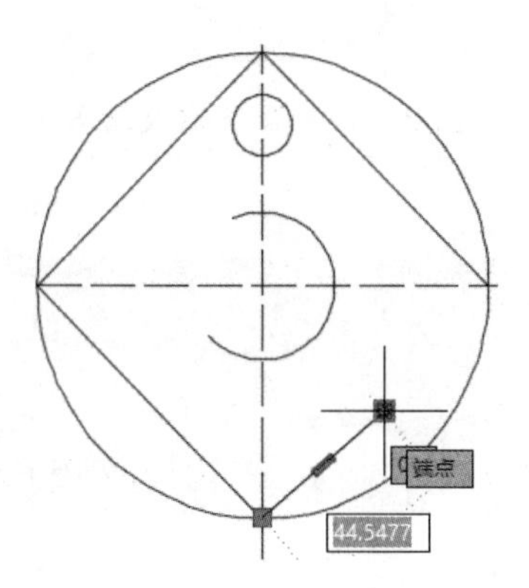

图 5-155　直线夹点显示

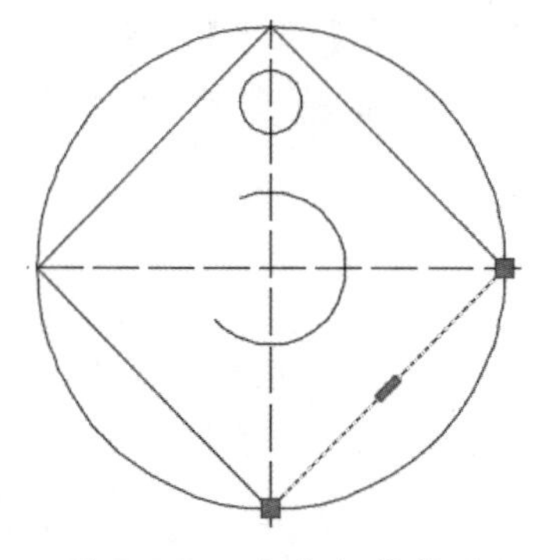

图 5-156　夹点拉伸结果

提示　通常拖动对象中心处夹点可移动对象，而拖动其他位置处夹点则可拉伸对象。

3. 使用夹点旋转对象

选中圆弧中心夹点后，单击鼠标右键，在弹出的快捷菜单中选择【旋转】命令，如图 5-157 所示。然后在命令行中输入旋转角度，按 Enter 键，即可旋转圆弧，效果如图 5-158 所示。

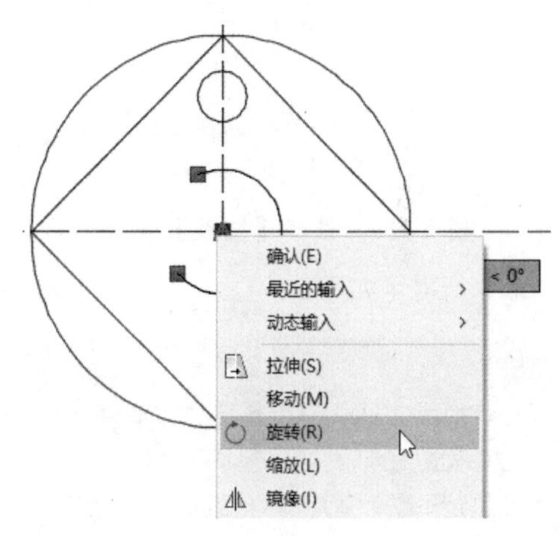

图 5-157　选择【旋转】命令

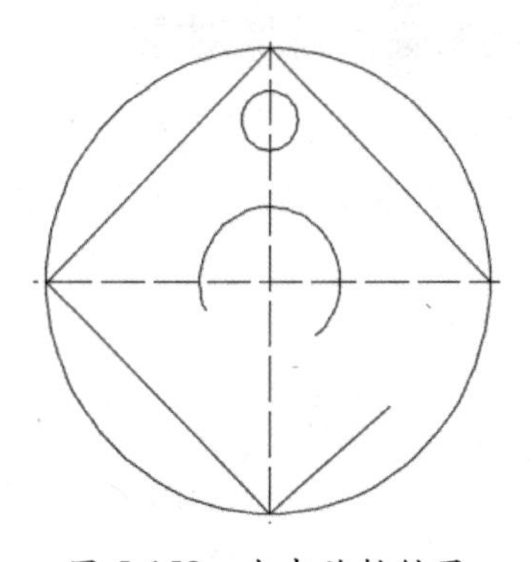

图 5-158　夹点旋转结果

命令行提示如下：

```
** 拉伸 **
指定拉伸点或 [基点(B)/复制(C)/放弃(U)/退出(X)]: _ROTATE
** 旋转 **
指定旋转角度或 [基点(B)/复制(C)/放弃(U)/参照(R)/退出(X)]: 90    //输入旋转角度为90
```

4. 使用夹点缩放对象

选中圆弧中心夹点后，单击鼠标右键，在弹出的快捷菜单中选择【缩放】命令，如图 5-159 所示。然后在命令行中输入缩放的比例因子，按 Enter 键，即可缩放圆弧，结果如图 5-160 所示。

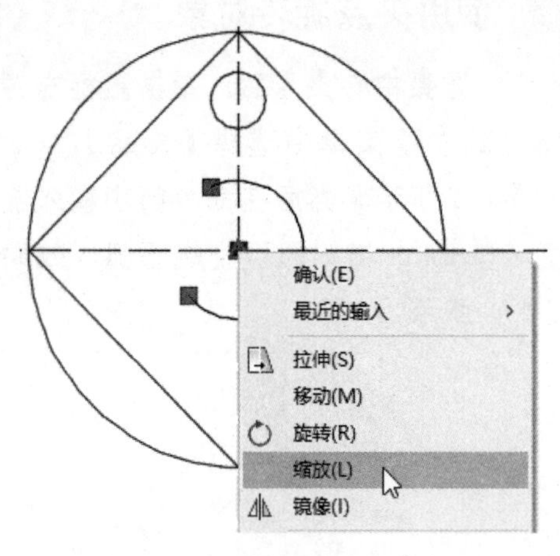

图 5-159　选择【缩放】命令

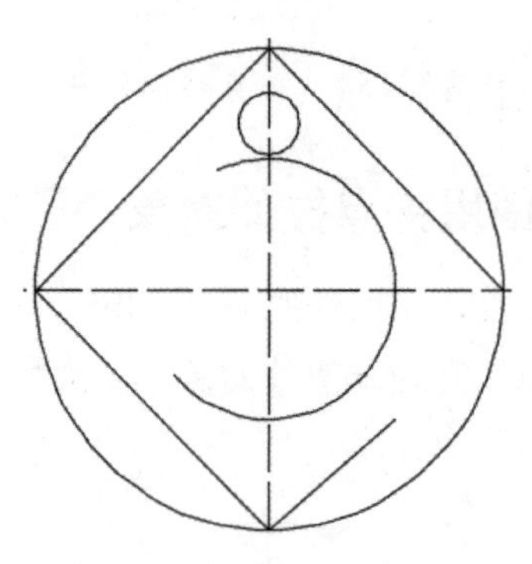

图 5-160　圆弧缩放结果

命令行提示如下：

```
** 拉伸 **
指定拉伸点或 [基点(B)/复制(C)/放弃(U)/退出(X)]: _SCALE
** 比例缩放 **
指定比例因子或 [基点(B)/复制(C)/放弃(U)/参照(R)/退出(X)]: 1.7      //输入比例因子为1.7
```

5. 使用夹点镜像对象

选中圆心夹点后，单击鼠标右键，在弹出的快捷菜单中选择【镜像】命令，如图 5-161 所示。然后在命令行中根据提示设置镜像基点和第二点，即可镜像圆，结果如图 5-162 所示。

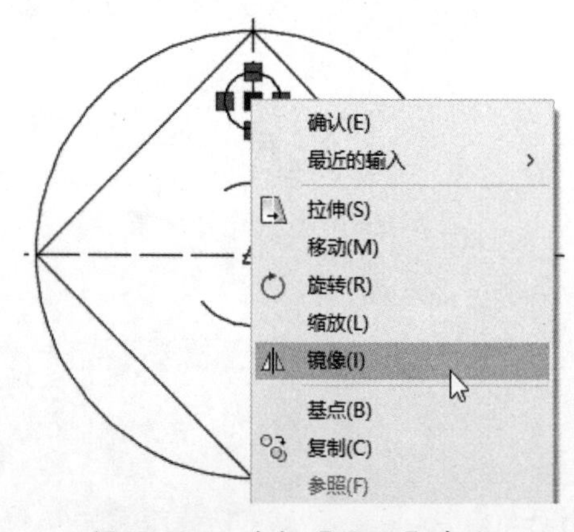

图 5-161　选择【镜像】命令

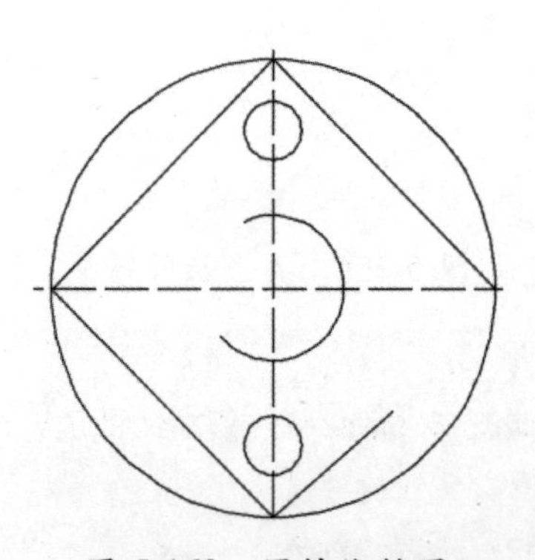

图 5-162　圆镜像结果

命令行提示如下：

```
** 镜像 **
指定第二点或 [基点(B)/复制(C)/放弃(U)/退出(X)]: c          //输入命令c
** 镜像 (多重) **
指定第二点或 [基点(B)/复制(C)/放弃(U)/退出(X)]: b          //输入命令b
指定基点:                                                   //捕捉镜像的基点
** 镜像 (多重) **
指定第二点或 [基点(B)/复制(C)/放弃(U)/退出(X)]:             //捕捉镜像的第二点
** 镜像 (多重) **
指定第二点或 [基点(B)/复制(C)/放弃(U)/退出(X)]:             //按Enter键结束命令
```

5.7 大师解惑

小白：选择图形时，为何图形并不是虚线显示？

大师：在命令行中输入 SELECTIONEFFECT 命令后，将值设置为 0，那么图形选中时即以虚线显示。这时候命令行提示如下：

```
命令: SELECTIONEFFECT
输入 SELECTIONEFFECT 的新值 <1>:0
```

小白：为什么使用 TR(修剪) 命令无法修剪图形？

大师：如果出现无法修剪图形的情况，主要是因为图形是以图块的形式显示。只需要使用 X(分解) 命令将图块分解，再执行 TR(修剪) 命令即可成功修剪图形。

5.8 跟我学上机

练习 1：通过调用 F(圆角) 命令，对洗菜池平面图执行圆角操作，如图 5-163 和图 5-164 所示。

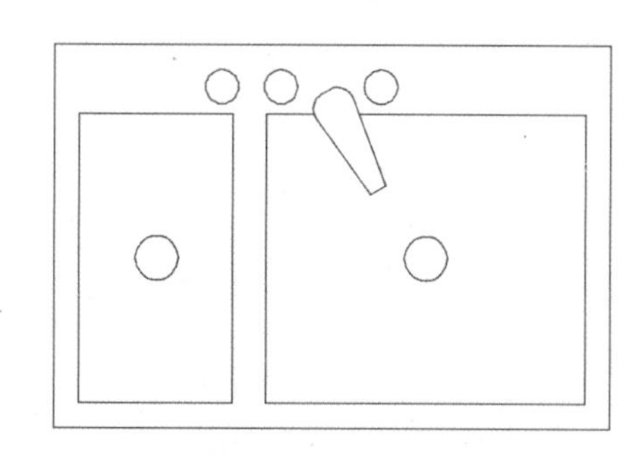

图 5-163　执行圆角之前

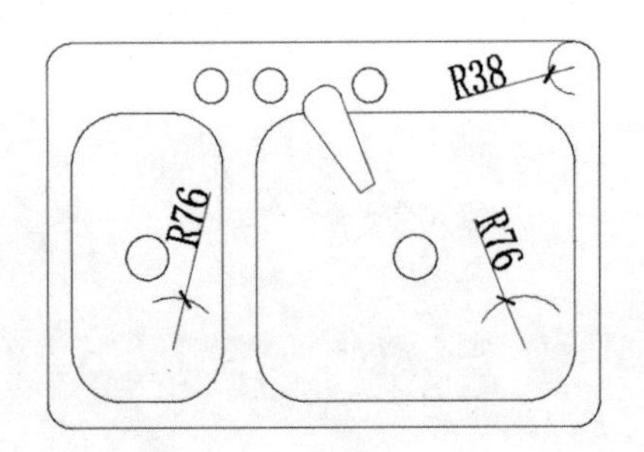

图 5-164　执行圆角之后

练习 2：通过调用 MI(镜像) 命令，对燃气灶平面图执行镜像操作，如图 5-165 和图 5-166 所示。

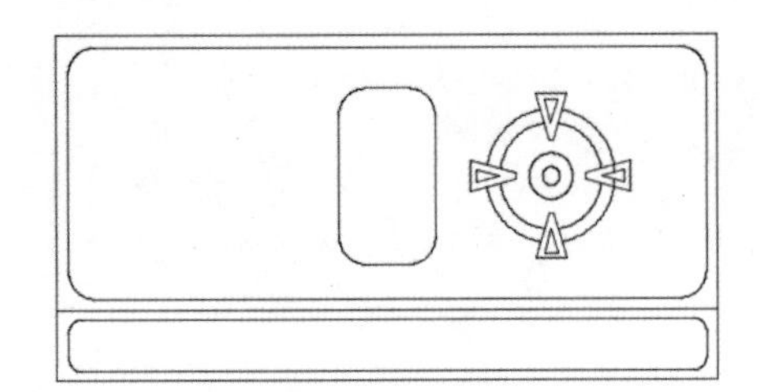

图 5-165　执行镜像之前

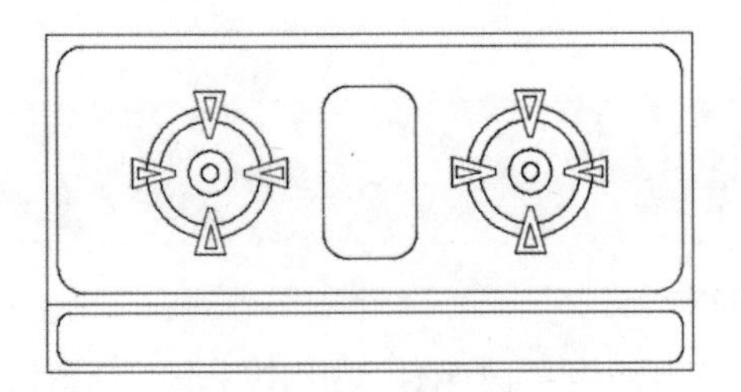

图 5-166　执行镜像之后

练习 3：通过调用 SC(缩放) 和 RO(旋转) 命令，对燃气灶平面图执行缩放和旋转操作，如图 5-167 和图 5-168 所示。

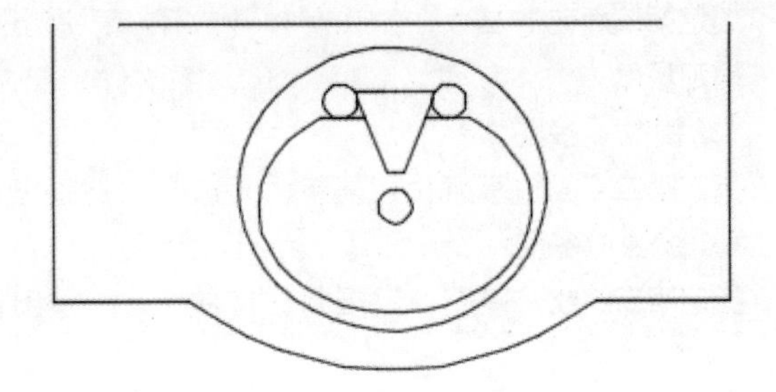

图 5-167　执行缩放和旋转之前

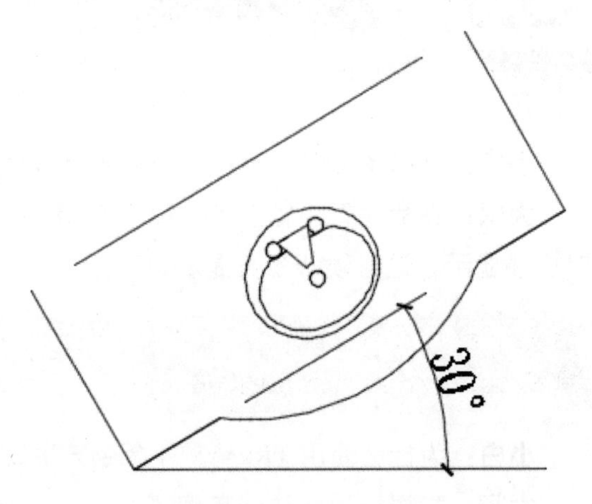

图 5-168　执行缩放和旋转之后

图块、外部参照及设计中心

在用 AutoCAD 绘制图形过程中，如果图形中有大量相同或相似的内容，则可以把要重复绘制的图形创建成块（也称为图块）并根据需要为块创建属性，指定块的名称、用途等信息，在绘图需要时直接插入图块，从而提高绘图效率。

在绘制图形时，用户也可以把已有的图形文件以参照的形式插入到当前图形中（即外部参照），或者可以通过 AutoCAD 设计中心浏览、查找、预览、使用管理 AutoCAD 图形、块、外部参照等不同的资源文件。

- **本章学习目标（已掌握的在方框中打钩）**

□ 了解创建图块和插入图块的方法。
□ 掌握块属性的定义、编辑和管理的方法及技巧。
□ 掌握使用外部参照的方法和技巧。
□ 掌握设计中心的启动与使用方法和技巧。

- **重点案例效果**

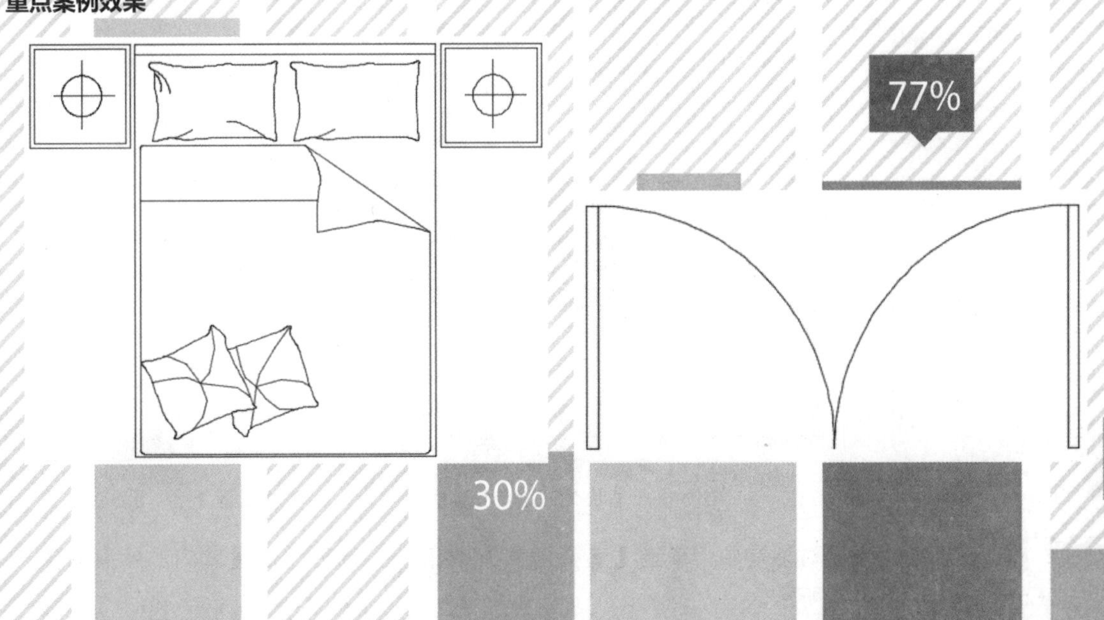

6.1 图块

在绘图过程中，经常需要绘制一些相同的图形，这时只需要将这些图形创建为块，即可重复调用。由此可知，块是图形对象的集合，可以有效地避免重复性工作，提高绘图效率。

6.1.1 创建内部块

内部块是存储在当前文件内部的图块，因此只能在当前文件中使用，而不能在其他文件中调用。

创建内部块的方法主要有以下几种。

☆ 单击【默认】选项卡→【块】面板→【创建】按钮。

☆ 单击【插入】选项卡→【块定义】面板→【创建块】按钮。

☆ 选择【绘图】→【块】→【创建】菜单命令。

☆ 单击【绘图】工具栏中的【创建块】按钮。

☆ 在命令行中直接输入 BLOCK 或 B 命令，并按 Enter 键。

在创建内部块时，需要指定块的名称、拾取点及块中所包含的图形对象。具体操作步骤如下。

步骤 1 打开配套资源中的“素材 \Ch06\ 室内家具 .dwg”文件，如图 6-1 所示。

步骤 2 单击【默认】选项卡→【块】面板→【创建】按钮，打开【块定义】对话框，在【名称】文本框中输入块的名称，如输入【椅子】，然后单击【拾取点】按钮，如图 6-2 所示。

步骤 3 此时将暂时隐藏【块定义】对话框，返回到绘图区域，在其中捕捉左下角的端点作为块的基点，如图 6-3 所示。

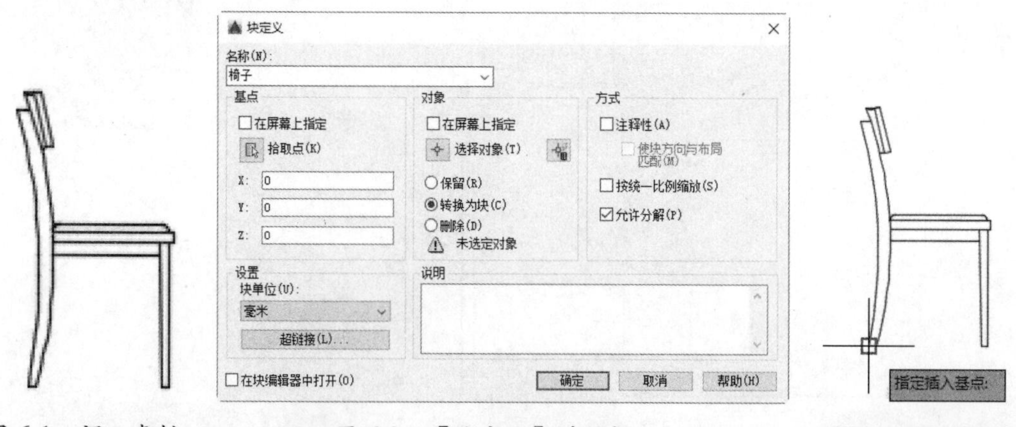

图 6-1 调入素材　　图 6-2 【块定义】对话框　　图 6-3 指定基点

步骤 4 在【块定义】对话框中，单击【选择对象】按钮，选择绘图区域内的所有对象，并按 Enter 键，如图 6-4 所示。

步骤 5 返回至【块定义】对话框，单击【确定】按钮，即完成内部块的创建，如图 6-5 所示。

步骤 6 此时选择图形对象的任意部分，都可选中所有的图形对象，表示该对象是一个图块，结果如图 6-6 所示。

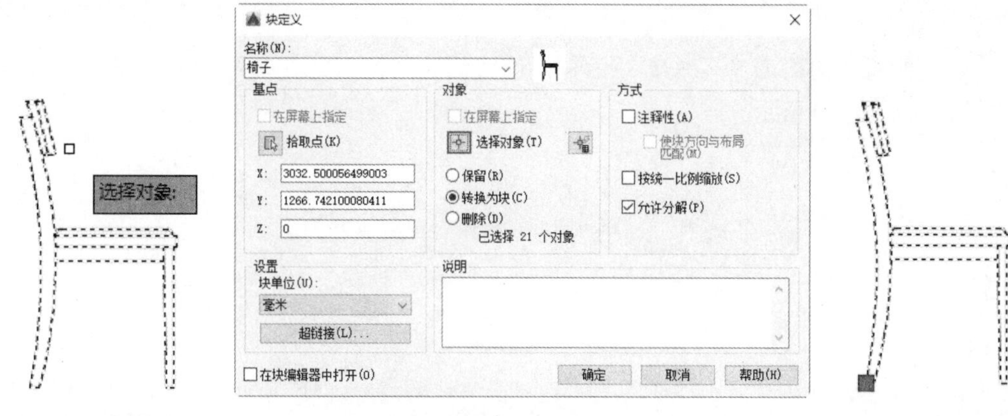

图 6-4 选择对象　　图 6-5 单击【确定】按钮　　图 6-6 显示为图块

【块定义】对话框中主要选项说明如下。

☆ 名称：设置内部块的名称。

☆ 基点：设置图块在插入时的基准点。用户可以直接在屏幕上指定，也可以通过拾取点指定，还可以直接输入坐标值。

☆ 对象：设置块中所包含的图形对象以及创建块后是否保留或删除该对象。【保留】选项表示创建块后将保留源对象不变；【转换为块】选项表示将源对象直接转换为块；【删除】选项表示创建块后将删除源对象。

☆ 方式：设置块的特定方式，如是否按统一比例缩放块、是否允许分解块等。

☆ 在块编辑器中打开：选择该项后，将在块编辑器中打开所创建的块，从而对其进行编辑操作。

6.1.2 创建外部块

外部块不仅可在当前文件中使用，还可作为一个独立文件保存，从而在其他文件中调用。创建外部块的方法主要有以下两种。

☆ 单击【插入】选项卡→【块定义】面板→【写块】按钮。

☆ 在命令行中输入 WBLOCKW 或 W 命令，并按 Enter 键。

在创建外部块时，同样需要指定块的名称、拾取点以及块中所包含的图形对象。此外，还需要指定外部块在计算机中的存放路径。具体操作步骤如下。

步骤 1 打开配套资源中的“素材 \Ch06\ 室内家具 .dwg”文件，如图 6-7 所示。

步骤 2 单击【插入】选项卡→【块定义】面板→【写块】按钮，打开【写块】对话框，单击【拾取点】按钮，如图 6-8 所示。

> **提示** 【源】区域中的【块】选项表示选择当前已有的块作为外部块的源对象，若当前文件中没有块，该按钮不可用；【整个图形】选项表示将当前文件中的所有图形保存为外部块；【对象】选项是默认选项，表示由用户来选择外部块的源对象。

步骤 3 此时将暂时隐藏【写块】对话框，返回到绘图区域，在其中捕捉左下角的端点作为块的基点，如图 6-9 所示。

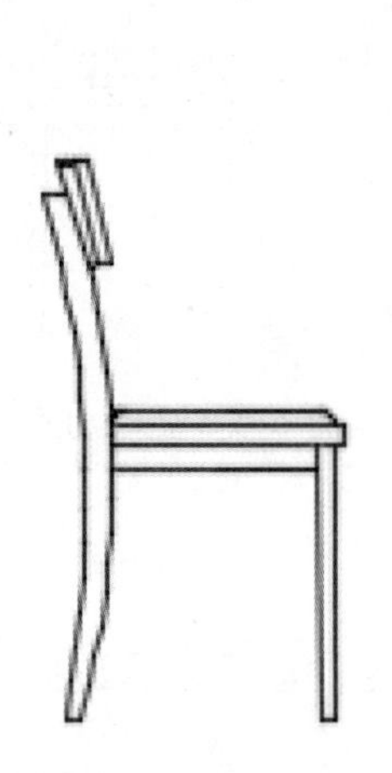

图 6-7 调入素材

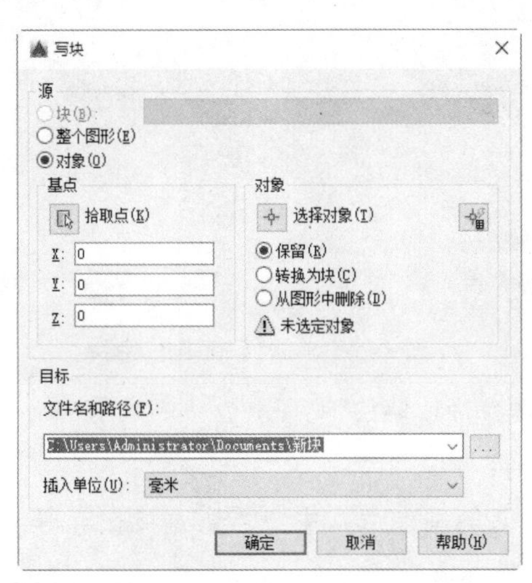

图 6-8 【写块】对话框

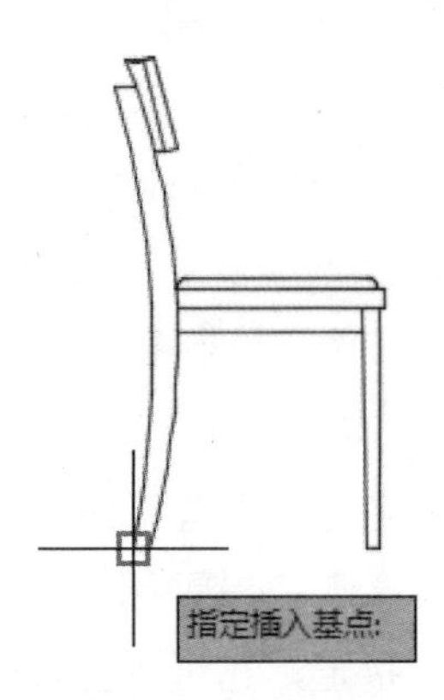

图 6-9 指定基点

步骤 4 在【写块】对话框中，单击【选择对象】按钮，选择绘图区域内的所有对象，并按Enter键，如图 6-10 所示。

步骤 5 返回至【写块】对话框，单击【文件名和路径】右侧的【显示标准文件选择对话框】按钮，如图 6-11 所示。

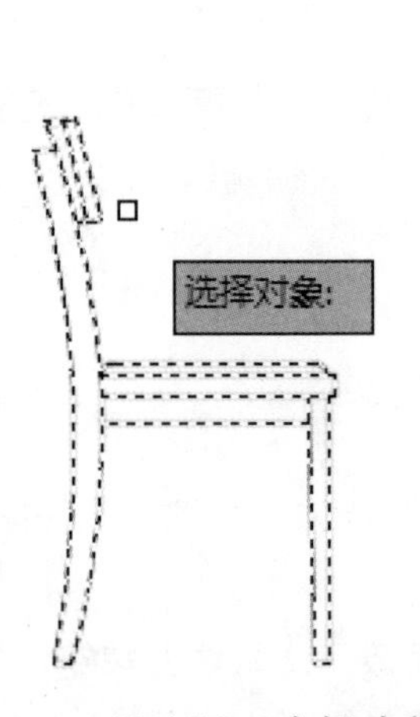

图 6-10 选择对象

图 6-11 单击按钮

> **提示** 用户也可直接在【文件名和路径】设置框内输入存放路径以及文件名称。

步骤 6 打开【浏览图形文件】对话框，在计算机中选择外部块的存放路径，在【文件名】文本框中输入外部块的名称【椅子】，单击【保存】按钮，如图 6-12 所示。

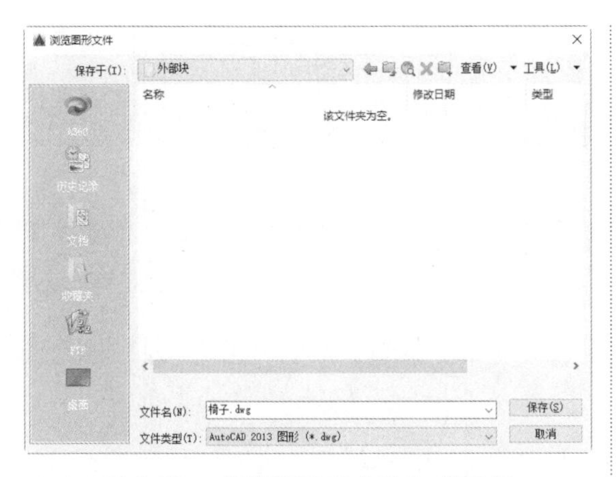

图 6-12　【浏览图形文件】对话框

步骤 7 返回至【写块】对话框，单击【确定】按钮，即完成外部块的创建，如图 6-13 所示。

图 6-13　单击【确定】按钮

6.1.3 实战演练 1——创建休闲座椅图块

休闲座椅是人们居家常用的家具。下面以创建一个休闲座椅图块为例来综合练习前面所学的创建图块的方法。具体操作步骤如下。

步骤 1 打开配套资源中的“素材\Ch06\室内家具.dwg”文件，如图 6-14 所示。

步骤 2 调用 B(创建块)命令，打开【块定义】对话框，单击【选择对象】按钮，选择休闲座椅并按 Enter 键，系统自动返回至该对话框，这里设置块名称为【休闲座椅】，结果如图 6-15 所示。

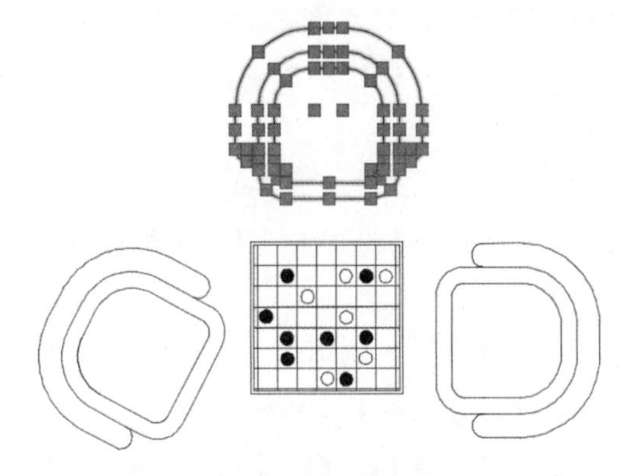

图 6-14　调入素材

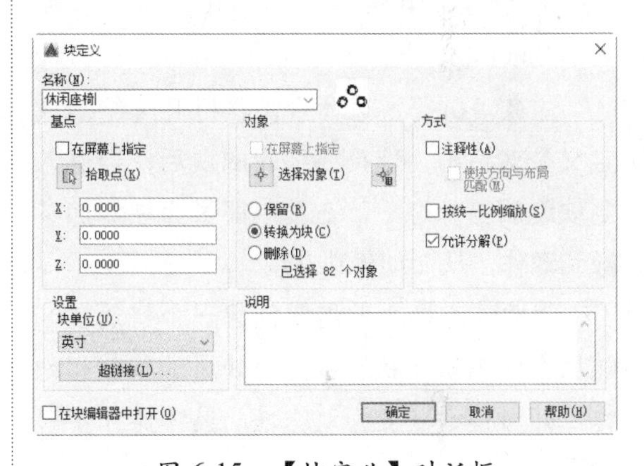

图 6-15　【块定义】对话框

步骤 3 在【块定义】对话框中单击【确定】按钮，即可关闭该对话框，完成休闲座椅图块的创建，结果如图 6-16 所示。

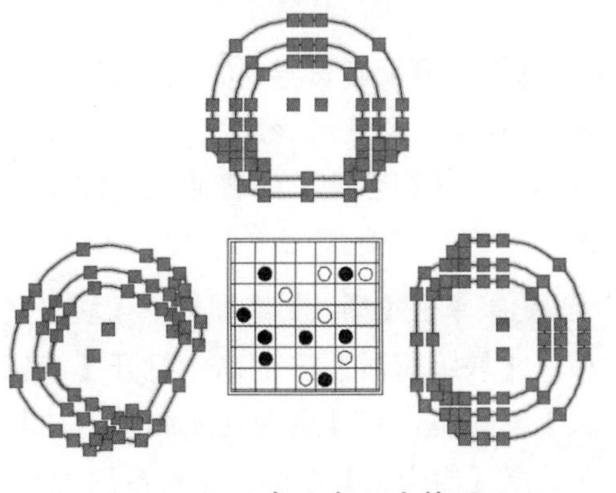

图 6-16　创建的休闲座椅图块

6.1.4 创建动态块

动态块是指可以自由调整属性参数的图块。通过设置不同的参数，可方便地更改块中元素的长度、旋转角度、位置等信息，同时会保持块的完整性不变，使其更具有灵活性和智能性。

创建动态块的方法主要有以下几种。

☆ 单击【默认】选项卡→【块】面板→【编辑】按钮。

☆ 单击【插入】选项卡→【块定义】面板→【块编辑器】按钮。

☆ 选择【工具】→【块编辑器】菜单命令。

☆ 在命令行中直接输入 BE 命令，并按 Enter 键。

注意，执行上述命令，将打开【编辑块定义】对话框，选择要编辑的块后，会进入到块编辑器状态中，在其中即可为块添加参数和动作，从而创建动态块。

创建动态块之前需要创建一个普通块，然后在块编辑器状态中为该块添加参数和动作，即可使该块变为动态块。具体操作步骤如下。

> **提示** 在块上单击鼠标右键，在弹出的快捷菜单中选择【块编辑器】命令，可直接进入到块编辑器状态中。

步骤 1 打开配套资源中的“素材\Ch06\室内家具.dwg”文件，该文件中已经将图形创建为名为【组合床】的普通块，如图 6-17 所示。

步骤 2 单击【插入】选项卡→【块定义】面板→【块编辑器】按钮，打开【编辑块定义】对话框，在【要创建或编辑的块】功能区选择【组合床】选项，如图 6-18 所示。

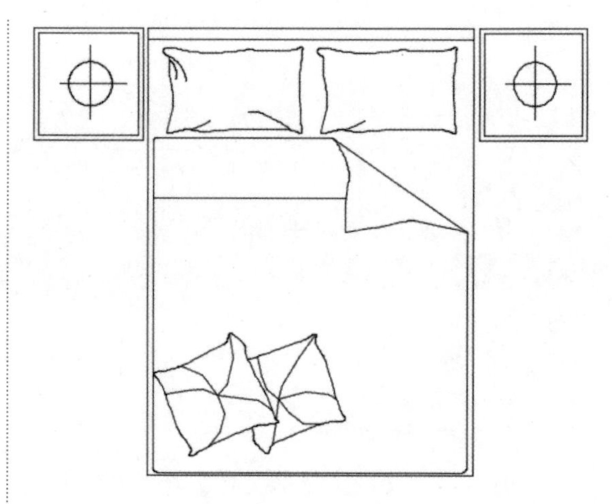

图 6-17 调入素材

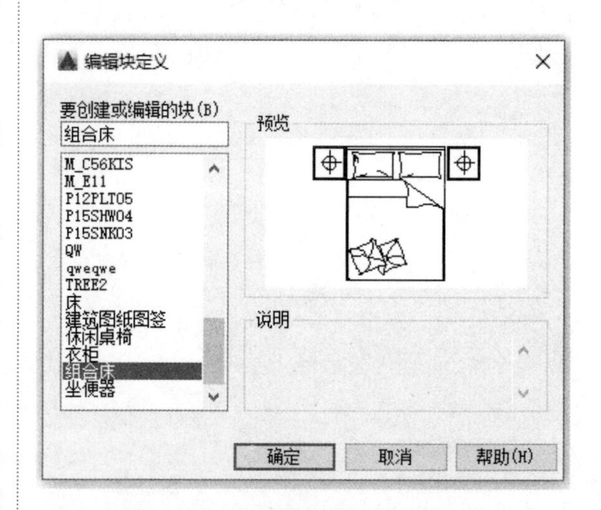

图 6-18 【编辑块定义】对话框

步骤 3 在【编辑块定义】对话框中，单击【确定】按钮，返回到绘图区域，在其中捕捉左下角的端点作为块的基点，即可完成动态块的创建，如图 6-19 所示。

动态块是指将一般的图块创建成可以自由调整其属性参数的图块，使块的概念得到了新的延伸。比如，可以将不同长度、角度、大小、对齐方式等，甚至整个块图形的样式设计到一个相关块中，插入块后仅需要简单拖动几个变量即可实现块的修改。因此，使用动态块可极大地提高绘图效率，并减少块图形库创建的工作量，还可以精简块图形库。

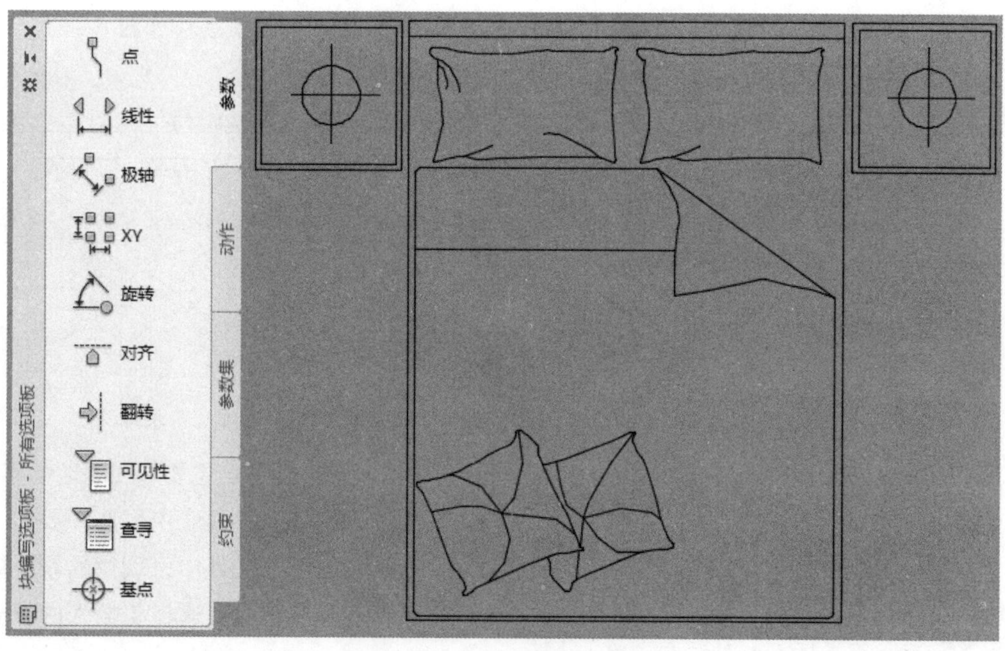

图 6-19　完成动态块的创建

6.1.5 插入图块

插入图块这一操作并不仅仅是指插入内部块或外部块，任何 .dwg 格式的文件均可作为图块插入到文件中。

插入图块的方法主要有以下几种。

☆ 单击【默认 / 插入】选项卡→【块】面板→【插入】按钮。

☆ 选择【插入】→【块】菜单命令。

☆ 单击【绘图】工具栏中的【插入块】按钮。

☆ 在命令行中直接输入 INSERT 或 I 命令，并按 Enter 键。

在插入图块时，只需要指定插入点即可。此外，用户可根据需要设置图块比例和旋转角度。具体操作步骤如下。

步骤 1 打开配套资源中的“素材 \Ch06\ 室内家具 .dwg”文件，如图 6-20 所示。

步骤 2 单击【默认】选项卡→【块】面板→【插入】按钮，打开【插入】对话框，单击【浏览】按钮，如图 6-21 所示。

图 6-20　调入素材

插入
名称(N):　浏览(B)...
路径:
使用地理数据进行定位(G)
插入点　☑在屏幕上指定(S)　X: 0　Y: 0　Z: 0
比例　☐在屏幕上指定(E)　X: 1　Y: 1　Z: 1　☐统一比例(U)
旋转　☐在屏幕上指定(C)　角度(A): 0
块单位　单位: 无单位　比例: 1
☐分解(D)　确定　取消　帮助(H)

图 6-21　【插入】对话框

步骤 3 打开【选择图形文件】对话框，在计算机中选择要插入的图块，单击【打开】按钮，如图 6-22 所示。

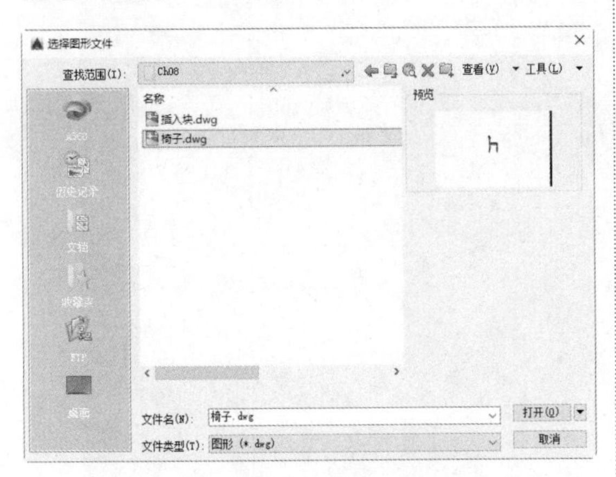

图 6-22 【选择图形文件】对话框

步骤 4 返回至【插入】对话框，单击【确定】按钮，如图 6-23 所示。

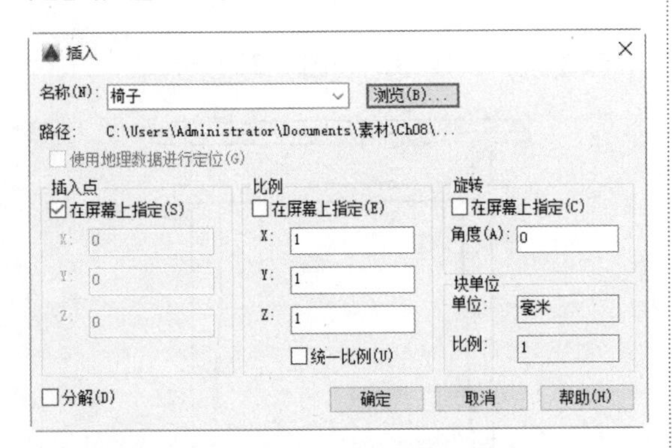

图 6-23 单击【确定】按钮

步骤 5 在绘图区域需要插入图形位置处单击，从而指定图块的插入点，如图 6-24 所示。

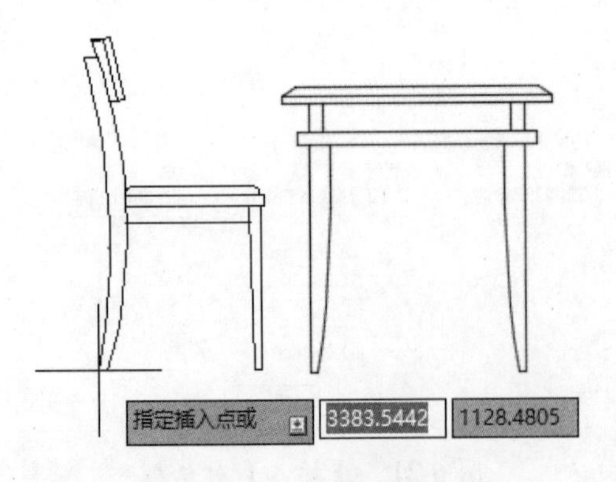

图 6-24 指定图块插入点

步骤 6 成功插入图块，如图 6-25 所示。

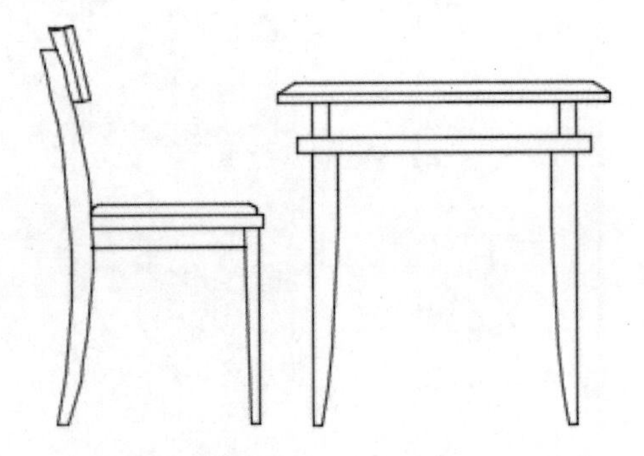

图 6-25 插入图块结果

【插入】对话框中主要选项说明如下。

☆ 名称：在其下拉列表中可选择要插入的内部块或当前文件中已调用的块，单击【浏览】按钮，可选择要插入的外部块或 .dwg 格式的文件。

☆ 插入点：指定插入点的方式，既可在屏幕上单击指定插入点，也可直接输入坐标值来指定。

☆ 比例：设置块在 X、Y、Z 方向上的缩放比例，默认为 1 ： 1 ： 1。用户可在屏幕上指定或直接输入缩放比例，若勾选【统一比例】复选框，那么在 3 个方向上的缩放比例相同。

☆ 旋转：设置插入块时的旋转角度。

☆ 分解：设置在插入块时是否对其进行分解操作。

6.1.6 实战演练 2——插入电视柜图块

电视柜是宾馆、酒店必备的家具。下面以插入一套电视柜图块为例来综合练习前面所学的插入图块的方法。具体操作步骤如下。

步骤 1 打开配套资源中的“素材\Ch06\室内家具 .dwg”文件，如图 6-26 所示。

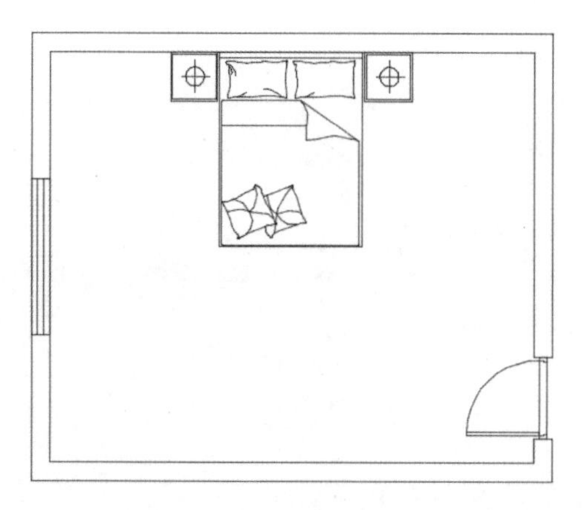

图 6-26　调入素材

步骤 2 调用 I(插入) 命令，即可打开【插入】对话框，在其中选择要插入的【电视柜】图块，设置插入的比例、角度等参数，结果如图 6-27 所示。

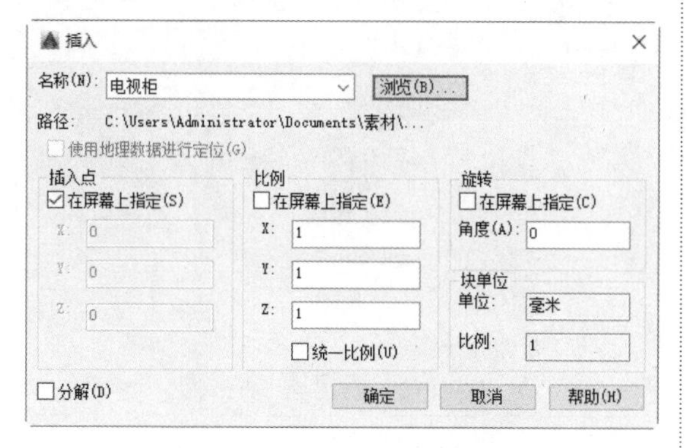

图 6-27　【插入】对话框

步骤 3 在【插入】对话框中，单击【确定】按钮，结果如图 6-28 所示。

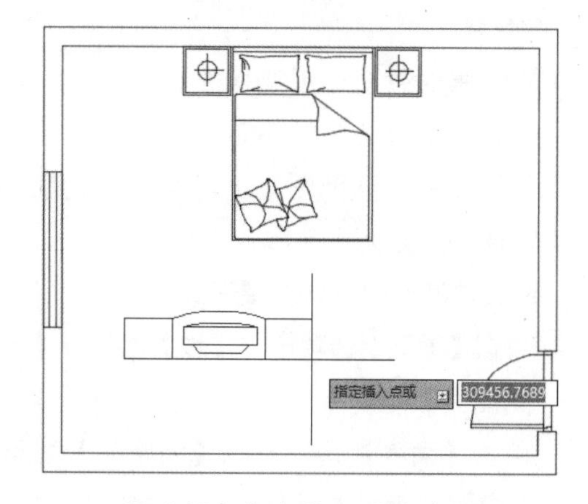

图 6-28　执行插入图块过程

步骤 4 在绘图区域指定插入图块的位置，即可完成电视柜图块的插入，结果如图 6-29 所示。

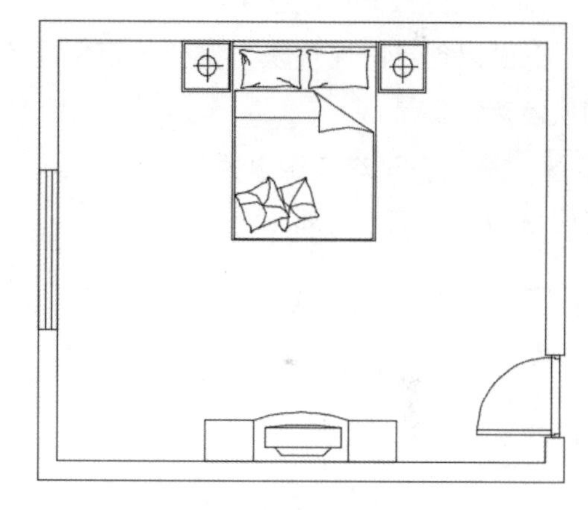

图 6-29　插入图块结果

6.2 块的属性

块的属性是将数据附着在块上的标签或标记，是块的组成部分，通常为文字或数字。属性中可以包含的数据包括零件编号、价格、物品名称、图框标题栏、明细表等。

在插入具有属性的块时，系统将通过属性提示要求用户输入属性值。因此，对于同一个属性块，在不同的插入点可以有不同的属性值，从而增加图块的通用性。

6.2.1 定义块的属性

块的属性通常在创建块之前进行定义，之后创建块时，会将属性定义和图块对象一并添加到块中，从而创建出具有属性的块，该类块通常称之为属性块。

定义块属性的方法主要有以下几种。

☆ 单击【默认】选项卡→【块】面板→【定义属性】按钮。

☆ 单击【插入】选项卡→【块定义】面板→【定义属性】按钮。

☆ 选择【绘图】→【块】→【定义属性】菜单命令。

☆ 在命令行中直接输入 ATTDEF 或 ATT 命令，并按 Enter 键。

下面以创建门属性块为例介绍定义属性的具体操作步骤。

步骤 1 打开配套资源中的“素材\Ch06\室内门窗.dwg”文件，如图 6-30 所示。

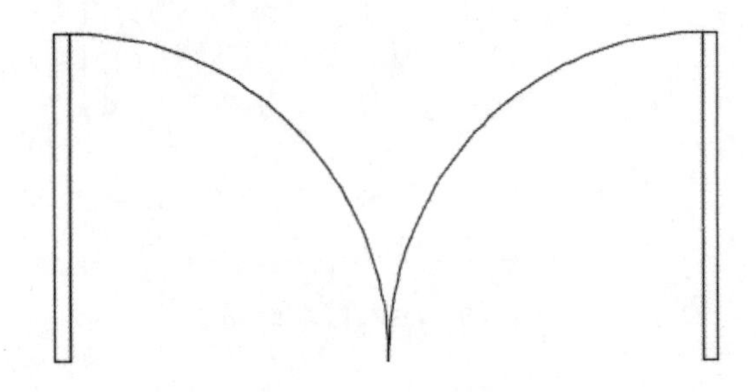

图 6-30　调入素材

步骤 2 单击【插入】选项卡→【块定义】面板→【定义属性】按钮，打开【属性定义】对话框，如图 6-31 所示。

步骤 3 在【属性定义】对话框中输入图块的属性值，如图 6-32 所示。

步骤 4 在【属性定义】对话框中单击【确定】按钮关闭该对话框，根据命令行的提示将属性置于指定位置，如图 6-33 所示。

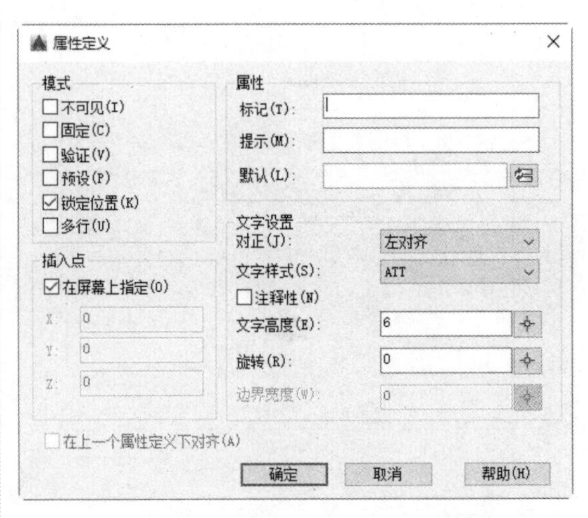

图 6-31　【属性定义】对话框

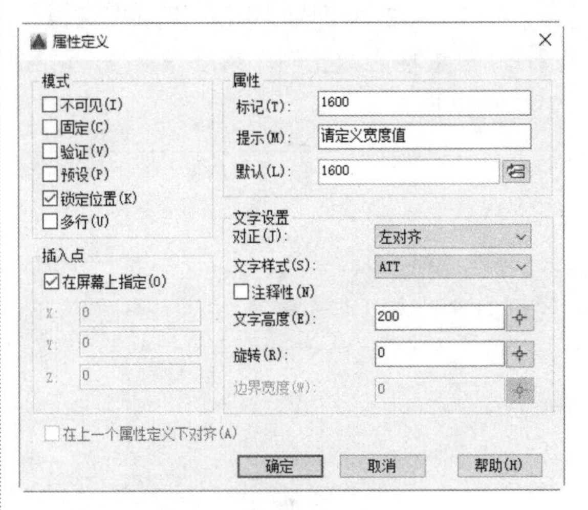

图 6-32　输入图块的属性值

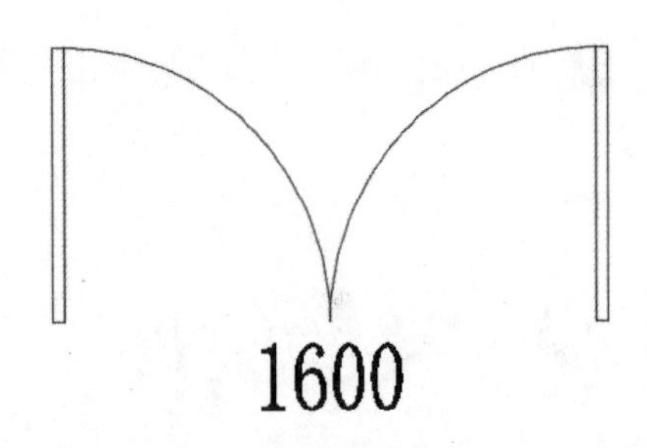

图 6-33　创建属性

步骤 5 调用 B(创建块)命令，打开【块定义】对话框，将图形和属性一起创建成块，以方便后续绘图时一起调用属性，如图 6-34 所示。

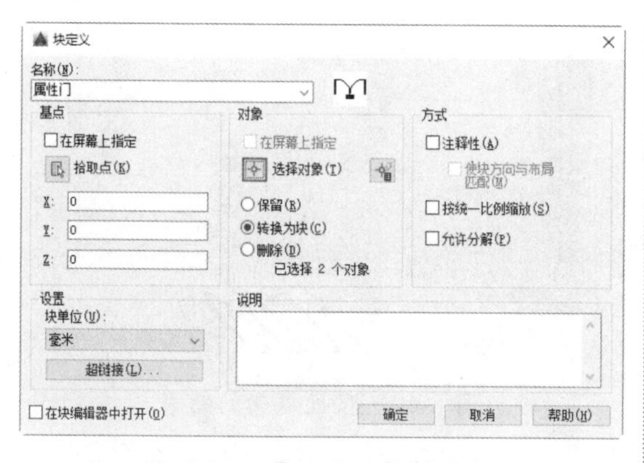

图 6-34　【块定义】对话框

步骤 6 在【块定义】对话框中，单击【确定】按钮，关闭该对话框，系统自动弹出【编辑属性】对话框，用户可以在其中定义图块的属性值，如图 6-35 所示。

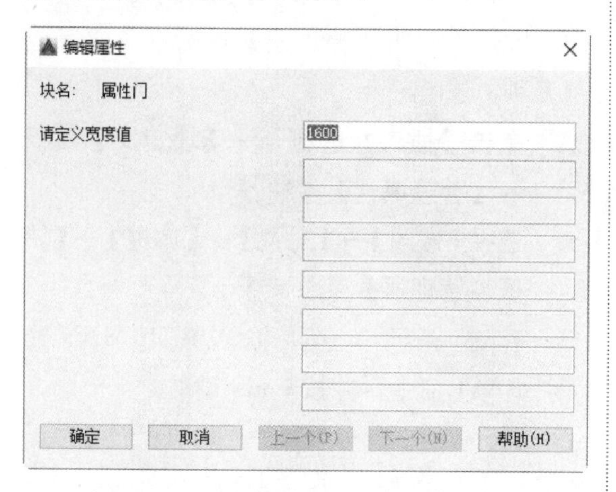

图 6-35　【编辑属性】对话框

步骤 7 在【编辑属性】对话框中单击【确定】按钮，关闭该对话框，即可完成图块属性的定义，单击鼠标图形显示效果为图块，如图 6-36 所示。

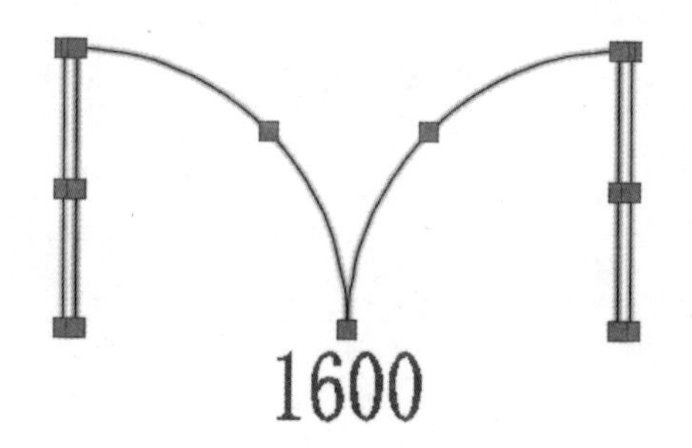

图 6-36　显示属性图块

【属性定义】对话框中的主要选项说明如下。

☆ 模式：设置块中属性的模式，包括属性是否可见、是否固定等。

☆ 属性：设置块的属性。【标记】用于设置属性的显示标记；【提示】用于设置插入包含该属性定义的块时显示的提示信息；【默认】用于设置属性的默认值。

☆ 插入点：设置属性定义的插入方式。

☆ 文字设置：用于设置属性文字的对齐方式、文字样式、文字高度等格式。

6.2.2 编辑块的属性

插入带属性的块时，用户可以根据需要重新编辑其属性，包括编辑属性值、文字格式以及块所在图层的特性等内容。

编辑块属性的方法主要有以下几种。

☆ 单击【插入】选项卡→【块】面板→【编辑属性】按钮。

☆ 选择【修改】→【对象】→【属性】→【单个】菜单命令。

☆ 在命令行中直接输入 EATTEDIT 命令，并按 Enter 键。

☆ 直接双击需要编辑属性的块。

执行上述任意一种操作后，均会打开【增强属性编辑器】对话框，在其中即可编辑块的属性。具体操作步骤如下。

步骤 1 接上一小节的操作，双击“门”属性图块，打开【增强属性编辑器】对话框，在其中可以更改属性值，如图 6-37 所示。

步骤 2 在【增强属性编辑器】对话框中，切换至【文字选项】选项卡，在其中可设置属性文字的相关格式，如图 6-38

所示。

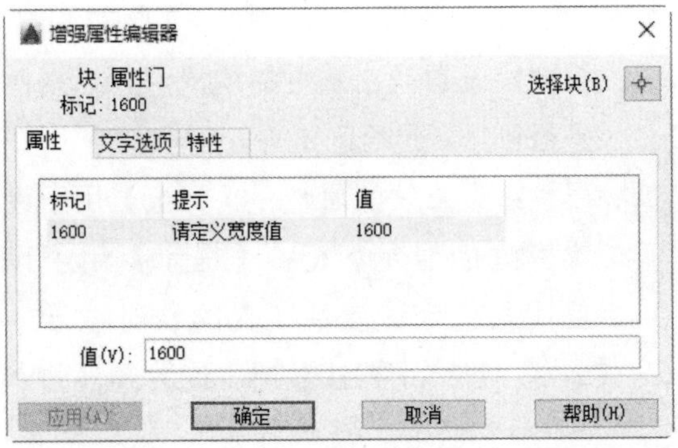

图 6-37 【增强属性编辑器】对话框

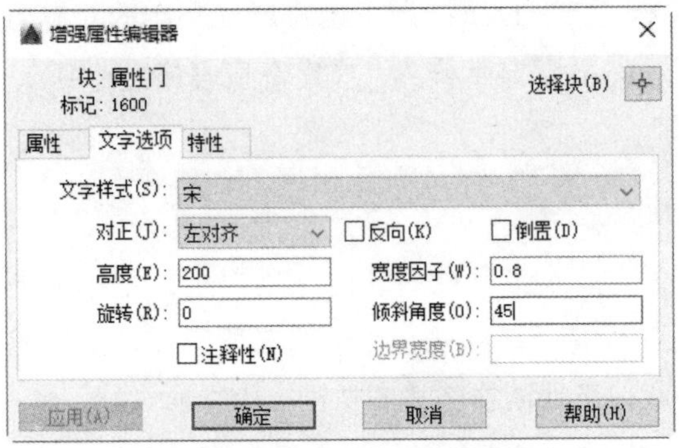

图 6-38 【文字选项】选项卡

步骤 3 在【增强属性编辑器】对话框中，切换至【特性】选项卡，在其中可修改属性块所在的图层以及图层的颜色、线型、线宽等特性，如图 6-39 所示。

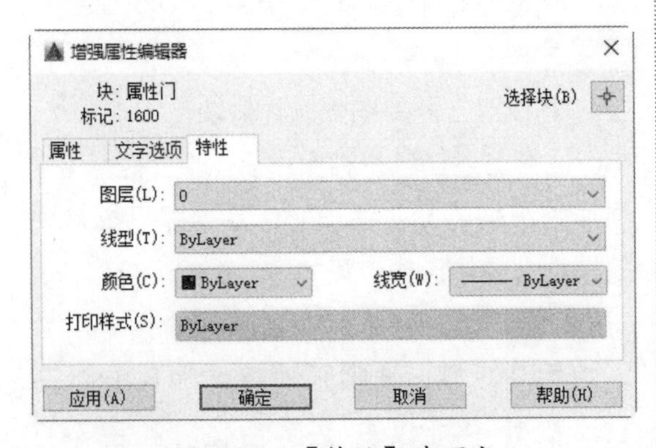

图 6-39 【特性】选项卡

步骤 4 设置完成后，单击【确定】按钮，即可完成属性的编辑操作，结果如图 6-40 所示。

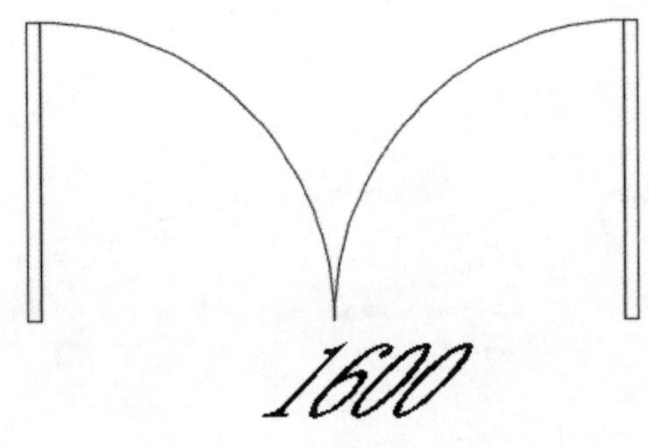

图 6-40 属性编辑的结果

6.2.3 管理块的属性

上一节介绍了如何编辑单个块的属性，此外，利用【块属性管理器】对话框，用户可集中管理当前文件中所有块的属性。

打开【块属性管理器】对话框主要有以下几种方法。

☆ 单击【插入】选项卡→【块定义】面板→【管理属性】按钮。

☆ 选择【修改】→【对象】→【属性】→【块属性管理器】菜单命令。

☆ 在命令行中直接输入 BATTMAN 或 BATT 命令，并按 Enter 键。

执行上述任意一种操作，均可打开【块属性管理器】对话框，在【块】下拉列表框中选择相应的块，那么在下方列表框中会显示出该块的属性，如图 6-41 所示。单击【编辑】按钮，将打开【编辑属性】对话框，在其中同样包含 3 个选项卡，用于编辑属性，如图 6-42 所示。

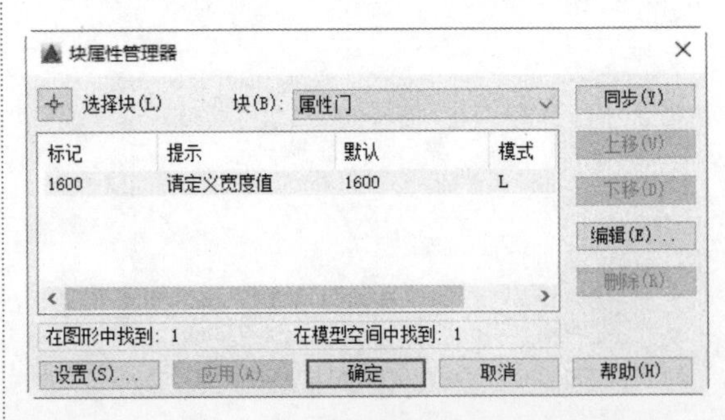

图 6-41 【块属性管理器】对话框

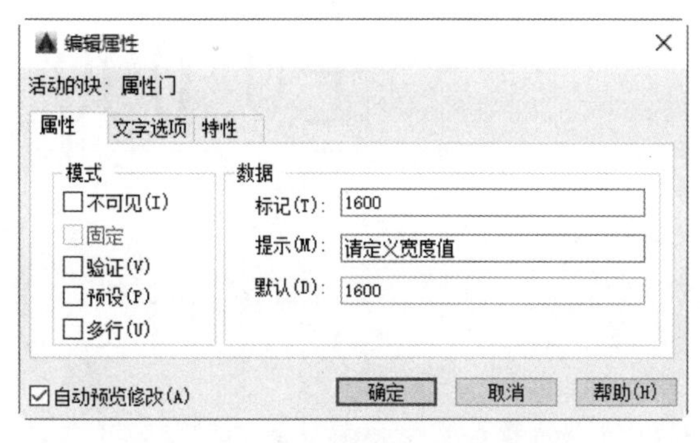

图 6-42 【编辑属性】对话框

注意，与【增强属性编辑器】对话框所不同的是，在【编辑属性】对话框中，用户还可修改属性的模式、标记、提示信息、默认值等内容。

6.2.4 实战演练 3——创建标高属性块

在室内顶棚布置图和室内立面图中经常用到标高来标注某物体或建筑物完成面高度。下面以创建标高属性块为例来综合练习前面所学的块属性的创建和编辑方法。具体操作步骤如下。

步骤 1 打开配套资源中的“素材\Ch06\标高符号.dwg”文件，如图 6-43 所示。

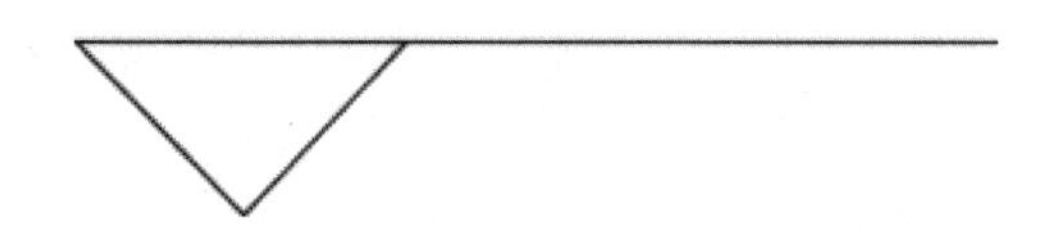

图 6-43 调入素材

步骤 2 单击【默认】选项卡→【块】面板→【定义属性】按钮，在弹出的【属性定义】对话框中设置属性参数，如图 6-44 所示。

步骤 3 在【属性定义】对话框中单击【确定】按钮，即可关闭该对话框，并将定义的属性值置于标高图块之上，结果如图 6-45 所示。

步骤 4 调用 B(创建块)命令，将属性定义的图块创建长块，结果如图 6-46 所示。

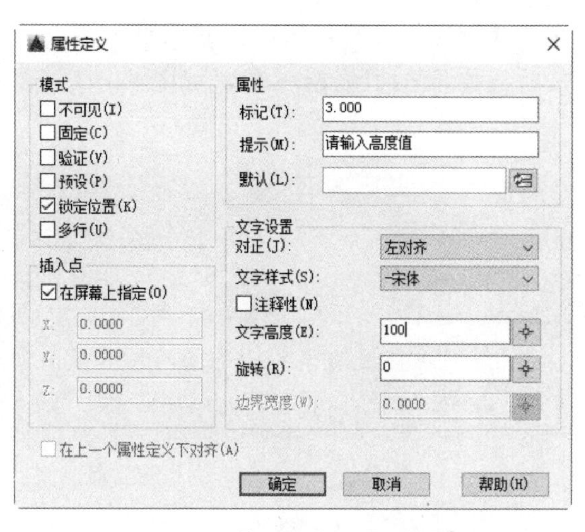

图 6-44 【属性定义】对话框

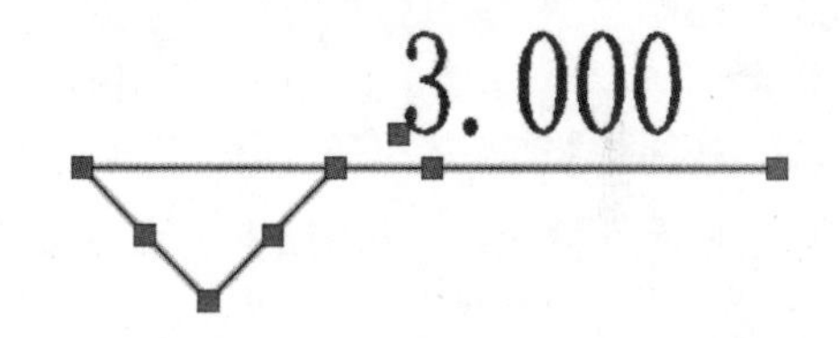

图 6-45 未定义属性前显示效果

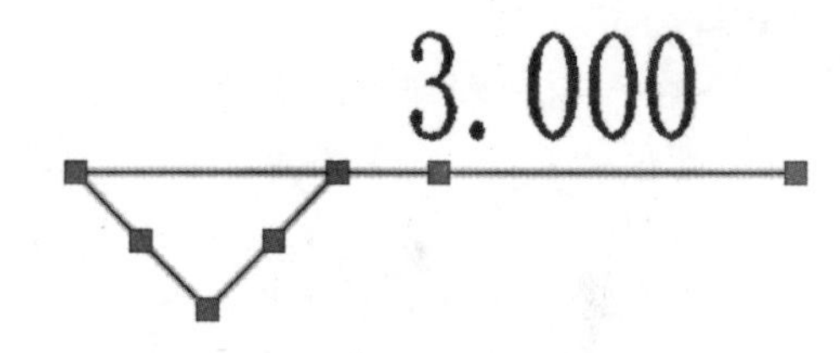

图 6-46 定义属性后显示效果

步骤 5 双击定义属性的图块，系统自动弹出【增强属性编辑器】对话框，在对话框中更改标高值，结果如图 6-47 所示。

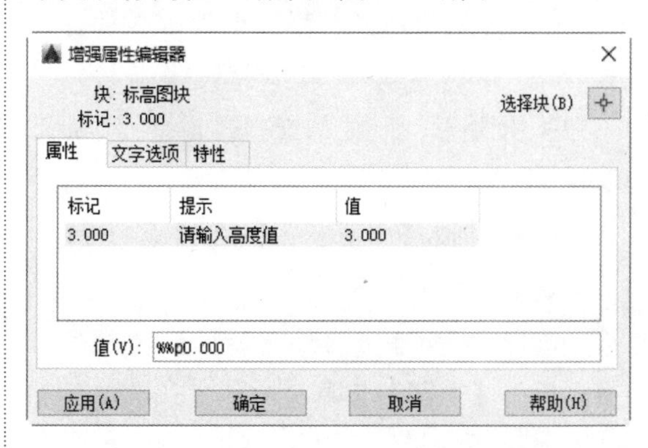

图 6-47 【增强属性编辑器】对话框

步骤 6 在【增强属性编辑器】对话框中，单击【确定】按钮，关闭该对话框，即可完成执行编辑属性的操作，结果如图 6-48 所示。

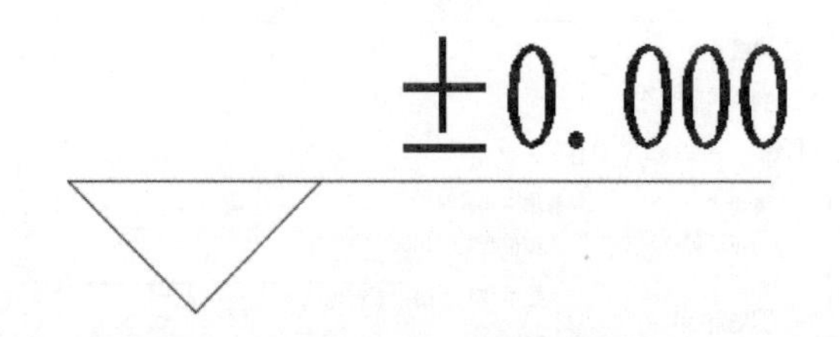

图 6-48 块定义属性编辑结果

> **提示** ±0.000 的输入不同于 3.000 的输入，“±”的输入需要用特殊符号才可以输入，其特殊符号为 %%p，即在【增强属性编辑器】对话框中输入 %%p0.000 后单击【确定】按钮，就可以转化为 ±0.000 的形式。

6.3 外部参照

外部参照是将已有的图形文件以参照的形式插入到当前图形中，该参照文件会随着原图形的更新而更新，从而提供了更为灵活的图形引用方法，使设计图纸之间的共享更为方便、快捷。

> **提示** 图块和外部参照都可作为一个整体对象插入到图形中，从而实现共享。所不同的是，外部参照会随着原图形的更新而更新，其相当于一个链接，并不会增加宿主图形的大小。

6.3.1 使用外部参照

用户可以插入多种格式的外部参照，包括 .dwg、.dwf、.dgn、.pdf 等格式。

使用外部参照的方法主要有以下几种。

☆ 单击【插入】选项卡→【参照】面板→【附着】按钮。

☆ 选择【插入】→【外部参照】菜单命令。

☆ 单击【参照】工具栏中的【外部参照】按钮。

☆ 在命令行中直接输入 EXTER 命令，并按 Enter 键。

下面以插入一个 .dwg 格式的外部参照文件为例，介绍使用外部参照的具体操作步骤。

步骤 1 新建一个空白文件，选择【插入】→【外部参照】菜单命令，打开【外部参照】对话框，如图 6-49 所示。

步骤 2 单击左上角的【附着】按钮，在弹出的下拉列表中列出了不同类型的外部参照文件，这里选择【附着 DWG】选项，如图 6-50 所示。

步骤 3 打开【选择参照文件】对话框，在计算机中选择要使用的参照文件，单击【打开】按钮，如图 6-51 所示。

步骤 4 打开【附着外部参照】对话框，保持默认设置不变，单击【确定】按钮，如图 6-52 所示。

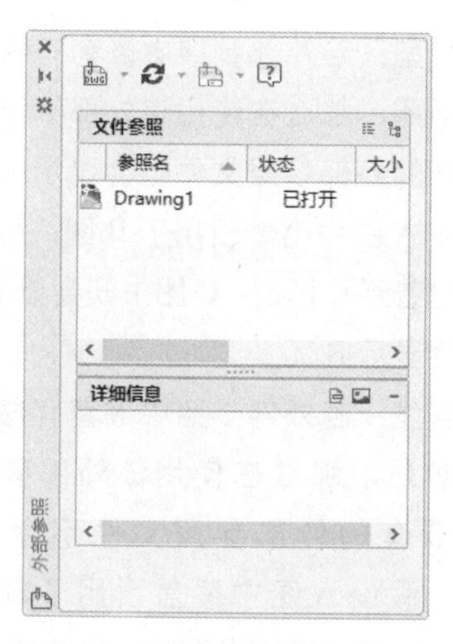

图 6-49　【外部参照】对话框

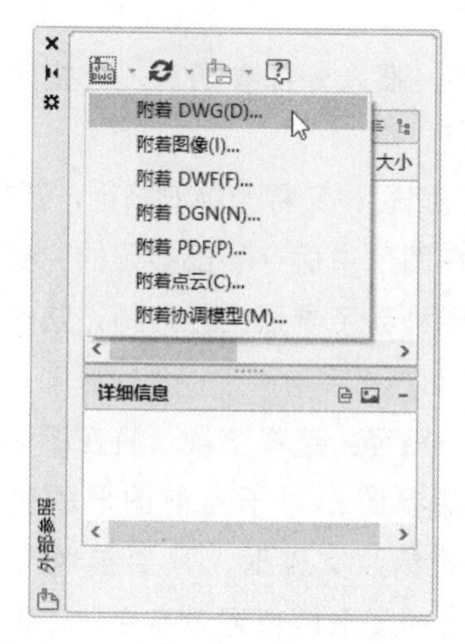

图 6-50　选择【附着 DWG】选项

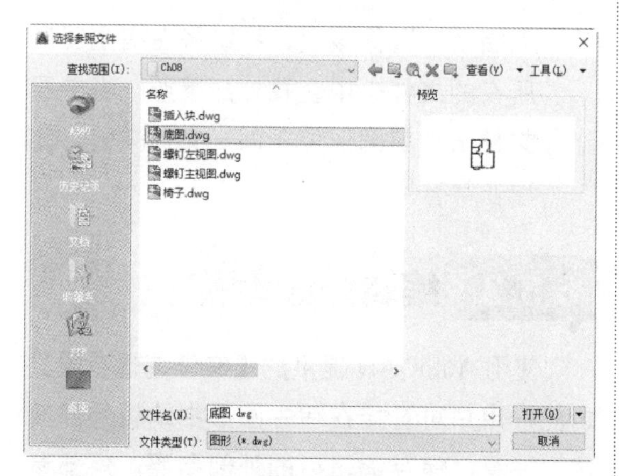

图 6-51　【选择参照文件】对话框

步骤 5　即可在空白文件中插入指定的外部参照文件，且外部参照以灰色显示，如图 6-53 所示。

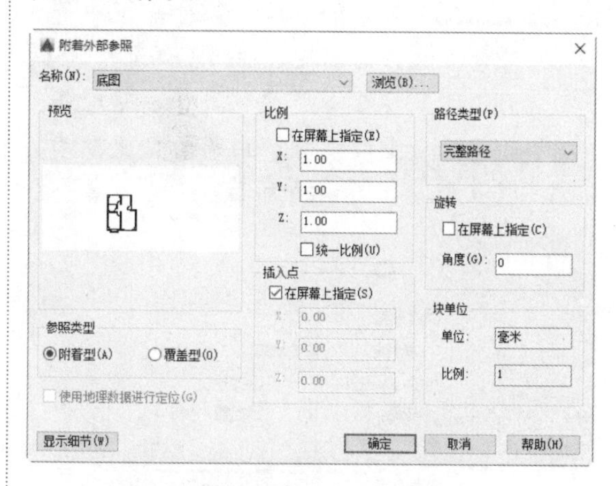

图 6-52　【附着外部参照】对话框

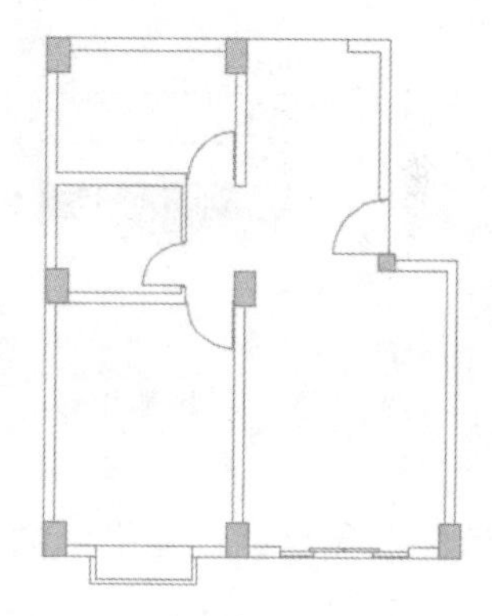

图 6-53　插入的外部参照文件

步骤 6　此时在【外部参照】对话框中可以查看外部参照文件的详细信息，如图 6-54 所示。

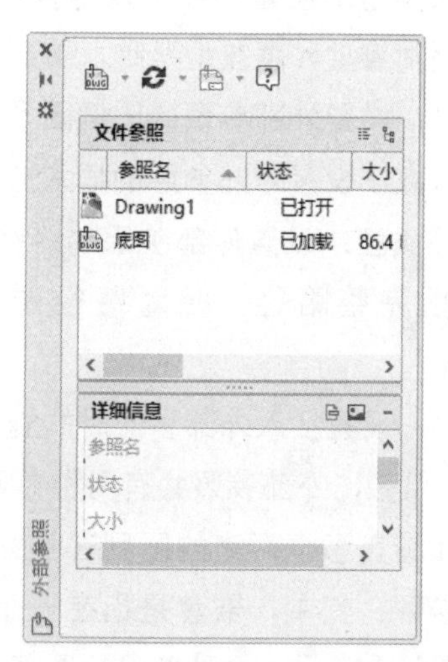

图 6-54　查看外部参照文件的信息

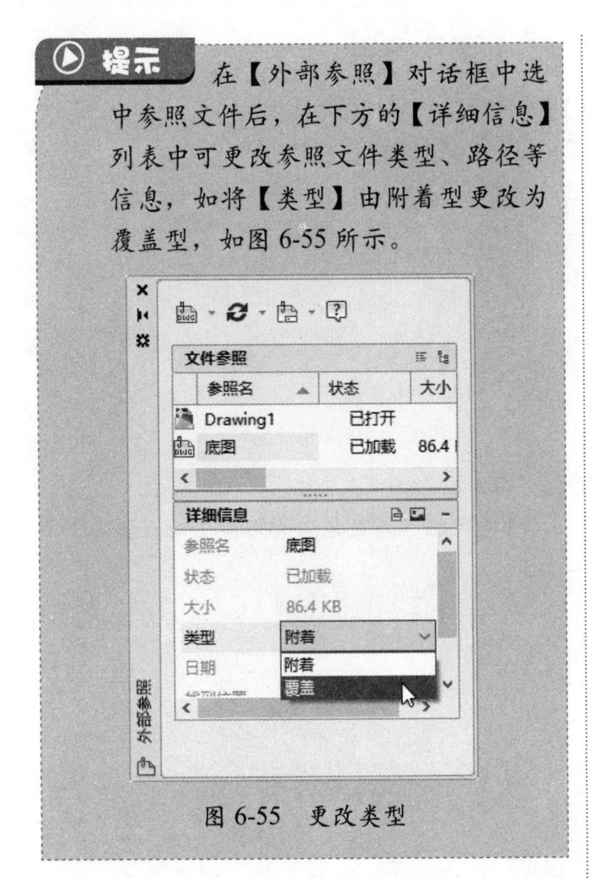

提示 在【外部参照】对话框中选中参照文件后，在下方的【详细信息】列表中可更改参照文件类型、路径等信息，如将【类型】由附着型更改为覆盖型，如图 6-55 所示。

图 6-55　更改类型

【附着外部参照】对话框中的主要选项说明如下。

- ☆ 名称：设置外部参照文件的名称。单击【浏览】按钮，可在计算机中选择外部参照文件。
- ☆ 参照类型：设置外部参照的参照类型，包括附着型和覆盖型两种，默认为前者。
- ☆ 比例：设置外部参照的比例因子。
- ☆ 插入点：设置外部参照的插入方式。
- ☆ 路径类型：设置外部参照的路径类型，包括完整路径、相对路径和无路径 3 种。
- ☆ 旋转：设置插入外部参照时的旋转角度。

由上可知，外部参照共有两种参照类型：附着型和覆盖型。两者的区别在于如何处理嵌套的参照。其中，嵌套是指在一个外部参照图形中包含有另一个外部参照图形。

- ☆ 附着型：若外部参照中嵌套有附着型外部参照，那么在使用该外部参照时，其嵌套的外部参照文件也会显示出来。假设在 A 图中附着引用了 B 图，那么当 A 图附着到 C 图时，C 图中既会显示 A 图，也会显示 B 图。
- ☆ 覆盖型：若外部参照中嵌套有覆盖型外部参照，那么在使用该外部参照时，其嵌套的外部参照文件不会显示出来。假设 A 图中覆盖引用了 B 图，那么当 A 图附着到 C 图时，将不再关联 B 图。

此外，插入外部参照时，可指定 3 种路径类型。

- ☆ 完整路径：又称为绝对路径，选择该项，将在图形中保存外部参照的完整位置。如果移动了参照文件，即无法在图形中显示。
- ☆ 相对路径：选择该项，将在图形中保存外部参照相对于当前图形的位置。在移动参照文件时，只要参照文件相对于当前图形的位置没有变化，即可正常使用。
- ☆ 无路径：选择该项，系统将在宿主图形所在的文件夹中查找外部参照。当参照文件与当前图形位于同一文件夹时，此项非常有用。

6.3.2 编辑外部参照

使用 AutoCAD 提供的【在位编辑参照】功能，用户可直接在宿主图形中编辑外部参照。注意，保存编辑后的外部参照，外部参照原文件也会随之更新。因此，在进行编辑操作前，用户可先对参照文件进行备份，具体操作步骤如下。

提示 在编辑外部参照时，外部参照文件必须处于关闭状态，否则将无法编辑。

步骤 1 接上一小节的操作，选中外部参照，功能区中会增加【外部参照】选项卡，单击【编辑】面板→【在位编辑参照】按钮，如图 6-56 所示。

图 6-56　外部参照信息

步骤 2 打开【参照编辑】对话框，选中【自动选择所有嵌套的对象】单选按钮，然后单击【确定】按钮，如图 6-57 所示。

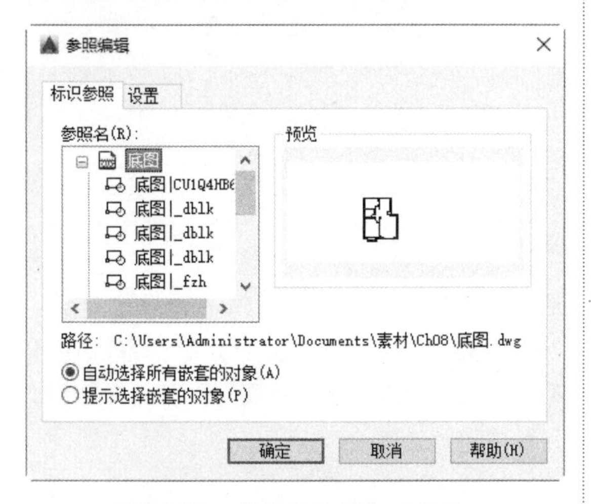

图 6-57　【参照编辑】对话框

步骤 3 此时参照文件显示为可编辑状态，用户可对其进行编辑操作。操作完成后，单击【外部参照】选项卡→【编辑参照】面板→【保存修改】按钮，如图 6-58 所示。

步骤 4 打开 AutoCAD 对话框，单击【确定】按钮，保存对参照的修改即可，如图 6-59 所示。

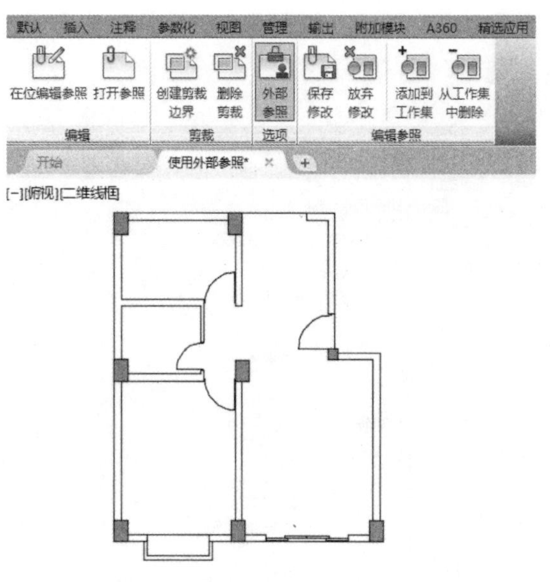

图 6-58　单击【保存修改】按钮

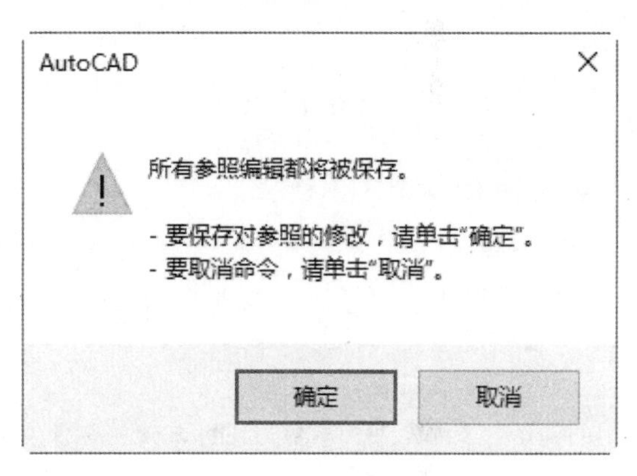

图 6-59　保存修改

6.3.3 绑定外部参照

将外部参照绑定到宿主图形后，外部参照将转换为块，并成为宿主图形中固有的一部分，而不再保持其独立性。那么在更新外部参照原文件时，宿主图形中的外部参照就不会随之更新。具体操作步骤如下。

步骤 1 在【外部参照】对话框中的参照文件上单击鼠标右键，在弹出的快捷菜单中选择【绑定】命令，如图 6-60 所示。

步骤 2 打开【绑定外部参照 /DGN 参考底图】对话框，将【绑定类型】设置为【绑定】，单击【确定】按钮，即可绑定所选的外部参照，如图 6-61 所示。

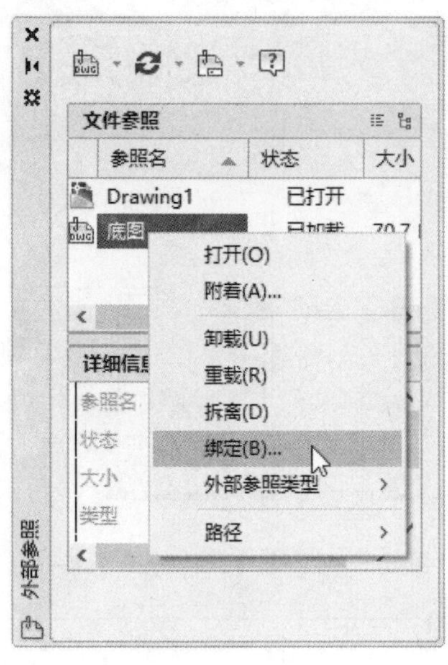

图 6-60 选择【绑定】命令

图 6-61 【绑定外部参照 /DGN 参考底图】对话框

6.3.4 参照管理器

Autodesk 的参照管理器是一种外部应用程序，在其中可以查看图形可能附着的所有文件的详细信息，并提供了工具以修改参照路径而无须打开每个图形文件。具体操作步骤如下。

步骤 1 选择【开始】→ Autodesk →【参照管理器】菜单命令，如图 6-62 所示。

步骤 2 打开【参照管理器】对话框，单击左上角的【添加图形】按钮，如图 6-63 所示。

图 6-62 选择【参照管理器】命令

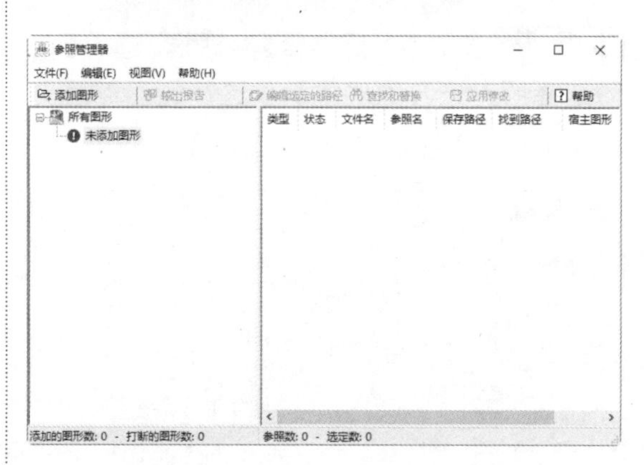

图 6-63 【参照管理器】对话框

步骤 3 打开【添加图形】对话框，在计算机中找到要查看参照的图形文件，单击【打开】按钮，如图 6-64 所示。

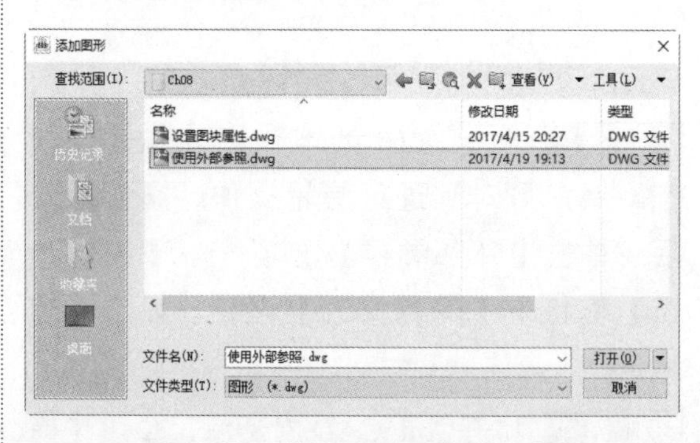

图 6-64 【添加图形】对话框

步骤 4 打开【参照管理器 - 添加外部参照】

对话框，在其中选择【自动添加所有外部参照，而不管嵌套级别】选项，如图 6-65 所示。

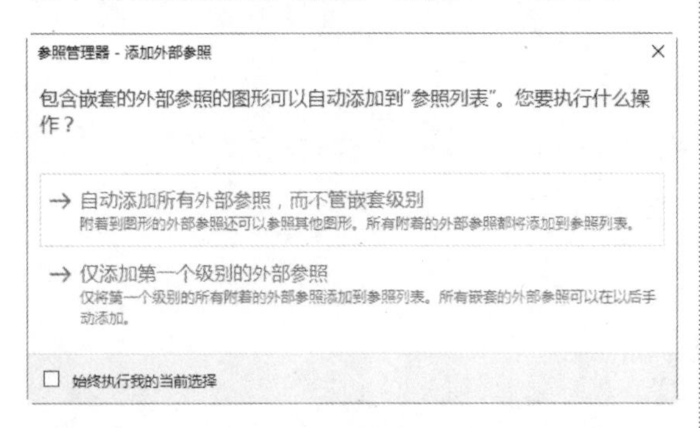

图 6-65 【参照管理器 - 添加外部参照】对话框

步骤 5 即可添加文件，并在【参照管理器】对话框中查看该图形包含的所有参照文件的详细信息，包括类型、状态、文件名、参照名、保存路径、宿主图形等信息，如图 6-66 所示。

步骤 6 若要编辑路径，在列表中选择参照文件后，单击【编辑选定的路径】按钮，打开【编辑选定的路径】对话框，在【新保存的路径】文本框中输入新路径即可，如图 6-67 所示。

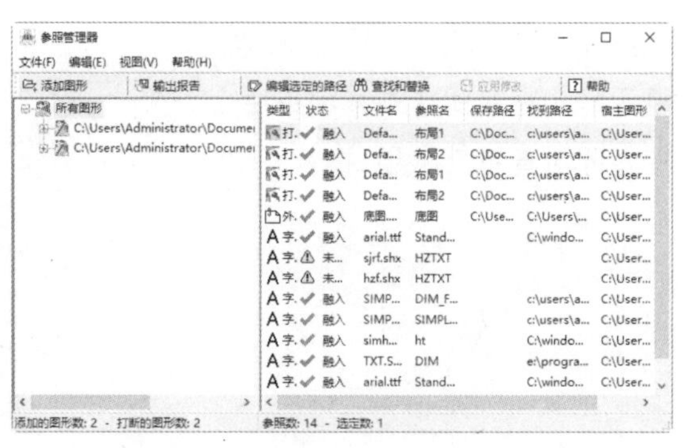

图 6-66 【参照管理器】对话框显示内容

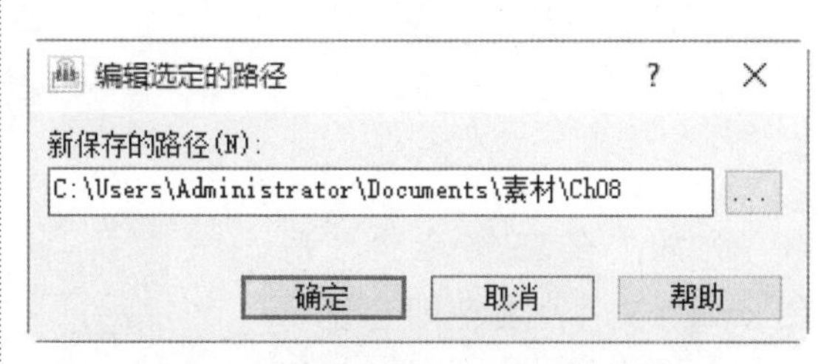

图 6-67 【编辑选定的路径】对话框

提示

使用参照管理器可以立即更改多个路径且无法撤销其动作，适合非常了解路径的 CAD 管理员使用。因此，对于不熟悉保存路径的设计人员要谨慎使用该功能。

6.4 设计中心

设计中心是一个直观、高效的工具，与 Windows 资源管理器类似。利用设计中心，用户可以浏览、查找、预览和管理 AutoCAD 图形资源，也可通过简单的拖放操作，将位于本地计算机、局域网上的块、图层、文字样式等内容快速插入到当前图形文件中。

6.4.1 启动设计中心

启动设计中心的方法主要有以下几种。

☆ 单击【视图】选项卡→【选项板】面板→【设计中心】按钮。

☆ 选择【工具】→【选项板】→【设计中心】菜单命令。

☆ 单击【标准】工具栏中的【设计中心】按钮。

☆ 在命令行中直接输入 ADCENTER 或 ADC 命令，并按 Enter 键。

执行上述任意一种命令，均可打开【设计中心】选项板，如图 6-68 所示。【设计中心】选项板由左右两部分组成，左侧以树状图形式显示了各项目，右侧为内容显示区。在左侧选中某项目后，右侧即可查看其子项目。

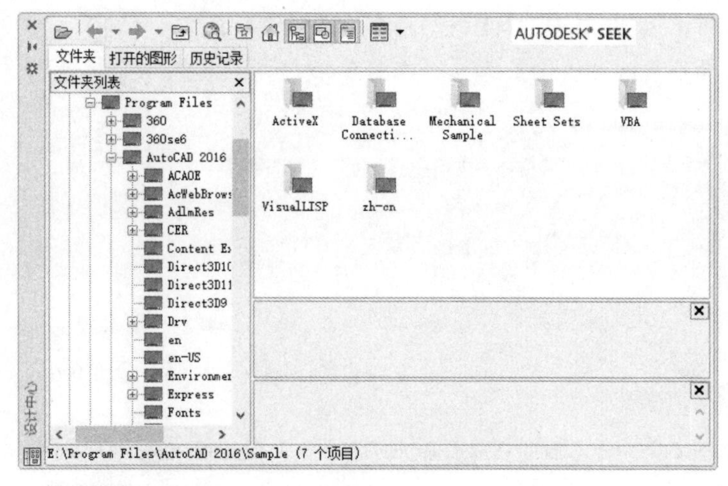

图 6-68　【设计中心】选项板

例如，在左侧选择“底图.dwg”文件，右侧即会显示出该文件中的标注样式、表格样式、图层、块、外部参照等内容，如图 6-69 所示。双击其中的“标注样式”项目，在右侧可查看文件中包含的所有标注样式，如图 6-70 所示。

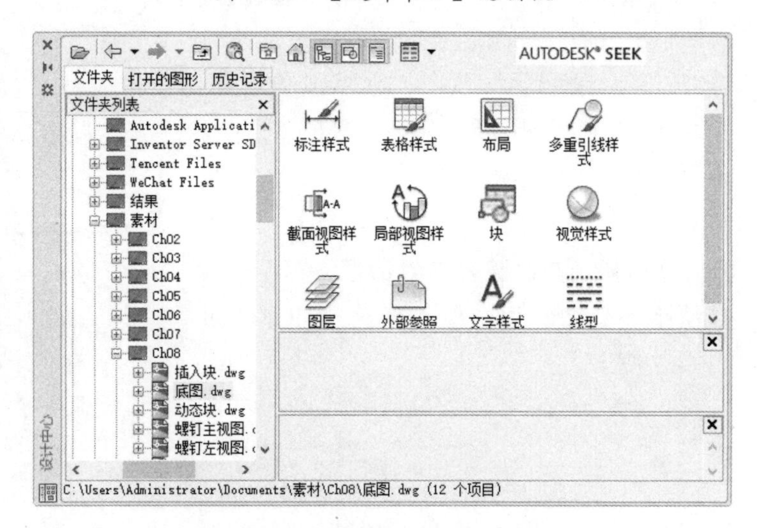

图 6-69　底图文件显示内容

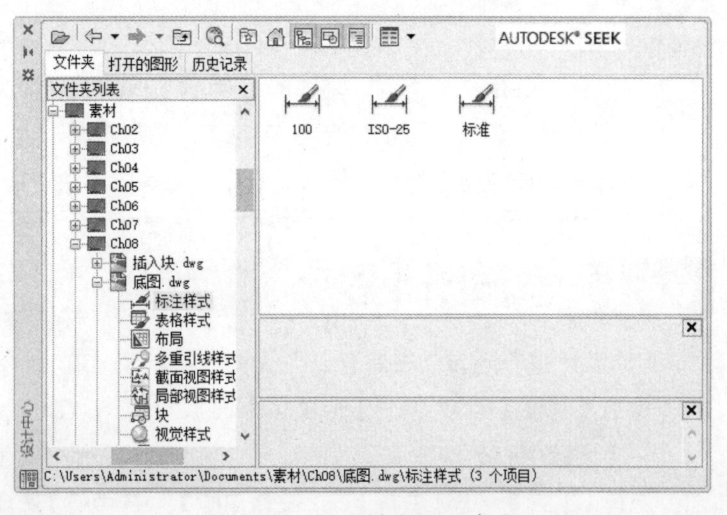

图 6-70　标注样式显示内容

6.4.2 使用设计中心

由于设计中心功能众多，下面以其搜索功能和插入功能为例进行介绍。

1. 使用设计中心的搜索功能

类似于 Windows 提供的搜索功能，利用设计中心，用户可设置搜索类型、路径、名称等搜索条件，从而搜索出特定的图层、图形、块、文字样式等内容，具体操作步骤如下。

步骤 1 选择【工具】→【选项板】→【设计中心】菜单命令，打开【设计中心】选项板，在其中单击顶部的【搜索】按钮，打开【搜索】对话框，如图 6-71 所示。

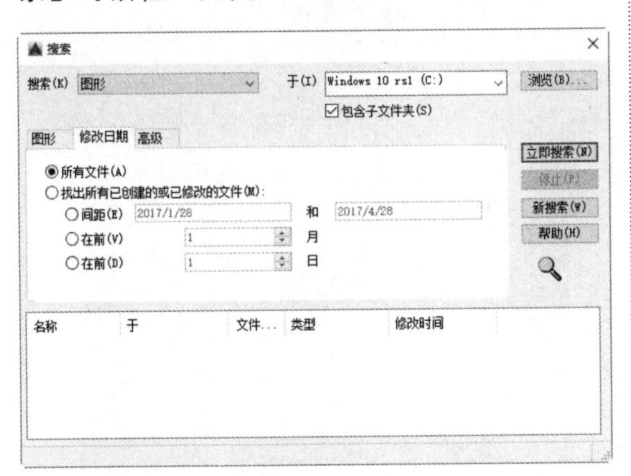

图 6-71　【搜索】对话框

步骤 2 单击【搜索】右侧的按钮，在弹出的下拉列表中可选择搜索的类型，如选择【图层】选项，然后单击【浏览】按钮，如图 6-72 所示。

步骤 3 打开【浏览文件夹】对话框，在其中可选择目标在计算机中的存放路径，如选择【文档】文件夹，单击【确定】按钮，如图 6-73 所示。

步骤 4 返回至【搜索】对话框中，在【搜索名称】设置框内输入名称，如输入【粗实线】，然后单击【立即搜索】按钮，在下方的列表框中即可显示出搜索的结果，如图 6-74 所示。

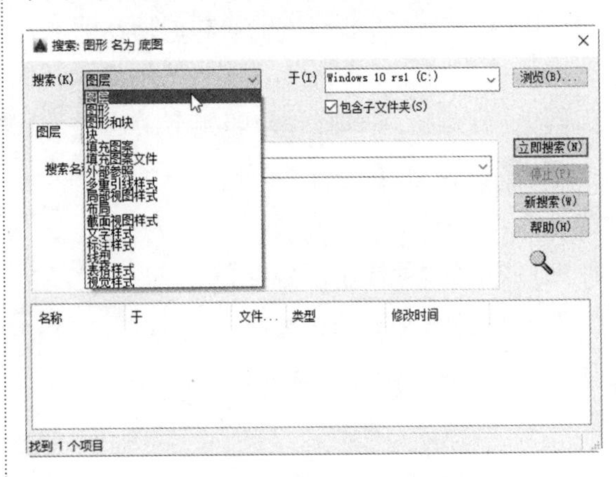

图 6-72　选择【图层】选项

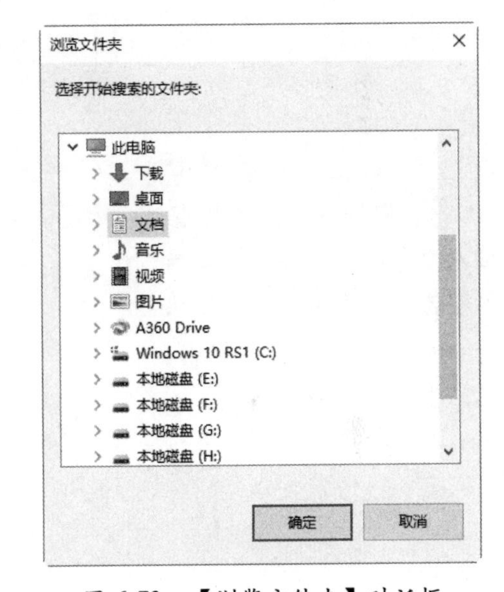

图 6-73　【浏览文件夹】对话框

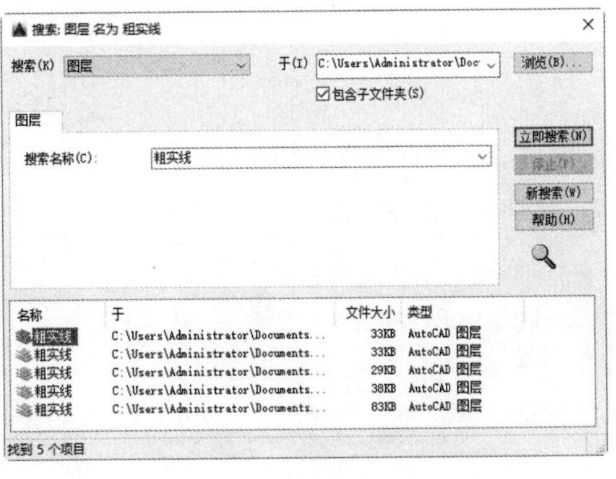

图 6-74　显示搜索结果

2. 使用设计中心的插入功能

在【设计中心】选项板中找到要插入的文件、图块、图层、文字样式、标注样式、图像等项目，将其直接拖动至绘图区中，即可将所选项目方便快捷地插入到当前图形中。下面以插入图像为例进行介绍，具体操作步骤如下。

步骤 1 打开【设计中心】选项板，在其左侧打开目标文件夹，右侧即可显示所包含的文件，将要插入的图像直接拖动到绘图区中，如图 6-75 所示。

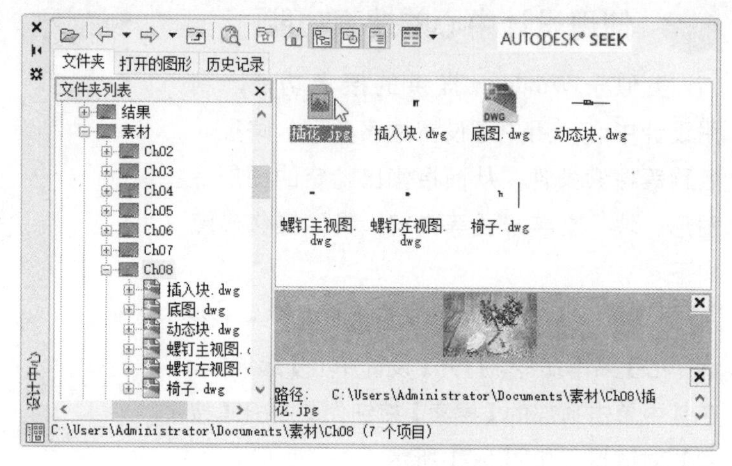

图 6-75 拖动图像

步骤 2 根据提示设置图像的插入点、比例因子、旋转角度等参数，即可将图像以外部参照的形式插入到当前图形中，效果如图 6-76 所示。

图 6-76 插入图像效果

执行上述操作的命令行提示如下：

```
命令:
指定插入点 <0,0>:                                   //指定图像的插入点
基本图像大小: 宽: 1.000000, 高: 0.666667, Millimeters
指定缩放比例因子 <1>: 1                              //按Enter键，使用默认的比例因子
指定旋转角度 <0>:                                    //按Enter键，使用默认的旋转角度
```

提示　除了使用拖动法插入图像外，还可利用右键的快捷菜单插入图像。在图像上单击鼠标右键，在弹出的快捷菜单中选择【附着图像】命令，如图 6-77 所示。打开【附着图像】对话框，在其中设置路径类型、插入点、缩放比例等参数后，单击【确定】按钮即可，如图 6-78 所示。

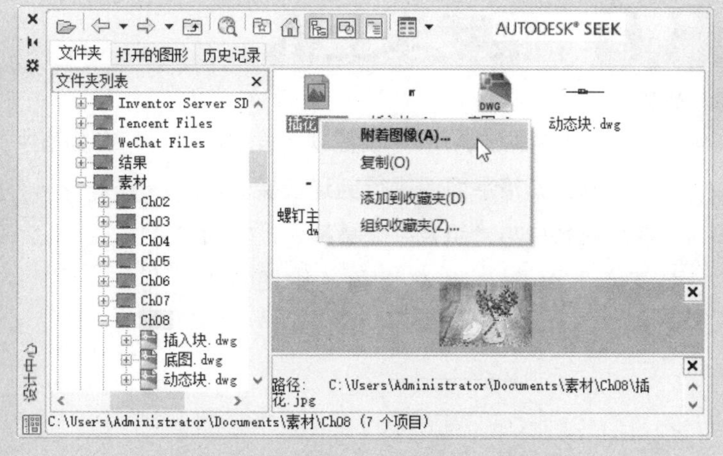

图 6-77　选择【附着图像】命令

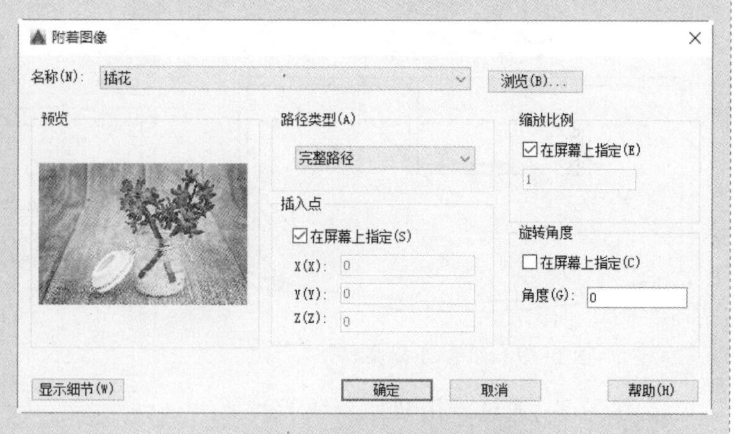

图 6-78　【附着图像】对话框

6.5 大师解惑

小白：在绘制图形时，为何有时候无法编辑外部参照？

大师：在绘图中如果不能编辑外部参照，可能是在外部参照原文件中进行了设置，不允许对其进行参照编辑。此时需要打开外部参照原文件，在命令行中输入 XEDIT 命令，然后将其值设置为 1 即可。

小白：在绘制图形时，图块和外部参照有区别吗？

大师：当然有区别。将图形作为块插入到当前图形中时，块存储在当前图形数据库中，在图形中可以作为整体进行复制、插入、删除等相关操作，当前图形不随着块图形的改动而改变。而图形作为外部参照插入时，对参照图形所做的改动都会反映到当前图形中。

6.6 跟我学上机

练习 1：通过调用 B(创建块) 命令，对组合办公桌椅平面图执行创建块操作，设置图块名称为“组合办公桌椅”，“拾取基点”为办公桌右上角，如图 6-79 所示。

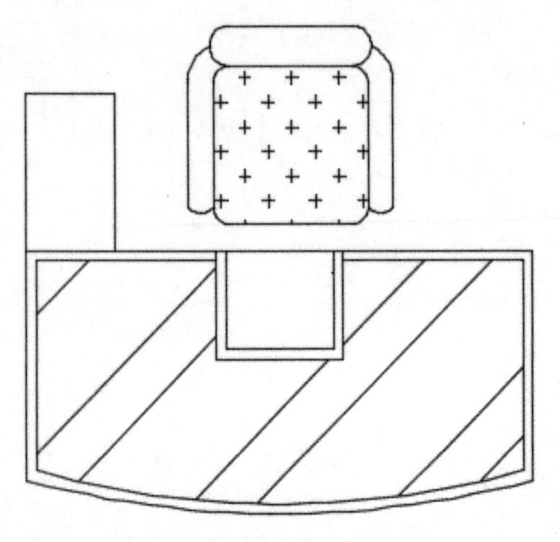

图 6-79　组合办公桌椅

练习 2：通过调用 I(插入块) 命令，将上述创建的“组合办公桌椅”图块插入办公室平面图中，如图 6-80 和图 6-81 所示。

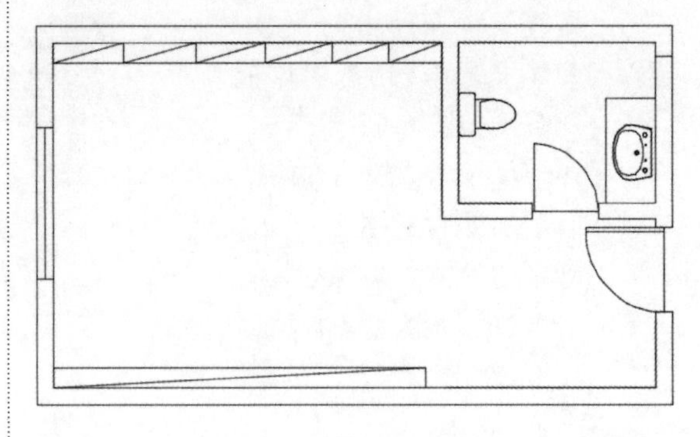

图 6-80　插入块之前

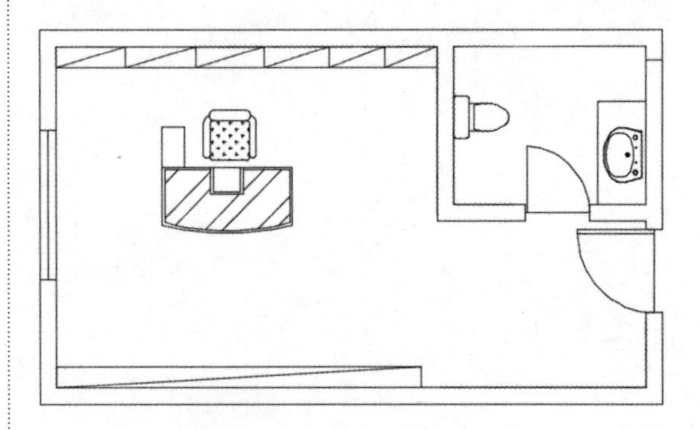

图 6-81　插入块之后

第7章 文字标注与表格制作

在 AutoCAD 室内设计中除了要将实际物体绘制成几何图形外，还需要加上必要的文字注释，主要用于图形的说明和标注。图形中的文字可以是中文、数字、符号等。表格也是 AutoCAD 图形中很重要的元素。在一张完整的图纸中，还需要添加明细表等非图形信息，以便为施工人员提供足够的图形信息。本章主要介绍文字、字段及表格的创建和编辑方法。

- **本章学习目标（已掌握的在方框中打钩）**

  □ 掌握创建和修改单行文字及多行文字的方法。

  □ 掌握字段的使用方法和技巧。

  □ 掌握创建表格的方法和技巧。

- **重点案例效果**

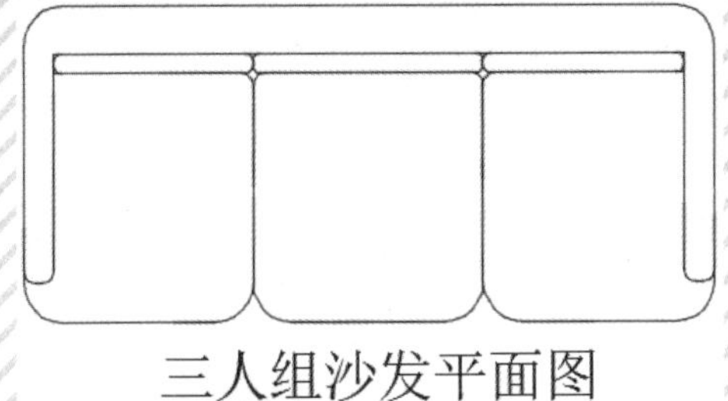

三人组沙发平面图

装饰材料明细			
序号	工程项目	单价	总价

7.1 单行文字与多行文字

文字是制图中不可缺少的组成部分，通常用于对图形进行注释或补充说明。AutoCAD 共提供了两种类型的文字，分别是单行文字和多行文字。

7.1.1 单行文字

使用单行文字命令可以创建一行或多行文字，其中，每行文字都是一个独立对象，可对其进行单独编辑。

执行单行文字操作的方法主要有以下几种。

☆ 单击【默认】选项卡→【注释】面板→【单行文字】按钮A。

☆ 单击【注释】选项卡→【文字】面板→【单行文字】按钮A。

☆ 选择【绘图】→【文字】→【单行文字】菜单命令。

☆ 单击【文字】工具栏中的【单行文字】按钮A。

☆ 在命令行中直接输入 TEXT 或 DTEXT 或 DT 命令，并按 Enter 键。

1. 创建单行文字

在创建单行文字时，需要指定文字起点、文字高度、文字旋转角度等元素，具体操作步骤如下。

步骤 1 打开配套资源中的“素材\Ch07\室内家具.dwg”文件，如图 7-1 所示。

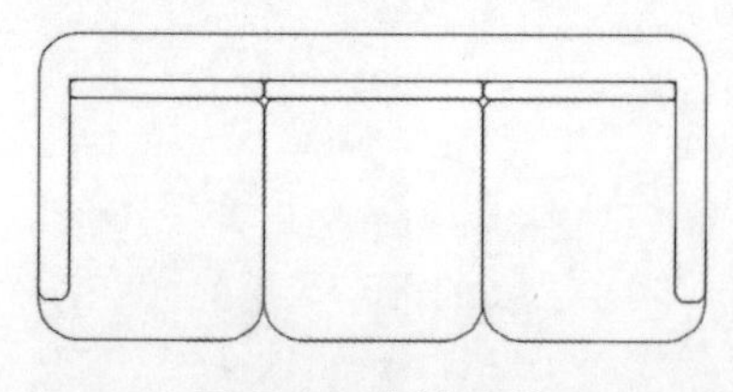

图 7-1　素材文件

步骤 2 单击【默认】选项卡→【注释】面板→【单行文字】按钮A，在图形底部任意位置处单击，指定文字起点，如图 7-2 所示。

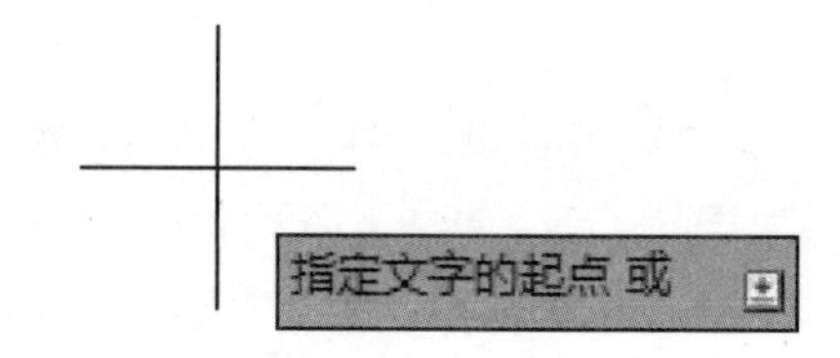

图 7-2　指定文字的起点

步骤 3 在命令行中输入文字高度为 100，按 Enter 键，如图 7-3 所示。

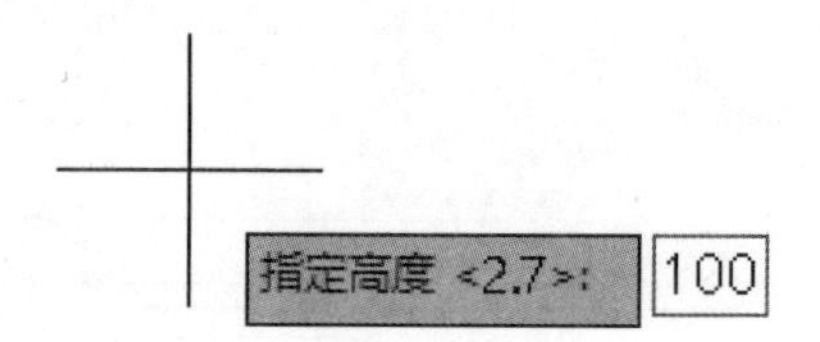

图 7-3　指定文字的高度

步骤 4 命令行提示指定文字的旋转角度，默认为 0，此时系统自动弹出文字编辑框，如图 7-4 所示。

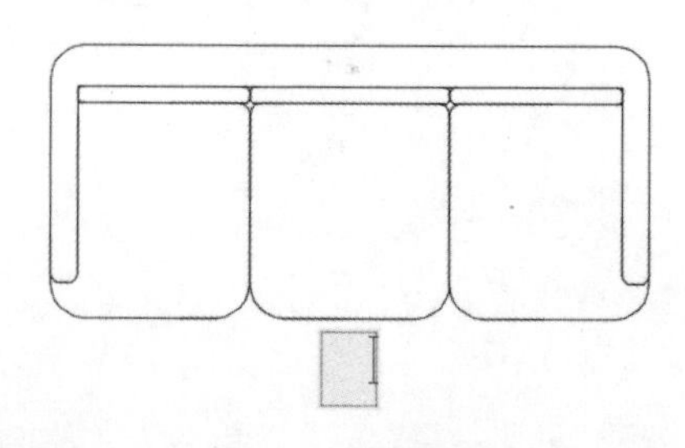

图 7-4　文字编辑框

步骤 5 在文字编辑框内输入文字“三人组沙发平面图”，然后在文字编辑框外任意

位置处单击，按 Esc 键结束命令，如图 7-5 所示。

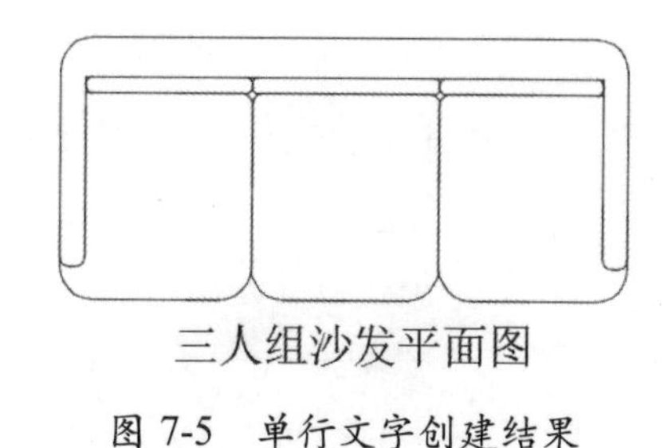

图 7-5　单行文字创建结果

执行上述操作的命令行提示如下：

```
命令： TEXT                                                //调用【单行文字】命令
当前文字样式： "Standard"  文字高度： 2.7  注释性： 否  对正： 左
指定文字的起点 或 [对正(J)/样式(S)]：                      //单击指定文字起点
指定高度 <2.7>： 100                                       //输入文字高度为100
指定文字的旋转角度 <0d0'>：                                //按Enter键
```

2. 选项说明

☆ 样式 (S)：设置当前文字所使用的样式。

☆ 对正 (J)：设置文字的对齐方式，AutoCAD 提供了多种对齐方式，包括左、居中、右、中间、布满、左上、中上、右下等。

7.1.2 多行文字

多行文字是由任意数目的文字行或段落所组成的，与单行文字所不同的是，无论行数多少，多行文字均是一个整体。此外，用户可以为多行文字中不同的文字设置不同的格式。

执行多行文字操作的方法主要有以下几种。

☆ 单击【默认】选项卡→【注释】面板→【多行文字】按钮A。

☆ 单击【注释】选项卡→【文字】面板→【多行文字】按钮A。

☆ 选择【绘图】→【文字】→【多行文字】菜单命令。

☆ 在命令行中直接输入 MTEXT 或 MT 命令，并按 Enter 键。

1. 创建多行文字

在创建多行文字时，需要指定文字编辑框的大小，具体操作步骤如下。

步骤 1 打开配套资源中的“素材\Ch07\室内家具 .dwg”文件，如图 7-6 所示。

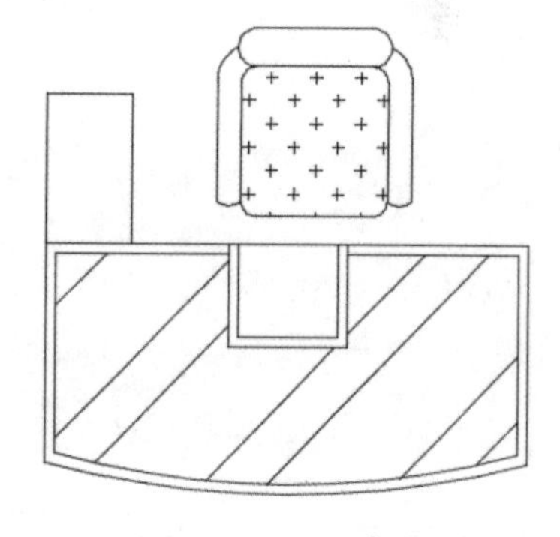

图 7-6　调入素材

步骤 2 单击【默认】选项卡→【注释】面板→【多行文字】按钮A，在图形右下角合适位置处单击，指定文字编辑框的第一角点，如图 7-7 所示。

步骤 3 拖动鼠标并单击，指定文字编辑框的对角点，按 Enter 键，如图 7-8 所示。

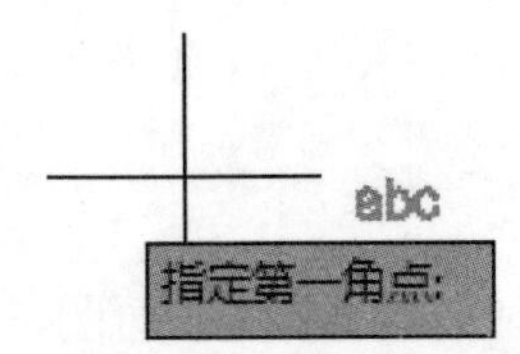

图 7-7　指定第一角点

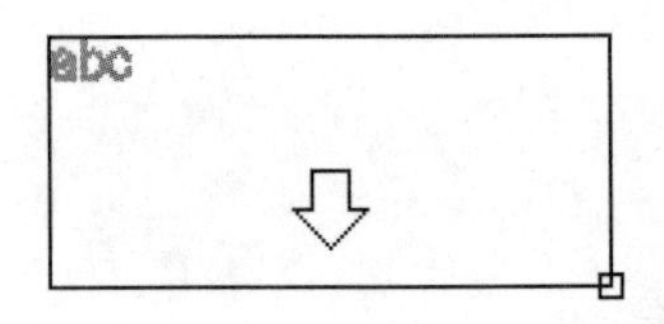

图 7-8　指定对角点

步骤 4 此时系统会自动弹出一个文字编辑器，如图 7-9 所示。

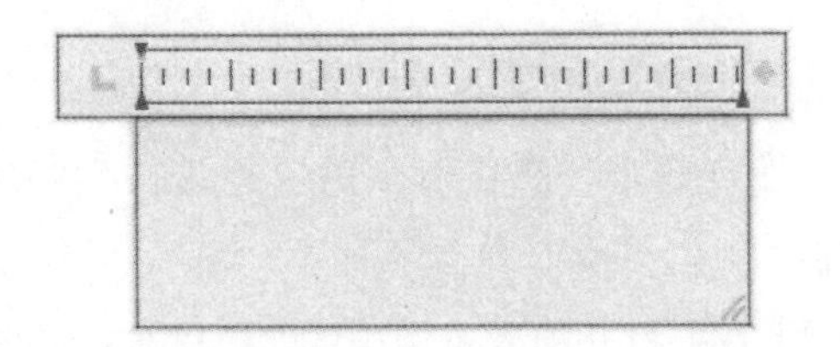

图 7-9　文字编辑器

步骤 5 在框内输入多行文字，在输入时按 Enter 键可实现换行。输入完成后，将光标定位至右下角，拖动鼠标调整输入框的大小，如图 7-10 所示。

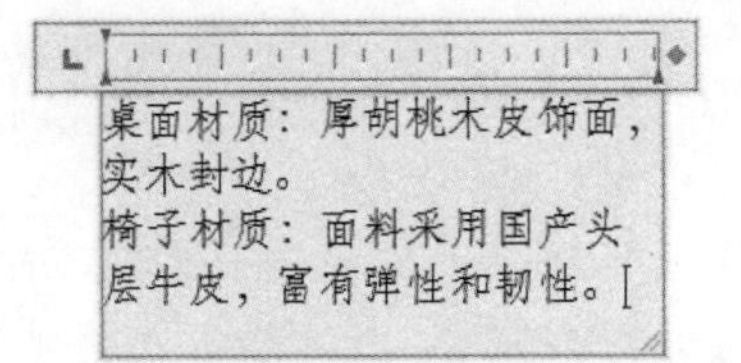

图 7-10　输入文字内容

步骤 6 在文字编辑框外任意位置处单击，结束输入，如图 7-11 所示。

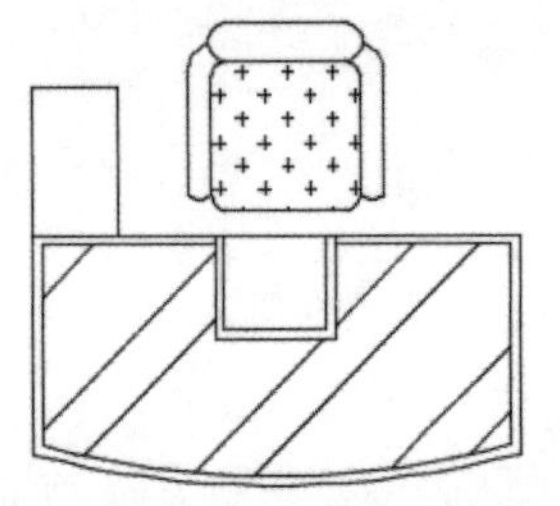

图 7-11　多行文字完成结果

执行上述操作的命令行提示如下：

```
命令： _MTEXT                                        //调用【多行文字】命令
当前文字样式： "Standard"  文字高度： 2.7  注释性： 否
指定第一角点:                                        //单击指定第一角点
指定对角点或 [高度(H)/对正(J)/行距(L)/旋转(R)/样式(S)/宽度(W)/栏(C)]:
                                                     // 单击指定对角点
```

2. 选项说明

☆ 高度 (H)：设置文字编辑框的高度。

☆ 对正 (J)：设置文字的对齐方式。

☆ 行距 (L)：设置多行文字中行与行之间的距离。

☆ 旋转 (R)：设置文字的旋转角度。

☆ 样式 (S)：设置当前文字所使用的样式。

☆ 宽度 (W)：设置文字编辑框的宽度。

☆ 栏 (C)：指定文字的栏类型及栏数。

3. 设置文字格式

在创建多行文字编辑框后，功能区中会增加【文字编辑器】选项卡，利用其中的【样式】、【格式】、【段落】等面板，可以为指定的文字设置字体、字号、字型、对齐方式、行距、项目符号、编号等格式，如图 7-12 所示。

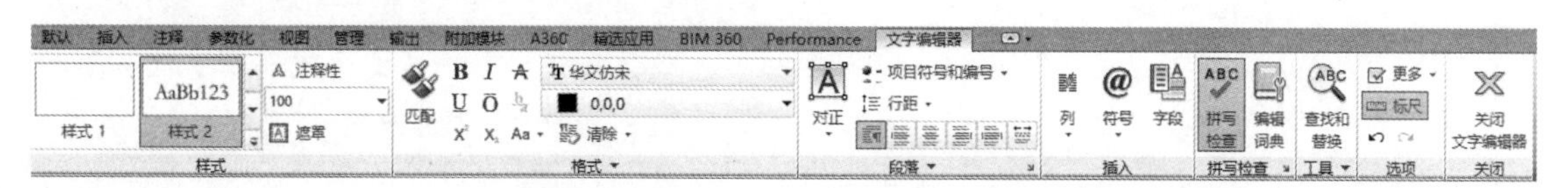

图 7-12　【文字编辑器】选项卡

提示　单行文字并没有【文字编辑器】选项卡，若要设置单行文字的字体格式，只能通过应用不同的文字样式来实现。

设置文字格式的具体操作步骤如下。

步骤 1 根据上述操作步骤，双击多行文字，进入到编辑状态，选择“桌面材质：”文字，在【样式】面板→【注释性】框内输入 150，按 Enter 键，设置字号，如图 7-13 所示。

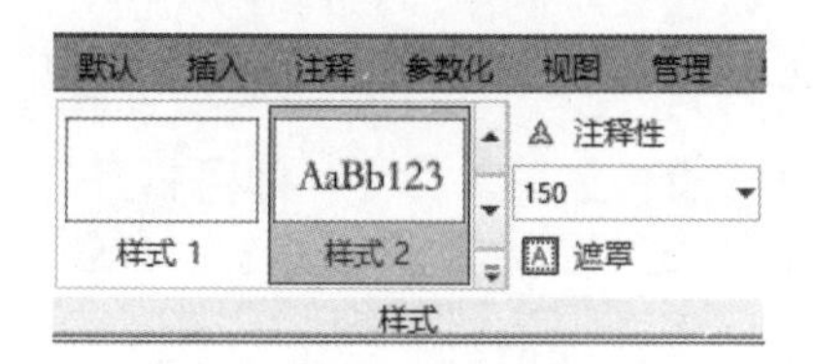

图 7-13　设置文字大小

提示　通过【样式】面板中的【遮罩】按钮，可为多行文字添加背景颜色，从而突出显示。

步骤 2 在【格式】面板中，单击字体按钮，在弹出的下拉列表中选择【宋体】，如图 7-14 所示。

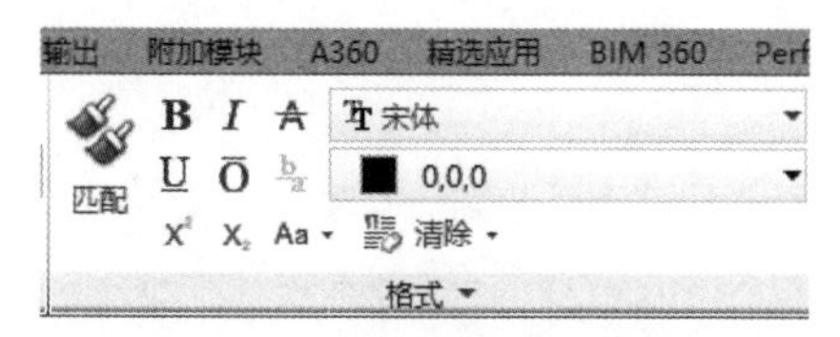

图 7-14　设置字体格式

步骤 3 在【样式】和【格式】面板中设置所选文字的字号、字体等效果，如图 7-15 所示。

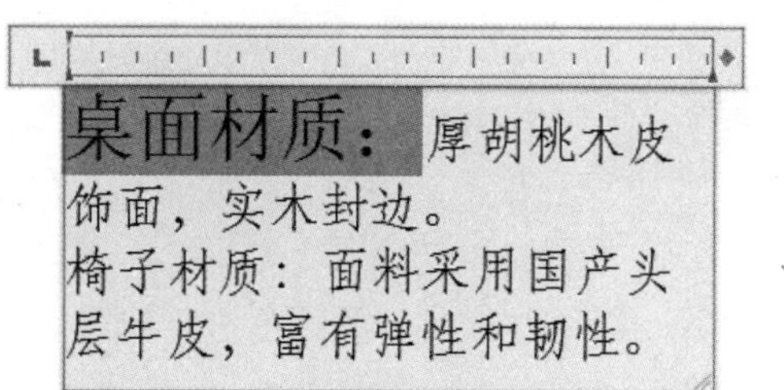

图 7-15　设置字号与字体

步骤 4 选择其余文字，单击【段落】面板→【项目符号和编号】下拉按钮，在弹出的下拉列表中选择【以数字标记】选项，如图 7-16 所示。

图 7-16　【项目符号和编号】下拉按钮

步骤 5 即可为所选文字添加编号，如图 7-17 所示。

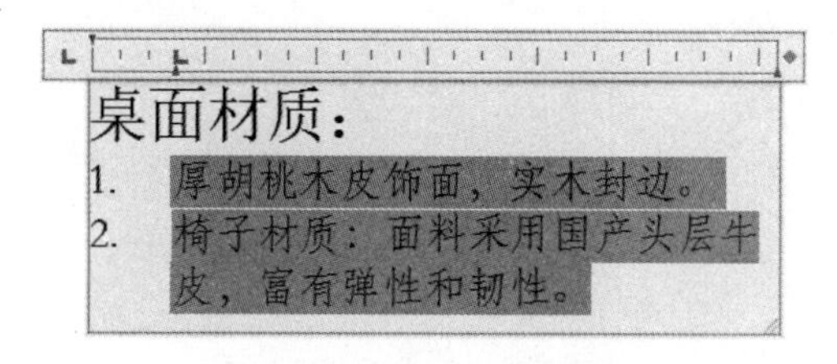

图 7-17　添加文字编号

步骤 6 向左右拖动编辑框顶部的标尺，调整文字的缩进量，如图 7-18 所示。

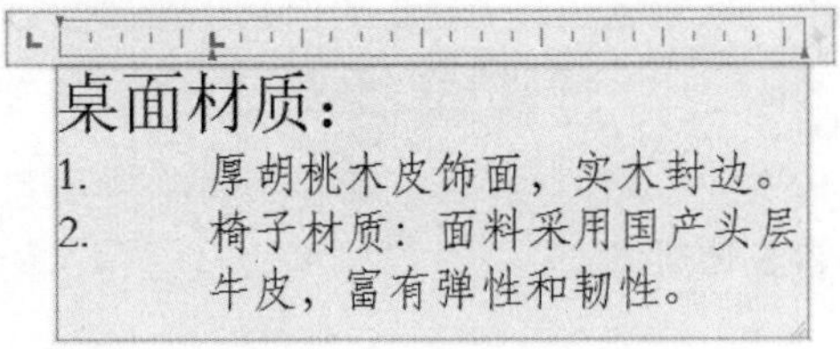

桌面材质：
1. 厚胡桃木皮饰面，实木封边。
2. 椅子材质：面料采用国产头层牛皮，富有弹性和韧性。

图 7-18　文字缩进结果

7.1.3 修改文字

无论是单行文字还是多行文字，在创建完成后，都可对其内容及特性进行修改。

1. 修改文字内容

若要修改文字的内容，首先需要进入到文字编辑状态，用户主要有以下几种方法来实现。

☆ 选择【修改】→【对象】→【文字】→【编辑】菜单命令。

☆ 单击【文字】工具栏中的【编辑】按钮。

☆ 在命令行中输入 TEXTEDIT，并按 Enter 键。

☆ 双击需要修改的文字。

执行上述任意一种操作，均可使文字进入到编辑状态，如图 7-19 所示。在其中修改内容后，在其他位置处单击，或者按 Esc 键退出编辑即可，如图 7-20 所示。

三人组沙发平面图

图 7-19　文字编辑状态

三人组沙发

图 7-20　文字编辑结果

提示 对于多行文字，进入编辑状态后，不仅可修改文字内容，此时功能区中还会增加【文字编辑器】选项卡，利用该选项卡用户可修改多行文字的格式。

2. 修改文字特性

修改文字特性是指修改文字的高度、对齐方式、旋转角度、文字样式等特性。用户主要有以下几种方法来实现该操作。

☆ 选择【修改】→【对象】→【文字】→【比例 / 对正】菜单命令，根据命令行的提示操作，可分别修改文字的高度及对齐方式。

☆ 单击【注释】选项卡→【文字】面板→【缩放】按钮或【对正】按钮，同样可以修改文字的高度和对齐方式。

☆ 选择要修改的文字，然后选择【修改】→【特性】菜单命令，即可打开【特性】对话框，在该对话框的【文字】区域中可设置文字的样式、方向、高度、旋转等特性，如图 7-21 所示。

图 7-21　【特性】对话框

提示　选择【工具】→【选项板】→【特性】菜单命令，单击【视图】选项卡→【选项板】面板→【特性】按钮，或者在命令行中输入 PROPERTIES 或 PR 命令，均可打开【特性】对话框。

7.1.4 实战演练 1——创建工程施工图说明

工程施工图是工程施工的主要依据之一，是编制工程施工计划、物资采购计划、劳动力组织计划等的依据。下面以创建一段工程施工图说明为例来综合练习前面所学文字编辑的方法，具体操作步骤如下。

步骤 1 调用 T(单行文字) 命令，绘制室内装饰设计说明的标题，结果如图 7-22 所示。

盛兴办公楼装饰工程施工图说明

图 7-22　编辑单行文字

步骤 2 调用 MT(多行文字) 命令，绘制室内装饰设计说明包含的内容，结果如图 7-23 所示。

盛兴办公楼装饰工程施工说明
工程概况
设计依据
设计理念
设计说明

图 7-23　编辑多行文字

步骤 3 调用 TEXTEDIT(编辑文字) 命令，修改文字，即可完成创建工程施工图说明，结果如图 7-24 所示。

盛兴办公楼装饰工程施工说明
工程概况
设计范围
平面布置
防火要求

图 7-24　修改文字结果

7.1.5 查找、替换文字

若图形文件中包含的文字较多，当需要查找某个特定的内容时，就可以使用 AutoCAD 提供的查找功能。若需要将查找出的文本替换为其他内容，则可使用替换功能，从而轻松修改文字内容。

执行查找和替换操作的方法主要有以下几种。

☆ 选择【编辑】→【查找】菜单命令。

☆ 单击【文字】工具栏中的【查找】按钮 。

☆ 在命令行中输入 FIND 命令，并按 Enter 键。

执行上述任意一种操作，均可打开【查找和替换】对话框，如图 7-25 所示。在【查找内容】文本框中输入要查找的文本，单击【查找】按钮，光标即可跳转到目标文本上，在【替换为】文本框中输入替换后的文本，单击【替换】按钮，可替换当前位置的文本，单击【全部替换】按钮，可批量替换所有查找出的文本。

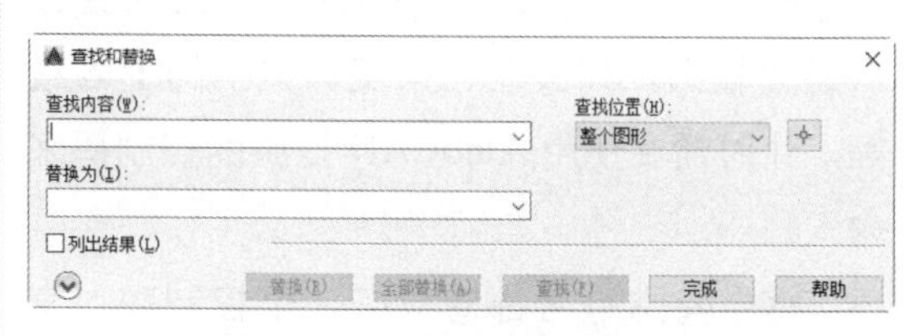

图 7-25　【查找和替换】对话框

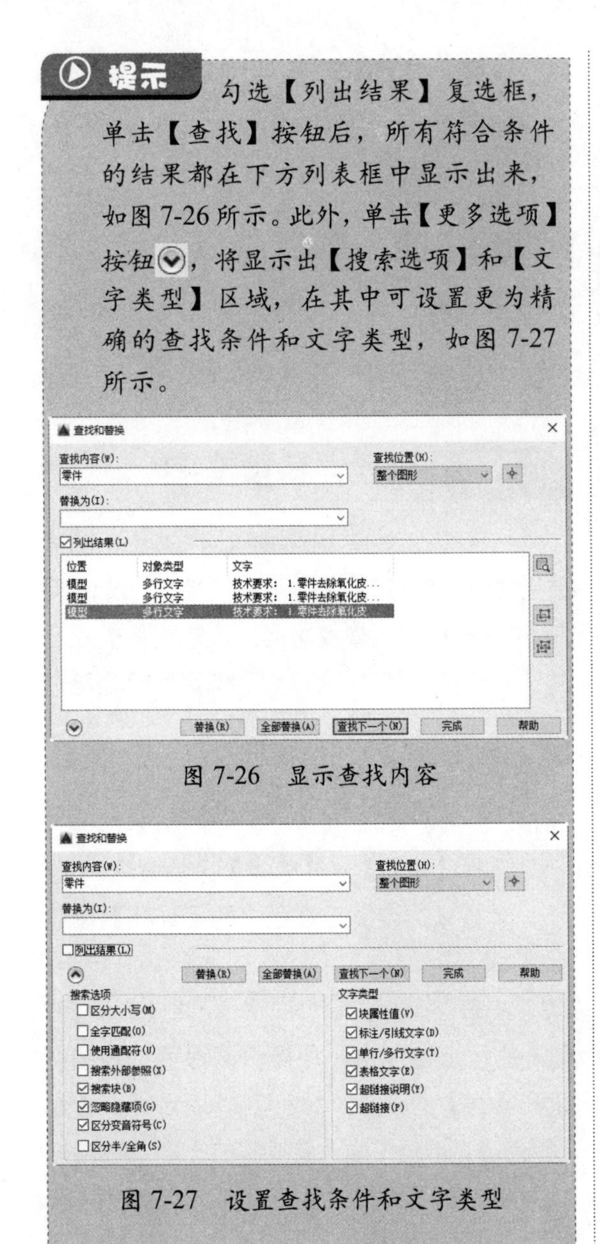

提示　勾选【列出结果】复选框，单击【查找】按钮后，所有符合条件的结果都在下方列表框中显示出来，如图 7-26 所示。此外，单击【更多选项】按钮，将显示出【搜索选项】和【文字类型】区域，在其中可设置更为精确的查找条件和文字类型，如图 7-27 所示。

图 7-26　显示查找内容

图 7-27　设置查找条件和文字类型

7.1.6 加入特殊符号

在制图过程中，有些特殊符号无法直接从键盘输入，如公差、角度、文字的上画线等，此时需要使用 AutoCAD 提供的控制码来输入。

每个特殊符号都对应有一个控制码，常用特殊符号的控制码如表 7-1 所示。进入到文字编辑状态后，输入对应的控制码，系统就会自动将其转换为相应的特殊符号。

表 7-1　特殊符号及其控制码

控 制 码	特殊符号
%%c	直径标注符号 (Φ)
%%d	角度符号 (°)
%%p	正 / 负公差符号 (±)
%%o	添加或删除上画线
%%u	添加或删除下画线
\u+2260	不相等 (≠)
\u+2248	几乎等于 (≈)
\u+0394	差值 (Δ)

例如，输入数字 45 后，输入两个 % 符号，如图 7-28 所示。当继续输入字母 d 时，该组控制码自动转换为角度这一特殊符号，如图 7-29 所示。

45%%

图 7-28　加入特殊符号前

45°

图 7-29　加入特殊符号后

此外，对于多行文字，除了使用控制码来输入特殊符号外，用户还有以下两种方法输入。

☆　进入到文字的编辑状态，单击【文字编辑器】对话框→【插入】面板→【符号】下拉按钮，在弹出的下拉列表中选择要插入的特殊符号即可，如图 7-30 所示。

☆　进入到文字的编辑状态，在目标位置处单击鼠标右键，在弹出的快捷菜单中选择【符号】命令，然后在子菜单中选择相应的特殊符号即可，如图 7-31 所示。

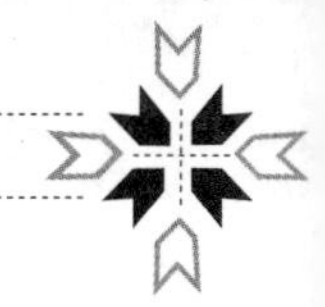

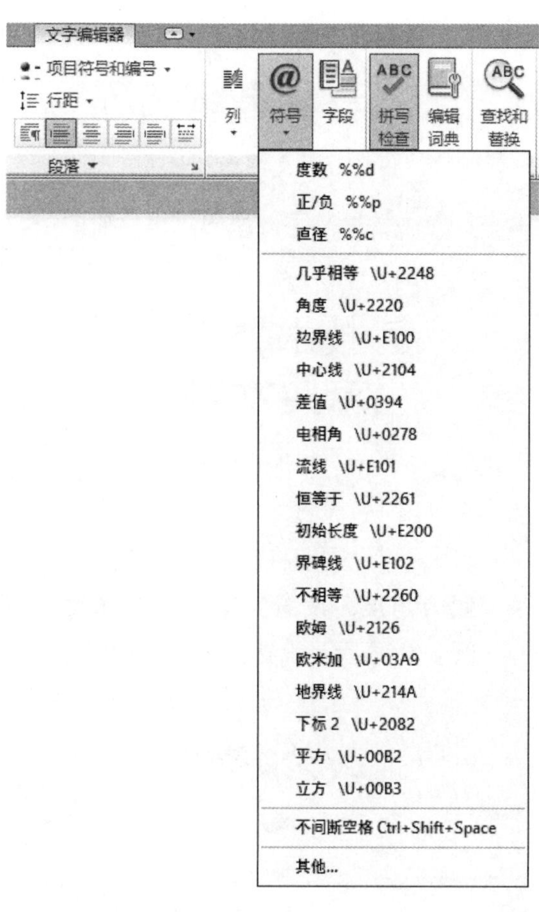

图 7-30　【符号】菜单命令

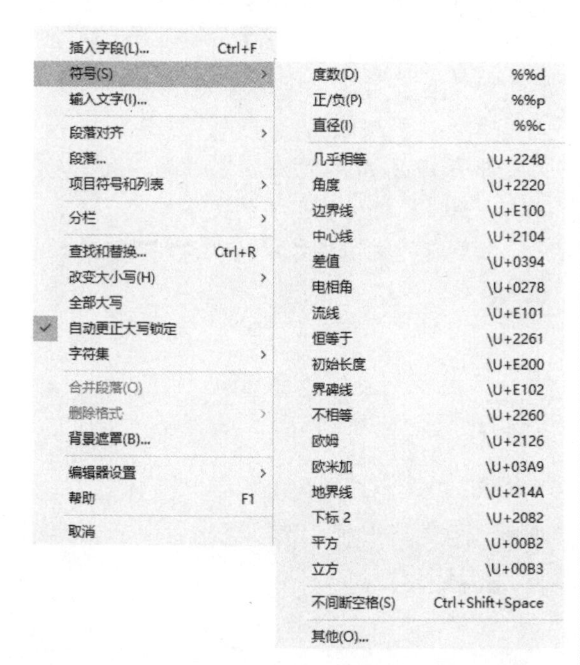

图 7-31　显示特殊符号内容

7.1.7 定义文字样式

文字样式是指字体、字号、旋转角度、方向等格式的集合，在创建文字时，系统默认使用的是 Standard 样式。此外，用户可根据需要自定义文字样式。该操作需要在【文字样式】对话框中完成，打开此对话框的方法主要有以下几种。

☆ 单击【默认】选项卡→【注释】面板→【文字样式】按钮。

☆ 单击【注释】选项卡→【文字】面板右下角的按钮。

☆ 选择【格式】→【文字样式】菜单命令。

☆ 单击【文字 / 样式】工具栏中的【文字样式】按钮。

☆ 在命令行中直接输入 STYLE 或 ST 命令，并按 Enter 键。

执行上述任意一种操作，均可打开【文字样式】对话框，在其中可完成自定义文字样式的操作。具体操作步骤如下。

步骤 1 选择【格式】→【文字样式】菜单命令，打开【文字样式】对话框，单击【新建】按钮，如图 7-32 所示。

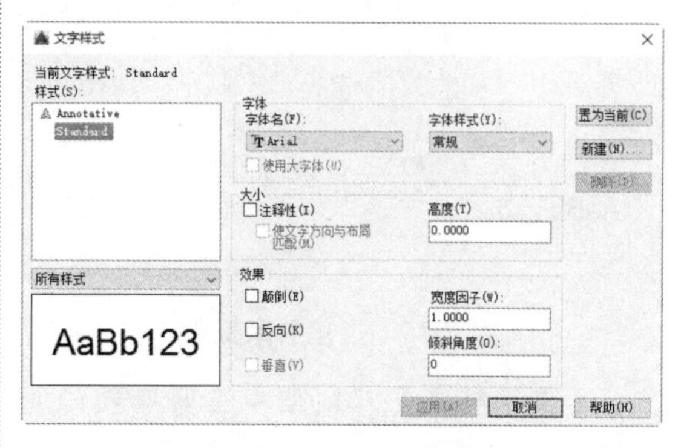

图 7-32　【文字样式】对话框

步骤 2 打开【新建文字样式】对话框，在【样式名】文本框中输入名称，如输入【建筑样式】，单击【确定】按钮，如图 7-33 所示。

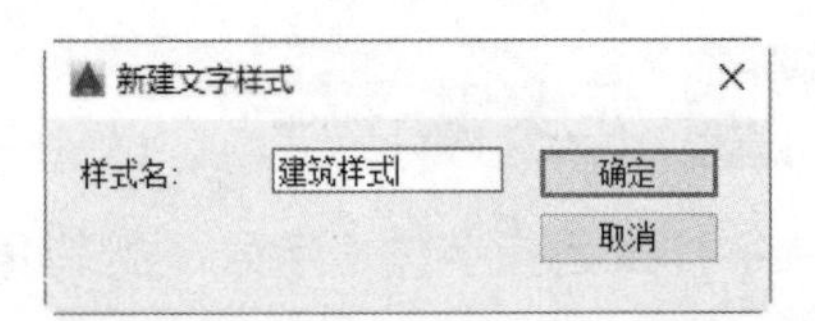

图 7-33 【新建文字样式】对话框

步骤 3 返回至【文字样式】对话框，单击【字体名】右侧的下拉按钮，在弹出的下拉列表中选择【黑体】，如图 7-34 所示。

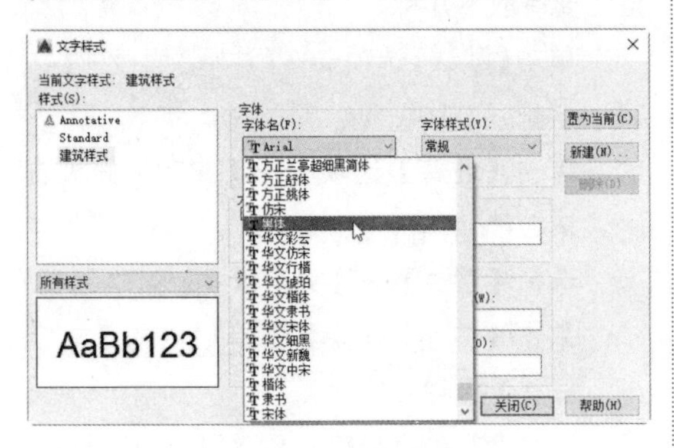

图 7-34 设置字体

步骤 4 在【高度】文本框中输入 3.5，单击【应用】按钮，将设置应用到自定义的文字样式，然后单击【关闭】按钮，关闭对话框即可，如图 7-35 所示。

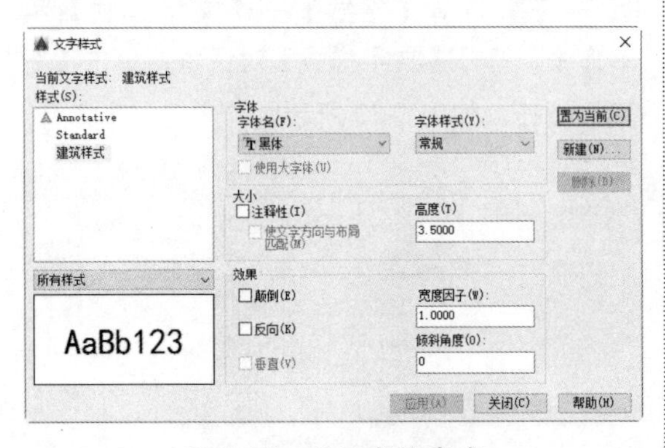

图 7-35 设置字体高度

【文字样式】对话框中主要选项说明如下。

☆ 字体名：设置文字的字体。

☆ 高度：设置文字的字号。

☆ 颠倒：设置文字的翻转效果，如图 7-36 所示。

技术要求

图 7-36 文字翻转效果

☆ 反向：设置文字的反向效果，如图 7-37 所示。

技术要求

图 7-37 文字反向效果

☆ 宽度因子：设置文字的宽度，默认为 1，若大于 1，文字将变宽。

☆ 倾斜角度：设置文字的倾斜角度，如图 7-38 所示是设置为 60 度的效果。

技术要求

图 7-38 文字倾斜效果

> **提示**
>
> 在【样式】列表框中的样式上单击鼠标右键，在弹出的快捷菜单中选择【重命名】命令，可对文字样式进行重命名。若选择【删除】命令，可删除所选中的文字样式，如图 7-39 所示。需要注意的是，用户无法删除已经被使用了的文字样式、被置为当前的文字样式以及默认的 Standard 样式。

图 7-39 【文字样式】对话框

7.1.8 实战演练 2——创建室内装饰说明

工程施工图是工程施工的主要依据之一，是编制工程施工计划、物资采购计划、劳动力组织计划等的依据。下面以创建一段工程施工图说明为例来综合练习前面所学文字编辑的方法。具体操作步骤如下。

步骤 1 打开配套资源中的“素材\Ch07\基本图形 .dwg”文件，结果如图 7-40 所示。

新花园室内装饰工程施工说明
工程概况：本工程为框架结构，总装饰面积为3200平米
设计范围：本装饰工程包括室内地面、墙面、吊顶及后期家具配饰
平面布置：1、一层布置主要有餐厅、卧室、书房、卫生间等构成
2、二层布置主要有卧室、书房、储物间及露天花园等构成
防火要求：所有隐蔽木结构表面必须涂刷防火漆两遍

图 7-40　调入素材

步骤 2 调用 FIND(查找和替换) 命令，即可弹出【查找和替换】对话框，在其中设置相应参数，结果如图 7-41 所示。

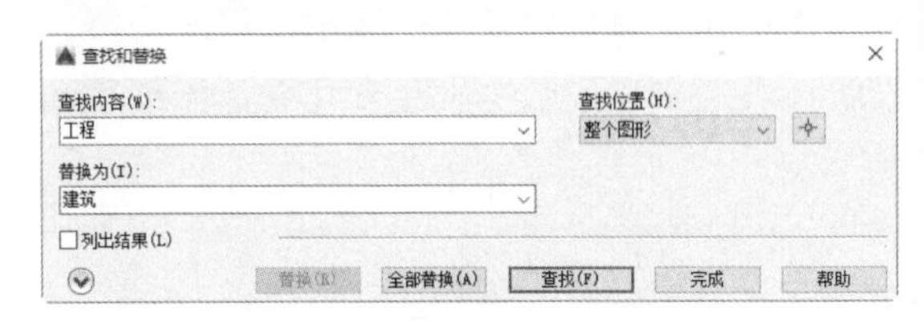

图 7-41　【查找和替换】对话框

步骤 3 在弹出的【查找和替换】对话框中，选择查找和替换对象，结果如图 7-42 所示。

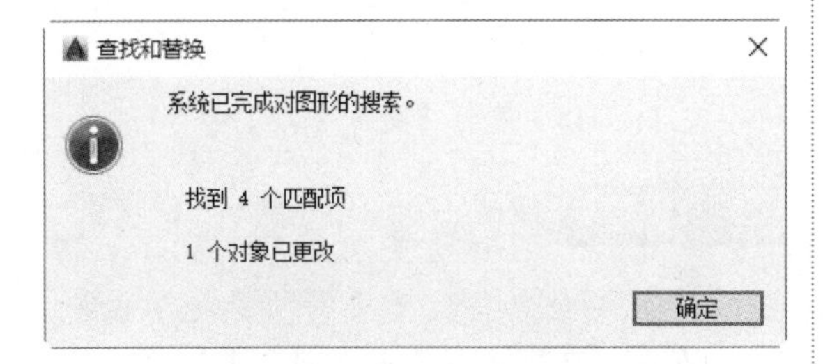

图 7-42　查找显示结果

步骤 4 单击【全部替换】按钮，图中用粗体加下画线表示替换对象，即可完成文字查找和替换的操作，结果如图 7-43 所示。

新花园室内装饰建筑施工说明
建筑概况：本建筑为框架结构，总装饰面积为3200平米
设计范围：本装饰建筑包括室内地面、墙面、吊顶及后期家具配饰
平面布置：1、一层布置主要有餐厅、卧室、书房、卫生间等构成
2、二层布置主要有卧室、书房、储物间及露天花园等构成
防火要求：所有隐蔽木结构表面必须涂刷防火漆两遍

图 7-43　查找和替换后的结果

步骤 5 双击上述文字，待文字进入编辑状态，输入室内装饰面完成标高，结果如图 7-44 所示。

新花园室内装饰工程施工说明
工程概况：本工程为框架结构，总装饰面积为3200平米，室内吊顶完成面标 高为2.750，室内地面完成面标高为%%p0.000
设计范围：本装饰工程包括室内地面、墙面、吊顶及后期家具配饰
平面布置：1、一层布置主要有餐厅、卧室、书房、卫生间等构成
2、二层布置主要有卧室、书房、储物间及露天花园等构成
防火要求：所有隐蔽木结构表面必须涂刷防火漆两遍

图 7-44　执行加入特殊符号操作

步骤 6 编辑完成后，在文字编辑框外任意地方单击，即可完成文字加入特殊符号的操作，结果如图 7-45 所示。

新花园室内装饰工程施工说明
工程概况：本工程为框架结构，总装饰面积为3200平米，室内吊顶完成面标 高为2.750，室内地面完成面标高为±0.000
设计范围：本装饰工程包括室内地面、墙面、吊顶及后期家具配饰
平面布置：1、一层布置主要有餐厅、卧室、书房、卫生间等构成
2、二层布置主要有卧室、书房、储物间及露天花园等构成
防火要求：所有隐蔽木结构表面必须涂刷防火漆两遍

图 7-45　加入特殊符号结果

步骤 7 双击上述文字，待文字进入编辑状态，选中所有文字，在弹出的【文字编辑器】选项卡中，选择【宋体】，结果如图 7-46 所示。

步骤 8 编辑完成后，在文字编辑框外任意地方单击，即可完成定义文字样式的操作，结果如图 7-47 所示。

A360 精选应用 BIM 360 Performance 文字编辑器
方正兰亭超细黑简体
项目符号和编号
行距
对正
段落
华文琥珀
华文细黑
华文行楷
华文隶书
宋体
幼圆
微软雅黑
微软雅黑 Light
新宋体
方正兰亭超细黑简体
方正姚体
方正舒体

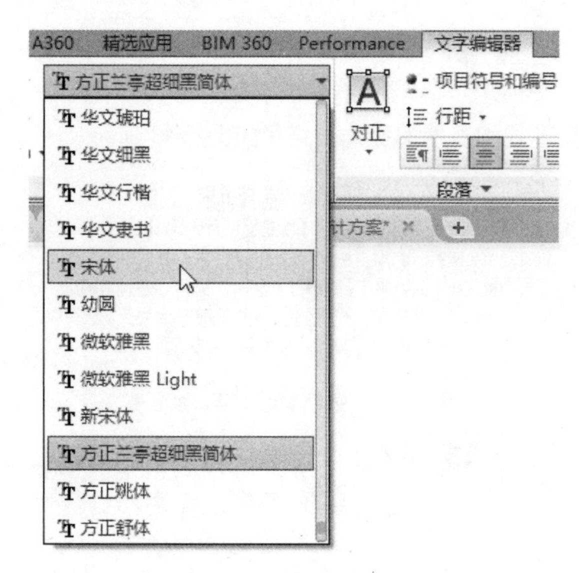

图 7-46 选择字体

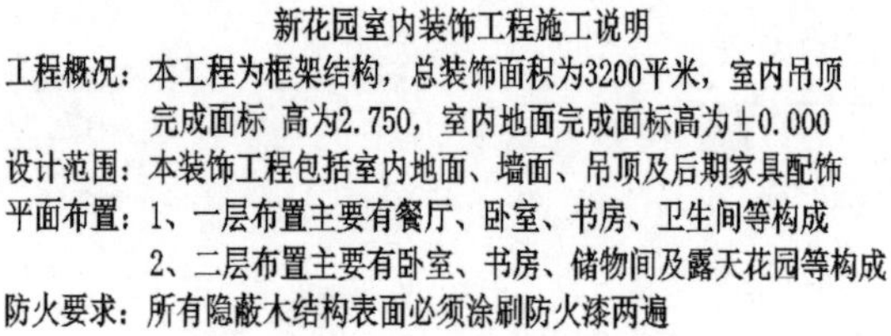

新花园室内装饰工程施工说明
工程概况：本工程为框架结构，总装饰面积为3200平米，室内吊顶
完成面标 高为2.750，室内地面完成面标高为±0.000
设计范围：本装饰工程包括室内地面、墙面、吊顶及后期家具配饰
平面布置：1、一层布置主要有餐厅、卧室、书房、卫生间等构成
2、二层布置主要有卧室、书房、储物间及露天花园等构成
防火要求：所有隐蔽木结构表面必须涂刷防火漆两遍

图 7-47 定义文字样式结果

7.2 字段的使用

在制图时，经常会使用一些在设计过程中发生变化的文字和数据，如引用的视图方向、重新编号后的图纸、更改后的图纸尺寸和日期等。当这些数据发生变化时，用户往往需要手动修改，这样不仅降低了工作效率，而且容易出错。此时可以使用字段解决这一问题。字段也是文字，又称作“智能文字”。当字段所代表的文字或数据发生变化时，无须手动修改，字段会自动更新。

7.2.1 更新字段

对字段进行更新操作，那么字段就会显示为最新的值。用户既可单独更新字段，也可在文字对象中更新所有字段。更新字段的具体操作步骤如下。

步骤 1 接上一节的操作，进入到文字编辑状态，选择要更新的字段，单击鼠标右键，在弹出的快捷菜单中选择【更新字段】命令，如图 7-48 所示。

备注：
此图纸版权归
创建日期：
2017年3月8
选择性粘贴
编辑字段(E)... Ctrl+F
更新字段(D)
将字段转换为文字(V)
符号(S)
输入文字(I)...
段落对齐
段落...
项目符号和列表
分栏

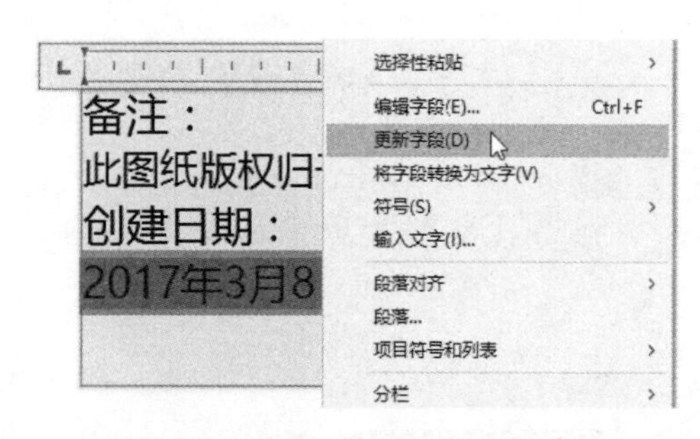

图 7-48 选择【更新字段】命令

提示 在快捷菜单中选择【编辑字段】命令，将打开【字段】对话框，在其中可对字段重新编辑；若选择【将字段转换为文字】命令，可将所选字段转换为文字。

步骤 2 即可更新所选的字段，如图 7-49 所示。

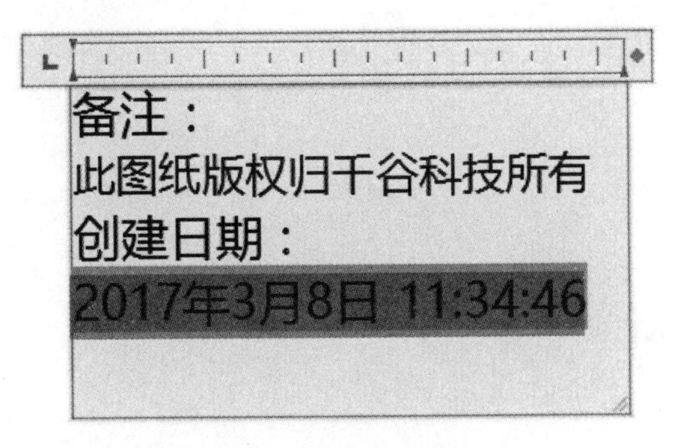

图 7-49 更新字段结果

除了上述方法外，用户还可直接输入命令以完成更新字段的操作。在命令行中输入 UPD 命令，按 Enter 键，然后选择要更新的字段即可。

7.2.2 插入字段

简单来说，字段是可自动更新的文字，包括多种类型，如打印比例、打印方向、文件大小、日期和时间、图纸尺寸等。

1. 命令调用方法

☆ 单击【插入】选项卡→【数据】面板→【字段】按钮。

☆ 选择【插入】→【字段】菜单命令。

☆ 在命令行中输入 FIELD 或 FIE 命令，并按 Enter 键。

☆ 当文本或表格处于编辑状态时，在要插入字段处单击鼠标右键，在弹出的快捷菜单中选择【插入字段】命令。

☆ 当文本处于编辑状态时，单击【文字编辑器】选项卡→【插入】面板→【字段】按钮。

提示 前三种方法适用于单独插入字段，后两种方法则适用于在多行文字和表格中插入字段。

2. 插入字段的操作

用户既可以在多行文字和表格中插入字段，也可以单独插入字段。下面以在多行文字中插入字段为例进行介绍。具体操作步骤如下。

步骤 1 打开配套资源中的“素材\Ch07\基本图形.dwg”文件，双击多行文字，进入到编辑状态，将光标定位在最后一行，如图 7-50 所示。

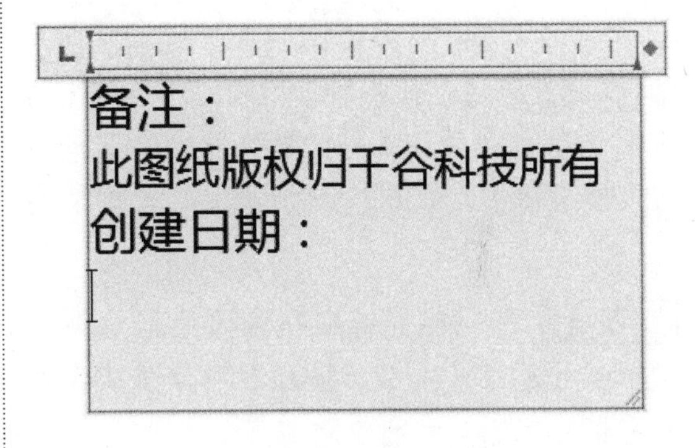

图 7-50 插入素材

步骤 2 单击鼠标右键，在弹出的快捷菜单中选择【插入字段】命令，如图 7-51 所示。

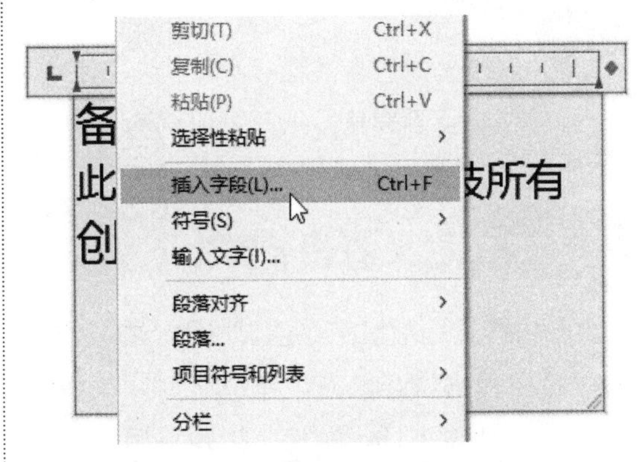

图 7-51 选择【插入字段】命令

步骤 3 打开【字段】对话框，单击【字段类别】下拉按钮，在弹出的下拉列表中显示了所有的字段类别，这里选择【日期和时间】类别，如图 7-52 所示。

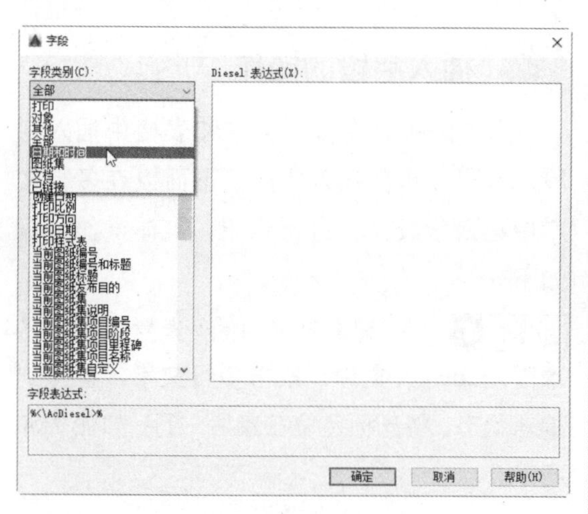

图 7-52　【字段】对话框

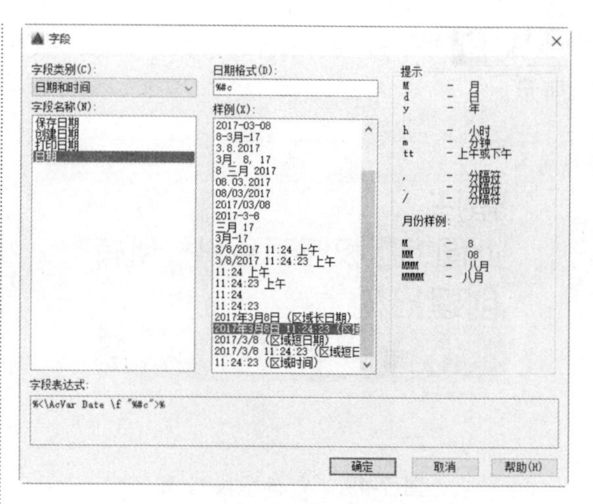

图 7-53　【样例】列表框

步骤 4 在【字段名称】列表框中选择【日期】选项，然后在【样例】列表框中选择日期和时间类型，单击【确定】按钮，如图 7-53 所示。

步骤 5 即可在光标所在位置插入日期和时间类型的字段，该日期和时间是系统当前的日期和时间，如图 7-54 所示。

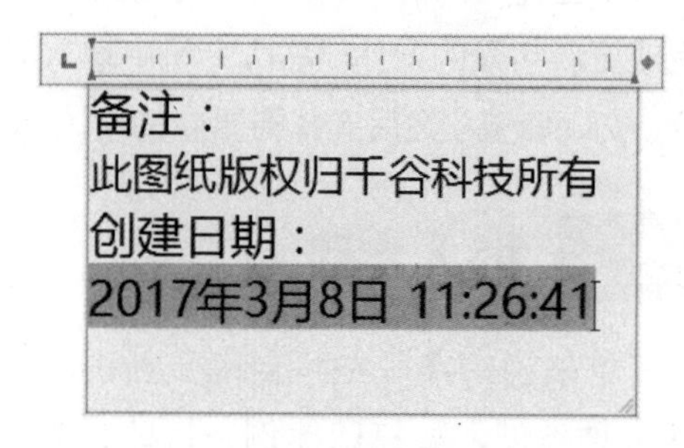

图 7-54　插入字段结果

7.3 表格制作

表格是由包含注释（以文字为主，也包含多个块）的单元构成的矩形阵列。在工程制图中经常会用到表格，从而可以更为直观、清晰地表达数据。

7.3.1 定义表格样式

表格样式是指填充颜色、对齐方式、线宽、线型等格式的集合，在创建表格时，系统默认使用的是 Standard 样式。此外，用户可根据需要自定义表格样式。该操作需要在【表格样式】对话框中完成，打开此对话框主要有以下几种方法。

☆ 单击【默认】选项卡→【注释】面板→【表格】按钮，在弹出的【插入表格】对话框中单击按钮。

☆ 单击【注释】选项卡→【表格】面板右下角的按钮。

☆ 选择【格式】→【表格样式】菜单命令。

☆ 单击【样式】工具栏中的【表格样式】按钮。

☆ 在命令行中直接输入 TABLESTYLE 或 TS 命令，并按 Enter 键。

执行上述任意一种操作，均可打开【表格样式】对话框，在其中可完成创建表格样式的操作。具体操作步骤如下。

步骤 1 选择【格式】→【表格样式】菜单命令，打开【表格样式】对话框，单击【新建】按钮，如图 7-55 所示。

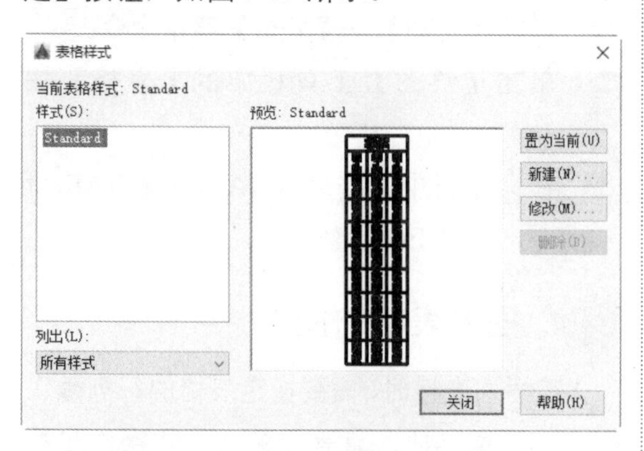

图 7-55　【表格样式】对话框

步骤 2 打开【创建新的表格样式】对话框，在【新样式名】文本框中输入名称，如输入【室内装饰】，单击【继续】按钮，如图 7-56 所示。

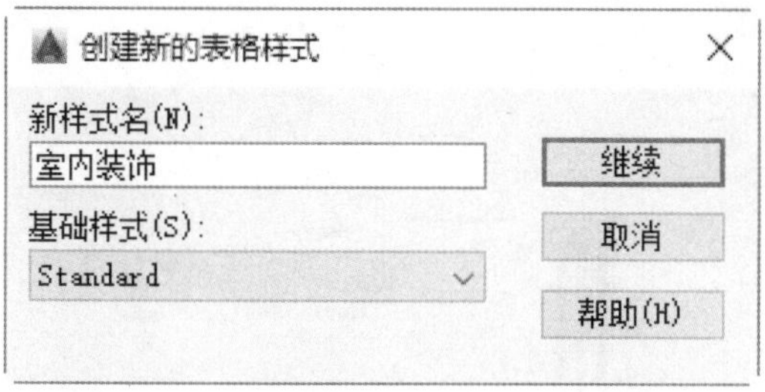

图 7-56　【创建新的表格样式】对话框

步骤 3 打开【新建表格样式：室内装饰】对话框，单击【单元样式】下拉按钮，在弹出的下拉列表中可选择设置【标题】、【表头】和【数据】3 种类型的表格样式，这里选择【数据】选项，如图 7-57 所示。

步骤 4 在【常规】选项卡中可对表格的背景填充颜色、对齐方式、数据类型、页边距等进行设置，这里将【对齐】设置为【正中】，如图 7-58 所示。

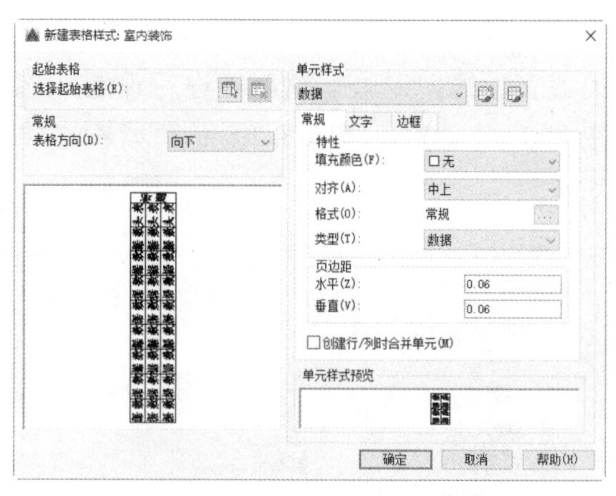

图 7-57　【新建表格样式：室内装饰】对话框

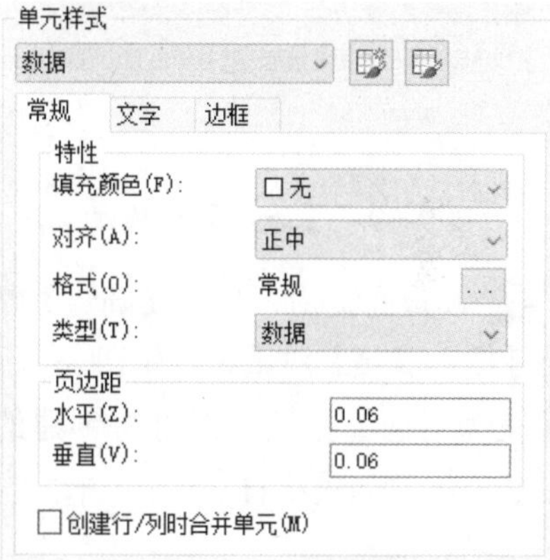

图 7-58　【常规】选项卡

步骤 5 在【文字】选项卡中可对表格中文本的样式、高度、颜色、角度进行设置，这里将【文字高度】设置为 150，【文字样式】设置为【宋体】，如图 7-59 所示。

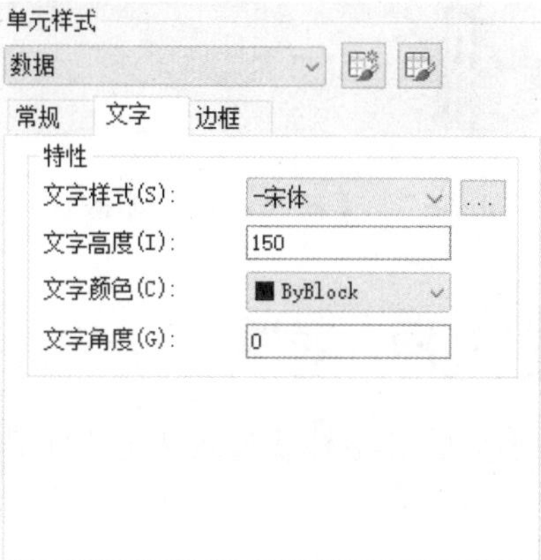

图 7-59　【文字】选项卡

步骤 6 在【边框】选项卡中可对表格的线宽、线型、边框颜色等进行设置，这里将【线宽】设置为 0.20mm，如图 7-60 所示。

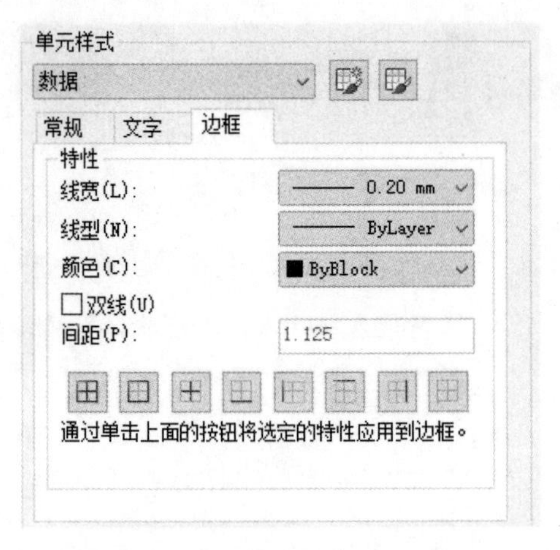

图 7-60 【边框】选项卡

步骤 7 设置完成后，单击【确定】按钮，返回至【插入表格】对话框，如图 7-61 所示，单击【置为当前】按钮，即可将创建的表格样式设置为当前的表格样式，然后单击【关闭】按钮，关闭对话框。

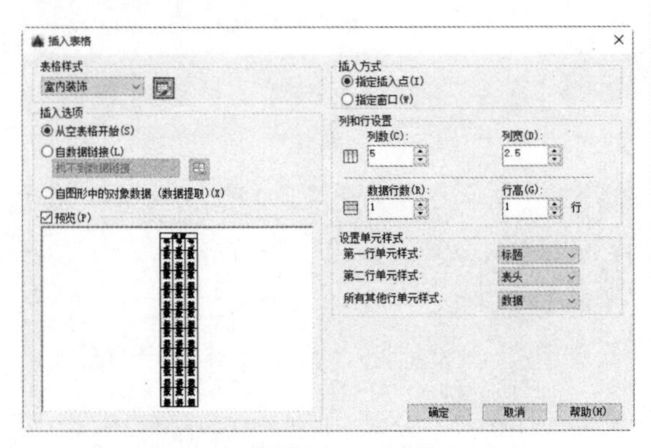

图 7-61 【插入表格】对话框

7.3.2 插入表格

将创建的表格样式设置为当前的表格样式，然后选择要插入表格的图层，接下来就可以插入表格了。

1. 命令调用方法

☆ 单击【默认】选项卡→【注释】面板→【表格】按钮。

☆ 单击【注释】选项卡→【表格】面板→【表格】按钮。

☆ 选择【绘图】→【表格】菜单命令。

☆ 单击【绘图】工具栏中的【表格】按钮。

☆ 在命令行中直接输入 TABLE 或 TAB 命令，并按 Enter 键。

2. 插入表格的操作

在插入表格时，需要指定表格的行列数、行高、列宽、插入点等元素。具体操作步骤如下。

步骤 1 接上述操作，单击【默认】选项卡→【注释】面板→【表格】按钮，打开【插入表格】对话框，如图 7-62 所示。

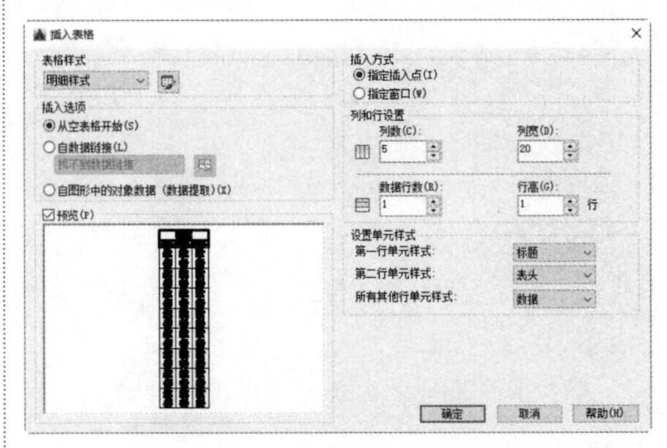

图 7-62 【插入表格】对话框

步骤 2 将【插入方式】设置为【指定窗口】，【列数】和【数据行数】分别设置为 4 和 6，然后单击【确定】按钮，如图 7-63 所示。

步骤 3 在绘图窗口的合适位置处单击，指定在该点插入表格，如图 7-64 所示。

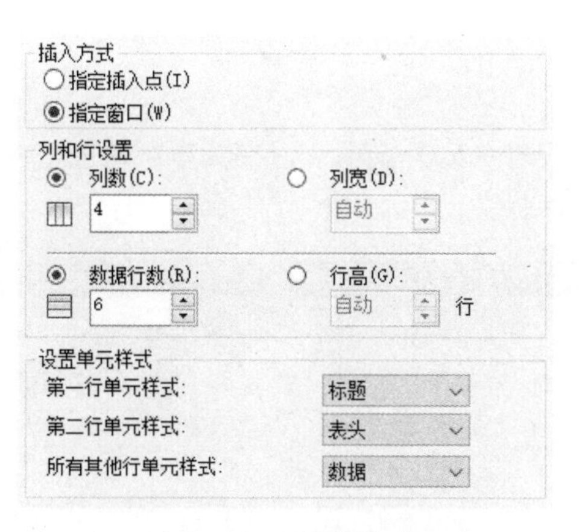

图 7-63　设置列和行

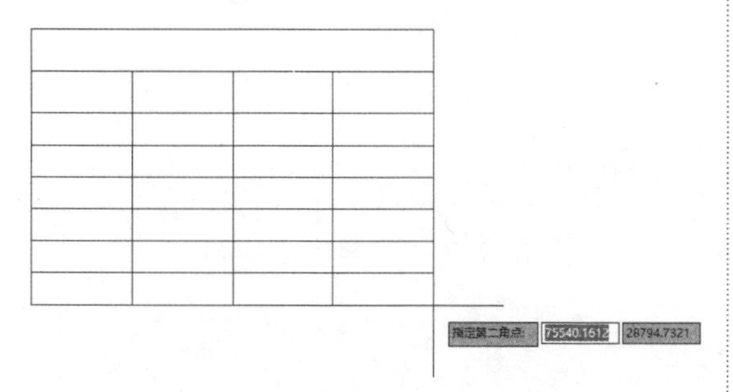

图 7-64　指定插入点

步骤 4 插入表格后，第 1 行中显示有闪烁光标，表示已进入编辑状态，在其中输入【装饰材料明细】作为表格的标题文本，如图 7-65 所示。

装饰材料明细			

图 7-65　插入表格结果

步骤 5 按方向键移动光标至其他单元格，或者双击目标单元格，使该单元格进入编辑状态，在其中输入相应的文本，然后在表格外其他位置处单击，结束输入即可，如图 7-66 所示。

装饰材料明细			
安装空间	工程项目	单价	总价

图 7-66　编辑文字结果

【插入表格】对话框中的主要选项说明如下。

☆ 表格样式：设置表格要应用的样式，单击其右侧的【表格样式】按钮，将打开【表格样式】对话框，在其中可修改或新建表格样式。

☆ 插入选项：设置是创建空白表格，还是链接外部表格中的数据来创建表格。

☆ 插入方式：设置表格的插入方式。指定插入点表示指定一个点作为表格左上角的位置，从而插入表格；指定窗口表示在绘图窗口中拖动鼠标来定义表格的大小和位置，行和列设置中始终只能设置一项参数，另一项则根据拖动范围自行设置。

☆ 列和行设置：设置表格的行列数、行高和列宽。

☆ 设置单元样式：设置表格中第一行、第二行以及其他行所使用的单元样式。

7.3.3 编辑表格

插入表格后，用户可以根据需要对表格进行编辑，包括在表格中插入行和列、删除行和列、合并单元格、调整行高和列宽、修改表格文本、设置文本格式等操作。

1. 编辑单元格

单击选中目标单元格，此时功能区中会增加【表格单元】选项卡，在其中可对表格中的行和列、对齐方式、表格边框等进行编辑，如图 7-67 所示。

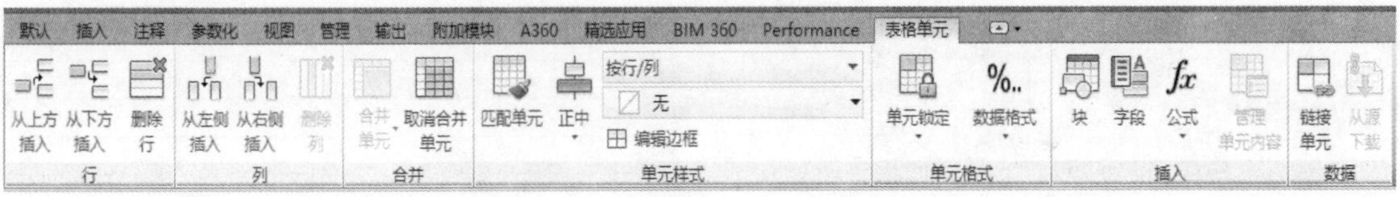

默认 插入 注释 参数化 视图 管理 输出 附加模块 A360 精选应用 BIM 360 Performance 表格单元
从上方插入 从下方插入 删除行 | 从左侧插入 从右侧插入 删除列 | 合并单元 取消合并单元 | 匹配单元 正中 按行/列 无 编辑边框 | 单元锁定 数据格式 | 块 字段 公式 管理单元内容 | 链接单元 从源下载
行 列 合并 单元样式 单元格式 插入 数据

图 7-67 【表格单元】选项卡

编辑单元格的具体操作步骤如下。

步骤 1 接上一小节的操作，单击选中单元格，然后单击【表格单元】选项卡→【列】面板→【从左侧插入】按钮，如图 7-68 所示。

装饰材料明细			
安装空间	工程项目	单价	总价

图 7-68 选择单元格

步骤 2 即可在原单元格左侧插入一个空白列，如图 7-69 所示。

装饰材料明细				
	安装空间	工程项目	单价	总价

图 7-69 插入表格结果

步骤 3 双击插入的单元格，进入到编辑状态，在其中输入【序号】，如图 7-70 所示。

步骤 4 拖动鼠标选择单元格区域，然后单击【表格单元】选项卡→【列】面板→【删除列】按钮，如图 7-71 所示。

装饰材料明细				
序号	安装空间	工程项目	单价	总价

图 7-70 编辑文字结果

默认 插入 注释 参数化 视图 管理
从上方插入 从下方插入 删除行 | 从左侧插入 从右侧插入 删除列
行 列

图 7-71 【删除列】按钮

步骤 5 即可删除目标单元格区域所在的列，如图 7-72 所示。

装饰材料明细			
序号	工程项目	单价	总价

图 7-72 删除列结果

步骤 6 单击鼠标选择单元格区域，单击【单元样式】面板→左上按钮，在弹出的下拉列表中选择【正中】选项，设置对齐方式为【左中】，如图 7-73 所示。

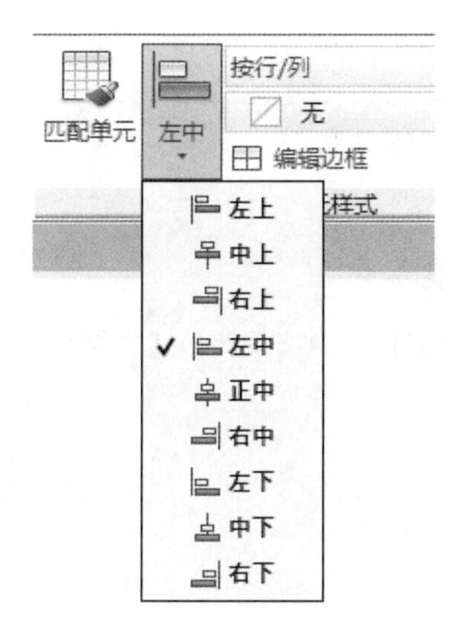

图 7-73　设置对齐方式

步骤 7　结果如图 7-74 所示。

装饰材料明细			
序号	工程项目	单价	总价

图 7-74　对齐方式显示结果

步骤 8　单击鼠标选择单元格区域，单击【表格单元】选项卡→【单元样式】面板→【无】按钮，在弹出的下拉列表中选择淡蓝色作为填充颜色，如图 7-75 所示。

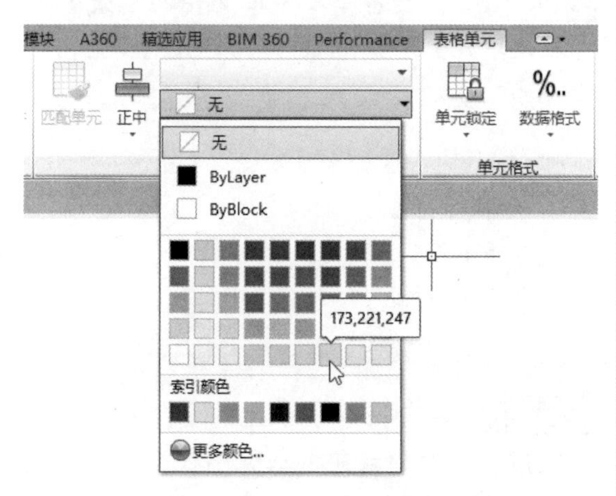

图 7-75　设置填充颜色

步骤 9　结果如图 7-76 所示。

装饰材料明细			
序号	工程项目	单价	总价

图 7-76　设置颜色结果

步骤 10　单击选中单元格，将光标定位在右侧控制点上，向左右拖动鼠标，即可调整列的宽度，如图 7-77 所示。

装饰材料明细			
序号	工程项目	单价	总价

图 7-77　设置列宽结果

【表格单元】选项卡中各面板说明如下。

☆ 行：从目标单元格的上方或下方插入一行，或者删除目标单元格所在的行。

☆ 列：从目标单元格的左侧或右侧插入一列，或者删除目标单元格所在的列。

☆ 合并：将选中的多个单元格区域合并成一个单元格，或者取消合并操作。

☆ 单元样式：设置表格中文本的对齐方式、目标单元格的填充颜色及边框样式等。

☆ 单元格式：设置是否锁定目标单元格的内容及格式，还可设置文本的数据格式。

☆ 插入：插入图块、字段、公式等元素。

☆ 数据：设置链接外部表格中的数据。

2. 编辑表格中的文本

双击表格中的目标单元格，进入到编辑状态，此时功能区中会增加【文字编辑器】

选项卡，在其中可对文字样式、文字格式、段落格式等进行设置，如图 7-78 所示。

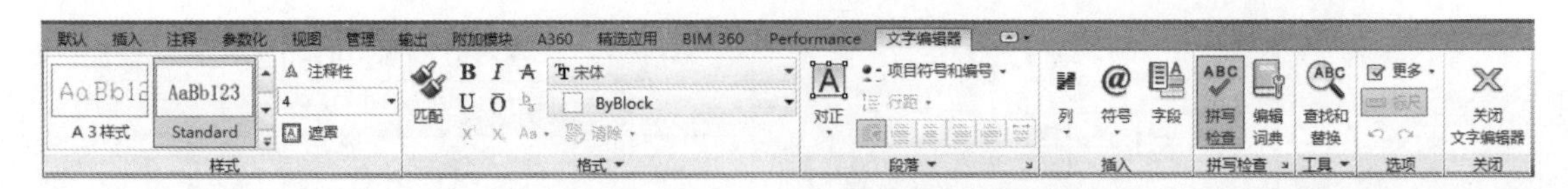

图 7-78 【文字编辑器】选项卡

【文字编辑器】选项卡的用法与 7.1.2 节设置多行文字格式中所使用的【文字编辑器】选项卡是完全相同的，这里不再赘述。

7.3.4 实战演练 3——创建室内简易标题栏

标题栏在工程施工中用来标注设计单位、图纸信息、工程名称等内容。下面以创建学生用简易标题栏为例来综合练习前面所学表格制作的方法。具体操作步骤如下。

步骤 1 选择【绘图】→【表格】菜单命令，即可打开【插入表格】对话框，可在其中设置表格的参数，如图 7-79 所示。

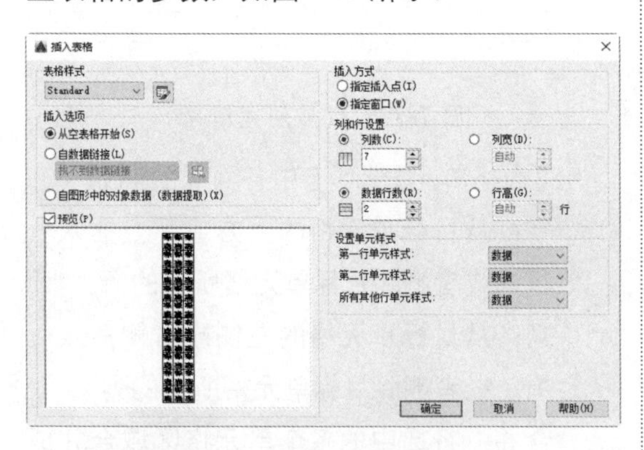

图 7-79 【插入表格】对话框

步骤 2 在【插入表格】对话框中单击【确定】按钮关闭该对话框，在绘图区域分别指定第一点和第二点，创建表格，结果如图 7-80 所示。

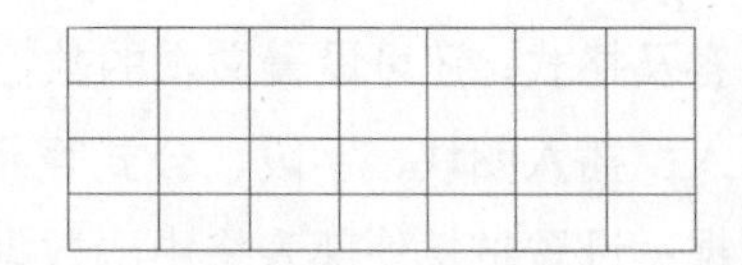

图 7-80 创建的表格

步骤 3 单击选择表格单元格，系统弹出【表格单元】选项卡，选择待合并的单元格，结果如图 7-81 所示。

	A	B	C	D	E	F	G
1							
2							
3							
4							

图 7-81 待合并单元格

步骤 4 单击该选项卡上的【合并单元】下拉按钮，对待合并的单元格执行【合并全部】操作，结果如图 7-82 所示。

	A	B	C	D	E	F	G
1							
2							
3							
4							

图 7-82 合并单元格结果

步骤 5 单击选择表格单元格，系统弹出【表格单元】选项卡，选择待合并的单元格，结果如图 7-83 所示。

	A	B	C	D	E	F	G
1							
2							
3							
4							

图 7-83 待合并单元格

步骤 6 单击该选项卡上的【合并单元】下拉按钮，对待合并的单元格执行【合并全部】操作，结果如图 7-84 所示。

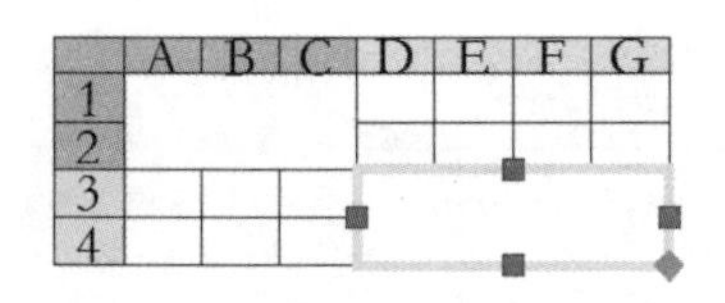

图 7-84　合并单元格结果

步骤 7 双击表格，系统自动弹出【文字格式】对话框，在其中编辑所需要的文字，结果如图 7-85 所示。

	A	B	C	D	E	F	G
1	图纸名称						
2							
3							
4							

图 7-85　编辑文字

步骤 8 在【表格单元】选项卡中，单击对齐下拉按钮，选择【正中】命令，对编辑完成的文字执行正中操作，结果如图 7-86 所示。

	A	B	C	D	E	F	G
1	图纸名称						
2							
3							
4							

图 7-86　执行正中操作

步骤 9 沿用上述同样的方法，编辑表格中其他待编辑的文字，结果如图 7-87 所示。

图纸名称			比例	材料	数量	图号
制图	姓名	日期	单位名称			
审核	姓名	日期				

图 7-87　编辑文字

步骤 10 沿用上述同样的方法，对编辑好的文字执行正中操作，即可完成表格文字的编辑操作，结果如图 7-88 所示。

图纸名称			比例	材料	数量	图号
制图	姓名	日期	单位名称			
审核	姓名	日期				

图 7-88　执行正中结果

步骤 11 单击选择表格单元格，系统弹出【表格单元】选项卡，在【列】面板中单击【从右侧插入】按钮，如图 7-89 所示。

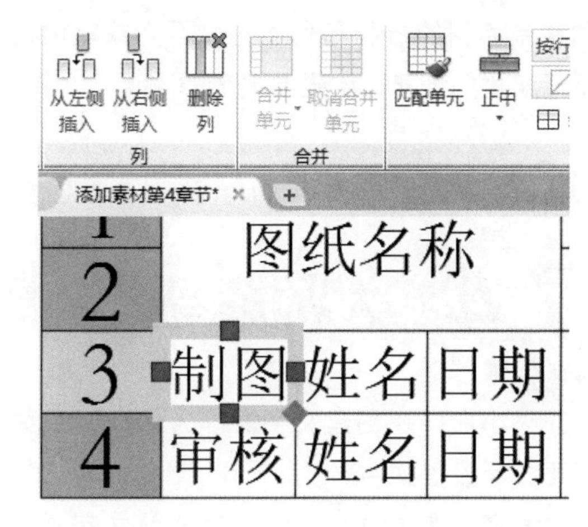

图 7-89　【列】面板

步骤 12 即可完成表格中列的插入，结果如图 7-90 所示。

	A	B	C	D	E	F	G	H
1	图纸名称				比例	材料	数量	图号
2								
3	制图		姓名	日期	单位名称			
4	审核		姓名	日期				

图 7-90　插入列结果

步骤 13 沿用上述同样的方法，在表格其他需要插入列的区域执行插入列的操作，结果如图 7-91 所示。

图纸名称					比例	材料	数量	图号
制图		姓名		日期	单位名称			
审核		姓名		日期				

图 7-91　插入列完成结果

步骤 14 通过单击选中表格单元格文字，执行 Ctrl+C(复制) 操作，复制移动文字位置，通过双击表格单元格待进入文字编辑状态时，执行删除文字操作，结果如图 7-92 所示。

图纸名称					比例	材料	数量	图号
制图	姓名		日期		单位名称			
审核	姓名		日期					

图 7-92　复制移动文字位置

步骤 15 选中表格，通过移动表格夹点，调整单元格的行高和列宽，即可完成室内简易标题栏的创建，结果如图 7-93 所示。

<table>
<tr><td colspan="4" rowspan="2">图纸名称</td><td>比例</td><td>材料</td><td>数量</td><td>图号</td></tr>
<tr><td></td><td></td><td></td><td></td></tr>
<tr><td>制图</td><td>姓名</td><td></td><td>日期</td><td colspan="4" rowspan="2">单位名称</td></tr>
<tr><td>审核</td><td>姓名</td><td></td><td>日期</td></tr>
</table>

图 7-93 调整表格尺寸结果

7.4 大师解惑

小白：在创建文字时，为何有时命令行不提示设置文字高度？

大师：在创建文字时，若当前文字样式中的文字高度为 0，那么命令行中会提示用户设置文字高度。若不为 0，那么命令行中不会提示，而是自动为文字应用当前文字样式中的高度。

小白：在绘制图形中，如何使单行文字和多行文字相互转换？

大师：若要使单行文字转换为多行文字，选中单行文字后，如图 7-94 所示。在命令行中输入 TXT2MTXT，按 Enter 键，即可完成转换，结果如图 7-95 所示。同理，若要使多行文字转换为单行文字，使用 EXPLODE 命令即可实现。

室内设计

图 7-94 单行文字显示结果

室内设计

图 7-95 多行文字显示结果

7.5 跟我学上机

练习 1：调用 MT(多行文字) 命令，绘制室内设计说明，如图 7-96 所示。

室内设计说明：
1、地面：铺设免漆地板；
2、墙面：刷乳胶漆，贴防水墙纸；
3、顶面：局部石膏板吊顶；
4、新做过道壁橱，安装定制门。

图 7-96 绘制室内设计说明

练习 2：调用 TAB(表格) 命令，绘制表格，如图 7-97 所示。

练习 3：在上一练习题的基础上，执行“单行文字”操作，添加文字说明，并插入灯具图块，相应地调整表格的行高和列宽，完成下列表格的绘制，如图 7-98 所示。

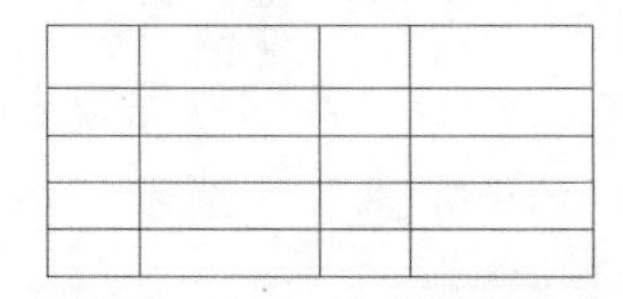

图 7-97 绘制表格

图例	材料名称	图例	材料名称
	石膏板（带造型）		双头射灯
	铝制盖板		格栅灯
	铝制条形盖板		射灯（可调角度）
	吸顶灯（灯带）		通风口

图 7-98 绘制灯具图例表

制图中的尺寸标注

在室内设计中无论是利用计算机绘图还是手工绘图，对图形对象进行尺寸标注是必不可少的。因为绘制图形只能反映物体对象的形状，并不能表达清楚图形的设计意图。而利用尺寸标注则可以确定图形中各个对象的真实大小和各个部分之间的相互位置。

AutoCAD 为用户提供了一套完整的尺寸标注命令和实用程序，可以轻松完成图纸中要求的尺寸标注。例如，使用 AutoCAD 中的"直径""半径""角度""线性"等标注命令，可以对直径、半径、角度、直线、弧长等进行标注。

- **本章学习目标（已掌握的在方框中打钩）**
  - □ 了解尺寸标注的基本知识。
  - □ 熟悉尺寸标注样式的基本知识。
  - □ 掌握创建多种标注样式的方法和技巧。
  - □ 掌握多种图形尺寸标注的方法和技巧。
  - □ 掌握编辑尺寸标注的方法和技巧。

- **重点案例效果**

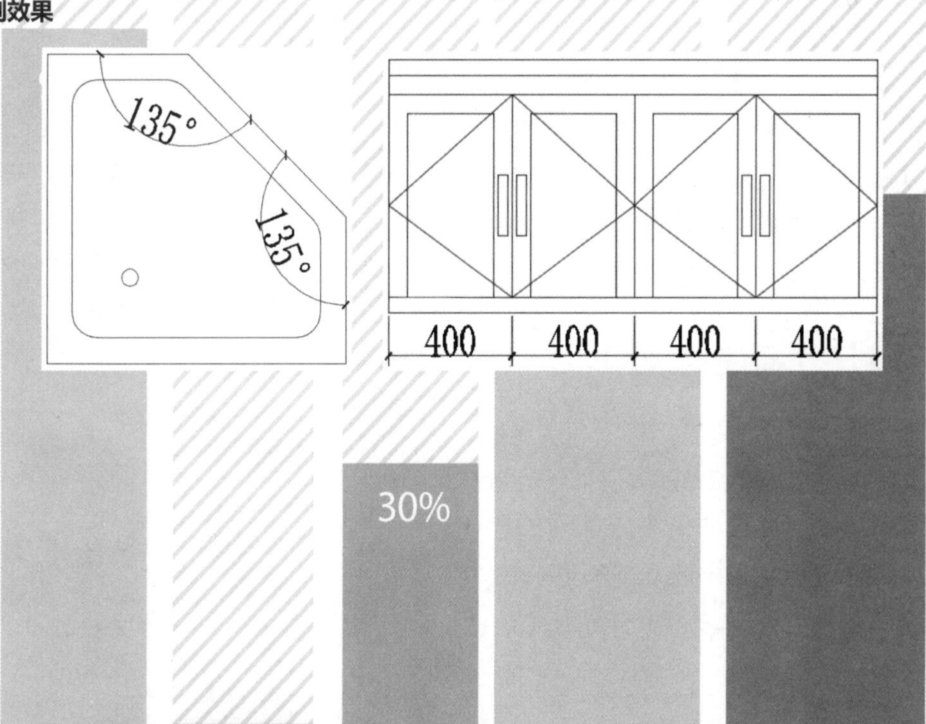

8.1 认识尺寸标注

尺寸标注可以让工程人员清楚地知道图形的尺寸和材料等信息，方便进行加工、制造、检验及备案工作。本节主要介绍尺寸标注的组成元素及相关规则。

8.1.1 尺寸标注的组成

一个完整的尺寸标注通常包括以下元素：尺寸数字、尺寸线、尺寸界线、尺寸起止符号，如图 8-1 所示。

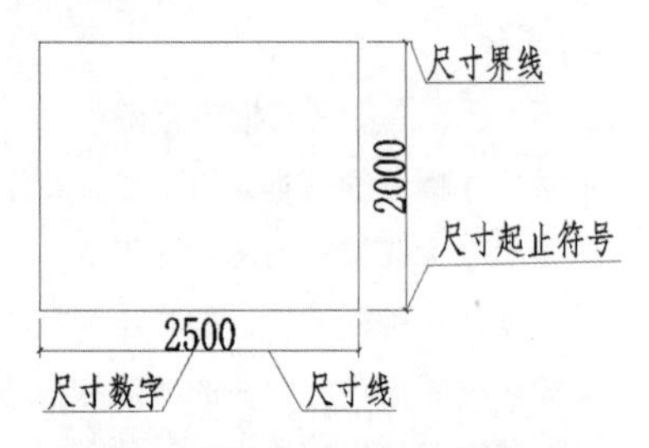

图 8-1 尺寸标注的组成

☆ 尺寸数字：用于显示测量值，可位于尺寸线上，也可位于尺寸线之间。

☆ 尺寸线：用于指示标注的方向与范围，通常为直线形式，对于角度标注，则显示为一段圆弧。

☆ 尺寸界线：用于指定标注的界限。通常情况下，尺寸界线与尺寸线相互垂直。

☆ 尺寸起止符号：又称为终止符号，显示在尺寸线的两端，用于确定测量的起点和终点。

8.1.2 尺寸标注的规则

尺寸标注有详细的规定，根据《房屋建筑制图统一标准》(GB/T 50001 — 2001) 和《房屋建筑室内装饰装修制图标准》(JGJ/T 244 — 2011) 规范规定，应遵循以下原则。

(1) 物体的真实大小应以图样上所标注的尺寸数值为依据。

(2) 图样中的尺寸以 mm(毫米) 为单位时，用户无须标注计量单位的代号或名称。若采用其他单位，则必须注明相应计量单位的代号或名称。

(3) 尺寸线应用细实线绘制，应与被标注长度平行。图样本身的任何图线均不得用作尺寸线。

(4) 尺寸界线应用细实线绘制，一般应与被标注长度垂直，其一端应离开图样轮廓线不小于 2mm，另一端宜超出尺寸线 2 ～ 3mm。图样轮廓线可用作尺寸界线，如图 8-2 所示。

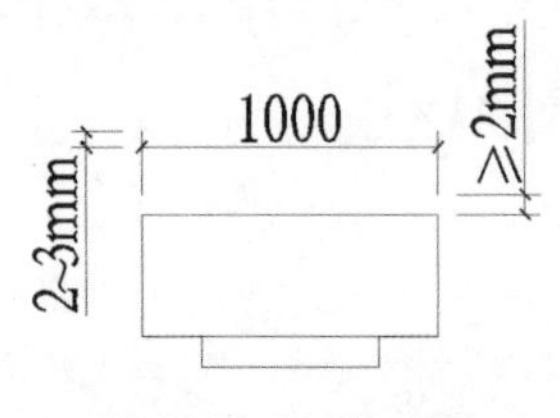

图 8-3 尺寸界限

(5) 尺寸起止符号一般用于中粗斜短线绘制，其倾斜方向应与尺寸界线成顺时针 45° 角，长度宜为 2 ～ 3mm。半径、直径、角度与弧长的尺寸起止符号，宜用箭头来表示，如图 8-3 所示。

图 8-3 尺寸起止符号

8.2 尺寸标注样式

标注样式 (Dimension Style) 是标注格式和外观的集合，包括标注文字的格式、箭头大小、尺寸界线的线型和线宽等内容。

8.2.1 新建标注样式

创建标注时，系统默认使用的是 Standard 样式。此外，用户可根据需要新建标注样式。该操作需要在【标注样式管理器】对话框中完成，打开此对话框主要有以下几种方法。

☆ 单击【默认】选项卡→【注释】面板→【标注样式】按钮。

☆ 单击【注释】选项卡→【标注】面板右下角的按钮。

☆ 选择【格式】→【标注样式】菜单命令。

☆ 单击【文字 / 样式】工具栏中的【标注样式】按钮。

☆ 在命令行中直接输入 DIMSTYLE 命令，并按 Enter 键。

执行上述任意一种操作，均可打开【标注样式管理器】对话框，在其中可完成新建标注样式的操作，具体操作步骤如下。

步骤 1 选择【格式】→【标注样式】菜单命令，打开【标注样式管理器】对话框，单击【新建】按钮，如图 8-4 所示。

步骤 2 打开【创建新标注样式】对话框，在【新样式名】文本框中输入名称，如输入【室内平面图】，单击【继续】按钮，如图 8-5 所示。

> **提示** 【创建新标注样式】对话框中的【基础样式】参数默认是 Standard 样式，表示新样式将基于该基础样式进行设置。

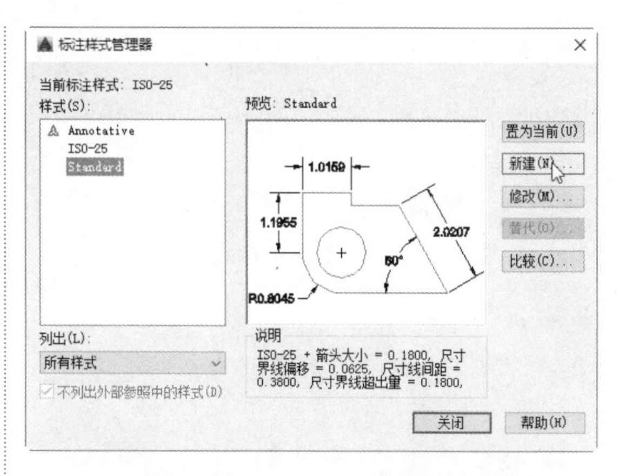

图 8-4　【标注样式管理器】对话框

图 8-5　【创建新标注样式】对话框

步骤 3 打开【新建标注样式：室内平面图】对话框，切换至【符号和箭头】选项卡，单击【箭头】区域中的【第一个】下拉按钮，在弹出的下拉列表中选择尺寸箭头的样式，如选择【建筑标记】样式，如图 8-6 所示。

步骤 4 在【箭头大小】微调框中输入 15 作为尺寸箭头的大小，如图 8-7 所示。

步骤 5 切换至【文字】选项卡，单击【文字位置】区域中的【垂直】下拉按钮，在弹出的下拉列表中选择标注文字在垂直方向上的位置，如选择【外部】选项。设置完成后，单击【确定】按钮，如图 8-8 所示。

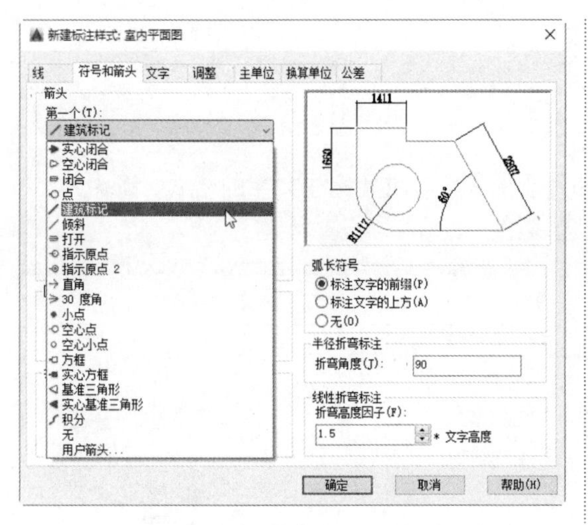

图 8-6 选择【建筑标记】样式

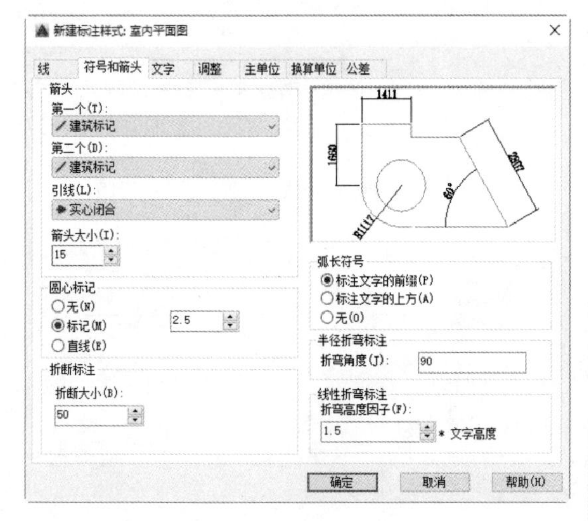

图 8-7 设置箭头大小

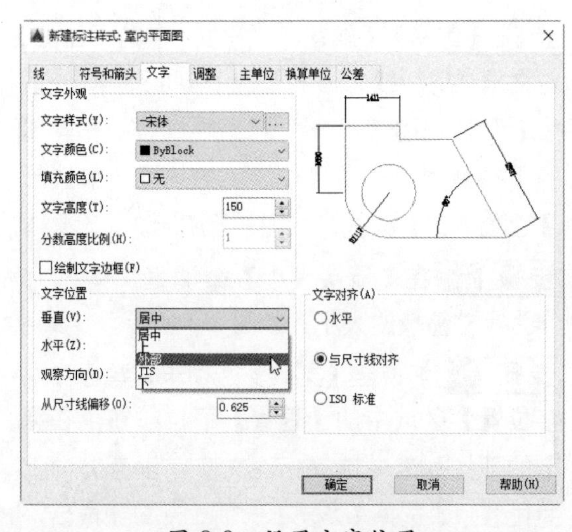

图 8-8 设置文字位置

步骤 6 返回至【标注样式管理器】对话框，在【预览】框内可预览效果，单击【关闭】按钮，关闭对话框，即完成新建标注样式的操作，如图 8-9 所示。

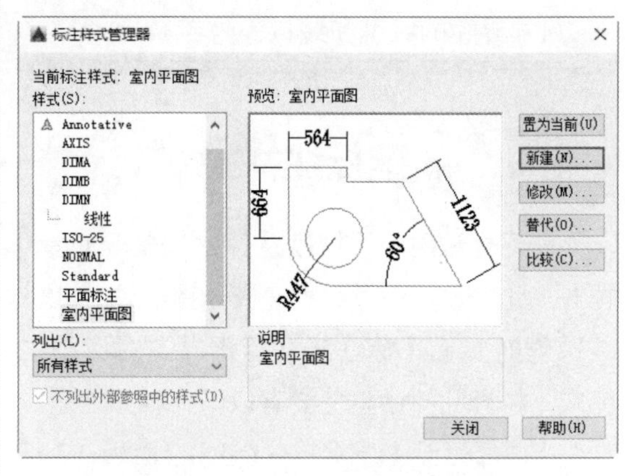

图 8-9 完成新建标注样式的操作

【新建标注样式】对话框中包含多个选项卡，每个选项卡中则包含着众多参数可对标注样式进行设置。下面分别进行简单介绍。

1. 【线】选项卡

【线】选项卡主要用于设置尺寸线及尺寸界线的颜色、线型、线宽、基线间距等属性。包括【尺寸线】和【尺寸界线】两个区域，如图 8-10 所示。

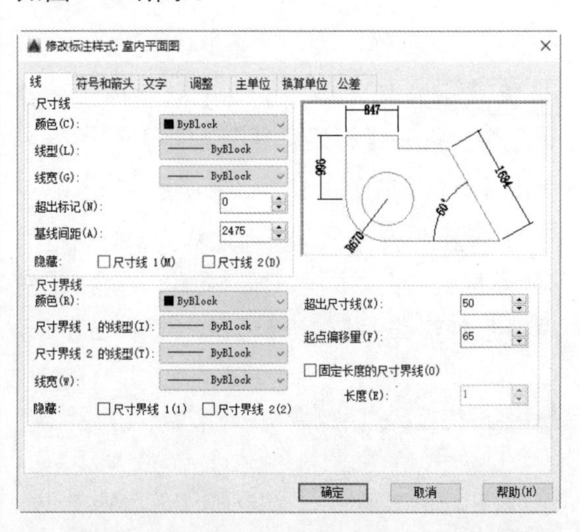

图 8-10 【线】选项卡

【尺寸线】区域中的主要选项说明如下。

☆ 颜色 / 线型 / 线宽：分别用于设置尺寸线的颜色、线型和线的宽度。

☆ 超出标记：用于设置尺寸线超出尺寸界线的距离。注意，当尺寸线两端为箭头时，该项无效。

☆ 基线间距：用于设置基线标注中相邻两尺寸线之间的距离。

☆ 隐藏：用于设置是否隐藏尺寸线。注意，【尺寸线 1】和【尺寸线 2】分别用于表示标注文字两侧的两条尺寸线。

【尺寸界线】区域中的主要选项说明如下。

☆ 颜色 / 线宽：分别用于设置尺寸界线的颜色和线的宽度。

☆ 尺寸界线 1 的线型 / 尺寸界线 2 的线型：用于设置两条尺寸界线的线型样式。

☆ 超出尺寸线：用于设置尺寸界线超出尺寸线的距离。

☆ 起点偏移量：用于设置尺寸界线与标注对象之间的距离。

☆ 固定长度的尺寸界线：用于设置所有的尺寸界线为固定的长度。

☆ 隐藏：用于设置是否隐藏尺寸界线。

2.【符号和箭头】选项卡

【符号和箭头】选项卡主要用于设置箭头样式、箭头大小、折断大小、折弯角度等属性。包括【箭头】、【圆心标记】、【折断标注】、【弧长符号】、【半径折弯标注】和【线性折弯标注】6 个区域，如图 8-11 所示。

【箭头】区域中的主要选项说明如下。

☆ 第一个 / 第二个：用于设置尺寸线两端的箭头样式。注意，当设置第一个箭头的样式时，第二个箭头会默认与第一个保持一致。

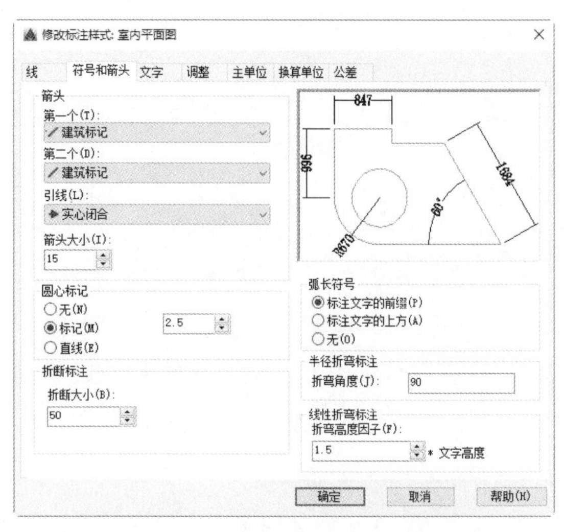

图 8-11　【符号和箭头】选项卡

☆ 引线：用于设置引线标注中的箭头样式。

☆ 箭头大小：用于设置箭头的大小。

其他区域中的主要选项说明如下。

☆ 无 / 标记 / 直线：设置使用圆心标记时的标记样式。结果分别如图 8-12、图 8-13 和图 8-14 所示。

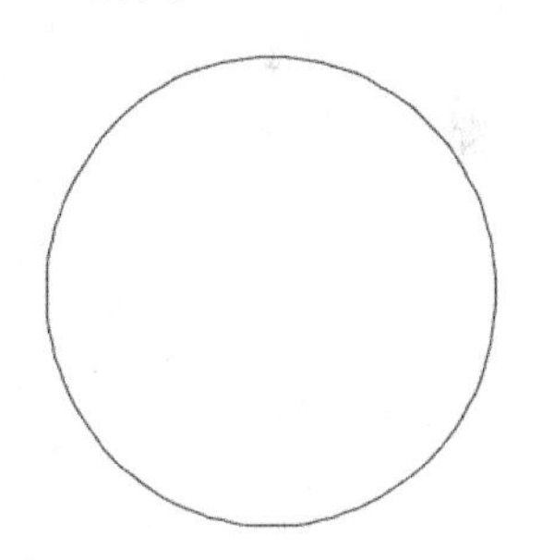

图 8-12　不创建圆心标记

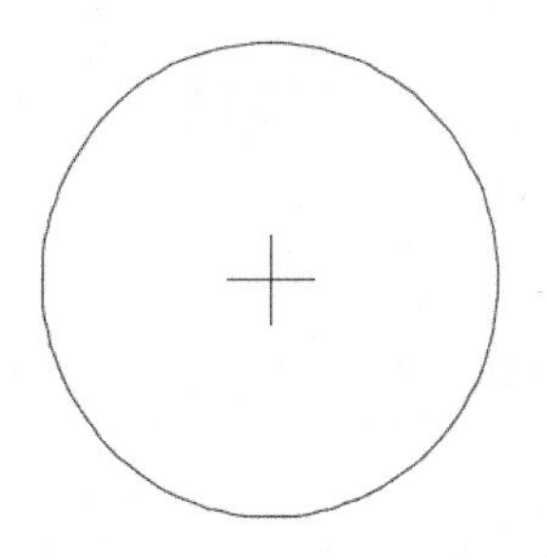

图 8-13　创建圆心标记

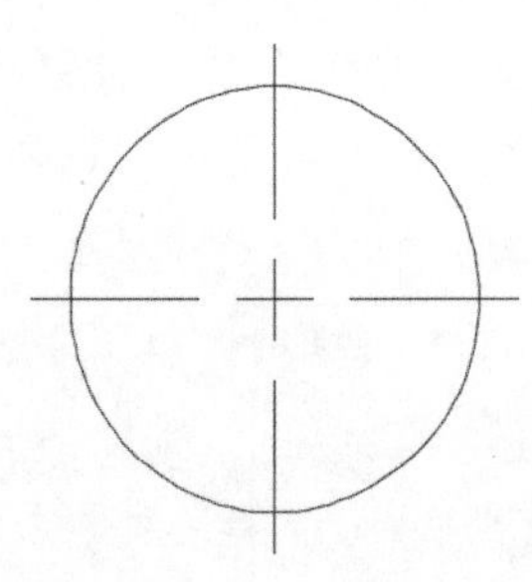

图 8-14　创建中心线

☆　折断大小：用于设置折断标注的大小。

☆　标注文字的前缀 / 标注文字的上方 / 无：设置使用弧长标注时弧长符号的放置位置。效果分别如图 8-15、图 8-16 和图 8-17 所示。

图 8-15　弧长符号在前

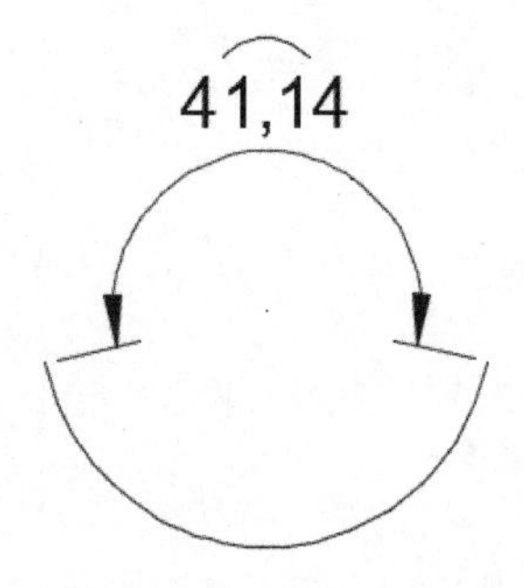

图 8-16　弧长符号在上

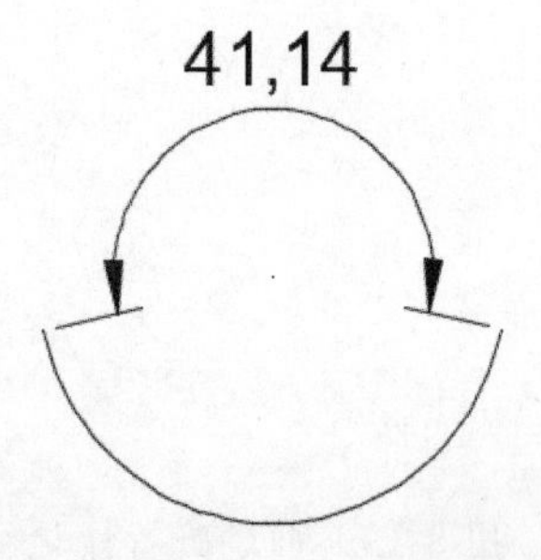

图 8-17　无弧长符号

☆　折弯角度：用于设置折弯标注中尺寸线的横向角度。

☆　折弯高度因子：用于设置折弯标注中折弯线打断的高度。

3. 【文字】选项卡

【文字】选项卡主要用于设置文字样式、颜色、高度、位置、对齐方式等属性。包括【文字外观】、【文字位置】和【文字对齐】3 个区域，如图 8-18 所示。

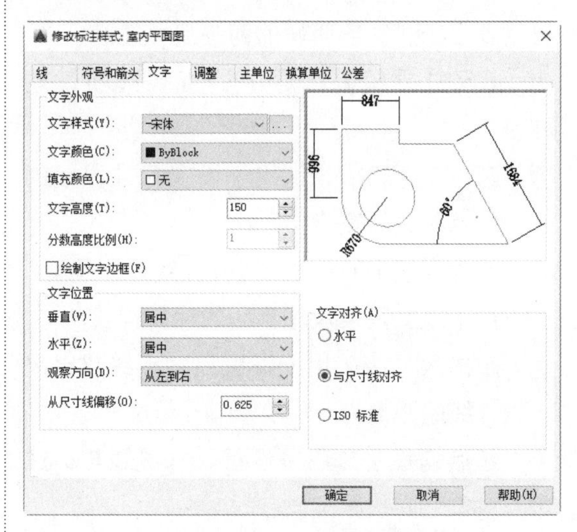

图 8-18　【文字】选项卡

【文字外观】区域中的主要选项说明如下。

☆　文字样式：用于设置文字所使用的样式。单击右侧的[...]按钮，将打开【文字样式】对话框，在其中可新建和修改文字样式。

☆　文字颜色 / 填充颜色：分别设置文字的颜色和文字的背景颜色。

☆　文字高度：用于设置文字的高度。

☆　分数高度比例：用于设置文字中的分数相对于其他标注文字的比例。

☆　绘制文字边框：用于设置给文字添加边框效果。

其他区域中的主要选项说明如下。

☆ 垂直：用于设置文字相对于尺寸线在垂直方向上的对齐方式。

☆ 水平：用于设置文字相对于尺寸线在水平方向上的对齐方式。

☆ 从尺寸线偏移：用于设置文字与尺寸线的距离。

4.【调整】选项卡

【调整】选项卡主要用于设置文字、箭头、引线和尺寸线的位置等属性，包括【调整选项】、【文字位置】、【标注特征比例】和【优化】4 个区域，如图 8-19 所示。

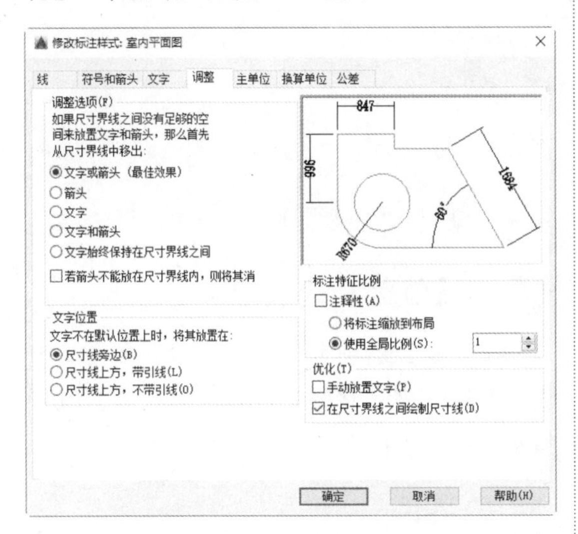

图 8-19　【调整】选项卡

当尺寸界线之间没有足够的空间放置箭头和文字时，将按照【调整选项】区域中用户所设置的选项，来调整箭头和文字的放置位置。【调整选项】区域中的主要选项说明如下。

☆ 文字或箭头：系统将按照最佳效果自动调整文字或箭头的位置。

☆ 箭头：系统会优先将箭头移出尺寸界线。

☆ 文字：系统会优先将文字移出尺寸界线。

☆ 文字和箭头：系统会将文字和箭头都移出尺寸界线。

☆ 文字始终保持在尺寸界线之间：系统会始终将文字放置在尺寸界线之间。

☆ 若箭头不能放在尺寸界线内，则将其消(除)：若尺寸界线内没有足够的空间，系统会隐藏箭头。

其他区域中的主要选项说明如下。

☆ 尺寸线旁边 / 尺寸线上方，带引线 / 尺寸线上方，不带引线：设置当文字不在默认位置上时，放置文字的位置。结果分别如图 8-20、图 8-21 和图 8-22 所示。

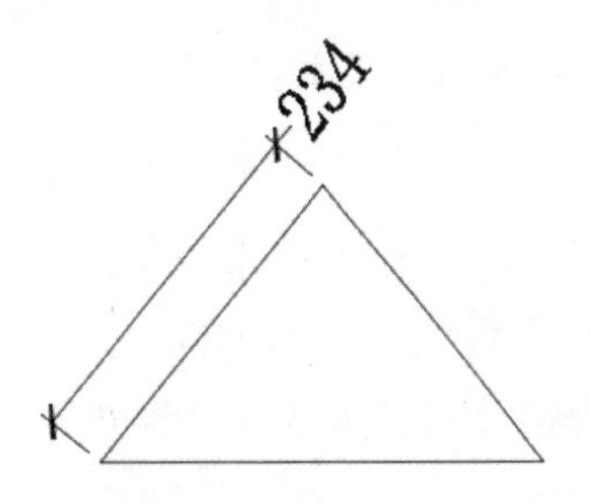

图 8-20　尺寸线旁边

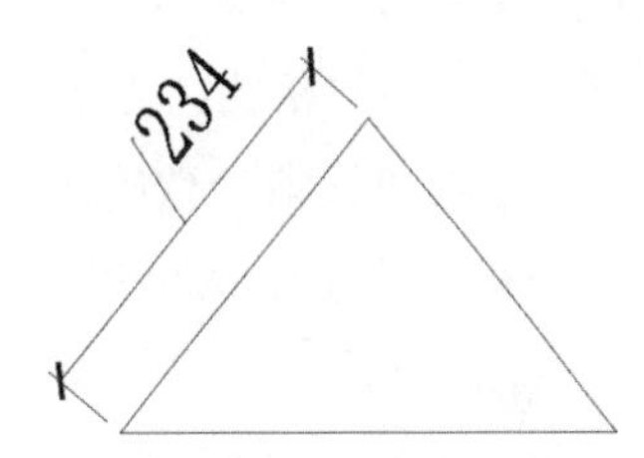

图 8-21　尺寸线上方

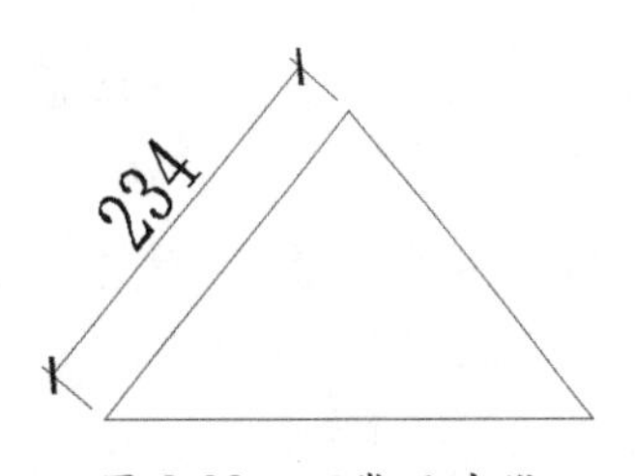

图 8-22　不带尺寸线

5.【主单位】选项卡

【主单位】选项卡主要用于设置标注的单位格式、精度、前缀、后缀等属性。包括【线性标注】和【角度标注】两个区域，如图 8-23 所示。

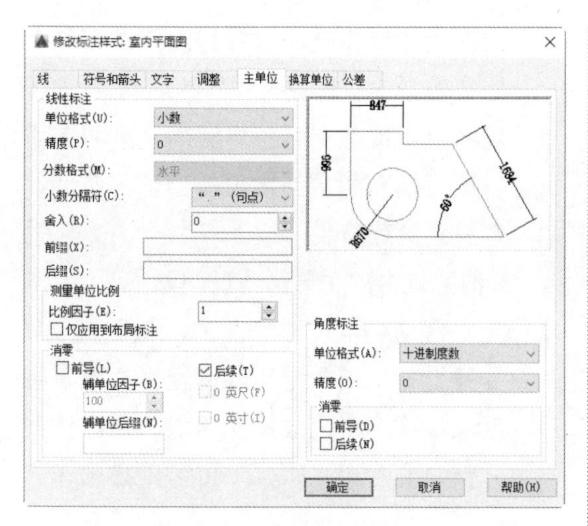

图 8-23　【主单位】选项卡

【线性标注】区域中的主要选项说明如下。

☆ 单位格式：用于设置除角度标注外的其他标注类型的尺寸单位，包括【科学】、【小数】、【工程】、【建筑】、【分数】等选项。

☆ 精度：用于设置标注文字的尺寸精度。

☆ 分数格式：当单位格式为【建筑】和【分数】时，该项可设置分数的格式。

☆ 小数分隔符：用于设置小数的分隔符，包括逗号、句号和空格 3 种类型。

☆ 舍入：用于设置尺寸测量值的舍入值，类似于数学中的四舍五入。

☆ 前缀 / 后缀：在相应的文本框中输入字符，可为标注文字添加前缀或后缀。

☆ 比例因子：用于设置测量尺寸的缩放比例。

☆ 前导 / 后续：用于设置是否显示尺寸测量值中的前导零和后续零。

【角度标注】区域中各选项主要用于设置角度标注中角度的单位、尺寸精度等，其含义与【线性标注】区域中选项的含义类似，这里不再赘述。

6. 【换算单位】选项卡

【换算单位】选项卡主要用于设置换算单位的格式和精度，其各选项的含义与【主单位】选项卡类似，这里不再赘述。通过换算单位，用户可以在同一测量值上表现出两种单位的效果，但一般情况下较少采用该项，如图 8-24 所示。

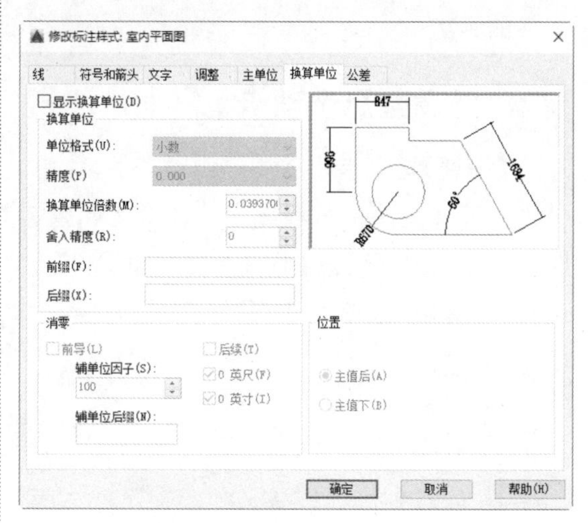

图 8-24　【换算单位】选项卡

【公差】选项卡

【公差】选项卡主要用于设置公差的方式、精度、偏差等属性。包括【公差格式】和【换算单位公差】两个区域，如图 8-25 所示。

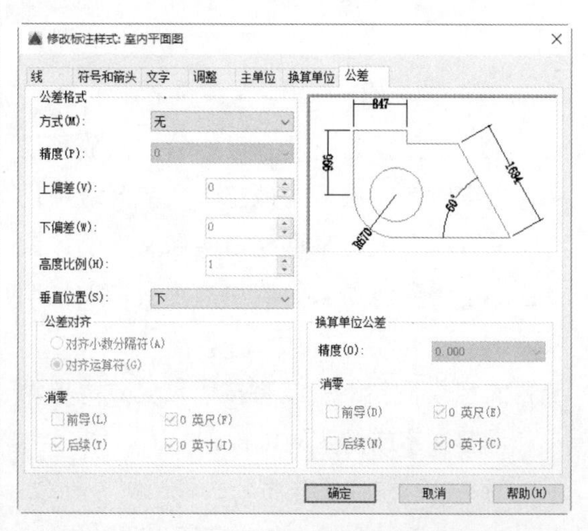

图 8-25　【公差】选项卡

【公差格式】区域中的主要选项说明如下。

☆ 方式：设置标注公差的方式，包括无、

对称公差、极限偏差、极限尺寸等类型。

☆ 上偏差 / 下偏差：分别设置尺寸的上偏差和下偏差。

☆ 高度比例：用于设置公差文字的高度比例因子。

☆ 垂直位置：用于设置公差文字相对于尺寸文字的位置，包括上、中和下 3 种。

8.2.2 管理标注样式

管理标注样式是指对标注样式进行修改、重命名、删除、置为当前等操作，这些操作均是在【标注样式管理器】对话框中完成的，如图 8-26 所示。打开该对话框的方法可参考上一小节所讲内容，这里不再赘述。

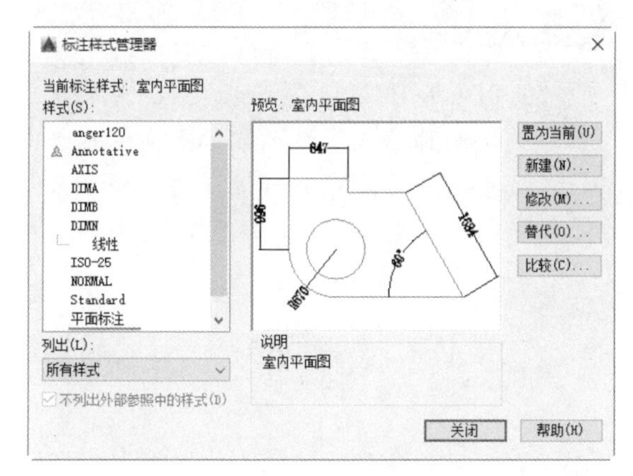

图 8-26　【标注样式管理器】对话框

【标注样式管理器】对话框中的主要选项说明如下。

☆ 置为当前：将【样式】列表框中所选中的样式设置为当前的样式。

☆ 新建：新建一个标注样式。

☆ 修改：单击该按钮，将打开【修改标注样式】对话框，在其中可对选中的标注样式进行修改。操作完成后，所有应用该样式的标注均会发生相应的改变。

☆ 替代：单击该按钮，将打开【替代当前样式】对话框，在其中可对标注样式设置临时替代值。操作完成后，之后创建的标注将会发生相应的改变，而之前的保持不变。

☆ 比较：单击该按钮，将打开【比较标注样式】对话框，在其中可以比较两个标注样式或列出一个标注样式的所有特性。

此外，在【样式】列表框中的样式名称上单击鼠标右键，在弹出的快捷菜单中提供了 3 个命令，如图 8-27 所示。

☆ 置为当前：将样式设置为当前的样式。

☆ 重命名：对样式进行重命名操作。

☆ 删除：删除所选中的样式，但是用户无法删除图形中已使用的样式以及当前的样式。

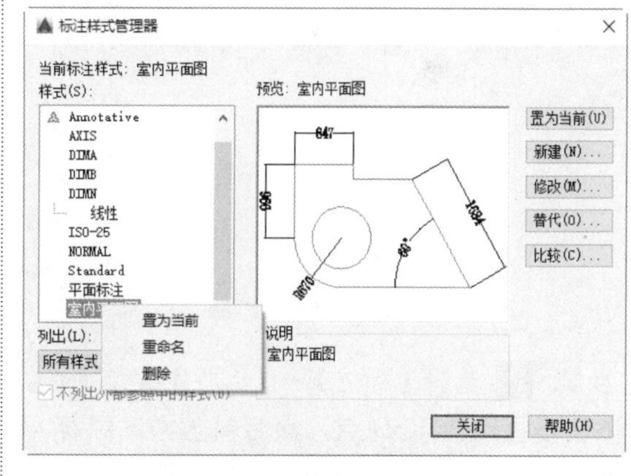

图 8-27　【样式】设置选项

8.3 创建尺寸标注

AutoCAD 提供了多种类型的尺寸标注，包括线性标注、对齐标注、角度标注、半径标注、直径标注等。下面主要介绍这些标注的创建方法。

8.3.1 线性标注

线性标注用于标注图形中任意两点之间的水平或垂直方向上的距离，是最基本的标注类型。

1. 命令调用方法

☆ 单击【默认】选项卡→【注释】面板→【线性】按钮⊢┤。

☆ 单击【注释】选项卡→【标注】面板→【线性】按钮⊢┤。

☆ 选择【标注】→【线性】菜单命令。

☆ 单击【标注】工具栏中的【线性】按钮⊢┤。

☆ 在命令行中直接输入 DIMLINEAR 或 DLI 命令，并按 Enter 键。

2. 标注线性尺寸

调用【线性】命令后，需要指定两个测量点和尺寸线的位置。具体操作步骤如下。

步骤 1 打开配套资源中的"素材\Ch08\基本图形.dwg"文件，如图 8-28 所示。

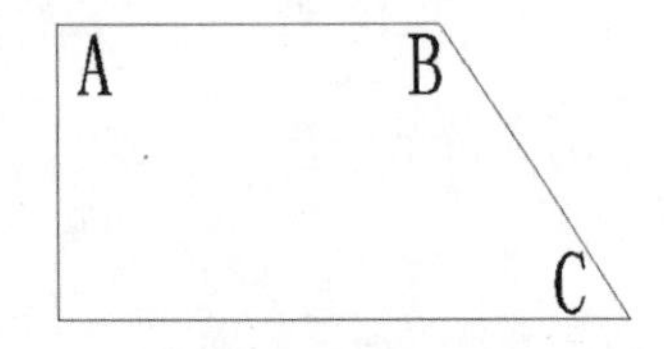

图 8-28　调入素材

步骤 2 选择【标注】→【线性】菜单命令，依次捕捉 A 点和 B 点，然后向上拖动鼠标，在合适位置处单击指定尺寸线的位置，如图 8-29 所示。

步骤 3 即可标注 AB 两点间的水平尺寸，如图 8-30 所示。

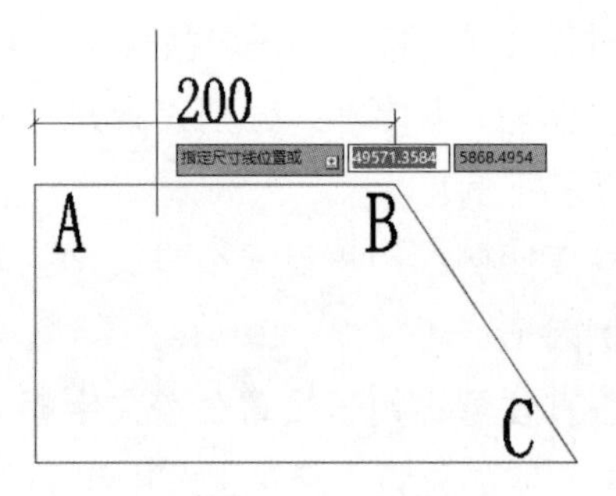

图 8-29　开始标注

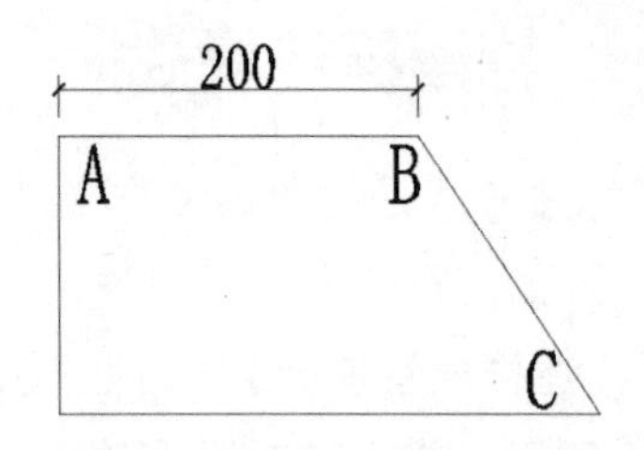

图 8-30　线性尺寸标注结果

> **提示**
> 标注两个呈倾斜方向的测量点时（如 B 点和 C 点），在指定尺寸线位置时若上下拖动鼠标则显示水平尺寸，如图 8-31 所示。若左右拖动鼠标则显示垂直尺寸，如图 8-32 所示。

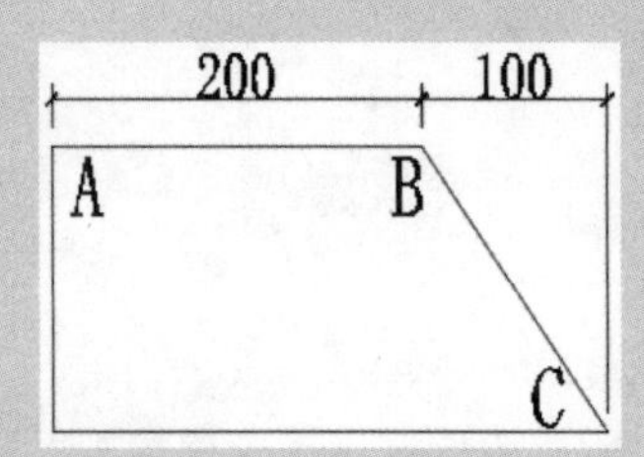

图 8-31　水平尺寸标注

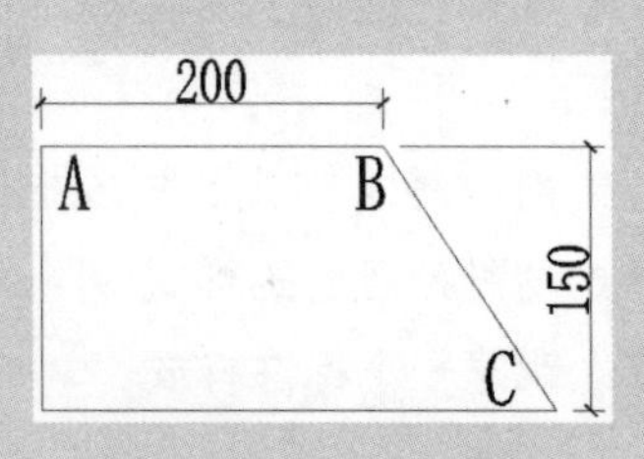

图 8-32　垂直尺寸标注

执行上述操作的命令行提示如下：

```
命令: _DIMLINEAR                          //调用【线性】命令
指定第一个尺寸界线原点或 <选择对象>:          //捕捉A点
```

```
指定第二个尺寸界线原点:                                    //捕捉B点
指定尺寸线位置或[多行文字(M)/文字(T)/角度(A)/水平(H)/垂直(V)/旋转(R)]:
                                                          //指定尺寸线的位置
标注文字 = 200
```

3. 选项说明

☆ 多行文字 (M)/ 文字 (T)：分别以多行文字和单行文字的模式重新编辑标注文字。

☆ 角度 (A)：设置标注文字的旋转角度。

☆ 水平 (H)/ 垂直 (V)：设置是标注水平尺寸还是垂直尺寸。

☆ 旋转 (R)：设置尺寸线的旋转角度。

8.3.2 对齐标注

对齐标注主要用于标注倾斜方向上两点之间的长度，其尺寸线与两个测量点之间的线连平行。

1. 命令调用方法

☆ 单击【默认】选项卡→【注释】面板→【对齐】按钮。

☆ 单击【注释】选项卡→【标注】面板→【对齐】按钮。

☆ 选择【标注】→【对齐】菜单命令。

☆ 单击【标注】工具栏中的【对齐】按钮。

☆ 在命令行中直接输入 DIMALIGNED 或 DAL 命令，并按 Enter 键。

2. 标注对齐尺寸

标注对齐尺寸和标注线性尺寸的方法一致。具体操作步骤如下。

步骤 1 打开配套资源中的“素材\Ch08\基本图形 .dwg”文件，如图 8-33 所示。

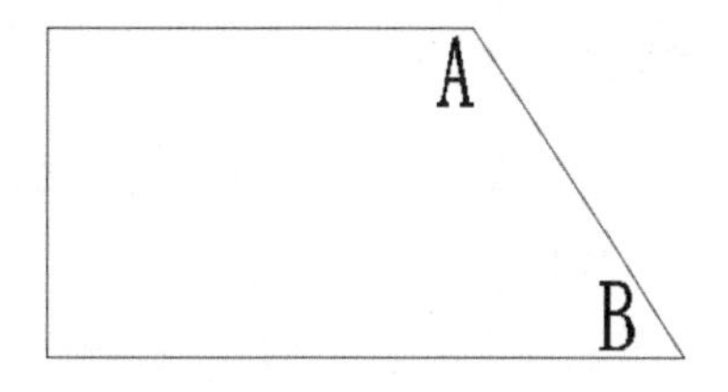

图 8-33　调入素材

步骤 2 选择【标注】→【对齐】菜单命令，依次捕捉 A 点和 B 点，然后拖动鼠标，在合适位置处单击指定尺寸线的位置，如图 8-34 所示。

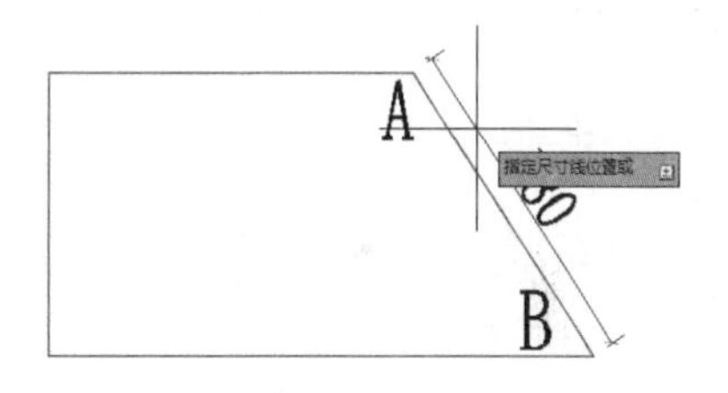

图 8-34　开始标注尺寸

步骤 3 即可标注 AB 两点间的对齐尺寸，如图 8-35 所示。

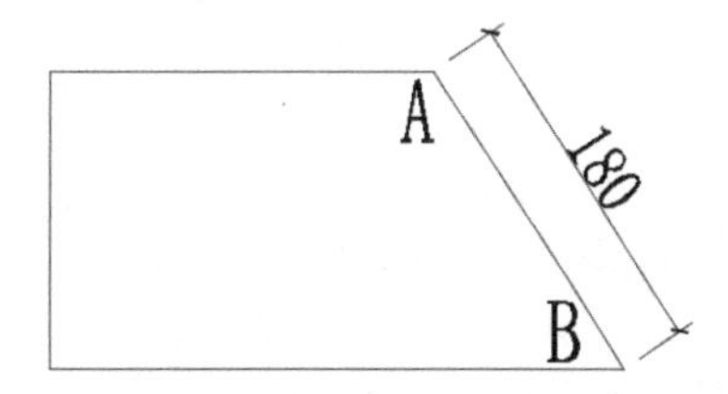

图 8-35　对齐尺寸标注结果

执行上述操作的命令行提示如下：

```
命令: _DIMALIGNED                                 //调用【对齐】命令
指定第一个尺寸界线原点或 <选择对象>:               //捕捉A点
```

```
指定第二个尺寸界线原点:                                    //捕捉B点
指定尺寸线位置或[多行文字(M)/文字(T)/角度(A)]:              //指定尺寸线的位置
标注文字 = 180
```

8.3.3 角度标注

角度标注用于标注圆、圆弧、两条非平行直线或三个点之间的角度。

1. 命令调用方法

- ☆ 单击【默认】选项卡→【注释】面板→【角度】按钮。
- ☆ 单击【注释】选项卡→【标注】面板→【角度】按钮。
- ☆ 选择【标注】→【角度】菜单命令。
- ☆ 单击【标注】工具栏中的【角度】按钮。
- ☆ 在命令行中直接输入 DIMANGULAR 或 DAN 命令，并按 Enter 键。

2. 标注角度尺寸

调用【角度】命令后，需要指定要标注的对象以及标注的位置。具体操作步骤如下。

步骤 1 打开配套资源中的“素材\Ch08\基本图形.dwg”文件，如图 8-36 所示。

步骤 2 选择【标注】→【角度】菜单命令，依次单击直线 A1 和 A2 上任意一点，然后拖动鼠标调整标注弧线的位置，如图 8-37 所示。

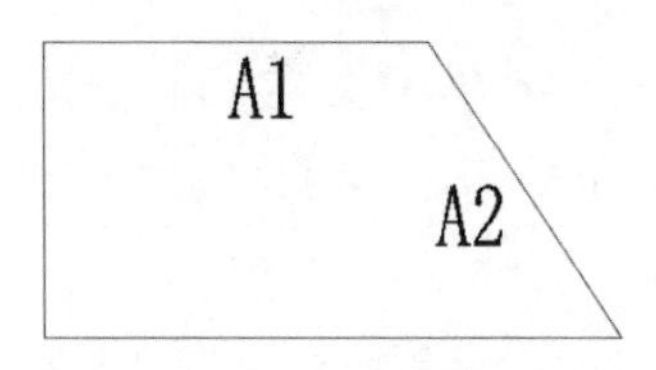

图 8-36 调入素材

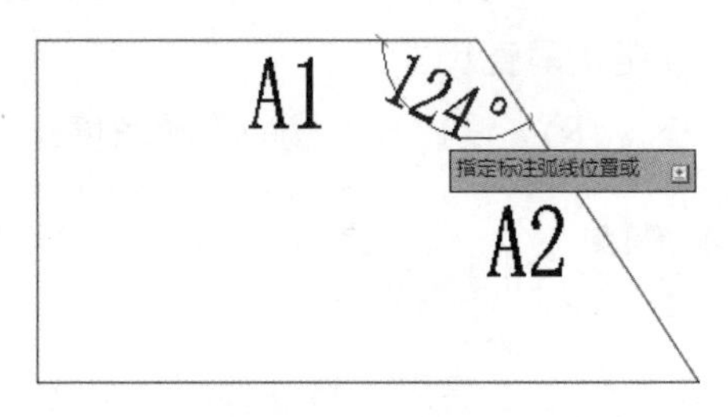

图 8-37 开始标注

步骤 3 即可标注直线 A1 和 A2 间的角度，如图 8-38 所示。

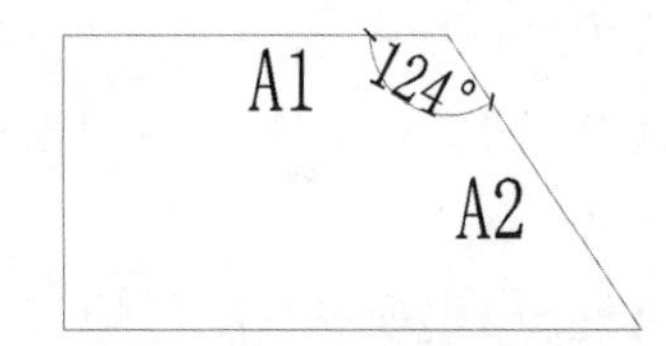

图 8-38 角度标注结果

执行上述操作的命令行提示如下：

```
命令: _DIMANGULAR                                               //调用【角度】命令
选择圆弧、圆、直线或 <指定顶点>:                                  //选择直线A1
选择第二条直线:                                                  //选择直线A2
指定标注弧线位置或 [多行文字(M)/文字(T)/角度(A)/象限点(Q)]:        //指定标注弧线的位置
标注文字 = 124
```

8.3.4 半径标注和直径标注

半径标注和直径标注用于标注圆或圆弧的半径和直径。

1. 命令调用方法

☆ 单击【默认】选项卡→【注释】面板→【半径】按钮 /【直径】按钮。

☆ 单击【注释】选项卡→【标注】面板→【半径】按钮 /【直径】按钮。

☆ 选择【标注】→【半径 / 直径】菜单命令。

☆ 单击【标注】工具栏中的【半径】按钮 /【直径】按钮。

☆ 在命令行中直接输入 DIMRADIUS(半径) 或 DIMDIAMETER(直径) 命令，并按 Enter 键。

2. 标注半径尺寸

调用【半径】命令后，需要指定要标注的圆或圆弧，然后指定尺寸线的位置即可。具体操作步骤如下。

步骤 1 打开配套资源中的“素材 \Ch08\ 基本图形 .dwg”文件，如图 8-39 所示。

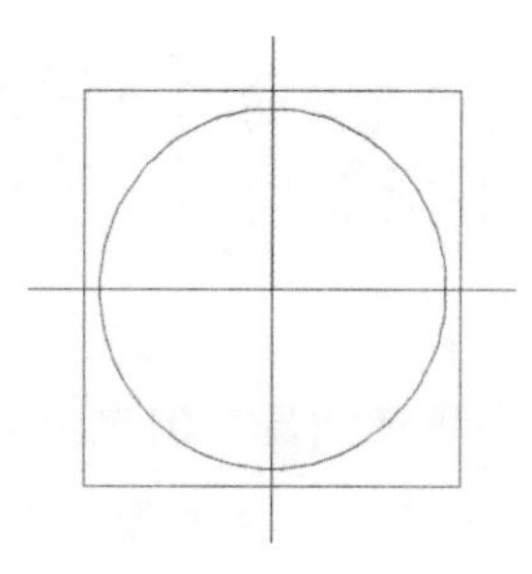

图 8-39　调入素材

步骤 2 选择【标注】→【半径】菜单命令，单击内部圆弧上任意一点，然后拖动鼠标调整尺寸线的位置，如图 8-40 所示。

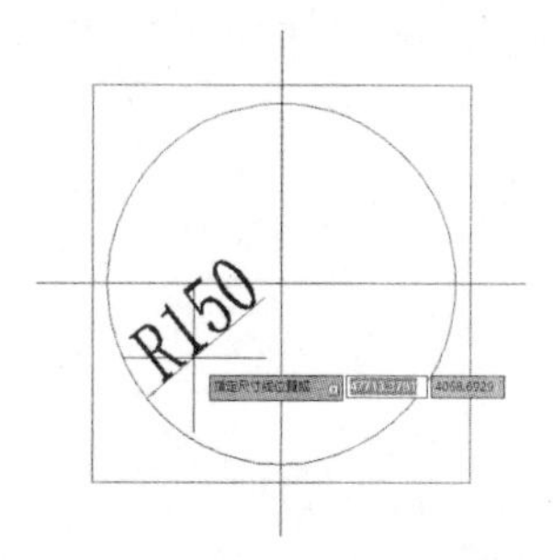

图 8-40　开始标注

步骤 3 即可标注内部圆弧的半径，如图 8-41 所示。

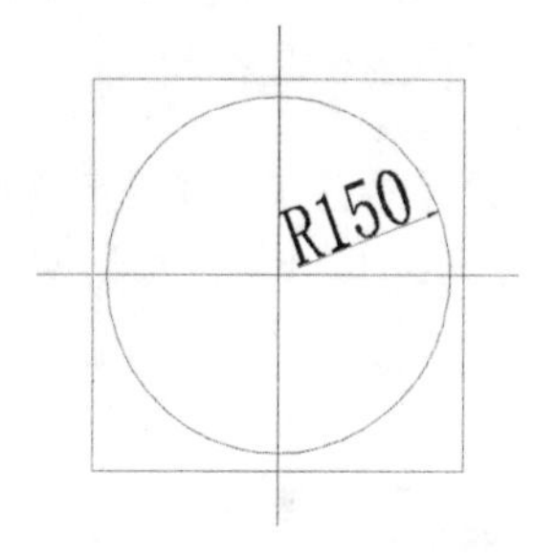

图 8-41　半径标注结果

执行上述操作的命令行提示如下：

```
命令： _DIMRADIUS                                    //调用【半径】命令
选择圆弧或圆：                                        //选择内部的圆弧
标注文字 = 150
指定尺寸线位置或 [多行文字(M)/文字(T)/角度(A)]：      //指定尺寸线的位置
```

标注直径尺寸与标注半径尺寸的方法一致，这里不再赘述，结果如图 8-42 所示。

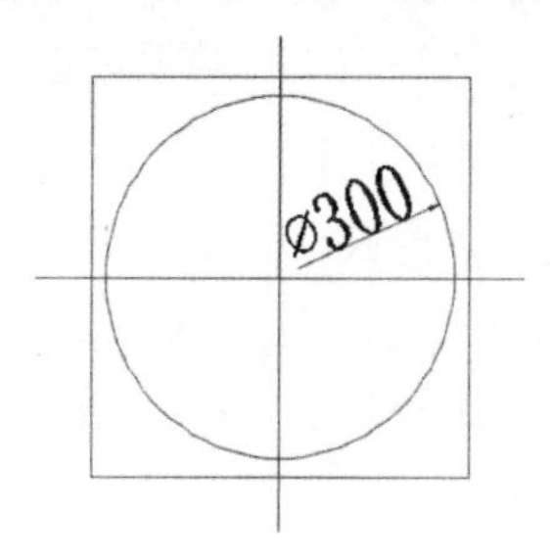

图 8-42　直径标注结果

8.3.5 实战演练 1——标注平面洁具

洁具是室内卫生间必备的盥洗设施。下面以标注室内平面洁具为例来综合练习前面所学尺寸标注的方法。具体操作步骤如下。

步骤 1 打开配套资源中的“素材\Ch08\室内洁具 .dwg”文件，结果如图 8-43 所示。

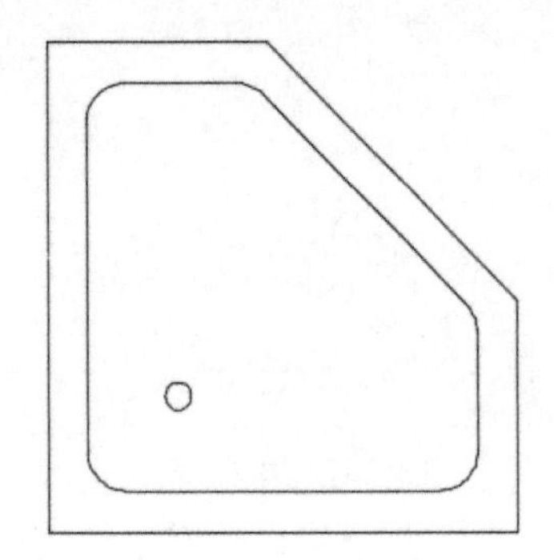

图 8-43　调入素材

步骤 2 选择【标注】→【线性】菜单命令，在图形中标注线性尺寸，结果如图 8-44 所示。

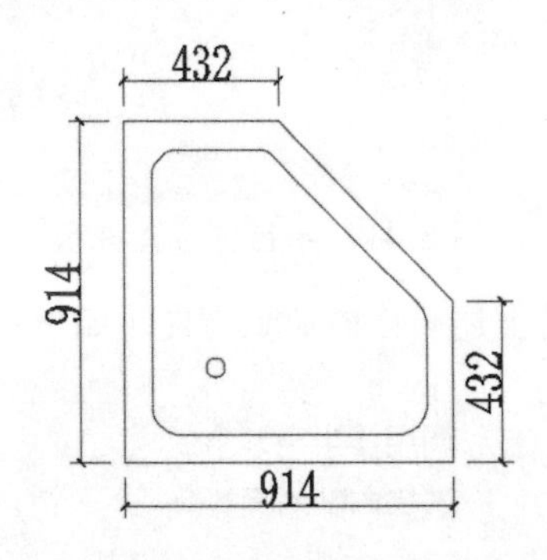

图 8-44　线性标注结果

步骤 3 选择【标注】→【对齐】菜单命令，在图形中标注对齐尺寸，结果如图 8-45 所示。

步骤 4 选择【标注】→【角度】菜单命令，在图形中标注角度尺寸，结果如图 8-46 所示。

步骤 5 选择【标注】→【半径】菜单命令，在图形中标注半径尺寸，结果如图 8-47 所示。

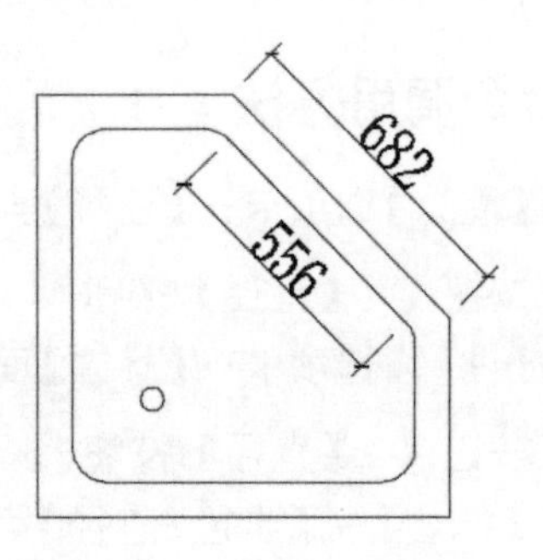

图 8-45　对齐标注结果

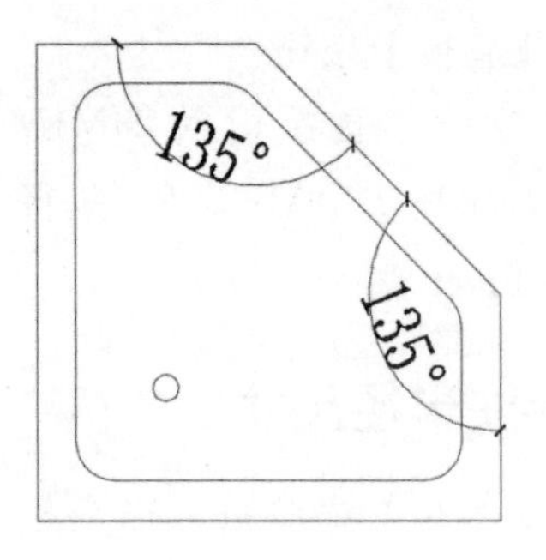

图 8-46　角度标注结果

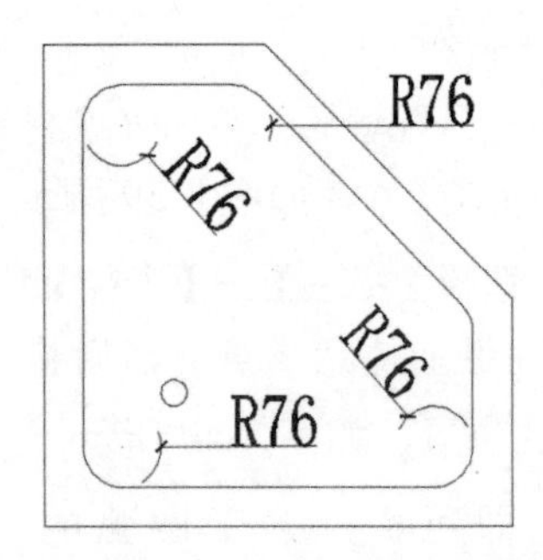

图 8-47　半径标注结果

步骤 6 选择【标注】→【直径】菜单命令，在图形中标注直径尺寸，结果如图 8-48 所示。

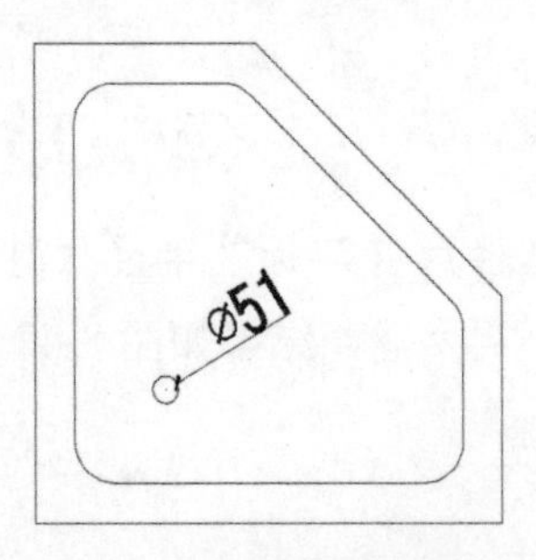

图 8-48　直径标注结果

8.3.6 基线标注

基线标注又称为基准标注或平行尺寸标注，是指以同一尺寸界线为基准的一系列尺寸标注。

命令调用方法

☆ 单击【注释】选项卡→【标注】面板→【基线】按钮。

☆ 选择【标注】→【基线】菜单命令。

☆ 单击【标注】工具栏中的【基线】按钮。

☆ 在命令行中直接输入 DIMBASELINE 或 DBA 命令，并按 Enter 键。

基线标注的操作

标注基线尺寸前，用户必须先创建或选择一个线性、对齐、角度等标注作为基准标注。具体操作步骤如下。

步骤 1 打开配套资源中的“素材\Ch08\室内洁具.dwg”文件，参考 8.3.1 节的步骤，调用【线性】命令，创建 A 点 (直线底部端点) 到 C1 的圆心间的线性标注，效果如图 8-49 所示。

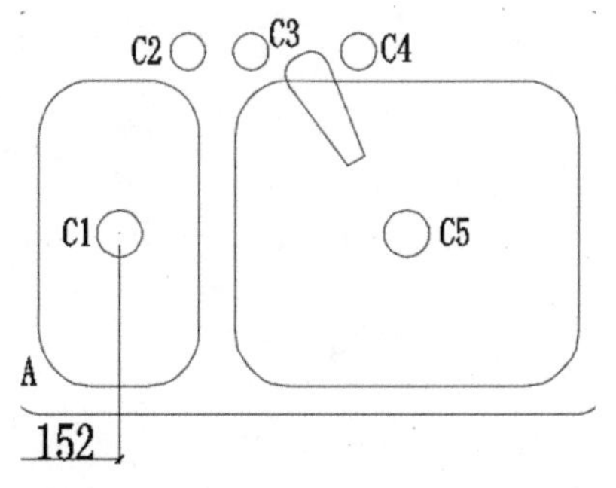

图 8-49　创建基准标注

步骤 2 选择【格式】→【标注样式】菜单命令，打开【标注样式管理器】对话框，单击【修改】按钮，如图 8-50 所示。

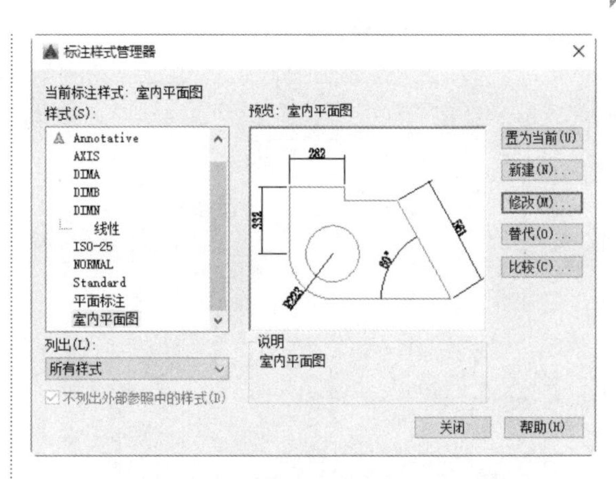

图 8-50【标准样式管理器】对话框

步骤 3 打开【修改标注样式：室内平面图】对话框，在【线】选项卡下【基准间距】微调框中输入 75，单击【确定】按钮，如图 8-51 所示。

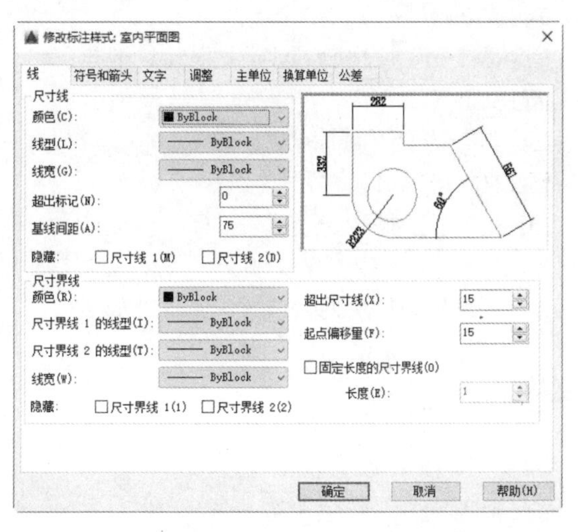

图 8-51　【修改标注样式：室内平面图】对话框

步骤 4 返回至【标注样式管理器】对话框，单击【关闭】按钮关闭对话框，然后选择【标注】→【基线】菜单命令，此时默认以左侧尺寸线为基准，捕捉 C2 的圆心作为第二个尺寸界线原点，如图 8-52 所示。

步骤 5 依次捕捉 C3 和 C4 的圆心作为下一个尺寸界线原点，然后按 Esc 键结束命令，即可完成创建基线标注，如图 8-53 所示。

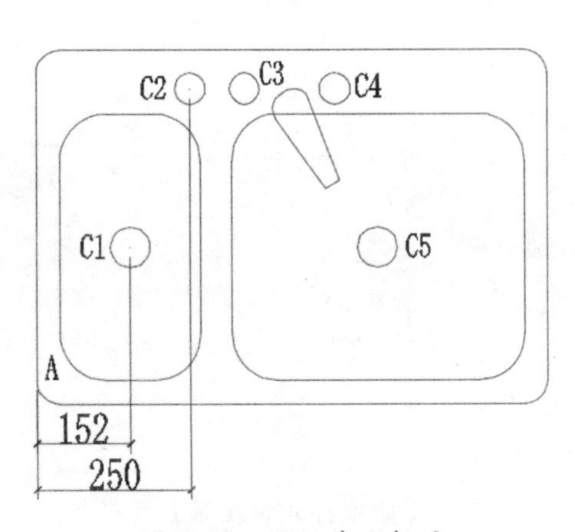

图 8-52　开始基线标注

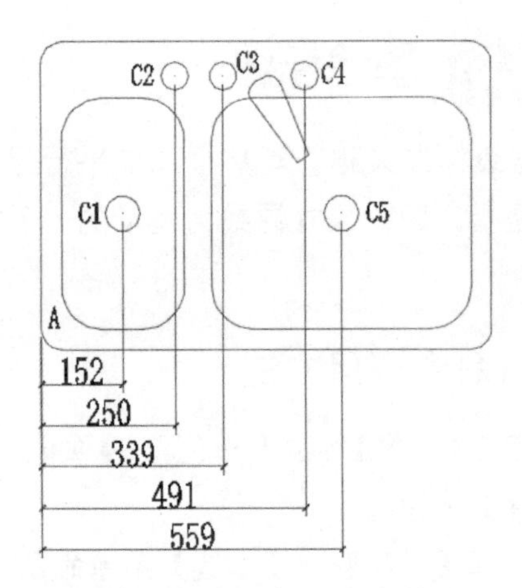

图 8-53　基线标注完成结果

执行上述操作的命令行提示如下：

```
命令: _DIMBASELINE                                             //调用【基线】命令
指定第二个尺寸界线原点或 [选择(S)/放弃(U)] <选择>:              //捕捉C2的圆心
标注文字 = 250
指定第二个尺寸界线原点或 [选择(S)/放弃(U)] <选择>:              //捕捉C3的圆心
标注文字 = 339
指定第二个尺寸界线原点或 [选择(S)/放弃(U)] <选择>:              //捕捉C4的圆心
标注文字 = 491
指定第二个尺寸界线原点或 [选择(S)/放弃(U)] <选择>:              //捕捉C5的圆心
标注文字 = 559
指定第二个尺寸界线原点或 [选择(S)/放弃(U)] <选择>: *取消*      //按Esc键结束命令
```

3. 选项说明

☆ 选择 (S)：设置基准标注。

☆ 放弃 (U)：撤销上一次所选择的尺寸界线原点。

8.3.7 连续标注

连续标注是指一系列首尾相连的标注形式。与基线标注所不同的是，连续标注默认以上一个标注的第二条尺寸线为基准，来标注下一段尺寸。

1. 命令调用方法

☆ 单击【注释】选项卡→【标注】面板→【连续】按钮 ⊢⊢⊣。

☆ 选择【标注】→【连续】菜单命令。

☆ 单击【标注】工具栏中的【连续】按钮 ⊢⊢⊣。

☆ 在命令行中直接输入 DIMCONTINUE 或 DCO 命令，并按 Enter 键。

2. 连续标注的操作

标注连续尺寸前，同样需要创建或选择一个线性、对齐、角度等标注作为基准标注。具体操作步骤如下。

步骤 1 打开配套资源中的“素材\Ch08\室内洁具.dwg”文件，参考 8.3.1 节的步骤，调用【线性】命令，创建 A 点（直线底部端

点）到 C1 的圆心间的线性标注，如图 8-54 所示。

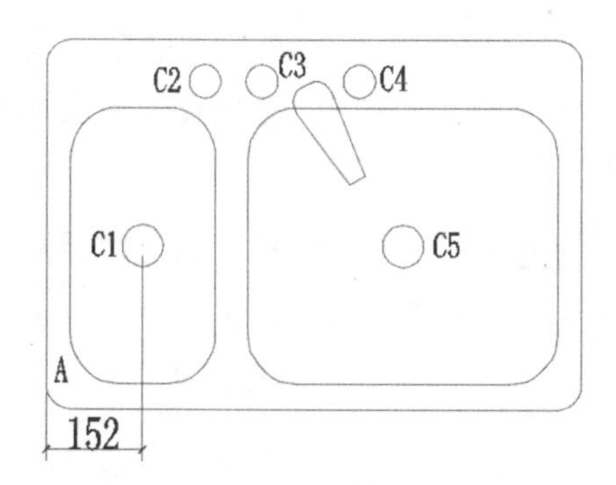

图 8-54　线性标注

步骤 2 选择【标注】→【连续】菜单命令，此时默认以右侧尺寸线为基准，捕捉 C2 的圆心作为第二个尺寸界线原点，如图 8-55 所示。

步骤 3 继续捕捉 C3、C4 和 C5 的圆心作为下一个尺寸界线原点，然后按 Esc 键结束命令，即可成功创建连续标注，如图 8-56 所示。

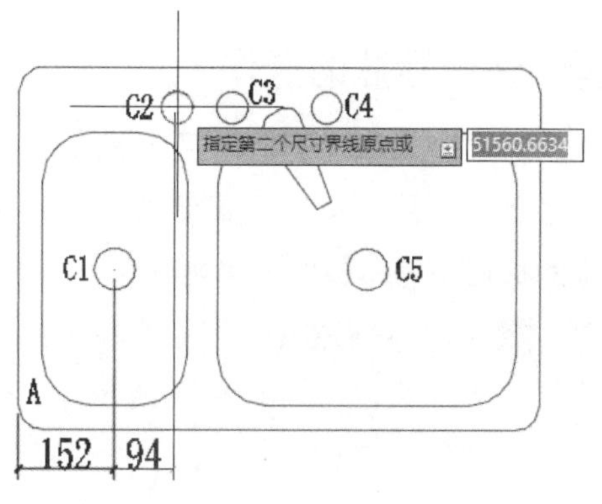

图 8-55　开始连续标注

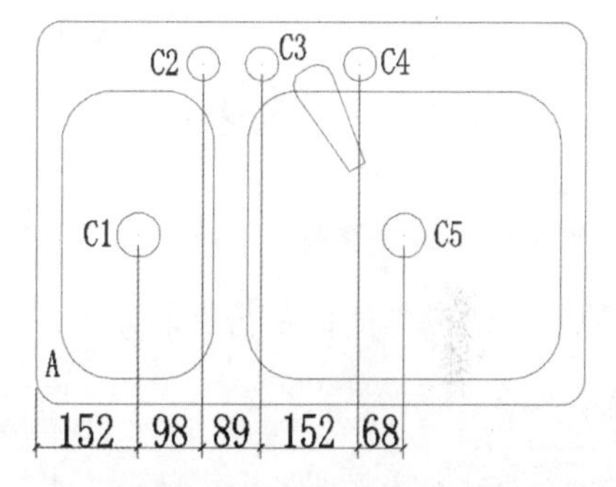

图 8-56　连续标注完成结果

执行上述操作的命令行提示如下：

```
命令: _DIMCONTINUE                                          //调用【连续】命令
指定第二个尺寸界线原点或 [选择(S)/放弃(U)] <选择>:           //捕捉C2的圆心
标注文字 = 98
指定第二个尺寸界线原点或 [选择(S)/放弃(U)] <选择>:           //捕捉C3的圆心
标注文字 = 89
指定第二个尺寸界线原点或 [选择(S)/放弃(U)] <选择>:           //捕捉C4的圆心
标注文字 = 152
指定第二个尺寸界线原点或 [选择(S)/放弃(U)] <选择>:           //捕捉C5的圆心
标注文字 = 68
指定第二个尺寸界线原点或 [选择(S)/放弃(U)] <选择>: *取消*    //按Esc键结束命令
```

8.3.8 快速标注

快速标注允许用户同时选择多个图形对象，从而对其同时进行标注。

命令调用方法

☆ 单击【注释】选项卡→【标注】面板→【快速】按钮。

☆ 选择【标注】→【快速标注】菜单命令。

☆ 单击【标注】工具栏中的【快速标注】按钮。

☆ 在命令行中直接输入 QDIM 命令，并按 Enter 键。

2. 快速标注的操作

调用【快速标注】命令后，默认创建的是线性标注，用户可以设置参数来创建其他类型的标注。具体操作步骤如下。

步骤 1 打开配套资源中的“素材\Ch08\室内洁具.dwg”文件，如图8-57所示。

步骤 2 选择【标注】→【快速标注】菜单命令，依次单击圆弧C1、C2和C3上任意一点，按Enter键，当提示“指定尺寸线位置或”时，输入命令C，按Enter键，如图8-58所示。

步骤 3 即可同时创建4组连续标注，结果如图8-59所示。

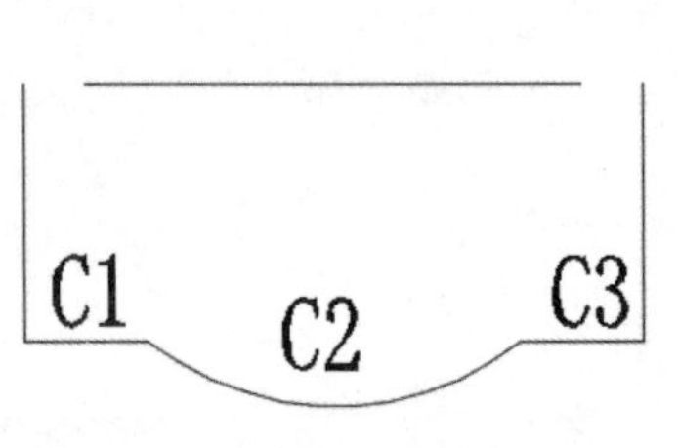

图8-57 调入素材

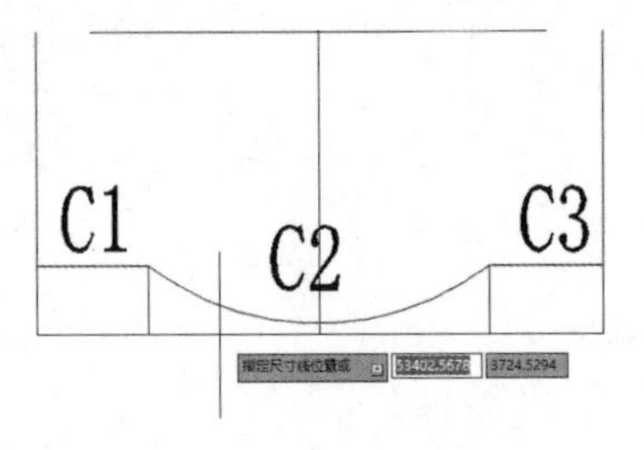

图8-58 开始快速标注

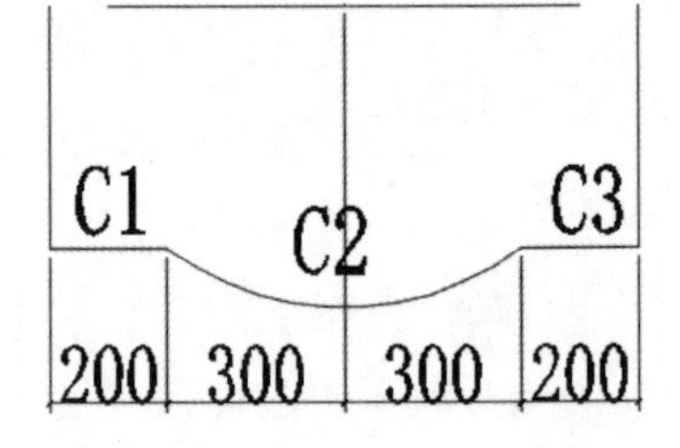

图8-59 快速标注完成结果

执行上述操作的命令行提示如下：

```
命令: _QDIM                                          //调用【快速标注】命令
关联标注优先级 = 端点
选择要标注的几何图形: 找到 1 个                       //调用【快速标注】命令
选择要标注的几何图形: 找到 1 个，总计 2 个            //调用【快速标注】命令
选择要标注的几何图形: 找到 1 个，总计 3 个            //调用【快速标注】命令
选择要标注的几何图形:                                 //调用【快速标注】命令
指定尺寸线位置或 [连续(C)/并列(S)/基线(B)/坐标(O)/半径(R)/直径(D)/基准点(P)/编辑(E)/设
置(T)] <连续>:r
                                                     //调用【快速标注】命令
```

3. 选项说明

- ☆ 连续(C)/并列(S)：设置是标注一系列连续尺寸还是并列尺寸，默认是前者。
- ☆ 基线(B)：设置标注一系列的基线尺寸。
- ☆ 坐标(O)：设置标注一系列的坐标尺寸。
- ☆ 半径(R)/直径(D)：设置标注一系列的半径或直径尺寸。
- ☆ 基准点(P)：选择该项，将为基线标注定义一个新的基准点。
- ☆ 编辑(E)：设置对一系列标注尺寸进行编辑。
- ☆ 设置(T)：设置关联标注优先级是端点还是交点，默认为前者。

8.3.9 弧长标注

弧长标注用于标注圆弧或多段线圆弧的弧线长度。

1. 命令调用方法

- ☆ 单击【默认】选项卡→【注释】面板→【弧长】按钮。

☆ 单击【注释】选项卡→【标注】面板→【弧长】按钮。

☆ 选择【标注】→【弧长】菜单命令。

☆ 单击【标注】工具栏中的【弧长】按钮。

☆ 在命令行中直接输入 DIMARC 或 DAR 命令，并按 Enter 键。

2. 标注弧长尺寸

调用【弧长】命令后，需要指定要标注的对象以及标注的位置。具体操作步骤如下。

步骤 1 打开配套资源中的“素材\Ch08\室内洁具 .dwg”文件，如图 8-60 所示。

步骤 2 选择【标注】→【弧长】菜单命令，单击顶部圆弧上任意一点，然后拖动鼠标调整弧长标注的位置，如图 8-61 所示。

步骤 3 即可标注所选圆弧的长度，结果如图 8-62 所示。

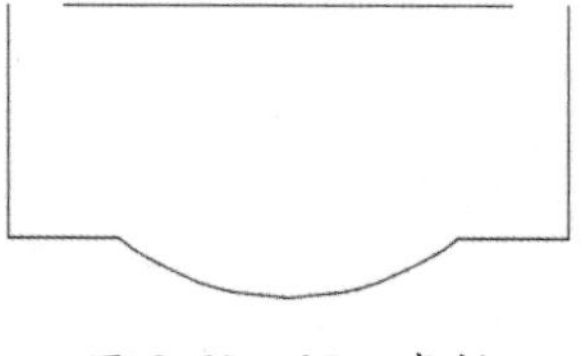

图 8-60　调入素材

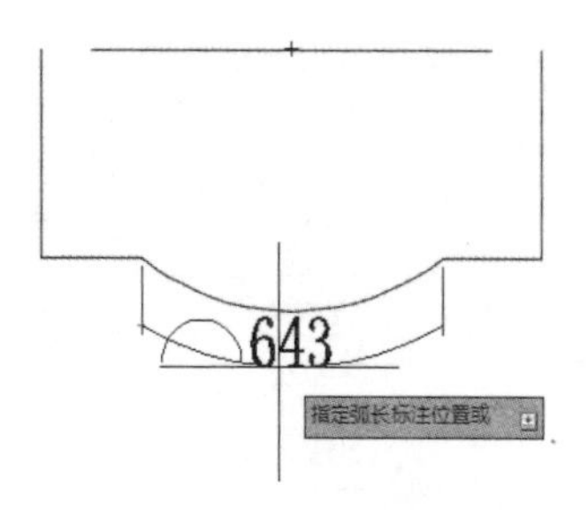

图 8-61　开始标注

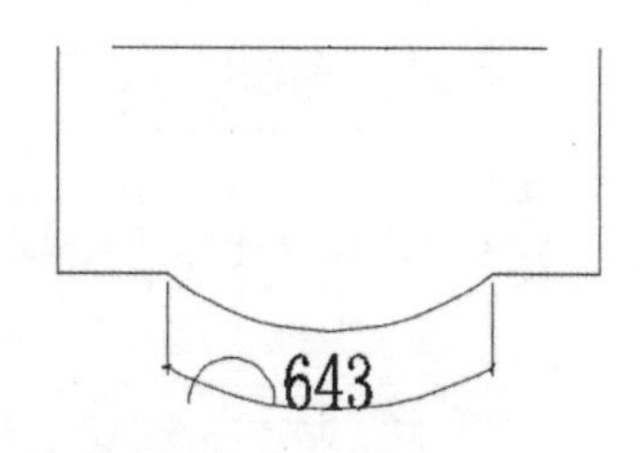

图 8-62　弧长标注结果

执行上述操作的命令行提示如下：

```
命令: _DIMARC                                           //调用【弧长】命令
选择弧线段或多段线圆弧段:                                //选择圆弧
指定弧长标注位置或 [多行文字(M)/文字(T)/角度(A)/部分(P)/引线(L)]:    //指定弧长标注位置
标注文字 = 643
```

3. 选项说明

☆ 部分 (P)：选择该项，需要指定圆弧上两点，从而标注两点间的弧线长度。

☆ 引线 (L)：设置在标注中添加引线。

8.3.10 实战演练 2——标注储物柜立面图

储物柜是居家常用的储物及装饰家居。下面以标注储物柜立面图为例来综合练习前面所学尺寸标注的方法。具体操作步骤如下。

步骤 1 打开配套资源中的“素材\Ch08\室内家居 .dwg”文件，结果如图 8-63 所示。

步骤 2 选择【标注】→【快速标注】菜单命令，根据光标提示选择快速标注对象，结果如图 8-64 所示。

步骤 3 选择标注对象后按 Enter 键确定，即可完成快速标注，结果如图 8-65 所示。

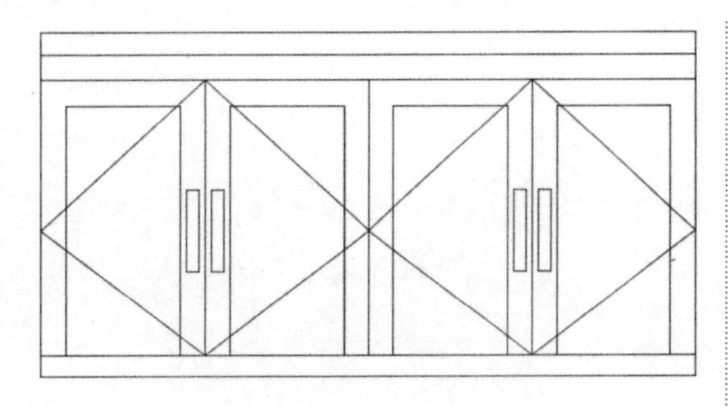

图 8-63　调入素材

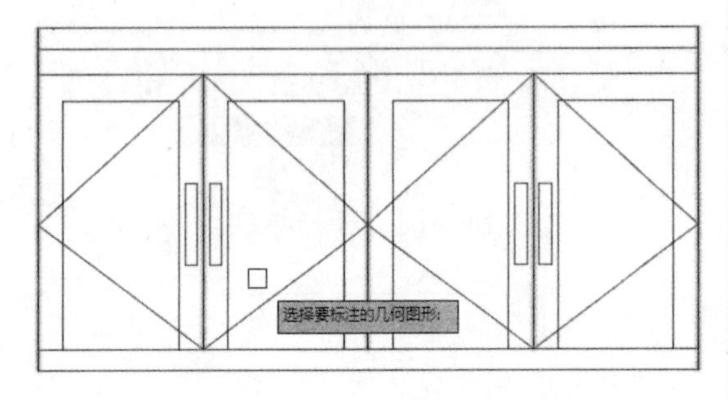

图 8-64　选择快速标注对象

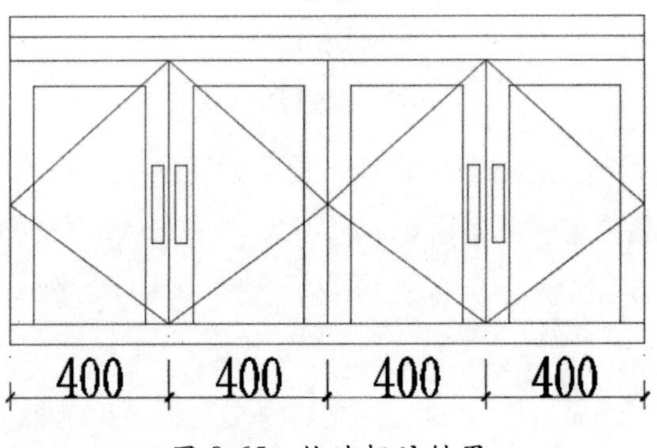

图 8-65　快速标注结果

步骤 4 选择【标注】→【线性】菜单命令，执行线性标注，结果如图 8-66 所示。

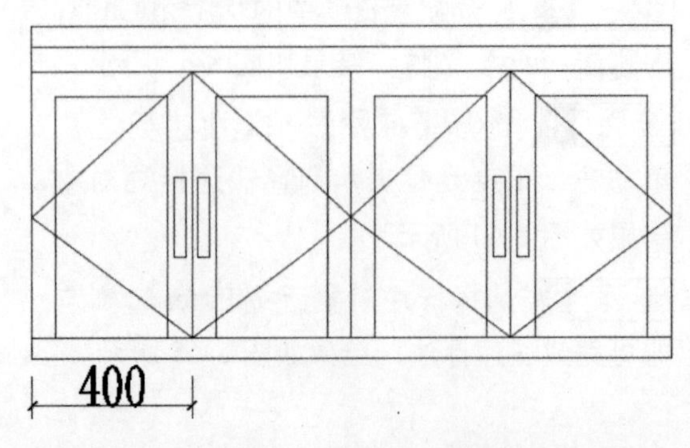

图 8-66　线性标注结果

步骤 5 选择【标注】→【连续】菜单命令，根据光标提示指定第二个尺寸界线原点，结果如图 8-67 所示。

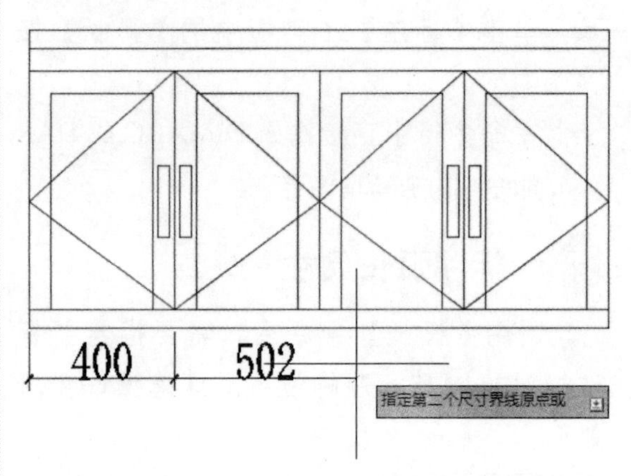

图 8-67　指定尺寸界线原点

步骤 6 单击左键确定尺寸界线原点，最后按 Enter 键确定，即可完成尺寸连续标注，结果如图 8-68 所示。

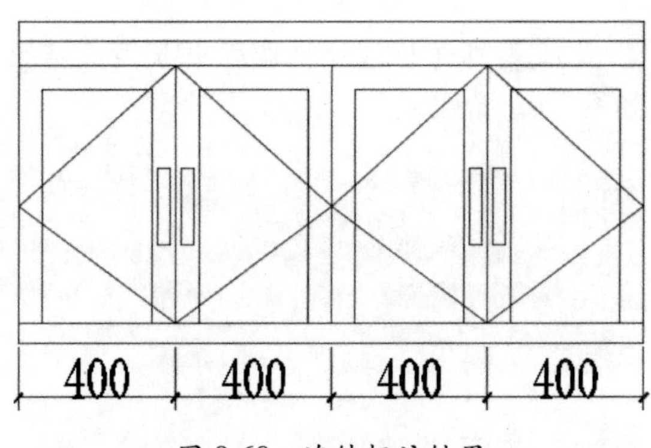

图 8-68　连续标注结果

提示

在执行尺寸连续标注时，首先需要选择线性、坐标或角度作为关联标注，才可以执行尺寸连续标注。

步骤 7 选择【格式】→【标注样式】菜单命令，即可打开【标注样式管理器】对话框，结果如图 8-69 所示。

步骤 8 在【标注样式管理器】对话框中单击【新建】按钮，即可打开【修改标注样式：Standard】对话框，在【线】选项卡里设

置【基线间距】为 150，单击【确定】按钮，即可完成基线标注间距的设定，结果如图 8-70 所示。

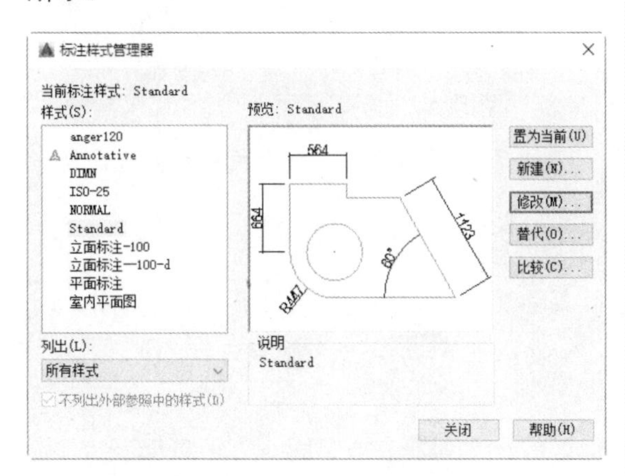

图 8-69　【标注样式管理器】对话框

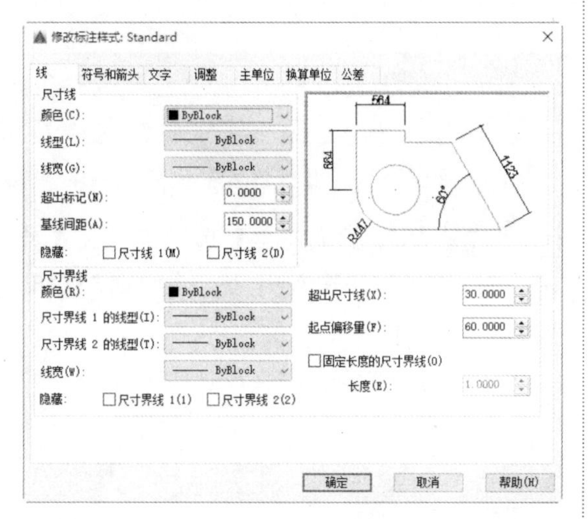

图 8-70　【修改标注样式：Standard】对话框

步骤 9 选择【标注】→【连续】菜单命令，指定基线标注基点，再根据光标提示指定第二个尺寸界线原点，结果如图 8-71 所示。

步骤 10 单击左键确定尺寸界线原点，最后按 Enter 键确定，即可完成尺寸基线标注，结果如图 8-72 所示。

> **提示**　在执行尺寸基线标注时，首先需要选择线性、坐标或角度作为关联标注，才可以执行尺寸基线标注。

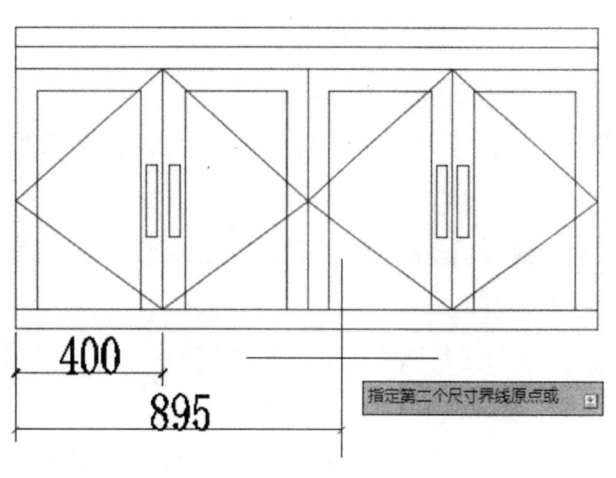

图 8-71　指定尺寸界线原点

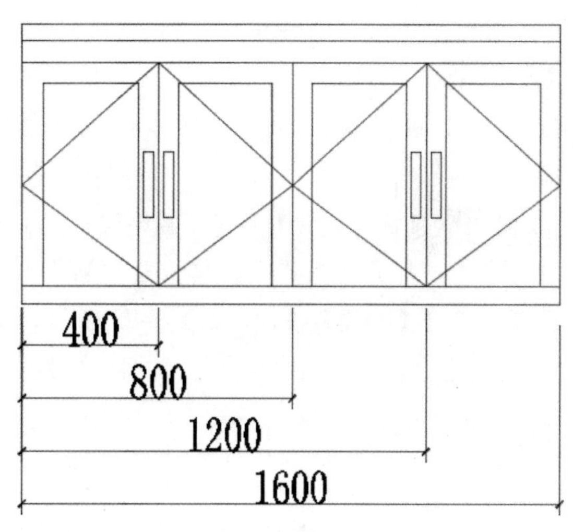

图 8-72　基线标注结果

8.3.11　引线标注

引线是连接注释和图形对象的一条带箭头的线，用户可从图形的任意点创建引线。引线标注主要用于对图形中某些特定对象进行注释说明。

1. 新建引线样式

在创建引线时，系统默认使用的是 Standard 样式。若该样式不满足需求，用户可以新建引线样式。该操作需要在【多重引线样式管理器】对话框中完成，打开此对话框主要有以下几种方法。

☆ 单击【默认】选项卡→【注释】面板→【多重引线样式】按钮。

☆ 单击【注释】选项卡→【引线】面板右下角的按钮。

☆ 选择【格式】→【多重引线样式】菜单命令。

☆ 单击【样式】工具栏中的【多重引线样式】按钮。

☆ 在命令行中直接输入 MLEADERSTYLE 或 MLS 命令，并按 Enter 键。

执行上述任意一种操作，均可打开【多重引线样式管理器】对话框，在其中可完成新建引线样式的操作。具体操作步骤如下。

步骤 1 选择【格式】→【多重引线样式】菜单命令，打开【多重引线样式管理器】对话框，单击【新建】按钮，如图 8-73 所示。

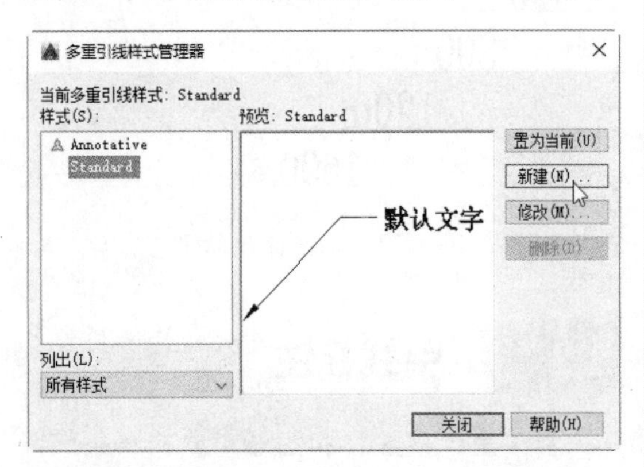

图 8-73 【多重引线样式管理器】对话框

步骤 2 打开【创建新多重引线样式】对话框，在【新样式名】文本框中输入样式名称，如输入【样式 1】，单击【继续】按钮，如图 8-74 所示。

步骤 3 打开【修改多重引线样式：样式 1】对话框，在【引线格式】选项卡下的【箭头】区域中，将【符号】设置为【直角】，在【大小】微调框中输入 8，如图 8-75 所示。

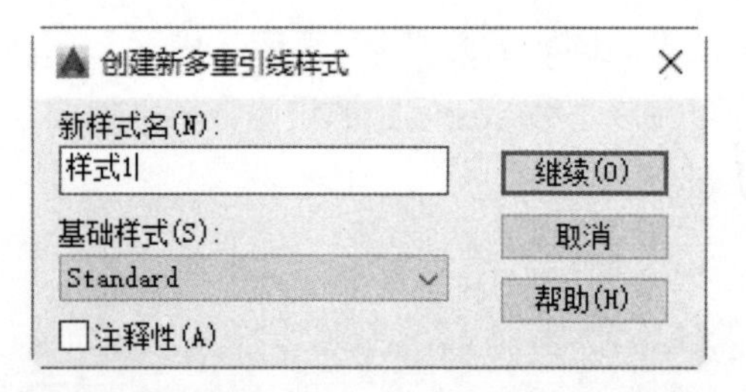

图 8-74 【创建新多重引线样式】对话框

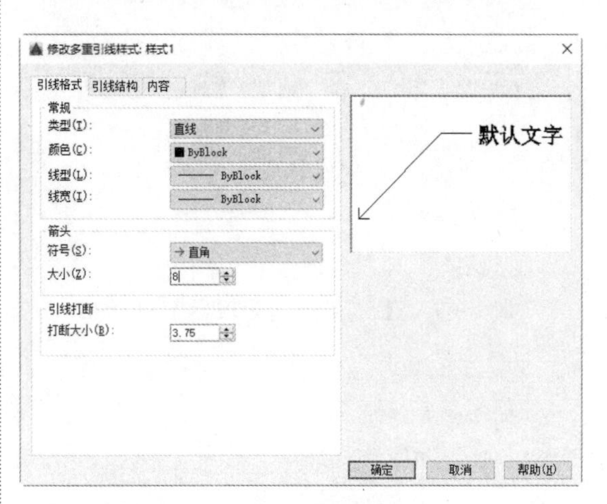

图 8-75 【引线格式】选项卡

步骤 4 切换至【内容】选项卡，在【文字高度】微调框中输入 8，单击【确定】按钮，如图 8-76 所示。

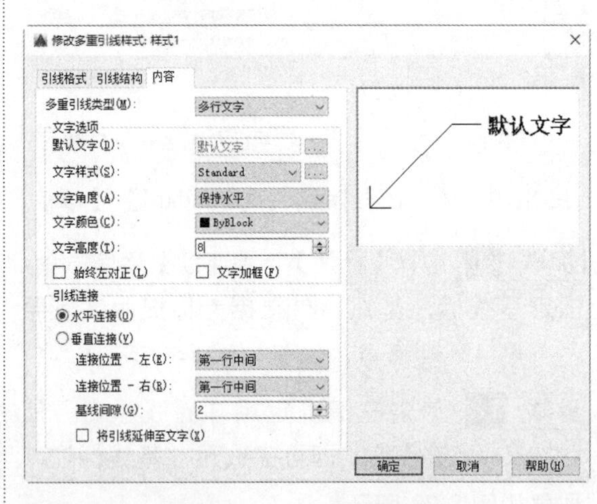

图 8-76 【内容】选项卡

步骤 5 返回至【多重引线样式管理器】对话框，在其中可预览效果，然后单击【关闭】按钮，关闭对话框，即可完成新建引线样式的操作，如图 8-77 所示。

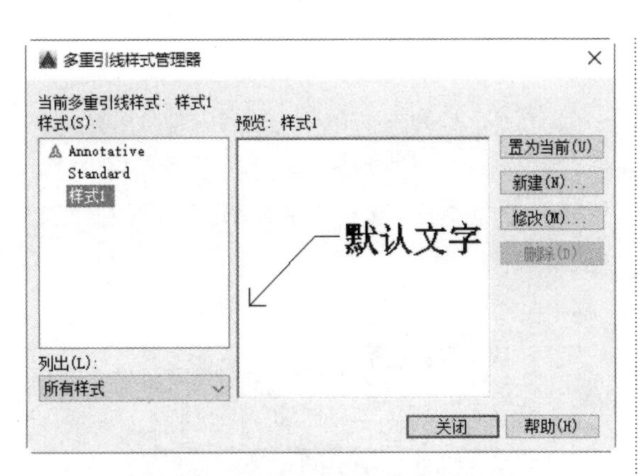

图 8-77 新建引线样式完成结果

2. 使用引线标注

调用【引线】命令主要有以下几种方法。

☆ 单击【默认】选项卡→【注释】面板→【引线】按钮。

☆ 单击【注释】选项卡→【引线】面板→【多重引线】按钮。

☆ 选择【标注】→【多重引线】菜单命令。

☆ 在命令行中直接输入 MLEADER 命令，并按 Enter 键。

调用【引线】命令后，需要指定引线箭头的位置、引线基线的位置以及注释内容。具体操作步骤如下。

步骤 1 打开配套资源中的“素材\Ch08\楼梯栏杆.dwg”文件，如图 8-78 所示。

图 8-78 调入素材

步骤 2 选择【标注】→【多重引线】菜单命令，在图形合适位置处单击，指定引线箭头的位置，如图 8-79 所示。

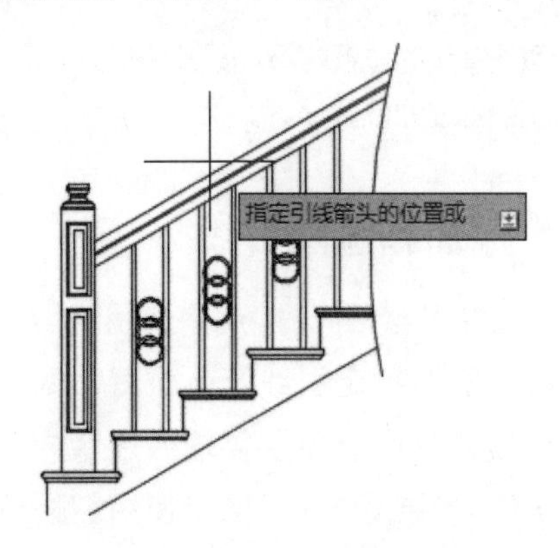

图 8-79 指定引线箭头的位置

步骤 3 拖动鼠标并在合适位置处单击，指定引线基线的位置，如图 8-80 所示。

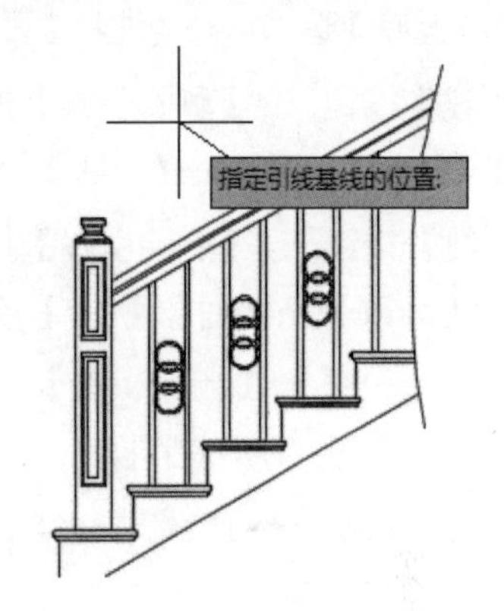

图 8-80 指定引线基线的位置

步骤 4 此时引线基线处显示有闪烁的光标，在其中输入注释内容，单击其他空白区域，即可创建引线标注，如图 8-81 所示。

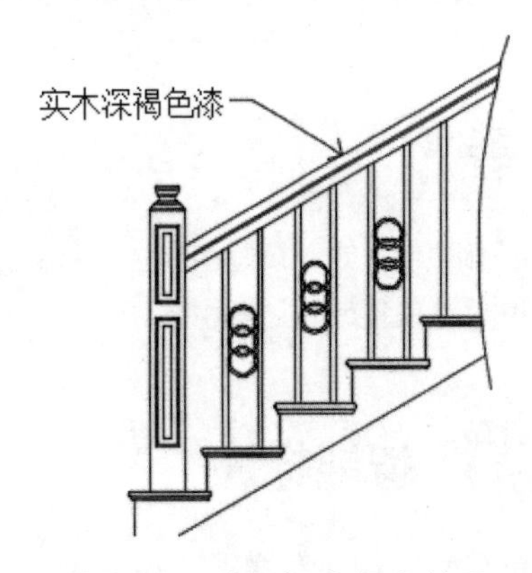

图 8-81 引线标注完成结果

执行上述操作的命令行提示如下：

```
命令：_MLEADER                                        //调用【引线】命令
指定引线箭头的位置或 [引线基线优先(L)/内容优先(C)/选项(O)] <选项>：  //指定引线箭头的位置
指定引线基线的位置：                                    //拖动鼠标并单击指定引线基线的位置
```

3. 添加和删除引线

当注释内容相同时，用户使用【添加引线】命令，只需要指定引线箭头位置，即可添加一条引线，从而避免重复输入注释内容。同理，若不再需要添加的引线，使用【删除引线】命令将其删除即可。

执行【添加引线】和【删除引线】操作的方法主要有以下几种。

☆ 单击【默认】选项卡→【注释】面板→【添加引线】按钮/【删除引线】按钮。

☆ 单击【注释】选项卡→【引线】面板→【添加引线】按钮/【删除引线】按钮。

☆ 选择【修改】→【对象】→【多重引线】→【添加引线】/【删除引线】菜单命令。

添加引线与删除引线的操作类似，下面以添加引线为例进行介绍。具体操作步骤如下。

步骤 1 接上述操作，单击【默认】选项卡→【注释】面板→【添加引线】按钮，单击选中引线标注，然后拖动鼠标并单击，指定引线箭头的位置，按 Enter 键，如图 8-82 所示。

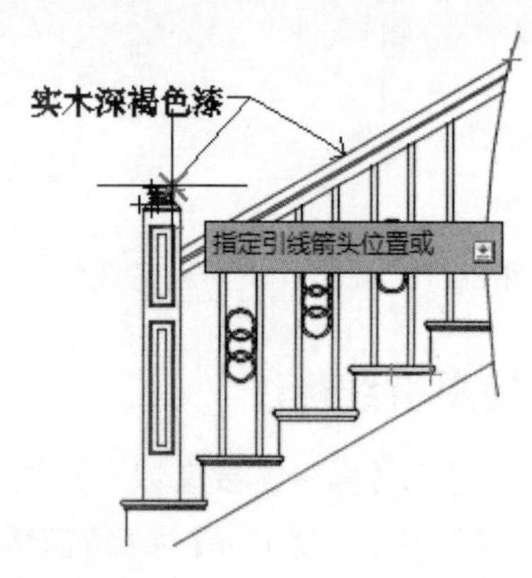

图 8-82　指定引线箭头的位置

步骤 2 即可在原有引线标注上添加一条引线，如图 8-83 所示。

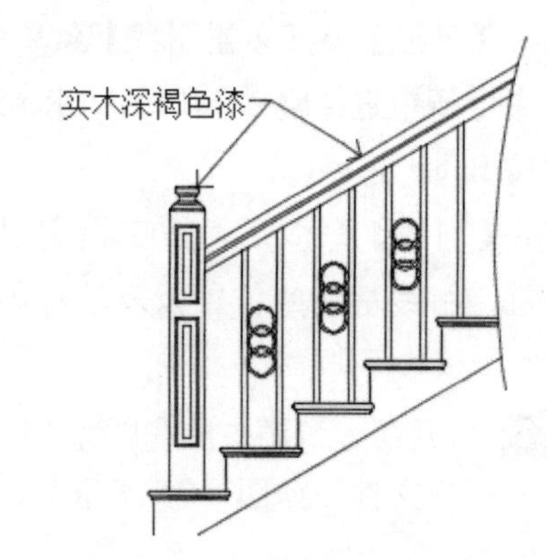

图 8-83　添加引线完成结果

执行上述操作的命令行提示如下：

```
选择多重引线：                          //选择要添加引线的引线标注
找到 1 个
指定引线箭头位置或 [删除引线(R)]：        //指定引线箭头的位置
指定引线箭头位置或 [删除引线(R)]：        //按Enter键确认
```

8.3.12 智能标注

AutoCAD 2016 新增了【标注】命令，调用该命令后，可根据所选的图形类型自动创建相

应的标注，这一功能即称为智能标注。

执行【标注】命令的方法主要有以下几种。

☆ 单击【默认】选项卡→【注释】面板→【标注】按钮。

☆ 单击【注释】选项卡→【标注】面板→【标注】按钮。

☆ 在命令行中直接输入 DIM 命令，并按 Enter 键。

调用【标注】命令后，将光标定位在线性对象上，会显示出线性或对齐标注的预览效果，如图 8-84 所示。若将光标定位在圆或圆弧对象上，则会显示出半径或直径标注的预览效果，如图 8-85 所示。

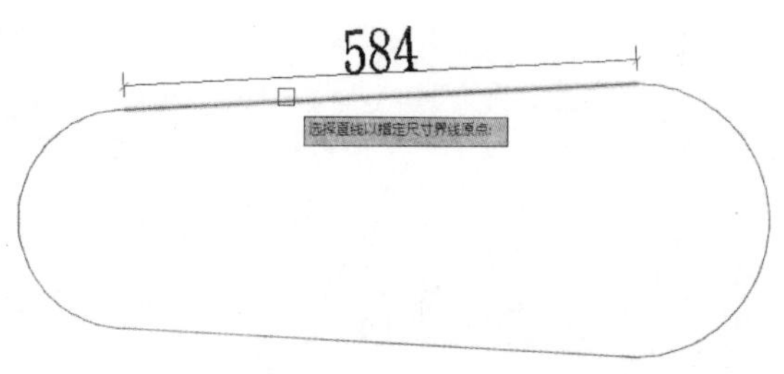

图 8-84　直线显示效果

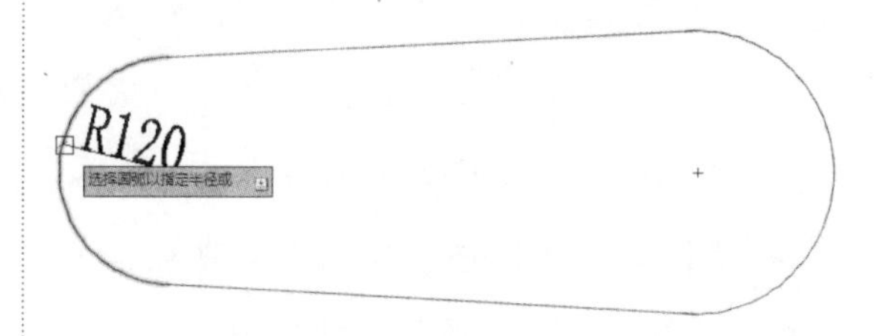

图 8-85　圆弧显示效果

若用户对系统自动创建的标注类型不满意，可在命令行中输入相应的选项进行设置。

调用【标注】命令后，命令行出现以下提示：

```
选择对象或指定第一个尺寸界线原点或 [角度(A)/基线(B)/连续(C)/坐标(O)/对齐(G)/分发(D)/图层(L)/放弃(U)]:
```

在其中选择相应的选项，即可创建角度标注、基线标注、连续标注等类型。

8.4 编辑尺寸标注

创建尺寸标注后，若对其不满意，可根据需要编辑尺寸标注，包括替换标注样式、编辑标注文字、调整标注位置等操作。

8.4.1 更新标注样式

执行【更新】命令，可以使用当前的标注样式更新标注对象。

1. 命令调用方法

☆ 单击【注释】选项卡→【标注】面板→【更新】按钮。

☆ 选择【标注】→【更新】菜单命令。

☆ 在命令行中直接输入 DIMSTYLE 命令，并按 Enter 键。

2. 更新标注样式的操作

选择标注样式后，调用【更新】命令，然后选择要更新的标注对象即可。具体操作步骤如下。

步骤 1 打开配套资源中的“素材\Ch08\基本图形 .dwg”文件，选中标注，在【注释】选项卡→【标注】面板中可以看到，该标注使用的是 ISO-25 标注样式，如图 8-86 所示。

图 8-86 ISO-25 标注样式

步骤 2 单击【注释】选项卡→【标注】面板→【标注样式】按钮，在弹出的下拉列表中选择【建筑】这一标注样式，从而将其置为当前，如图 8-87 所示。

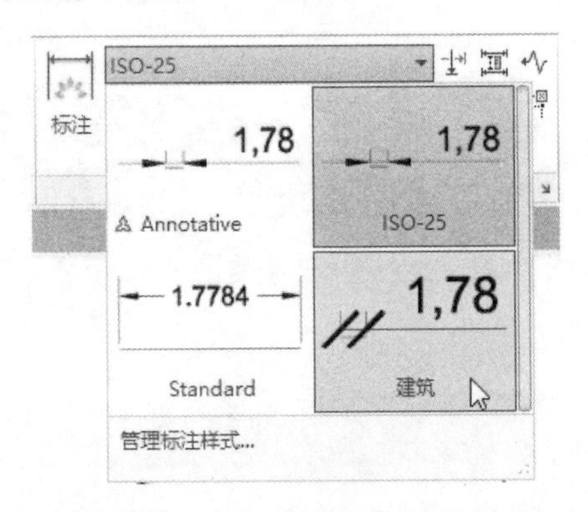

图 8-87 选择【建筑】标注样式

步骤 3 单击【注释】选项卡→【标注】面板→【更新】按钮，根据提示选择图形中两个标注对象，按 Enter 键，如图 8-88 所示。

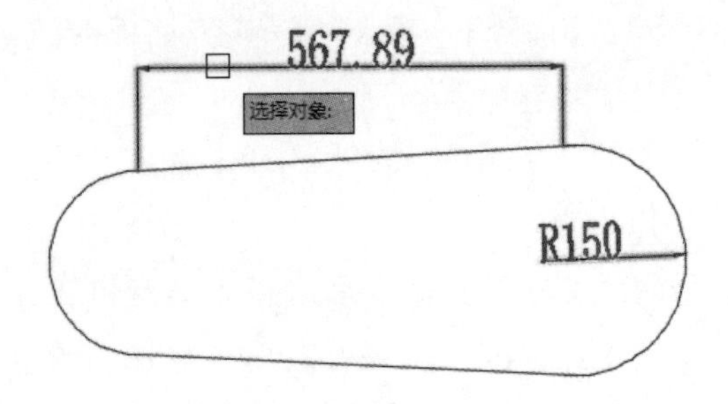

图 8-88 选择更新对象

步骤 4 即可将标注对象由 ISO-25 更新到【建筑】标注样式，结果如图 8-89 所示。

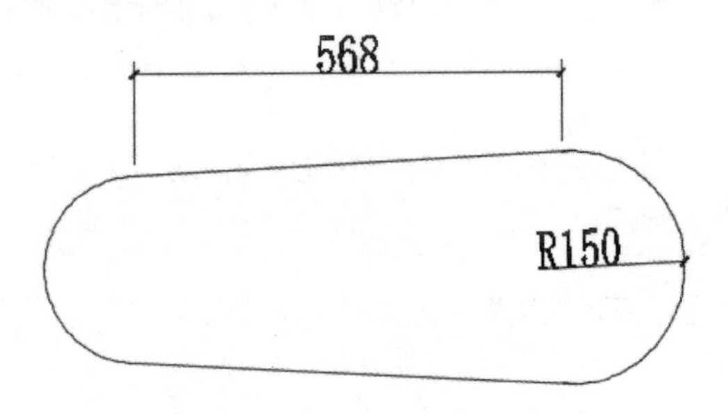

图 8-89 标注更新结果

执行上述操作的命令行提示如下：

```
命令: _-DIMSTYLE                                    //调用【更新】命令
当前标注样式: 建筑    注释性: 否
输入标注样式选项
[注释性(AN)/保存(S)/恢复(R)/状态(ST)/变量(V)/应用(A)/?] <恢复>: _apply
选择对象: 找到 1 个
选择对象: 找到 1 个, 总计 2 个                        //选择标注对象
选择对象:                                           //按Enter键
```

8.4.2 编辑标注文字

编辑标注文字包括修改文字内容和文字角度，设置文字的对齐方式等操作。下面分别进行介绍。

1. 修改文字内容

选择【修改】→【对象】→【文字】→【编辑】菜单命令，然后选择要修改内容的标注，或者直接双击标注文字，均可使文字进入编辑状态，如图 8-90 所示。在文本编辑框中输入新的标注内容，然后单击绘图区的空白处，即可完成修改标注文字的操作，结果如图 8-91 所示。

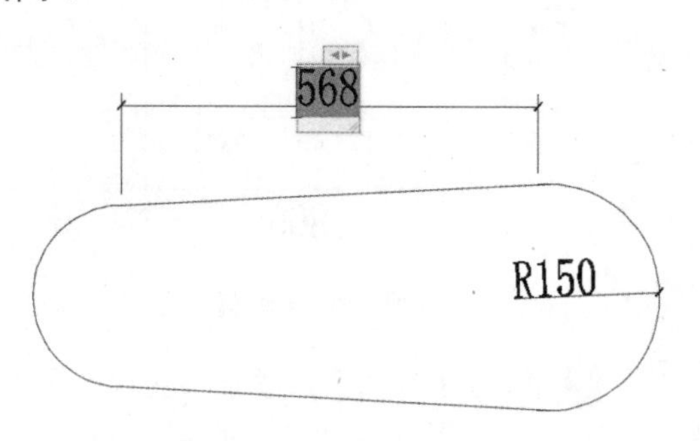

图 8-90　编辑尺寸标注

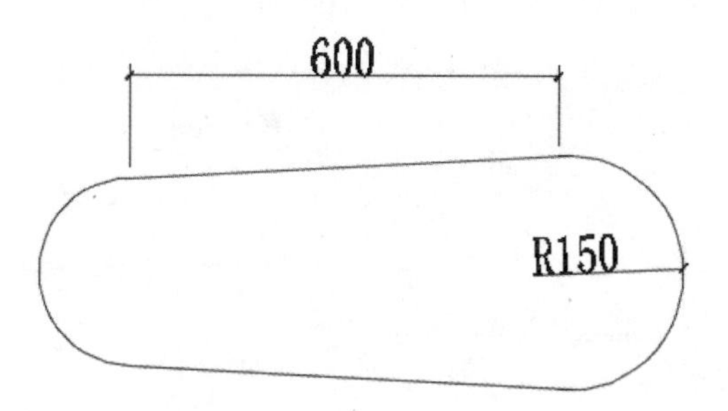

图 8-91　编辑尺寸结果

2. 修改文字角度

选择【标注】→【对齐文字】→【角度】菜单命令，然后根据命令行提示，选择需要修改角度的标注文字，并输入角度，如图 8-92 所示。按 Enter 键，即可修改标注文字的角度，结果如图 8-93 所示。

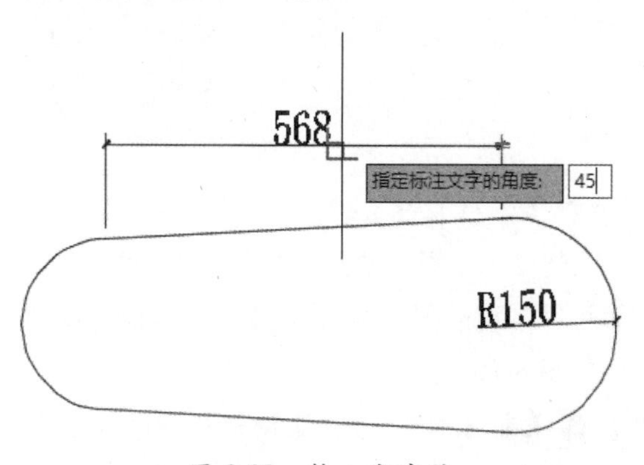

图 8-92　输入角度值

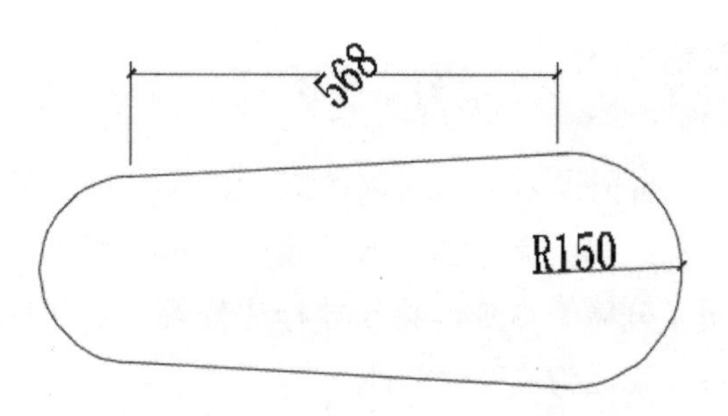

图 8-93　修改文字角度结果

3. 设置文字的对齐方式

选择【标注】→【对齐方式】→【左 / 居中 / 右】菜单命令，然后根据命令行提示，选择标注文字，即可设置所选标注文字的对齐方式，如图 8-94、图 8-95 和图 8-96 所示分别是将对齐方式设置为左、居中和右的结果。

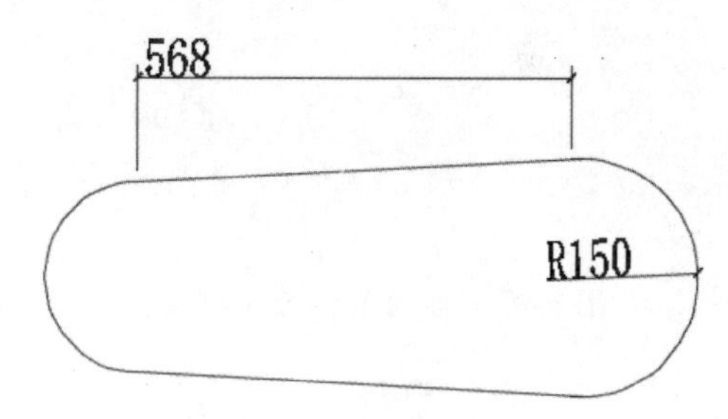

图 8-94　对齐方式为左

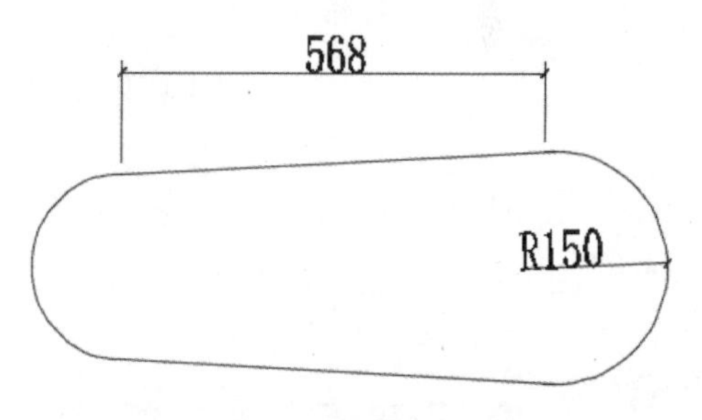

图 8-95　对齐方式为居中

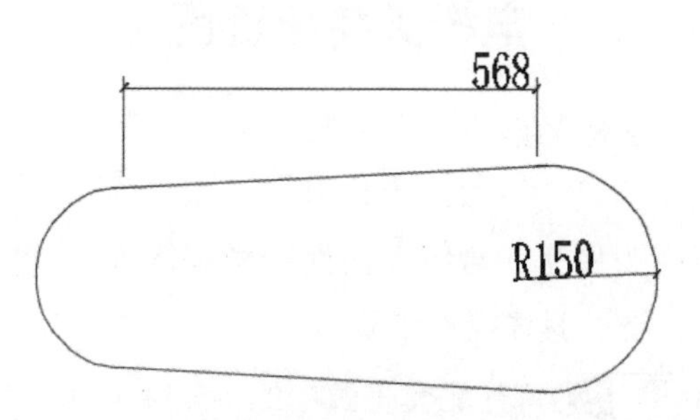

图 8-96　对齐方式为右

8.4.3 分解尺寸标注

当需要对标注对象的文字、尺寸箭头和尺寸线等元素单独进行编辑时，用户可以利用【分解】命令，将尺寸标注分解，从而使各元素成为单独对象。

选择要分解的尺寸标注，此时其为一个整体，如图 8-97 所示。单击【默认】选项卡→【修改】面板→【分解】按钮，即可分解尺寸标注，从而将尺寸标注分解为文字、箭头、尺寸线等多个对象，结果如图 8-98 所示。

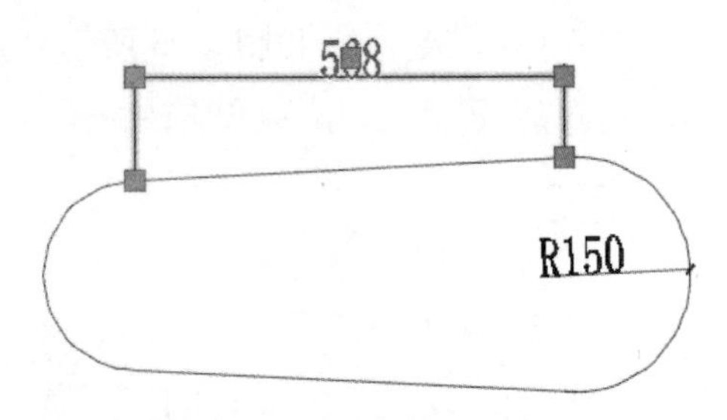

图 8-97　标注整体选中结果

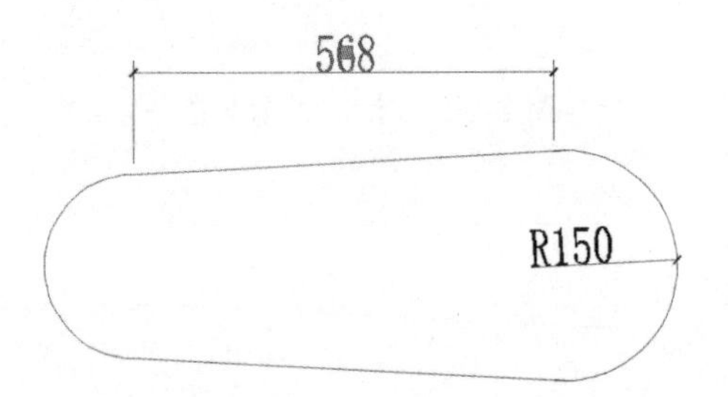

图 8-98　标注分解选中结果

8.4.4 实战演练 3——编辑电梯天花平面图

电梯是办公楼、高层住宅等必备的垂直运输工具。下面以编辑电梯天花平面图尺寸标注为例来综合练习前面所学编辑尺寸标注的方法。具体操作步骤如下。

步骤 1 打开配套资源中的“素材\Ch08\室内家居.dwg”文件，结果如图 8-99 所示。

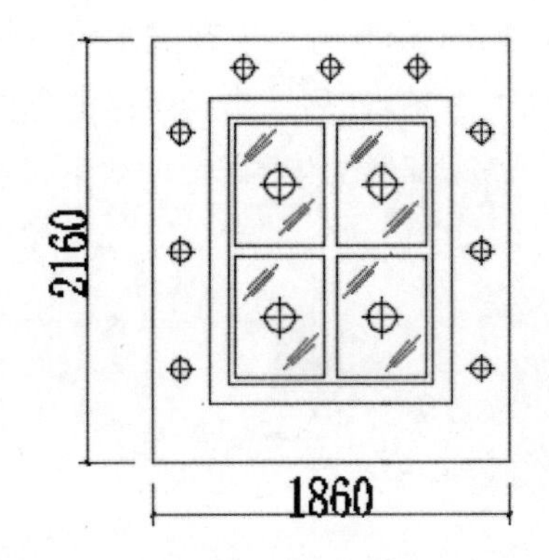

图 8-99　调入素材

步骤 2 单击【默认】选项卡→【注释】面板→【标注样式】下拉列表，选择 NORMAL 标注样式，结果如图 8-100 所示。

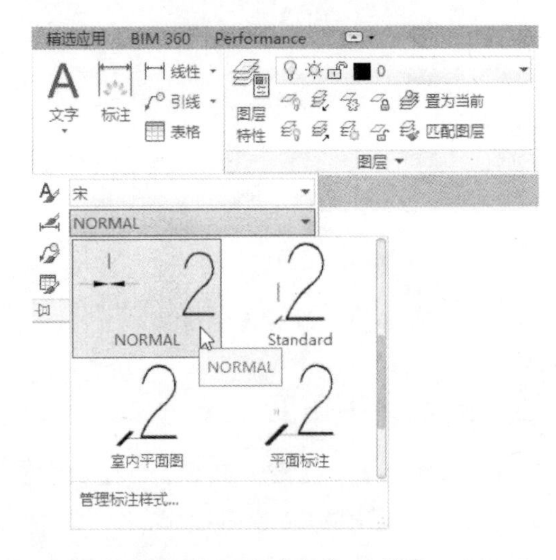

图 8-100　选择标注样式

> **提示** 选择的标注样式需要提前设置好相关参数，这样在更新尺寸标注时才不会因字体、箭头大小等而标注得不合理。

步骤 3 选择【标注】→【更新】菜单命令，选择需要更新的尺寸数字，按 Enter 键，即可完成电梯天花更新标注样式的操作，结果如图 8-101 所示。

步骤 4 单击鼠标选择需要分解的尺寸标注，调用 X(分解)命令，即可完成电梯天花

尺寸标注分解的操作，结果如图 8-102 所示。

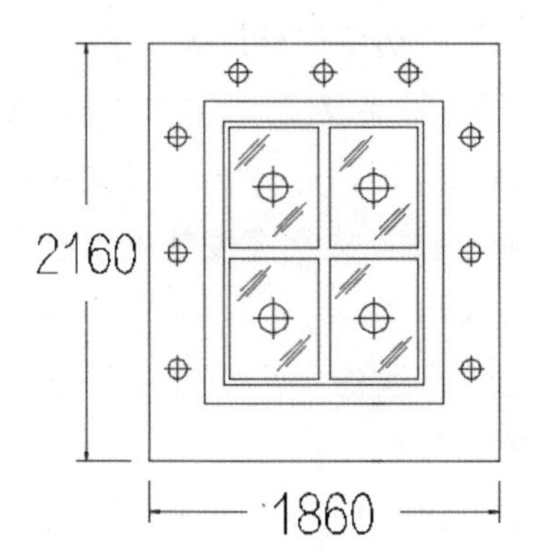

图 8-101　更新标注结果

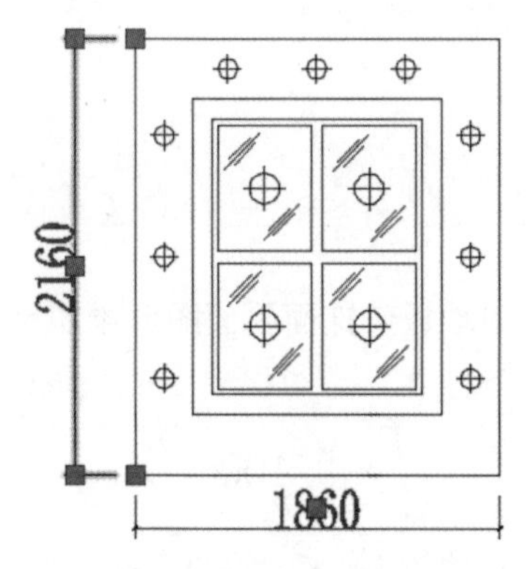

图 8-102　分解与未分解标注结果

步骤 5 选择【标注】→【对齐文字】→【角度】菜单命令，如图 8-103 所示。

步骤 6 选择需要编辑的尺寸标注，根据光标提示指定标注文字的角度，这里输入 60°，结果如图 8-104 所示。

步骤 7 按 Enter 键，即可完成电梯天花编辑标注文字的操作，结果如图 8-105 所示。

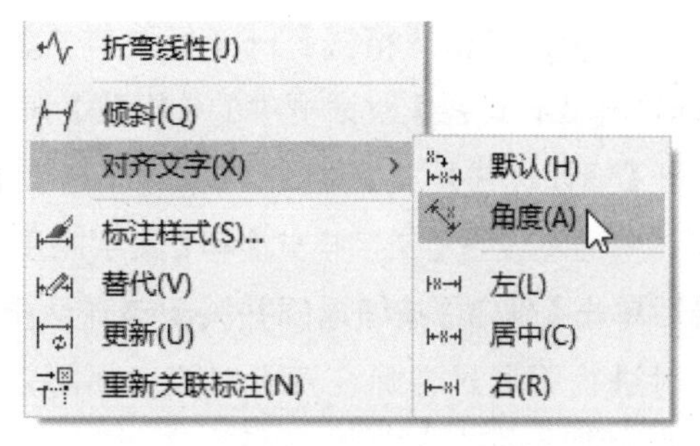

图 8-103　选择【角度】命令

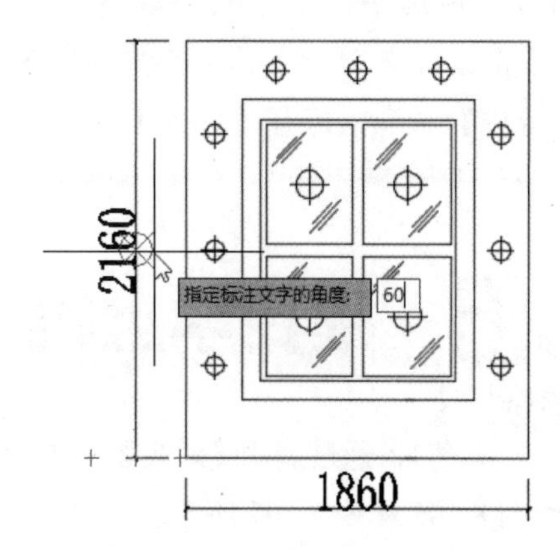

图 8-104　指定标注文字的角度

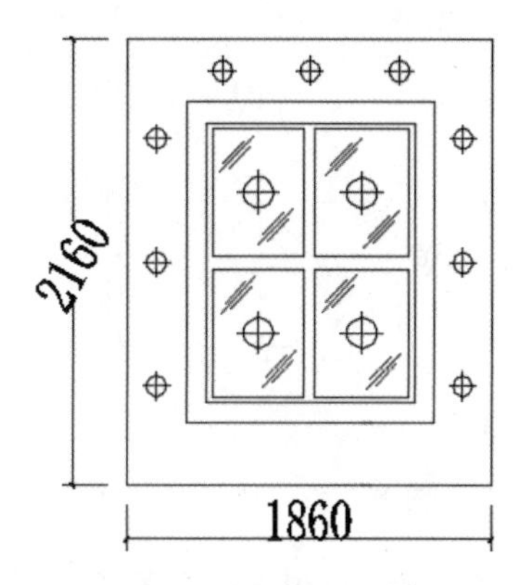

图 8-105　编辑标注文字结果

8.5 大师解惑

小白：为什么有时候在【文字样式】对话框的【高度】功能区中已经设置了图形标注字体高度，而实际上标注图形的字体大小却没有改变？

大师：在绘制图形遇到这种情况时，主要有以下 3 种方法可以改变。

(1) 可以单击【格式】→【标注样式】→【标注样式管理器】对话框中的【修改】按钮，打开【修改标注样式】对话框【文字】选项卡，在其中通过设置【文字样式】和【文字高度】，最后单击【确定】按钮返回并关闭该对话框，这时进行图形尺寸标注就可以改变所标注图形的文字大小了。

(2) 单击选中图形中需要改变大小的标注，单击鼠标右键，在弹出的快捷菜单中选择【特性】命令，打开【特性】对话框，在其【文字】功能区中通过设置文字高度就可以改变图形所选中的标注大小了。

(3) 双击需要改变大小的标注，在文字进入可编辑状态时，在弹出的【文字格式】对话框中通过设置文字高度就可以改变所选中的该标注大小了。

小白：在室内图形设计中，命令行不显示了，怎么办？

大师：这个现象很常见。通过 Ctrl+9 组合键就可以轻松地控制命令行的显示与否。

8.6 跟我学上机

练习 1：通过调用【对齐】和【半径】标注命令，为地板砖饰面平面图形添加尺寸标注，如图 8-106 和图 8-107 所示。

图 8-106　地板砖饰面

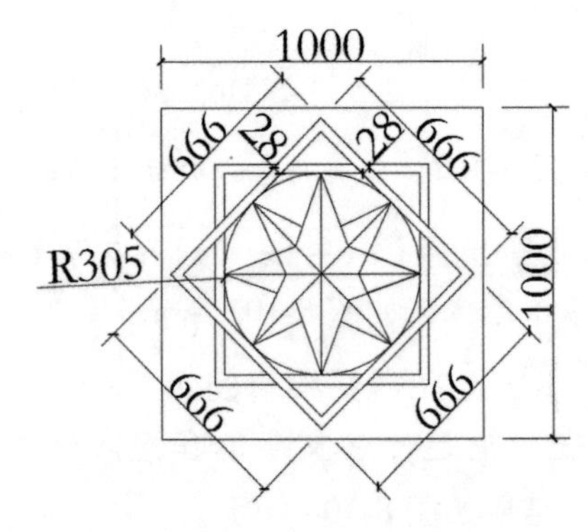

图 8-107　尺寸标注结果

练习 2：调用【对齐文字】命令，设置旋转角度为 60°，对标注文字执行旋转操作，如图 8-108 和图 8-109 所示。

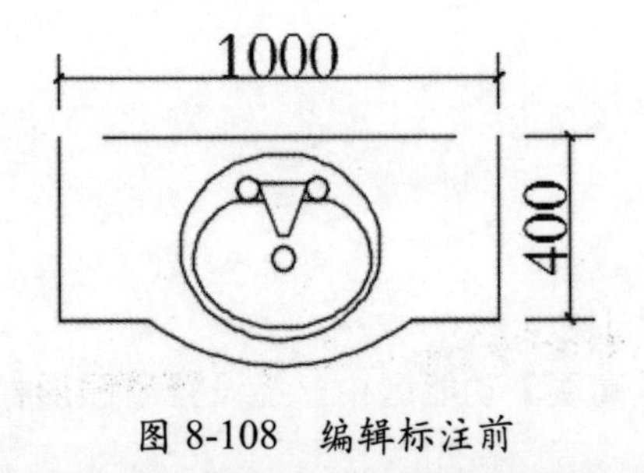

图 8-108　编辑标注前

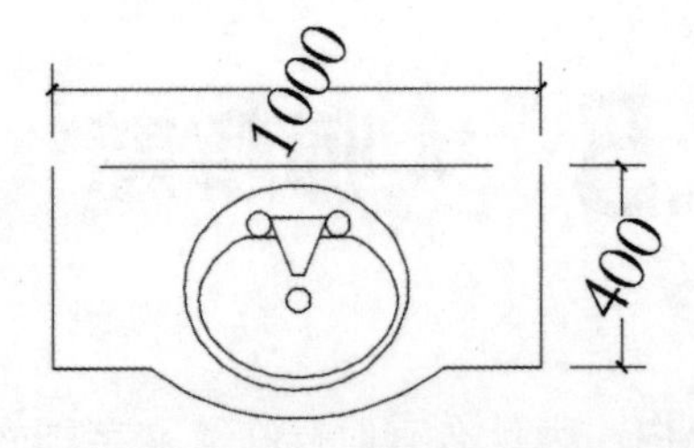

图 8-109　编辑标注后

第 3 篇

综合案例实战

室内常用家具图形的绘制

家具种类繁多，风格各异，室内家具的设计和布置在室内装潢中占据很重要的位置，因此其设计与布置要充分考虑家具与室内环境的协调统一，力求居室环境更好地符合居住者的要求。

本章主要介绍室内常用家具平面图、立面图绘制的相关知识，然后通过具体实例讲解室内平面图、立面图的绘制方法和操作步骤。

- **本章学习目标（已掌握的在方框中打钩）**

□ 掌握室内常用家具平面配景图的绘制方法和技巧。

□ 掌握室内电器立面配景图的绘制方法和技巧。

□ 掌握室内洁具与厨具平面配景图的绘制方法和技巧。

□ 掌握室内其他装潢平面配景图的绘制方法和技巧。

- **重点案例效果**

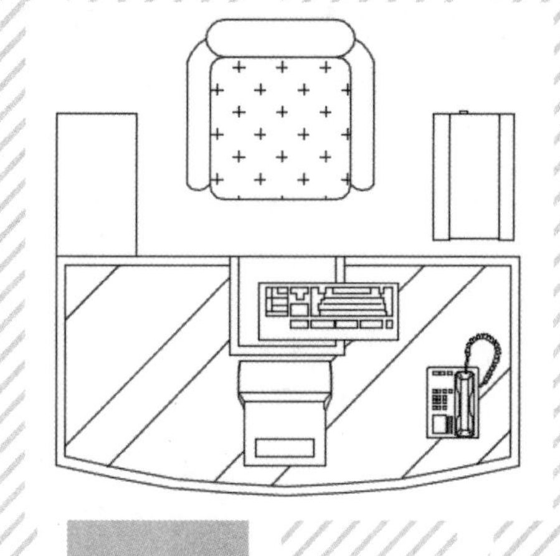

9.1 室内常用家具平面配景图的绘制

室内家具，如组合沙发、双人床、餐桌、办公桌等，是在客厅、卧室、餐厅、书房等室内区域经常见到的家具。因此，在绘制室内设计施工图时它们也是表现设计意图必不可少的元素。

9.1.1 办公桌和椅子平面图的绘制

办公桌是指为日常生活工作和社会活动方便而配备的桌子，常放置于书房，具有办公和学习之用。办公桌的形式多样，风格各异，配备适当的办公桌，可以提高工作和学习的效率。

如图 9-1 所示为不同种类的办公桌的使用效果。

图 9-1　不同种类办公桌的使用效果

绘制办公桌，其具体的绘图操作步骤如下。

步骤 1 调用 REC(矩形) 命令，绘制尺寸为 1600×700 的矩形；调用 O(偏移) 命令，调用 X(分解) 命令，偏移矩形长边，设置偏移距离为 70 和 30。结果如图 9-2 所示。

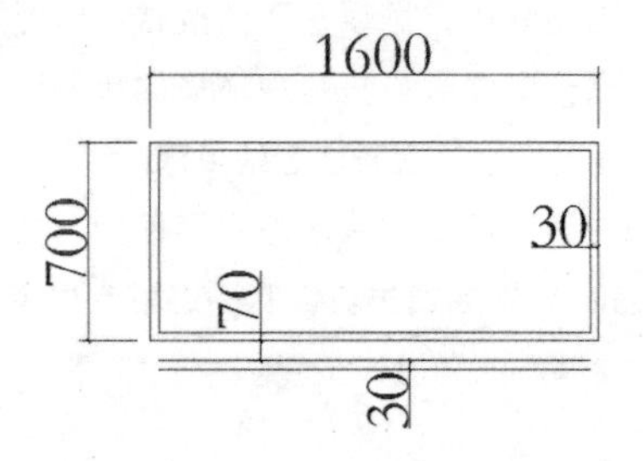

图 9-2　绘制与偏移矩形

步骤 2 调用 A(圆弧) 命令，绘制圆弧；调用 E(删除) 命令，删除多余的线条。结果如图 9-3 所示。

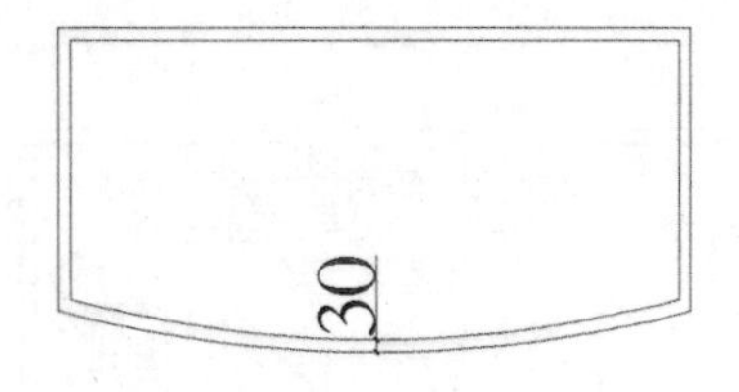

图 9-3　绘制圆弧

步骤 3 调用 L(直线) 命令，在矩形中点处绘制直线；调用 O(偏移) 命令，偏移绘制的直线。结果如图 9-4 所示。

步骤 4 调用 L(直线) 命令，绘制直线；调用 TR(修剪) 命令和 E(删除) 命令，修剪和删除多余的线条。结果如图 9-5 所示。

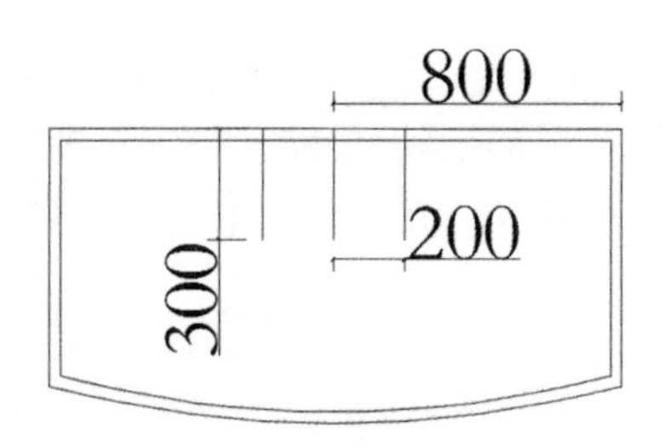

图 9-4　绘制与偏移直线

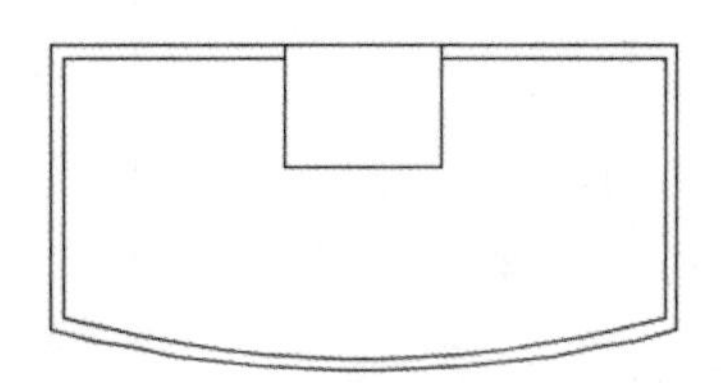

图 9-5　绘制并修整线段

步骤 5 调用 P(多段线) 命令，调用 O(偏移) 命令，即可完成对矩形的向内偏移，结果如图 9-6 所示。

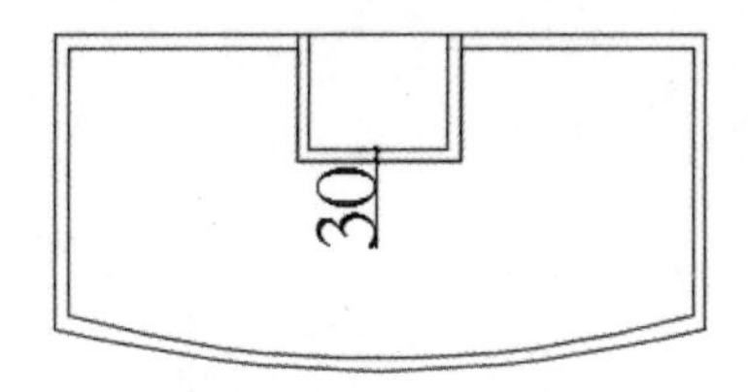

图 9-6　偏移矩形

步骤 6 调用 L(直线) 命令，绘制直线，结果如图 9-7 所示。

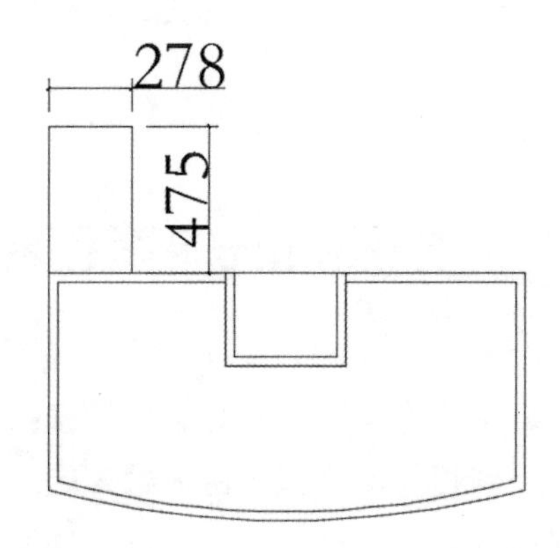

图 9-7　绘制直线

步骤 7 调用 H(填充) 命令→调用 T(设置) 命令，在弹出的【图案填充和渐变色】对话框中设置图案的颜色和比例，在绘图区域点取添加拾取点，按 Enter 键即可完成图案填充操作，如图 9-8 所示。

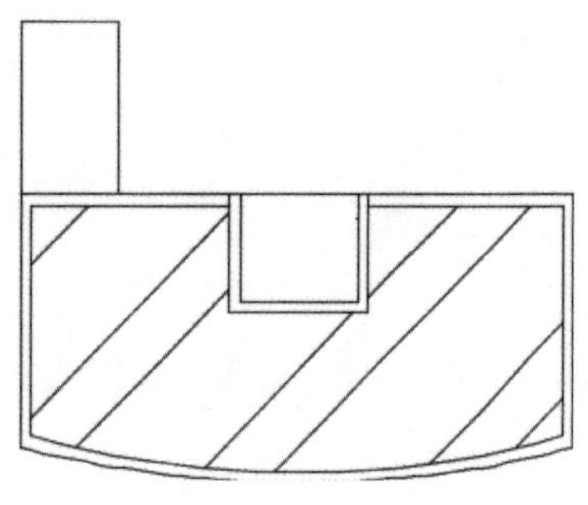

图 9-8　填充结果

步骤 8 绘制座椅。调用 REC(矩形) 命令，绘制尺寸为 480×490 的矩形；依次调用 F(圆角) 命令、R(半径 =50) 命令、P(多段线) 命令，即可完成对矩形执行圆角的操作。结果如图 9-9 所示。

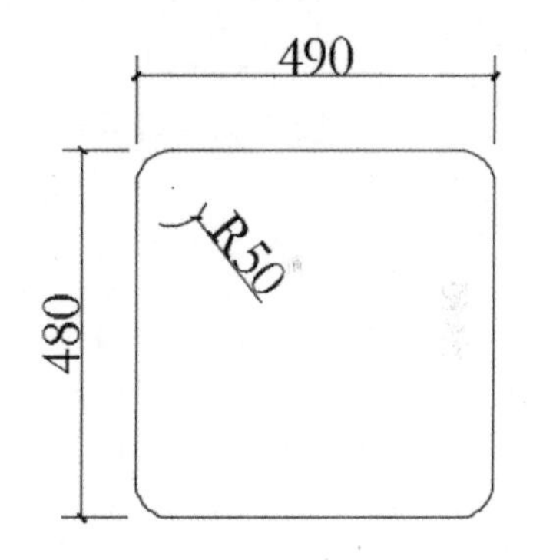

图 9-9　绘制矩形

步骤 9 调用 O(偏移) 命令，调用 X(分解) 命令，偏移矩形两边，设置偏移距离分别为 122 和 80。结果如图 9-10 所示。

步骤 10 调用 L(直线) 命令，绘制直线；调用 C(圆形) 命令，绘制圆形；调用 A(圆弧) 命令，绘制圆弧。结果如图 9-11 所示。

步骤 11 调用 TR(修剪) 和 E(删除) 命令，修剪和删除多余的线条；调用 MI(镜像) 命令，对矩形左侧的图形执行镜像操作，结果如图 9-12 所示。

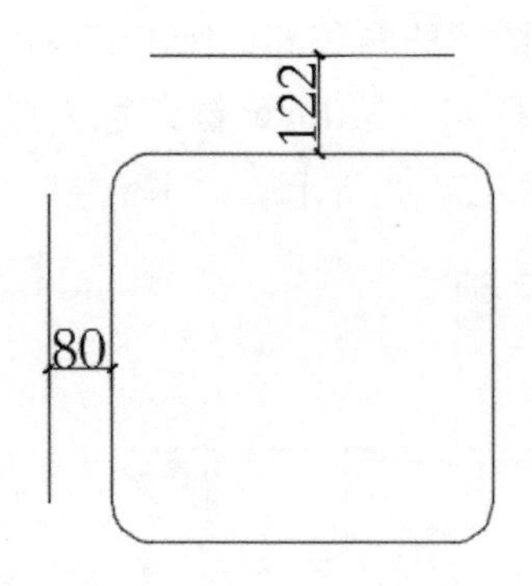

图 9-10　偏移直线

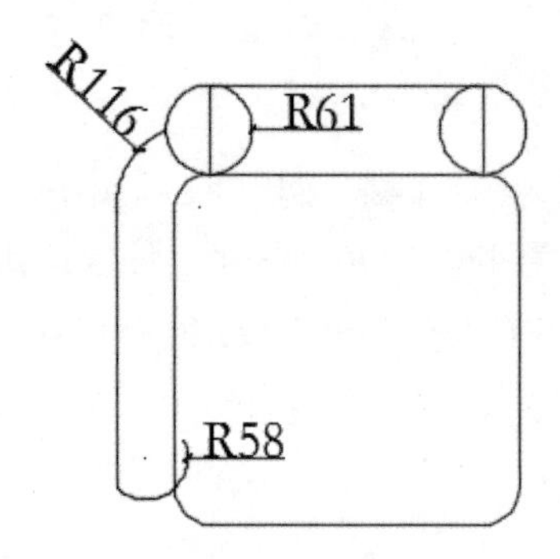

图 9-11　绘制圆与圆弧

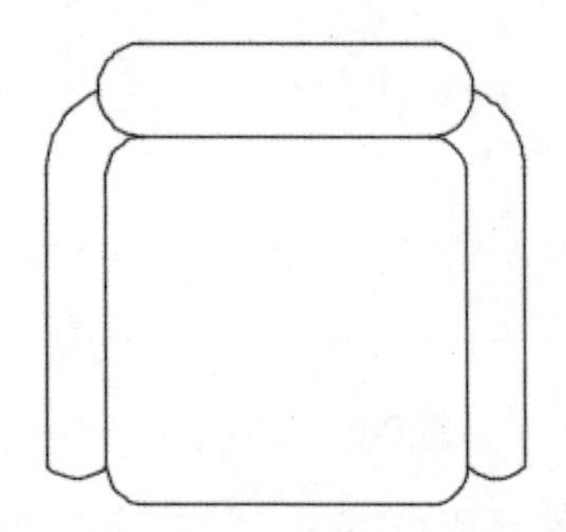

图 9-12　镜像结果

步骤 12 调用 H(填充) 命令→调用 T(设置) 命令，在弹出的【图案填充和渐变色】对话框中设置图案的颜色和比例，在绘图区域点取添加拾取点，按 Enter 键即可完成图案填充操作，如图 9-13 所示。

步骤 13 插入素材图样。打开图库中已绘制完成的素材图样，调用 CO(复制) 命令，从中复制粘贴座机电话和计算机等图形至当前图形中；调用 M(移动) 命令，即可完成办公桌和椅子平面图的绘制。结果如图 9-14 所示。

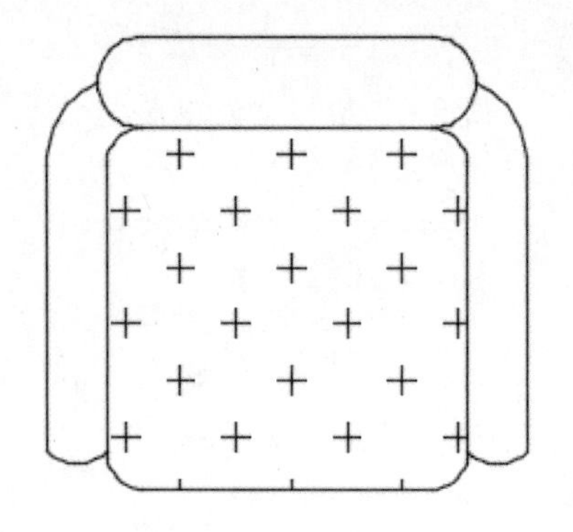

图 9-13　填充结果

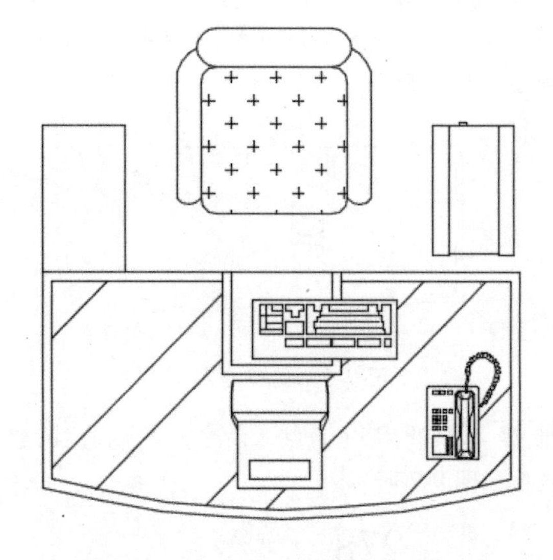

图 9-14　办公桌与椅子平面图

9.1.2 餐桌和椅子平面图的绘制

餐桌和椅子是每个家庭必备的家具。它们的大小应根据家庭成员的人数来定，样式可根据居室风格、个人喜好来选择购买，其常置于餐厅，是家庭成员用餐的平台。

如图 9-15 所示为不同样式的餐桌和椅子

的使用效果。

图 9-15　不同样式餐桌和椅子的使用效果

绘制餐桌，其具体的绘图操作步骤如下。

步骤 1 调用 REC(矩形) 命令，绘制尺寸为 1500×800 的矩形；调用 O(偏移) 命令，偏移矩形，设置偏移距离为 80。结果如图 9-16 所示。

步骤 2 调用 X(分解) 命令，分解偏移前的矩形；调用 O(偏移) 命令，偏移矩形四条边。结果如图 9-17 所示。

步骤 3 调用 L(直线) 命令，绘制直线；调用 TR(修剪) 命令，删除矩形多余的线条。结果如图 9-18 所示。

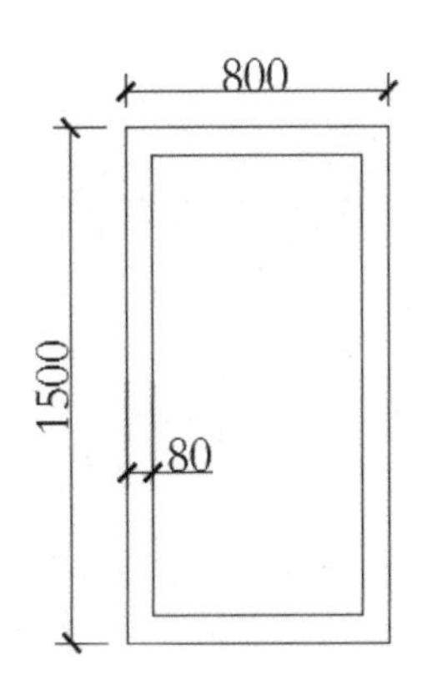

图 9-16　绘制矩形

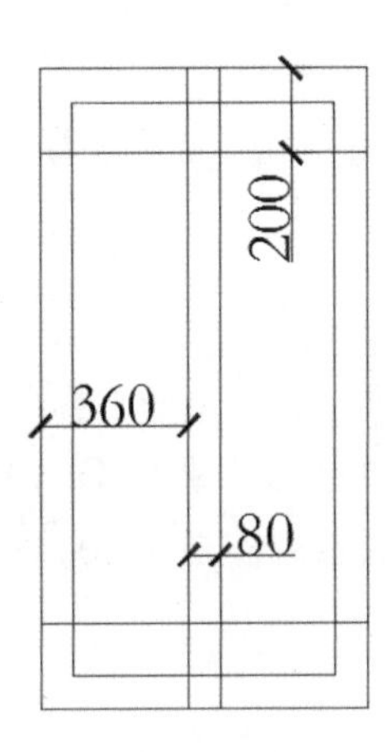

图 9-17　偏移直线

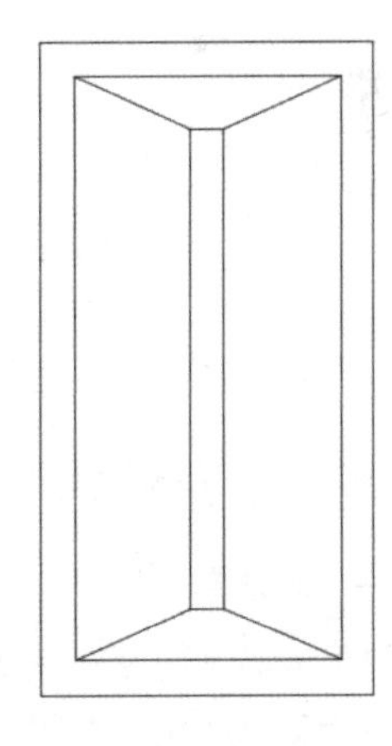

图 9-18　绘制直线

步骤 4 调用 H(填充) 命令→调用 T(设置) 命令，在弹出的【图案填充和渐变色】对话框中设置相关参数，在绘图区域点取添加拾取点，按 Enter 键即可完成图案填充操作，如图 9-19 所示。

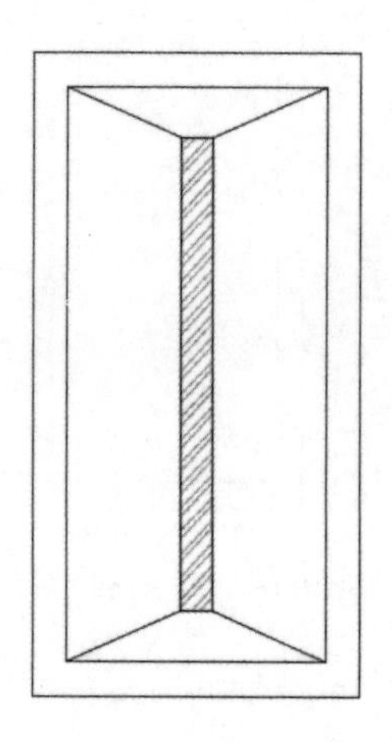

图 9-19　填充图形

绘制座椅，其具体的绘图操作步骤如下所示。

步骤 1 调用 REC(矩形) 命令，绘制尺寸为 450×380 的矩形；调用 O(偏移) 命令，偏移矩形，设置偏移距离为 20。结果如图 9-20 所示。

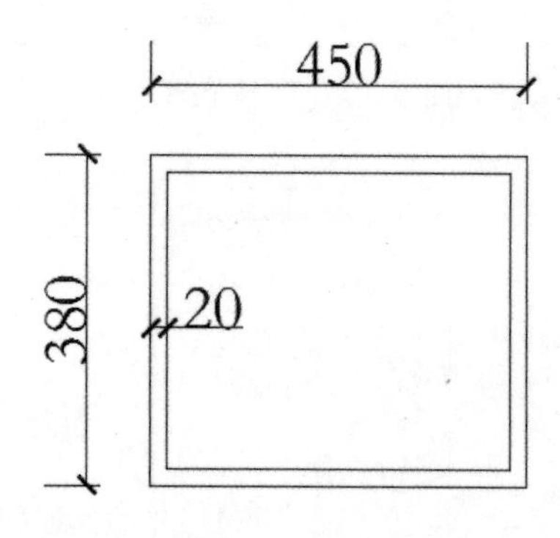

图 9-20　绘制矩形

步骤 2 调用 X(分解) 命令，分解未偏移的矩形；调用 O(偏移) 命令，偏移矩形短边 2 次，设置偏移距离为 30；调用 A(圆弧) 命令，在偏移的直线处绘制圆弧。结果如图 9-21 所示。

步骤 3 调用 L(直线) 命令，绘制直线；调用 E(删除) 命令，删除矩形偏移的线条。结果如图 9-22 所示。

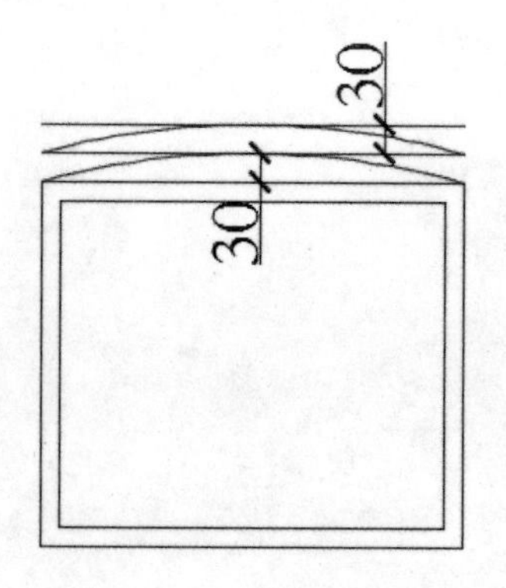

图 9-21　绘制圆弧

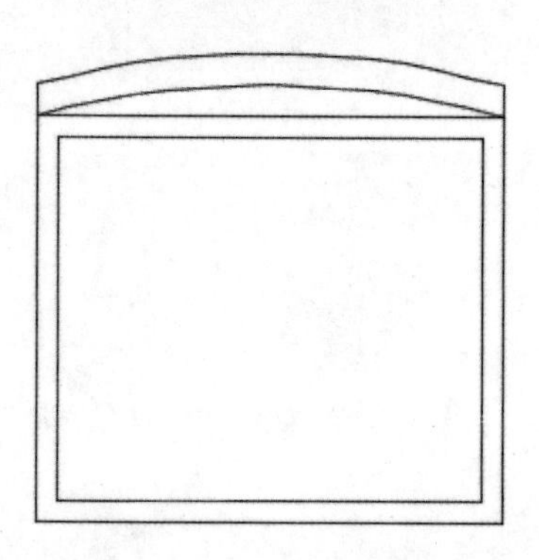

图 9-22　绘制直线

步骤 4 调用 C(圆) 命令，在绘制的直线和圆弧间绘制圆；调用 TR(修剪) 命令，删除多余的线条和圆弧。结果如图 9-23 所示。

图 9-23　绘制圆并修剪

步骤 5 调用 F(圆角) 命令、R(半径 =25) 命令、P(多段线) 命令，即可完成对偏移矩形执行圆角的操作；调用 REC(矩形) 命令，矩形两侧绘制尺寸为 280×30 的矩形。结果

如图 9-24 所示。

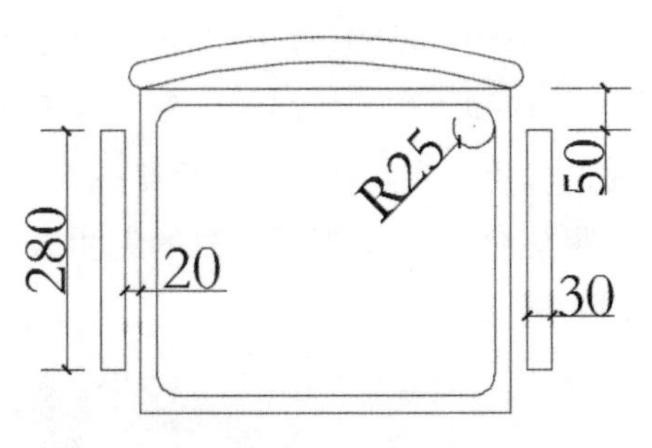

图 9-24　绘制矩形

步骤 6 调用 F(圆角) 命令、R(半径 =25) 命令、P(多段线) 命令，即可完成对小矩形执行圆角的操作；调用 TR(修剪) 命令，删除小矩形多余的线条。结果如图 9-25 所示。

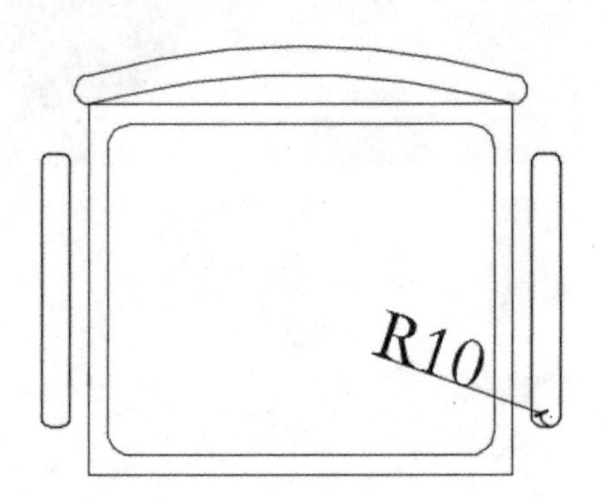

图 9-25　执行圆角结果

步骤 7 调用 L(直线) 命令，绘制直线；调用 O(偏移) 命令，偏移直线；调用 C(圆) 命令，在绘制的直线和两个矩形之间绘制圆。结果如图 9-26 所示。

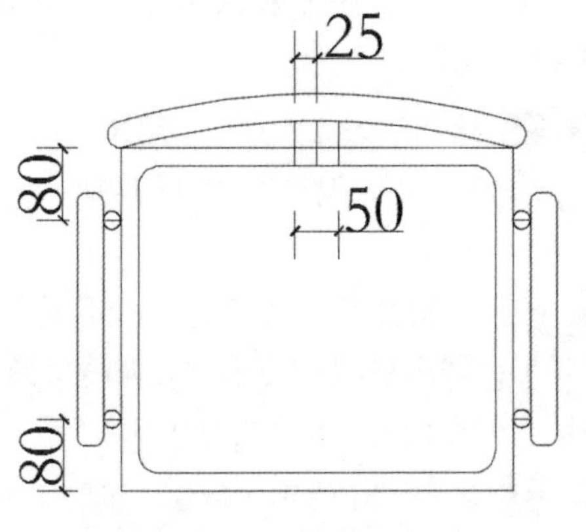

图 9-26　绘制直线与圆

步骤 8 调用 TR(修剪) 命令，删除多余的线条和圆弧，如图 9-27 所示。

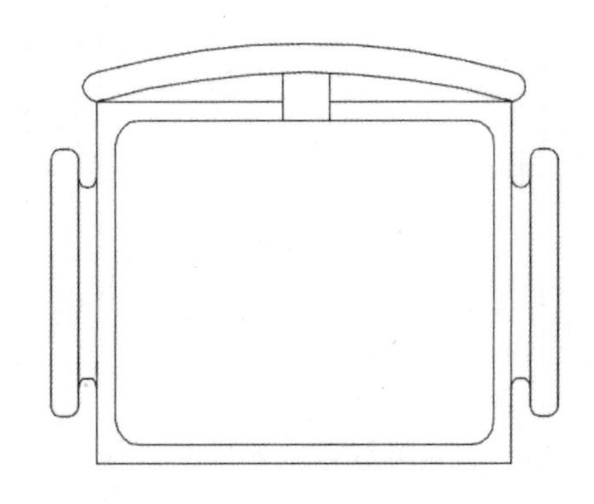

图 9-27　修剪图形

步骤 9 调用 H(填充) 命令→调用 T(设置) 命令，在弹出的【图案填充和渐变色】对话框中设置图案的颜色和比例，如图 9-28 所示。

图 9-28　【图案填充和渐变色】对话框

步骤 10 填充座椅。在弹出的【图案填充和渐变色】对话框中设置图案的颜色和比例，这里填充比例设置为 20，在绘图区域点取添加拾取点，按 Enter 键即可完成图案填充操作，如图 9-29 所示。

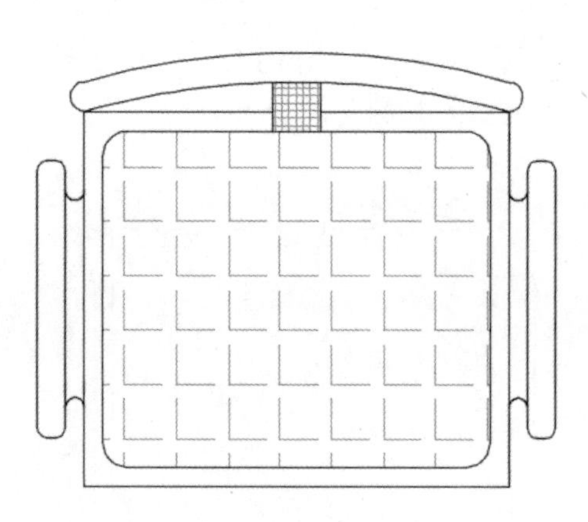

图 9-29 填充结果

步骤 11 调用 M(移动) 命令，即可完成餐桌和椅子平面图的绘制，结果如图 9-30 所示。

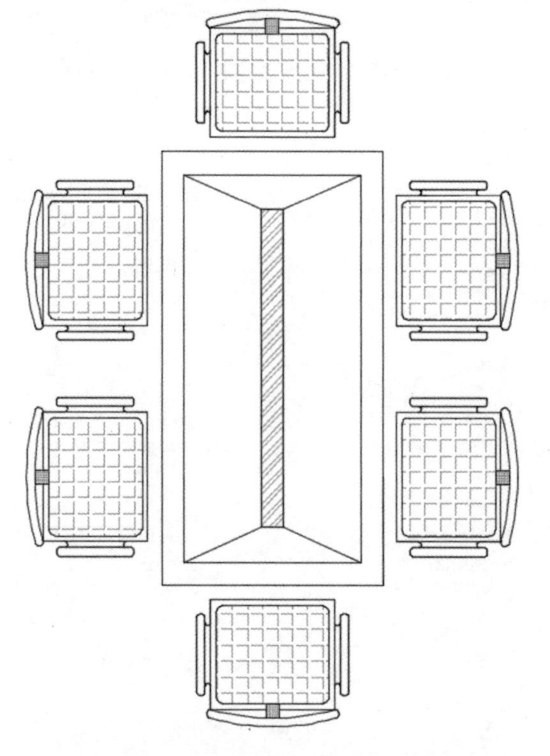

图 9-30 餐桌和椅子平面图

9.1.3 床和床头柜平面图的绘制

床是卧室必备的家具之一，常用的有单人床、双人床和圆床，一般单人床常用的宽度尺寸为 900、1050、1200，双人床常用宽度尺寸为 1350、1500、1800，圆床常用的直径尺寸为 1900、2200、2400。床头柜不但具备储藏的作用，还起着一定的装饰效果。

如图 9-31 所示为不同样式的床和床头柜的使用效果。

图 9-31 不同样式的床和床头柜的使用效果

绘制双人床、被子和床头柜，其具体的绘图操作步骤如下。

步骤 1 绘制双人床轮廓。调用 REC(矩形) 命令，绘制尺寸为 2000×1800 的矩形，结果如图 9-32 所示。

步骤 2 绘制被子。调用 X(分解) 命令，分解矩形；调用 O(偏移) 命令，偏移矩形边，设置适当偏移距离。结果如图 9-33 所示。

步骤 3 调用 TR(修剪) 命令，删除多余的线条，调用 F(圆角) 命令、R(半径 =25) 命令、

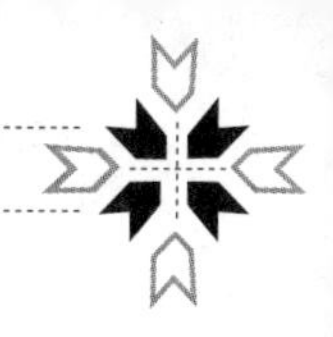

P(多段线) 命令，即可完成对矩形执行圆角的操作。结果如图 9-34 所示。

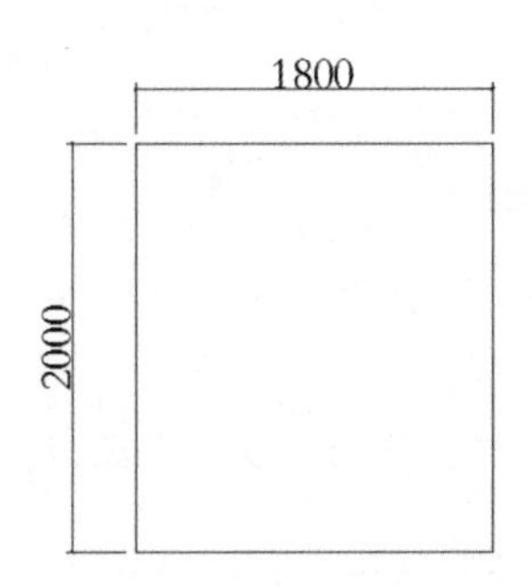

图 9-32 绘制矩形

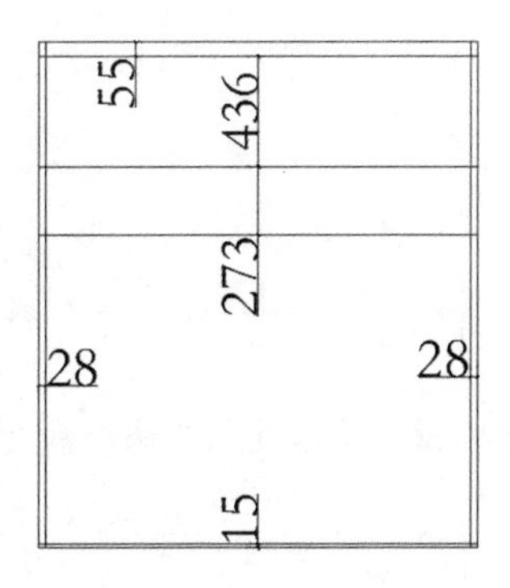

图 9-33 偏移直线

图 9-34 执行圆角操作

步骤 4 调用 TR(修剪) 命令和 E(删除) 命令，修剪并删除多余的线条；调用 O(偏移) 命令，偏移矩形边，设置适当偏移距离。结果如图 9-35 所示。

步骤 5 调用 L(直线) 命令，绘制直线，结果如图 9-36 所示。

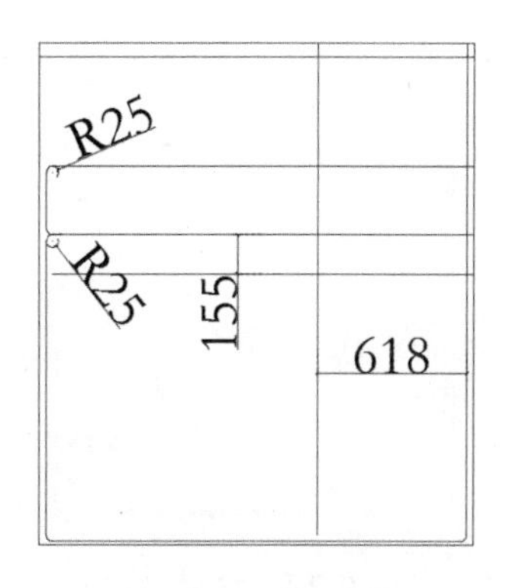

图 9-35 修剪图形

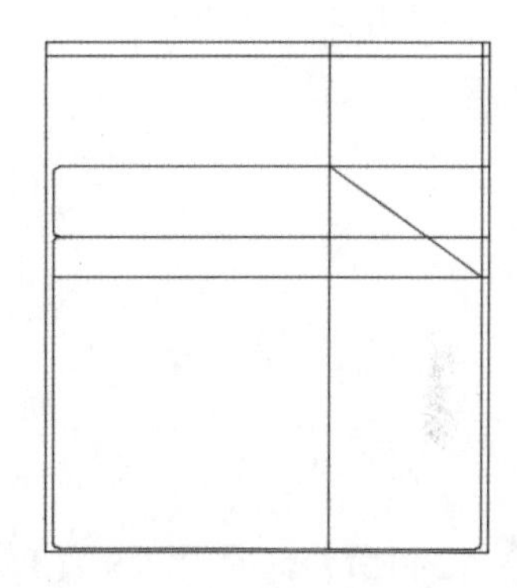

图 9-36 绘制直线

步骤 6 调用 A(圆弧) 命令，绘制圆弧，结果如图 9-37 所示。

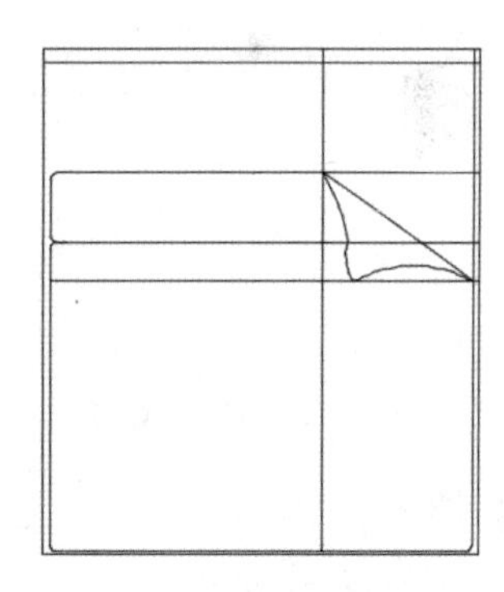

图 9-37 绘制圆弧

步骤 7 调用 TR(修剪) 命令和 E(删除) 命令，修剪并删除多余的线条，结果如图 9-38 所示。

步骤 8 绘制床头柜。调用 REC(矩形) 命令，绘制尺寸为 500×500 的矩形，结果如图 9-39 所示。

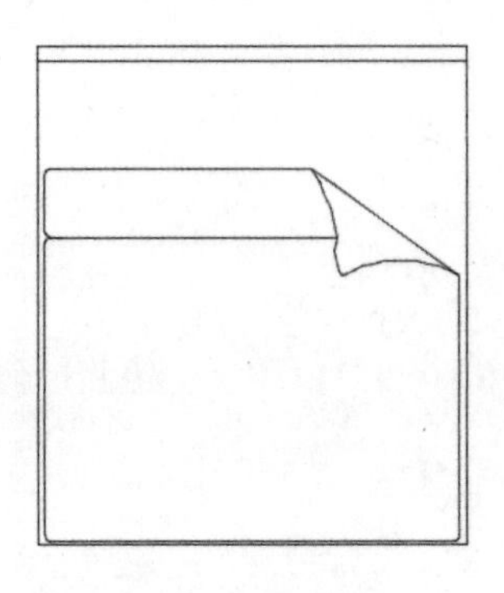

图 9-38　修剪线条

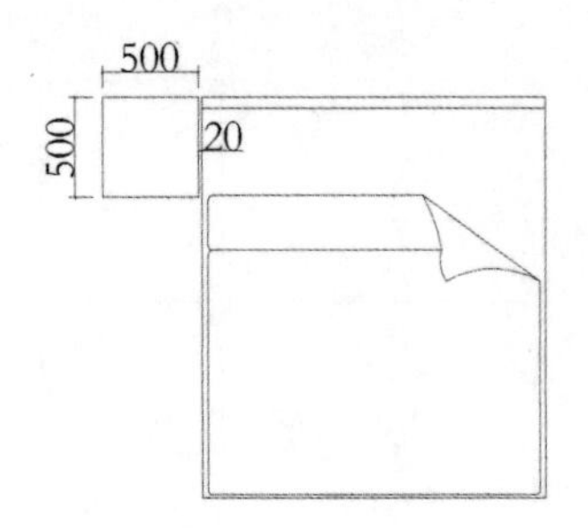

图 9-39　绘制矩形

步骤 9 绘制台灯。调用 C(圆) 命令，绘制圆形，结果如图 9-40 所示。

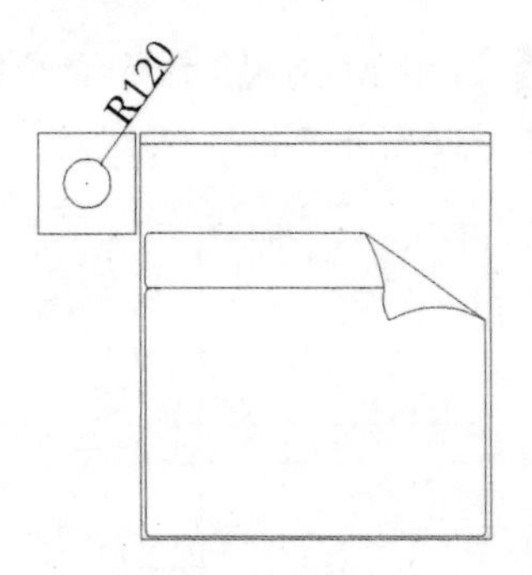

图 9-40　绘制圆形

步骤 10 调用 L(直线) 命令，绘制过圆心直线，结果如图 9-41 所示。

步骤 11 调用 M(镜像) 命令，镜像复制床头柜和台灯图形，结果如图 9-42 所示。

步骤 12 调入素材图块。按 Ctrl+O 组合键，打开“素材 \Ch09\ 室内家具 .dwg”文件，从中复制粘贴枕头、靠垫图形至当前图形中，即可完成床和床头柜平面图的绘制，结果如图 9-43 所示。

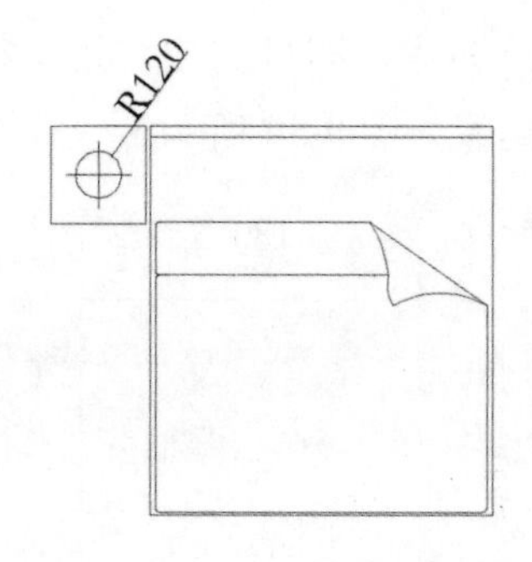

图 9-41　绘制直线

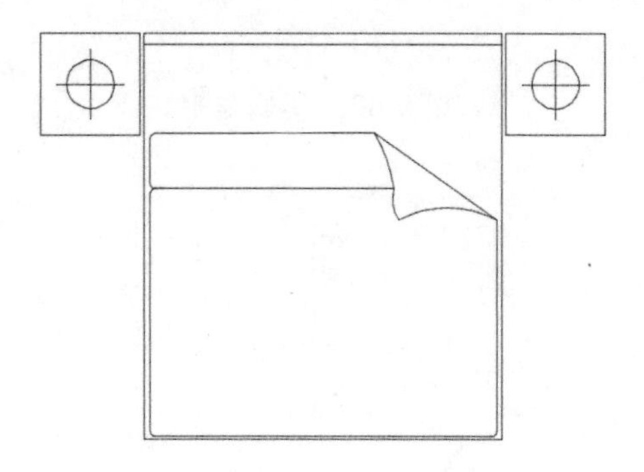

图 9-42　镜像复制床头柜和台灯

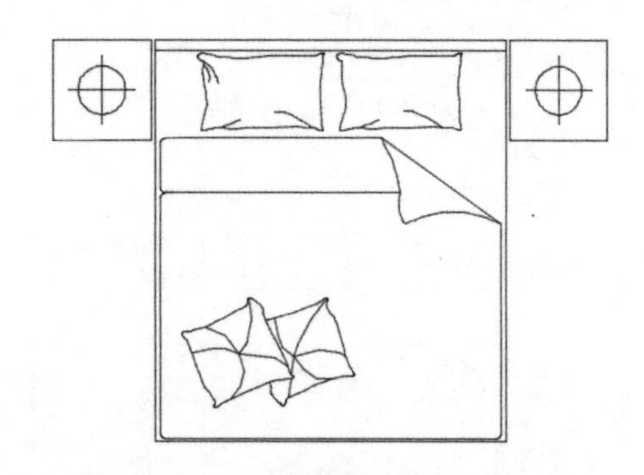

图 9-43　床和床头柜平面图

9.1.4 沙发、茶几和台灯平面图的绘制

沙发、茶几和台灯常摆放在居室的公共区域，如客厅、娱乐室等，可为多人提供休闲娱乐的需求。台灯也多放置在客厅、卧室，起到辅助照明、调节居室氛围的效果。

如图 9-44 所示为不同样式的组合沙发和茶几的使用效果。

图 9-44 不同样式的组合沙发和茶几的使用效果

绘制三人沙发，其具体的绘图操作步骤如下。

步骤 1 调用 REC(矩形) 命令，绘制 1800×800 的矩形，结果如图 9-45 所示。

图 9-45 绘制矩形

步骤 2 依次调用 F(圆角) 命令、R(半径 = 100) 命令、P(多段线) 命令，即可完成对矩形执行圆角的操作。结果如图 9-46 所示。

提示 对矩形整体执行圆角操作，其矩形必定在选中之后是一个整体对象。

图 9-46 执行圆角结果

步骤 3 调用 X(分解) 命令，分解矩形；调用 O(偏移) 命令，等距离偏移矩形短边。结果如图 9-47 所示。

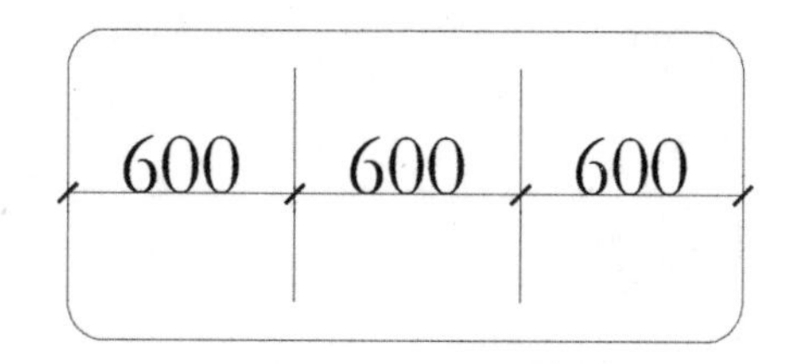

图 9-47 偏移直线

步骤 4 调用 L(直线) 命令，延长偏移的直线，结果如图 9-48 所示。

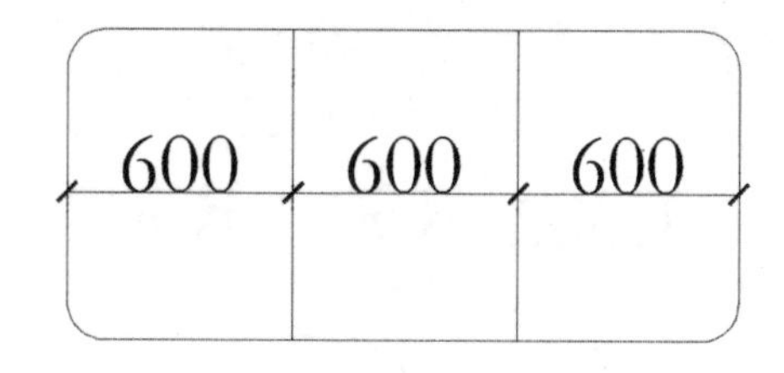

图 9-48 延长直线

步骤 5 调用 F(圆角) 命令、R(半径 = 100) 命令、P(多段线) 命令，即可完成对矩形执行圆角的操作，结果如图 9-49 所示。

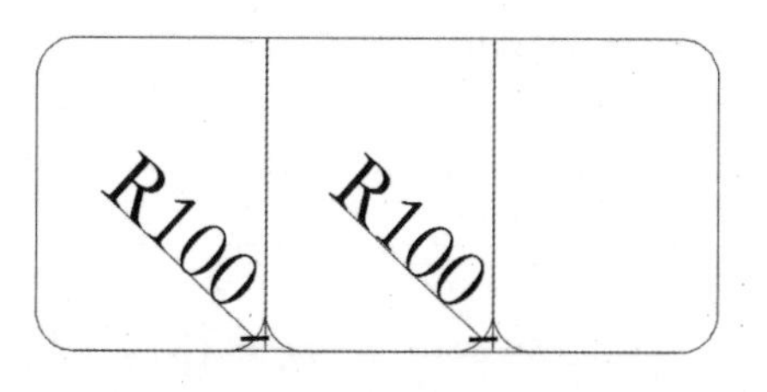

图 9-49 执行圆角结果

步骤 6 调用 TR(修剪) 和 E(删除) 命令，删除矩形多余的线条，结果如图 9-50 所示。

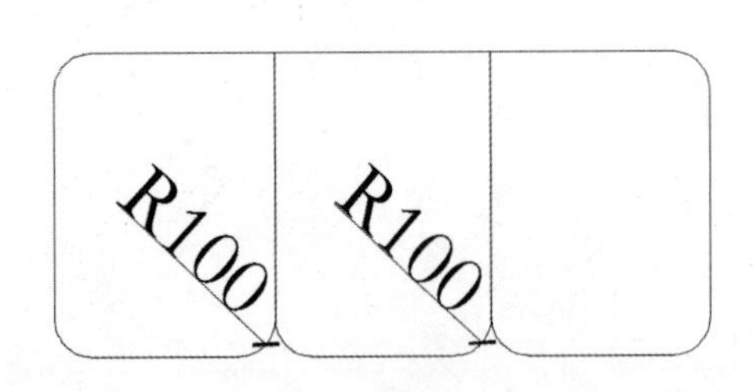

图 9-50　删除线段

步骤 7 调用 O(偏移) 命令，偏移矩形长边；调用 TR(修剪) 和 E(删除) 命令，删除矩形多余的线条。结果如图 9-51 所示。

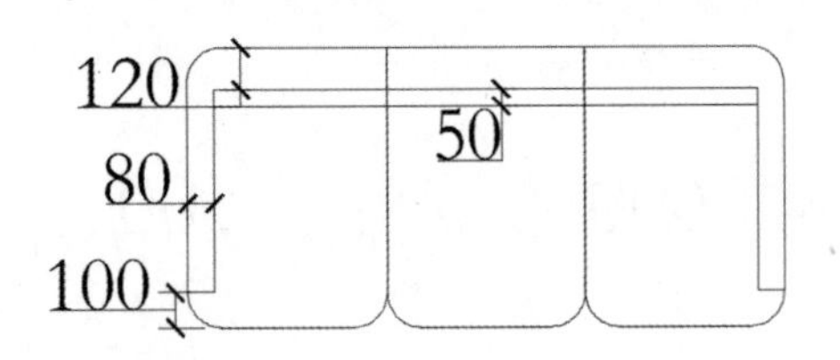

图 9-51　偏移和修剪直线

步骤 8 调用 F(圆角) 命令、R(半径 =30) 命令、P(多段线) 命令，即可完成对矩形执行圆角的操作，结果如图 9-52 所示。

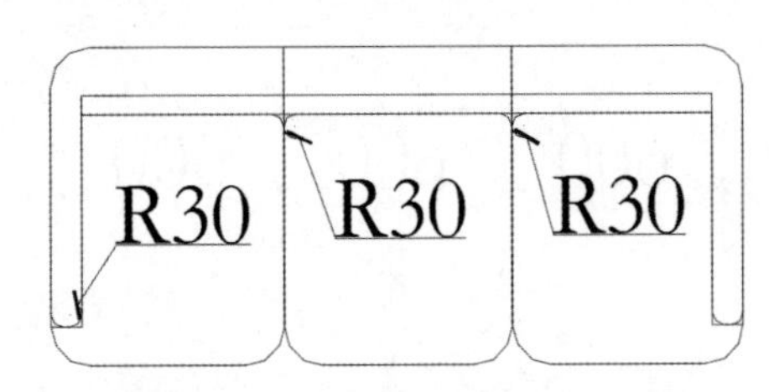

图 9-52　执行圆角结果

步骤 9 对尺寸为 600×50 和 520×50 的矩形，调用 F(圆角) 命令、R(半径 =30) 命令、P(多段线) 命令，即可完成对其执行圆角的操作，结果如图 9-53 所示。

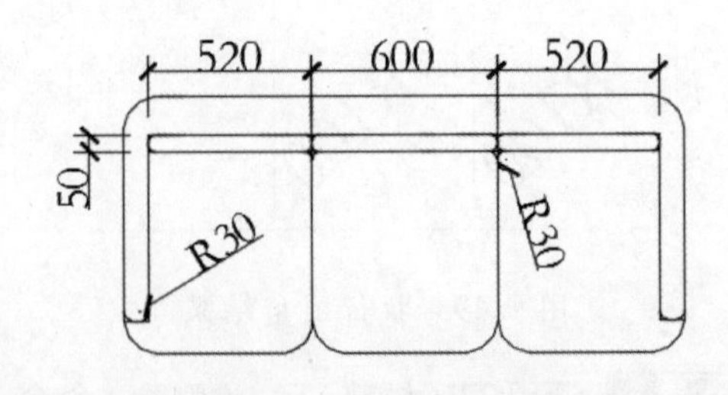

图 9-53　执行圆角结果

步骤 10 调用 X(分解) 命令、TR(修剪) 命令、E(删除) 命令，删除矩形多余的线条，即可完成三人沙发平面图的绘制，结果如图 9-54 所示。

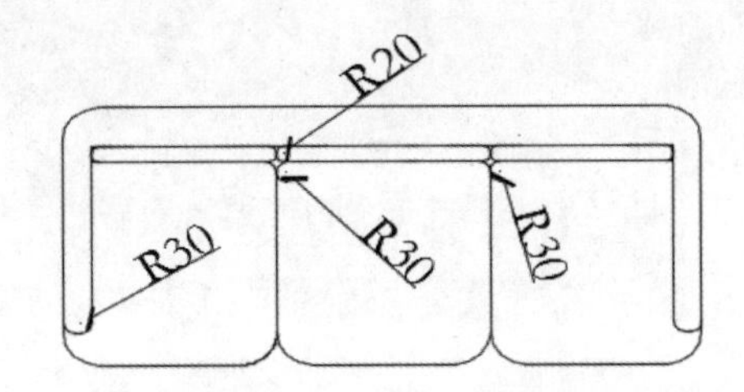

图 9-54　三人沙发平面图

若绘制单人沙发，其具体的操作步骤如下。

调用 REC(矩形) 命令，绘制尺寸为 800×750 的矩形；调用 X(分解) 命令、O(偏移) 命令、P(多段线) 命令、F(圆角) 命令、R(半径) 命令、P(多段线) 命令、TR(修剪) 命令、E(删除) 命令，按上述绘制三人沙发同样的步骤绘制单人沙发，结果如图 9-55 所示。

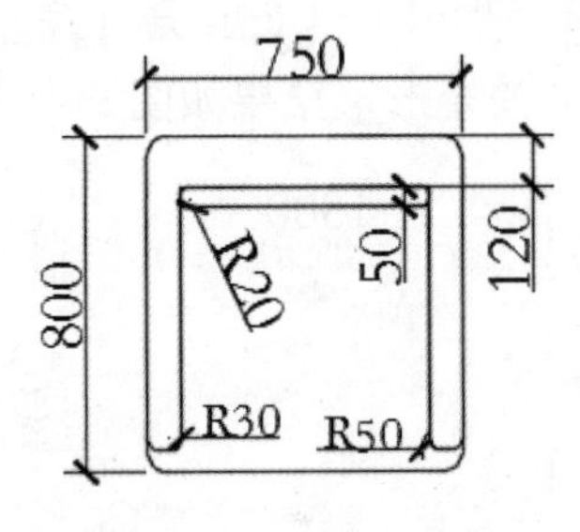

图 9-55　单人沙发

休闲座椅是人们平常享受闲暇时光用的椅子。这种椅子并不像餐椅和办公椅那样正式，有一些小个性，能够给人以视觉和身体的双重舒适感。

下面介绍绘制休闲座椅，其具体操作步骤如下。

步骤 1 调用 REC(矩形) 命令，绘制尺寸

为 800×800 的矩形，结果如图 9-56 所示。

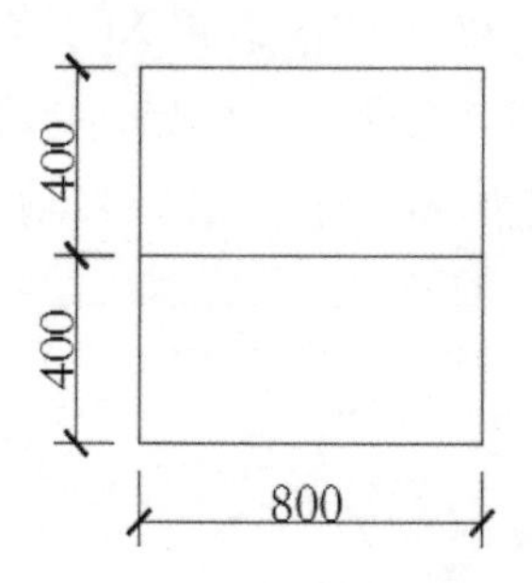

图 9-56　绘制矩形

步骤 2 调用 A(圆弧) 命令，绘制圆弧，如图 9-57 所示。

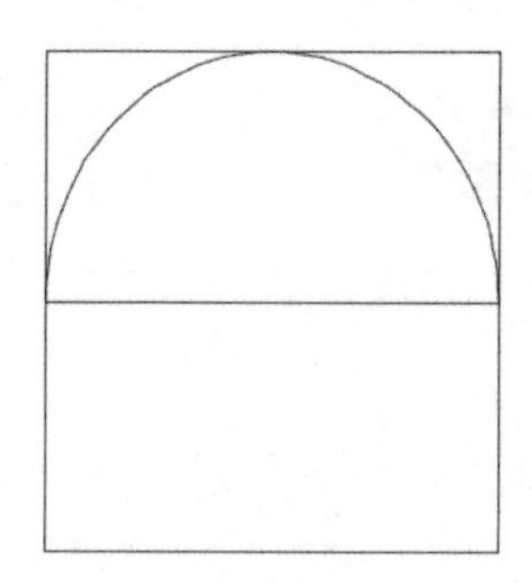

图 9-57　绘制圆弧

步骤 3 调用 O(偏移) 命令，偏移圆弧；调用 L(直线) 命令，在偏移圆弧与圆弧之间绘制垂线。结果如图 9-58 所示。

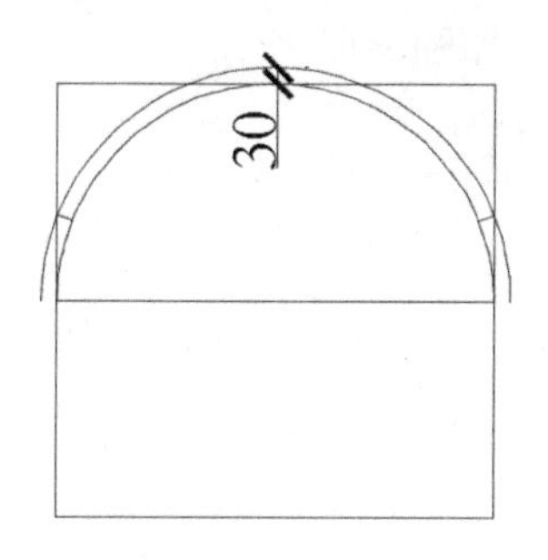

图 9-58　偏移圆弧

步骤 4 调用 C(圆) 命令，绘制与矩形内切的圆；调用 TR(修剪) 和 E(删除) 命令，删除矩形多余的线条，如图 9-59 所示。

茶几一般分方形、矩形两种，高度与扶手椅的扶手相当，多摆放于客厅，用于放置杯盘茶具。

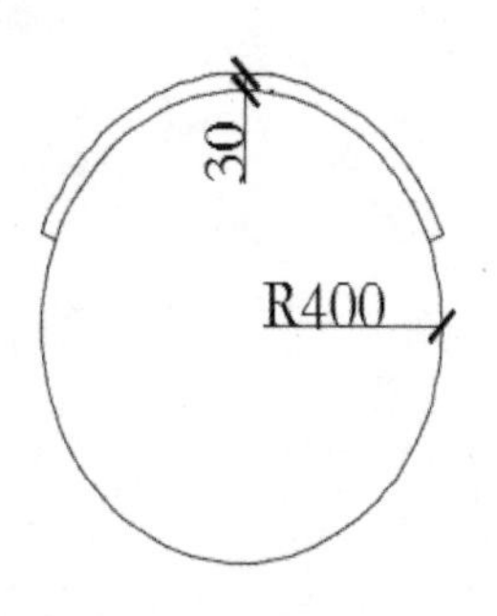

图 9-59　绘制圆并修剪线条

下面介绍绘制茶几，其具体操作步骤如下。

步骤 1 调用 REC(矩形) 命令，绘制尺寸为 600×1200 的矩形；调用 O(偏移) 命令，向内偏移矩形；调用 TR(修剪) 命令，删除矩形多余的线条。结果如图 9-60 所示。

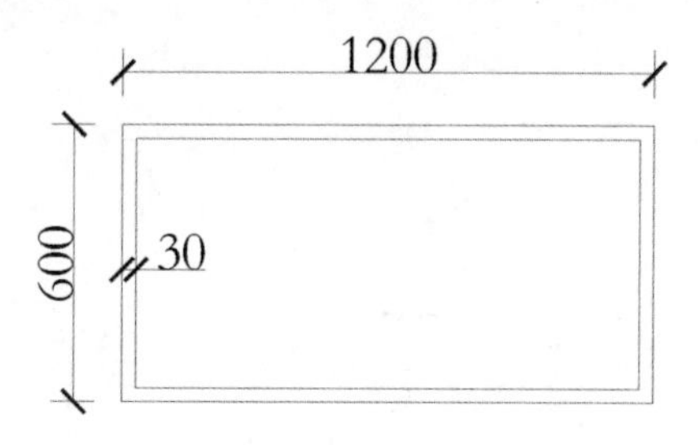

图 9-60　绘制矩形

步骤 2 调用 H(填充) 命令→调用 T(设置) 命令，在弹出的【图案填充和渐变色】对话框中设置图案的颜色、角度和比例，如图 9-61 所示。

步骤 3 在绘图区域点取添加拾取点，按 Enter 键即可完成图案填充操作，结果如图 9-62 所示。

台灯是灯的一种，小巧精致，方便布置，现在已经变成了一种不可多得的艺术品。在轻装修重装饰的理念下，台灯的装饰功能也就更加明显。

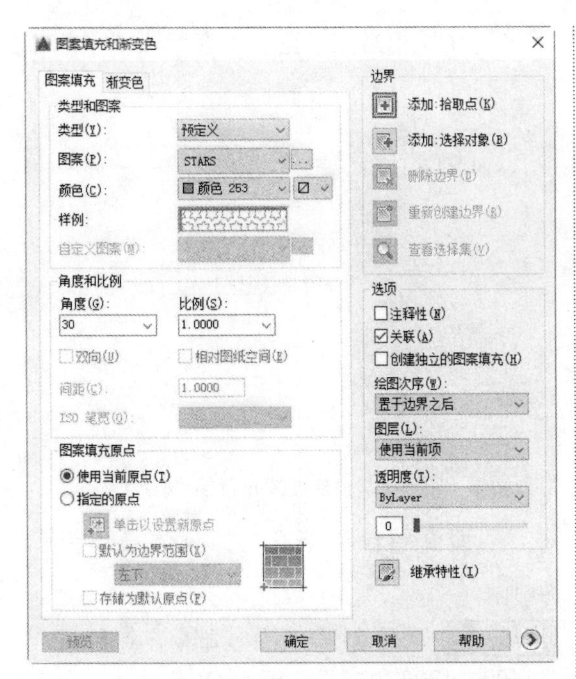

图 9-61 【图案填充和渐变色】对话框

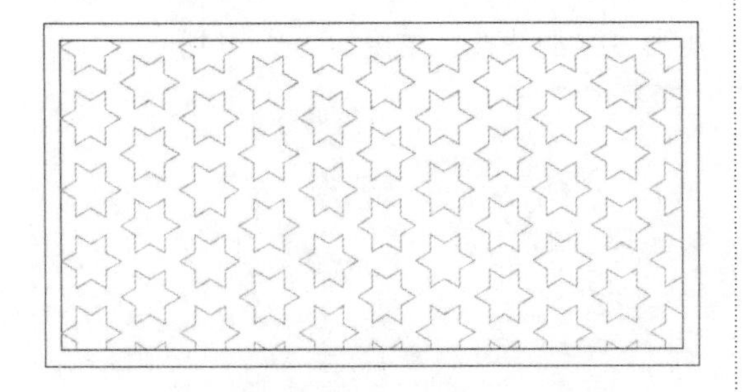

图 9-62 填充图案

在这里主要介绍绘制台灯底座，其具体操作步骤如下。

步骤 1 调用 REC(矩形) 命令，绘制尺寸为 600×600 的矩形；调用 C(圆) 命令，绘制半径为 150 的圆。结果如图 9-63 所示。

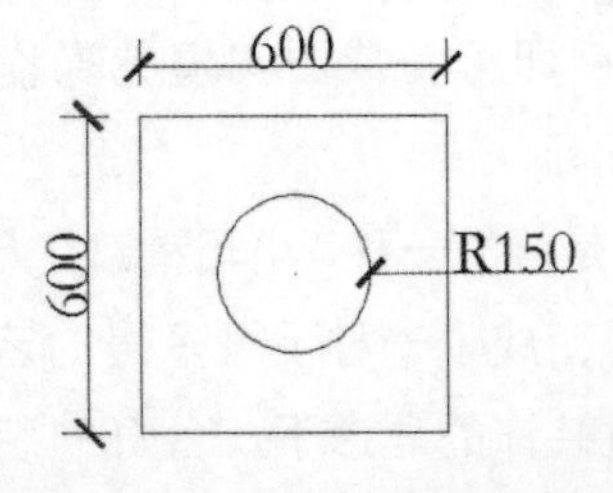

图 9-63 绘制矩形和圆

步骤 2 调用 O(偏移) 命令，向内偏移圆，设置偏移距离为 50；调用 X(分解) 命令，调用 O(偏移) 命令，向外偏移矩形短边，设置偏移距离为 60。结果如图 9-64 所示。

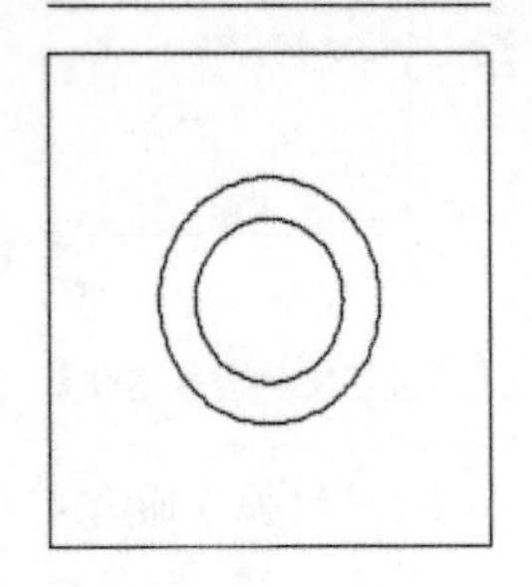

图 9-64 偏移图形结果

步骤 3 调用 L(直线) 命令，延长矩形两边直线，如图 9-65 所示。

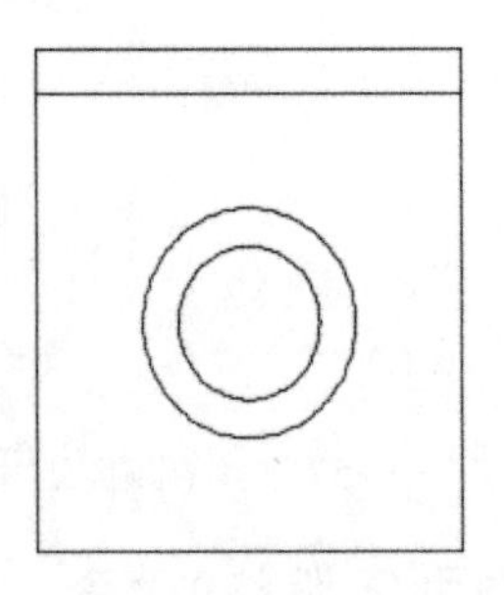

图 9-65 延长直线

步骤 4 调用 L(直线) 命令，在圆的中心绘制直线，如图 9-66 所示。

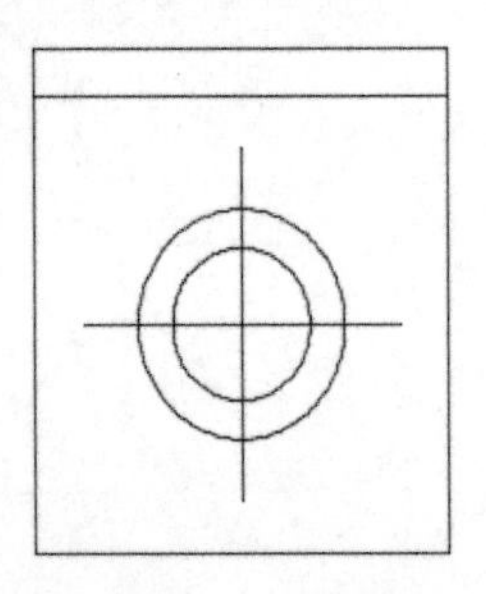

图 9-66 绘制直线

下面通过移动上述绘制完成的各家具图形，即可完成家居布置平面图，如图 9-67 所示。

客厅地毯就是放在客厅里的地毯，主要

起到美观和舒适的作用。

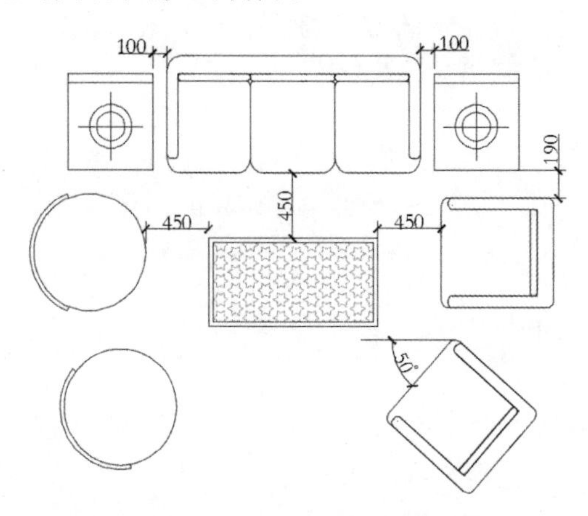

图 9-67　家具布置平面图

下面介绍绘制地毯，其具体操作步骤如下。

步骤 1 调用 REC(矩形)命令，绘制矩形；调用 O(偏移)命令，偏移矩形，设置偏移距离为 50。结果如图 9-68 所示。

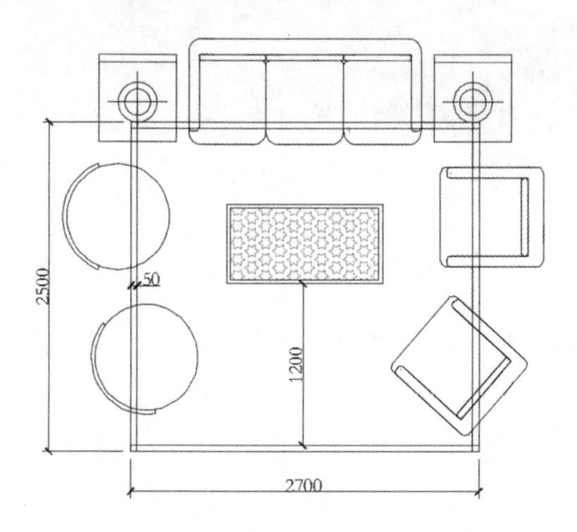

图 9-68　绘制矩形

步骤 2 调用 TR(修剪)命令，删除矩形多余的线条，如图 9-69 所示。

步骤 3 调用 H(填充)命令→调用 T(设置)命令，在弹出的【图案填充和渐变色】对话框中设置图案的颜色、角度和比例，这里填充比例设置为 50，如图 9-70 所示。

步骤 4 在绘图区域点取添加拾取点，按 Enter 键即可完成图案填充操作，结果如图 9-71 所示。

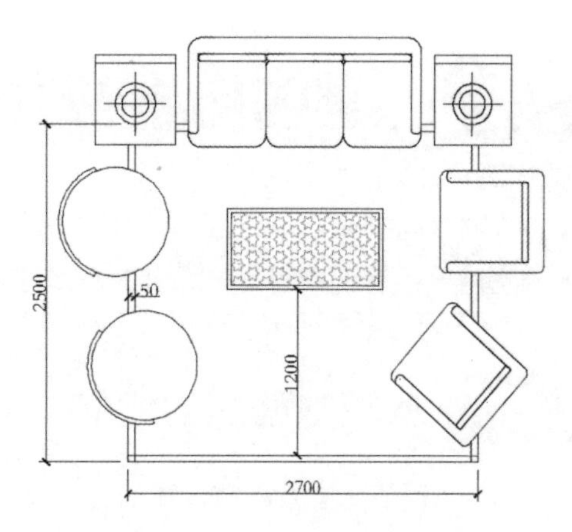

图 9-69　修剪线条

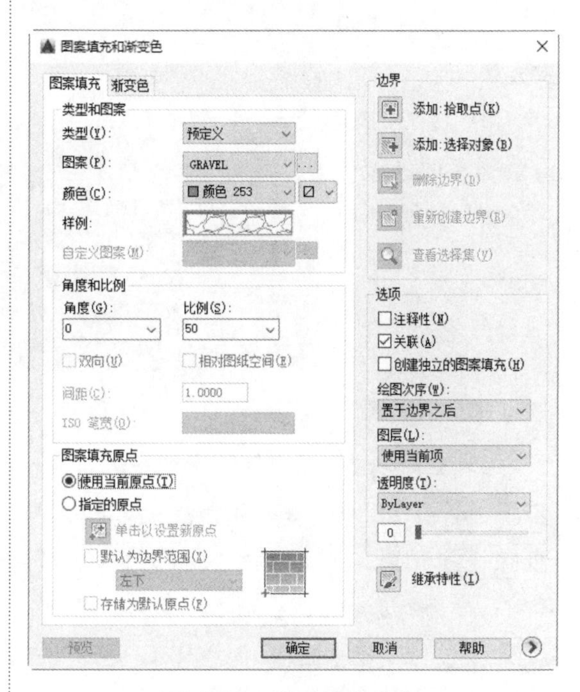

图 9-70　设置填充参数

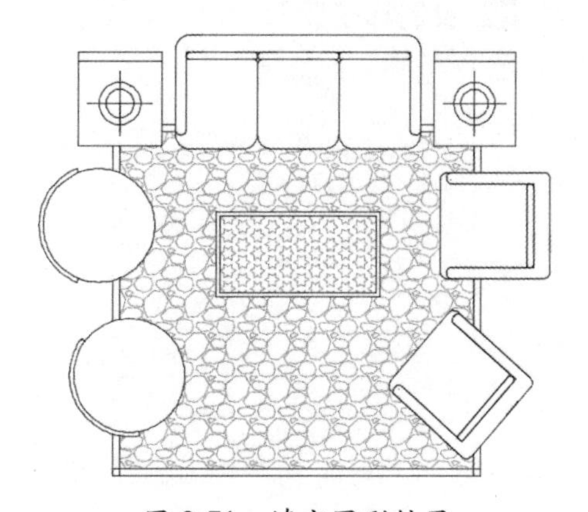

图 9-71　填充图形结果

9.2 室内电器立面配景图的绘制

随着科学技术的进步和人们生活水平的提高，电器是人们生活中离不开的产品。常用的室内电器有洗衣机、电视机、电冰箱等。下面主要介绍室内常用电器配景图的绘制方法。

9.2.1 冰箱立面图的绘制

冰箱不仅可以储藏物品，还可以对食物进行保鲜保存，是生活中不可或缺的家电设施。根据室内的空间大小，冰箱常置于厨房或餐厅。

如图 9-72 所示为置于不同区域的冰箱使用效果。

图 9-72　冰箱置于不同区域的使用效果

绘制立面冰箱，其具体的操作步骤如下。

步骤 1 调用 REC(矩形) 命令，绘制尺寸为 1750×560 的矩形，结果如图 9-73 所示。

步骤 2 调用 X(分解) 命令，分解矩形；调用 O(偏移) 命令，偏移矩形两边；调用 TR(修剪) 命令，修剪多余的线段。结果如图 9-74 所示。

步骤 3 绘制把手图形。调用 REC(矩形) 命令，分别绘制尺寸为 149×38 和 221×38 的矩形；调用 O(偏移) 命令，偏移距离为 45。结果如图 9-75 所示。

步骤 4 绘制标签图形。调用 EL(椭圆) 命令，绘制椭圆，即可完成冰箱立面图的绘制，结果如图 9-76 所示。

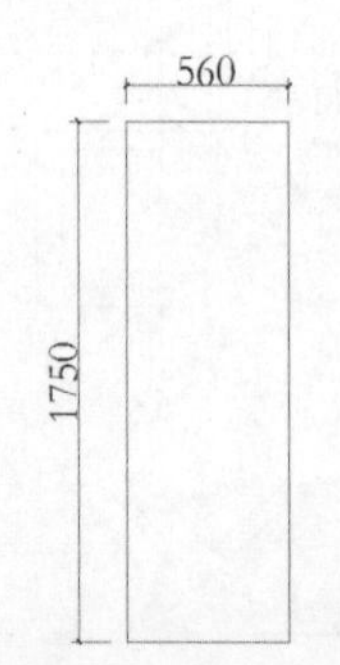

图 9-73　绘制矩形

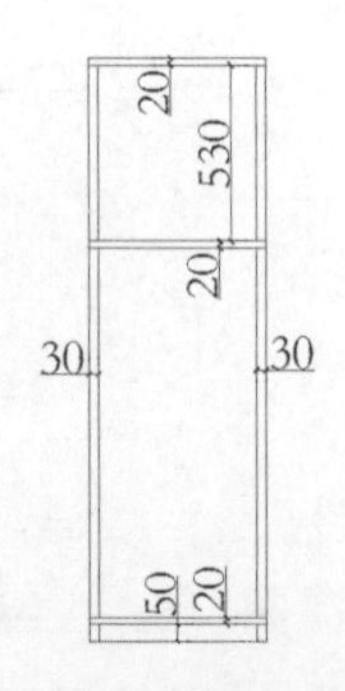

图 9-74　偏移矩形

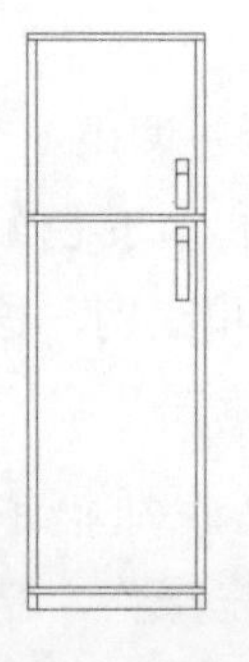

图 9-75　绘制把手

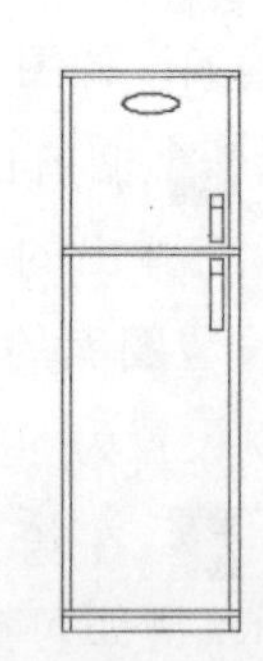

图 9-76　绘制标签

9.2.2 电视机立面图的绘制

电视机是家用电器中不可或缺的休闲娱乐设施。随着科技发展的日新月异，电视机的品种多样，形式各异，可根据居室风格和个人喜好选择购买合适的电视机，其常放置在客厅、卧室、娱乐室等区域。

如图 9-77 所示为将电视机置于不同客厅的使用效果。

图 9-77 电视机置于不同客厅的使用效果

绘制立面电视机，其具体的操作步骤如下。

步骤 1 绘制电视机外轮廓。调用 REC(矩形) 命令，绘制尺寸为 1022×674 的矩形；依次调用 F(圆角) 命令、R(半径 =30) 命令、P(多段线) 命令，即可完成对小矩形执行圆角的操作。结果如图 9-78 所示。

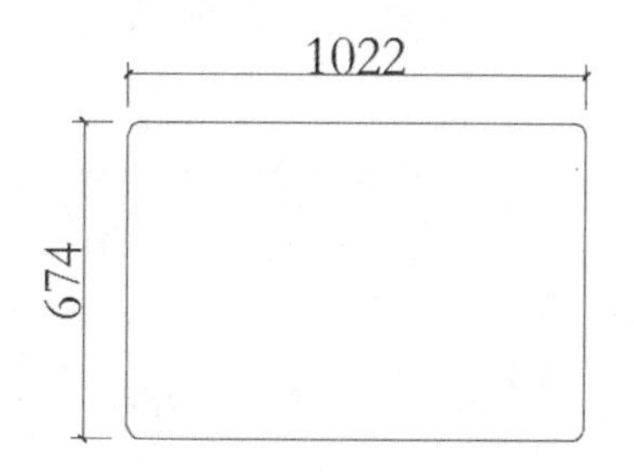

图 9-78 绘制矩形

步骤 2 绘制电视机音响。调用 X(分解) 命令，分解矩形；调用 O(偏移) 命令，偏移矩形两边；调用 TR(修剪) 命令，修剪多余的线条。结果如图 9-79 所示。

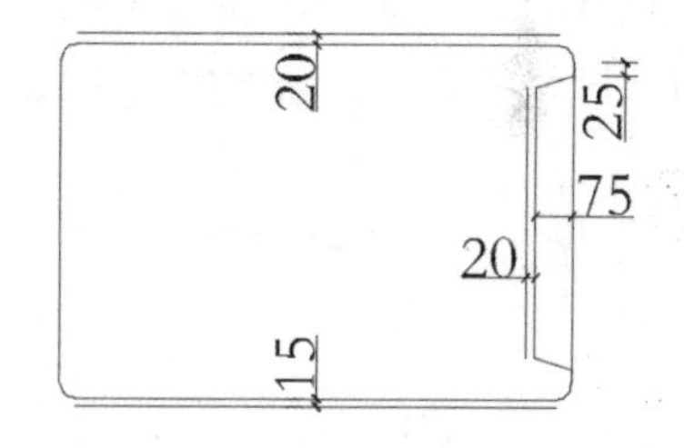

图 9-79 偏移直线

步骤 3 依次调用 F(圆角) 命令、R(半径 = 9) 命令、P(多段线) 命令，即可完成对音响执行圆角的操作；调用 MI(镜像) 命令，对音响执行镜像操作；调用 L(直线) 命令，绘制直线；调用 O(偏移) 命令，偏移矩形。结果如图 9-80 所示。

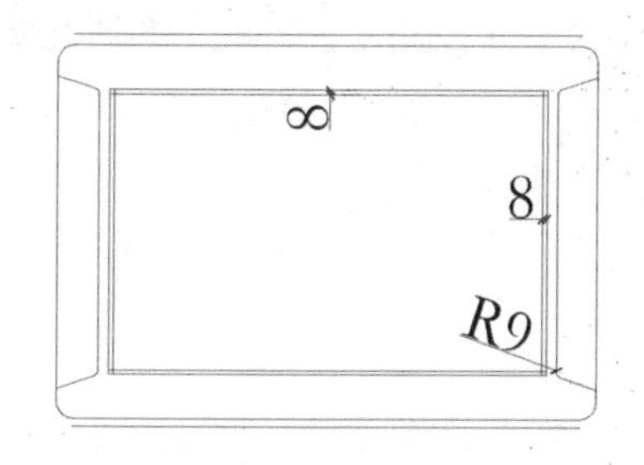

图 9-80 镜像结果

步骤 4 依次调用 F(圆角) 命令、R(半径 = 9) 命令、P(多段线) 命令；调用 TR(修剪)

和 E(删除) 命令，修剪和删除多余的线条；调用 A(圆弧) 命令，绘制圆弧。结果如图 9-81 所示。

图 9-81　执行圆角结果

步骤 5 绘制电视机机脚。调用 L(直线) 命令，绘制直线；调用 O(偏移) 命令，偏移直线；依次调用 F(圆角) 命令、R(半径 =15) 命令、P(多段线) 命令，即可完成对电视机机脚执行圆角的操作。结果如图 9-82 所示。

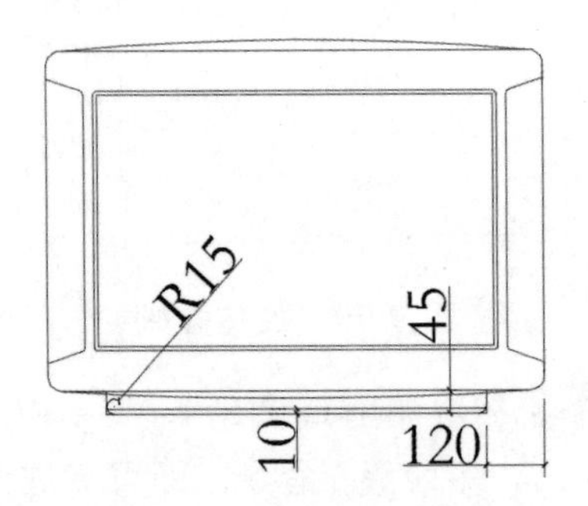

图 9-82　绘制电视机机脚

步骤 6 绘制电视机标识。调用 T(文字) 命令，输入 TCL 字样；调用 C(圆) 命令、REC(矩形) 命令，绘制圆和矩形；调用 TR(修剪) 和 E(删除) 命令，修剪和删除多余的线条。结果如图 9-83 所示。

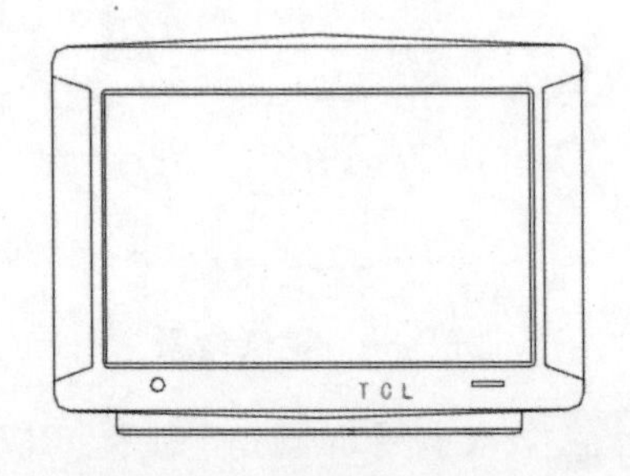

图 9-83　绘制电视机标识

步骤 7 调用 H(填充) 命令→调用 T(设置) 命令，弹出【图案填充和渐变色】对话框，如图 9-84 所示。

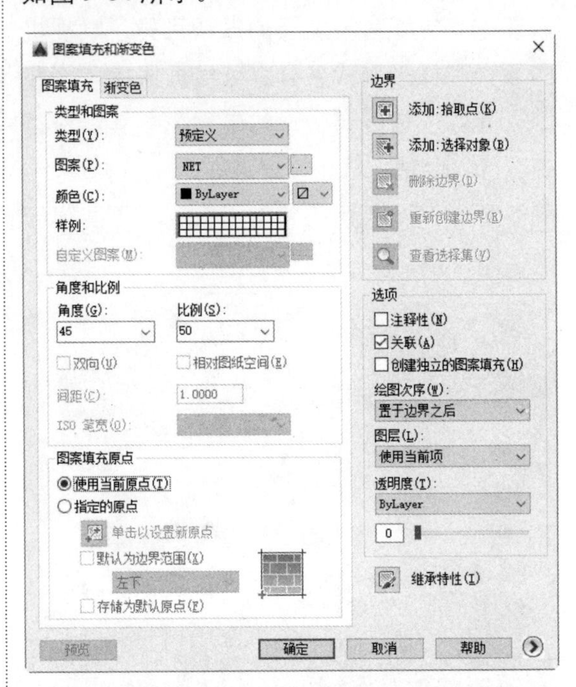

图 9-84　【图案填充和渐变色】对话框

步骤 8 填充电视机音响。在弹出的【图案填充和渐变色】对话框中设置图案的填充角度为 45°，填充比例为 50，在绘图区域点取添加拾取点，按 Enter 键即可完成图案填充操作，结果如图 9-85 所示。

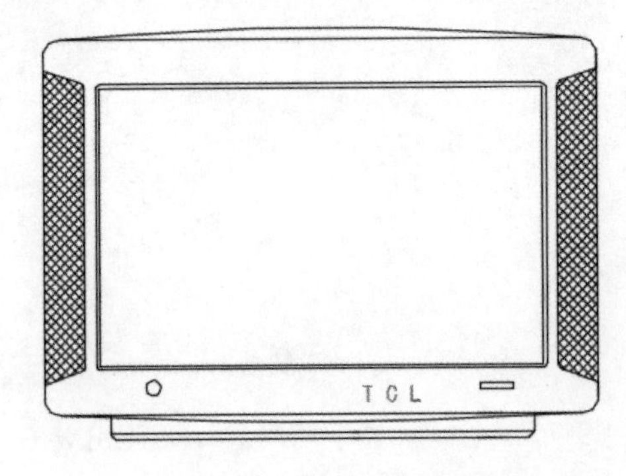

图 9-85　音响填充结果

步骤 9 调用 H(填充) 命令→调用 T(设置) 命令，弹出【图案填充和渐变色】对话框，如图 9-86 所示。

图 9-86　【图案填充和渐变色】对话框

步骤 10 填充电视机屏幕。在弹出的【图案填充和渐变色】对话框中设置图案的填充角度为 30°，填充比例为 100，在绘图区域点取添加拾取点，按 Enter 键即可完成图案填充操作。至此，完成电视机平面图的绘制，结果如图 9-87 所示。

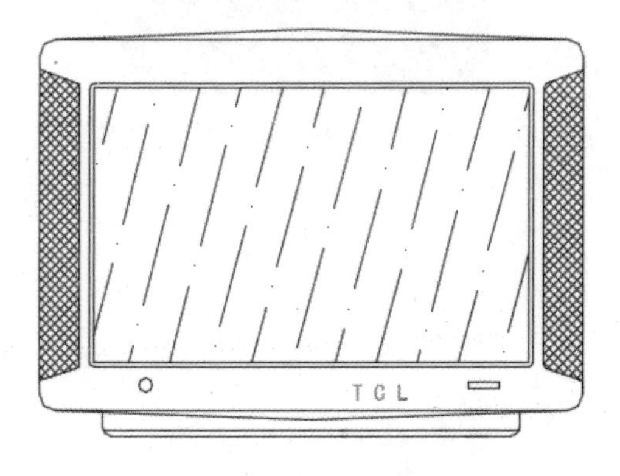

图 9-87　电视机平面图

9.2.3 空调立面图的绘制

空调是人们生活中必不可少的家用电器，其主要是通过调节空气温度、湿度从而实现人们所需要的环境条件的一种设备。家用空调的种类分为很多种，其中常见的包括挂壁式空调、立柜式空调 、窗式空调和吊顶式空调。根据人们的不同需求，空调可以放在客厅，也可以放在卧室、娱乐室等区域。

如图 9-88 所示为将空调置于不同区域的使用效果。

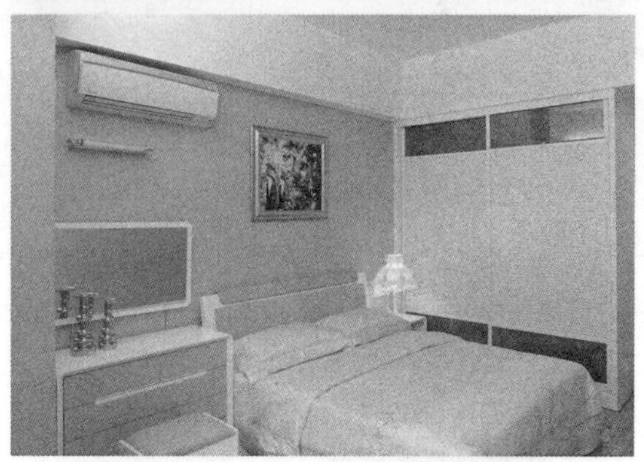

图 9-88　空调置于不同区域的使用效果

绘制立面空调，其具体的操作步骤如下。

步骤 1 绘制空调外轮廓。调用 REC(矩形) 命令，分别绘制尺寸为 500×1680、287×421 和 517×421 的矩形，结果如图 9-89 所示。

步骤 2 依次调用 F(圆角) 命令、R(半径 = 20) 命令、P(多段线) 命令，即可完成对上述 3 种矩形执行圆角的操作，结果如图 9-90 所示。

步骤 3 调用 L(直线) 命令，绘制直线；调用 O(偏移) 命令，偏移直线，偏移距离为

30。结果如图 9-91 所示。

步骤 4 调用 A(椭圆) 命令，绘制椭圆；调用 T(文字) 命令，在弹出的文字编辑对话框中输入相应的文字，即可完成空调立面图的绘制。结果如图 9-92 所示。

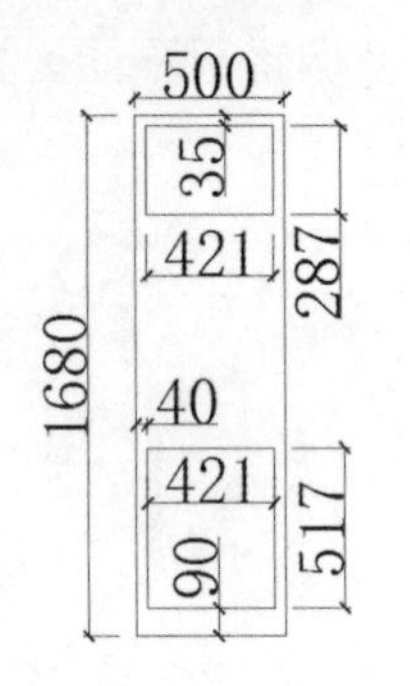

图 9-89 绘制矩形

图 9-90 圆角操作

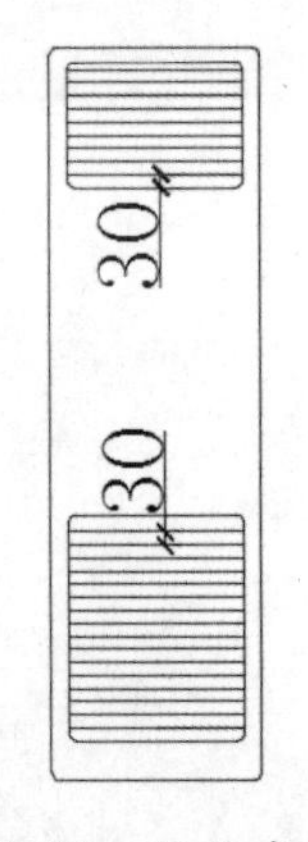

图 9-91 偏移直线

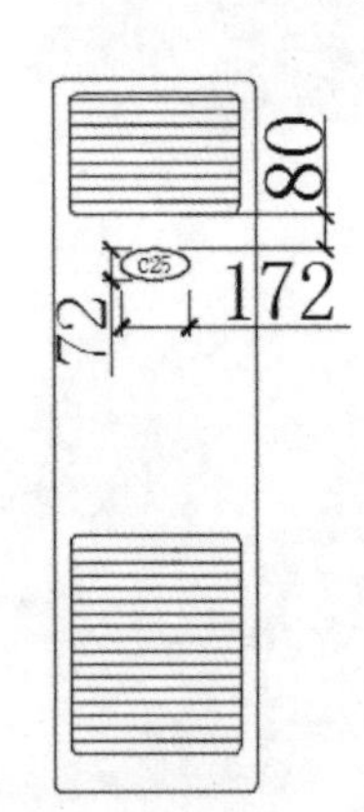

图 9-92 空调立面图

9.2.4 洗衣机立面图的绘制

洗衣机可以满足人们日常洗涤需求。洗衣机的品种多样，形式各异，可根据居室风格和个人喜好选择购买合适的洗衣机，其常放置于卫生间或阳台。

如图 9-93 所示为将洗衣机置于不同区域的使用效果。

绘制立面洗衣机，其具体的操作步骤如下。

步骤 1 绘制洗衣机外轮廓。调用 REC(矩形) 命令，绘制尺寸为 735×600 的矩形；调用 O(偏移) 命令，向内偏移矩形。结果如图 9-94 所示。

图 9-93 洗衣机置于不同区域的使用效果

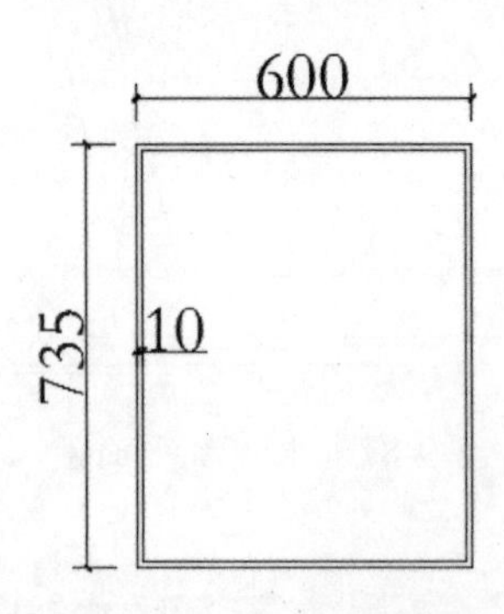

图 9-94 绘制与偏移矩形

步骤 2 调用 REC(矩形) 命令，绘制矩形，结果如图 9-95 所示。

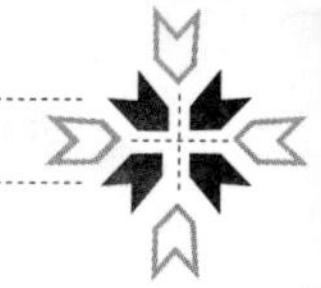

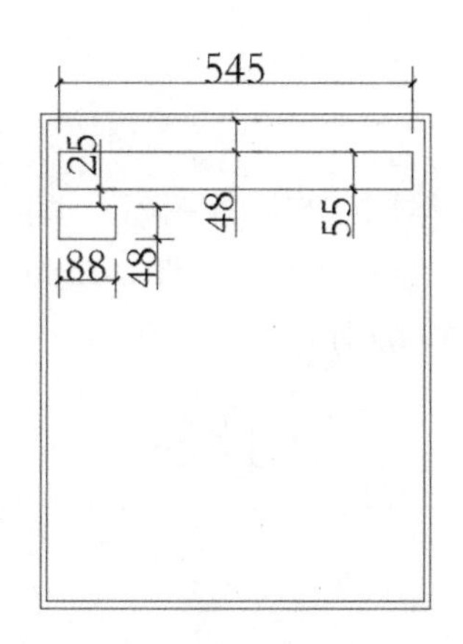

图 9-95　绘制矩形

步骤 3 调用 C(圆) 命令，绘制圆形；调用 O(偏移) 命令，向内偏移圆。结果如图 9-96 所示。

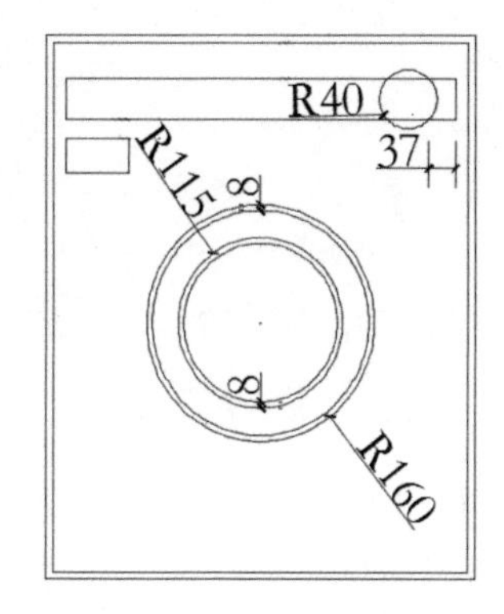

图 9-96　绘制圆形

步骤 4 调用 C(圆) 命令，绘制半径为 7 的圆；调用 REC(矩形) 命令，绘制尺寸为 19×6 的矩形；调用 CO(复制) 命令，复制圆和矩形。结果如图 9-97 所示。

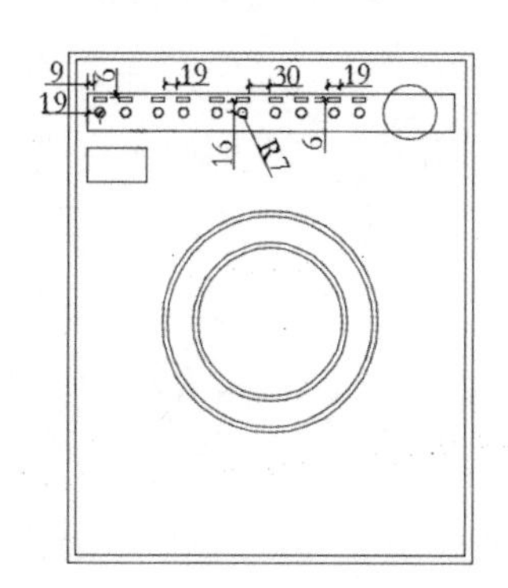

图 9-97　绘制并复制圆和矩形

步骤 5 绘制洗衣机机脚和把手。调用 REC(矩形) 命令，绘制矩形；调用 T(文字) 命令，输入 Halr 字样；调用 TR(修剪) 命令，删除多余的线条。结果如图 9-98 所示。

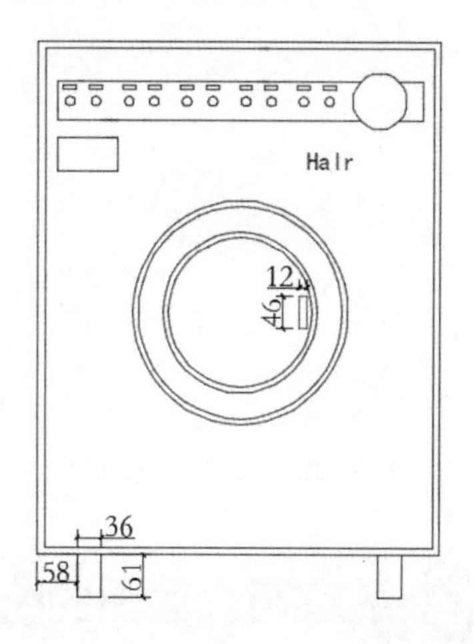

图 9-98　绘制洗衣机机脚和把手

步骤 6 调用 H(填充) 命令→调用 T(设置) 命令，在弹出的【图案填充和渐变色】对话框中设置图案的填充比例为 100，如图 9-99 所示。在绘图区域点取添加拾取点，按 Enter 键即可完成图案填充操作。

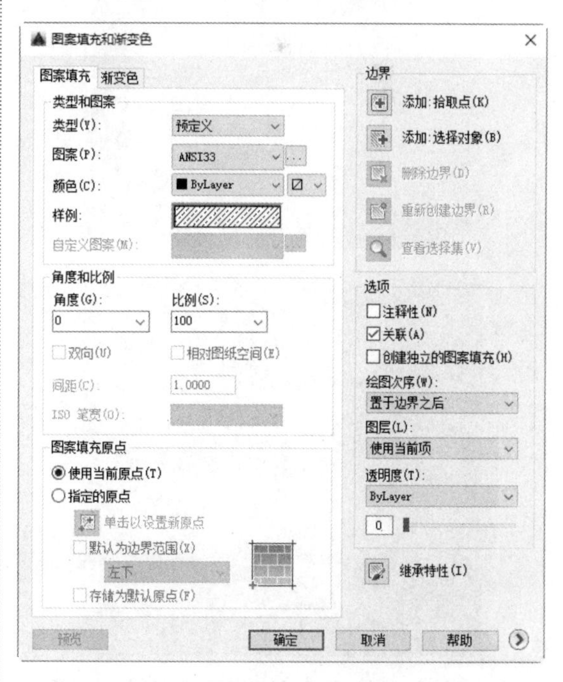

图 9-99　【图案填充和渐变色】对话框

步骤 7 执行以上操作即可完成洗衣机立面图的绘制，结果如图 9-100 所示。

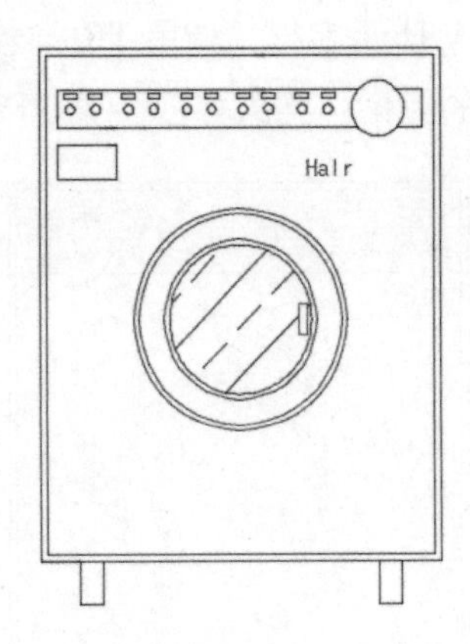

图 9-100 洗衣机立面图

9.2.5 装饰画立面图的绘制

装饰画可以烘托室内环境，彰显室内居室风格和主人的精神文化品位，常放置于客厅或卧室。

如图 9-101 所示为将装饰画置于不同区域的使用效果。

图 9-101 装饰画置于不同区域的使用效果

绘制立面装饰画，其具体的操作步骤如下。

步骤 1 绘制装饰画外轮廓。调用 REC(矩形) 命令，绘制尺寸为 580×1580 的矩形，结果如图 9-102 所示。

图 9-102 绘制矩形

步骤 2 调用 O(偏移) 命令，偏移矩形，结果如图 9-103 所示。

图 9-103 偏移矩形

步骤 3 调用 L(直线) 命令，绘制直线，结果如图 9-104 所示。

图 9-104 绘制直线

步骤 4 调用 PL(多段线) 命令，绘制曲线；调用 C(圆) 命令，绘制圆，即可完成装饰画立面图的绘制。结果如图 9-105 所示。

图 9-105 装饰画立面图

9.3 室内洁具与厨具平面配景图的绘制

室内洁具和厨具作为人们日常生活必不可少的盥洗和烹饪用具，要求在使用上方便和洁净。下面介绍室内主要洁具和厨具的平面配景图绘制方法。

9.3.1 洗菜池平面图的绘制

洗菜池在市场上一般都为铝合金和不锈钢材质，其具有耐腐蚀、不生锈、易清洗等特点，是厨房必备的厨具之一。

如图 9-106 所示为洗菜池不同样式的使用效果。

图 9-106 洗菜池不同样式的使用效果

绘制平面洗菜池，其具体的操作步骤如下。

步骤 1 绘制洗菜池外轮廓。调用 REC(矩形) 命令，绘制尺寸为 838×559 的矩形；依次调用 F(圆角) 命令、R(半径 =38) 命令、P(多段线) 命令，即可完成对矩形执行圆角的操作。结果如图 9-107 所示。

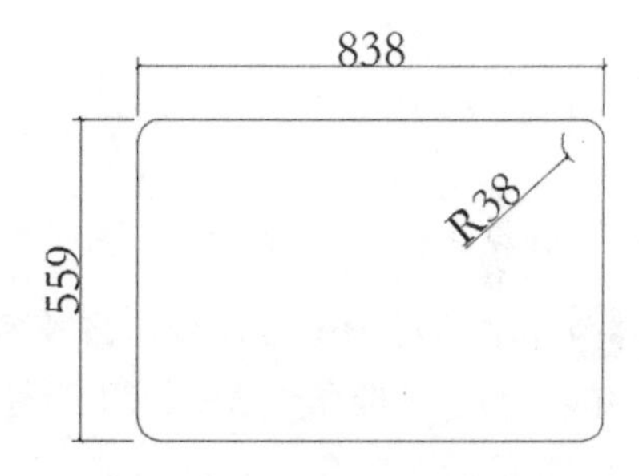

图 9-107 绘制外轮廓矩形

步骤 2 调用 REC(矩形) 命令，绘制矩形；依次调用 F(圆角) 命令、R(半径 =76) 命令、P(多段线) 命令，即可完成对矩形执行圆角的操作。结果如图 9-108 所示。

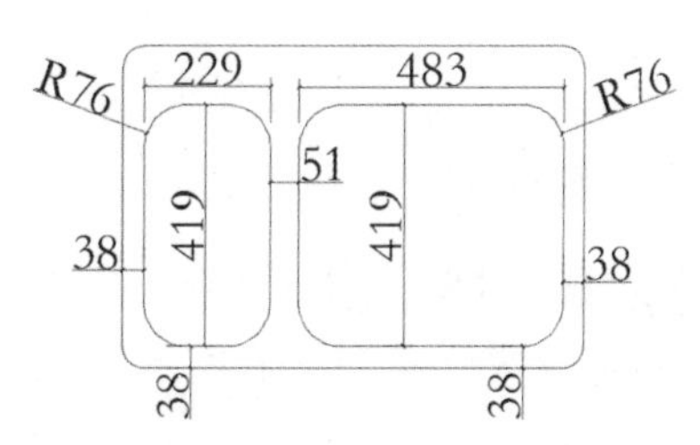

图 9-108 绘制矩形

步骤 3 绘制流水开关与流水孔。调用 C(圆) 命令，绘制半径为 25 的圆形，表示水流开关；绘制半径为 32 的圆形，表示流水孔。结果如图 9-109 所示。

步骤 4 调用 REC(矩形) 命令，绘制尺寸为 165×71 的矩形；调用 L(直线) 命令，绘制直线。结果如图 9-110 所示。

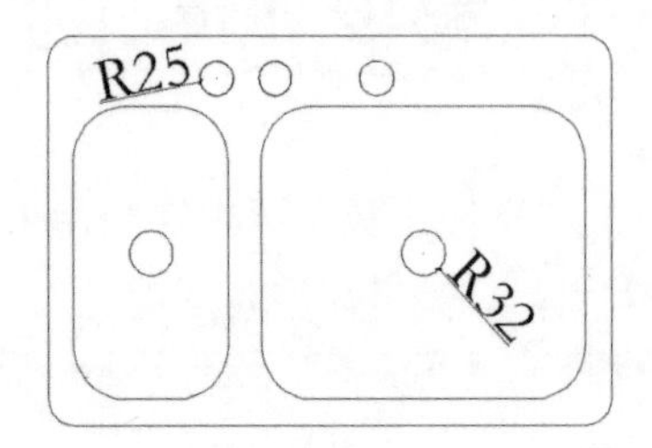

图 9-109　绘制流水开关与流水孔

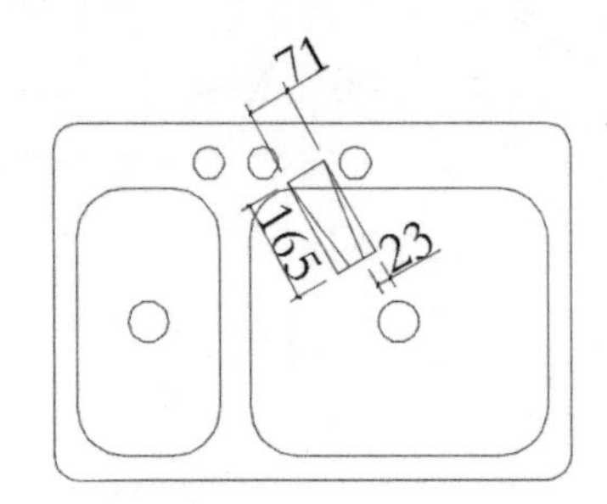

图 9-110　绘制矩形与直线

步骤 5 调用 TR(修剪) 命令，修剪多余的线条；依次调用 F(圆角) 命令、R(半径 =25) 命令、P(多段线) 命令，即可完成对矩形执行圆角的操作。结果如图 9-111 所示。

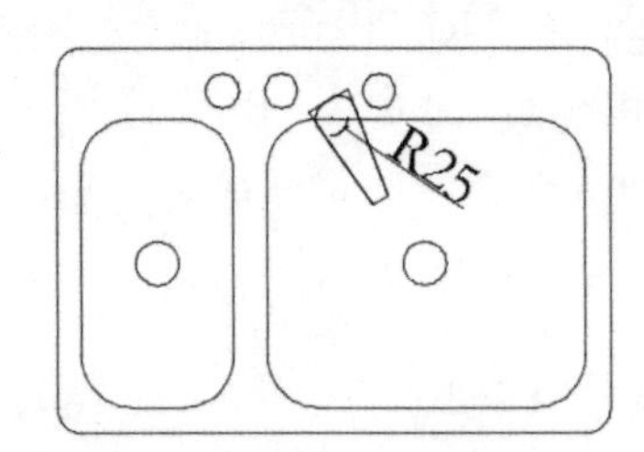

图 9-111　执行圆角操作

步骤 6 调用 TR(修剪) 命令，修剪多余的线条，即可完成洗菜池平面图的绘制，结果如图 9-112 所示。

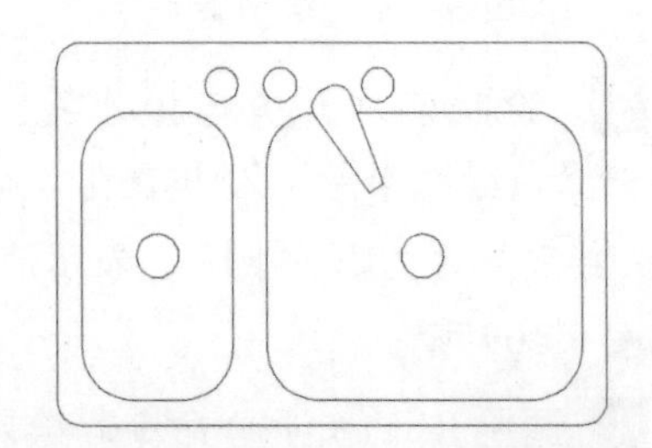

图 9-112　洗菜池平面图

9.3.2 洗漱台平面图的绘制

洗漱台是人们必备的洁具设施之一，一般置于洗漱间、卫生间等盥洗场所。洗漱台材质多为瓷质，品种多样、形状各异。人们可根据居室风格和个人喜好来选择购买合适的洗漱台。

如图 9-113 所示为洗漱台不同样式的使用效果。

图 9-113　洗漱台不同样式的使用效果

绘制平面洗漱台，其具体的操作步骤如下。

步骤 1 绘制洗漱盆外轮廓。调用 EL(椭圆) 命令，绘制长轴为 458、短轴为 204 的椭圆和长轴为 406、短轴为 152 的椭圆，结果如图 9-114 所示。

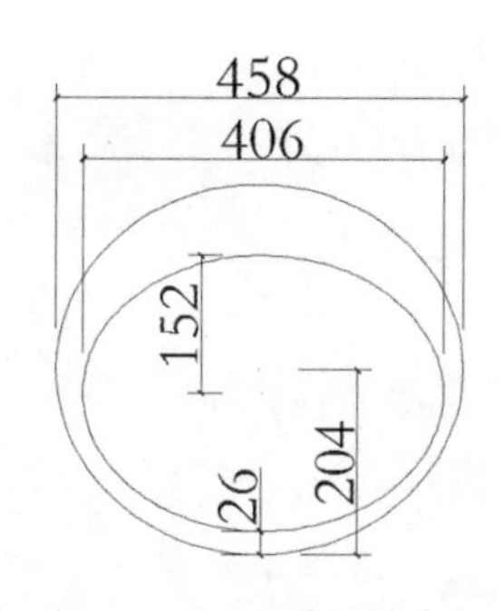

图 9-114　绘制外轮廓

步骤 2 调用 L(直线) 命令，绘制直线，与长轴为 406、短轴为 152 的椭圆相交，结果如图 9-115 所示。

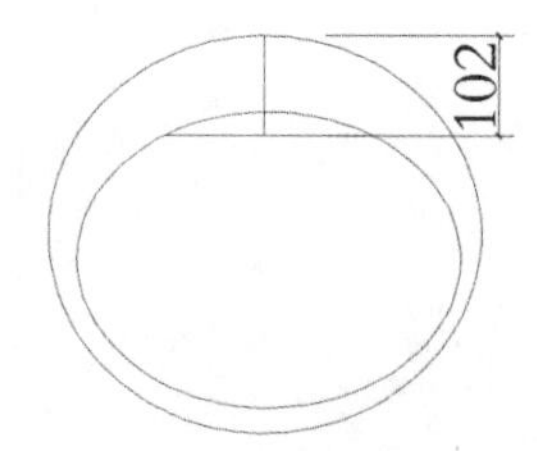

图 9-115　绘制直线

步骤 3 调用 TR(修剪) 命令和 E(删除) 命令，修剪和删除多余的线条，结果如图 9-116 所示。

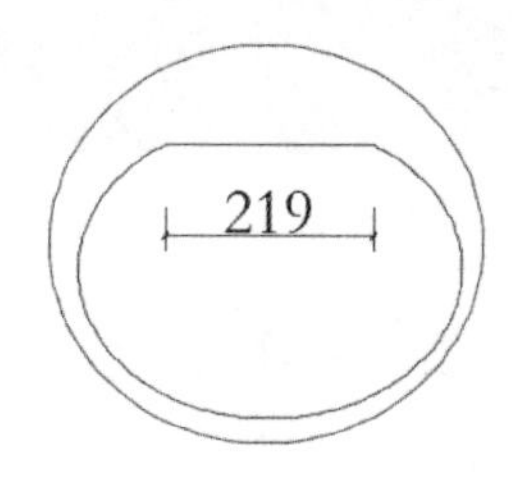

图 9-116　修剪和删除结果

步骤 4 调用 C(圆) 命令，绘制圆形，结果如图 9-117 所示。

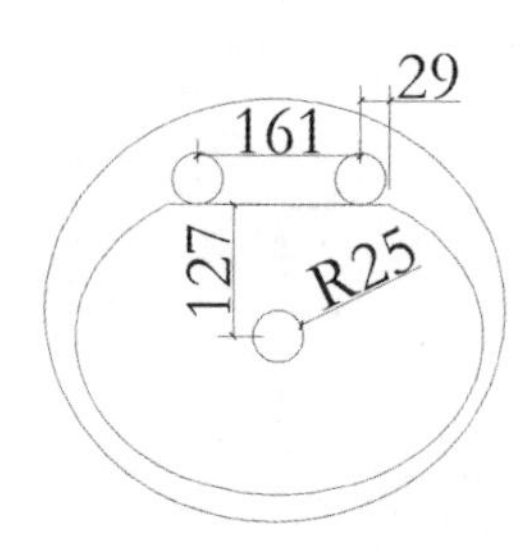

图 9-117　绘制圆形

步骤 5 调用 L(直线) 命令，绘制直线，结果如图 9-118 所示。

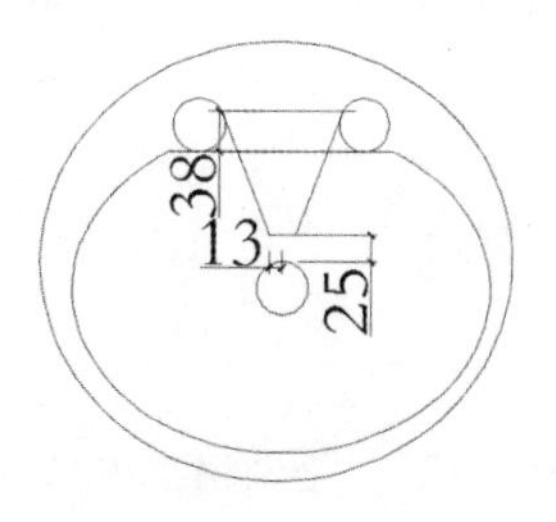

图 9-118　绘制直线

步骤 6 调用 TR(修剪) 命令和 E(删除) 命令，修剪和删除多余的线条，结果如图 9-119 所示。

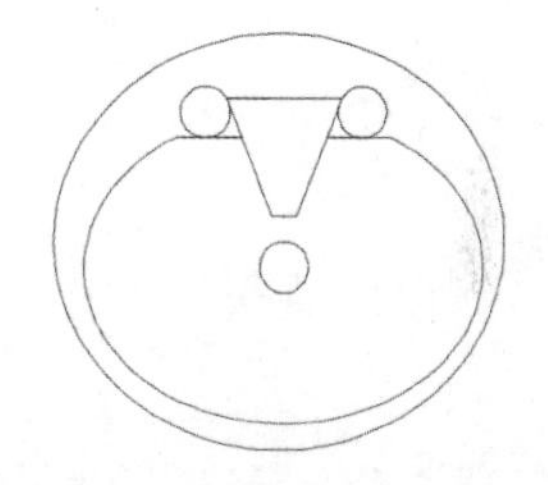

图 9-119　修剪和删除线条

步骤 7 绘制洗漱台。调用 REC(矩形) 命令，绘制尺寸为 1000×400 的矩形；调用 L(直线) 命令，绘制直线。结果如图 9-120 所示。

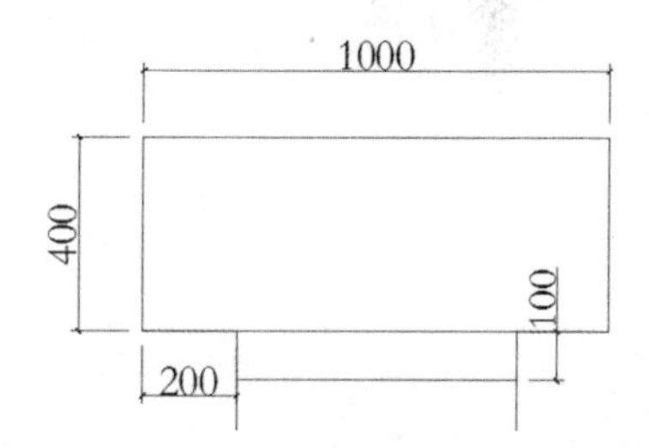

图 9-120　绘制外轮廓

步骤 8 调用 A(圆弧) 命令，绘制圆弧；调用 L(直线) 命令，绘制直线；调用 TR(修剪) 命令和 E(删除) 命令，修剪和删除多余的线条。结果如图 9-121 所示。

步骤 9 调用 M(移动) 命令，对洗漱盆和洗漱台进行组合，即可完成洗漱台平面图的绘制，结果如图 9-122 所示。

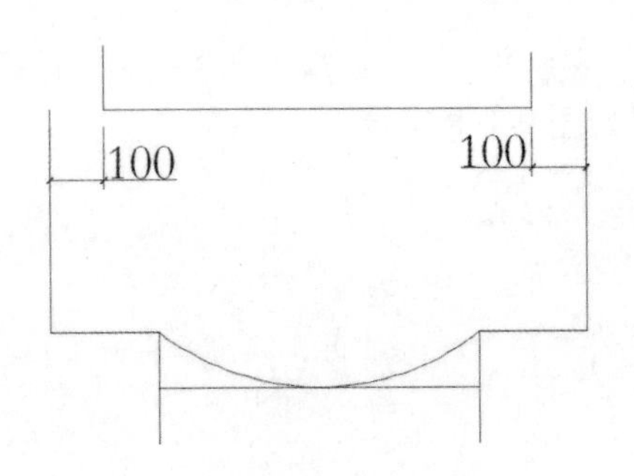

图 9-121　绘制圆弧与直线

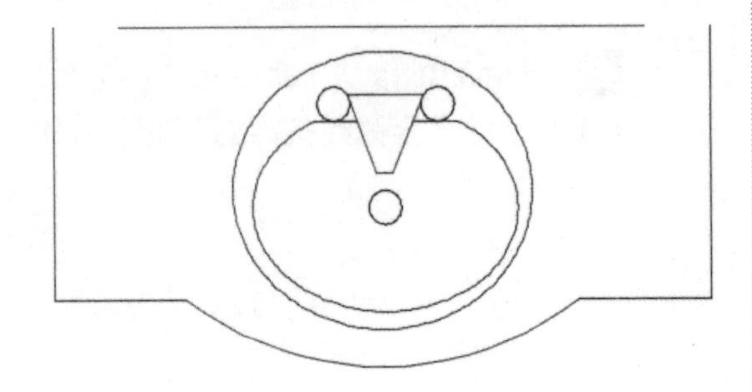

图 9-122　洗漱台平面图

9.3.3 浴缸平面图的绘制

浴缸是常用洗澡用具，一般置于洗漱间、卫生间等盥洗场所。在市场上浴缸材质一般多为瓷质和木质，形状多样。人们可根据居室风格和个人的喜好来选择购买合适的浴缸。

如图 9-123 所示为浴缸不同样式的使用效果。

绘制平面浴缸，其具体的操作步骤如下。

步骤 1 调用 REC(矩形) 命令，绘制尺寸为 700×1600 的矩形，结果如图 9-124 所示。

步骤 2 调用 X(分解) 命令、O(偏移) 命令，分解和偏移矩形两边；调用 TR(修剪) 命令，修剪多余的线条。结果如图 9-125 所示。

步骤 3 分别调用 F(圆角) 命令、R(半径 =100) 命令和 R(半径 =50) 命令，即可完成对浴缸执行圆角的操作，结果如图 9-126 所示。

图 9-123　浴缸不同样式的使用效果

图 9-124　绘制矩形

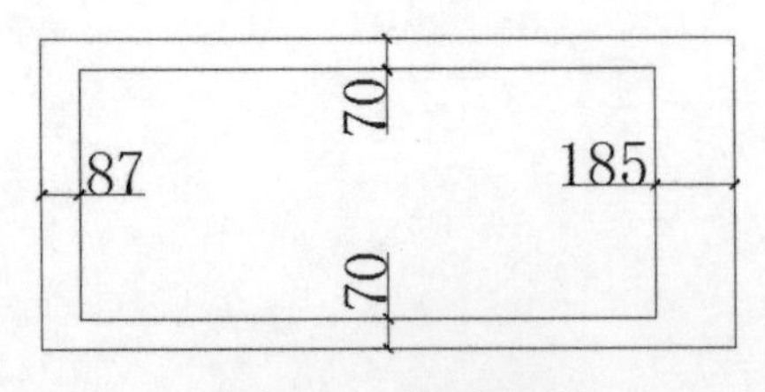

图 9-125　偏移矩形

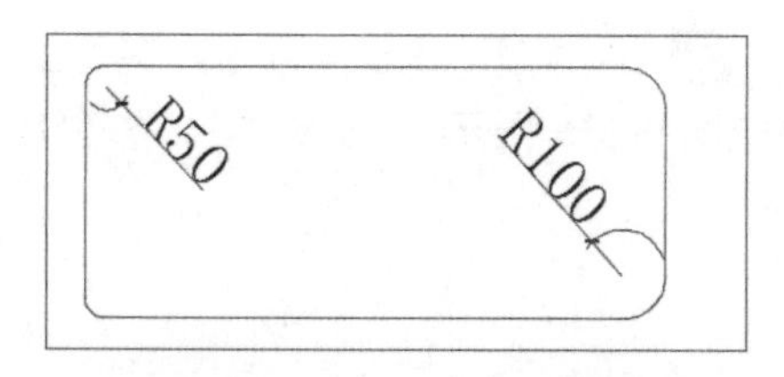

图 9-126　执行圆角操作

步骤 4 调用 EL(椭圆) 命令，绘制椭圆，即可完成浴缸平面图的绘制，结果如图 9-127 所示。

图 9-127　浴缸平面图

9.3.4 燃气灶平面图的绘制

常用的燃气灶多为两眼燃气灶，也有三眼、四眼燃气灶，其是厨房必备的家用电器设施之一。人们可以根据个人喜好来选择购买合适的燃气灶。

如图 9-128 所示为燃气灶不同样式的使用效果。

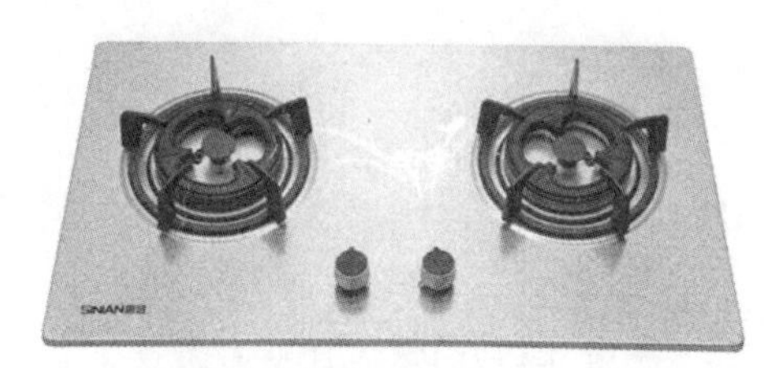

图 9-128　燃气灶不同样式的使用效果

绘制平面燃气灶，其具体的操作步骤如下。

步骤 1 调用 REC(矩形) 命令，绘制尺寸为 750×375 的矩形，结果如图 9-129 所示。

图 9-129　绘制矩形

步骤 2 调用 O(偏移) 命令，偏移矩形两边；调用 REC(矩形) 命令，绘制尺寸为 111×192 的矩形。结果如图 9-130 所示。

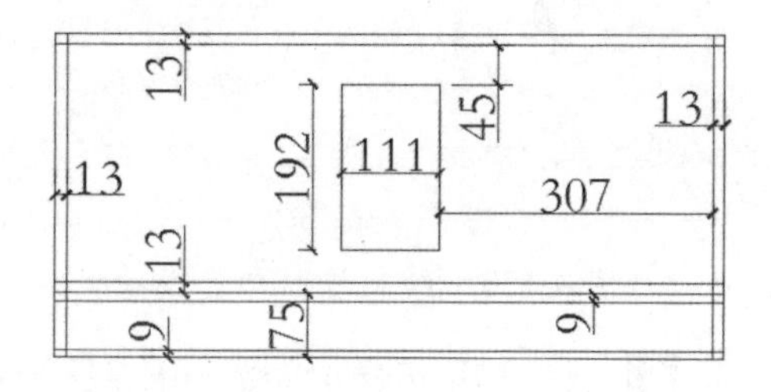

图 9-130　绘制与偏移矩形

步骤 3 调用 TR(修剪) 命令，修剪多余的线条；依次调用 F(圆角) 命令、R(半径) 命令、P(多段线) 命令，即可完成对矩形执行圆角的操作。结果如图 9-131 所示。

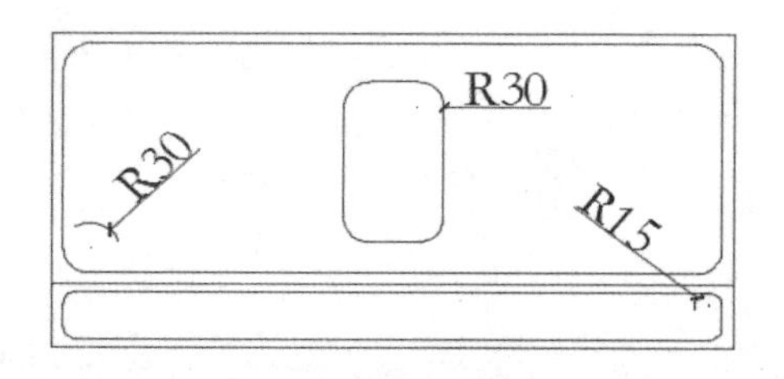

图 9-131　执行圆角操作

步骤 4 调用 C(圆) 命令，分别绘制半径为 73 和 25 的圆；调用 O(偏移) 命令，偏移圆形，其向内偏移距离均为 15。结果如

图 9-132 所示。

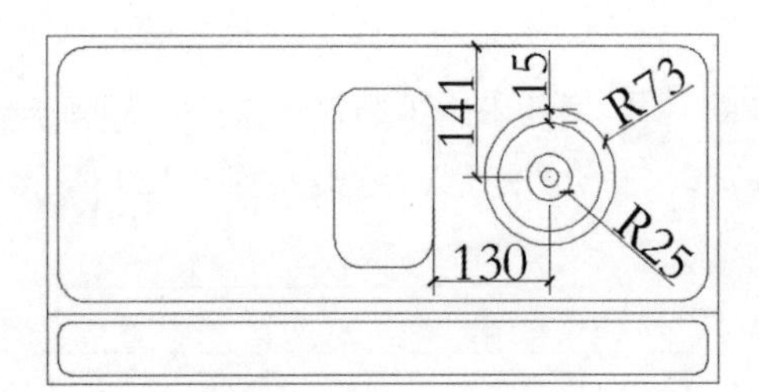

图 9-132　绘制与偏移圆

步骤 5 调用 REC(矩形) 命令，绘制尺寸为 35×50 的矩形；调用 O(偏移) 命令，偏移矩形长边；调用 L(直线) 命令，绘制直线；调用 TR(修剪) 命令、E(删除) 命令，修剪和删除多余的线条。结果如图 9-133 所示。

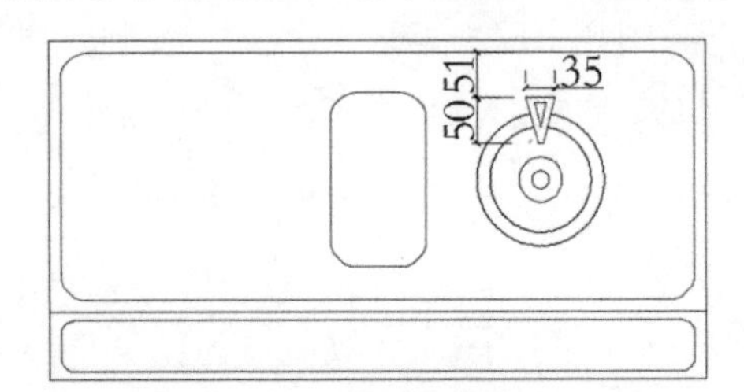

图 9-133　绘制矩形与直线

步骤 6 调用 MI(镜像) 命令，镜像图形；调用 TR(修剪) 命令、E(删除) 命令，修剪和删除多余的线条。结果如图 9-134 所示。

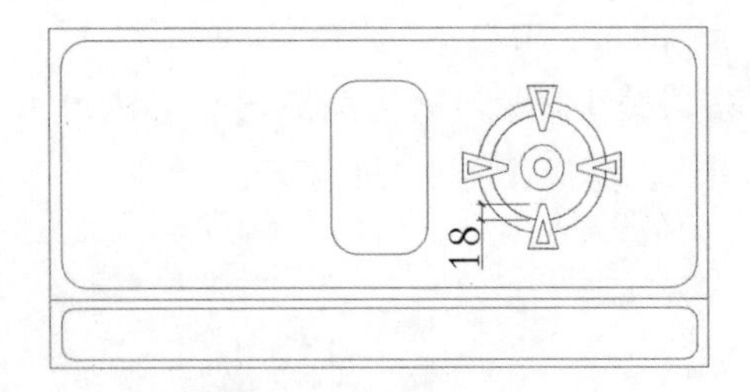

图 9-134　镜像图形

步骤 7 调用 MI(镜像) 命令，镜像图形，结果如图 9-135 所示。

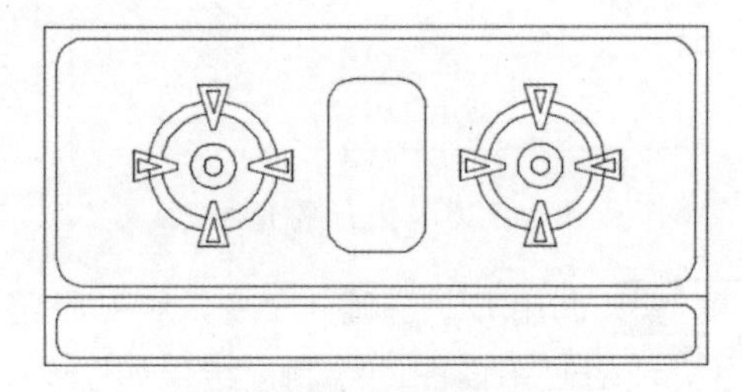

图 9-135　镜像图形

步骤 8 调用 REC(矩形) 命令，绘制矩形；调用 C(圆) 命令，绘制圆；调用 O(偏移) 命令，偏移圆形。结果如图 9-136 所示。

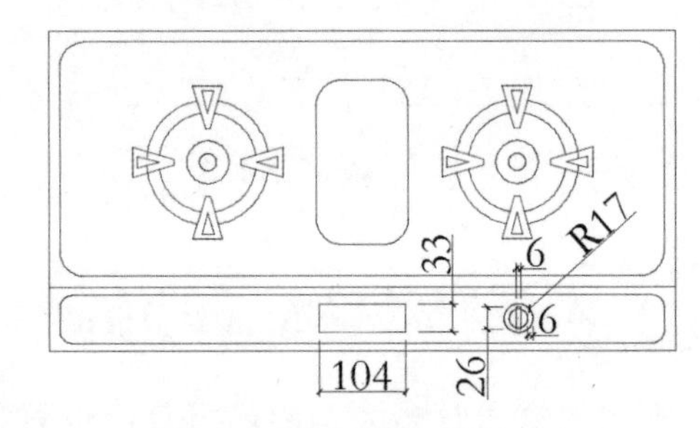

图 9-136　绘制矩形与圆

步骤 9 调用 MI(镜像) 命令，镜像图形，即可完成燃气灶平面图的绘制，结果如图 9-137 所示。

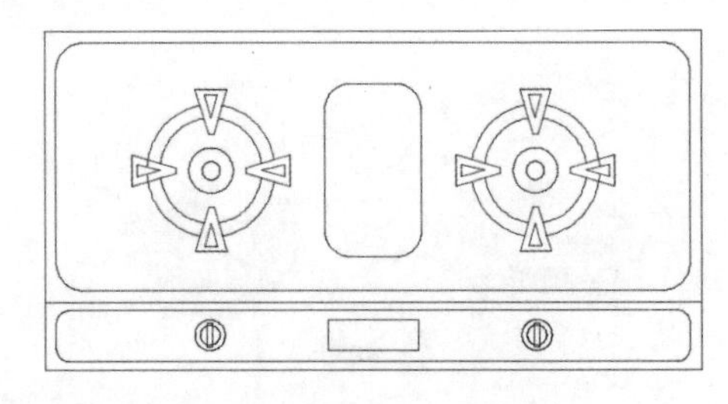

图 9-137　燃气灶平面图

9.4 室内其他装潢平面配景图的绘制

室内其他装潢配景可以起到辅助装饰的作用，增加人们的舒适感，常见的室内装潢配景有地板砖的图案、植物花卉的种植等。下面主要介绍室内装潢配景图的绘制方法。

9.4.1 地板砖平面图的绘制

地板砖的装饰图案可以由专业人员根据室内风格进行设计，且图案可以自由拼贴。在进行瓷砖拼贴时，要注意瓷砖拼贴平整、对角合理、缝隙均匀等，以便保证施工质量。

如图 9-138 所示为地板砖拼贴的不同使用效果。

图 9-138　地板砖拼贴的使用效果

绘制平面地板砖，其具体的绘图操作步骤如下。

步骤 1 绘制地板砖外轮廓。调用 REC(矩形) 命令，绘制矩形，结果如图 9-139 所示。

步骤 2 调用 O(偏移) 命令，偏移矩形；调用 CO(复制) 命令、RO(旋转) 命令，旋转角度为 45° 或 135° 。结果如图 9-140 所示。

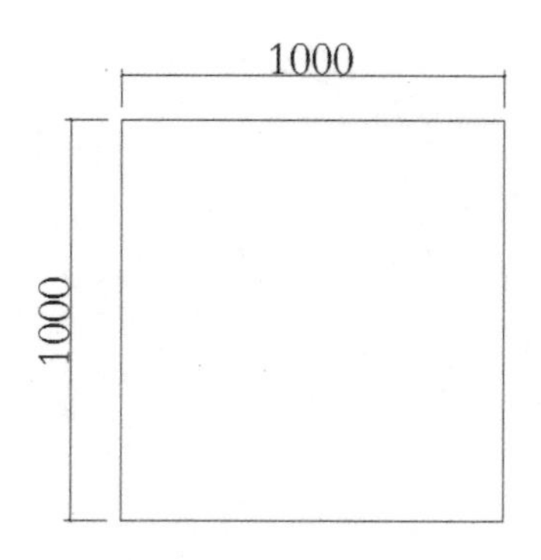

图 9-139　绘制矩形

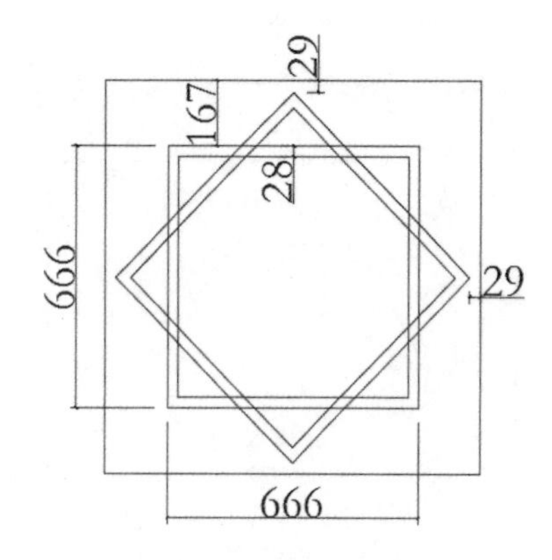

图 9-140　偏移与旋转矩形

步骤 3 调用 TR(修剪) 命令，修剪多余的线条；调用 C(圆) 命令，绘制半径为 305 的圆。结果如图 9-141 所示。

图 9-141　绘制圆形

步骤 4 调用 L(直线) 命令，绘制直线；

调用 TR(修剪) 命令，修剪多余的线条。结果如图 9-142 所示。

图 9-142　绘制直线

步骤 5 调用 L(直线) 命令，绘制直线，结果如图 9-143 所示。

图 9-143　绘制直线

步骤 6 调用 MI(镜像) 命令，镜像绘制的等腰三角图形，结果如图 9-144 所示。

图 9-144　镜像结果

9.4.2 盆景平面图的绘制

盆景花卉可以改善室内空气，吸收灰尘，美化环境，因此被大多数家庭所青睐。

如图 9-145 所示为盆景花卉在不同区域的使用效果。

图 9-145　盆景花卉在不同区域的使用效果

绘制室内盆景，其具体的操作步骤如下。

步骤 1 调用 L(直线) 命令，绘制任意长度、任意角度的直线，结果如图 9-146 所示。

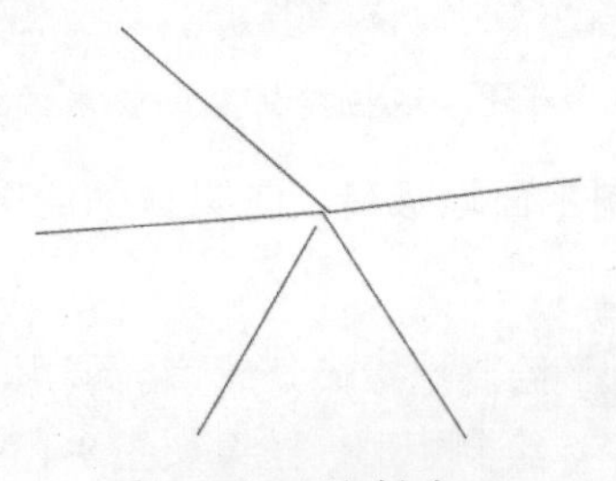

图 9-146　绘制直线

步骤 2 调用L(直线)命令，绘制树叶轮廓，结果如图 9-147 所示。

图 9-147　绘制斜直线

步骤 3 调用L(直线)命令，绘制任意长度、任意角度的直线，结果如图 9-148 所示。

图 9-148　绘制直线

步骤 4 调用L(直线)命令，绘制分枝上的树叶轮廓，结果如图 9-149 所示。

图 9-149　绘制斜直线

9.4.3 健身器材平面图的绘制

健身器材是增强体质、休闲娱乐、改善生活质量的好项目。随着社会的发展和人们生活质量的提高，越来越多的人更注重身体的锻炼和生活质量的提高。

如图 9-150 所示为健身器材在不同区域的使用效果。

图 9-150　健身器材在不同区域的使用效果

步骤 1 绘制健身器材外轮廓。调用REC(矩形)命令，分别绘制尺寸为 900×500 和 400×500 的矩形；调用 O(偏移)命令，偏移矩形，偏移距离为 30。结果如图 9-151 所示。

步骤 2 绘制矩形。调用 REC(矩形)命令，分别绘制尺寸为 600×50、227×50 和 50×45 的矩形，结果如图 9-152 所示。

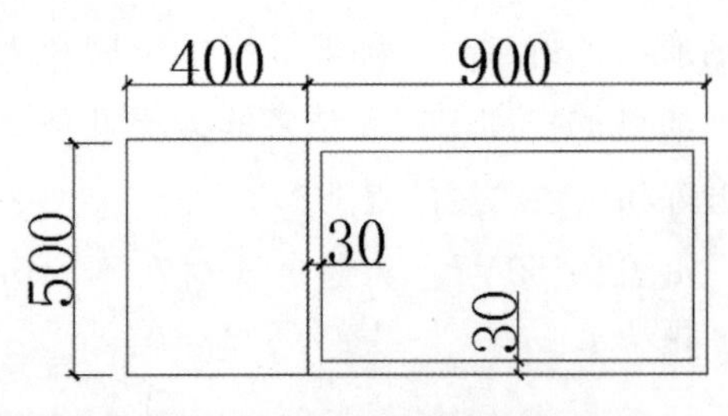

图 9-151　绘制健身器材外轮廓

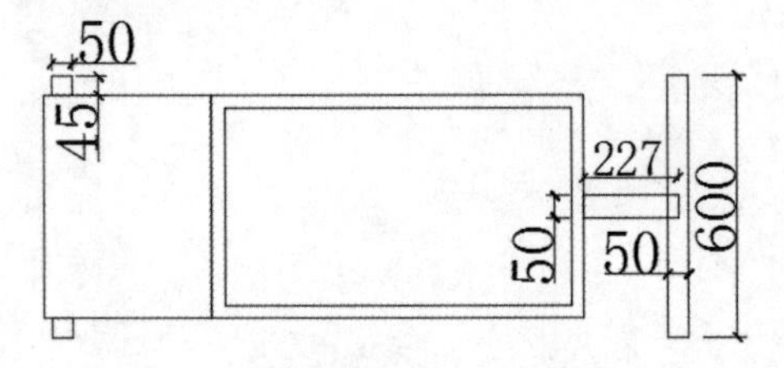

图 9-152　绘制矩形

步骤 3 分别调用 F(圆角)命令、R(半径 =70)命令、R(半径 =40)命令和 R(半径 =10)命令，即可完成对健身器材执行圆角的操作，结果如图 9-153 所示。

步骤 4 沿用上述同样的操作，对其他矩形执行圆角操作，结果如图 9-154 所示。

步骤 5 调用 TR(修剪)命令，修剪和删除多余的线条；激活尺寸为 50×45 的矩形侧边线段的夹点，延长线段，即可完成健身器材平面图的绘制，结果如图 9-155 所示。

图 9-153　执行圆角操作

图 9-154　执行圆角结果

图 9-155　健身器材平面图

9.5 大师解惑

小白：在绘制图形过程中，有时候电脑会突然发生系统故障从而造成电脑死机，结果绘制好的图形没来得及保存，请问怎么预防这种情况发生？

大师：有办法预防这种情况发生。在打开 AutoCAD 工作界面之后，首先选择【工具】→【选项】菜单命令，在【选项】→【文件】选项卡中找到【自动保存文件位置】选项，设置自动保存绘制图形文件夹的位置，这样就可以随时保存绘制的图形而不用担心电脑系统发生故障的情况了，如图 9-156 所示。

小白：如果 AutoCAD 里的系统变量被人无意更改，或一些参数被人有意调整了，绘图很不方便，该怎么办？

大师：这时不需要重装系统，也不需要一个一个地更改参数，只需要选择【工具】→【选项】

菜单命令，在【配置】选项卡里单击【重置】按钮即可恢复到原来的状态，如图 9-157 所示。但恢复后，有些选项还需要一些调整，如十字光标的大小等。

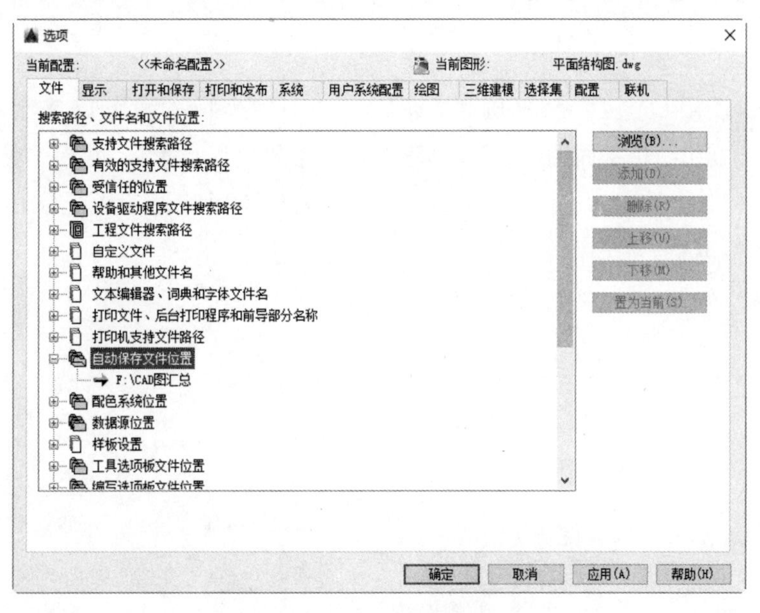

图 9-156　【文件】选项卡

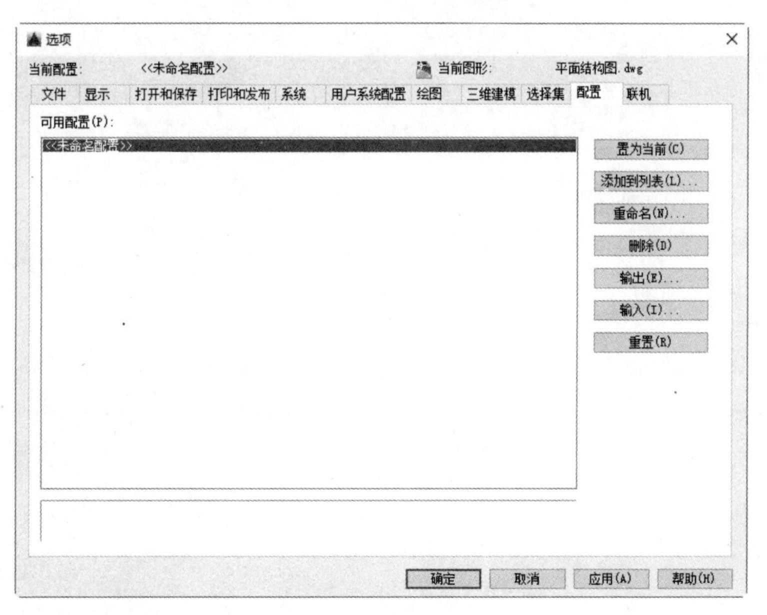

图 9-157　【配置】选项卡

9.6 跟我学上机

练习 1：调用 L(直线)、A(圆弧) 等命令，绘制电视机机柜平面图，如图 9-158 所示。

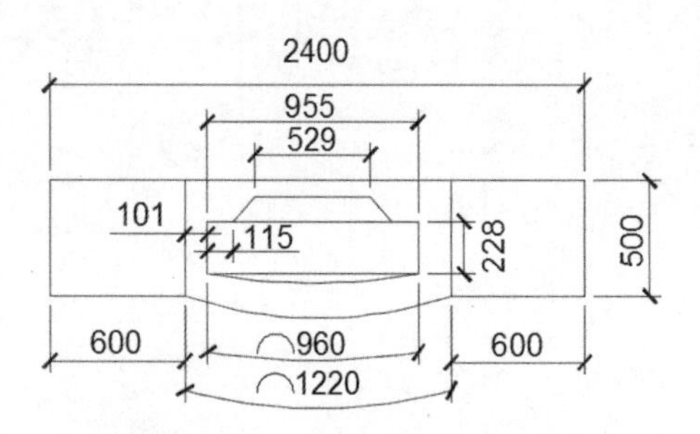

图 9-158　电视机机柜平面图

练习 2：调用 L(直线)、O(偏移)、F(圆角) 等命令，绘制组合沙发平面图，如图 9-159 所示。

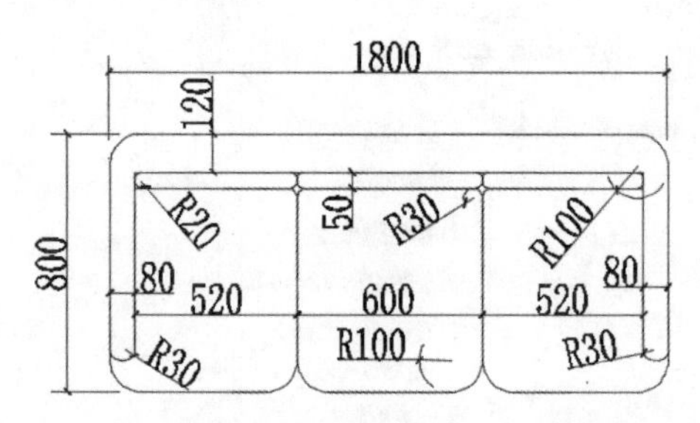

图 9-159　三人组合沙发平面图

练习 3：调用 L(直线)、A(圆弧)、F(圆角) 等命令，绘制坐便器立面图，如图 9-160 和图 9-161 所示。

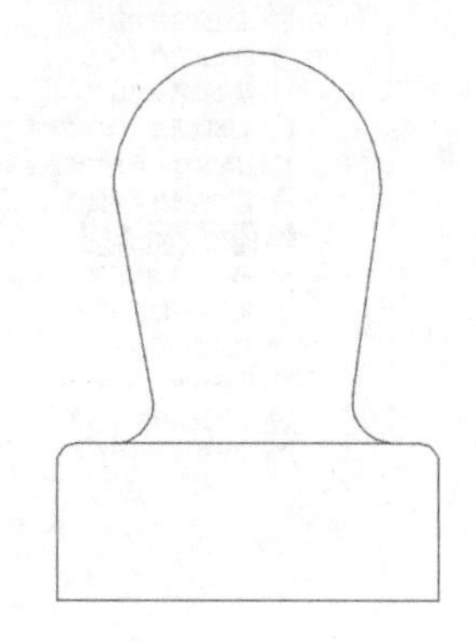

图 9-160　坐便器立面图

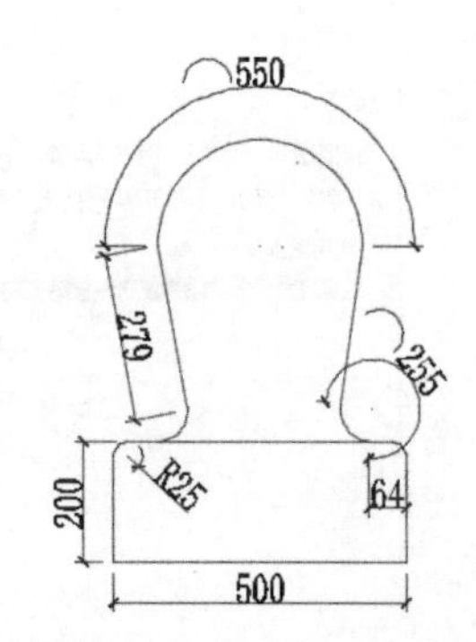

图 9-161　绘制坐便器立面图

第10章 住宅室内平面图的绘制

住宅平面图可以看出建筑平面布局，主要反映房屋的平面形状、大小和房间布置，墙（或柱）的位置、厚度和材料，门窗的位置、开启方向等。建筑平面图可作为施工放线，砌筑墙、柱，门窗安装和室内装修及编制预算的重要依据。

本章主要介绍住宅室内平面图的相关知识，然后通过具体实例讲解住宅平面图的绘制方法和操作步骤。

- **本章学习目标（已掌握的在方框中打钩）**

□ 了解住宅室内平面设计概述。

□ 熟悉住宅室内不同区域的空间设计知识。

□ 掌握室内平面图的绘制方法和技巧。

□ 掌握住宅室内平面布置设计的方法和技巧。

□ 掌握室内地面布置图的绘制方法和技巧。

- **重点案例效果**

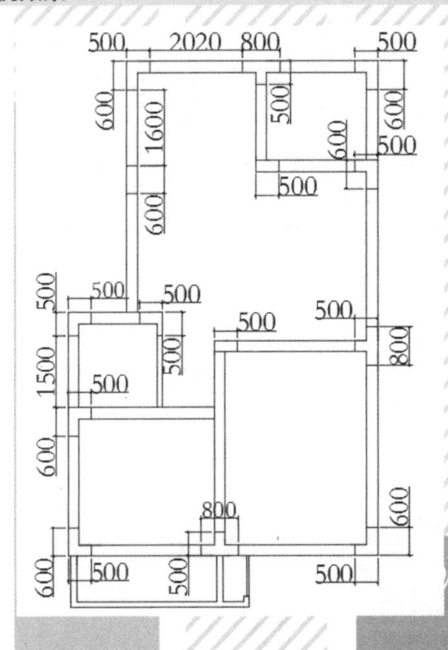

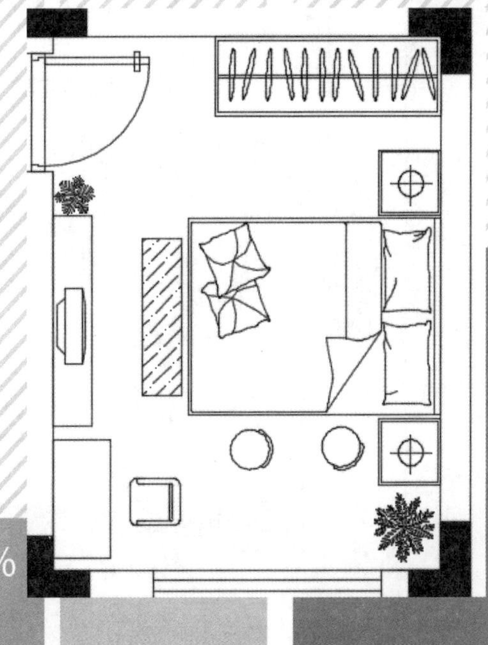

10.1 住宅室内平面设计概述

住宅平面是根据一定的投影原理及设计理念形成的，其画法、识读、表达都有一定规则。下面主要介绍住宅平面图的形成与表达、识读等方面的知识。

10.1.1 室内平面图的绘制思路与表述

室内平面图是假想用一水平的剖切面沿门窗洞位置将房屋剖切后，移去剖切线以上的部分，对剖切面以下部分所作的水平正投影图，又称为建筑平面图。它主要反映建筑物的平面形状、大小、内部布局、地面、门窗的具体位置和占地面积等情况。

剖切线的位置最好选择在每层门窗洞口的高度范围内，便于绘制完整的室内平面布置图。

被剖切到的墙、柱、楼面、屋面、梁的断面轮廓线在平面布置图中用粗实线表示；其他未被剖切到但可见的配件的轮廓线，如门、地面分格、楼梯台阶灯、雨水管等，则用细实线表示。

如图 10-1 所示为绘制完成的平面布置图。

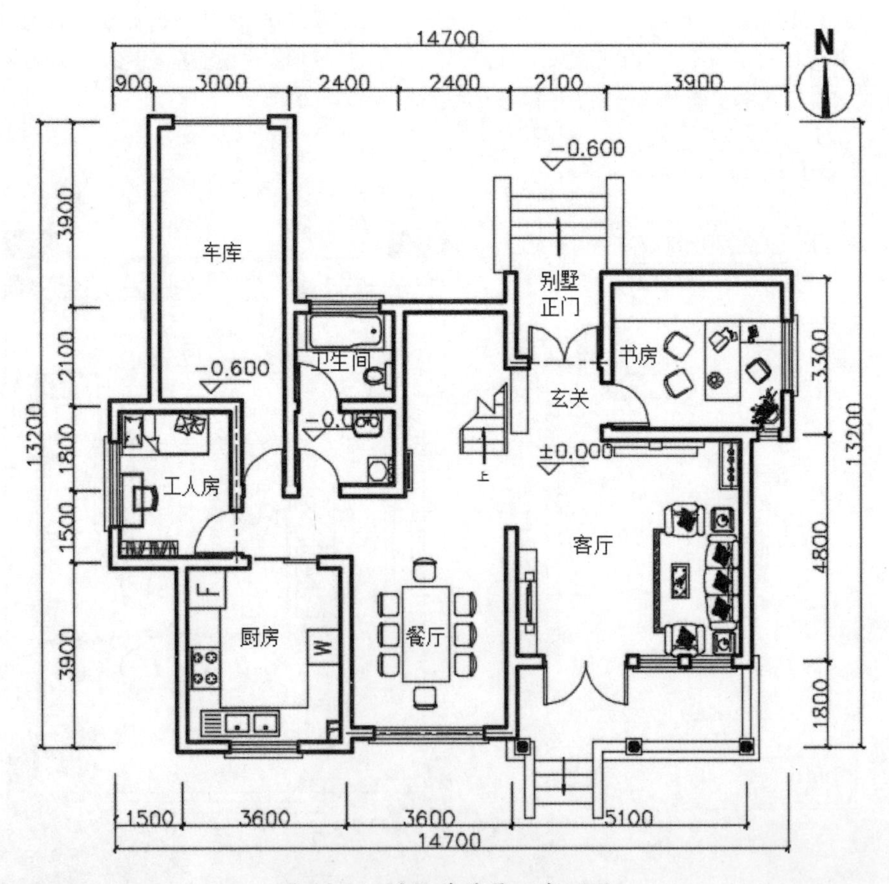

图 10-1　别墅首层平面布置图

10.1.2 室内平面图的识读顺序与方法

现以图 10-1 所示的别墅首层平面布置图为例，介绍建筑平面图的识读步骤。其具体识读步骤如下。

步骤 1 浏览平面布置图中各房间的功能布局、图样尺寸等，了解图形的基本内容。从图中可以看出室内的主要布局为：北向为别墅正门、卫生间；南向为餐厅；左侧为厨房、工人房、车库；右侧为玄关、书房、客厅。玄关在别墅正门和客厅之间。绘图比例为 1 ∶ 100。

步骤 2 仔细阅读图纸三道尺寸 (总尺寸、轴线尺寸、细部尺寸) 及标高。

步骤 3 理解首层平面布置图中指北针的看法，来表明建筑物的朝向。

10.1.3 室内平面图的设计内容

室内平面设计图应具体包含以下内容。

☆ 绘图比例及图纸说明，还有指北针等。

☆ 墙体、柱子及定位轴线，室内房间的布局及门、窗、家具等。

☆ 室内家具、陈设、美化等的位置及图例代表符号。

☆ 室内地面的标高和房屋的开间、进深等。

☆ 室内立面图的投影符号，按顺时针方向从上到下在圆圈中进行编号。

10.1.4 室内平面图的绘制方法

室内平面图的绘制，其具体绘制方法如下。

☆ 查看数据，绘制图纸定位轴线。

☆ 根据定位轴线绘制墙体和柱子。

☆ 确定门窗洞口的位置，绘制门窗。

☆ 根据室内功能绘制房间设施布置图。

☆ 绘制平面图总尺寸、轴线尺寸、门窗尺寸和标高标注及图名标注。最后在平面图上标明文字标注及绘图比例。

10.2 住宅室内不同区域空间设计

住宅室内根据使用需求的不同，可以划分为不同的功能区域，主要有客厅、厨房、卧室、餐厅、卫生间等。由于每个区域有着不同的功能，因此其设计理念也有相应的区别。下面主要介绍住宅室内各空间的设计理念与布置效果。

1. 客厅的设计

客厅是居室装修的重点，主要是会客及休闲娱乐的场所。客厅的色调一般以淡雅、温暖或清新色为主。

客厅里的家具摆放和陈设布置要协调统一，完善合理，突出风格，使居住更美观和舒适。

如图 10-2 所示为不同客厅装饰的效果。

图 10-2　客厅装饰设计效果

厨房的设计

厨房是人们烹饪美食的区域，其主要有以下特点。

☆ 要有足够的操作空间。厨房具有烹饪和洗涤等功能，各活动之间要有清晰的流线，以方便人们洗涤、烹饪、进出，因此需要提供充足的空间。

☆ 要有较大、方便的储藏空间。厨房里面烹饪、洗涤用具很多，需要妥善、方便放置，因此需要较大的储藏空间。家庭厨房多采用组合式橱柜，下面放置较重的米、面等。

☆ 人们要有充分的活动空间。

如图 10-3 所示为不同样式餐厅的使用效果。

图 10-3　不同样式餐厅使用效果

卧室的设计

卧室是人们休息、睡觉的居家场所。卧室应保证其私密性，因此所选用的窗帘应为厚实、颜色较深、遮光性较强的材料。室内墙面的整体颜色宜暖，比如米黄色、淡橘色、淡灰色等；有利于营造温暖、愉悦、宁静的氛围，从而保证睡眠质量。

卧室应设置衣柜存放衣物，床两侧应设

置床头柜，便于放置常用的物品。

如图 10-4 所示为不同卧室装饰设计制作效果。

图 10-4 不同卧室装饰设计效果

4. 餐厅的设计

餐厅一般与厨房毗邻，是人们用餐的区域，目前大多数家庭都采用封闭式隔断或用墙体将餐厅与厨房隔开，以防止油烟气体的散发，造成室内空气的污染。

餐厅的陈设主要是组合餐桌椅，可根据室内居室风格、空间大小、用餐人数选择合适的组合餐桌椅。中式餐桌大多是木材的，比较典雅，欧式餐桌现代感强一些，一般都是简约的。

常见的餐桌形状有长方形、多边形、圆形、椭圆形等。金属、钢化透明玻璃餐桌体现干净、时尚、现代的特色；实木餐桌体现古典、厚重、沉稳的特色；大理石餐桌体现沉重、结实、朴素的特色。

如图 10-5 所示为不同样式餐桌椅的使用效果。

图 10-5 不同样式餐桌椅的使用效果

5. 卫生间的设计

卫生间的装饰设计应讲究实用，同时考虑卫生用具和整体装饰效果的协调性。

卫生间的设计有以下主要特点。

☆ 地面：卫生间的地面要注意防水、防滑，卫生间的地面装饰材料可以采用有凸起花纹的防滑地转，这种地砖不仅有良好的防水性能，而且在沾水的情况下也不会太滑。

☆ 墙面：卫生间的墙壁也要防水、防潮，选择墙砖时，应注意挑选与地砖配套的墙砖。

☆ 顶部：卫生间的顶部防潮、遮掩最重要。现在大多数居室选择铝扣板吊顶，因为其具有经济实惠、易清洗等优点。

☆ 电器：卫生间里比较潮湿，所以在安装电灯、电线时要格外小心。开关最好有安全保护装置，插座最好选用带有防水盖的，以保证使用安全。

☆ 暖气：在卫生间内可以安装取暖、照明和排气三合一的“浴霸”，也可以采用挂壁式暖风机取暖。

☆ 地漏：卫生间的地面要留有下水口，且地面要有一定的坡度，以免积存水。

☆ 洁具：洁具和一些配套设施应该备全。卫生洁具主要有浴缸或淋浴房、洗面盆、便器等，配套设施有梳妆镜、毛巾架、肥皂缸、浴缸把手等。家中如有老人或残疾人，最好坐便器边也安装 3 个扶手。

如图 10-6 所示为不同卫生间装饰的效果。

图 10-6　卫生间不同样式的装饰效果

10.3 室内平面图的绘制

本节以住宅平面布置图为例，介绍绘制户型平面图的操作方法，主要内容包含轴网、墙体、门窗、阳台及附属设施等图形的绘制。

10.3.1 定位轴网的绘制

在绘制平面图之前，首先应绘制轴网，轴网为绘制图形提供精准定位，方便后续绘制图形。绘制轴网的具体操作步骤如下。

步骤 1 调用 L(直线) 命令，绘制垂直直线和水平直线，结果如图 10-7 所示。

步骤 2 调用 O(偏移) 命令，根据相应的数据偏移直线，结果如图 10-8 所示。

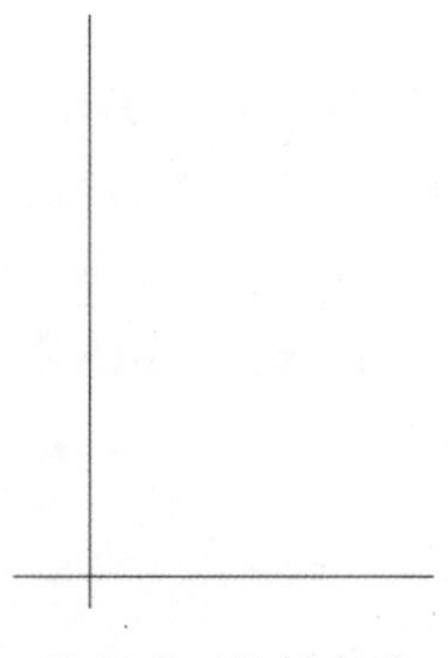

图 10-7　绘制直线

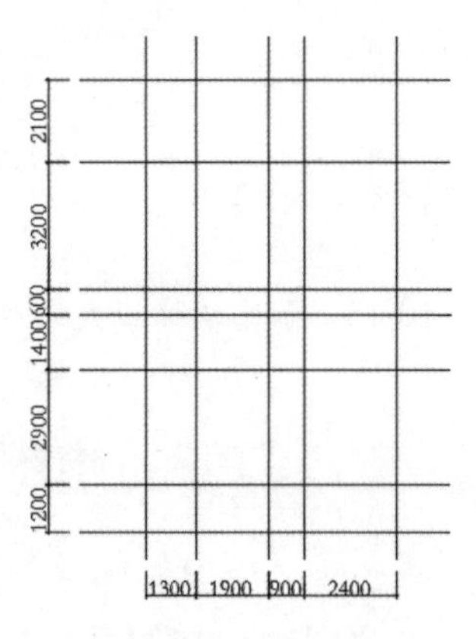

图 10-8　偏移直线

10.3.2 室内墙体的绘制

在绘制轴网的基础上绘制墙体，可以保证墙体的准确性。墙体是建筑物的主要构件，用于明确划分居室的开间和进深。绘制墙体的具体操作步骤如下。

步骤 1 执行 O(偏移)命令，设置偏移距离为 120，选择上节绘制的轴线，分别向两侧偏移，结果如图 10-9 所示。

步骤 2 调用 E(删除)命令，删除绘制的轴线，结果如图 10-10 所示。

步骤 3 调用 L(直线)命令，绘制直线；调用 TR(修剪)命令，修剪墙体。结果如图 10-11 所示。

步骤 4 调用 L(直线)命令，绘制直线，绘制隔墙，完善墙体图形，结果如图 10-12 所示。

图 10-9　偏移轴线

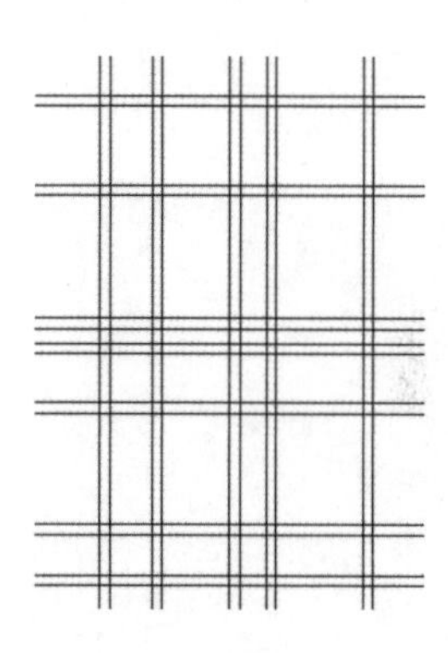

图 10-10　删除轴线

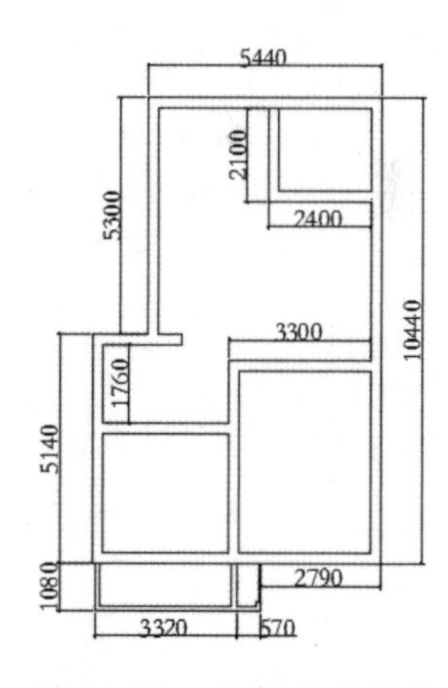

图 10-11　绘制主要墙体

步骤 5 绘制结构柱和承重墙，调用 L(直线)命令，绘制直线；调用 O(偏移)命令，偏移直线。结果如图 10-13 所示。

步骤 6 调用 H(填充)命令→调用 T(设置)命令，在弹出的【图案填充和渐变色】对话框中设置图案的填充比例为 1，如图 10-14 所示。

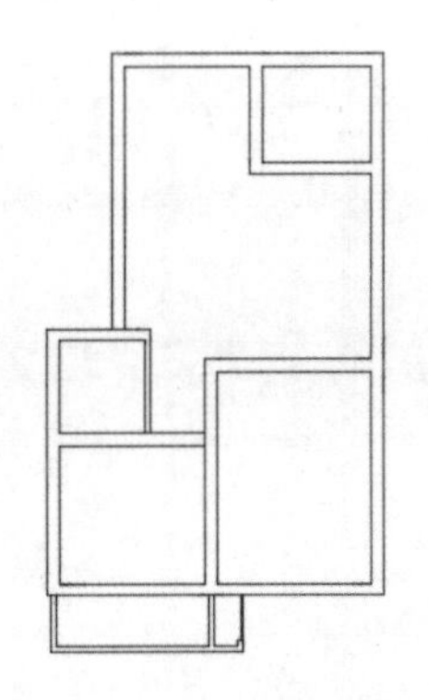

图 10-12　绘制隔墙

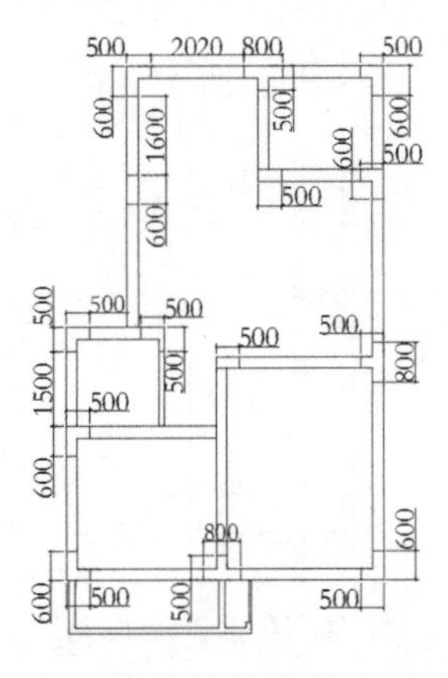

图 10-13　绘制结构柱和承重墙

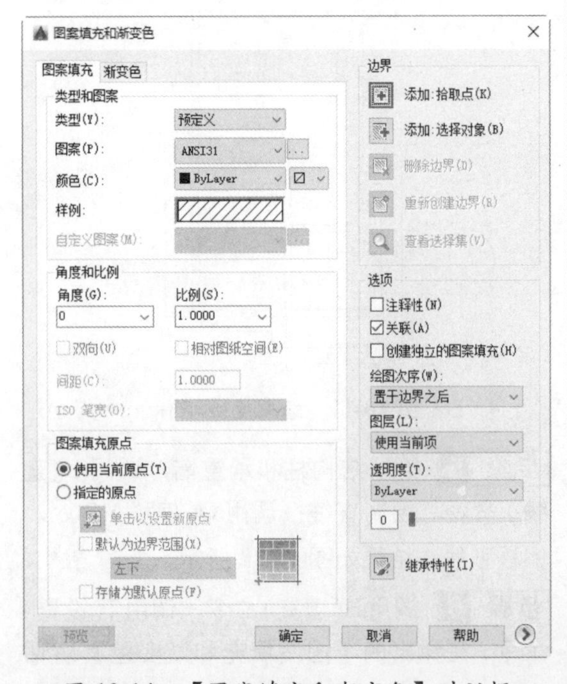

图 10-14　【图案填充和渐变色】对话框

步骤 7　填充承重墙。在弹出的【图案填充和渐变色】对话框中，单击【边界】功能区中的【添加：拾取点】按钮，在绘图区域点取添加拾取点，按 Enter 键即可完成图案填充操作，结果如图 10-15 所示。

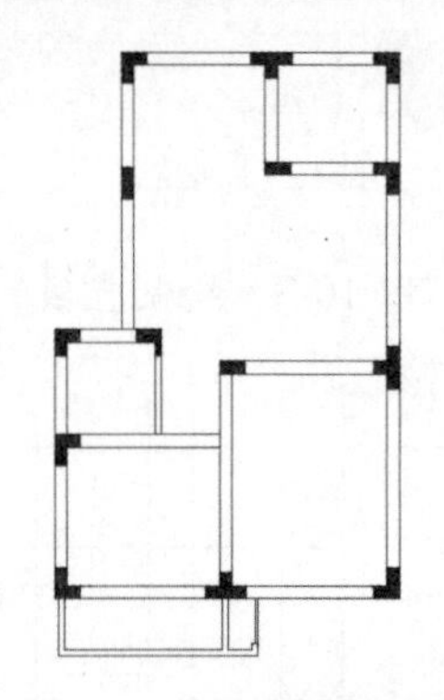

图 10-15　承重墙体填充结果

10.3.3　室内门窗的绘制

门窗是建筑物的主要构件之一，兼具通风和采光的功能，首先要确定门窗洞的具体位置，然后绘制居室的门窗。

绘制门窗的具体操作步骤如下。

步骤 1　绘制门窗洞。调用 L(直线) 命令，绘制直线；调用 TR(修剪) 命令，修剪多余的线条。结果如图 10-16 所示。

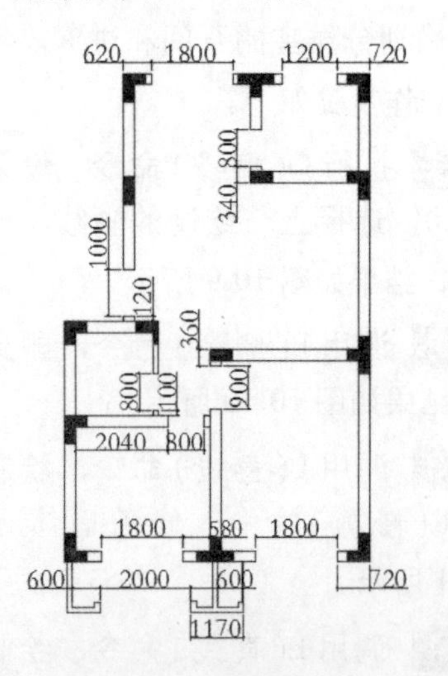

图 10-16　绘制门窗洞

步骤 2 绘制入户门。调用 REC(矩形) 命令，分别绘制尺寸为 1000×100、925×50、150×40 的矩形；调用 L(直线) 命令，绘制直线。结果如图 10-17 所示。

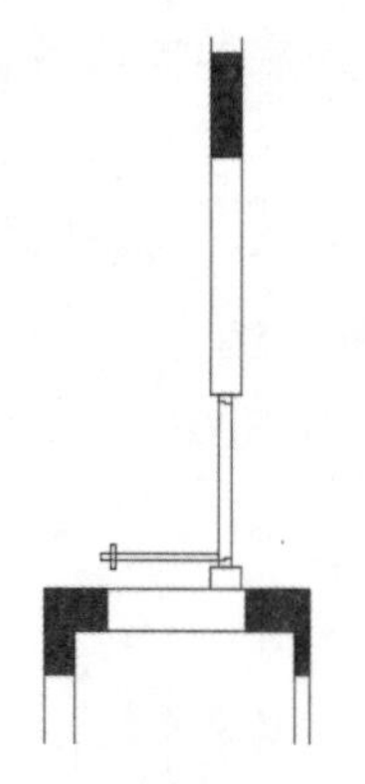

图 10-17 绘制入户门矩形

步骤 3 调用 A(圆弧) 命令，绘制圆弧，结果如图 10-18 所示。

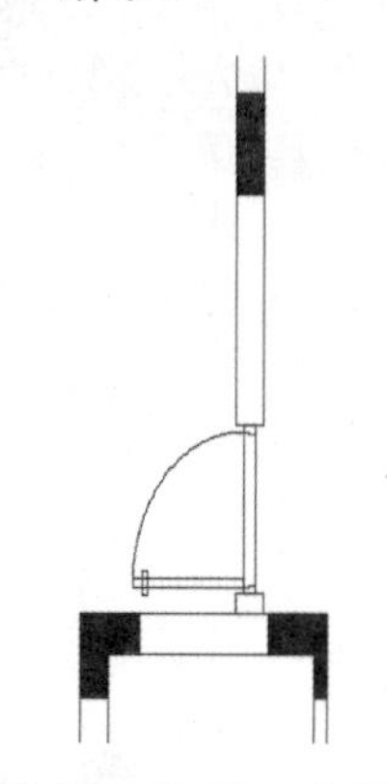

图 10-18 绘制入户门圆弧

步骤 4 调用 L(直线) 命令，绘制直线；调用 O(偏移) 命令，偏移直线，偏移距离为 80。结果如图 10-19 所示。

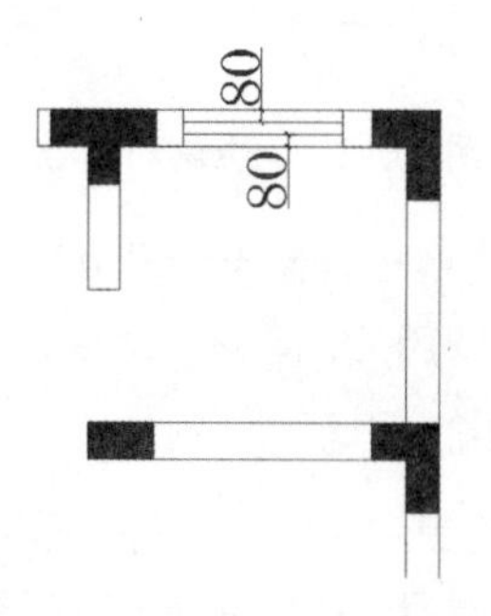

图 10-19 绘制平开窗

步骤 5 绘制推拉门。调用 REC(矩形) 命令，绘制两个尺寸为 750×50 的矩形，结果如图 10-20 所示。

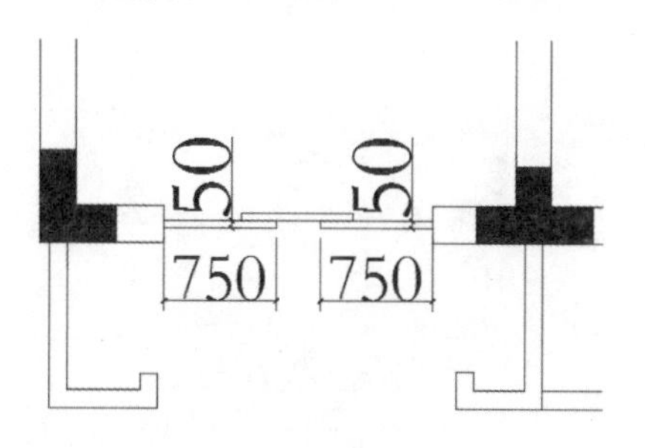

图 10-20 绘制推拉门

步骤 6 绘制餐厅飘窗。调用 L(直线)命令，绘制直线；调用 O(偏移) 命令，偏移直线，偏移距离为 60；调用 TR(修剪) 命令，修剪直线。结果如图 10-21 所示。

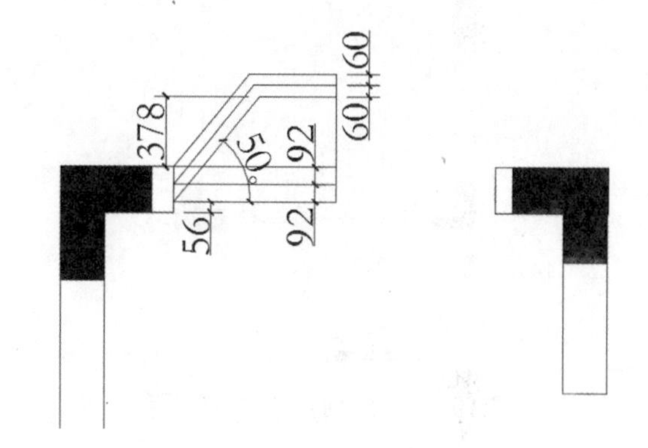

图 10-21 绘制部分飘窗

步骤 7 调用 MI(镜像) 命令，对部分飘窗图形执行镜像操作；调用 TR(修剪) 命令、E(删除) 命令，修剪和删除多余的直线。结果如图 10-22 所示。

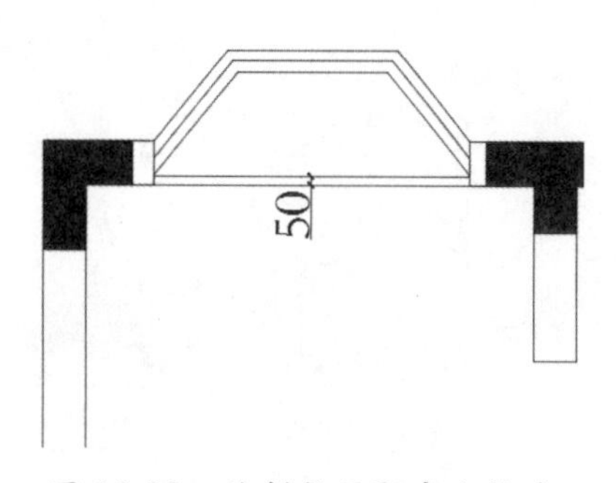

图 10-22 绘制餐厅飘窗和扶手

步骤 8 绘制阳台飘窗。调用L(直线)命令，绘制直线；调用O(偏移)命令，偏移直线，偏移距离分别为100和80。结果如图10-23所示。

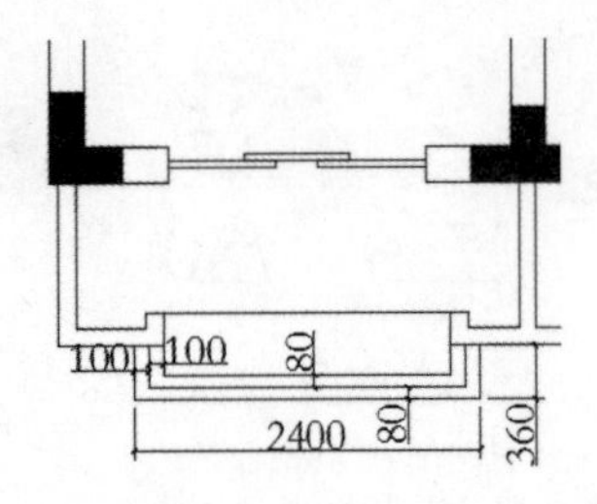

图 10-23 绘制阳台飘窗

步骤 9 绘制窗户扶手。调用L(直线)命令，绘制直线；调用O(偏移)命令，偏移直线，偏移距离分别为50。结果如图10-24所示。

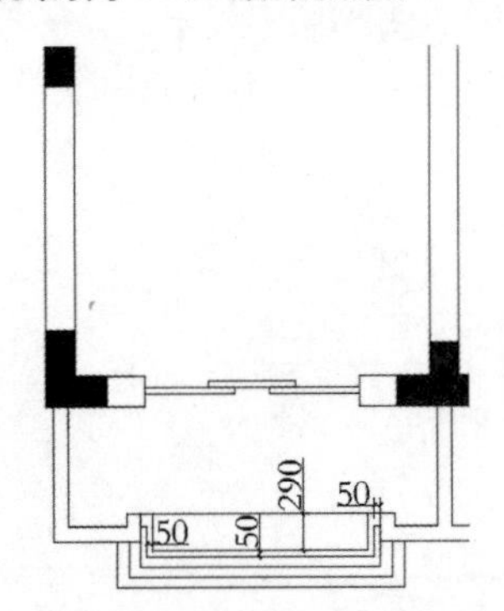

图 10-24 绘制阳台飘窗扶手

步骤 10 重复上述步骤操作，绘制其他门窗图形。结果如图10-25所示。

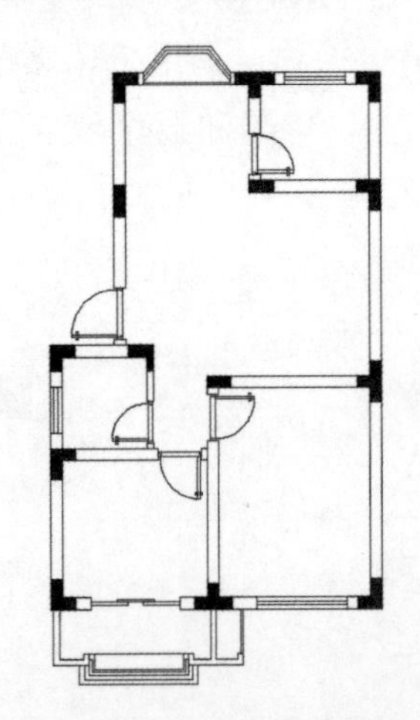

图 10-25 门窗绘制结果

10.3.4 室内空调位与楼梯踏步的绘制

附属设施包括空调位、楼梯踏步等。附属设施可以增加房屋室内的功能区域，是房屋使用不可或缺的。

绘制附属设施，其具体操作步骤如下。

步骤 1 绘制空调位。调用REC(矩形)命令，绘制尺寸为700×300的矩形，结果如图10-26所示。

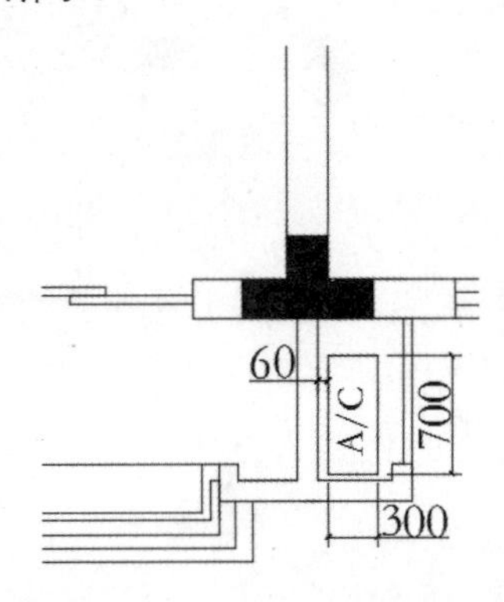

图 10-26 绘制空调位

步骤 2 绘制阳台和空调位处的排水孔，结果如图10-27所示。

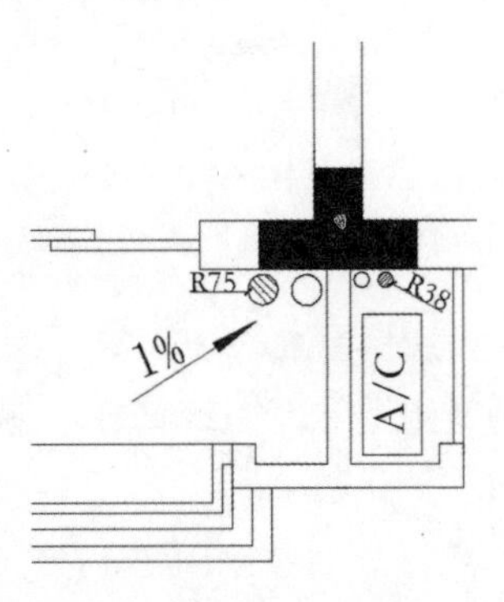

图 10-27 绘制排水孔

步骤 3 绘制楼梯踏步。调用L(直线)命令，绘制直线；调用O(偏移)命令，偏移直线。结果如图10-28所示。

步骤 4 绘制楼梯井。调用REC(矩形)命令，绘制尺寸为2200×180的矩形，结果如

图 10-29 所示。

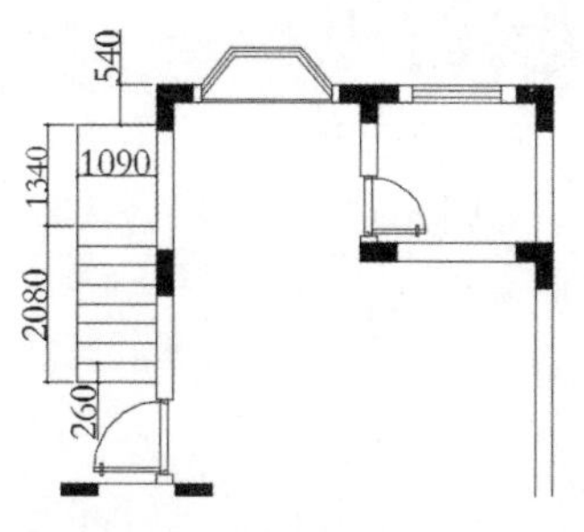

图 10-28　绘制楼梯踏步

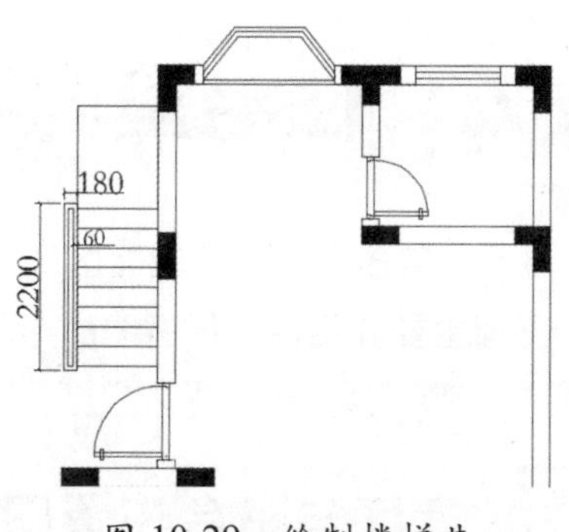

图 10-29　绘制楼梯井

步骤 5 绘制楼梯指示箭头。调用 PL(多段线) 命令，命令行提示如下；调用 T(文字) 命令，在弹出的文字编辑框中输入文字。结果如图 10-30 所示。

```
命令: PLINE
指定起点:                                            //指定多段线的起点
当前线宽为 0.0000
指定下一个点或 [圆弧(A)/半宽(H)/长度(L)/放弃(U)/宽度(W)]:
                                                     //移动鼠标，单击指定第二点
指定起点宽度 <0.0000>:0                              //指定起点的宽度
指定端点宽度 <0.0000>: 50                            //指定端点的宽度
指定下一点或 [圆弧(A)/闭合(C)/半宽(H)/长度(L)/放弃(U)/宽度(W)]:
指定下一点或 [圆弧(A)/闭合(C)/半宽(H)/长度(L)/放弃(U)/宽度(W)]:
                                                     //指定箭头的起点和端点，绘制箭头
```

步骤 6 图形尺寸标注。调用 DLI(线性标注) 命令，对图形进行标注，结果如图 10-31 所示。

步骤 7 图形图名标注。调用 T(文字) 命令，在弹出的文字编辑框中输入文字；调用 L(直线) 命令，在标注的文字下面绘制双下画线，将其中一条下画线的线宽设置为 0.4mm。结果如图 10-32 所示。

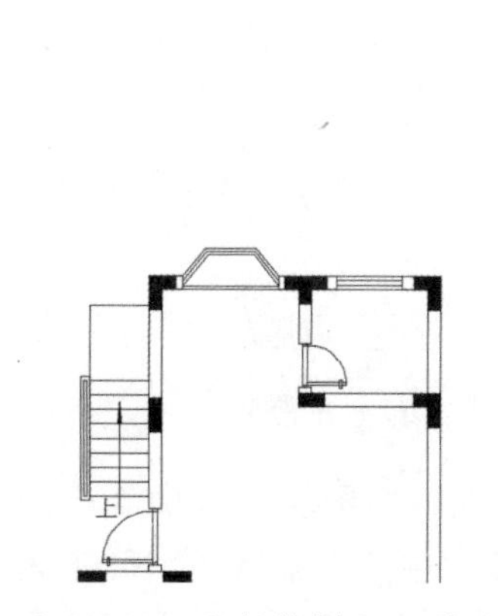

图 10-30　绘制楼梯指示箭头

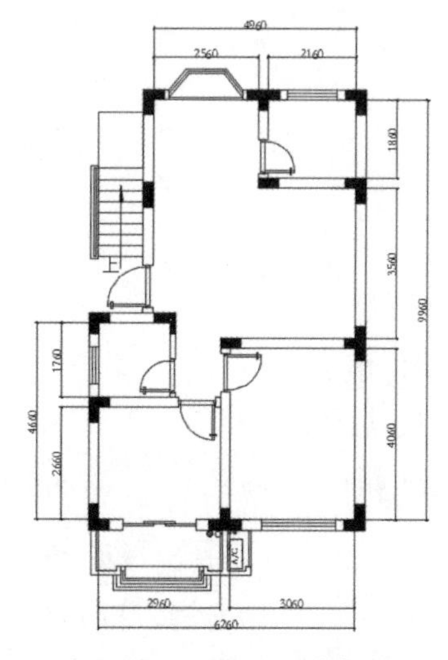

图 10-31　图形尺寸标注

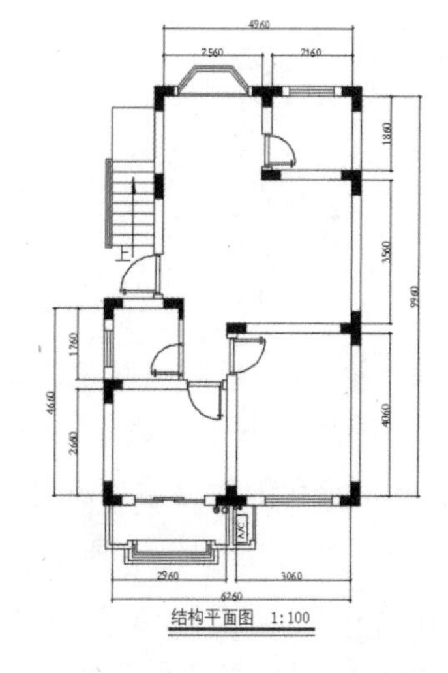

图 10-32　图形图名标注

10.4 住宅室内平面布置设计

住宅涵盖多个不同的功能区域，对各个功能区进行布置设计后，更符合人们的使用需求。下面主要介绍住宅平面图的布置和绘制方法。

10.4.1 客厅与阳台布置图的绘制

客厅和阳台通常相邻，客厅要满足会客、娱乐的需求，而阳台是室内空间的拓展，一般有悬挑式、嵌入式、转角式3种类型，其中又有全封闭和半封闭两种形式，是人们娱乐放松、呼吸新鲜空气、晾晒衣物、摆放盆栽的场所，其设计需要兼顾实用与美观的原则。

布置客厅和阳台的具体操作步骤如下。

步骤 1 绘制客厅背景墙。调用 L(直线) 命令，绘制直线，结果如图 10-33 所示。

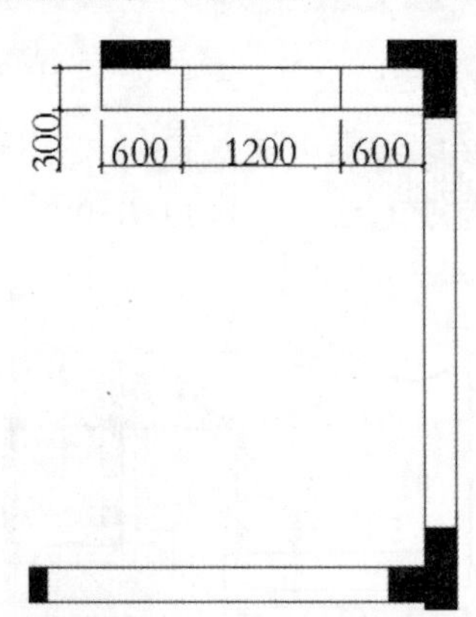

图 10-33　绘制背景墙

步骤 2 填充背景墙图案。调用 H(填充) 命令→调用 T(设置) 命令，在弹出的【图案填充和渐变色】对话框中设置图案的颜色、角度和比例，如图 10-34 所示。

步骤 3 在绘图区域点取添加拾取点，按 Enter 键即可完成图案填充操作，结果如图 10-35 所示。

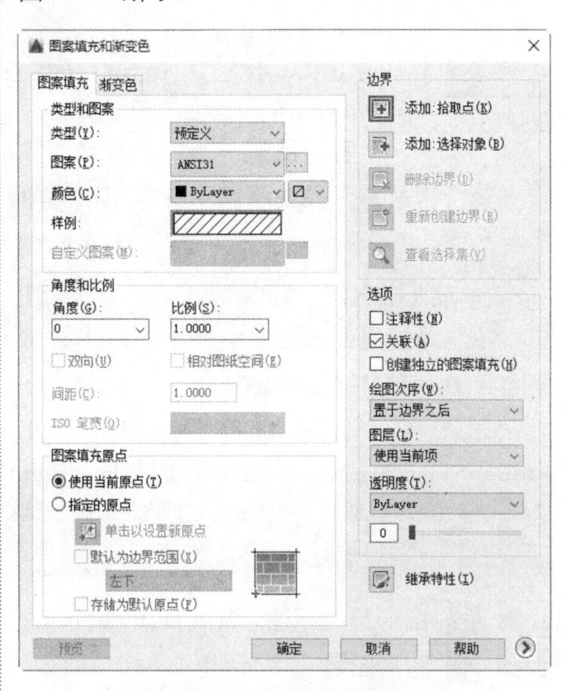

图 10-34　【图案填充和渐变色】对话框

图 10-35　填充背景墙

步骤 4 客厅插入素材图块。按 Ctrl+O 组合键，打开配套资源中的“素材 \Ch10\ 室内家具 .dwg”文件，将其中的休闲桌椅、组合

沙发、茶几、盆栽等图块复制粘贴至当前图形中，结果如图 10-36 所示。

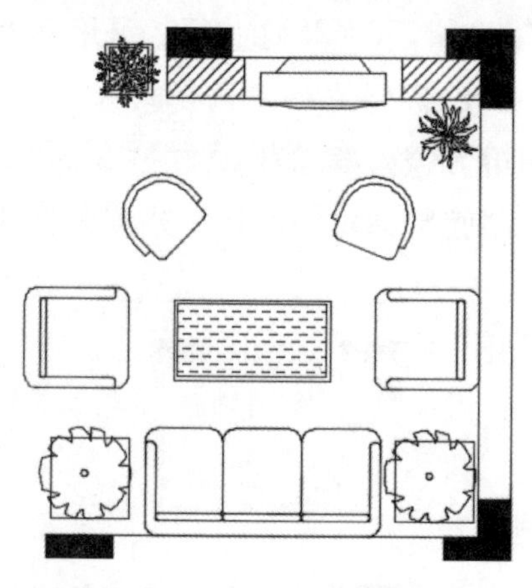

图 10-36　客厅插入素材图块

步骤 5　阳台插入素材图块。按 Ctrl+O 组合键，打开配套资源中的“素材 \Ch10\ 室内家具 .dwg”文件，将其中的休闲桌椅、洗衣机、盆栽等图块复制粘贴至当前图形中，结果如图 10-37 所示。

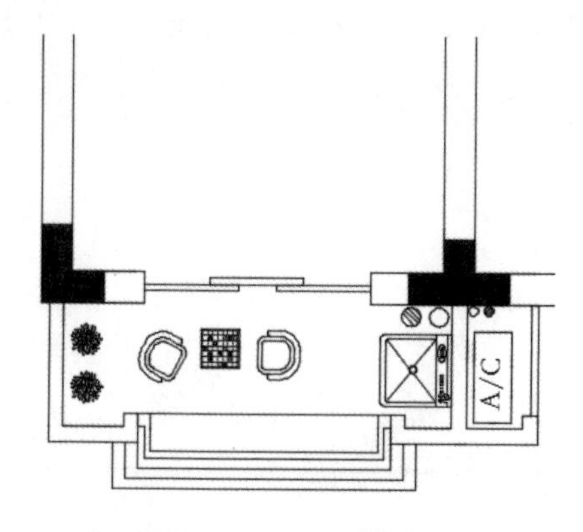

图 10-37　阳台插入素材图块

10.4.2 主卧室布置图的绘制

卧室的主要功能是休息，是个人生活的主要空间，其一般分为睡眠、梳妆、储藏 3 个区域，设计总的要求是实用、简洁、美观、舒适，以便更好地满足人们的需要。

布置卧室的具体操作步骤如下。

步骤 1　绘制衣柜。调用 REC(矩形) 命令，绘制尺寸为 1800×600 的矩形，结果如图 10-38 所示。

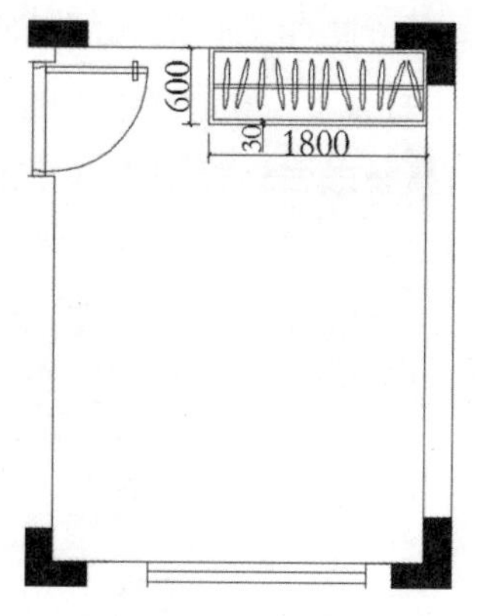

图 10-38　绘制衣柜

步骤 2　绘制电视柜、梳妆台。调用 REC(矩形) 命令，分别绘制尺寸为 1600×300 和 900×450 的两个矩形，结果如图 10-39 所示。

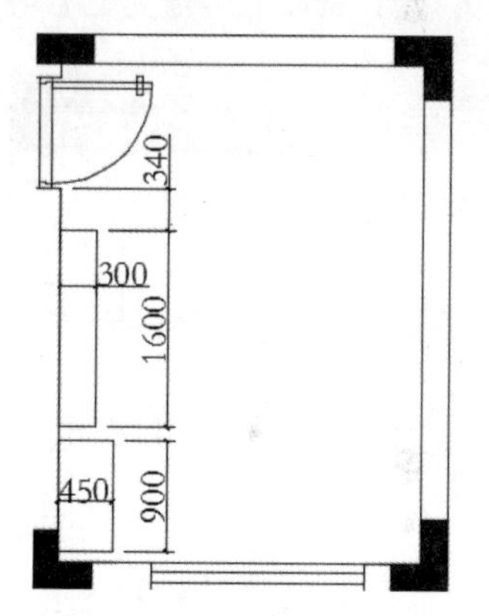

图 10-39　绘制电视柜、梳妆台

步骤 3　绘制卧室地毯。调用 REC(矩形) 命令，绘制尺寸为 1200×300 的矩形；填充背景墙图案。调用 H(填充) 命令→调用 T(设置) 命令，在弹出的【图案填充和渐变色】对话框中设置图案的颜色和比例，如图 10-40 所示。

步骤 4　卧室插入素材图块。按 Ctrl+O 组合键，打开配套资源中的“素材 \Ch10\ 室内家具 .dwg”文件，将其中的床、电视机、盆栽等图块复制粘贴至当前图形中，结果如图 10-41 所示。

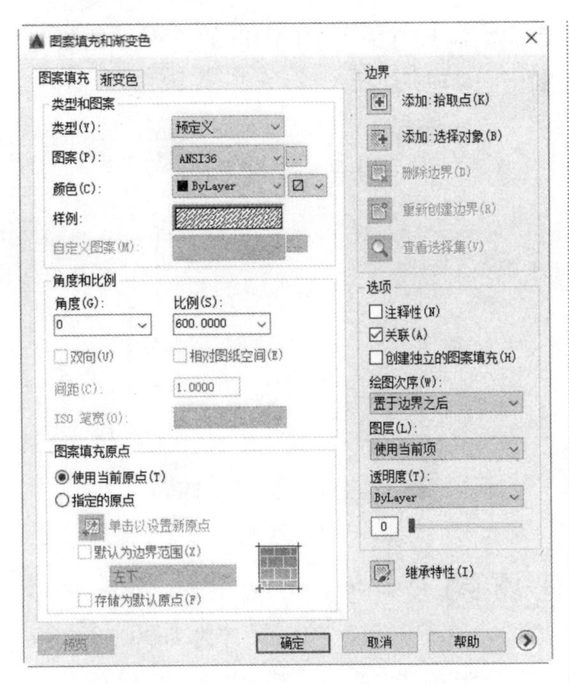

图 10-40 【图案填充和渐变色】对话框

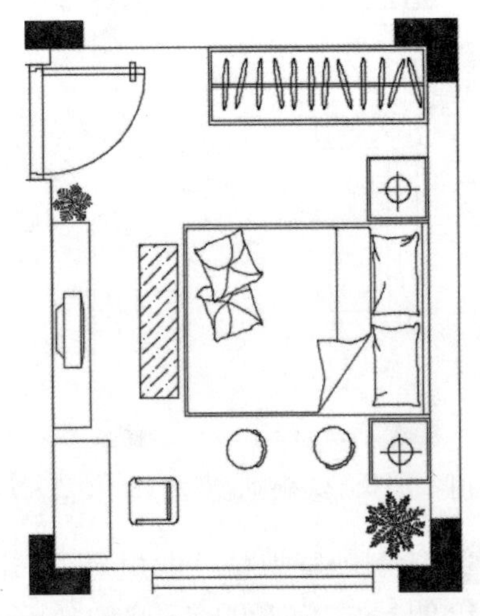

图 10-41 卧室插入素材图块

10.4.3 卫生间布置图的绘制

卫生间应根据使用面积的大小合理布置相应的设施，以满足不同的使用要求。本例中卫生间的面积较小，因而仅配备了必需的设施。面积较大的卫生间可以增加其他使用物品，比如同时设置浴缸和淋浴等。

布置卫生间的具体操作步骤如下。

步骤 1 绘制淋浴间和淋浴喷头。调用 REC(矩形) 命令，分别绘制尺寸为 1000×800 和 250×250 的矩形；调用 O(偏移) 命令，向内偏移矩形，偏移距离为 20；调用 C(圆) 命令，绘制半径为 85 的圆；调用 L(直线) 命令，绘制直线。结果如图 10-42 所示。

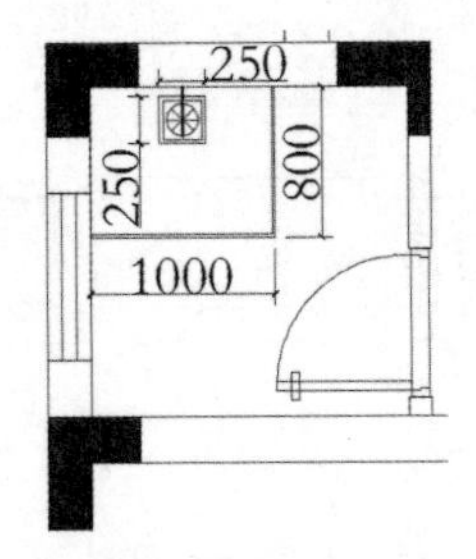

图 10-42 绘制淋浴间

步骤 2 填充淋浴间。调用 REC(矩形) 命令，绘制尺寸为 1200×300 的矩形；填充背景墙图案。调用 H(填充) 命令→调用 T(设置) 命令，在弹出的【图案填充和渐变色】对话框中设置图案的颜色和比例，如图 10-43 所示。

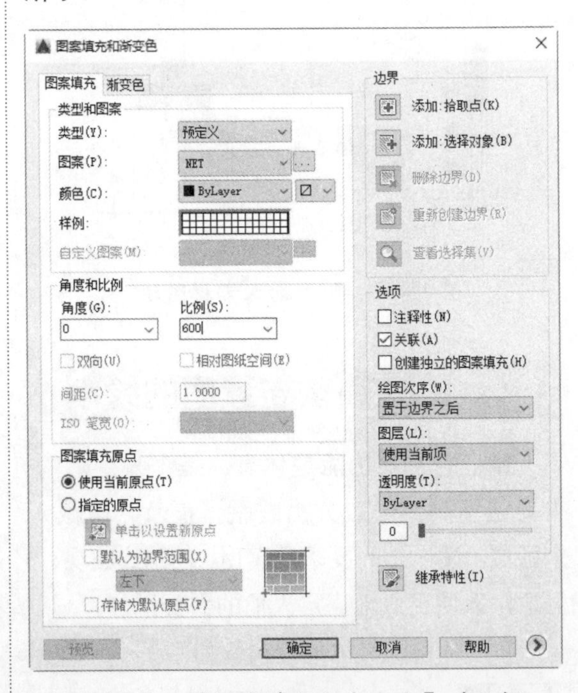

图 10-43 【图案填充和渐变色】对话框

步骤 3　在绘图区域点取添加拾取点，按 Enter 键即可完成图案填充操作，结果如图 10-44 所示。

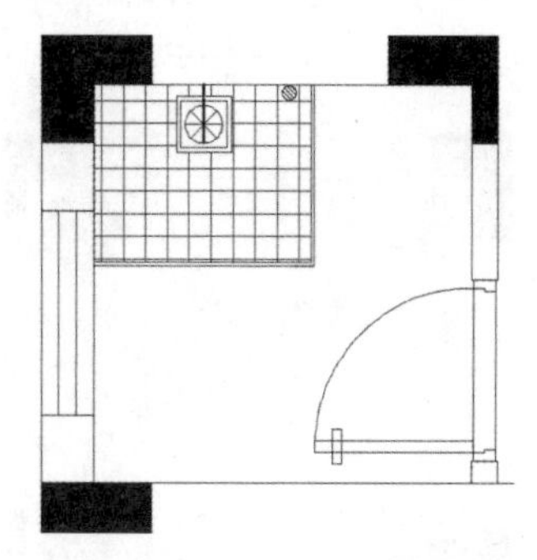

图 10-44　淋浴间填充结果

步骤 4　卫生间插入素材图块。按 Ctrl+O 组合键，打开配套资源中的“素材 \Ch10\ 室内洁具 .dwg”文件，将其中的洗手台等洁具图块复制粘贴至当前图形中，结果如图 10-45 所示。

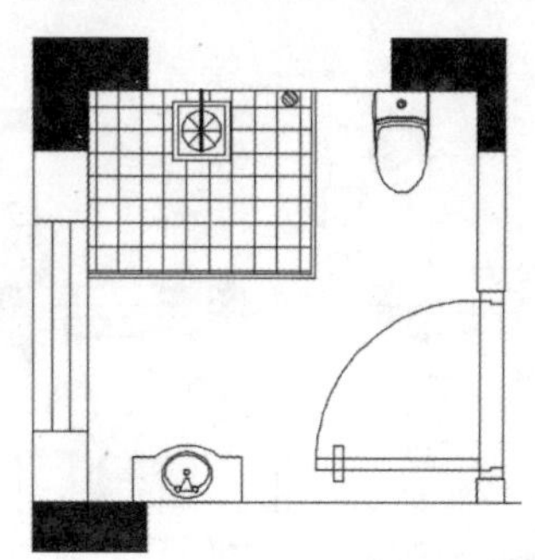

图 10-45　卫生间插入素材图块

10.4.4　次卧室和书房布置图的绘制

书房的主要功能是学习和工作。在房屋较小的情况下，卧室和书房可以布置在同一房屋内，这样不仅可以起到合理利用房屋空间的作用，也可以满足房屋使用需要有书房的要求。本例中房屋整体格局较小，所以把卧室和书房整合布置。

布置卧室和书房的具体操作步骤如下。

步骤 1　绘制书架。调用 REC(矩形) 命令，绘制尺寸为 1200×300 的矩形；调用 L(直线) 命令，绘制矩形的对角线。结果如图 10-46 所示。

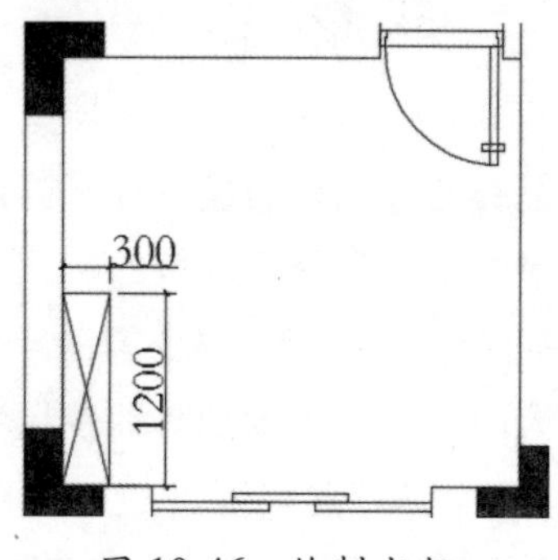

图 10-46　绘制书架

步骤 2　绘制书桌。调用 REC(矩形) 命令，绘制尺寸为 1200×500 的矩形；调用 O(偏移) 命令，偏移矩形。结果如图 10-47 所示。

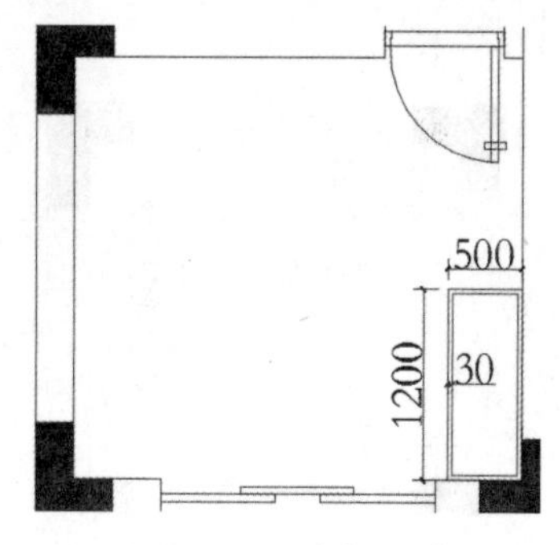

图 10-47　绘制书桌

步骤 3　卧室和书房插入素材图块。按 Ctrl+O 组合键，打开配套资源中的“素材 \Ch10\ 室内家具 .dwg”文件，将其中的床、椅子等图块复制粘贴至当前图形中，结果如图 10-48 所示。

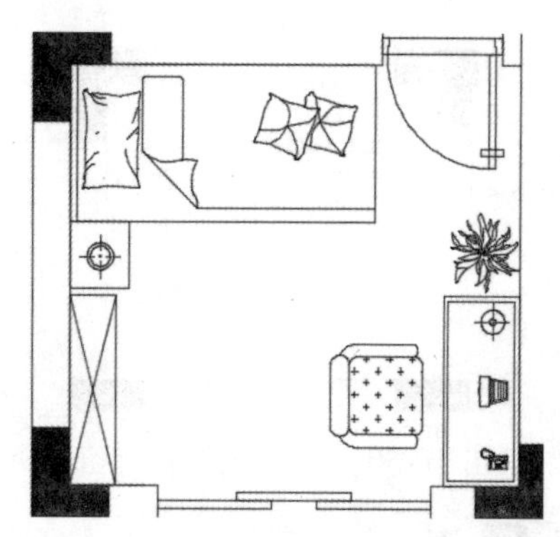

图 10-48　卧室和书房插入素材图块

10.4.5 餐厅和厨房布置图的绘制

餐厅和厨房在设计改造时要充分考虑到功能的互补性和位置的连贯性，以便合理地利用房屋的空间和兼顾厨房的实用性。本例中的厨房面积较小，仅配备必需的厨房设施。面积较大的厨房可以增加其他使用物品，如餐边柜、微波炉、盆栽等。

布置餐厅和厨房的具体操作步骤如下。

步骤 1 绘制橱柜台面线，用来布置燃气灶和洗菜池。调用 L(直线) 命令，绘制直线；调用 TR(修剪) 命令，修剪多余的线条。结果如图 10-49 所示。

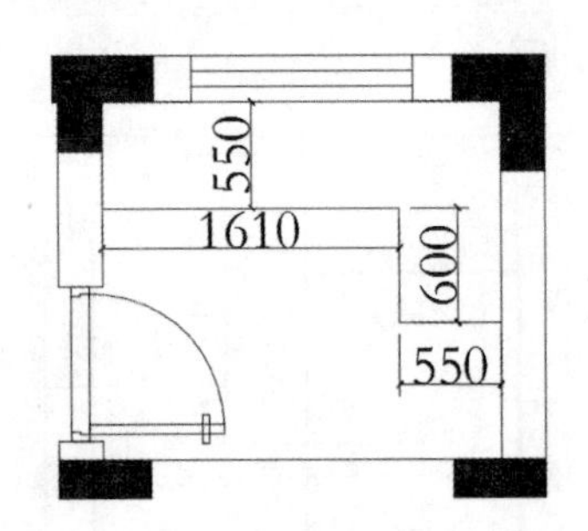

图 10-49　绘制橱柜台面线

步骤 2 厨房插入素材图块。按 Ctrl+O 组合键，打开配套资源中的“素材\Ch10\室内洁具 .dwg”文件，将其中的燃气灶、洗菜池、冰箱等图块复制粘贴至当前图形中，结果如图 10-50 所示。

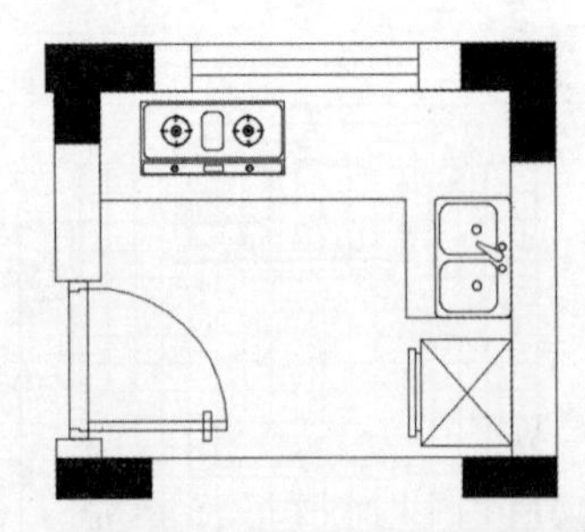

图 10-50　厨房插入素材图块

步骤 3 餐厅插入素材图块。按 Ctrl+O 组合键，打开配套资源中的“素材\Ch10\室内洁具 .dwg”文件，将其中的图块复制粘贴至当前图形中，结果如图 10-51 所示。

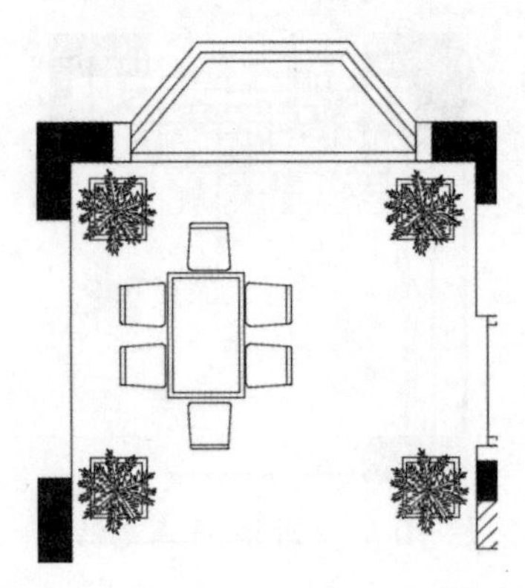

图 10-51　餐厅插入素材图块

步骤 4 根据上述绘制步骤和方法，绘制完成了室内各功能区域的平面布置图，结果如图 10-52 所示。

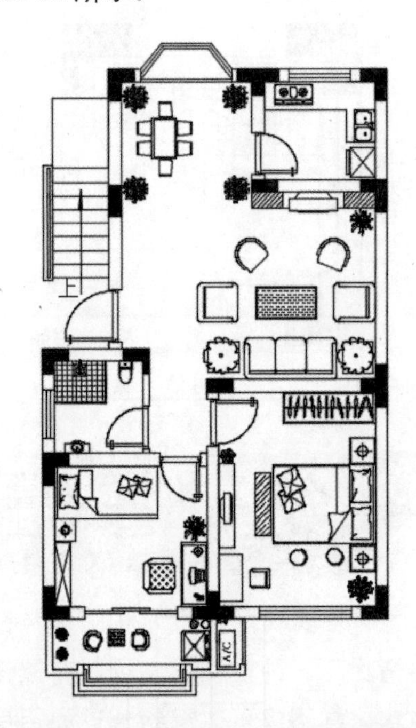

图 10-52　室内平面图绘制结果

10.4.6 平面图文字与尺寸标注的添加

平面图绘制完成后需要添加尺寸标注，

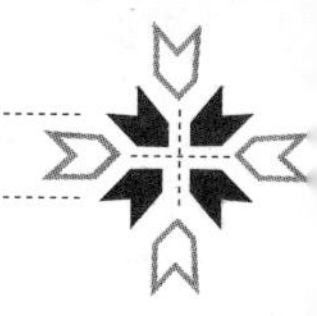

表明房屋的开间、进深，有助于识图和施工；文字标注可以直接表明房屋各区域的功能，为图纸作进一步的说明。

文字标注和尺寸标注的具体操作步骤如下。

步骤 1 添加文字标注。调用 T(文字) 命令，在弹出的文字编辑框中输入相应文字，如图 10-53 所示。

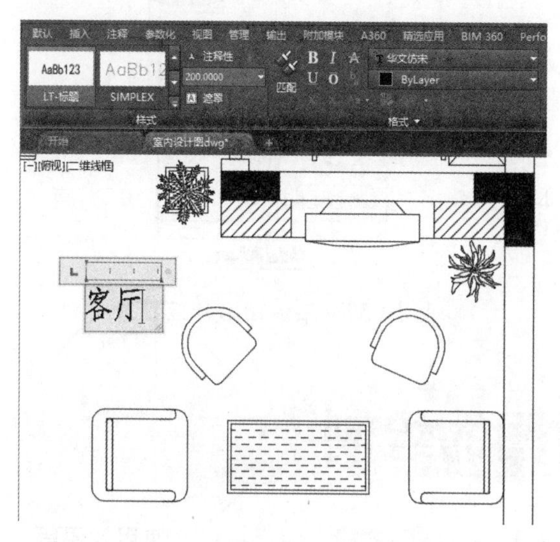

图 10-53　输入文字

步骤 2 在弹出的文字编辑框中输入相应的文字之后，将鼠标箭头移至文字编辑框外单击，即可完成添加文字标注的操作，结果如图 10-54 所示。

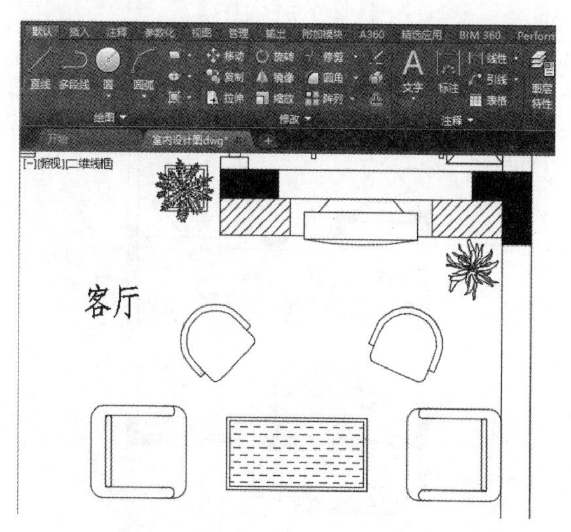

图 10-54　文字标注结果

步骤 3 重复上述方法进行操作，编辑其他区域的文字标注，结果如图 10-55 所示。

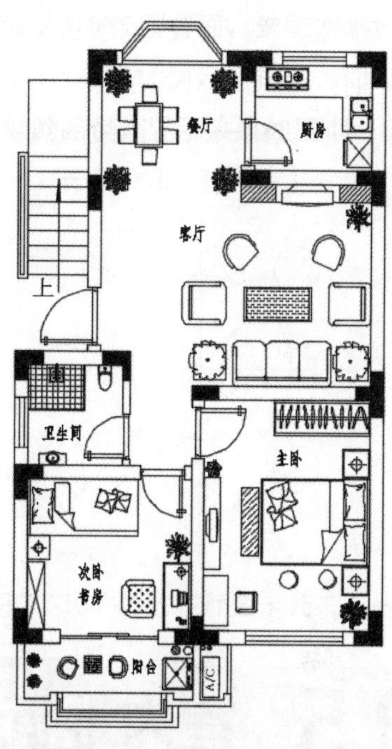

图 10-55　添加文字标注结果

步骤 4 添加房屋开间、进深尺寸标注。调用 DLI(线性标注) 命令，在平面布置图中添加尺寸标注，结果如图 10-56 所示。

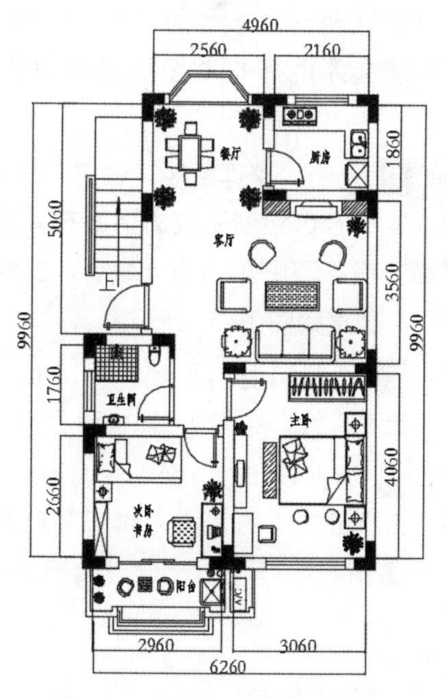

图 10-56　添加尺寸标注结果

步骤 5 添加图名标注。调用T(文字)命令，在绘图区域指定文字的输入范围，并在弹出的文字编辑框中输入相应的图名标注文字；调用L(直线)命令，在文字标注下面绘制图名双线，并将其中一条下画线的线宽设置为0.4mm。绘制结果如图10-57所示。

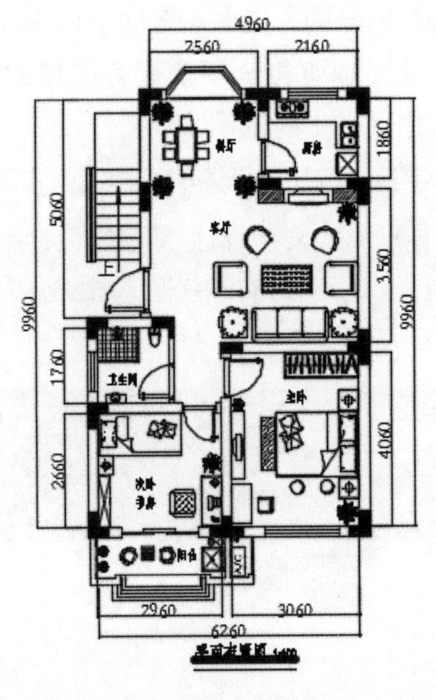

图 10-57　添加图名标注结果

10.5 室内地面布置图的绘制

地面布置图可以表明室内各功能区域地面制作的铺贴方式、使用材料、使用效果等，是室内设计图纸中不可或缺的一项。在本例中，地面布置所用到的材料有木地板、大理石、瓷砖等。

绘制室内地面布置图的具体操作步骤如下。

步骤 1 复制、整理图形。调用CO(复制)命令，复制一份绘制完成的平面布置图至工作界面一侧；调用E(删除)命令，删除多余的图形。结果如图10-58所示。

步骤 2 绘制门洞门槛线。调用L(直线)命令，绘制直线，结果如图10-59所示。

步骤 3 调用H(填充)命令→调用T(设置)命令，在弹出的【图案填充和渐变色】对话框中设置图案的颜色和比例，如图10-60所示。

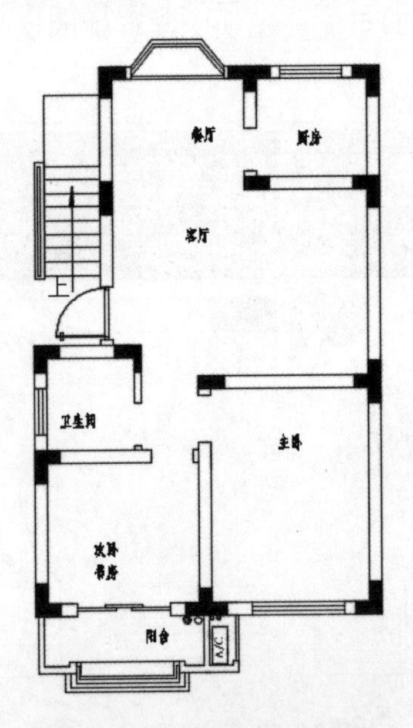

图 10-58　整理图形结果

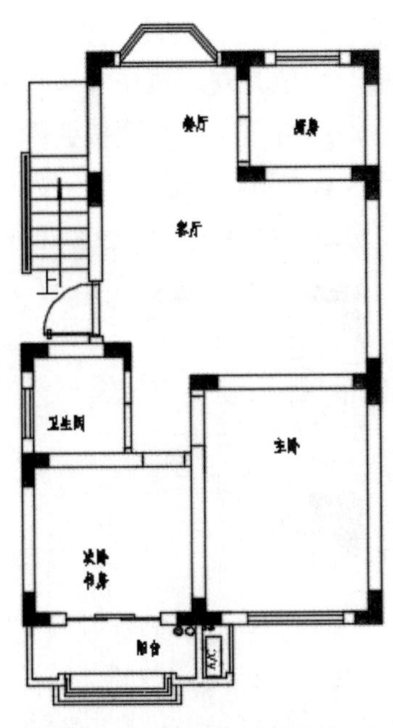

图 10-59　绘制门洞门槛线

图 10-60　【图案填充和渐变色】对话框

步骤 4 填充客厅、餐厅地面图案。在弹出的【图案填充和渐变色】对话框中【边界】功能区单击【添加：拾取点】选项按钮，在平面图客厅、餐厅区域点取添加拾取点，按 Enter 键即可完成图案填充操作，结果如图 10-61 所示。

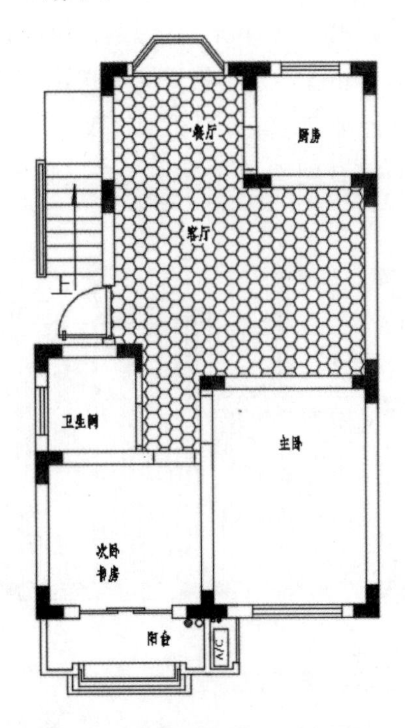

图 10-61　填充客厅、餐厅地面

步骤 5 调用 H(填充)命令→调用 T(设置)命令，在弹出的【图案填充和渐变色】对话框中设置图案的相关参数，如图 10-62 所示。

图 10-62　设置填充参数

步骤 6 填充主卧、次卧和书房图案。在弹出的【图案填充和渐变色】对话框中【边界】功能区单击【添加：拾取点】选项按钮，在平面图卧室区域点取添加拾取点，按 Enter 键即可完成图案填充操作，结果如图 10-63 所示。

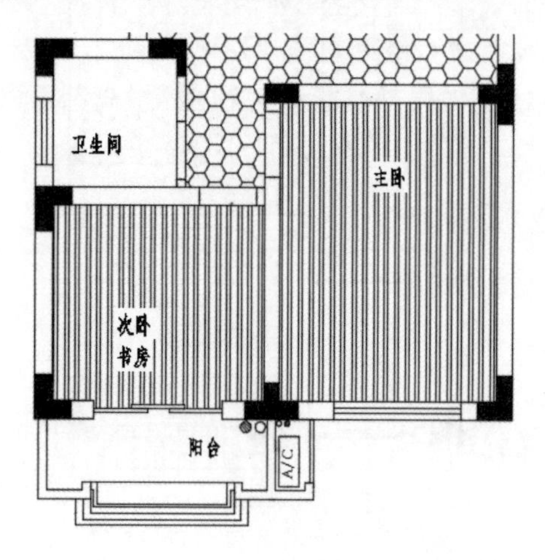

图 10-63 填充卧室和书房地面

步骤 7 调用 H(填充)命令→调用 T(设置)命令，在弹出的【图案填充和渐变色】对话框中设置图案的相关参数，如图 10-64 所示。

图 10-64 设置填充参数

步骤 8 填充卫生间地面图案。在弹出的【图案填充和渐变色】对话框中【边界】功能区单击【添加：拾取点】选项按钮，在平面图卫生间区域点取添加拾取点，按 Enter 键即可完成图案填充操作，结果如图 10-65 所示。

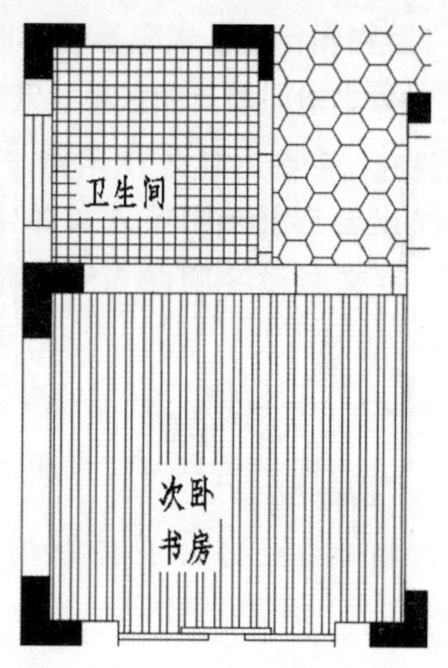

图 10-65 填充卫生间地面

步骤 9 调用 H(填充)命令→调用 T(设置)命令，在弹出的【图案填充和渐变色】对话框中设置图案的相关参数，如图 10-66 所示。

图 10-66 设置填充参数

步骤 10　填充厨房地面图案。在弹出的【图案填充和渐变色】对话框中【边界】功能区单击【添加：拾取点】选项按钮，在平面图厨房区域点取添加拾取点，按 Enter 键即可完成图案填充操作，结果如图 10-67 所示。

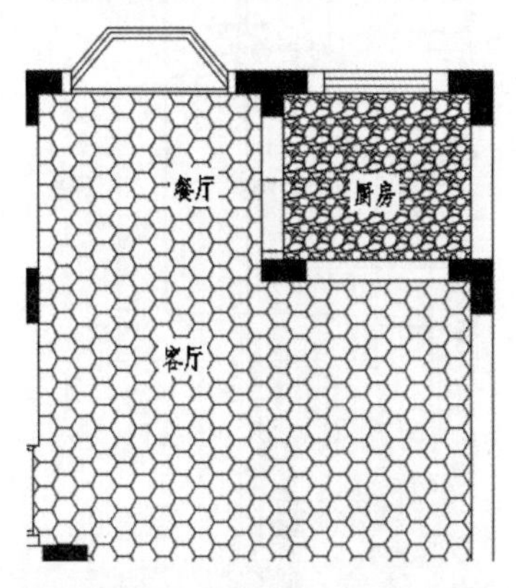

图 10-67　填充厨房地面

步骤 11　调用 H(填充) 命令→调用 T(设置) 命令，在弹出的【图案填充和渐变色】对话框中设置图案的相关参数，如图 10-68 所示。

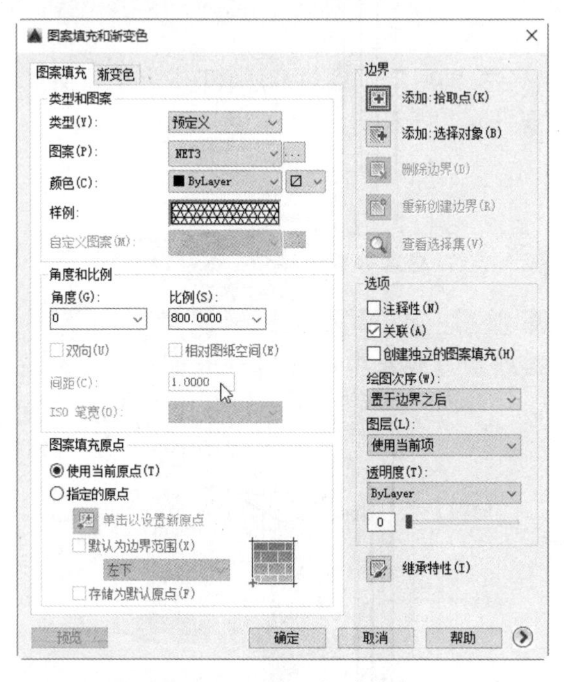

图 10-68　设置相关参数

步骤 12　填充阳台地面图案。在弹出的【图案填充和渐变色】对话框中【边界】功能区单击【添加：拾取点】选项按钮，在平面图阳台区域点取添加拾取点，按 Enter 键即可完成图案填充操作，结果如图 10-69 所示。

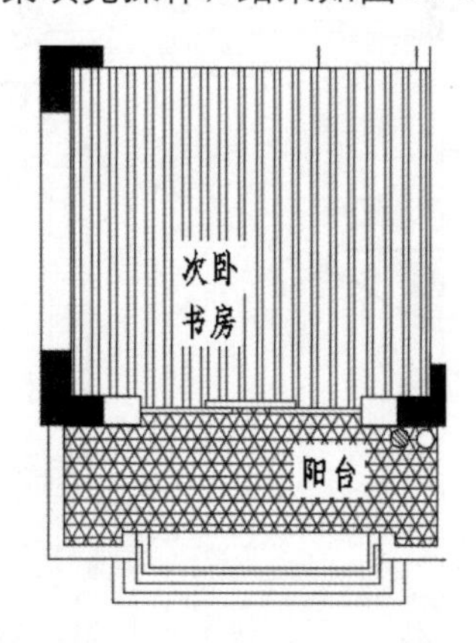

图 10-69　填充阳台地面

步骤 13　调用 H(填充) 命令→调用 T(设置) 命令，在弹出的【图案填充和渐变色】对话框中设置图案的相关参数，如图 10-70 所示。

图 10-70　设置填充参数

步骤 14　填充门洞门槛线地面图案。在弹出的【图案填充和渐变色】对话框中【边界】功能区单击【添加：拾取点】选项按钮，在平面图门洞门槛线区域点取添加拾取点，按 Enter 键即可完成图案填充操作，结果如图 10-71 所示。

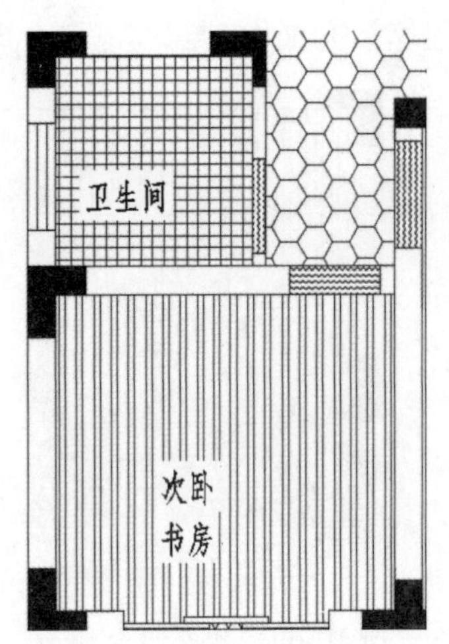

图 10-71　填充门洞门槛线地面

步骤 15 室内地面平面图绘制完成，如图 10-72 所示。

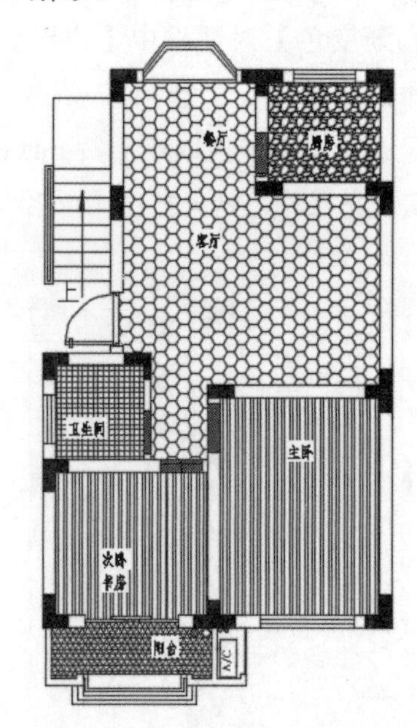

图 10-72　地面平面图绘制完成结果

步骤 16 添加地面平面图填充材料标注。调用 MLD(多重引线) 命令，在平面图绘图区域分别指定引线箭头、引线基线的位置，在弹出的在位文字编辑框中输入相应文字标注，然后将鼠标箭头移至在位文字编辑框外单击，即可完成添加文字标注的操作，结果如图 10-73 所示。

步骤 17 添加地面平面图尺寸标注、平面图图名标注。调用DLI(线性标注)、T(文字)、L(直线)命令，添加平面图尺寸标注和图名标注，结果如图 10-74 所示。

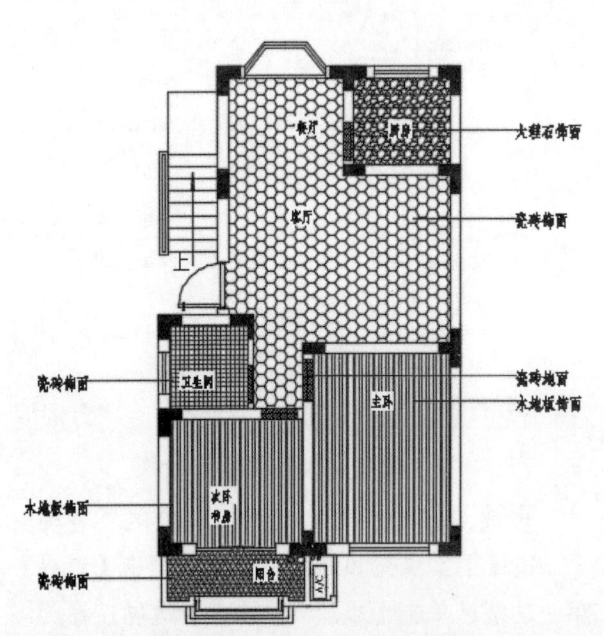

图 10-73　添加平面图材料标注

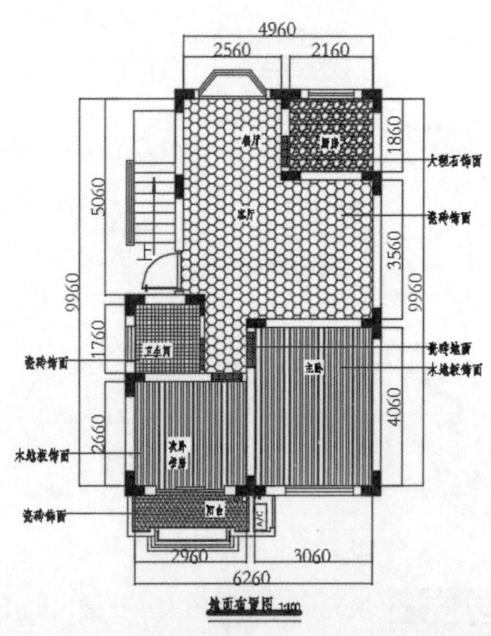

图 10-74　添加平面图尺寸标注和图名标注

10.6 大师解惑

小白：在 AutoCAD 标注样式中【使用全局比例】与【比例因子】有什么区别？

大师：当然有区别。设置【使用全局比例】不会改变图形实际大小，只是改变标注图形字体的大小；而设置【比例因子】则会改变标注图形的尺寸值，使标注尺寸与图形实际大小不一致。在绘图中比例设置很重要，一定要理解并掌握才不会在绘图时出错，从而快速准确地绘制图形。

小白：绘制室内平面图的大体思路是什么？

大师：绘制室内平面图，首先要根据室内原始结构图绘制出轴网和墙体，然后添加柱子和确定门窗洞口位置，再绘制室内平面布置图、地面布置图和顶棚布置图，最后添加尺寸标注和文字说明，至此就完成了室内平面图的具体绘制。

10.7 跟我学上机

练习 1：通过学习本章介绍的方法，绘制某建筑物原始结构图，如图 10-75 所示。

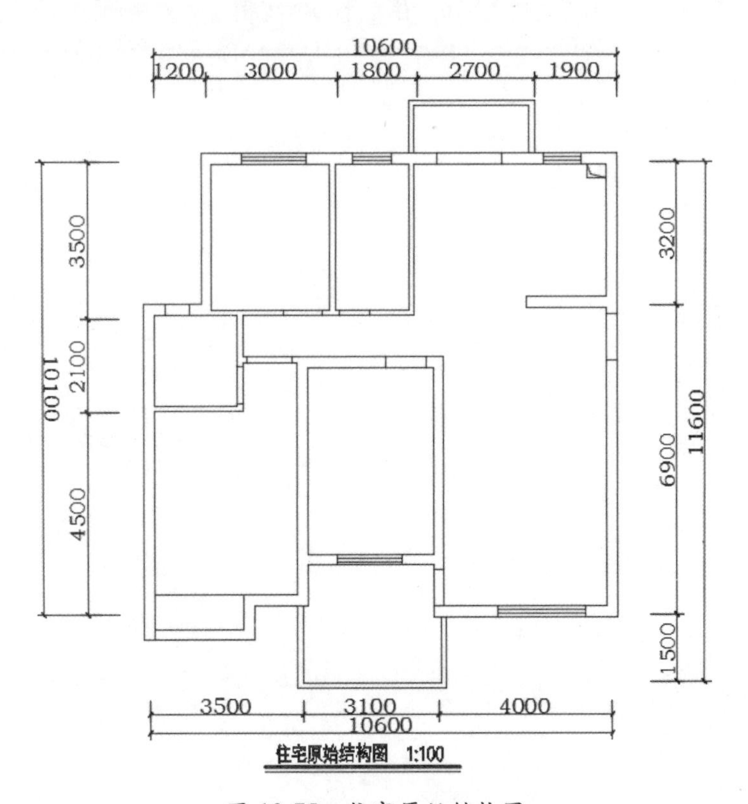

图 10-75 住宅原始结构图

练习 2：通过学习本章介绍的方法，绘制某住宅平面布置图，如图 10-76 所示。

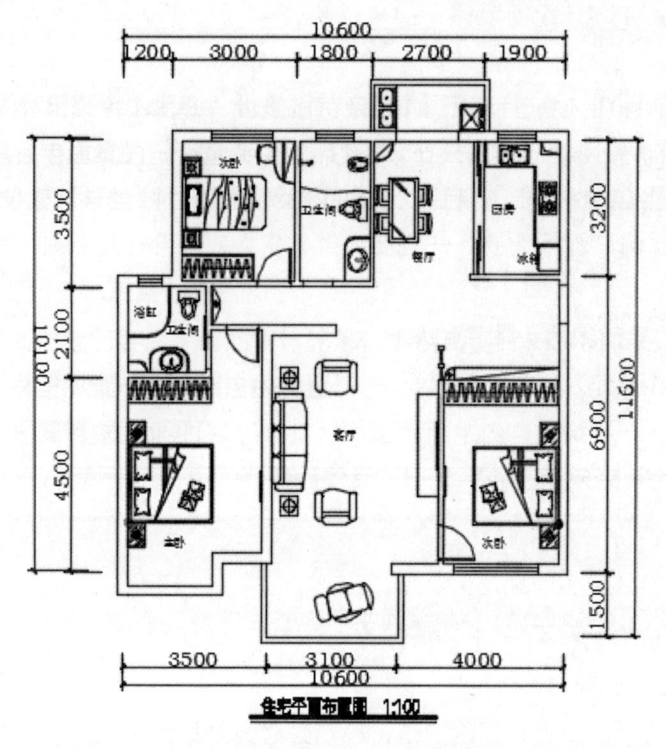

图 10-76 住宅平面布置图

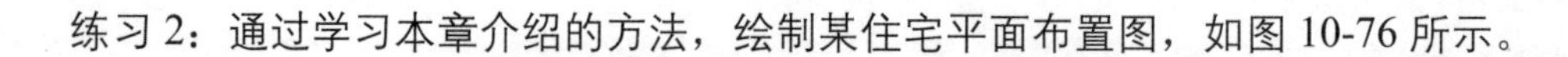

第11章 顶棚图的绘制

顶棚平面图的作用主要用以表明顶棚装饰的平面形式、尺寸、材料、灯具和其他各种室内顶部设施的位置和大小等。通常采用镜像投影法，即将地面视为镜面，对镜中顶棚的形象做正投影而成的平面图，是室内设计施工图的主要图样之一。

本章主要介绍室内顶棚图的相关知识，然后通过具体实例讲解顶棚平面图的绘制方法和操作步骤。

- **本章学习目标（已掌握的在方框中打钩）**

  □ 了解室内顶棚平面图的绘制、读图识读等基本知识。

  □ 熟悉顶棚设计的方法和内容。

  □ 了解顶棚平面图的相关施工工艺和技术。

  □ 掌握顶棚平面图的绘制流程和方法。

- **重点案例效果**

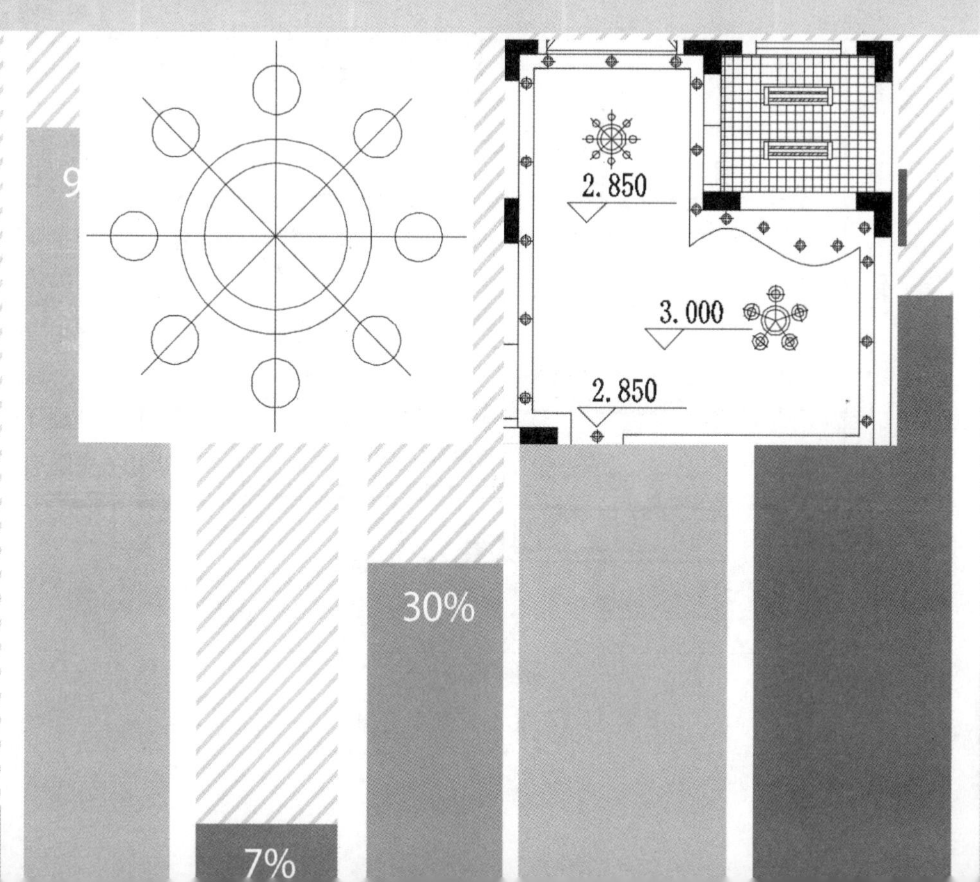

11.1 住宅顶棚平面图的形成方法

顶棚平面图也称天花平面图，是根据室内空间、居室装饰风格等进行设计，一般有两种形成方法：一是假想房屋水平剖开后，移去下面部分向上作正投影而成；二是采用镜像投影法，即将地面视为镜面，对镜中顶棚的形象作正投影而成。通常情况下，设计人员更倾向于后一种绘制方法。本例中的住宅顶棚平面图也同样是采用镜像投影法绘制的。

11.1.1 住宅顶棚图的绘制方法

顶棚图需要在平面布置图的基础上绘制，其具体的绘制方法如下。

☆ 将绘制完成的平面布置图上的室内家具、门等图形删除，保留固定的如衣柜、书柜等家具。

☆ 在门洞口处绘制门口线，用以划分各功能区的吊顶区域，在其区域内绘制顶面装饰材料、顶面造型图案等。

☆ 绘制各功能区域的灯具图案。

☆ 标注材料、标注尺寸及标高、标注图名及绘图比例，即可完成室内顶棚布置图的绘制。

如图 11-1 所示为绘制完成的室内顶棚布置图。

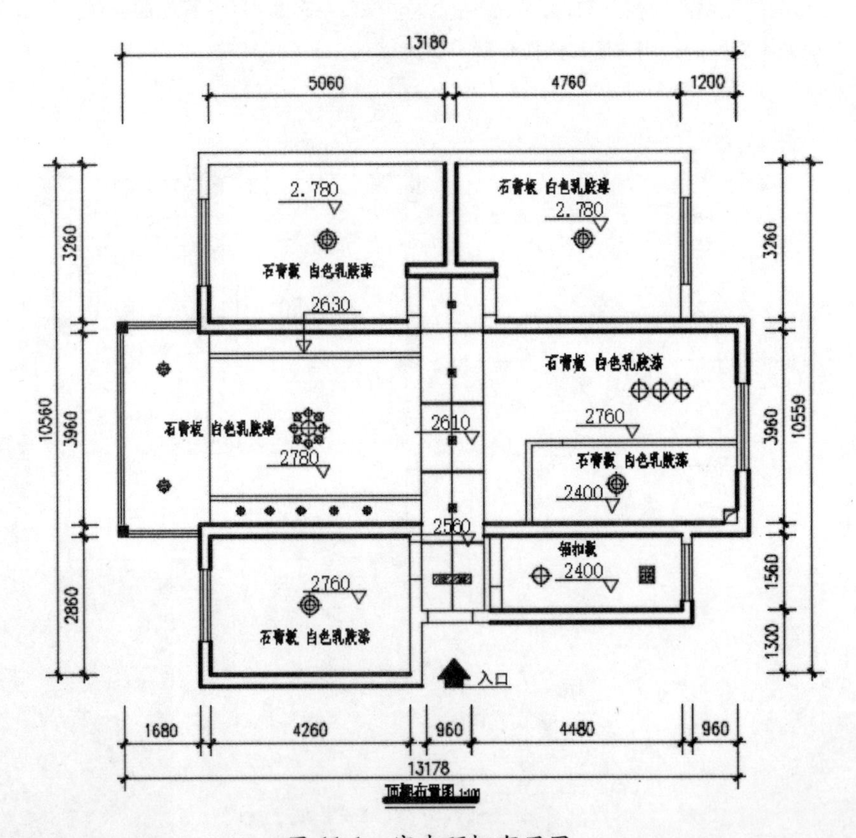

图 11-1 室内顶棚布置图

11.1.2 室内顶棚图的图示内容简介

室内顶棚图的内容较多，其内容如下。

☆ 室内顶棚装饰造型的平面形式和尺寸，标注文字说明其所用材料、色彩及工艺要求。
☆ 室内顶棚平面图一般不图示门扇及其开启方向线，只绘制门边线即可。
☆ 标注灯具的种类、式样、规格、数量、布置形式及安装位置。小型灯具按比例用一个细实线圆表示，大型灯具可按比例画出它的正投影外形轮廓，力求简明概括，并标注文字说明。
☆ 标注空调风口、顶部消防、音响设备等设施的布置形式与安装位置。
☆ 标注墙体顶部有关装饰配件，如窗帘盒、窗帘等的形式、尺寸与位置。
☆ 顶棚剖面构造详图的剖切位置及剖面构造详图的所在位置。
☆ 标注室内顶棚完成面的标高，一般以每层楼地面作为 ±0.000 基准标高进行室内顶棚装饰面标高标注。
☆ 标注平面图开间、进深、总长、总宽等尺寸。
☆ 标注索引符号、材料说明、图名及绘图比例等。

提示

住宅顶棚布置图常用 1 ： 100 的比例来绘制。在顶棚平面图中剖切到的墙柱用粗实线，未剖切到的但是能够看到的顶棚造型、灯具等用细实线来表示。

11.2 住宅顶棚平面图的绘制

室内住宅顶棚平面图的设计主要包括绘制平面轮廓、绘制吊顶、绘制灯具、添加灯具、添加相关标注和材料文字说明等。下面主要介绍以上室内顶棚布置的相关内容和其绘制方法。

11.2.1 绘制顶棚平面轮廓

绘制顶棚平面轮廓，主要包括设置绘图环境和完善顶棚平面轮廓，其具体介绍如下。

在 AutoCAD 2016 主窗口中打开配套光盘中的“住宅室内平面布置图 .dwg”之后，单击图标按钮→【另存为】菜单命令，即可弹出【图形另存为】对话框。在其中将文件另外命名为“住宅室内顶棚平面图 .dwg”之后，单击【保存】按钮，即可完成新图形的建立。

打开上述新建图形，将平面图上多余的家具、门、盆栽、尺寸标注等图形删除，以免影响顶棚装饰造型的表现效果，且绘制门洞边线，结果如图 11-2 所示。

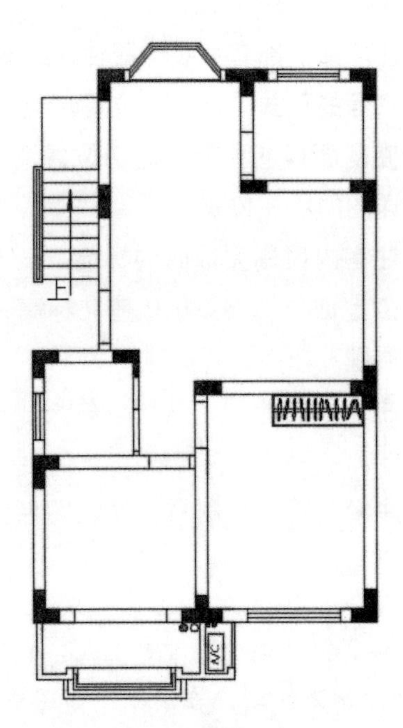

图 11-2 新建的平面图

11.2.2 绘制室内吊顶

在日常生活中，室内吊顶可以丰富顶面造型、增强视觉感染力、防止水气浸润和油烟散乱，对原建筑起到保护的作用。

在本例中，进行吊顶设计的部分共 3 处：客厅、厨房、卫生间。其中，客厅吊顶的施工材料为石膏板，主要用于丰富室内光源层次，增强装饰效果；而厨房和卫生间的吊顶原料为铝扣板，主要是考虑到保护原建筑、便于清洁等因素。

绘制客厅、厨房和卫生间吊顶的具体操作步骤如下。

步骤 1 选择【格式】→【图层】菜单命令，在弹出的【图层特性管理器】对话框中新建一个名为【吊顶】的图层，并将其置为当前图层，如图 11-3 所示。

步骤 2 调用 H(填充) 命令，再在命令行中输入 T(设置) 命令，在弹出的【图案填充和渐变色】对话框中设置填充图案参数，如图 11-4 所示。

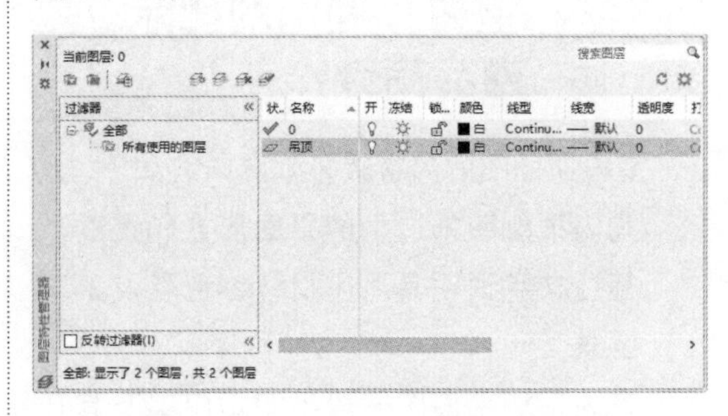

图 11-3 新建【吊顶】图层

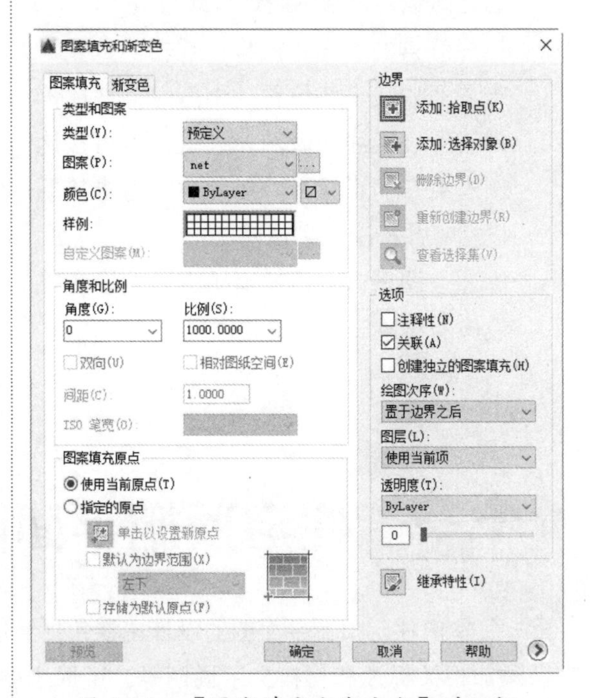

图 11-4 【图案填充和渐变色】对话框

步骤 3 在弹出的【图案填充和渐变色】对话框中，单击【边界】功能区中的【添加：拾取点】按钮，在绘图区域选择厨房和卫生间平面后点取添加拾取点，按 Enter 键即可完成图案填充操作，结果如图 11-5 所示。

步骤 4 调用 L(直线) 命令，绘制直线；调用 O(偏移) 命令，偏移墙线。结果如图 11-6 所示。

步骤 5 调用 SPL(样条曲线) 命令，绘制曲线，如图 11-7 所示。

步骤 6 调用 TR(修剪) 命令，修剪和删除多余的线条，结果如图 11-8 所示。

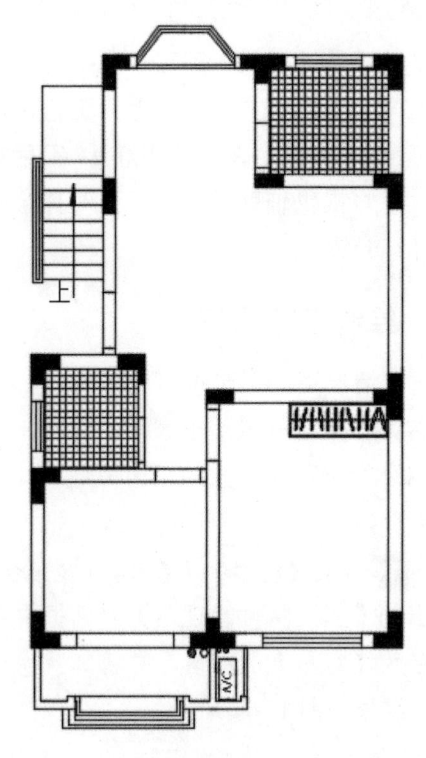

图 11-5　绘制厨房和卫生间吊顶

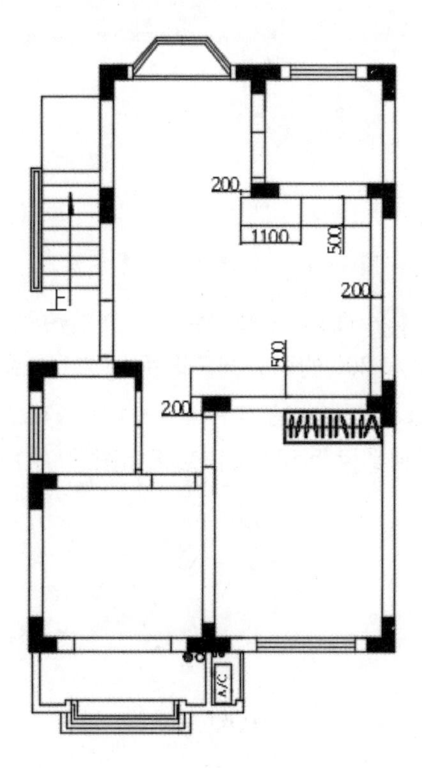

图 11-6　绘制墙线和偏移直线

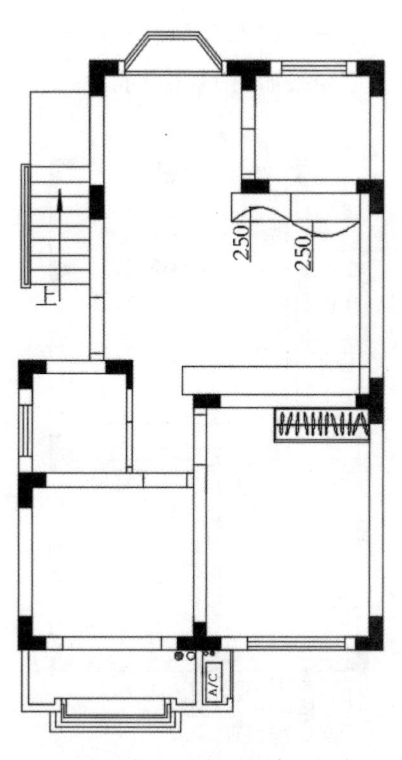

图 11-7　绘制样条曲线

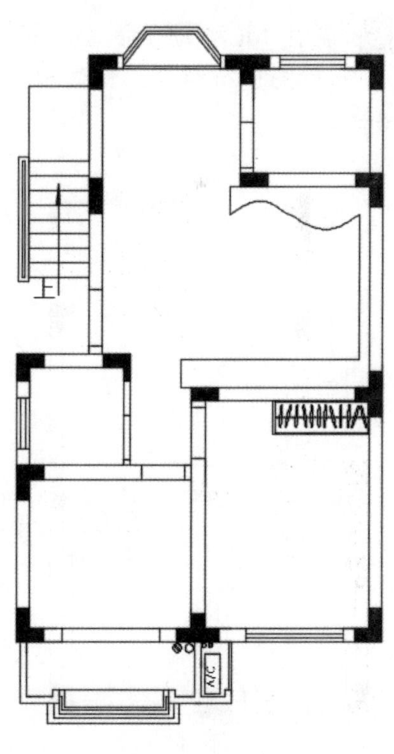

图 11-8　绘制石膏板客厅吊顶

步骤 7 沿用上述操作步骤，继续绘制餐厅和卧室的吊顶。餐厅和卧室吊顶采用石膏板，其显示结果如图 11-9 所示。

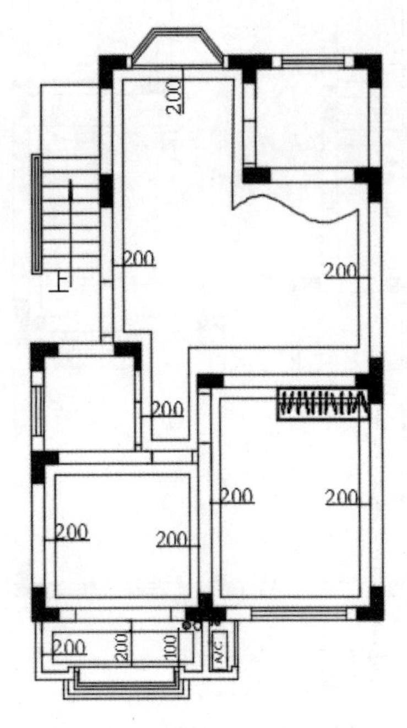

图 11-9　室内石膏板吊顶

步骤 8 调用 M(移动) 命令，把各功能区吊顶布置图进行组合，其显示结果如图 11-10 所示。

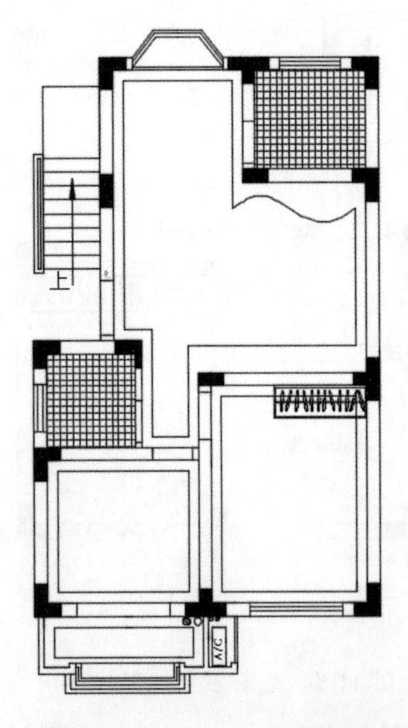

图 11-10　室内吊顶平面图

11.2.3 绘制室内灯具

由于灯具的材质、工艺各有不同，因此绘制起来也略有差异。一般是用工艺吊灯、吸顶灯、格栅灯作为主要照明灯具，而射灯、筒灯、壁灯提供辅助照明。下面对其绘制方法做详细介绍。

1. 绘制工艺吊灯

通常情况下，工艺吊灯美观大方，主要起到装饰作用，一般用于客厅、餐厅。本例中采用了两种不同形式的工艺吊灯，其具体绘制步骤如下。

步骤 1 选择【格式】→【图层】菜单命令，在弹出的【图层特性管理器】对话框中新建一个名为【灯具】的图层，并将其置为当前图层，结果如图 11-11 所示。

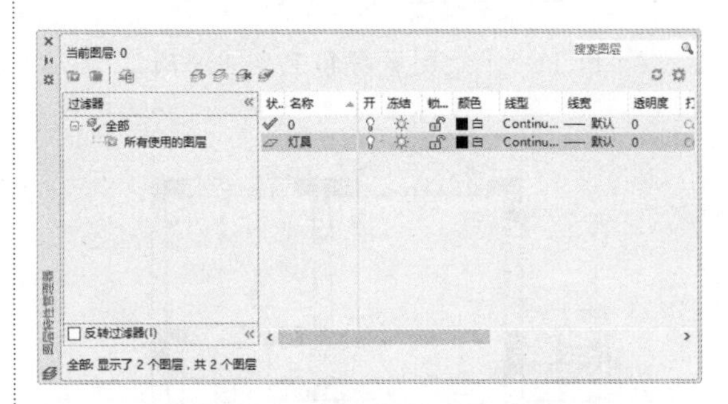

图 11-11　新建【灯具】图层

步骤 2 调用 C(圆) 命令，分别绘制半径为 150 和 200 的同心圆；调用 L(直线) 命令，绘制长度为 400 的水平直线；调用 C(圆) 命令，绘制半径为 50 的圆。结果如图 11-12 所示。

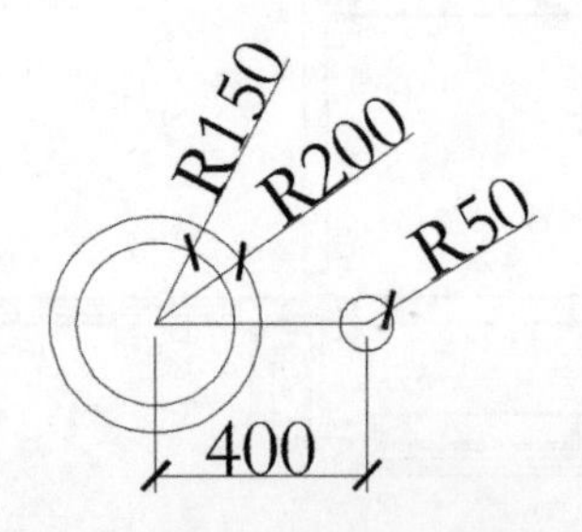

图 11-12　绘制圆和直线

步骤 3 调用 M(移动) 命令，将半径为 50 的圆向左移动 100，结果如图 11-13 所示。

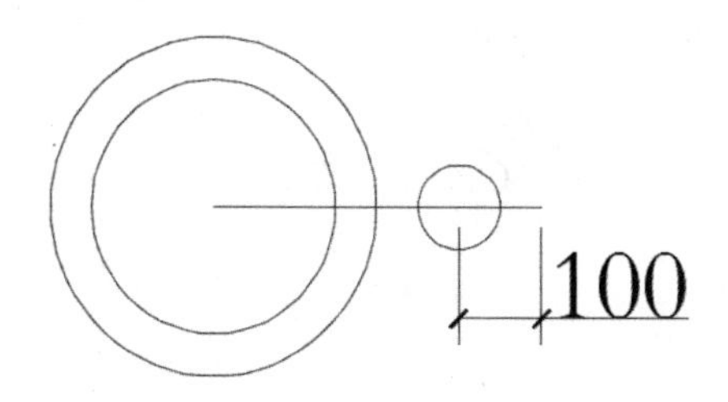

图 11-13　移动圆形

步骤 4 调用 L(直线) 命令，将鼠标指针移动到同心圆圆心处，圆心坐标值显示 X 值为 947679.5、Y 值为 143856.5，如图 11-14 所示。

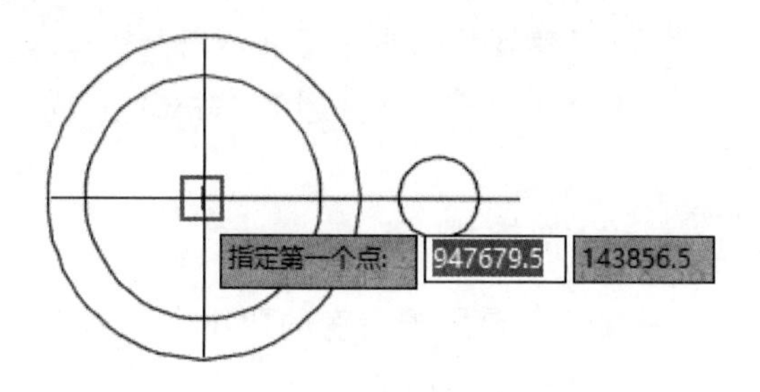

图 11-14　显示圆心坐标值

步骤 5 在命令行中直接输入 ARRAYCLASSIC 命令并按 Enter 键，即可弹出【阵列】对话框，切换到【环形阵列】选项界面，并在【中心点】处输入上述步骤中的坐标值 X 和 Y，【项目总数】设置为 8，【填充角度】设置为 360，如图 11-15 所示。

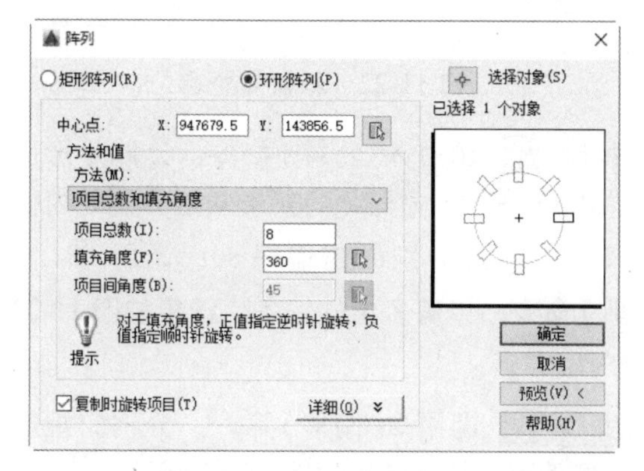

图 11-15　【阵列】对话框

步骤 6 在【阵列】对话框中单击【选择对象】选项按钮，即界面自动切换到 AutoCAD 2016 绘图界面，选择水平线和半径为 50 的圆，单击【确定】按钮，即可完成该工艺吊灯的绘制，显示效果如图 11-16 所示。

图 11-16　工艺吊灯显示效果 (一)

提示

如图 11-17 所示为本例中用到的另一种工艺吊灯，该图也是通过上述类似的方法绘制完成，这里就不再赘述，读者可尝试绘制。

图 11-17　工艺吊灯显示效果 (二)

2. 绘制吸顶灯、壁灯和筒灯

通常情况下，吸顶灯和壁灯的使用范围比较广泛。吸顶灯主要用于别墅入口、卧室和卫生间等；壁灯主要用于车库和楼梯；筒灯则主要用于走廊照明和室内装饰效果。绘制的具体操作步骤如下。

步骤 1 调用 REC(矩形) 命令，绘制尺寸为 325×330 的矩形；调用 C(圆) 命令，绘制半径为 150 的圆；调用 L(直线) 命令，绘制直线。结果如图 11-18 所示。

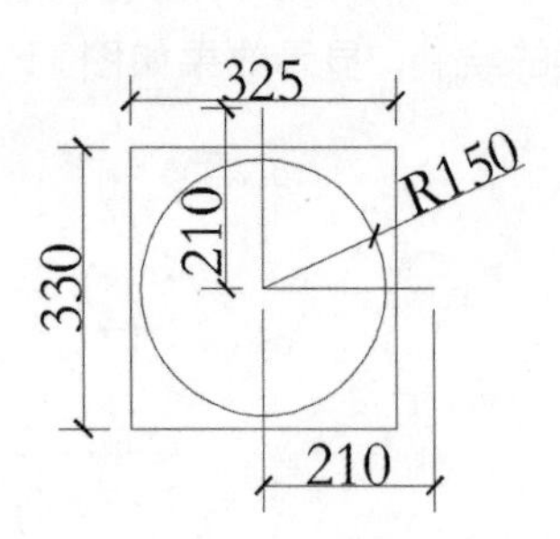

图 11-18　绘制吸顶灯轮廓

步骤 2 调用 MI(镜像) 命令，对直线执行镜像操作，即可完成该吸顶灯的绘制，显示效果如图 11-19 所示。

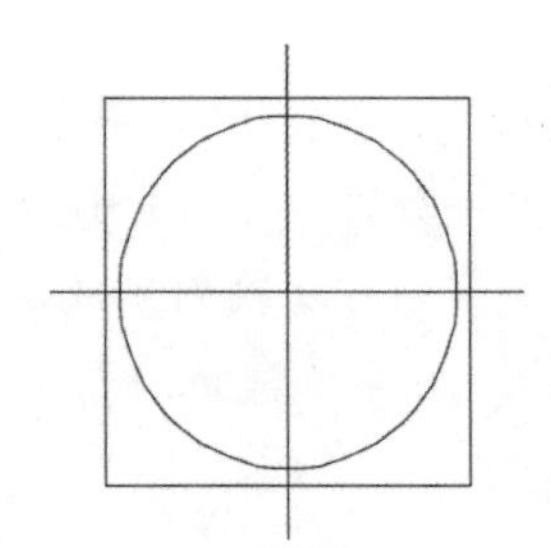

图 11-19　吸顶灯显示效果

步骤 3 调用 REC(矩形) 命令，绘制尺寸为 150×300 的矩形；调用 L(直线) 命令，绘制该矩形的对角线，即可完成该壁灯的绘制。显示效果如图 11-20 所示。

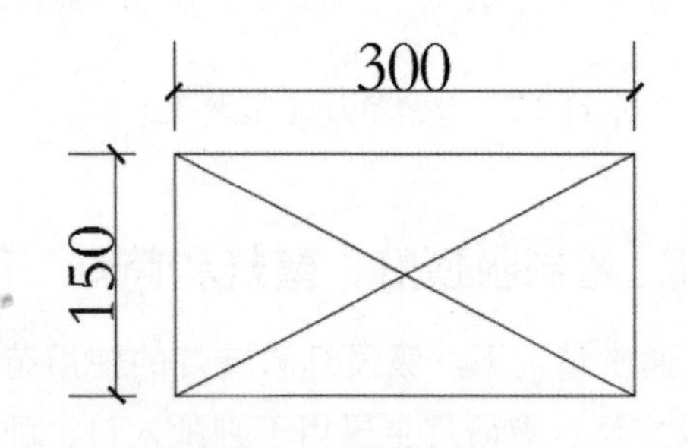

图 11-20　壁灯显示效果

步骤 4 调用 C(圆) 命令，分别绘制半径为 68 和 45 的同心圆；调用 L(直线) 命令，绘制直线；调用 MI(镜像) 命令，对直线执行镜像操作，即可完成该筒灯的绘制。显示效果如图 11-21 所示。

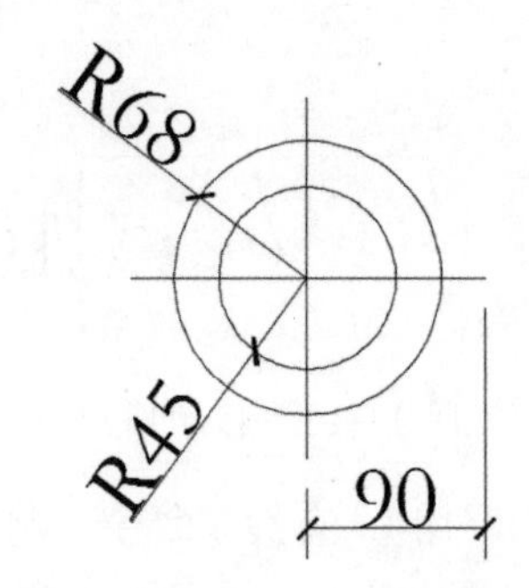

图 11-21　筒灯显示效果

> **提示**　由于使用位置的不同，即使同一种灯的尺寸也略有不同，可通过 SC(缩放) 命令将其调整至合适的位置。

3. 绘制格栅灯

格栅灯主要用于厨房的照明。绘制格栅灯的具体操作步骤如下。

步骤 1 绘制格栅灯的外轮廓。调用 REC(矩形) 命令，绘制尺寸为 1200×300 的矩形，结果如图 11-22 所示。

图 11-22　格栅灯轮廓

步骤 2 调用 X(分解) 命令，分解矩形；调用 O(偏移) 命令，将矩形长边分别向内偏移 70，短边分别向内偏移 80；调用 TR(修剪) 命令，修剪多余的线条。结果如图 11-23 所示。

步骤 3 调用 O(偏移) 命令，分别向矩形内侧偏移直线，结果如图 11-24 所示。

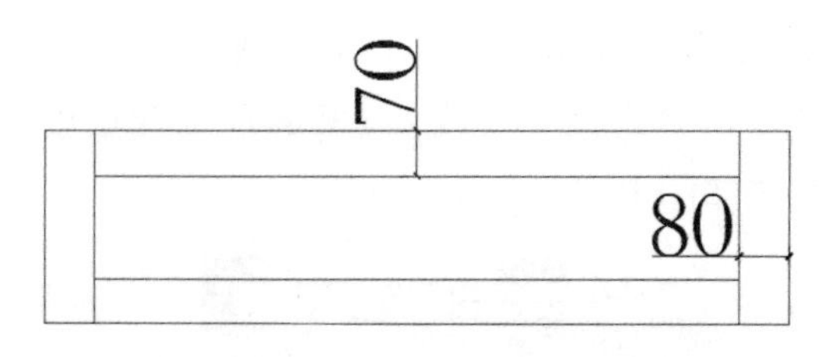

图 11-23　偏移矩形边

图 11-24　偏移直线

步骤 4 调用 H(填充) 命令，再在命令行中输入 T(设置) 命令，在弹出的【图案填充和渐变色】对话框中设置相关参数，结果如图 11-25 所示。

图 11-25　【图案填充和渐变色】对话框

步骤 5 在弹出的【图案填充和渐变色】对话框中，单击【边界】功能区中的【添加：拾取点】按钮，在绘图区选择填充区域点取添加拾取点，按 Enter 键即可完成图案填充操作，结果如图 11-26 所示。

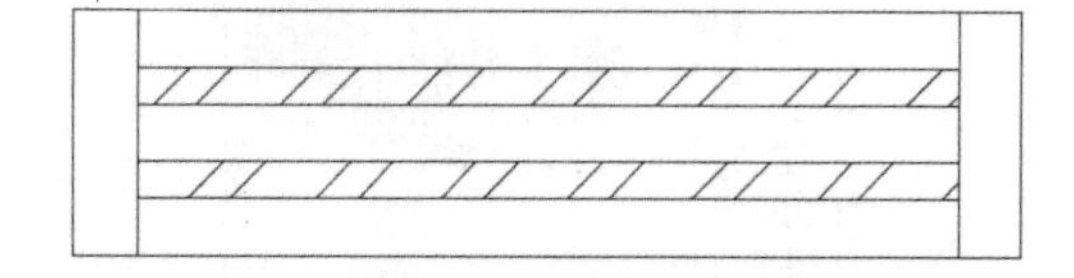

图 11-26　格栅灯显示效果

> **提示** 在完成灯具的绘制之后，为了提高绘图速度，可调用 B(块定义) 命令将其定义为图块，这样可以提高绘制效率。

11.2.4 绘制室内灯具布置图

因室内各空间功能区的使用功能不同，灯具的数目、尺寸、添加位置等也有所不同。因此，需要绘制一些定位辅助线，其具体操作步骤如下。

步骤 1 布置客厅灯具。调用 L(直线) 命令，绘制客厅对角线；调用 M(移动) 命令，将上述绘制完成的工艺吊灯置于对角线的中点。结果如图 11-27 所示。

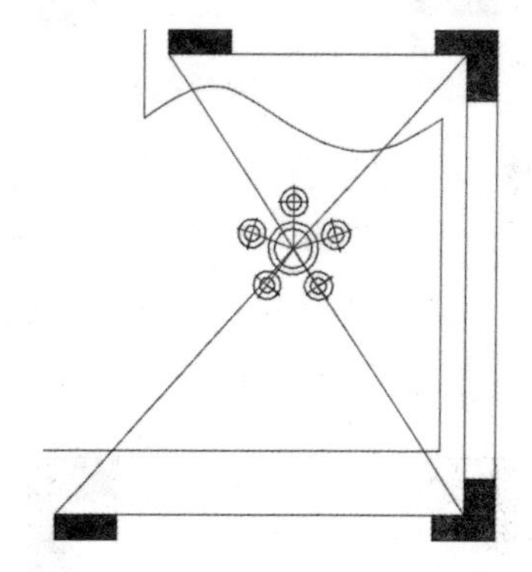

图 11-27　布置客厅工艺吊灯

步骤 2 沿用上述操作，依次在其他室内区域布置相应的灯具，结果如图 11-28 所示。

步骤 3 布置厨房灯具。调用 O(偏移) 命令，分别偏移厨房右侧墙线、厨房上下侧墙线，结果如图 11-29 所示。

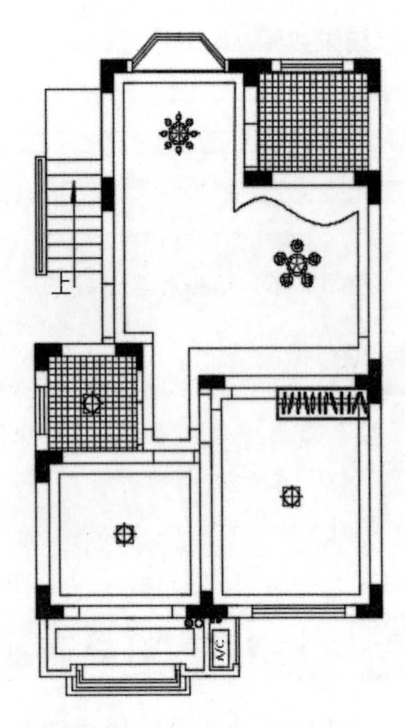

图 11-28 布置灯具结果

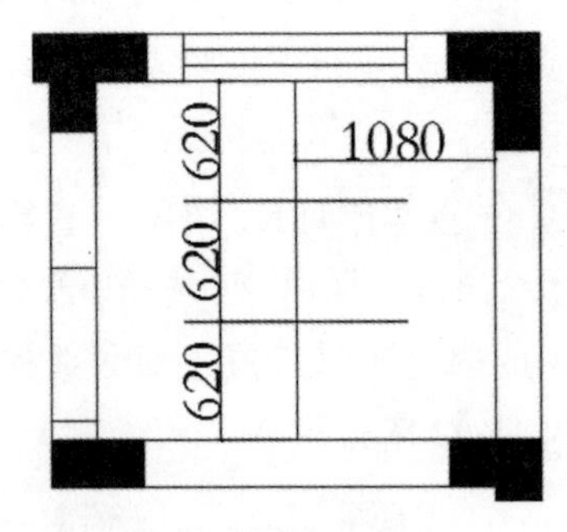

图 11-29 偏移墙线

步骤 4 调用 M(移动)命令，将绘制完成的铝扣板吊顶、格栅吊灯置于上述偏移直线的交点处；调用 TR(修剪)命令，修剪多余的线条。结果如图 11-30 所示。

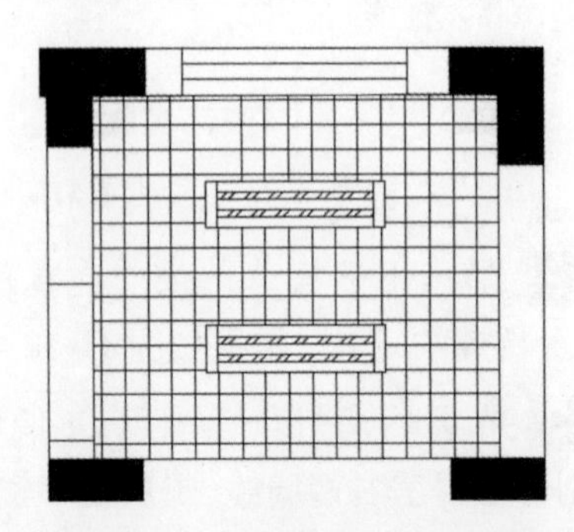
图 11-30 布置厨房格栅吊灯

步骤 5 布置石膏板筒灯。调用 O(偏移)命令，分别偏移直线 AB 和客厅上侧墙线，结果如图 11-31 所示。

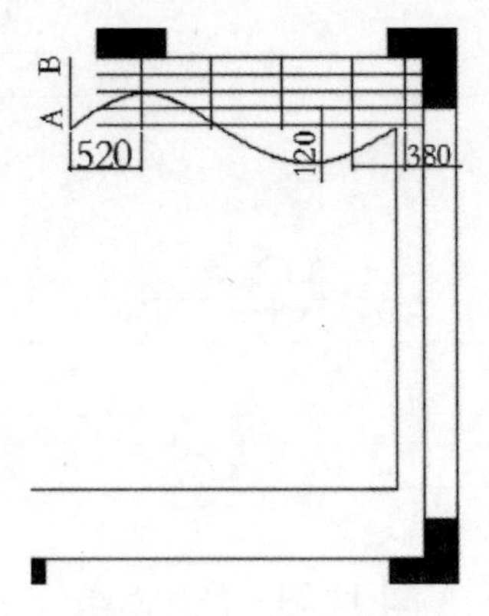

图 11-31 偏移直线

步骤 6 调用 M(移动)命令，将绘制完成的筒灯置于偏移直线交点处，结果如图 11-32 所示。

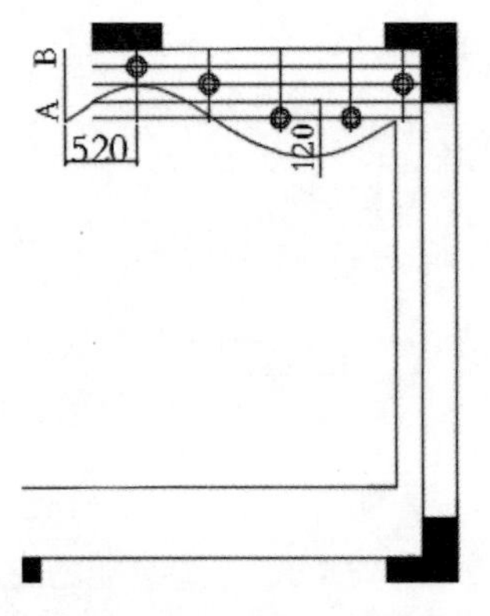

图 11-32 布置客厅筒灯

步骤 7 布置走廊筒灯。调用 O(偏移)命令，偏移直线 CD，结果如图 11-33 所示。

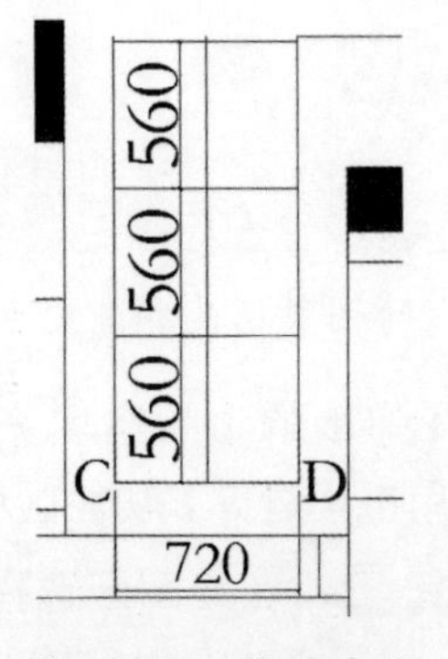

图 11-33 偏移直线

步骤 8 调用 M(移动)命令，将绘制完成的筒灯置于偏移直线交点处，结果如图 11-34 所示。

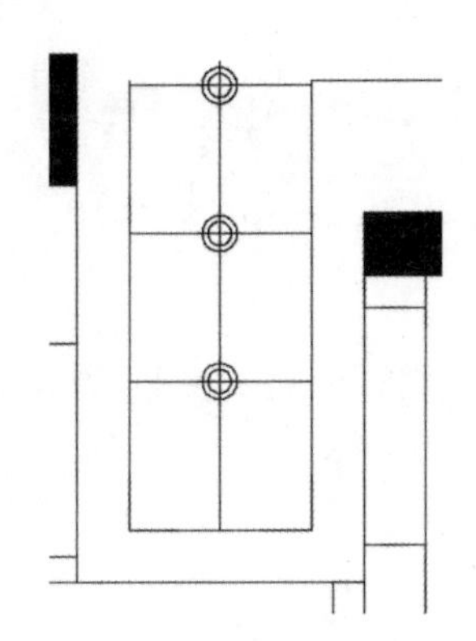

图 11-34　布置走廊筒灯

步骤 9 布置客厅筒灯。调用 L(直线)命令，绘制直线；调用 O(偏移)命令，偏移直线。结果如图 11-35 所示。

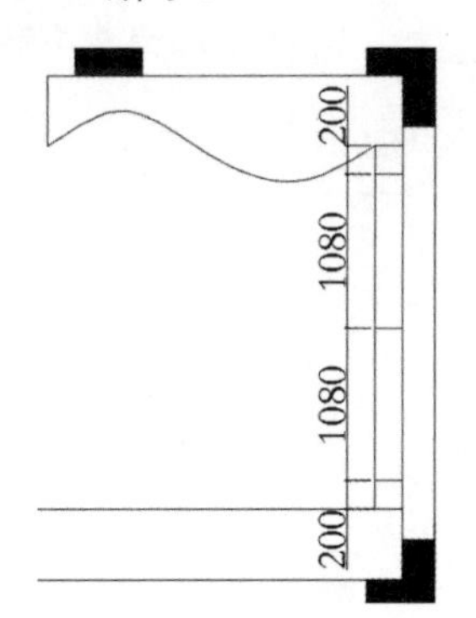

图 11-35　绘制和偏移直线

步骤 10 调用 M(移动)命令，将绘制完成的筒灯置于偏移直线中点处，结果如图 11-36 所示。

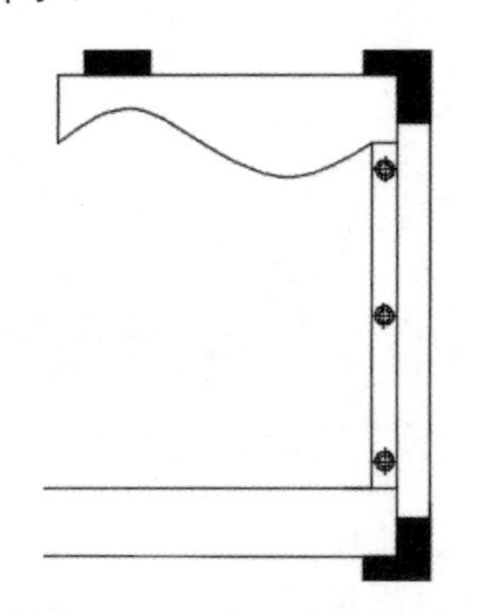

图 11-36　布置客厅筒灯

步骤 11 沿用上述操作，依次在其他室内区域布置相应的灯具，结果如图 11-37 所示。

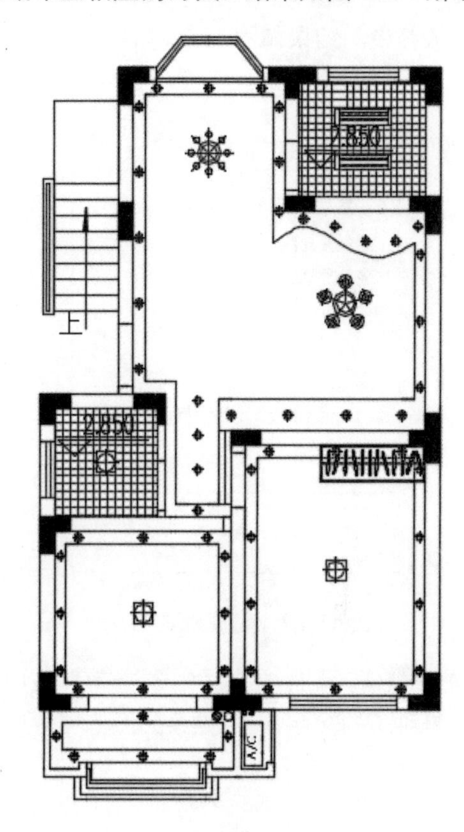

图 11-37　室内灯具布置图

步骤 12 绘制灯具图例表。调用 REC(矩形)命令，绘制尺寸为 3300×4680 的矩形；调用 X(分解)命令，分解矩形；调用 O(偏移)命令，分别偏移矩形长边和短边。结果如图 11-38 所示。

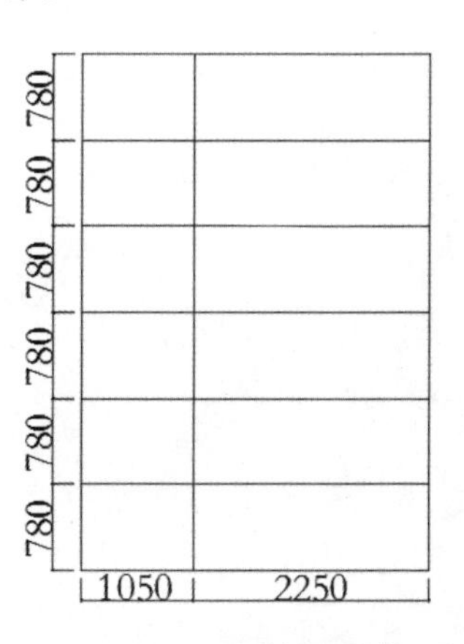

图 11-38　绘制图例表

步骤 13 插入灯具图案。调用 CO(复制) 命令，从上述顶面布置图中复制移动灯具图例至表格中，结果如图 11-39 所示。

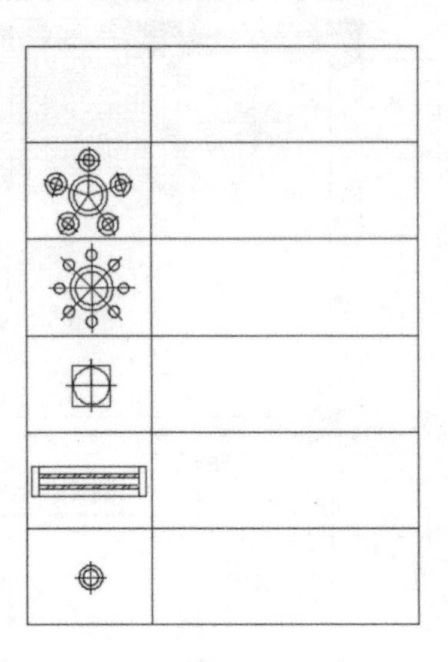

图 11-39 复制灯具图例

步骤 14 调用 T(文字) 命令，在表格中添加灯具种类的文字标注，结果如图 11-40 所示。

图例	名称
	工艺吊灯
	工艺吊灯
	吸顶灯
	格栅灯
	筒灯

图 11-40 添加文字标注

> **提示** 通常情况下，筒灯布置间距没有特别的规定，其布置需要根据室内情况，以及室内总长度来灵活地安排间距，筒灯的布置距离一般为 1～2m，间距布置过疏或过密可能会影响室内整体装修效果。

11.2.5 添加顶面标高和文字说明

顶面标高有助于了解室内净空高度，通过高度的差别，可以增加顶面装饰造型的美观。添加顶面标高和文字说明的具体操作步骤如下。

步骤 1 调用 I(插入) 命令，在弹出的【插入】对话框中，选择【标高】符号图块，结果如图 11-41 所示。

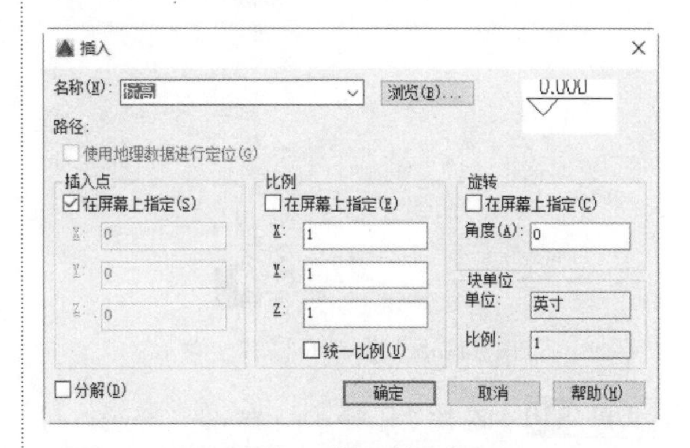

图 11-41 【插入】对话框

步骤 2 单击【确定】按钮。命令行提示如下：

```
命令: INSERT
指定插入点或 [基点(B)/比例(S)/X/Y/Z/旋转(R)]: s
指定 XYZ 轴的比例因子 <1>: 5    //在绘图区中单击标高的插入点，系统弹出【编辑属性】对话框
```

步骤 3 在【插入】对话框中单击【确定】按钮，即可弹出【编辑属性】对话框，在其中输入要添加的标高，结果如图 11-42 所示。

步骤 4 在【编辑属性】对话框中，单击【确定】按钮，即可在指定的绘图区域插入标高标注，

结果如图 11-43 所示。

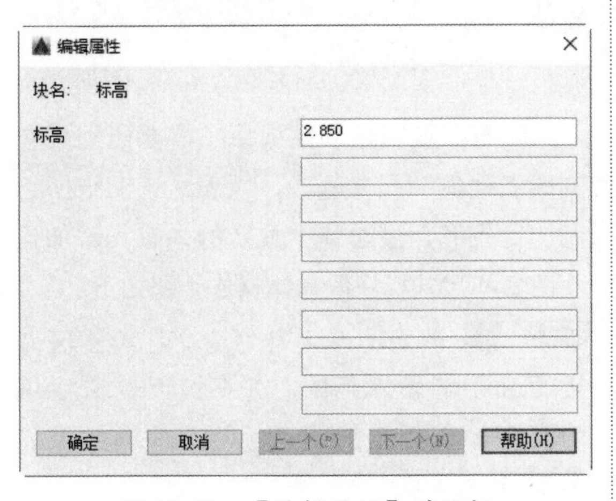

图 11-42　【编辑属性】对话框

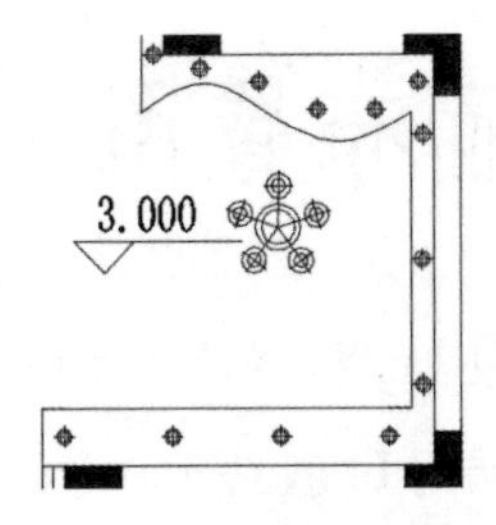

图 11-43　插入结果

步骤 5 沿用上述操作，添加客厅、餐厅吊顶标高标注，结果如图 11-44 所示。

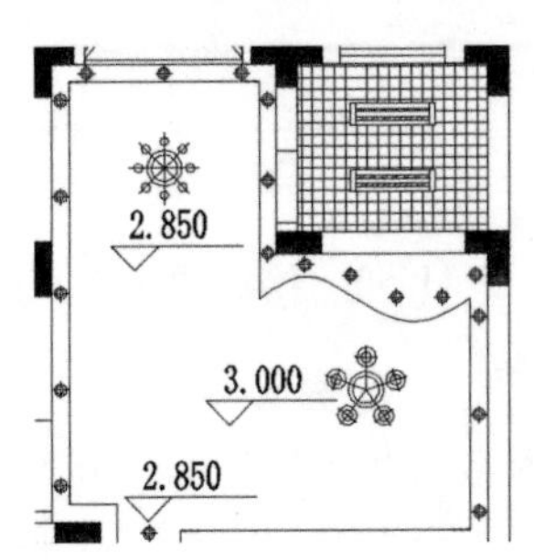

图 11-44　客厅、餐厅标高添加结果

> **提示**
>
> (1) 用户在图纸上添加顶面标高和文字说明时，需要先调用 B(块定义) 命令，对绘制完成的标高标注创建名为【标高】的块定义。
>
> (2) 图块是特殊的图形对象，其只对当前图纸起作用，即不能单独存在，必须附在 dwg 文件上。

步骤 6 调用 CO(复制) 命令，在室内各功能区需要插入标高标注的地方复制上述客厅/餐厅完成的任一标注，在双击标高标注后，打开【增强属性编辑器】对话框，结果如图 11-45 所示。

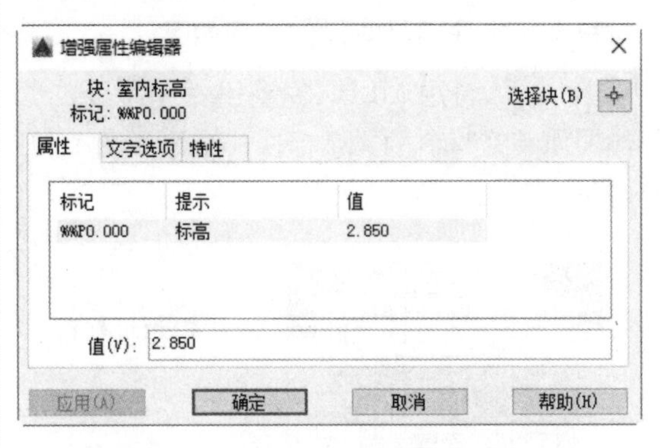

图 11-45　【增强属性编辑器】对话框

步骤 7 重复执行上述操作，完成室内各功能区域的标高标注，结果如图 11-46 所示。

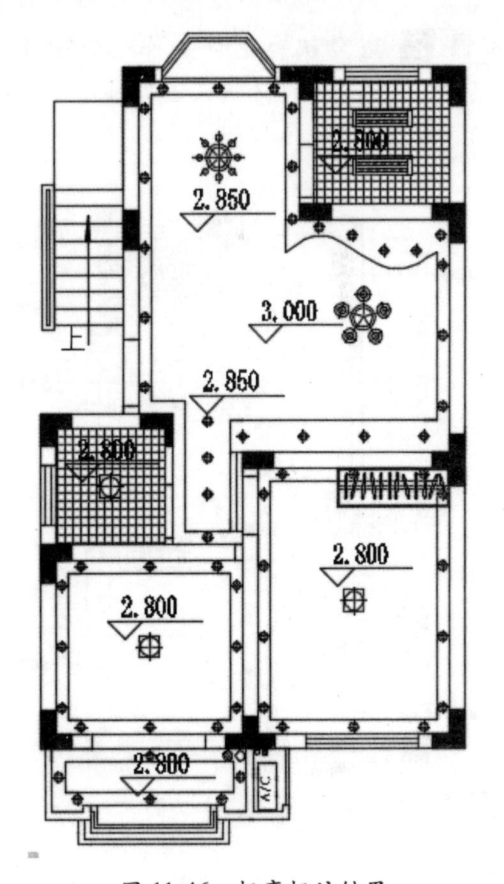

图 11-46　标高标注结果

11.2.6 添加顶面材料文字标注

顶面材料标注有助于了解造型材料的种类和名称，指导室内顶面的施工。添加顶面材料文字标注的具体操作步骤如下。

步骤 1 调用 MLD(多重引线) 命令，添加顶面装饰材料的文字标注，结果如图 11-47 所示。

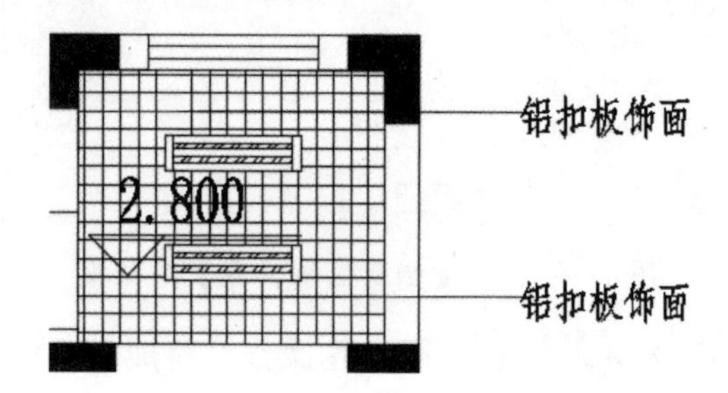

图 11-47 厨房添加标注结果

步骤 2 重复执行上述操作，添加其他各功能区域顶面的材料文字标注，结果如图 11-48 所示。

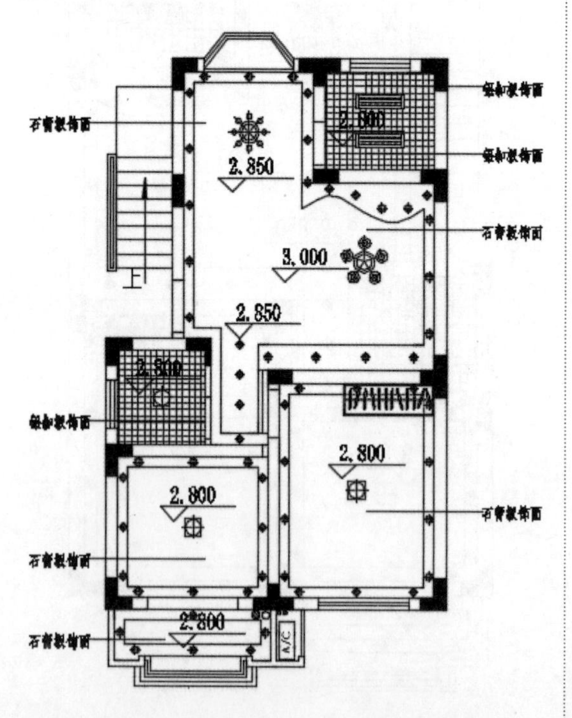

图 11-48 添加室内顶面材料标注结果

11.2.7 添加顶面图名和尺寸标注

顶面布置图绘制完成后，需要添加相应的图名比例和尺寸标注，以表达该图纸所绘制的比例和房屋总体上显示的内容。添加顶面图名和尺寸标注的具体操作步骤如下。

步骤 1 调用 T(文字) 命令，在绘图区域指定文字的输入范围，并在弹出的文字编辑框中输入相应的图名标注文字，结果如图 11-49 所示。

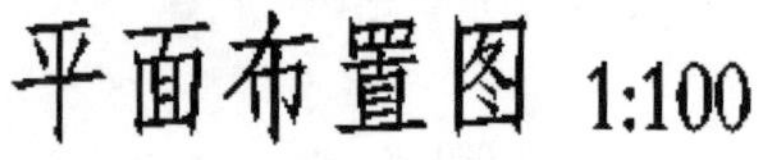

平面布置图 1:100

图 11-49 输入文字标注

步骤 2 调用 L(直线) 命令，在文字标注下面绘制图名双线，并将其中一条下画线的线宽设置为 0.4mm，结果如图 11-50 所示。

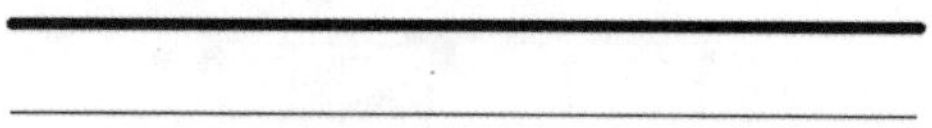

图 11-50 绘制图名双线

步骤 3 调用 M(移动) 命令，将输入的文字标注和图名双线进行组合，结果如图 11-51 所示。

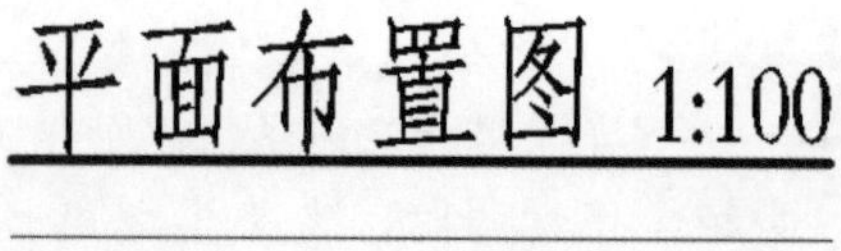

平面布置图 1:100

图 11-51 移动显示结果

步骤 4 调用 DLI(线性标注) 命令，绘制顶面布置图的尺寸标注，结果如图 11-52 所示。

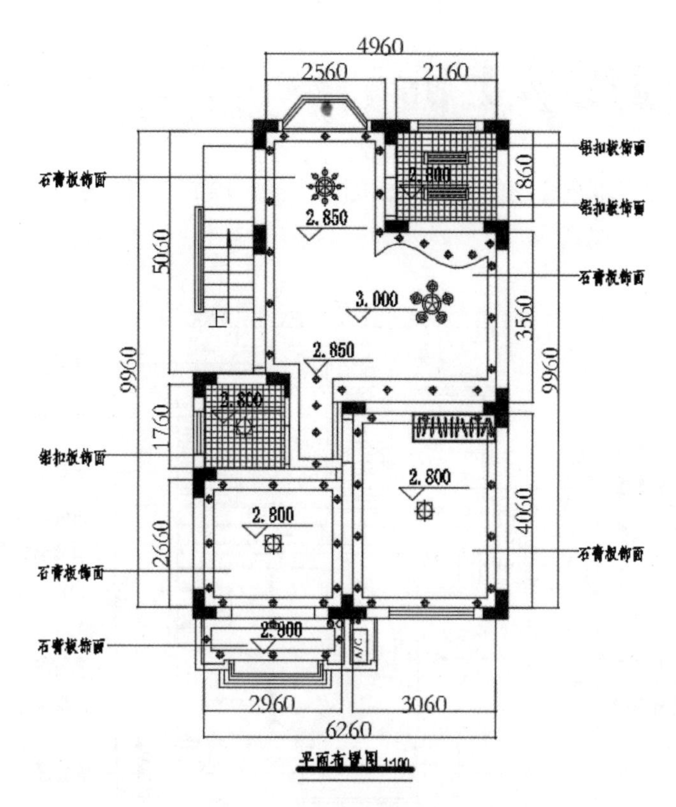

图 11-52　顶面布置完整显示效果

11.3 大师解惑

小白：在 AutoCAD 中为什么有些图形能显示却打印不出来？

大师：如果图形绘制在 AutoCAD 自动产生的图层上，就会出现这种情况。应避免在这些图层中绘制图形。

小白：如果想修改图块而不采取分解可以吗？

大师：当然可以。很多读者都以为修改不了块，就将其分解开，然后修改完再重新定义成块。下面有一个简单的办法：修改块命令 REFEDIT，按提示修改好后用命令 REFCLOSE，确定保存原先的图块，修改后也随之保存。

11.4 跟我学上机

练习：通过学习本章介绍的绘制顶棚图的方法，绘制下列某建筑物室内顶棚布置图，如图 11-53 所示。

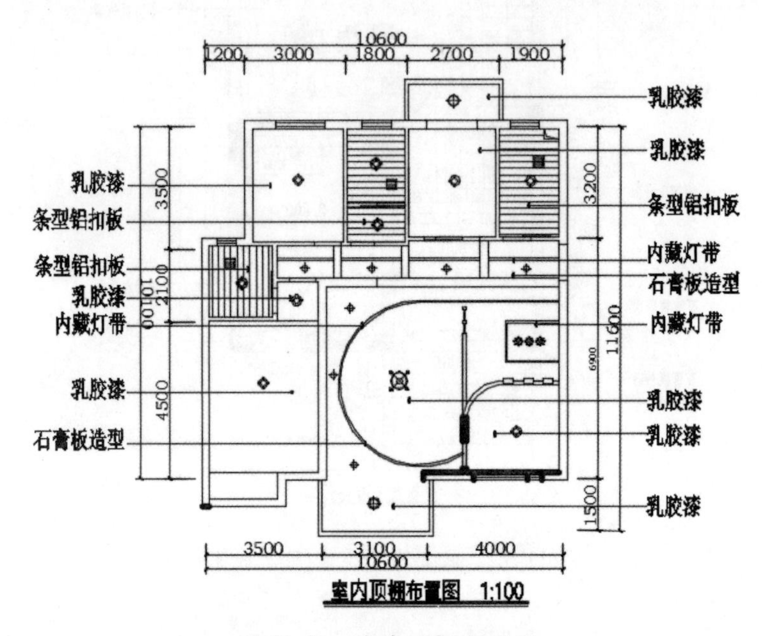

图 11-53 室内顶棚布置图

室内立面图的绘制

室内设计就是根据建筑物的使用性质、所处环境和相应标准，综合运用现代物质手段、技术手段和艺术手段，创造出功能合理、舒适优美、满足人们物质和精神生活需要的理想的室内空间环境的设计。它以建筑空间所提供的条件为前提，是一种有限制的创造。

本章主要介绍室内立面图的相关知识，然后通过具体实例讲解室内各功能区立面图的绘制方法和操作步骤。

- **本章学习目标（已掌握的在方框中打钩）**

  □ 了解室内客厅平面区域绘制的思路。
  □ 掌握客厅 A 立面图的绘制方法和技巧。
  □ 掌握卧室 B 立面图的绘制方法和技巧。
  □ 掌握厨房 C 立面图的绘制方法和技巧。
  □ 掌握卫生间 D 立面图的绘制方法和技巧。

- **重点案例效果**

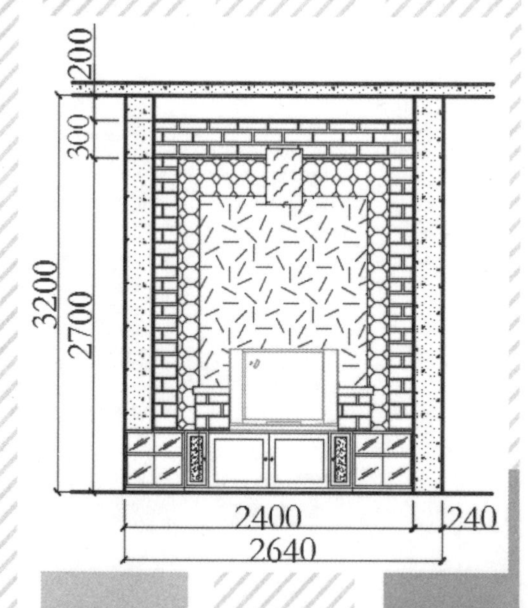

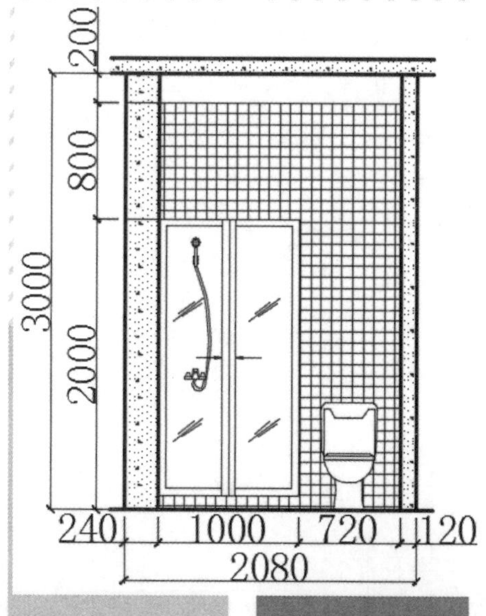

12.1 客厅平面区域的绘制思路

客厅是家人休闲聚会的所在，也是招待亲朋的场所，它在人们的日常生活中起着不可替代的作用，是住宅建筑的一个重要组成部分。本节只以客厅为例进行讲解绘制平面区域、平面标注和方向索引与绘制立面图相关的知识，而卧室、厨房和卫生间将不再赘述同样的知识点。

客厅平面图主要的绘制思路如下。

☆ 根据已有的平面图绘制客厅平面的墙体轮廓，绘制出客厅的空间布局。

☆ 将室内家具素材图形置于客厅相应的位置。

☆ 对客厅各部分进行相应的标注。

12.1.1 绘制客厅

绘制客厅主要包括设置绘图环境和完善客厅平面轮廓，其具体介绍如下。

1. 设置绘图环境

在 AutoCAD 2016 主窗口中打开已绘制完成图样中的“住宅室内平面布置图.dwg”之后，单击图标按钮→【另存为】菜单命令，即可弹出【图形另存为】对话框。在其中将文件另外命名为“住宅室内客厅立面图.dwg”之后，单击【保存】按钮，即可完成新图形的建立。

打开上述新建图形，将平面图上多余的家具、盆栽、尺寸标注等图形删除，结果如图 12-1 所示。

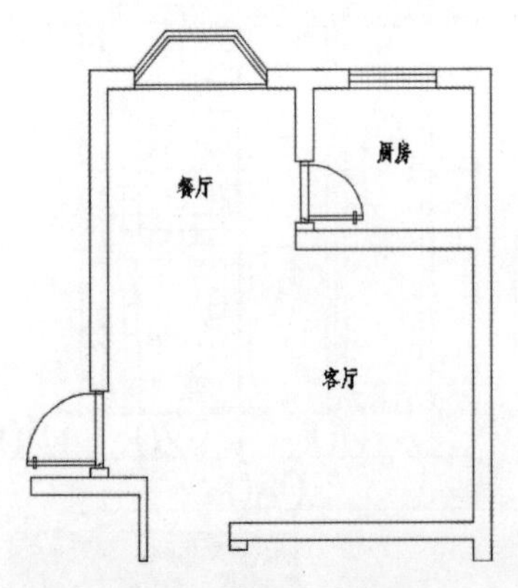

图 12-1 新建的图形

2. 绘制客厅平面区域

绘制客厅平面区域的具体操作步骤如下。

步骤 1 调用 H(填充)命令，再在命令行中输入 T(设置)命令，在弹出的【图案填充和渐变色】对话框中设置相关参数，结果如图 12-2 所示。

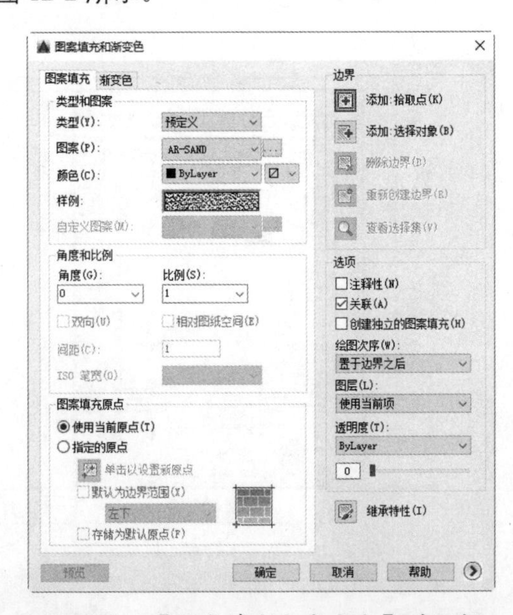

图 12-2 【图案填充和渐变色】对话框

步骤 2 在弹出的【图案填充和渐变色】对话框中，单击【边界】功能区中的【添加：拾取点】按钮，在绘图区域选择客厅墙体后点取添加拾取点，按 Enter 键即可完成客厅墙体图案填充操作，结果如图 12-3 所示。

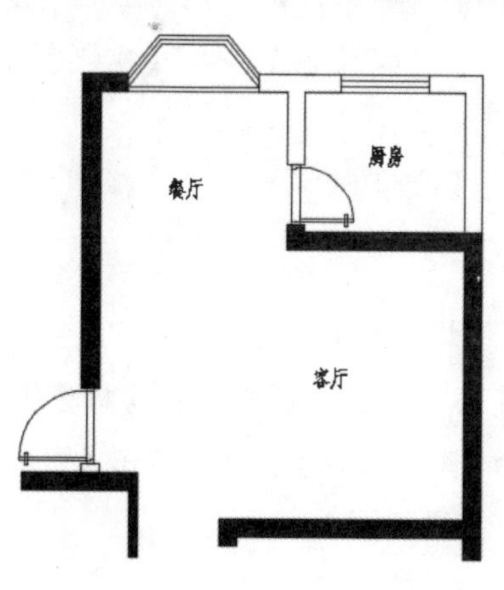

图 12-3　填充客厅墙体

步骤 3 打开图库中已绘制完成的家具图样，调用 CO(复制)命令，从中复制粘贴沙发、茶几、电视机等图样至当前客厅中，得到客厅的家具布置图，结果如图 12-4 所示。

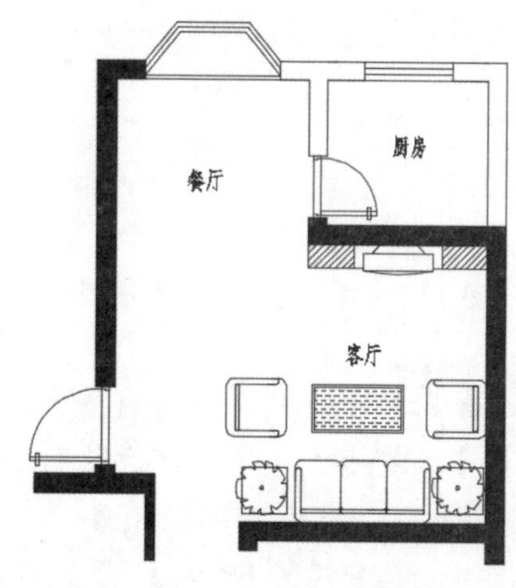

图 12-4　客厅家具布置图

12.1.2 平面标注

1. 标注

在室内建筑图样中，为了施工人员更好地读图、识图，一般应对室内必要的建筑部分进行标注，其具体操作步骤如下。

步骤 1 选择【格式】→【标注样式】菜单命令，即可打开【标注样式管理器】对话框，如图 12-5 所示。

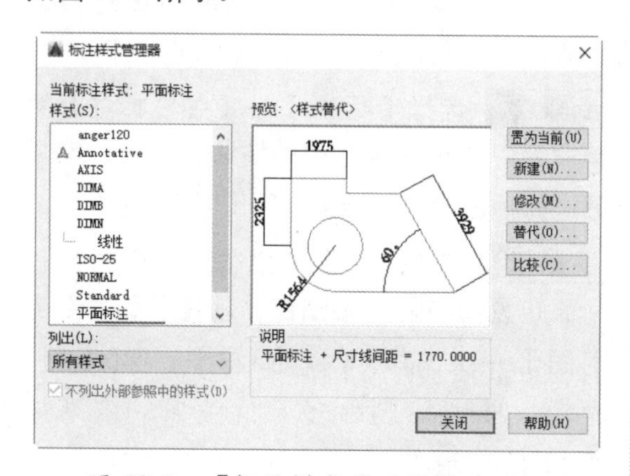

图 12-5　【标注样式管理器】对话框

步骤 2 在【标注样式管理器】对话框中单击【新建】按钮，即可打开【创建新标注样式】对话框，在【新样式名】文本框中输入【室内标注】文字，结果如图 12-6 所示。

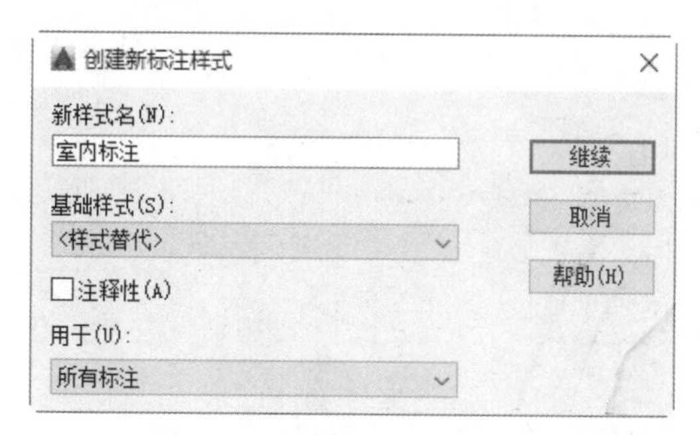

图 12-6　【创建新标注样式】对话框

步骤 3 在【创建新标注样式】对话框中，单击【继续】按钮，即可打开【修改标注样式】对话框，切换到【符号和箭头】选项卡，进行相关参数的设置，结果如图 12-7 所示。

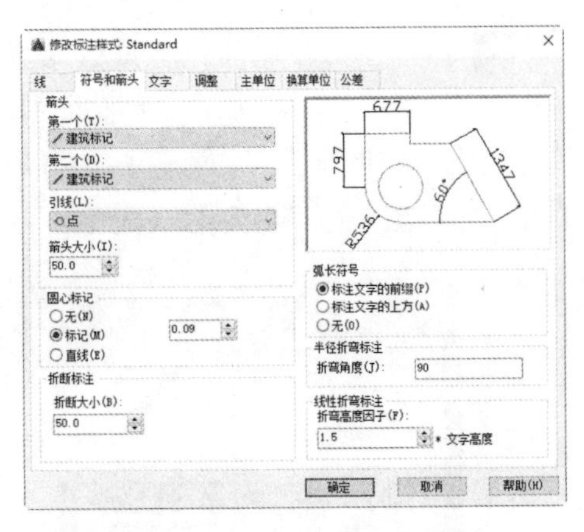

图 12-7 【符号和箭头】选项卡

提示 上述对话框中参数设置如下。

☆ 在【箭头】区域【第一个】和【第二个】下拉列表中选择【建筑标记】。

☆ 在【箭头】区域【引线】下拉列表中选择【点】。

☆ 在【箭头】区域将【箭头大小】设置为 50。

☆ 在【折断标注】区域将【折断大小】设置为 50。

☆ 在【半径折弯标注】区域将【折弯角度】设置为 90。

步骤 4 切换到【文字】选项卡，进行相关参数的设置，结果如图 12-8 所示。

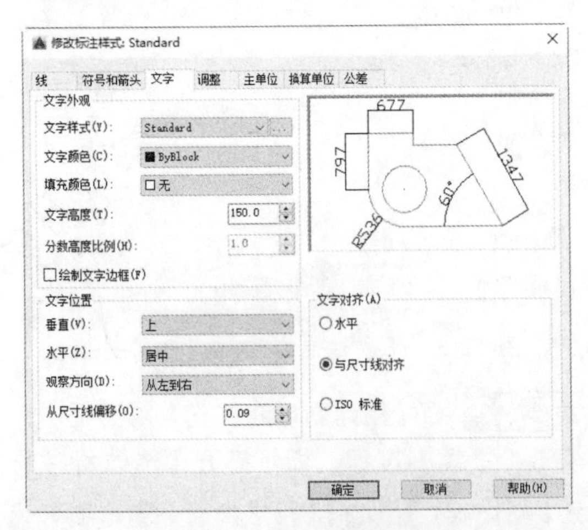

图 12-8 【文字】选项卡

提示 上述对话框中参数设置如下。

☆ 在【文字外观】区域将【文字高度】设置为 150。

☆ 在【文字位置】区域【垂直】下拉列表中选择【上】。

☆ 在【文字位置】区域【水平】下拉列表中选择【居中】。

☆ 在【文字对齐】区域选择【与尺寸线对齐】。

步骤 5 单击【确定】按钮，即可返回【标注样式管理器】对话框，在【样式】列表框中选择【室内标注】选项，单击【置为当前】按钮，结果如图 12-9 所示。

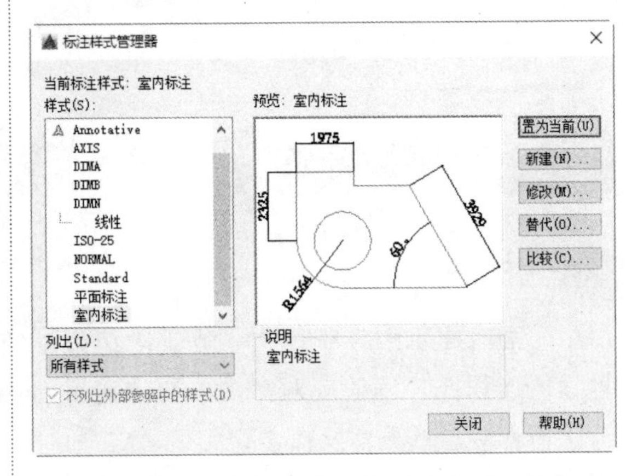

图 12-9 【标注样式管理器】对话框

步骤 6 在【标注样式管理器】对话框中单击【关闭】按钮，即可完成标注样式的设置。

步骤 7 选择【标注 】→【线性标注】菜单命令，即可对客厅中的墙体、门窗、家具等进行标注操作，结果如图 12-10 所示。

步骤 8 调用 CO(复制) 命令，从原素材平面布置图中复制粘贴部分轴线和编号至当前图形中；调用 M(移动) 命令、TR(修剪) 命令，移动和删除多余的线条。结果如图 12-11 所示。

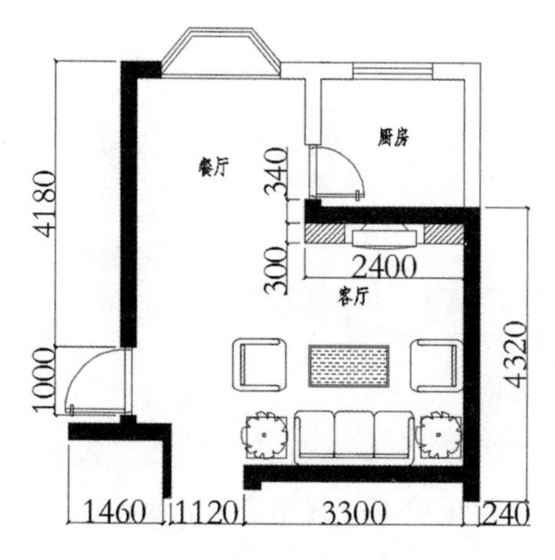

图 12-10　添加标注

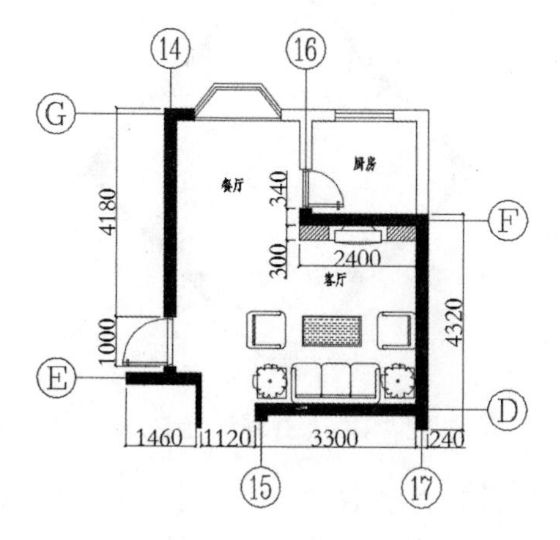

图 12-11　添加轴线和编号

2. 方向索引

在施工图中，有时会因为比例问题而无法表达清楚某一局部，为方便施工需要另画详图。一般用索引符号注明画出详图的位置、详图的编号以及详图所在的图纸编号。索引符号和详图符号内的详图编号与图纸编号两者对应一致。绘制方向索引符号的具体操作步骤如下。

步骤 1 调用 REC(矩形) 命令，绘制尺寸为 300×300 的矩形；调用 RO(旋转) 命令，将矩形旋转 45° 。结果如图 12-12 所示。

步骤 2 调用 L(直线) 命令，绘制矩形对角线；调用 C(圆) 命令，绘制半径为 150 的圆形。结果如图 12-13 所示。

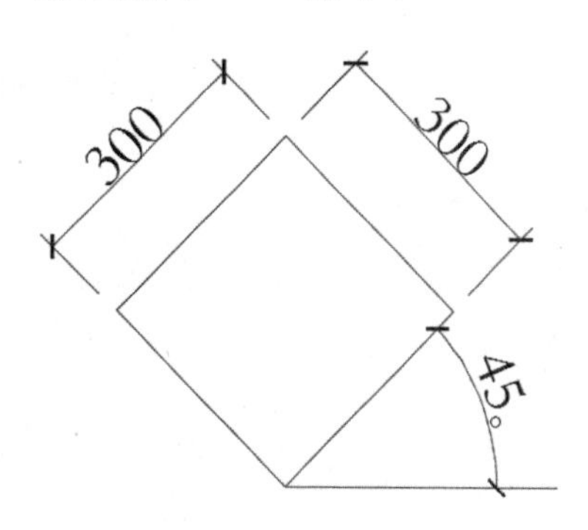

图 12-12　绘制矩形

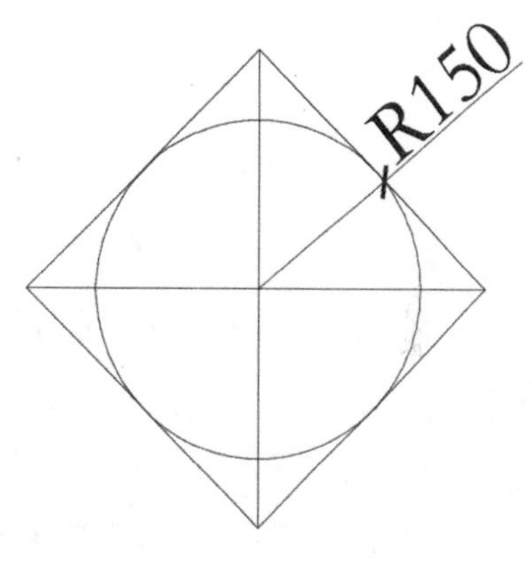

图 12-13　绘制直线和圆形

步骤 3 调用 X(分解) 命令，分解矩形；调用 TR(修剪) 命令、E(删除) 命令，修剪和删除多余的线条。结果如图 12-14 所示。

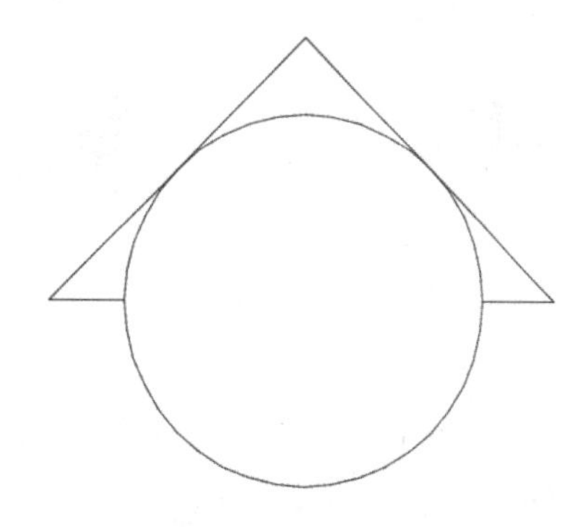

图 12-14　修整结果

步骤 4 调用 H(填充) 命令，再在命令行中输入 T(设置) 命令，在弹出的【图案填充和渐变色】对话框中设置填充图案参数，如图 12-15 所示。

图 12-15 【图案填充和渐变色】对话框

步骤 5 在弹出的【图案填充和渐变色】对话框中，单击【边界】功能区中的【添加：拾取点】按钮，在绘图区域选择填充区域后点取添加拾取点，按 Enter 键即可完成该图案填充操作，结果如图 12-16 所示。

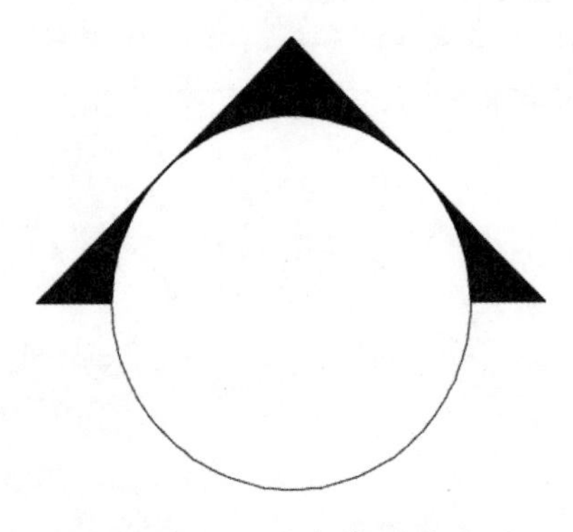

图 12-16 方向索引符号

步骤 6 调用 B(块定义) 命令，在弹出的【块定义】对话框【名称】文本框中输入【方向索引符号】文字，结果如图 12-17 所示。

步骤 7 调用 CO(复制) 命令、M(移动) 命令、MI(镜像) 命令，对方向索引符号进行组合，结果如图 12-18 所示。

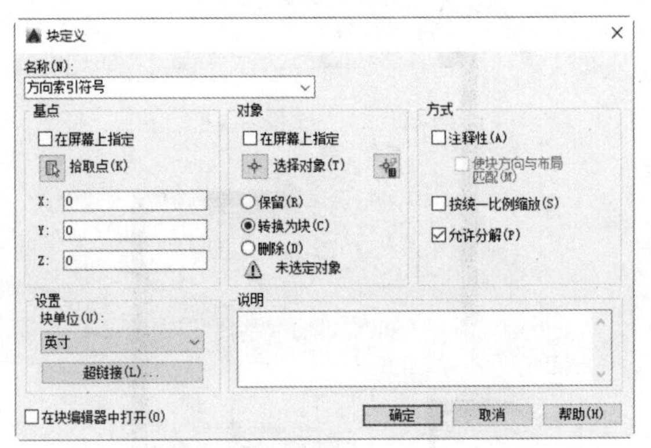

图 12-17 【块定义】对话框

图 12-18 索引符号组合结果

步骤 8 调用 T(文字) 命令，在绘图区域指定文字的输入范围，并在弹出的文字编辑框中输入相应的标注文字，结果如图 12-19 所示。

图 12-19 为索引符号添加标注

步骤 9 调用 M(移动) 命令，将索引符号组合置于上述平面布置图中，结果如图 12-20 所示。

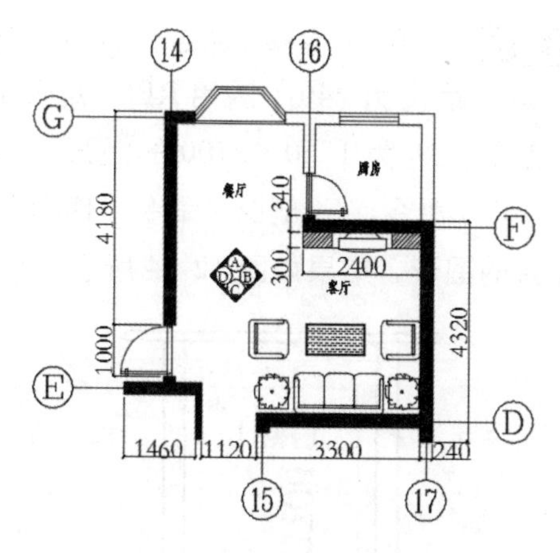

图 12-20　添加索引符号结果

提示　平面图中的索引符号是反映立面的，字母是顺序代号，索引箭头的指向代表有其方向的立面图。

12.2 客厅 A 立面图的绘制

施工立面图是室内墙面与装饰物的正投影图，标明了室内的标高、装饰的尺寸、使用材料及梯次造型的相互关系等。客厅 A 立面图体现了电视背景墙的装饰效果，其主要的绘制思路如下。

☆ 根据已有的平面图绘制客厅立面轮廓。

☆ 根据室内家具素材图形绘制客厅立面装饰物。

☆ 对客厅立面图添加相应的立面标注。

12.2.1 绘制客厅 A 立面图

绘制客厅 A 立面图主要包括设置并绘制立面图区域和绘制立面电视背景墙装饰效果，具体内容如下。

1. 设置并绘制立面图区域

在 AutoCAD 2016 主窗口中打开已绘制完成图样中的“住宅室内平面布置图 .dwg”之后，单击图标按钮→【另存为】菜单命令，即可弹出【图形另存为】对话框。在其中将文件另外命名为“住宅客厅 A 立面图 .dwg”之后，单击【保存】按钮，即可完成新图形的建立。

打开上述新建图形，将平面图上多余的沙发、茶几等图形删除，即可得到要绘制的客厅 A 立面图的区域，结果如图 12-21 所示。

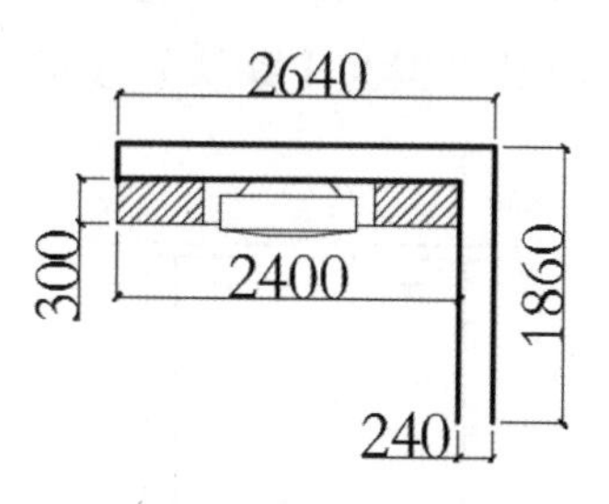

图 12-21　绘制客厅立面图区域

2. 绘制立面电视背景墙

电视背景装饰墙，也叫电视背景墙，是居室装饰的重点之一，在装修中占据相当重要的地位，以其新颖的构思、先进的工艺，不但满足了用户装饰装修的需要，更呈现了艺术的气息，使之成为商业与艺术的完美结合。

电视背景墙有艺术瓷砖背景墙、大理石背景墙、人造石背景墙、壁纸背景墙等。本例主要以瓷砖背景墙为例进行讲解，具体操作步骤如下。

步骤 1 调用 L(直线) 命令，【线宽】设置为 0.30mm，在客厅平面图上方绘制长度为 3500 的地坪线；调用 O(偏移) 命令，向上偏移直线 3 次，偏移距离分别为 3000、200、100。结果如图 12-22 所示。

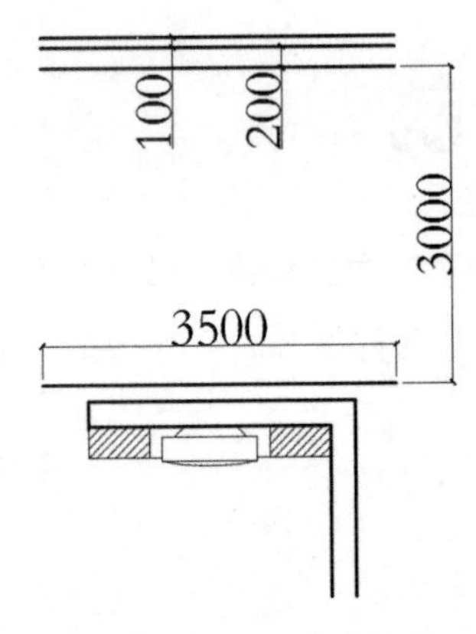

图 12-22　偏移地坪线

步骤 2 调用 L(直线) 命令，根据平面图中墙体的位置，绘制客厅立面图的墙线；选取偏移量为 3000 的线段，单击【线宽】下拉列表框，将其设置为【默认】线宽。结果如图 12-23 所示。

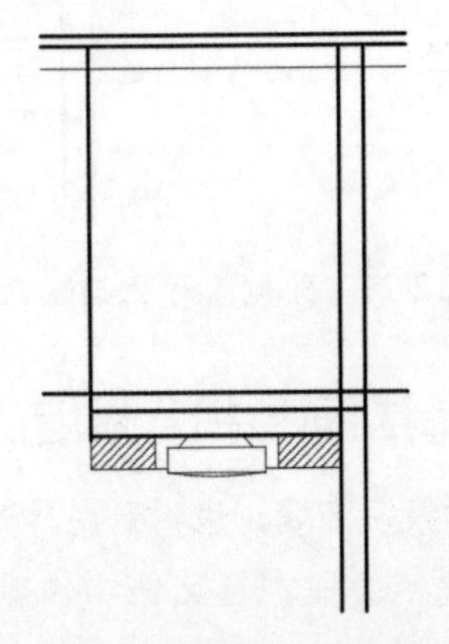

图 12-23　绘制客厅墙体轮廓

步骤 3 调用 O(偏移) 命令，偏移左侧墙线，偏移距离为 240；调用 REC(矩形) 命令，绘制尺寸为 1760×2700 的矩形；调用 TR(修剪) 命令、E(删除) 命令，修剪和删除多余的图形。结果如图 12-24 所示。

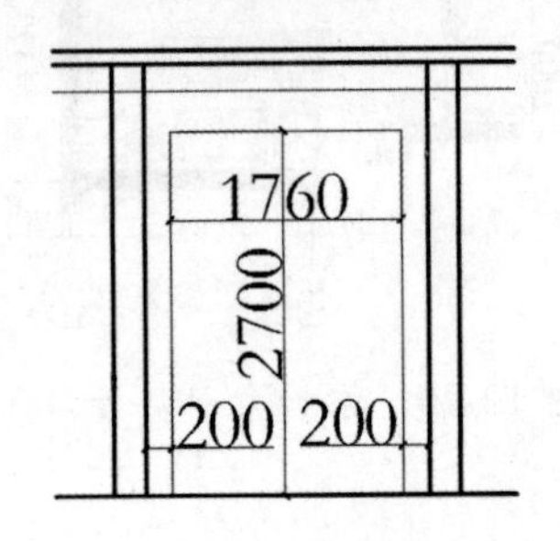

图 12-24　绘制背景墙轮廓

步骤 4 将【线宽】设置为【默认】形式，调用 REC(矩形) 命令，分别绘制尺寸为 1400×2400(A)、1500×60(B)、300×450 (C)、1460×100(D) 和 1460×300(E) 的矩形，结果如图 12-25 所示。

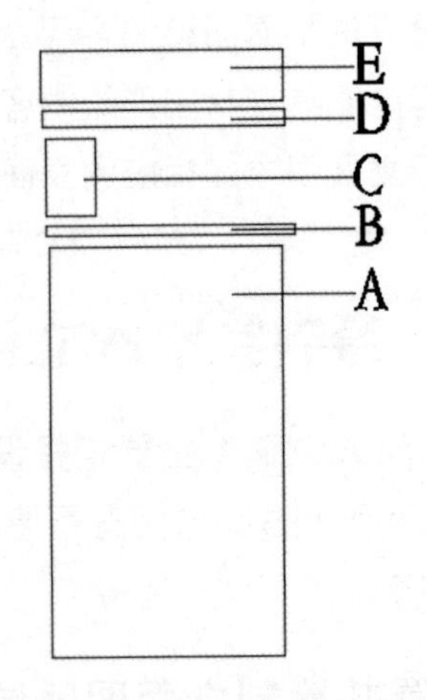

图 12-25　绘制矩形

步骤 5 调用 M(移动) 命令，将各个矩形放置于相应的位置，结果如图 12-26 所示。

步骤 6 调用 TR(修剪) 命令、E(删除) 命令，修剪和删除多余的线条，结果如图 12-27 所示。

步骤 7 调用 H(填充) 命令，再在命令行中输入 T(设置) 命令，在弹出的【图案填充

和渐变色】对话框中设置填充图案参数，结果如图 12-28 所示。

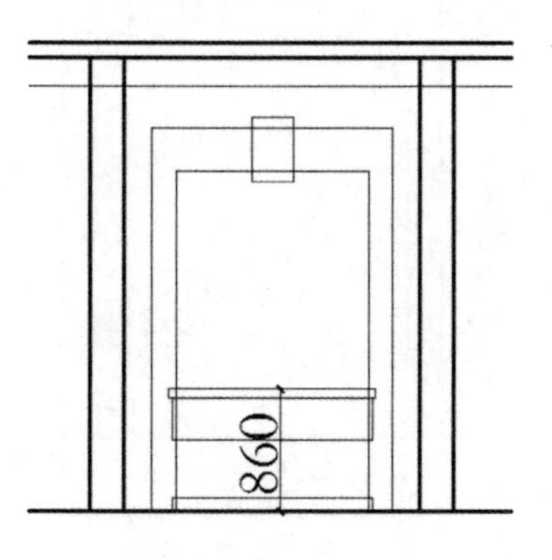

图 12-26　移动矩形

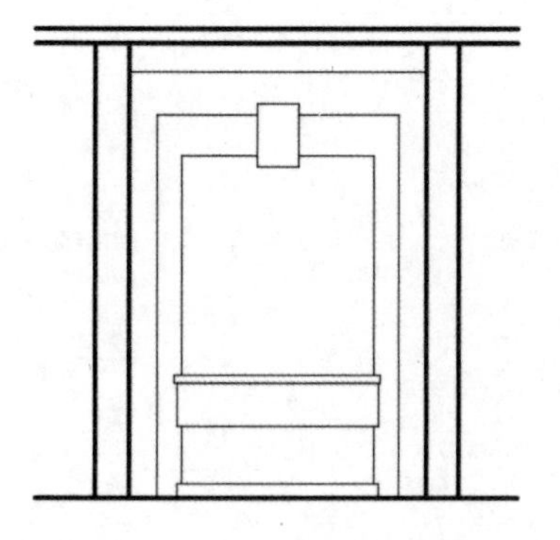

图 12-27　绘制完成的背景墙轮廓

图 12-28　设置填充参数

步骤 8 在弹出的【图案填充和渐变色】对话框中，单击【边界】功能区中的【添加：拾取点】按钮，在绘图区域选择填充区域后点取添加拾取点，按 Enter 键即可完成该图案填充操作，结果如图 12-29 所示。

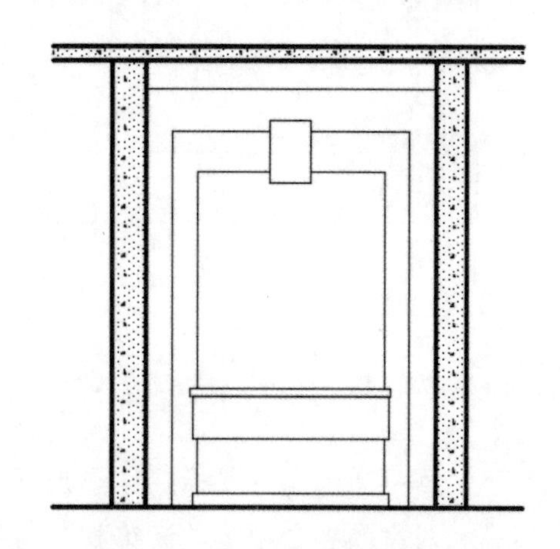

图 12-29　墙体和楼板填充结果

步骤 9 沿用上述同样的操作，对客厅背景墙使用仿古砖、软包装和壁纸相结合的方式进行组合填充，结果如图 12-30 所示。

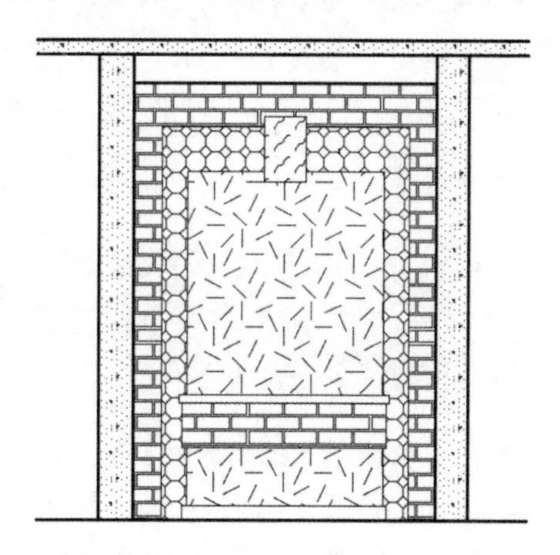

图 12-30　电视背景墙完成结果

步骤 10 插入图案。打开图库中已绘制完成的家具立面图样，调用 CO(复制) 命令，从中复制粘贴电视机柜、电视机图样至当前客厅中；调用 TR(修剪) 命令、E(删除) 命令，修剪并删除多余的图形。即可完成客厅 A 立面图的家具布置，结果如图 12-31 所示。

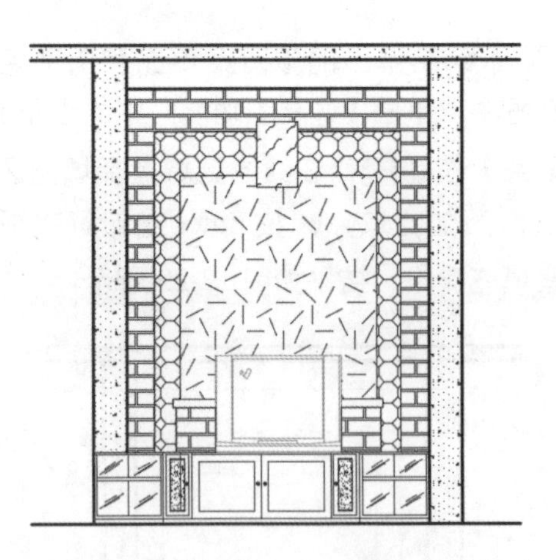

图 12-31　客厅 A 立面图完成结果

12.2.2 客厅 A 立面图标注

客厅立面图标注，主要标注家具尺寸、空间标高和对室内各个部分的装饰材料进行必要的说明。对客厅 A 立面图进行标注的具体操作步骤如下。

步骤 1 选择【标注】→【线性】菜单命令，对室内家具进行标注，结果如图 12-32 所示。

步骤 2 调用 I(插入) 命令，在弹出的【插入】对话框中，选择【标高】图块，结果如图 12-33 所示。

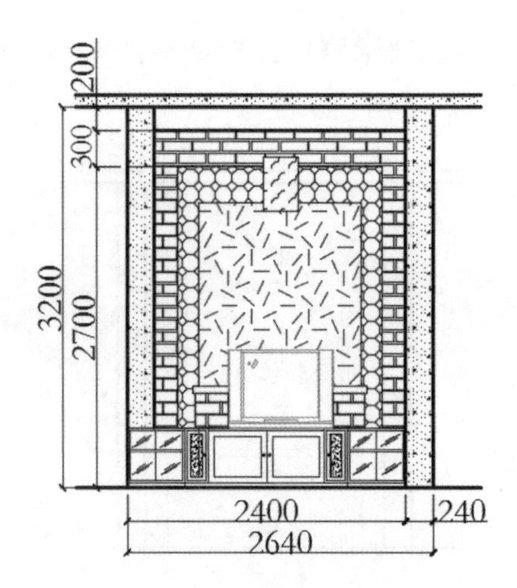

图 12-32　添加尺寸标注

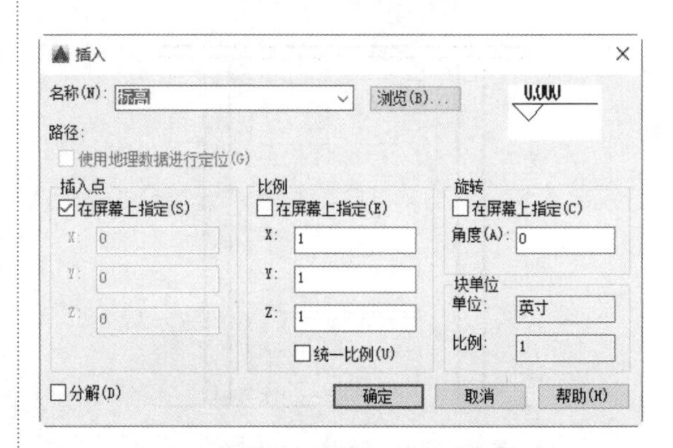

图 12-33　【插入】对话框

步骤 3 在【插入】对话框中，单击【确定】按钮，命令行提示如下：

```
命令: INSERT
指定插入点或 [基点(B)/比例(S)/X/Y/Z/旋转(R)]: s
指定 XYZ 轴的比例因子 <1>: 2        //在绘图区中单击标高的插入点，系统弹出【编辑属性】对话框
```

步骤 4 在弹出的【编辑属性】对话框中，输入要添加的标高，单击【确定】按钮，即可在指定的绘图区域插入标高，结果如图 12-34 所示。

步骤 5 单击【编辑属性】对话框中的【确定】按钮，结果如图 12-35 所示。

步骤 6 沿用上述同样的操作，对客厅 A 立面图进行标高标注，结果如图 12-36 所示。

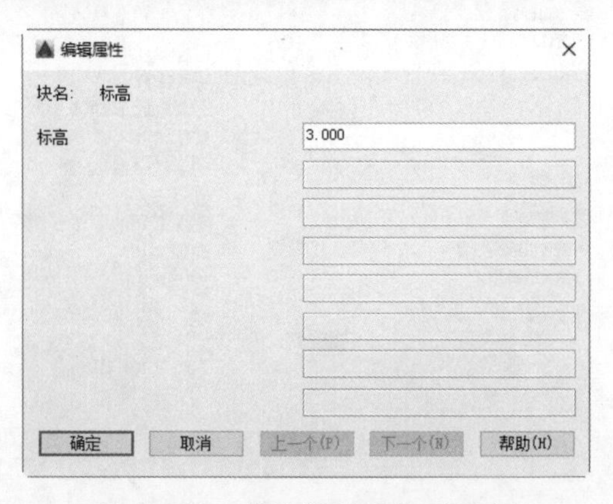

图 12-34　【编辑属性】对话框

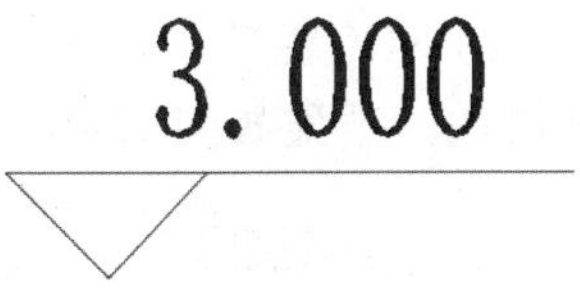

3.000

图 12-35　添加标高显示结果

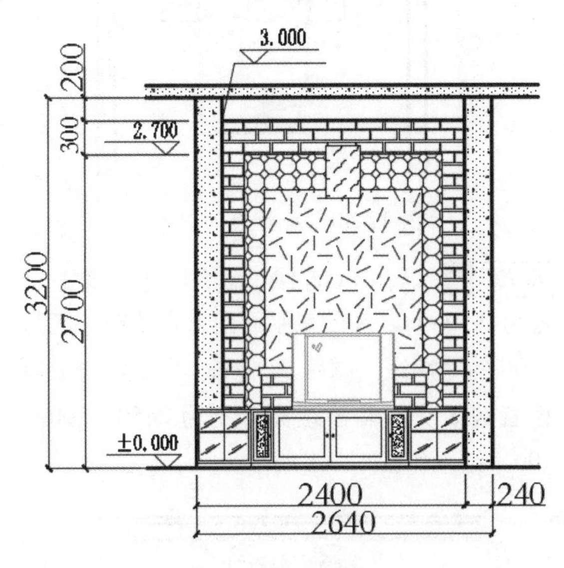

图 12-36　添加标高标注

步骤 7 调用 MLD(多重引线) 命令，对客厅 A 立面图使用材料进行标注，结果如图 12-37 所示。

步骤 8 调用 T(文字) 命令，在绘图区域指定文字的输入范围，并在弹出的文字编辑框中输入相应的图名标注文字；调用 L(直线) 命令，在文字标注下面绘制图名双线，并将其中一条下画线的线宽设置为 0.4mm。绘制结果如图 12-38 所示。

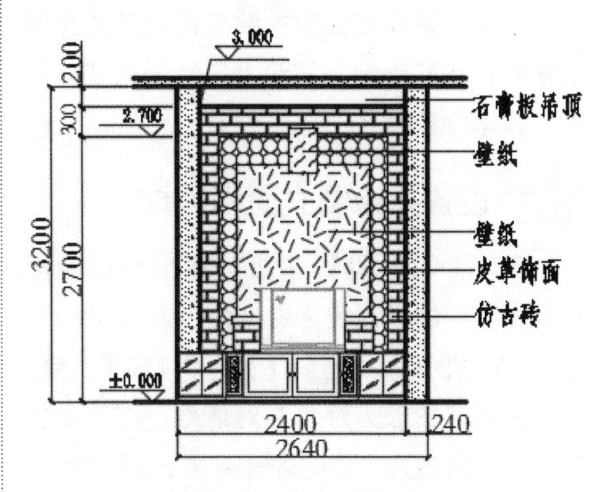

图 12-37　添加材料说明

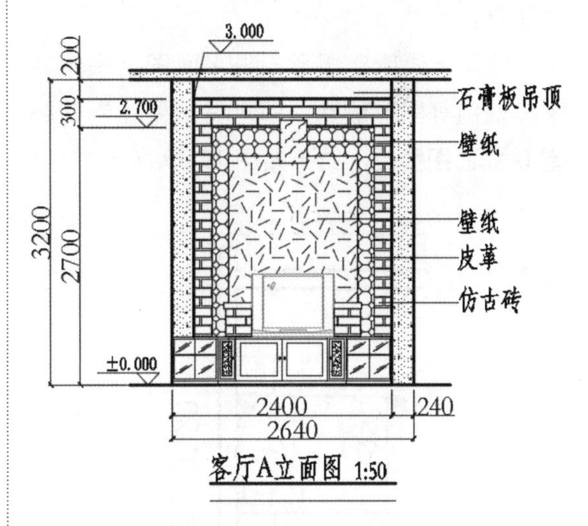

图 12-38　添加图名标注

12.3 卧室 B 立面图的绘制

卧室 B 立面图体现了双人床背景墙的装饰效果，其主要的绘制思路如下。

☆ 根据已有的平面图绘制卧室立面轮廓。

☆ 根据室内家具素材图形绘制卧室立面装饰物。

☆ 对卧室立面图添加相应的立面标注。

12.3.1 绘制卧室 B 立面图

绘制卧室 B 立面图主要包括设置并绘制立面图区域和绘制立面双人床背景墙装饰效果，具体内容如下。

1. 设置并绘制立面图区域

在 AutoCAD 2016 主窗口中打开已绘制完成图样中的“住宅室内平面布置图 .dwg”之后，单击图标按钮→【另存为】菜单命令，即可弹出【图形另存为】对话框。在其中将文件另外命名为“住宅卧室 B 立面图 .dwg”之后，单击【保存】按钮，即可完成新图形的建立。

打开上述新建图形，将平面图上多余的家具、门等图形删除，即可得到要绘制的卧室 B 立面图区域，结果如图 12-39 所示。

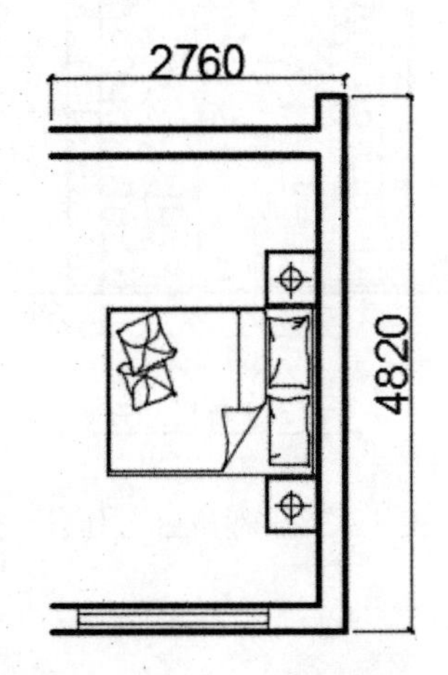

图 12-39　卧室立面图区域

2. 绘制立面双人床背景墙

双人床背景墙，是居室装饰的重点之一，在装修中占据相当重要的地位，以其新颖的构思、温馨舒适的风格搭配，成为居室装修的亮点。本例主要以软包饰面、瓷砖背景墙为例进行讲解，具体操作步骤如下。

步骤 1 调用 RO(旋转) 命令，对上述图形执行旋转操作，结果如图 12-40 所示。

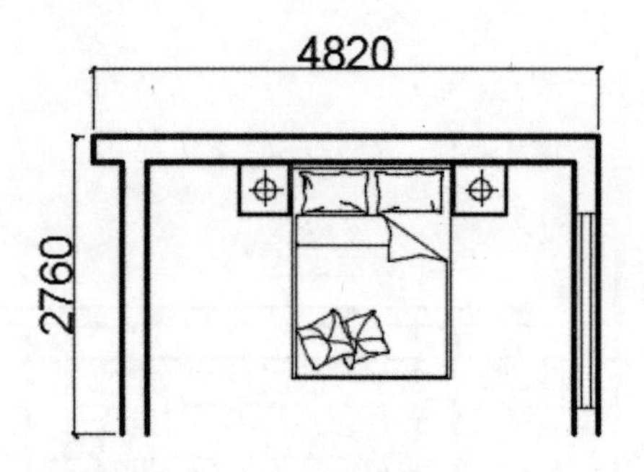

图 12-40　旋转后的图形

步骤 2 调用 L(直线) 命令，【线宽】设置为 0.30mm，在卧室平面图上方绘制长度为 4900 的地坪线；调用 O(偏移) 命令，向上偏移直线 3 次，偏移距离分别为 2850、200、100。结果如图 12-41 所示。

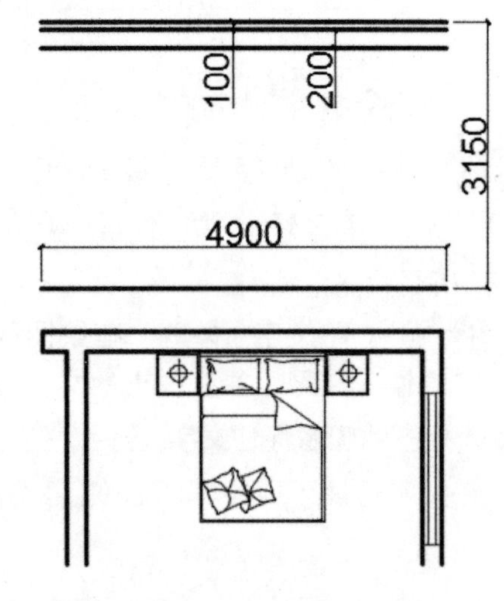

图 12-41　偏移地坪线

步骤 3 调用 L(直线) 命令，【线宽】设置为 0.30mm，根据平面图中墙体的位置，绘制卧室立面图的墙线，结果如图 12-42 所示。

步骤 4 调用 REC(矩形) 命令，绘制尺寸为 2650×2700 的矩形；调用 TR(修剪) 命令、E(删除) 命令，修剪和删除多余的图形；选取偏移量为 2850mm 的线段，单击【线宽】下拉列表框，将其设置为【默认】线宽。结果如图 12-43 所示。

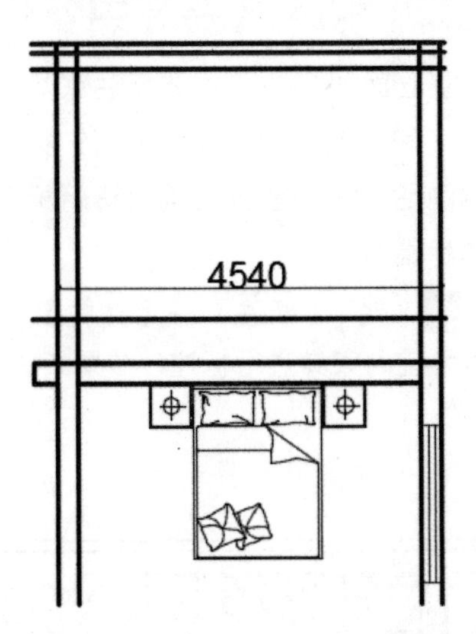

图 12-42 绘制卧室墙体轮廓

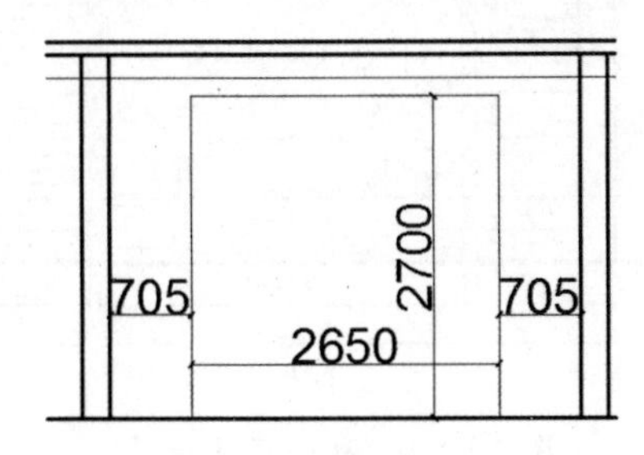

图 12-43 绘制背景墙轮廓

步骤 5 调用 O(偏移) 命令，偏移矩形，偏移距离为 100；调用 TR(修剪) 命令、E(删除) 命令，修剪和删除多余的线条。结果如图 12-44 所示。

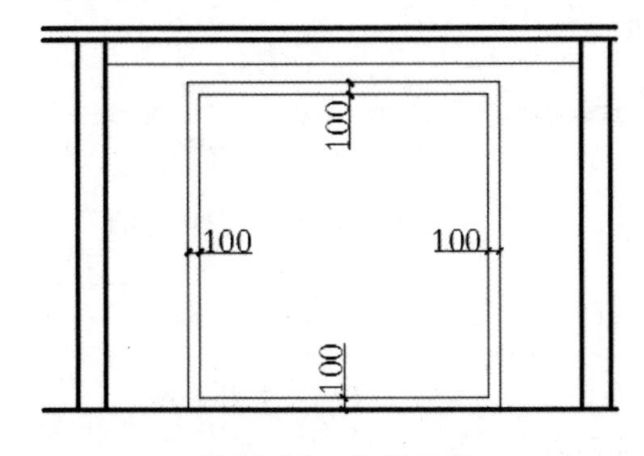

图 12-44 偏移矩形

步骤 6 调用 H(填充) 命令，再在命令行中输入 T(设置) 命令，在弹出的【图案填充和渐变色】对话框中设置填充图案参数，结果如图 12-45 所示。

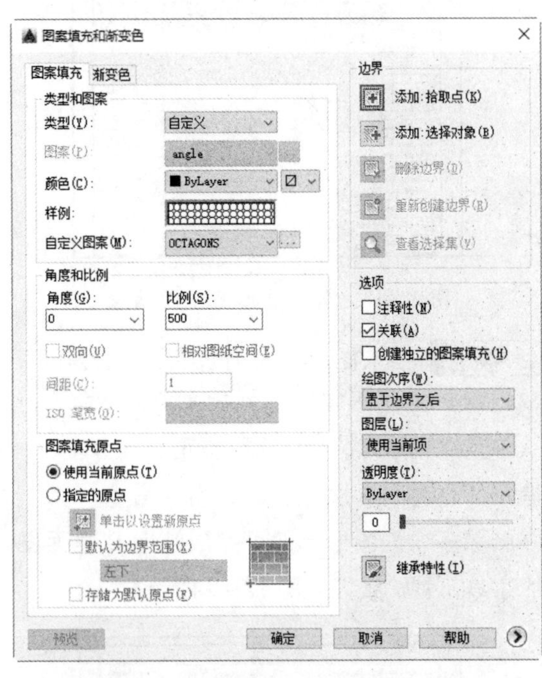

图 12-45 【图案填充和渐变色】对话框

步骤 7 填充背景墙。在弹出的【图案填充和渐变色】对话框中，单击【边界】功能区中的【添加：拾取点】按钮，在绘图区域选择填充区域后点取添加拾取点，按 Enter 键即可完成该图案填充操作，结果如图 12-46 所示。

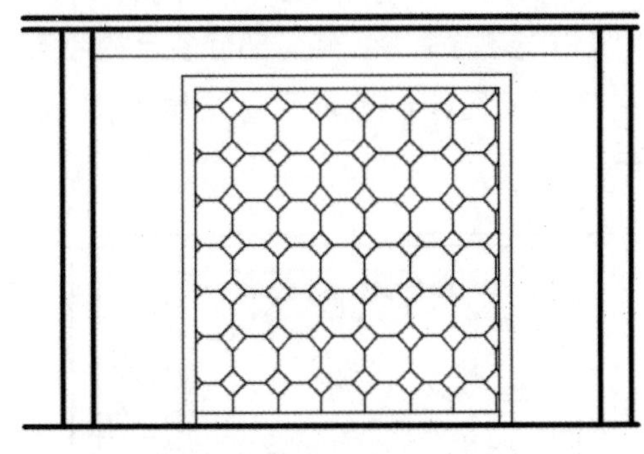

图 12-46 背景墙部分填充结果

步骤 8 沿用上述同样的操作，对卧室墙体进行填充，对卧室背景墙使用仿古砖和软包装相结合的方式进行组合填充，结果如

图 12-47 所示。

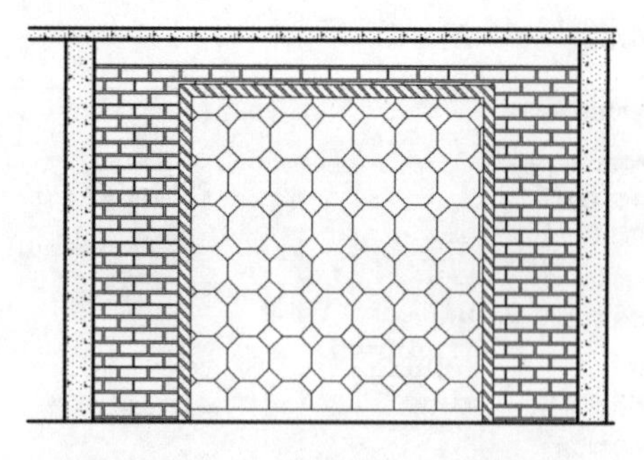

图 12-47　背景墙填充完成结果

步骤 9 插入图案。打开图库中已绘制完成的家具立面图样，调用 CO(复制) 命令，从中复制粘贴床头柜、床图样至当前卧室中；调用 TR(修剪) 命令、E(删除) 命令，修剪并删除多余的图形。即可完成卧室 B 立面图的家具布置，结果如图 12-48 所示。

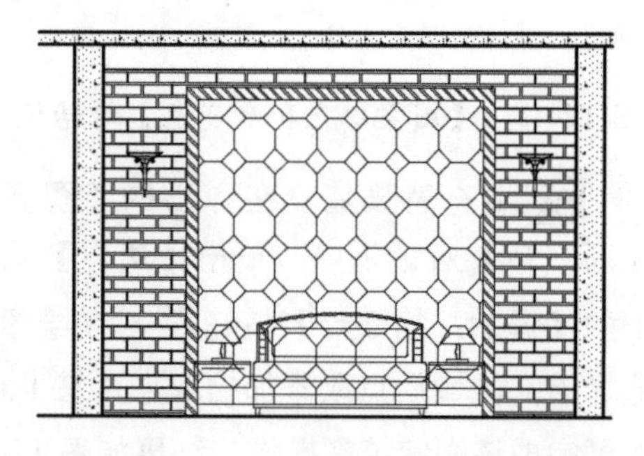

图 12-48　双人床背景墙完成结果

步骤 10 调用 X(分解) 命令，分解填充图案；调用 TR(修剪) 命令，修剪部分多余的线条。卧室 B 立面图绘制完成后，结果如图 12-49 所示。

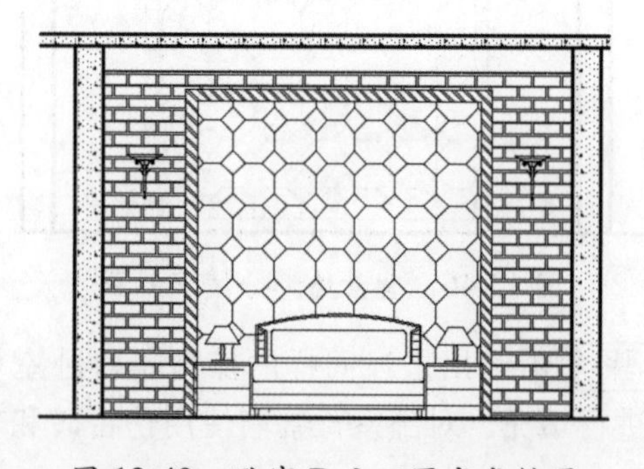

图 12-49　卧室 B 立面图完成结果

12.3.2 卧室 B 立面图标注

卧室立面图标注，主要标注家具尺寸、空间标高和对室内各个部分的装饰材料进行必要的说明。对卧室 B 立面图进行标注的具体操作步骤如下。

步骤 1 选择【标注】→【线性】菜单命令，对卧室内家具进行标注，结果如图 12-50 所示。

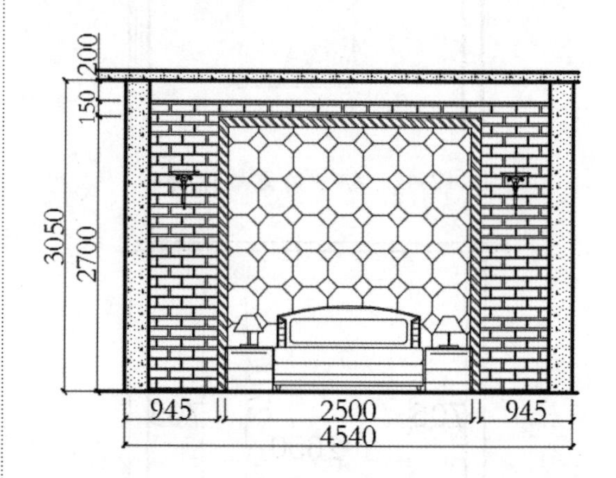

图 12-50　添加尺寸标注

步骤 2 调用 I(插入) 命令，在弹出的【插入】对话框中，选择【标高】图块，结果如图 12-51 所示。

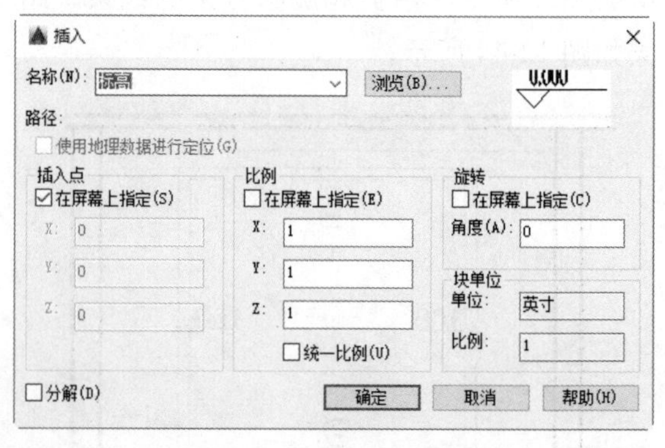

图 12-51　【插入】对话框

步骤 3 在【插入】对话框中单击【确定】按钮。命令行提示如下：

```
命令：INSERT
指定插入点或 [基点(B)/比例(S)/X/Y/Z/旋转(R)]: s
指定 XYZ 轴的比例因子 <1>: 2        //在绘图区中单击标高的插入点，系统弹出【编辑属性】对话框
```

步骤 4 在弹出的【编辑属性】对话框中，输入要添加的标高，单击【确定】按钮，即可在指定的绘图区域插入标高，结果如图 12-52 所示。

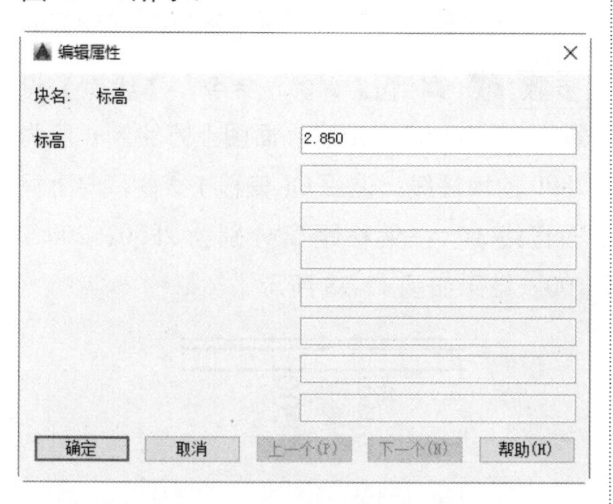

图 12-52　【编辑属性】对话框

步骤 5 单击【编辑属性】对话框中的【确定】按钮，结果如图 12-53 所示。

2.850

图 12-53　添加标高显示结果

步骤 6 沿用上述同样的操作，对卧室 B 立面图进行标高标注，结果如图 12-54 所示。

步骤 7 调用 MLD(多重引线) 命令，对卧室 B 立面图使用材料进行标注，结果如图 12-55 所示。

步骤 8 调用 T(文字) 命令，在绘图区域指定文字的输入范围，并在弹出的文字编辑框中输入相应的图名标注文字；调用 L(直线) 命令，在文字标注下面绘制图名双线，并将其中一条下画线的线宽设置为 0.4mm。绘制结果如图 12-56 所示。

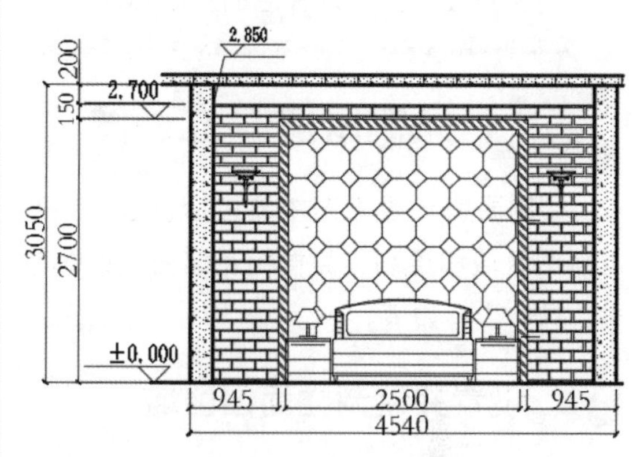

图 12-54　添加尺寸和标高标注

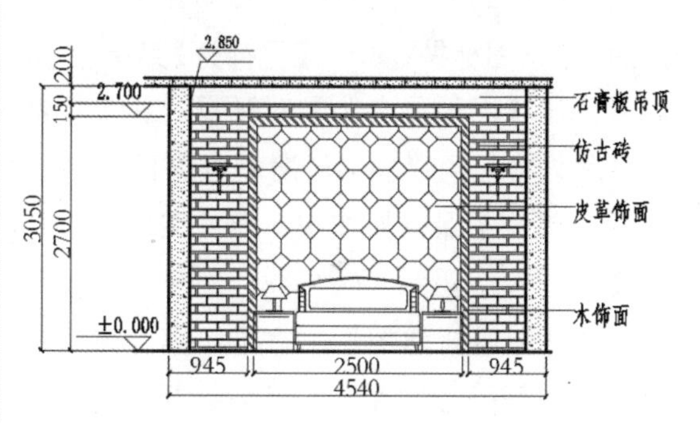

图 12-55　添加材料说明

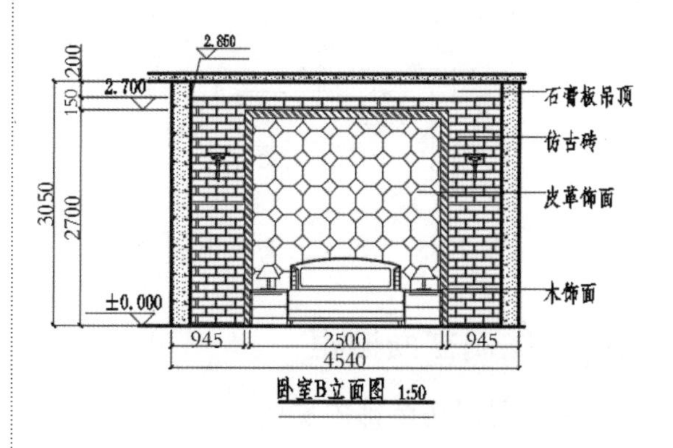

图 12-56　添加图名标注

12.4 厨房 C 立面图的绘制

厨房 C 立面图体现了橱柜和墙面的装饰效果，其主要的绘制思路如下。

☆ 根据已有的平面图绘制厨房立面轮廓。

☆ 根据室内家具素材图形绘制厨房立面装饰物。

☆ 对厨房立面图添加相应的立面标注。

12.4.1 绘制厨房 C 立面图

绘制厨房 C 立面图主要包括设置并绘制立面图区域和绘制立面橱柜及墙面的装饰效果，具体内容如下。

1. 设置并绘制立面图区域

在 AutoCAD 2016 主窗口中打开已绘制完成图样中的“住宅室内平面布置图 .dwg”之后，单击图标按钮→【另存为】菜单命令，即可弹出【图形另存为】对话框。在其中将文件另外命名为“住宅厨房 C 立面图 .dwg”之后，单击【保存】按钮，即可完成新图形的建立。

打开上述新建图形，将平面图上多余的厨具、门等图形删除，即可得到要绘制的厨房 C 立面图的区域，结果如图 12-57 所示。

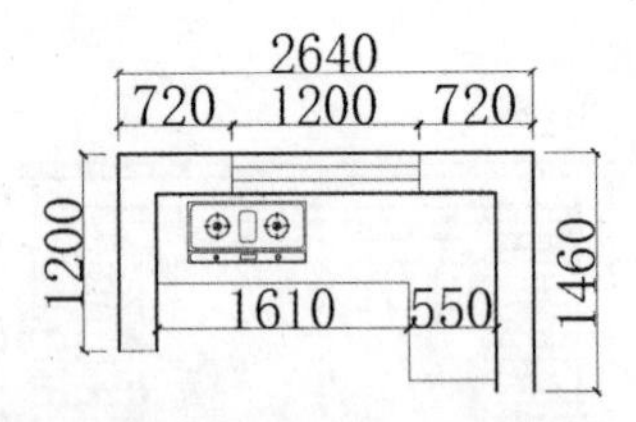

图 12-57　厨房立面图区域

2. 绘制立面橱柜

橱柜是厨房装饰的重点之一。本例主要以橱柜、瓷砖背景墙为例进行讲解，具体操作步骤如下。

步骤 1 调用 L(直线) 命令，【线宽】设置为 0.30mm，在厨房平面图上方绘制长度为 2800 的地坪线；调用 O(偏移) 命令，向上偏移直线 3 次，偏移距离分别为 2850、200、100。结果如图 12-58 所示。

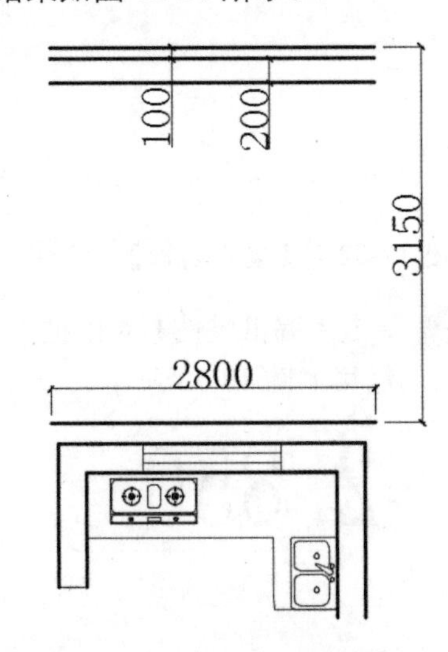

图 12-58　偏移地坪线

步骤 2 调用 L(直线) 命令，【线宽】设置为 0.30mm，根据平面图中墙体的位置，绘制厨房立面图的墙线，结果如图 12-59 所示。

步骤 3 绘制窗扇轮廓。调用 REC(矩形) 命令，绘制尺寸为 1200×1500 的矩形；调用 TR(修剪) 命令、E(删除) 命令，修剪和删除多余的图形；选取偏移量为 2850mm 的线段，单击【线宽】下拉列表框，将其设置为【默认】线宽。结果如图 12-60 所示。

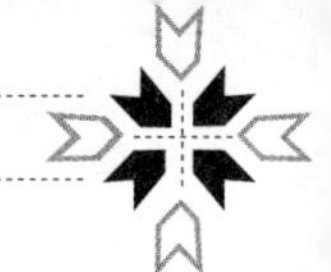

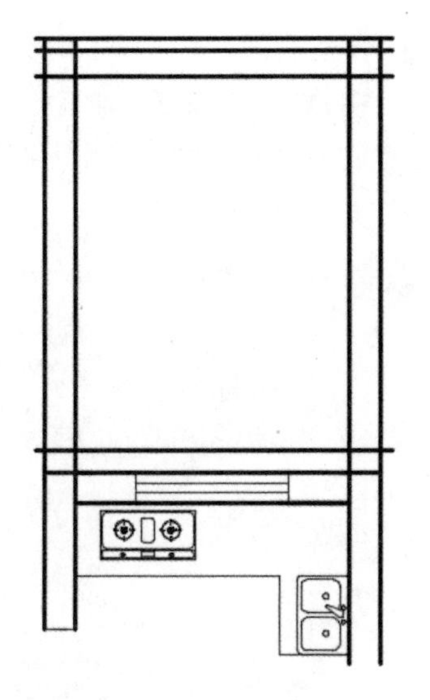

图 12-59　绘制厨房墙体轮廓

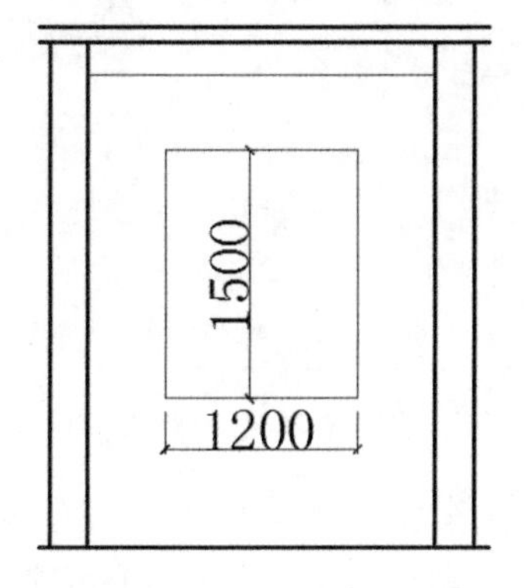

图 12-60　绘制窗扇轮廓

步骤 4　调用 O(偏移) 命令，偏移矩形，偏移距离为 50；调用 L(直线) 命令，绘制直线；调用 TR(修剪) 命令，修剪多余的直线。结果如图 12-61 所示。

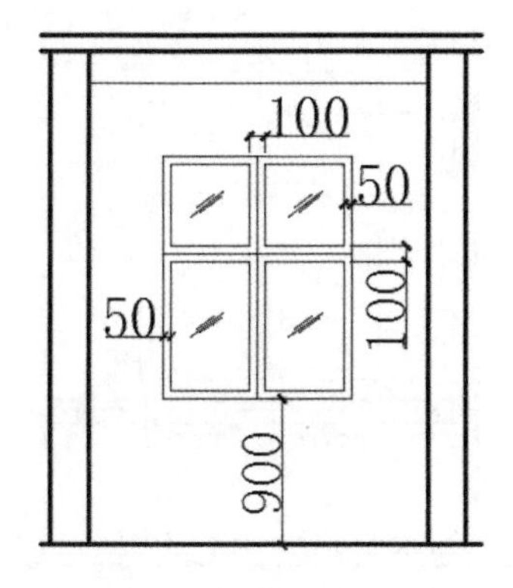

图 12-61　绘制完成的窗扇

步骤 5　调用 REC(矩形) 命令，绘制尺寸为 800×1600 的矩形，结果如图 12-62 所示。

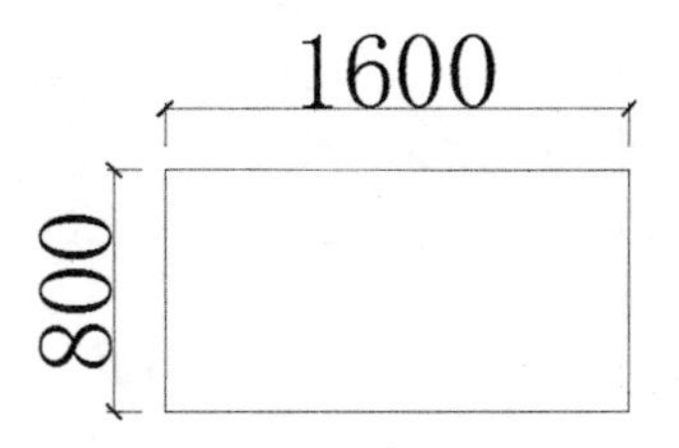

图 12-62　绘制矩形

步骤 6　绘制橱柜轮廓。调用 L(直线) 命令，绘制直线；调用 O(偏移) 命令，偏移直线；调用 TR(修剪) 命令，修剪多余的线条。结果如图 12-63 所示。

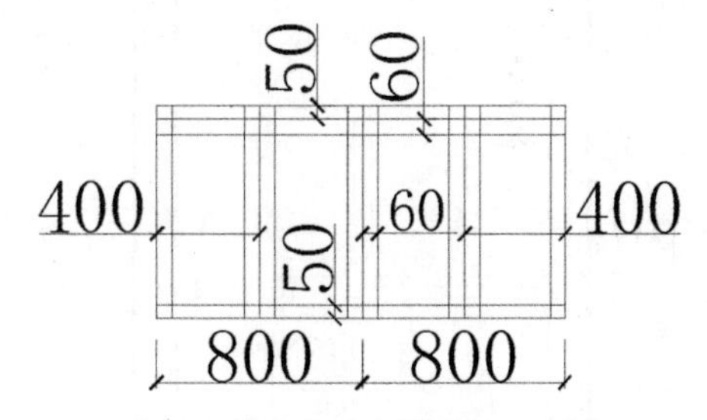

图 12-63　绘制橱柜轮廓

步骤 7　调用 TR(修剪) 命令，修剪多余的直线；调用 M(移动) 命令，将其置于厨房立面图相应的位置，结果如图 12-64 所示。

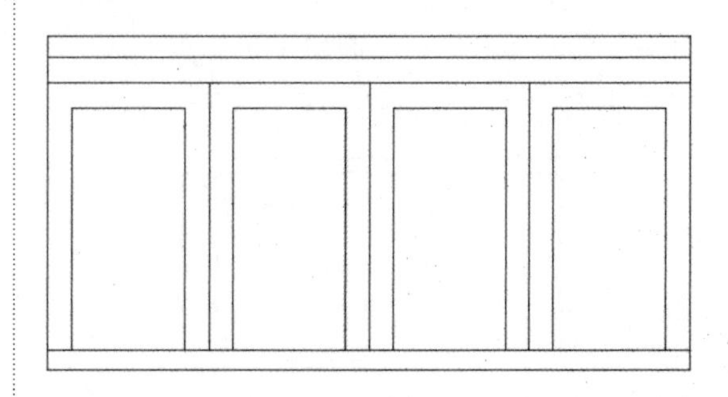

图 12-64　修剪、移动图形

步骤 8　绘制橱柜开启线和把手。调用 L(直线) 命令，绘制直线；调用 REC(矩形) 命令，绘制尺寸为 30×190 的矩形。结果如图 12-65 所示。

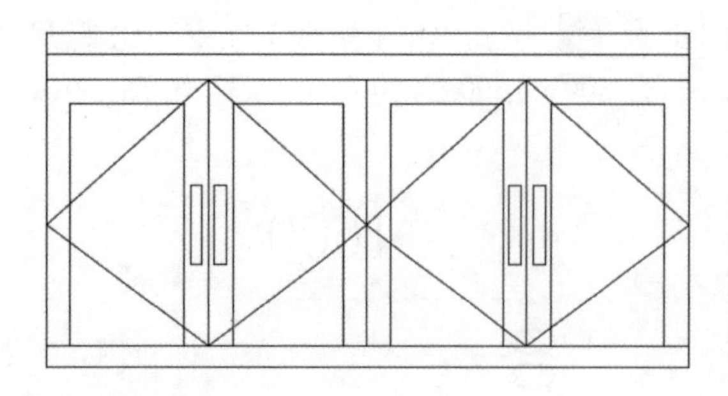

图 12-65 绘制完成的橱柜

步骤 9 调用 M(移动) 命令，将绘制完成的橱柜置于厨房立面图相应的位置，结果如图 12-66 所示。

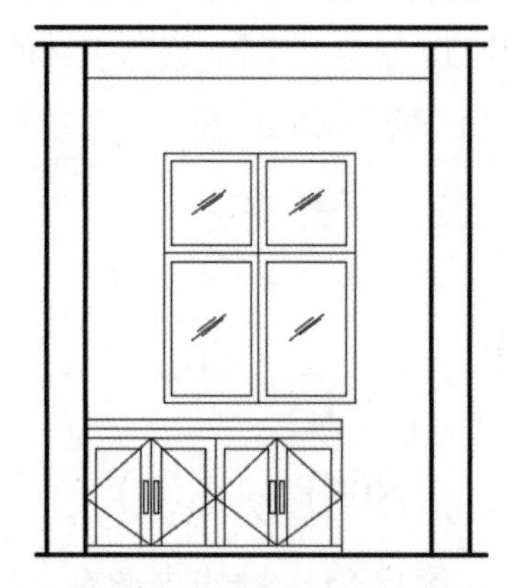

图 12-66 移动橱柜结果

步骤 10 绘制橱柜侧柜轮廓。调用 REC(矩形) 命令，绘制尺寸为 800×560 的矩形；调用 X(分解) 命令，分解矩形；调用 O(偏移) 命令，偏移矩形短边；调用 TR(修剪) 命令，修剪多余的直线。结果如图 12-67 所示。

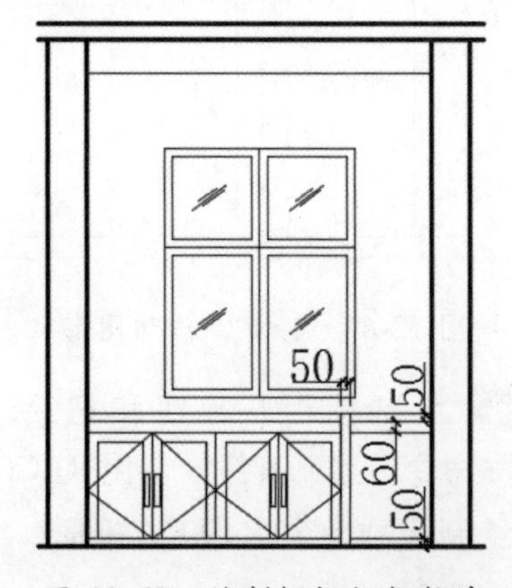

图 12-67 绘制橱柜侧柜轮廓

步骤 11 填充墙面。调用 H(填充) 命令，再在命令行中输入 T(设置) 命令，在弹出的【图案填充和渐变色】对话框中设置填充图案参数，结果如图 12-68 所示。

图 12-68 【图案填充和渐变色】对话框

步骤 12 在弹出的【图案填充和渐变色】对话框中，单击【边界】功能区中的【添加：拾取点】按钮，在绘图区域选择填充区域后点取添加拾取点，按 Enter 键即可完成该图案填充操作，结果如图 12-69 所示。

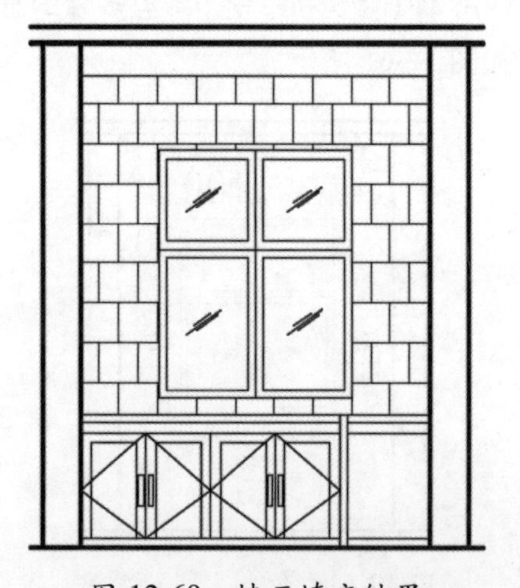

图 12-69 墙面填充结果

步骤 13 沿用上述同样的操作，对厨房墙体进行填充，结果如图 12-70 所示。

图 12-70　厨房 C 立面图完成结果

12.4.2 厨房 C 立面图标注

厨房立面图标注，主要标注家具尺寸、空间标高和对室内各个部分的装饰材料进行必要的说明。对厨房 C 立面图进行标注的具体操作步骤如下。

步骤 1 选择【标注】→【线性】菜单命令，对厨房内家具进行标注，结果如图 12-71 所示。

步骤 2 调用 I(插入) 命令，在弹出的【插入】对话框中，选择【标高】图块，结果如图 12-72 所示。

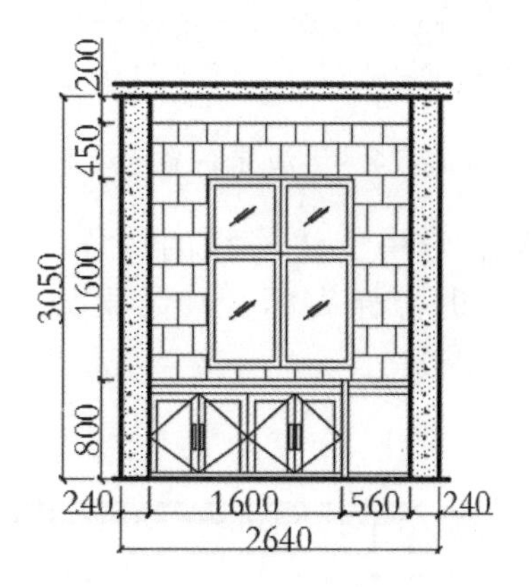

图 12-71　添加尺寸标注

图 12-72　【插入】对话框

步骤 3 在【插入】对话框，单击【确定】按钮。命令行提示如下：

```
命令: INSERT
指定插入点或 [基点(B)/比例(S)/X/Y/Z/旋转(R)]: s
指定 XYZ 轴的比例因子 <1>: 2     //在绘图区中单击标高的插入点，系统弹出【编辑属性】对话框
```

步骤 4 在弹出的【编辑属性】对话框中，输入要添加的标高，单击【确定】按钮，即可在指定的绘图区域插入标高，如图 12-73 所示。

步骤 5 单击【编辑属性】对话框中的【确定】按钮，结果如图 12-74 所示。

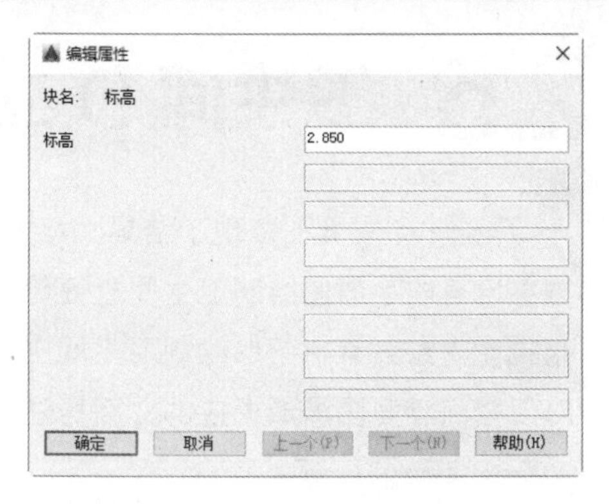

图 12-73　【编辑属性】对话框

图 12-74　添加标高显示结果

步骤 6 沿用上述同样的操作，对厨房C立面图进行标高标注，结果如图 12-75 所示。

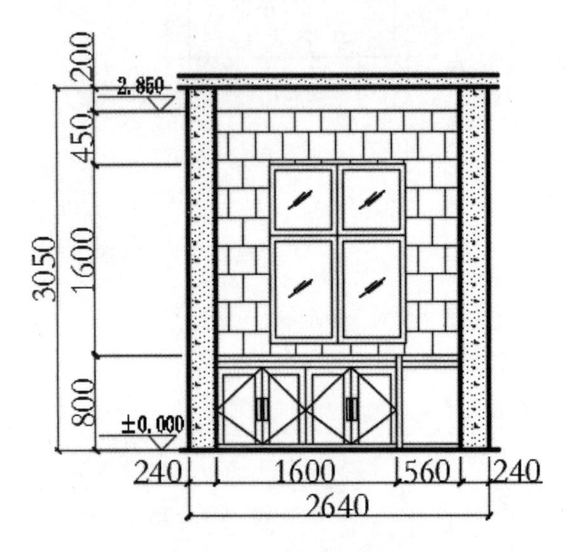

图 12-75　添加标高标注

步骤 7 调用 MLD(多重引线) 命令，对厨房C立面图使用材料进行标注，结果如图 12-76 所示。

步骤 8 调用 T(文字) 命令，在绘图区域指定文字的输入范围，并在弹出的文字编辑框中输入相应的图名标注文字；调用 L(直线) 命令，在文字标注下面绘制图名双线，并将其中一条下画线的线宽设置为 0.4mm。绘制结果如图 12-77 所示。

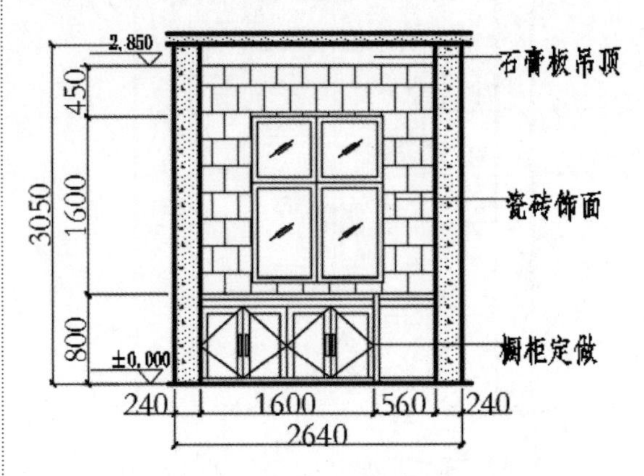

图 12-76　添加材料说明

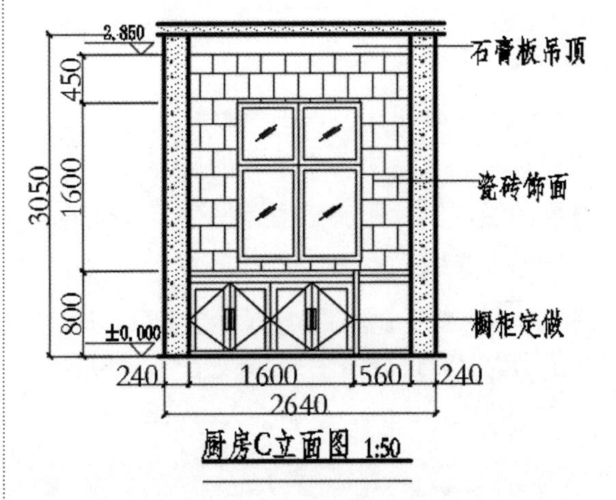

图 12-77　添加图名标注

12.5 卫生间 D 立面图的绘制

卫生间 D 立面图体现了洁具和墙面的装饰效果，其主要的绘制思路如下。

☆　根据已有的平面图绘制卫生间立面轮廓。

☆　根据室内家具素材图形绘制卫生间立面装饰物。

☆　对卫生间立面图添加相应的立面标注。

12.5.1 绘制卫生间 D 立面图

绘制卫生间 D 立面图主要包括设置并绘制立面图区域和绘制立面淋浴间的装饰效果，具体内容如下。

1. 设置并绘制立面图区域

在 AutoCAD 2016 主窗口中打开已绘制完成图样中的“住宅室内平面布置图 .dwg”之后，单击图标按钮→【另存为】菜单命令，即可弹出【图形另存为】对话框。在其中将文件另外命名为“住宅卫生间 D 立面图 .dwg”之后，单击【保存】按钮，即可完成新图形的建立。

打开上述新建图形，将平面图上多余的洁具、门等图形删除，即可得到要绘制的卫生间 D 立面图的区域，结果如图 12-78 所示。

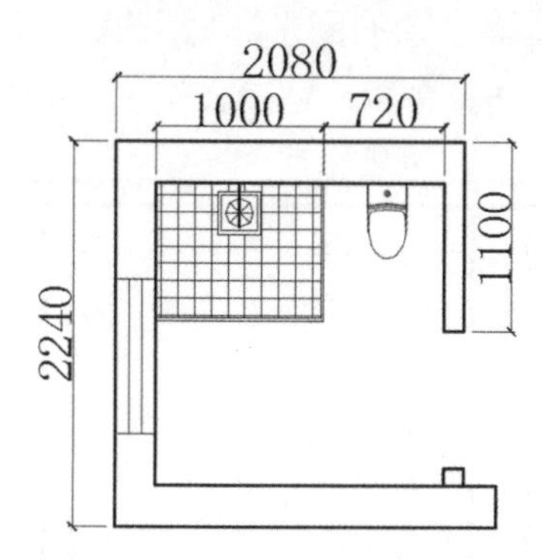

图 12-78　卫生间立面图区域

2. 绘制立面淋浴间

淋浴间是卫生间装饰的重点之一。本例主要以瓷砖背景墙为例进行讲解，具体操作步骤如下。

步骤 1 调用 L(直线) 命令，【线宽】设置为 0.30mm，在卫生间平面图上方绘制长度为 2300 的地坪线；调用 O(偏移) 命令，向上偏移直线 3 次，偏移距离分别为 2800、200、100。结果如图 12-79 所示。

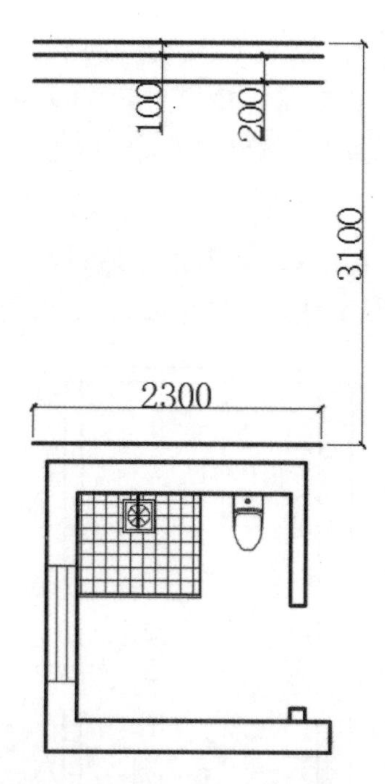

图 12-79　偏移地坪线

步骤 2 调用 L(直线) 命令，【线宽】设置为 0.30mm，根据平面图中墙体的位置，绘制卫生间立面图的墙线，结果如图 12-80 所示。

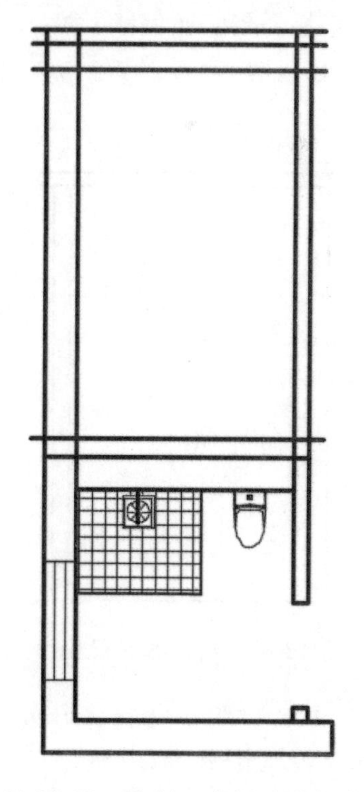

图 12-80　绘制卫生间墙体轮廓

步骤 3 绘制全玻璃淋浴间轮廓。调用REC(矩形) 命令，绘制尺寸为 1000×1900 的矩形；调用 TR(修剪) 命令、E(删除) 命令，修剪和删除多余的图形；选取偏移量为 2800 的线段，单击【线宽】下拉列表框，将其设置为【默认】线宽。结果如图 12-81 所示。

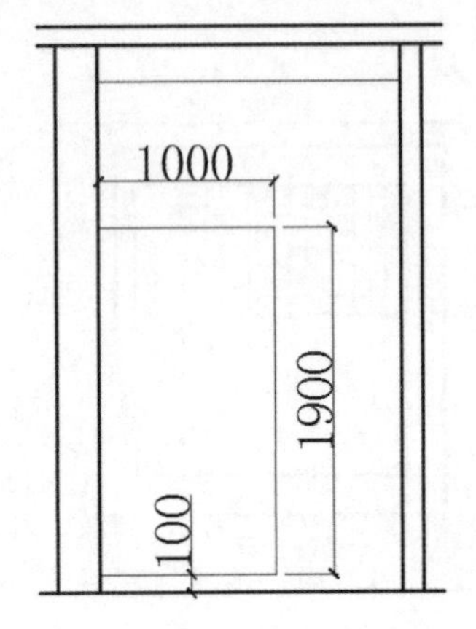

图 12-81 绘制淋浴间轮廓

步骤 4 绘制淋浴间推拉门轮廓。调用 O(偏移) 命令，偏移矩形；调用 L(直线) 命令，绘制直线；调用 O(偏移) 命令，偏移直线；调用 TR(修剪) 命令，修剪多余的线条。结果如图 12-82 所示。

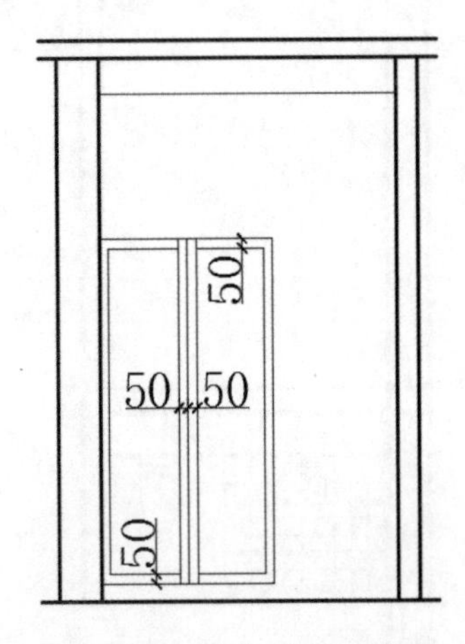

图 12-82 绘制推拉门轮廓

步骤 5 调用 LEADER(快速引线标注) 命令，只保留箭头引线；调用 L(直线) 命令，绘制直线。结果如图 12-83 所示。

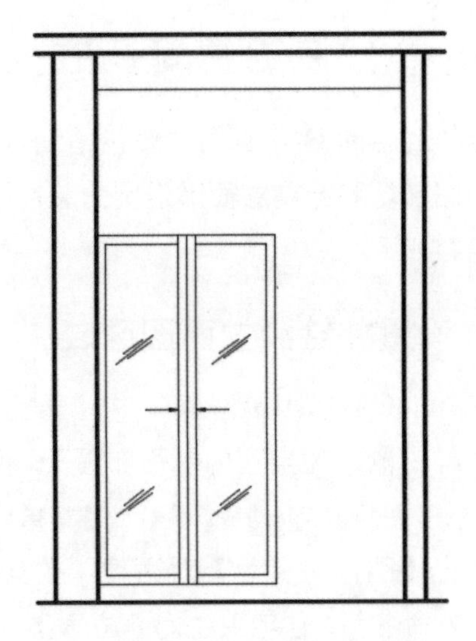

图 12-83 绘制完成的推拉门

步骤 6 插入图案。打开图库中已绘制完成的洁具立面图样，调用 CO(复制) 命令，从中复制粘贴淋浴器等洁具图样至当前卫生间中；调用 TR(修剪) 命令、E(删除) 命令，修剪并删除多余的图形。即可完成卫生间 D 立面图的洁具布置，结果如图 12-84 所示。

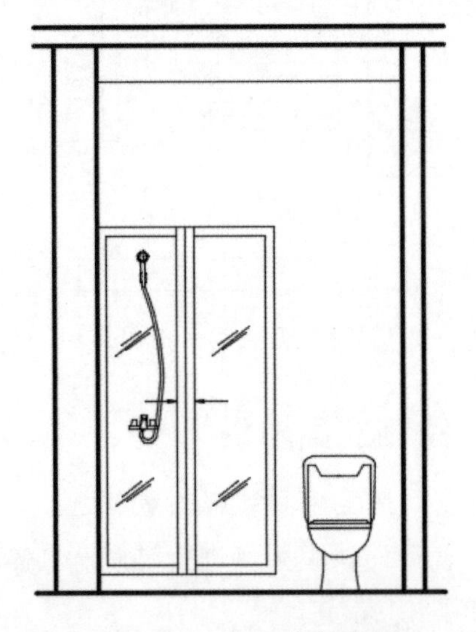

图 12-84 插入素材结果

步骤 7 填充墙面。调用 H(填充) 命令，再在命令行中输入 T(设置) 命令，在弹出的【图案填充和渐变色】对话框中设置填充图案参数，结果如图 12-85 所示。

图 12-85　【图案填充和渐变色】对话框

步骤 8　在弹出的【图案填充和渐变色】对话框中，单击【边界】功能区中的【添加：拾取点】按钮，在绘图区域选择填充区域后点取添加拾取点，按 Enter 键即可完成该图案填充操作，结果如图 12-86 所示。

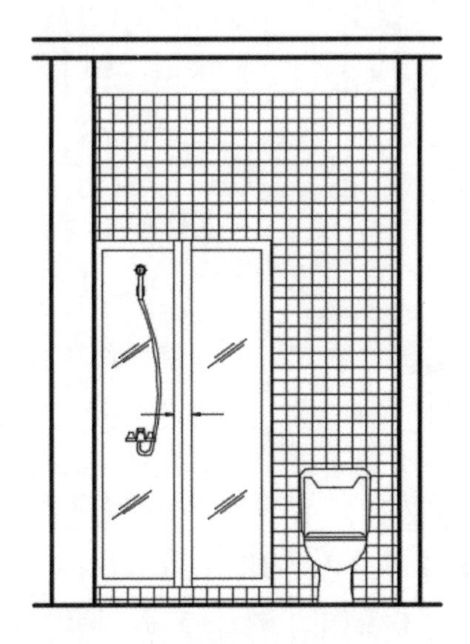

图 12-86　图案填充结果

步骤 9　沿用上述同样的操作，对卫生间墙体进行填充，结果如图 12-87 所示。

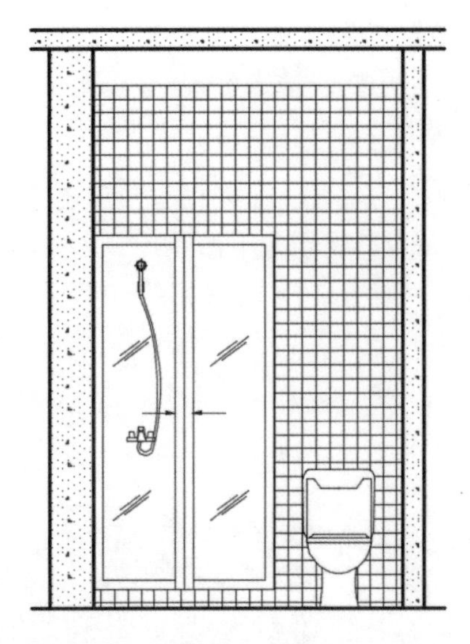

图 12-87　卫生间立面图完成结果

12.5.2　卫生间 D 立面图标注

卫生间立面图标注，主要标注洁具尺寸、空间标高和对室内各个部分的装饰材料进行必要的说明。对卫生间 D 立面图进行标注的具体操作步骤如下。

步骤 1　选择【标注】→【线性】菜单命令，对卫生间洁具设施进行标注，结果如图 12-88 所示。

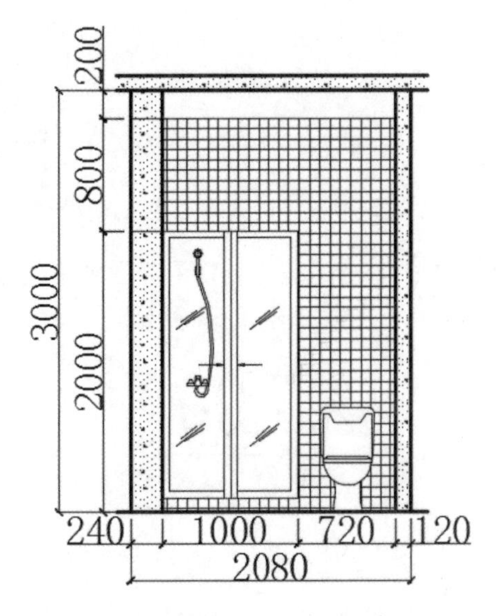

图 12-88　添加尺寸标注

步骤 2 调用 I(插入) 命令，在弹出的【插入】对话框中，选择【标高】图块，结果如图 12-89 所示。

步骤 3 在【插入】对话框中单击【确定】按钮。命令行提示如下：

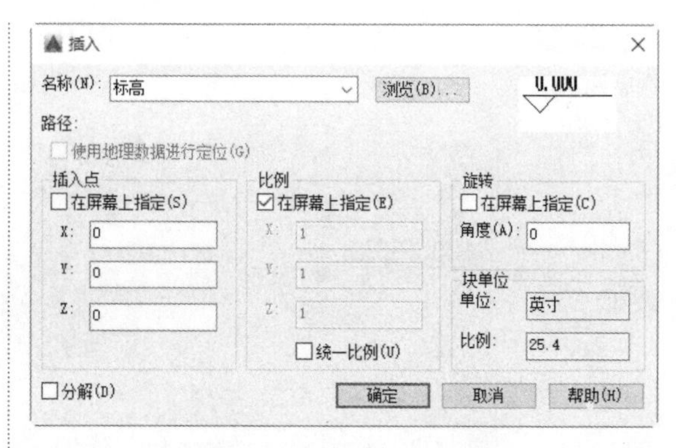

图 12-89 【插入】对话框

```
命令：INSERT
指定插入点或 [基点(B)/比例(S)/X/Y/Z/旋转(R)]: s
指定 XYZ 轴的比例因子 <1>: 2    //在绘图区中单击标高的插入点，系统弹出【编辑属性】对话框
```

步骤 4 在弹出的【编辑属性】对话框中，输入要添加的标高，单击【确定】按钮，即可在指定的绘图区域插入标高，结果如图 12-90 所示。

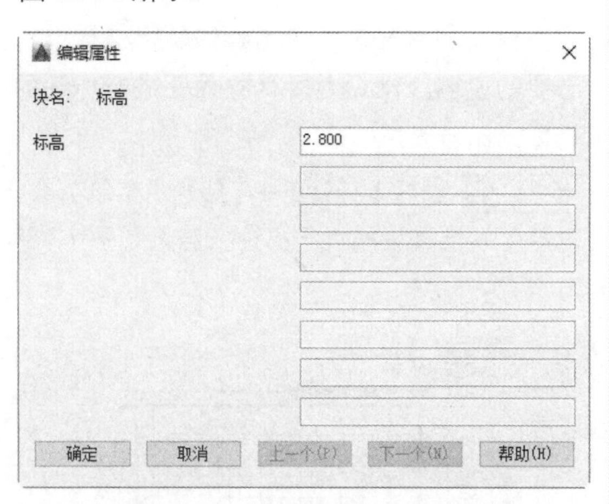

图 12-90 【编辑属性】对话框

步骤 5 单击【编辑属性】对话框中的【确定】按钮，结果如图 12-91 所示。

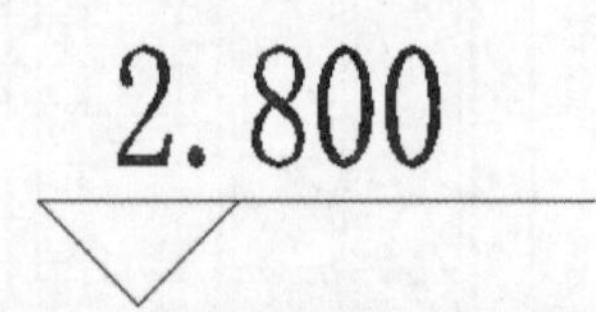

图 12-91 添加标高显示结果

步骤 6 沿用上述同样的操作，对卫生间D立面图进行标高标注，结果如图 12-92 所示。

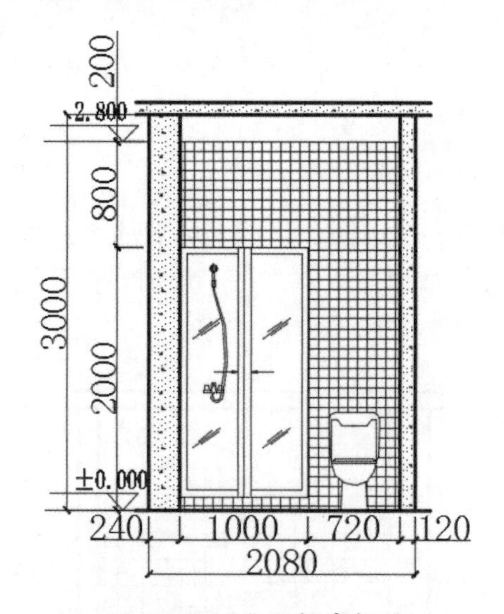

图 12-92 添加标高标注

步骤 7 调用 MLD(多重引线) 命令，对卫生间 D 立面图使用材料进行标注，结果如图 12-93 所示。

步骤 8 调用 T(文字) 命令，在绘图区域指定文字的输入范围，并在弹出的文字编辑框中输入相应的图名标注文字；调用 L(直线) 命令，在文字标注下面绘制图名双线，并将其中一条下画线的线宽设置为 0.4mm。绘制结果如图 12-94 所示。

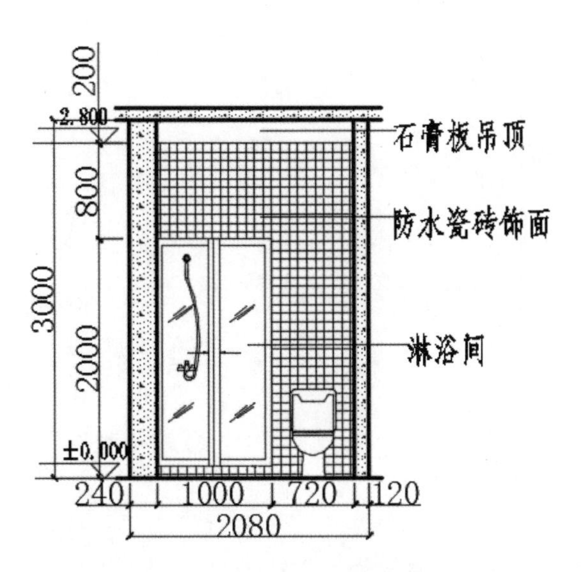

图 12-93 添加材料说明

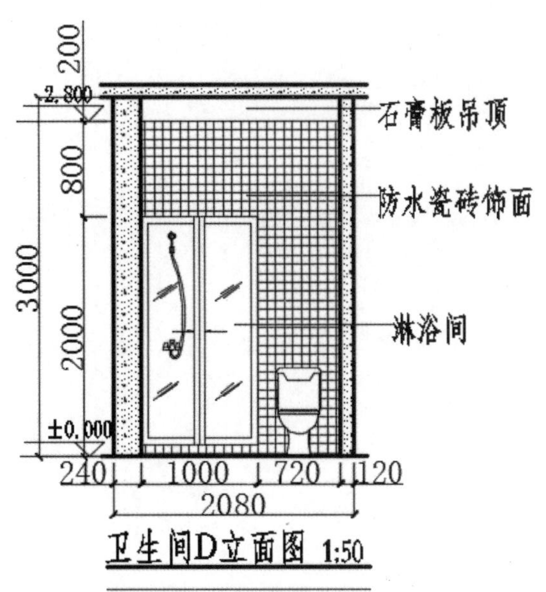

图 12-94 添加图名标注

12.6 大师解惑

小白：在绘制室内立面图时，通常一个房间有 4 个位面，请问每个面都需要绘制立面图吗？

大师：通常情况下绘制室内立面图并不是每个房间都要绘制立面图的，主要是绘制一些“有效位面”的立面图，也就是说能体现设计师设计感的立面，这样也能提高绘图效率。

12.7 跟我学上机

练习 1：通过学习本章介绍绘制立面图的方法，绘制下列某建筑物室内家具立面图，如图 12-95 所示。

练习 2：通过学习本章介绍绘制立面图的方法，绘制下列某建筑物室内客厅立面图，如图 12-96 所示。

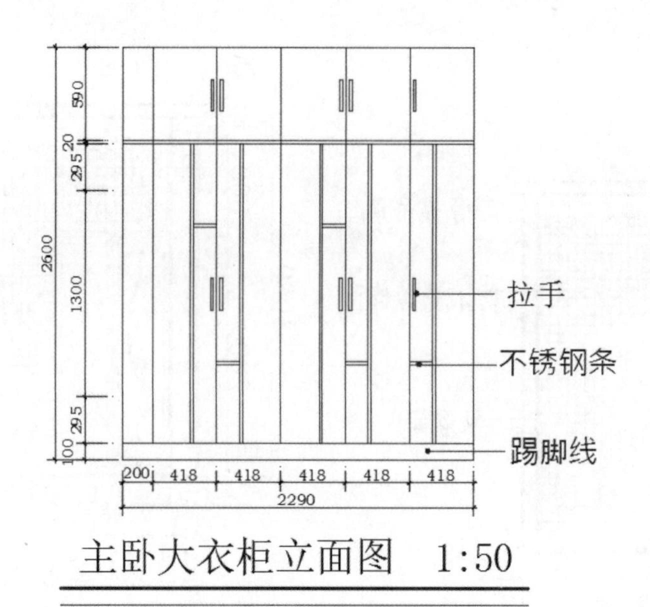

图 12-95 主卧大衣柜立面图

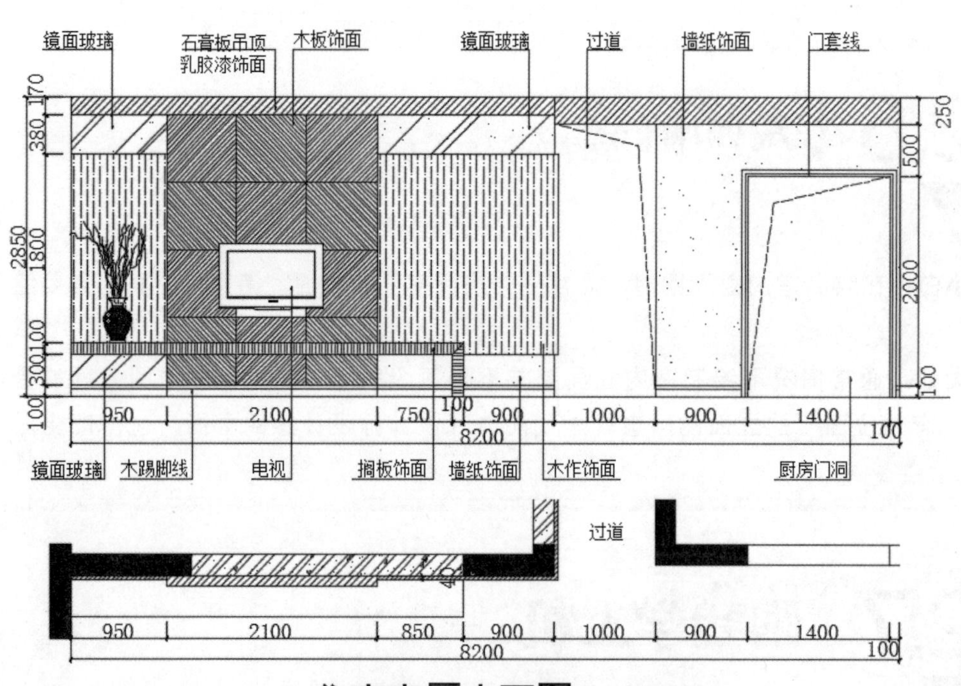

图 12-96 住宅客厅立面图

电梯间室内设计图的绘制

电梯主要应用于高层建筑中，是竖向联系的最主要的交通工具。电梯的主要类型有乘客电梯、服务电梯、观光电梯、自动扶梯、消防电梯等，消防电梯一般与客梯等工作电梯兼用。

本章将结合建筑设计规范和建筑制图要求，详细讲述建筑施工图中电梯间室内设计立面图的绘制。通过本章的学习，读者可以了解有关电梯间室内设计立面图的相关知识，以及使用 AutoCAD 2016 绘制建筑物立面图的方法、步骤与技巧。

- **本章学习目标（已掌握的在方框中打钩）**
  - □ 了解电梯间平面图绘制的思路。
  - □ 掌握电梯室内平面图的绘制方法和技巧。
  - □ 掌握电梯门立面图的绘制方法和技巧。
  - □ 掌握电梯侧立面图的绘制方法和技巧。

- **重点案例效果**

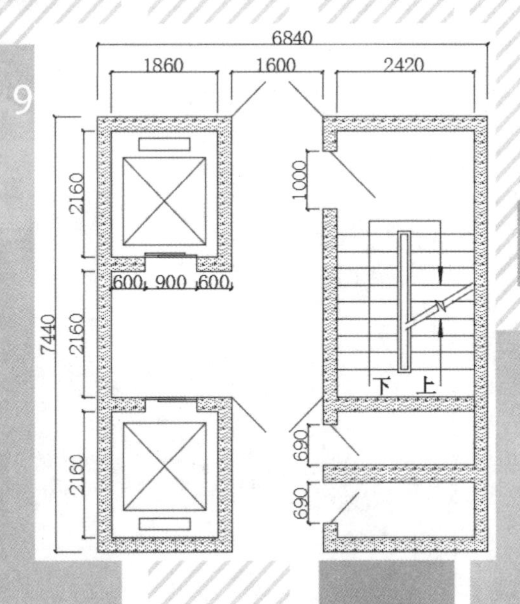

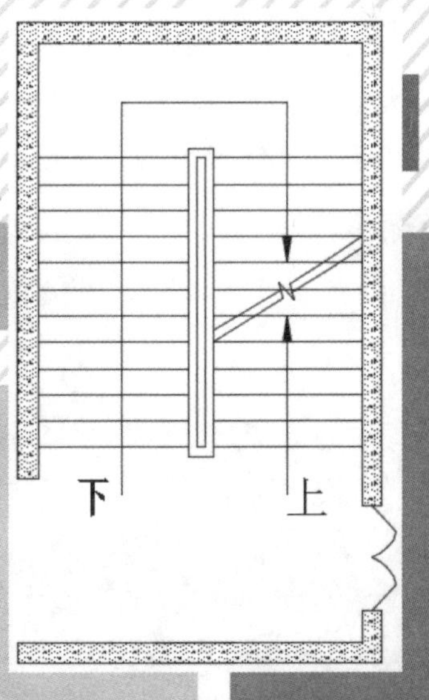

13.1 电梯间平面图的绘制思路

电梯间室内设计是指房屋居住周围公共环境的设计与装饰，在整个居室装饰中占有相当重要的地位，在选择室内电梯装饰材料与设计方案时，既要遵循牢固、安全的根本需要，又要讲究美观、实用的原则。

电梯平面图主要的绘制思路如下。

☆ 根据已有的平面图设置要绘制的电梯间平面图的相应图层。

☆ 根据已有的平面图绘制电梯间平面图的墙体轮廓，绘制出电梯间的空间布局。

☆ 将电梯内素材图形置于电梯相应的位置。

☆ 对电梯各部分进行相应的标注。

如图 13-1 所示为绘制完成的室内电梯间平面图。

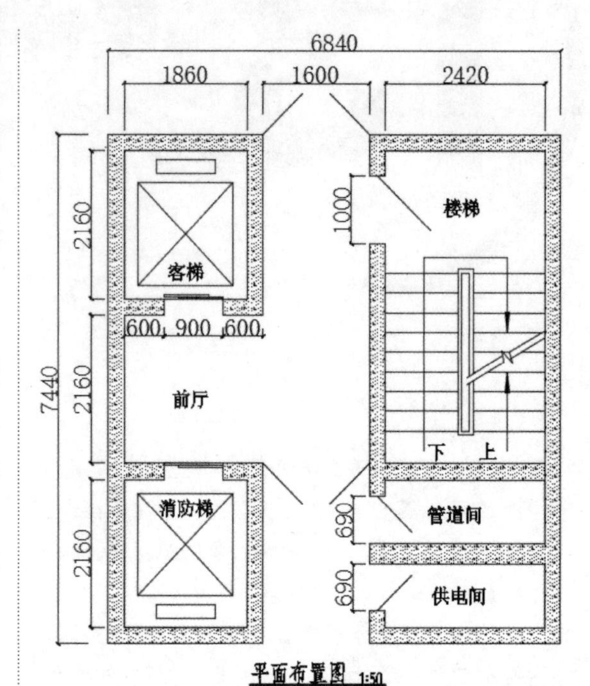

图 13-1 电梯间平面图

13.1.1 电梯间平面效果图

电梯是人们日常生活中不可或缺的交通工具。电梯的种类多样，风格各异，常置于高层住宅、办公大楼、商场等，其设计大小应根据楼层使用人数来计算确定。

如图 13-2 所示为不同区域电梯间的使用效果。

图 13-2 不同区域电梯间的使用效果

13.1.2 绘制电梯间平面图

下面主要介绍电梯间平面大样图的绘制。大样图是指针对某一区域进行特殊性放大标注，较详细地表达出来。绘制电梯间平面图的具体操作步骤如下。

步骤 1 设置图层。选择【格式】→【图层】菜单命令，在弹出的【图层特性管理器】对话框中依次单击新建图层选项按钮，并将其命名为【标注】图层、【墙身】图层、【墙体】图层，结果如图 13-3 所示。

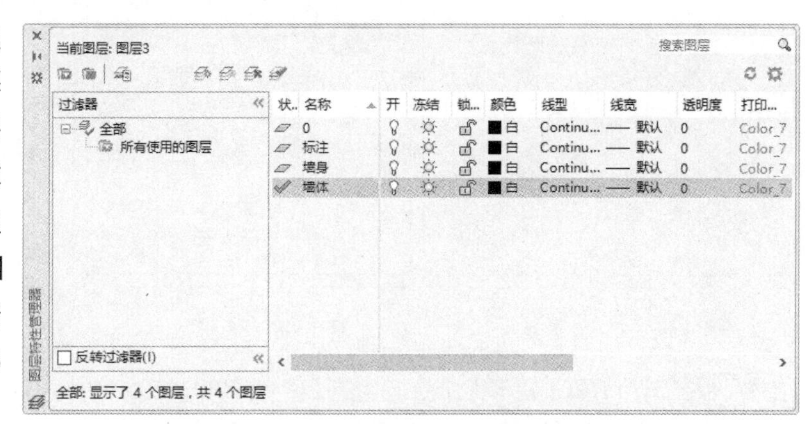

图 13-3　【图层特性管理器】对话框

步骤 2 绘制电梯间墙体。在【图层特性管理器】对话框中切换到【墙体】图层，调用 REC(矩形) 命令，绘制尺寸为 6850×7450 的矩形；调用 O(偏移) 命令，偏移矩形，偏移距离为 240。结果如图 13-4 所示。

步骤 3 调用 REC(矩形) 命令，绘制尺寸为 2100×2400 的矩形；调用 O(偏移) 命令，偏移矩形，向内偏移距离为 240。结果如图 13-5 所示。

步骤 4 调用 CO(复制) 命令，复制粘贴上述小矩形；调用 TR(修剪) 命令，修剪多余的线条；调用 L(直线) 命令，绘制直线。结果如图 13-6 所示。

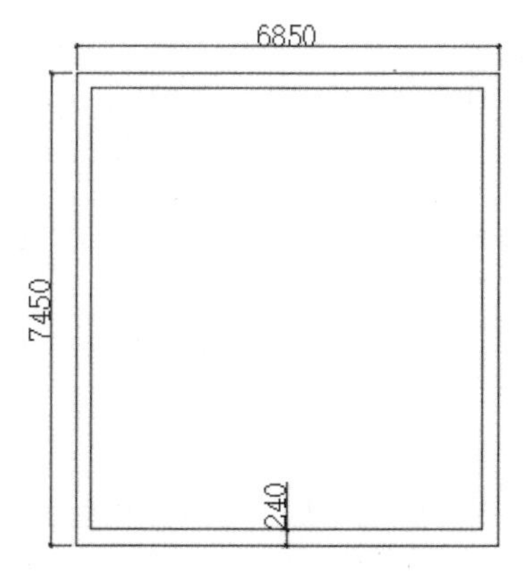

图 13-4　绘制墙体轮廓

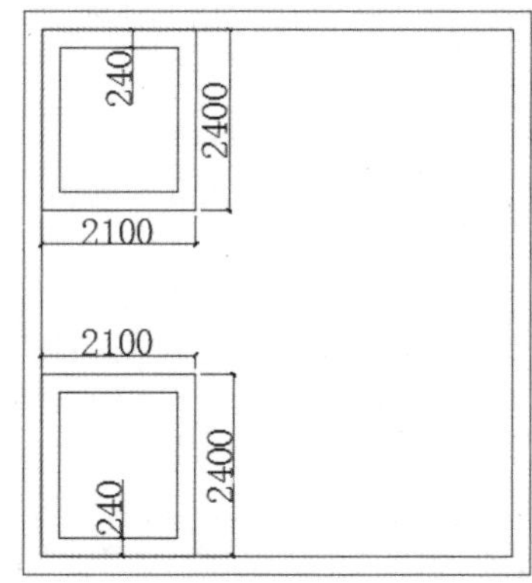

图 13-5　绘制矩形

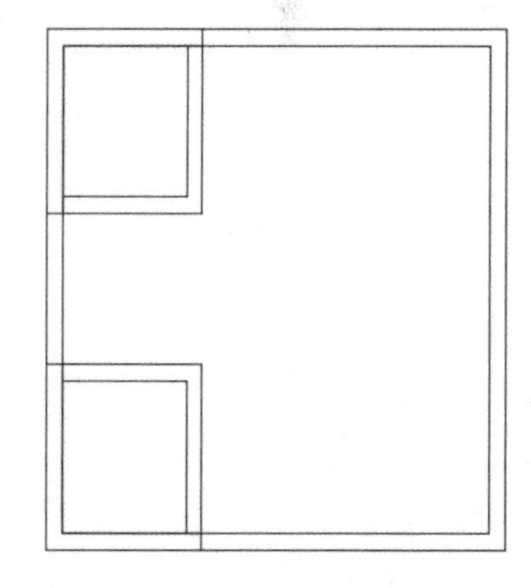

图 13-6　绘制直线

步骤 5 调用 L(直线) 命令，绘制垂直和水平方向直线，结果如图 13-7 所示。

步骤 6 调用 TR(修剪) 命令，修剪多余的线条；调用 L(直线) 命令，绘制直线。结果如图 13-8 所示。

步骤 7 调用 L(直线) 命令，完善墙体；调用 TR(修剪) 命令，修剪多余的线条。结果如

图 13-9 所示。

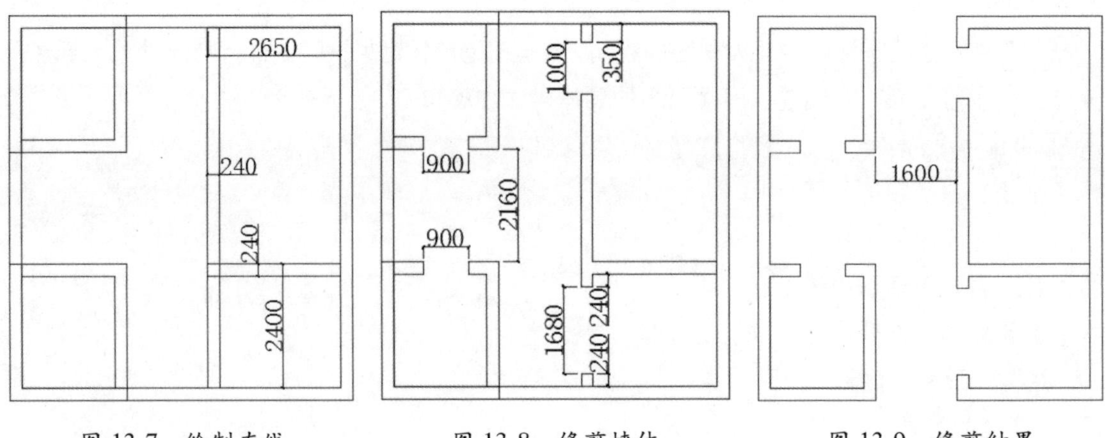

图 13-7　绘制直线　　图 13-8　修剪墙体　　图 13-9　修剪结果

步骤 8 调用 REC(矩形) 命令，绘制尺寸为 300×2650 的矩形；调用 TR(修剪) 命令，修剪多余的直线。结果如图 13-10 所示。

步骤 9 绘制普通门。调用 L(直线) 命令、调用 MI(镜像) 命令，绘制门轮廓图，结果如图 13-11 所示。

步骤 10 绘制电梯。调用 REC(矩形) 命令，分别绘制尺寸为 1500×1450 和 900×200 的矩形；调用 L(直线) 命令，绘制直线。结果如图 13-12 所示。

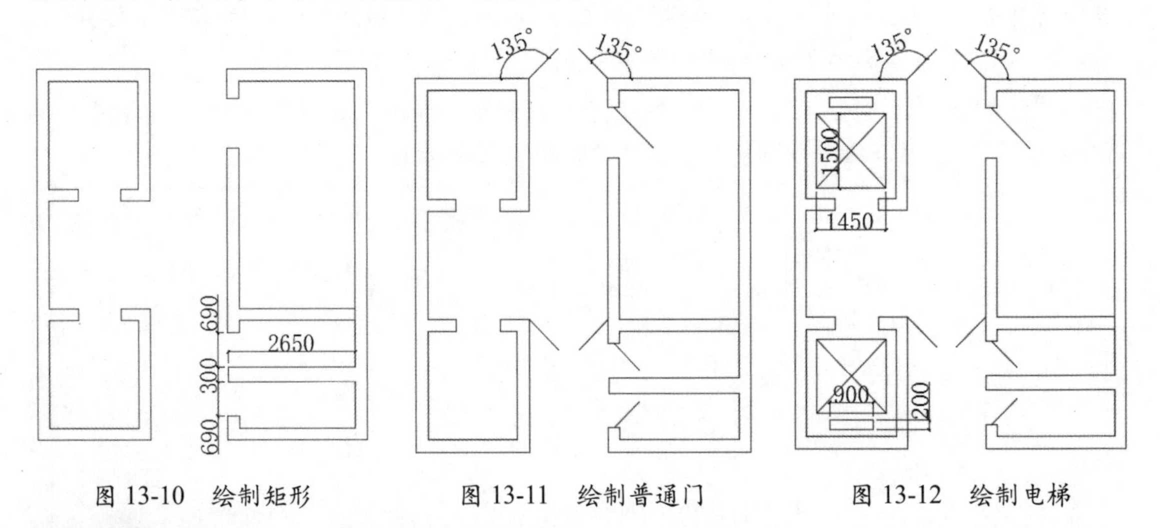

图 13-10　绘制矩形　　图 13-11　绘制普通门　　图 13-12　绘制电梯

步骤 11 绘制电梯门。调用 REC(矩形) 命令，绘制尺寸为 30×680 的矩形；调用 L(直线) 命令，绘制直线。结果如图 13-13 所示。

步骤 12 绘制楼梯。调用 REC(矩形) 命令，绘制尺寸为 230×2419 的矩形；调用 O(偏移) 命令，向内偏移矩形；调用 L(直线) 命令，绘制直线；调用 O(偏移) 命令，偏移直线。结果如图 13-14 所示。

步骤 13 绘制折断线。调用 L(直线) 命令，绘制直线；调用 LEADER(快速引线标注) 命令，只保留箭头引线；调用 TR(修剪) 命令，修剪多余的直线；调用 T(文字) 命令，在弹出的文

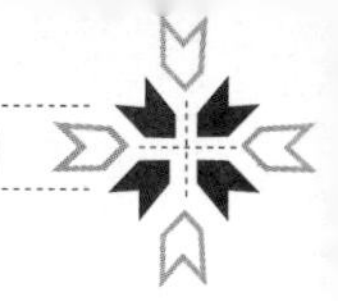

字编辑框中输入相应的文字。结果如图 13-15 所示。

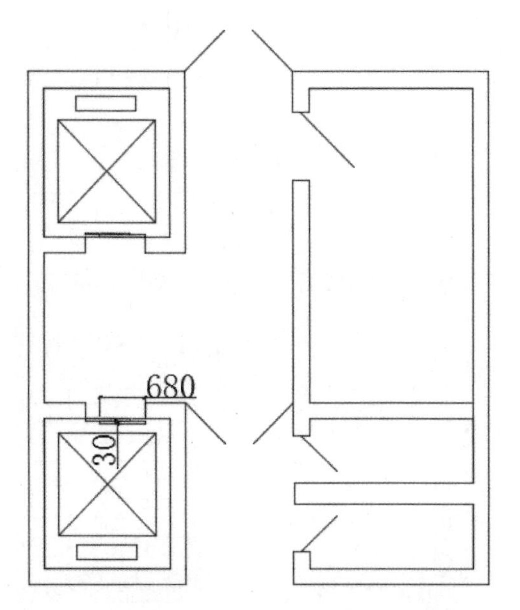

图 13-13　绘制电梯门

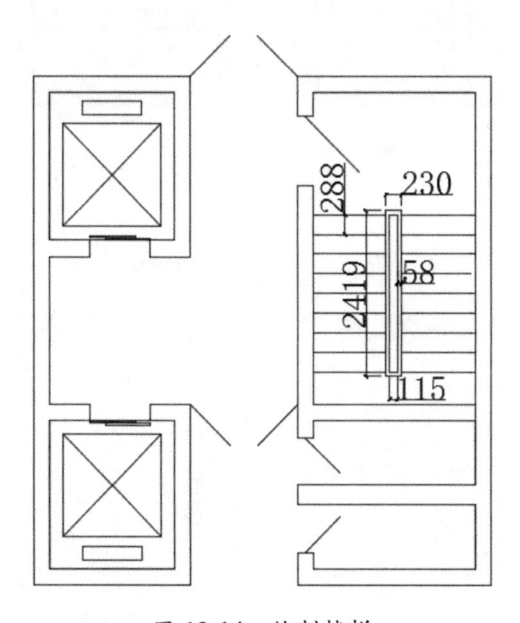

图 13-14　绘制楼梯

步骤 14 填充墙体。调用 H(填充) 命令，再在命令行中输入 T(设置) 命令，在弹出的【图案填充和渐变色】对话框中 (设置) 填充图案参数，结果如图 13-16 所示。

步骤 15 在弹出的【图案填充和渐变色】对话框中，单击【边界】功能区中的【添加：拾取点】按钮，在绘图区域选择填充区域后点取添加拾取点，按 Enter 键即可完成该图案填充操作，结果如图 13-17 所示。

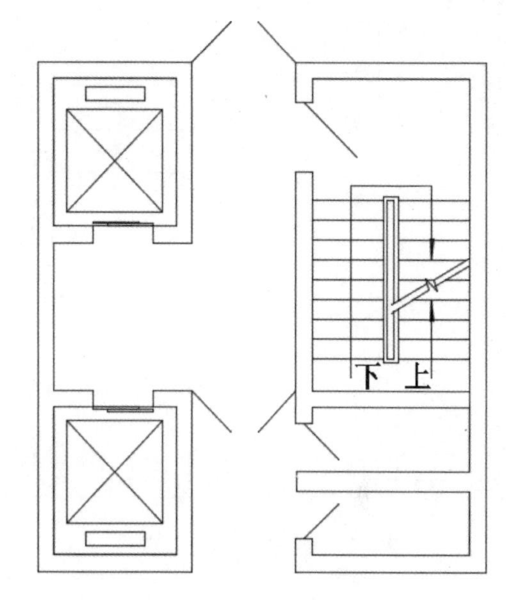

图 13-15　绘制折断线

图 13-16　【图案填充和渐变色】对话框

步骤 16 调用 DLI(线性标注) 命令，对电梯间平面图进行尺寸标注，结果如图 13-18

所示。

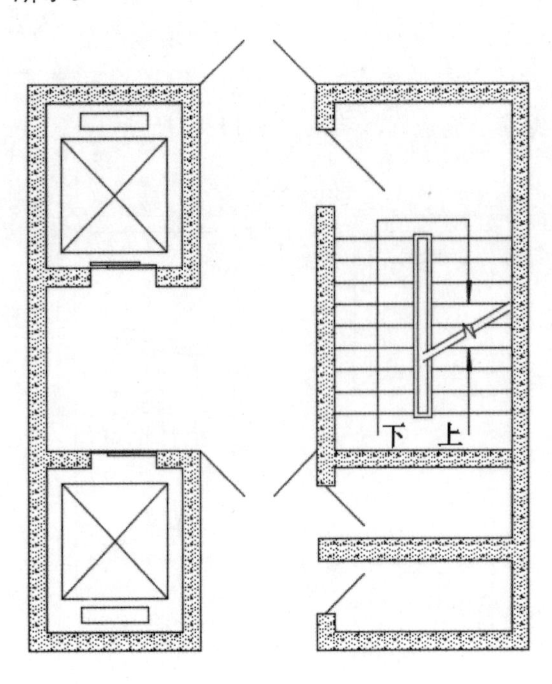

图 13-17　填充墙体结果

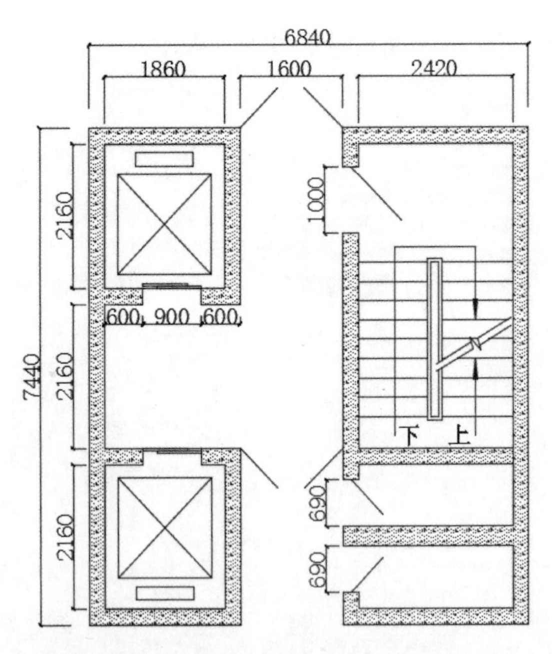

图 13-18　添加尺寸标注

步骤 17 调用 T(文字) 命令，在弹出的文字编辑框中输入相应的文字，结果如图 13-19 所示。

步骤 18 调用 T(文字) 命令，在绘图区域指定文字的输入范围，并在弹出的文字编辑框中输入相应的图名标注文字；调用 L(直线) 命令，在文字标注下面绘制图名双线，并将其中一条下画线的线宽设置为 0.4mm。绘制结果如图 13-20 所示。

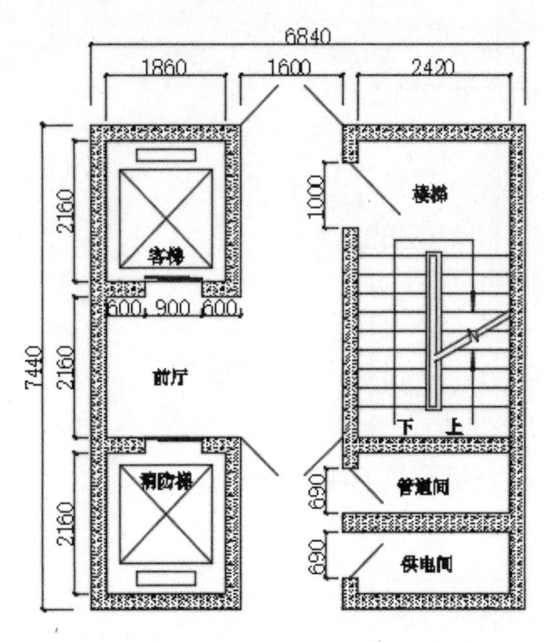

图 13-19　添加文字标注

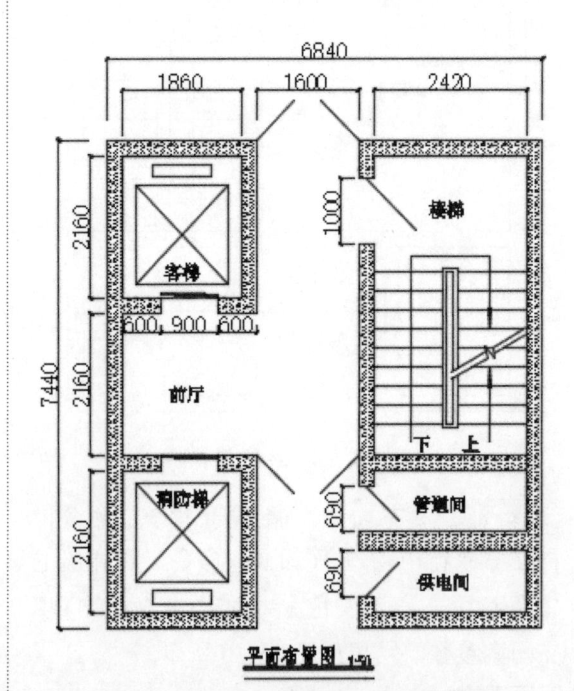

图 13-20　添加图名标注

13.2 电梯室内平面图

电梯室内平面图是其与装饰物的正投影图，包括电梯地面平面图和电梯天花平面图，其标明了电梯室内装饰的尺寸、使用材料的相互关系等。电梯室内平面图体现了电梯的装饰效果，其主要的绘制思路如下。

☆ 根据已有的平面图绘制电梯间地面和天花轮廓。

☆ 根据素材图形绘制电梯间地面和天花使用材料。

☆ 对电梯间平面图添加相应的平面标注。

电梯室内地面平面图的具体操作步骤如下。

步骤 1 整理图形。调用 CO(复制) 命令，复制并移动一份绘制完成的电梯平面图至一旁；调用 E(删除) 命令，删除多余的图形。结果如图 13-21 所示。

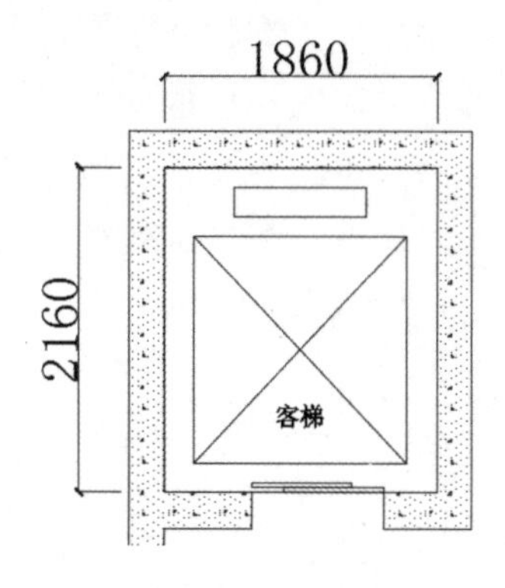

图 13-21　整理图形

步骤 2 绘制电梯地面平面轮廓。调用 REC(矩形) 命令，绘制尺寸为 1860×2160 的矩形，结果如图 13-22 所示。

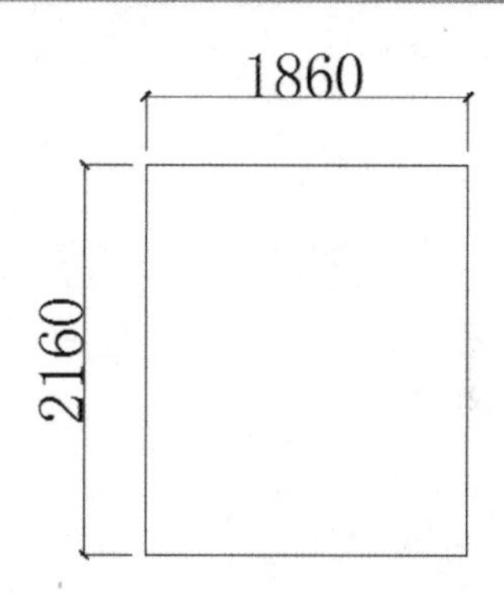

图 13-22　绘制地面平面轮廓

步骤 3 调用 X(分解) 命令，分解矩形；调用 O(偏移) 命令，偏移直线。结果如图 13-23 所示。

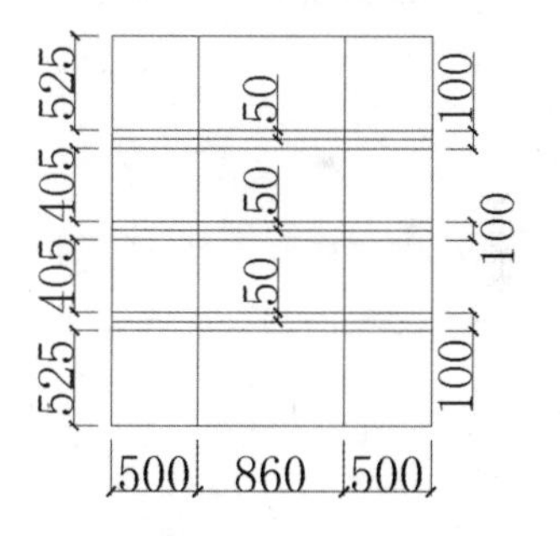

图 13-23　偏移直线

步骤 4 调用 C(圆) 命令，绘制半径为 430 的圆；调用 L(直线) 命令，绘制直线；调用 TR(修剪) 命令，修剪多余的直线。结果如图 13-24 所示。

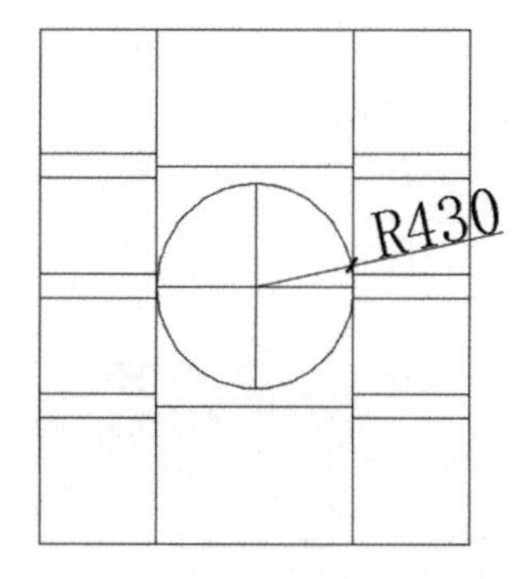

图 13-24　绘制圆形并修剪图形

步骤 5 填充地面。调用 H(填充) 命令，再在命令行中输入 T(设置) 命令，在弹出的【图案填充和渐变色】对话框中设置填充图案参数，结果如图 13-25 所示。

图 13-25 【图案填充和渐变色】对话框

步骤 6 在弹出的【图案填充和渐变色】对话框中，单击【边界】功能区中的【添加：拾取点】按钮，在绘图区域选择填充区域后点取添加拾取点，按 Enter 键即可完成该图案填充操作，结果如图 13-26 所示。

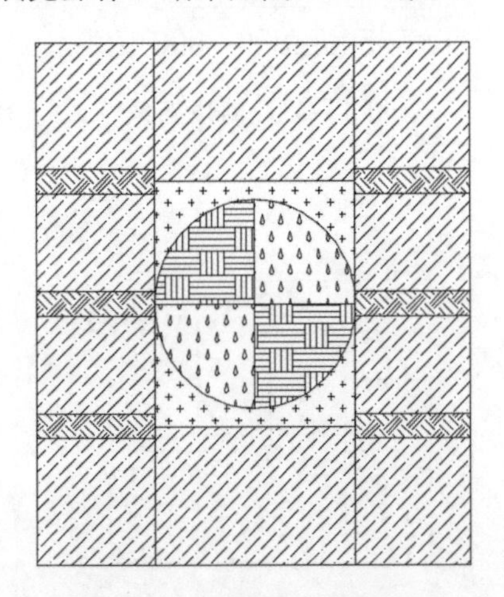

图 13-26 填充地面结果

步骤 7 添加尺寸和材料标注。调用 DLI(线性标注) 命令，对电梯室内地面进行尺寸标注；调用 MLD(多重引线) 命令，对电梯室内地面使用材料进行标注。结果如图 13-27 所示。

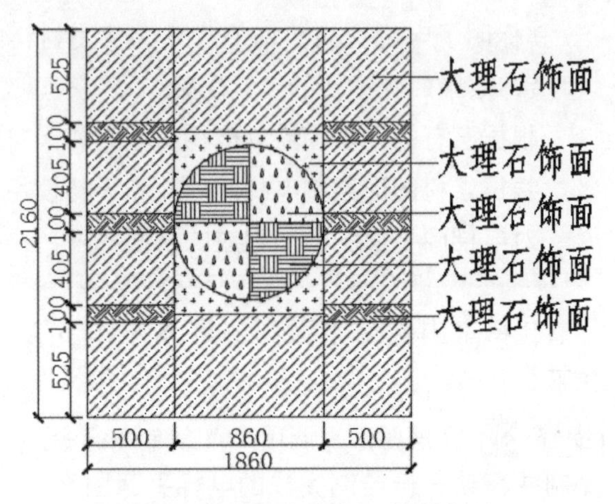

图 13-27 添加尺寸和材料标注

步骤 8 添加图名标注。调用 T(文字) 命令，在绘图区域指定文字的输入范围，并在弹出的文字编辑框中输入相应的图名标注文字；调用 L(直线) 命令，在文字标注下面绘制图名双线，并将其中一条下画线的线宽设置为 0.4mm。绘制结果如图 13-28 所示。

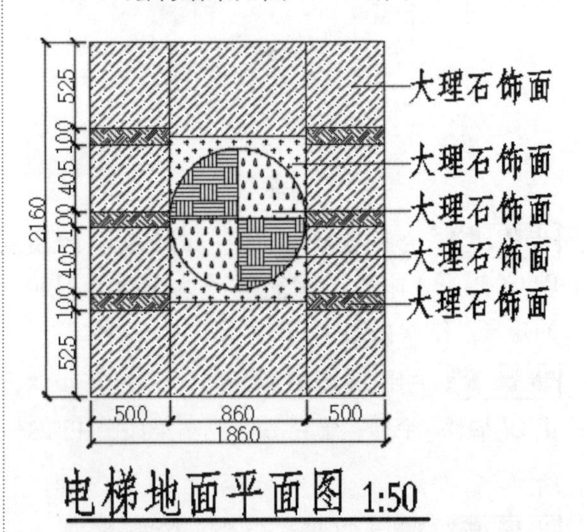

图 13-28 添加图名标注

步骤 9 整理图形。调用 CO(复制) 命令，

复制并移动一份绘制完成的电梯平面图至一旁；调用 E(删除) 命令，删除多余的图形。结果如图 13-29 所示。

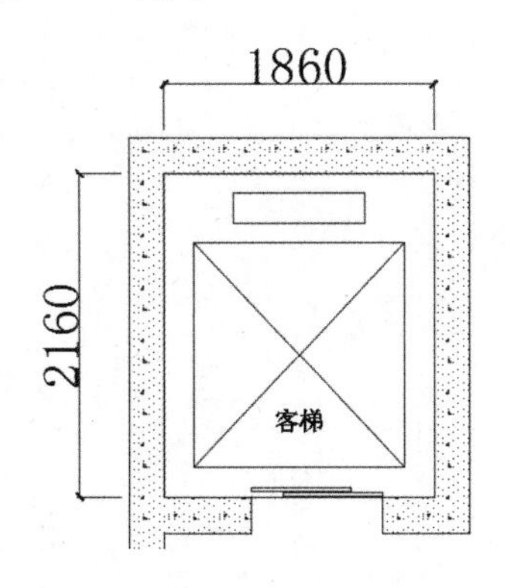

图 13-29　整理图形

步骤 10 绘制电梯天花平面轮廓。调用 REC(矩形) 命令，绘制尺寸为 1860×2160 的矩形，结果如图 13-30 所示。

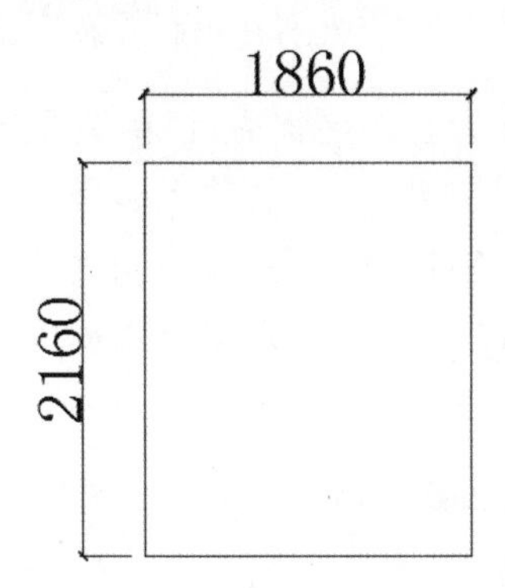

图 13-30　绘制天花平面轮廓

步骤 11 调用 O(偏移) 命令，多次偏移矩形，结果如图 13-31 所示。

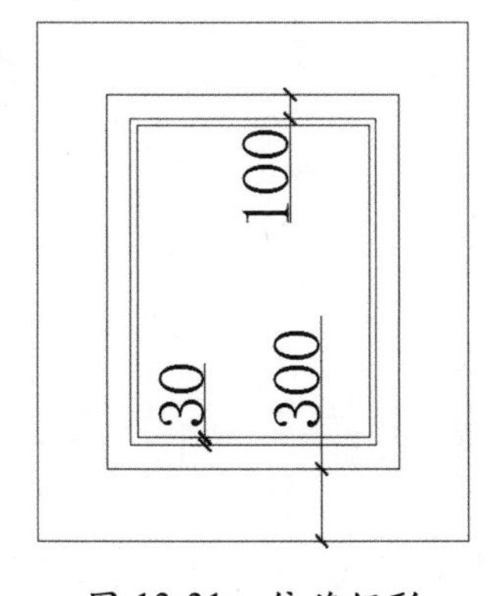

图 13-31　偏移矩形

步骤 12 调用 X(分解) 命令，分解矩形；调用 L(直线) 命令，绘制直线；调用 O(偏移) 命令，偏移直线。结果如图 13-32 所示。

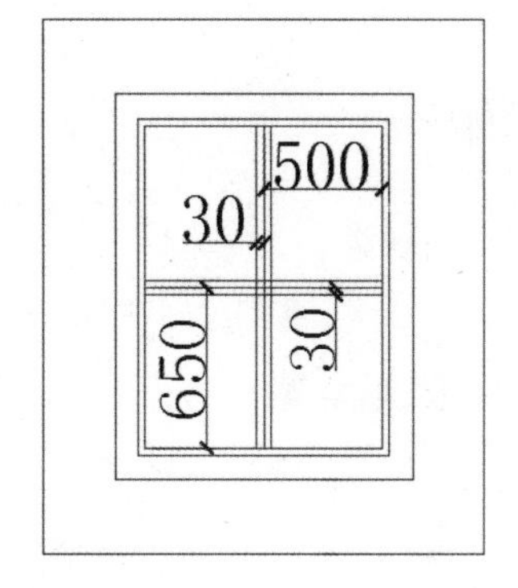

图 13-32　绘制与偏移直线

步骤 13 调用 TR(修剪) 命令，修剪多余的直线，结果如图 13-33 所示。

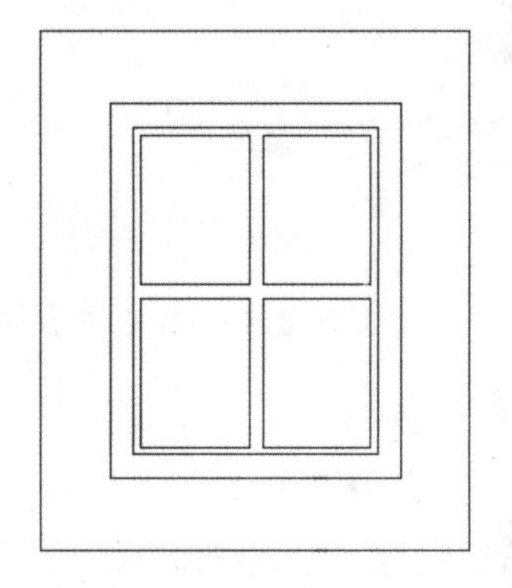

图 13-33　修剪结果

步骤 14 插入素材图形。调用 CO(复制) 命令，复制粘贴灯具至当前图形；调用 L(直线) 命令，绘制直线。结果如图 13-34 所示。

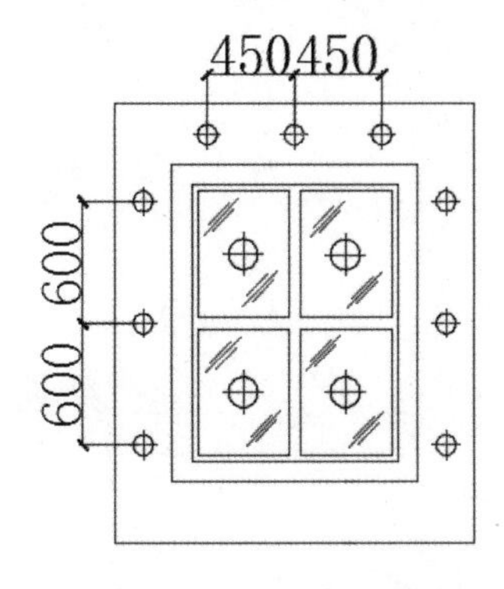

图 13-34　插入素材图形

步骤 15 填充天花顶面。调用H(填充)命令，再在命令行中输入T(设置)命令，在弹出的【图案填充和渐变色】对话框中设置填充图案参数，结果如图13-35所示。

图 13-35 【图案填充和渐变色】对话框

步骤 16 在弹出的【图案填充和渐变色】对话框中，单击【边界】功能区中的【添加：拾取点】按钮，在绘图区域选择填充区域后点取添加拾取点，按Enter键即可完成该图案填充操作，结果如图13-36所示。

图 13-36 填充结果

步骤 17 添加尺寸和材料标注。调用DLI(线性标注)命令，对电梯室内天花进行尺寸标注；调用MLD(多重引线)命令，对电梯室内天花使用材料进行标注。结果如图13-37所示。

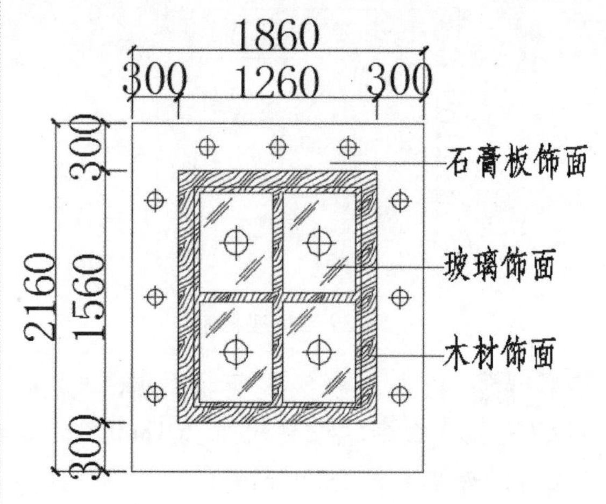

图 13-37 添加尺寸和材料标注

步骤 18 添加图名标注。调用T(文字)命令，在绘图区域指定文字的输入范围，并在弹出的文字编辑框中输入相应的图名标注文字；调用L(直线)命令，在文字标注下面绘制图名双线，并将其中一条下画线的线宽设置为0.4mm。绘制结果如图13-38所示。

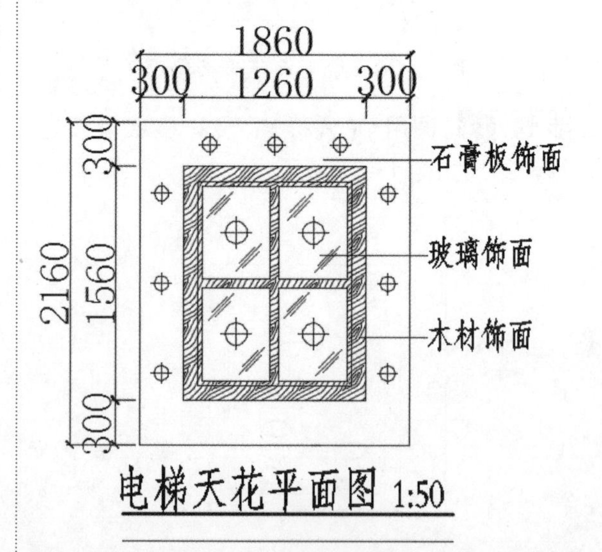

图 13-38 添加图名标注

13.3 电梯门立面图

电梯门立面图包括正立面图和背立面图。绘制电梯门立平面图的具体操作步骤如下。

步骤 1 整理图形。调用 CO(复制) 命令，复制并移动一份绘制完成的电梯平面图至一旁，结果如图 13-39 所示。

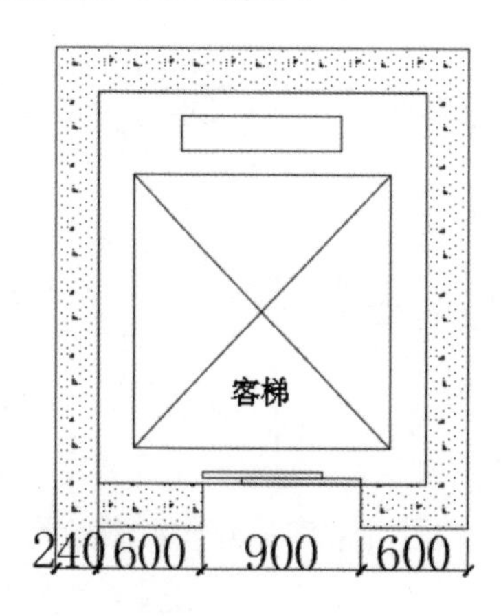

图 13-39 整理图形

步骤 2 绘制电梯门立面轮廓。调用 REC(矩形) 命令，绘制尺寸为 2340×3000 的矩形，结果如图 13-40 所示。

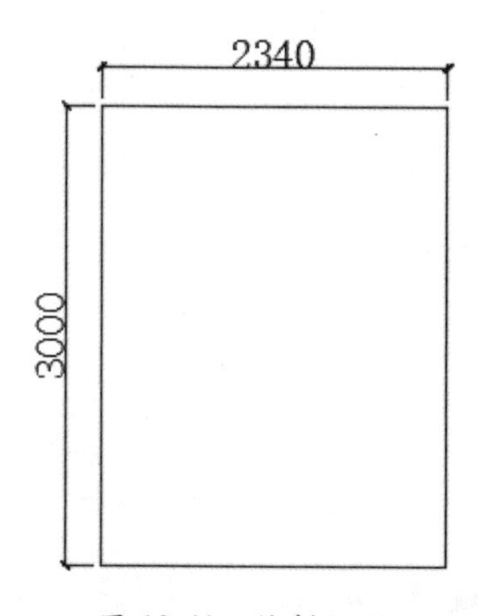

图 13-40 绘制矩形

步骤 3 绘制电梯门所在立面轮廓。调用 X(分解) 命令，分解矩形；调用 O(偏移) 命令，偏移矩形边。结果如图 13-41 所示。

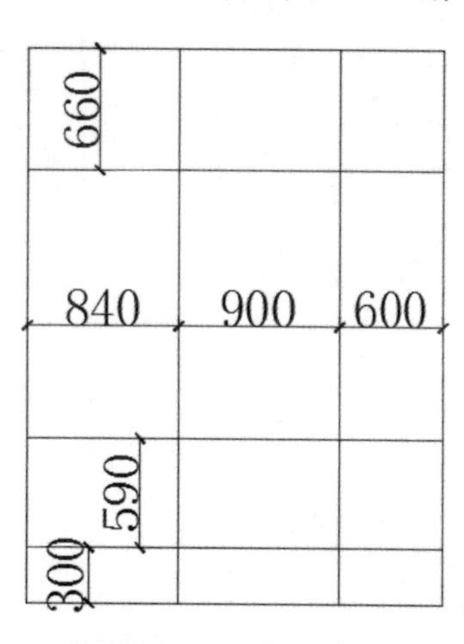

图 13-41 偏移直线

步骤 4 绘制电梯门轮廓。调用 TR(修剪) 命令，修剪多余的直线；调用 O(偏移) 命令，偏移直线；调用 REC(矩形) 命令，绘制尺寸为 125×900 的矩形；调用 L(直线) 命令，绘制直线。结果如图 13-42 所示。

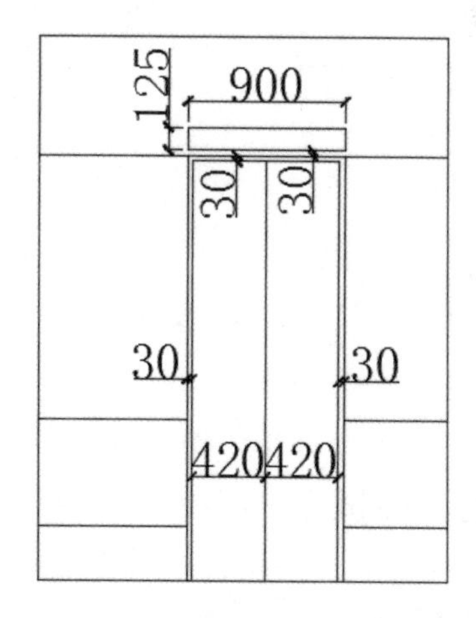

图 13-42 绘制电梯门轮廓

步骤 5 调用 L(直线) 命令，绘制直线；调用 O(偏移) 命令，偏移直线；调用 TR(修剪) 命令，修剪多余的直线。结果如图 13-43 所示。

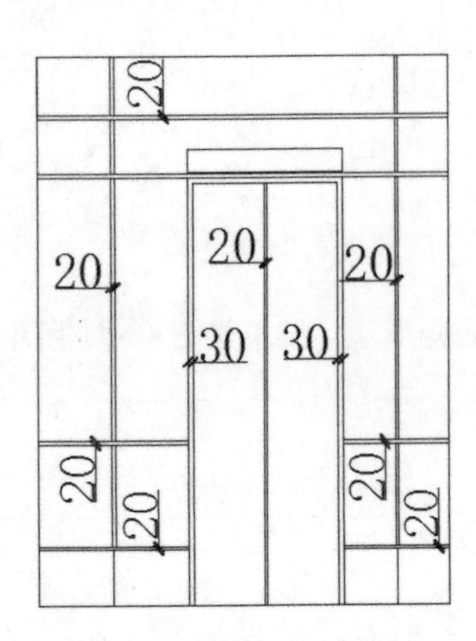

图 13-43 绘制并偏移直线

步骤 6 绘制电梯指示灯和开启方向。调用PL(多段线)命令，绘制电梯开启方向箭头，结果如图 13-44 所示。

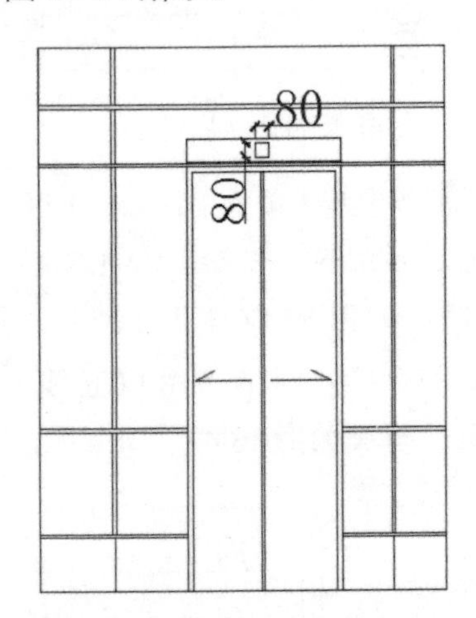

图 13-44 电梯门完成结果

步骤 7 绘制电梯壁灯。调用 REC(矩形)命令，绘制尺寸为 320×320 的矩形；调用O(偏移)命令、调用 L(直线)命令、调用TR(修剪)命令。结果如图 13-45 所示。

步骤 8 绘制电梯升降按钮。调用 REC(矩形)命令、调用 EL(椭圆)命令、调用PL(多段线)命令，结果如图 13-46 所示。

步骤 9 调用 M(移动)命令，把绘制完成的壁灯和升降按钮置于电梯间立面图相应的位置，结果如图 13-47 所示。

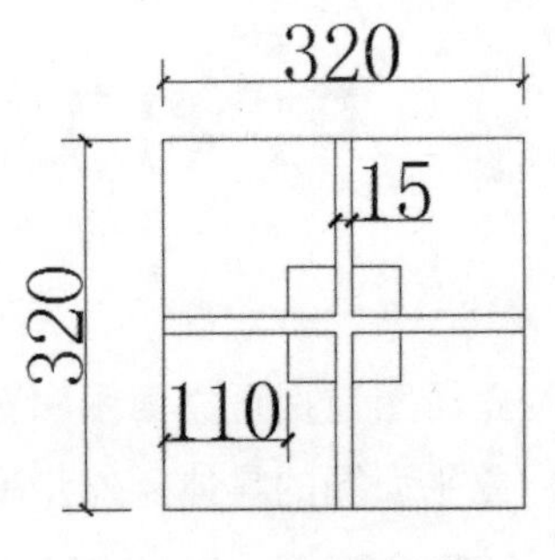

图 13-45 绘制壁灯

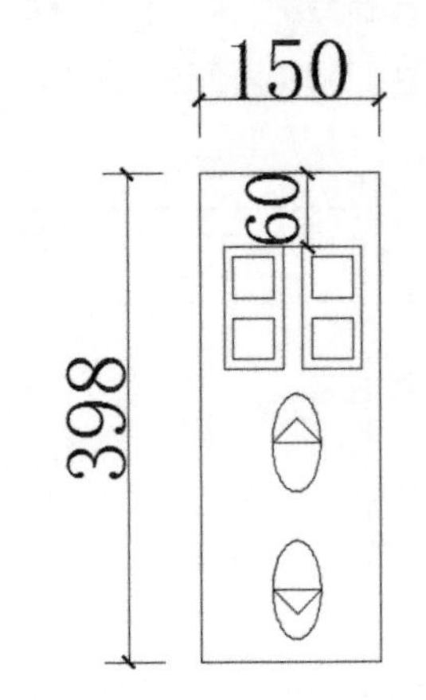

图 13-46 绘制升降按钮

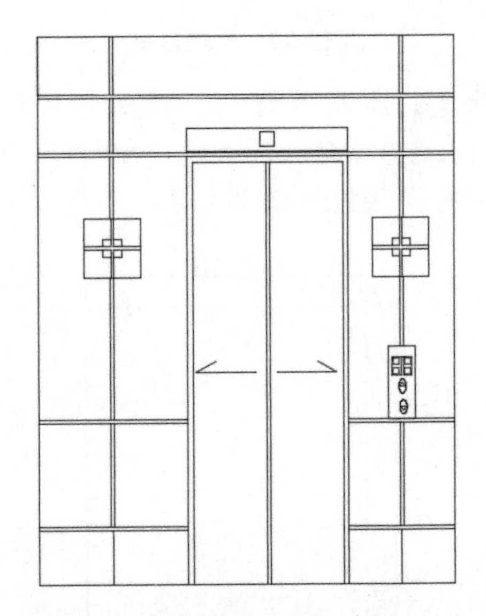

图 13-47 移动图形结果

步骤 10 填充图案。调用 H(填充)命令，再在命令行中输入 T(设置)命令，在弹出的【图案填充和渐变色】对话框中设置填充图案参数，结果如图 13-48 所示。

图 13-48　【图案填充和渐变色】对话框

步骤 11 填充电梯门上面区域。在弹出的【图案填充和渐变色】对话框中，单击【边界】功能区中的【添加：拾取点】按钮，在绘图区域选择填充区域后点取添加拾取点，按 Enter 键即可完成该图案填充操作，结果如图 13-49 所示。

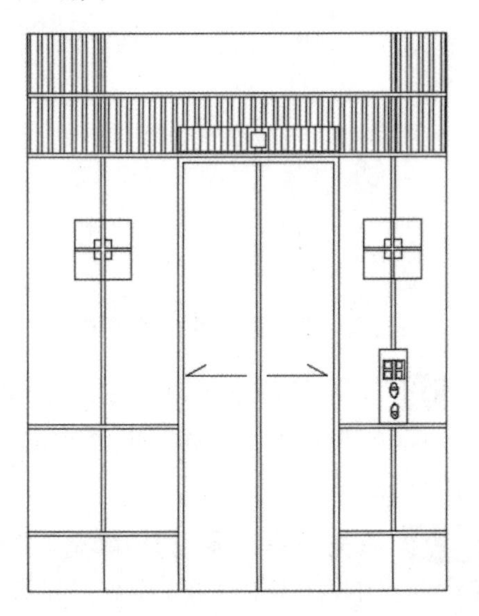

图 13-49　填充结果

步骤 12 沿用上述操作，对电梯间门立面图其他区域进行填充，结果如图 13-50 所示。

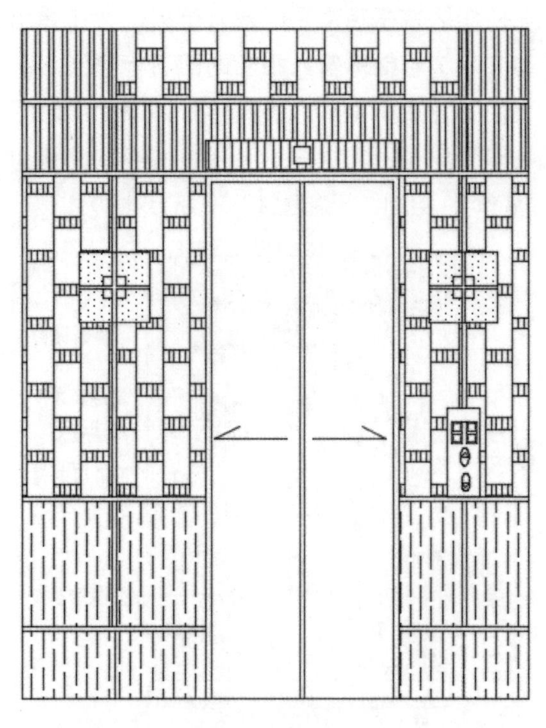

图 13-50　电梯立面图填充完成结果

步骤 13 添加尺寸和材料标注。调用 DLI(线性标注) 命令，对电梯门立面图进行尺寸标注；调用 MLD(多重引线) 命令，对电梯门正立面图使用材料进行标注。结果如图 13-51 所示。

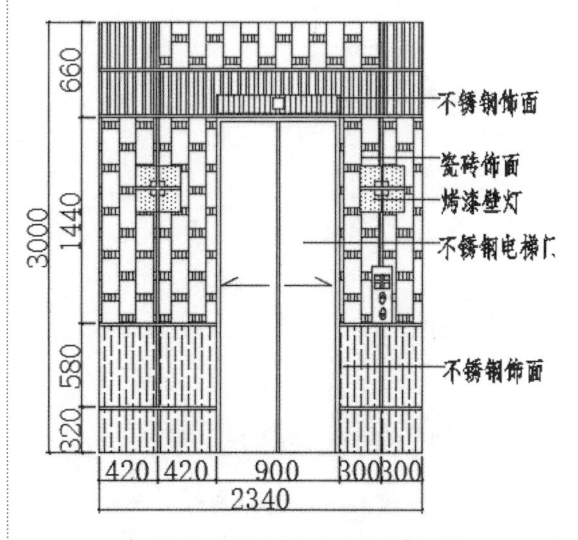

图 13-51　添加尺寸和材料标注

步骤 14 添加图名标注。调用T(文字)命令，在绘图区域指定文字的输入范围，并在弹出的文字编辑框中输入相应的图名标注文字；调用L(直线)命令，在文字标注下面绘制图名双线，并将其中一条下画线的线宽设置为0.4mm。绘制结果如图13-52所示。

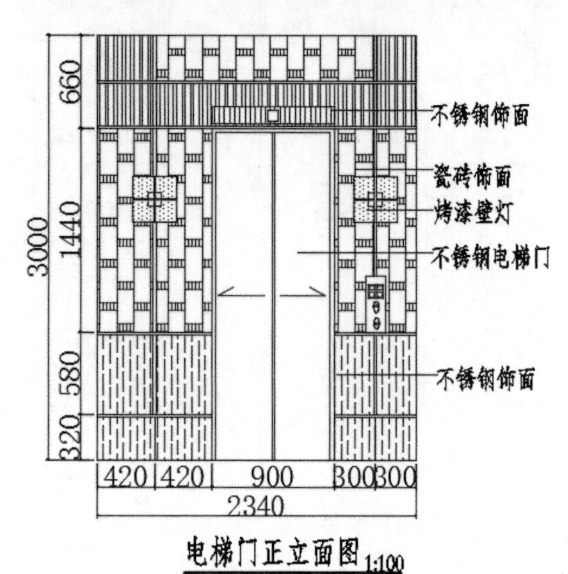

图 13-52　添加图名标注

步骤 15 整理图形。调用CO(复制)命令，复制并移动一份绘制完成的电梯平面图至一旁，结果如图13-53所示。

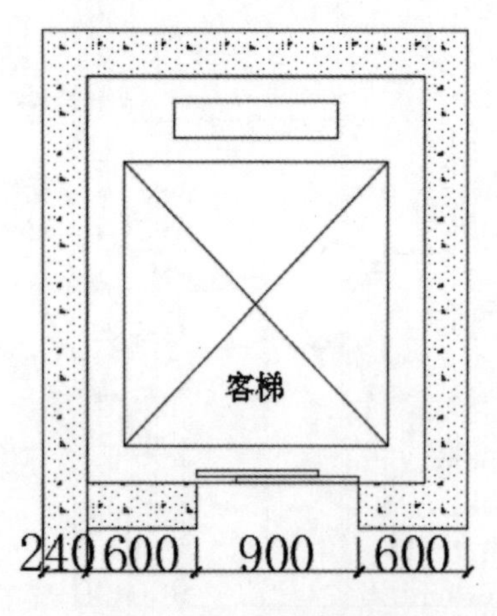

图 13-53　整理图形

步骤 16 绘制电梯门背立面轮廓。调用REC(矩形)命令，绘制尺寸为2100×3000的矩形，结果如图13-54所示。

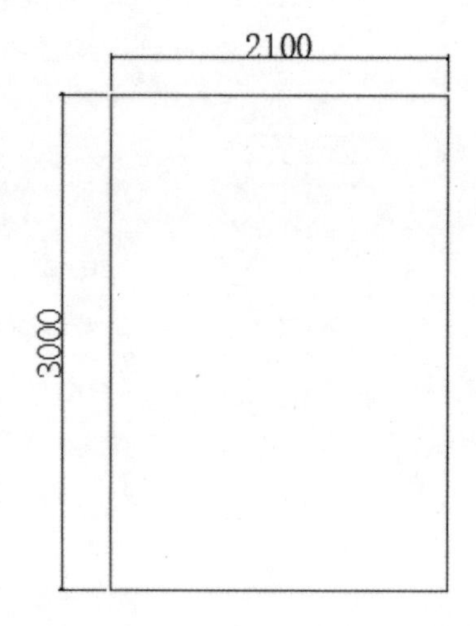

图 13-54　绘制矩形

步骤 17 调用X(分解)命令、调用L(直线)命令、调用O(偏移)命令、调用TR(修剪)和E(删除)命令，结果如图13-55所示。

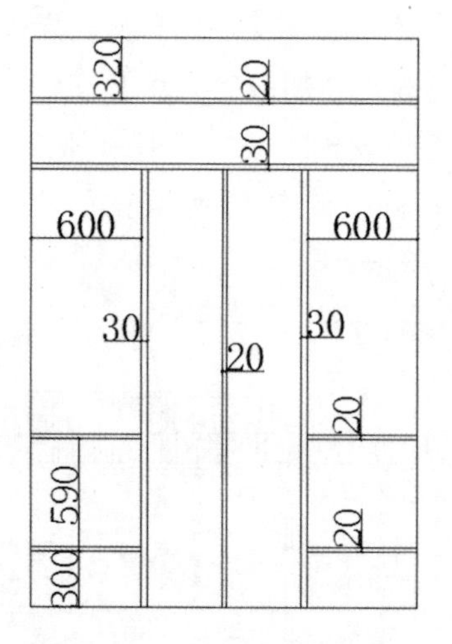

图 13-55　偏移并修剪直线

步骤 18 调用REC(矩形)命令，分别绘制尺寸为125×900、80×80和150×800的矩形，结果如图13-56所示。

步骤 19 填充图案。调用H(填充)命令，再在命令行中输入T(设置)命令，在弹出的【图案填充和渐变色】对话框中设置填充图案参数，结果如图13-57所示。

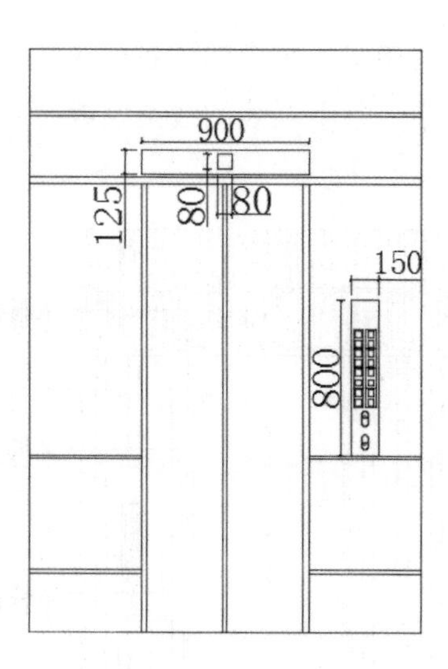

图 13-56　绘制矩形

图案填充和渐变色

图案填充　渐变色

类型和图案

类型(Y)：预定义

图案(P)：steel

颜色(C)：ByLayer

样例：

自定义图案(M)：

角度和比例

角度(G)：45　比例(S)：500.0000

双向(U)　相对图纸空间(E)

间距(C)：1.0000

ISO 笔宽(O)：

图案填充原点

使用当前原点(T)

指定的原点

单击以设置新原点

默认为边界范围(X)

左下

存储为默认原点(F)

边界

添加：拾取点(K)

添加：选择对象(B)

删除边界(D)

重新创建边界(R)

查看选择集(V)

选项

注释性(N)

关联(A)

创建独立的图案填充(H)

绘图次序(W)：置于边界之后

图层(L)：使用当前项

透明度(T)：ByLayer

0

继承特性(I)

预览　确定　取消　帮助

图 13-57　【图案填充和渐变色】对话框

步骤 20 填充电梯门侧面区域。在弹出的【图案填充和渐变色】对话框中，单击【边界】功能区中的【添加：拾取点】按钮，在绘图区域选择填充区域后点取添加拾取点，按 Enter 键即可完成该图案填充操作，结果如图 13-58 所示。

步骤 21 沿用上述操作，对电梯间门立面图其他区域进行填充，结果如图 13-59 所示。

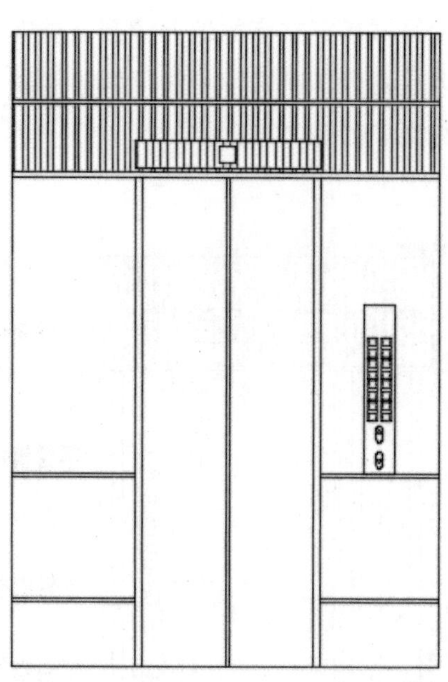

图 13-58　填充结果

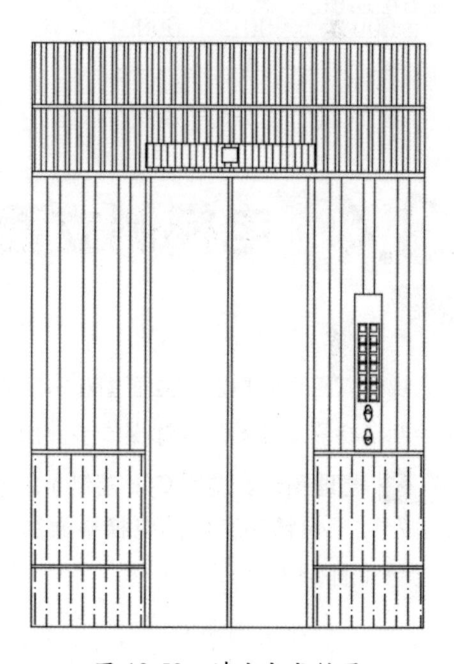

图 13-59　填充完成结果

步骤 22 添加尺寸和材料标注。调用 DLI(线性标注)命令，对电梯门背立面图进行尺寸标注；调用 MLD(多重引线)命令，对电梯门立面图使用材料进行标注。结果如图 13-60 所示。

步骤 23 添加图名标注。调用 T(文字)命令，在绘图区域指定文字的输入范围，并在弹出的文字编辑框中输入相应的图名标注文字；调用 L(直线) 命令，在文字标注下面绘制图名双线，并将其中一条下画线的线宽设置为 0.4mm。绘制结果如图 13-61 所示。

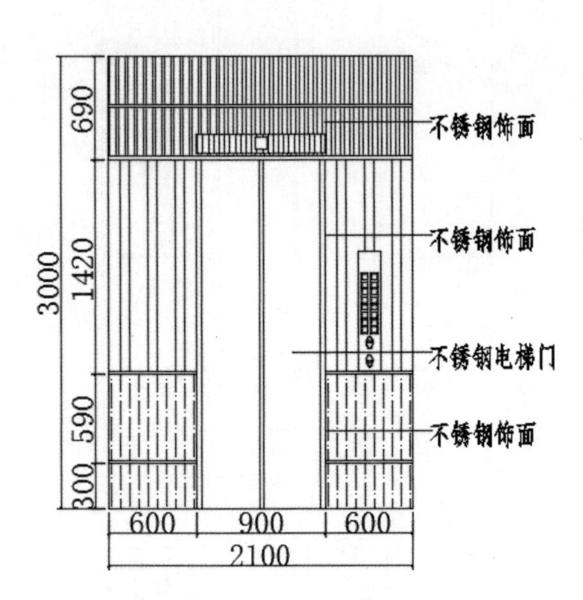

图 13-60　添加尺寸和材料标注

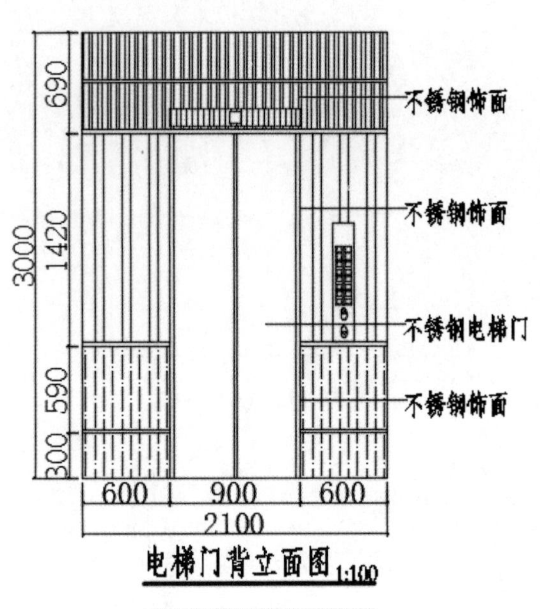

图 13-61　添加图名标注

13.4 电梯侧立面图

电梯侧立面图包括左侧立面图和右侧立面图。绘制电梯侧立面图的具体操作步骤如下。

步骤 1 整理图形。调用 CO(复制) 命令，复制并移动一份绘制完成的电梯平面图至一旁，结果如图 13-62 所示。

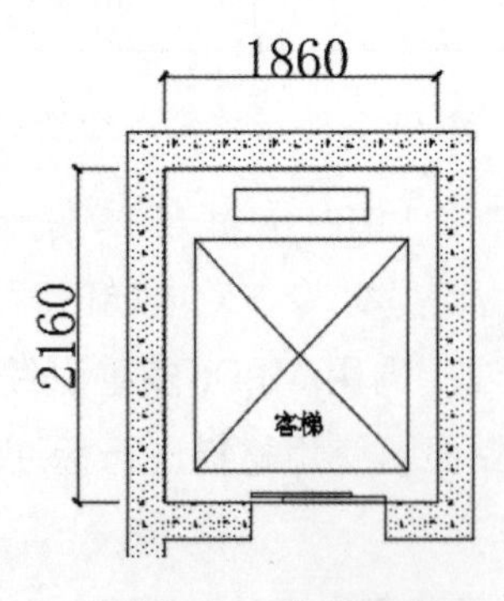

图 13-62　整理图形

步骤 2 绘制电梯左侧立面轮廓。调用 REC(矩形) 命令，绘制尺寸为 2160×3000 的矩形，结果如图 13-63 所示。

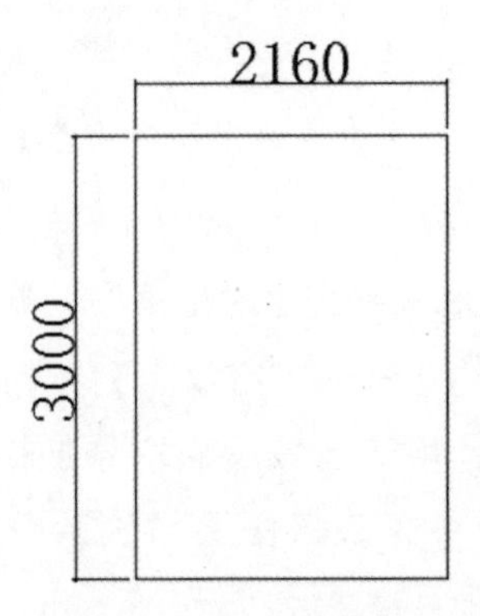

图 13-63　绘制矩形

步骤 3 调用 X(分解) 命令、调用 O(偏

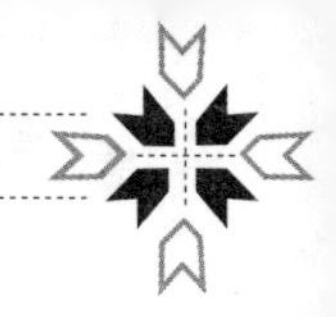

移）命令、调用 TR(修剪）命令，结果如图 13-64 所示。

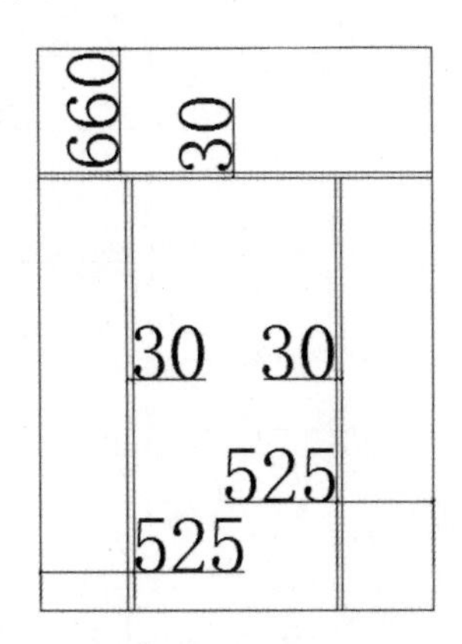

图 13-64 偏移直线

步骤 4 图案填充。调用 H(填充）命令，再在命令行中输入 T(设置）命令，在弹出的【图案填充和渐变色】对话框中设置填充图案参数，结果如图 13-65 所示。

图 13-65 【图案填充和渐变色】对话框

步骤 5 填充电梯上面区域。在弹出的【图案填充和渐变色】对话框中，单击【边界】功能区中的【添加：拾取点】按钮，在绘图区域选择填充区域后点取添加拾取点，按 Enter 键即可完成该图案填充操作，结果如图 13-66 所示。

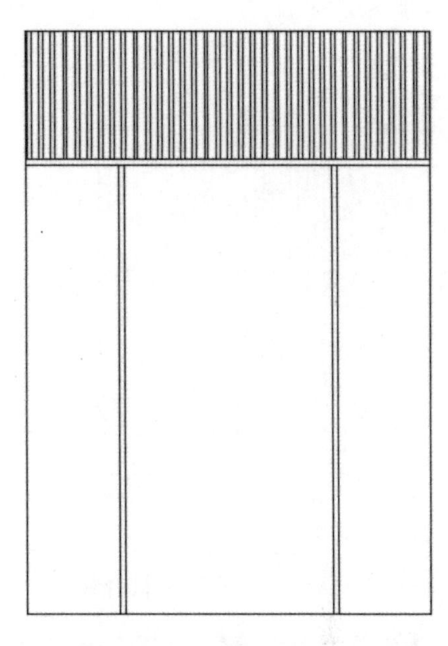

图 13-66 部分填充结果

步骤 6 沿用上述操作，对电梯左侧立面图其他区域进行填充，结果如图 13-67 所示。

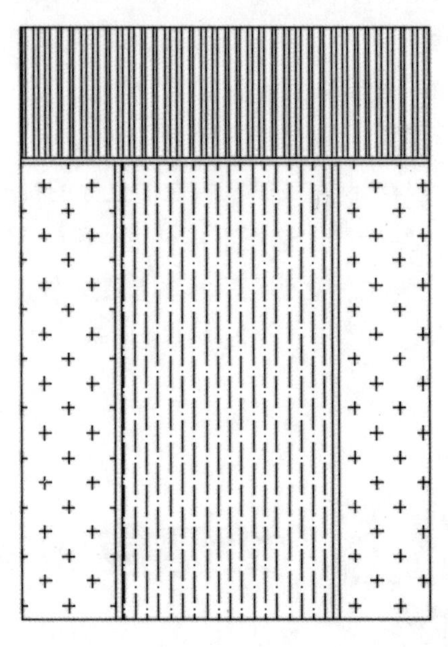

图 13-67 左侧立面填充完成结果

步骤 7 添加尺寸和材料标注。调用 DLI(线性标注）命令，对电梯门左立面图进行尺寸标注；调用 MLD(多重引线）命令，对电梯左侧立面图使用材料进行标注。结果如图 13-68 所示。

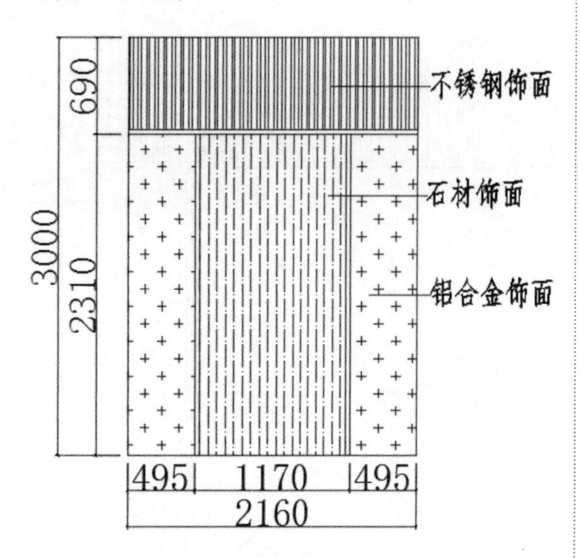

图 13-68　添加尺寸和材料标注

步骤 8 添加图名标注。调用 T(文字)命令，在绘图区域指定文字的输入范围，并在弹出的文字编辑框中输入相应的图名标注文字；调用 L(直线)命令，在文字标注下面绘制图名双线，并将其中一条下画线的线宽设置为 0.4mm。绘制结果如图 13-69 所示。

步骤 9 电梯右侧立面图大小尺寸、使用材料等与绘制完成的电梯左侧立面图都一样，其具体绘制方法这里不再赘述，即沿用上述绘制电梯左侧立面图同样的步骤，绘制完成的电梯右侧立面图如图 13-70 所示。

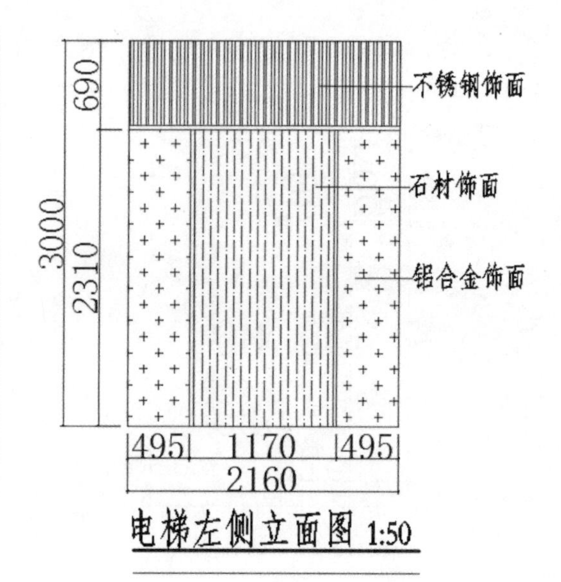

图 13-69　添加图名标注

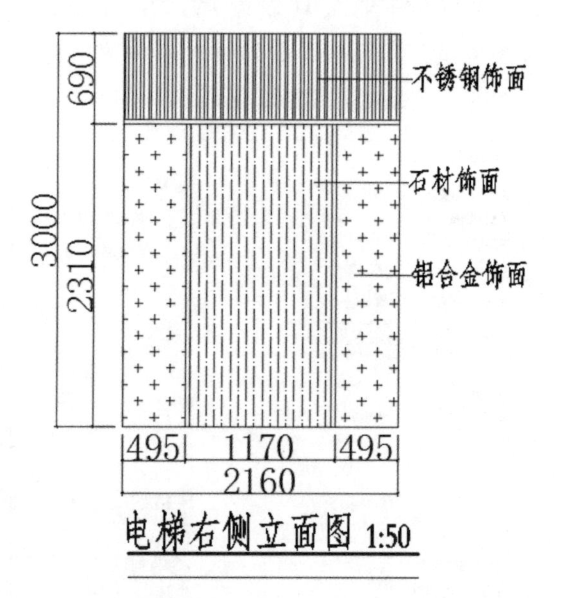

图 13-70　电梯右侧立面图完成结果

13.5 绘制楼梯平面布置图

在设有电梯作为主要垂直交通工具的多层和高层建筑中也要设置楼梯。高层建筑尽管采用电梯作为主要垂直交通工具，但仍然要保留楼梯供火灾等意外时逃生之用。楼梯由连续梯级的梯段、休息平台、围护构件等组成，其在室内装饰中占据一定的位置，是室

内公共装饰中不可或缺的一部分。绘制楼梯平面布置图的具体操作步骤如下。

步骤 1 绘制墙体轮廓。调用 REC(矩形) 命令，绘制尺寸为 4300×7300 的矩形；调用 X(分解) 命令，分解矩形；调用 O(偏移) 命令，偏移直线。结果如图 13-71 所示。

步骤 2 整理图形。调用 TR(修剪) 命令和 E(删除) 命令，修剪和删除多余的线条，结果如图 13-72 所示。

步骤 3 绘制双开门。调用 L(直线) 命令，绘制直线；调用 A(圆弧) 命令，绘制弧线；调用 MI(镜像) 命令，镜像双开门。结果如图 13-73 所示。

步骤 4 绘制梯井。调用 REC(矩形) 命令，绘制尺寸为 300×3500 的矩形；调用 O(偏移) 命令，偏移矩形。结果如图 13-74 所示。

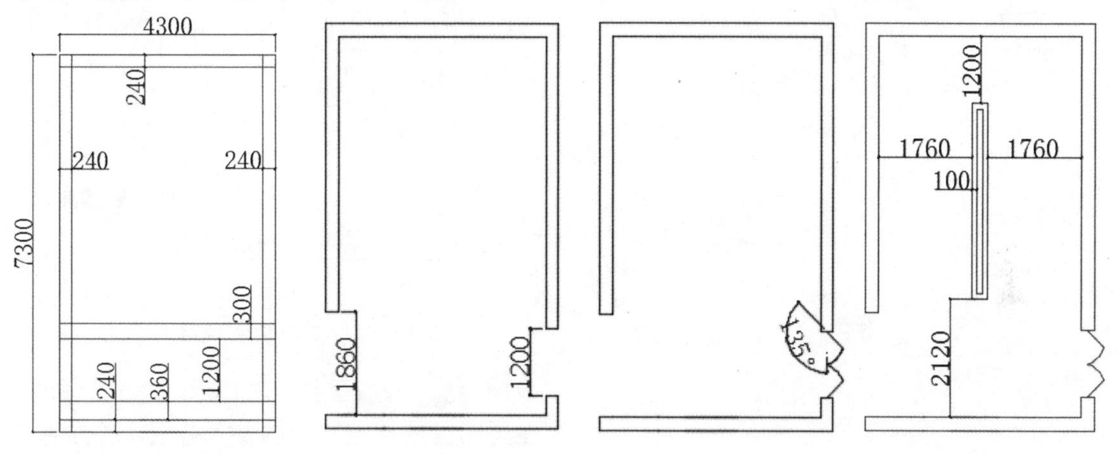

图 13-71　绘制墙体轮廓　　图 13-72　整理图形　　图 13-73　绘制双开门　　图 13-74　绘制梯井

步骤 5 绘制楼梯踏步。调用 L(直线) 命令，绘制直线；调用 O(偏移) 命令，偏移直线；调用 MI(镜像) 命令，镜像楼梯踏步。结果如图 13-75 所示。

步骤 6 绘制楼梯走向标示。调用 MLD(多重引线) 命令，在弹出的文字编辑框中输入相应的文字，文字高度设置为 300，结果如图 13-76 所示。

步骤 7 绘制折断线。调用 PL(多段线) 命令，绘制折线，结果如图 13-77 所示。

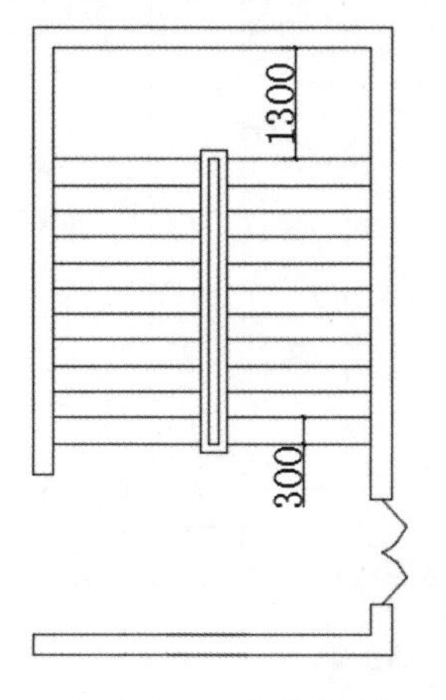

图 13-75　绘制楼梯

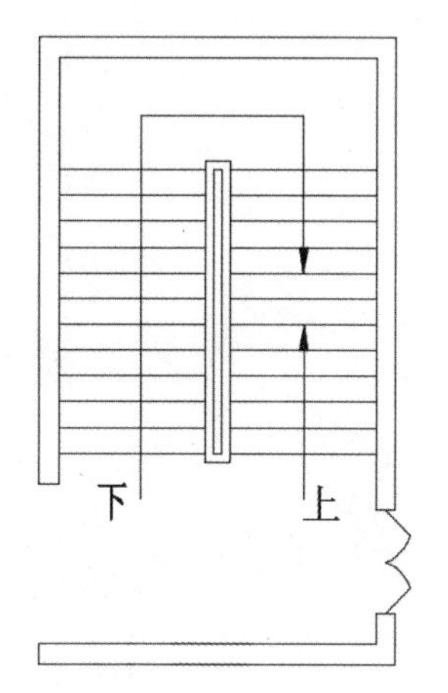

图 13-76　绘制楼梯走向标示

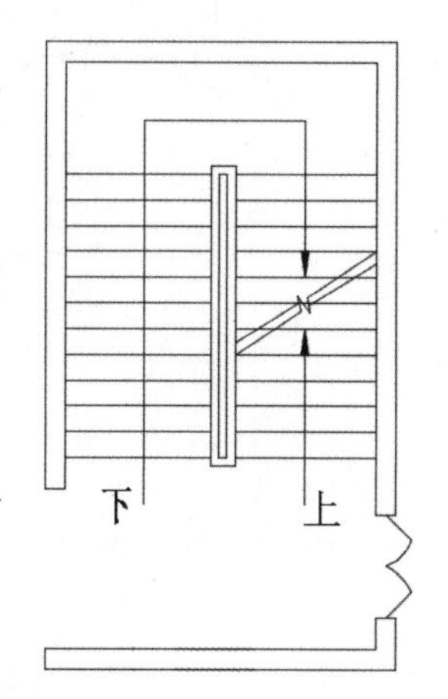

图 13-77　绘制折断线

步骤 8 填充墙体。调用 H(填充)命令，再在命令行中输入 T(设置)命令，在弹出的【图案填充和渐变色】对话框中设置填充图案参数，结果如图 13-78 所示。

图 13-78 【图案填充和渐变色】对话框

步骤 9 在弹出的【图案填充和渐变色】对话框中，单击【边界】功能区中的【添加：拾取点】按钮，在绘图区域选择填充区域后点取添加拾取点，按 Enter 键即可完成该图案填充操作，结果如图 13-79 所示。

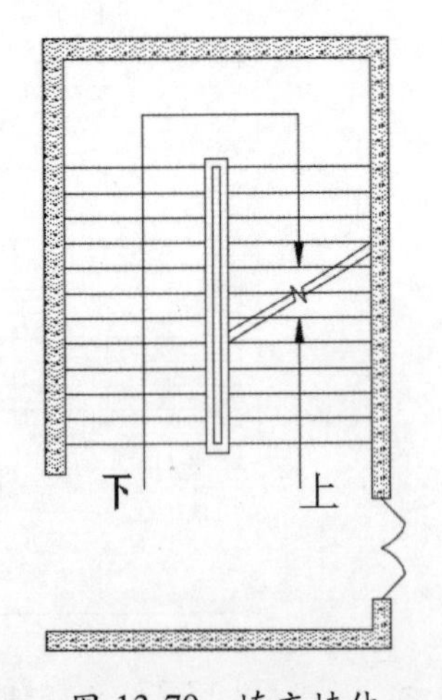

图 13-79 填充墙体

步骤 10 添加尺寸和材料标注。调用 DLI(线性标注)命令，对楼梯平面图进行尺寸标注；调用 MLD(多重引线)命令，对楼梯平面图使用材料进行标注。结果如图 13-80 所示。

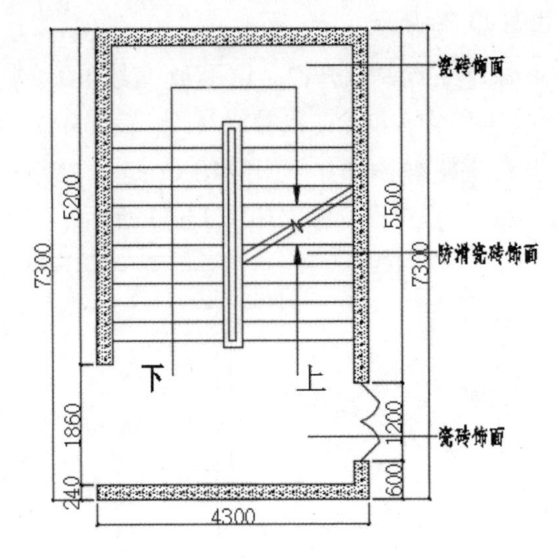

图 13-80 添加尺寸和材料标注

步骤 11 添加图名标注。调用 T(文字)命令，在绘图区域指定文字的输入范围，并在弹出的文字编辑框中输入相应的图名标注文字；调用 L(直线)命令，在文字标注下面绘制图名双线，并将其中一条下画线的线宽设置为 0.4mm。绘制结果如图 13-81 所示。

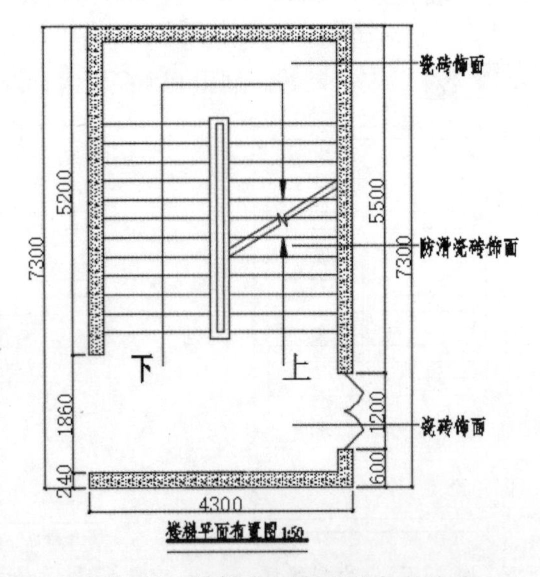

图 13-81 楼梯平面布置图完成结果

13.6 大师解惑

小白：在绘制室内电梯间平面图时，电梯间有客梯和消防梯，它们之间有什么区别？

大师：普通客梯均不具备消防功能，发生火灾时禁止人们搭乘其逃生，因为当其受高温影响，或停电停运或燃烧，必将殃及搭乘电梯的人；消防电梯是在建筑物发生火灾时供消防人员灭火与救援使用且具有一定功能的电梯，其具有较高的防火要求。

小白：住宅楼多少层以上必须配备室内电梯？

大师：七层及七层以上住宅或住户入口层楼面距室外设计地面的高度超过 16m 的住宅必须设置电梯，且电梯不应紧邻卧室布置。有关详细规定，请查阅《住宅设计规范》(GB 50096——2011)规范。

13.7 跟我学上机

练习：通过学习本章介绍的绘制楼梯布置图的方法，绘制下列某建筑物楼梯一层和二层平面图，如图 13-82 和图 13-83 所示。

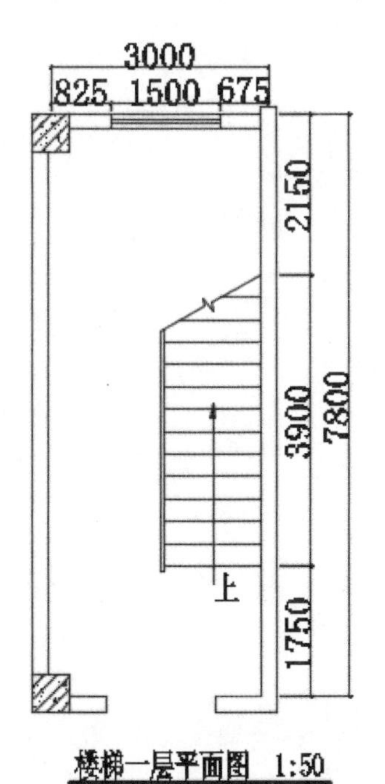

图 13-82　楼梯一层平面图

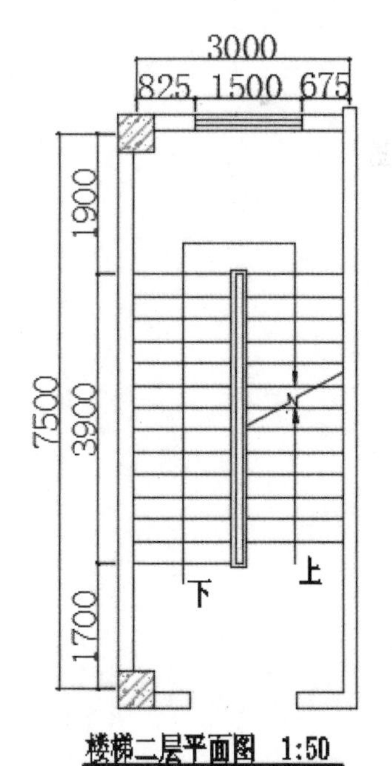

图 13-83　楼梯二层平面图

办公空间室内设计

办公空间设计是指对室内布局、格局、空间进行的物理和心理分割。办公空间设计需要考虑多方面的问题，涉及科学、技术、人文、艺术等诸多因素。办公空间室内设计的最大目标就是要为工作人员创造一个舒适、方便、卫生、安全、高效的工作环境，以便更大限度地提高员工的工作效率。这一目标在当前商业竞争日益激烈的情况下显得更加重要，它是办公空间设计的基础，是办公空间设计的首要目标。

本章以某商务公司办公空间为例，详细讲述办公空间室内设计的相关知识及室内办公空间的绘制方法。通过本章的学习，读者可了解和掌握有关办公空间室内设计的相关知识及办公空间各功能区域的绘制方法，以及使用 AutoCAD 2016 绘制建筑物平 / 立面图的方法、步骤和技巧。

- **本章学习目标（已掌握的在方框中打钩）**
  - □ 了解办公空间室内设计概述。
  - □ 掌握办公空间建筑平面图的绘制方法和技巧。
  - □ 掌握办公空间平面布置图的绘制方法和技巧。
  - □ 掌握地面和顶棚布置图的绘制方法和技巧。
  - □ 掌握办公空间立面图的绘制方法和技巧。

- **重点案例效果**

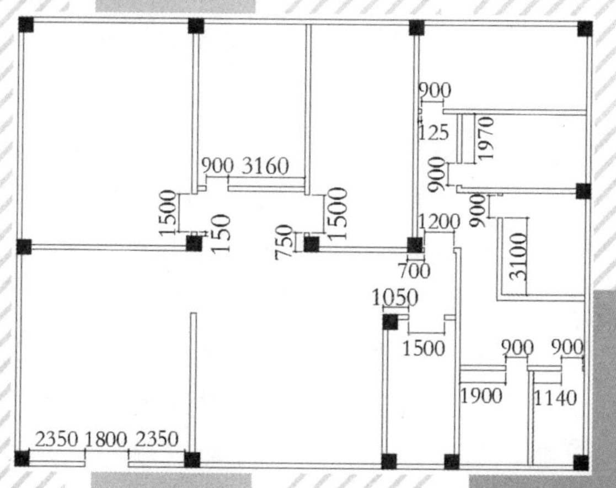

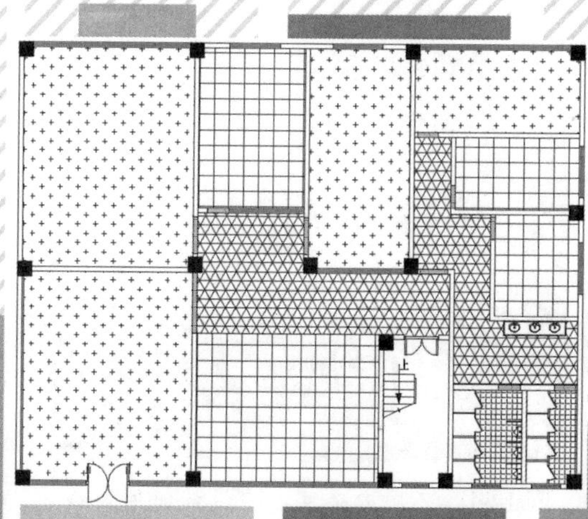

14.1 办公空间室内设计概述

办公空间室内设计主要包括办公空间的规划、装修，室内色彩及灯光音响的设计、办公用品及装饰品的配备和摆设等内容。下面主要介绍办公空间室内设计的概念、基本要求及基本内容。

14.1.1 办公室设计基本概念

办公室室内设计基本概念包括办公室设计基本说明、基本要求和设计基本目标。下面分别进行详细介绍。

1. 办公室设计基本说明

办公室是处理一种特定事务的地方或提供服务的地方，而办公室装修设计则能恰到好处地突出企业文化，同时办公室的装修风格也能彰显出其使用者的性格特征。办公室装修的好坏直接影响整个企业形象。因此，随着科技水平的提高，对于办公室装修的要求也不再只是单纯的独立一个空间给个人使用，更多是要体现出简约、时尚、舒适、实用的感受，让身在其中的人有积极向上的生活、工作追求。

如图 14-1 所示为不同办公室室内设计使用的效果。

图 14-1　不同办公室室内设计使用效果

图 14-1　不同办公室室内设计使用效果（续）

2. 办公室设计基本要求

(1) 符合企业实际。企业需要考虑自身的生产经营和人财物力状况，从实际需要出发对办公空间进行相应的设计，而不应该一味追求办公室的高档和豪华气派。

(2) 符合行业特点。企业应根据自身所从事的行业特点设计出适合员工工作的空间环境，其设计要求经济实用、美观大方和独具品位。

(3) 符合使用要求。办公室是企业文化的物质载体，要努力体现企业物质文化和精神文化，反映企业的特色和形象，对置身其中的工作人员产生积极的、和谐的影响。

(4) 符合工作性质。根据企业所从事的工作性质，对室内各个功能区进行合理的布置，以满足和方便员工能够顺利地开展

工作。

(5) 符合安全要求。办公室安全管理，必须本着“预防为主，杜绝隐患”的原则，其主要包括用电安全管理、消防安全管理、防盗安全管理等安全要求。

3. 办公室设计基本目标

(1) 经济实用。一方面，要满足实用要求，给办公人员的工作带来方便；另一方面，要尽量低费用，追求最佳的功能费用比。

(2) 美观大方。能够充分满足人的生理和心理需要，创造出一个赏心悦目的良好工作环境。

(3) 独具品位。办公室是企业文化的物质载体，要努力体现企业物质文化和精神文化，反映企业的特色和形象，对置身其中的工作人员产生积极、正面的影响。

14.1.2 办公室环境设计基本分区

1. 办公室设计的类型

(1) 综合型办公室。其通常设有接待区、等候区、董事长室及总经理室、财务室、副总经理室、部门经理室、休息区、更衣室、贵宾室、大会议室、敞开式办公区、机房、储藏室。部分公司设立贵宾室、多功能厅等功能区。

(2) 简约型办公室。其通常设有接待区、Logo 墙、总经理室、财务室、会议室、敞开式办公区、机房储藏室。部分公司设立等候区、副总经理室、休息区等功能区。

如图 14-2 所示为综合型办公室的使用效果；如图 14-3 所示为简约型办公室的使用效果。

图 14-2　综合型办公室

图 14-3　简约型办公室

2. 办公室各主要功能分区及常识

(1) 接待区。接待区通常包括接待台、Logo 墙、吊顶、敞开式等候区。根据公司规模及需求，通常有 1 ～ 2 名接待人员。

(2) 会议室。其通常以顶面及墙面造型、灯光及较好的地毯突出档次和效果，是办公室设计的亮点之一，会议室桌椅的档次通常较高。大多数会议室有展示产品或展示奖章、证书、企业文化宣传功能。

(3) 财务室。通常财务室内含财务总监室、财务接待台、多组文件柜，公司可根据需要设置档案室和资料室。财务室通常设置在邻近董事长室或总经理室，远离出入口的位置。

(4) 董事长室。沙发区面积较大，采用较厚重的班台、沙发、茶几，通过造型装饰墙面、高档壁纸、有文化气息的字画或饰品提高档次，面积通常在 35 平方米以上，部分内含休息室。

(5) 部门经理室。大型及部分中型企业通常设置数个部门经理室，面积通常在 7 ～ 10 平方米，设置主管桌或带副台的办公桌，设置 1 ～ 2 个客椅，设置文件柜。

14.1.3 办公室设计的基本流程

1. 设计准备阶段

1) 咨询

(1) 客户通过电话、到小区办公地点或公司办公室咨询公司概况，或通过业务人员主动联系业主并向其介绍。

(2) 专业人员 (或设计师) 接待客户来访，详细解答客户想了解或关心的问题。

(3) 客户考察装饰公司各方面情况：如规模、价位、设计水平、质量保证等。

(4) 通过初步考察，确定上门量房时间、地点。

2) 设计师现场测量

(1) 按约定时间设计师上门实地测量欲装修场所的面积及其他数据。

(2) 设计师详细了解业主对于装修的具体要求和思想。

(3) 根据业主的要求和对房屋结构的考察，设计师提出初步设计构思，双方沟通设计方案。

(4) 如果业主要求，可由设计师带领参观样板间或正在施工的工地，考察施工质量。

3) 商谈设计方案

(1) 业主按约定时间到公司办公地点 (或上门亦可) 看初步设计方案，设计师详细介绍设计思想。

(2) 业主根据平面图、效果图以及设计师的具体介绍，对设计方案提出意见并进行修改 (或认可通过)。

4) 确定装修方案

(1) 整理修改后的设计方案，并按此做出相应的装修工程预算。

(2) 业主最终确认设计方案并安排设计师出施工图。

(3) 设计师配合业主仔细了解装修工程预算，落实施工项目，并检查核实预算中的单价、数量等内容。

5) 签订正式合同 (一式三份)

(1) 确定工程施工工期及开工日期，了解施工的组织、计划和人员安排。

(2) 正式确认，签订装修合同 (含装饰装修合同文本、合同附件、图纸、预算书)。

(3) 交纳首期工程款。

2. 设计实施准备阶段

1) 办理开工手续

施工队进场前应按所属物业管理部门的规定：业主和装饰公司共同办理开工手续，装饰公司应提供合法的资质证书、营业执照副本及施工人员的身份证和照片，由物业管理部门核发开工证、出入证。

2) 设计现场交底

(1) 开工之日，由设计师召集业主、施工负责人、工程监理到施工现场交底。

(2) 具体敲定、落实施工方案。对原房屋的墙、顶、地以及水、电气进行检测。

(3) 向业主提交检查结果。现场交底后，工程由工地负责人处理施工中的日常事务。

(4) 开工时，由施工负责人提交《施工进度计划表》，以此来安排材料采购、分段验收的具体时间。

3) 进料及验收

(1) 由工地负责人通知，公司材料配送中心统一配送装修材料。

(2) 材料进场后，由业主验收材料质量、品牌，并填写《装修材料验收单》，验收合格，施工人员开始施工。

(3) 由甲方 (业主) 提供的装饰材料应按照《施工进度计划表》中的时间提供。

(4) 在选购过程中，乙方 (装饰公司) 可派人配合采购，甲方也可委托乙方直接代为采购，须签订《主材代购委托书》。

3. 设计实施阶段

(1) 有防水要求的区域 (如卫生间) 须在施工前做 24 小时的蓄水试验，以检测原房屋的防水质量。

(2) 与工长落实水电及其他前期改造项目的具体做法。

(3) 施工中，施工负责人 (工长) 组织管理各个工种，并监督检查工程质量。

(4) 施工中需要业主提供的装修主材，由施工负责人提前 3 日通知，以便业主提前准备。

(5) 业主按《施工进度计划表》中的时间定期来工地察看，了解施工进程，检查施工质量，并进行分段验收。如发现问题，与工长协商，填写《工程整改协议书》进行项目整改，再行验收。

(6) 公司的工程监理 (或质检员) 不定期检查工地的施工组织、管理、规范及施工质量，并在工地留下检查记录，供业主监督。

(7) 业主与工长商量并确定所有变更的施工项目，填写《项目变更单》。

(8) 水、电改造工程完工后，业主须进行隐蔽工程的检查验收工作。

(9) 公司的管理人员与业主定期联系，倾听客户的真实想法和宝贵意见，及时发现问题并解决问题。

(10) 工程进度过半，业主进行中期工程验收，交纳中期工程款。

4. 设计实施最后阶段

(1) 工程基本结束时，工长全面细致做一次自检工作，检查完毕，无质量问题，通知业主、监理进行完工整体验收。

(2) 如在验收中发现问题，商量整改；如验收合格，填写《工程验收单》，留下宝贵意见，结算尾款，公司为业主填写《工程保修单》并加盖保修章，工程正式交付业主使用，进入 2 年保修期。

《工程保修单》中的内容如下。

(1) 2 年保修制。

☆ 2 年保修期内，工程如出现质量问题 (非人为)，公司负责免费上门维修。

☆ 自报修时起，工程部将在 48 小时内安排维修人员到达现场，实施维修方案。

☆ 防水工程，水、电路工程的报修，将在 12 小时内实施解决。

(2) 终身维修制。

保修期后，工程如出现质量问题，公司

也负责维修，根据实际情况收取成本费。

(3) 定期回访制。

工程完工后，公司客服部人员将定期回访业主，了解工程质量及使用情况，并及时提醒业主一些注意事项。

14.2 办公空间建筑平面图的绘制

本节以某电子商务科技公司办公室平面图为例，主要介绍办公室建筑平面图的绘制方法，主要内容包含绘制轴网、墙体、标准柱、门窗及其他附属设施等图形。

14.2.1 办公室建筑墙体绘制

在绘制办公室建筑平面图之前，首先应绘制轴网，轴网为绘制图形提供精准定位，方便后续绘制图形。绘制办公空间建筑墙体的具体操作步骤如下。

步骤 1 绘制定位轴线。调用 L(直线) 命令，绘制垂直直线和水平直线；调用 O(偏移) 命令，偏移直线。结果如图 14-4 所示。

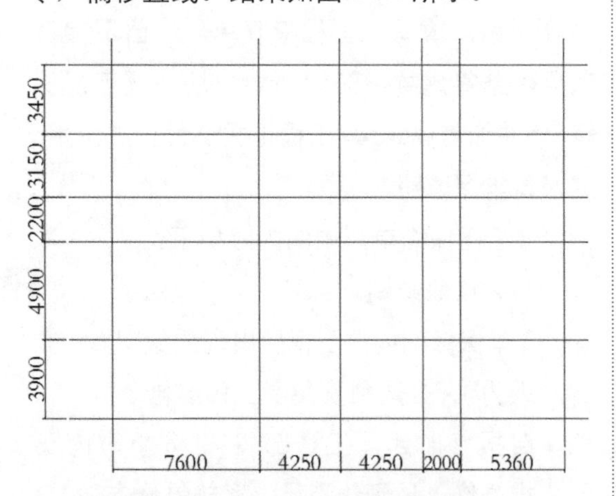

图 14-4　绘制与偏移直线

步骤 2 绘制墙体。调用 O(偏移) 命令，根据相应的数据偏移直线，结果如图 14-5 所示。

步骤 3 绘制办公室、档案室、楼梯间和卫生间的隔墙。调用 L(直线) 命令绘制直线；调用 O(偏移) 命令，偏移直线，完善墙体。结果如图 14-6 所示。

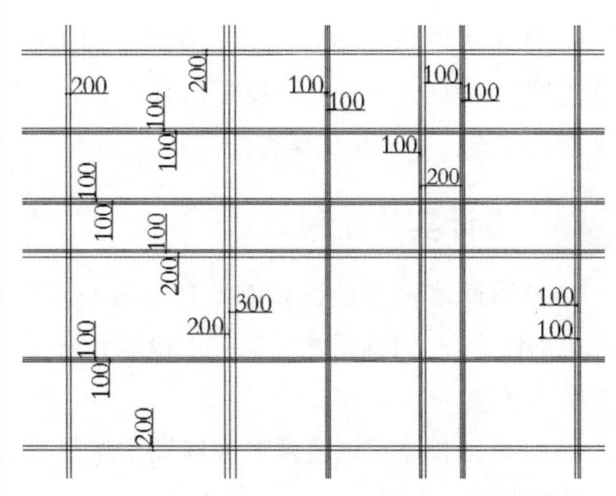

图 14-5　绘制墙体

步骤 4 调用 TR(修剪) 命令和 E(删除) 命令，修剪和删除多余的线条，即可绘制完成办公室内部墙体隔断，结果如图 14-7 所示。

步骤 5 绘制矩形标准柱。调用 REC(矩形) 命令，绘制尺寸为 600×600 的矩形；调用 CO(复制) 命令，将标准柱复制粘贴到平面图指定位置；调用 TR(修剪) 命令，修剪多余的墙线。结果如图 14-8 所示。

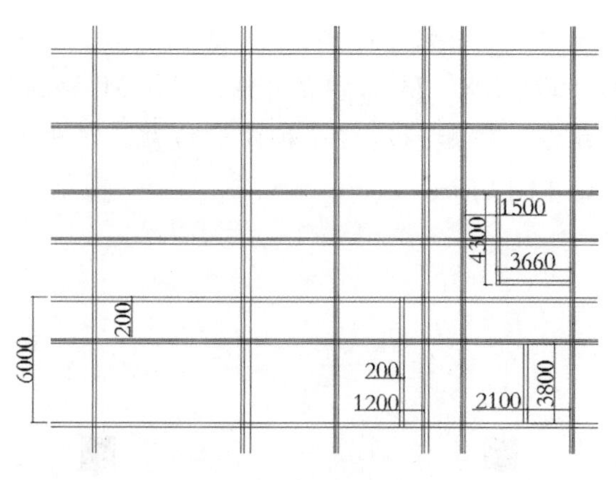

图 14-6 绘制隔断

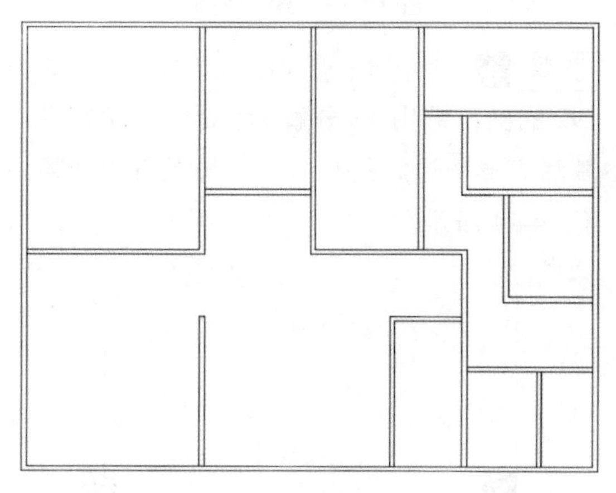

图 14-7 隔断完成结果

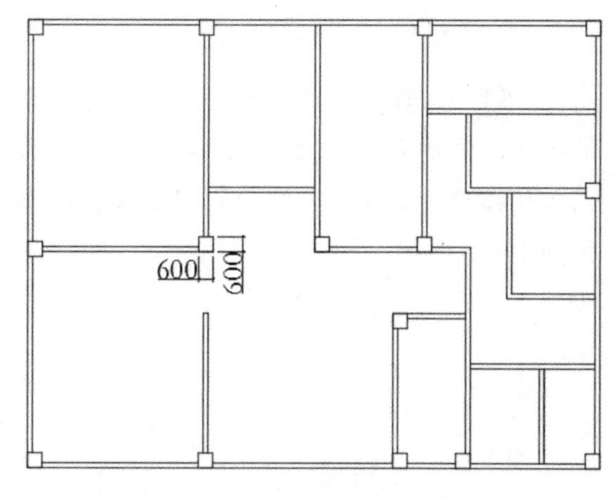

图 14-8 绘制标准柱外轮廓

步骤 6 填充标准柱。调用 H(填充) 命令，再在命令行中输入 T(设置) 命令，在弹出的【图案填充和渐变色】对话框中设置填充图案参数，结果如图 14-9 所示。

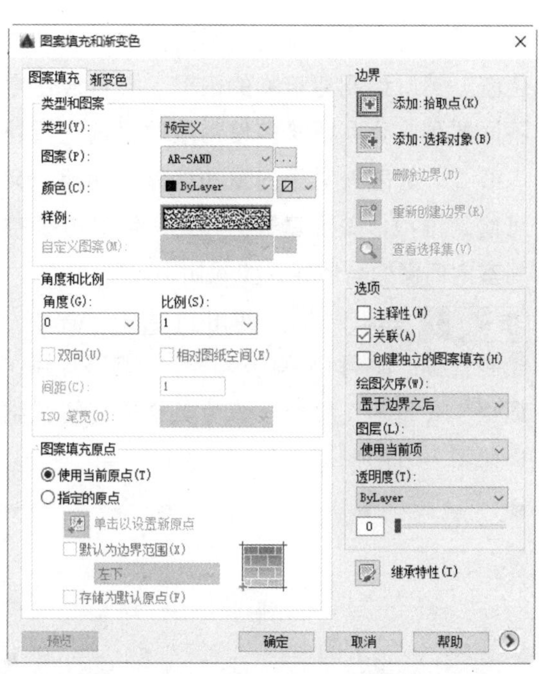

图 14-9 【图案填充和渐变色】对话框

步骤 7 填充标准柱。在弹出的【图案填充和渐变色】对话框中，单击【边界】功能区中的【添加：拾取点】按钮，在绘图区域选择填充区域后点取添加拾取点，按 Enter 键即可完成该图案填充操作，结果如图 14-10 所示。

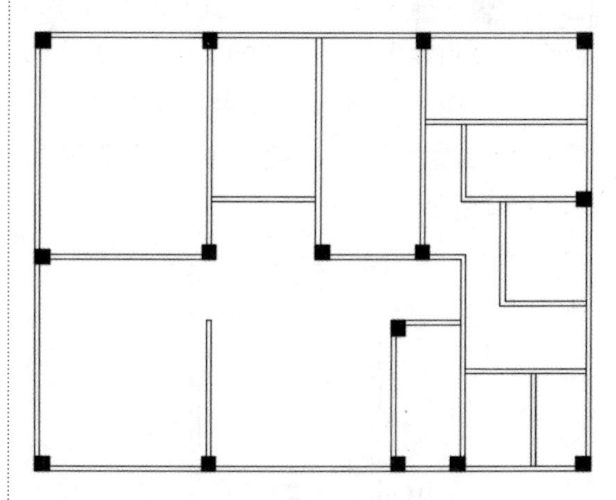

图 14-10 标准柱填充结果

14.2.2 办公室门窗绘制

门窗是建筑物的主要构件之一，兼具通

风和采光的功能，首先要确定门窗洞的具体位置，然后绘制建筑物的门窗。与普通住宅不同的是，公共建筑多使用玻璃幕墙进行外墙装饰，其既兼具了门窗和墙体的功能，又可起到维护、美观建筑的作用。绘制办公空间室内门窗的具体操作步骤如下。

步骤 1 绘制门洞。调用 L(直线) 命令，绘制直线；调用 O(偏移) 命令，偏移直线；调用 TR(修剪) 命令，修剪多余的墙线。结果如图 14-11 所示。

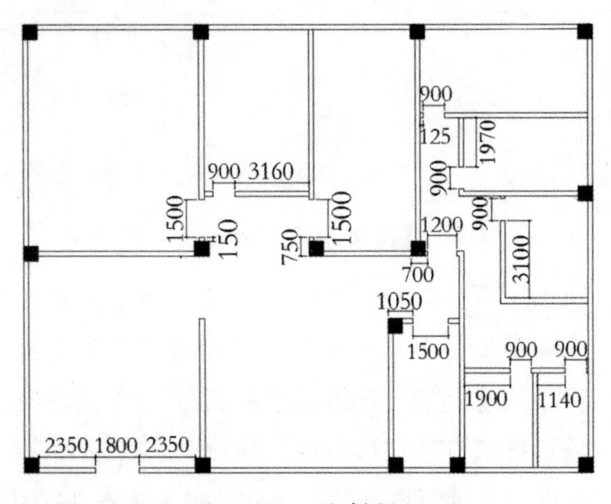

图 14-11　绘制门洞

步骤 2 绘制单扇平开门。调用 REC(矩形) 命令，分别绘制尺寸为 900×100、825×50 的矩形；调用 A(圆弧) 命令，绘制圆弧；调用 L(直线) 命令，绘制直线。结果如图 14-12 所示。

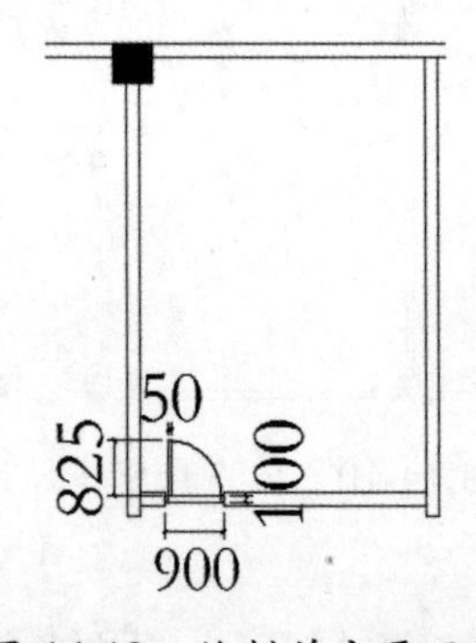

图 14-12　绘制单扇平开门

步骤 3 绘制门厅双扇平开门。调用 REC(矩形) 命令，分别绘制尺寸为 1800×108、738×54 的矩形；调用 M(移动) 命令，将矩形放置于相应的位置。结果如图 14-13 所示。

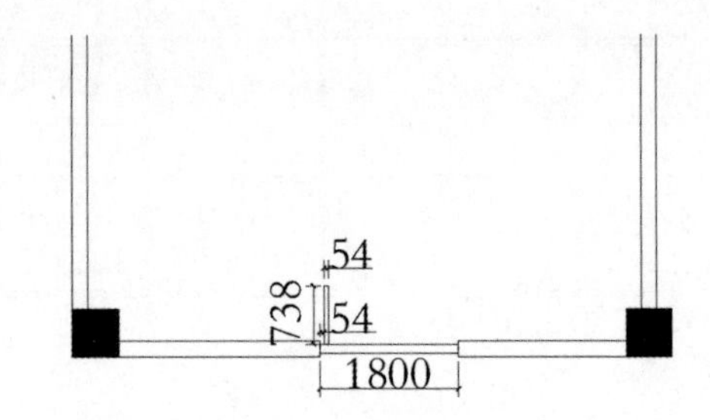

图 14-13　绘制矩形

步骤 4 调用 C(圆) 命令，绘制半径为 792 的圆；调用 X(分解) 命令，分解矩形；激活矩形一边线段夹点，延长线段。结果如图 14-14 所示。

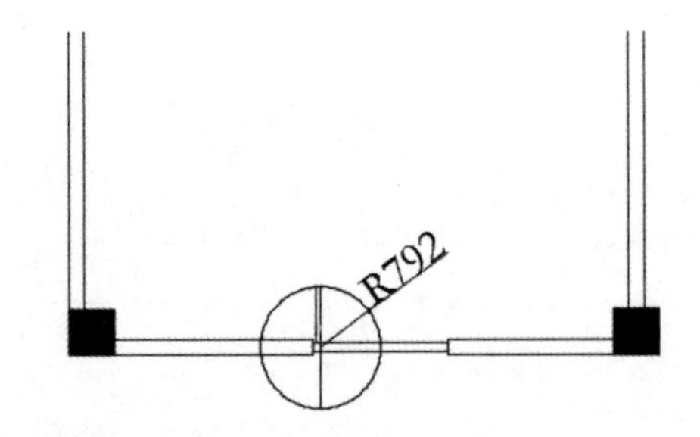

图 14-14　绘制圆与直线

步骤 5 调用 TR(修剪) 命令，修剪多余的图形；调用 L(直线) 命令，绘制直线；调用 MI(镜像) 命令，镜像绘制的直线。结果如图 14-15 所示。

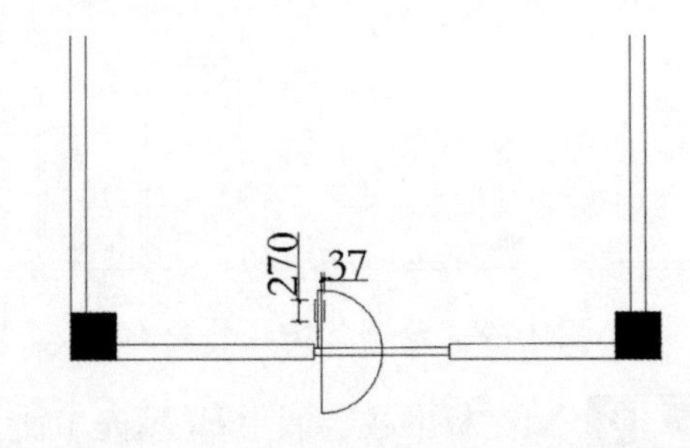

图 14-15　绘制直线

步骤 6 调用 MI(镜像) 命令，镜像所绘制图形；调用 TR(修剪) 命令，修剪多余的

直线，即可完成门厅双扇门的绘制。结果如图 14-16 所示。

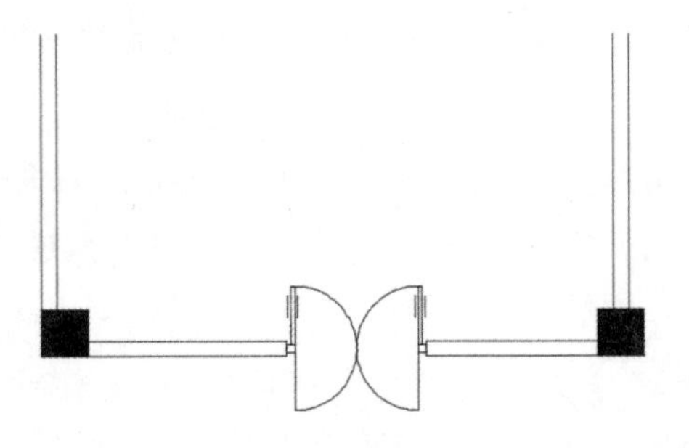

图 14-16　镜像图形

步骤 7 绘制室内双扇平开门。调用 REC(矩形)命令，分别绘制尺寸为 1500×100、661×50 的矩形；调用 L(直线)命令，分别绘制长度为 50 的直线，间距为 13。结果如图 14-17 所示。

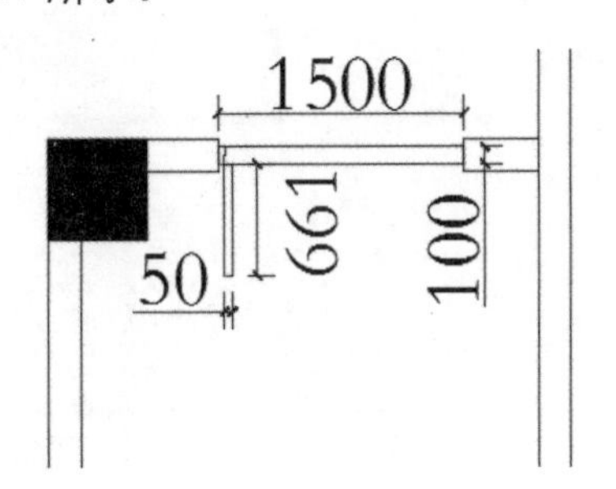

图 14-17　绘制矩形

步骤 8 调用 A(圆弧)命令，绘制圆弧，结果如图 14-18 所示。

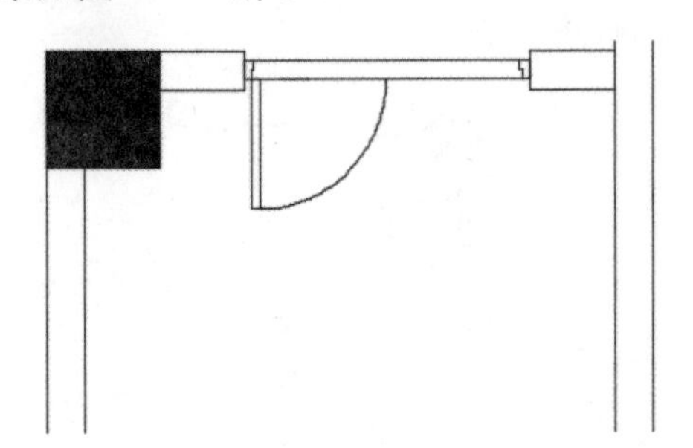

图 14-18　绘制圆弧

步骤 9 调用 MI(镜像)命令，镜像图形，即可完成室内双扇平开门的绘制，结果如图 14-19 所示。

步骤 10 沿用上述同样的操作，绘制宽度为 1200 的双扇平开门，结果如图 14-20 所示。

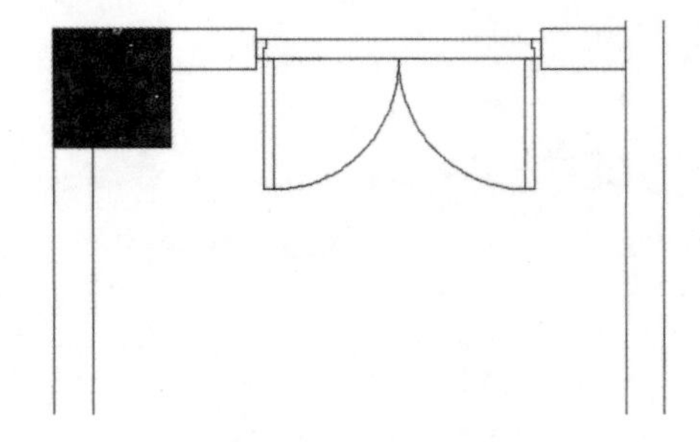

图 14-19　镜像结果

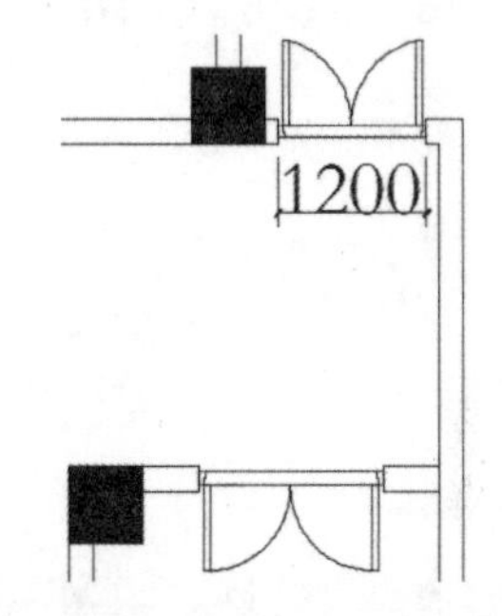

图 14-20　双扇平开门完成结果

步骤 11 绘制办公室所有平开门。调用 CO(复制)命令，复制粘贴到平面图相应的位置，结果如图 14-21 所示。

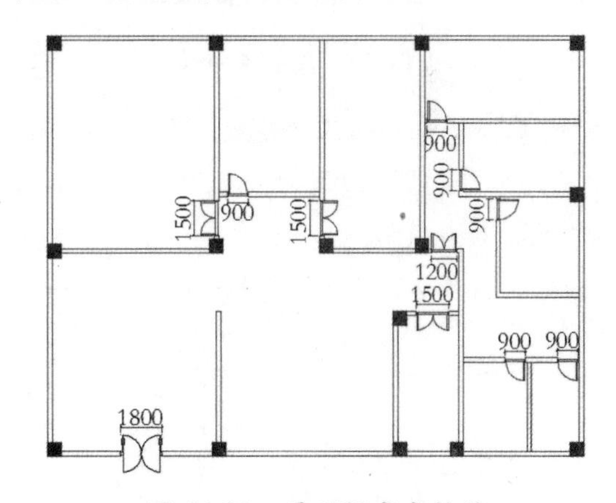

图 14-21　平开门完成结果

步骤 12 绘制窗洞。调用 L(直线)命令，绘制直线，结果如图 14-22 所示。

步骤 13 绘制平开窗。调用 O(偏移)命令，偏移墙线，偏移距离为 67(墙体宽度为 200)；调用 TR(修剪)命令，修剪多余的墙线。

结果如图 14-23 所示。

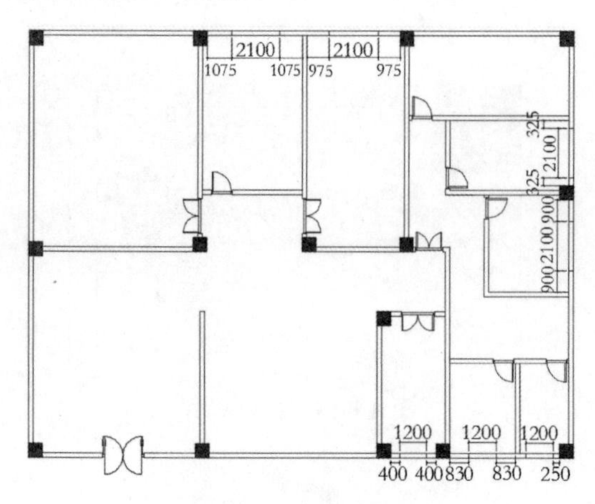

图 14-22　绘制窗洞

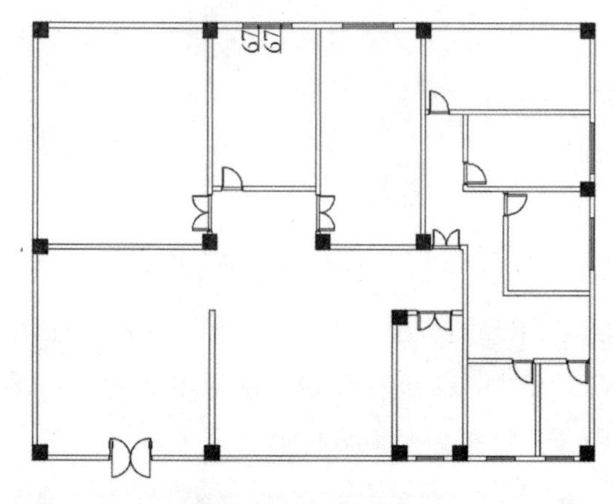

图 14-23　绘制平开窗

步骤 14 绘制玻璃幕墙轮廓。调用 O(偏移) 命令，偏移距离为 67(墙体宽度为 200)，结果如图 14-24 所示。

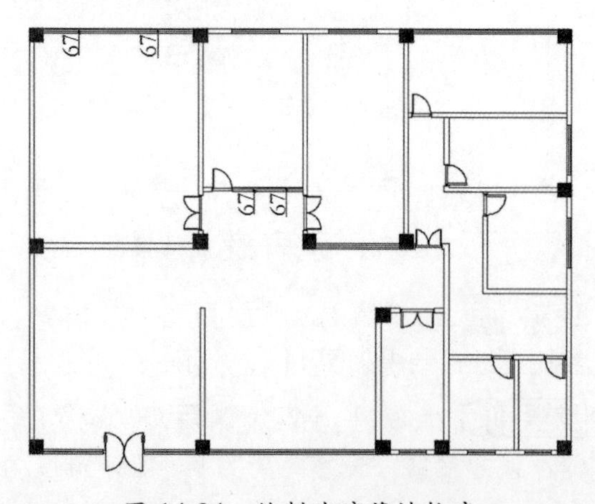

图 14-24　绘制玻璃幕墙轮廓

14.2.3 办公室附属设施绘制

办公室建筑结构中的附属设施主要包括楼梯、散水、消防栓箱等。在本例中，因为是首层平面图，因此需要绘制散水；另外，本例中楼层只有 2 层，因此只需要布置楼梯。其具体的操作步骤如下。

步骤 1 绘制散水。调用 O(偏移) 命令，偏移墙线，偏移距离为 600；激活偏移得到的线段的夹点，延长或缩短线段。结果如图 14-25 所示。

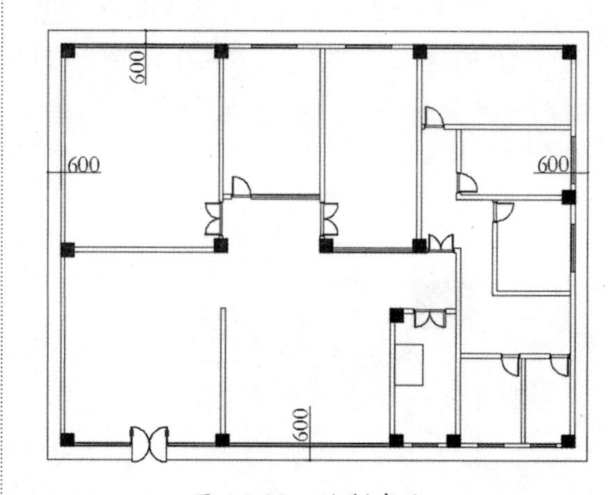

图 14-25　绘制散水

步骤 2 绘制楼梯轮廓。调用 REC(矩形) 命令，绘制尺寸为 1300×1800 的矩形，结果如图 14-26 所示。

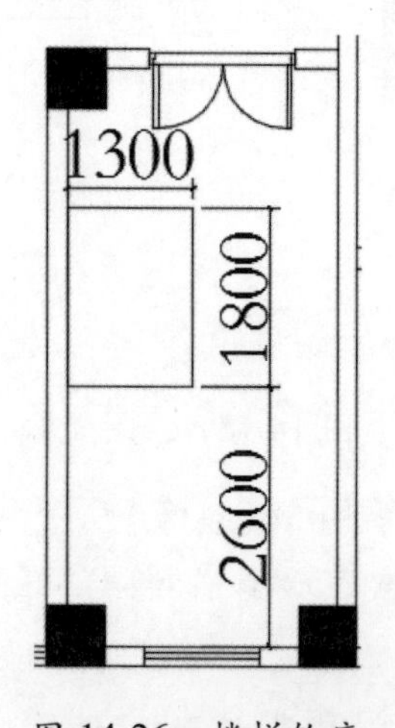

图 14-26　楼梯轮廓

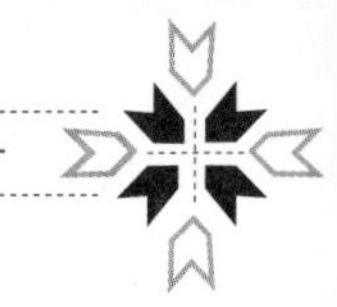

步骤 3 绘制楼梯踏步。调用 X(分解) 命令，分解矩形；调用 O(偏移) 命令，偏移矩形短边，偏移距离为 300。结果如图 14-27 所示。

步骤 4 绘制折断线。调用 PL(多段线) 命令，绘制折断线，结果如图 14-28 所示。

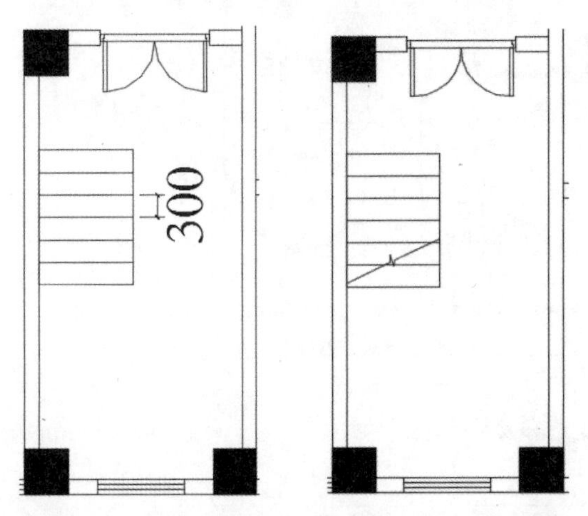

图 14-27　楼梯踏步　　图 14-28　绘制折断线

步骤 5 绘制楼梯扶手。调用 O(偏移) 命令，偏移线段；调用 TR(修剪) 命令，修剪多余的线条。结果如图 14-29 所示。

步骤 6 绘制楼梯指示箭头。调用 PL(多段线) 命令；调用 T(文字) 命令，在弹出的文字编辑框中输入相应的文字。结果如图 14-30 所示。

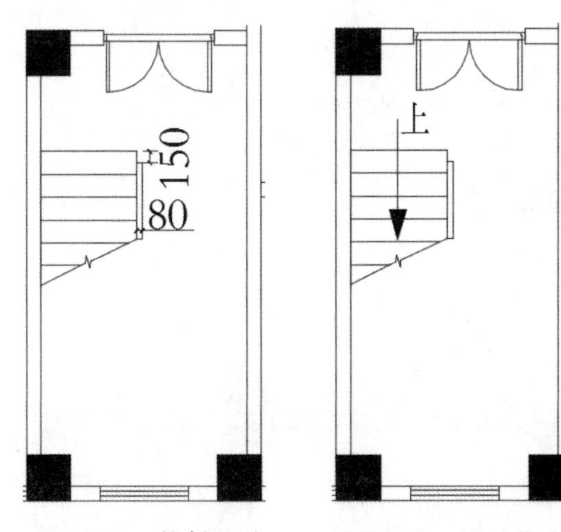

图 14-29　楼梯扶手　　图 14-30　指示箭头

步骤 7 绘制消防栓箱轮廓。调用 REC(矩形) 命令，绘制尺寸为 240×700 的矩形；调用 L(直线) 命令，绘制直线。结果如图 14-31 所示。

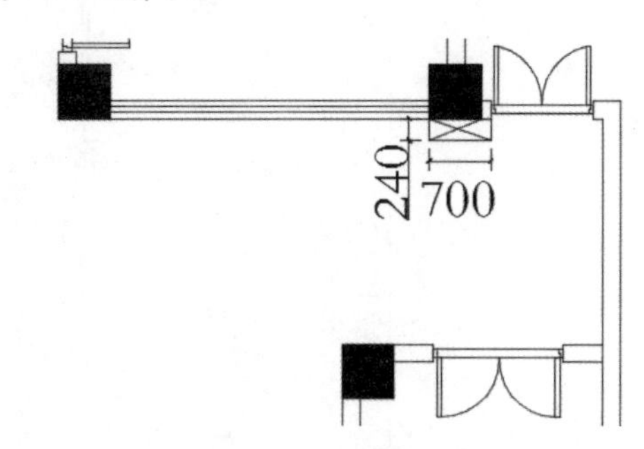

图 14-31　绘制消防栓

步骤 8 调用 CO(复制) 命令，将绘制完成的消防栓箱复制粘贴至平面图相应的位置，结果如图 14-32 所示。

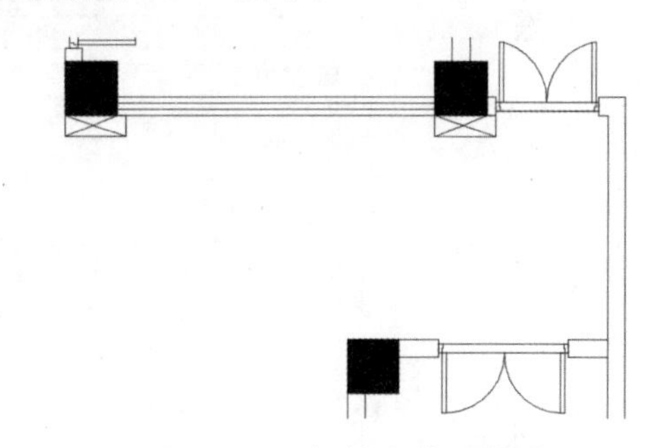

图 14-32　复制消防栓结果

步骤 9 添加尺寸和文字标注。调用 DLI(线性标注) 命令，对图形进行标注；调用 T(文字) 命令，在绘图区域指定文字的输入范围，并在弹出的文字编辑框中输入相应的文字。结果如图 14-33 所示。

步骤 10 添加图名标注。调用 T(文字) 命令，在绘图区域指定文字的输入范围，并在弹出的文字编辑框中输入相应的图名标注文字；调用 L(直线) 命令，在文字标注下面绘制图名双线，并将其中一条下画线的线宽设置为 0.4mm。绘制结果如图 14-34 所示。

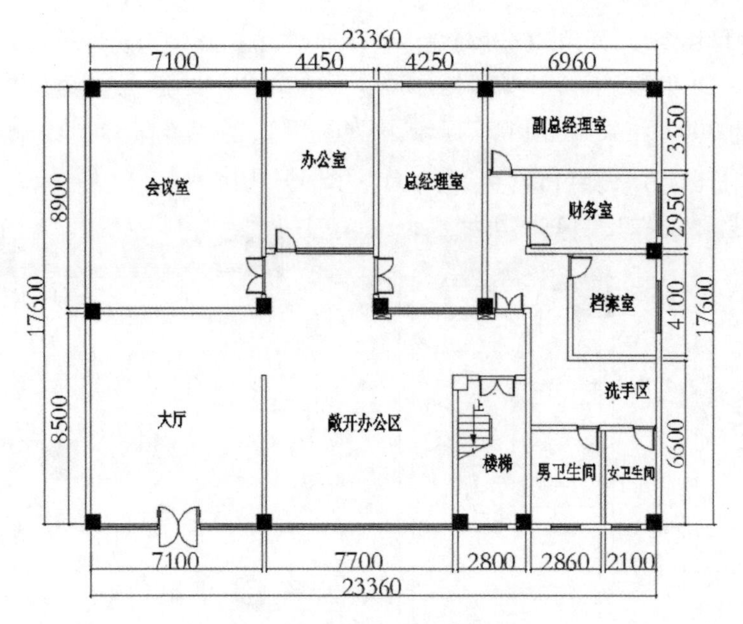

图 14-33　添加尺寸和文字标注

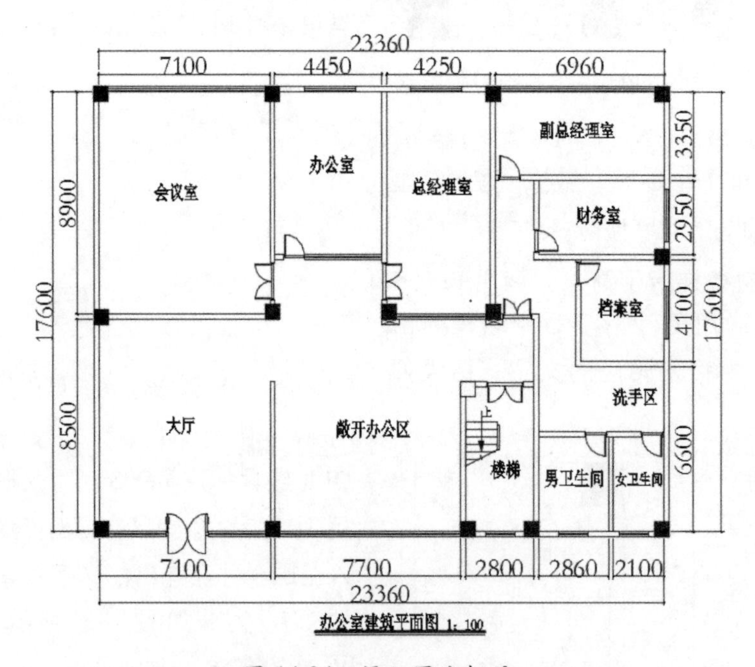

图 14-34　添加图名标注

14.3 办公空间平面布置图的绘制

办公室是工作人员工作的主要场所，其平面布置图的绘制需要考虑各工作人员区域的划分、工作流程、工作需要等问题。下面主要介绍办公室平面布置图的绘制方法。

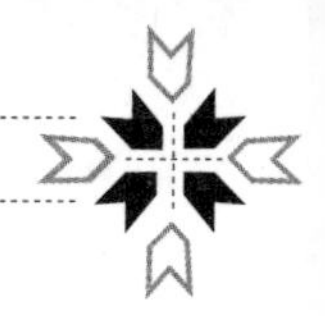

14.3.1 前台门厅平面布置设计

前台门厅是公司、企业接待客户与来客的区域之一，也是公司、企业形象的具体体现之一。本例中的前台门厅布置中，配备了接待台和休闲组合沙发等，其具体的绘制操作步骤如下。

步骤 1 绘制接待台。调用 REC(矩形) 命令，绘制尺寸为 589×2789 的矩形，结果如图 14-35 所示。

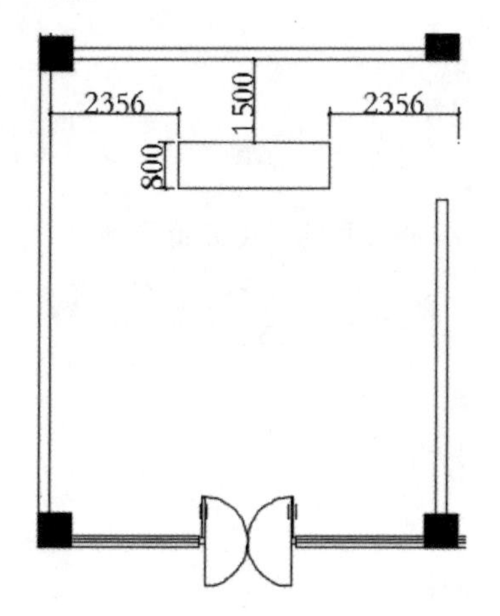

图 14-35　绘制矩形

步骤 2 调用 O(偏移) 命令，偏移直线；调用 A(圆弧) 命令，绘制圆弧。结果如图 14-36 所示。

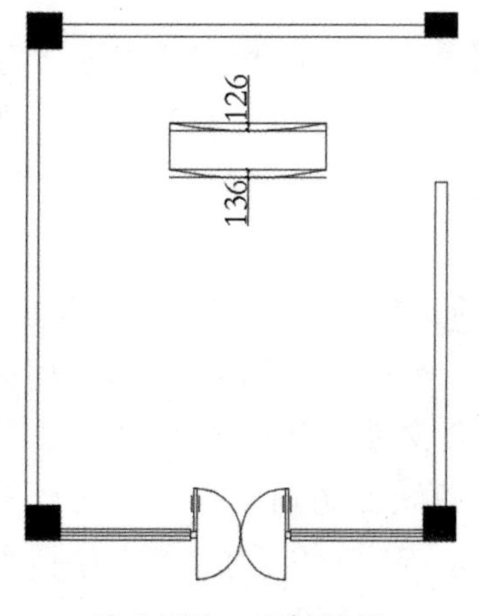

图 14-36　绘制圆弧

步骤 3 调用 E(删除) 命令，删除多余的线条，结果如图 14-37 所示。

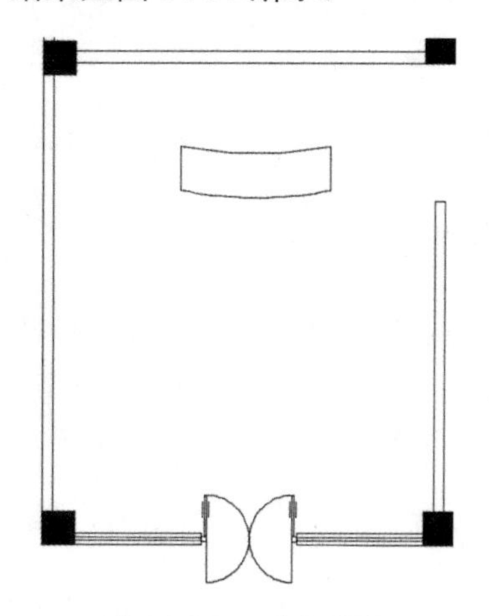

图 14-37　删除线条

步骤 4 接待台填充。调用 H(填充) 命令，再在命令行中输入 T(设置) 命令，在弹出的【图案填充和渐变色】对话框中设置填充图案参数，结果如图 14-38 所示。

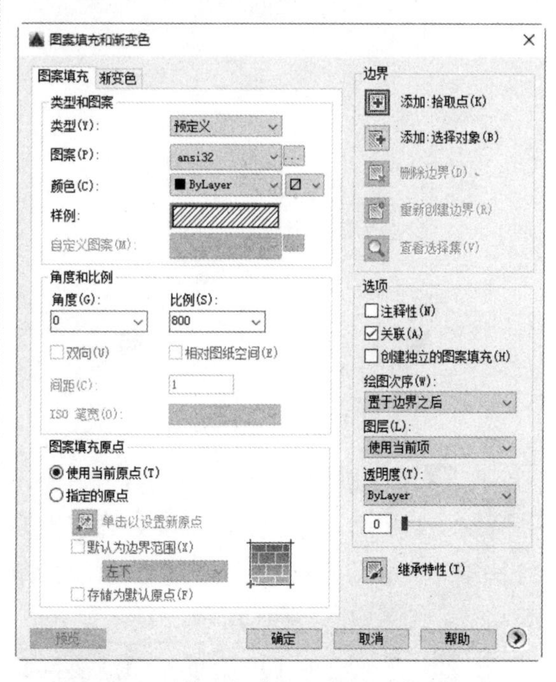

图 14-38　【图案填充和渐变色】对话框

步骤 5 在弹出的【图案填充和渐变色】对话框中，单击【边界】功能区中的【添加：拾取点】按钮，在绘图区域选择填充区域后点取添加拾取点，按 Enter 键即可完成该图案填充操作，结果如图 14-39 所示。

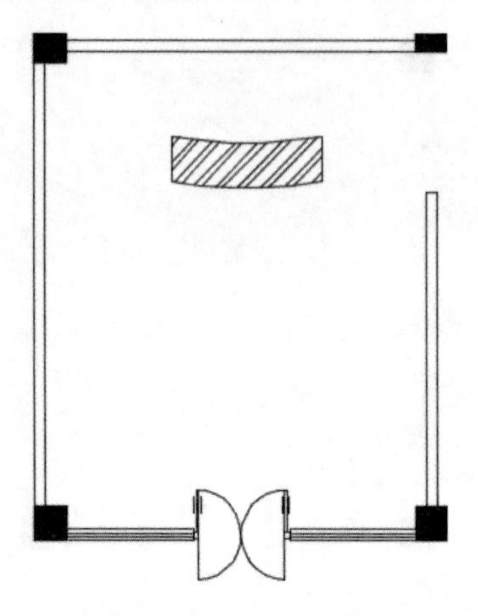

图 14-39　填充结果

步骤 6 绘制前台背景墙轮廓。调用 O(偏移) 命令，偏移墙线，偏离距离为 150，结果如图 14-40 所示。

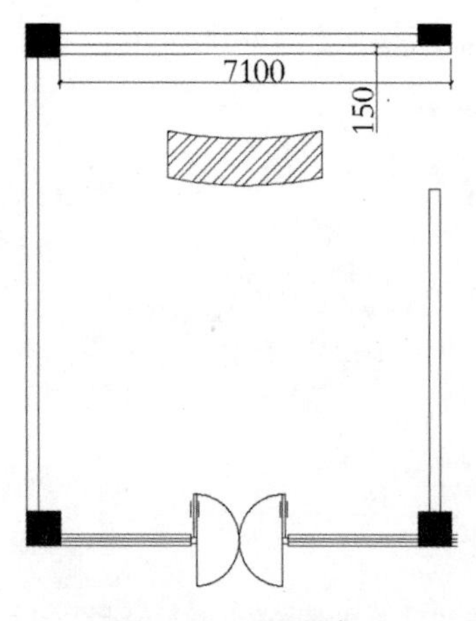

图 14-40　偏移墙线

步骤 7 填充背景墙。调用 H(填充) 命令，再在命令行中输入 T(设置) 命令，在弹出的【图案填充和渐变色】对话框中设置填充图案参数，结果如图 14-41 所示。

步骤 8 在弹出的【图案填充和渐变色】对话框中，单击【边界】功能区中的【添加：拾取点】按钮，在绘图区域选择填充区域后点取添加拾取点，按 Enter 键即可完成该图案填充操作，结果如图 14-42 所示。

图 14-41　设置填充参数

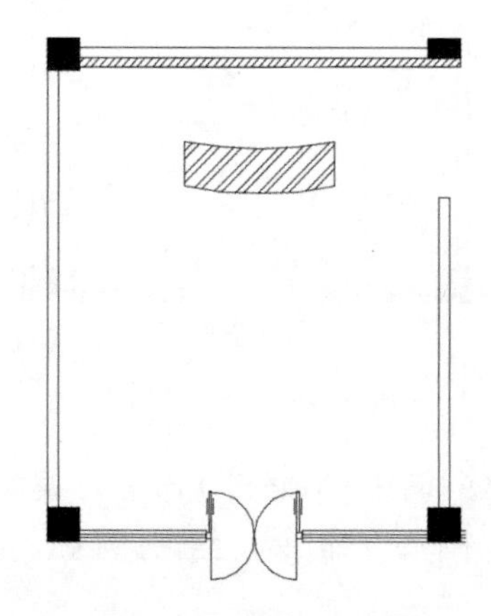

图 14-42　填充结果

步骤 9 绘制前厅墙体装饰轮廓。调用 O(偏移) 命令，偏移墙线，偏移距离为 80；调用 L(直线) 命令，绘制直线。结果如图 14-43 所示。

步骤 10 添加素材图块。按 Ctrl+O 组合键，打开配套资源中的“素材 \Ch14\ 室内家具 .dwg”文件，将其中的组合沙发、茶几、座椅等图块复制粘贴至当前图形中；调用 TR(修剪) 和 E(删除) 命令，修剪和删除多余的直线。结果如图 14-44 所示。

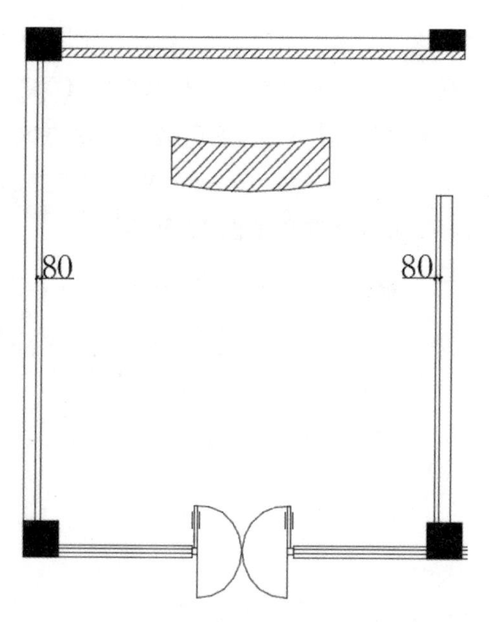

图 14-43　偏移墙体

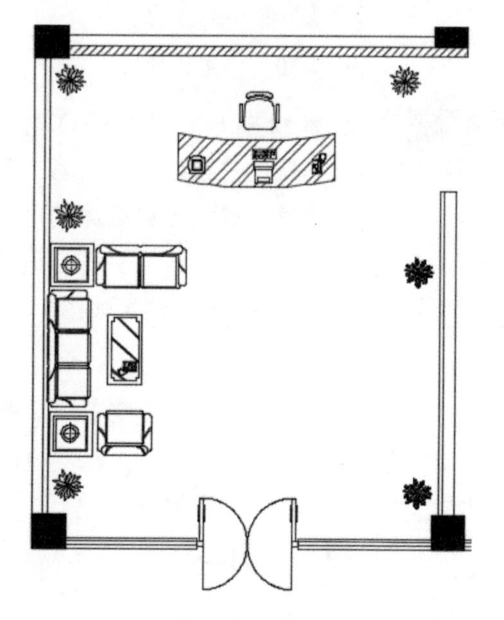

图 14-44　添加素材图块

14.3.2 办公室平面布置设计

办公室是公司主要功能区域之一。办公室是提供工作办公的场所，不同类型的企业，办公场所有所不同，一般由办公设备、办公人员及其他辅助设备组成。一般职员都在敞开的区域办公，不享有私密性，总经理办公室和管理层员工则在独立的办公室中办公，享有私密性。

绘制办公室平面布置图的具体操作步骤如下。

步骤 1 绘制墙面软包装饰面。调用 O(偏移) 命令，偏移墙线；调用 L(直线) 命令，绘制直线。结果如图 14-45 所示。

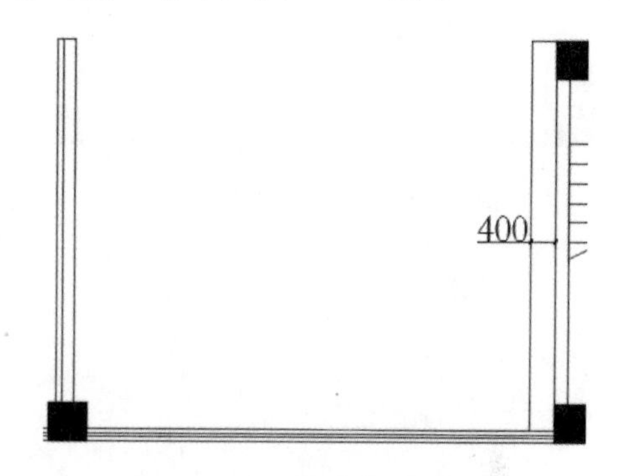

图 14-45　偏移并绘制直线

步骤 2 调用 O(偏移) 命令，偏移直线；调用 L(直线) 命令，绘制直线。结果如图 14-46 所示。

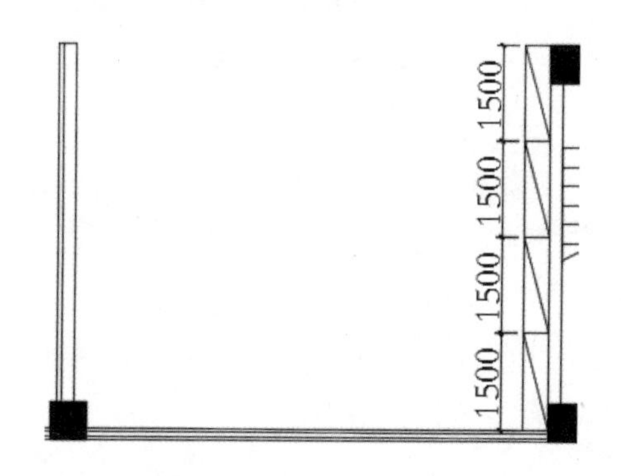

图 14-46　偏移和绘制直线

步骤 3 调用 MI(镜像) 命令，镜像图形，即可完成敞开办公区墙面软包装饰面的绘制，结果如图 14-47 所示。

步骤 4 绘制封闭办公室桌子轮廓。调用 REC(矩形) 命令，绘制尺寸为 700×1800 的矩形，结果如图 14-48 所示。

步骤 5 填充背景墙。调用 H(填充) 命令，再在命令行中输入 T(设置) 命令，在弹出的

【图案填充和渐变色】对话框中设置填充图案参数，结果如图 14-49 所示。

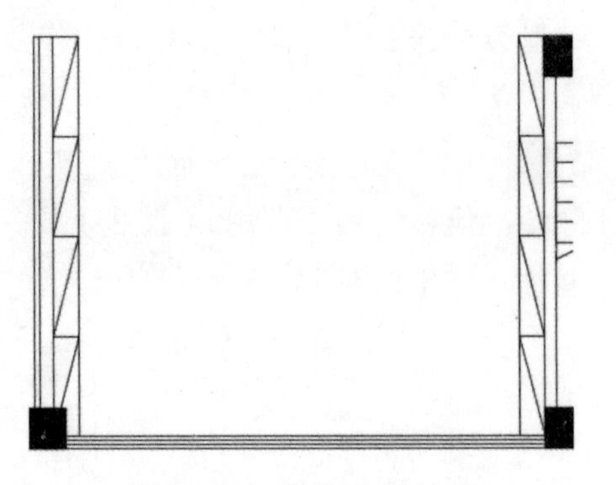

图 14-47　镜像图形结果

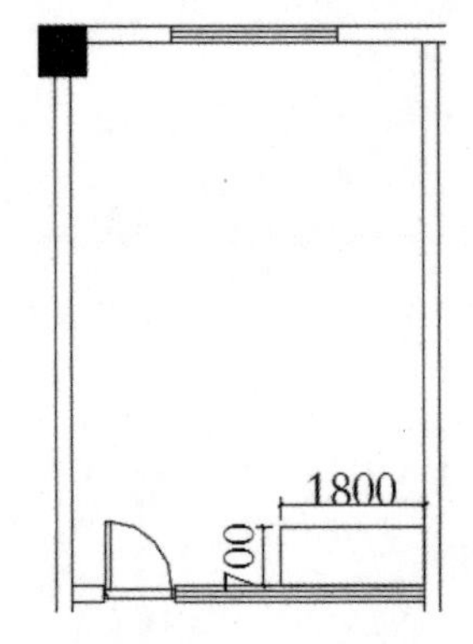

图 14-48　绘制矩形

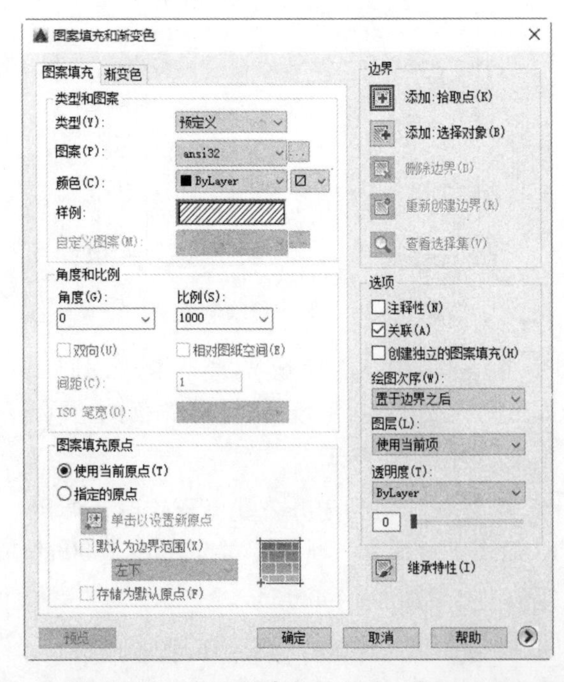

图 14-49　【图案填充和渐变色】对话框

步骤 6 在弹出的【图案填充和渐变色】对话框中，单击【边界】功能区中的【添加：拾取点】按钮，在绘图区域选择填充区域后点取添加拾取点，按 Enter 键即可完成该图案填充操作，结果如图 14-50 所示。

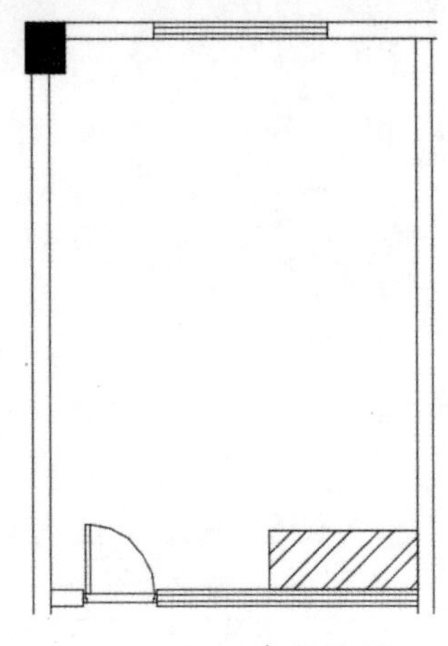

图 14-50　填充结果

步骤 7 添加素材图块。按 Ctrl+O 组合键，打开配套资源中的“素材\Ch14\室内家具 dwg”文件，将其中的组合办公桌椅等图块复制粘贴至当前图形中，即可完成敞开办公室区域平面布置图的绘制，结果如图 14-51 所示。

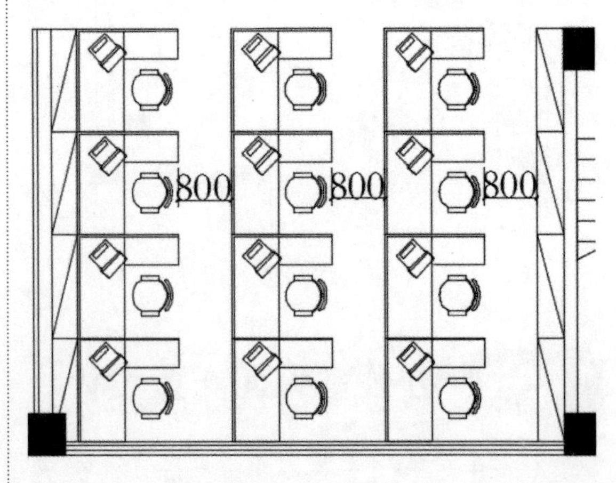

图 14-51　敞开办公室

步骤 8 沿用上述同样的操作，即可完成封闭办公室区域平面布置图的绘制，结果如图 14-52 所示。

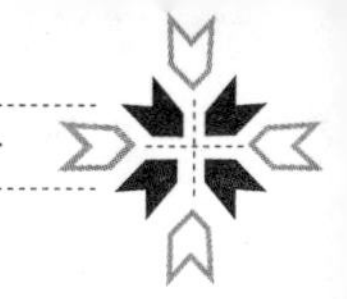

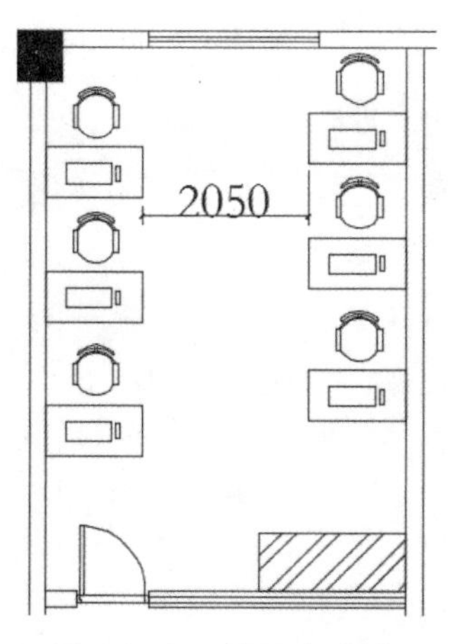

图 14-52 封闭办公室

步骤 9 绘制展示柜轮廓。调用 REC(矩形) 命令，绘制尺寸为 300×3850 的矩形，结果如图 14-53 所示。

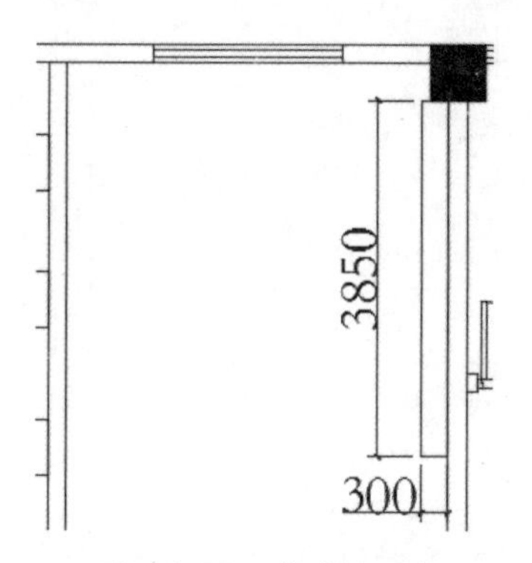

图 14-53 绘制矩形

步骤 10 调用 X(分解) 命令，分解矩形；调用 O(偏移) 命令，偏移直线；调用 L(直线) 命令，绘制直线。结果如图 14-54 所示。

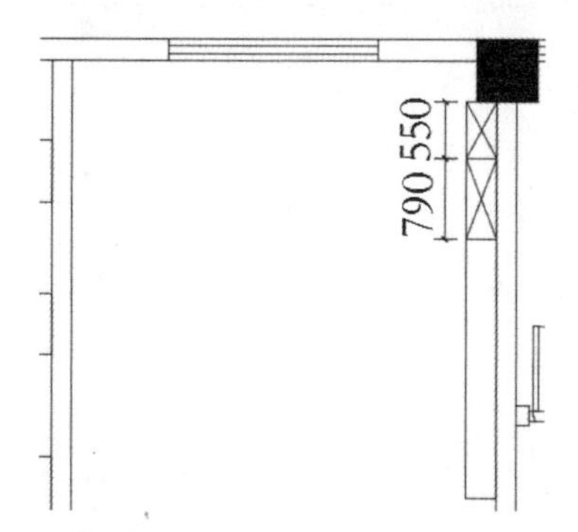

图 14-54 偏移与绘制直线

步骤 11 调用 MI(镜像) 命令，对绘制的图形执行镜像操作；调用 L(直线) 命令，绘制直线。结果如图 14-55 所示。

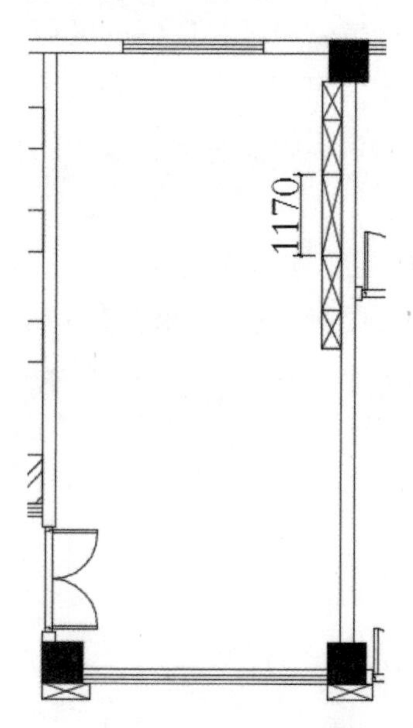

图 14-55 展示柜完成结果

步骤 12 添加素材图块。按 Ctrl+O 组合键，打开配套资源中的“素材\Ch14\室内家具.dwg”文件，将其中的组合办公桌椅等图块复制粘贴至当前图形中，即可完成总经理办公室区域平面布置图的绘制，结果如图 14-56 所示。

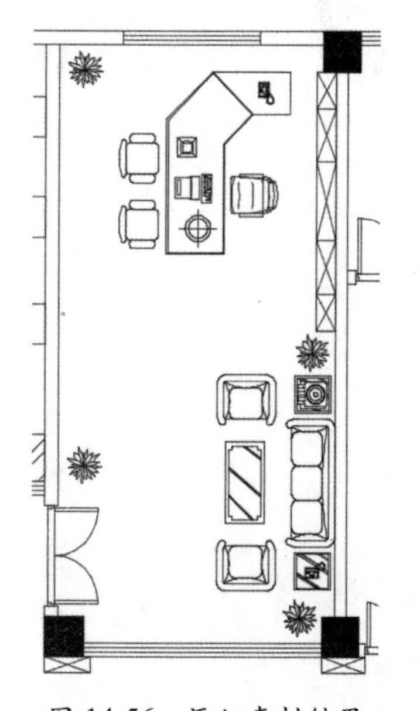
图 14-56 添加素材结果

14.3.3 会议室平面布置设计

会议室是公司开会使用的区域，在面积允许的情况下可以兼具培训和接待客户商谈的功能。绘制会议室平面布置图的具体操作步骤如下。

步骤 1 绘制墙面软包装饰面。调用 O(偏移) 命令，偏移墙线，结果如图 14-57 所示。

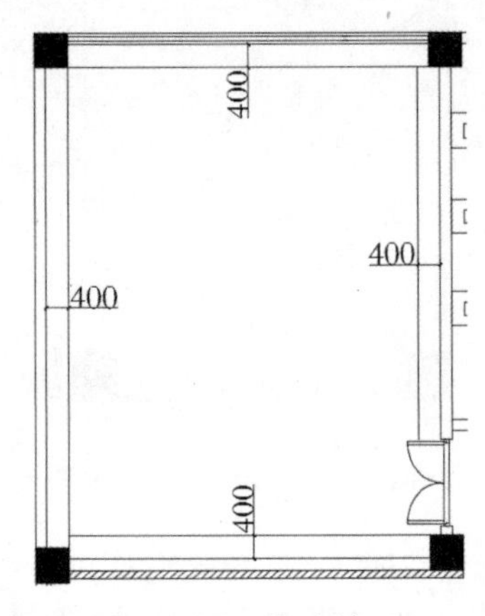

图 14-57　偏移墙线

步骤 2 调用 L(直线) 命令，绘制直线；调用 O(偏移) 命令，偏移直线，偏移距离分别为 1300、1290 和 831。结果如图 14-58 所示。

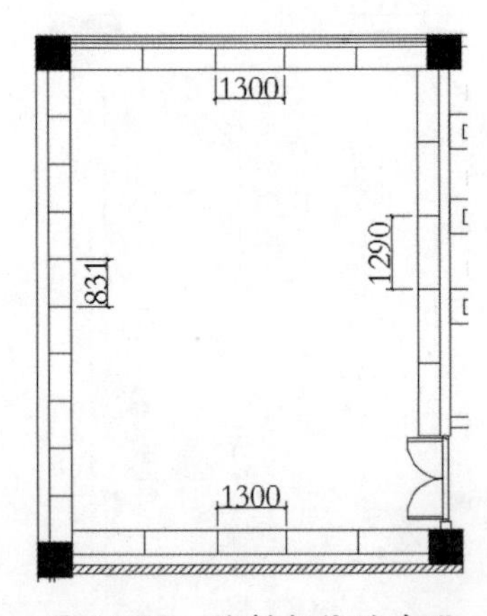

图 14-58　绘制与偏移直线

步骤 3 调用 L(直线) 命令，绘制直线，结果如图 14-59 所示。

步骤 4 绘制电视机轮廓。调用 REC(矩形) 命令，绘制尺寸为 2100×340 的矩形，结果如图 14-60 所示。

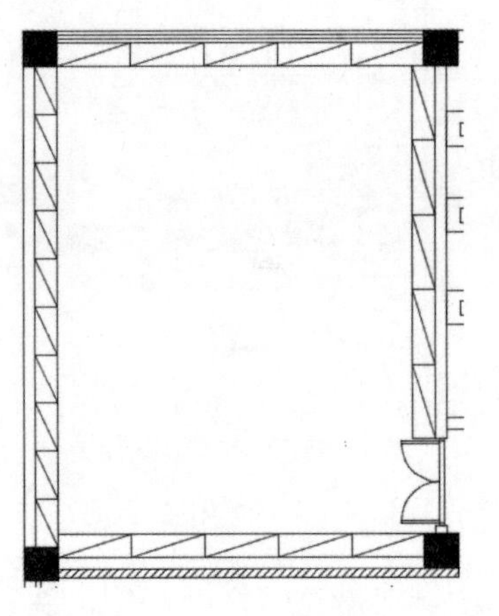

图 14-59　绘制直线

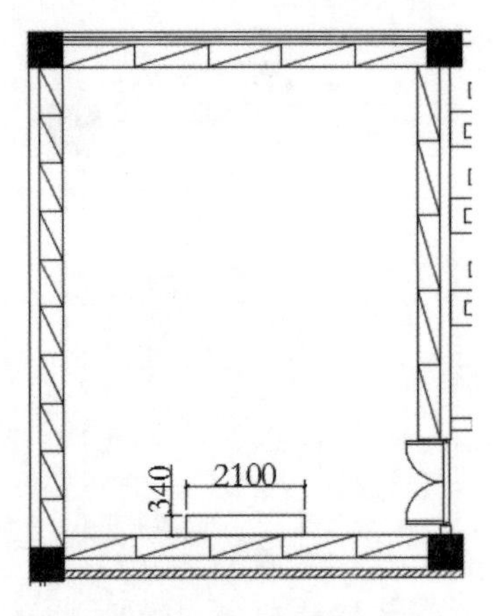

图 14-60　绘制矩形

步骤 5 调用 L(直线) 命令，绘制直线，结果如图 14-61 所示。

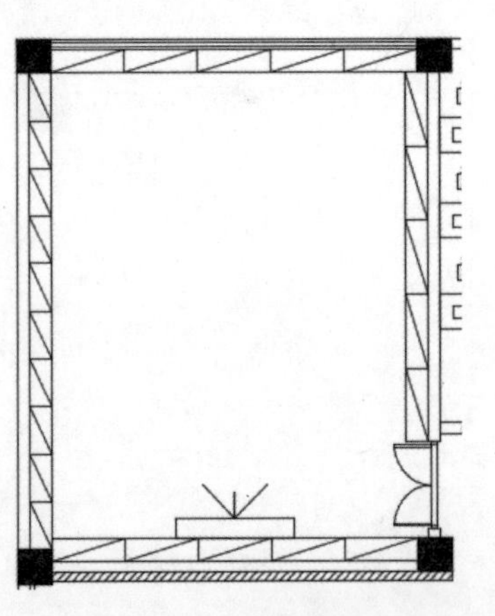

图 14-61　绘制直线

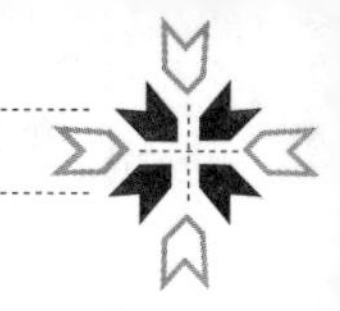

步骤 6　添加素材图块。按 Ctrl+O 组合键，打开配套资源中的“素材\Ch14\室内家具.dwg”文件，将其中的组合办公桌椅等图块复制粘贴至当前图形中，即可完成会议室区域平面布置图的绘制，结果如图 14-62 所示。

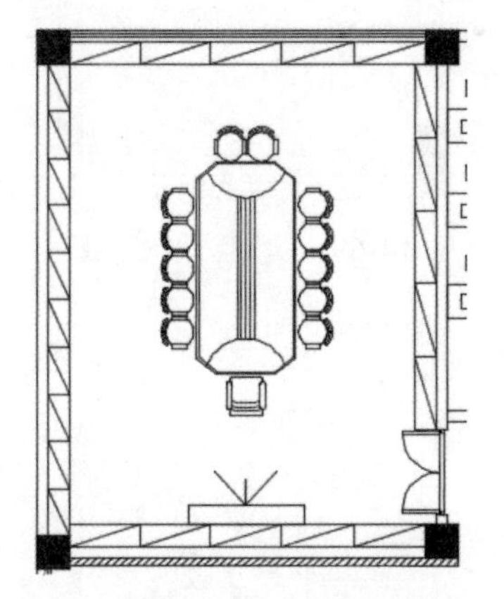

图 14-62　添加素材结果

14.3.4 卫生间平面布置设计

公司工作人员较多，因此需要合理布置男卫、女卫和洗手间的使用面积，以便满足使用需求。绘制卫生间平面布置图的具体操作步骤如下。

步骤 1　绘制男卫隔断。调用 L(直线) 命令，绘制直线；调用 O(偏移) 命令，偏移直线，偏移距离为 900。结果如图 14-63 所示。

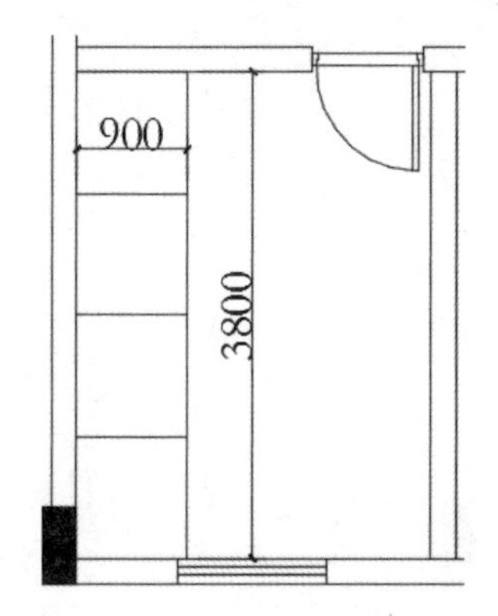

图 14-63　绘制和偏移直线

步骤 2　调用 O(偏移) 命令，偏移直线，结果如图 14-64 所示。

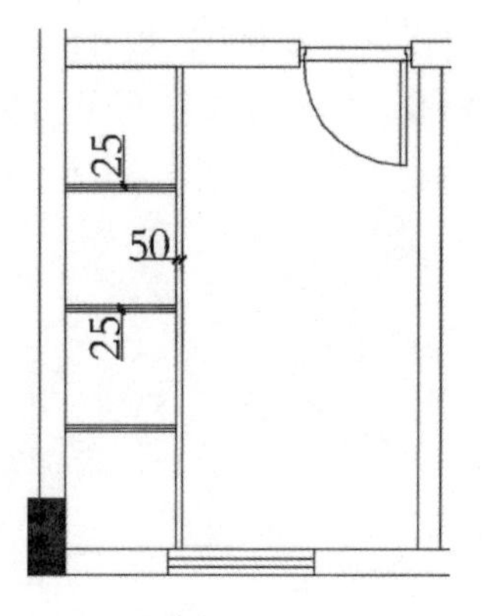

图 14-64　偏移直线

步骤 3　绘制门洞位置。调用 L(直线) 命令，绘制直线；调用 O(偏移) 命令，偏移直线，结果如图 14-65 所示。

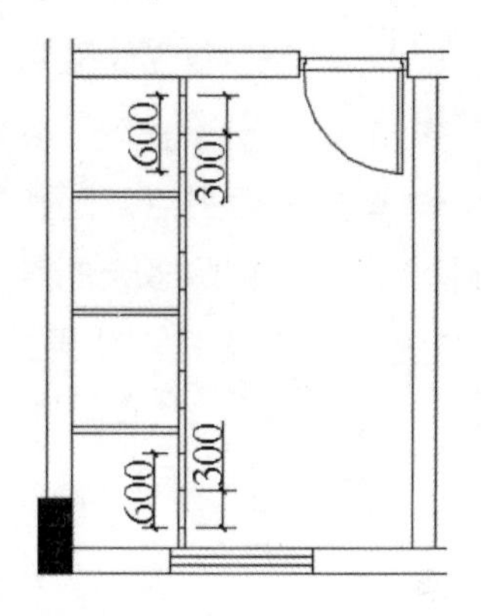

图 14-65　绘制与偏移直线

步骤 4　调用 TR(修剪) 和 E(删除) 命令，修剪和删除多余的线条，结果如图 14-66 所示。

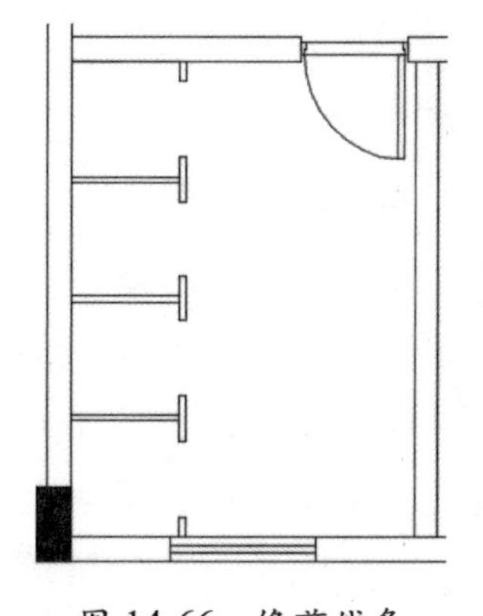

图 14-66　修剪线条

步骤 5 绘制平开门。调用 REC(矩形) 命令，绘制尺寸为 600×30 的矩形；调用 M(移动) 命令，将其放置在图形相应的位置；调用 RO(旋转) 命令，将其旋转 30° 。结果如图 14-67 所示。

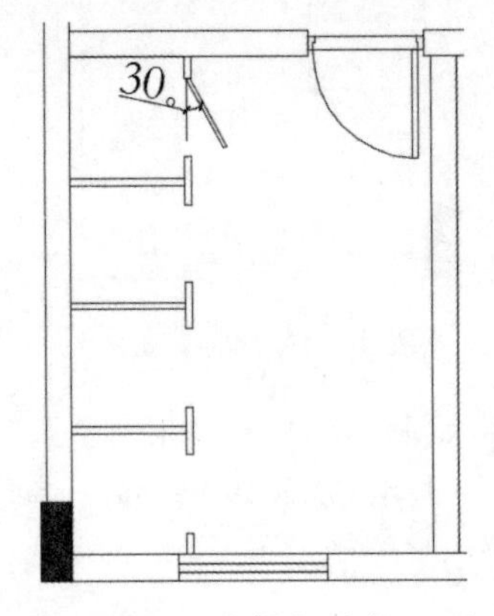

图 14-67　绘制与旋转矩形

步骤 6 调用 X(分解) 命令，分解矩形；选中矩形一边单击激活夹点，延长矩形边；调用 E(删除) 命令，删除多余的直线；调用 A(圆弧) 命令，绘制圆弧。结果如图 14-68 所示。

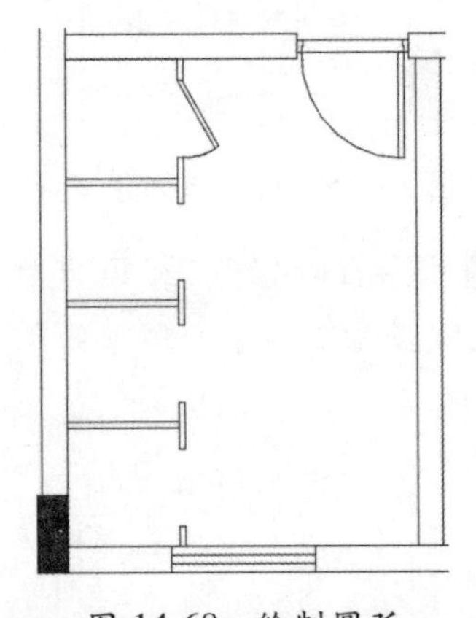

图 14-68　绘制圆弧

步骤 7 调用 CO(复制) 命令，复制粘贴平开门，即可绘制完成其他卫生间平开门，结果如图 14-69 所示。

步骤 8 绘制隔断。调用 REC(矩形) 命令，绘制尺寸为 50×600 的矩形，结果如图 14-70 所示。

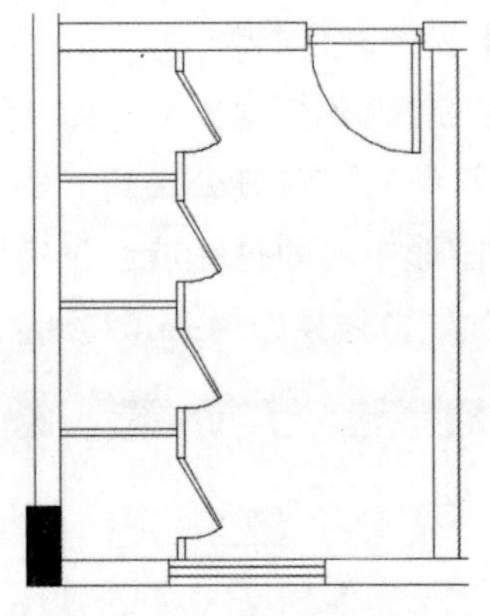

图 14-69　复制平开门结果

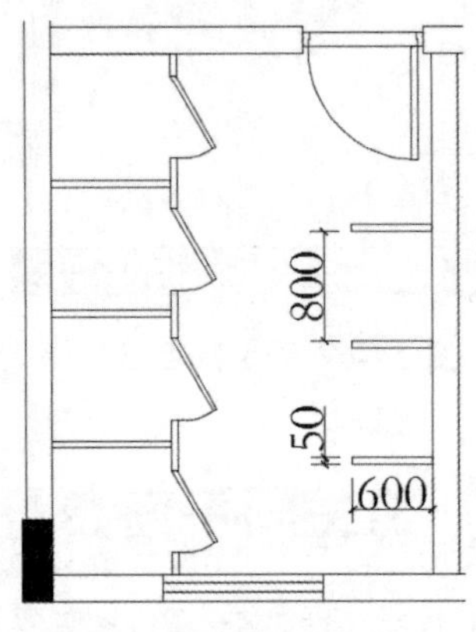

图 14-70　绘制矩形

步骤 9 添加素材图块。按 Ctrl+O 组合键，打开配套资源中的“素材 \Ch14\ 室内洁具 .dwg”文件，将其中的卫生洁具等图块复制粘贴至当前图形中，即可完成男卫区域平面布置图的绘制，结果如图 14-71 所示。

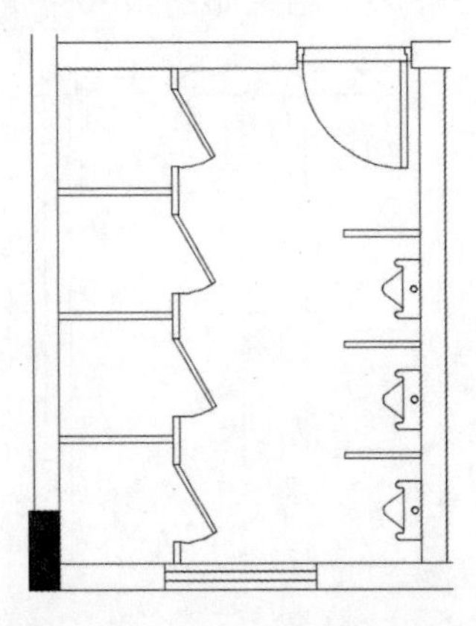

图 14-71　添加素材结果

步骤 10 绘制女卫。沿用上述绘制男卫的

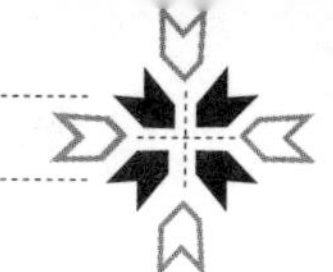

操作步骤，结果如图 14-72 所示。

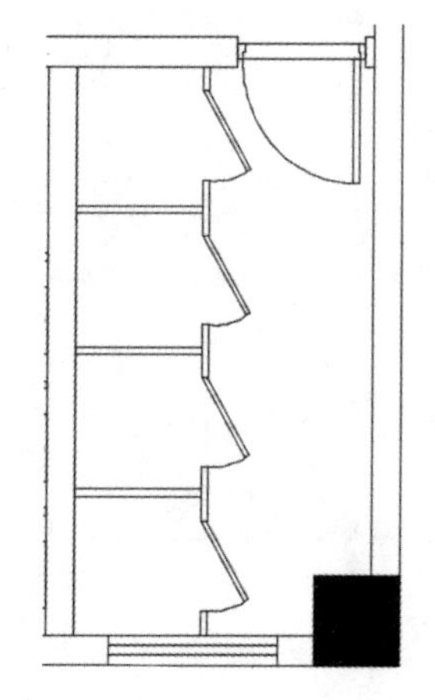

图 14-72　绘制女卫结果

步骤 11 绘制洗漱台轮廓。调用 REC(矩形) 命令，绘制尺寸为 600×2600 的矩形，结果如图 14-73 所示。

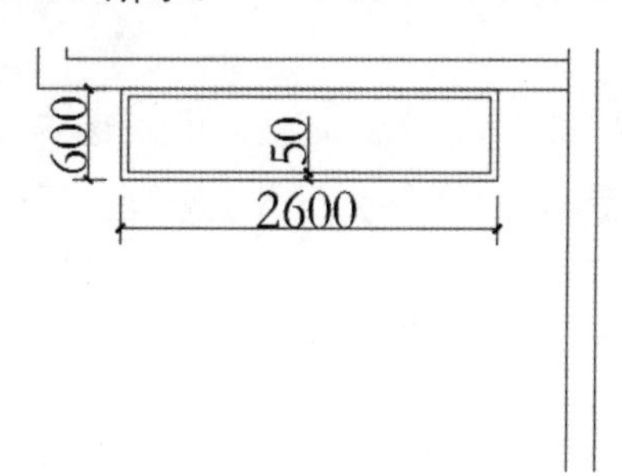

图 14-73　绘制矩形

步骤 12 添加素材图块。按 Ctrl+O 组合键，打开配套资源中的“素材 \Ch14\ 室内洁具 .dwg”文件，将其中的卫生洁具等图块复制粘贴至当前图形中，即可完成洗手间区域平面布置图的绘制，结果如图 14-74 所示。

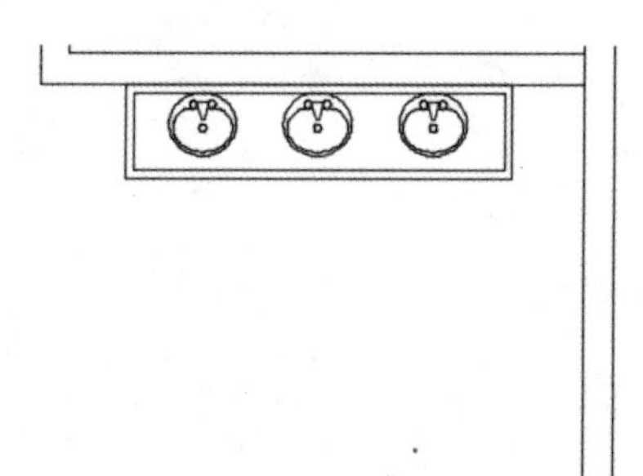

图 14-74　添加素材结果

步骤 13 沿用上述操作，继续绘制未完成的办公区域平面布置图，即可完成办公室平面布置图的绘制，结果如图 14-75 所示。

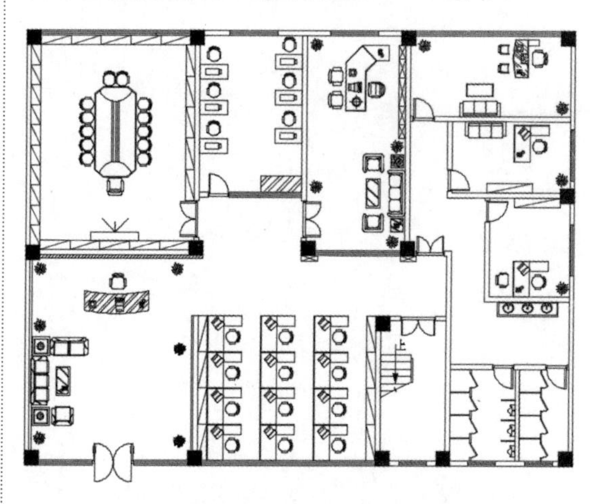

图 14-75　办公室平面布置图

步骤 14 添加尺寸和文字标注。调用 DLI(线性标注) 命令，对图形进行标注；调用 T(文字) 命令，在绘图区域指定文字的输入范围，并在弹出的文字编辑框中输入相应的文字。结果如图 14-76 所示。

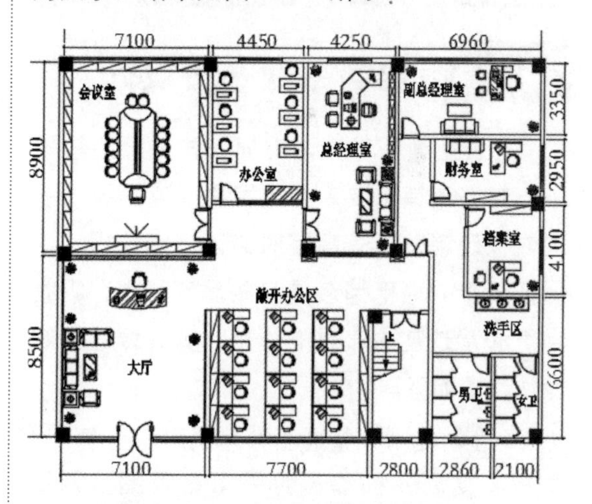

图 14-76　添加尺寸和文字标注

步骤 15 添加图名标注。调用 T(文字) 命令，在绘图区域指定文字的输入范围，并在弹出的文字编辑框中输入相应的图名标注文字；调用 L(直线) 命令，在文字标注下面绘制图名双线，并将其中一条下画线的线宽设置为 0.4mm。绘制结果如图 14-77 所示。

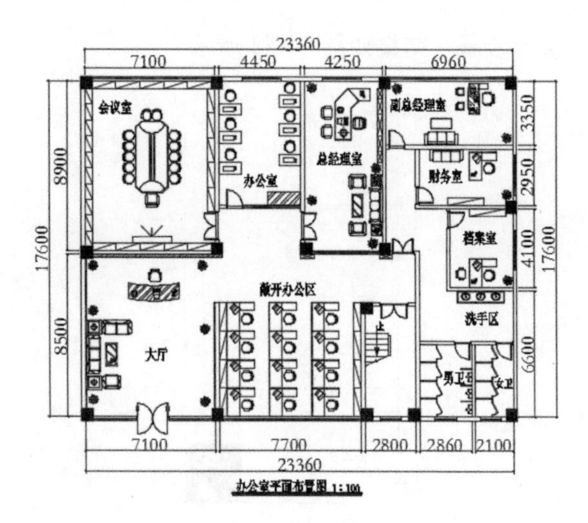

图 14-77　添加图名标注

14.4 地面和顶棚布置图的绘制

办公室由于面积较大，各功能区域主要作用是提供办公场所。因此，地面装饰成分比较单一，材料多为瓷砖和地毯。顶面造型也比较简单，材料多为石膏板造型。下面主要介绍办公室地面和顶棚布置图的绘制方法。

14.4.1 地面平面布置设计

办公室面积较大，地面布置成分比较单一，其瓷砖铺贴要求拼缝横平竖直，各功能区域瓷砖铺贴若有高差时必须仔细处理，以保证质量。地毯铺装具有防滑、吸水、吸收噪声和营造室内气氛的作用。其具体的绘制操作步骤如下。

步骤 1 复制并整理图形。调用 CO(复制) 命令，复制并移动一份平面布置图；调用 E(删除) 命令，删除多余的家具、门等图形。结果如图 14-78 所示。

步骤 2 绘制门槛线和走廊边线。调用 L(直线) 命令，绘制直线，结果如图 14-79 所示。

步骤 3 填充会议室和员工办公室地砖铺贴。调用 H(填充) 命令，再在命令行中输入 T(设置) 命令，在弹出的【图案填充和渐变色】对话框中设置填充图案参数，如图 14-80 所示。

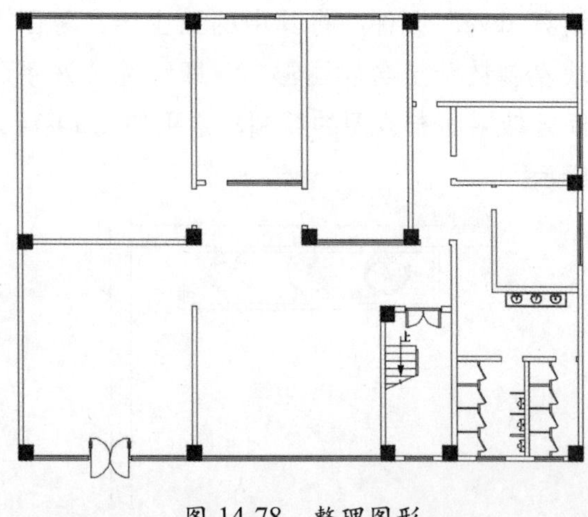

图 14-78　整理图形

步骤 4 在弹出的【图案填充和渐变色】对话框中，单击【边界】功能区中的【添加：拾取点】按钮，在绘图区域选择填充区域后点取添加拾取点，按 Enter 键即可完成该图案填充操作，结果如图 14-81 所示。

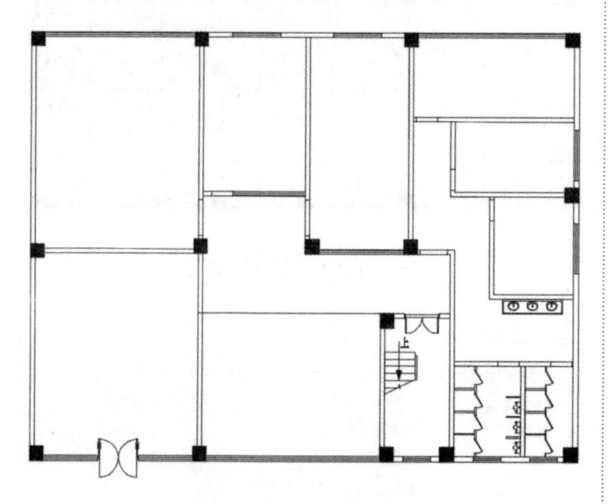

图 14-79　绘制直线

图 14-80　【图案填充和渐变色】对话框

步骤 5 填充地毯铺装。调用 H(填充) 命令，再在命令行中输入 T(设置) 命令，在弹出的【图案填充和渐变色】对话框中设置填充图案参数，如图 14-82 所示。

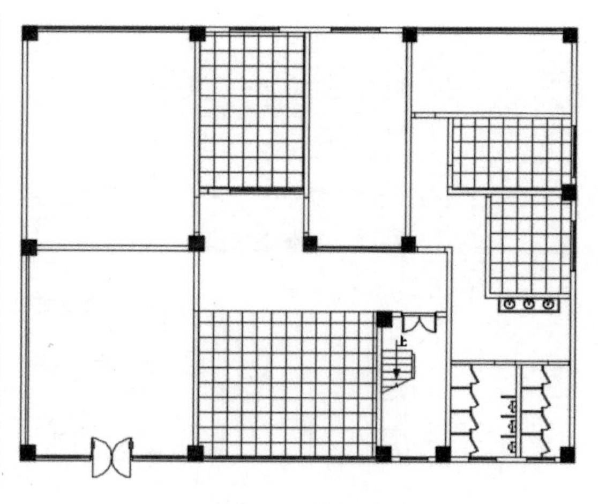

图 14-81　填充结果

图 14-82　【图案填充和渐变色】对话框

步骤 6 在弹出的【图案填充和渐变色】对话框中，单击【边界】功能区中的【添加：拾取点】按钮，在绘图区域选择填充区域后点取添加拾取点，按 Enter 键即可完成该图案填充操作，结果如图 14-83 所示。

步骤 7 填充走廊地砖铺贴。调用 H(填充) 命令，再在命令行中输入 T(设置) 命令，在弹出的【图案填充和渐变色】对话框中设置填充图案参数，如图 14-84 所示。

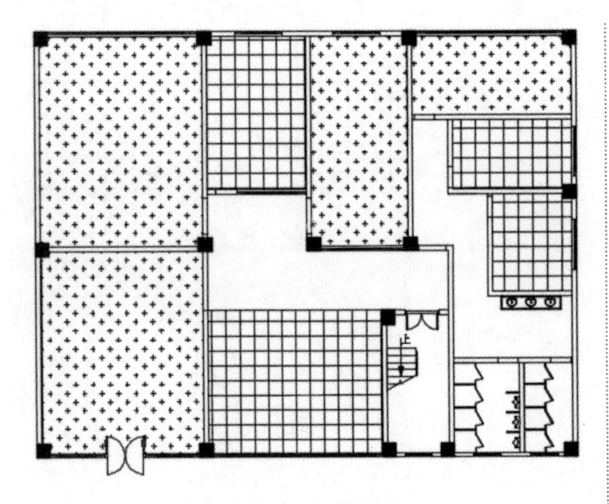

图 14-83　填充结果

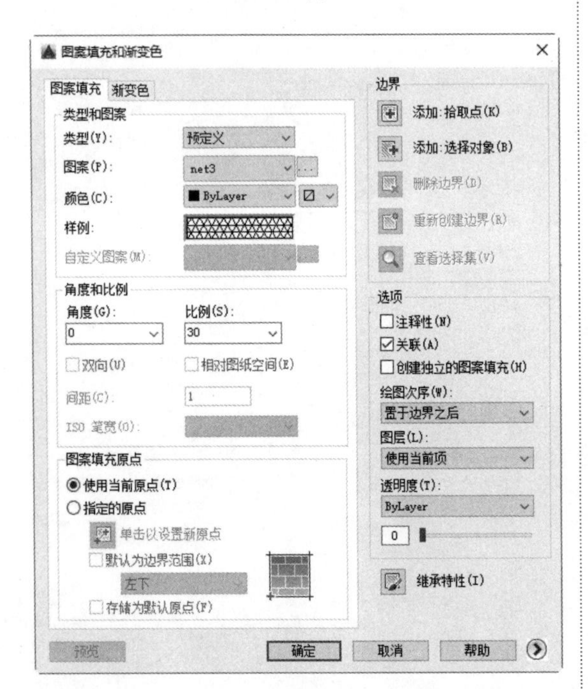

图 14-84　【图案填充和渐变色】对话框

步骤 8 在弹出的【图案填充和渐变色】对话框中，单击【边界】功能区中的【添加：拾取点】按钮，在绘图区域选择填充区域后点取添加拾取点，按 Enter 键即可完成该图案填充操作，结果如图 14-85 所示。

步骤 9 添加卫生间地砖铺贴。调用 H(填充)命令，再在命令行中输入 T(设置)命令，在弹出的【图案填充和渐变色】对话框中设置填充图案参数，如图 14-86 所示。

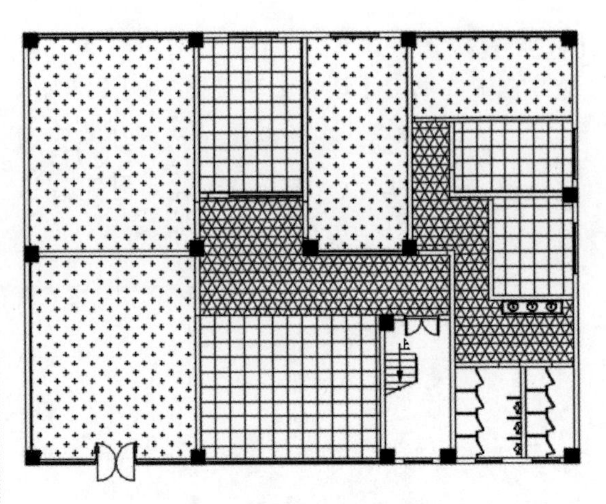

图 14-85　填充结果

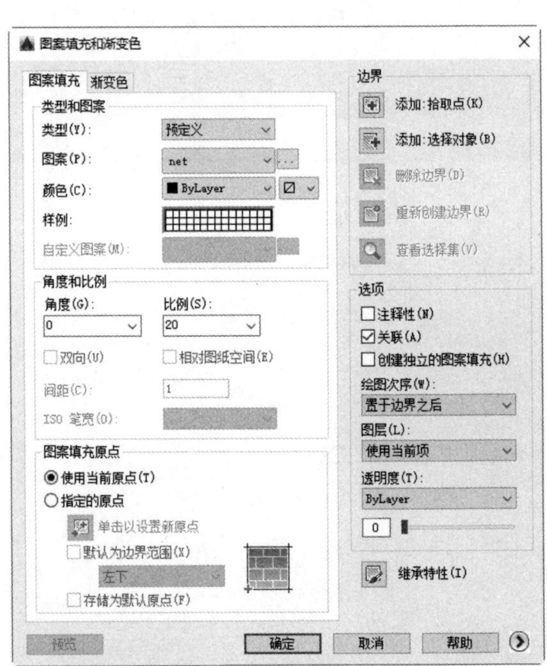

图 14-86　【图案填充和渐变色】对话框

步骤 10 在弹出的【图案填充和渐变色】对话框中，单击【边界】功能区中的【添加：拾取点】按钮，在绘图区域选择填充区域后点取添加拾取点，按 Enter 键即可完成该图案填充操作，结果如图 14-87 所示。

步骤 11 添加门槛线石材铺贴。调用 H(填充)命令，再在命令行中输入 T(设置)命令，在弹出的【图案填充和渐变色】对话框中设置填充图案参数，如图 14-88 所示。

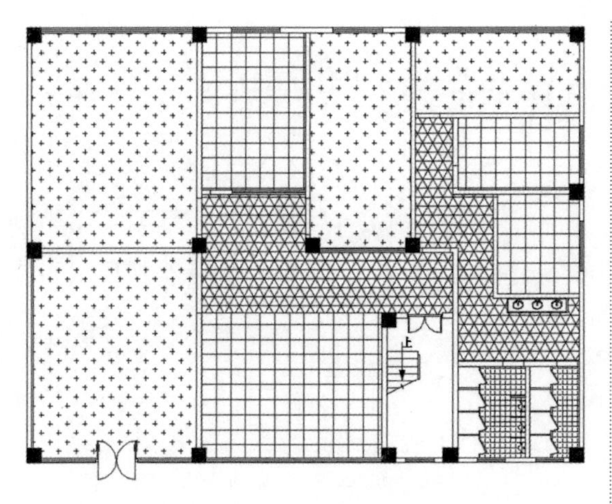

图 14-87　填充结果

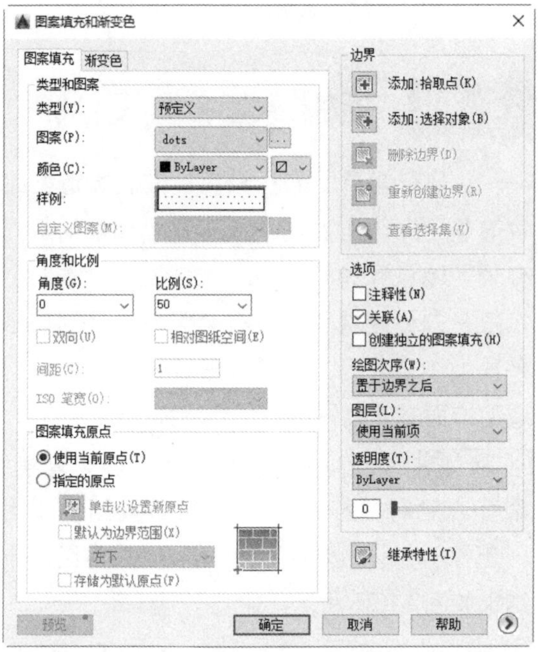

图 14-88　【图案填充和渐变色】对话框

步骤 12 在弹出的【图案填充和渐变色】对话框中，单击【边界】功能区中的【添加：拾取点】按钮，在绘图区域选择填充区域后点取添加拾取点，按 Enter 键即可完成该图案填充操作，结果如图 14-89 所示。

步骤 13 绘制填充材料图例表。调用 REC(矩形) 命令，绘制尺寸为 9000×9500 的矩形；调用 X(分解) 命令，分解矩形；调用 O(偏移) 命令，偏移直线。结果如图 14-90 所示。

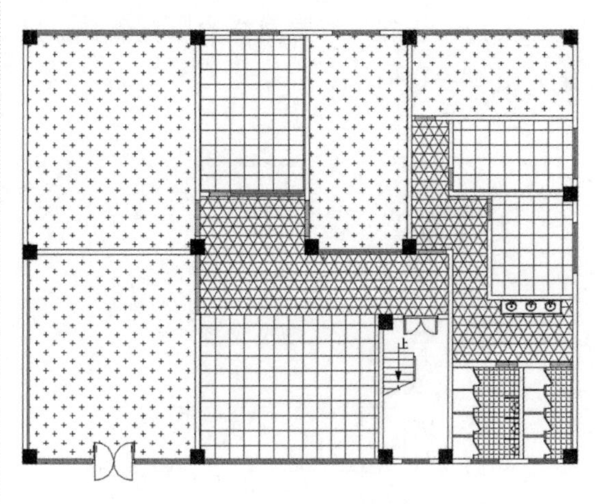

图 14-89　填充结果

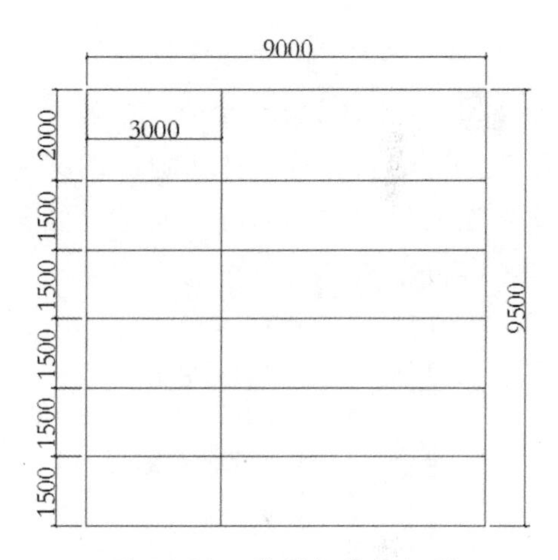

图 14-90　绘制与偏移矩形

步骤 14 调用 REC(矩形) 命令，绘制尺寸为 900×900 的矩形，结果如图 14-91 所示。

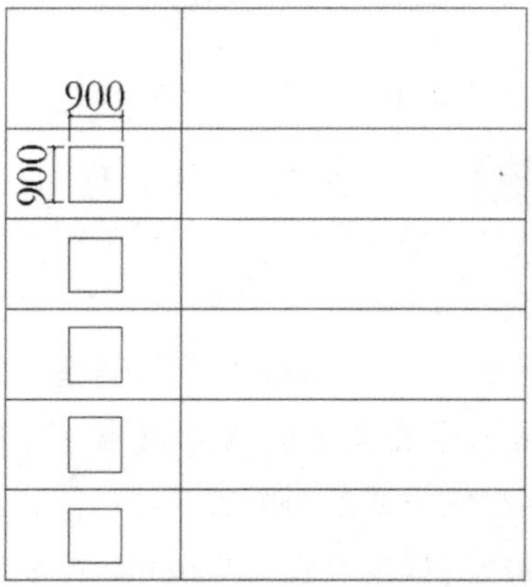

图 14-91　绘制矩形

步骤 15 调用 H(填充) 命令，沿用上述填充图案操作步骤，设置同样的填充参数，结果如图 14-92 所示。

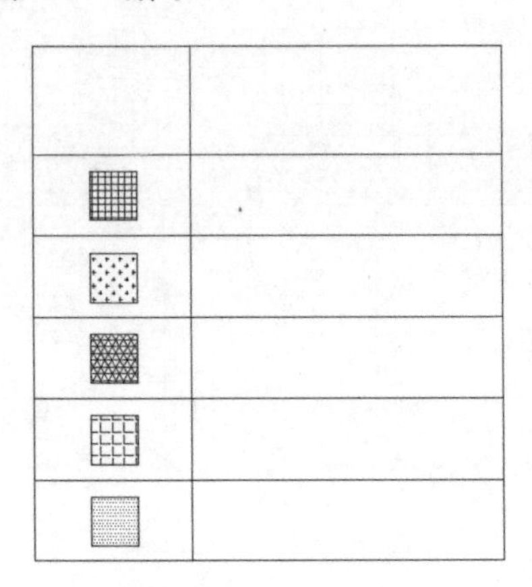

图 14-92　填充结果

步骤 16 调用 T(文字) 命令，在绘图区域指定文字的输入范围，并在弹出的文字编辑框中输入相应的图名标注文字，结果如图 14-93 所示。

图例	材料名称
	600x600防滑瓷砖
	地毯
	600x600造型瓷砖
	300x300防滑瓷砖
	石材

图 14-93　添加文字说明

步骤 17 添加尺寸和图名标注。调用 DLI(线性标注) 命令，对图形进行标注；调用 T(文字) 命令，在绘图区域指定文字的输入范围，并在弹出的文字编辑框中输入相应的图名标注文字；调用 L(直线) 命令，在文字标注下面绘制图名双线，并将其中一条下画线的线宽设置为 0.4mm。绘制结果如图 14-94 所示。

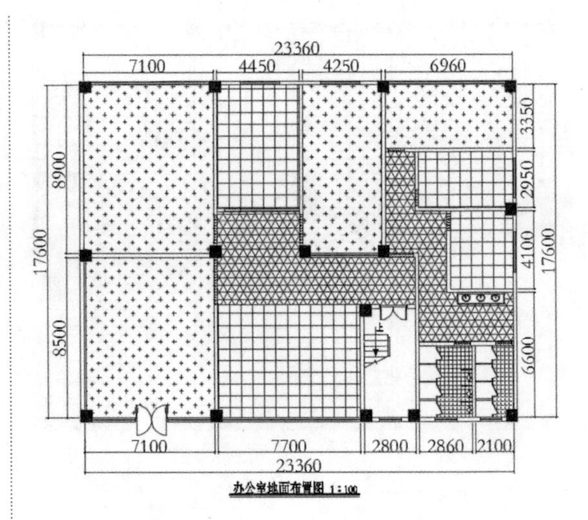

图 14-94　添加尺寸和图名标注

14.4.2 顶棚平面布置设计

办公空间顶面面积较大，其装饰造型比较简单。办公室顶棚平面布置设计包括敞开办公区域设计和独立办公区域设计。本例中在敞开办公区域和独立办公区域设计制作了平顶，在公共区域及前厅设计制作了简单的造型饰面。其具体的操作步骤如下。

步骤 1 复制并整理图形。调用 CO(复制) 命令，复制并移动一份平面布置图；调用 E(删除) 命令，删除多余的家具、门等图形。结果如图 14-95 所示。

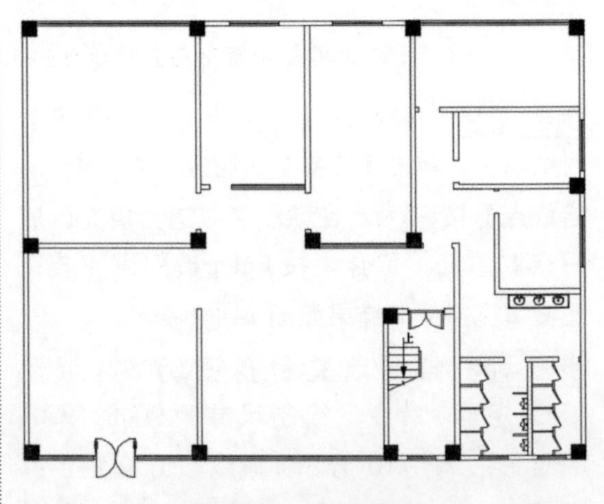

图 14-95　整理图形

步骤 2 绘制门槛线和走廊边线。调用 L(直线) 命令，绘制直线，结果如图 14-96 所示。

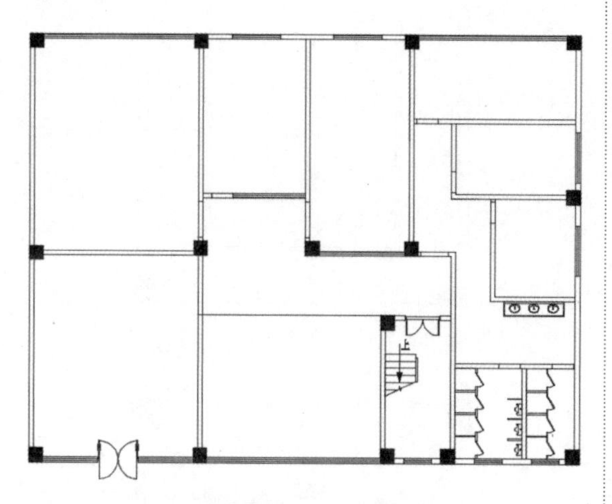

图 14-96　绘制直线

步骤 3 绘制前厅布置图。调用 O(偏移) 命令，偏移墙线；调用 TR(修剪) 命令，修剪多余的线条。结果如图 14-97 所示。

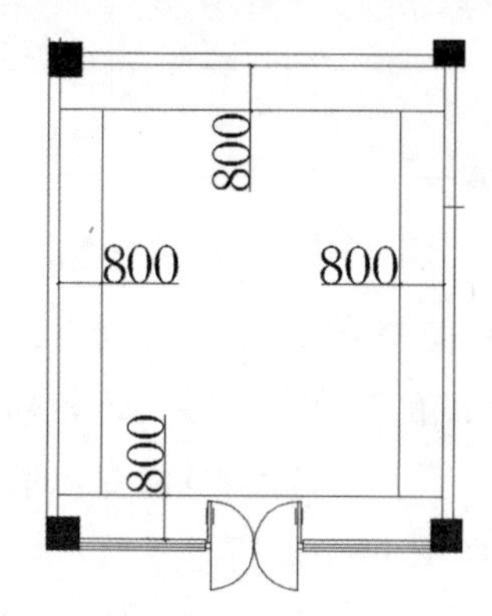

图 14-97　偏移直线

步骤 4 绘制石膏板造型。调用 C(圆) 命令，绘制半径为 1518 的圆；调用 O(偏移) 命令，分别向内偏移 575 和 260。结果如图 14-98 所示。

步骤 5 绘制铝塑板造型。调用 O(偏移) 命令，偏移直线，偏移距离为 200；调用 TR(修剪) 和 E(删除) 命令，修剪和删除多余的线条。结果如图 14-99 所示。

步骤 6 绘制前厅大灯轮廓。调用 C(圆) 命令，绘制半径为 465 的圆；调用 O(偏移) 命令，分别向外偏移，并将灯轮廓的线宽设置为 0.3mm，最外圆形线型设置为虚线，表示隐藏灯带。结果如图 14-100 所示。

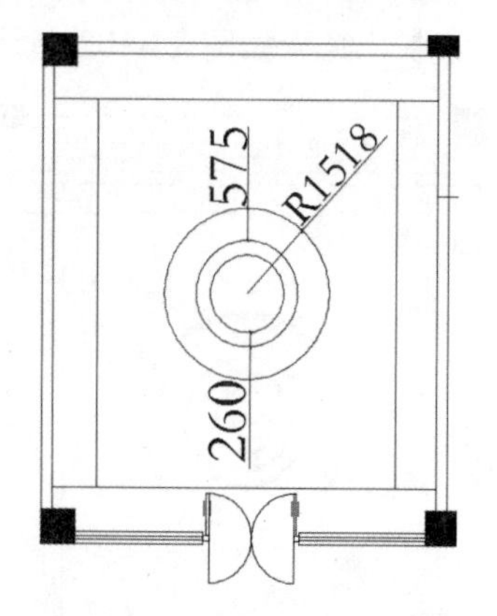

图 14-98　绘制与偏移圆

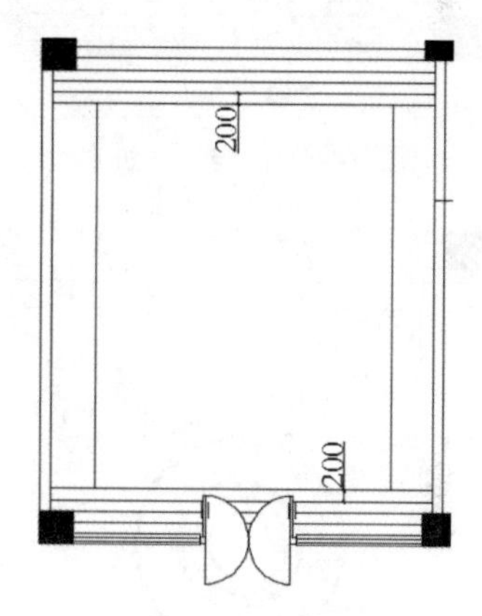

图 14-99　偏移直线

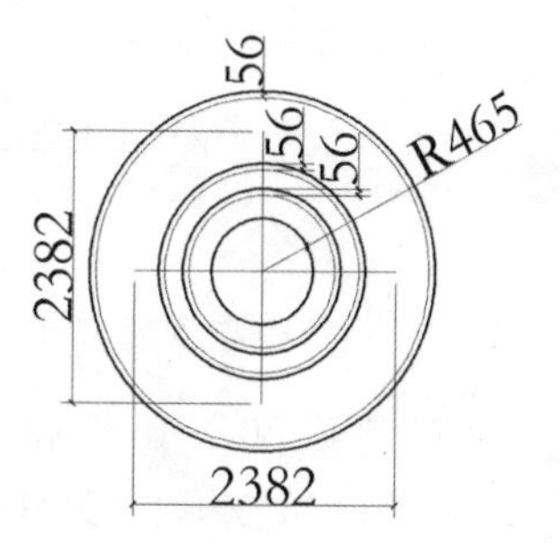

图 14-100　绘制大灯轮廓

步骤 7 绘制矩形。调用 REC(矩形) 命令，绘制尺寸为 322×345 的矩形，结果如图 14-101 所示。

步骤 8 添加素材图块。按 Ctrl+O 组合键，打开配套资源中的“素材\Ch14\室内家具.dwg”文件，将其中的灯具等图块复制粘贴至当前图形中；调用 MI(镜像) 命令，对灯具执行镜像操作，即可完成前厅区域平面布置图的绘制。结果如图 14-102 所示。

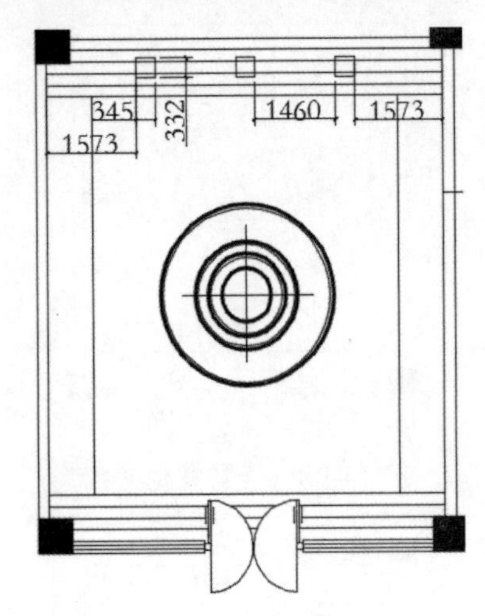

图 14-101 绘制矩形

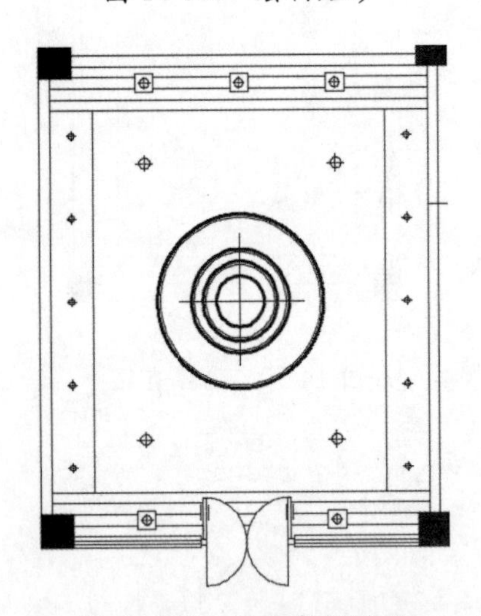

图 14-102 添加素材结果

步骤 9 绘制会议室石膏板轮廓。调用 REC(矩形) 命令，绘制尺寸为 4200×6900 的矩形；调用 O(偏移) 命令，向外偏移矩形。结果如图 14-103 所示。

步骤 10 调用 REC(矩形) 命令，绘制尺寸为 500×4200 的矩形，结果如图 14-104 所示。

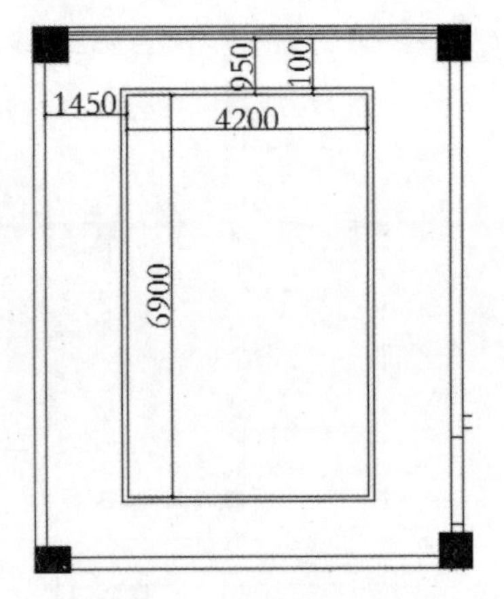

图 14-103 绘制与偏移矩形

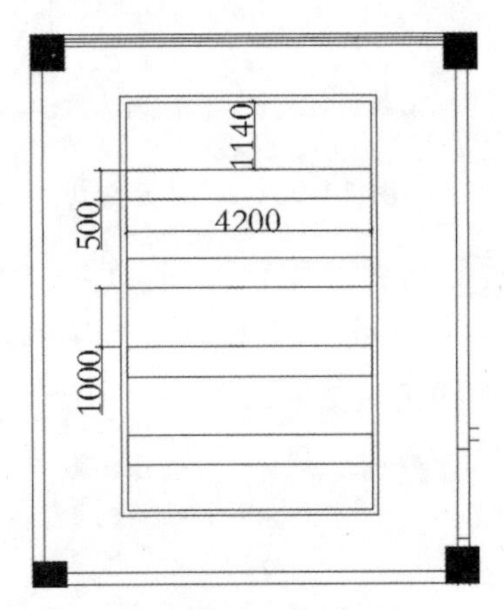

图 14-104 绘制矩形

步骤 11 调用 REC(矩形) 命令，绘制尺寸为 155×305 的矩形；调用 X(分解) 命令，分解矩形；调用 O(偏移) 命令，偏移矩形短边。结果如图 14-105 所示。

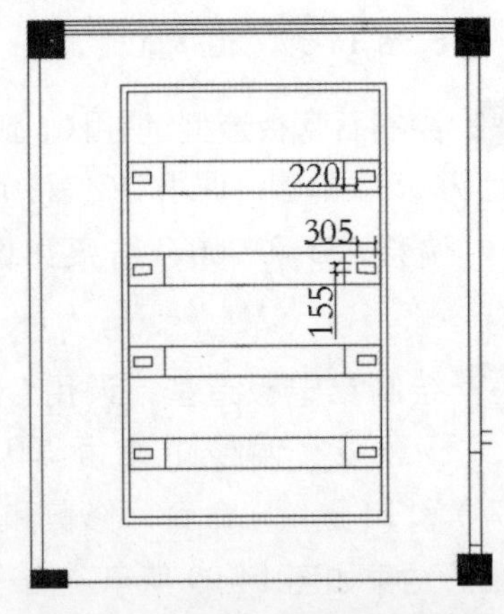

图 14-105 绘制并调整矩形

步骤 12 添加素材图块。按 Ctrl+O 组合键，打开配套资源中的“素材 \Ch14\ 室内家具 .dwg”文件，将其中的灯具等图块复制粘贴至当前图形中；调用 MI(镜像) 命令，对灯具执行镜像操作，即可完成会议室区域平面布置图的绘制。结果如图 14-106 所示。

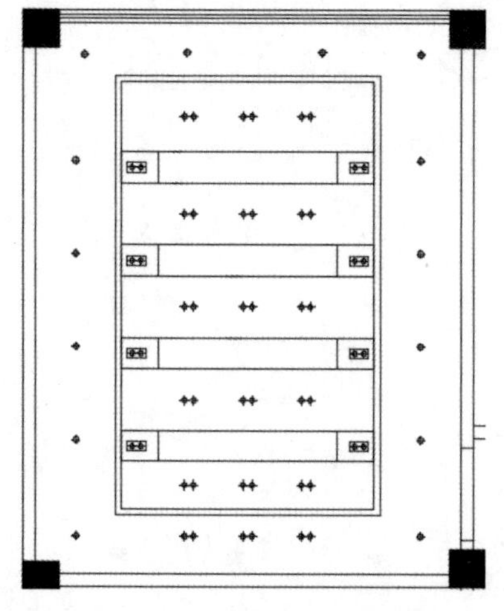

图 14-106　添加素材结果

步骤 13 绘制总经理室石膏板轮廓。调用 REC(矩形) 命令，绘制尺寸为 2650×7300 的矩形；调用 O(偏移) 命令，向外偏移矩形。结果如图 14-107 所示。

步骤 14 绘制石膏板造型。调用 C(圆) 命令，绘制半径为 620 的圆；调用 O(偏移) 命令，向外偏移，并将最外圆形线型设置为虚线，表示隐藏灯带。结果如图 14-108 所示。

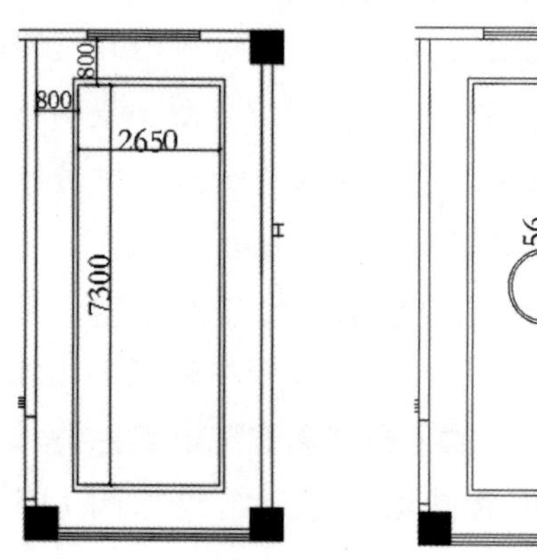

图 14-107　绘制矩形

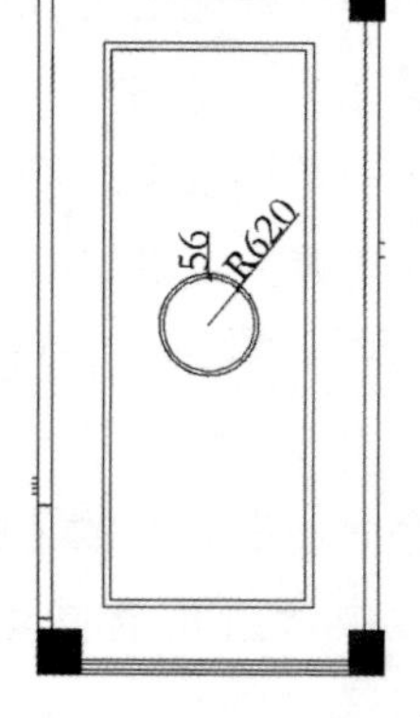

图 14-108　绘制圆形

步骤 15 添加素材图块。按 Ctrl+O 组合键，打开配套资源中的“素材 \Ch14\ 室内家具 .dwg”文件，将其中的灯具等图块复制粘贴至当前图形中；调用 MI(镜像) 命令，对灯具执行镜像操作，即可完成总经理室区域平面布置图的绘制。结果如图 14-109 所示。

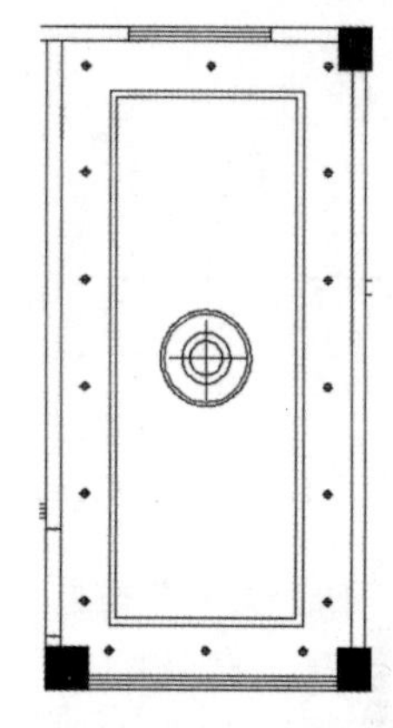

图 14-109　添加素材结果

步骤 16 填充副总经理室铝盖板轮廓。调用 H(填充) 命令，再在命令行中输入 T(设置) 命令，在弹出的【图案填充和渐变色】对话框中设置填充图案参数，结果如图 14-110 所示。

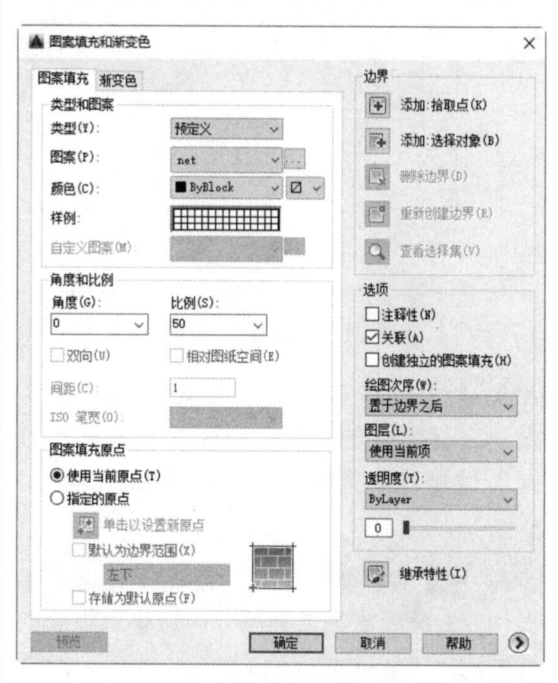

图 14-110　【图案填充和渐变色】对话框

步骤 17 在弹出的【图案填充和渐变色】对话框中，单击【边界】功能区中的【添加：拾取点】按钮，在绘图区域选择填充区域后点取添加拾取点，按 Enter 键即可完成该图案填充操作，结果如图 14-111 所示。

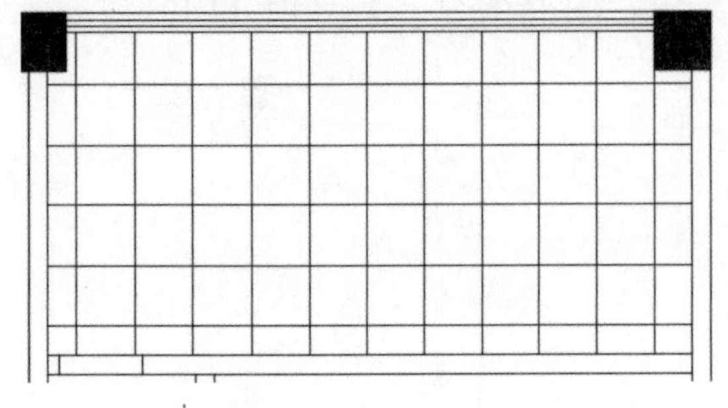

图 14-111 填充结果

步骤 18 添加副总经理室灯具素材图块。按 Ctrl+O 组合键，打开配套资源中的“素材\Ch14\室内家具.dwg”文件，将其中的灯具图块复制粘贴至当前图形中；调用 X(分解)命令，分解填充图案；调用 TR(修剪)命令，修剪多余的线条。结果如图 14-112 所示。

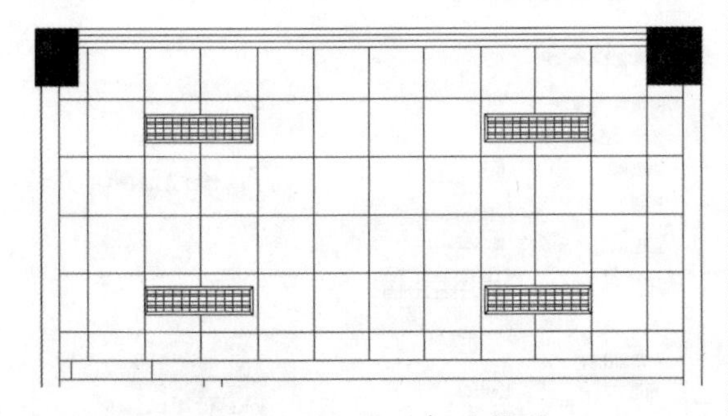

图 14-112 添加灯具结果

步骤 19 绘制其他办公区域盖板布置。沿用上述同样的操作，对公司室内其他独立区域进行铝盖板布置，结果如图 14-113 所示。

步骤 20 添加素材图块。沿用上述同样的操作，对公司室内其他独立区域进行办公灯具添加，结果如图 14-114 所示。

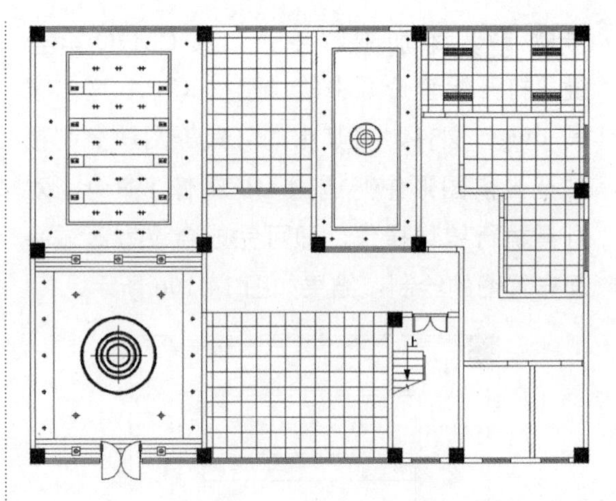

图 14-113 填充盖板结果

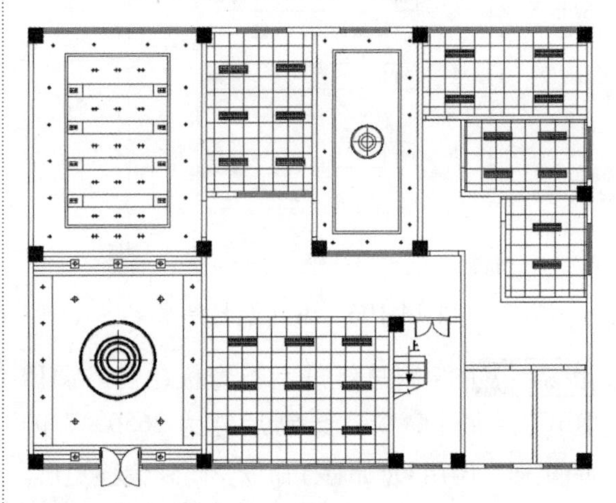

图 14-114 添加灯具结果

步骤 21 绘制走廊区域石膏板造型。调用 L(直线)命令，绘制直线，结果如图 14-115 所示。

步骤 22 添加素材图块。按 Ctrl+O 组合键，打开配套资源中的“素材\Ch14\室内家具.dwg”文件，将其中的灯具图块复制粘贴至当前图形中，即可完成办公室走廊区域灯具布置，结果如图 14-116 所示。

步骤 23 绘制卫生间铝扣板布置图。调用 H(填充)命令，再在命令行中输入 T(设置)命令，在弹出的【图案填充和渐变色】对话框中设置填充图案参数，结果如图 14-117 所示。

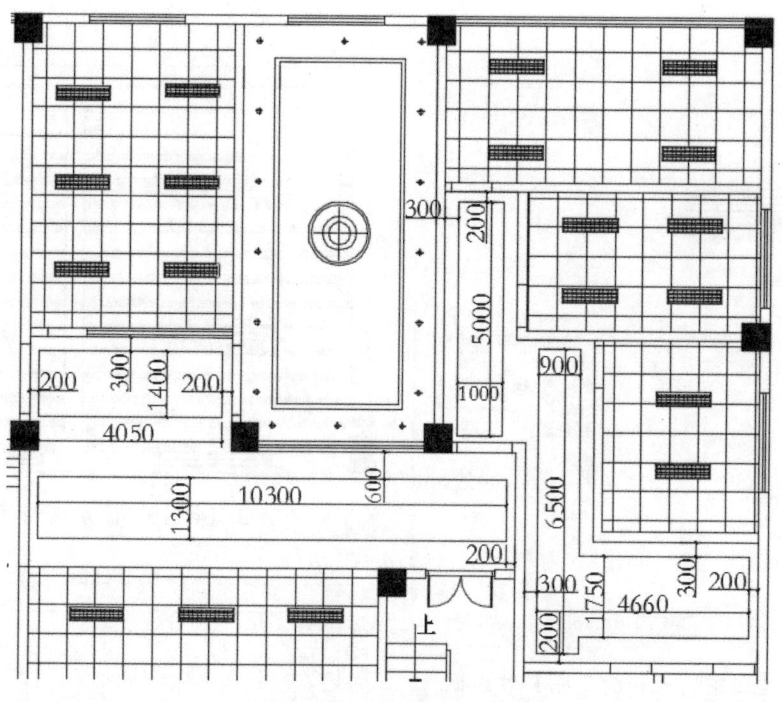

图 14-115　绘制直线结果

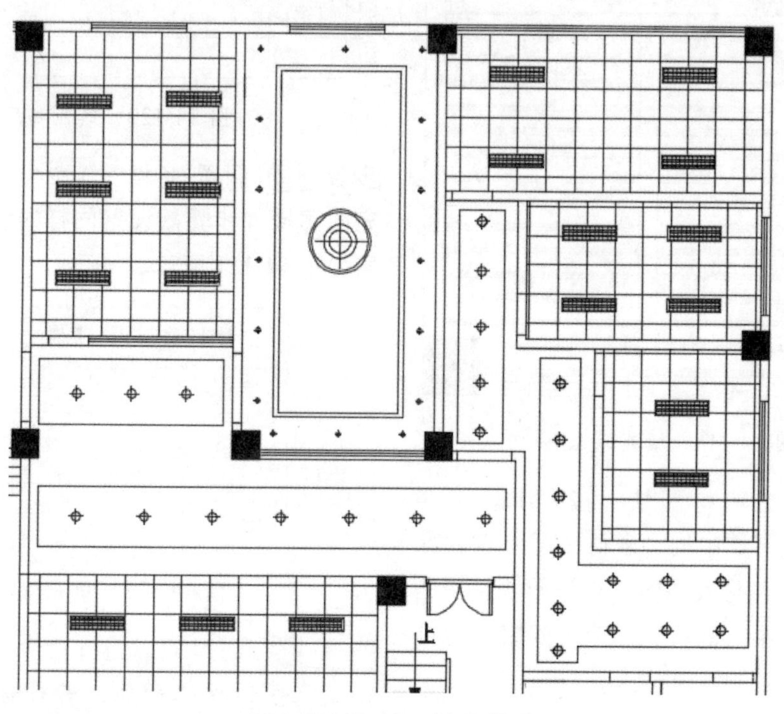

图 14-116　添加灯具结果

步骤 24 填充图案。在弹出的【图案填充和渐变色】对话框中，单击【边界】功能区中的【添加：拾取点】按钮，在绘图区域选择填充区域后点取添加拾取点，按 Enter 键即可完成该图案填充操作，结果如图 14-118 所示。

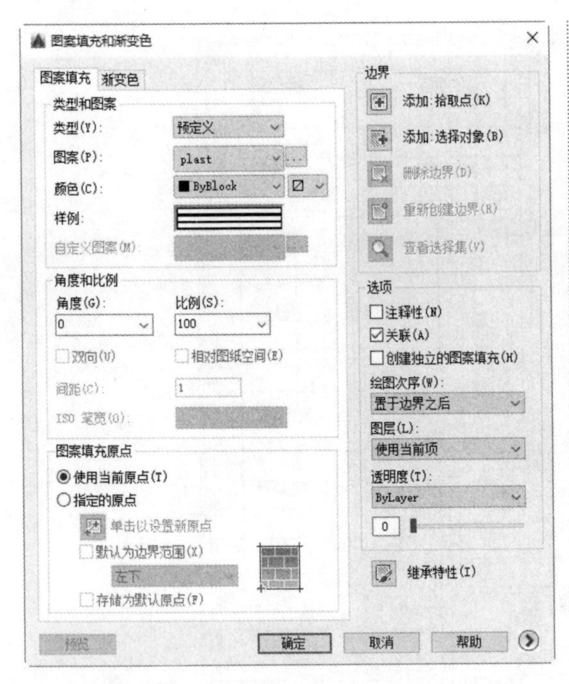

图 14-117 【图案填充和渐变色】对话框

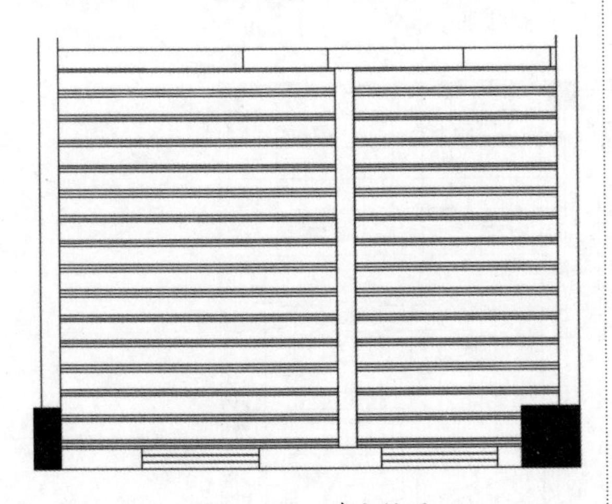

图 14-118 填充结果

步骤 25 添加素材图块。按 Ctrl+O 组合键，打开配套资源中的“素材\Ch14\室内家具.dwg”文件，将其中的灯具等图块复制粘贴至当前图形中，即可完成卫生间区域灯具布置，结果如图 14-119 所示。

步骤 26 绘制填充材料图例表。调用 REC(矩形)命令，分别绘制尺寸为 18000×8000 和 900×900 的矩形；调用 X(分解)命令，分解矩形；调用 O(偏移)命令，偏移直线。结果如图 14-120 所示。

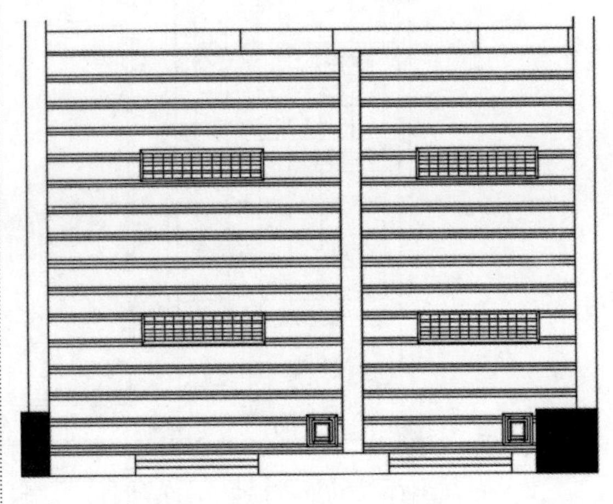

图 14-119 添加素材图块

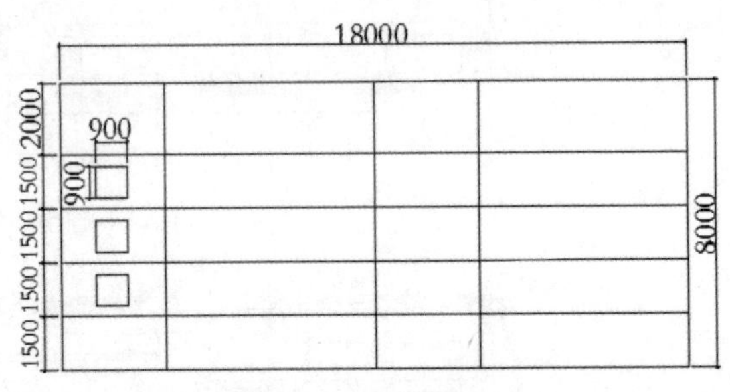

图 14-120 绘制矩形

步骤 27 调用 H(填充)命令，沿用上述填充图案操作步骤，设置同样的填充参数，结果如图 14-121 所示。

图例	材料名称	图例	材料名称

图 14-121 填充结果

步骤 28 调用 T(文字)命令，在绘图区域指定文字的输入范围，并在弹出的文字编辑框中输入相应的图名标注文字，结果如图 14-122 所示。

步骤 29 添加顶面标高。调用 L(直线)命令，绘制直线，结果如图 14-123 所示。

图例	材料名称	图例	材料名称
	石膏板（带造型）		双头射灯
	铝制盖板		格栅灯
	铝制条形盖板		射灯（可调角度）
	吸顶灯（灯带）		通风口

图 14-122　添加文字说明

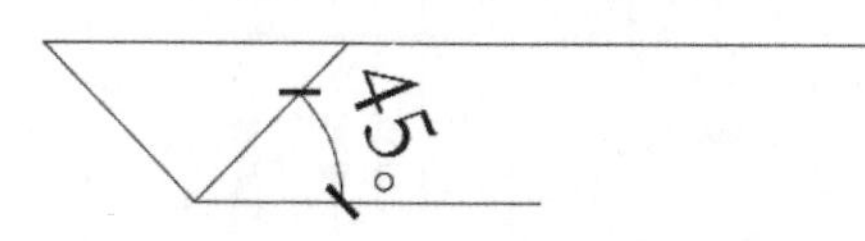

图 14-123　绘制标高符号

步骤 30 调用 T(文字) 命令，在绘图区域指定文字的输入范围，在弹出的文字编辑框中输入相应的文字，结果如图 14-124 所示。

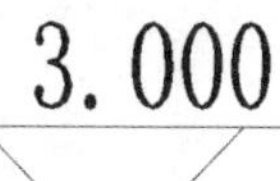

图 14-124　添加文字标注

步骤 31 添加办公室标高标注。调用 CO(复制) 命令，移动并复制粘贴到图纸相应的位置；调用 T(文字) 命令，在绘图区域指定文字的输入范围，在弹出的文字编辑框中输入相应的文字。结果如图 14-125 所示。

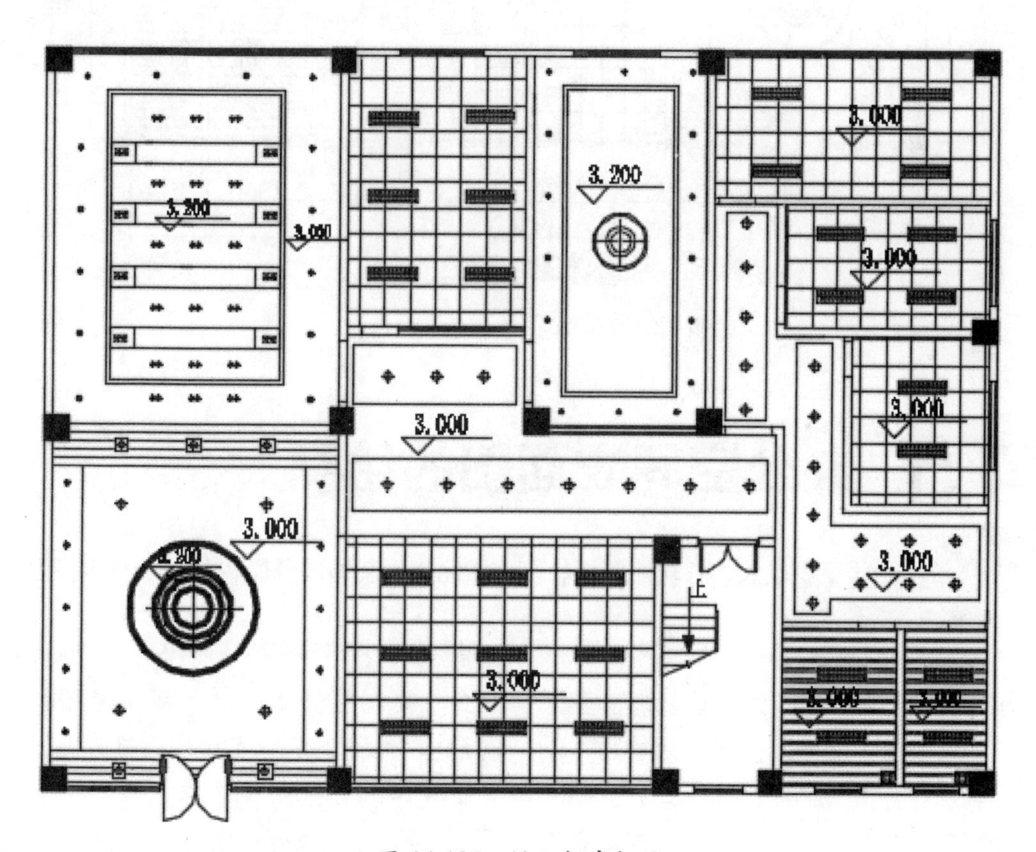

图 14-125　添加标高标注

步骤 32 添加尺寸和图名标注。调用 DLI(线性标注) 命令，对图形进行标注；调用 T(文字) 命令，在绘图区域指定文字的输入范围，并在弹出的文字编辑框中输入相应的图名标注文字；调用 L(直线) 命令，在文字标注下面绘制图名双线，并将其中一条下画线的线宽设置为 0.4mm。绘制结果如图 14-126 所示。

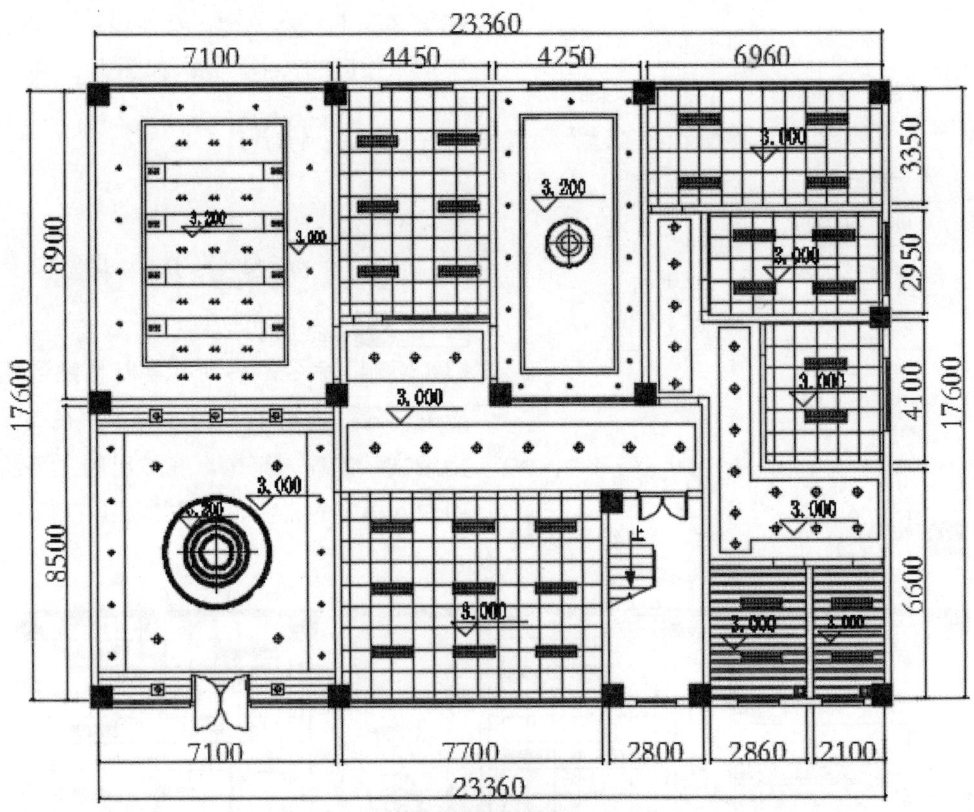

图 14-126 添加尺寸和图名标注

14.5 办公空间立面图的绘制

办公室由于面积较大，各功能区域较多，因此立面装饰成分比较单一，材料多为大理石、壁纸、软包等。

办公空间顶面面积较大，其装饰造型比较简单。办公室立面布置设计包括敞开办公区域设计和独立办公区域设计。本节主要讲述前厅立面布置图和总经理室立面布置图的绘制方法。

绘制前厅立面布置图的具体操作步骤如下。

步骤 1 复制并整理图形。调用 CO(复制) 命令，复制并移动一份平面布置图；调用 E(删除) 命令，删除多余的家具等图形。结果如图 14-127 所示。

步骤 2 绘制墙体立面轮廓。调用 L(直线) 命令，根据平面图中墙体的位置，绘制前厅立面图的墙线；调用 O(偏移) 命令，偏移直线；调用 TR(修剪) 命令和 E(删除) 命令，修剪和删除多余的直线。结果如图 14-128 所示。

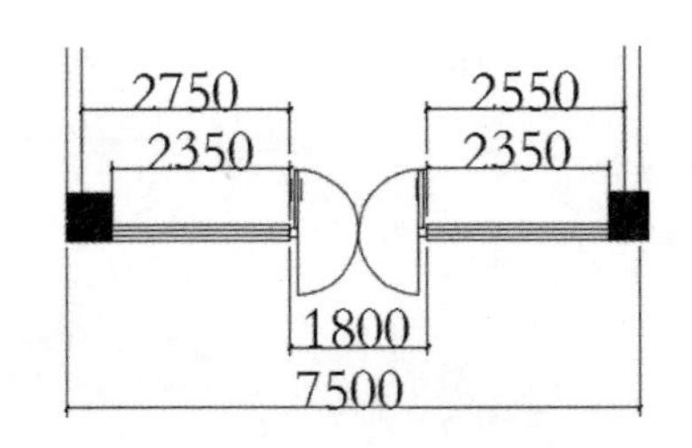

图 14-127　整理图形

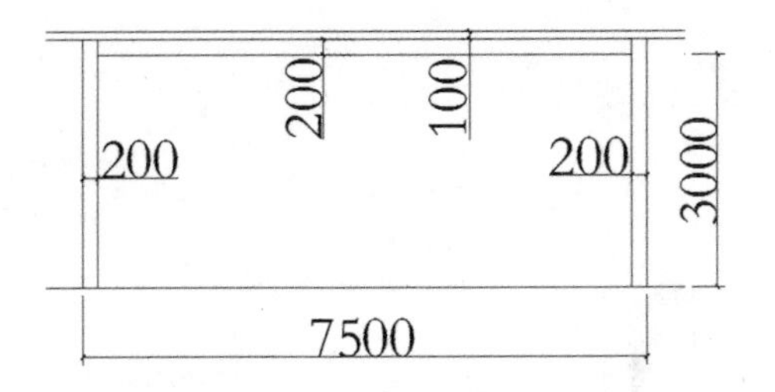

图 14-128　绘制墙体立面轮廓

步骤 3 填充墙体。调用 H(填充) 命令，再在命令行中输入 T(设置) 命令，在弹出的【图案填充和渐变色】对话框中设置填充图案参数，结果如图 14-129 所示。

图 14-129　【图案填充和渐变色】对话框

步骤 4 在弹出的【图案填充和渐变色】对话框中，单击【边界】功能区中的【添加：拾取点】按钮，在绘图区域选择填充区域后点取添加拾取点，按 Enter 键即可完成该图案填充操作，结果如图 14-130 所示。

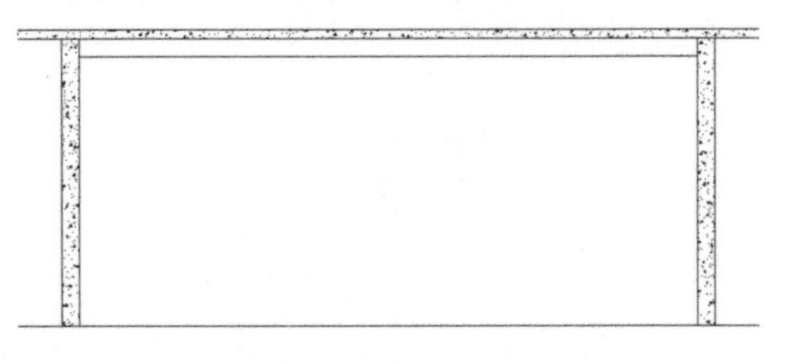

图 14-130　填充结果

步骤 5 绘制前厅大门轮廓。调用 REC(矩形) 命令，绘制尺寸为 1800×2220 的矩形，结果如图 14-131 所示。

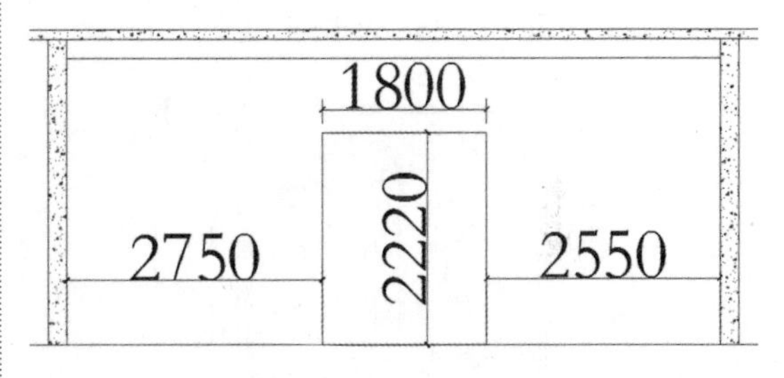

图 14-131　绘制矩形

步骤 6 调用 O(偏移) 命令，分别向内偏移矩形，偏移距离分别为 40、120、40 和 20，结果如图 14-132 所示。

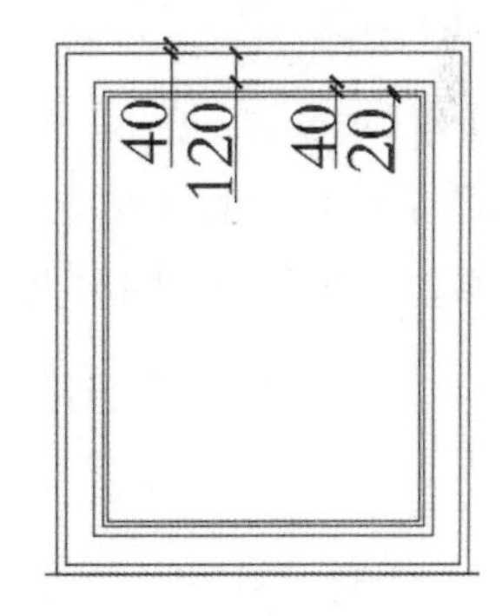

图 14-132　偏移矩形

步骤 7 调用 TR(修剪) 命令，修剪多余的直线；激活所选中的线段的夹点，延长线段；调用 X(分解) 命令，分解矩形；调用 O(偏移) 命令，偏移直线。结果如图 14-133 所示。

步骤 8 绘制门把手。调用 REC(矩形)

命令，绘制尺寸为 50×1087 的矩形；调用 MI(镜像) 命令，对矩形执行镜像操作。结果如图 14-134 所示。

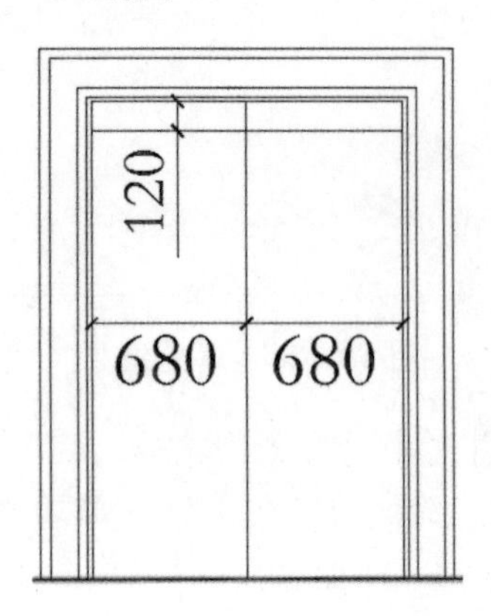

图 14-133　绘制直线

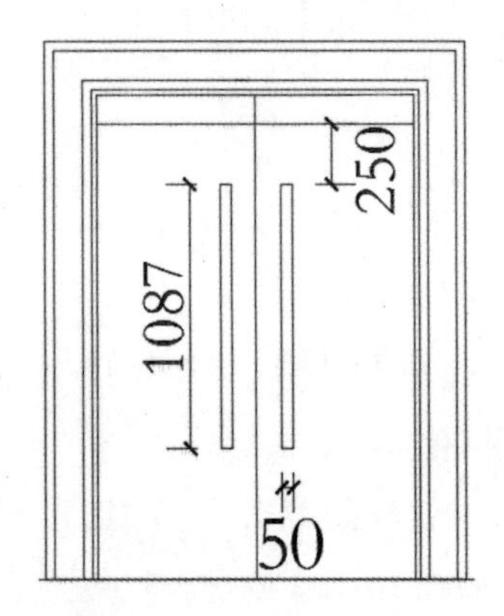

图 14-134　绘制门把手

步骤 9 调用 O(偏移) 命令，偏移直线；调用 TR(修剪) 和 E(删除) 命令，修剪和删除多余的直线。结果如图 14-135 所示。

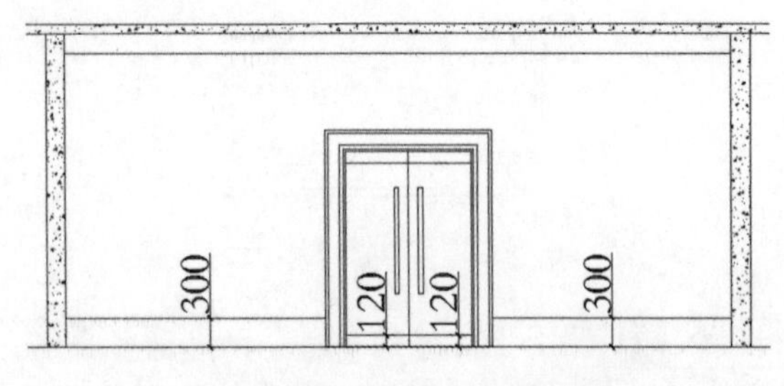

图 14-135　偏移、修剪直线

步骤 10 填充图案。调用 H(填充) 命令，再在命令行中输入 T(设置) 命令，在弹出的【图案填充和渐变色】对话框中设置填充图案参数，结果如图 14-136 所示。

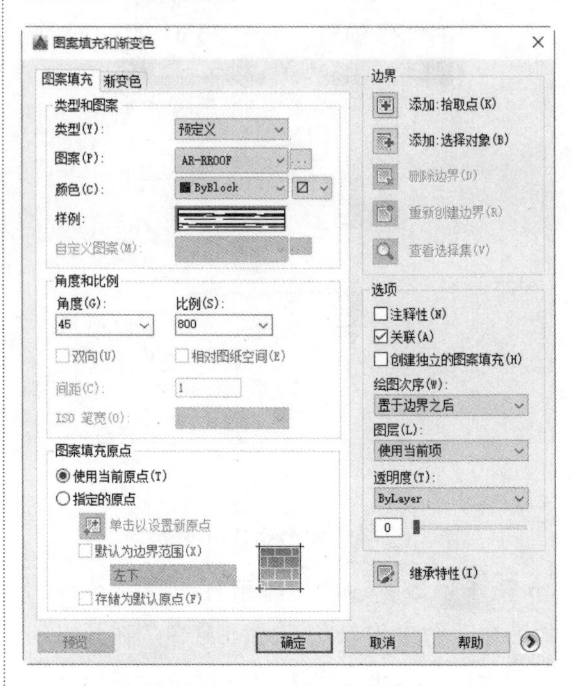

图 14-136　设置填充参数

步骤 11 在弹出的【图案填充和渐变色】对话框中，单击【边界】功能区中的【添加：拾取点】按钮，在绘图区域选择填充区域后点取添加拾取点，按 Enter 键即可完成该图案填充操作，结果如图 14-137 所示。

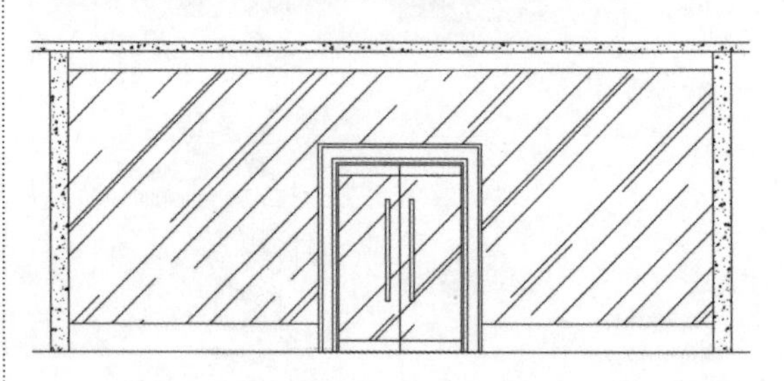

图 14-137　填充结果

步骤 12 添加尺寸标注和材料文字说明。调用 DLI(线性标注) 命令，对图形进行标注；调用 MLD(多重引线) 命令，添加立面装饰材料的文字标注，结果如图 14-138 所示。

步骤 13 添加图名标注。调用 L(直线) 命令，在文字标注下面绘制图名双线，并将其中一条下画线的线宽设置为 0.4mm。绘制结果如

图 14-139 所示。

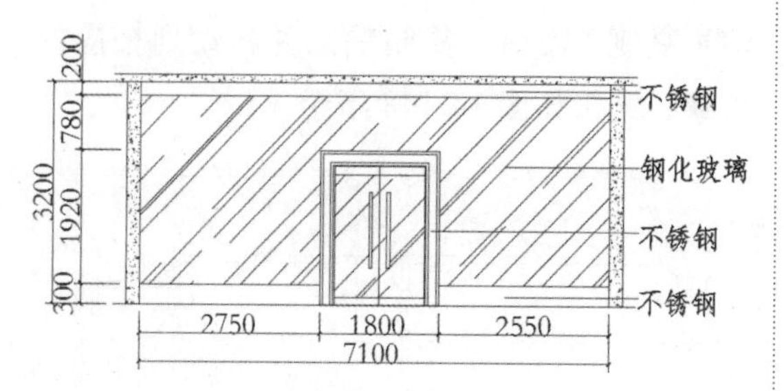

图 14-138　添加尺寸标注和文字标注

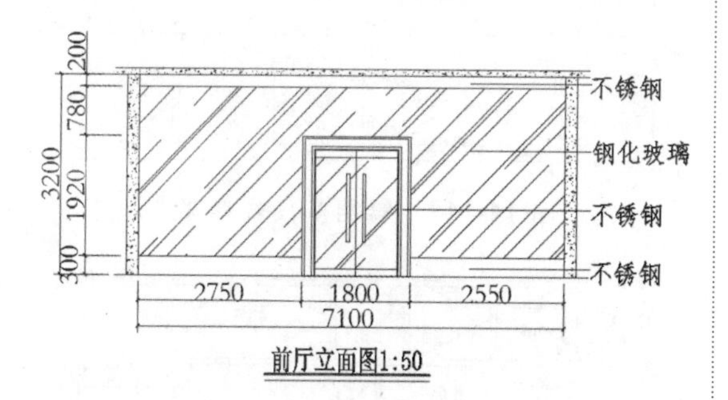

图 14-139　添加图名标注

绘制总经理室立面布置图的具体操作步骤如下。

步骤 1 复制并整理图形。调用 CO(复制) 命令，复制并移动一份平面布置图；调用 E(删除) 命令，删除多余的家具等图形。结果如图 14-140 所示。

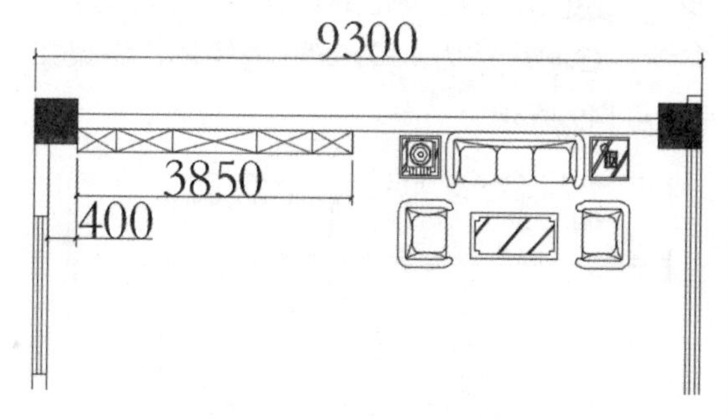

图 14-140　整理图形

步骤 2 绘制墙体立面轮廓。调用 L(直线) 命令，根据平面图中墙体的位置，绘制总经理室立面图的墙线；调用 O(偏移) 命令，偏移直线；调用 TR(修剪) 命令和 E(删除) 命令，修剪和删除多余的直线。结果如图 14-141 所示。

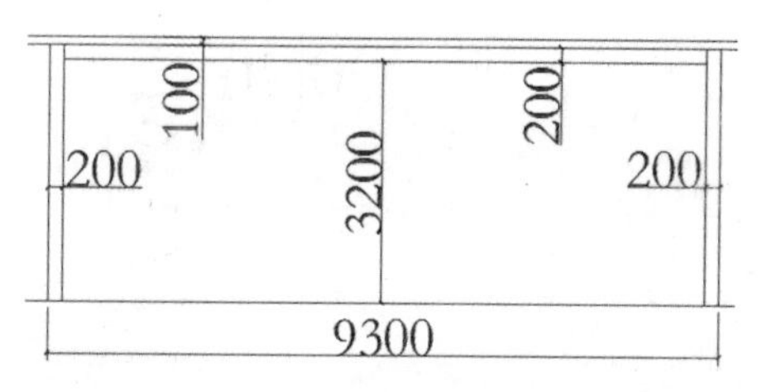

图 14-141　绘制墙体立面轮廓

步骤 3 绘制书柜轮廓。调用 REC(矩形) 命令，绘制尺寸为 2700×3850 的矩形，结果如图 14-142 所示。

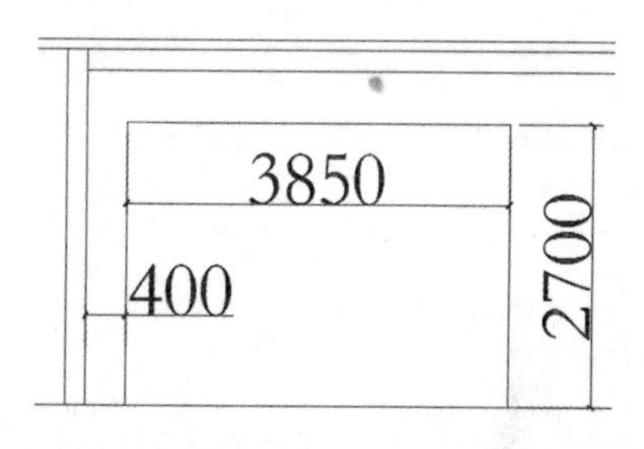

图 14-142　绘制矩形

步骤 4 调用 X(分解) 命令，分解矩形；调用 O(偏移) 命令，偏移直线。结果如图 14-143 所示。

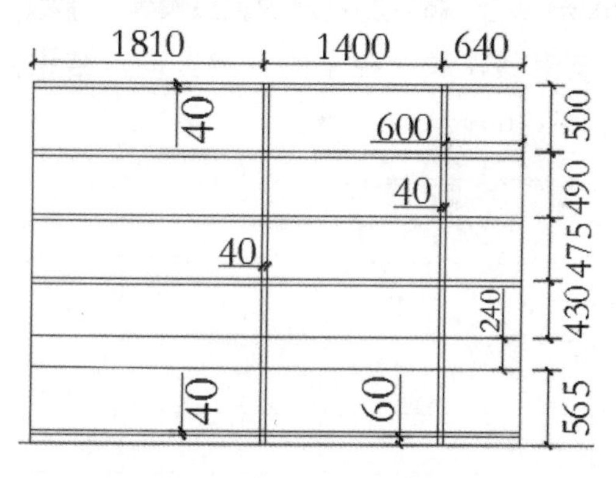

图 14-143　偏移直线

步骤 5 调用 L(直线) 命令，绘制直线；调用 O(偏移) 命令，偏移直线；调用 TR(修剪) 和 E(删除) 命令，修剪和删除多余的线条。结果如图 14-144 所示。

步骤 6 激活所选中线段的夹点，延长线段；调用 TR(修剪) 和 E(删除) 命令，修剪和删除多余的线条，结果如图 14-145 所示。

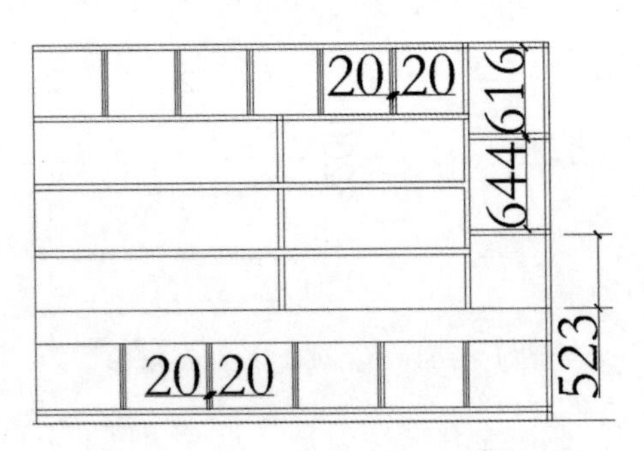

图 14-144　绘制与偏移直线

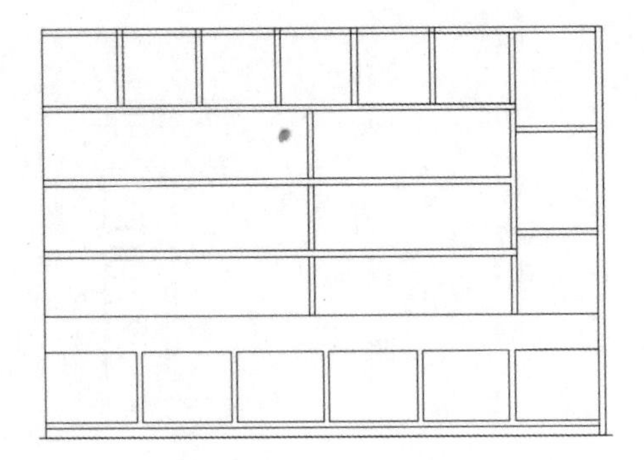

图 14-145　修整线条

步骤 7 调用 PL(多段线) 命令，在【默认】选项卡【特性】功能组下拉列表中选择 DASH 线型，将绘制完成的直线设置为虚线，绘制直线，表示柜子的开启方向，结果如图 14-146 所示。

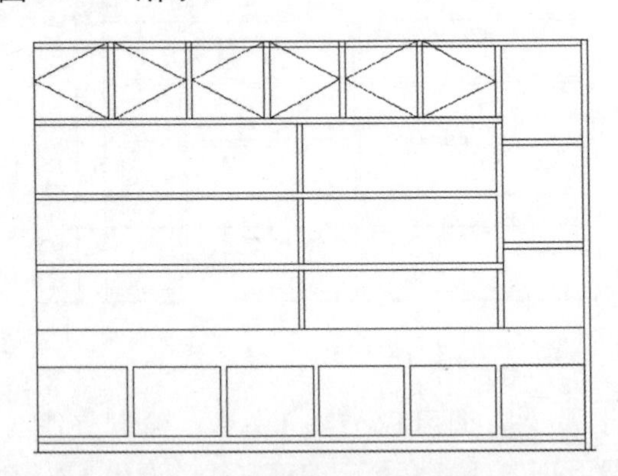

图 14-146　绘制多段线

步骤 8 沿用上述同样的方法绘制直线，且将直线线型设置为虚线，结果如图 14-147 所示。

步骤 9 绘制把手轮廓。调用 REC(矩形) 命令，绘制尺寸为 20×150 的矩形；调用 CO(复制) 命令，复制粘贴并移动到相应的位置。结果如图 14-148 所示。

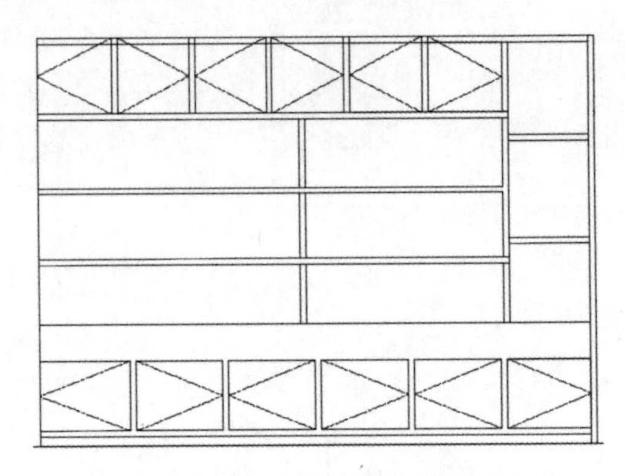

图 14-147　绘制多段线结果

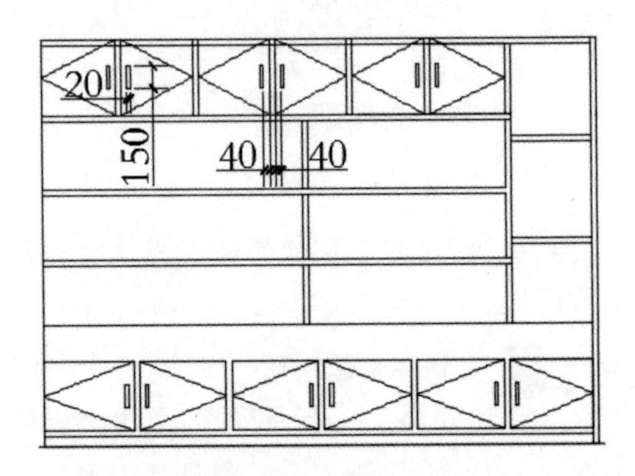

图 14-148　绘制把手

步骤 10 绘制抽屉轮廓。调用 REC(矩形) 命令，绘制尺寸为 150×550 的矩形，结果如图 14-149 所示。

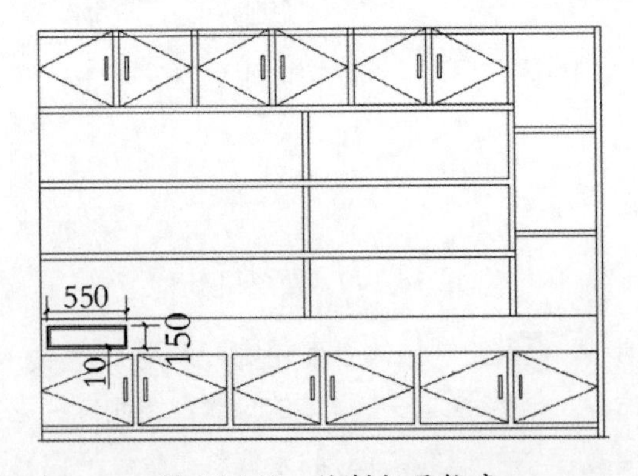

图 14-149　绘制抽屉轮廓

步骤 11 调用 CO(复制) 命令，将图形复

制粘贴并移动到图形相应的位置，结果如图 14-150 所示。

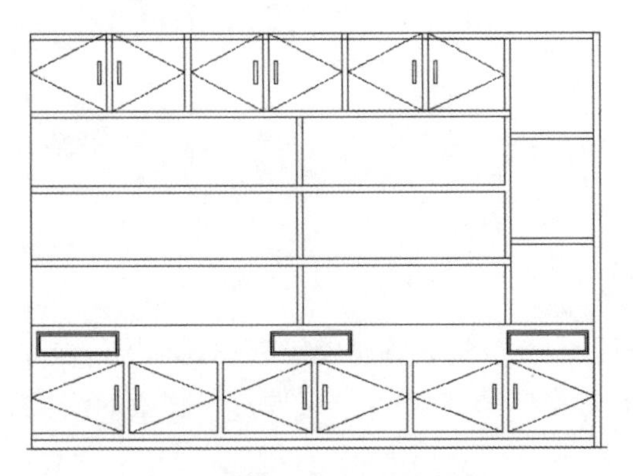

图 14-150　复制移动结果

步骤 12 绘制抽屉把手轮廓。调用 REC(矩形) 命令，绘制尺寸为 20×150 的矩形，结果如图 14-151 所示。

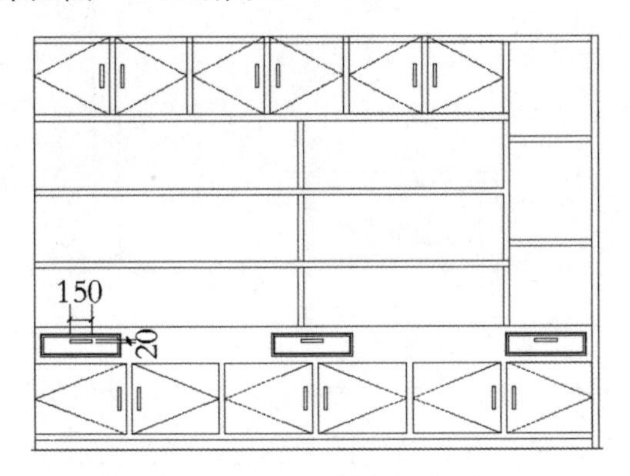

图 14-151　绘制抽屉把手

步骤 13 绘制装饰图案轮廓。调用 REC(矩形) 命令，绘制尺寸为 200×1000 的矩形，结果如图 14-152 所示。

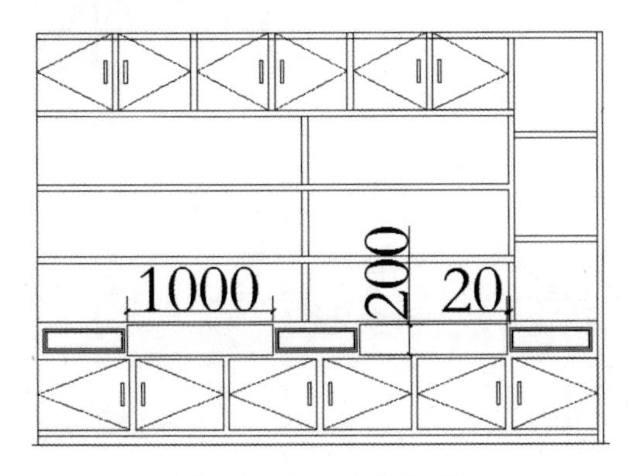

图 14-152　绘制矩形

步骤 14 填充图案。调用 H(填充) 命令，再在命令行中输入 T(设置) 命令，在弹出的【图案填充和渐变色】对话框中设置填充图案参数，结果如图 14-153 所示。

图 14-153　【图案填充和渐变色】对话框

步骤 15 填充结果。在弹出的【图案填充和渐变色】对话框中，单击【边界】功能区中的【添加：拾取点】按钮，在绘图区域选择填充区域后点取添加拾取点，按 Enter 键即可完成该图案填充操作，结果如图 14-154 所示。

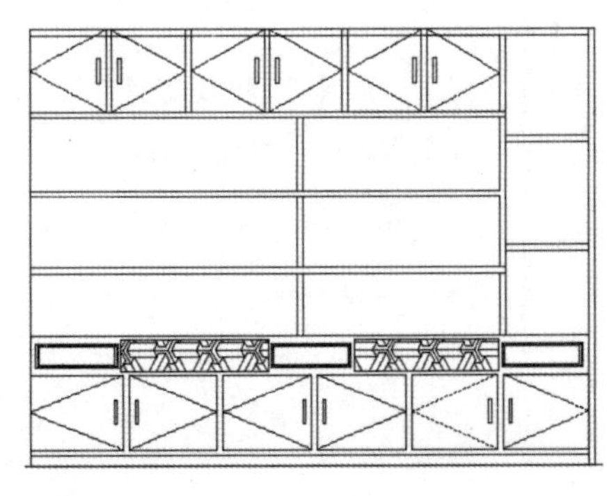

图 14-154　填充结果

步骤 16 绘制装饰画。调用 REC(矩形)

命令，绘制尺寸为 500×660 的矩形；调用 O(偏移) 命令，向内偏移矩形。结果如图 14-155 所示。

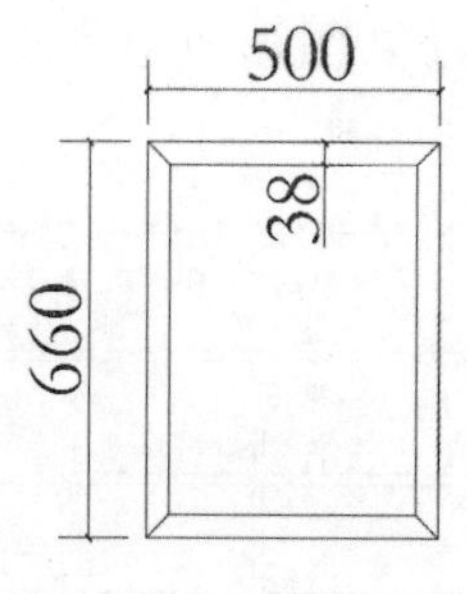

图 14-155 绘制矩形

步骤 17 添加素材图块。调用 M(移动) 命令，将绘制完成的装饰画复制移动到相应的位置；按 Ctrl+O 组合键，打开配套资源中的“素材 \Ch14\ 室内家具 .dwg”文件，将其中的沙发等图块复制粘贴至当前图形中。结果如图 14-156 所示。

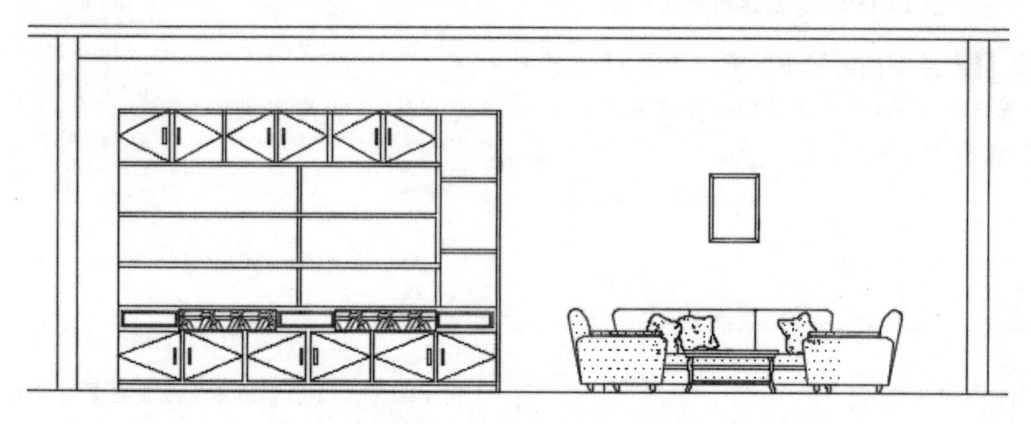
图 14-156 添加素材结果

步骤 18 填充墙体。调用 H(填充) 命令，再在命令行中输入 T(设置) 命令，在弹出的【图案填充和渐变色】对话框中设置填充图案参数，单击【边界】功能区中的【添加：拾取点】按钮，在绘图区域选择填充区域后点取添加拾取点，按 Enter 键即可完成该图案填充操作，结果如图 14-157 所示。

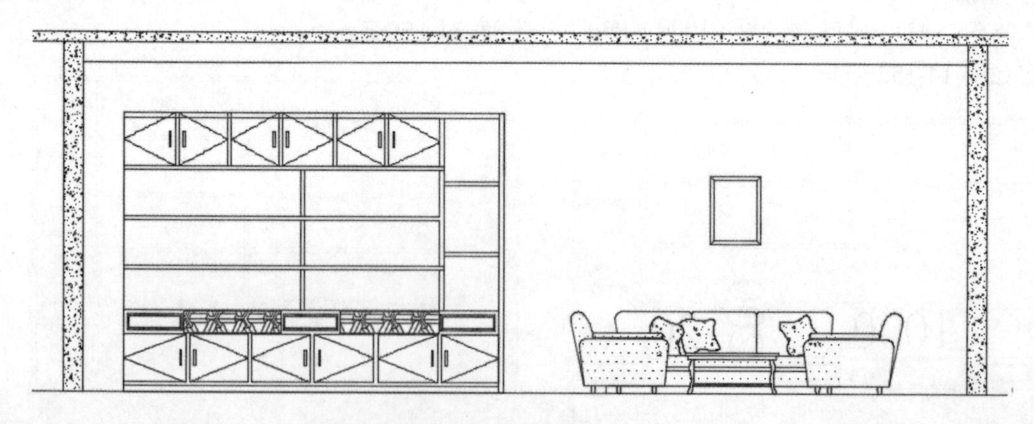
图 14-157 填充墙体结果

步骤 19 绘制踢脚线。调用 L(直线) 命令，绘制直线；调用 TR(修剪) 命令，修剪多余的线条。

结果如图 14-158 所示。

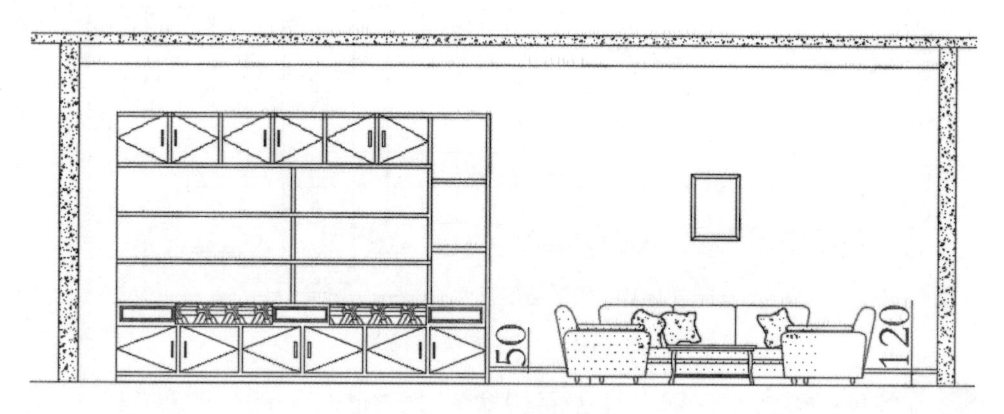

图 14-158　绘制直线

步骤 20 绘制通风口和空调出风口。调用 REC(矩形) 命令，绘制尺寸为 150×700 和 150×1400 的矩形；调用 X(分解) 命令，分解矩形；调用 O(偏移) 命令，偏移直线；调用 L(直线) 命令，绘制直线。结果如图 14-159 所示。

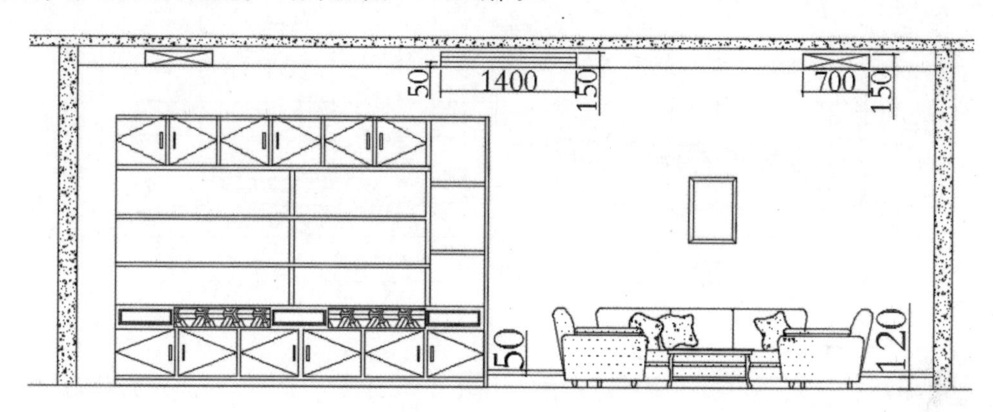

图 14-159　绘制矩形和直线

步骤 21 填充墙面。调用 H(填充) 命令，再在命令行中输入 T(设置) 命令，在弹出的【图案填充和渐变色】对话框中设置填充图案参数，如图 14-160 所示。

步骤 22 填充结果。在弹出的【图案填充和渐变色】对话框中，单击【边界】功能区中的【添加：拾取点】按钮，在绘图区域选择填充区域后点取添加拾取点，按 Enter 键即可完成该图案填充操作，结果如图 14-161 所示。

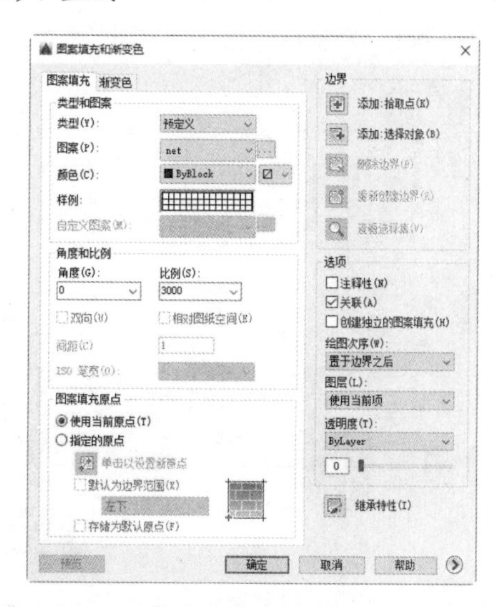

图 14-160　【图案填充和渐变色】对话框

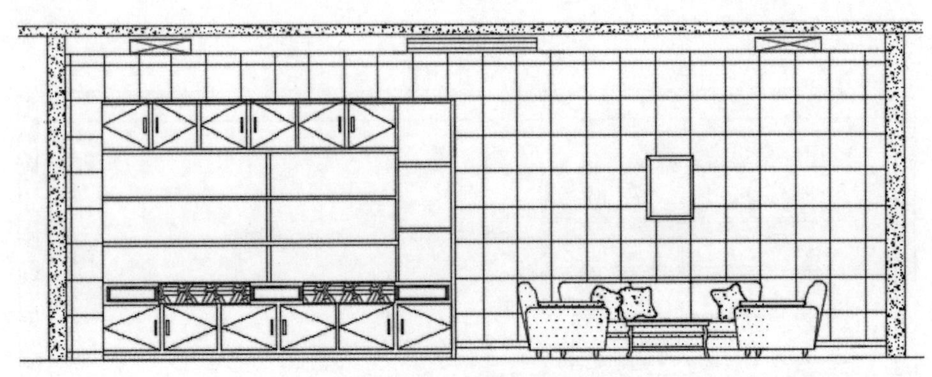

图 14-161　填充墙面结果

步骤 23 添加尺寸标注。调用 DLI(线性标注)命令，对图形进行标注，结果如图 14-162 所示。

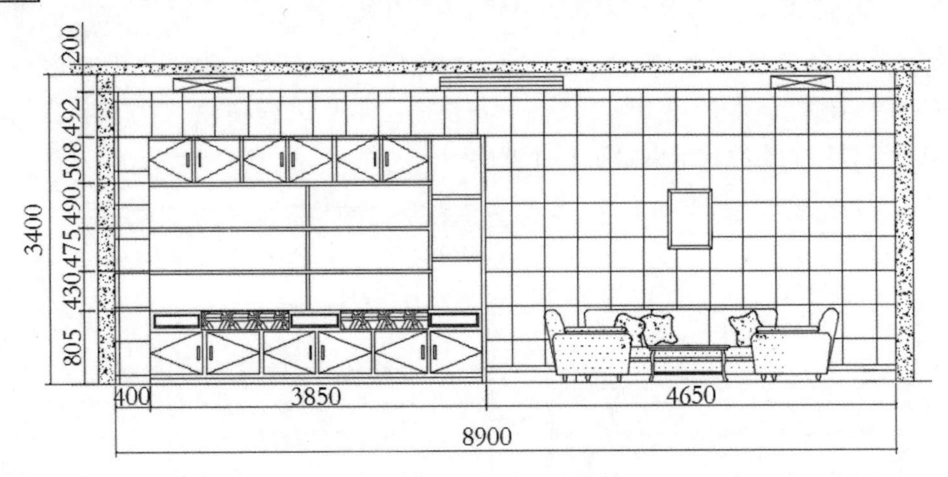

图 14-162　添加尺寸标注

步骤 24 添加材料说明和图名标注。调用 MLD(多重引线)命令，添加立面装饰材料的文字标注；调用 L(直线)命令，在文字标注下面绘制图名双线，并将其中一条下画线的线宽设置为 0.4mm。绘制结果如图 14-163 所示。

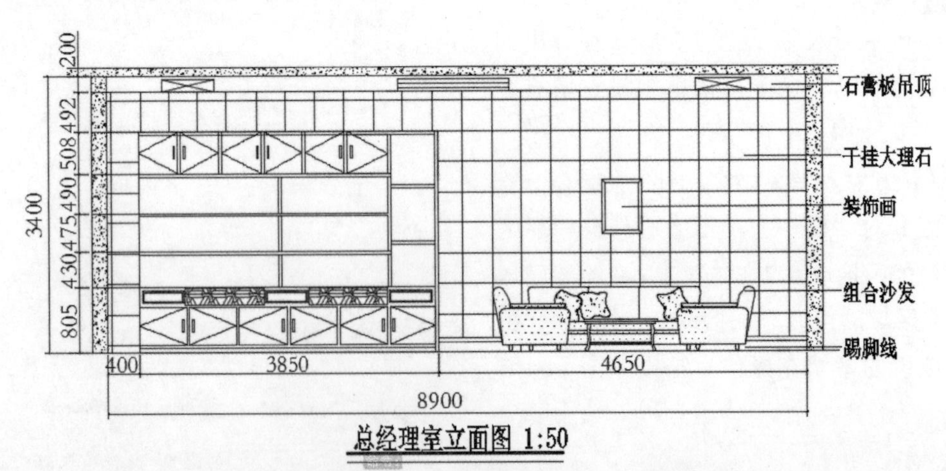

图 14-163　添加材料说明和图名标注

14.6 大师解惑

小白：开放式办公空间隔断如何设计？

大师：对办公空间装修来说，除了美观、实用及安全，更要充分考量办公空间设备的整合、环境景观的设计、动线规划及使用效率管理、网路、照明、噪声处理及搭配等细节。开放式办公空间隔断设计有以下几个特点。

(1) 开放式办公空间隔断设计注重秩序感。

(2) 开放式办公空间隔断设计注重明快感。

(3) 开放式办公空间隔断设计注重现代感。

小白：办公空间室内设计说明怎么写？

大师：办公空间室内设计说明主要有以下几点。

(1) 写出所做设计的工程概况和业主的设计要求。

(2) 写出设计理念和设计目标。

(3) 策划规划和设计方案。

(4) 注明环境、照明、通风等一些其他问题的设计。

(5) 注明办公空间设计总结。

14.7 跟我学上机

练习 1：通过学习本章介绍的绘制办公室室内立面图的方法，绘制下列某办公接待室立面图，如图 14-164 所示。

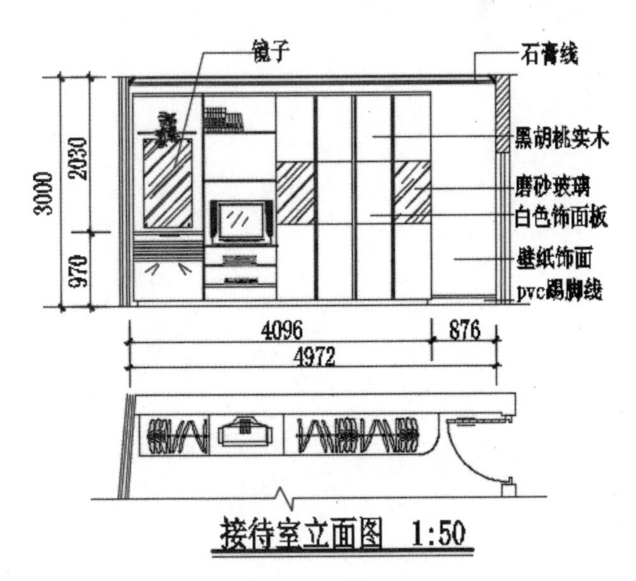

图 14-164　接待室立面图

练习 2：通过学习本章介绍的绘制办公室室内平面布置图的方法，绘制下列某办公室平面布置图，如图 14-165 所示。

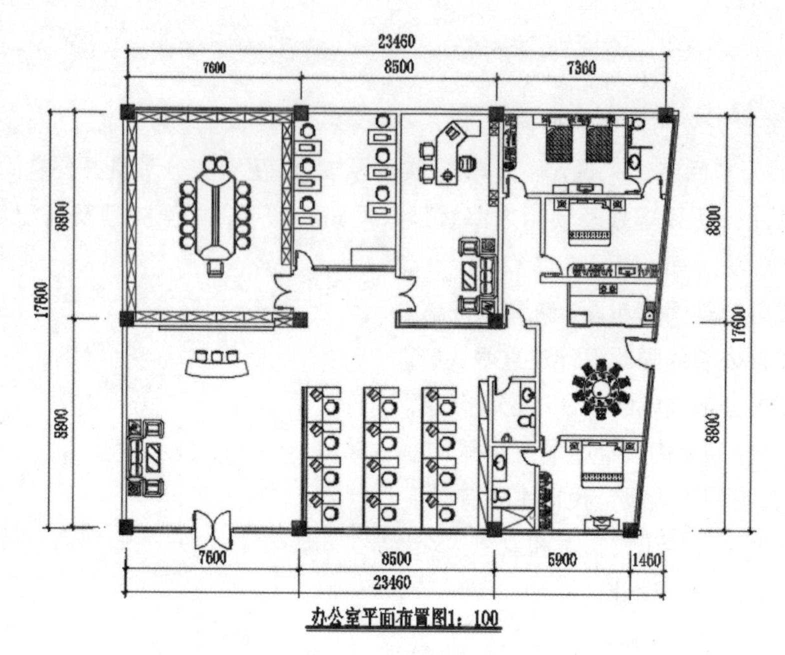

图 14-165　办公室平面布置图

第15章 室内电气设计

室内电气设计是指以建筑为平台，以电气技术为平台手段，在有限的空间内创造人性化生活环境的一门应用学科。建筑电气包括供配电系统、照明系统等强电系统和火灾自动报警系统、有线电视系统、综合布线、有线广播及扩声系统等弱电系统，其主要的作用是服务于建筑内人们的工作、生活、学习、娱乐、安全等。本章主要介绍室内电气设计的基础知识和室内电气照明系统图及电气施工图的绘制方法。

- **本章学习目标（已掌握的在方框中打钩）**

□ 了解室内电气施工图概述的相关知识。

□ 掌握室内电气照明系统图设计的方法和技巧。

- **重点案例效果**

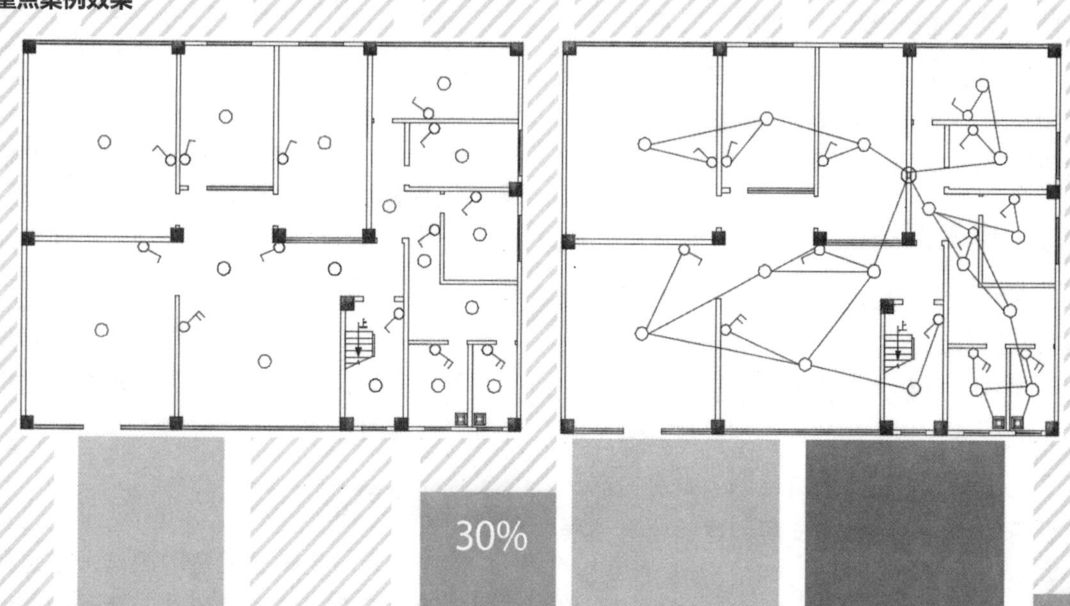

15.1 室内电气施工图概述

在建筑中，利用现代先进的科学理论及电气技术（含电力技术、信息技术以及智能化技术等），创造一个人性化生活环境的电气系统，统称为建筑电气。下面主要介绍室内电气工程施工图的图样类别和室内电气施工图的电气图形、文字符号等相关内容。

15.1.1 室内电气工程施工图的图样类别

在建筑中室内电气工程施工图的图样包括电气总平面图、电气系统图、电气平面布置图、电路图、接线图、安装大样图、电缆清册、图例、设备材料表及设计说明等。

1. 电气总平面图

电气总平面图是在建筑总平面图上表示电源及电力负荷分布的图样，主要表示各建筑物的名称或用途、电力负荷的装机容量、电气线路的走向及变配电装置的位置、容量和电源进户的方向等。通过电气总平面图可了解该项工程的概况，掌握电气负荷的分布及电源装置等。一般大型工程都有电气总平面图，中小型工程则由动力平面图或照明平面图代替。

2. 电气系统图

电气系统图是用单线图表示电能或电信号按回路分配出去的图样，主要表示各个回路的名称、用途、容量以及主要电气设备、开关元件及导线电缆的规格型号等。通过电气系统图可以知道该系统回路个数及主要用电设备的容量、控制方式等。建筑电气工程中系统图用得很多，动力、照明、变配电装置、通信广播、电缆电视、火灾报警、防盗保安等都要用到系统图。

3. 电气平面布置图

电气平面布置图是在建筑物的平面图上标出电气设备、元件、管线实际布置的图样，主要表示其安装位置、安装方式、规格型号数量及防雷装置等。通过平面图可以知道建筑物及其各个不同的标高上装设的电气设备、元件及其管线等。建筑电气平面图用得很多，动力、照明、各种机房、通信广播、电缆电视、火灾报警、防盗保安、微机监控、自动化仪表、防雷接地等都要用到平面图。

4. 电路图

电路图人们习惯称为控制原理图，它是单独用来表示电气设备及元件控制及其控制线路的图样，主要表示电气设备及元件的启动、保护、信号、联锁、自动控制及测量等。通过电路图可以知道各设备元件的工作原理、控制方式，以及掌握建筑物的功能实现方法等。控制原理用得很多，动力、变配电装置、火灾报警、防盗保安、电梯装置等都用到控制原理图，较复杂的照明及声光系统也要用到控制原理图。

5. 接线图

接线图是与电路图配套的图样，它是用来表示设备元件外部以及设备元件之间的接

线的图。动力、变配电装置、火灾报警、防盗保安、电梯装置等都要用到接线图。

6. 安装大样图

安装大样图一般用来表示某--具体部位或某一设备元件之间的图样，通过大样图可以了解到该项工程的复杂程度。一般非标的配电箱、控制柜等的制作安装都要用到大样图，其通常采用标准图集，其中剖面图也是大样图的一种。

7. 电缆清册

电缆清册是用表格的形式来表示该系统中电缆的规格、型号、数量、走向、敷设方法、头尾接线的部位等内容的图样，一般使用电缆较多的工程均有电缆清册，而简单的工程通常没有电缆清册。

8. 图例

图例是用表格的形式列出该系统中使用的图形符号或文字符号，其目的是使读者容易读懂图样。

9. 设备材料表

设备材料表一般都要列出系统主要设备及主要材料的规格、型号、数量、具体要求或产地。但是表中的数量一般只作为概算估计数，不作为设备和材料的供货依据。

10. 设计说明

设计说明主要标注图中交接不清或没有必要用图表示的要求、标准、规范等。

11. 电气工程调试

电气工程调试是鉴定供配电系统设计质量、安装质量及设备材料质量的重要手段，是检验电气线路正确性及电气设备性能能否达到设计控制保护要求的重要工序，是设备能否正常运行和运行过程中可靠性、安全性的关键。

15.1.2 室内电气工程设计流程

电气工程是一个复杂的系统工程，其强电系统主要设备有干式变压器、柴油发电机、高压配电装置、低压配电盘、电线电缆及动力照明等。各系统本身设备精密，结构复杂，技术先进，安全可靠，自动化程度高，对安装方法和质量要求相当严格。

1. 电气施工准备

1) 图纸会审

图纸会审是整个建筑电气施工工程中，保证电气施工前质量控制，做好电气施工工作，保证电气工程质量的关键。图纸会审就是要把在熟悉图纸过程中发现的问题，尽可能地消灭在工程开工前，因此认真做好图纸会审，对减少施工图中的差错，完善设计，提高建筑电气工程质量和保证施工的顺利进行具有重要意义。

2) 施工方案编制与审批

施工方案是以单位工程中的分部或分项工程或一个专业工程为编制对象、内容比施工组织设计更为具体而简明扼要。它主要是根据工程特点和具体要求对施工中的主要工序和保证工程质量及安全技术措施、施工方法、工序配合等方面进行合理的安排布置。

(1) 施工方案的编制。

施工方案的内容要简明扼要，建筑电气安装是建筑安装工程的分项工程，通常情况下建筑电气工程均由施工单位的电气工程技术人员编制施工方案。施工方案的编制内容包括工程概况及特点、质量管理体系、施工技术措施、电气专业技术交底和质量保证措施等。

(2) 施工方案的审批。

施工方案的审查，均先由施工单位进行审批，再由总监理工程师组织专业监理工程师进行，提出审查意见，并经总监理工程师审核，签认后报建设单位。需要施工单位修改的，由总监理工程师签发书面意见，退回施工单位修改后再报审，并重新审定。

2. 电气施工方法

1) 配电箱安装

配电箱是接收电能和分配电能的中转站，也是电力负荷的现场直接控制器。电气设备的上下级容量配合是相当严格的，若不符合技术要求，势必造成系统运行不合理、供电可靠性及安全性达不到要求，埋下事故隐患。

2) 配电柜安装

配电装置是电气工程的核心，在控制过程中应仔细检查，核对图纸，消除事故隐患。

3) 弱电设备安装

建筑物内弱电设备多，专业性强，每个弱电子系统均由专门的技术人员安装调试，应抓好线管、线槽施工质量的同时，着重对系统设备的功能进行控制。

15.1.3 电气工程 CAD 制图规范

电气工程图纸设计、绘制图样、按图施工等都需要依据一定的格式和一些基本规定、要求，其规定包括建筑电气工程图、机械制图、建筑制图等方面的有关规定，其详细内容如下。

1. 图纸的格式

一张电气设计图纸的完整图面是由边框线、图框线、标题栏、会签栏等组成的，其格式如图 15-1 所示。

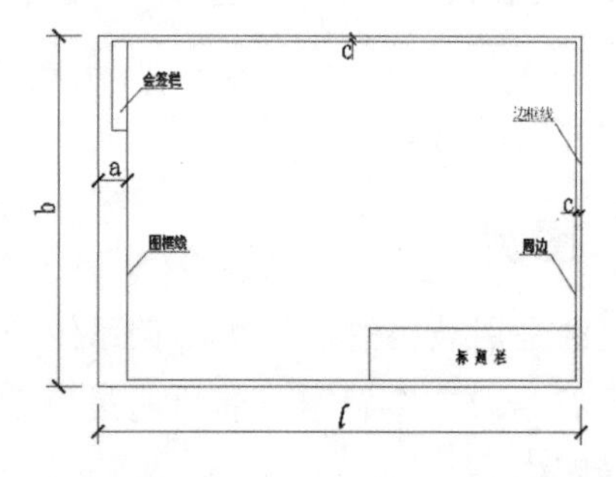

图 15-1　A3 图纸图面

2. 幅面尺寸

图纸的幅面是由边框线所构成的图面。幅面尺寸共有 5 种类型：A0 ～ A4，具体的尺寸要求如表 15-1 所示。

表 15-1　幅面和图框尺寸　单位：mm

尺寸代号	幅面代号				
	A0	A1	A2	A3	A4
B×L	841×1189	594×841	420×594	297×420	210×297
a	25				
c	10			5	
规格系数	2	1	0.5	0.25	0.125

提示

(1) B——幅面短边尺寸；L——幅面长边尺寸；a——图框线与装订边间的宽度；c——图框线与幅面线间的宽度。

(2) 规格系数：以 A1 (594×841) 为标准尺寸长度，以它为基准，A0 的纸张的大小是它的 2 倍，也就是 841×1189，所以它的系数是 2，而 A2 的纸张的大小是 A1 的 0.5 倍，所以它的系数是 0.5，A3、A4 以此类推。

3. 标题栏

标题栏是用来确定图样的名称、图号、张次和有关人员签署等内容的栏目，位于图样的下方或右下方。

4. 比例

由于图纸的幅面有限，而实际的设备尺寸大小不同，需要按照不同的比例绘制才能放置在图中。图形与实物尺寸的比值称为比例。电气工程图通常采用的比例有 1 ： 10、1 ： 20、1 ： 50、1 ： 100、1 ： 200 等。

5. 大样详图

对于电气中某些形状特殊或连接复杂的零件、节点等的结构、做法、安装工艺要求，在整体图中难以表达清楚时，有时需要将这部分单独放大，绘制详细的图纸，这种图纸称为大样详图。

电气设备的某些部分的大样详图可以画在同一张图样上，也可画在另一张图样上。为了便于识读，需要使用一个统一的标记。标注在总图某位置的标记称为详图索引标注，标注在详图某位置上的标记称为详图标志。

15.1.4 电气图形符号的构成和分类

在绘制的电气工程图中，元件、设备、装置、线路及其安装方法等都是通过图形符号、文字符号和项目代号来表达的。分析电气工程图，首先要了解这些符号的形式、内容、含义以及其相互之间的关系。

1. 电气图形符号的种类和组成

电气图形符号一般分为限定符号、一般符号、方框符号、符号元素。

1) 限定符号

限定符号是一种用以提供附加信息的加在其他符号上的符号，其不能单独使用，必须同其他符号组合使用，构成完整的图形符号，且仅用来说明某些特征、功能、作用等。如在开关符号上加上不同的限定符号可分别得到隔离开关、断路器、接触器、按钮开关、转换开关。

2) 一般符号

一般符号是用来表示一类产品或此类产品特征的简单符号，如电阻、开关、电容等。

3) 方框符号

方框符号用以表示元件、设备等的组合及其功能，既不表示出元件、设备的细节，也不考虑所有连接的一种简单的图形符号。

4) 符号元素

符号元素是一种具有确定意义的简单图形，其一般不能单独使用，只有按照一定的方式组合起来才能构成完整的符号。如真空二极管由外壳、阴极、阳极和灯丝 4 个符号要素组成。

2. 电气图形符号的分类

《电气图用图形符号》国家标准代号为GB/T4728.1—2005/2008，采用国际电工委员会(IEC)标准，在国际上具有通用性。电气图用图形符号共分13部分，其主要的分类如下。

1) 导体和连接件

导体和连接件内容包括电线、屏蔽或绞合导线、同轴电缆、插头和插座、电缆终端头等。

2) 基本无源元件

基本无源元件内容包括电阻器、电容器、电感器、压电晶体等。

3) 开关、控制和保护器件

开关、控制和保护器件内容包括开关、开关装置、控制装置、继电器、启动器、继电器、熔断器、间隙避雷器等。

4) 半导体管和电子管

半导体管和电子管内容包括二极管、三极管、晶闸管、电子管、光电子、光敏器件等。

5) 电力照明和电信布置图

电力照明和电信布置图内容包括发电站、变电所、配电箱、控制台、控制设备、用电设备和开关与照明灯照明引出线等。

6) 二进制逻辑元件

二进制逻辑元件内容包括存储器、计数器等。

7) 模拟元件

模拟元件内容包括放大器、函数器、信号转换器、电子开关等。

15.1.5 室内电气施工图的电气图形及文字符号

电气施工图的电气图形种类繁多。电气平面图中不绘制具体的电气设备图形，只以图例来表示。如图15-2～图15-6所示为电气图常用图形符号。

序号	图例	名称	序号	图例	名称
01	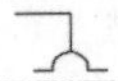	具有护板的插座	06		单相二极、三极安全型暗插座
02	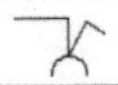	具有单极开关的插座	07	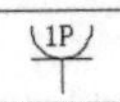 1P	单相插座
03	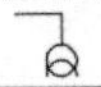	具有隔离变压器的插座	08	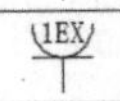 1EX	单相防爆插座
04	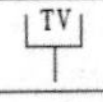 TV	电视插座	09	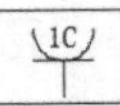 1C	单相暗敷插座
05	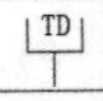 TD	网络插座	10	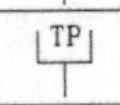 TP	电话插座

图15-2 插座图例

序号	图例	名称	序号	图例	名称
01		单联单控扳把开关	06	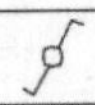	双控单极开关
02		双联单控扳把开关	07	P	压力开关
03		三联单控扳把开关	08	t	限时开关
04	n	n联单控扳把开关	09	t	带指示灯的限时开关
05		带指示灯的开关	10		门铃开关，带夜间指示灯

图15-3 开关图例

序号	图　例	名　　称	序号	图　例	名　　称
01		普通灯	06		单管荧光灯
02		聚光灯	07	E	安全出口指示灯
03		泛光灯	08		壁灯
04		专用事故照明灯	09		半嵌入式吸顶灯
05		自带电源的事故照明灯	10		格栅顶灯

图 15-4　灯具图例

序号	图　例	名　　称	序号	图　例	名　　称
01		调光器	12	Z	区域型火灾报警控制器
02		星-三角启动器	13	FI	楼层显示器
03		自耦变压器式启动器	14	RS	防火卷帘门控制器
04		窗式空调器	15	RD	防火门磁释放器
05	T	温度传感器	16		感烟探测器
06	H	湿度传感器	17	N	非编码感烟探测器
07	P	压力传感器	18		感温探测器
08	ΔP	压差传感器	19	N	非编码感温探测器
09	C	集中型火灾报警控制器	20		可燃气体探测器
10		火灾光报警器	21		感光火焰探测器
11		火灾声、光报警器	22		短路隔离器

图 15-5　器类图例

序号	图　例	名　　称	序号	图　例	名　　称
01		按钮	14		输出模块
02		带有指示灯的按钮	15		输入模块
03		门铃	16		排气扇
04		手动报警按钮	17	M	模块箱
05		消火栓起泵按钮	18		电磁阀
06		火灾警铃	19	M	电动机
07		带手动报警按钮的火灾电话插孔	20	G	发电机
08		火灾报警电话机	21	HM	热能表
09		门铃开关，带夜间指示灯	22	GM	燃气表
10		风扇，示出引线	23	WM	水表
11		风机盘管	24	Wh	电度表
12		电话机	25		警卫电话站
13		电视机	26		扩音对讲设备

图 15-6　其他常见图例

15.2 室内电气照明系统图设计

室内电气照明系统图的内容主要包括电气照明系统概述和绘制室内电气照明平面图。

15.2.1 电气照明系统概述

电气照明技术是一门综合性技术，它以光学、电学、建筑学、生理学等多方面的知识作为基础，其设施主要包括照明电光源、照明灯具和照明线路三部分，按其发光的原理可以分为热辐射光源、气体放电光源和半导体光源三大类。

电气照明系统按照明方式分为3种形式，即一般照明、局部照明和混合照明。

电气照明系统按使用目的分为6种形式，具体如下。

(1) 正常照明。正常情况下的室内外照明，对电源控制无特殊要求。

(2) 事故照明。当正常照明因故障而中断时，能继续提供合适照度的照明，一般设置在容易发生事故的场所和主要通道的出入口。

(3) 值班照明。供正常工作时间以外的、值班人员使用的照明。

(4) 警卫照明。用于警卫地区和周界附近的照明，通常要求较高的照度和较远的照明距离。

(5) 障碍照明。装设在建筑物上、构筑物上以及正在修筑和翻修的道路上，作为障碍标志的照明。

(6) 装饰照明。用于美化环境或增添某种气氛的照明。

15.2.2 绘制室内电气照明平面图

电气照明平面图包括灯具、开关、插座等电器设备的布置和电线的走向等。本节主要讲述办公空间室内电气照明平面图的绘制方法，其具体的操作步骤如下。

步骤 1 复制并整理图形。按Ctrl+O组合键，打开配套资源中绘制完成的“办公空间室内平面图.dw”文件，复制粘贴一份平面图至绘图区域一侧；调用E(删除)命令，删除多余的图形。结果如图15-7所示。

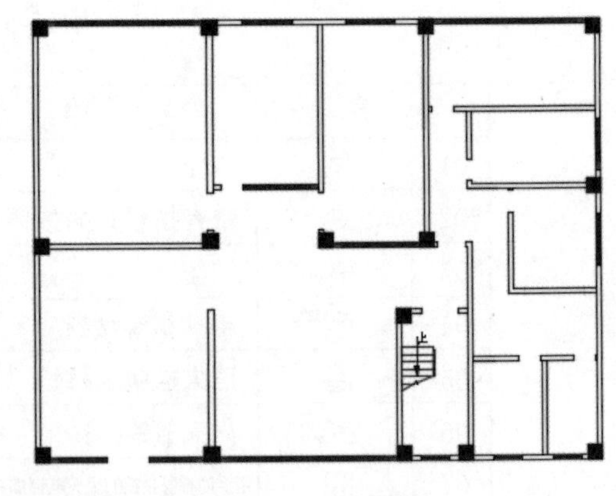

图 15-7　整理图形

步骤 2 添加灯具图块。按Ctrl+O组合键，打开配套资源中的“电气素材图例.dwg”文件，将其中的灯具等图块复制粘贴至当前图形中，结果如图15-8所示。

步骤 3 添加排气扇图块。按Ctrl+O组合键，打开配套资源中的“电气素材图例 .dwg”文件，将其中的排气扇图块复制粘贴至当前图形中，结果如图 15-9 所示。

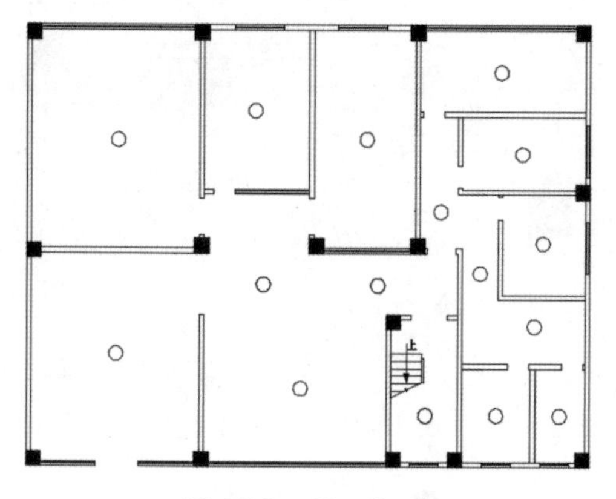

图 15-8　添加灯具

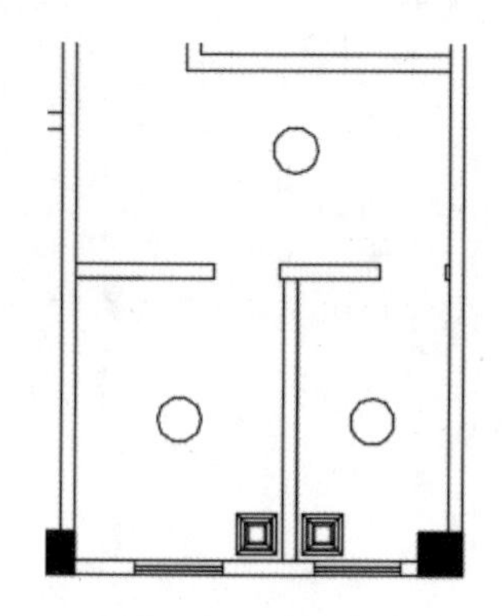

图 15-9　添加排气扇

步骤 4 添加开关图块。按 Ctrl+O 组合键，打开配套资源中的“电气素材图例 .dwg”文件，将其中的开关图块复制粘贴至当前图形中，结果如图 15-10 所示。

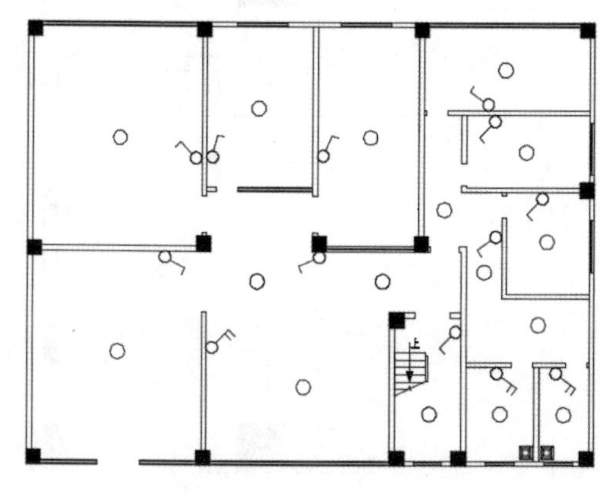

图 15-10　添加开关

步骤 5 绘制导线。调用 L(直线) 命令，在开关与灯具等之间绘制连接导线，结果如图 15-11 所示。

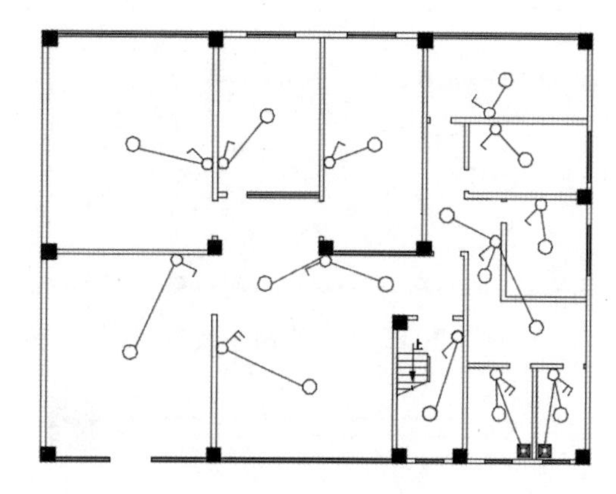

图 15-11　绘制导线

步骤 6 添加接线盒图块。按 Ctrl+O 组合键，打开配套资源中的“电气素材图例 .dwg”文件，将其中的接线盒图块复制粘贴至当前图形中，结果如图 15-12 所示。

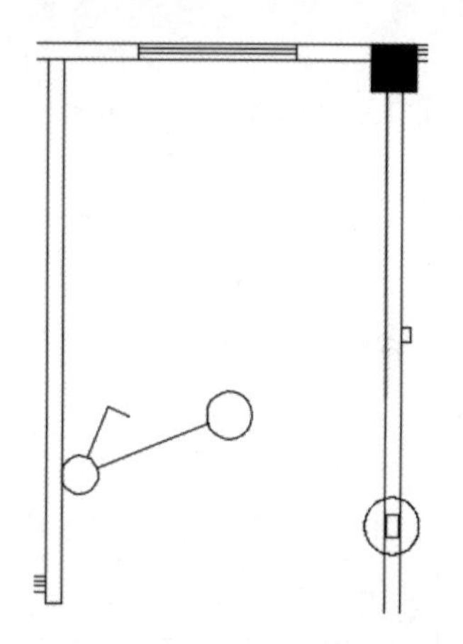

图 15-12　添加接线盒

步骤 7 绘制导线。调用 L(直线) 命令，绘制直线，结果如图 15-13 所示。

步骤 8 添加室内空调机图块。按 Ctrl+O 组合键，打开配套资源中的“电气素材图例 .dwg”文件，将其中的空调图块复制粘贴至当前图形中，结果如图 15-14 所示。

步骤 9 绘制立管轮廓。调用 C(圆) 命令，绘制半径为 35 的圆，结果如图 15-15 所示。

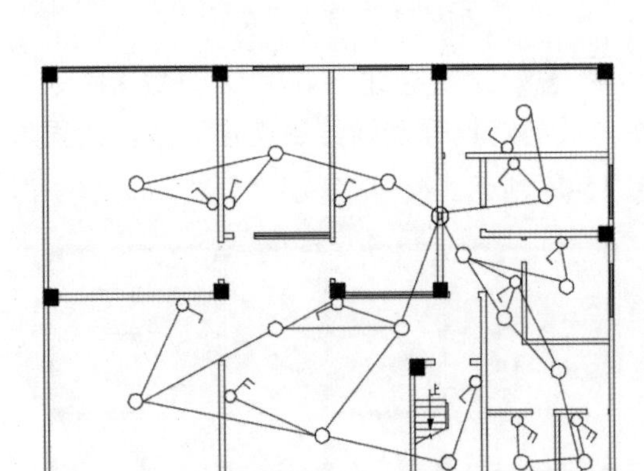

图 15-13　绘制导线

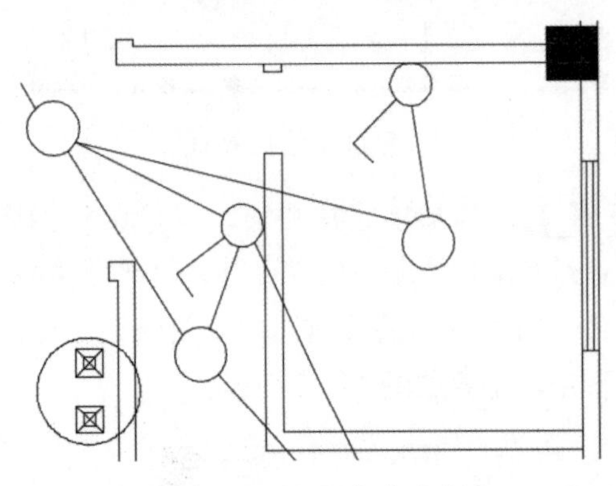

图 15-14　添加室内空调机

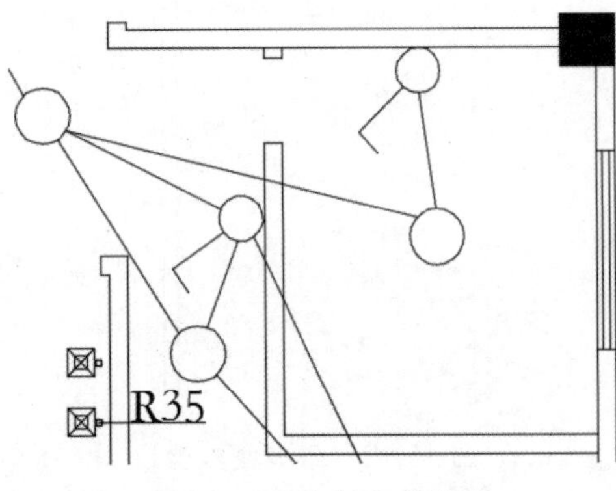

图 15-15　绘制立管轮廓

步骤 10 绘制导线。调用 L(直线) 命令，绘制室内空调机与接线盒的连接导线，结果如图 15-16 所示。

步骤 11 添加楼道壁灯与双控单极开关。按 Ctrl+O 组合键，打开配套资源中的“电气素材图例 .dwg”文件，将其中的壁灯与双控单极开关图块复制粘贴至当前图形中，结果如图 15-17 所示。

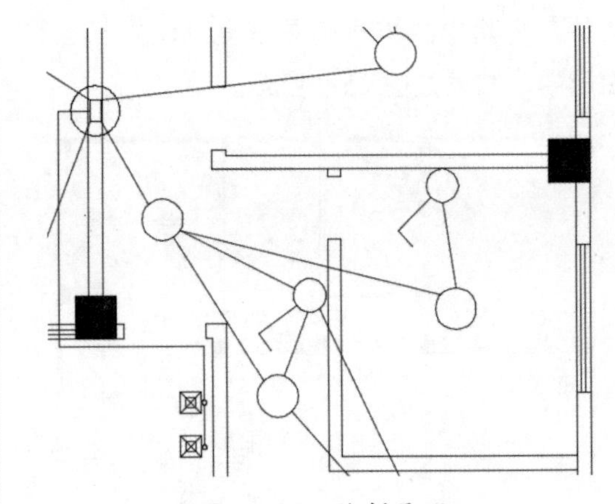

图 15-16　绘制导线

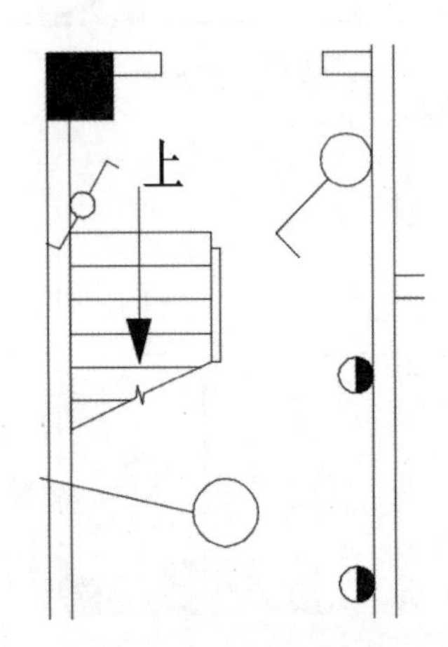

图 15-17　添加图块

步骤 12 绘制导线。调用 L(直线) 命令，绘制壁灯与双控单极开关之间的连接导线，结果如图 15-18 所示。

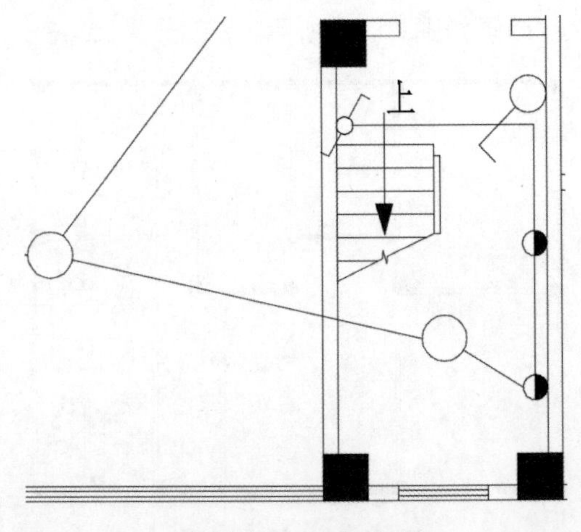

图 15-18　绘制导线

步骤 13 绘制图例表。调用 REC(矩形) 命令，绘制尺寸为 3000×6000 的矩形；调用 X(分解) 命令，分解矩形；调用 O(偏移) 命令，偏移直线。结果如图 15-19 所示。

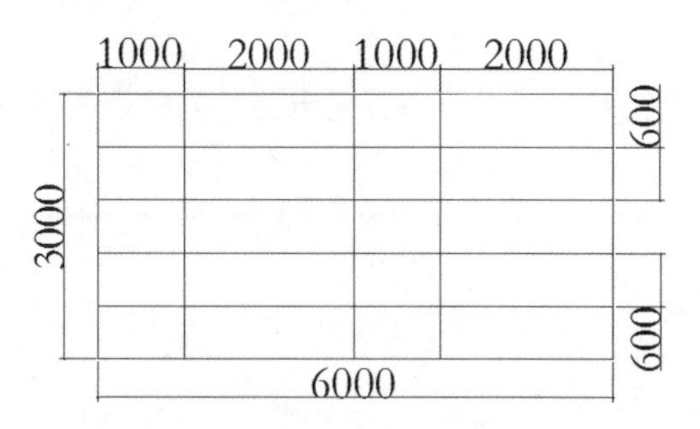

图 15-19　绘制图例表

步骤 14 添加图例。调用 CO(复制) 命令，从电气照明平面图中复制并移动粘贴至图例表中；调用 T(文字) 命令，在绘图区域指定文字的输入范围，并在弹出的文字编辑框中输入相应的文字。结果如图 15-20 所示。

图例	材料名称	图例	材料名称
	单极开关		双控单极开关
	双极开关		空调室内机
	吸顶灯		排气扇
	壁灯		接线盒

图 15-20　添加图例和说明

步骤 15 添加文字标注。调用 MLD(多重引线) 命令，添加电气照明平面图的文字标注，结果如图 15-21 所示。

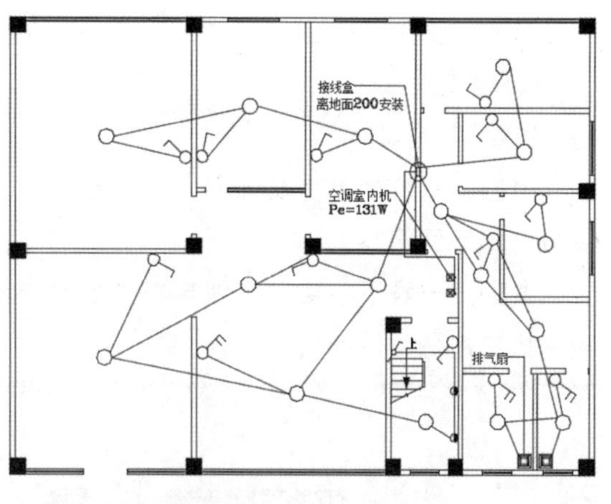

图 15-21　添加文字标注

步骤 16 添加尺寸和图名标注。调用 DLI(线性标注) 命令，对图形进行标注；调用 L(直线) 命令，在文字标注下面绘制图名双线，并将其中一条下画线的线宽设置为 0.4mm。绘制结果如图 15-22 所示。

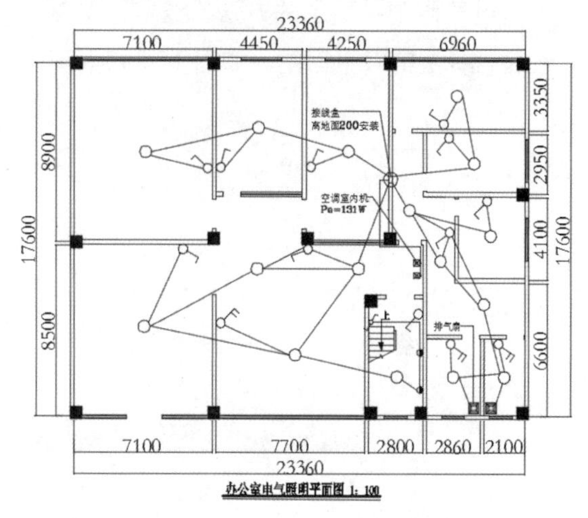

图 15-22　添加尺寸和图名标注

15.3 大师解惑

小白： 什么电源可作为应急电源？

大师： 可作为应急电源的电源主要有以下几种类型。

(2) 供电网络中独立于正常电源的专用的馈电线路。

(3) 蓄电池。

(4) 干电池。

小白： 建筑物大堂及强弱电井用电、个别环境照明等用电，因负荷较小，能就近接入火灾应急照明回路吗？

大师： 一般不应接入。但若整层公共照明总负荷较小时，可将强弱电竖井内的照明灯具接入火灾应急照明回路。

15.4 跟我学上机

练习 1：通过学习本章介绍的绘制室内电气照明平面图的方法，绘制下列某建筑物室内电气照明图，如图 15-23 所示。

练习 2：通过学习本章介绍的绘制室内电气照明平面图的方法，绘制下列某办公楼首层电气平面图，如图 15-24 所示。

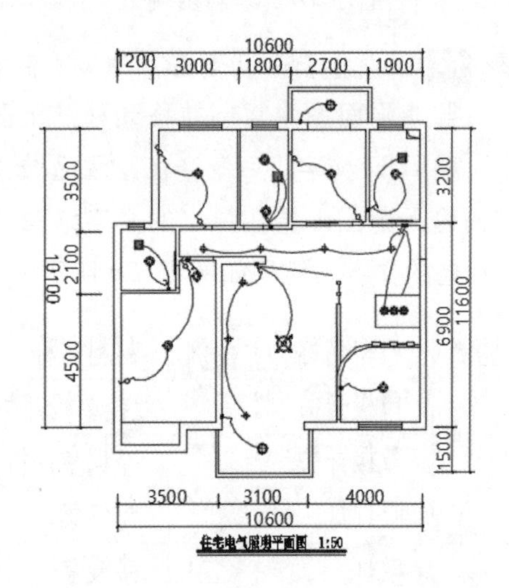

图 15-23　住宅电气照明平面图

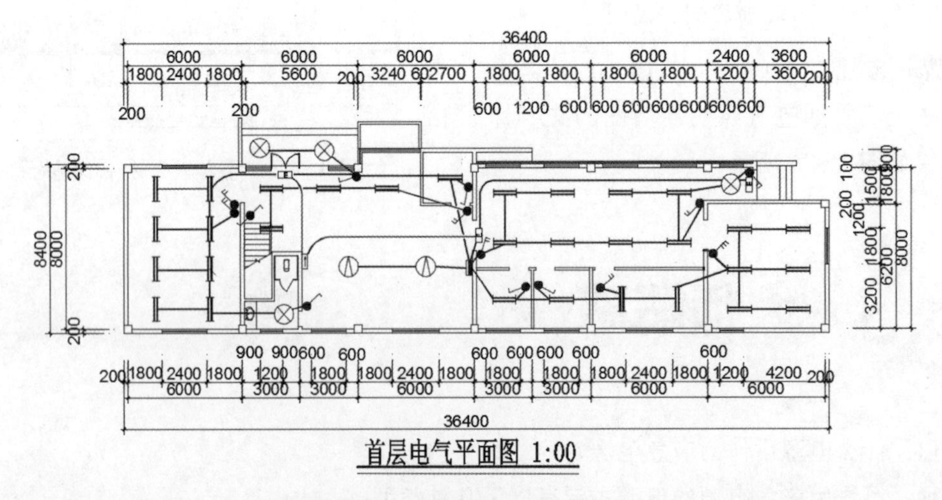

图 15-24　办公楼首层电气平面图

第 4 篇

高手进阶

节点大样图的绘制

建筑平面图和立面图绘制完成之后，建筑的整体框架基本确定。在建筑设计中，还有一些连接较复杂的节点，在整体图中不易表达时，可将其移出，单独绘制图样，即为大样图。本章主要介绍室内节点大样图的绘制方法。

- **本章学习目标（已掌握的在方框中打钩）**

□ 掌握室内大样图绘制的方法和技巧。

□ 掌握室内咖啡吧玻璃台面绘制的方法和技巧。

- **重点案例效果**

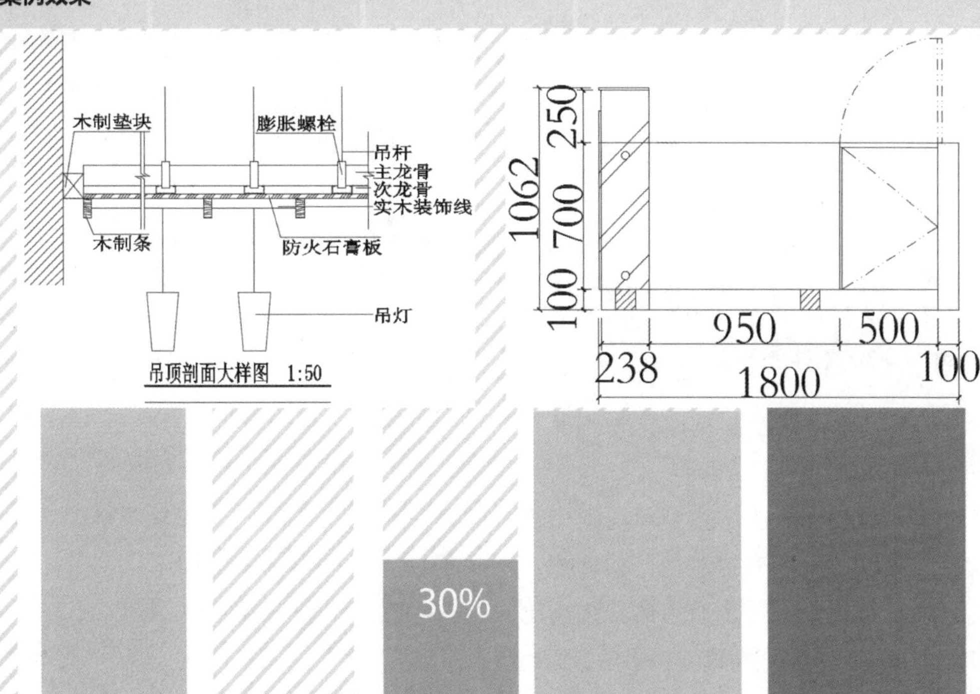

16.1 室内大样图绘制概述

建筑平面图和立面图绘制完成之后，建筑的整体框架基本确定，但是在建筑中还有很多细节部分不能在图纸中完全表达清楚。这时就需要绘制建筑大样图来对这些细节部分进行进一步的绘制和说明。本节主要讲述室内大样图的绘制。

16.1.1 建筑大样图的主要内容

将房屋细节部分的形状、大小、使用材料和做法按照正投影图的画法，详细表示出来的图样，称为建筑大样图或建筑详图。绘制大样图通常使用较大的比例，常用的比例有1 ：1、1 ：5、1 ：10、1 ：20、1 ：50等。

建筑大样图主要内容如下。

☆ 大样图的符号及其编号，若需要另画详图时，还要标注所引出的索引符号。

☆ 大样图的名称及其比例。

☆ 各部位层次的使用材料、施工要求和施工方法等。

☆ 定位轴线、编号及其标高表示。

☆ 建筑构件的形状规格及其他构配件的详细构造、层次和相关材料图例等。

16.1.2 建筑大样图的图示方法和特点

大样图的图示方法要根据建筑物细部构造的复杂程度而定。

若所表示的部分构造比较简单，则只需要一个剖面大样图就能表达清楚，如墙体、楼板的大样图绘制。若所表示的部分构造比较复杂，则还需要另加平面大样图、立面大样图等，如卫生间、门窗的大样图绘制。

建筑大样图的图示方法如下。

☆ 平面详图。

☆ 剖面详图。

☆ 立面详图。

☆ 断面详图。

建筑大样图的图示特点如下。

☆ 大样图的尺寸标注齐全。

☆ 大样图的施工方法和材料使用等说明详尽。

☆ 大样图的绘制比例较大。

16.1.3 绘制商务套房吊顶大样图

商务套房大样图主要内容包括单人间平面布置图、顶棚布置图和吊顶大样图，其具体操作步骤如下。

步骤 1 复制并整理图形。按Ctrl+O组合键，打开配套资源中绘制完成的“商务套房平面图.dwg”文件，将平面布置图中多余的图形删除，结果如图16-1所示。

步骤 2 复制并整理图形。按Ctrl+O组合键，打开配套资源中绘制完成的“商务套房顶棚图.dwg”文件，将顶棚布置图多余的图形删除，结果如图16-2所示。

步骤 3 绘制墙体和石膏板轮廓。调用L(直线)命令，绘制直线；调用O(偏移)命令，偏移直线。结果如图16-3所示。

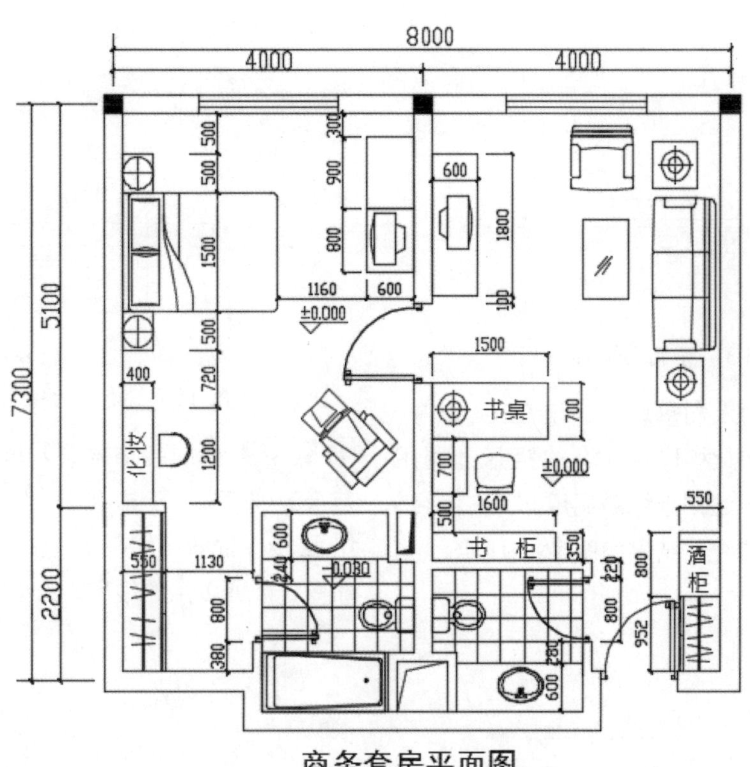

图 16-1　绘制完成的平面布置图

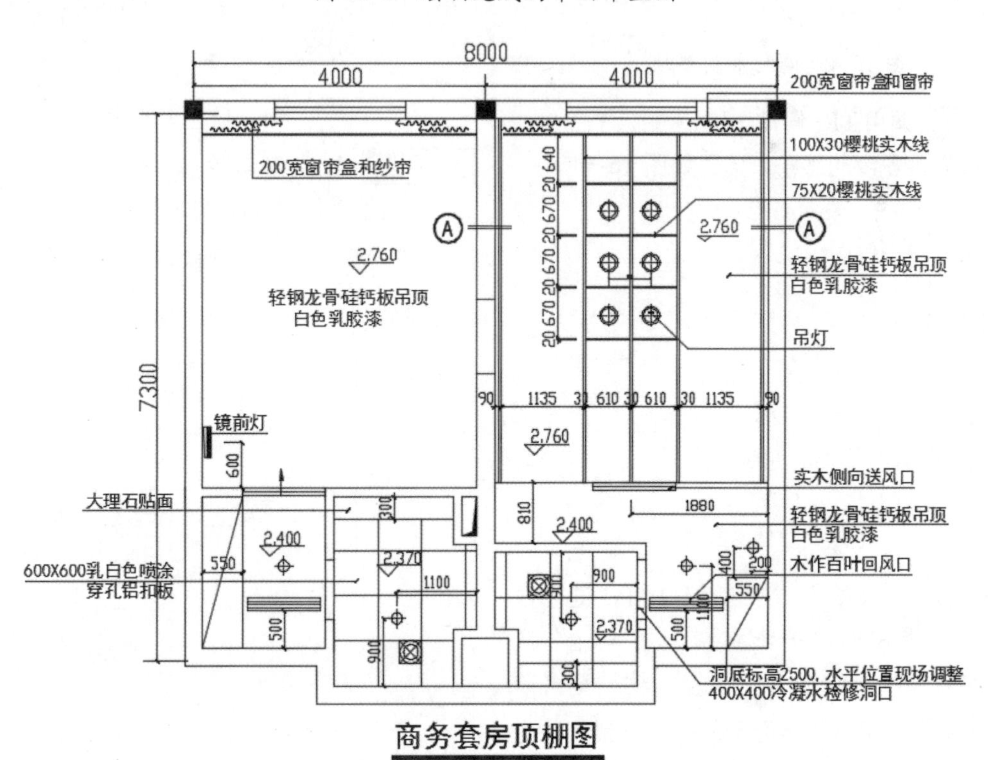

图 16-2　绘制完成的顶棚布置图

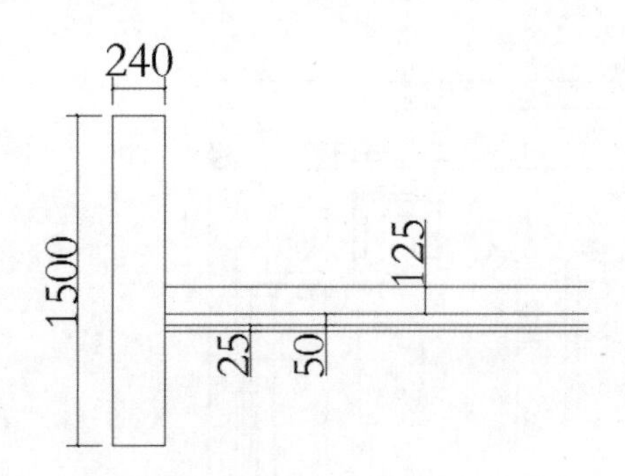

图 16-3 绘制与偏移直线

步骤 4 绘制木制垫块。调用 REC(矩形) 命令，绘制尺寸为 125×150 的矩形；调用 L(直线) 命令，绘制直线；调用 PL(多段线) 命令，绘制折断线。结果如图 16-4 所示。

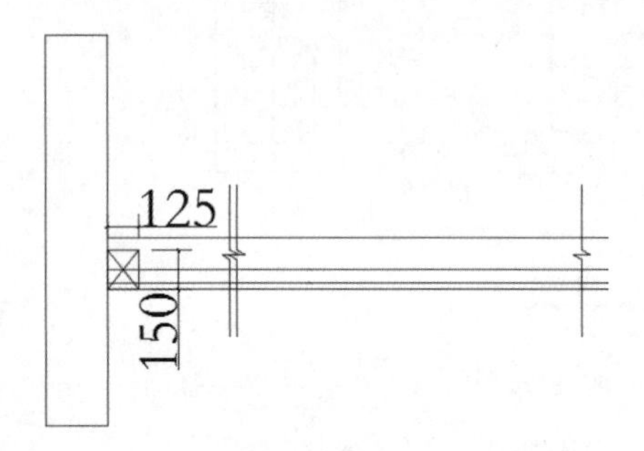

图 16-4 绘制木制垫块

步骤 5 调用 TR(修剪) 和 E(删除) 命令，修剪和删除多余的线条，结果如图 16-5 所示。

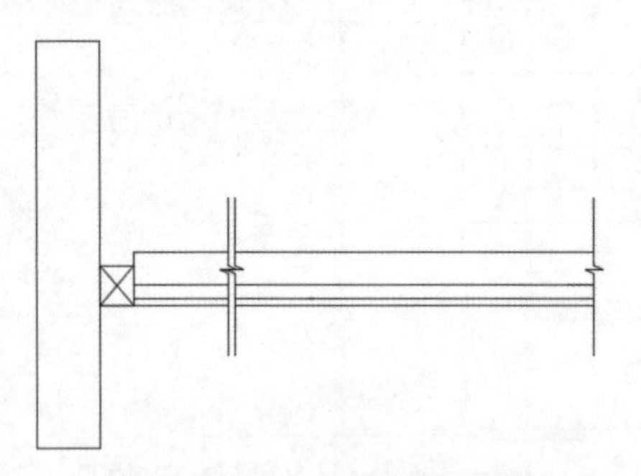

图 16-5 修剪结果

步骤 6 添加吊件。按 Ctrl+O 组合键，打开配套资源中的“装修素材图例 .dwg”文件，将其中的轻钢龙骨图块复制粘贴至当前图形中；调用 REC(矩形) 命令，绘制尺寸为 50×160 的矩形；调用 L(直线) 命令，绘制直线。结果如图 16-6 所示。

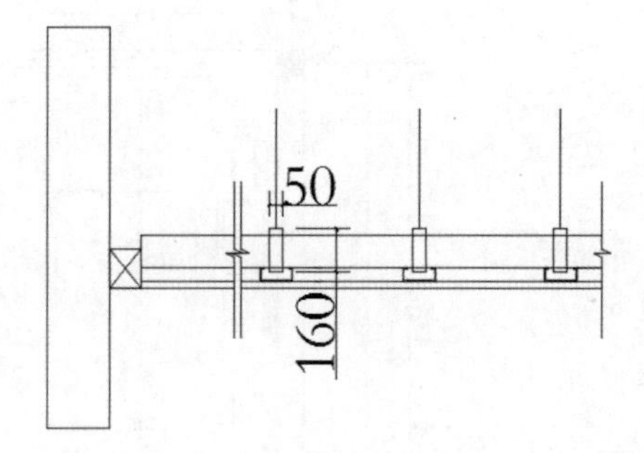

图 16-6 添加与绘制吊件

步骤 7 绘制装饰木条。调用 REC(矩形) 命令，绘制尺寸为 50×120 的矩形；调用 L(直线) 命令，绘制直线；调用 TR(修剪) 命令，修剪多余的线条。结果如图 16-7 所示。

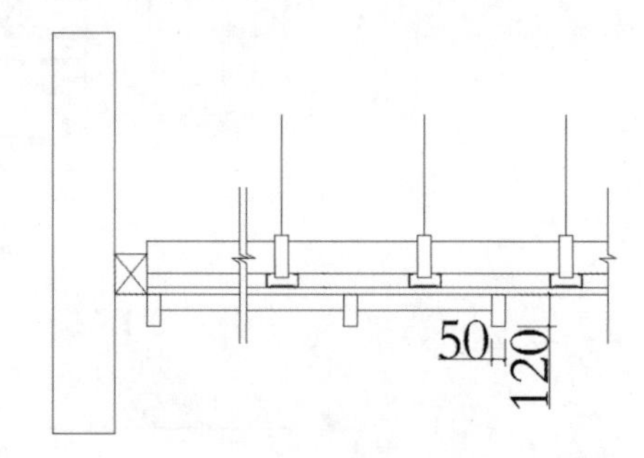

图 16-7 绘制装饰木条

步骤 8 绘制灯具轮廓。调用 REC(矩形) 命令，绘制尺寸为 200×350 的矩形；调用 L(直线) 命令，绘制直线。结果如图 16-8 所示。

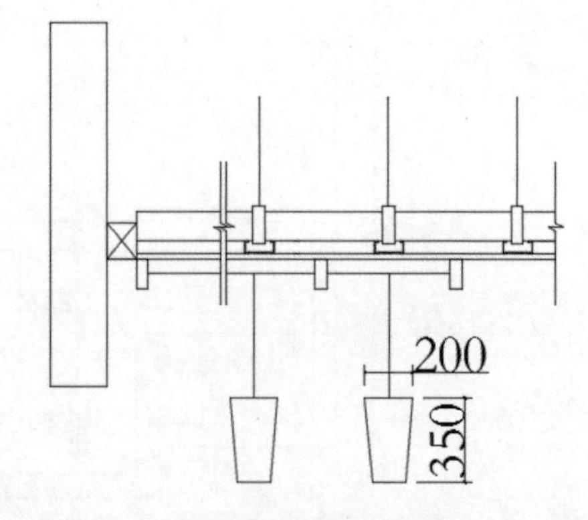

图 16-8 绘制灯具

步骤 9 填充墙体。调用 H(填充) 命令，

再在命令行中输入 T(设置) 命令，在弹出的【图案填充和渐变色】对话框中设置填充图案参数，结果如图 16-9 所示。

图 16-9　【图案填充和渐变色】对话框

步骤 10 在弹出的【图案填充和渐变色】对话框中，单击【边界】功能区中的【添加：拾取点】按钮，在绘图区域选择填充区域后点取添加拾取点，按 Enter 键即可完成该图案填充操作；调用 TR(修剪) 命令，修剪多余的线条。结果如图 16-10 所示。

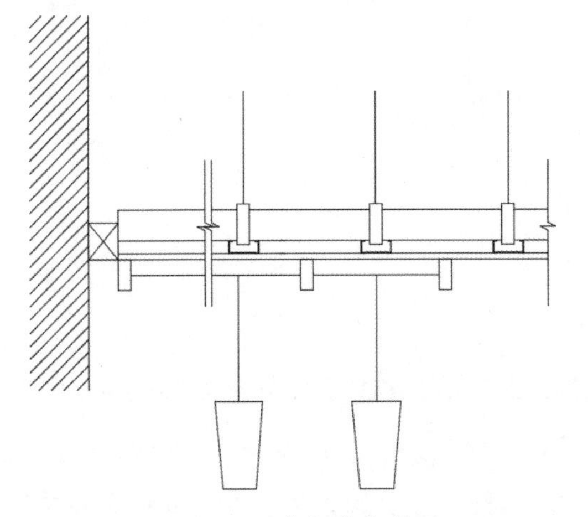

图 16-10　填充墙体结果

步骤 11 沿用上述同样的方法，填充其他区域图形，结果如图 16-11 所示。

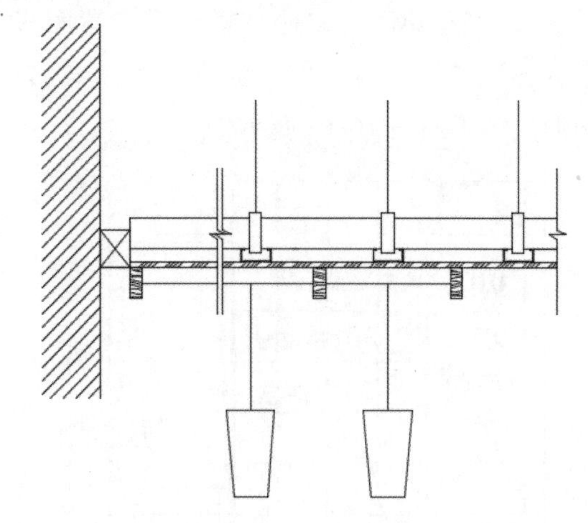

图 16-11　填充结果

步骤 12 添加材料说明和图名标注。调用 MLD(多重引线) 命令，添加大样图装饰材料的文字标注；调用 L(直线) 命令，在文字标注下面绘制图名双线，并将其中一条下画线的线宽设置为 0.4mm。绘制结果如图 16-12 所示。

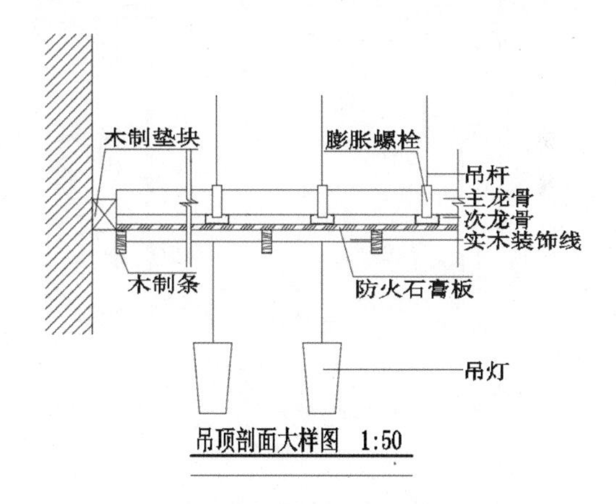

图 16-12　添加材料说明和图名标注

16.1.4 绘制商务套房卫生间大样图

商务套房卫生间大样图主要内容有卫生间立面图布置图，其具体的绘制操作步骤如下。

步骤 1 复制并整理图形。按 Ctrl+O 组合键，打开配套资源中绘制完成的“商务套间平面布置图.dwg”文件，将平面布置图多余的图形删除；调用 RO(旋转)命令，旋转图形。结果如图 16-13 所示。

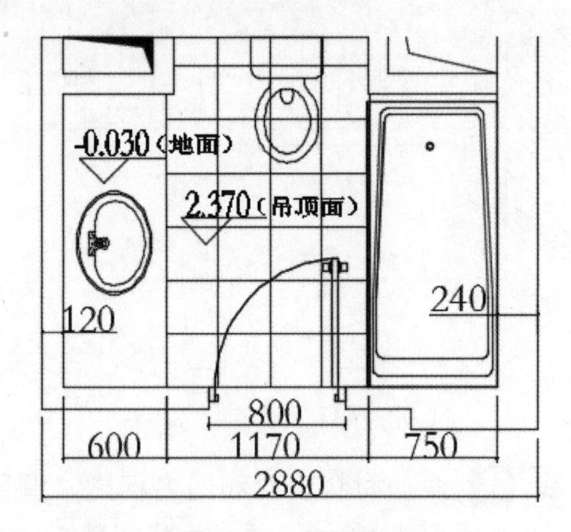

图 16-13 整理图形

步骤 2 绘制卫生间立面轮廓。调用 L(直线)命令，绘制直线；调用 O(偏移)命令，偏移直线。结果如图 16-14 所示。

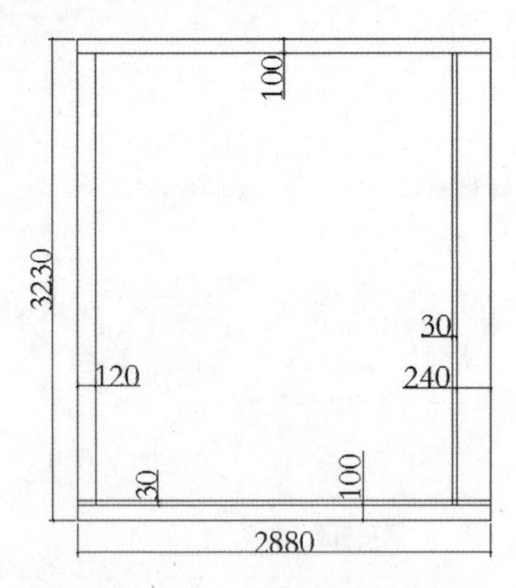

图 16-14 绘制立面轮廓

步骤 3 调用 O(偏移)命令，偏移直线，结果如图 16-15 所示。

步骤 4 绘制墙面装饰物。调用 REC(矩形)命令，绘制矩形；调用 L(直线)命令，绘制直线；调用 TR(修剪)命令和 E(删除)命令，修剪和删除多余的线条。结果如图 16-16 所示。

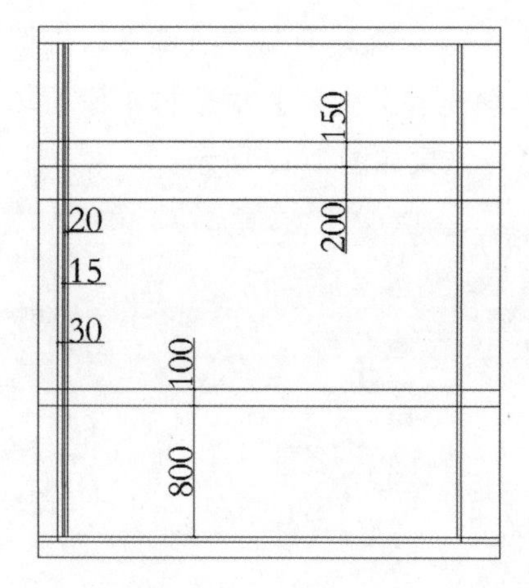

图 16-15 偏移直线

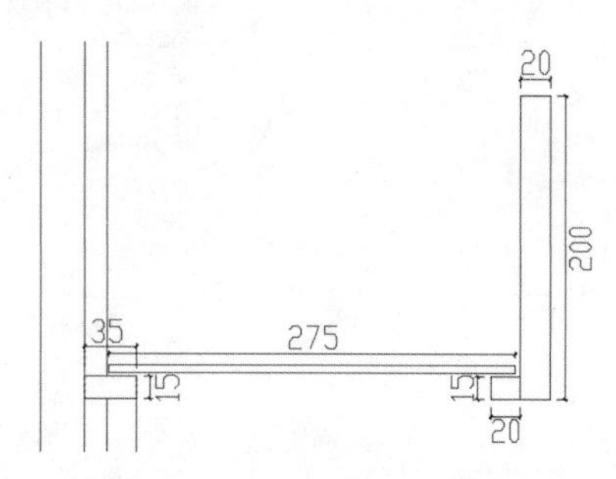

图 16-16 绘制矩形与直线

步骤 5 绘制毛巾挂杆。调用 C(圆)命令，绘制圆形；调用 L(直线)命令，绘制直线；调用 A(圆弧)命令，绘制圆弧。结果如图 16-17 所示。

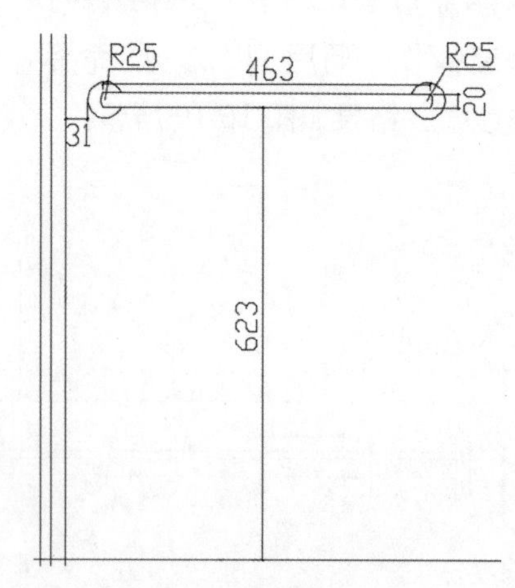

图 16-17 绘制毛巾挂杆

步骤 6 添加素材图块。按 Ctrl+O 组合键，打开配套资源中的“素材\Ch16\室内洁

具 .dwg”文件，将其中的洗漱盆、淋浴头等图块复制粘贴至当前图形中，结果如图 16-18 所示。

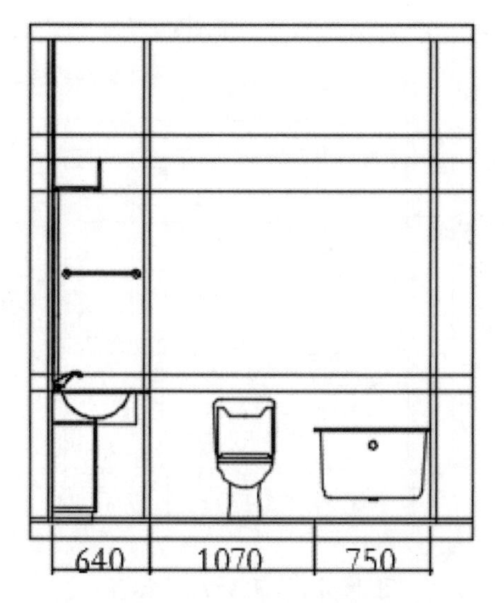

图 16-18　添加素材结果

步骤 7 绘制石膏板吊顶轮廓。调用 O(偏移) 命令，偏移直线；调用 TR(修剪) 命令和 E(删除) 命令，修剪和删除多余的线条。结果如图 16-19 所示。

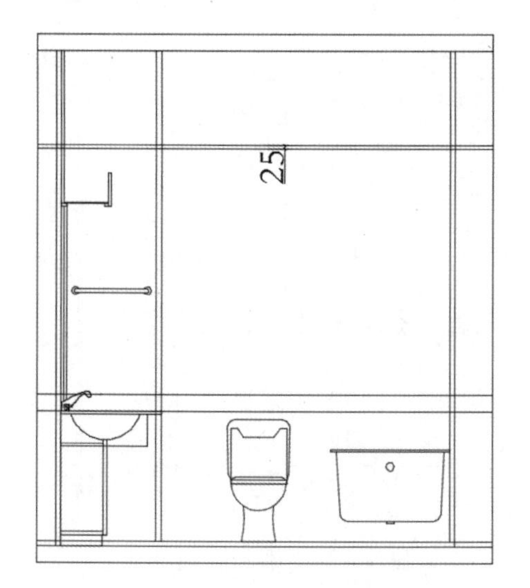

图 16-19　偏移直线

步骤 8 绘制水龙头等其他附属设施。调用 L(直线) 命令，绘制直线；调用 C(圆) 命令，绘制圆形；调用 REC(矩形) 命令，绘制矩形；调用 A(圆弧) 命令，绘制圆弧；调用 TR(修剪) 命令和 E(删除) 命令，修剪和删除多余的线条。结果如图 16-20 所示。

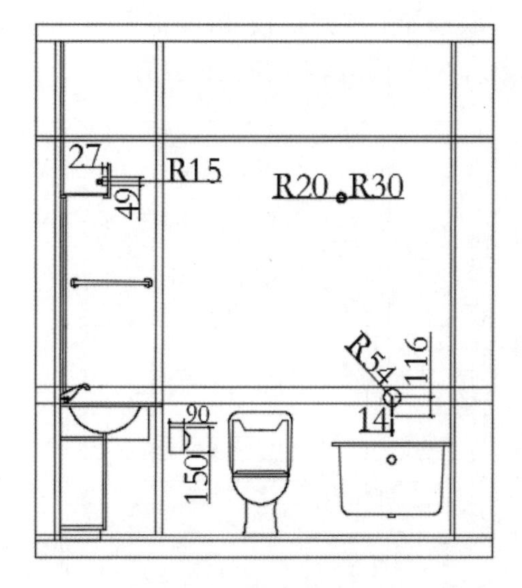

图 16-20　绘制附属设施

步骤 9 填充墙面。调用 H(填充) 命令，再在命令行中输入 T(设置) 命令，在弹出的【图案填充和渐变色】对话框中设置填充图案参数，结果如图 16-21 所示。

图 16-21　【图案填充和渐变色】对话框

步骤 10 在弹出的【图案填充和渐变色】对话框中，单击【边界】功能区中的【添加：拾取点】按钮，在绘图区域选择填充区域后点取添加拾取点，按 Enter 键即可完成该图案填充操作，结果如图 16-22 所示。

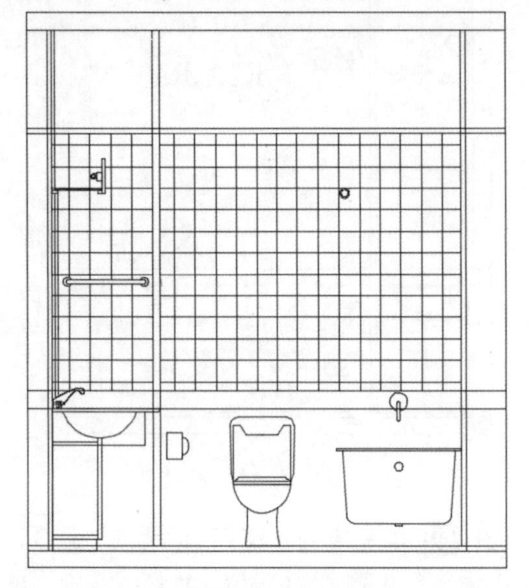

图 16-22 填充结果

步骤 11 沿用上述同样的方法，填充其他区域图形；调用 E(删除) 命令，删除多余的线条。结果如图 16-23 所示。

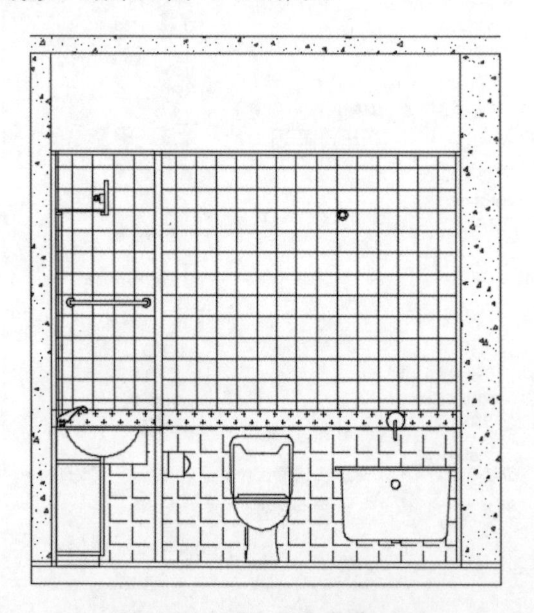

图 16-23 填充其他图形结果

步骤 12 添加尺寸标注。调用 DLI(线性标注) 命令，对图形进行尺寸标注，结果如图 16-24 所示。

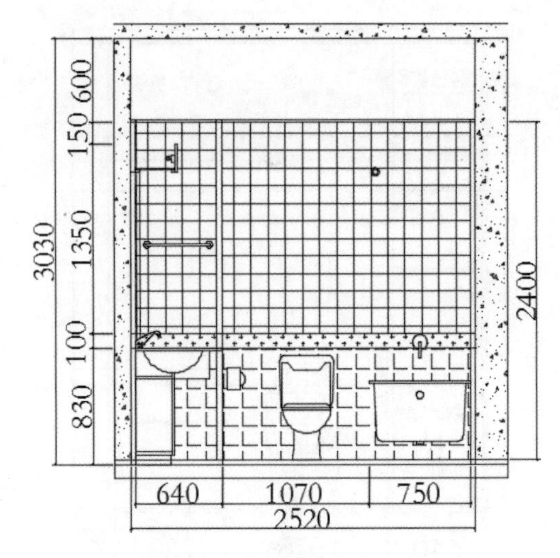

图 16-24 添加尺寸标注

步骤 13 添加标高标注。调用 L(直线) 命令，绘制直线；调用 T(文字) 命令，在弹出的文字编辑框中输入相应的数值。结果如图 16-25 所示。

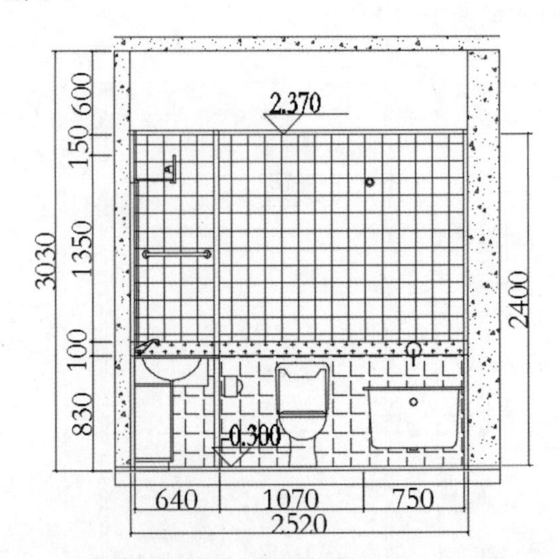

图 16-25 添加标高标注

步骤 14 添加材料和图名标注。调用 MLD(多重引线) 命令，对卫生间立面大样图使用材料进行标注；调用 L(直线) 命令，在文字标注下面绘制图名双线，并将其中一条下画线的线宽设置为 0.4mm。即可完成卫生间立面大样图的绘制，结果如图 16-26 所示。

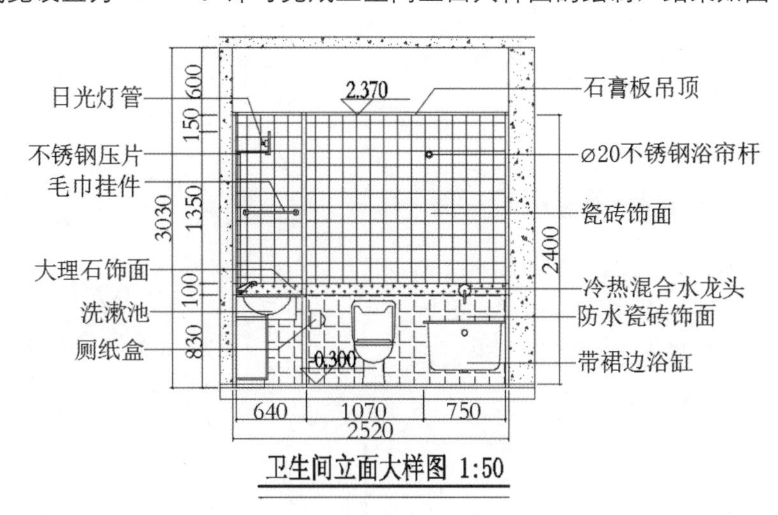

图 16-26　添加材料和图名标注

16.2 绘制咖啡吧玻璃台面节点详图

咖啡吧是大多数年轻人体验时尚、休闲、交友的常去之处。本节主要讲述咖啡吧服务台的绘制方法，其内容包括绘制服务台平面大样图、正立面大样图、左立面大样图和右立面大样图。

16.2.1 绘制服务台平面大样图

服务台平面大样图是上视平面图，其具体绘制方法和操作步骤如下。

步骤 1 绘制服务台轮廓。调用 REC(矩形) 命令，绘制尺寸为 1788×4176 的矩形；调用 X(分解) 命令，分解矩形；调用 O(偏移) 命令，偏移直线。结果如图 16-27 所示。

步骤 2 绘制玻璃台面。调用 REC(矩形) 命令，绘制尺寸为 250×4200 的矩形，结果如图 16-28 所示。

步骤 3 调用 L(直线) 命令，绘制直线；调用 TR(修剪) 命令和 E(删除) 命令，修剪和删除多余的线条。结果如图 16-29 所示。

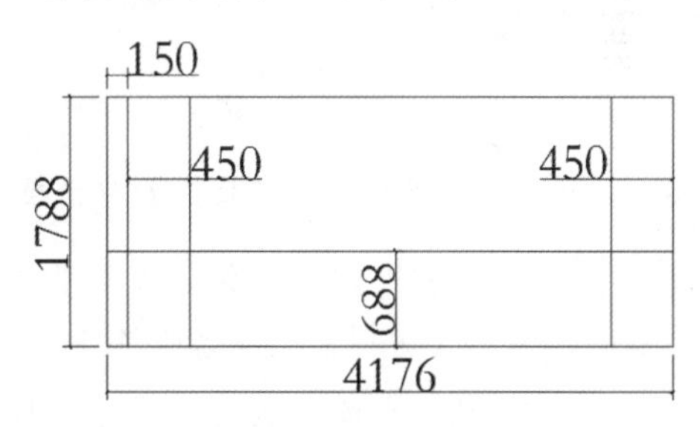

图 16-27　绘制矩形与偏移直线

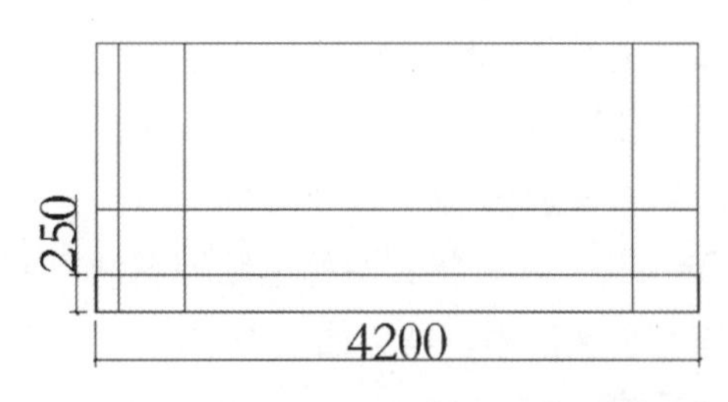

图 16-28　绘制矩形

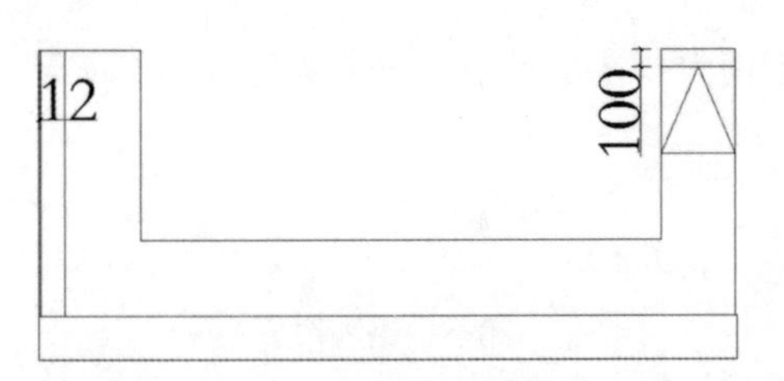

图 16-29　绘制直线与修剪结果

步骤 4 填充玻璃台面。调用 H(填充) 命令，再在命令行中输入 T(设置) 命令，在弹出的【图案填充和渐变色】对话框中设置填充图案参数，结果如图 16-30 所示。

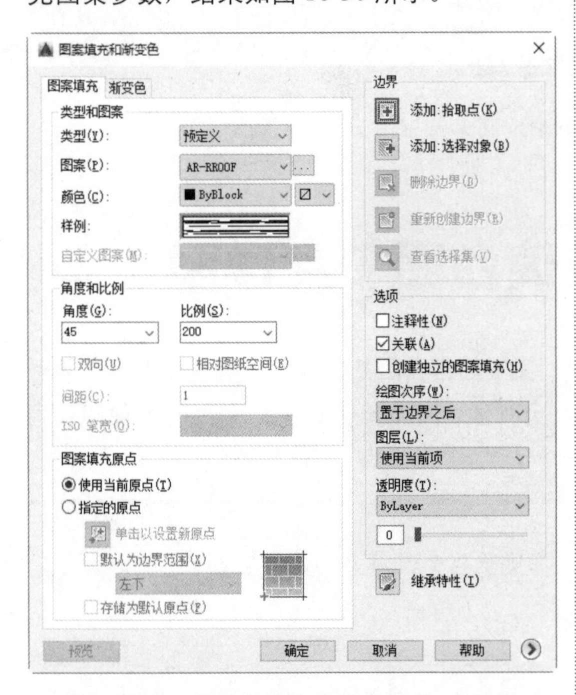

图 16-30　【图案填充和渐变色】对话框

步骤 5 在弹出的【图案填充和渐变色】对话框中，单击【边界】功能区中的【添加：拾取点】按钮，在绘图区域选择填充区域后点取添加拾取点，按 Enter 键即可完成该图案填充操作，结果如图 16-31 所示。

步骤 6 添加素材图块。按 Ctrl+O 组合键，打开配套资源中的“素材 \Ch16\ 室内家具 .dwg”文件，将其中的电脑等图块复制粘贴至当前图形中，结果如图 16-32 所示。

步骤 7 添加尺寸标注。调用 DLI(线性标注) 命令，对图形进行尺寸标注，结果如图 16-33 所示。

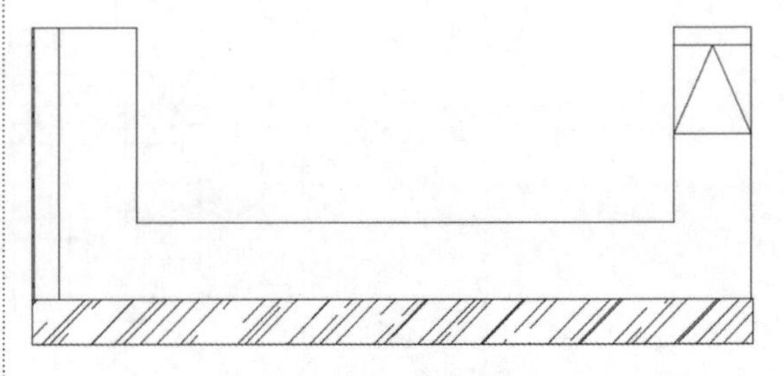

图 16-31　填充结果

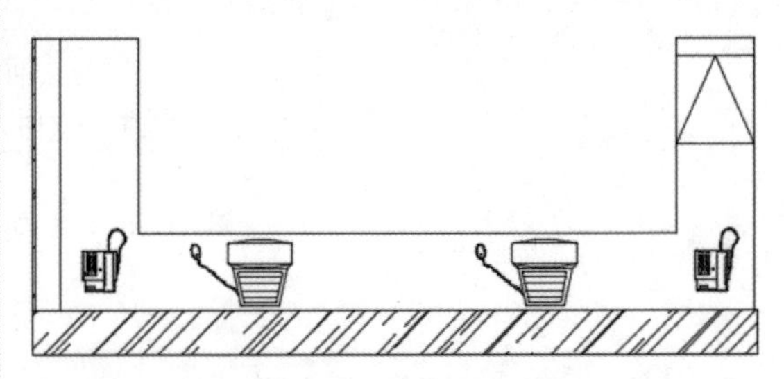

图 16-32　添加素材结果

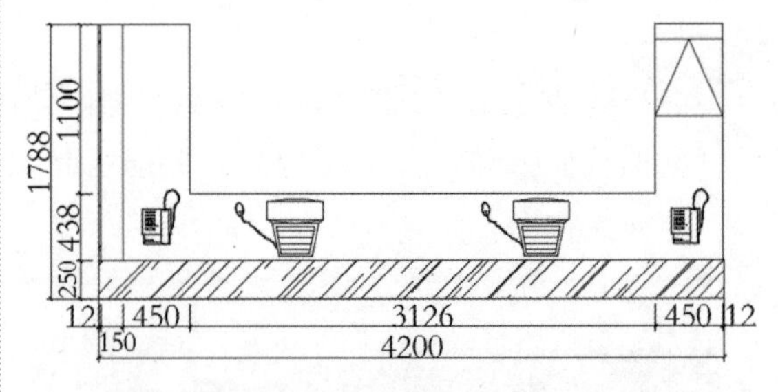

图 16-33　添加尺寸标注

步骤 8 添加材料和图名标注。调用 MLD (多重引线) 命令，对服务台平面大样图使用材料进行标注；调用 L(直线) 命令，在文字标注下面绘制图名双线，并将其中一条下画线的线宽设置为 0.4mm。即可完成服务台平面大样图的绘制，结果如图 16-34 所示。

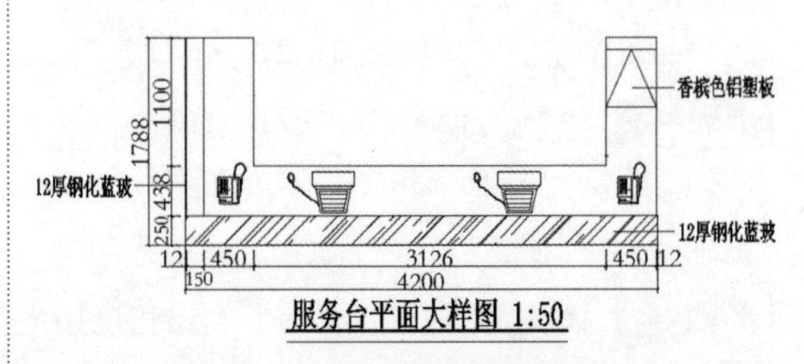

图 16-34　添加材料和图名标注

16.2.2 绘制服务台正立面大样图

服务台正立面大样图是上正立面图，其具体绘制方法和操作步骤如下。

步骤 1 绘制服务台正立面轮廓。调用 REC(矩形)命令，绘制尺寸为 1049×4176 的矩形；调用 X(分解)命令，分解矩形；调用 O(偏移)命令，偏移直线；调用 L(直线)命令，绘制直线。结果如图 16-35 所示。

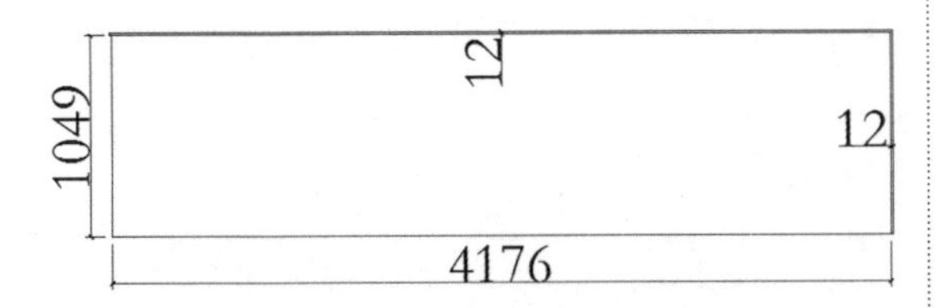

图 16-35　绘制服务台正立面轮廓

步骤 2 绘制玻璃面轮廓。调用 REC(矩形)命令，绘制尺寸为 850×2600 的矩形。结果如图 16-36 所示。

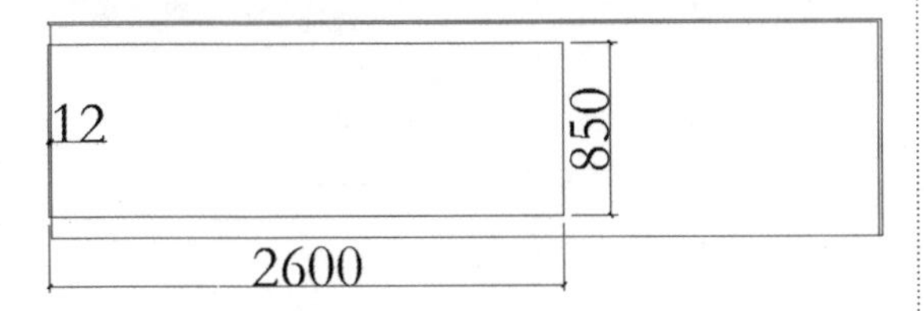

图 16-36　绘制矩形

步骤 3 调用 O(偏移)命令，偏移直线；调用 TR(修剪)命令，修剪多余的线条。结果如图 16-37 所示。

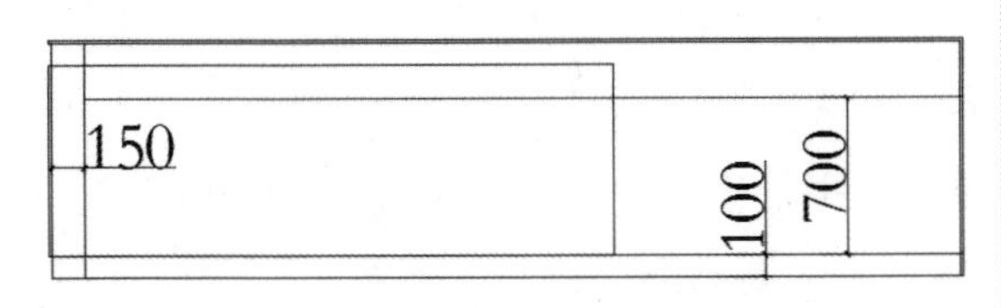

图 16-37　偏移直线

步骤 4 绘制服务台装饰造型。调用 REC(矩形)命令，绘制矩形；调用 C(圆)命令，绘制圆形。结果如图 16-38 所示。

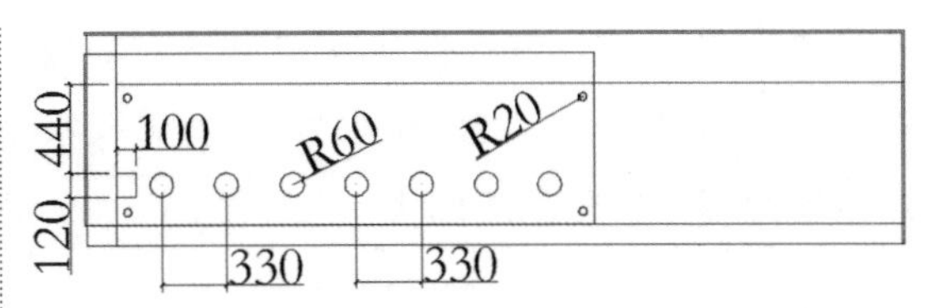

图 16-38　绘制矩形与圆

步骤 5 绘制玻璃支架。调用 L(直线)命令，绘制直线；调用 O(偏移)命令，偏移直线。结果如图 16-39 所示。

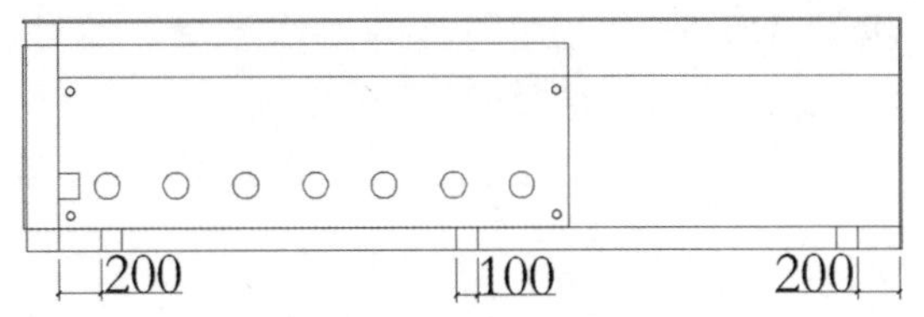

图 16-39　绘制玻璃支架

步骤 6 填充玻璃面。调用 H(填充)命令，再在命令行中输入 T(设置)命令，在弹出的【图案填充和渐变色】对话框中设置填充图案参数，结果如图 16-40 所示。

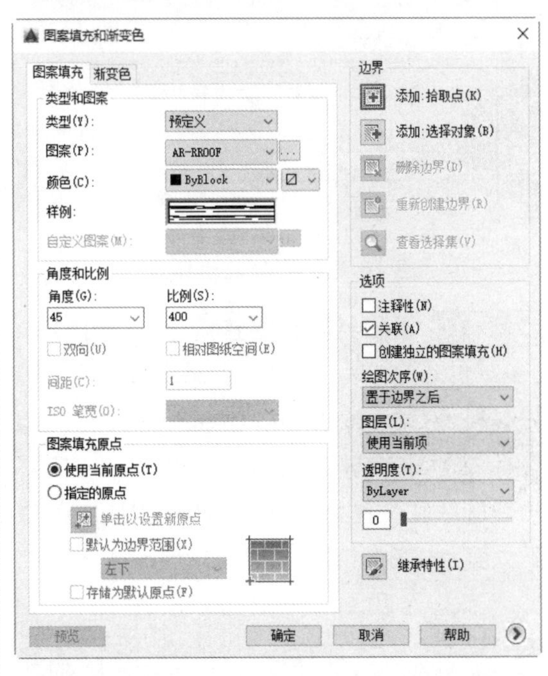

图 16-40　【图案填充和渐变色】对话框

步骤 7 在弹出的【图案填充和渐变色】对话框中，单击【边界】功能区中的【添加:

拾取点】按钮，在绘图区域选择填充区域后点取添加拾取点，按 Enter 键即可完成该图案填充操作，结果如图 16-41 所示。

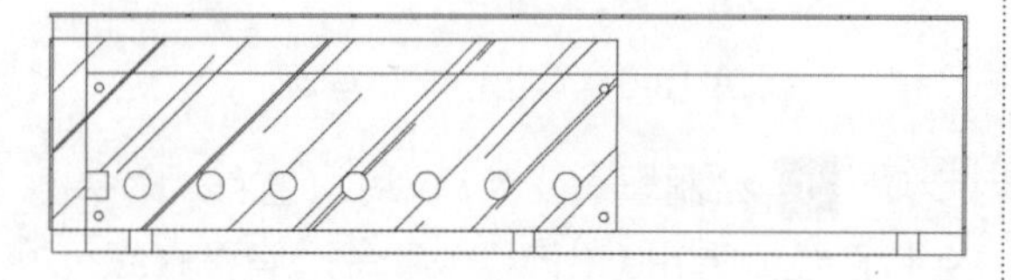

图 16-41　填充结果

步骤 8 沿用上述同样的操作步骤，填充其他区域图形，结果如图 16-42 所示。

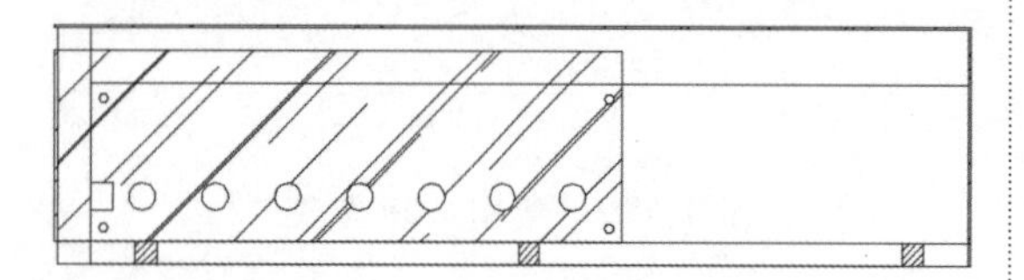

图 16-42　填充其他区域结果

步骤 9 添加尺寸标注。调用 DLI(线性标注) 命令，对图形进行尺寸标注，结果如图 16-43 所示。

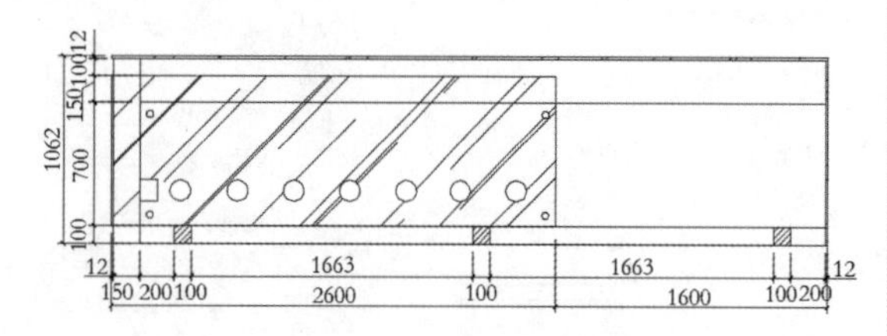

图 16-43　添加尺寸标注

步骤 10 添加材料和图名标注。调用 MLD (多重引线) 命令，对服务台正立面大样图使用材料进行标注；调用 L(直线) 命令，在文字标注下面绘制图名双线，并将其中一条下画线的线宽设置为 0.4mm。即可完成服务台正立面大样图的绘制，结果如图 16-44 所示。

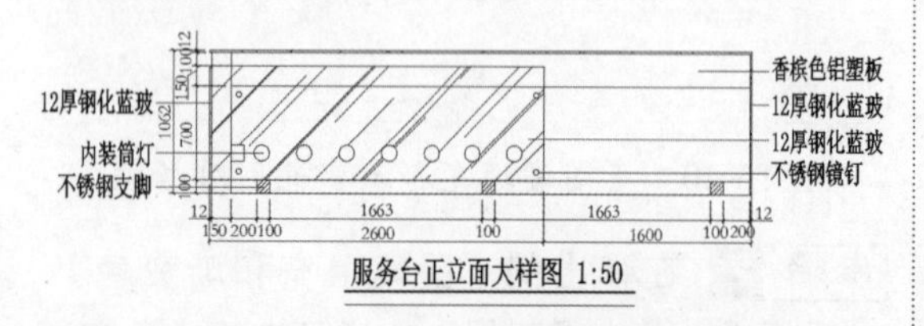

图 16-44　添加材料和图名标注

16.2.3 绘制服务台左立面大样图

服务台左立面大样图是上左侧立面图，其具体绘制方法和操作步骤如下。

步骤 1 绘制服务台左侧立面轮廓。调用 REC(矩形) 命令，绘制尺寸为 950×1800 的矩形；调用 X(分解) 命令，分解矩形；调用 O(偏移) 命令，偏移直线。结果如图 16-45 所示。

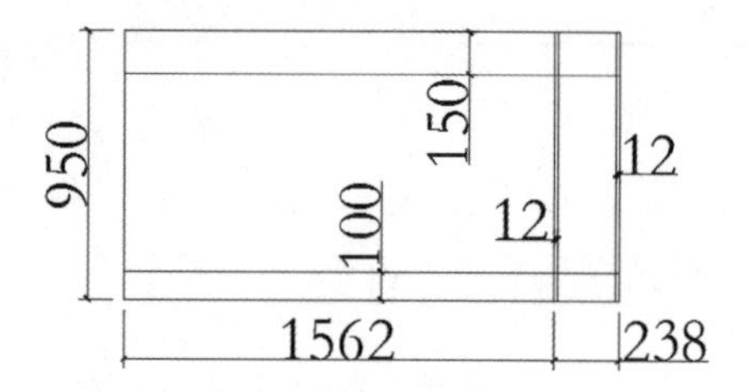

图 16-45　绘制矩形与偏移直线

步骤 2 绘制服务台台面。单击线段激活其夹点，延长线段，延长距离为 100；调用 L(直线) 命令，绘制直线。结果如图 16-46 所示。

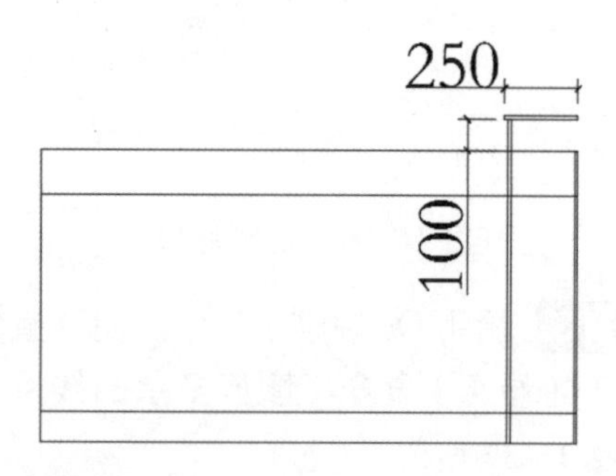

图 16-46　延长与绘制直线

步骤 3 绘制服务台装饰造型。调用 REC(矩形) 命令，绘制矩形；调用 C(圆) 命令，绘制圆形。结果如图 16-47 所示。

步骤 4 绘制玻璃支架。调用 L(直线) 命令，绘制直线；调用 O(偏移) 命令，偏移直线。结果如图 16-48 所示。

步骤 5 在【默认】选项卡的【特性】功

能组中选择需要的线型，将不可视线条设置成虚线，结果如图 16-49 所示。

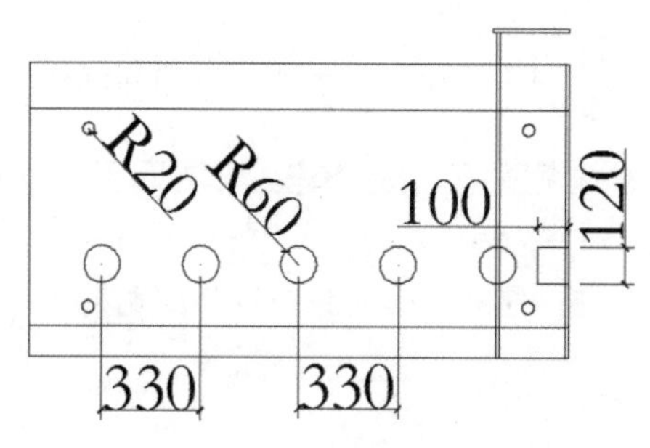

图 16-47　绘制矩形与圆

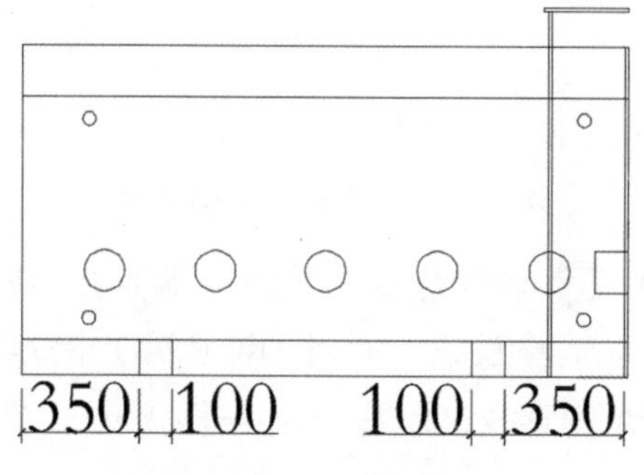

图 16-48　绘制直线

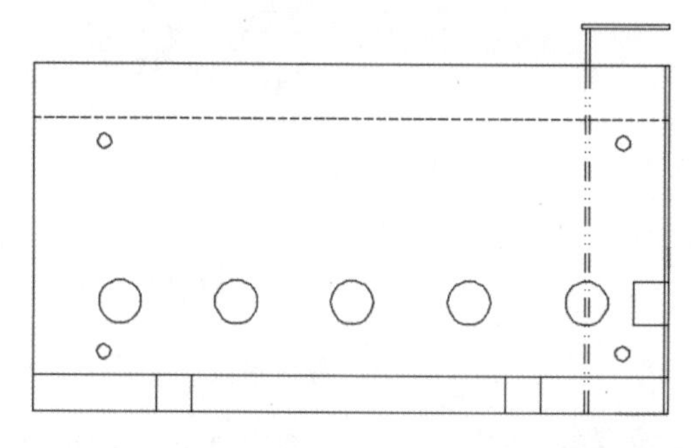

图 16-49　设置线型

步骤 6 填充玻璃面。调用 H(填充) 命令，再在命令行中输入 T(设置) 命令，在弹出的【图案填充和渐变色】对话框中设置填充图案参数，如图 16-50 所示。

步骤 7 填充结果。在弹出的【图案填充和渐变色】对话框中，单击【边界】功能区中的【添加：拾取点】按钮，在绘图区域选择填充区域后点取添加拾取点，按 Enter 键即可完成该图案填充操作。结果如图 16-51 所示。

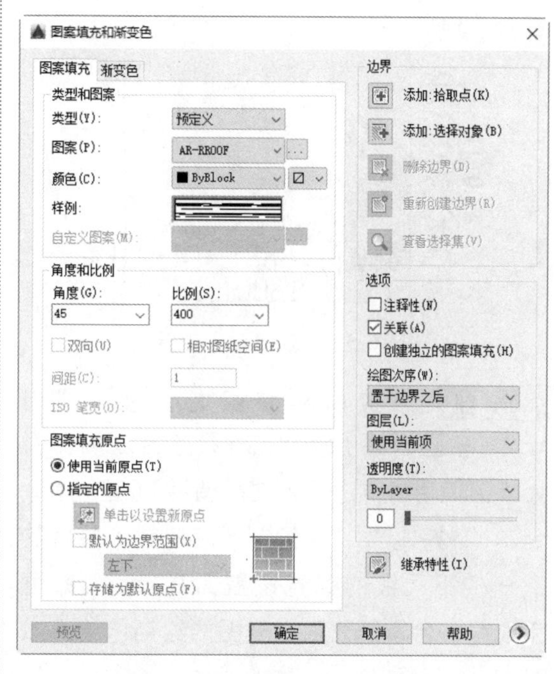

图 16-50　【图案填充和渐变色】对话框

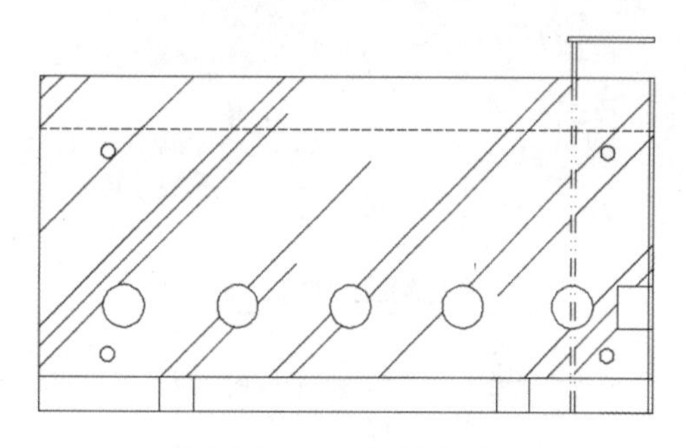

图 16-51　填充图形结果

步骤 8 沿用上述同样的操作步骤，填充其他区域图形。结果如图 16-52 所示。

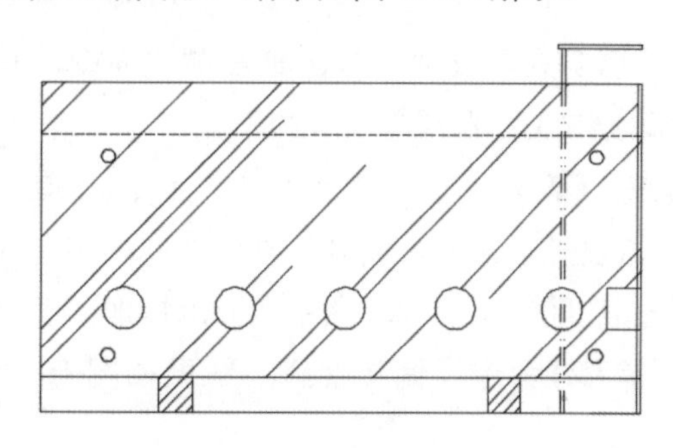

图 16-52　填充其他区域结果

步骤 9 添加尺寸标注。调用 DLI(线性标注）命令，对图形进行尺寸标注。结果如图 16-53 所示。

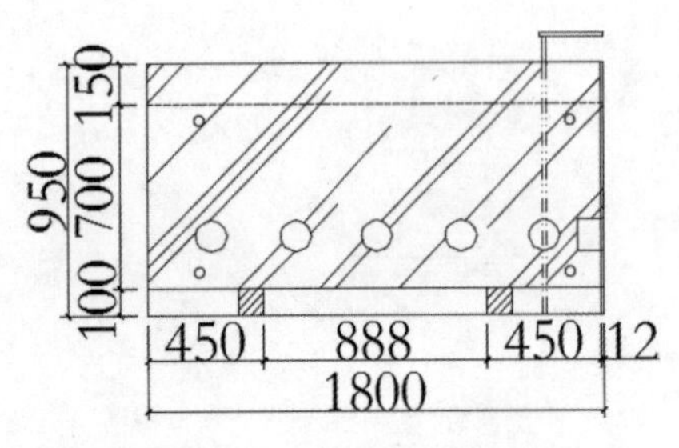

图 16-53　添加尺寸标注

步骤 10 添加材料和图名标注。调用 MLD（多重引线）命令，对服务台左侧立面大样图使用材料进行标注；调用 L（直线）命令，在文字标注下面绘制图名双线，并将其中一条下画线的线宽设置为 0.4mm。即可完成服务台左侧立面大样图的绘制。结果如图 16-54 所示。

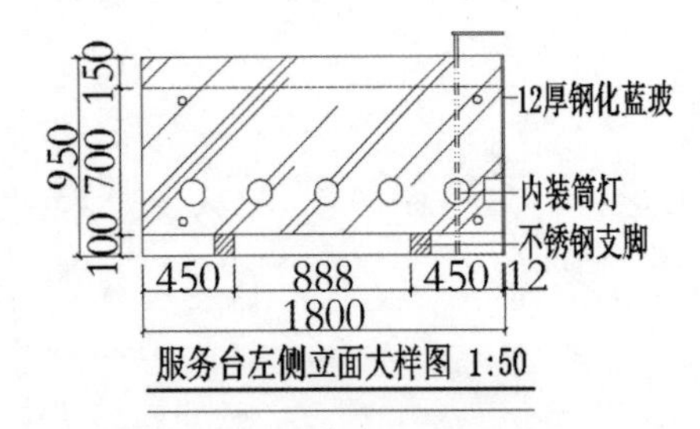

图 16-54　添加材料和图名标注

16.2.4 绘制服务台右立面大样图

服务台右立面大样图是右侧立面图，其具体绘制方法和操作步骤如下。

步骤 1 绘制服务台右侧立面轮廓。调用 REC（矩形）命令，绘制尺寸为 800×1800 的矩形；调用 X（分解）命令，分解矩形；调用 O（偏移）命令，偏移直线。结果如图 16-55 所示。

步骤 2 绘制服务台台面。单击线段激活其夹点，延长线段；调用 L（直线）命令，绘制直线，结果如图 16-56 所示。

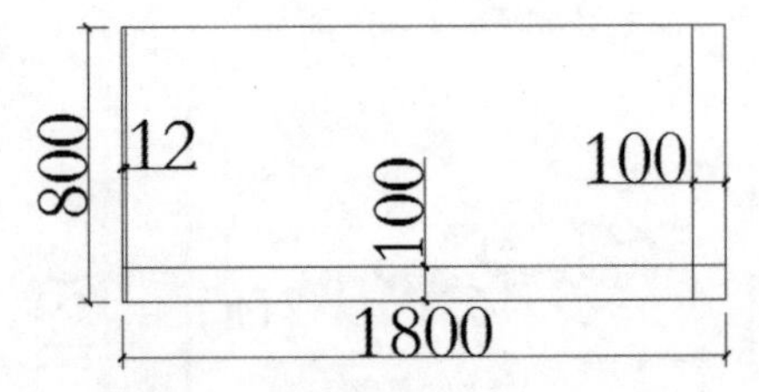

图 16-55　绘制矩形与偏移直线

图 16-56　延长和绘制线条

步骤 3 绘制铝塑板轮廓。调用 O（偏移）命令，偏移直线；调用 TR（修剪）命令，修剪多余的直线。结果如图 16-57 所示。

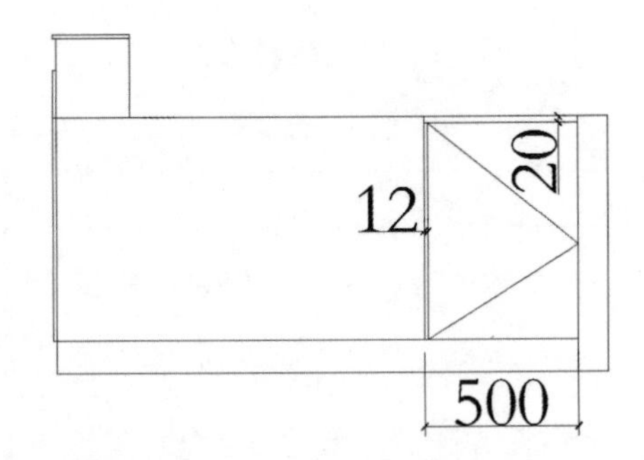

图 16-57　偏移直线

步骤 4 绘制门轮廓。调用 REC（矩形）命令，绘制尺寸为 20×500 的矩形；调用 A（圆弧）命令，绘制圆弧。结果如图 16-58 所示。

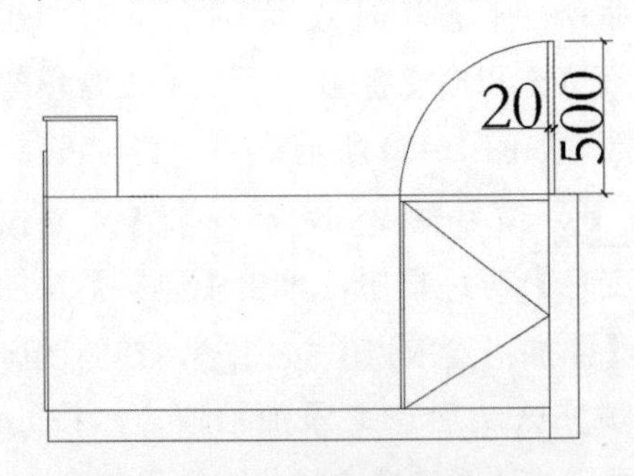

图 16-58　绘制矩形与圆弧

步骤 5 在【默认】选项卡的【特性】功能组中选择需要的线型，将不可视线条设置成虚线，结果如图 16-59 所示。

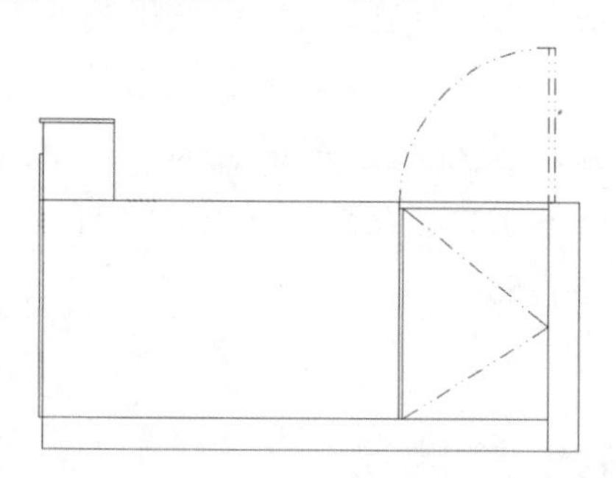

图 16-59　设置线型

步骤 6 绘制服务台装饰造型。调用 L(直线) 命令，绘制直线；调用 C(圆) 命令，绘制圆形。结果如图 16-60 所示。

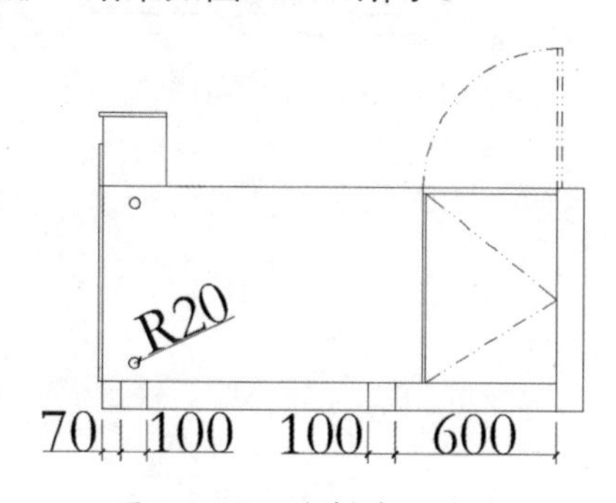

图 16-60　绘制直线与圆

步骤 7 绘制玻璃面轮廓。单击线段激活其夹点，延长线段。结果如图 16-61 所示。

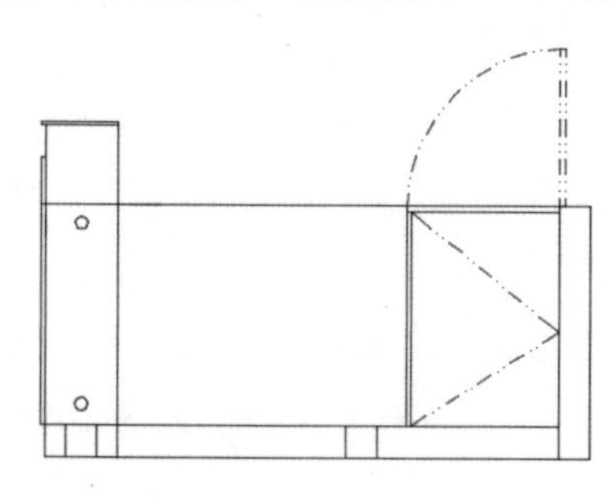

图 16-61　延长线段

步骤 8 填充玻璃面。调用 H(填充) 命令，再在命令行中输入 T(设置) 命令，在弹出的【图案填充和渐变色】对话框中设置填充图案参数。结果如图 16-62 所示。

图 16-62　【图案填充和渐变色】对话框

步骤 9 填充结果。在弹出的【图案填充和渐变色】对话框中，单击【边界】功能区中的【添加：拾取点】按钮，在绘图区域选择填充区域后点取添加拾取点，按 Enter 键即可完成该图案填充操作，结果如图 16-63 所示。

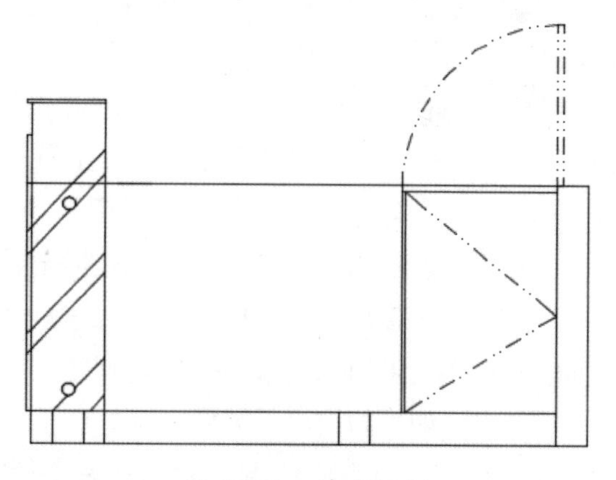

图 16-63　填充结果

步骤 10 沿用上述同样的操作步骤，填充其他区域图形，结果如图 16-64 所示。

步骤 11 添加尺寸标注。调用 DLI(线性标注) 命令，对图形进行尺寸标注，结果如图 16-65 所示。

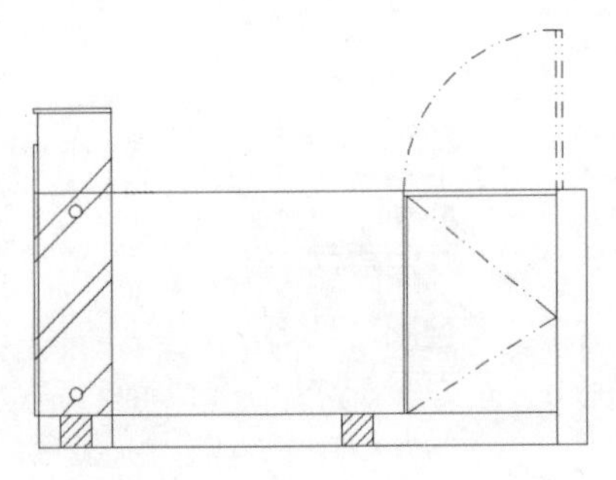

图 16-64 填充其他区域结果

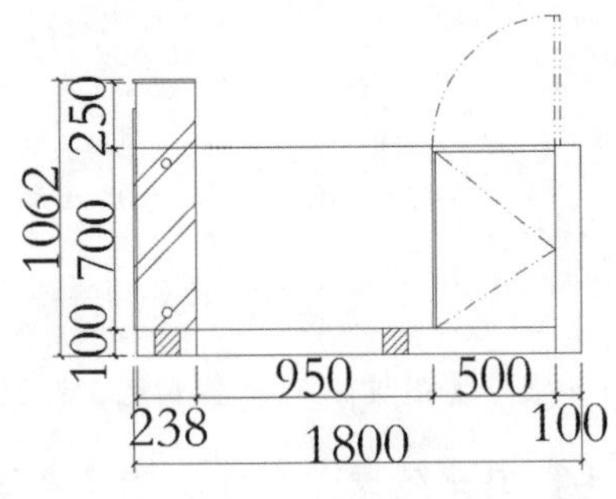

图 16-65 添加尺寸标注

步骤 12 添加材料和图名标注。调用 MLD(多重引线) 命令，对服务台右侧立面大样图使用材料进行标注；调用 L(直线) 命令，在文字标注下面绘制图名双线，并将其中一条下画线的线宽设置为 0.4mm。即可完成服务台右侧立面大样图的绘制，结果如图 16-66 所示。

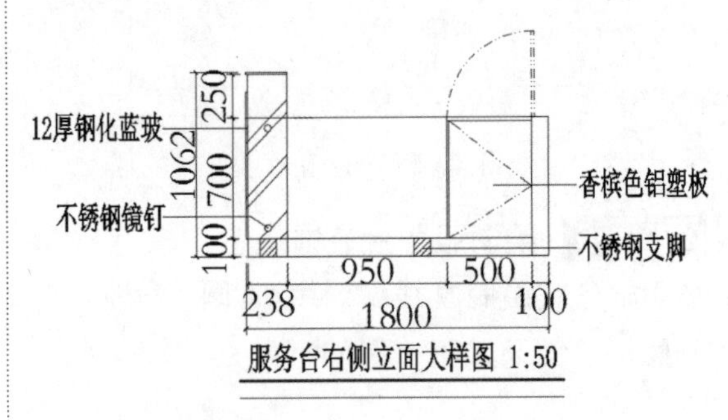

图 16-66 添加材料和图名标注

16.3 大师解惑

小白：在 AutoCAD 绘图中，大样图和节点图有什么区别？

大师：大样图和节点图的区别如下。

(1) 大样图是指针对某一特定区域进行特殊性放大标注，较详细地表示出来。“大样图”一词多用于施工现场，对于局部构件放样。室内设计施工图中的局部放大图称为“详图”，如楼梯详图、卫生间详图、客厅详图等。

(2) 节点图是两个以上装饰面的交汇点，是把在整图当中无法表示清楚的某一个部分单独拿出来表现其具体构造，即一种表明建筑构造细部的图。大样图相对节点图更为细部化，也就是绘制节点图所无法表达的内容，以表达得更清楚。

小白：在室内设计中怎样把绘制完成的 AutoCAD 文件保存成较小内存的文件？

大师：打开绘制完成的 AutoCAD 文件，全部显示并全部选中，然后按 Ctrl+C 组合键复制，再新建一个文档 (可以按 Ctrl+N 组合键)，然后按 Ctrl+V 组合键粘贴，最后保存就完成了，这时 AutoCAD 文件显示内存已经变小。

16.4 跟我学上机

练习 1：通过学习本章介绍的绘制室内大样图的方法，绘制下列某住宅室内餐厅立面大样图，如图 16-67 所示。

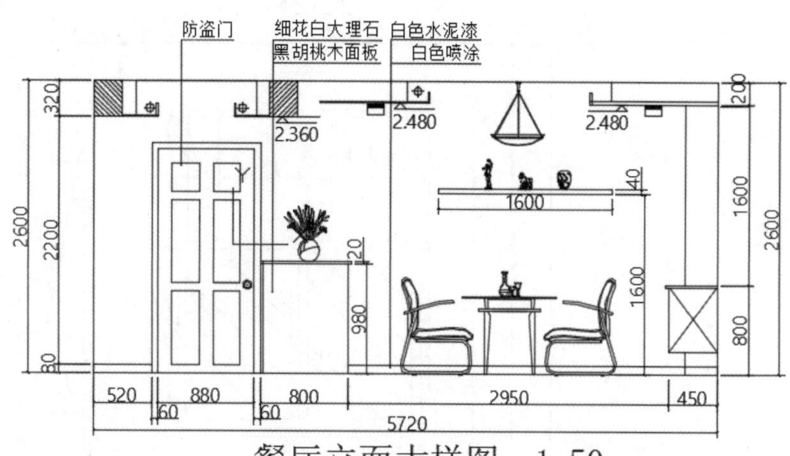

图 16-67　餐厅立面大样图

练习 2：通过学习本章介绍的绘制室内大样图的方法，绘制下列某住宅室内主卧立面大样图，如图 16-68 所示。

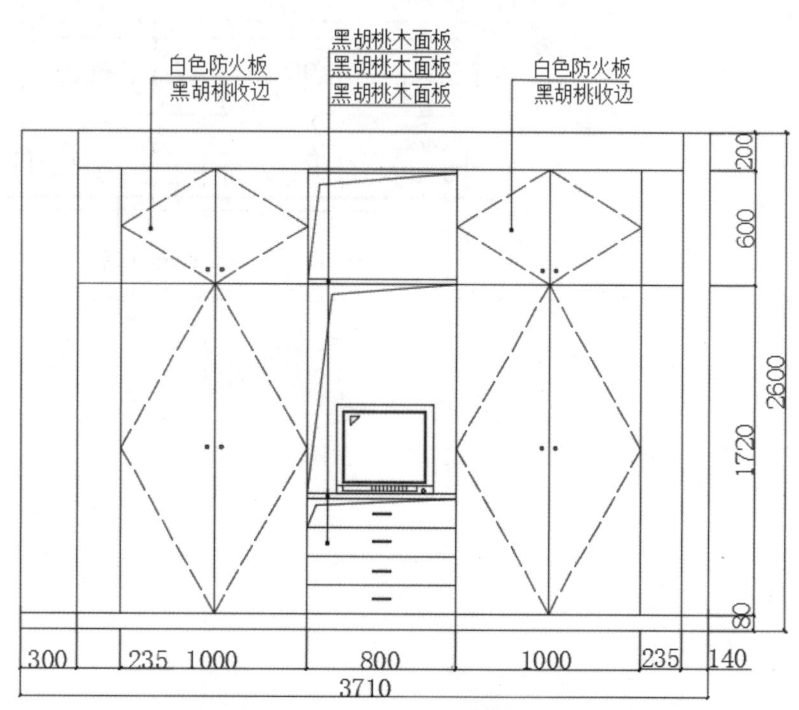

图 16-68　主卧立面大样图

练习 3：通过学习本章介绍的绘制室内大样图的方法，绘制下列某住宅室内书房立面大样图，如图 16-69 所示。

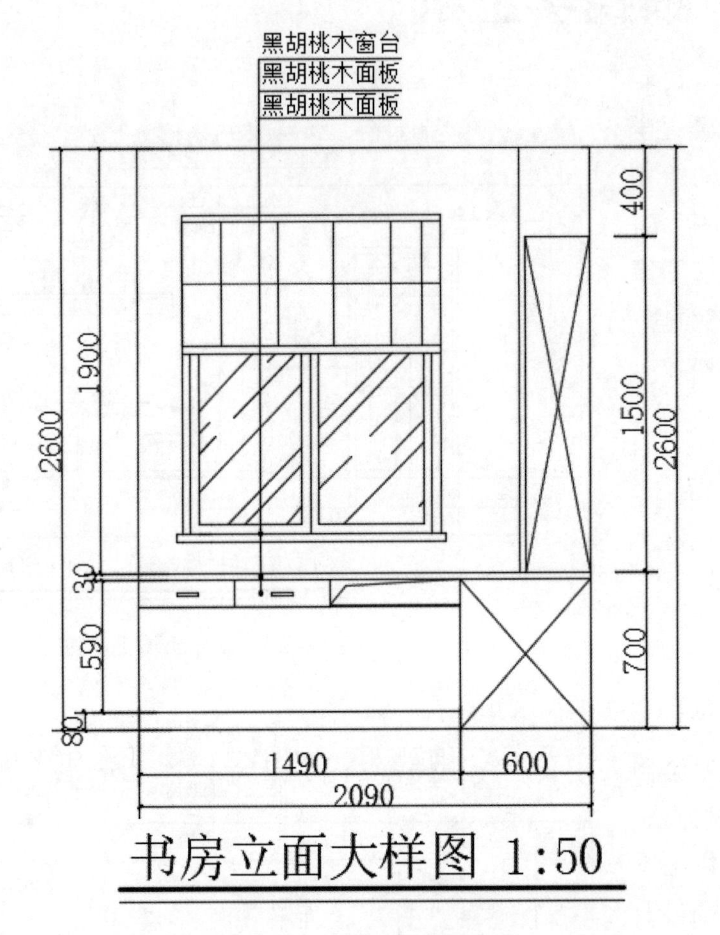

图 16-69　书房立面大样图

第17章 施工图的打印方法与技巧

对室内装潢设计施工图而言，其输出对象主要是打印机，打印输出的图纸是施工人员施工的主要依据。室内装潢设计施工图一般采用 A3 纸进行打印。在打印之前需要对图形进行认真检查、核对，在确定正确无误之后方可进行打印。本章主要介绍 AutoCAD 提供的模型空间打印和布局空间打印施工图的两种不同方法。

- **本章学习目标（已掌握的在方框中打钩）**

  □ 了解和掌握模型空间打印的相关知识。

  □ 了解和掌握布局空间打印。

- **重点案例效果**

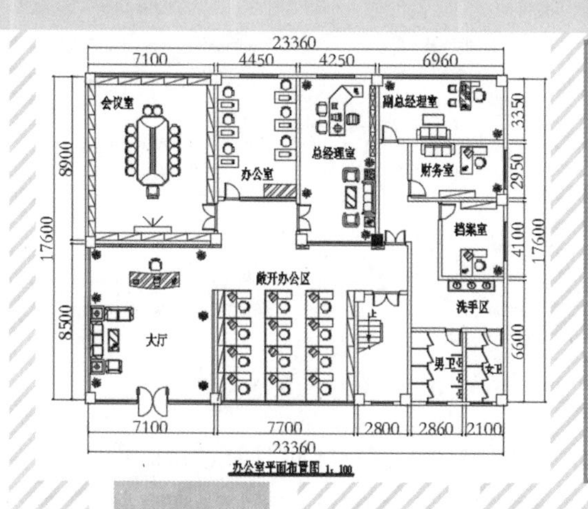

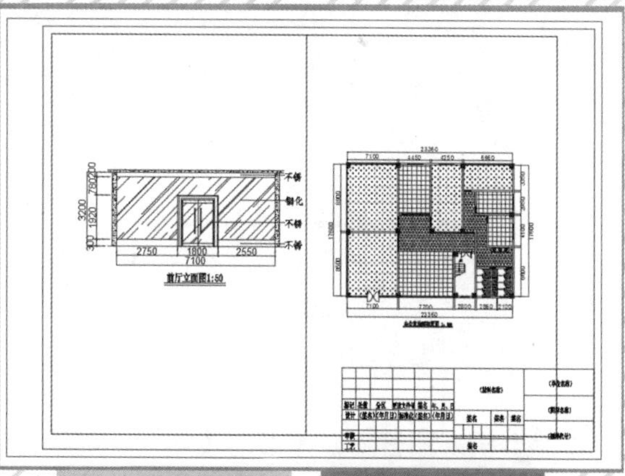

17.1 模型空间打印

模型空间指的是 AutoCAD 绘制空间，在其中可以进行打印参数设置，设置完成之后就可以对所需要打印的图纸执行打印输出操作。下面主要讲述 A3 纸模型空间打印的相关内容。

17.1.1 图签的插入

图签包括绘制完成的图框和标题栏。标题栏主要可以表明图纸的出处、建筑的名称、设计人员、设计单位等信息。插入图签的具体操作步骤如下。

步骤 1 整理图形。按 Ctrl+O 组合键，打开配套资源中绘制完成的“办公室平面布置图 .dwg”文件，结果如图 17-1 所示。

步骤 2 插入图框。选择【插入】→【块】菜单命令，在弹出的【插入】对话框【名称】下拉列表框中选择【A3 建筑图框】图块，结果如图 17-2 所示。

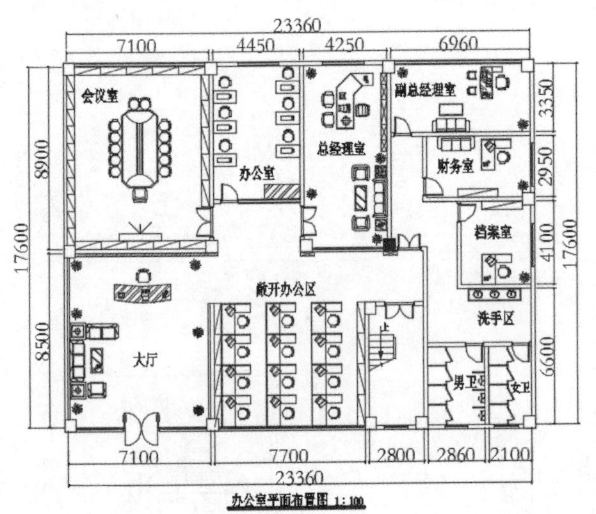

图 17-1　整理图形

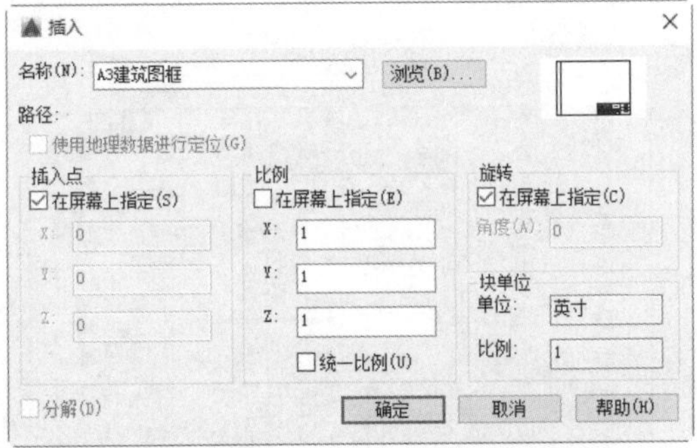

图 17-2　【插入】对话框

步骤 3 插入图签。在弹出的【插入】对话框中单击【确定】按钮。此时命令行提示如下：

```
命令: _INSERT
指定插入点或 [基点(B)/比例(S)/X/Y/Z/旋转(R)]: s        //输入S
指定 XYZ 轴的比例因子 <1>: 100                           //确定比例因子
指定插入点或 [基点(B)/比例(S)/X/Y/Z/旋转(R)]:            //鼠标拖动确定插入点
指定旋转角度 <0>: <正交 开>                               //快捷键F8控制，插入结果如图17-3所示
```

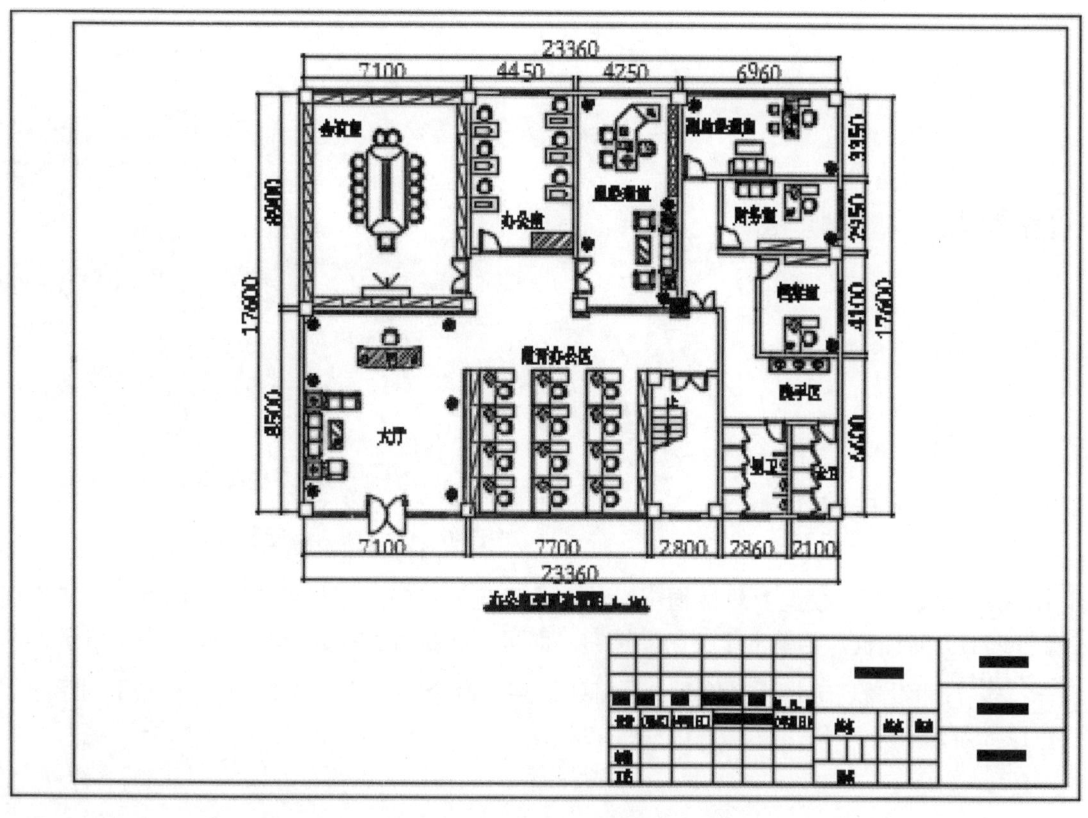

图 17-3　插入图签结果

17.1.2 页面与打印的设置

页面的设置主要针对打印参数的设置，其主要包括打印机、图纸尺寸、打印区域、打印比例、图形方向等，其具体操作步骤如下。

步骤 1 页面设置。选择【文件】→【页面设置管理器】菜单命令，即可弹出【页面设置管理器】对话框，如图 17-4 所示。

步骤 2 在弹出的【页面设置管理器】对话框中单击【新建】按钮，即可弹出【新建页面设置】对话框，在其中设置新页面的名称，如图 17-5 所示。

步骤 3 在【新建页面设置】对话框中，单击【确定】按钮，即可弹出【打印 - 模型】对话框，如图 17-6 所示。

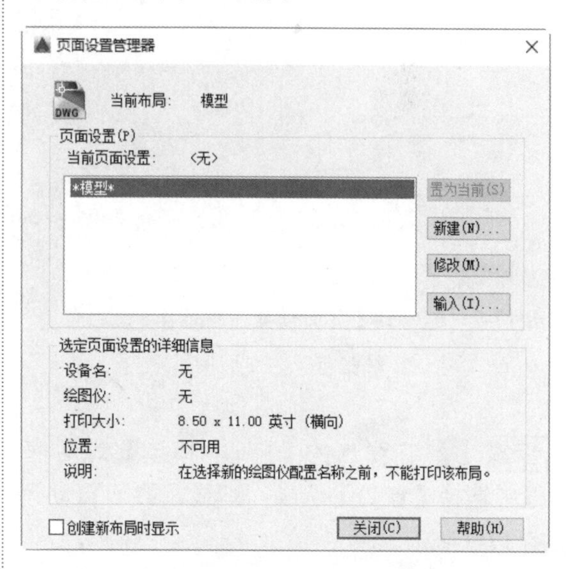

图 17-4　【页面设置管理器】对话框

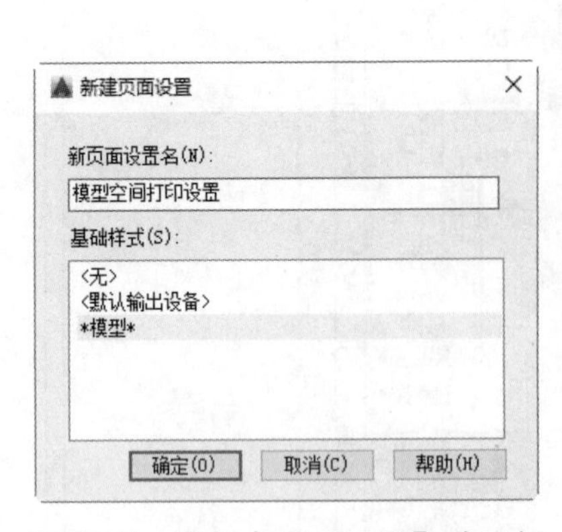

图 17-5 【新建页面设置】对话框

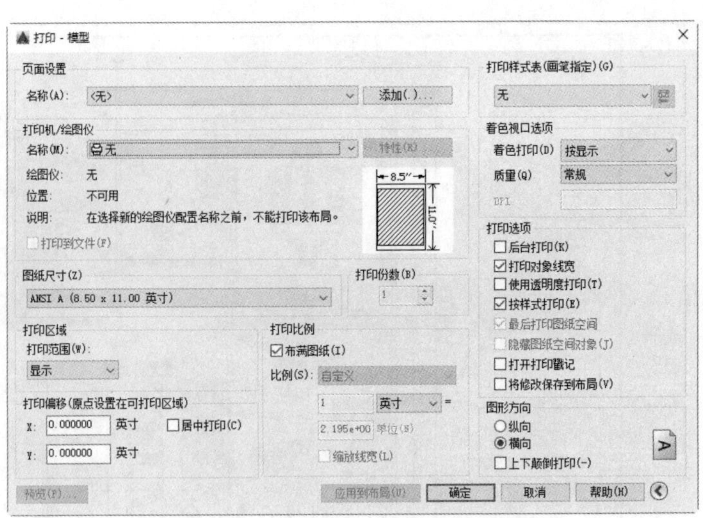

图 17-6 【打印 - 模型】对话框

步骤 4 在【打印 - 模型】对话框中，单击【确定】按钮，则显示界面自动返回到【页面设置管理器】对话框，再单击【关闭】按钮，即可完成新页面参数设置，如图 17-7 所示。

步骤 5 打印设置。选择【文件】→【打印】菜单命令，即可弹出【打印 - 模型】对话框，如图 17-8 所示。

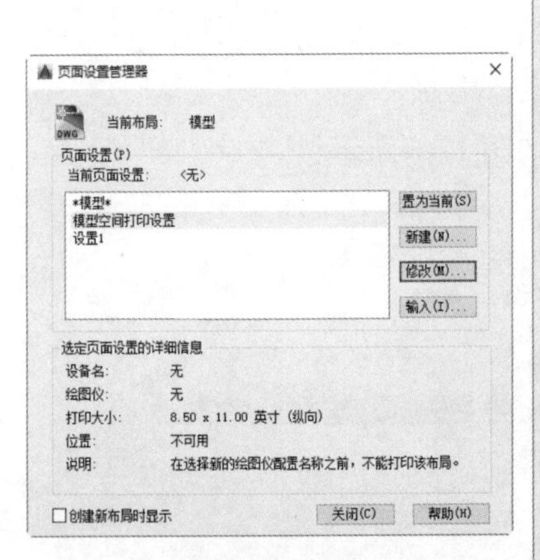

图 17-7 返回到【页面设置管理器】对话框

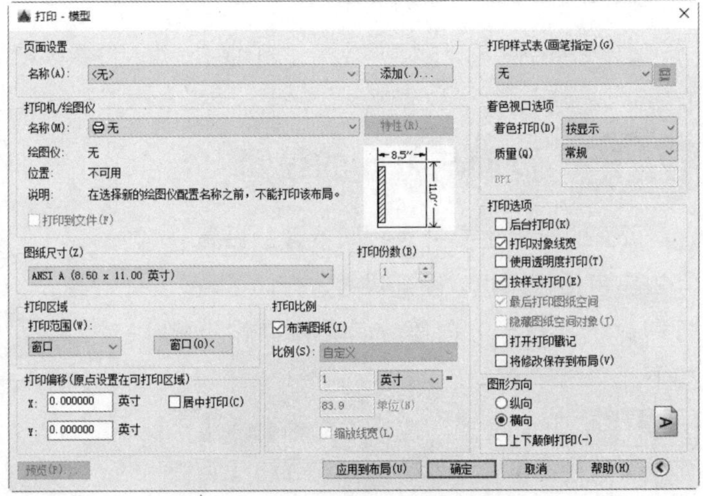

图 17-8 【打印 - 模型】对话框

步骤 6 在弹出的【打印 - 模型】对话框【打印区域】功能组的【打印范围】下拉列表框中选择【窗口】选项，则显示界面自动返回到绘图区域且单击图框的左上角点，结果如图 17-9 所示。

步骤 7 按住鼠标左键进行拖动，单击图框右下角点，结果如图 17-10 所示。

步骤 8 单击图框右下角点，则显示界面自动返回到【打印 - 模型】对话框，单击【预览】按钮，即可在打开的图纸预览窗口提前查看图纸的打印效果，如图 17-11 所示。

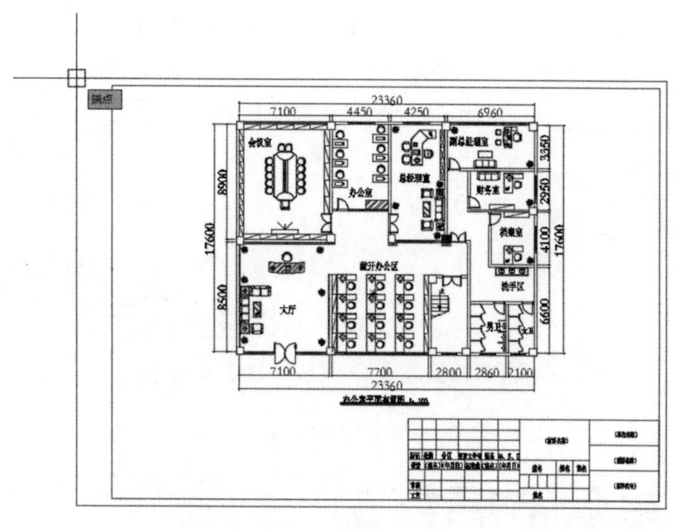

图 17-9 单击图框左上角结果

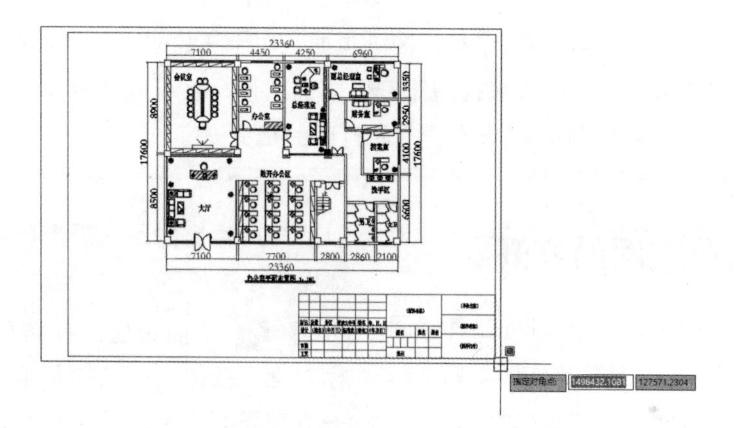

图 17-10 单击图框右下角结果

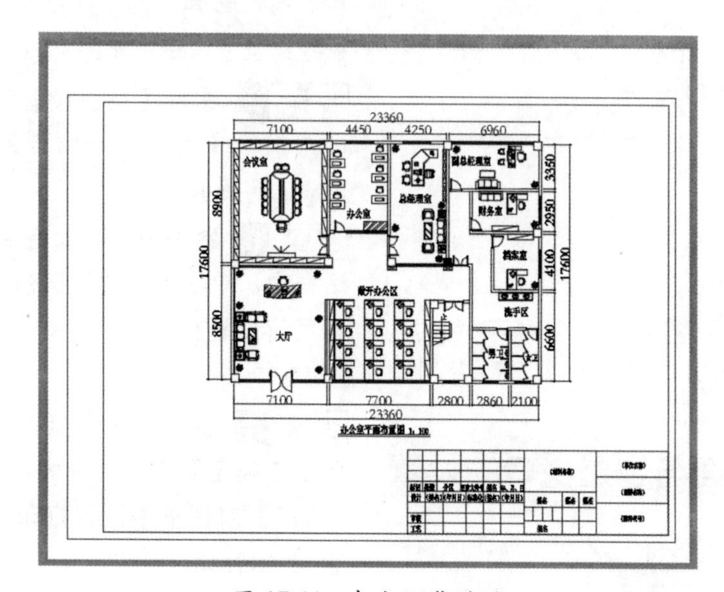

图 17-11 打印预览效果

步骤 9 在预览确认图纸准确无误后，单击【确定】按钮，即可在安装好的打印机上输出所要打印的图纸，在打印过程中系统自动弹出【打印作业进度】对话框，如图 17-12 所示。

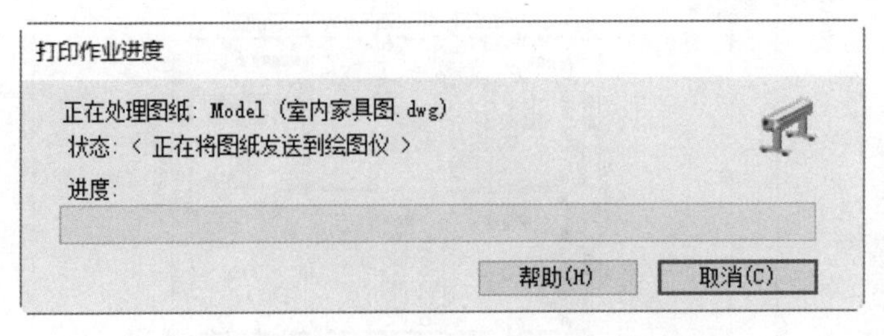

图 17-12 【打印作业进度】对话框

17.2 布局空间打印

布局空间是一种工具，其完全模拟图纸页面，用于在绘图之前或之后安排图形的输出布局，可通过创建不同的视口来打印比例不同的图形，且可以在视口内调整所打印图形的显示区域。下面主要讲述 A3 纸布局空间打印的相关内容。

17.2.1 布局空间的打开

首先需要打开布局空间，即可在其空间内执行打印图纸操作，其具体操作步骤如下。

步骤 1 单击绘图区域左下角的布局标签，如图 17-13 所示。

步骤 2 单击鼠标左键，即可打开布局空间，结果如图 17-14 所示。

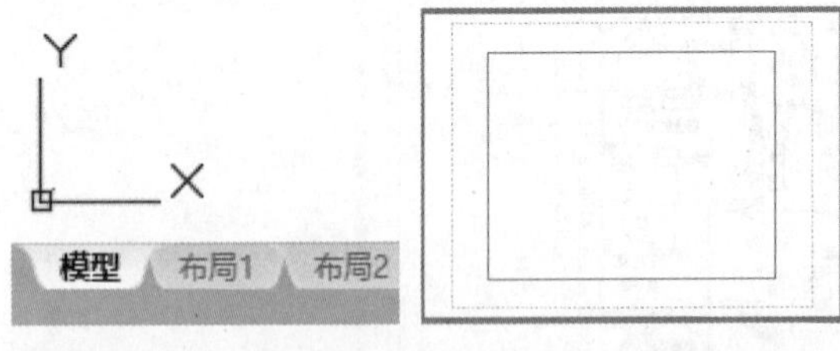

图 17-13 布局标签　图 17-14 布局空间

17.2.2 页面与创建视口的设置

在布局打印中同样可以进行页面设置，以使打印输出的图纸符合使用的要求。其具体操作步骤如下。

步骤 1 页面设置。在布局标签上单击鼠标右键，在弹出的快捷菜单中选择【激活前一个布局】命令，再次在布局标签上单击鼠标右键，在弹出的快捷菜单中选择【页面设置管理器】命令，如图 17-15 所示。

步骤 2 选择【页面设置管理器】命令，即可打开【页面设置管理器】对话框，如图 17-16 所示。

步骤 3 在弹出的【页面设置管理器】对话框中，单击【新建】按钮，即可弹出【新建页面设置】对话框，设置新页面名称，如图 17-17 所示。

步骤 4 在【新建页面设置】对话框中，单击【确定】按钮，在弹出的【页面设置 - 布局 1】对话框中设置打印的相关参数，如图 17-18 所示。

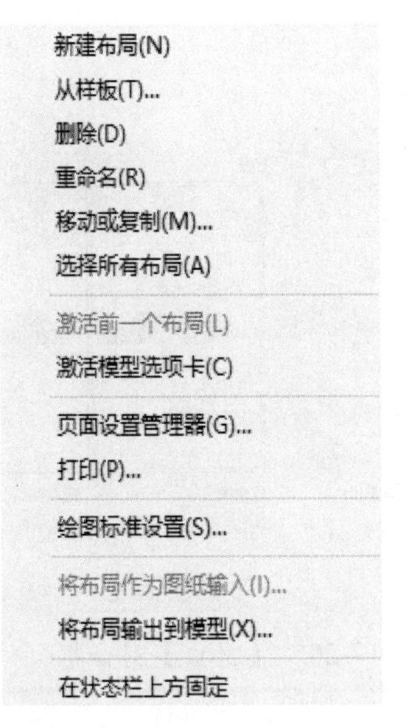

图 17-15　右键快捷菜单

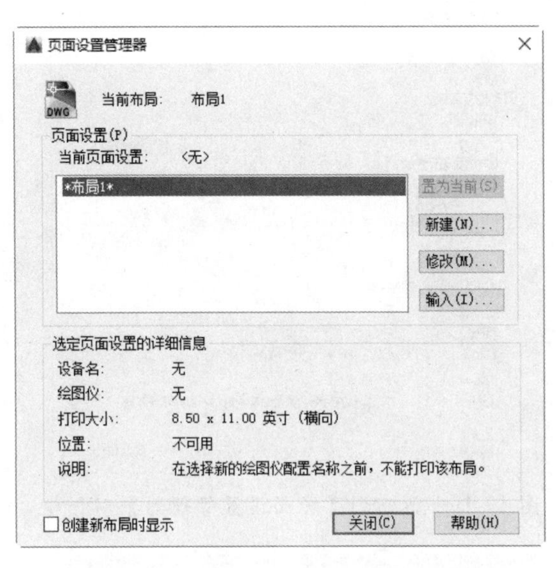

图 17-16　【页面设置管理器】对话框

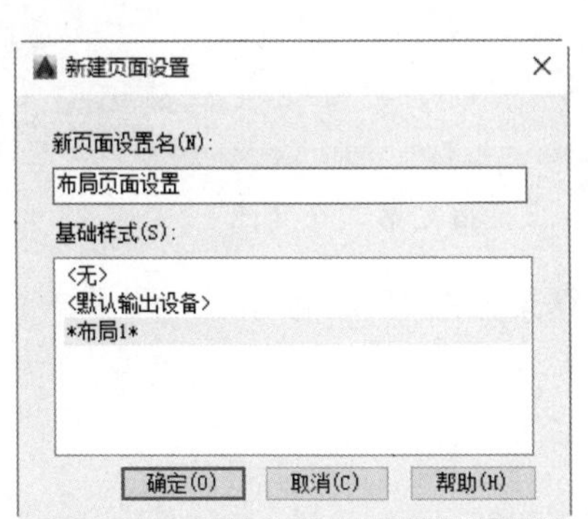

图 17-17　【新建页面设置】对话框　　　　图 17-18　【页面设置 - 布局 1】对话框

步骤 5 在【页面设置 - 布局 1】对话框中，单击【确定】按钮，则显示界面自动返回到【页面设置管理器】对话框，在其中单击【关闭】按钮，即可完成页面设置的操作，如图 17-19 所示。

步骤 6 创建视口。选择【视图】→【视口】→【新建视口】菜单命令，即可弹出【视口】对话框，在其中选择新建视口的类型，如图 17-20 所示。

步骤 7 在【视口】对话框中单击【确定】按钮，根据命令行的提示，在布局中选择视口的第一个角点，如图 17-21 所示。

步骤 8 移动鼠标，单击第二个对角点，如图 17-22 所示。

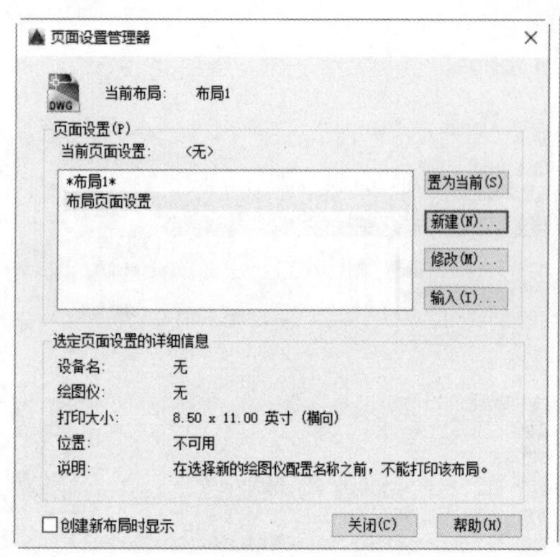

图 17-19　返回到【页面设置管理器】对话框

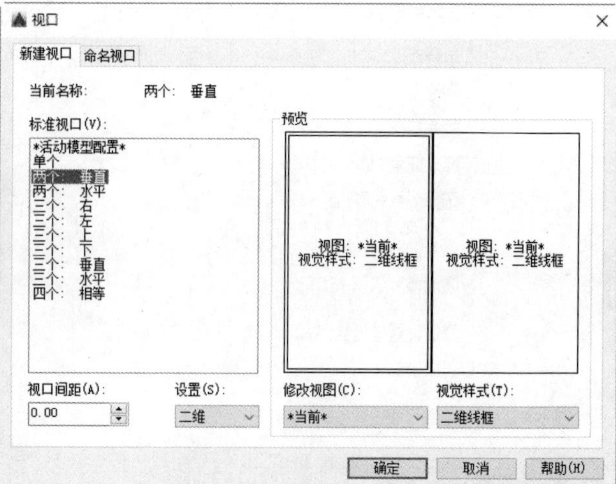

图 17-20　【视口】对话框

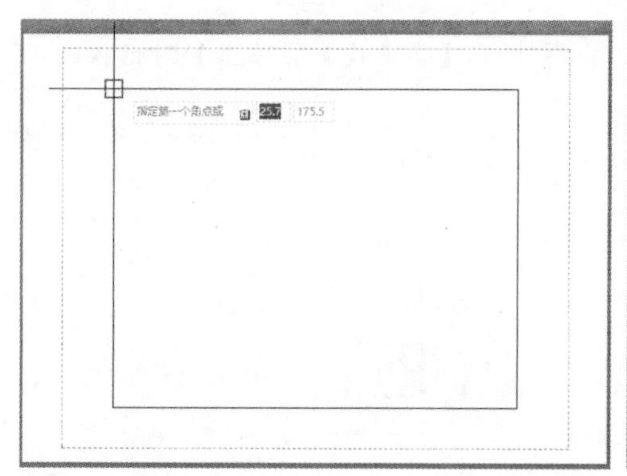

图 17-21　指定第一个角点

图 17-22　指定第二个角点

步骤 9 指定第二个角点之后，即可完成新建布局视口，结果如图 17-23 所示。

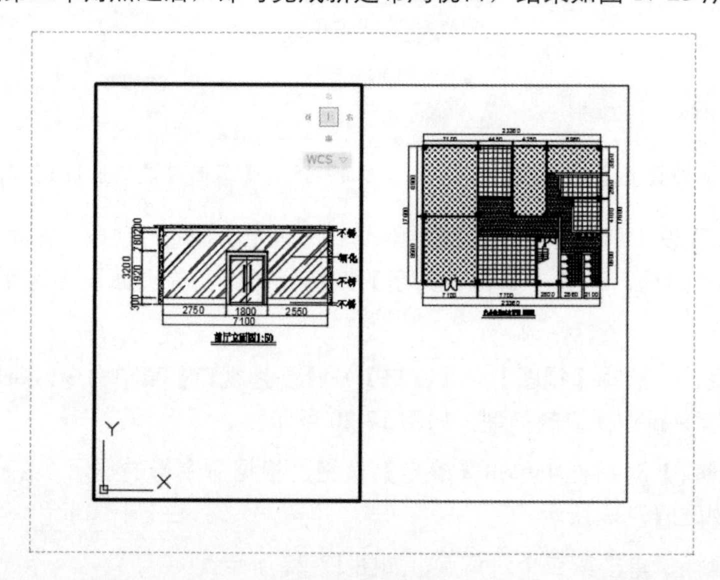

图 17-23　新建视口

步骤 10 在视口边框内双击，待边框变粗时进行视口图形调整，结果如图 17-24 所示。

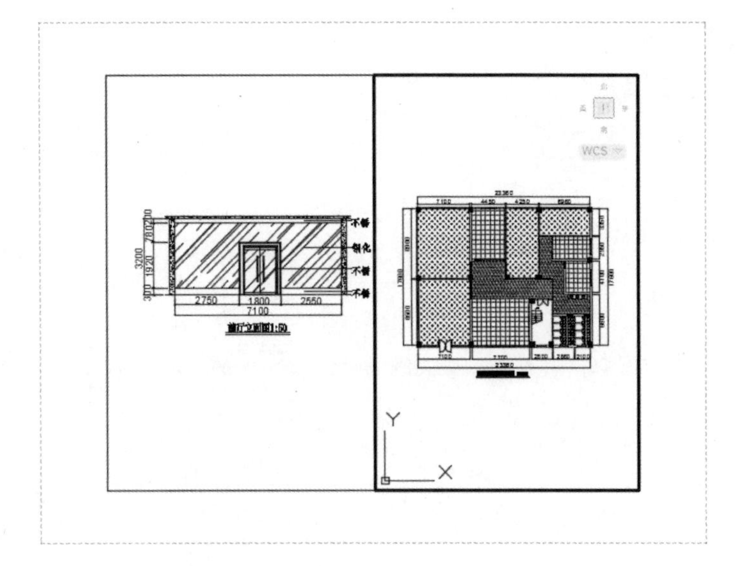

图 17-24　调整图形

17.2.3 图签的插入与打印

通过调整图签大小，插入图签之后图形即可打印输出，其具体操作步骤如下。

步骤 1 插入图框。选择【插入】→【块】菜单命令，在弹出的【插入】对话框【名称】下拉列表框中选择【A3 建筑图框】图块，如图 17-25 所示。

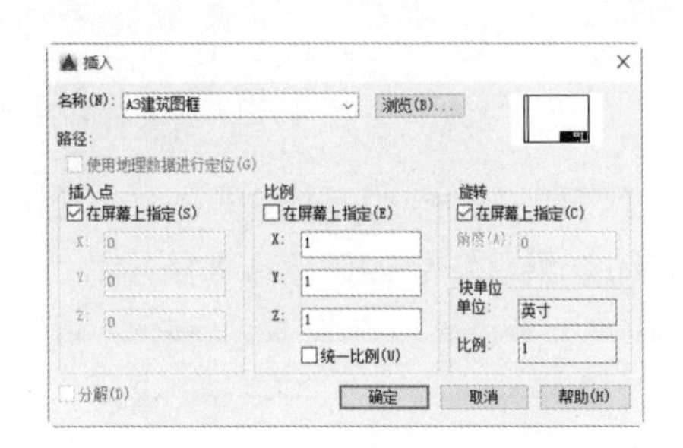

图 17-25　【插入】对话框

步骤 2 调整图形。调用 SC(缩放) 命令，调整图签的大小，结果如图 17-26 所示。

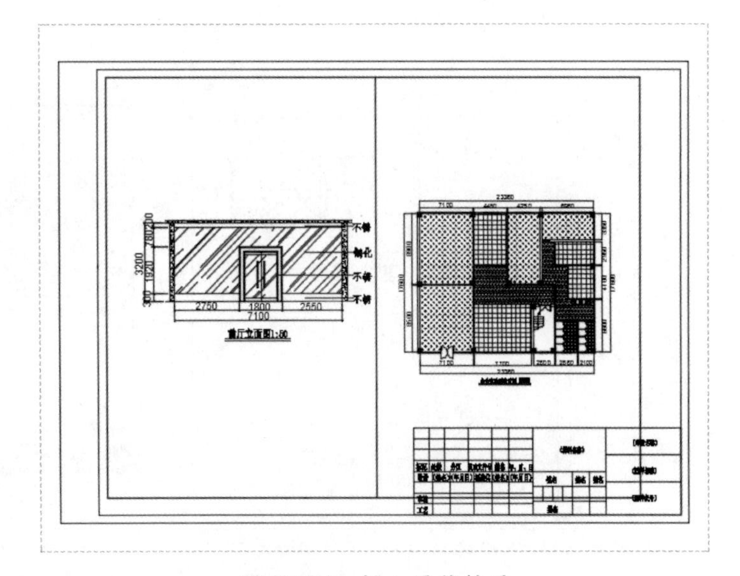

图 17-26　插入图签结果

步骤 3 选择【文件】→【打印】菜单命令，即可弹出【打印 - 布局 1】对话框，在其中可以设置相关参数，如图 17-27 所示。

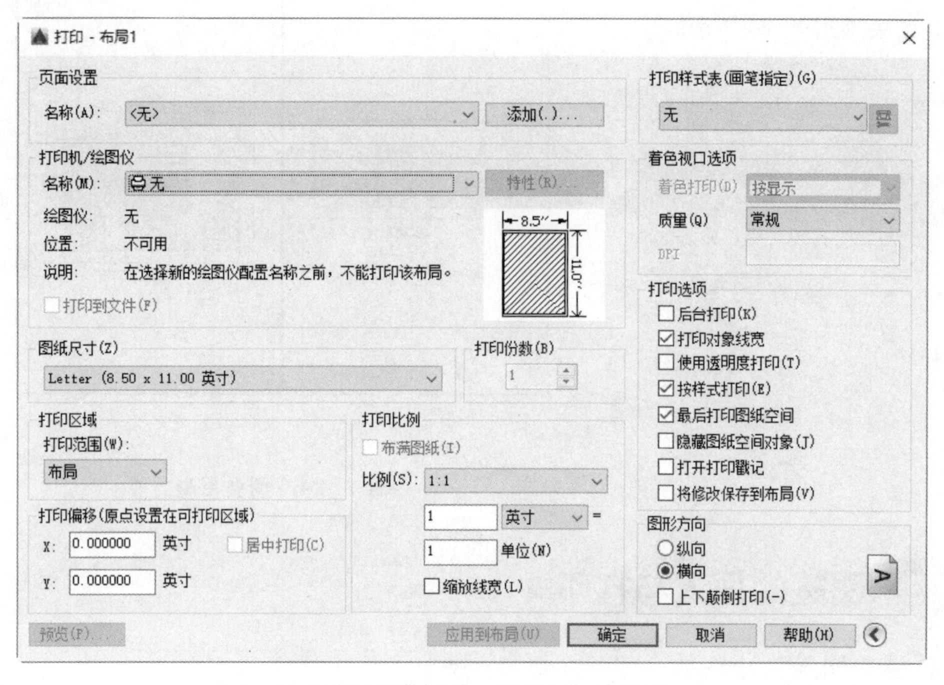

图 17-27 【打印 - 布局 1】对话框

步骤 4 在【打印 - 布局 1】对话框中单击【预览】按钮，即可在打开的图纸预览窗口提前查看图纸的打印效果，结果如图 17-28 所示。

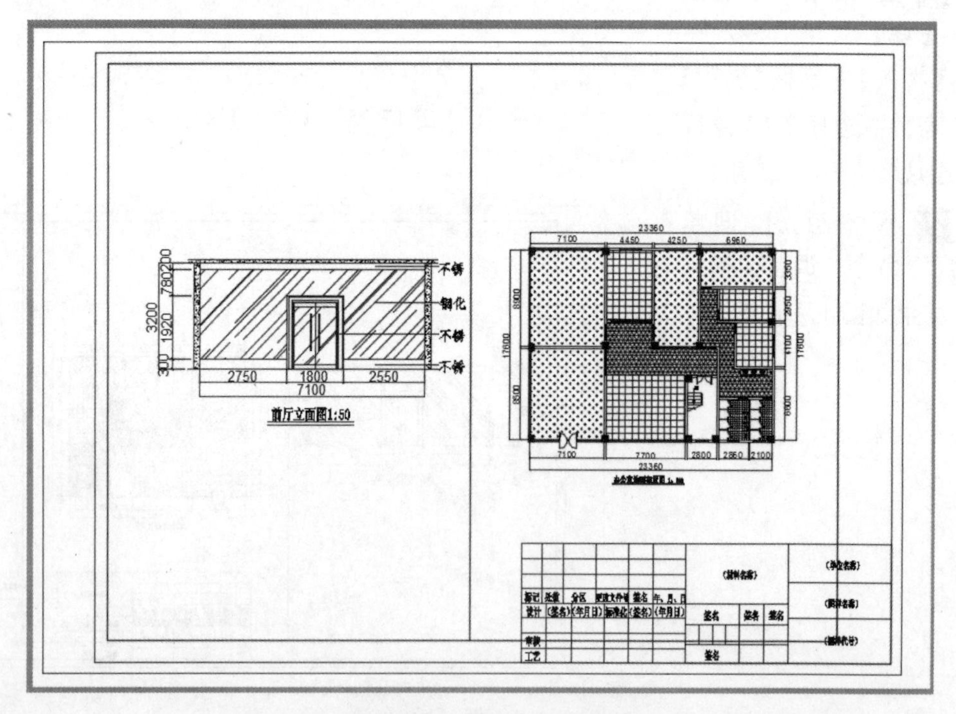

图 17-28 打印预览效果

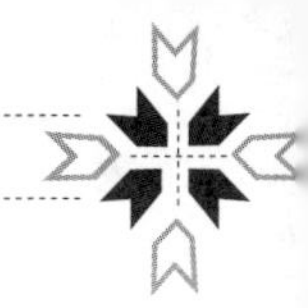

17.3 大师解惑

小白：在室内设计中，AutoCAD 模型空间和布局空间有什么区别？

大师：模型空间是指用户进行绘图的一个可以无限放大的工作空间，用户可以在其界面中绘制二维图形，也可以绘制三维实体图形；布局空间是指用户输出图纸的一个空间。因此用户可以在模型空间中进行图形绘制，从而在布局空间中完成图纸的打印输出。

小白：打印时，图框外出现“由 AUTODESK 教育产品制作”字样，请问怎么可以去掉？

大师：这个简单，打印时图框外出现“由 AUTODESK 教育产品制作”字样，用户要想去掉，则先把 CAD 文件转成 DXF 格式文件，然后保存即可。

17.4 跟我学上机

练习 1：通过学习本章介绍的施工图打印的方法，在模型空间中打印某别墅休闲区入口立面图。预览效果如图 17-29 所示。

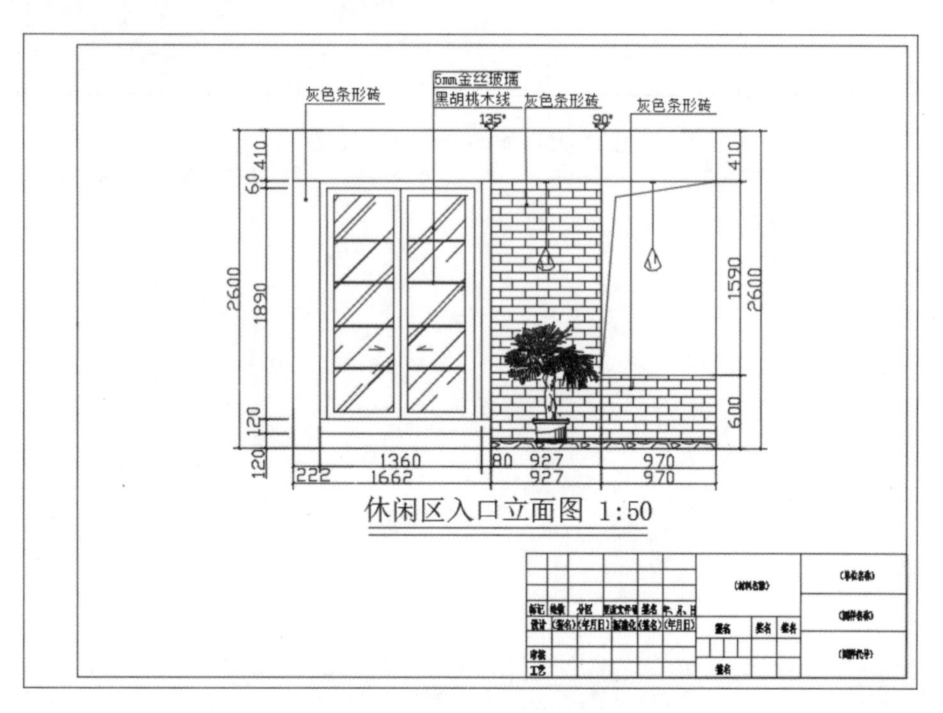

图 17-29 模型打印预览效果

练习 2：通过学习本章介绍的施工图打印的方法，在布局空间中打印某别墅休闲区入口立面图。预览效果如图 17-30 所示。

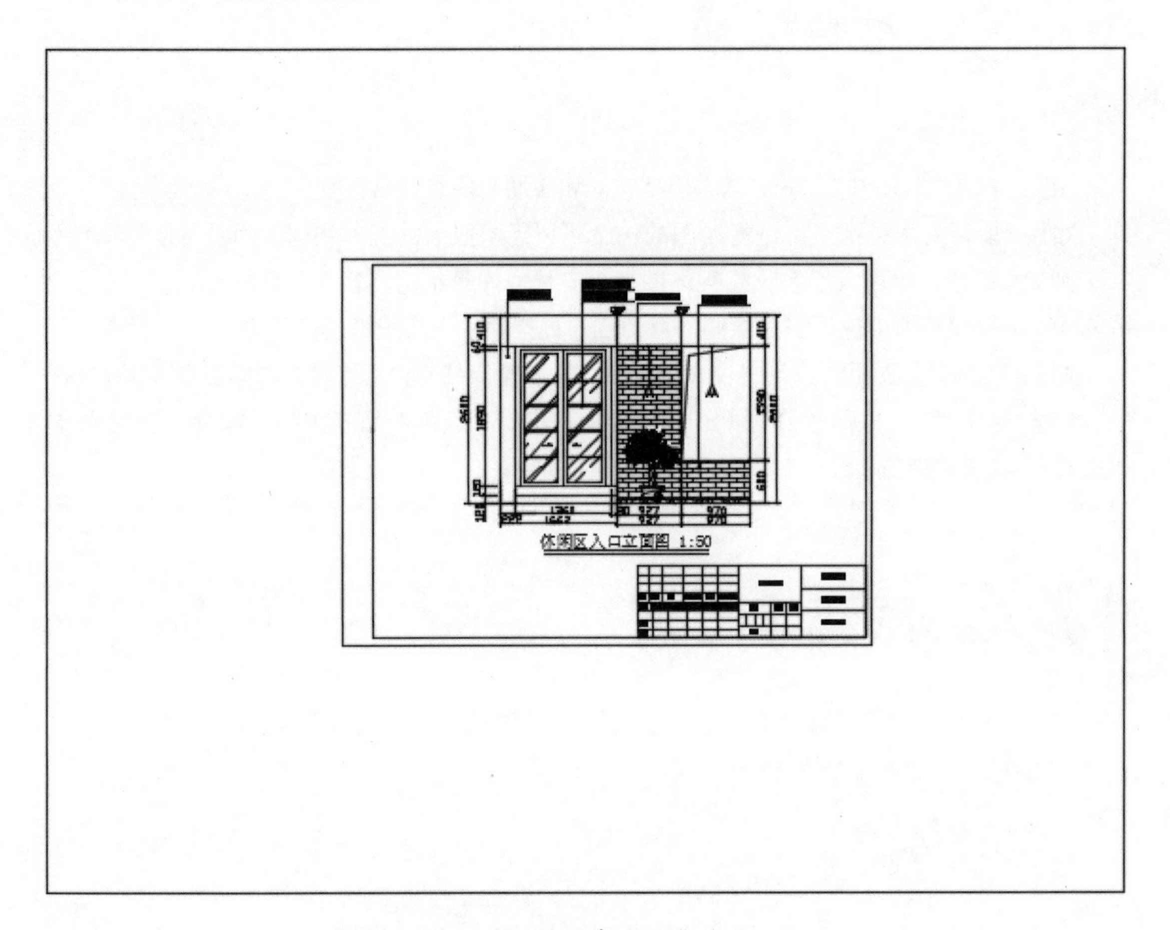

图 17-30 布局打印预览效果